FRIEDRICH
TABELLENBUCH
METALL- UND
MASCHINENTECHNIK

- Auf die Neuordnung der Metallberufe abgestimmt

- Für die Berufsausbildung in Schule und Betrieb
  (Berufsgrundbildung, Berufsschule, Berufsfachschule,
  Berufsaufbauschule, Fachoberschule, Berufliches Gymnasium)

- Für das Studium an Akademien und Fachhochschulen

- Für die Berufspraxis

- Für die betriebliche und außerbetriebliche Weiterbildung

1
2
3
4
5
6
7
8
9
10
11
12

FRIEDRICH^S Tabellenbuch METALL- und MASCHINENTECHNIK

Herausgeber: Dr. Antonius Lipsmeier, Professor für Berufspädagogik, Universität Karlsruhe (TH)

Adolf Teml, Diplom-Ingenieur und Fachschriftsteller, Lage (Mitherausgeber)

Autoren: Dipl.-Ing. Gerhard Homborg, Oberstudienrat, Minden (Kap. 4, 6)

Dipl.-Ing. Werner Mogilowski, Oberstudienrat, Lüneburg (Kap. 1, 2, 3, 9, 10)

Dipl.-Ing. Gerd Neumann, Studiendirektor, Aurich (Beratend Kap. 1, 2, 3, 9, 10)

Dipl.-Ing. Herbert Rottbacher, Oberstudienrat, Neusäß (Kap. 5)

Dipl.-Ing. Martin Scheurmann, Studienrat, Hamburg (Kap. 7)

Dipl.-Ing. Harry Schmidt, Studiendirektor, Cremlingen (Kap. 8)

Dipl.-Ing. Horst Tietjens, Oberstudienrat, Lütjensee (Kap. 1, 2, 3, 9, 10)

ISBN 3-427-**51032**-8   Zeichnungen: H.-J. Zedow

© 1993 Ferd. Dümmlers Verlag, 5300 Bonn 1, Kaiserstraße 31–37 (Dümmlerhaus)

Satz: Universitätsdruckerei H. Stürtz AG, Würzburg
Printed in Germany by Franz Spiegel Buch GmbH, Ulm

ℱRIEDRICH

TABELLENBUCH METALL- UND MASCHINENTECHNIK

- Technologie / Fachkunde / Fachtheorie
- Technische Mathematik / Fachrechnen
- Technisches Zeichnen / Technische Kommunikation
- Automatisierungstechnik und Umweltschutz

Nach der Neuordnung der Metallberufe.
Erneut bearbeitet und erweitert von

**Gerhard Homborg, Werner Mogilowski, Gerd Neumann,
Herbert Rottbacher, Martin Scheurmann, Harry Schmidt, Horst Tietjens**

1132. – 1150. Auflage
Gesamtumfang 464 Seiten
Dümmlerbuch 5103

FERD. DÜMMLERS VERLAG · BONN

Vorwort zur 1132.–1150. Auflage

- Diese Auflage des FRIEDRICH wurde erneut gründlich bearbeitet:
- **Äußeres Zeichen** dieser Neubearbeitung sind neben dem vermehrten Einsatz der Farbe in Text und Bild die verbesserte Bindeart: **Fadenheftung**; sie garantiert auch bei häufigem Gebrauch eine gute Haltbarkeit und einen leichten Aufschlag.

  Gedruckt wurde auf 100% **chlorfrei gebleichtem Papier**; die **Veredlungsfolie** besteht aus PE-Kunststoffen. Beide Materialien erlauben lt. Herstellerangaben, auszurangierende Bücher komplett dem Altpapier-Recycling zuzuführen.

- Außer der selbstverständlichen **Anpassung der Inhalte an den neuesten Stand der Technik und Normung** sind vor allem folgende Themen bearbeitet, erweitert bzw. neu aufgenommen worden:

  Kap. 2: Als neues Unterkapitel wurde aufgenommen: ,,Axiales Flächenträgheitsmoment I_x und I_y – Minimales Widerstandsmoment W_x und W_y – Polares Widerstandsmoment I_p und W_p.''

  Kap. 3: Wurde gestrafft und übersichtlicher gestaltet.

  Kap. 4: Das Unterkap. 4.3 ,,Kunststoffe'' wurde neu aufgebaut und erweitert; ferner sind ,,Verbundwerkstoffe'' um keramische Werkstoffe erweitert.

  Kap. 5: Das Kap. ,,Normteile'' wurde ergänzt durch Kugelköpfe, Kugelscheiben und Kegelpfannen.

  Kap. 6: ,,Technische Kommunikation'' ist völlig neu geordnet, es wurde erweitert um das große Unterkapitel ,,Toleranzen und Passungen'' mit Tolerierungsgrundsätzen, die früher in anderer Form in Kap. 5 bzw. 6 standen, ferner um ,,Freistiche und Zentrierbohrungen'', ,,Darstellung von Federn'' und ,,CAD-Grundkonstruktionen''.

  Kap. 7: Ein neues Kapitel ,,Trennen durch Abtragen'' ist eingefügt.

  Kap. 8: Außer Straffung und übersichtlicherer Gestaltung kam das Thema ,,Näherungsschalter und Lichtschranken'' hinzu.

  Kap. 11: Gänzlich neu konzipiert und aufgenommen mit dem Titel ,,Arbeits- und Umweltschutz''.

Zur Methodik/Didaktik von Friedrichs Tabellenbüchern

- In Aufbau und Inhalt orientiert sich dieses Tabellenbuch
  - an der Neuordnung der Metallberufe,
  - den mit den Ausbildungsordnungen abgestimmten Rahmenlehrplänen der KMK
  - und den Lehrplänen der Länder.
- Aufbau, Gestaltung und Stoffdarbietung des FRIEDRICH fördern in besonderem Maße handlungsorientiertes Lernen, wie dies in allen Vorgaben der Neuordnung der Metallberufe erwartet wird.
- Diese erneute grundlegende Bearbeitung berücksichtigt nicht nur die neuen Technologien (bes. Mikroelektronik), sondern auch – und hier wurde Neuland betreten – die sich daraus ergebende veränderte Arbeitsorganisation, innerbetriebliche Kommunikation, Aspekte des Umweltschutzes und der Arbeitsicherheit usw.
- Wie in den Neubearbeitungen von FRIEDRICHS Tabellenbüchern Elektrotechnik/Elektronik und Bautechnik wurde auch in diesem Tabellenbuch darauf verzichtet, nacktes Zahlenmaterial vorzulegen. Die Tabellen sind eingebettet in Texte, die die Zusammenhänge transparent machen und so den Zugang zu den dargestellten Sachverhalten – auch dem Anfänger – erleichtern.
- Der auch künftig zu erwartende rasche Wandel der Produktionsmethoden und Arbeitsstrukturen erfordert eine fundierte Berufsausbildung, die dazu befähigt, sich den wandelnden Bedingungen im Berufsleben anzupassen. FRIEDRICHS Tabellenbuch Metall- und Maschinentechnik trägt diesem Anspruch Rechnung durch eine angemessen breite Darstellung ,,klassischer'' und vor allem ,,moderner'' Technologien.

IV

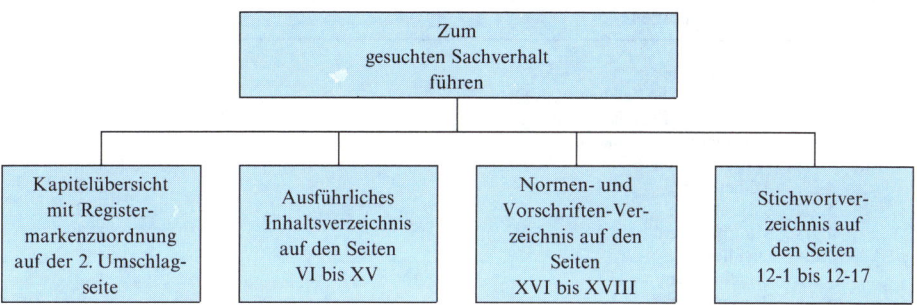

Unterstützende Nachschlagehilfen:

- Fein verästelte Dezimalklassifikation;
- kapitelweise Seitenzählung;
- Registermarken für Großkapitel;
- Zweifarbendruck in Text und Bild;
- Seitenverweise;
- alle Normen und Bestimmungen mit Ausgabedatum sowie mit direkter Zuordnung zum Sachzusammenhang; ferner im Anschluß an das Inhaltsverzeichnis die Tabelle der zitierten Normen.

● FRIEDRICH und Kammer- bzw. PAL-Prüfungen

In zunehmendem Maße wird die Fähigkeit und Motivierung des Auszubildenden, sich allein, also ohne personelle Hilfestellung, in neue Aufgaben schnell einzuarbeiten, als wichtiges Lernziel der Ausbildung betrachtet; strukturierendes Denken/handlungsorientiertes Lernen/Stoffbeherrschung, also Lernziele, die nach der Neuordnung hoch bewertet werden sollen, werden bei Benutzung des FRIEDRICH gefördert.

Daß gerade etwas umfangreichere Nachschlagewerke hierzu einen besonderen Beitrag leisten können, ist unbestritten; aber nicht nur auf den Umfang kommt es an, sondern vor allem auf eine den neueren Lernzielen in der Berufsausbildung entsprechende Aufarbeitung der Inhalte sowie auf ein auch für sog. schwächere Schüler erlernbares Nachschlagesystem. Beides leistet der FRIEDRICH. Deshalb findet der FRIEDRICH auch mehr und mehr Verwendung in den Ausbildungsabschlußprüfungen, und fast alle (nach der Neuordnung) erlassenen Prüfungsordnungen der Kammern sowie Überlegungen des PAL sehen solche generellen Freigaben vor.

Dank an Mitarbeiter, Benutzer und Leser

Verfasser, Herausgeber und Verlag würden sich freuen, wenn die zahlreichen Benutzer in der beruflichen Aus- und Weiterbildung auf allen Ebenen sowie in der Praxis wie bisher Vorschläge für die weitere Verbesserung dieses Standardwerkes unterbreiten könnten. Diese Vorschläge sollen bei späteren Auflagen nach Möglichkeit berücksichtigt werden, damit sie möglichst vielen Benutzern zugute kommen.

Im Herbst 1992   Herausgeber, Verfasser und Verlag

Inhalt

3 Elektrotechnik und Elektronik 3-1 bis 3-22

4 Werkstofftechnik

5 Maschinenelemente 5-1 bis 5-47

6 Technische Kommunikation

X

7 Fertigungsverfahren

9 Fertigungsplanung

10 Fertigungskontrolle

XIV

11   Arbeits- und Umweltschutz   11-1 bis 11-12

Sonstiges

DIN-Normen und andere technische Regelwerke

Sofern in diesem Tabellenbuch auf DIN-Normen oder andere technische Regelwerke verwiesen wird, so handelt es sich um die bei Redaktionsschluß vorliegenden Ausgaben. Diese wurden für die Zwecke dieses Buches – mit Erlaubnis des DIN (Deutsches Institut für Normung) – gekürzt und bearbeitet. Für den Anwender einer Norm ist jedoch nur die Norm selbst in ihrer neuesten Ausgabe maßgebend. DIN-Normen sind zu beziehen beim Beuth-Verlag, Burggrafenstr. 6, 1000 Berlin 30.

Bildquellenverzeichnis

Folgenden Firmen danken wir für die Überlassung von Bild- bzw. Tabellenunterlagen:

Atlas Copco Tools GmbH, Essen 8-10
Drumag GmbH, Bad Säckingen 8-8
Hartmann und Braun, Frankfurt 8-55
Herion-Informationen 1/1985, S. 34 8-11, 8-19
Intermetall, Halbleiterwerk der Deutsche ITT Industries GmbH, Freiburg i.Br. 3-17
Klöckner-Moeller, Bonn 8-33, 8-41
Mannesmann Rexroth, Lohr 8-12, 8-13, 8-18

XVI

Verzeichnis der behandelten Normen

Verzeichnis der behandelten Normen

1.1 Zeichen und Begriffe

1.1.1 Mathematische Zeichen nach DIN 1302 (8.80)

π	pi (3,1415926 …)	$\uparrow\downarrow$	gegensinnig parallel	$\|z\|$	Betrag von z
e	e (2,7182281 …)	$\cong$	kongruent	z^*	Konjugierte von z
$+$	Additionszeichen	$\sim$	proportional	Re z	Realteil von z
$-$	Subtraktionszeichen	$\measuredangle$	Winkel zwischen	Im z	Imaginärteil von z
$\cdot$	Multiplikationszeichen	$\overline{AB}$	Strecke AB	$n!$	n Fakultät $n! = 1 \cdot 2 \cdots n$
$: - /$	Divisionszeichen	$\overset{\frown}{AB}$	Bogen AB	i oder j	imaginäre Einheit
$= / \neq$	gleich/nicht gleich	$\triangle$	Dreieck	$i^2 = j^2 = -1$	
$\approx$	ungefähr gleich	$\odot$	Kreis	exp	Exponentialfunktion
$\hat{=}$	entspricht	d	Abstand (Distanz)		$\exp x = e^x$
$<$	kleiner als	$f(x)$	Funktion der Variablen x	log	allgemeiner Logarithmus
$>$	größer als	$\mathrm{d}f(x)$	Differential der	lg	Zehnerlogarithmus
$\leq$	kleiner oder gleich	$\overline{\mathrm{d}x}$	Funktion $f(x)$	lb	Zweierlogarithmus
$\geq$	größer oder gleich	f'	Ableitung der Funktion	ln	natürlicher Logarithmus
$\ll$	klein gegen		$f(x); \; f' = \dfrac{\mathrm{d}f(x)}{\mathrm{d}x}$	sin	Sinus
$\gg$	groß gegen			cos	Cosinus
$\sum$	Summe über … (Grenzbezeich-	$f^{(n)}$	n-te Ableitung der	tan	Tangens
	nungen sind über und unter		Funktion $f(x)$;	cot	Cotangens
	das Zeichen zu setzen)		$f^{(n)} = \dfrac{\mathrm{d}^{(n)}f(x)}{\mathrm{d}x^n}$	Arcsin	Arcussinus
$\prod$	Produkt über …			Arccos	Arcuscosinus
	(in den angegebenen Grenzen)			Arctan	Arcustangens
∞	unendlich	$\int$	Integral	Arccot	Arcuscotangens
$\sqrt{}$	Wurzel aus	$\int f(x)\,\mathrm{d}x$	unbestimmtes Integral	sinh	Hyperbelsinus
$\perp$	orthogonal zu		f von x dx	cosh	Hyperbelcosinus
$\| / \nparallel$	parallel zu/nicht parallel	$\int_a^b f(x)\,\mathrm{d}x$	bestimmtes Integral	tanh	Hyperbeltangens
$\uparrow\uparrow$	gleichsinnig parallel		von a bis b	coth	Hyperbelcotangens

1.1.2 Zeichen und Begriffe der Mengenlehre nach DIN 5473 (6.76)

$\in$	$x \in M$	x ist Element von M	$\langle , \rangle$ oder	$\langle x, y\rangle$ oder	Paar von x und y parallel
$\notin$	$x \notin M$	x ist nicht Element von M	$(,)$	(x, y)	(geordnetes Paar)
	$x_1, \ldots, x_n \in A$	$x_1, \ldots, x_n$ sind Elemente von A	$\{ , | \}$	$\{x, y | \varphi\}$	die Relation zwischen x mit y mit φ
$\{ | \}$	$\{x | \varphi\}$	die Menge (Klasse) aller x mit φ	$\times$	$A \times B$	A Kreuz B
	$\{x | x < 6\}\mathbb{N}$	Menge aller x, für die gilt:			(kartesisches Produkt von A und B)
		x ist eine natürliche Zahl	id_A		Identitätsrelation auf A
		und x ist kleiner als 6			(enthält die Paare $\langle x, y\rangle$ mit $x \in A$
$\{, \cdots, \}$	$\{x_1, \cdots, x_n\}$	die Menge mit den	f, g		Variable für Funktionen
		Elementen $x_1, \cdots, x_n$	D	$D(f)$	Definitionsbereich von f
	$\{1, 2, 3, 4\} = A$	Menge A wird gebildet aus	W	$W(f)$	Wertebereich von f
		den Elementen 1, 2, 3, 4	$|$	$f|A$	Einschränkung von f auf A
$\emptyset$		leere Menge		$f(x)$ oder	f von x, Bild von x unter f
		(enthält kein Element)		xf	(Funktionswert an der Stelle x)
$\subseteq$ oder	$A \subseteq B$ oder	A ist Teilmenge von B	$\odot$	$f \odot g$	erst f, dann g
$\subset$	$A \subset B$	A sub B	$\circ$	$f \circ g$	f nach g
$\subsetneqq$	$A \subsetneqq B$	A ist echt enthalten in B	$: \rightarrow$	$f: A \rightarrow B$	f ist Abbildung von A in B
		(also A ist nicht gleich B)	$: \twoheadrightarrow$	$f: A \twoheadrightarrow B$	f ist Abbildung von A auf B
$\cap$	$A \cap B$	A geschnitten mit B	$: \rightarrowtail$	$f: A \rightarrowtail B$	f ist umkehrbare Abbildung
		(die Elemente, die A und B			von A in B
		gemeinsam sind)	$: \longmapsto$	$f: A \longmapsto B$	f ist umkehrbare Abbildung
$\cup$	$A \cup B$	A vereinigt mit B (die Ele-			von A auf B
		mente, die in wenigstens einer	$\mathbb{N}$ oder N		Menge der natürlichen Zahlen
		der Mengen A, B liegen)	$\mathbb{Z}$ oder Z		Menge der ganzen Zahlen
$\setminus$	$A \setminus B$	A ohne B (enthält die	$\mathbb{Q}$ oder Q		Menge der rationalen Zahlen
oder	oder	nicht in B liegenden	$\mathbb{R}$ oder R		Menge der reellen Zahlen
$\complement$	$\complement_A B$	Elemente von A)	$\mathbb{C}$ oder C		Menge der komplexen Zahlen
oder	oder	Differenzmenge von A und B	$\mathbb{N}^*, \mathbb{Z}^*, \mathbb{Q}^*,$		Menge der von Null verschiedenen
$-$	$A - B$	relatives Komplement	$\mathbb{R}^*, \mathbb{C}^*$		Zahlen der Mengen $\mathbb{N}, \mathbb{Z}, \mathbb{Q}, \mathbb{R}, \mathbb{C}$
		von B bez. A	$\mathbb{Z}_+, \mathbb{Q}_+, \mathbb{R}_+$		Mengen der nicht negativen Zahlen
$\triangle$	$A \triangle B$	symmetrische Differenz			der Mengen $\mathbb{Z}, \mathbb{Q}, \mathbb{R}$
		von A und B	$\mathbb{Z}_+^*, \mathbb{Q}_+^*, \mathbb{R}_+^*$		Menge der positiven Zahlen
$\complement$ oder	$\complement A$ oder	Komplement von A			der Mengen $\mathbb{Z}, \mathbb{Q}, \mathbb{R}$
$-$	$-A$				

1.1 Zeichen und Begriffe

1.1.3. Zeichen der mathematischen Logik nach DIN 5474 (9.73)

Zeichen	Verwendung	Sprechweise	Benennung	Zeichen	Verwendung	Sprechweise	Benennung
$\neg$ oder $\overline{}$	$\neg a$ oder $\overline{a}$	nicht a	**Negation**	$\{\|\}$	$\{a\|b\}$	Menge aller a mit b	**Mengenbildungs-operator**
$\wedge$	$(a \wedge b)$	a und b	**Konjunktion**				
$\vee$	$(a \vee b)$	a oder b	**Adjunktion** Disjunktion	$<\mapsto>$	$<a \mapsto t>$	Funktion, die a den Wert t zuordnet	**Funktions-bildungs-operator**
$\rightarrow$ oder	$(a \rightarrow b)$ oder	a Pfeil b	**Subjunktion** Implikation	ι	$\iota\, ab$	Das a mit b	**Kennzeichnungs-operator**
$\Rightarrow$ $\leftrightarrow$ oder $\Leftrightarrow$	$(a \Rightarrow b)$ $(a \leftrightarrow b)$ oder $(a \Leftrightarrow b)$	a Doppel-pfeil b	**Bisubjunktion** Äquijunktion Äquivalenz	$\bigwedge$ oder $\forall$	$\bigwedge ab$ oder $\forall ab$	für alle ab	**Allquantor**
				$\bigvee$ oder $\exists$	$\bigvee ab$ oder $\exists ab$	es gibt ein a mit b	**Existenz-quantor**

1.2 Grundrechnungsarten

1.2.1 Addieren

$$4 \quad + \quad 19 \quad = \quad 23$$
1. Summand plus 2. Summand   gleich Summenwert

Summe

1.2.2 Subtrahieren

$$39 \quad - \quad 14 \quad = \quad 25$$
Minuend minus Subtrahend   gleich Differenzwert

Differenz

1.2.3 Multiplizieren

$$7 \quad \cdot \quad 3 \quad = \quad 21$$
Multiplikator mal Multiplikand gleich Produktwert
1. Faktor   mal   2. Faktor   gleich Produktwert

Produkt

1.2.4 Dividieren

$$15 \quad : \quad 3 \quad = \quad 5$$
Dividend durch Divisor gleich Quotientwert
(Zähler)   (Nenner)

Quotient (Bruch)

1.2.5 Bruchrechnen

Arten von Brüchen

Echter Bruch	Unechter Bruch	Gemischte Zahl	Gleichnamige Brüche	Ungleichnamige Brüche
$\frac{3}{7}$	$\frac{8}{7}$	$2\frac{3}{7}$	$\frac{1}{7}, \frac{3}{7}, \frac{6}{7}$	$\frac{2}{5}, \frac{3}{7}, \frac{7}{9}$
Zähler kleiner als Nenner	Zähler größer als Nenner	Ganze Zahl und Bruch	Nenner alle gleich	Nenner alle ungleich

Umwandlung einer gemischten Zahl in einen unechten Bruch: $$2\frac{3}{7} = \frac{2 \cdot 7}{7} + \frac{3}{7} = \frac{14}{7} + \frac{3}{7} = \frac{17}{7}$$	Umwandlung eines Dezimalbruchs in einen echten Bruch und kürzen: $$0{,}875 = \frac{875}{1000} = \frac{7 \cdot 125}{8 \cdot 125} = \frac{7}{8}$$
Umwandlung eines echten Bruchs in einen Dezimalbruch: $$\frac{9}{11} = 9 : 11 = 0{,}818181...$$	Erweitern eines Bruchs mit 6: $$\frac{8}{17} = \frac{8 \cdot 6}{17 \cdot 6} = \frac{48}{102}$$

Addieren und Subtrahieren der Brüche

Ungleichnamige Brüche müssen zunächst gleichnamig gemacht werden (Hauptnenner bilden): $$\frac{2}{3} + \frac{1}{4} - \frac{1}{2} = \frac{8}{12} + \frac{3}{12} - \frac{6}{12} = \frac{5}{12}$$	Gleichnamige Brüche: Zähler addieren oder subtrahieren $$\frac{1}{5} + \frac{2}{5} + \frac{3}{5} = \frac{6}{5} = 1\frac{1}{5}$$ $$\frac{7}{8} - \frac{3}{8} - \frac{1}{8} + \frac{2}{8} = \frac{5}{8}$$

Multiplizieren und Dividieren der Brüche

Bruch durch ganze Zahl dividieren: $$\frac{8}{9} : 4 = \frac{8}{4 \cdot 9} = \frac{8}{36} = \frac{2}{9}$$ Nenner mal ganze Zahl	Ganze Zahl mit Bruch multiplizieren: $$\frac{5}{6} \cdot 3 = \frac{5 \cdot 3}{6} = \frac{15}{6} = 2\frac{1}{2}$$ Zähler mal ganze Zahl
Bruch durch Bruch dividieren: $$\frac{3}{8} : \frac{4}{5} = \frac{3}{8} \cdot \frac{5}{4} = \frac{15}{32}$$ Zählerbruch mal Kehrwert des Nennerbruchs	Bruch mit Bruch multiplizieren: $$\frac{2}{3} \cdot \frac{4}{11} = \frac{2 \cdot 4}{3 \cdot 11} = \frac{8}{33}$$ Zähler mal Zähler, Nenner mal Nenner

1.2.6 Prozentrechnen

„Prozent" (%) heißt „von Hundert". Das Prozentrechnen gibt an, wieviel eine Teilmenge im Verhältnis zur Gesamtmenge ausmacht. Die Gesamtmenge wird dabei immer gleich Hundert gesetzt, so daß die Teilmenge als „Teile von Hundert" (Prozentsatz) erscheint.

$$\frac{1}{100} \text{ des Grundwertes} = 1 \text{ Prozent} = 1\%$$

$$5 \text{ DM} \quad \text{sind} \quad 2{,}5\% \quad \text{von} \quad 200 \text{ DM}$$
Prozentwert   Prozentsatz   Grundwert

$$\text{Prozentsatz} = \frac{100 \cdot \text{Prozentwert}}{\text{Grundwert}}$$

Beispiel: Auf einer Leitung gehen von der Spannung 220 V bis zum Verbraucher 1,5% verloren. Wieviel V sind das?

Lösung: $100\% \mathrel{\widehat{=}} 220$ V

$$1\% \mathrel{\widehat{=}} \frac{220 \text{ V}}{100}$$

$$1{,}5\% \mathrel{\widehat{=}} \frac{220 \text{ V} \cdot 1{,}5}{100} = 3{,}3 \text{ V}$$

Anstatt mit Zahlengrößen kann mit Buchstaben gerechnet werden. In einer Rechnung hat ein bestimmter Buchstabe immer den gleichen Wert.
Positive Werte: $+1; +3; +a; +3b; +2(a+b)$
Werte ohne Vorzeichen sind positiv: $3; 2a; 4,5x$
Negative Werte: $-1; -0,5; -2,3a; -3(a+b)$

1.3.1 Addition

Das Rechnungszeichen ist $+$ (gelesen „plus"). In $a+b=c$ sind a und b die Summanden, c ist der Summenwert. **Die Reihenfolge der Summanden ist beliebig.** Der besseren Übersicht halber ordnet man sie alphabetisch.
Beispiel: $a+c+b+d=a+b+c+d$.
Man schreibt statt $a+a+a$ kurz $3a$.
Regel: Gleichbenannte Summanden addiert man, indem man ihre Beizahlen addiert.
$4x+5y+3x+4y=7x+9y$
$3a+5c+7b+8a+2g+4c+5f+4g+15$
$=15+3a+8a+7b+5c+4c+5f+2g+4g$
$=15+11a+7b+9c+5f+6g$

1.3.2 Subtraktion

Das Rechnungszeichen ist $-$ (gelesen „minus").
In $a-b=c$ ist a der Minuend, b der Subtrahend und c der Differenzwert. Nur gleichbenannte Größen lassen sich subtrahieren.
Regel: Gleichbenannte Größen subtrahiert man, indem man ihre Beizahlen subtrahiert.
Beispiel: $10a-6a=4a; 5a-3a-2b=2a-2b$.
$9a+9b-7a+3c-6b-c=2a+3b+2c$.

1.3.3 Klammern

Soll mit einer algebraischen Summe eine Rechnung ausgeführt werden, so schließt man sie in runde ( ) Klammern. Wird die in runden Klammern vorhandene Summe mit noch anderen Größen zu einem Ganzen verbunden, so wählt man die eckige [ ] Klammer. Beim ersten Glied in der Klammer läßt man das Vorzeichen weg, wenn es positiv ist, $3a$ hat also den Wert $+3a$.
Regel: Eine Klammer, vor der das Zeichen $+$ steht, kann man ohne Einfluß auf das Resultat fortlassen. Steht vor einer Klammer das Zeichen $-$, so löst man sie auf, indem man die Vorzeichen aller Glieder in der Klammer umkehrt.
Beispiele: $a+(b+c)=a+b+c$
$a+(b-c)=a+b-c$
$(3a+5b+6c)+7a=3a+7a+5b+6c=10a+5b+6c$
$a-(b+c)=a-b-c$
$a-(b-c)=a-b+c$
$a-(-b-c)=a+b+c$
$12a-5c-(6a+3b-4c)+(12+18c-26b+14)$
$=12a-5c-6a-3b+4c+12+18c-26b+14$
$=12+14+12a-6a-3b-26b+4c+18c-5c$
$=26+6a-29b+17c$.

1.3.4 Multiplikation

Das Rechnungszeichen ist $\cdot$ (gelesen „mal").
In $a\cdot b=c$ ist a der Multiplikator, b der Multiplikand und c der Produktwert.
Multiplikand und Multiplikator darf man vertauschen. Es ist z.B. $a\cdot b\cdot c=a\cdot c\cdot b=b\cdot a\cdot c=b\cdot c\cdot a$.
Regel: Multipliziert man algebraische Zahlen, welche gleiches Vorzeichen haben, so ist das Produkt positiv. Das Produkt aus zwei algebraischen Zahlen mit verschiedenen Vorzeichen wird negativ.
Beispiele:
$(+a)\cdot(+b)=+(a\cdot b); (-a)\cdot(-b)=+(a\cdot b)$
$(+a)\cdot(-b)=-(a\cdot b); (-a)\cdot(+b)=-(a\cdot b)$

Regel: Man multipliziert algebraische Summen, indem man jedes Glied der einen Summe mit jedem Glied der anderen Summe multipliziert.
Beispiel: $(a+b)\cdot c=a\cdot c+b\cdot c$
$(a+b)\cdot(-c)=-ac-bc$
$(a+b)\cdot(c+d)=a\cdot c+b\cdot c+a\cdot d+b\cdot d$
Merke: Man kann die Addition oder Subtraktion eines Produktes erst dann durchführen, wenn die Multiplikation ausgeführt ist.
Beispiel: $(a+b+c)\cdot d+a\cdot(b+d)$
$=ad+bd+cd+ab+ad$
$=ab+ad+ad+bd+cd=ab+2ad+bd+cd$
Regel: Produkte werden miteinander multipliziert, indem man die Faktoren in beliebiger Reihenfolge multipliziert.
Beispiele: $(3a)\cdot(4b)=3\cdot4\cdot a\cdot b=12a\cdot b=12ab$
$4a\cdot(5b-3c)+2a(3b+8c)$
$=5\cdot4ab-3\cdot4ac+2\cdot3ab+2\cdot8ac$
$=20ab-12ac+6ab+16ac=26ab+4ac.$
$[(25-7\cdot(4a+b))+3)]\cdot2=50-14\cdot(4a+b)+6$
$=50-56a-14b+6=56-56a-14b$

1.3.5 Division

Das Rechnungszeichen ist : (Doppelpunkt) oder der Bruchstrich (gelesen „geteilt durch"). Die Division ist die Umkehrung der Multiplikation. $3\cdot4=12; 12:4=3; 12:3=4.$
In der Gleichung $a:b=c$ ist a der Dividend, b der Divisor und c der Quotientwert.
Regel: Dividiert man algebraische Zahlen, welche gleiches Vorzeichen haben, so ist der Quotient positiv. Der Quotient aus zwei algebraischen Zahlen mit verschiedenen Vorzeichen ist negativ.
Beispiele: $+a:+b=+(a:b); -a:-b=+(a:b)$
$-a:+b=-(a:b); +a:-b=-(a:b)$
Regel: Hat man eine algebraische Summe durch eine Zahl zu teilen, so dividiert man jedes einzelne Glied der Summe durch diese Zahl.
Beispiele: $\dfrac{a+b}{c}=\dfrac{a}{c}+\dfrac{b}{c}; \dfrac{a-b}{c}=\dfrac{a}{c}-\dfrac{b}{c}$
$(32ac+16bc+24cd):2b=32ac:2b+16bc:2b+24cd:2b$

1.3.6 Proportionen

Eine Proportion ist eine Gleichung zwischen zwei Verhältnissen (Verhältnisgleichung).
Merke: In jeder arithmetischen Proportion ist die Summe der äußeren Glieder gleich der Summe der inneren Glieder.
Beispiele: $23-15=34-26;$
$23+26=15+34$ oder $49=49$
$a-b=c-d; a+d=b+c.$
Spricht man von Proportionen, so meint man die geometrischen Proportionen.
Regel: In jeder Proportion ist das Produkt der äußeren Glieder gleich dem Produkt der inneren Glieder.
Beispiele: $a:b=c:d;$
$a\cdot d=b\cdot c; 3:6=4:8; 3\cdot8=4\cdot6$
Die unbekannten Glieder bezeichnet man mit x.
Beispiele: $a:b=c:x;$ mithin $a\cdot x=b\cdot c$
$x=(b\cdot c):a$. Ein geometrisches Verhältnis läßt sich natürlich auch als Bruch auffassen. Man kann es daher erweitern und kürzen.
Beispiel: $a:b=a\cdot c:b\cdot c=(a:c):(b:c)$.
Jede Produktengleichung kann in eine Proportion umgewandelt werden. Die Faktoren des einen Produktes werden äußere Glieder, Faktoren des anderen Produktes innere Glieder oder auch umgekehrt. Daher lassen sich aus einer Produktengleichung acht Proportionen bilden.
Beispiel: $4\cdot9=3\cdot12$

$4:3=12:9$ vertauscht	$3:9=4:12$ inn. u. äuß.
$4:12=3:9$ inn. Glieder	$3:4=9:12$ inn. Glieder
$9:12=3:4$ äuß. Glieder	$12:4=9:3$ äuß. Glieder
$9:3=12:4$ inn. Glieder	$12:9=4:3$ inn. Glieder

1.3.7 Gleichungen ersten Grades mit einer Unbekannten

Eine Verbindung von zwei gleichen Größen durch ein Gleichheitszeichen nennt man Gleichung. Man unterscheidet identische Gleichungen, z.B.

$a+b=b+a$; $a+5=5+a$; $4a+b=b+4a$

und Bestimmungsgleichungen, bei denen die unbekannte Größe x, y oder z zu bestimmen ist. Um die Unbekannte zu bestimmen, muß sie auf einer Seite der Gleichung allein stehen.

Regel: Alles, was auf der einen Seite einer Gleichung mit $(+)$ oder $(\cdot)$ steht, kann man auf die andere Seite mit $(-)$ bzw. $(:)$ bringen und umgekehrt.

Beispiele:

$x+5=10$; $x=10-5$; $x=5$; $\quad x-8=3$; $x=3+8$; $x=11$;

$x \cdot 9 = 36$; $x=36:9$; $x=4$; $\quad x:6=7$; $x=7 \cdot 6$; $x=42$.

Oft kommt die Unbekannte mehrmals in einer Gleichung vor. Steht sie in Klammern oder Brüchen, so sind mehrfache Umformungen nötig. Man schafft nacheinander die Brüche fort, löst die Klammern auf, faßt die Glieder mit x auf einer Seite zusammen und trennt schließlich den Faktor von x ab.

Beispiele:

$44 : 2x = 11$	$4(10-2x)-6(x+5{,}5)=0$
$44 = 11 \cdot 2x$	$40-8x-6x-33=0$
$44 = 22x$	$40-33=8x+6x$
$44 : 22 = x$	$7=14x$
$x=2$	$7:14=x \qquad x=0{,}5$

$16 = \dfrac{12-2x}{0{,}5}$	$\dfrac{1}{3}x + \dfrac{1}{4}x = 7$
$16 \cdot 0{,}5 = 12-2x$	$\dfrac{x \cdot 12}{3} + \dfrac{x \cdot 12}{4} = 7 \cdot 12$
$8 = 12 - 2x$	
$2x = 12 - 8$	$4x + 3x = 84$
$2x = 4$	$7x = 84$
$x = 2$	$x = 84 : 7 \qquad x = 12$

1.3.8 Gleichungen ersten Grades mit zwei Unbekannten

Zwei unbekannte Zahlen lassen sich nur dann eindeutig bestimmen, wenn zwei verschiedene Gleichungen gegeben sind. Bei der Auflösung stellt man aus ihnen eine dritte Gleichung mit nur einer Unbekannten her. Die zweite Unbekannte wird durch die Einsetzungs-, die Gleichsetzungs- oder die Additionsmethode fortgeschafft.

Die Einsetzungsmethode

I $3x+2y=18$

II $4x+\ y=19$. Aus dieser Gleichung folgt:

$v=19-4x$. Diesen Wert von y setzt man in die Gleichung I ein und erhält:

$3x+2(19-4x)=18$; hieraus errechnet man $x=4$ und setzt x in Gleichung I oder II ein:

$4 \cdot 4 + y = 19$; $y = 19 - 16$; $y = 3$.

Die Gleichsetzungsmethode

II $3x+2y=18$	Löst man beide Gleichungen nach
I $4x+\ y=19$	y auf, so erhält man zwei neue Gleichungen:

$y = (18-3x):2$

$y = 19 - 4x$

Sind zwei Größen einer dritten gleich, so sind sie untereinander gleich. Mithin wird:

$(18-3x):2=(19-4x)2$

$18-3x=38-8x \qquad 8x-3x=38-18$

Hieraus berechnet sich $x=4$. Durch Einsetzen von 4 in Gleichung I oder II kann y berechnet werden.

Die Additions- bzw. Subtraktionsmethode

I $3x+2y=18$

II $4x+\ y=19$. Diese Gleichung erweiter ich mit 2 und ziehe von ihr die Gleichung I ab.

$$\begin{array}{r} 8x+2y=38 \\ -\ 3x+2y=18 \\ \hline 5x \qquad = 20; \ x=4. \end{array}$$

Durch Einsetzen in Gleichung I oder II finden wir wieder $y=3$.

1.3.9 Gleichungen zweiten Grades (quadratische Gleichungen)

Bei rein-quadratischen Gleichungen kommt die Unbekannte nur in der 2. Potenz (z.B. x^2) vor. Diese Gleichungen haben immer 2 Ergebnisse (positiv oder negativ).

Beispiel: $x^2=25$; $x=\sqrt{25}=\pm 5$, weil $(+5)\cdot(+5)=25$ und $(-5)\cdot(-5)=25$ ist.

$15+3x^2=x^2+47$; $3x^2-x^2=47-15$; $2x^2=32$;

$x^2=32:2$; $x^2=16$; $x=\pm\sqrt{16}$; $x_1=4$; $x_2=-4$.

Bei gemischt-quadratischen Gleichungen kommt die Unbekannte in der 1. und 2. Potenz vor (x und x^2).

Beispiel: $x^2+ax=-b$. Man bringt sie auf die Normalform $x^2+ax+b=0$ und löst sie nach der Formel

$$x = -\frac{a}{2} \pm \sqrt{\left(\frac{a}{2}\right)^2 - b}$$

Für a und b sind die gegebenen Zahlenwerte einzusetzen.

Beispiel: $2x^2+x+13=x^2-5x+40$;

$2x^2-x^2+5x=40-13$

Normalform: $x^2+6x-27=0 \quad (a=6, b=-27)$

eingesetzt: $x_1 = -\dfrac{6}{2} + \sqrt{\left(\dfrac{6}{2}\right)^2 + 27}$; $x_1 = -3 + \sqrt{9+27}$

$x_1 = -3 + \sqrt{36} = -3 + 6 = 3$; $x_1 = 3$

$x_2 = -3 - \sqrt{36} = -3 - 6 = -9$; $x_2 = -9$

Lösung mit Hilfe der quadratischen Ergänzung.

$x^2+6x \qquad =27$	Bekanntes Glied zur rechten Seite.
$x^2+6x+3^2=27+9$	Die quadratische Ergänzung ist das
$(x+3)^2 \qquad =36$	Quadrat des halben Faktors von x,
$x+3 \qquad =\pm\sqrt{36}$	hier 3^2. Sie wird auf beiden Seiten
$x_1 = -3+6=3$	addiert, so daß die Wurzel gezogen
$x_2 = -3-6=-9$	werden kann und x nur noch in 1. Potenz steht.

1.3.10 Potenz

Eine Potenz ist die verkürzte Schreibweise einer fortlaufenden Multiplikation gleicher Faktoren.

$a \cdot a = a^2$; $b \cdot b = b^3$; $3 \cdot 3 = 3^2$;

In der Potenz 5^3 nennt man 5 die Grundzahl (Basis), 3 die Hochzahl Exponent). – Potenzen mit gleicher Grundzahl werden multipliziert (dividiert), indem man die Hochzahlen addiert (subtrahiert).

$a^2 \cdot a^3 = a^{2+3} = a^5$; $\qquad 3^2 \cdot 3^3 = 3^{2+3} = 3^5 = 243$

$c^5 : c^2 = c^{5-2} = c^3$; $\qquad 2^5 : 2^3 = 2^{5-2} = 2^3 = 8$

$(a+b)^2 = (a+b) \cdot (a+b) = a^2 + 2ab + b^2$

$(a-b)^2 = (a-b) \cdot (a-b) = a^2 - 2ab + b^2$

1.3.11 Wurzelrechnung

Die Wurzelrechnung ist eine Umkehrung der Potenzrechnung. Bei ihr ist aus Potenzwert und Exponent die Basis zu finden.

Ist $a^n = c$, so ist $a = \sqrt[n]{c}$ (lies a gleich n-te Wurzel aus c).

In $a = \sqrt[n]{c}$ ist a die Wurzel, n der Wurzelexponent und c der Radikand.

Regel: Wurzeln kann man nur dann addieren, wenn sie gleichen Wurzelexponenten und gleichen Radikanden haben.

Beispiele: $\sqrt[4]{a} + \sqrt[4]{a} = 2 \cdot \sqrt[4]{a}$

1.4.1 Winkeleinheiten nach DIN 1315 (8.82)

1. Radiant (Bogenmaß)

Die Winkeleinheit Radiant (rad, aber in bestimmten Fällen auch ohne Einheit) ergibt sich, wenn die Größe eines Zentriwinkels in einem beliebigen Kreis durch das Verhältnis der zugehörigen Kreisbogenlänge zum Kreisradius angegeben wird. Für einen Vollwinkel gilt:

$$1 \text{ Vollwinkel} = 2\pi \text{ rad}$$

2. Grad (Altgrad)

Der Grad (°) ist der 360ste Teil eines Vollwinkels:

$$1° = \frac{1}{360} \text{ Vollwinkel} = \frac{\pi}{180} \text{ rad}$$

Der Grad wird unterteilt in Minute (′) und Sekunde (″)

$$1° = 60' = 3600''$$

3. Gon (Neugrad)

Das Gon (gon) ist der 400ste Teil eines Vollwinkels:

$$1 \text{ gon} = \frac{1}{400} \text{ Vollwinkel} = \frac{\pi}{200} \text{ rad}$$

Das Gon wird unterteilt durch Vorsätze:

$$1 \text{ cgon} = \frac{1}{100} \text{ gon} = 0,01 \text{ gon}$$

$$1 \text{ mgon} = \frac{1}{1000} \text{ gon} = 0,001 \text{ gon}$$

Umrechnungstabelle für Winkeleinheiten

	rad	Vollwinkel	gon	mgon	°	′	″
1 rad	1	0,159	63,66	$63,66 \cdot 10^3$	57,296	$3,438 \cdot 10^3$	$206,26 \cdot 10^3$
1 Vollwinkel	6,283	1	400	$400 \cdot 10^3$	360	$21,6 \cdot 10^3$	$1,296 \cdot 10^6$
1 gon	$15,7 \cdot 10^{-3}$	$2,5 \cdot 10^{-3}$	1	$1,0 \cdot 10^3$	0,9	54	$3,24 \cdot 10^3$
1°	$17,45 \cdot 10^{-3}$	$2,778 \cdot 10^{-3}$	1,111	$1,11 \cdot 10^3$	1	60	$3,6 \cdot 10^3$
1′	$290,89 \cdot 10^{-6}$	$46,3 \cdot 10^{-6}$	$18,52 \cdot 10^{-3}$	18,52	$16,67 \cdot 10^{-3}$	1	60
1″	$4,848 \cdot 10^{-6}$	$772 \cdot 10^{-9}$	$308,6 \cdot 10^{-6}$	$308,6 \cdot 10^{-3}$	$277,8 \cdot 10^{-6}$	$16,67 \cdot 10^{-3}$	1

1.4.2 Trigonometrische Funktionen

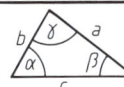

$$\gamma = 1 \llcorner = 90°$$
c ist die Hypotenuse,
a und b sind die Katheten

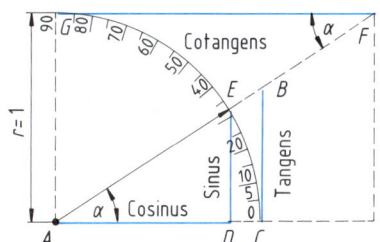

Im rechtwinkligen Dreieck ist:

1. **der Sinus eines Winkels** $= \dfrac{\text{Gegenkathete}}{\text{Hypotenuse}}$

$$\sin \alpha = \frac{a}{c}; \quad \sin \beta = \frac{b}{c};$$

2. **der Cosinus eines Winkels** $= \dfrac{\text{Ankathete}}{\text{Hypotenuse}}$

$$\cos \alpha = \frac{b}{c}; \quad \cos \beta = \frac{a}{c};$$

3. **der Tangens eines Winkels** $= \dfrac{\text{Gegenkathete}}{\text{Ankathete}}$

$$\tan \alpha = \frac{a}{b}; \quad \tan \beta = \frac{b}{a};$$

4. **der Cotangens eines Winkels** $= \dfrac{\text{Ankathete}}{\text{Gegenkathete}}$

$$\cot \alpha = \frac{b}{a}; \quad \cot \beta = \frac{a}{b}.$$

Im Dreieck ADE: $\sin \alpha = \dfrac{DE}{r} = \dfrac{DE}{1} = DE$

$$\cos \alpha = \frac{AD}{r} = \frac{AD}{1} = AD$$

Im Dreieck ACB: $\tan \alpha = \dfrac{BC}{r} = \dfrac{BC}{1} = BC$

Im Dreieck AFG: $\cot \alpha = \dfrac{FG}{r} = \dfrac{FG}{1} = FG$

1.4.3 Vorzeichen der Funktionen in den vier Quadranten

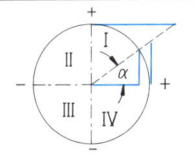

Quadrant	Größe des Winkels	sin	cos	tan	cot
I	von 0° bis 90°	+	+	+	+
II	von 90° bis 180°	+	−	−	−
III	von 180° bis 270°	−	−	+	+
IV	von 270° bis 360°	−	+	−	−

1.4 Winkelfunktionen

1.4.4 Funktionskurven und Funktionswerte bestimmter Winkel

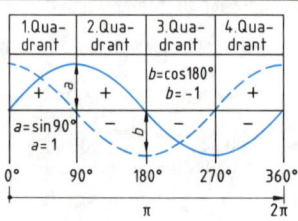

—— Sinus-Kurve
---- Cosinus-Kurve

—— Tangens-Kurve
--- Cotangens-Kurve

	$-\alpha$	$360° \cdot n + \alpha$	$180° \cdot n + \alpha$
sin	$-\sin\alpha$	$\sin\alpha$	
cos	$\cos\alpha$	$\cos\alpha$	
tan	$-\tan\alpha$		$\tan\alpha$
cot	$-\cot\alpha$		$\cot\alpha$

n = ganzzahlig

Die trigonometrischen Funktionswerte wichtiger Winkelgrößen

	0°	30°	45°	60°	90°	180°	270°	360°
sin	0	$\frac{1}{2}$	$\frac{1}{2}\sqrt{2}$	$\frac{1}{2}\sqrt{3}$	1	0	-1	0
cos	1	$\frac{1}{2}\sqrt{3}$	$\frac{1}{2}\sqrt{2}$	$\frac{1}{2}$	0	-1	0	1
tan	0	$\frac{1}{3}\sqrt{3}$	1	$\sqrt{3}$	$\pm\infty$	0	$\pm\infty$	0
cot	$\pm\infty$	$\sqrt{3}$	1	$\frac{1}{3}\sqrt{3}$	0	$\pm\infty$	0	$\pm\infty$

Beziehung der Winkelfunktionen in den Quadranten

	$90 \pm \alpha$	$180 \pm \alpha$	$270 \pm \alpha$	$360 \pm \alpha$
sin	$\cos\alpha$	$\mp\sin\alpha$	$-\cos\alpha$	$\pm\sin\alpha$
cos	$\mp\sin\alpha$	$-\cos\alpha$	$\pm\sin\alpha$	$\cos\alpha$
tan	$\mp\cot\alpha$	$\pm\tan\alpha$	$\mp\cot\alpha$	$\pm\tan\alpha$
cot	$\mp\tan\alpha$	$\pm\cot\alpha$	$\mp\tan\alpha$	$\pm\cot\alpha$

1.4.5 Beziehung zwischen den Winkelfunktionen für gleiche Winkel

$$\tan\alpha = \frac{\sin\alpha}{\cos\alpha}; \quad \cot\alpha = \frac{\cos\alpha}{\sin\alpha}; \quad \sin^2\alpha + \cos^2\alpha = 1; \quad \tan\alpha\,\cot\alpha = 1$$

	$\sin\alpha$	$\cos\alpha$	$\tan\alpha$	$\cot\alpha$
$\sin\alpha$	–	$\sqrt{1-\cos^2\alpha}$	$\tan\alpha : \sqrt{1+\tan^2\alpha}$	$1 : \sqrt{1+\cot^2\alpha}$
$\cos\alpha$	$\sqrt{1-\sin^2\alpha}$	–	$1 : \sqrt{1+\tan^2\alpha}$	$\cot\alpha : \sqrt{1+\cot^2\alpha}$
$\tan\alpha$	$\sin\alpha : \sqrt{1-\sin^2\alpha}$	$\sqrt{1-\cos^2\alpha} : \cos\alpha$	–	$1 : \cot\alpha$
$\cot\alpha$	$\sqrt{1-\sin^2\alpha} : \sin\alpha$	$\cos\alpha : \sqrt{1-\cos^2\alpha}$	$1 : \tan\alpha$	–

1.4.6 Berechnung rechtwinkliger Dreiecke

Gegeben	Ermittlung der anderen Größen
a, α	$\beta = 90° - \alpha$, $b = a \cdot \cot\alpha$, $c = \dfrac{a}{\sin\alpha}$
b, α	$\beta = 90° - \alpha$, $a = b \cdot \tan\alpha$, $c = \dfrac{b}{\cos\alpha}$
c, α	$\beta = 90° - \alpha$, $a = c \cdot \sin\alpha$, $b = c \cdot \cos\alpha$
a, b	$\tan\alpha = \dfrac{a}{c}$, $c = \dfrac{a}{\sin\alpha}$, $\beta = 90° - \alpha$
a, c	$\sin\alpha = \dfrac{a}{c}$, $b = c \cdot \cos\alpha$, $\beta = 90° - \alpha$
b, c	$\cos\alpha = \dfrac{b}{c}$, $a = c \cdot \sin\alpha$, $\beta = 90° - \alpha$

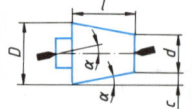

Beispiel:
Ein Kegel mit $D = 100$ mm, $d = 60$ mm und $l = 90$ mm soll gedreht werden. Wie groß ist der Einstellwinkel α zu wählen?

Lösung: $c = \dfrac{D-d}{2} = \dfrac{100\text{ mm} - 60\text{ mm}}{2} = 20$ mm

$\tan\alpha = \dfrac{c}{l} = \dfrac{20\text{ mm}}{90\text{ mm}} = 0{,}2222$

Gibt man den Wert 0,2222 in den Taschenrechner und drückt anschließend die Tasten [arc] und [tan], so erhält man den Winkel $\alpha = 12{,}5°$.

1.4.7 Formeln für das schiefwinklige Dreieck

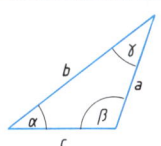 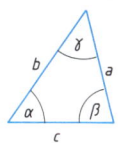

Im schiefwinkligen Dreieck lauten:

1. der Sinussatz:
$$\frac{a}{\sin \alpha} = \frac{b}{\sin \beta} = \frac{c}{\sin \gamma};$$

2. der Cosinussatz:
$$a^2 = b^2 + c^2 - 2bc \cdot \cos \alpha,$$
$$b^2 = a^2 + c^2 - 2ac \cdot \cos \beta,$$
$$c^2 = a^2 + b^2 - 2ab \cdot \cos \gamma;$$

Bei $\alpha > 90°$ Vorzeichen beachten. Siehe S. 1-6

3. der Tangenssatz:
$$\frac{a+b}{a-b} = \frac{\tan \frac{1}{2}(\alpha + \beta)}{\tan \frac{1}{2}(\alpha - \beta)};$$

4. die Mollweideschen Formeln:
$$(a+b) : c = \cos \frac{\alpha - \beta}{2} : \sin \frac{\gamma}{2},$$
$$(a-b) : c = \sin \frac{\alpha - \beta}{2} : \cos \frac{\gamma}{2}.$$

$s = $ halbe Seitensumme $= \dfrac{a+b+c}{2}$, $A = $ Fläche

$$A = \frac{a \cdot b \cdot \sin \gamma}{2} = \frac{a \cdot c \cdot \sin \beta}{2} = \frac{b \cdot c \cdot \sin \alpha}{2}$$

$$A = \sqrt{s(s-a)(s-b)(s-c)}$$

$$\sin \frac{\alpha}{2} = \sqrt{\frac{(s-b)(s-c)}{bc}}$$

$$\cos \frac{\alpha}{2} = \sqrt{\frac{s(s-a)}{bc}}$$

$$\tan \frac{\alpha}{2} = \sqrt{\frac{(s-b)(s-c)}{s(s-a)}}$$

$$\tan \alpha = \frac{a \sin \beta}{c - a \cos \beta}$$

$$a = b \cos \gamma + c \cos \beta, \quad b = c \cos \alpha + a \cos \gamma$$
$$c = a \cos \beta + b \cos \alpha$$

$R = $ Radius des Umkreises

$$R = \frac{a}{2 \sin \alpha} = \frac{b}{2 \sin \beta} = \frac{c}{2 \sin \gamma}$$

$\varrho = $ Radius des Inkreises

$$\varrho = \sqrt{\frac{(s-a)(s-b)(s-c)}{s}} = s \cdot \tan \frac{\alpha}{2} \tan \frac{\beta}{2} \tan \frac{\gamma}{2}$$

1.4.8 Berechnung schiefwinkliger Dreiecke

Gegeben	Ermittlung der anderen Größen			
3 Seiten a, b, c	$\cos \beta = \dfrac{a^2 + c^2 - b^2}{2ac}$ $\sin \alpha = \dfrac{a \sin \beta}{b}$ $\gamma = 180° - (\alpha + \beta)$ $A = \dfrac{ab \sin \gamma}{2}$	2 Seiten und ein Gegenwinkel b, c, β	$\sin \gamma = \dfrac{c \sin \beta}{b}$ $\alpha = 180° - (\beta + \gamma)$ $a = \dfrac{c \sin \alpha}{\sin \gamma}$ $A = \dfrac{ab \sin \gamma}{2}$	a) Wenn $c \sin \beta < b$, ergeben sich zwei Werte für γ. b) Ist $c \sin \beta = b$, so ist $\gamma = 90°$. c) Ist $c \sin \beta > b$, keine Lösung.
2 Seiten und der eingeschlossene Winkel a, c, β $a < c$	$b = \sqrt{a^2 + c^2 - 2ac \cos \beta}$ $\sin \alpha = \dfrac{a \sin \beta}{b}$ $\gamma = 180° - (\alpha + \beta)$ Wegen $a < c$ ist α spitz $A = \dfrac{ab \sin \gamma}{2}$	1 Seite und zwei Winkel c, α, β	$\gamma = 180° - (\alpha + \beta)$ $a = \dfrac{c \sin \alpha}{\sin \gamma}$ $b = \dfrac{c \sin \beta}{\sin \gamma}$ $A = \dfrac{ab \sin \gamma}{2}$	

1.5 Länge, Fläche, Volumen und Masse

1.5.1 Satz des Pythagoras/Euklid

In jedem rechtwinkligen Dreieck ist das Hypotenusenquadrat gleich der Summe der beiden Kathetenquadrate:
$$c^2 = a^2 + b^2 \quad c = \sqrt{a^2 + b^2}$$

Beispiel für
$a = 3, b = 4, c = 5: \quad 5^2 = 4^2 + 3^2 \quad 25 = 16 + 9$

Höhensatz des Euklid: Das Höhenquadrat ist gleich dem Rechteck aus den Abschnitten der Hypotenuse:
$$h^2 = d \cdot e; \quad h = \sqrt{d \cdot e}$$

Kathetensatz des Euklid: Das Kathetenquadrat ist gleich dem Rechteck aus der Hypotenuse und der Projektion der Kathete auf die Hypotenuse:
$$a^2 = c \cdot d \quad a = \sqrt{c \cdot d} \quad b^2 = c \cdot e \quad b = \sqrt{c \cdot e}$$

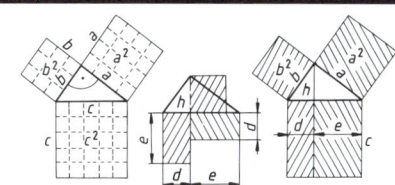

Nutzanwendung: Mit Hilfe einer geschlossenen Schnur, die in Längen 3 : 4 : 5 durch Knoten geteilt ist, kann man einen rechten Winkel bilden.

1.5 Länge, Fläche, Volumen und Masse

Länge

1 Meter (m) = 100 Zentimeter (cm) = 1000 Millimeter (mm) = 1 000 000 Mikrometer (μm).
1 m = 10 Dezimeter (dm).
1 Kilometer (km) = 1 000 m.
1 deutsche Meile (geographische Meile) = 7,420 km (meistens gerechnet = 7,5 km).
1 Seemeile = 10 Kabellängen = 1852 m.
1 englische Meile = 1760 Yards = 1609 m.
1 Yard = 3 engl. Fuß = 36 engl. Zoll ($''$) = 91,44 cm.
1 engl. Zoll = 25,4 mm (genau 25,399956 mm).

Umrechnung englische Zoll in mm

engl. Zoll	$\frac{1}{64}$	$\frac{1}{32}$	$\frac{1}{16}$	$\frac{1}{8}$	$\frac{3}{16}$	$\frac{1}{4}$
mm	0,397	0,794	1,587	3,175	4,762	6,350
engl. Zoll	$\frac{3}{8}$	$\frac{1}{2}$	$\frac{5}{8}$	$\frac{3}{4}$	$\frac{7}{8}$	$1''$
mm	9,525	12,700	15,875	19,050	22,225	25,400

Fläche

1 Quadratmeter (m^2) = 100 Quadratdezimeter (dm^2) = 10000 Quadratzentimeter (cm^2) = 1 000 000 Quadratmillimeter (mm^2).
1 Quadratkilometer (km^2) = 100 Hektar (ha) = 10000 Ar (a) = 1 000 000 Quadratmeter (m^2).

Volumen

1 Kubikmeter (m^3) = 1000 Kubikdezimeter (dm^3).
1 m^3 = 1 000 000 Kubikzentimeter (cm^3) = 1 000 000 000 Kubikmillimeter (mm^3).
1 dm^3 = 1 Liter (l).
1 Hektoliter (hl) = 100 l.

Masse

1 cm^3 Wasser (von 4 °C) hat eine Masse von 1 Gramm (g).
1 dm^3 = 1 l Wasser hat eine Masse von 1 kg = 1000 g.
1 m^3 Wasser hat eine Masse von 1 Tonne (t) = 1000 kg.
1 engl. Pfund = 0,4536 kg.
1 kg = 2,2046 engl. Pfund.

1.5.2 Formeln für die Flächenberechnung

Quadrat

$$A = a \cdot a = a^2$$
$$D = 1,4142 \cdot a$$
$$a = \sqrt{A}$$

Rechteck, Rhombus, Parallelogramm

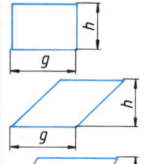

Rechteck — Fläche $A = g \cdot h$

Rhombus — Grundlinie $g = \dfrac{A}{h}$

Parallelogramm — Höhe $h = \dfrac{A}{g}$

Trapez

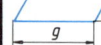

$$A = \frac{a+b}{2} \cdot h$$
$$h = \frac{2A}{a+b}$$
$$a = \frac{2A}{h} - b$$
$$b = \frac{2A}{h} - a$$

Dreieck

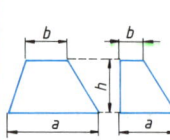

$$A = \frac{g \cdot h}{2}$$

Das Dreieck ist die Hälfte eines Rechtecks, Rhombus, Parallelogramms

$$h = \frac{2A}{g}$$

$$g = \frac{2A}{h}$$

Vieleck

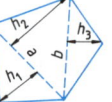

Zerlegung in Dreiecke:
$$A = A_1 + A_2 + A_3$$
$$A = \frac{a \cdot h_1 + a \cdot h_2 + b \cdot h_3}{2}$$

Kreis

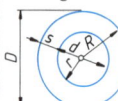

d = Kreisdurchmesser (Kreis-$\varnothing$)
r = Radius = Halbmesser
Umfang: $U = \pi \cdot d = \pi \cdot 2r$
$$A = \frac{\pi \cdot d^2}{4}$$
oder $A = \pi \cdot r^2$
$\pi = 3,14159265\ldots \approx 3,14$

Kreisring

$$s = R - r$$
$$A = \pi(R^2 - r^2)$$
oder $A = \pi(d + s) \cdot s$
oder $A = \dfrac{\pi \cdot D^2}{4} - \dfrac{\pi \cdot d^2}{4}$

Kreisausschnitt

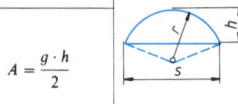

Bogenlänge $b = \dfrac{\pi \cdot r \cdot \beta}{180}$ $\beta = \dfrac{180\,b}{\pi \cdot r}$
$$A = \frac{b \cdot r}{2}$$

Kreisabschnitt

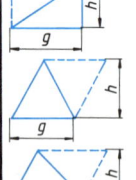

$$A = 0,5\,b \cdot r - 0,5\,s\,(r - h)$$
oder $A \approx \dfrac{h}{6s}(3h^2 + 4s^2)$
$$r = \frac{h}{2} + \frac{s^2}{8h} = 2\sqrt{h(2r - h)}$$
$$h = r - \sqrt{r^2 - 0,25\,s^2}$$

Ellipse

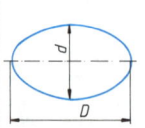

$$A = \frac{\pi \cdot d \cdot D}{4}$$
$$D = \frac{4 \cdot A}{\pi \cdot d} \qquad d = \frac{4 \cdot A}{\pi \cdot D}$$
$$U \approx \pi \cdot \frac{D + d}{2}$$
Genauere Formel: $U \approx \pi \cdot \sqrt{2 \cdot (R^2 + r^2)}$

1.5.3 Formeln für die Körperberechnung

Würfel (Kubus)

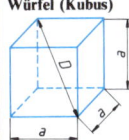

Rauminhalt:
$$V = a \cdot a \cdot a = a^3$$
Kantenlänge: $a = \sqrt[3]{V}$
Raumdiagonale $D = a\sqrt{3}$

Prisma

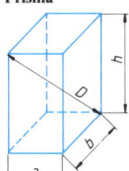

$V = $ Grundfläche $\times$ Höhe
$$V = a \cdot b \cdot h \qquad V = A \cdot h$$
$$h = \frac{V}{A} \qquad a = \frac{V}{b \cdot h} \qquad b = \frac{V}{a \cdot h}$$
$$D = \sqrt{a^2 + b^2 + h^2}$$

Pyramide

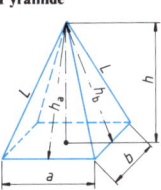

$$V = \frac{a \cdot b \cdot h}{3} = \frac{A \cdot h}{3}$$
$$h_b = \sqrt{h^2 + \frac{a^2}{4}}$$
$$L = \sqrt{h_b^2 + \frac{b^2}{4}}$$
h_a und $h_b = $ Flächenhöhen
$L = $ Kantenlänge

Pyramidenstumpf

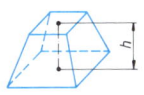

Rauminhalt genau:
$$V = \frac{h}{3}(A + A_1 + \sqrt{A \cdot A_1})$$
A und A_1 sind die Grundflächen.

In der Praxis gebrauchte (angenäherte) Formel:
$$V \approx h\,\frac{A + A_1}{2}$$
Gültig für $A_1 : A = 0,35$ oder größer.

Ponton

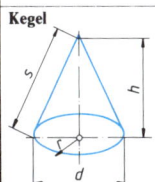

Das Ponton hat im Gegensatz zum Pyramidenstumpf verschieden geneigte Seitenflächen; die Grundflächen sind nicht ähnlich.

$$V = \frac{h}{6}(2ab + ad + bc + 2cd)$$

Kegel

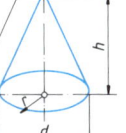

Mantelfäche $A_M = \dfrac{\pi \cdot d \cdot s}{2}$ $V = \dfrac{A \cdot h}{3}$

Kegelstumpf

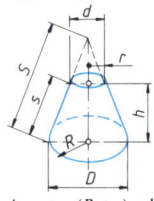

Mantelfläche

$$A_M = \pi \cdot s (R + r) \quad \text{oder} \quad A_M = \frac{\pi \cdot s (D + d)}{2}$$
$$V = \frac{\pi \cdot h}{3}(R \cdot r + R^2 + r^2)$$
$$\text{oder} \quad V = \frac{\pi \cdot h}{12}(D \cdot d + D^2 + d^2)$$
D und d sind die Durchmesser der Grundkreise.
$$\beta = D \cdot 180 / S$$

Zylinder

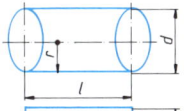

Mantelfläche

Die Mantelfläche ist ein Rechteck:
$$A_M = \pi \cdot d \cdot l$$

Rauminhalt:
$$V = \pi \cdot r^2 \cdot l$$
$$\text{oder} \quad V = \frac{\pi \cdot d^2}{4} \cdot l$$
$$= 0,785 \cdot d^2 \cdot l$$

Hohlzylinder

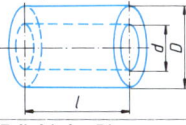

$$V = \pi (R^2 - r^2) l$$
$$V = \pi (d + s) \cdot s \cdot l$$
$$V = \left(\frac{\pi \cdot D^2}{4} - \frac{\pi \cdot d^2}{4}\right) l$$

Zylindrischer Ring

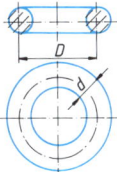

Mantelfläche:
$$A_M = \pi \cdot d \cdot \pi \cdot D$$

Rauminhalt:
$$V = \frac{\pi \cdot d^2}{4}\,\pi \cdot D$$

Kugel

Mantelfläche: $A_M = \pi \cdot d^2$
$$V = \frac{4}{3}\pi r^3 = \frac{\pi \cdot d^3}{6}$$
$$V = 4,189\, r^3 = 0,5236\, d^3$$

1.6 Analytische Geometrie

1.6.1 Punkt und Gerade

Die Lage des Punktes P ist durch die Angabe der rechtwinkligen (kartesischen) Koordinaten x und v eindeutig bestimmt. Die positive Richtung der Achsen ist durch einen Pfeil gekennzeichnet. x stellt die Abzisse und y die Ordinate des Punktes P dar.

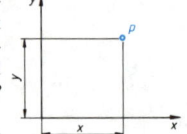

Sind die Koordinaten eines Punktes und ist die Richtung durch den Neigungswinkel α einer Geraden gegen die x-Achse gegeben, wobei die Steigung $\tan\alpha = m$ gesetzt wird, so lautet die allgemeine Gleichung einer Geraden, die die y-Achse im Abstand b schneidet:

$$y = mx + b$$

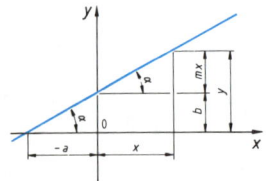

Vorzeichen von a, b und m in den verschiedenen Quadranten des kartesischen Koordinatensystems.

	y	
II		I
$-a$		$+a$
$+b$		$+b$
$+m$		$-m$
$-a$		$+a$
$-b$		$-b$
$-m$		$+m$
III		IV

Bei:

$m = 0 \rightarrow y = b$ Gleichung einer Parallelen zur x-Achse;

$b = 0 \rightarrow y = mx$ Gleichung einer Geraden durch den Koordinatenanfangspunkt;

$x = a$ ergibt die Gleichung einer Parallelen zur y-Achse.

1.6.2 Verschiebung des Koordinatensystems

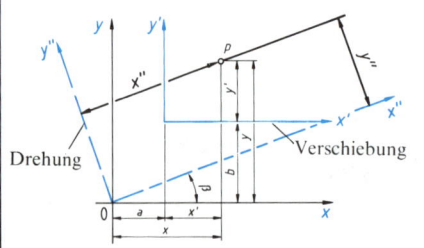

Drehung Verschiebung

Parallelverschiebung des Koordinatensystems

Die Achsen eines rechtwinkligen Koordinatensystems werden parallel um die Strecken a und b, um den Ursprung 0, verschoben.

$$x = a + x' \quad y = b + y' \quad x' = x - a \quad y' = y - b$$

Drehung des Koordinatensystems

Die Achsen eines rechtwinkligen Koordinatensystems werden um den Winkel β im positiven Sinne, um den gleichen Ursprung 0, gedreht.

$$x = x'' \cos\beta - y' \sin\beta; \quad y = x' \sin\beta + y' \cos\beta$$
$$x'' = x \cos\beta + x \sin\beta; \quad y'' = -x \sin\beta + y \cos\beta.$$

1.6.3 Kreis

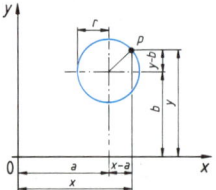

Allgemeine Kreisgleichung:

$$(x - a)^2 + (y - b)^2 = r^2.$$

Fällt der Kreismittelpunkt mit dem Achsenmittelpunkt zusammen ($a = 0$, $b = 0$):

$$x^2 + y^2 = r^2.$$

1.6.4 Parabel

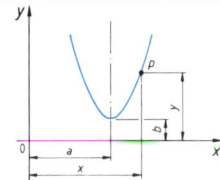

Allgemeine Parabelgleichung:

$$y - b = c(x - a)^2.$$

Nach Ausmultiplizieren und Ordnen der Potenzen ergibt sich

$$y = cx^2 - 2cax + ca^2 + b.$$

Mit der neuen Bezeichnung der Konstanten

$$c = a_2; \quad -2cax = a_1; \quad ca^2 + b = a_0$$

ergibt sich die Gleichung für eine allgemeine Parabel mit vertikaler Achse. Verläuft der Parabelscheitelpunkt durch den Achsenmittelpunkt ($a = 0$; $b = 0$) und ist sie nach oben geöffnet, so ist

$$y = cx^2.$$

Beispiel:

Ein mit Flüssigkeit gefülltes zylindrisches Gefäß dreht sich mit der Winkelgeschwindigkeit ω um die senkrechte Achse. Das Masseteilchen m an der Flüssigkeitsoberfläche steht unter dem Einfluß der Fliehkraft $F_z = m \cdot x \cdot \omega^2$ und der Gewichtskraft $F_G = m \cdot g$. Die resultierende Kraft verläuft in Richtung der Normalen der Kurve.

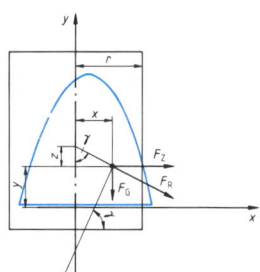

$$\tan \gamma = \frac{m \cdot x \cdot \omega^2}{m \cdot g} = \frac{x}{z}; \quad z = \frac{g}{\omega^2}$$

Die Subnormale z ist ein konstanter Wert; die Kurve ist eine Parabel mit dem Parameter $2z$:

$$y = \frac{x^2}{2z} = \frac{x^2 \cdot \omega^2}{2 \cdot g}$$

1.6.5 Exponentialkurven

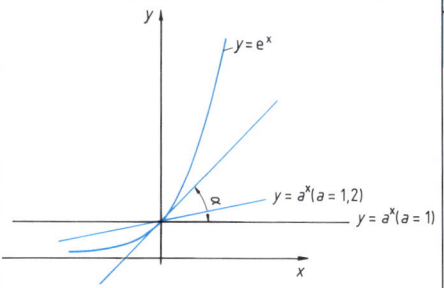

Allgemeine Gleichung:

$$y = a^x$$

mit der positiven Konstante a.

Sämtliche Exponentialkurven verlaufen durch den Punkt $x = 0$, $y = 1$.

Die Kurve, in der an diesem Punkt der Steigungswinkel $\gamma = 45°$ ($\tan \gamma = 1$) ist, ergibt in der Ableitung dieselbe Kurve. In diesem Fall wird die Konstante a Eulersche Zahl (e) genannt.

Die Eulersche Zahl ist die Basis des natürlichen Logarithmus.

$$e = 2{,}718\,281\,828\ldots$$

1.6.6 Sinus- und Cosinuslinie

Die Sinus- und Cosinuslinie wird über dem Bogenmaß dargestellt. Jede Länge auf der Abzisse entspricht der Bogenlänge eines Winkels als Zentriwinkel im Einheitskreis.

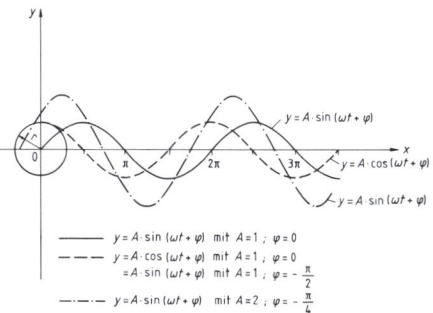

———— $y = A \cdot \sin(\omega t + \varphi)$ mit $A = 1$; $\varphi = 0$
– – – – $y = A \cdot \cos(\omega t + \varphi)$ mit $A = 1$; $\varphi = 0$
       $= A \cdot \sin(\omega t + \varphi)$ mit $A = 1$; $\varphi = -\frac{\pi}{2}$
–·–·–· $y = A \cdot \sin(\omega t + \varphi)$ mit $A = 2$; $\varphi = -\frac{\pi}{4}$

Nach Seite 1-5 ist

$$1° = \frac{\pi}{180}\text{ rad.}$$

Die Länge x wird als Teil oder Vielfaches von π ausgedrückt:

Zentriwinkel in

Grad	30°	60°	90°	180°	360°
Radiant	$\frac{\pi}{6}$	$\frac{\pi}{3}$	$\frac{\pi}{2}$	π	2π

Allgemeine Gleichungen:

Sinuslinie $y = A \sin(\omega t + \varphi)$
Cosinuslinie $y = A \cos(\omega t + \varphi)$

$A = $ Amplitude, $\omega = $ Kreisfrequenz, $t = $ Zeit, $\varphi = $ Phasenverschiebung

Eine Addition oder Subtraktion von Sinus- oder Cosinuslinien derselben Periode mit beliebiger Phasenverschiebung ergibt ebenfalls eine Sinus- bzw. Cosinuslinie mit gleicher Periode.

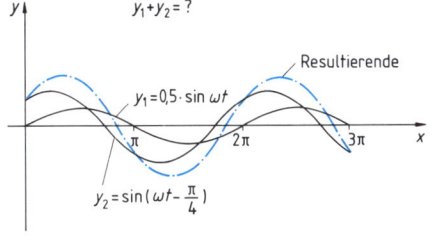

2 Naturwissenschaftliche Grundlagen

2.1 Physikalische Grundlagen

2.1.1 Größen, Einheiten, Zahlenwerte

Die physikalische Größe stellt meßbare Eigenschaften physikalischer Vorgänge, Zustände oder Objekte dar. Darunter sind z.b. Zeit, Länge, Masse, Geschwindigkeit zu verstehen.

Die physikalischen Größen sind zu unterscheiden nach:

Skalare, zu deren eindeutigen Festlegung die Angabe des Zahlenwertes und der Einheit ausreichend ist;

Vektoren, zu deren eindeutigen Festlegung neben Zahlenwert, Einheit auch die Richtung oder der Richtungssinn (Drehsinn) anzugeben ist.

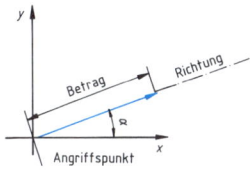

Die Einheit ist eine aus gleichartigen Größen ausgewählte und festgelegte Größe.

Der Zahlenwert einer physikalischen Größe ist das Verhältnis der Größe zur festgelegten Einheit. Das Produkt aus Zahlenwert und Einheit stellt also die Größe (betragsmäßig) dar. Zur vollständigen Festlegung ist u.U. die Richtung hinzuzufügen.

Größe = Zahlenwert · Einheit (Betrag)

Wählt man eine n-mal so große Einheit, so verkleinert sich der Zahlenwert auf den n-ten Teil.

2.1.2 Vorsätze vor Einheiten nach DIN 1301 T 1 (12. 85)

Vielfaches	E	Exa	$=10^{18}$	
	P	Peta	$=10^{15}$	
	T	Tera	$=10^{12}$	= billionenfache Wert
	G	Giga	$=10^{9}$	= milliardenfacher Wert
	M	Mega (Meg)	$=10^{6}$	= millionenfacher Wert
	k	Kilo	$=10^{3}$	= tausendfacher Wert
	h	Hekto	$=10^{2}$	= hundertfacher Wert
	da	Deka	$=10^{1}$	= zehnfacher Wert
Teile	d	Dezi	$=10^{-1}$	= zehnter Teil
	c	Zenti	$=10^{-2}$	= hundertster Teil
	m	Milli	$=10^{-3}$	= tausendster Teil
	u	Mikro	$=10^{-6}$	= millionster Teil
	n	Nano	$=10^{-9}$	= milliardster Teil
	p	Piko	$=10^{-12}$	= billionster Teil
	f	Femto	$=10^{-15}$	
	a	Atto	$=10^{-18}$	

Beispiel: 1 mA = 0,001 A; 1 MW = 1 000 000 W

2.1.3 Indizes nach DIN 1304 (2.78)

Index	Bedeutung	Index	Bedeutung
0	Leerlauf fester Bezugswert	max	maximal
		min	minimal
1	primär. Eingang Anfangszustand	N	Nennwert
		par	parallel (∥)
2	sekundär. Ausgang, Endzustand	rel	relativ
		ser	Reihe, Serie
a	außen	t	Augenblickswert
eff	effektiv		Zeitabhängigkeit
el	elektrisch	v	Verlust
h	Haupt-	δ	Luftspalt
k	Kurzschluß	σ	Streuung

2.1.4 Das griechische Alphabet

$A\ \alpha$	$B\ \beta$	$\Gamma\ \gamma$	$\Delta\ \delta$	$E\ \varepsilon$	$Z\ \zeta$
Alpha	Beta	Gamma	Delta	Epsilon	Zeta
$H\ \eta$	$\Theta\ \vartheta$	$I\ \iota$	$K\ \kappa$	$\Lambda\ \lambda$	$M\ \mu$
Eta	Theta	Iota	Kappa	Lambda	My
$N\ \nu$	$\Xi\ \xi$	$O\ o$	$\Pi\ \pi$	$P\ \varrho$	$\Sigma\ \sigma$
Ny	Xi	Omikron	Pi	Rho	Sigma
$T\ \tau$	$Y\ \upsilon$	$\Phi\ \varphi$	$X\ \chi$	$\Psi\ \psi$	$\Omega\ \omega$
Tau	Ypsilon	Phi	Chi	Psi	Omega

2.1.5 Internationales Einheitensystem nach DIN 1301 T 1 (12.85)

Die SI-Einheiten (Système International d'Unités) wurden auf der 11. Generalkonferenz für Maß und Gewicht (1960) angenommen. Die Basiseinheiten sind definierte Einheiten der voneinander unabhängigen Basisgrößen als Grundlage des SI-Systems.

Basisgröße	Basiseinheit	
	Name	Zeichen
Länge	das Meter	m
Masse	das Kilogramm	kg
Zeit	die Sekunde	s
elektrische Stromstärke	das Ampere	A
Temperatur	das Kelvin	K
Lichtstärke	die Candela	cd
Stoffmenge	das Mol	mol

Definition der Basiseinheiten

1. Meter: 1 m ist die Länge der Strecke, die Licht im Vakuum während des Intervalles von 1/299 792 458 Sekunden durchläuft.
2. Kilogramm: 1 kg ist die Masse des in Paris aufbewahrten Internationalen Kilogrammprototyps (ein Platin-Iridium-Zylinder).
3. Sekunde: 1 s ist das 9 192 631 770fache der Periodendauer der Strahlung des Nuklids Caesium ^{133}Cs.
4. Ampere: 1 A ist die Stärke eines Gleichstromes, der zwei lange gerade und im Abstand von 1 m parallel verlaufende Leiter mit sehr kleinem kreisförmigen Querschnitt durchfließt und zwischen diesen die Kraft $0,2 \cdot 10^{-6}$ N je Meter ihrer Länge erzeugt.
5. Kelvin: 1 K ist der 273,16te Teil der Temperaturdifferenz zwischen dem absoluten Nullpunkt und dem Tripelpunkt des Wassers. (Beim Tripelpunkt sind Dampf, Flüssigkeit und fester Stoff im Gleichgewicht.)
6. Candela: 1 cd ist die Lichtstärke, mit der $^{1}/_{6} \cdot 10^{-5}$ m^2 der Oberfläche eines schwarzen Strahlers bei der Temperatur des erstarrenden Platins (2046,2 K) bei 1,013 bar senkrecht zu seiner Oberfläche leuchtet.
7. Mol: 1 mol ist die Stoffmenge eines Systems bestimmter Zusammensetzung, das aus ebenso vielen Teilchen besteht, wie Atome in $12 \cdot 10^{-3}$ kg des Nuklids Kohlenstoff ^{12}C enthalten sind.

2.1 Physikalische Grundlagen

2.1.6 Einheiten und Formelzeichen

Formel-zeichen	Größe, Bedeutung	SI-Einheit, Name	Formel-zeichen	Größe, Bedeutung	SI-Einheit, Name
α, β, γ	ebener Winkel	rad (Radiant), $1\,\text{rad} = 1\,\text{m/m}$	e	Elementarladung	C
Ω, ω	Raumwinkel	sr (Steradiant), $1\,\text{sr} = 1\,\text{m}^2/\text{m}^2$	φ	elektrisches Potential	V (Volt), $1\,\text{V} = 1\,\text{W/A}$
φ	Phasenverschiebung	rad	U	elektrische Spannung	V
l	Länge	m (Meter)	E	elektrische Feldstärke	V/m
b	Breite	m	C	elektrische Kapazität	F (Farad), $1\,\text{F} = 1\,\text{C/V}$
h	Höhe	m	ε	Permittivität	F/m
δ	Dicke, Schichtdicke	m	ε_0	elektrische Feldkonstante	F/m
r	Radius	m	ε_r	Permittivitätszahl	1
d	Durchmesser	m	I	elektrische Stromstärke	A (Ampere)
s	Weg-, Kurvenlänge	m	H	magnetische Feldstärke	A/m
A, S	Fläche, Oberfläche	m^2 (Quadratmeter)	Φ	magnetischer Fluß	Wb (Weber), $1\,\text{Wb} = 1\,\text{V} \cdot \text{s}$
S, q	Querschnitt	m^2	B	magnetische Flußdichte, magnetische Induktion	T (Tesla), $1\,\text{T} = 1\,\text{Wb/m}^2$
V, τ	Volumen	m^3 (Kubikmeter)			
t	Zeit, Zeitspanne	s (Sekunde)	L	Induktivität, Selbstinduktivität	H (Henry), $1\,\text{H} = 1\,\text{Wb/A}$
T	Periodendauer	s	μ	Permeabilität	H/m
f, ν	Frequenz	Hz (Hertz), $1\,\text{Hz} = 1\,\text{s}^{-1}$	μ_0	magnetische Feldkonstante	H/m
ω	Kreisfrequenz	s^{-1}	μ_r	Permeabilitätszahl	1
n	Drehzahl	s^{-1}	R	elektrischer Widerstand	Ω (Ohm), $1\,\Omega = 1\,\text{V/A}$
ω, Ω	Winkelgeschwindigkeit	rad/s	G	elektrischer Leitwert	S (Siemens), $1\,\text{S} = 1\,1/\Omega$
α	Winkelbeschleunigung	rad/s^2			
λ	Wellenlänge	m	ϱ	spezifischer elektrischer Widerstand	$\Omega \cdot \text{m}$
v, u	Geschwindigkeit	m/s			
a	Beschleunigung	m/s^2	X	Blindwiderstand	Ω
g	örtliche Fallbeschleunigung	m/s^2	B	Blindleitwert	S
m	Masse	kg (Kilogramm)	Z	Impedanz	Ω
ϱ	Dichte	kg/m^3	$|Z|$	Scheinwiderstand	Ω
J	Trägheitsmoment	$\text{kg} \cdot \text{m}^2$	Y	Admittanz	S
F	Kraft	N (Newton), $1\,\text{N} = 1\,\text{kg} \cdot \text{m/s}^2$	$|Y|$	Scheinleitwert, Betrag der Admittanz	S
G, F_G	Gewichtskraft	N	P	Leistung	W (Watt), $1\,\text{W} = 1\,\text{J/s}$
M	Drehmoment	$\text{N} \cdot \text{m}$	P, P_p	Wirkleistung	W
p, I	Impuls	$\text{N} \cdot \text{s}$	Q, P_q	Blindleistung	W
L	Drehimpuls	$\text{kg} \cdot \text{m}^2/\text{s}$	S, P_s	Scheinleistung	W
p	Druck	N/m^2	N	Windungszahl	1
σ	Normalspannung (Druck-, Zugspannung)	N/m^2	n	Windungszahlverhältnis	1
τ	Schubspannung	N/m^2	T	thermodynamische Temperatur	K (Kelvin)
ε	Dehnung, relative Längenänderung	1	$\Delta T, \Delta t$	Temperaturdifferenz	K
E	Elastizitätsmodul	N/m^2	t, ϑ	Celsius-Temperatur	°C (Grad Celsius), $1\,°\text{C} = 1\,\text{K}$
μ, f	Reibungszahl	1	α, α_1	Längenausdehnungskoeffizient	1/K
W	Widerstandsmoment	m^3	α_V, γ	Volumenausdehnungskoeffizient	1/K
W, A	Arbeit	J (Joule), $1\,\text{J} = 1\,\text{N} \cdot \text{m}$	Q	Wärmemenge	J
E, W	Energie	J			
P	Leistung	W (Watt), $1\,\text{W} = 1\,\text{J/s}$			
η	Wirkungsgrad	1			
Q	elektrische Ladung	C (Coulomb), $1\,\text{C} = 1\,\text{A} \cdot \text{s}$			(Forts. nächste Seite)

2.1 Physikalische Grundlagen

2.1.6 Einheiten und Formelzeichen (Fortsetzung)

Formel-zeichen	Größe, Bedeutung	SI-Einheit, Name
Φ, Q	Wärmestrom	W
λ	Wärmeleitfähigkeit	$W/K \cdot m$
α, h	Wärmeübergangs-koeffizient	$W/K \cdot m^2$
C	Wärmekapazität	J/K
c	spezifische Wärmekapazität	$J/kg \cdot K$
S	Entropie	J/K
H	Enthalpie	J
U	innere Energie	J
H_u	unterer spezifischer Heizwert	J/kg
R_i	spezifische Gaskonstante des Stoffes i	$J/kg \cdot K$
I, I_v	Lichtstärke	cd (Candela)
Φ, Φ_v	Lichtstrom	lm (Lumen), $1\,lm = 1\,cd \cdot sr$
L_v	Leuchtdichte	cd/m^2
E, E_v	Beleuchtungsstärke	lx (Lux), $1\,lx = 1\,lm/m^2$
c	Lichtgeschwindigkeit	m/s
f	Brennweite	m
n	Brechzahl	1
D	Brechwert v. Linsen	$1/m$
Z	Ordnungs-, Protonen-Kernladungszahl	1
N	Neutronenzahl	1
A	Nukleonenzahl, Massenzahl	1
m_a	Atommasse	kg

2.1.7 Einheiten außerhalb des SI nach DIN 1301 T1 (12.85)

Formel-zeichen	Größe, Bedeutung	anwendbare Einheit Name
α, β, γ	ebener Winkel	gon (Gon), $1\,gon = (\pi/200)\,rad$; ° (Grad); ′ (Minute); ″ (Sekunde), $1° = 60′ = 3600″$
V, τ	Volumen	l, L (Liter), $1\,l = 1\,dm^3$
t	Zeit	min (Minute), h (Stunde), d (Tag) $1\,d = 24\,h = 1440\,min$
m	Masse	t (Tonne), g (Gramm), $1\,t = 10^3\,kg$, $1\,g = 10^{-3}\,kg$
p	Druck	bar (Bar), $1\,bar = 10^5\,Pa$ $= 10^5\,N/m^2$

2.1.8 Konstanten der Physik

Größe und Formelzeichen		Zahlenwert und Einheit
Atomare Einheitsmasse	m_a	$1,6606 \cdot 10^{-27}$ kg
Avogadro-Konstante (Loschmidt-Konstante)	N_A	$6,0221 \cdot 10^{26} \frac{1}{kmol}$
Bohrsches Magneton	μ_B	$9,274 \cdot 10^{-24} \frac{J}{T}$
Bohr-Radius	a_0	$5,2917 \cdot 10^{-11}$ m
Boltzmann-Konstante	k	$1,38054 \cdot 10^{-23} \frac{J}{K}$
Comptonwellenlänge des Elektrons	λ_C	$2,4263 \cdot 10^{-12}$ m
des Neutrons	$\lambda_{C, n}$	$1,3196 \cdot 10^{-15}$ m
des Protons	$\lambda_{C, p}$	$1,3214 \cdot 10^{-15}$ m
Elektrische Feldkonstante	$\varepsilon_0 = \dfrac{1}{\mu_0 \cdot c_0^2}$	$8,8542 \cdot 10^{-12} \frac{F}{m}$
Elektronenradius	r_0	$2,8179 \cdot 10^{-15}$ m
Elementarladung	e	$1,602 \cdot 10^{-19}$ C
Fallbeschleunigung (Normwert)	g_n	$9,80665 \frac{m}{s^2}$
Faraday-Konstante	F	$9,6486 \cdot 10^7 \frac{C}{kmol}$
Gravitationskonstante	f	$6,67 \cdot 10^{-11} \frac{m^3}{kg \cdot s^2}$
Kernmagneton	μ_n	$5,05 \cdot 10^{-27} \frac{J}{T}$
Lichtgeschwindigkeit im Vakuum	c_0	$2,99792458 \cdot 10^8 \frac{m}{s}$
Magnetische Feldkonstante	μ_0	$4\pi \cdot 10^{-6} \frac{Vs}{Am}$ $1,256637 \cdot 10^{-7} \frac{Vs}{Am}$
Magnetisches Flußquant	$\Phi_0 = \dfrac{h}{2\,e}$	$2,0678 \cdot 10^{-15}\, Tm^2$
Magnetisches Moment des Elektrons	μ_e	$9,284 \cdot 10^{-24} \frac{J}{T}$
des Protons	μ_p	$1,4106 \cdot 10^{-26} \frac{J}{T}$
Massenverhältnis Proton/Elektron	$\dfrac{m_p}{m_e}$	$1836,1$
Molare Gaskonstante	R_0	$8,317 \frac{J}{mol \cdot K}$
Molares Normvolumen des idealen Gases	V_0	$22,413 \frac{m^3}{kmol}$
Nullpunkt der Kelvin-Temperaturskala		$-273,16$ °C
Plancksches Wirkungsquantum	h	$6,6256 \cdot 10^{-34}$ Js
Ruhemasse des Elektrons	m_e	$9,1095 \cdot 10^{-31}$ kg
des Neutrons	m_n	$1,6749 \cdot 10^{-27}$ kg
des Protons	m_p	$1,6726 \cdot 10^{-27}$ kg
Rydberg-Konstante	R_∞	$1,0973 \cdot 10^7 \frac{1}{m}$
Sommerfeldsche Fein-strukturkonstante	α	$7,2973 \cdot 10^{-3}$
spezifische Elementarladung	$\dfrac{e}{m_e}$	$1,7588 \cdot 10^{11} \frac{C}{kg}$
Stefan-Boltzmann-Konstante	σ	$5,669 \cdot 10^{-8} \frac{W}{m^2 \cdot K^4}$
1. Strahlungs-konstante	$c_1 = 8\pi\,hc$	$4,99257 \cdot 10^{-24}$ mJ
2. Strahlungs-konstante	$c_2 = \dfrac{hc}{k}$	$1,4388 \cdot 10^{-2}$ mK
Wellenwiderstand des Vakuums	$\Gamma_0 = \sqrt{\dfrac{\mu_0}{\varepsilon_0}}$	$376,7304\ \Omega$
Zirkulationsquant	$\dfrac{h}{2\,m_e}$	$3,6369 \cdot 10^{-4} \frac{Js}{kg}$

2.1 Physikalische Grundlagen

2.1.9 Masse und Dichte nach DIN 1306 (6. 84)

Die Dichte ist der Quotient aus der Masse m und dem Körpervolumen V: $\varrho = \dfrac{m}{V}$.

Die Dichteangabe ist nur dann vollständig, wenn alles genannt wird, was ihren Wert wesentlich beeinflußt, wie z.B. Umgebungsdruck, Temperatur, usw.

Es wird oft unterschieden zwischen der Dichte homogener Körper (z.B ohne porige Einschlüsse) und der Dichte inhomogener Stoffe (z.B. von Sinterkörpern oder Dämmstoffen).

Beispiel: Berechnung der Masse eines Körpers aus Stahl.

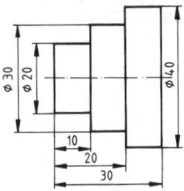

m in	g	kg	t
ϱ in	g/cm³	kg/cm³	t/m³
V in	cm³	dm³	m³

$$m = V \cdot \varrho = (V_1 + V_2 + V_3) \cdot \varrho$$

$$m = \frac{(d_1^2 \cdot l_1 + d_2^2 \cdot l_2 + d_3^2 \cdot l_3) \cdot \pi \cdot \varrho}{4}$$

$$m = \frac{(2^2 \cdot 1 + 3^2 \cdot 1 + 4^2 \cdot 1)\ \text{cm}^3 \cdot \pi \cdot 7{,}85\ \text{g}}{4\ \text{cm}^3}$$

$$m = 178{,}7\ \text{g}\ (\text{ger.}\ 179\ \text{g})$$

Normal-Dichten der wichtigsten Stoffe

feste Elemente (ϱ in kg/dm³)					
Aluminium	2,7	Granit	2,8	Leinöl	0,93
Antimon	6,7	Grauguß (i. Mittel)	7,25	Meerwasser	
Blei	11,34	Gummi (i. Mittel)	1,45	(3,5% Salzgehalt)	1,026
Chrom	7,2	Kies, naß	2,0	Mineralschmieröl	0,9···0,92
Cobalt	8,9	Kies, trocken	1,8	Petroleum	0,81
Eisen	7,87	Kochsalz	2,15	Schwefelkohlenstoff	1,26
Gold	19,3	Kork	0,25···0,35	Terpentinöl	0,865
Iridium	22,4	Marmor (i. Mittel)	2,8	Toluol	0,87
Kohlenstoff	3,51	Papier	0,7···1,2	Wasser	0,998
Kupfer	8,96	Porzellan	2,45		
Magnesium	1,74	Sandsteinmauerwerk	2,6	**Gase und Dämpfe** (ϱ in kg/m³)	
Mangan	7,43	Schamotte	1,9···2,1		
Molybdän	10,2	Schiefer	2,8	Ammoniak	0,771
Nickel	8,9	Schnee, naß, lose	bis 0,95	Argon	1,784
Palladium	12,0	Schnee, trocken, lose	0,125	Acetylen	1,174
Platin	21,5	Stahl (im Mittel)	7,85	Ethylen	1,261
Quecksilber	13,96	C 15	7,85	Ethan	1,356
Radium	5,0	C 35	7,84	Helium	0,187
Schwefel	2,07	C 60	7,83	Kohlenstoffdioxid	1,977
Selen	4,8	41 Cr 4	7,84	Kohlenstoffoxid	1,250
Silber	10,5	X10 Cr 13	7,75	Luft	1,293
Silicium	2,35	X12 CrNi 18 8	7,0	Methan	0,717
Titan	4,5	Stahlbeton	2,4	Propan	2,019
Uran	18,7	Ton, naß	2,1	Sauerstoff	1,429
Vanadium	6,1	Ton, trocken	1,8	schweflige Säure	2,926
Wolfram	19,3	Zementmörtel	1,8···1,3	Stickstoffoxid	1,340
Zink	7,13			Stickstoff	1,250
Zinn	7,29	**Flüssigkeiten** (ϱ in kg/dm³)		Wasserstoff	0,09
				Wasserdampf	0,804
feste Stoffe (ϱ in kg/dm³)		Alkohol	0,79	Wasserdampf bei	
		Aceton	0,79	100 °C	0,578
Beton	2,2	Benzin	0,66	200 °C	0,452
Diamant	3,5	Benzol	0,88	300 °C	0,372
Eis bei 0 °C	0,9	Ether	0,713	400 °C	0,316
Glas	2,5···2,9	Glyzerin	1,26	500 °C	0,275
		Kochsalzlösung, gesättigt (28%)	1,189		

2.2 Mechanik

2.2.1 Kräfte

Die **Kraft** ist die Ursache für eine Form- oder Bewegungsänderung eines Körpers. Die physikalische Größe Kraft kann als das Produkt der Masse m eines Körpers und der Beschleunigung s, die er unter Einwirkung der Kraft F erfahren würde, dargestellt werden.

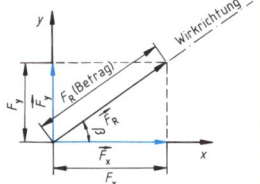

Vektorielle Schreibweise:

$\vec{F}_R = \vec{F}_y + \vec{F}_x$; $\vec{F}_y$ und $\vec{F}_x$ sind die Komponenten der Kraft $\vec{F}_R$ im rechtwinkligen Koordinatensystem. β ist der Winkel zwischen F_R und der Abszisse. Er gibt die Wirkrichtung an.

Algebraische Schreibweise:

$F_x = F_R \cdot \cos \beta$; $F_y = F_R \cdot \sin \beta$; $F_R^2 = F_x^2 + F_y^2$ (Beträge)

Beispiele für Kräfte

Beschleunigungskraft			Gewichtskraft		
 $F = m \cdot a$	F	Beschleunigungs- kraft in N	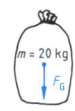 $F_G = m \cdot g$	F_G	Gewichtskraft in N
	m	Masse in kg		m	Masse in kg
	a	Beschleunigung in m/s²		g	Erdbeschleuni- gung in m/s²

Federkraft			Schnittkraft beim Drehen		
 $F = c \cdot s$	F	Federkraft in N	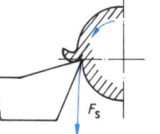 $F_c = k_c \cdot q$	F_c	Schnittkraft in N
	c	Federsteifigkeit in N/mm		k_c	spezifische Schnittkraft[1]) in N/mm²
	s	Federweg in mm		q	Spanungsquer- schnitt[1]) in mm²
wobei $c = \tan \alpha = \dfrac{F}{s}$ ist					

Zusammenwirken von Kräften

	Winkel zwischen den Kräften	Zeichnerische Darstellung/ Lösung	Rechnerische Lösung
Kräfteaddition	$\alpha_1 = 0°$ $\alpha_2 = 0°$		$\vec{F}_1 + \vec{F}_2 = \vec{F}_R$ $F_1 = F_{x1}$, da $\alpha_1 = 0° \rightarrow \cos \alpha_1 = 1$, mit α_1 = Winkel zwischen F_1 und Abszisse. $F_{y1} = 0$, da $\alpha_1 = 0° \rightarrow \sin \alpha_1 = 0$. Da auch $\alpha_2 = 0$ ist $\rightarrow F_2 = F_{x2}$, $F_{y2} = 0$. Somit: $\vec{F}_1 + \vec{F}_2 = F_{x1} + F_{x2} = F_1 + F_2 = F_R$
	Beispiel:		$F_1 = 15$ N $F_2 = 10$ N $F_R = ?$ $F_R = F_1 + F_2 = 15$ N $+ 10$ N $= 25$ N
Kräftesubtraktion	$\alpha_1 = 0°$ $\alpha_2 = 180°$		$\vec{F}_1 + \vec{F}_2 = \vec{F}_R$ $F_1 = F_{x1}$, da $\alpha_1 = 0° \rightarrow \cos \alpha_1 = 1$. $F_{y1} = 0$, da $\alpha_1 = 0° \rightarrow \sin \alpha_1 = 0$. $F_2 = -F_{x2}$, da $\alpha_2 = 180° \rightarrow \cos \alpha_2 = -1$. $F_{y2} = 0$, da $\alpha_2 = 180° \rightarrow \sin \alpha_2 = 0$. Somit: $\vec{F}_1 + \vec{F}_2 = F_{x1} - F_{x2} = F_1 - F_2 = F_R$

Zusammensetzung von Kräften

---

[1]) Siehe Seite 7-22

(Forts. siehe Seite 2-6)

2

Zusammenwirken von Kräften (Forts.)

Winkel zwischen den Kräften	Zeichnerische Darstellung/ Lösung	Rechnerische Lösung
$\alpha_1 = 0°$ $\alpha_2 = 90°$		$\vec{F}_1 + \vec{F}_2 = \vec{F}_R$ $F_1 = F_{x1}$; $F_{y1} = 0$ $F_{x2} = 0$, da $\alpha_2 = 90° \rightarrow \cos \alpha_2 = 0$. $F_{y2} = F_2$, da $\alpha_2 = 90° \rightarrow \sin \alpha_2 = 1$. F_{x1} und F_{y2} stehen rechtwinklig aufeinander, es gilt der Satz des Pythagoras: $F_{x1}^2 + F_{y2}^2 = F_R^2 = F_1^2 + F_2^2$ Zur eindeutigen Bestimmung des Vektors $\vec{F}_R$ ist die Bestimmung der Wirkrichtung notwendig: $\tan \beta = \dfrac{F_2}{F_1}$
$\alpha_1 = 0°$ $\alpha_2 = $ beliebig		$\vec{F}_1 + \vec{F}_2 = \vec{F}_R$ $F_{x1} = F_1$, da $\alpha_1 = 0° \rightarrow \cos \alpha_1 = 1$ $F_{y1} = 0$, da $\alpha_1 = 0° \rightarrow \sin \alpha_1 = 0$ $F_{x2} = F_2 \cdot \cos \alpha_2$; $F_{y2} = F_2 \cdot \sin \alpha_2$ $F_{xR} = F_{x1} + F_{x2} = F_1 + F_2 \cdot \cos \alpha_2$ $F_{yR} = F_{y1} + F_{y2} = 0 + F_2 \cdot \sin \alpha_2$ $F_R^2 = F_{xR}^2 + F_{yR}^2 = (F_1 + F_2 \cdot \cos \alpha_2)^2 + (F_2 \cdot \sin \alpha_2)^2$

Beispiel:
Wie groß ist die Zugkraft an der Kupplung eines Schleppers, der zwei Kähne schleppt?

Bewegungsrichtung

1 cm ≙ 5000 N

$F_1 = 5000$ N, $F_2 = 7000$ N, $\alpha = 20°$, $F_R = ?$

durch Umformen ergibt sich:

$F_R = \sqrt{F_1^2 + F_2^2 + 2 \cdot F_1 \cdot F_2 \cdot \cos \alpha_2}$

$\tan \beta = \dfrac{F_2 \cdot \sin \alpha_2}{F_1 + F_2 \cdot \cos \alpha_2}$

$F_R = \sqrt{5000^2 \text{ N}^2 + 7000^2 \text{ N}^2 + 2 \cdot 5000 \text{ N} \cdot 7000 \text{ N} \cdot \cos 20°}$

$F_R = 11822$ N

---

beliebige Winkel — Zur Ermittlung der resultierenden Kraft $\vec{F}_R$ mehrerer zentral angreifender Kräfte werden diese parallel zu ihrer Lage im Lageplan in den Kräfteplan verschoben und dort in beliebiger Reihenfolge aneinandergefügt. Die Verbindungslinie zwischen Anfangs- und Endpunkt des Streckenzuges ergibt Größe und Richtung der Resultierenden.

Beispiel: An einem Mast treffen sich drei Kabel unter verschiedenen Winkeln. Wie groß ist die Resultierende und ihre Lage?

Seilanordnung

Lageplan der Kräfte 1 cm ≙ 1000 N

Krafteck

Rechnung nur sinnvoll, wenn die Zahl der angreifenden Kräfte gering ist. Rechnung ist wie im obigen Beispiel durchzuführen.

$\alpha_1 = 0°$, $\alpha_2 = 90°$

Beispiel: Wie groß ist die Hangabtriebskraft eines Körpers der Masse $m = 2$ kg auf einer schiefen Ebene mit einem Winkel von $\gamma = 30°$ (Reibung vernachlässigbar)?

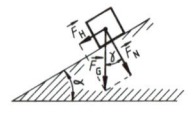

F_G Gewichtskraft in N
F_N Normalkraft in N
F_H Hangabtriebskraft in N
$\vec{F}_G = \vec{F}_N + \vec{F}_H$
$F_H = F_G \cdot \sin \gamma = m \cdot g \cdot \sin \gamma$
$F_H = 2$ kg $\cdot 9{,}81$ m/s$^2 \cdot \sin 30°$
$F_H = 9{,}81$ N

Links (vertikal): Zusammensetzung von Kräften — Zusammensetzung von Kräften unter einem Winkel — Mehrere zentral angreifende Kräfte — Kräftezerlegung

2.2 Mechanik

2.2.2 Drehmoment

Zwei in bezug auf einen Punkt im Abstand r wirkende parallele, aber entgegengesetzt wirkende Kräfte sind bestrebt, den Körper um diesen Punkt in eine Drehbewegung zu versetzen. Das Produkt aus der Kraft F und dem Abstand r des Angriffspunktes der Kraft zum Drehpunkt wird das **Drehmoment** genannt. Es ist eine Göße, die erst durch die Angabe ihres Betrages und einer Richtung (nämlich der Achse) vollständig beschrieben wird, also ein Vektor. Der positive Richtungssinn ist dem Drehsinn im Sinne einer Längsbewegung einer Rechtsschraube zugeordnet.

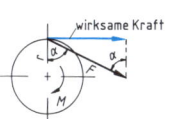

wirksame Kraft

Vektorielle Schreibweise: $\vec{M} = \vec{r} \cdot \vec{F}$
Algebraische Schreibweise: $M = r \cdot F \cdot \sin \alpha$

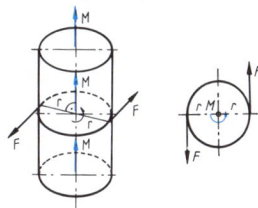

Momentenvektor
am Körper · senkrecht zur Zeichenebene

Das bedeutet, daß nur die Komponente der Kraft $\vec{F}$ für die Größe des Momentes wirksam wird, die senkrecht zum Abstand $\vec{r}$ wirkt. Für den Sonderfall, daß $\alpha = 90°$ ist ($\sin \alpha = 1$), wird

$$M = r \cdot F$$

Befindet sich ein Körper in Ruhe (Gleichgewicht), so ist die Summe der Momente gleich Null.

Beispiel:

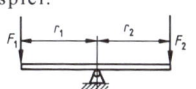

$\Sigma M_{li} = \Sigma M_{re}$ **Hebelgesetz**

ΣM_{li} linksdrehende Momente (üblich auch $\Sigma M^{\curvearrowleft}$)
ΣM_{re} rechtsdrehende Momente (auch $\Sigma M^{\curvearrowright}$)

im Beispiel: $F_1 \cdot r_1 = F_2 \cdot r_2$

Anwendung des Hebelgesetzes

Bezeichnung	Zeichnerische Darstellung	Rechnerische Lösung	Bemerkungen
Einarmiger Hebel		$\Sigma M_{li} = \Sigma M_{re}$ $F_1 \cdot r_1 = F_2 \cdot r_2$	r_1, r_2 sind die Abstände des Lotes vom Drehpunkt auf die Wirkungslinie der Kaft F_1, F_2
Zweiarmiger Hebel		$\Sigma M_{li} = \Sigma M_{re}$ $F_1 \cdot r_1 + F_2 \cdot r_2 = F_3 \cdot r_3$	
Winkelhebel		$\Sigma M_{li} = \Sigma M_{re}$ $F_1 \cdot r_1 = F_2 \cdot r_2$	$F_N \cdot l = F \cdot r$, da $F_N = F \cdot \cos \alpha$ und $l = r/\cos \alpha$
Auflagerkräfteberechnung		a) $\Sigma M_{li} = \Sigma M_{re}$ um angenommenen Drehpunkt 2: $F_1 \cdot (r_1 + r_2) = F_R \cdot r_2$ $F_1 = F_R \cdot r_2 / (r_1 + r_2)$ b) $F_R = F_1 + F_2 \rightarrow F_1 = F_R - F_2$ durch Gleichsetzen erhält man $F_1 = F_R \left(1 - \dfrac{r_2}{r_1 + r_2}\right)$; $F_2 = F_R - F_1$	F_1, F_2 Auflagerkräfte (Reaktionskräfte) F_R resultierende Kraft (vergl. Abschnitt 2.2.2)

2.2 Mechanik

2.2.3 Bewegungslehre

Geradlinig gleichförmige Bewegung

$v = \dfrac{s}{t}$

v Geschwindigkeit in $\dfrac{m}{s}$

s Weg in m

t Zeit in s

Beispiel: Ein Fahrzeug durchfährt 100 m in 6,8 s. Wie groß ist seine Geschwindigkeit?

$$v = \frac{s}{t} = \frac{100\ m}{6,8\ s} = 14,7\ m/s$$

oder in km/h:

$$v = \frac{14,7\ m \cdot 3\,600\ s \cdot km}{s \cdot 1\,000\ m \cdot h}$$

$$v = 14,7 \cdot 3,6\ km/h$$

$$v = 52,92\ km/h$$

Weg-Zeit-Diagramm

Geschwindigkeit-Zeit-Diagramm

Beschleunigung-Zeit-Diagramm

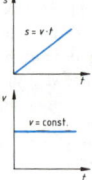

Gleichmäßig beschleunigte Bewegung (ungleichförmige Bewegung)

$v = a \cdot t$

$s = \dfrac{v \cdot t}{2}$

$s = \dfrac{a \cdot t^2}{2}$

v Geschwindigkeit in $\dfrac{m}{s}$

a Beschleunigung in $\dfrac{m}{s^2}$

t Zeit in s

s Weg in m

Beispiel: Ein Zug erreicht in 2 min eine Geschwindigkeit von 100 km/h. Wie groß ist die durchschnittliche Beschleunigung und der zurückgelegte Weg?

$$a = \frac{v}{t} = \frac{100\,000\ m}{3\,600\ s \cdot 120\ s} = 0,23\ \frac{m}{s^2}$$

$$s = \frac{v \cdot t}{2} = \frac{100\,000\ m \cdot 120\ s}{3\,600\ s \cdot 2} = 1\,666,7\ m$$

Weg-Zeit-Diagramm

Geschwindigkeit-Zeit-Diagramm

Beschleunigung-Zeit-Diagramm

Sonderfall: Freier Fall

$v = g \cdot t$

$s = \dfrac{g \cdot t^2}{2}$

$v = \sqrt{2 \cdot g \cdot s}$

v Geschwindigkeit in $\dfrac{m}{s}$

g Fallbeschleunigung in $\dfrac{m}{s^2}$ ($g = 9,81\ m/s^2$)

t Zeit in s

s Weg in m

Beispiel: In welcher Zeit fällt ein Stein aus 100 m Höhe auf den Erdboden (ohne Luftreibung)?

$$t = \sqrt{\frac{2 \cdot s}{g}} = \sqrt{\frac{2 \cdot 100\ m \cdot s^2}{9,81\ m}} = 4,51\ s$$

Sonderfall: Bewegung auf geneigter Ebene

$v = g \cdot t \cdot \sin \alpha$

$s = \dfrac{g \cdot t^2 \cdot \sin \alpha}{2}$

$v = \sqrt{2 \cdot g \cdot \sin \alpha}$

v Geschwindigkeit in $\dfrac{m}{s}$

g Fallbeschleunigung in $\dfrac{m}{s^2}$

t Zeit in s

s Weg in m

Beispiel: Ein Fahrzeug beginnt auf einer geneigten Ebene mit $\alpha = 30°$ zu rollen. Wie groß ist seine Geschwindigkeit nach 20 s?

$$v = g \cdot t \cdot \sin \alpha$$

$$v = \frac{9,81\ m \cdot 20\ s \cdot 0,5}{s^2}$$

$$v = 98,1\ m/s$$

Durchschnittliche Geschwindigkeiten						Mittlere Beschleunigungen			
	km/h	m/s		km/h	m/s		m/s²		m/s²
Fußgänger	5	1,4	Adler bis	85	24	Anfahren Personenzug	0,15	Raketenstart	30
Dauerläufer	10	2,8	Orkan bis	300	83	Anfahren U-Bahn	0,6	Tennisball bei	
Radfahrer	20	5,5	Schall in			Anfahren Kraftwagen	1–3	Aufprall auf	
Regentropfen	22	6	Luft von 0 °C	1195	332	Bremsen Kraftwagen	1–6	Mauer	10^5
Kurzstrecken-			Schall im			Personenaufzug	5	Geschoß beim	
läufer	36	10	Wasser	5280	1467			Abschuß	$6 \cdot 10^5$
Brieftaube	72	20	Geschoß	3130	870				

2.2 Mechanik

Gleichförmige Kreisbewegung

Die Winkelgeschwindigkeit ω ist der Quotient aus dem in der Zeit t von dem Kreisradius überstrichenen Winkel φ (im Bogenmaß) und der Zeit t.

$$\omega = \frac{\varphi}{t}$$

Die Einheit der Winkelgeschwindigkeit ω ist rad/s (Radiant durch Sekunde), zulässig ist aber auch 1/s. 1 rad entspricht 57,296°.

$$v = r \cdot \omega = \frac{d \cdot \omega}{2}; \quad \omega = 2 \cdot \pi \cdot n$$

$$f = \frac{n}{t}; \quad f = \frac{1}{T}$$

v Umfangsgeschwindigkeit in m/s
d Durchmesser in m; $\quad r$ Radius in m
n Drehzahl in 1/s
ω Winkelgeschwindigkeit in 1/s
f Frequenz in Hz; $\quad T$ Umlaufzeit in s

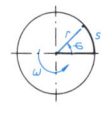 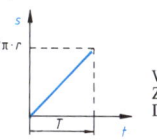

Weg-Zeit-Diagramm

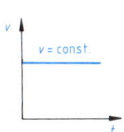 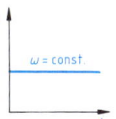

Geschwindigkeit-Zeit-Diagramm

Beispiel:
Eine Schleifscheibe mit dem Durchmesser von 300 mm dreht mit 3000 Umdrehungen je Minute. Wie groß ist die Umfangs- und Winkelgeschwindigkeit?

$$\omega = 2 \cdot \pi \cdot n = 2 \cdot \pi \cdot \frac{3000 \, \text{min}}{60 \, \text{min} \cdot \text{s}} = 314 \; 1/\text{s}$$

$$v = \frac{d \cdot \omega}{2} = \frac{0,3 \, \text{m} \cdot 314}{2 \cdot \text{s}} = 47,1 \; \text{m/s}$$

Zentrifugalkraft (Fliehkraft)

Eine geradlinige gleichförmige Bewegung eines Massenpunktes erfolgt nur dann, wenn keine Kräfte auf ihn einwirken. Soll er gleichförmig auf einer Kreisbahn umlaufen, so muß eine Kraft quer zur Bewegungsrichtung angreifen. Diese Radialkraft, genannt Zentripedalkraft F_r, wirkt zum Mittelpunkt und zwingt den Körper P in eine Kreisbahn. Ihr entgegen wirkt die gleich große Zentrifugalkraft (Fliehkraft) F_z.

$$F_z = m \cdot r \cdot \omega^2 = \frac{m \cdot v^2}{r}$$

F_z Zentrifugalkraft in N; $\quad F_r$ Radialkraft in N
m Körpermasse in kg; $\quad r$ Kreisradius in m
ω Winkelgeschwindigkeit in 1/s
v Umfangsgeschwindigkeit in m/s

Die der Richtungsänderung der Geschwindigkeit zugrunde liegende Beschleunigung wird Radialbeschleunigung a_r genannt.

$$a_r = \frac{v^2}{r} \qquad a_r \; \text{Radialbeschleunigung in m/s}^2$$

Beispiel:
Ein 0,3 g schweres Schleifkorn wird mit 70 m/s auf einer Kreisbahn bewegt. Wie groß muß mindestens die Bindungskraft sein, wenn der Schleifscheibendurchmesser 0,2 m beträgt?

$$F_z = \frac{m \cdot v^2}{r} = \frac{0,0003 \, \text{kg}}{0,1 \, \text{m}} \cdot \frac{70^2 \, \text{m}^2}{\text{s}^2} = 14,7 \; \text{N}$$

Beschleunigte Kreisbewegung

Entsprechend der Beschleunigung bei der geradlinigen Bewegung bezeichnet man den Quotienten aus der Änderung der Winkelgeschwindigkeit $\Delta\omega$ und der dafür benötigten Zeit als Winkelbeschleunigung α.

$$\alpha = \frac{\omega}{t}$$

$$v = r \cdot \alpha \cdot t = r \cdot \omega$$

$$\varphi = \frac{\omega \cdot t}{2} = \frac{\alpha \cdot t^2}{2}$$

$$M = J \cdot \alpha$$

$$J = \frac{m \cdot r^2}{2} \qquad \text{für den Voll-zylinder}$$

$$J = \frac{m \cdot (R^2 - r^2)}{2} \qquad \text{für den Hohl-zylinder}$$

$$J = \frac{2 \cdot m \cdot r^2}{5} \qquad \text{für die Kugel}$$

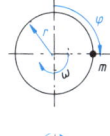

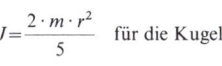
Beschleunigte Drehbewegung einer Kugel

α Winkelbeschleunigung in 1/s²
ω Winkelgeschwindigkeit in 1/s
t Zeit in s
φ Drehwinkel im Bogenmaß
r Radius in m
M Beschleunigungsmoment in Nm
J Massenträgheitsmoment in kg · m²
m Masse in kg

2.2 Mechanik

2.2.4 Reibung

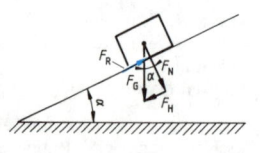

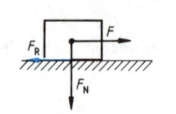

Bei der gleitenden Berührung fester Körper entstehen „Verzahnungen" der Oberflächen. Diese Erscheinung nennt man Reibung. Sie hängt also weitgehend von der Rauhigkeit der Oberflächen ab.

Für den Grenzfall (Körper in Ruhe) gilt:

$F_R = F_H$
$F_R = F_N \cdot \tan \alpha$
$\tan \alpha = \mu = \tan \varrho$
Steigungswinkel = Reibungswinkel

F_R	Reibungskraft in N
F_H	Antriebskraft in N
F_N	Normalkraft in N
α	Steigungswinkel
ϱ	Reibungswinkel
μ	Reibungszahl

Allgemein gilt:

$F_R = F_N \cdot \mu$

F_R ist un a b h ä n g i g von der Größe der Berührungsflächen.

Haftreibung	Gleitreibung	Rollreibung
Befestigungsgewinde	Gleitlager[1])	Rollenlager/Rad[2])

Haftreibung

Anziehkraft, Anziehmoment:

$$F_A = \frac{\sin \alpha \cos (\beta/2) + \mu \cos \alpha}{\cos \alpha \cos (\beta/2) - \mu \sin \alpha} \cdot F$$

$$M_A = \frac{D_2}{2} \cdot F \cdot \left(\frac{\mu}{\cos (\beta/2)} + \alpha \right)$$

Lösmoment:

$$M_L = \frac{D_2}{2} \cdot F \cdot \left(\frac{\mu}{\cos (\beta/2)} - \alpha \right)$$

Eine Schraube löst sich von selbst, wenn $\alpha > \varrho$.

α	Steigungswinkel
β	Flankenwinkel
D_2, d_2	Flankendurchmesser
F_A, F_L	Anzieh-, Löskraft in N
F	Schraubenkraft in N

Gleitreibung

$F_R = F_N \cdot \mu$
$M_R = F_N \cdot \mu \cdot r$

F_R	Reibungskraft in N
M_R	Reibungsmoment in Nm
μ	Gleitreibungszahl
F_N	Normalkraft in N
r	Lagerzapfenradius in m
n	Drehfrequenz in 1/s

Beispiel:
Ein Gleitlager vom Durchmesser $d = 0,1$ m ist mit $F_N = 2$ kN belastet. Wie groß ist die zu überwindende Reibungskraft, wenn die Gleitreibungszahl $\mu = 0,04$ und die Drehfrequenz $n = 180$ 1/s beträgt?

$F_R = F_N \cdot \mu = 2000$ N $\cdot 0,04 = 80$ N

Rollreibung

$$F_R = \frac{F_N \cdot f}{r}$$
$$M_R = F_N \cdot f$$

Wenn f/r kleiner ist als die Haftreibungszahl, rutscht die Rolle bzw. das Rad.

F_R	Reibungskraft in N
F_N	Normalkraft in N
M_R	Reibungsmoment in Nm
f	Abstand (in m) der Wirkungslinien zwischen F_G (Gewichtskraft) und F_N (Rollenreibungszahl genannt)
r	Rollen- bzw. Radradius in m
n	Drehfrequenz in 1/s

Beispiel:
Ein Stahlrad mit $r = 0,4$ m auf einer Stahlschiene ist mit 5 kN bei $v = 25$ km/h belastet. Wie groß ist die zu überwindende Reibungskraft bei $f = 2 \cdot 10^{-4}$ m?

$$F_R = \frac{F_N \cdot f}{r} = \frac{5000 \text{ N} \cdot 2 \cdot 10^{-4} \text{ m}}{0,4 \text{ m}} = 2,5 \text{ N}$$

Beispiele für Reibungszahlen

Stoffe	Haftreibungszahl	Gleitreibungszahl		Rollreibungszahl (f in m)
		trocken	flüssig	
Stahl/Stahl	0,25	0,15	0,06	$5 \cdot 10^{-5}$ bis $5 \cdot 10^{-4}$
Stahl/CuSn-Legierung	0,25	0,2	0,05	
Stahl/Grauguß	0,25	0,2	0,08	

[1]) Siehe auch Seite 4-35, 5-30 und 5-31
[2]) Siehe auch Seite 5-32

2.2 Mechanik

2.2.5 Mechanik der Flüssigkeiten

Druck

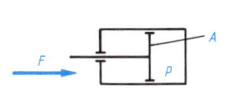 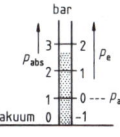

$$p = \frac{F}{A}$$

$$p_e = p_{abs} - p_a$$

A	Kolbenfläche
p	Druck in N/m² (oder bar, Pascal)
F	Kraft in N; $A =$ Fläche in m²
p_{abs}	absoluter Druck in N/m²
p_a	atmosphärischer Druck in N/m² (Normalluftdruck = 1,013 bar)
p_e	Druckdifferenz in N/m²

Hydrostatik	**Hydrodynamik**

Hydrostatischer Druck

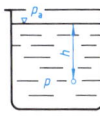

Der hydrostatische Druck ist der im Inneren einer ruhenden Flüssigkeit (durch ihre Gewichtskraft) verursachte Druck; er ist in jeder Richtung gleich groß:

$$p = h \cdot \varrho \cdot g \quad \text{(Gesetz von Pascal)}$$

Anwendung:

Auftrieb in Flüssigkeiten

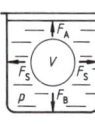

Nach dem Archimedischen Gesetz ist die Auftriebskraft F_A eines getauchten oder schwimmenden Körpers gleich der Gewichtskraft des verdrängten Flüssigkeitsvolumens V.

$$F_A = \varrho \cdot g \cdot V$$

p Druck in der Tiefe h in N/m²
g Fallbeschleunigung in m/s²
h Druckhöhe in m
V Verdrängungsvolumen des Körpers in m³
p_a Atmosphärischer Luftdruck in N/m² oder bar
F_A Auftriebskraft in N
ϱ Flüssigkeitsdichte in kg/m³ [1])

Beispiel:

Hydraulische Presse

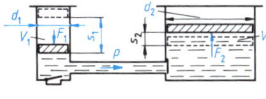

$$p_1 = p_2; \quad V_1 = V_2$$

d_1, d_2 Pumpen-/Preßkolbendurchmesser in m
V_1, V_2 Flüssigkeitsvolumen in m³
F_1, F_2 Pump- bzw. Preßkraft in N
s_1, s_2 Kolbenwege in m
z Zahl der Pumpkolbenhübe

Der Pumpenkolben einer hydraulischen Presse hat $d_1 = 3,0$ cm und der Preßkolben $d_2 = 45$ cm Durchmesser. Die Kraft am Pumpenkolben beträgt 3800 N. Bei einem Hub legt der Pumpenkolben $s_1 = 50$ mm zurück. Wie groß ist die Preßkraft F_2?

$$F_2 = F_1 \cdot \left(\frac{d_2}{d_1}\right)^2 = 3800 \text{ N} \cdot \left(\frac{45 \text{ cm}}{3 \text{ cm}}\right)^2 = 855\,000 \text{ N}$$

Stationäre reibungsfreie Strömung

Volumendurchfluß in m³/s $\quad Q = A \cdot v$
Volumenausfluß in m³/s $\quad Q_a = A_a \cdot v_a = A_a \cdot \sqrt{2g \cdot H}$
Strömungsgeschwindigkeit in m/s $\quad v = v_a \dfrac{A_a}{A}$

Durchflußgleichung $\quad Q =$ konstant; $A_1 \cdot v_1 = A_2 \cdot v_2$

Statische Druckhöhe $\dfrac{p}{\varrho \cdot g}$; h Ortshöhe

Geschwindigkeitshöhe $\dfrac{v^2}{2g}$

Bernoullische Gleichung

$$\frac{p_1}{\varrho \cdot g} + h_1 + \frac{v_1^2}{2g} = \frac{p_2}{\varrho \cdot g} + h_2 + \frac{v_2^2}{2g}$$

auch Druckgleichung genannt, gilt für reibungslose Beziehung zwischen Staudruck oder dynamischen Druck $(\varrho \cdot v^2):2$, dem Schweredruck $h \cdot \varrho \cdot g$ und dem äußeren (statischen) Druck p dar.

Für die nicht stationäre Bewegung einer inkompressiblen Flüssigkeit gilt:

$$h \cdot \varrho \cdot g + \frac{\varrho \cdot v^2}{2} + p = \text{konstant.}$$

Beispiel:

Wasserhochbehälter

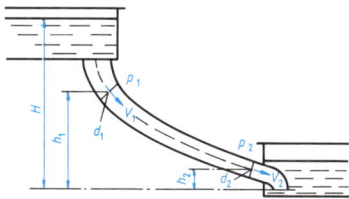

Aus einem Wasserhochbehälter führt eine Rohrleitung in einen tiefer liegenden Abfluß.

Abmessungen: $H = 15$ m, $h_1 = 4,5$ m, $h_2 = 1,2$ m.
Rohrdurchmesser: $d_1 = 150$ mm, $d_2 = 100$ mm.
Gesucht: 1. Ausflußgeschwindigkeit v_a; 2. Volumenausfluß Q_a.

1. $v_a = \sqrt{2g \cdot H} = \sqrt{2 \cdot 9{,}81 \text{ m/s}^2 \cdot 15 \text{ m}} =$

$$v_a = \sqrt{294{,}3} \text{ m/s} = 17{,}16 \text{ m/s}$$

2. $Q_a = v_a \cdot \dfrac{d_1^2 \cdot \pi}{4} = 17{,}16 \text{ m/s} \cdot \dfrac{0{,}1 \cdot \pi}{4} \text{ m}^2 = 0{,}134 \text{ m}^3/\text{s}$

---

[1]) Siehe Seite 2-4

2.2.6 Mechanik der Gase

2

Boyle-Mariottsches Gesetz

Wird eine geschlossene Gasmenge zusammengepreßt, steigt der Gasdruck. Wird sie entspannt, so nimmt der Druck ab.

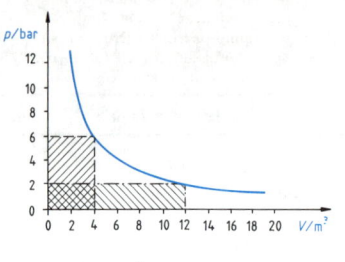

Bei gleichbleibender Temperatur ist das Produkt aus dem Druck und dem Gasvolumen eines eingeschlossenen Gases in allen Zuständen gleich groß.

$$p_1 \cdot V_1 = p_2 \cdot V_2; \quad p \cdot V = \text{const.}$$

$$\frac{p_1}{\varrho_1} = \frac{p_2}{\varrho_2}; \quad \frac{p}{\varrho} = \text{const.}$$

Die Dichte eines Gases ist bei gleichbleibender Temperatur proportional dem Gasdruck[1]).

p_1, p_2 Anfangs- und Enddruck in N/m^2 oder bar
V_1, V_2 Anfangs- und Endvolumen des Gases in m^3
ϱ_1, ϱ_2 Anfangs- und Enddichte des Gases in kg/m^3

Beispiel:
Es soll die Masse des Sauerstoffs berechnet werden, der sich in einer Stahlflasche mit dem Volumen von $V_2 = 50\,l$ $(0{,}05\,m^3)$ unter einem Druck von $p_2 = 200$ bar befindet. Wieviel Liter Sauerstoff können der gefüllten Flasche entnommen werden? $\left(\text{Normaldichte } \varrho = 1{,}43\,\dfrac{kg}{m^3} \right)$

$$m = V_2 \cdot \varrho_2; \quad \varrho_2 = \frac{p_2 \cdot \varrho_2}{p_1}$$

$$m = \frac{V_2 \cdot p_2 \cdot \varrho_1}{p_1} = \frac{0{,}05\,m^3 \cdot 200 \cdot 10^5\,N \cdot 1{,}43\,kg\,m^2}{1 \cdot 10^5\,N\,m^2\,m^3}$$

$$m = 14{,}3\,kg$$

$$V_1 = \frac{p_2 \cdot V_2}{p_1} = \frac{200 \cdot 10^5\,N \cdot 0{,}05\,m^3\,m^2}{1 \cdot 10^5\,N\,m^2}$$

$$V_1 = 10\,m^3 = 10000\,l$$

[1]) Die Angabe einer Gasdichte ist nur dann vollständig, wenn neben Druck auch die Bezugstemperatur vermerkt ist. Die Normal-Dichte ist auf 0 °C und Normalluftdruck (≈ 1 bar) bezogen.

Auftrieb in Gasen

Das Archimedische Gesetz gilt sinngemäß auch für Gase: Die Auftriebskraft, die ein Körper in einem Gas erfährt, ist gleich der Gewichtskraft der verdrängten Gasmenge.

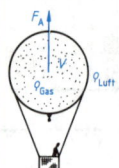

$$F_A = V \cdot \varrho \cdot g$$

F_A Auftriebskraft in N
V Verdrängungsvolumen in Dichte des Gases in m^3
ϱ Dichte des Gases in kg/m
g Fallbeschleunigung in m/s^2

Beispiel: Auf einer Waage wird ein Holzkörper $\left(\varrho_1 = 0{,}5\,\dfrac{g}{cm^3} \right)$ mit Messinggewichten gewogen $\left(\varrho_2 = 8{,}6\,\dfrac{g}{cm^3} \right)$. Wie groß ist die wahre Masse des Körpers bei einer Wägung in Luft $\left(\varrho_L = 1{,}25\,\dfrac{g}{cm^3} \right)$, wenn die Waage bei 100,0 g sich im Gleichgewicht befindet?

Auftriebskräfte: $F_{A1} = m_1 \cdot g \cdot \dfrac{\varrho_L}{\varrho_1}$ (Holz)

$$F_{A2} = m_2 \cdot g \cdot \frac{\varrho_L}{\varrho_2} \quad \text{(Messinggewicht)}$$

Die Waage steht bei den um die Auftriebskräfte verminderten (scheinbaren) Gewichtskräften im Gleichgewicht:

$$m_1 \cdot g - m_1 \cdot g\,\frac{\varrho_L}{\varrho_1} = m_2 \cdot g - m_2 \cdot g\,\frac{\varrho_L}{\varrho_2}$$

$$m_1 = m_2 \cdot \frac{1 - \varrho_L/\varrho_2}{1 - \varrho_L/\varrho_1} = 100 \cdot \frac{1 - 0{,}000145}{1 - 0{,}0025}\,g$$

$$m_1 = 100{,}236\,g$$

Boyle-Gay-Lussacsches Gesetz

Ändern sich bei einer Gasmenge Volumen, Druck und Temperatur, so ist der Wert $\dfrac{p \cdot V}{T}$ stets konstant.

$$\frac{p_1 \cdot V_1}{T_1} = \frac{p_2 \cdot V_2}{T_2} \qquad \text{Allgemeine Zustandsgleichung der Gase}$$

Beispiel:
Eine mit $p_1 = 200$ bar gefüllte Sauerstoffflasche mit der Temperatur von $t_1 = 15$ °C erwärmt sich in der Sonne auf $t_2 = 60$ °C. Auf welchen Wert steigt der Flaschendruck?

$$\frac{p_1 \cdot V_1}{T_1} = \frac{p_2 \cdot V_2}{T_2}; \quad V_1 = V_2$$

$$\frac{p_1}{T_1} = \frac{p_2}{T_2}; \quad p_2 = \frac{p_1 \cdot T_2}{T_1}$$

$$p_2 = \frac{200\,\text{bar} \cdot 323\,K}{288\,K} = 231{,}25\,\text{bar}$$

p_1, p_2 Anfangs- und Enddruck in N/m^2 oder bar
V_1, V_2 Anfangs- und Endvolumen in m^3
T_1, T_2 Anfangs- und Endtemperatur in K

(0 °C entspricht 273,15 K)

2.2 Mechanik

2.2.7 Arbeit, Energie, Wirkungsgrad

Arbeit

$$W = F \cdot s$$

W	Arbeit in Nm
F	Kraft in N
s	Weg in m

Eine Arbeit wird verrichtet, wenn längs eines Weges s eine Kraft F wirkt.

Potentielle Energie

$$W_p = F_G \cdot h$$
$$W_p = m \cdot g \cdot h$$

W_p	potentielle Energie in Nm
F_G	Gewichtskraft in N
h	Höhe in m
g	Fallbeschleunigung in m/s²
m	Masse in kg

Kinetische Energie

$$W_k = \tfrac{1}{2} \cdot m \cdot v^2$$

W_k	kinetische Energie in Nm
m	Masse in kg
v	Geschwindigkeit in m/s

Rotationsenergie

$$W_k = W_{rot} = \tfrac{1}{2} \cdot J \cdot \omega^2$$

W_k	kinetische Energie in Nm
W_{rot}	Rotationsenergie in Nm
J	Massenträgheitsmoment in kg m²
ω	Winkelgeschwindigkeit in 1/s

Energieerhaltungssatz

$$F_1 \cdot s_1 = F_2 \cdot s_2$$
$$W_1 = W_2$$

F_1, F_2	Kräfte in N
s_1, s_2	Wege in m
W_1, W_2	Energien in Nm

Wirkungsgrad

immer: $\eta < 1$

Einzelmaschine

$$\eta = \frac{W_{ab}}{W_{zu}} = \frac{P_{ab}}{P_{zu}}$$

Zusammenschaltung mehrerer Maschinen

$$\eta_{ges} = \eta_1 \cdot \eta_2$$

η	Wirkungsgrad
η_1, η_2	Einzelwirkungsgrade
η_{ges}	Gesamtwirkungsgrad
W_{ab}	abgegebene Arbeit in Nm
W_{zu}	zugeführte Arbeit in Nm
P_{ab}	abgegebene Leistung in Nm/s
P_{zu}	zugeführte Leistung in Nm/s

Beispiel:
Eine Pumpe fördert in einer Sekunde $Q = 0{,}15$ m³ Wasser bei einer Förderhöhe von $h = 38$ m, der Wirkungsgrad der Pumpe beträgt $\eta = 0{,}85\%$. Welche Antriebsleistung wird benötigt?

$$P_{zu} = \frac{P_{ab}}{\eta} = \frac{F \cdot h}{t \cdot \eta} = \frac{m \cdot g \cdot h}{t \cdot \eta} = \frac{Q \cdot \varrho \cdot g \cdot h}{\eta}$$

$$P_{zu} = \frac{0{,}15 \text{ m}^3 \cdot 1\,000 \text{ kg} \cdot 9{,}81 \text{ m} \cdot 38 \text{ m}}{1 \text{ s} \cdot 0{,}85 \text{ m}^3 \text{ s}^2}$$

$$P_{zu} = 65\,784 \text{ W} = 65{,}8 \text{ kW}$$

Beispiele für Wirkungsgrad η in % (Mittelwerte)

Kolbenpumpe	0,85	Elektromotor	0,80	Wasserturbine	0,90
Rotationspumpe	0,70	Dieselmotor	0,33	Transformator	0,98
Zahnradpumpe	0,90	Ottomotor	0,27	Zahnradtrieb	0,95
Kreiselpumpe	0,72	Dampfturbine	0,23	Riementrieb	0,90

2.2.8 Leistung

Antriebsleistung 	Als Leistung bezeichnet man den Quotienten aus der Arbeit W und der Zeit t. $$P = \frac{W}{t} = F_A \cdot v$$	P Leistung in Nm/s oder W F_A Antriebskraft in N (bei konstanter Geschwindigkeit gleich groß der entgegenwirkenden Reibungskräfte F_R in N) v Geschwindigkeit in m/s
Hubleistung 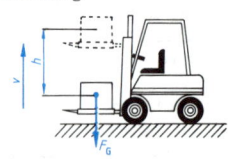	$$P = F_G \cdot v$$ $$P = \frac{m \cdot g \cdot h}{t}$$	P Leistung in Nm/s oder W F_G Gewichtskraft in N m Masse in kg g Fallbeschleunigung in m/s² h Hubhöhe in m v Hubgeschwindigkeit in m/s t Zeit in s
Zerspanungsleistung 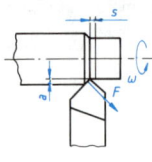	$$P = F \cdot v$$ $$P = A \cdot k_c \cdot v$$	P Leistung in Nm/s oder W F Schnittkraft in N A Spanungsquerschnitt in mm² k_c spezifische Schnittkraft in N/mm² [1] v Schnittgeschwindigkeit in m/s
Leistung bei Rotationsbewegung 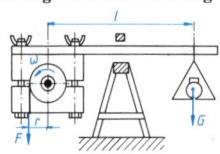	$$P = M \cdot \omega$$ $$P = F \cdot r \cdot \omega$$	P Leistung in Nm/s oder W M Drehmoment in Nm F Kraft im Abstand r in N r Wellenradius in m ω Winkelgeschwindigkeit in 1/s
Förderleistung (einer Pumpe) 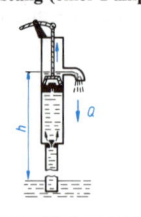	$$P = Q \cdot h \cdot g \cdot \varrho$$ $$P = g \cdot q \cdot h$$	P Leistung in Nm/s oder W Q Volumenstrom in m³/s g Fallbeschleunigung in m/s² ϱ Dichte in kg/m³ h Förderhöhe in m q Massenstrom in kg/s

Beispiele:
Wie groß muß die Antriebsleistung einer Pumpe sein, wenn diese 100 m³/h Wasser 25 m hoch fördern soll. Der Wirkungsgrad der Pumpe beträgt $\eta = 0,8$.

$$P = \frac{Q \cdot h \cdot \varrho \cdot g}{\eta} = \frac{100 \text{ m}^3 \cdot 25 \text{ m} \cdot 1000 \text{ kg} \cdot 9,81 \text{ m}}{3600 \text{ s} \cdot 0,8 \cdot \text{m}^3 \cdot \text{s}^2}$$

$$P = 8515 \text{ W} = 8,5 \text{ kW}$$

Ein Kran hebt in 35 s eine Last von 25 kN auf eine Höhe von 6 m. Welche Leistung muß der Antriebsmotor der Winde entwickeln, wenn 20% Verlustleistung zu berücksichtigen sind?

$$\eta = 1 - 0,2 = 0,8$$

$$P = \frac{F_G \cdot h}{t \cdot \eta} = \frac{25000 \text{ N} \cdot 6 \text{ m}}{35 \text{ s} \cdot 0,8} = 5357 \text{ W} = 5,4 \text{ kW}$$

[1] Siehe Seite 7-22

2.2.9 Einfache Maschinen

2

Feste Rolle

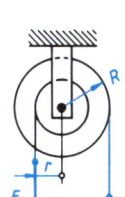

$$M_{1i} = M_{re}$$
$$F_2 \cdot r = F_1 \cdot R$$
$$F_2 = F_1 \cdot \frac{R}{r}$$

M_{1i} Drehmoment (links-
   drehend) in Nm
M_{re} Drehmoment (rechts-
   drehend) in Nm
F_1, F_2 Kräfte in N
R, r Rollenhalbmesser
   in m

Differentialflaschenzug

$$F_1 = F_2 \cdot \frac{R - r}{2 \cdot R}$$

$$l_2 = l_1 \cdot \frac{R - r}{2 \cdot R}$$

F_1, F_2 Kräfte in N
l_1, l_2 Seilwege in m
R, r Halbmesser in m

Vorgelege mit Kurbel

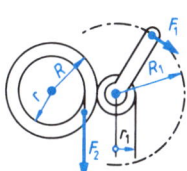

$$F_2 = F_1 \cdot \frac{R \cdot R_1}{r \cdot r_1}$$

F_1, F_2 Kräfte in N
R, R_1, r, r_1 Halbmesser in m

Zahnradtrieb
(einfache Übersetzung)

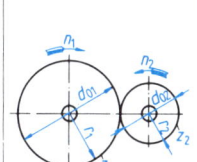

$$i = \frac{d_{02}}{d_{01}} = \frac{\omega_1}{\omega_2} = \frac{n_1}{n_2} = \frac{z_2}{z_1}$$

i Übersetzungsverhältnis
d_{01}, d_{02} Teilkreisdurchmesser
   in mm
ω_1, ω_2 Winkelgeschwindig-
   keiten in 1/s
n_1, n_2 Drehzahlen (Drehfre-
   quenzen) in 1/s
z_1, z_2 Zähnezahlen

Lose Rolle

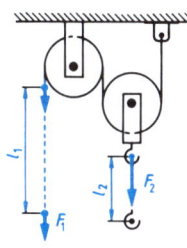

$$F_1 \cdot l_1 = F_2 \cdot l_2$$
$$F_2 = 2 \cdot F_1$$
$$l_1 = 2 \cdot l_2$$

F_1, F_2 Kräfte in N
l_1, l_2 Seilwege in m

Riementrieb
(doppelte Übersetzung)

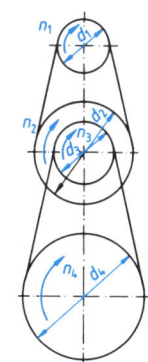

$$n_2 = n_3$$

$$i_1 = \frac{n_1}{n_2} = \frac{d_2}{d_1}$$

$$i_2 = \frac{n_3}{n_4} = \frac{d_4}{d_3}$$

$$i_{ges} = \frac{n_1}{n_4}$$

$$i_{ges} = i_1 \cdot i_2$$

$$i_{ges} = \frac{d_2 \cdot d_4}{d_1 \cdot d_3}$$

Flaschenzug

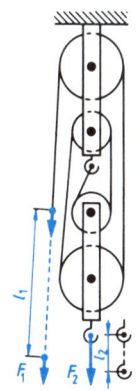

$$F_1 = \frac{F_2}{n}$$

$$l_2 = \frac{l_1}{n}$$

F_1, F_2 Kräfte in N
l_1, l_2 Seilwege in m
n Rollenzahl

n_1, n_2 Drehzahlen in 1/s
n_3, n_4
i_1, i_2 Einzelübersetzungsver-
   hältnisse
i_{ges} Gesamtübersetzungsver-
   hältnis
d_1, d_2 Scheibendurchmesser
d_3, d_4 in m

Beispiel: $d_1 = 100$ mm, $d_2 = 300$ mm, $d_3 = 150$ mm,
$d_4 = 400$ mm, $i_1 = ?$, $i_2 = ?$, $i_{ges} = ?$

Lösung:

$$i_1 = \frac{d_2}{d_1} = \frac{300 \text{ mm}}{100 \text{ mm}} = 3$$

$$i_2 = \frac{d_4}{d_3} = \frac{400 \text{ mm}}{150 \text{ mm}} = 2,67$$

$$i_{ges} = i_1 \cdot i_2 = 3 \cdot 2,67 = 8$$

$$i_{ges} = \frac{d_2 \cdot d_4}{d_1 \cdot d_3} = \frac{300 \text{ mm} \cdot 400 \text{ mm}}{100 \text{ mm} \cdot 150 \text{ mm}} = 8$$

2.3.1 Grundbegriffe

2

Die Festigkeitslehre liefert Berechnungsgrundlagen für die Bemessung von Konstruktionen und deren Beanspruchung. Dabei wird geprüft, ob z.B. an einer Welle die Verteilung der inneren Kräfte auf einer Schnittfläche und die dadurch möglichen Formänderungen, den zulässigen Grenzwerten genügt. Die vom Werkstoff abhängigen Kohäsionskräfte wirken den äußeren Kräften und damit der Verformung entgegen. Übersteigen die aufgegebenen Kräfte die Kohäsionskräfte, so wird der Werkstoff zerstört.

Als Maß für die Beanspruchung des Werkstoffs bzw. eines Bauteils dient die Spannung σ. Sie ist definiert als Quotient aus der wirksamen Kraft F und beanspruchter Querschnittsfläche S_0.

$\sigma = F/S_0$ in N/mm^2

Wesentliche Werkstoffkennwerte werden aus den Versuchen (siehe Seite 4-51 f.) gewonnen:

Im elastischen Bereich gilt das Hookesche Gesetz $\sigma = E \cdot \varepsilon$ (E Elastizitätsmodul in N/mm^2, Werte s. S. 2-24)

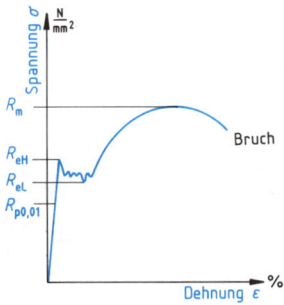

Spannung-Dehnung-Diagramm mit unstetigem Übergang
vom elastischen in den plastischen Bereich.

Festigkeitsbegriffe

Begriffe	Einachsige Beanspruchung auf				
	Zug	Druck	Scherung	Biegung	Verdrehung
Spannung[1] (Wirkrichtung)	Zugspannung (normal) σ	Druckspannung (normal) σ_d	Scherspannung (tangential) τ_a	Biege- spannung (normal) σ_b	Torsionsspannung (tangential) τ_t
statische Bruchfestigkeit	Zugfestigkeit R_m	Druckfestigkeit σ_{dB}	Scherfestigkeit τ_{aB}	Biegefestigkeit σ_{bB}	Torsionsfestigkeit τ_{tB}
Fließgrenze	obere, untere Streckgrenze R_{eH}, R_{eL}	Quetschgrenze σ_{dF}	–	Biegegrenze σ_{bF}	Verdrehgrenze τ_{tF}
0,2 – Grenze	$R_{p0,2}$	$\sigma_{d0,2}$			
Form- änderung	Dehnung ε	Stauchung ε_d	Schiebung γ	Krümmung	Drillung ϑ

[1] siehe auch S. 2-22 unter 2.3.8

2.3.2 Belastungsart und Werkstoffestigkeit

Belastungsarten

I: statisch	II: schwellend	III: wechselnd

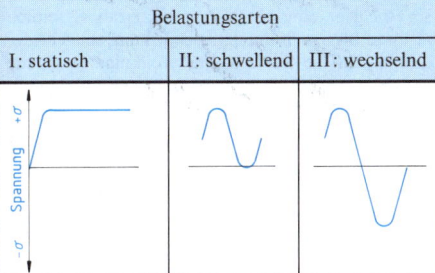

Schwingbelastungen

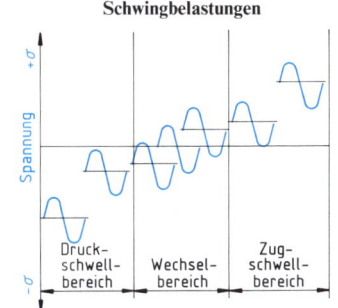

Die Dauerfestigkeit σ_D wird geringer, je weiter sich die Mittelspannung σ_M von Null entfernt. Je weiter die Mittelspannung unterhalb der Fließgrenzen R_e bzw. σ_{dF} bleibt, desto größer ist die zulässige Schwingungsamplitude. Die Abhängigkeit der Dauerfestigkeit von der Mittelspannung wird in Dauerfestigkeitsdiagrammen dargestellt.

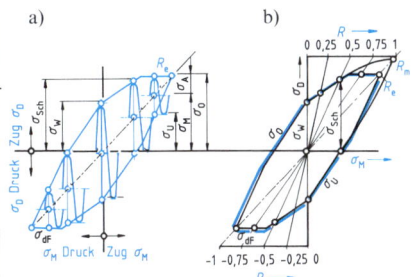

a) Dynamische Belastungsarten
b) Dauerfestigkeitsschaubild

In der Abbildung bedeuten:

σ_M	Mittelspannung	σ_D	Dauerfestigkeit
σ_A	Ausschlagfestigkeit	σ_O	Oberspannung
σ_U	Unterspannung	σ_W	Wechselfestigkeit
σ_{Sch}	Schwellfestigkeit	R	Ruhegrad

Der Ruhegrad R ist das Spannungsverhältnis der Mittelspannung zur Ober- bzw. Unterspannung:

$$R = \sigma_M/\sigma_O; \qquad R = -\sigma_M/\sigma_U$$

Sicherheit und zulässige Spannung

Die Fließgrenze σ_F bzw. Bruchfestigkeit σ_B des Werkstoffes ist maßgebend für die höchstmögliche Spannung, die mit einer Sicherheit v abgesichert werden muß. Ist keine Sicherheit v vorgeschrieben, wird $v \sim 1,2\cdots2,5$ gewählt. Eine kleine Sicherheit wird gewählt, wenn die äußeren Kräfte erfaßt sind. Eine große Sicherheit wird gewählt, wenn die äußeren Kräfte nicht genau zu erfassen sind.

Es gilt: $\sigma_{zul}(\tau_{zul}) = \sigma_F(\tau_F)$ bzw. σ_B/v

Die vorhandene Sicherheit v_{vorh} wird als Quotient der zulässigen Spannung und vorhandenen Spannung definiert, z.B:

$$v_{vorh} = \sigma_{zul}/\sigma_{vorh}$$

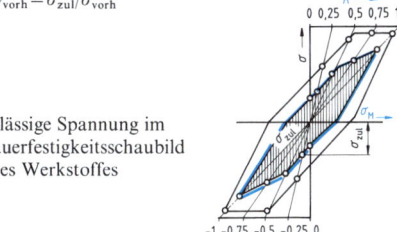

Zulässige Spannung im Dauerfestigkeitsschaubild eines Werkstoffes

Zulässige Spannungen[1]) mit $\approx$ 2facher Sicherheit
(Mittelwerte in N/mm²)

Werkstoff	Beanspruchung auf								
	Zug			Druck			Biegung		
	Belastungsart								
	I	II	III	I	II	III	I	II	III
St 37-2	125	80	60	125	80	60	140	85	65
St 50	175	115	80	175	115	80	185	125	85
25 CrMo 4	325	220	150	325	210	140	345	230	155
C 45	125	80	60	140	90	60	140	90	60
GS-45	125	80	60	140	90	60	140	90	60
GG-15	50	30	25	100	70	25	–	–	–
GG-25	70	60	40	190	120	40	–	–	–
G-AlSi 12	40	20	15	50	20	15	45	25	15
AlMg 3	100	70	55	100	70	55	110	75	55
AlCuMg 1	135	60	45	135	60	45	145	60	40

Festigkeitsprüfung

Es ist nachzuprüfen, ob an einem festgelegten Querschnitt die vorhandene Spannung

$$\sigma_{vorh} \leq \sigma_{zul} \quad \text{bzw.} \quad \tau_{vorh} \leq \tau_{vorh} \quad \text{ist.}$$

Ist dies nicht der Fall, müssen die Querschnittsabmessungen verändert werden.

[1]) Für Stahl, Stahlguß $\tau_{t\,zul} \approx 0,6 \cdot \sigma_{z\,zul}$; $\tau_{a\,zul} \approx 0,8 \cdot \sigma_{z\,zul}$
Für Aluminium, Al-Legierungen $\tau_{t\,zul} \approx 0,7 \cdot \sigma_{z\,zul}$; $\tau_{a\,zul} \approx 0,8 \cdot \sigma_{z\,zul}$

2.3.3 Zugbeanspruchung

Die äußeren Kräfte wirken in der Längsrichtung des Bauteils und versuchen ihn zu dehnen oder zu zerreißen; es treten Zugspannungen auf. $\sigma_{vorh} = F/S$

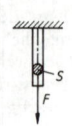

σ_{vorh}	vorhandene Zugspannungen in N/mm²
R_e	Streckgrenze in N/mm² (siehe Seite 4-10)
F	Kraft in N
S	Querschnitt in mm²

Beispiel:
Eine Zugstange aus St37-2 wird statisch mit $F = 31$ KN auf Zug belastet. Wie groß muß der Durchmesser sein, wenn mit einer Sicherheit $v = 1,3$ gerechnet wird?

Lösung:
Bei Zugbeanspruchung ist die Streckgrenze maßgebend.
Aus Tabelle auf Seite 4-10 ist $R_e = 235$ N/mm².
$\sigma_{zul} = R_e/v = 235$ N/mm²$/1,3 = 181$ N/mm²
$S = F/\sigma_{zul} = 31000$ N/181 N/mm² $= 171$ mm²
$d = \sqrt{4 \cdot S/\pi} = \sqrt{4 \cdot 171 \text{ mm}^2/\pi} = 14,7$ mm

gewählt aus Tabelle S. 4-37 „Blanker Rundstahl" nach DIN 668 15 mm

2.3.4 Druckbeanspruchung

Nicht ausknickende Körper

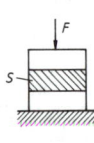

Die äußeren Kräfte wirken in der Längsrichtung des Körpers und suchen ihn zu zerdrücken; es treten Druckspannungen auf (Fundament, Pfeiler, Säule, Pfosten, Tragfüße).

$$\sigma_d = \frac{F}{S}$$

σ_d Druckspannung in N/mm²
F Kraft in N
S Querschnitt in mm²

Beispiel:
Eine Hohlsäule mit einem Außendurchmesser von $D = 100$ mm und einem Innendurchmesser von $d = 80$ mm trägt $F = 30$ kN. Welche Druckbeanspruchung tritt auf? Wie groß darf die Kraft F werden, wenn die Flächenpressung am Säulenfuß den Wert von $p = 20$ N/mm² nicht übersteigen soll.

Lösung:
$$\sigma_d = \frac{F}{S} = \frac{F}{\frac{\pi}{4}(D^2 - d^2)} = \frac{30000 \text{ N}}{\frac{\pi}{4}(100^2 - 80^2) \text{ mm}^2}$$
$\sigma_d = 10,6$ N/mm²
$F_{max} = S \cdot p = \frac{\pi}{4} \cdot (100^2 - 80^2) \text{ mm}^2 \cdot 20 \text{ N/mm}^2$
$F_{max} = 56,5$ kN

Ausknickende Körper

Wird ein schlanker Stab auf Druck beansprucht, so weicht er ab einer bestimmten Kraft F_k seitlich aus und biegt sich durch. Ausknickung entsteht dadurch, daß die Stabachse nie vollkommen gerade ist und die Kraft nicht genau im Querschnittsmittelpunkt wirkt.

Knickung im elastischen Bereich (n. Euler)

Um ein Ausknicken zu vermeiden, darf die Knickspannung σ_{kB} nicht überschritten werden. Sie ist als Stabilitätsgrenze schlanker Druckstäbe zu betrachten.

$$\sigma_{kB} = \frac{\pi^2 \cdot E \cdot I_{min}}{l_k^2 \cdot S}$$

mit dem Schlankheitsgrad $\lambda = \sqrt{\frac{l_k^2 \cdot S}{I_{min}}}$ ist

$$\sigma_{kB} = \pi^2 \cdot E/\lambda^2$$

E	Elastizitätsmodul in N/mm²
I_{min}	kleinstes Trägheitsmoment in cm⁴
l_k	Knicklänge in cm
S	Querschnittsfläche in cm²

Als Knicklänge l_k ist einzusetzen:

Knick-Belastungsfälle nach Euler			
I	II	II	IV

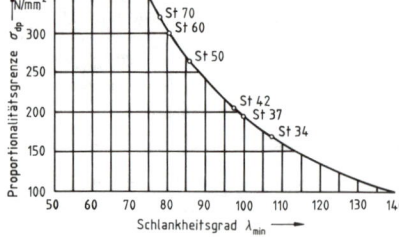

Die Eulersche Knickgleichung darf nur angewendet werden, wenn σ_{kB} die Druck-Proportionalitätsgrenze σ_{dp} nicht überschreitet. Deshalb muß ein Mindestschlankheitsgrad λ_{min} des Bauteils vorhanden sein, damit die Gleichung angewendet werden kann.
Mindestschlankheitsgrad $\lambda_{min} = \pi \cdot \sqrt{E/\sigma_{dp}}$

Beispiel: Ein Stab aus Ck 45 mit $\sigma_{dp} = 350$ N/mm² und $E = 210000$ N/mm² ist gegen Knicken nachzurechnen. Der Stab hat einen Durchmesser von $d = 12$ mm und ist $l = l_k = 400$ mm lang (Belastungsfall II). Die Druckkraft beträgt $F = 2000$ N.

Lösung:

a) Trägheitsmoment I_{min} (s. S. 2-23)

$$I_{min} = I = \pi \cdot d^4/64 = \pi \cdot 1,2^4 \text{ cm}^4/64 = 0,103 \text{ cm}^4$$

b) Schlankheitsgrad λ

$$\lambda = \sqrt{\frac{l_k^2 \cdot S}{I_{min}}} = \sqrt{\frac{40^2 \text{ cm}^2 \cdot 1,13 \text{ cm}^2}{0,103 \text{ cm}^4}} \approx 132$$

c) Knickbereich

$$\lambda_{min} = \pi \cdot \sqrt{E/\sigma_{dp}} = \pi \cdot \sqrt{\frac{210000 \text{ N} \cdot \text{mm}^2}{350 \text{ N} \cdot \text{mm}^2}}$$

$\lambda_{min} = 77 < 132$, so daß die Eulersche Gleichung anwendbar ist.

d) Knickspannung σ_{kB}

$$\sigma_{kB} = \frac{\pi^2 \cdot E}{\lambda^2} = \frac{\pi^2 \cdot 210000 \text{ N}}{132^2 \text{ mm}^2} = 118 \text{ N/mm}^2$$

e) auftretende Druckspannung

$\sigma_d = F/S = 2000 \text{ N}/113 \text{ mm}^2 = 17,7 \text{ N/mm}^2$

f) Sicherheit v gegen Ausknicken

$$v = \frac{\sigma_{kB}}{\sigma_d} = \frac{118 \text{ N} \cdot \text{mm}^2}{17,7 \text{ N} \cdot \text{mm}^2} = 6,7$$

Das Omega-Verfahren

Für den Stahlhochbau, Kran- und Brückenbau werden verschiedene Berechnungsmethoden zu einer einheitlichen, verbindlichen zusammengefaßt und entsprechende Sicherheiten gegen Knicken festgelegt. Wenn bei einer reinen Druckbeanspruchung ($\lambda < 20$) eine bestimmte zulässige Spannung vorgeschrieben ist, so muß sie bei schlankeren Stäben ($\lambda \geq 20$) entsprechend kleiner sein.

In einteiligen (nicht zusammengesetzten) Stäben gilt:

$$\sigma_{d\,zul} = \frac{\sigma_{zul}}{\omega}$$

Zulässige Spannungen (σ_{zul}) für Bauteile des Stahlhochbaus, des Kran- und Brückenbaus sind DIN 1073 zu entnehmen.

Knickzahlen ω für die allgemeinen Baustähle im Stahlhochbau sind in DIN 4114 genormt:

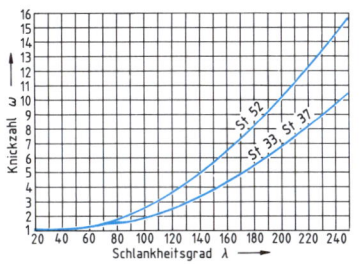

2.3.5 Scherung (Schub)

Die äußeren Kräfte haben das Bestreben, zwei benachbarte Querschnitte eines Körpers gegeneinander zu verschieben. Es treten Schub- oder Scherspannungen auf.

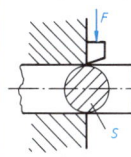

$$\tau_a\,_{vorh} = \frac{F}{S}$$

τ_a Schub- oder Scherspannung in N/mm²
F Kraft in N
S Querschnitt in mm²

Beispiel:
$F = 6000$ N, $S = 500$ mm², $\tau_a\,_{vorh} = ?$ N/mm²

Lösung:

$$\tau_a\,_{vorh} = \frac{F}{S} = \frac{6000 \text{ N}}{500 \text{ mm}^2} = 12 \text{ N/mm}^2$$

Niet- und Schraubenverbindungen

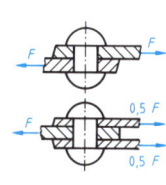

Es gibt ein-, zwei- und mehrschnittige Verbindungen (s. nebenst. Abb.). Einschnittige Verbindungen eignen sich nur für die Übertragung kleinerer Kräfte. Bei der Berechnung ist außer der Abscherung noch der Lochleibungsdruck zu berücksichtigen. Für die Nietanzahl ist der kleinere Wert maßgebend.

Die Tragfähigkeit F_a auf Abscheren und F_l auf Lochleibungsdruck beträgt:

$$F_{a\,1} = \frac{\pi \cdot d^2 \cdot \tau_{a\,zul}}{4} \text{ (einschnittig),}$$

$$F_{a\,2} = 2 \cdot F_{a\,1} \text{ (zweischnittig)}$$

$$F_l = d \cdot \sigma_{l\,zul}$$

$F_{a\,1}, F_{a\,2}, F_l$ Kräfte in N
d Nietdurchmesser in mm
$\tau_{a\,zul}$ zulässige Scherspannung in N/mm²
b Blechdicke in mm
$\sigma_{l\,zul}$ zulässige Normalspannung in N/mm²

Beispiel:
Ein Flachstahl ist mit einem Blech durch eine Nietverbindung verbunden. Die zu übertragende statische Zugkraft beträgt 3000 N. Wie groß ist der erforderliche Nietdurchmesser?

Lösung: Nach Seite 2-17 ist für St37-2 $\tau_{a\,zul} \approx 0,8 \cdot \sigma_{zul}$ also $\approx 0,8 \cdot 125$ N/mm² $= 100$ N/mm²

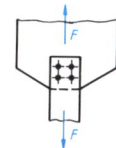

Lösung: $S = \dfrac{F}{\tau_{a\,zul}} = \dfrac{3000 \text{ N}}{100 \text{ N/mm}^2}$
$= 30$ mm² für 4 Niete, demnach für 1 Niet $= 30$ mm² $: 4 = 7,5$ mm². Der erforderliche Nietdurchmesser d ist 10 mm.

2.3.6 Biegung

Ein mit einer Kraft F belasteter Träger biegt sich. Der Biegewiderstand des Trägerquerschnitts ist um so höher, je größer der Randabstand e von der Biegelinie ist.

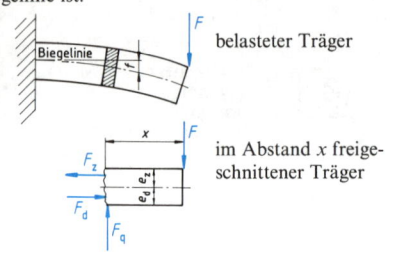

belasteter Träger

im Abstand x freigeschnittener Träger

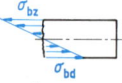

Verteilung der Normalspannungen im Trägerquerschnitt

Die Normalspannungen σ_z und σ_d betragen:

Biegezugspannung $\sigma_{bz} = \dfrac{M_b}{I} \cdot e_z$

Biegedruckspannung $\sigma_{bd} = \dfrac{M_b}{I} \cdot e_d$

M_b Biegemoment in Nmm; e_z, e_d Randabstand in mm; I axiales Trägheitsmoment in mm⁴.

Dabei wird vorausgesetzt, daß
– die Biegung im elastischen Bereich stattfindet,
– die Elastizitätsmoduln für Zug- und Druckbeanspruchung gleich groß sind,
– die Biegelinie in der Symmetrielinie des Querschnitts liegt und
– Querschnittsveränderungen vernachlässigbar sind.

Das am Ort x wirkende Biegemoment beträgt:

$M_b = F \cdot x$

(Vergl. dazu Momenten- und Auflagerberechnung S. 2-7).

Das Verhältnis I/e wird als axiales Widerstandsmoment W_b bezeichnet.

Mit $\quad W_b = \dfrac{I}{e} \quad$ ist $\quad \sigma_b = \dfrac{M_b}{W_b}$.

Berechnung der Auflagerkräfte

Beispiel: Ein auf zwei Stützen ruhender Träger wird durch eine Kraft F ungleichmäßig belastet.

$F = 30$ kN; $\quad a = 2,00$ m;
$l = 5,00$ m; $\quad b = 3,00$ m.

Lösung:

$$F_A = \frac{F \cdot b}{l} \quad \text{oder} \quad F_B = \frac{F \cdot a}{l}$$

$$F_A = \frac{F \cdot b}{l} = \frac{30 \text{ kN} \cdot 300 \text{ cm}}{500 \text{ cm}} = 18 \text{ kN}$$

$$F_B = \frac{F \cdot a}{l} = \frac{30 \text{ kN} \cdot 2 \text{ m}}{5 \text{ m}} = 12 \text{ kN}$$

Berechnung des größten Biegemoments M_{max}

Das größte Moment befindet sich im Angriffspunkt der Last F.

$M_{max} = F_A \cdot a$. Für F_A wird $\dfrac{F \cdot b}{l}$ eingesetzt.

$$M_{max} = \frac{F \cdot b \cdot a}{l} = \frac{30 \text{ kN} \cdot 3 \text{ m} \cdot 2 \text{ m}}{5 \text{ m}} = 36 \text{ kNm}$$

Berechnung des notwendigen Widerstandsmomentes

Gegeben: zulässige Biegebeanspruchung
$\sigma_{b\,zul} = 140$ N/mm² (Baustahl)

Grundformel: $W_b = \dfrac{M_{max}}{\sigma_{b\,zul}} = \dfrac{3600 \text{ kN cm}}{14 \text{ kN/cm}^2}$
$= 257$ cm³.

Gewählt wird I 220 mit $W_x = 278$ cm³.

Bei mehreren Kräften ergeben sich die Auflagerkräfte

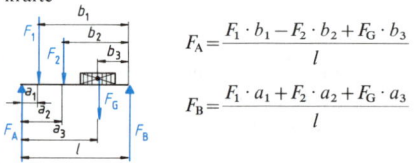

$$F_A = \frac{F_1 \cdot b_1 - F_2 \cdot b_2 + F_G \cdot b_3}{l}$$

$$F_B = \frac{F_1 \cdot a_1 + F_2 \cdot a_2 + F_G \cdot a_3}{l}$$

Zeichnerische Ermittlung von F_A, F_B und der Lage des gefährdeten Querschnitts

Gegeben: $F_1 = 2000$ N; $F_2 = 4650$ N; $F_2 = 2300$ N; $a_1 = 2$ m; $a_2 = 4,50$ m; $a_3 = 8,70$ m; $l = 12$ m.

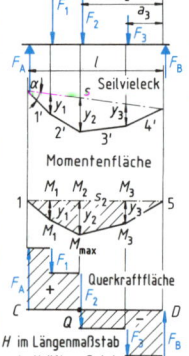

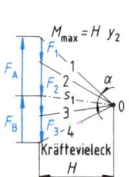

$M_{max} = H \cdot y_2$

Kräftevieleck

Momentenfläche

Querkraftfläche

H im Längenmaßstab
y_2 im Kräftemaßstab

Lösung: Man zeichnet den Träger im Maßstab 1:500, die Kräfte im Kräftemaßstab 1 mm ≙ 500 N. Vom beliebigen Polpunkt 0 zieht man 1, 2, 3, 4 im beliebigen Polabstand H (Kräftevieleck). Durch Parallelverschiebung von 1, 2, 3, 4 in Lage 1', 2', 3', 4' mit Schlußlinie s erhält man das Seilvieleck. Überträgt man Richtung $s\|s_1$ in das Kräftevieleck, so teilt s_1 die Kraft $F_1 + F_2 + F_3$ in Auflagerkräfte F_A und F_B (je 1 mm ≙ 500 N). Legt man s_2 als Schlußlinie waagerecht, so erhält man die Momentenfläche. Die Querkraftfläche zeigt die Verteilung aller senkrecht zur Längsachse des Trägers wirkenden Kräfte (Querkräfte). Der gefährdete Querschnitt liegt dort, wo die Querkraft gleich Null ist, bzw. ihr Vorzeichen ändert (Punkt Q).

Rechnerisch: $M_{max} = H \cdot y_2$ (H im Längenmaßstab, y_2 im Kräftemaßstab).

2.3 Festigkeitslehre

Belastungsfälle (Biegung) [1]

Belastungsfall	Auflagerkräfte F_A und F_B Widerstandsmomente W_b Durchbiegung f	Belastungsfall	Auflagerkräfte F_A und F_B Widerstandsmomente W_b Durchbiegung f
1.	$F_A = F$ $\quad\left\vert\; W_b = \dfrac{F \cdot l}{\sigma_{b\,zul}}\right.$ $f = \dfrac{F \cdot l^3}{3 \cdot I}$	10.	$F = \dfrac{W \cdot \sigma_{b\,zul}}{a} \;\left\vert\; W_b = \dfrac{F \cdot s}{\sigma_{b\,zul}}\right.$ $f = \dfrac{F \cdot a(8a^2 + 12ab + 3b^2)}{24 E \cdot I}$ $F_A = F_B = F$
2.	$F_A = F$ $\quad\left\vert\; W_b = \dfrac{F \cdot a}{\sigma_{b\,zul}}\right.$ $f = \dfrac{F \cdot a^3}{3 E \cdot I}$	11.	$F_A = \dfrac{F_1 \cdot e + F_2 \cdot c}{l}\;\left\vert\; W_{b1} = \dfrac{A \cdot a}{\sigma_{b\,zul}}\right.$ $F_B = \dfrac{F_1 \cdot a + F_2 \cdot d}{l}\;\left\vert\; W_{b2} = \dfrac{B \cdot c}{\sigma_{b\,zul}}\right.$ $f = \dfrac{(F_1 \cdot a + F_2 \cdot c)\cdot(x)}{48 \cdot E \cdot I}$ $(x) = (8ac + 6ab + 6bc + 3b^2)$
3.	$F_A = F$ $\quad\left\vert\; W_b = \dfrac{F \cdot l}{2\sigma_{b\,zul}}\right.$ $f = \dfrac{F \cdot l^3}{8 E \cdot I}$		Das größte W ist zu berücksichtigen
4.	$F_A = F + F_1 + F_2$ $W_b = \dfrac{F \cdot l + F_1 \cdot l_1 + F_2 \cdot l_2}{\sigma_{b\,zul}}$ $f = \dfrac{F \cdot l^3 + F_1 \cdot l_1^2 \cdot l + F_2 \cdot l_2^2 \cdot l}{3 E \cdot I}$	12.	$F_A = F_B = F_1$ $W_b = \dfrac{F_1 \cdot a}{\sigma_{b\,zul}}$
5.	$F_A = F_B = \dfrac{F}{2}\;\left\vert\; W_b = \dfrac{F \cdot l}{4\sigma_{b\,zul}}\right.$ $f = \dfrac{F \cdot l^3}{48 E \cdot I}$	13.	$F_A = F_B = \dfrac{F}{2} + F_1$ $W_b = \dfrac{F \cdot l + 8 F_1 \cdot a}{8 \cdot \sigma_{b\,zul}}$
6.	$F_A = F_B = \dfrac{F}{2}\;\left\vert\; W_b = \dfrac{F \cdot l}{8\sigma_{b\,zul}}\right.$ $f = \dfrac{5 F \cdot l^3}{384 E \cdot I}$	14.	$F_A = \dfrac{F_1 \cdot (0,5a + b + c) + F_2 \cdot 0,5 c}{l}$ $F_B = \dfrac{F_1 \cdot 0,5a + F_2 \cdot (a + b + 0,5c)}{l}$ $W_{b1} = \dfrac{A^2 \cdot a}{2 \cdot F_1 \cdot \sigma_{b\,zul}}\;\left\vert\; W_{b2} = \dfrac{B^2 \cdot c}{2 \cdot F_2 \cdot \sigma_{b\,zul}}\right.$
7.	Eingespannter Träger $F_A = F_B = \dfrac{F}{2}\;\left\vert\; W_b = \dfrac{F \cdot l}{12\sigma_{b\,zul}}\right.$ $f = \dfrac{F \cdot l^3}{384 E \cdot I}$	15.	Treppen-Wangenträger $F_A = F_B = \dfrac{F}{2}$ bis 30° Steigung $W_b = \dfrac{F \cdot l}{8 \cdot \sigma_{b\,zul}}$ (angenähert)
8.	$F_A = F_B = \dfrac{F}{2}$ $W_b = \dfrac{F \cdot (2l - m)}{8 \cdot \sigma_{b\,zul}}$ $f = \dfrac{F \cdot l^3}{\left(48 + \dfrac{29\,m}{l}\right)\cdot E \cdot I}$	16.	Krangleisträger a unveränderlich; x veränderlich zwischen 0 u. $\frac{1}{2} l$ Auflagerkräfte für $x = \dfrac{a}{4}$ $F_A = F_1 \cdot \dfrac{2l + a}{2l}$ $F_B = F_1 \cdot \dfrac{2l - a}{2l}$ $M_{max} = \dfrac{F_1}{8l} \cdot (2l - a)^2$
9.	$F_A = \dfrac{F \cdot b}{l}; \quad F_B = \dfrac{F \cdot a}{l}$ $W_b = \dfrac{F \cdot a \cdot b}{l \cdot \sigma_{b\,zul}}$ $f = \dfrac{F \cdot a^2 \cdot b^2}{3 E \cdot I \cdot l}$		

f	Durchbiegung in cm	
l	Stützweite in cm (bei $l > 7$ m ist f nachzurechnen: gefordert $f < l/500$)	
W_b	Widerstandsmoment in cm³ (s. S. 2-23f.)	
$\sigma_{b\,zul}$	zulässige Spannung in N/mm²	
M_b	Biegemoment in N cm	
F, F_1, F_2	Einzellasten und gleichmäßig verteilte Lasten (Streckenlasten) in N	
F_A, F_B	Auflagerkräfte in N	
I	Trägheitsmoment in cm⁴ (s. S. 2-23f.)	
E	Elastizitätsmodul in N/mm² (s. S. 2-24)	

Beispiel: Ein ⊥-Träger ($\sigma_{b\,zul} = 80$ N/mm²) ist mit $F = 10$ kN belastet als Freiträger mit 3 m Ausladung (Abb. 1).

Gesucht: Profilgröße des ⊥-Stahls und Durchbiegung f.

Lösung: $W_b = \dfrac{F \cdot l}{\sigma_{b\,zul}} = \dfrac{10 \text{ kN} \cdot 300 \text{ cm}}{8 \text{ kN}/\text{cm}^2} = 375 \text{ cm}^3$.

Es wird gewählt ⊥ 260 mit $W_x = 442$ cm³.

$f = \dfrac{F \cdot l^3}{3 \cdot E \cdot I_x} = \dfrac{10 \text{ kN} \cdot 300^3 \text{ cm}^3}{3 \cdot 21\,000 \text{ kN}/\text{cm}^2 \cdot 5\,740 \text{ cm}^4}$

$f = 0,747 \text{ cm} \approx 7,5 \text{ mm}$

Trägheitsmoment I und Elastizitätsmodul E siehe Seite 2-23f.

[1] Bei Stahlträgern $l > l$ m wird der Nachweis der Durchbiegung $f < 0,002\,l$ gefordert.

2.3 Festigkeitslehre

2.3.7 Verdrehfestigkeit

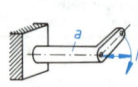

Versucht man einen Stab a um seine Längsachse zu verdrehen, so entsteht in ihm eine Drehbeanspruchung.

Beispiele: Kurbelwelle, Vorgelegewelle, Spindeln usw.

$T = F \cdot r$

$\tau_t = \dfrac{T}{W_p}$

T Torsionsmoment in N cm
F Kraft in N
r Hebelarmlänge in cm
τ_t Schubspannung (Verdrehspannung) in N/cm^2
W_p polares Widerstandsmoment in cm^3

Beispiel: Welle mit $n = 200$ 1/min, $P = 15$ kW, $\tau_{t\,zul} = 1\,200$ N/cm^2, Wellendurchmesser $d = ?$ cm

Lösung: $T = \dfrac{P}{\omega} = \dfrac{P}{2\pi \cdot n} = \dfrac{15\,000\ \text{W} \cdot 60\ \text{s}}{2\pi \cdot 200} = 716$ Nm

Nach der Tabelle (s. S. 2-23) ist für einen runden Querschnitt

$W_p = \dfrac{\pi \cdot d^3}{16}; \quad T = \tau_t \cdot W_p$

$d = \sqrt[3]{\dfrac{16 \cdot T}{\pi \cdot \tau_{zul}}} = \sqrt[3]{\dfrac{16 \cdot 71\,600\ \text{N cm}}{\pi \cdot 1\,200\ \text{N/cm}^2}} = 6,68$ cm

2.3.8 Zusammengesetzte Festigkeit

Durch Addition können nur Normalbeanspruchungen (Zug, Druck, Biegung) oder nur Schubbeanspruchungen (Abscherung, Verdrehung) zusammengesetzt werden. Die zusammengesetzte Spannung σ_i bzw. τ_i ist bei Zug und Biegung $\sigma_i = \sigma_z + \sigma_b$, bei Abscherung und Verdrehung $\tau_i = \tau_a + \tau_t$.

Zur genaueren Ermittlung eines auf Drehung und Biegung beanspruchten Stabquerschnittes dient folgende Formel: Das gesamte Moment M_i ist

$$M_i = 0,35\, M_b + 0,65 \sqrt{M_b^2 + \left[\dfrac{\sigma_b}{1,3\, \tau_t} \cdot T\right]^2}$$

Ist M_i berechnet, so erhält man das erforderliche Widerstandsmoment $W_b = M_i/\sigma_b$. Aus W_b ist der Querschnitt zu ermitteln. (Werte s. S. 2-23 f.)

2.3.9 Gestaltfestigkeit (Kerbwirkung)

Im glatten Stab aus elastischem Idealwerkstoff verteilen sich Zugspannungen über den gesamten Querschnitt S. Durch Kerben oder Unebenheiten konzentrieren sich Spannungen in der Randzone des Kerbquerschnitts. Die größte Randspannung heißt Kerbspannung σ_k.

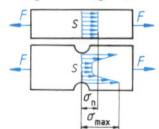

Spannungsverteilung im glatten Stab

und

im gekerbten Stab (σ_N Nennspannung)

Ruhende Belastung

In ruhender Belastung bricht ein gekerbter Stab erst, wenn die Nennspannung im Kerbquerschnitt die Zugfestigkeit des Werkstoffs überschritten hat. Dann erfolgt ein fast fließloser Trennbruch. Ein vorheriges Fließen des Werkstoffes in der Kerbe wird durch die Stützwirkung des Nachbarquerschnitts verhindert.

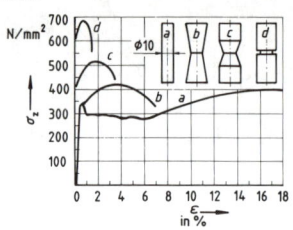

Schwingbelastung

$$\sigma_{zul} = \dfrac{\sigma_D \cdot b \cdot \beta_k}{v}$$

σ_{zul} zulässige Spannung in N/mm^2
σ_D Dauerfestigkeit des ungekerbten Stabes in N/mm^2
b Oberflächenbeiwert; v Sicherheitszahl
β_k Kerbwirkungszahl für Schwingbelastung

Kerbwirkungszahl β_k für Stahl

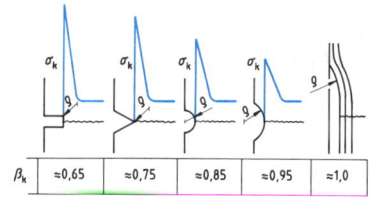

| β_k | ≈0,65 | ≈0,75 | ≈0,85 | ≈0,95 | ≈1,0 |

Aus Sicherheitsgründen wird für praktische Berechnungen meistens $\beta_k = 1$ gesetzt.

Oberflächenzahl b für Metallwerkstoffe

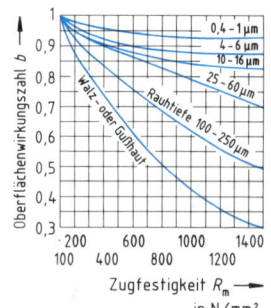

2.3.10 Axiales Flächenträgheitsmoment I_x und I_y – Minimales Widerstandsmoment W_x und W_y

Querschnitt	I_x	I_y	W_x	W_y
	$\dfrac{bh^3}{12}$	$\dfrac{hb^3}{12}$	$\dfrac{bh^2}{6}$	$\dfrac{hb^2}{6}$
	$\dfrac{\pi d D^3}{64}$	$\dfrac{\pi D d^3}{64}$	$\dfrac{\pi d D^2}{32}$	$\dfrac{\pi D d^2}{32}$
¹)	$\dfrac{ah^3}{36}$	$\dfrac{ha^3}{48}$	$\dfrac{ah^2}{24}$	$\dfrac{ha^2}{24}$
	$0{,}06\,s^4$	$0{,}06\,s^4$	$0{,}12\,s^3$	$0{,}24\,s^3$
	$\dfrac{BH^3-bh^3}{12}$	–	$\dfrac{BH^3-bh^3}{6H}$	–
	$\dfrac{BH^3+bh^3}{12}$	–	$\dfrac{BH^3+bh^3}{6H}$	–
	$\dfrac{1}{3}\left(Be_1^3-bh^3+ae_2^3\right)$ $e_1=\dfrac{1}{2}\dfrac{aH^2+bd^2}{aH+bd}$ $e_2=H-e_1$	–	$\dfrac{I_x}{e}$	–

¹) I_x und W_x gelten auch für nichtgleichschenklige Dreiecke, wenn für $^2/_3\,h=e_{max}$ gesetzt wird.

2.3.10 Axiales Flächenträgheitsmoment I_x und I_y – Minimales Widerstandsmoment W_x und W_y – Polares Widerstandsmoment I_p und W_p (Ca. Werte)[1]

Querschnitt	$I_x = I_y$	$W_x = W_y$	$I_p = I_t$	$W_p = W_t$
	$\dfrac{\pi}{64}d^4$	$\dfrac{\pi}{32}d^3$	$\dfrac{\pi}{32}d^4$	$\dfrac{\pi}{16}d^3$
	$\dfrac{\pi}{64}(D^4-d^4)$	$\dfrac{\pi}{32}\left(\dfrac{D^4-d^4}{D}\right)$	$\dfrac{\pi}{32}(D^4-d^4)$	$\dfrac{\pi}{16}\dfrac{D^4-d^4}{D}$
	$0{,}01\,D^3(5D-8{,}5d)$	$0{,}1\,D^2(D-1{,}7d)$	$0{,}02\,D^3(5D-8{,}5d)$	$0{,}2\,D^2(D-1{,}7d)$
			$0{,}1\,d^4$	$0{,}2\,d^3$
	$0{,}003(D+d)^4$ [2]	$0{,}012(D+d)^3$ [2]	$0{,}006(D+d)^4$ [2]	$0{,}024(D+d)^3$ [2]
	$0{,}05\,d_1^2(d_1^2-24\,e_1^2)$	$0{,}1\,\dfrac{d_1^2}{d_2}(d_1^2-24\,e_1^2)$	$0{,}1\,d_1^2(d_1^2-24\,e_1^2)$	$0{,}162\,d_1^3$
	$0{,}075\,d_2^4$	$0{,}15\,d_2^3$	$0{,}15\,d_2^4$	$0{,}2\,d_2^3$
	$\dfrac{h^4}{12}$	$\dfrac{b^3}{6}$	$0{,}14\,h^4$	$0{,}204\,h^3$

2.3.11 Elastizitäts- und Gleitmoduln metallischer Werkstoffe

Werkstoff	Elastizitätsmodul E in N/mm²	Gleitmodul G in N/mm²	Werkstoff	Elastizitätsmodul E in N/mm²	Gleitmodul G in N/mm²
Aluminium	72000	28000	Stahl, -guß	210000	82000
AlCuMg 1	74000	28500	GG 15	100000	40000
Kupfer	125000	46000	GG 30	120000	49000
CuNi 18	142000	55000	Wolfram	360000	130000
Nickel	200000	80000	Zink	100000	40000

[1] Bei Kreisquerschnitten kann auch $I_p = 2 \cdot I_x$ bzw. $W_p = 2 \cdot W_x$ gerechnet werden.　　[2] Gilt auch für 6, 8 und mehr Keile.

2.4 Wärmetechnische Grundlagen

2.4.1 Temperatur

Den Wärmezustand eines Stoffes kennzeichnet die Temperatur (T, t, ϑ). Einheiten der Temperatur sind Kelvin (K) und Grad Celsius (°C), in Ländern mit englischem Maßsystem auch Grad Fahrenheit (°F).

Umrechnungen:

$T = 273 + t_C$

$t_C = \dfrac{5}{9} \cdot (t_F - 32)$

$t_F = \dfrac{9}{5} \cdot t_C + 32$

T Temperatur in K
t_C Temperatur in °C
t_F Temperatur in °F

1. Beispiel:
$t_C = 20\,°C \quad T = ?\,K$

$T = 273 + t_C$
$T = 273 + 20\,°C$
$T = 293\,K$

2. Beispiel: $t_F = 77\,°F \quad t_C = ?\,°C$

$t_C = \dfrac{5}{9} \cdot (t_F - 32)$

$t_C = \dfrac{5}{9} \cdot (77\,°F - 32)$

$t_C = \dfrac{5}{9} \cdot 45\,°C$

$t_C = 25\,°C$

Temperaturmessung

Meßgerät bzw. -verfahren	Anwendungsbereich °C	Grundprinzip
Pentanthermometer	$-190 \cdots +20$	Wärme dehnt Flüssigkeit, deren Stand in einem engen Rohr zeigt Temperatur
Alkoholthermometer	$-110 \cdots +50$	
Quecksilberthermometer	$-30 \cdots 750$	
Bimetallthermometer	$-30 \cdots 400$	Unterschiedliche Längenausdehnung bei Erwärmung verschied. Metalle
Stabausdehnungsthermometer	bis ≈ 1000	
Elektrische Widerstandsthermometer	bis 750	ΔT bewirkt ΔR und damit ΔI
Thermoelemente	$-200 \cdots 1600$	Kontaktspannung
Strahlungspyrometer	$-40 \cdots 1300$	Wärmestrahlung wirkt auf Fotoelemente
Temperaturmeßfarben	$-40 \cdots 1350$	Farbumschlag zeigt Temp. an
Temperaturkennkörper	$+100 \cdots 1600$	Metall- bzw. Keramikkörper schmelzen bei best. Temp.
Segerkegel	bis 2000	

Thermoelement-Spannungen in µV bei 0 °C Bezugstemperatur nach DIN IEC 584 T 1 (1.84)

Meßtemperatur °C	Typ R	Typ J	Typ K	Typ T	Typ E
-100		-4632	-3553	-3378	-5237
-50	-226	-2431	-1889	-1819	-2787
0	0	0	0	0	0
100	647	5268	4095	4277	6317
200	1468	10777	8137	9286	13419
300	2400	16325	12207	14860	21033
400	3407	21846	16395	20869	28943
500	4471	27388	20640		36999
600	5582	33096	24902		45085
700	6741	39130	29128		53110
800	7949	45498	33277		61022
1000	10503	57942	41269		76358
1300	14624		52398		
1600	18842				

Typ R: Platin-13% Rhodium/Platin; **Typ J:** Eisen/Kupfer-Nickel; **Typ K:** Nickel-Chrom/Nickel; **Typ T:** Kupfer/Kupfer-Nickel; **Typ E:** Nickel-Chrom/Kupfer-Nickel.

2.4.2 Wärmemenge

Ein Maß für die in einem Körper enthaltene Wärme (Energie) ist die **Wärmemenge** Q. Ihre Einheit ist das Joule (J). 4186,8 J ist die Wärmemenge, die 1 Liter Wasser um 1 K erwärmt (genau von 14,5 °C auf 15,5 °C).

Die **spezifische Wärmekapazität** c_p ist die Wärmemenge, die 1 kg eines Stoffes um 1 K erwärmt. Einheit von c_p ist (J/(kg · K)).

Die **spezifische Schmelzwärme** L_f ist die Wärmemenge, die 1 kg eines Stoffes bei Schmelztemperatur vom festen in den flüssigen Zustand überführt; sie wird beim Erstarren des Stoffes wieder frei. Einheit von L_f ist J/kg.

Die spezifische **Verdampfungswärme** L_V ist die Wärmemenge, die 1 kg eines Stoffes bei Verdampfungstemperatur vom flüssigen in den dampfförmigen Zustand überführt; sie wird beim Verflüssigen (Kondensieren) des Stoffs wieder frei. Einheit von L_V ist J/kg.

$Q = m \cdot c_p \cdot \Delta t$

Beispiel:
$\Delta t = 200\,K$
$m = 50\,kg$
$c = 389,3\,J/(kg \cdot K)$
$Q = ?\,J$

Q Wärmemenge in J
m Masse, Stoffmenge in kg
c_p spezifische Wärmekapazität in J/(kg · K)
Δt Temperaturunterschied in K

$Q = m \cdot c_p \cdot \Delta t = 50\,kg \cdot 389,3\,\dfrac{J}{kg \cdot K} \cdot 200\,K$

$Q = 3,893 \cdot 10^6\,J$

Mischtemperatur von Flüssigkeiten

$t = \dfrac{m_1 \cdot c_{p1} \cdot t_1 + m_2 \cdot c_{p2} \cdot t_2}{m_1 \cdot c_{p1} + m_2 \cdot c_{p2}}$

Beispiel:
$m_1 = 0,5\,kg$ Alkohol
$t_1 = 10\,°C$
$m_2 = 1\,kg$ Wasser
$t_2 = 30\,°C$
spezifische Wärmekapazitäten können der Tabelle (S. 2-26) entnommen werden

m_1 Menge Stoff 1 in kg
m_2 Menge Stoff 2 in kg
t_1 Temperatur Stoff 1 vor dem Mischen
t_2 Temperatur Stoff 2 vor dem Mischen
c_{p1} spezifische Wärmekapazität von Stoff 1
c_{p2} spezifische Wärmekapazität von Stoff 2
t Temperatur nach dem Mischen

$t = \dfrac{0,5\,kg \cdot 2,428\,\frac{kJ}{kg\,K} \cdot 10\,K + 1\,kg \cdot 4,187\,\frac{kJ}{kg\,K} \cdot 30\,K}{0,5\,kg \cdot 2,428\,\frac{kJ}{kg\,K} + 1\,kg \cdot 4,187\,\frac{kJ}{kg\,K}}$

$t = \dfrac{12,14\,kJ + 125,6\,kJ}{1,214\,\frac{kJ}{K} + 4,187\,\frac{kJ}{K}} = \dfrac{137,7\,kJ}{5,4\,kJ}\,K$

$t = 25,5\,°C$

Erwärmen eines Stoffes und Überführen vom festen in den dampfförmigen Zustand

$Q = m \cdot c_p \cdot \Delta t + m \cdot L_f + m \cdot L_V$

Beispiel:
1 kg Eis von 0 °C in Wasserdampf von 100 °C umwandeln (bei 1013 mbar)

Q Wärmemenge in J
m Stoffmasse in kg
c_p spez. Wärmekapazität
L_f Schmelzwärme
L_V Verdampfungswärme
Δt Temperaturunterschied

$Q = 1\,kg \cdot 4,18\,\dfrac{kJ}{kg\,K} \cdot 100\,K + 1\,kg \cdot 333,7\,\dfrac{kJ}{kg} + 1\,kg \cdot 2258\,\dfrac{kJ}{kg}$

$Q = 418\,kJ + 333,7\,kJ + 2258\,kJ$

$Q = 3,01 \cdot 10^6\,J$

2.4 Wärmetechnische Grundlagen

Wärmeeigenschaften von Stoffen

(spezifische Wärmekapazität c_p, Schmelzwärme L_f, Verdampfungswärme L_v bei 1013 bar)

Stoff	$\dfrac{c_p}{\frac{kJ}{kg \cdot K}}$	Schmelz-punkt °C	$\dfrac{L_f}{\frac{kJ}{kg}}$	Siede-punkt °C	$\dfrac{L_v}{\frac{kJ}{kg}}$
Aluminium	0,896	658	355,9	2200	11723
Blei	0,130	327	23,86	1700	921,1
Eisen (rein)	0,440	1530	272,1	2800	6364
Gold	0,130	1060	66,99	2700	1758
Graphit	0,712	≈3600	16750	4200	50242
Konstantan	0,410	≈1280			
Kupfer	0,381	1080	209,3	2400	4647
Messing	0,389	≈ 900	167,5		
Nickel	0,452	1450	293,1	3000	6196
Platin	0,134	1770	113,0	3800	2512
Silber	0,234	961	104,7	2000	2177
Silizium	0,741	1410	141,5	2350	14068
Wolfram	0,134	3380	191,8	6000	4815
Zinn	0,230	232	58,62	2300	2596
Alkohol	2,428	− 114	104,7	78,3	858
Benzol	1,738	5,5	127,3	80,1	389
Maschinenöl	1,675				
Quecksilber	0,138	− 38,9	11,72	356,7	301
Schwefelsäure	1,382	10,5	108,9	338	511
Wasser	4,187	0,0	333,7	100,0	2258
Ammoniak	2,060	− 77,7	339,1	− 33,4	1369
Kohlenstoff-dioxid	0,825	− 56	184,2	− 78,5	574
Luft	1,001			− 194	197
Stickstoff	1,043	−210	25,96	− 195,8	199
Wasserstoff	14,24	− 259,2	58,62	− 252,8	461

2.4.3 Ausdehnung durch Wärme

Der **Längen-Ausdehnungskoeffizient** α gibt die Längenzunahme der Längeneinheit eines Körpers bei 1 K Temperaturerhöhung an. Einheit von α ist 1/K.

Der **Volumen-Ausdehnungskoeffizient** γ gibt die Volumenzunahme der Volumeneinheit eines Körpers bei 1 K Temperaturerhöhung an. Einheit von γ ist 1/K.

Längenausdehnung:

$$\Delta l = l_0 \cdot \alpha \cdot \Delta t$$

Beispiel:
$l_0 = 12$ m; $\Delta t = 50$ K;
$\alpha = 23,8 \cdot 10^{-6}\, \dfrac{1}{K}$;
$\Delta l = ?$ m

Δl Längenzunahme in m
l_0 Länge (Kaltzustand) in m
α Längen-Ausdehnungskoeffizient in 1/K
Δt Temperaturzunahme in K

Lösung: $\Delta l = l_0 \cdot \alpha \cdot \Delta t = 12$ m $\cdot 23,8 \cdot 10^{-6} \dfrac{1}{K} \cdot 50$ K
$\Delta l = 0,01428$ m $= 14,28$ mm

Volumenausdehnung:

$$\Delta V = V_0 \cdot \gamma \cdot \Delta t$$

Beispiel:
$V_0 = 0,75$ m³;
$\Delta t = 90$ K;
$\gamma = 0,0011\, \dfrac{1}{K}$
$\Delta V = ?$ m³

ΔV Volumenzunahme in m³
V_0 Volumen in kaltem Zustand in m³
γ Volumen-Ausdehnungskoeffizient in 1/K
Δt Temperaturzunahme in K

Lösung: $\Delta V = V_0 \cdot \gamma \cdot \Delta t = 0,75$ m³ $\cdot 0,0011 \dfrac{1}{K} \cdot 90$ K
$\Delta V = 0,07425$ m³

Längen-Ausdehnungskoeffizient α (für 0···100 °C)
Volumen-Ausdehnungskoeffizient γ (bei 18 °C)

Stoff	α in 1/K	Stoff	γ in 1/K
Aluminium	$23,8 \cdot 10^{-6}$	Alkohol	$1,10 \cdot 10^{-3}$
Blei	$29,0 \cdot 10^{-6}$	Benzin	$1,00 \cdot 10^{-3}$
Bronze	$17,5 \cdot 10^{-6}$	Benzol	$1,06 \cdot 10^{-3}$
Chrom	$8,5 \cdot 10^{-6}$	Glyzerin	$0,50 \cdot 10^{-3}$
Glas (ca.)	$6,5 \cdot 10^{-6}$	Petroleum	$0,99 \cdot 10^{-3}$
Gold	$14,2 \cdot 10^{-6}$	Quecksilber	$0,18 \cdot 10^{-3}$
Graphit	$7,9 \cdot 10^{-6}$	Schwefel-	
Gußeisen	$10,5 \cdot 10^{-6}$	säure	$0,57 \cdot 10^{-3}$
Konstantan	$15,2 \cdot 10^{-6}$	Terpentinöl	$1,00 \cdot 10^{-3}$
Kupfer	$16,5 \cdot 10^{-6}$	Toluol	$1,08 \cdot 10^{-3}$
Messing	$18,4 \cdot 10^{-6}$	Wasser	$0,18 \cdot 10^{-3}$
Neusilber	$18,4 \cdot 10^{-6}$	Für feste Stoffe ist	
Nickel	$13,0 \cdot 10^{-6}$	$\gamma \approx 3 \cdot \alpha$	
Silber	$19,5 \cdot 10^{-6}$		
Silizium	$7,6 \cdot 10^{-6}$	Für alle Gase ist	
Stahl	$12,0 \cdot 10^{-6}$	$\gamma \approx 1/273$	
Wolfram	$4,5 \cdot 10^{-6}$	$\gamma \approx 0,00366$	

2.4.4 Wärmeübertragung

Wärmestrom Φ heißt die Wärmemenge, die innerhalb einer Zeiteinheit durch eine senkrecht zur Strömungsrichtung liegenden Fläche strömt. Einheit des Wärmestromes ist W.

Wärmeleitung ist die Wanderung des Wärmestromes innerhalb eines Körpers. Die **Wärmeleitfähigkeit** λ gibt den Wärmestrom an, der durch einen Querschnitt von 1 m² eines 1 m langen Körpers strömt, wenn der Temperaturunterschied 1 K beträgt.

$$\Phi = \frac{Q}{t}$$

Φ Wärmestrom in J/h
Q Wärmemenge in J
t Zeit in h

Wärmeleitung:

$$\Phi = \lambda \cdot \frac{A}{\delta} \cdot \Delta t$$

λ Wärmeleitfähigkeit in $\dfrac{W}{m \cdot K}$
A Fläche der Wärmeleitung in m²
δ Dicke in m
Δt Temperaturunterschied in K

Beispiel: $\lambda = 50\, \dfrac{W}{m \cdot k}$; $A = 5$ cm²;
$\delta = 2,5$ cm; $\Delta t = 50$ K; $\Phi = ?$ W

Lösung: $\Phi = \lambda \cdot \dfrac{A}{\delta} \cdot \Delta t = 50,0 \left(\dfrac{W}{m \cdot K}\right) \dfrac{0,0005\ m^2}{0,025\ m} \cdot 50$ K
$\Phi = 50$ W

Wärmeübergang:

Wärmeübergang ist der Wärmeaustausch zwischen einem festen Körper und einer Flüssigkeit oder Gas. Der **Wärmeübergangskoeffizient** α ist der Wärmestrom, der von einer Fläche von 1 m² bei einem Temperaturgefälle von 1 K abgegeben wird.

$$\Phi = \alpha \cdot A \cdot \Delta t \qquad \alpha \text{ Wärmeübergangskoeffizient in } \frac{W}{m^2 \cdot K}$$

Die Wärmeübergangszahl α ist nicht in Tabellen angebbar. Sie muß für jeden Fall ermittelt werden. Vereinfachend kann am Gebäude mit $\alpha = 25$ W/m² · K gerechnet werden.

Wärmedurchgang:

Wärmedurchgang heißt der Wärmeaustausch zweier Flüssigkeiten oder Gase durch eine Trennwand hindurch. **Der Wärmedurchgangskoeffizient** k ist der Wärmestrom, der durch eine Fläche von 1 m² bei einem Temperaturgefälle von 1 K hindurchtritt.

$$\Phi = k \cdot A \cdot \Delta t \qquad k \text{ Wärmedurchgangskoeffizient in } \frac{W}{m^2 \cdot K}$$

2.4 Wärmetechnische Grundlagen

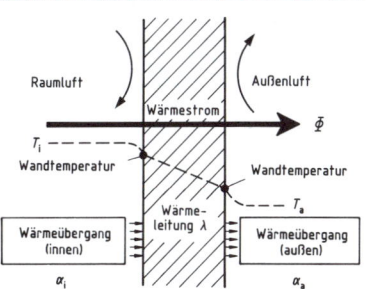

Wärmedurchgang durch eine Wand

T_i, T_a Innen- und Außenwandtemperaturen in K
α_i, α_a Innen- und Außenwandwärmeübergangs-
koeffizienten in $\dfrac{W}{m^2 \cdot K}$.

Wärmestrahlung

Wärmestrahlung ist die Übertragung von Wärme ohne die Mitwirkung eines Stoffs. Wärmestrahlen sind elektromagnetische Wellen, die von einem erhitzten Körper ausgesendet werden. Welche Strahlungsmenge ein Körper absorbiert oder reflektiert, hängt stark von der Farbe und Oberflächenbeschaffenheit des Körpers ab.

$\Phi = \varepsilon \cdot \sigma \cdot A \cdot T^4$

Φ Wärmestrom in W
σ Strahlungskonstante (Stefan-Boltzmann-Konstante)
$\sigma = 5,77 \cdot 10^{-8} \ \dfrac{W}{m^2 K^4}$
A Oberfläche des Strahlers in m^2
T Temperatur in K

ε bezeichnet den Absorptionsgrad des Körpers
$\varepsilon = \dfrac{\text{absorbierte Strahlung}}{\text{ankommende Strahlung}}$
Je größer der Absorptionsgrad eines Körpers, desto größer ist auch sein Emissionsvermögen.

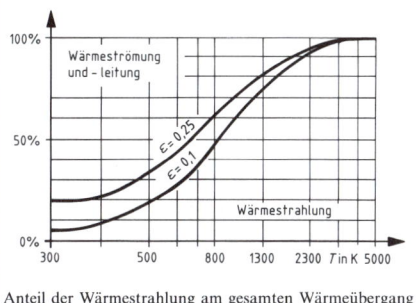

Anteil der Wärmestrahlung am gesamten Wärmeübergang

Wärmeleitfähigkeit $\lambda = W/m \cdot K$

Stoff	λ	Stoff	λ
Alkohol	0,18	Nickel	88,0
Aluminium	218,0	Platin	70,0
Benzol	0,15	Porzellan	$\approx 1,0$
Fensterglas	0,16	PVC	0,18
Gasbeton	0,14···0,19	Quecksilber	9,3
Gold	310,0	Silber	419,0
Grauguß	58,0	Stahl	
		– Baustahl	47···59
Holz	0,12···0,17	Stahl	
		– rostbeständig	14
Luft	0,024	Steinwolle	0,04
Kupfer	384,0	Zink	116,0
Messing	113,0	Ziegelstein	163
Mörtel	0,7···0,14		

Wärmedurchgangskoeffizienten $k = W/m^2 \cdot K$

Stoff	k
Fensterglas einfach	~3,5
Fensterglas doppelt verglast	
12 mm Scheibenabstand	~2,8
Verbundfenster	~2,4
Stahltür außen	~2,3
Holztür außen	~3,5
Glashohlsteine	~2,9
Kalksandstein Dicke 300 mm	~1,6

2.4.5 Heizwert H_u

Es erzeugen im Mittel		MJ/kg	MJ/m³
Feste Stoffe	Anthrazit	33,5	–
	Braunkohle	19,8	–
	Braunkohlebriketts	20,1	–
	Holz, lufttrocken	14,6	–
	Holz, völlig trocken	18,6	–
	Holzkohle	33,1	–
	Koks	28,5	–
	Steinkohle	31,4	–
	Steinkohlebriketts	32,5	–
	Torf (lufttrocken)	14,6	–
Flüssige Stoffe	Alkohol	29,7	–
	Benzin	46,0	–
	Benzol	41,8	–
	Heizöl	42,0	–
	Naphthalin	40,6	–
	Petroleum	43,9	–
	Spiritus 95%	28,2	–
	Teeröl	41,6	–
Gasförmige Stoffe	Acetylen	48,7	56,9
	Butan	45,3	123,0
	Erdgas (trocken)	41,8	29,3
	Gichtgas	3,2	3,97
	Methan	50,0	35,9
	Propan	46,3	93,0
	Stadtgas	28,2	15,5
	Wasserstoff	119,6	10,76

2.5 Chemische Grundlagen

2.5.1 Grundbegriffe aus der Chemie

Begriff	Beispiel	Erklärung
Atom	Heliumatom 2p — Proton p 2n — Neutron n — Elektron e^-	Das Atom ist das kleinste, chemisch nicht weiter zerlegbare Teilchen eines Stoffes. Der Atomkern besteht, nach den Modellvorstellungen, aus Protonen (p), Neutronen (n) und ist von negativen Ladungsträgern, den Elektronen (e^-), umgeben.
Proton	Wasserstoffatom 1p	Das Proton ist ein Atombaustein mit positiver Elementarladung. Die Masse eines Protons beträgt $m = 1,63 \cdot 10^{-27}$ kg, die Elementarladung beträgt $e = 1,602 \cdot 10^{-19}$ C.
Neutron	Neutronenmasse $1,675 \cdot 10^{-24}$ g	Das Neutron ist ein Atombaustein ohne elektrischer Elementarladung mit etwa der gleichen Masse wie das Proton.
Elektron	Elektronenmasse $m = 9,107 \cdot 10^{-31}$ kg	Das Elektron ist ein Atombaustein mit negativem Ladungsträger, bewegt sich um den Atomkern und hat eine Eigendrehung (spin).
Ion, Ionisation	Kochsalz zerfällt beim Lösen in Wasser $NaCl \rightarrow Na^+ + Cl^-$	Elektrisch geladene Teilchen, die durch Elektronenaufnahme eine negative oder durch Abgabe eines Elektrons eine positive Überschußladung enthalten.
Relative Molekülmasse	$M_{rH_2O} = 2 \cdot 1,008 + 15,999$ $= 18,015$	Summe der relativen Atommassen eines Moleküls (M_r).
Relative Atommasse	Relative Atommasse von Wasserstoff $A_{rH} = 1,008$	Die relative Atommasse gibt an, in welchem Verhältnis die Masse eines beliebigen Atoms zu 1/12 der Masse eines Atoms des Kohlenstoffisotops ^{12}C steht.
Molekül	Wassermolekül H_2O Sauerstoff O_2	Ein Molekül ist eine aus mehreren Atomen bestehende kleinste Einheit eines chemischen Stoffes (Element oder Verbindung).
Element	Schwefel (S)	Stoff, der sich chemisch nicht mit üblichen Verfahren zerlegen läßt.
Chemische Verbindung	Wasser (H_2O) ist eine chemische Verbindung aus Wasserstoff (H) und Sauerstoff (O)	Ein aus verschiedenen Stoffen oder Elementen aufgebauter Stoff, der andere Eigenschaften als die Grundstoffe besitzt.
Gemenge	Sand, Luft	Mischung von beliebigen Stoffen.
Legierung	AlCuMg 1, NiCr 15 Co	Stabile Mischung von Metallen oder Metallverbindungen.
Lösung	Wasser und Kochsalz ergeben eine Kochsalzlösung	Eine Lösung ist eine Flüssigkeit, in der andere Stoffe (als Ionen oder Moleküle) gelöst sind.
Oxidation	$2Cu + O_2 \rightarrow 2CuO$ $Zn - 2e \rightarrow Zn^{2+}$	Oxidation bedeutet die Verbindung mit Sauerstoff bzw. die Abgabe von Elektronen durch ein Atom oder Ion.
Reduktion	$CuO + H_2 \rightarrow Cu + H_2O$ $Cu^{2+} + 2e \rightarrow Cu$	Reduktion bedeutet die Abgabe von Sauerstoff bzw. die Aufnahme von Elektronen durch ein Atom oder Ion.

2.5 Chemische Grundlagen

2.5.2 Trivialnamen und chemische Benennung technisch wichtiger Stoffe

Trivialname	chemische Formel	chemischer Name bzw. Erläuterung	Trivialname	chemische Formel	chemischer Name bzw. Erläuterung
Aceton	CH_3COCH_3	Propanon	Königswasser		Gemisch aus 3 Teilen konz. HCl und 1 Teil konz. HNO_3
Acetylen	C_2H_2	Ethin			
Alkohol	C_2H_5OH	Ethanol			
Ätzkali	KOH	Kaliumhydroxid	Kohlendioxid	CO_2	Kohlenstoffdioxid
Ätzkalk, gelöschter Kalk	$Ca(OH)_2$	Calciumhydroxid	Kohlenoxid	CO	Kohlenstoffmonooxid
Aktivkohle	C	feinteilige, porenreiche Kohle	Korund, Schmirgel	Al_2O_3	Aluminiumoxid
Aluminiumazetat	$Al(CH_3COO)_3$	Essigsaure Tonerde	Kreide, Kalkstein	$CaCO_3$	Calciumcarbonat
Anilin	$C_6H_5NH_2$	Aminobenzol	Kupfervitriol	$CuSO_4 \cdot 5H_2O$	Kupfer(II)-sulfat-pentahydrat
Antichlor	$Na_2S_2O_3 \cdot 5H_2O$	Natriumthiosulfat			
Bittersalz	$MgSO_4 \cdot 7H_2O$	Magnesiumsulfat	Lötsalz (in Lösung)	$ZnCl_2 + 2NH_4Cl$	Lösung von Zinkchlorid
Blausäure	HCN	Zyanwasserstoff	Lötwasser		und Ammoniumchlorid
Bleiglätte	PbO	Blei(II)-oxid			
Bleiweiß	$2PbCO_3 \cdot Pb(OH)_2$	basisches Blei-carbonat	Lachgas	N_2O	Distickstoffoxid
Blutlaugensalz, gelbes	$K_4Fe(CN)_6 \cdot 3H_2O$	Kaliumhexa-cyanoferat(II)	Magnesia	MgO	Magnesiumoxid
–, rotes	$K_3Fe(CN)_4$	Kaliumhexa-cyanoferrat(III)	Mennige	Pb_3O_4	Blei(II, IV)-oxid
			Methylenchlorid	CH_2Cl_2	Dichlormethan
Borax	$Na_2B_4O_7 \cdot 10H_2O$	Natrium-tetraborat	Natron	$NaHCO_3$	Natriumbikarbonat
Borsäure	H_3BO_3	Borsäure	Nitroglycerin	$C_3H_5(NO_3)_2$	Propantriol-trinitrat
Braunstein	MnO_2	Mangandioxid	Öl	$C_{57}H_{104}IO_4$	Triolein
Carborundum	SiC	Siliciumcarbid	Oxalsäure	$C_2H_2O_4$	Ethandisäure
Chilesalpeter	$NaNO_3$	Natriumnitrat	Perchloräthylen	$CCl_2 = CCl_2$	Tetrachlorethen
Chlorkalk	CaCl(OCl)	Calciumchlorid-hypochlorid	Pottasche	K_2CO_3	Kaliumcarbonat
Chloroform	$CHCl_3$	Trichlormethan	Ruß	C	Gemenge von feinteiligem Kohlenstoff und öligen Kohlenwasserstoffen (Teeren)
Eisenchlorid	$FeCl_2 \cdot 4H_2O$	Eisen(II)-chlorid-tetrahydrat			
Eisenrost	$FeO \cdot Fe_2O_3 \cdot 2H_2O$	Eisenoxidhydrat			
Eisessig, Essig, Essigsäure	CH_3COOH	Ethansäure	Salmiak	NH_4Cl	Ammoniumchlorid
Fixiersalz	$Na_2S_2O_3$	Natriumthiosulfat	Salmiakgeist	NH_4OH	Ammonium-hydroxid
Flußsäure	HF	Fluorwasserstoff-säure	Salzsäure	HCl	Chlorwasserstoff-säure
Fruchtzucker	$C_6H_{12}O_6$	Fruktose	Schwefelkies	FeS_2	Pyrit
Gips	$CaSO_4 \cdot 2H_2O$	Calciumsulfat-dihydrat	Soda calc.	Na_2CO_3	Natriumkarbonat wasserfrei
Glaubersalz	$NaSO_4 \cdot 10H_2O$	Natriumsulfat-decahydrat	Soda krist.	$Na_2CO_3 \cdot 10H_2O$	Natriumcarbonat-decahydrat
Glycerin	$C_3H_5(OH)_3$	Propantriol	Spiritus	C_2H_5OH	Ethanol
Grubengas, Sumpfgas	CH_4	Methan	Tetra	CCl_4	Tetrachlormethan
			Toluol	$C_6H_5CH_3$	Methylbenzol
Holzessig	CH_3COOH	Ethansäure	Tonerde	Al_2O_3	Aluminiumoxid
Holzgeist	CH_3OH	Methanol	Glukose	$C_6H_{12}O_6$	Dextrose
Kalk, gebrannter	CaO	Calciumoxid	Tri	C_2HCl_3	Trichlorethen
–, gelöschter	$Ca(OH)_2$	Calciumhydroxid	Wasserglas		wäßrige Lösung von
Kalkstein siehe Kreide				Na_4SiO_4	Natrium- und
Karbid	CaC_2	Calciumcarbid		K_4SiO_4	Kaliumsilikaten
Karborund	SiC	Siliciumcarbid	Weingeist	C_2H_5OH	Ethanol
Kochsalz, Steinsalz	NaCl	Natriumchlorid	Zellulose	$C_6H_{10}O_5$	Dextrin
			Zitronensäure	$C_6H_8O_7$	Zitronensäure

Beispiele chemischer Vorgänge[1]

1. 1 kg Kohlenstoff ($\approx 1,1$ kg Steinkohle) verbrennt zu Kohlenstoffdioxid nach Formel $C + 2O \rightarrow CO_2$ und verbraucht dabei $(2 \cdot 16):12 = 2,67$ kg Sauerstoff ($9 \, m^3$ Luft).

2. Nach Formel $CaC_2 + 2H_2O \rightarrow C_2H_2 + Ca(OH)_2$ entsteht aus Calciumcarbid + 2 Tl. Wasser Acetylen + gelöschter Kalk. Für 1 kg CaC_2 braucht man $2 \cdot (2 \cdot 1 + 16):(40,08 + 2 \cdot 12) = 36:64,08 = 0,562$ kg Wasser und erhält $(2 \cdot 12 + 2 \cdot 1):(40,08 + 2 \cdot 12) = 26:64,08 = 0,406$ kg Acetylengas ≈ 350 l.

3. Wird aus einer Lösung von Kupfersulfat in Wasser durch Elektrolyse (Zersetzung durch el. Strom) 1 g Kupfer abgeschieden, so zerfallen $(63,54 + 32,06 + 4 \cdot 16):63,54 = 2,51$ g $CuSO_4$, entsprechend $(63,54 + 32,06 + 4 \cdot 16 + 5 \cdot 2 \cdot 1 + 5 \cdot 16):63,54 = 3,93$ g kristallwasserhaltiges, handelsübliches Salz, $CuSO_4 \cdot 5H_2O$.

4. 100 g einer Blei-Zinn-Legierung bilden nach Zersetzung in Säure und Ausglühen ein Gemenge aus Blei(II)-oxid (PbO) und Zinn(IV)-oxid (SnO_2), das 124,037 g wiegt. Bezeichnet man die Anzahl der Gramm Blei in der Legierung mit X, so gilt die Gleichung:

$$X \cdot \frac{\text{Atomgew. v. O}}{\text{Atomgew. v. Pb}} + (100 - X) \cdot \frac{2 \, \text{Atomgew. v. O}}{\text{Atomgew. v. Sn}} = (124,037 - 100)$$

$$X \cdot \frac{16,0}{207,19} + (100 - X) \cdot \frac{2 \cdot 16,0}{118,7} = 24,037$$

Daraus ergibt sich $X = 15,19$, d.h. die Legierung enthält 15,19% Blei.

---

[1] Es bedeuten: $2 \cdot 16 = 2$ Atomgewicht Sauerstoff; $12 =$ Atomgewicht Kohlenstoff $2 \cdot 1 + 16 = 2$ Atomgewicht Wasserstoff + Atomgewicht Sauerstoff; $40,08 + 2 \cdot 12 =$ Atomgewicht Calcium + 2 Atomgewicht Kohlenstoff; $5 \cdot 2 \cdot 1 = 5 \cdot 2$ Atomgewicht Wasserstoff.

2.5 Chemische Grundlagen

2.5.3 Das Periodensystem der Elemente

Erklärung

Ordnungszahl → **26** Eisen ← Elementname
relative Atommasse → 55,847

Fe ← Elementsymbol

$[Ar]3d^6 4s^2$

Aufbau der Elektronenhülle (Orbitalmodell)

Hauptgruppen (Gruppe I, II) — **Nebengruppen**

Periode	I	II								
1.	**1** Wasserstoff 1,00797 **H** $1s^1$									
2.	**3** Lithium 6,639 **Li** $1s^2\,2s^1$	**4** Beryllium 9,0122 **Be** $1s^2\,2s^2$								
3.	**11** Natrium 22,9898 **Na** $[Ne]3s^1$	**12** Magnesium 24,312 **Mg** $[Ne]3s^2$								

Periode	I	II						Nebengruppen		
4.	**19** Kalium 39,102 **K** $[Ar]4s^1$	**20** Calcium 40,08 **Ca** $[Ar]4s^2$	**21** Scandium 44,956 **Sc** $[Ar]3d^1 4s^2$	**22** Titan 47,90 **Ti** $[Ar]3d^2 4s^2$	**23** Vanadium 50,942 **V** $[Ar]3d^3 4s^2$	**24** Chrom 51,996 **Cr** $[Ar]3d^5 4s^1$	**25** Mangan 54,938 **Mn** $[Ar]3d^5 4s^2$	**26** Eisen 55,847 **Fe** $[Ar]3d^6 4s^2$	**27** Cobalt 58,933 **Co** $[Ar]3d^7 4s^2$	
5.	**37** Rubidium 85,47 **Rb** $[Kr]5s^1$	**38** Strontium 87,62 **Sr** $[Kr]5s^2$	**39** Yttrium 88,905 **Y** $[Kr]4d^1 5s^2$	**40** Zirkon 91,22 **Zr** $[Kr]4d^2 5s^2$	**41** Niob 92,906 **Nb** $[Kr]4d^4 5s^1$	**42** Molybdän 95,94 **Mo** $[Kr]4d^5 5s^1$	**43** Technetium (98) **Tc** [1] $[Kr]4d^5 5s^2$	**44** Ruthenium 101,07 **Ru** $[Kr]4d^7 5s^1$	**45** Rhodium 102,905 **Rh** $[Kr]4d^8 5s^1$	
6.	**55** Cäsium 132,905 **Cs** $[Xe]6s^1$	**56** Barium 137,34 **Ba** $[Xe]6s^2$	**57** Lanthan 138,91 **La** $[Xe]5d^1 6s^2$	**72** Hafnium 178,49 **Hf** $[Xe]4f^{14}5d^2 6s^2$	**73** Tantal 180,948 **Ta** $[Xe]4f^{14}5d^3 6s^2$	**74** Wolfram 183,85 **W** $[Xe]4f^{14}5d^4 6s^2$	**75** Rhenium 186,2 **Re** $[Xe]4f^{14}5d^5 6s^2$	**76** Osmium 190,2 **Os** $[Xe]4f^{14}5d^6 6s^2$	**77** Iridium 192,2 **Ir** $[Xe]4f^{14}5d^7 6s^2$	
7.	**87** Francium (223) **Fr** $[Rn]7s^1$	**88** Radium (226) **Ra** $[Rn]7s^2$	**89** Actinium (227) **Ac** $[Rn]6d^1 7s^2$	**104** Kurtschatovium (261) **Ku** $[Rn]5f^{14}6d^2 7s^2$	**105** Hahnium (262) **Ha** $[Rn]5f^{14}6d^3 7s^2$					

Lanthaniden-Elemente

58 Cer 140,12 **Ce** $[Xe]4f^2 5d^0 6s^2$	**59** Praseodym 140,907 **Pr** $[Xe]4f^3 5d^0 6s^2$	**60** Neodym 144,24 **Nd** $[Xe]4f^4 5d^0 6s^2$	**61** Promethium (147) **Pm** $[Xe]4f^5 5d^0 6s^2$	**62** Samarium 150,35 **Sm** $[Xe]4d^6 5d^0 6s^2$

Actiniden-Elemente

90 Thorium 232,04 **Th** $[Rn]5f^0 6d^2 7s^2$	**91** Protactinium (231) **Pa** $[Rn]5f^2 6d^1 7s^2$	**92** Uran 238,03 **U** $[Rn]5f^3 6d^1 7s^2$	**93** Neptunium (237) **Np** $[Rn]5f^4 6d^1 7s^2$	**94** Plutonium (242) **Pu** $[Rn]5f^6 d^0 7s^2$

[1]) Graue Schrift: künstlich hergestelltes Element

2.5.3 Das Periodensystem der Elemente (Forts.)

			Hauptgruppen III	 IV	 V	 VI	 VII	 VIII
								2 Helium 4,0026 **He** $1s^{2}$
			5 Bor 10,811 **B** $1s^{2}2s^{2}2p^{1}$	**6** Kohlenstoff 12,01115 **C** $1s^{2}2s^{2}2p^{2}$	**7** Stickstoff 14,0067 **N** $1s^{2}2s^{2}2p^{3}$	**8** Sauerstoff 15,9994 **O** $1s^{2}2s^{2}2p^{4}$	**9** Fluor 18,9984 **F** $1s^{2}2s^{2}2p^{5}$	**10** Neon 20,183 **Ne** $1s^{2}2s^{2}2p^{6}$
Nebengruppen			**13** Aluminium 26,9815 **Al** $[Ne]3s^{2}3p^{1}$	**14** Silicium 28,086 **Si** $[Ne]3s^{2}3p^{2}$	**15** Phosphor 30,9738 **P** $[Ne]3s^{2}3p^{3}$	**16** Schwefel 32,064 **S** $[Ne]3s^{2}3p^{4}$	**17** Chlor 35,453 **Cl** $[Ne]3s^{2}3p^{5}$	**18** Argon 39,948 **Ar** $[Ne]3s^{2}3p^{6}$
28 Nickel 58,71 **Ni** $[Ar]3d^{8}4s^{2}$	**29** Kupfer 63,54 **Cu** $[Ar]3d^{10}4s^{1}$	**30** Zink 65,37 **Zn** $[Ar]3d^{10}4s^{2}$	**31** Gallium 69,72 **Ga** $[Ar]3d^{10}4s^{2}4p^{1}$	**32** Germanium 72,59 **Ge** $[Ar]3d^{10}4s^{2}4p^{2}$	**33** Arsen 74,922 **As** $[Ar]3d^{10}4s^{2}4p^{3}$	**34** Selen 78,96 **Se** $[Ar]3d^{10}4s^{2}4p^{4}$	**35** Brom 79,909 **Br** $[Ar]3d^{10}4s^{2}4p^{5}$	**36** Krypton 83,80 **Kr** $[Ar]3d^{10}4s^{2}4p^{6}$
46 Palladium 106,4 **Pd** $[Kr]4d^{10}5s^{0}$	**47** Silber 107,87 **Ag** $[Kr]4d^{10}5s^{1}$	**48** Cadmium 112,40 **Cd** $[Kr]4d^{10}5s^{2}$	**49** Indium 114,82 **In** $[Kr]4d^{10}5s^{2}5p^{1}$	**50** Zinn 118,69 **Sn** $[Kr]4d^{10}5s^{2}5p^{2}$	**51** Antimon 121,75 **Sb** $[Kr]4d^{10}5s^{2}5p^{3}$	**52** Tellur 127,6 **Te** $[Kr]4d^{10}5s^{2}5p^{4}$	**53** Iod 126,9 **I** $[Kr]4d^{10}5s^{2}5p^{5}$	**54** Xenon 131,3 **Xe** $[Kr]4d^{10}5s^{2}5p^{6}$
78 Platin 195,09 **Pt** $[Xe]4f^{14}5d^{9}6s^{1}$	**79** Gold 196,967 **Au** $[Xe]4f^{14}5d^{10}6s^{1}$	**80** Quecksilber 200,59 **Hg** $[Xe]4f^{14}5d^{10}6s^{2}$	**81** Thallium 204,37 **Tl** $[Xe]4f^{14}5d^{10}6s^{2}6p^{1}$	**82** Blei 207,19 **Pb** $[Xe]4f^{14}5d^{10}6s^{2}6p^{2}$	**83** Bismut 208,98 **Bi** $[Xe]4f^{14}5d^{10}6s^{2}6p^{3}$	**84** Polonium (210) **Po** $[Xe]4s^{14}5d^{10}6s^{2}6p^{4}$	**85** Astat (210) **At** $[Xe]4f^{14}5d^{10}6s^{2}6p^{5}$	**86** Radon (222) **Rn** $[Xe]4f^{14}5d^{10}6s^{2}6p^{6}$
63 Europium 151,96 **Eu** $[Xe]4f^{7}5d^{0}6s^{2}$	**64** Gadolinium 157,25 **Gd** $[Xe]4f^{7}5d^{1}6s^{2}$	**65** Terbium 158,924 **Tb** $[Xe]4f^{9}5d^{0}6s^{2}$	**66** Dysprosium 162,50 **Dy** $[Xe]4f^{10}5d^{0}6s^{2}$	**67** Holmium 164,93 **Ho** $[Xe]4f^{11}5d^{0}6s^{2}$	**68** Erbium 167,26 **Er** $[Xe]4f^{12}5d^{0}6s^{2}$	**69** Thulium 168,93 **Tm** $[Xe]4f^{13}5d^{0}6s^{2}$	**70** Ytterbium 173,04 **Yb** $[Xe]4f^{14}5d^{0}6s^{2}$	**71** Lutetium 174,97 **Lu** $[Xe]4f^{14}5d^{1}6s^{2}$
95 Americium (243) **Am** $[Rn]5f^{7}6d^{0}7s^{2}$	**96** Curium (247) **Cm** $[Rn]5f^{7}6d^{1}7s^{2}$	**97** Berkelium (247) **Bk** $[Rn]5f^{9}6d^{0}7s^{2}$	**98** Californium (249) **Cf** $[Rn]5f^{10}6d^{0}7s^{2}$	**99** Einsteinium (254) **Es** $[Rn]5f^{11}6d^{0}7s^{2}$	**100** Fermium – **Fm** $[Rn]5f^{12}6d^{0}7s^{2}$	**101** Mende- – levium **Md** $[Rn]5f^{13}6d^{0}7s^{2}$	**102** Nobelium – **No** $[Rn]5f^{14}6d^{0}7s^{2}$	**103** Lawren- – cium **Lw** $[Rn]5f^{14}6d^{1}7s^{2}$

2.5 Chemische Grundlagen

2.5.4 Lösungskonzentrationen

Angabe der Konzentration	Einheit	Beispiel, Bemerkungen
Massegehalt in % g gelöster Stoff je 100 g Lösung	$\dfrac{g}{100\ g}$ in %	Eine 20%ige Traubenzuckerlösung erhält man, wenn 20 g $C_6H_{12}O_6$ in 80 g destilliertem Wasser gelöst werden.
Molarität Volumengehalt in % Anzahl der cm³ gelöster Flüssigkeit in 100 cm³ Gesamtflüssigkeit	$\dfrac{cm^3}{100\ cm^3}$	32 Vol.-%ige Ethanollösung erhält man, wenn 32 cm³ 100-Vol.-%iges Ethanol mit Wasser bis auf 100 cm³ aufgefüllt werden.
Molalität Anzahl der Mole des gelösten Stoffes je kg Lösungsmittel	$\dfrac{mol}{kg}$	Eine 1-molale Traubenzuckerlösung wird durch Lösen von 1 mol $C_6H_{12}O_6$ (169,27 g) in 1 kg Wasser erzeugt.
Anzahl der Mole in einem Liter (dm³) Lösung	$\dfrac{mol}{dm^3}$	1-mol Traubenzucker in 1 Liter Wasser gelöst, ergeben eine 1-molare Lösung.

2.5.5 Maximale-Arbeitsplatz-Konzentrationen (MAK)[1]

Der MAK-Wert ist die höchstzulässige Konzentration eines Stoffes als Gas, Dampf oder Schwebstoff in der Luft, bei der im allgemeinen die Gesundheit der Arbeitnehmer nicht beeinträchtigt wird.

Stoff	Formel	mg/m³
Aluminium	Al	6,0 (F)[2]
Ammoniak	NH_3	35,0
Butan	C_4H_{10}	3500,0
Chlor	Cl_2	1,5
Eisenoxide	$FeO; Fe_2O_3$	6,0 (F)
Formaldehyd	HCHO	0,5
Graphit	–	6,0 (F)
Kohlenstoffmonooxid	CO	33,0
Mangan	Mn	5,0 (G)[3]
Nikotin	–	0,5
Ozon	O_3	0,2
Phenol	–	19,0
Quecksilber	Hg	0,1
Terpentinöl	–	560,0

2.5.6 Explosionsgefährdung durch Gasgemische

Gas, Dampf	Konzentration in Vol.-%[4]
Aceton	2···15
Acetylen	1···80
Ammoniak	15···27
Benzin	1··· 8
Erdgas	5···14
Kohlenstoffmonooxid	12···75
Methanol	5···37
Methan	5···15
Petroleum	1··· 5
Propan	2···10

2.5.7 Bindungsarten der Atome

Metallbindung

Atomrümpfe und frei bewegliche Elektronen bilden Metallkristalle.

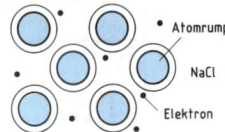

Ionenbindung

Ionen entgegengesetzter Ladung ziehen sich an. Metallionen und Ionen von Nichtmetallen bilden Ionenkristalle.

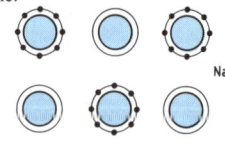

Atombindung (kovalente Bindung)

Benachbarte Atome besitzen gemeinsame Elektronen. Nichtmetallatome bilden zusammen ein Molekül.

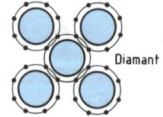

Zwischenmolekulare Bindung (Van-der-Waals-Bindg.)

Bindung erfolgt durch Dipolkräfte.

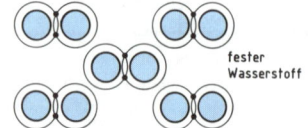

[1] Siehe auch Kapitel 11.2. [2] (F) = aveolengängiger Feinstaub.
[3] (G) = Gesamtstaub; Anteil des Staubes, der durch Probeentnahmegeräte erfaßt wird.
[4] Untere und obere Konzentration eines explosiven Gas-Luft-Gemisches.

3 Elektrotechnik und Elektronik

3.1 Elektrotechnische Grundlagen

3.1.1 Strom und Spannung

Zu den drei Basiseinheiten Meter, Sekunde und Kilogramm der Mechanik tritt in der Elektrizitätslehre als vierte voneinander unabhängige Einheit das Ampere:

1 Ampere (A) ist die Stärke eines zeitlich unveränderlichen elektrischen Stromes, der durch zwei parallel im Abstand von 1 m im Vakuum angeordnete geradlinige, unendlich lange Leiter mit vernachlässigbar kleinem, kreisförmigen Querschnitt fließend, elektrodynamisch die Kraft $0,2 \cdot 10^{-6}$ N je m Leiterlänge zwischen diesen Leitern hervorrufen würde.

Die Einheit **Volt (V)** der elektrischen Spannung wird abgeleitet aus den Basiseinheiten durch die Gleichung: 1 V = 1 J/As.

Nennspannungen unter 100 V nach VDE 0175 und DIN 40001 (4.57)

Als **Nennspannung** einer Anlage oder ihrer Teile gilt die Spannung, die für ein Netz oder für ein Betriebsmittel angegeben ist. Auf sie werden bestimmte Betriebseigenschaften bezogen.

Die Spannung am Stromerzeuger ist stets um den äußeren **Spannungsfall** in den Leitungen und um den Betrag etwaiger Spannungsschwankungen oder gegebenenfalls einer Spannungsregelung größer als die Nennspannung. Beispielsweise ist es üblich, Klingeltransformatoren als Stromerzeuger für 3, 5 und 8 V herzustellen. Diese Spannungen sind um den äußeren Spannungsfall von 1 bis 2 V größer als die genormten Nennspannungen der zugehörigen Stromverbraucher.

Bei **Anlagen für Fernmeldung, Eisenbahnsicherung** und ähnliche Verwendungszwecke, die mit stark veränderlicher Spannung arbeiten, kann im Einzelfall von den genormten Nennspannungen abgewichen werden. Über die Größe der zahlenmäßigen Abweichung lassen sich allgemeine Angaben nicht machen, jedoch soll sie nur in der Größenordnung von Einern bis wenigen Zehnern von Prozenten liegen.

Die Nennspannung von aus **Akkumulatoren** gespeisten Stromverbrauchern ist gleich der Nennspannung des Akkumulators oder der Akkumulatorenbatterie. Als Nennspannung einer Bleiakkumulatorzelle sind 2 V, einer Stahlakkumulatorzelle 1,2 V festgelegt.

Zeitabhängige Ströme (Spannungen) nach DIN 5488 (1.69)

1. Gleichstrom

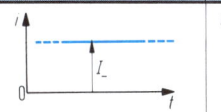

Der Augenblickswert des Stromes ist zeitlich konstant.

2. Wechselstrom

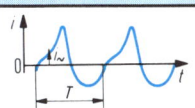

Strom mit periodischem Zeitverlauf und arithmetischem Mittelwert Null.

3. Sinusstrom

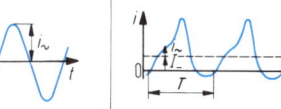

Sinusförmiger Zeitverlauf.

4. Mischstrom

Überlagerung von Gleich- und Wechselstrom.

5. Drehstrom

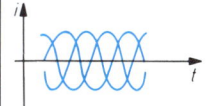

Drei Sinusströme gleicher Frequenz, Amplitude und Betragsunterschiede der Nullphasenwinkel.

6. Amplitudenmoduliert

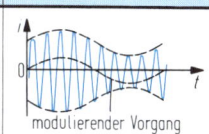

Stromamplitude ändert sich zeitlich mit einem modulierenden Vorgang. Trägerfrequenz ist konstant.

7. Frequenzmoduliert

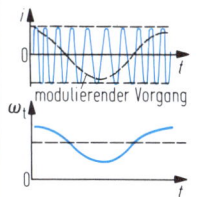

Frequenz ändert sich zeitlich mit dem modulierenden Vorgang. Amplitude ist konstant.

8. Phasenmoduliert

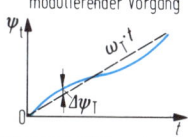

Phasenabweichung des modulierten vom unmodulierten Strom ändert sich mit dem modulierenden Vorgang.

9. Pulsstrom

Periodischer Strom aus einer Folge gleicher Impulse

10. Amplitudenmoduliert

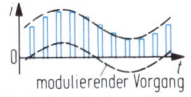

Höchstwert der Stromimpulse ändert sich zeitlich.

11. Frequenzmoduliert

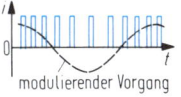

Die Verschiebung der Impulse aus der Ruhelage ändert sich mit dem modulierenden Vorgang.

12. Phasenmoduliert

Die Verschiebung der Impulse aus der Ruhelage ändert sich mit dem modulierenden Vorgang.

3.1 Elektrotechnische Grundlagen

3.1.2 Stromdichte

$$J = \frac{I}{S} \quad \text{bzw.} \quad S = \frac{I}{A}$$

J, S Stromdichte in A/mm²
I Strom in A
S, A Leiterquerschnitt in mm²

Beispiel: $I = 6\,\text{A}$; $S = 1{,}5\,\text{mm}^2$; $J = ?\,\text{A/mm}^2$

$$J = \frac{I}{S} = \frac{6\,\text{A}}{1{,}5\,\text{mm}^2} = 4\,\text{A/mm}^2$$

3.1.3 Ohmsches Gesetz

$$I = \frac{U}{R}$$

I Strom in A
U Spannung in V
R Widerstand in Ω

$$1\,\Omega = \frac{1\,\text{V}}{1\,\text{A}}$$

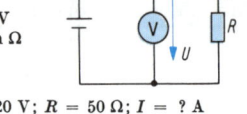

Beispiel: $U = 220\,\text{V}$; $R = 50\,\Omega$; $I = ?\,\text{A}$

$$I = \frac{U}{R} = \frac{220\,\text{V}}{50\,\Omega} = 4{,}4\,\text{A}$$

3.1.4 Leitwert und Widerstand

$$G = \frac{1}{R} \qquad 1\,\text{S} \cdot 1\,\Omega = 1$$

G Leitwert in S
R Widerstand in Ω

Beispiel: $R = 10\,\Omega$; $G = ?\,\text{S}$

$$G = \frac{1}{R} = \frac{1}{10\,\Omega} = 0{,}1\,\text{S}$$

Leitfähigkeit und spezifischer Widerstand

$$\gamma = \frac{1}{\varrho}$$

γ Leitfähigkeit in $\dfrac{\text{m}}{\Omega\,\text{mm}^2} = \dfrac{\text{S m}}{\text{mm}^2}$

ϱ spezifischer Widerstand in $\dfrac{\Omega\,\text{mm}^2}{\text{m}}$

Folgende Einheiten sind ebenfalls gebräuchlich:

für γ
$$1\,\frac{\text{S m}}{\text{mm}^2} = 10^6\,\frac{\text{S}}{\text{m}} = 10^4\,\frac{\text{S}}{\text{cm}}$$

für ϱ
$$1\,\frac{\Omega\,\text{mm}^2}{\text{m}} = 10^{-6}\,\Omega\,\text{m} = 10^{-4}\,\Omega\,\text{cm}$$

Beispiel: $\varrho = 0{,}0172\,\dfrac{\Omega\,\text{mm}^2}{\text{m}}$; $\gamma = ?\,\dfrac{\text{S m}}{\text{mm}^2}$

$$\gamma = \frac{1}{\varrho} = \frac{1\,\text{m}}{0{,}0172\,\Omega\,\text{mm}^2} = 58\,\frac{\text{S m}}{\text{mm}^2}$$

Widerstand eines Leiters

$$R = \frac{l}{\gamma \cdot S}$$
$$R = \frac{\varrho \cdot l}{S}$$

R Widerstand in Ω
l Leiterlänge in m
γ Leitfähigkeit in m/Ω mm²
S Leiterquerschnitt in mm²
ϱ spezif. Widerstand in Ω mm²/m

Beispiel: $l = 84\,\text{m}$; $\gamma = 58\,\text{m}/\Omega\,\text{mm}^2$; $S = 1{,}5\,\text{mm}^2$; $R = ?\,\Omega$

$$R = \frac{l}{\gamma \cdot S} = \frac{84\,\text{m}}{\dfrac{58\,\text{m}}{\Omega\,\text{mm}^2} \cdot 1{,}5\,\text{mm}^2} = 0{,}966\,\Omega$$

Widerstand und Temperatur

$$\Delta R = \alpha \cdot R_k \cdot \Delta t$$

$$R_W = R_k (1 + \alpha \cdot \Delta t)$$

ΔR Widerstandsänderung in Ω
α Temperaturbeiwert in 1/K
R_k Kaltwiderstand in Ω
R_W Warmwiderstand in Ω
Δt Temperaturänderung in K

Leitfähigkeit γ, spezifischer Widerstand ϱ, Temperaturbeiwert α (bei 20 °C)

Stoff	γ in $\dfrac{\text{m}}{\Omega\,\text{mm}^2}$	ϱ in $\dfrac{\Omega\,\text{mm}^2}{\text{m}}$	α in $\dfrac{1}{\text{K}}$
a) Metalle			
Aluminium	36	0,0278	0,00403
Bismut	0,83	1,2	0,0042
Blei	4,84	0,2066	0,0039
Cadmium	13	0,0769	0,0039
Eisendraht	6,7···10	0,15···0,1	0,0065
Gold	43,5	0,023	0,0037
Kupfer [1])	58	0,01724	0,00393
Magnesium	22	0,045	0,0039
Nickel	14,5	0,069	0,0060
Platin	9,35	0,107	0,0031
Quecksilber	1,04	0,962	0,0009
Silber	61	0,0164	0,0038
Tantal	7,4	0,135	0,0033
Wolfram	18,2	0,055	0,0044
Zink	16,5	0,061	0,0039
Zinn	8,3	0,12	0,0045
b) Legierungen			
Aldrey	30,0	0,033	0,0036
Bronze I	48	0,02083	0,0040
Bronze II	36	0,02778	0,0040
Bronze III	18	0,05556	0,0040
Konstantan (WM 50)	2,0	0,50	±0,00001
Manganin	2,32	0,43	0,00001
Messing	15,9	0,063	0,0016
Neusilber (WM 30)	3,33	0,30	0,00035
Nickel-Chrom	0,92	1,09	0,00004
Nickelin (WM 43)	2,32	0,43	0,00023
Platinrhodium	5,0	0,20	0,0017
Stahldraht (WM 13)	7,7	0,13	0,0048
Wood-Metall	1,85	0,54	0,0024
c) Sonstige Leiter			
Graphit	0,046	22	−0,0013
Kohlenstifte homog.	0,015	65	
Retortengraphit	0,014	70	−0,0004

d) Flüssigkeiten (Mittelwerte bei 18 °C)

	% [2])	$\gamma\left(\dfrac{\text{S}\cdot\text{cm}}{\text{cm}^2}\right)$	$\varrho\left(\dfrac{\Omega\cdot\text{cm}^2}{\text{cm}}\right)$	$\alpha\left(\dfrac{1}{\text{K}}\right)$
Kalilauge	5	0,24	4,2	−0,02
KOH	10	0,38	2,6	−0,02
	20	0,42	2,4	−0,02
Kochsalzlösung	5	0,067	14,5	−0,02
NaCl	10	0,121	8,27	−0,02
	20	0,195	5,12	−0,02
Kupfersulfat	5	0,019	52,5	−0,02
$CuSO_4$	10	0,032	31,3	−0,02
	20	0,046	21,7	−0,02
Natronlauge	5	0,198	5,1	−0,02
NaOH	10	0,314	3,19	−0,02
	20	0,337	2,97	−0,02
Salmiak	5	0,092	10,9	−0,02
NH_4Cl	10	0,178	5,61	−0,02
	20	0,335	2,98	−0,02
Salzsäure	5	0,394	2,54	−0,02
HCl	10	0,630	1,59	−0,02
	20	0,762	1,31	−0,02
Schwefelsäure	5	0,193	5,18	−0,02
H_2SO_4	10	0,366	2,74	−0,02
	20	0,601	1,67	−0,02
Zinksulfat	5	0,019	52,5	−0,02
$ZnSO_4$	10	0,032	31,3	−0,02
	20	0,047	21,7	−0,02

[2]) Gehalt der Lösung in Gewichtsprozenten

[1]) Kupfer der Sorte E-Cu 58 mit einer Reinheit von mind. 99,90 %.

3.1 Elektrotechnische Grundlagen

1. Beispiel:

$R_k = 20\,\Omega; \alpha = 0,0045\ 1/\text{K}; \Delta t = 100\ \text{K}; R_w = ?\,\Omega$

$$R_w = R_k (1 + \alpha \cdot \Delta t)$$
$$R_w = 20\,\Omega\,(1 + 0,0045\ \frac{1}{\text{K}} \cdot 100\ \text{K}) = 29\,\Omega$$

2. Beispiel:

$R_k = 20\,\Omega; \alpha = -0,0045\ 1/\text{K}; \Delta t = 100\ \text{K}; R_w = ?\,\Omega$

$$R_w = R_k (1 + \alpha \cdot \Delta t)$$
$$R_w = 20\,\Omega\,(1 - 0,0045\ \frac{1}{\text{K}} \cdot 100\ \text{K}) = 11\,\Omega$$

In den vorstehenden Tabellenangaben ist für die festen Stoffe der Temperaturbeiwert α_{20} für eine Temperatur von 20 °C aufgeführt. Damit kann nur von einer Kalttemperatur $t_k = 20$ °C ausgegangen werden. Bei anderen Temperaturen können die folgenden Beziehungen verwendet werden:

$R_w = R_k \cdot \dfrac{\tau + t_w}{\tau + t_k}$ R_w Warmwiderstand in Ω
  R_k Kaltwiderstand in Ω
  τ Temperaturziffer in K

$\tau = \dfrac{1}{\alpha_{20}} - 20\ \text{K}$ t_w Temperatur der warmen Wicklung in °C

$\Delta t = \dfrac{R_w - R_k}{R_k}(\tau + t_k)$ t_k Temperatur der kalten Wicklung in °C
  Δt Übertemperatur in °C

Werte der Temperaturziffer: $\tau_{\text{Kupfer}} = 235\ \text{K}$
$\tau_{\text{Alumin.}} = 245\ \text{K}$

3.1.5 Reihenschaltung von Widerständen

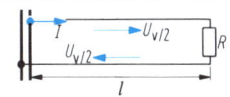

$U = U_1 + U_2 + U_3 + \ldots$
$R = R_1 + R_2 + R_3 + \ldots$
$I = \dfrac{U}{R} = \dfrac{U_1}{R_1} = \dfrac{U_2}{R_2} = \dfrac{U_3}{R_3}$

U Gesamtspannung in V R Gesamtwiderstand in Ω
U_1, U_2 Teilspannungen R_1, R_2 Teilwiderstände
in V   in Ω

Beispiel: $R_1 = 5\,\Omega; R_2 = 15\,\Omega; R_3 = 30\,\Omega;$
$U = 100\ \text{V}; R = ?\,\Omega; U_1 = ?\ \text{V}$

$R = R_1 + R_2 + R_3 =$
  $5\,\Omega + 15\,\Omega + 30\,\Omega = 50\,\Omega$

$\dfrac{U_1}{R_1} = \dfrac{U}{R} \rightarrow U_1 = \dfrac{R_1}{R} \cdot U = \dfrac{5\,\Omega}{50\,\Omega} \cdot 100\ \text{V}$

$U_1 = 10\ \text{V}$

3.1.6 Spannungsfall

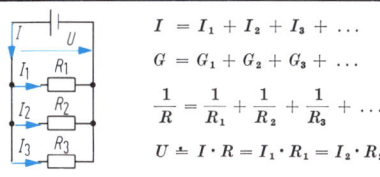

$U_v = R_{\text{Ltg}} \cdot I$ U_v Spannungsfall in V
  R_{Ltg} Leitungswiderstand in Ω
  I Strom in A

$U_v = \dfrac{2 \cdot l}{\gamma \cdot S} \cdot I$ l einfache Leiterlänge in m
  γ Leitfähigkeit des Leitungs-
  werkstoffes in $\dfrac{\text{S} \cdot \text{m}}{\text{mm}^2}$

$u_v = \dfrac{U_v \cdot 100}{U}$ S Leitungsquerschnitt in mm²
  u_v Spannungsfall in %
  U Nennspannung in V

Beispiel: $l = 112$ m; $\gamma = 58\ \dfrac{\text{S} \cdot \text{m}}{\text{mm}^2}; I = 12$ A;

$S = 6\ \text{mm}^2; U_v = ?\ \text{V}$

$U_v = \dfrac{2 \cdot l \cdot I}{\gamma \cdot S} = \dfrac{2 \cdot 112\ \text{m} \cdot 12\ \text{A}}{58\ \dfrac{\text{S m}}{\text{mm}^2} \cdot 6\ \text{mm}^2} = 7,72\ \text{V}$

3.1.7 Parallelschaltung von Widerständen

$I = I_1 + I_2 + I_3 + \ldots$

$G = G_1 + G_2 + G_3 + \ldots$

$\dfrac{1}{R} = \dfrac{1}{R_1} + \dfrac{1}{R_2} + \dfrac{1}{R_3} + \ldots$

$U = I \cdot R = I_1 \cdot R_1 = I_2 \cdot R_2$

I Gesamtstrom in A G Gesamtleitwert in S
I_1, I_2 Teilströme in A G_1, G_3 Einzelleitwerte
R Gesamtwiderstand R_1, R_2 Einzelwiderstände
in Ω in Ω

Beispiel: $R_1 = 10\,\Omega; R_2 = 20\,\Omega; R_3 = 25\,\Omega; I_1 = 1$ A;
$R = ?\,\Omega; I_2 = ?$ A

$G = G_1 + G_2 + G_3 = \dfrac{1}{10}\text{S} + \dfrac{1}{20}\text{S} + \dfrac{1}{25}\text{S}$

$G = \dfrac{19}{100}\ \text{S}$

$R = \dfrac{1}{G} = \dfrac{100}{19}\ \Omega = 5,26\ \Omega$

$I_1 \cdot R_1 = I_2 \cdot R_2 \rightarrow I_2 = \dfrac{R_1}{R_2} \cdot I_1 = \dfrac{10\,\Omega}{20\,\Omega} \cdot 1\ \text{A} = 0,5\ \text{A}$

1. Sonderfall: 2 Widerstände parallel

Beispiel: $R_1 = 15\,\Omega; R_2 = 30\,\Omega$

$R = \dfrac{R_1 \cdot R_2}{R_1 + R_2}$ $R = \dfrac{R_1 \cdot R_2}{R_1 + R_2} = \dfrac{15\,\Omega \cdot 30\,\Omega}{45\,\Omega}$

  $R = 10\,\Omega$

2. Sonderfall: n gleiche Widerstände R_n parallel

Beispiel: $R_n = 220\,\Omega; n = 11$

$R = \dfrac{R_n}{n}$ $R = \dfrac{R_n}{n} = \dfrac{220\,\Omega}{11} = 20\,\Omega$

3.1.8 Reihen- und Parallelschaltung von Widerständen mit unterschiedlichen Temperaturbeiwerten

Reihenschaltung α Gesamttemperaturbeiwert in 1/K

  α_1, α_2 Temperaturbeiwerte
  der Einzelwider-
  stände in 1/K

  R_1, R_2 Einzelwiderstände
  in Ω

  R Gesamtwiderstand
  in Ω

$\alpha = \dfrac{\alpha_1 \cdot R_1 + \alpha_2 \cdot R_2}{R_1 + R_2}$ $R = R_1 + R_2$

Beispiel: $\alpha_1 = 0,0043\ \dfrac{1}{\text{K}}; R_1 = 100\,\Omega$

$\alpha_2 = -0,0013\ \dfrac{1}{\text{K}}; R_2 = 220\,\Omega; \alpha = ?\ \dfrac{1}{\text{K}}$

$\alpha = \dfrac{\alpha_1 \cdot R_1 + \alpha_2 \cdot R_2}{R_1 + R_2} =$

$\dfrac{0,0043\ \dfrac{1}{\text{K}} \cdot 100\,\Omega - 0,0013\ \dfrac{1}{\text{K}} \cdot 220\,\Omega}{100\,\Omega + 220\,\Omega}$

$\alpha = \dfrac{0,43 - 0,286}{320}\ \dfrac{1}{\text{K}} = 0,00045\ \dfrac{1}{\text{K}}$

Die Reihenschaltung aus R_1 und R_2 verhält sich also wie ein Widerstand von 320 Ω mit dem Temperaturbeiwert 0,00045 1/K.

Parallelschaltung

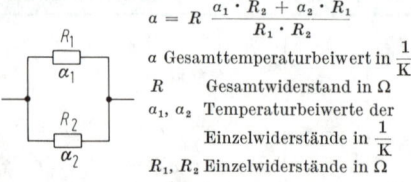

$$a = R \; \frac{a_1 \cdot R_2 + a_2 \cdot R_1}{R_1 \cdot R_2}$$

a Gesamttemperaturbeiwert in $\frac{1}{K}$

R Gesamtwiderstand in Ω

a_1, a_2 Temperaturbeiwerte der Einzelwiderstände in $\frac{1}{K}$

R_1, R_2 Einzelwiderstände in Ω

Beispiel: $a_1 = 0,004 \; \frac{1}{K}$; $R_1 = 80 \; \Omega$; $a_2 = -0,001 \frac{1}{K}$;

$R_2 = 20 \; \Omega$; $a = ? \frac{1}{K}$

$$R = \frac{R_1 \cdot R_2}{R_1 + R_2} = \frac{80 \; \Omega \cdot 20 \; \Omega}{80 \; \Omega + 20 \; \Omega} = 16 \; \Omega$$

$$a = R \; \frac{a_1 \cdot R_2 + a_2 \cdot R_1}{R_1 \cdot R_2} =$$

$$16 \; \Omega \; \frac{0,004 \; \frac{1}{K} 20 \; \Omega - 0,001 \frac{1}{K} 80 \; \Omega}{80 \; \Omega \cdot 20 \; \Omega}$$

$$a = 16 \; \frac{0,08 - 0,08}{1600} \frac{1}{K} = 0 \; \frac{1}{K}$$

Die Widerstandskombination ist temperaturunabhängig.

3.1.9 I. Kirchhoffscher Satz

In jedem Stromverzweigungspunkt (Knotenpunkt) ist die Summe (Σ) aller zufließenden Ströme gleich der Summe aller abfließenden Ströme. $\Sigma I_{zu} = \Sigma I_{ab}$

Beispiel: $I_1 = 3 \; A$; $I_2 = 6 \; A$;

$I_3 = 2 \; A$; $I_4 = 1,5 \; A$;

$I_5 = ? \; A$

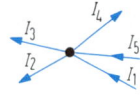

$I_1 + I_5 = I_2 + I_3 + I_4$

$I_5 = I_2 + I_3 + I_4 - I_1$

$I_5 = 6 \; A + 2 \; A + 1,5 \; A - 3 \; A$

$I_5 = 9,5 \; A - 3 \; A$

$I_5 = 6,5 \; A$

3.1.10 II. Kirchhoffscher Satz

In jedem geschlossenen Stromkreis ist die Summe aller erzeugten Spannungen gleich der Summe aller verbrauchten Spannungen. $\Sigma U_{erz} = \Sigma U_{verb}$

Beispiel:

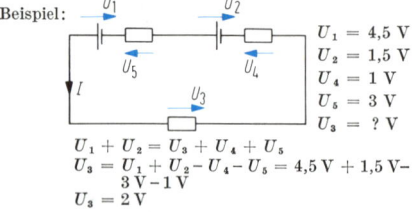

$U_1 = 4,5 \; V$

$U_2 = 1,5 \; V$

$U_4 = 1 \; V$

$U_5 = 3 \; V$

$U_3 = ? \; V$

$U_1 + U_2 = U_3 + U_4 + U_5$

$U_3 = U_1 + U_2 - U_4 - U_5 = 4,5 \; V + 1,5 \; V - 3 \; V - 1 \; V$

$U_3 = 2 \; V$

Im Beispiel ist die erzeugte Spannung $U_1 + U_2$ (Summenreihenschaltung). Wird z. B. U_2 umgepolt (Gegenreihenschaltung), ist die in der Masche erzeugte Spannung $U_1 - U_2$.

3.1.11 Spannungsteiler

Unbelasteter Spannungsteiler

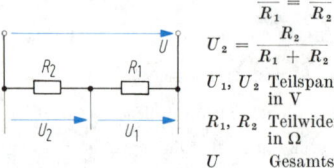

$$\frac{U_1}{R_1} = \frac{U_2}{R_2}$$

$$U_2 = \frac{R_2}{R_1 + R_2} \cdot U$$

U_1, U_2 Teilspannungen in V

R_1, R_2 Teilwiderstände in Ω

U Gesamtspannung in V

Beispiel: $U = 100 \; V$; $R_1 + R_2 = 330 \; \Omega$;

$U_2 = 30 \; V$; $R_2 = ? \; \Omega$

$$R_2 = \frac{U_2}{U} (R_1 + R_2) = \frac{30 \; V}{100 \; V} \cdot 330 \; \Omega =$$

$$= 99 \; \Omega$$

Belasteter Spannungsteiler

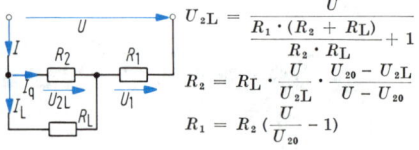

$$U_{2L} = \frac{U}{\dfrac{R_1 \cdot (R_2 + R_L)}{R_2 \cdot R_L} + 1}$$

$$R_2 = R_L \cdot \frac{U}{U_{2L}} \cdot \frac{U_{20} - U_{2L}}{U - U_{20}}$$

$$R_1 = R_2 \left(\frac{U}{U_{20}} - 1 \right)$$

U_{2L} Teilspannung bei Belastung mit R_L in V

U Gesamtspannung in V

R_1, R_2 Teilwiderstände in Ω

R_L Belastungswiderstand in Ω

U_{20} Teilspannung ohne Belastung (Leerlauf) in V

I_L Laststrom in A

I_q Querstrom in A

Beispiel: Spannungsteiler an $U = 100 \; V$ liegend hat im Leerlauf eine Spannung $U_{20} = 30 \; V$. Bei Belastung mit $R_L = 70 \; \Omega$ darf die Spannung auf $U_{2L} = 25 \; V$ absinken. $R_1 = ? \; \Omega$; $R_2 = ? \; \Omega$.

$$R_2 = R_L \cdot \frac{U}{U_{2L}} \cdot \frac{U_{20} - U_{2L}}{U - U_{20}}$$

$$R_2 = 70 \; \Omega \cdot \frac{100 \; V}{25 \; V} \cdot \frac{30 \; V - 25 \; V}{100 \; V - 30 \; V} = 20 \; \Omega$$

$$R_1 = R_2 \left(\frac{U}{U_{20}} - 1 \right) = 20 \; \Omega \cdot \left(\frac{100 \; V}{30 \; V} - 1 \right)$$

$$R_1 = 46,67 \; \Omega$$

3.1.12 Brückenschaltung

Wheatstonesche Brücke

Für den Abgleich ($I_{12} = 0$) gilt:

$$\frac{R_X}{R_N} = \frac{R_3}{R_4}$$

R_X unbekannter Widerstand in Ω

R_N Vergleichswiderstand in Ω

R_3, R_4 Brückenwiderstände in Ω

3.1.13 Stern-Dreieck-Umwandlung

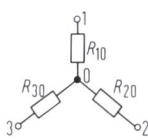

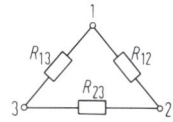

$$R_{10} = \frac{R_{12} \cdot R_{13}}{R_{12} + R_{13} + R_{23}} \qquad R_{12} = \frac{R_{10} \cdot R_{20}}{R_{30}} + R_{10} + R_{20}$$

$$R_{20} = \frac{R_{12} \cdot R_{23}}{R_{12} + R_{13} + R_{23}} \qquad R_{23} = \frac{R_{20} \cdot R_{30}}{R_{10}} + R_{20} + R_{30}$$

$$R_{30} = \frac{R_{13} \cdot R_{23}}{R_{12} + R_{13} + R_{23}} \qquad R_{13} = \frac{R_{10} \cdot R_{30}}{R_{20}} + R_{10} + R_{30}$$

Beispiel:

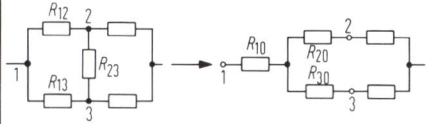

$$R_{12} = 20\ \Omega; \quad R_{23} = 30\ \Omega; \quad R_{13} = 50\ \Omega$$

$$R_{10} = \frac{R_{12} \cdot R_{13}}{R_{12} + R_{13} + R_{23}}$$

$$R_{10} = \frac{20\ \Omega \cdot 50\ \Omega}{20\ \Omega + 30\ \Omega + 50\ \Omega} = 10\ \Omega$$

$$R_{20} = \frac{30\ \Omega \cdot 20\ \Omega}{100\ \Omega} = 6\ \Omega$$

$$R_{30} = \frac{30\ \Omega \cdot 50\ \Omega}{100\ \Omega} = 15\ \Omega$$

3.1.14 Spannungserzeuger

Belasteter Spannungserzeuger

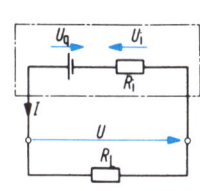

$$U = U_q - I \cdot R_i$$

$$I = \frac{U_q}{R_i + R_L}$$

$$U_0 = U_q$$

$$I_K = \frac{U_q}{R_i}$$

$$R_i = \frac{U_q}{I_K}$$

$$R_i = \frac{\Delta U}{\Delta I}$$

U Klemmenspannung in V
U_q Quellenspannung in V
U_0 Leerlaufspannung in V
I_K Kurzschlußstrom in A
ΔI Stromänderung in A
ΔU durch ΔI verursachte Klemmenspannungsänderung in V
I Strom in A
R_i innerer Widerstand in Ω
R_L Lastwiderstand in Ω

Beispiel: Ein mit 30 A belasteter Spannungserzeuger hat eine Klemmenspannung von 60 V. Bei 20 A ist die Klemmenspannung 62 V.
$R_i = ?\ \Omega; \quad U_q = ?\ V.$

$$R_i = \frac{\Delta U}{\Delta I} = \frac{62\ V - 60\ V}{30\ A - 20\ A} = \frac{2\ V}{10\ A} = 0{,}2\ \Omega$$

$$U_q = U + I \cdot R_i = 60\ V + 30\ A \cdot 0{,}2\ \Omega = 66\ V$$

Die größtmögliche Leistungsentnahme aus einem Spannungserzeuger ergibt sich bei **Leistungsanpassung**. Es muß dabei der Lastwiderstand gleich dem Innenwiderstand sein: $R_L = R_i$

Die maximale Leistung am Lastwiderstand wird dann:

$$P_{max} = \frac{U_0^2}{4 \cdot R_i}$$

Reihenschaltung

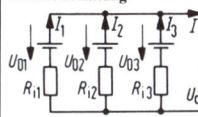

$$U_0 = U_{01} + U_{02} + U_{03} + \cdots$$
$$R_i = R_{i1} + R_{i2} + R_{i3} + \cdots$$

U_0 Gesamtleerlaufspannung
U_{01}, U_{02} Einzelleerlaufspannungen
R_i Gesamtinnenwiderstand
R_{i1}, R_{i2} Einzelinnenwiderstände

Parallelschaltung

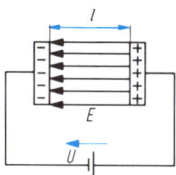

$$I = I_1 + I_2 + I_3 + \cdots$$
$$\frac{1}{R_i} = \frac{1}{R_{i1}} + \frac{1}{R_{i2}} + \frac{1}{R_{i3}} + \cdots$$

I Gesamtstrom
R_i Gesamtinnenwiderstand

Bei **unterschiedlichen Leerlaufspannungen** der einzelnen Spannungserzeuger fließen in der Parallelschaltung auch im Leerlauf Ausgleichsströme.

3.1.15 Elektrisches Feld

Elektrische Feldstärke

Die **Richtung der Feldstärke** ist festgelegt durch die Richtung der Kraft auf eine positive Ladung im elektrischen Feld.

$$E = \frac{F}{Q} = \frac{U}{l}$$

E elektr. Feldstärke in V/m
U Spannung zwischen geladenen Körpern in V
l Abstand der Körper in m
F Kraft auf einen geladenen Körper in N
Q Ladung des Körpers in As

Beispiel: Zwei parallele Metallplatten mit dem gegenseitigen Abstand 2 cm liegen an 1000 V. Zwischen den Platten befindet sich eine Ladung von $2 \cdot 10^{-10}$ As.
$E = ?\ V/m; \quad F = ?\ N$

$$E = \frac{U}{l} = \frac{1000\ V}{0{,}02\ m} = 5 \cdot 10^4\ V/m$$

$$F = Q \cdot E = 2 \cdot 10^{-10}\ As \cdot 5 \cdot 10^4\ V/m = 10^{-5}\ N$$

3

3.1 Elektrotechnische Grundlagen

Elektrische Verschiebung

$$D = \frac{Q}{A} = \varepsilon \cdot E = \varepsilon_0 \cdot \varepsilon_r \cdot E$$

$\varepsilon_0 = 0{,}885419 \cdot 10^{11}$ F/m

D elektrische Verschiebung in As/m²
Q elektrische Ladung in As
A Fläche in m²
ε Dielektrizitätskonstante in As/Vm = F/m
ε_0 elektrische Feldkonstante in F/m
ε_r Dielektrizitätszahl (ohne Einheit)

Kapazitäten von Kondensatoren

Plattenkondensator

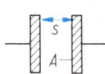

$$C = \varepsilon_0 \cdot \varepsilon_r \cdot \frac{A}{s}$$

C Kapazität in F
ε_r Dielektrizitätszahl des Stoffes zwischen den parallelen Platten
A Fläche einer Platte in m²
s Abstand der Platten in m

Zylinderkondensator

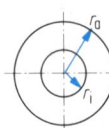

$$C = \varepsilon_0 \cdot \varepsilon_r \cdot \frac{2 \cdot \pi \cdot l}{\ln \dfrac{r_a}{r_i}}$$

l Länge der koaxialen Zylinder in m
r_a Innenradius des äußeren Zylinders in mm
r_i Außenradius des inneren Zylinders in mm
$\ln$ natürlicher Logarithmus
ε_r Dielektrizitätszahl des Stoffes zwischen den Zylindern

Kugelkondensator

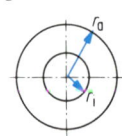

$$C = \varepsilon_0 \cdot \varepsilon_r \cdot 4\,\pi \cdot \frac{r_i \cdot r_a}{r_a - r_i}$$

r_i Außenradius der inneren Kugel in m
r_a Innenradius der äußeren Kugel in m
ε_r Dielektrizitätszahl des Stoffes zwischen den Kugeln

Ladung von Kondensatoren

$Q = I \cdot t$

$Q = C \cdot U$

Q Ladung in As
I Strom in A
t Zeit in s
C Kapazität in F $\left(\text{F} = \dfrac{\text{As}}{\text{V}}\right)$
U Spannung in V

Beispiel: Zwei elektrische Leiter mit $r = 1$ cm, $l = 100$ m verlaufen mit 0,5 m Abstand durch Luft. Gegenseitige Spannung 200 V. $C = ?$ pF, $Q = ?$ As

$$C = \frac{\pi \cdot \varepsilon_0 \cdot \varepsilon_r \cdot l}{\ln \dfrac{d - r}{r}} =$$

$$= \frac{3{,}14 \cdot 0{,}885 \cdot 10^{-11} \cdot 0{,}5 \text{ F}}{\ln \dfrac{0{,}5 - 0{,}01}{0{,}01}}$$

$$C = \frac{13{,}9 \cdot 10^{-12} \text{ F}}{3{,}89} = 3{,}57 \text{ pF}$$

$$Q = C \cdot U = 3{,}57 \cdot 10^{-12} \text{ F} \cdot 200 \text{ V}$$
$$= 7{,}14 \cdot 10^{-10} \text{ As}$$

Parallelschaltung von Kondensatoren

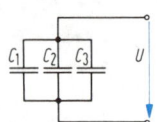

$$Q = Q_1 + Q_2 + Q_3 + \cdots$$
$$C = C_1 + C_2 + C_3 + \cdots$$
$$U = \frac{Q}{C} = \frac{Q_1}{C_1} = \frac{Q_2}{C_2} = \cdots$$

Q Gesamtladung in As
Q_1, Q_2 Einzelladungen in As
C Gesamtkapazität in F
C_1, C_2 Einzelkapazitäten in F
U Spannung in V

Reihenschaltung von Kondensatoren

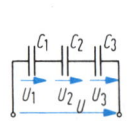

$$U = U_1 + U_2 + U_3 + \cdots$$
$$\frac{1}{C} = \frac{1}{C_1} + \frac{1}{C_2} + \frac{1}{C_3} + \cdots$$
$$Q = C \cdot U = C_1 \cdot U_1 = C_2 \cdot U_2$$

U Gesamtspannung in V
U_1, U_2 Einzelspannungen in V
C Gesamtkapazität in F
C_1, C_2 Einzelkapazitäten in F
Q Ladung in As

Für den speziellen Fall der Reihenschaltung aus zwei Kondensatoren:

$$C = \frac{C_1 \cdot C_2}{C_1 + C_2}$$

Beispiel: $C_1 = 2\ \mu\text{F}$; $C_2 = 4\ \mu\text{F}$; $C_3 = 500$ nF; $C = ?\ \mu\text{F}$

$$C = \frac{1}{\dfrac{1}{C_1} + \dfrac{1}{C_2} + \dfrac{1}{C_3}} = \frac{1}{\dfrac{1}{2} + \dfrac{1}{4} + \dfrac{1}{0{,}5}}\ \mu\text{F}$$

$$C = 0{,}364\ \mu\text{F}$$

3.1.16 Magnetisches Feld

Durchflutung

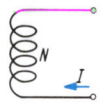

$$\Theta = N \cdot I$$

Θ Durchflutung in A (= magnetische Spannung)
N Windungszahl
I Strom in A

Beispiel: $N = 300$; $I = 2$ A; $\Theta = ?$ A
$$\Theta = N \cdot I = 300 \cdot 2 \text{ A} = 600 \text{ A}$$

Magnetische Feldstärke (magnetische Erregung)

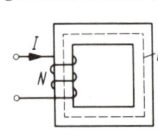

$$H = \frac{N \cdot I}{l}$$

H magnetische Feldstärke in A/m
N Windungszahl
I Strom in A
l mittlere Feldlinienlänge in m

Beispiel: $N = 300$; $I = 2$ A; $l = 10$ cm; $H = ?$ A/m
$$H = \frac{N \cdot I}{l} = \frac{300 \cdot 2 \text{ A}}{0{,}1 \text{ m}} = 6000 \text{ A/m}$$

Magnetischer Fluß und magnetische Flußdichte

Der magnetische Fluß ist die Summe aller gedachten Feldlinien.

Die magnetische Flußdichte ist die Anzahl der Feldlinien, die senkrecht durch eine Flächeneinheit hindurchtreten.

$$B = \frac{\Phi}{S}$$

B magn. Flußdichte in T
1 T = 1 Tesla = 1 Vs/m²
Φ magn. Fluß in Wb
1 Wb = 1 Weber = 1 Vs
S Fläche in m²

Beispiel: $\Phi = 8 \cdot 10^{-4}$ Vs; $S = 20$ cm²; $B = ?$ Vs/m²

$$B = \frac{\Phi}{S} = \frac{8 \cdot 10^{-4} \text{ Vs}}{20 \cdot 10^{-4} \text{ m}^2} = 0,4 \text{ Vs/m}^2 = 0,4 \text{ T}$$

Magnetische Feldstärke, Flußdichte, Permeabilität

$B = \mu \cdot H$
$B = \mu_0 \cdot \mu_r \cdot H$
$\mu = \mu_0 \cdot \mu_r$
$\mu_0 = 1,2566 \cdot 10^{-6} \dfrac{\text{Vs}}{\text{Am}}$

B magnetische Flußdichte in T
H Feldstärke in A/m
μ Permeabilität in $\dfrac{\text{Vs}}{\text{Am}}$
μ_0 magn. Feldkonstante
μ_r Permeabilitätszahl
in Luft: $B = \mu_0 \cdot H$
μ_0 konstant, $\mu_r \approx 1$
in Eisen: $B = \mu \cdot H$
μ nicht konstant.
Zusammenhang zwischen magnetischer Feldstärke und Flußdichte wird in Magnetisierungskurven direkt angegeben.

Hysteresiskurve

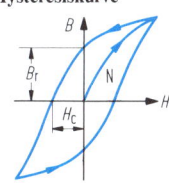

N Neukurve
B_r magn. Remanenz (Restmagnetismus)
H_c Koerzitivfeldstärke

Die von der Hysteresiskurve eingeschlossene Fläche entspricht den Ummagnetisierungsverlusten.

Anforderungen an Magnetwerkstoffe

Für Elektromagnete Werkstoffe mit geringer Remanenz, geringer Koerzitivfeldstärke (kleine Ummagnetisierungsverluste) und großer Permeabilitätszahl.

Für Dauermagnete Werkstoffe mit großer Remanenz und großer Koerzitivfeldstärke.

Entmagnetisieren

Einbringen des magnetischen Gegenstandes in das Magnetfeld einer vom Wechselstrom durchflossenen Spule; dann entweder den Strom verringern oder den Gegenstand langsam aus dem Spulenfeld entfernen.

Magnetischer Widerstand und Leitwert

R_m magnetischer Widerstand in $\dfrac{\text{A}}{\text{Wb}}$

$$R_m = \frac{\Theta}{\Phi} = \frac{l}{\mu \cdot S}$$

$$\Lambda = \frac{1}{R_m} = \frac{\mu \cdot S}{l}$$

$$\Phi = \Theta \cdot \Lambda$$

Θ Durchflutung in A
Φ magn. Fluß in Wb
l mittlere Feldlinienlänge in m
μ Permeabilität in $\dfrac{\text{Wb}}{\text{A} \cdot \text{m}}$
S Fläche in m²
Λ magnetischer Leitwert in $\dfrac{\text{Wb}}{\text{A}}$

Beispiel: Geschlossener Eisenkreis mit $\Theta = 720$ A;

$l = 20$ cm; $S = 6$ cm²;

$\mu = \mu_0 \cdot \mu_r = 1,5 \cdot 10^{-3} \dfrac{\text{Wb}}{\text{Am}}$,

$\Lambda = ? \dfrac{\text{Wb}}{\text{A}}$; $\Phi = ?$ Wb

$$\Lambda = \frac{\mu \cdot S}{l} = \frac{1,5 \cdot 10^{-3} \dfrac{\text{Wb}}{\text{Am}} \cdot 6 \cdot 10^{-4} \text{ m}^2}{0,2 \text{ m}}$$

$$\Lambda = 4,5 \cdot 10^{-6} \dfrac{\text{Wb}}{\text{A}}$$

$$\Phi = \Theta \cdot \Lambda = 720 \text{ A} \cdot 4,5 \cdot 10^{-6} \dfrac{\text{Wb}}{\text{A}}$$

$$\Phi = 3,24 \cdot 10^{-3} \text{ Wb}$$

Magnetischer Kreis mit Luftspalt

$R_{m\,ges} = R_{m\,Fe} + R_{m\,Luft}$
$V_{ges} = V_{Fe} + V_{Luft}$
$\Theta = H_{Fe} \cdot l_{Fe} + H_{Luft} \cdot l_{Luft}$

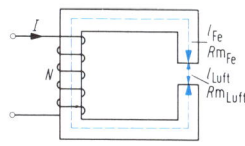

$R_{m\,ges}$ — gesamter magn. Widerstand in $\dfrac{\text{A}}{\text{Wb}}$

$R_{m\,Fe}$; $R_{m\,Luft}$ — magn. Einzelwiderstände in $\dfrac{\text{A}}{\text{Wb}}$

V_{ges} — magn. Gesamtspannung in A
V_{Fe}; V_{Luft} — magn. Teilspannungen in A
Θ — Durchflutung (Wicklung) in A
H_{Fe}; H_{Luft} — magn. Feldstärken in $\dfrac{\text{A}}{\text{m}}$
l_{Fe}; l_{Luft} — mittlere Feldlinienlängen in m

3

3.1 Elektrotechnische Grundlagen

Beispiel:

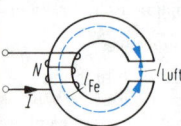

$$l_{Fe} = 20 \, \text{cm}$$
$$l_{Luft} = 2 \, \text{mm}$$
$$B_{Fe} = B_{Luft} = 0,3 \, \frac{\text{Wb}}{\text{m}^2}$$
$$\mu_{Fe} = 0,3 \cdot 10^{-3} \, \frac{\text{Wb}}{\text{A} \cdot \text{m}}$$
$$I = ? \, \text{A}$$

$$H_{Luft} = \frac{B}{\mu_0} = \frac{0,3 \, \text{Wb/m}^2}{1,256 \, \text{Wb/Am}} \cdot 10^6$$

$$H_{Luft} = 2,39 \cdot 10^5 \, \frac{\text{A}}{\text{m}}$$

$$H_{Fe} = \frac{B}{\mu} = \frac{0,3 \, \text{Wb/m}^2}{0,3 \, \text{Wb/Am}} \cdot 10^3 = 10^3 \, \frac{\text{A}}{\text{m}}$$

$$\Theta = H_{Fe} \cdot l_{Fe} + H_{Luft} \cdot l_{Luft}$$

$$\Theta = 10^3 \frac{\text{A}}{\text{m}} \cdot 0,2 \, \text{m} + 2,39 \cdot 10^5 \frac{\text{A}}{\text{m}} \cdot 2 \cdot 10^{-3} \, \text{m}$$

$$\Theta = 200 \, \text{A} + 478 \, \text{A} = 678 \, \text{A}$$

$$I = \frac{\Theta}{N} = \frac{678 \, \text{A}}{200} = 3,39 \, \text{A}$$

Kraft im Magnetfeld

$$F = \frac{B^2 \cdot S}{2 \cdot \mu_0}$$

F Kraft in N
μ_0 magn. Feldkonstante
B magn. Flußdichte in T
S Fläche in m²

Beispiel: $B = 1,5 \, \text{T}$; $S = 1 \, \text{cm}^2$; $F = ? \, \text{N}$

$$F = \frac{B^2 \cdot S}{2 \cdot \mu_0} = \frac{1,5^2 \frac{\text{Wb}^2}{\text{m}^4} \cdot 10^{-4} \, \text{m}^2}{2 \cdot 1,256 \cdot 10^{-6} \frac{\text{Wb}}{\text{A} \cdot \text{m}}}$$

$$F = \frac{225 \, \text{Ws}}{2,512 \, \text{m}} = 89,5 \, \text{N}$$

Induktion der Bewegung

$$U = B \cdot l \cdot v \cdot z$$

wenn $v \perp B$

U Spannung in V
l wirksame Leiterlänge in m
v Geschwindigkeit in $\frac{\text{m}}{\text{s}}$
z Leiterzahl
B magn. Flußdichte in T

Beispiel: $B = 1 \, \text{T}$; $l = 10 \, \text{cm}$; $v = 1 \frac{\text{m}}{\text{s}}$; $z = 5$
$U = ? \, \text{V}$

$$U = B \cdot l \cdot v \cdot z = 1 \frac{\text{Vs}}{\text{m}^2} \cdot 0,1 \, \text{m} \cdot 1 \frac{\text{m}}{\text{s}} \cdot 5$$

$$U = 0,5 \, \text{V}$$

Linke-Hand-Regel (Motorregel)

Hält man die linke Hand so, daß die Feldlinien (vom Nordpol kommend) auf die Handfläche der Hand auftreffen und zeigen die ausgestreckten Finger in Stromrichtung, dann gibt der abgespreizte Daumen die Bewegungsrichtung des Leiters an.

Kraft auf parallele Stromleiter

Parallele Leiter mit gleicher Stromrichtung ziehen sich an; parallele Leiter mit entgegengesetzter Stromrichtung stoßen sich ab.

$$F = \frac{\mu_0}{2\pi} \cdot \frac{l}{b} \cdot I_1 \cdot I_2$$

F Kraft in N
μ_0 magn. Feldkonstante
l Leiterlänge in m
b Leiterabstand in m
$I_1; I_2$ Leiterstrom in A

Beispiel: $l = 10 \, \text{m}$; $b = 1 \, \text{cm}$; $I_1 = I_2 = 30 \, \text{A}$
$F = ? \, \text{N}$

$$F = \frac{\mu_0}{2\pi} \cdot \frac{l}{b} \cdot I_1 \cdot I_2$$

$$F = \frac{1,256 \cdot 10^{-6} \frac{\text{Vs}}{\text{Am}}}{2\pi} \cdot \frac{10 \, \text{m}}{0,01 \, \text{m}} \cdot 30^2 \, \text{A}^2$$

$$F = 0,18 \, \text{N}$$

Kraft auf stromdurchflossenen Leiter

$$F = B \cdot I \cdot l \cdot z$$

wenn $B \perp l$

F Kraft in N
B magn. Flußdichte in T
l wirksame Leiterlänge in m
z Leiterzahl

Beispiel: $B = 1 \, \text{T}$; $I = 1 \, \text{A}$; $l = 10 \, \text{cm}$; $z = 5$
$F = ? \, \text{N}$

$$F = B \cdot I \cdot l \cdot z = 1 \frac{\text{Vs}}{\text{m}^2} \cdot 1 \, \text{A} \cdot 0,1 \, \text{m} \cdot 5$$

$$F = 0,5 \frac{\text{Ws}}{\text{m}} = 0,5 \, \text{N}$$

Rechte-Hand-Regel (Generatorregel)

Hält man die rechte Hand so, daß die Feldlinien (vom Nordpol kommend) auf die Innenfläche der Hand auftreffen und zeigt der abgespreizte Daumen in die Bewegungsrichtung, so geben die ausgestreckten Finger die Richtung des Induktionsstromes an.

Induktionsgesetz

$$U = -N \frac{\Delta \Phi}{\Delta t}$$

U induzierte Spannung in V
N Windungszahl
$\frac{\Delta \Phi}{\Delta t}$ zeitliche Veränderung des magn. Flusses in $\frac{\text{Wb}}{\text{s}}$

3.1 Elektrotechnische Grundlagen

Beispiele: $N = 3000$; $\Phi_1 = 2 \cdot 10^{-4}\,\text{Vs}$; $\Phi_2 = 4 \cdot 10^{-4}\,\text{Vs}$;
$t_1 = 0{,}1\,\text{s}$; $t_2 = 0{,}2\,\text{s}$; $U = ?\,\text{V}$

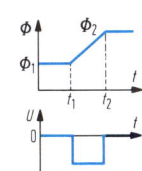

$$U = -N\frac{\Delta\Phi}{\Delta t} = -N\frac{\Phi_2 - \Phi_1}{t_2 - t_1}$$

$$U = -3000\frac{(4 \cdot 10^{-4} - 2 \cdot 10^{-4})\,\text{Vs}}{(0{,}2 - 0{,}1)\,\text{s}}$$

$$U = -3000 \cdot \frac{2 \cdot 10^{-4}}{0{,}1}\,\text{V}$$

$$U = -6\,\text{V}$$

Parallelschaltung

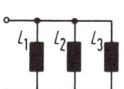

$$\frac{1}{L} = \frac{1}{L_1} + \frac{1}{L_2} + \frac{1}{L_3} + \cdots$$

L Gesamtinduktivität in H
L_1, L_2, L_3 Einzelinduktivitäten in H

Beispiel: $L_1 = 2\,\text{H}$, $L_2 = 5\,\text{H}$, $L_3 = 10\,\text{H}$, $L = ?\,\text{H}$

$$\frac{1}{L} = \frac{1}{L_1} + \frac{1}{L_2} + \frac{1}{L_3} = \frac{1}{2\,\text{H}} + \frac{1}{5\,\text{H}} + \frac{1}{10\,\text{H}}$$

$$L = \frac{10\,\text{H}}{8} = 1{,}25\,\text{H}$$

Magnetisch gekoppelte Spulen

	gleicher Wicklungssinn	entgegengesetzter Wicklungssinn
Reihen-schaltung	$L = L_1 + L_2 + 2M$	$L = L_1 + L_2 - 2M$
Parallel-schaltung	$L = \dfrac{L_1 \cdot L_2 - M^2}{L_1 + L_2 - 2M}$	$L = \dfrac{L_1 \cdot L_2 - M^2}{L_1 + L_2 + 2M}$

$$M = k \cdot \sqrt{L_1 \cdot L_2}$$

M Gegeninduktivität in H
k Kopplungsgrad $(0 \cdots 1$ je nach Kopplung$)$
L_1 Selbstinduktivität der Spule 1
L_2 Selbstinduktivität der Spule 2

Selbstinduktionsspannung

$$U = -L \cdot \frac{\Delta I}{\Delta t}$$

U Selbstinduktionsspannung in V
L Induktivität in H
$\dfrac{\Delta I}{\Delta t}$ zeitliche Änderung des Stromes in $\dfrac{\text{A}}{\text{s}}$

Beispiel: $L = 2\,\text{H}$; $\dfrac{\Delta I}{\Delta t} = 4\,\dfrac{\text{A}}{\text{s}}$; $U = ?\,\text{V}$

$$U = -L \cdot \frac{\Delta I}{\Delta t} = -2\,\text{H} \cdot 4\,\frac{\text{A}}{\text{s}} = -8\,\text{V}$$

Selbstinduktivität von Spulen

$$L = N^2 \cdot \frac{\mu_0 \cdot \mu_r \cdot S}{l}$$

$$L = N^2 \cdot \Lambda$$

L Selbstinduktivität in H $\left(1\,\text{H} = \dfrac{\text{Wb}}{\text{A}}\right)$
N Windungszahl
Λ magn. Leitwert in $\dfrac{\text{Wb}}{\text{A}}$

Beispiel: $N = 100$; $\mu_r = 2000$; $S = 3\,\text{cm}^2$;
$l = 15\,\text{cm}$; $L = ?\,\text{H}$

$$L = N^2 \cdot \frac{\mu_0 \cdot \mu_r \cdot S}{l}$$

$$= 10^4\,\frac{1{,}256 \cdot 2 \cdot 3 \cdot 10^{-7}\,\text{Vsm}^2}{0{,}15\,\text{m Am}}$$

$$L = 50{,}2 \cdot 10^{-3}\,\frac{\text{Vs}}{\text{A}} = 50{,}2\,\text{mH}$$

Magnetisch nicht gekoppelte Spulen

Reihenschaltung

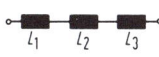

$L = L_1 + L_2 + L_3 + \cdots$
L Gesamtinduktivität in H
L_1, L_2, L_3 Einzelinduktivitäten in H

Beispiel: $L_1 = 2\,\text{H}$, $L_2 = 3\,\text{H}$, $L_3 = 5\,\text{H}$, $L = ?\,\text{H}$

$$L = L_1 + L_2 + L_3 = 2\,\text{H} + 3\,\text{H} + 5\,\text{H}$$
$$L = 10\,\text{H}$$

3.1.17 Kondensator und Spule im Gleichstromkreis

Kondensator im Gleichstromkreis

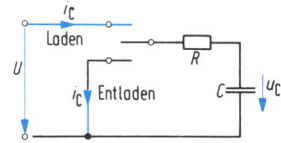

$$\tau = R \cdot C$$

τ Zeitkonstante in s
R Widerstand in Ω
C Kapazität in $\text{F} = \dfrac{\text{As}}{\text{V}}$
I_0 Strom im Einschaltaugenblick in A
U angelegte Gleichspannung in V

$$I_0 = \frac{U}{R}$$

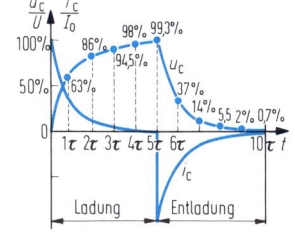

3.1 Elektrotechnische Grundlagen

Ladung:
$$i_C = \frac{U}{R} \cdot e^{-\frac{t}{\tau}}$$

$$u_C = U \cdot (1 - e^{-\frac{t}{\tau}})$$

i_C Strom in A

e natürliche Zahl (2,71828 ...)

Entladung:
$$i_C = \frac{U}{R} \cdot e^{-\frac{t}{\tau}}$$

$$u_C = U \cdot e^{-\frac{t}{\tau}}$$

u_C Kondensator-spannung in V

t Zeit in s

Spule im Gleichstromkreis

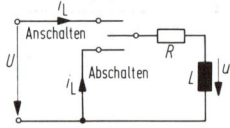

Die Spule wird beim Abschalten von einem Verbraucher zu einer Spannungsquelle, die versucht, den Strom in gleicher Richtung weiter fließen zu lassen. Dabei hat sich die Polung der Spannung an der Spule umgekehrt.

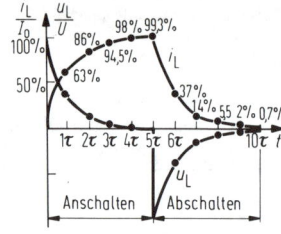

Anschalten:
$$i_L = \frac{U}{R} \cdot (1 - e^{-\frac{t}{\tau}})$$

i_L Strom in A

$$u_L = U \cdot e^{-\frac{t}{\tau}}$$

u_L Spulen-spannung in V

Abschalten:
$$i_L = \frac{U}{R} \cdot e^{-\frac{t}{\tau}}$$

e natürl. Zahl (2,71828...)

$$u_L = U \cdot e^{-\frac{t}{\tau}}$$

t Zeit in s

3.1.18 Wechselstrom

Grundbegriffe

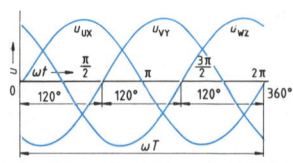

$$f = \frac{1}{T}$$

f Frequenz in Hz

T Perioden-dauer in s

Beispiel: $T = 20$ ms; $f = ?$ Hz
$$f = \frac{1}{T} = \frac{1}{20\ \text{ms}} = \frac{10^3}{20} \cdot \frac{1}{s} = 50\ \text{Hz}$$

Effektivwert: Der Effektivwert I eines Wechselstromes ist der sich aus den Augenblickswerten i ergebende Dauerwert, der in einem ohmschen Widerstand die gleiche Wärmearbeit erzeugt wie ein Gleichstrom der gleichen Höhe.

Gleichrichtwert: Der Gleichrichtwert (arithmetische Mittelwert) $\bar{i}$ eines Wechselstromes ist der gleichbleibende Wert, von dem aus die Summe aller größeren Augenblickswerte gleich der Summe aller kleineren Augenblickswerte ist.

Scheitelfaktor: Der Scheitelfaktor eines Wechselstromes ist das Verhältnis des Scheitelwertes $\hat{i}$ (größter Augenblickswert) zum Effektivwert.

Formfaktor: Der Formfaktor ist das Verhältnis des Effektivwertes zum Gleichrichtwert.

Kurvenform	Scheitelfaktor $\frac{\hat{i}}{I}$	Formfaktor $\frac{I}{\bar{i}}$
Sinus	$\sqrt{2} = 1{,}41$	1,11
Rechteck	1,00	1,00
Dreieck	$\sqrt{3} = 1{,}73$	1,15
Halbkreis	1,22	1,04

Frequenz und Drehzahl

$$f = p \cdot n$$

f Frequenz in Hz

p Polpaarzahl

n Drehzahl in $\frac{1}{s}$

Sinusförmige Wechselstromgrößen

Kreisfrequenz

$$\omega = 2\pi \cdot f$$

ω Kreisfrequenz in $\frac{1}{s}$

f Frequenz in Hz

Zeigerdarstellung

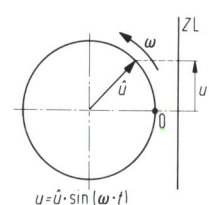

$$u = \hat{u} \cdot \sin(\omega \cdot t)$$

Bestandteile:

1. Zeiger: Die Zeigerlänge entspricht dem Scheitelwert (in symbolischen Darstellungen auch dem Effektivwert).

2. Winkelgeschwindigkeit ω: Der Zeiger rotiert mit der Winkelgeschwindigkeit (Kreisfrequenz) entgegen dem Uhrzeigerdrehsinn.

3. Zeitlinie ZL:

3.1.19 Dreiphasenwechselstrom

Man versteht unter Dreiphasenwechselstrom (Drehstrom) drei sinusförmige Wechselspannungen mit gleicher Frequenz und gleichem Effektivwert. Die Phasen sind zeitlich um 120° gegeneinander versetzt.

3.1 Elektrotechnische Grundlagen

Schaltungsarten

Sternschaltung

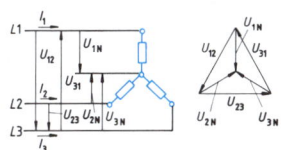

bei symmetrischer Belastung

$$I = I_{\text{Str}} \qquad P = 3 \cdot U_{\text{Str}} \cdot I \cdot \cos \varphi$$
$$U = U_{\text{Str}} \cdot \sqrt{3} \qquad = \sqrt{3} \cdot U \cdot I \cdot \cos \varphi$$
$$S = 3 \cdot U_{\text{Str}} \cdot I \qquad Q = 3 \cdot U_{\text{Str}} \cdot I \cdot \sin \varphi$$
$$= \sqrt{3} \cdot U \cdot I \qquad = \sqrt{3} \cdot U \cdot I \cdot \sin \varphi$$

U Außenleiterspannung U_{12}, U_{23}, U_{31}
U_{Str} Strangspannung U_{1N}, U_{2N}, U_{3N}
I Außenleiterstrom I_1, I_2, I_3
I_{Str} Strangstrom I_{12}, I_{23}, I_{31}
$\sqrt{3}$ Verkettungsfaktor
S Scheinleistung
P Wirkleistung
Q Blindleistung

Dreiecksschaltung

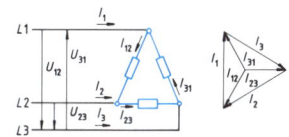

$$I = I_{\text{Str}} \cdot \sqrt{3} \qquad P = 3 \cdot U \cdot I_{\text{Str}} \cdot \cos \varphi$$
$$U = U_{\text{Str}} \qquad = \sqrt{3} \cdot U \cdot I \cdot \cos \varphi$$
$$S = 3 \cdot U \cdot I_{\text{Str}} \qquad Q = 3 \cdot U \cdot I_{\text{Str}} \cdot \sin \varphi$$
$$= \sqrt{3} \cdot U \cdot I \qquad = \sqrt{3} \cdot U \cdot I \cdot \sin \varphi$$

3.1.20 Transformator

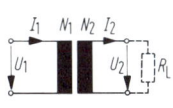

$$\ddot{u} = \frac{N_1}{N_2}$$
$$\frac{U_1}{U_2} \approx \frac{N_1}{N_2}$$
$$\frac{I_1}{I_2} \approx \frac{N_2}{N_1}$$

$\ddot{u}$ Übersetzungsverhältnis
U_1 Eingangsspannung in V
U_2 Ausgangsspannung in V
I_1 Eingangsstrom in A
I_2 Ausgangsstrom in A
N_1 Windungszahl der Eingangswicklung
N_2 Windungszahl der Ausgangswicklung
Z_1 eingangsseitiger Wechselstromwiderstand in Ω
Z_2 ausgangsseitiger Wechselstromwiderstand in Ω

Übertrager:
$$\ddot{u}^2 = \frac{Z_1}{Z_2}$$

Beispiel 1: $U_1 = 220$ V; $N_1 = 2\,000$; $I_1 = 0,5$ A;
$N_2 = 100$; $\ddot{u} = ?$; $U_2 = ?$ V; $I_2 = ?$ A
$$\ddot{u} = \frac{N_1}{N_2} = \frac{2\,000}{100} = \frac{20}{1} = 20:1$$
$$U_2 = \frac{1}{\ddot{u}} \cdot U_1 = \frac{1}{20} \cdot 220 \text{ V} = 11 \text{ V}$$
$$I_2 = \ddot{u} \cdot I_1 = 20 \cdot 0,5 \text{ A} = 10 \text{ A}$$

Beispiel 2: Der Ausgangswiderstand einer Verstärkerstufe von 162 Ω ist anzupassen an den Lautsprecherwiderstand von 4,5 Ω. Mit welchem Übersetzungsverhältnis ist der Übertrager auszustatten?

$$\ddot{u} = \sqrt{\frac{Z_1}{Z_2}} = \sqrt{\frac{162 \ \Omega}{4,5 \ \Omega}} = \sqrt{36} = 6:1$$

3.1.21 Wechselstromwiderstände

Ohmscher Widerstand (Wirkwiderstand)

$$R = \frac{U_R}{I_R}$$

R Wirkwiderstand in Ω U_R Spannung in V
I_R Strom in A
Beispiel: $U_R = 220$ V; $I_R = 0,5$ A; $R = ?$ Ω
$$R = \frac{U_R}{I_R} = \frac{220 \text{ V}}{0,5 \text{ A}} = 440 \ \Omega$$

Induktiver Blindwiderstand

$$X_L = \frac{U_L}{I_L}$$
$$X_L = \omega \cdot L$$

X_L induktiver Blindwiderstand in Ω
U_L Spannung in V
I_L Strom in A
L Induktivität in $H = \dfrac{Vs}{A}$
ω Kreisfrequenz in $\dfrac{1}{s}$

Beispiel: $U_L = 220$ V; $f = 50$ Hz; $I_L = 1$ A; $L = ?$ H
$$X_L = \frac{U_L}{I_L} = \frac{220 \text{ V}}{1 \text{ A}} = 220 \ \Omega$$
$$L = \frac{X_L}{\omega} = \frac{X_L}{2\,\pi \cdot f} = \frac{220 \ \Omega}{6,28 \cdot 50 \ \frac{1}{s}} = 0,7 \text{ H}$$

Kapazitiver Blindwiderstand

$$X_C = \frac{U_C}{I_C}$$
$$X_C = \frac{1}{\omega \cdot C}$$

X_C kapazitiver Blindwiderstand in Ω
U_C Spannung in V
I_C Strom in A
C Kapazität in $F = \dfrac{As}{V}$
ω Kreisfrequenz in $\dfrac{1}{s}$

Beispiel: $U_C = 110$ V; $f = 50$ Hz; $I_C = 1$ A; $C = ?$ F
$$C = \frac{I_C}{U_C \cdot \omega} = \frac{1 \text{ A}}{110 \text{ V} \cdot 2\,\pi \cdot 50 \ \frac{1}{s}} =$$
$$C = 29 \cdot 10^{-6} \text{ F}$$

---

¹) Siehe auch Seite 3 5

3

3.1.22 Reihenschaltung an Wechselspannung

Reihenschaltung von R und L

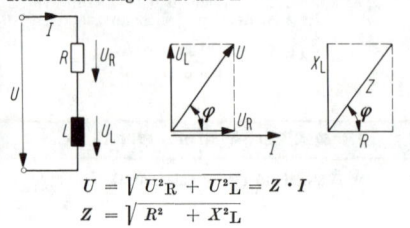

$$U = \sqrt{U_R^2 + U_L^2} = Z \cdot I$$
$$Z = \sqrt{R^2 + X_L^2}$$

Reihenschaltung von R und C

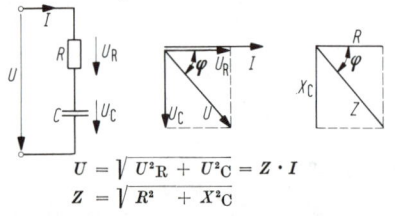

$$U = \sqrt{U_R^2 + U_C^2} = Z \cdot I$$
$$Z = \sqrt{R^2 + X_C^2}$$

Reihenschaltung von R, L und C

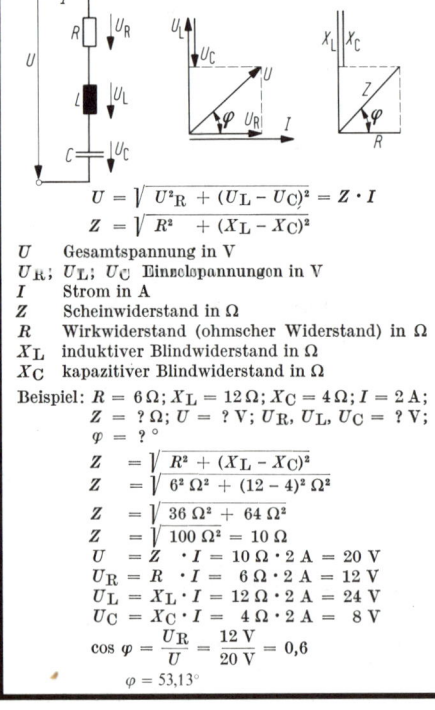

$$U = \sqrt{U_R^2 + (U_L - U_C)^2} = Z \cdot I$$
$$Z = \sqrt{R^2 + (X_L - X_C)^2}$$

U	Gesamtspannung in V
U_R; U_L; U_C	Einzelspannungen in V
I	Strom in A
Z	Scheinwiderstand in Ω
R	Wirkwiderstand (ohmscher Widerstand) in Ω
X_L	induktiver Blindwiderstand in Ω
X_C	kapazitiver Blindwiderstand in Ω

Beispiel: $R = 6\,\Omega$; $X_L = 12\,\Omega$; $X_C = 4\,\Omega$; $I = 2\,A$;
$Z = ?\,\Omega$; $U = ?\,V$; U_R, U_L, $U_C = ?\,V$;
$\varphi = ?\,°$

$$Z = \sqrt{R^2 + (X_L - X_C)^2}$$
$$Z = \sqrt{6^2\,\Omega^2 + (12-4)^2\,\Omega^2}$$
$$Z = \sqrt{36\,\Omega^2 + 64\,\Omega^2}$$
$$Z = \sqrt{100\,\Omega^2} = 10\,\Omega$$
$$U = Z \cdot I = 10\,\Omega \cdot 2\,A = 20\,V$$
$$U_R = R \cdot I = 6\,\Omega \cdot 2\,A = 12\,V$$
$$U_L = X_L \cdot I = 12\,\Omega \cdot 2\,A = 24\,V$$
$$U_C = X_C \cdot I = 4\,\Omega \cdot 2\,A = 8\,V$$
$$\cos\varphi = \frac{U_R}{U} = \frac{12\,V}{20\,V} = 0{,}6$$
$$\varphi = 53{,}13°$$

3.1.23 Parallelschaltung an Wechselspannung

Parallelschaltung von R und L

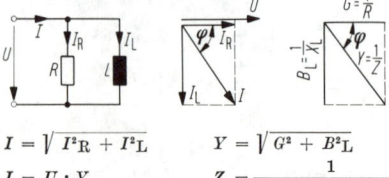

$$I = \sqrt{I_R^2 + I_L^2} \qquad Y = \sqrt{G^2 + B_L^2}$$
$$I = U \cdot Y \qquad Z = \frac{1}{\sqrt{\left(\frac{1}{R}\right)^2 + \left(\frac{1}{X_L}\right)^2}}$$

Parallelschaltung von R und C

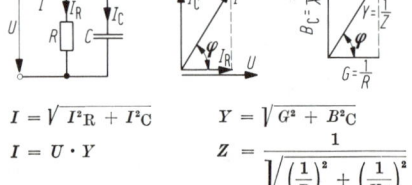

$$I = \sqrt{I_R^2 + I_C^2} \qquad Y = \sqrt{G^2 + B_C^2}$$
$$I = U \cdot Y \qquad Z = \frac{1}{\sqrt{\left(\frac{1}{R}\right)^2 + \left(\frac{1}{X_C}\right)^2}}$$

Parallelschaltung von R, L und C

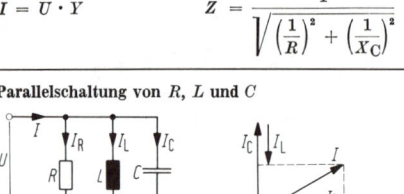
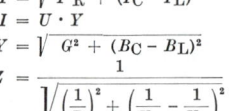
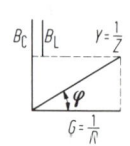

$$I = \sqrt{I_R^2 + (I_C - I_L)^2}$$
$$I = U \cdot Y$$
$$Y = \sqrt{G^2 + (B_C - B_L)^2}$$
$$Z = \frac{1}{\sqrt{\left(\frac{1}{R}\right)^2 + \left(\frac{1}{X_C} - \frac{1}{X_L}\right)^2}}$$

I	Gesamtstrom in A
I_R, I_L, I_C	Einzelströme in A
U	Spannung in V
Y	Scheinleitwert in S
G	Wirkleitwert in S
B_L, B_C	Blindleitwerte in S
Z	Scheinwiderstand in Ω
R	Wirkwiderstand in Ω
X_L, X_C	Blindwiderstände in Ω

Beispiel: $R = 10\,\Omega$; $X_C = 20\,\Omega$; $U = 20\,V$;
$I = ?\,A$; $Z = ?\,\Omega$

$$I_R = \frac{U}{R} = \frac{20\,V}{10\,\Omega} = 2\,A$$
$$I_C = \frac{U}{X_C} = \frac{20\,V}{20\,\Omega} = 1\,A$$
$$I = \sqrt{I_R^2 + I_C^2} = \sqrt{2^2\,A^2 + 1^2\,A^2}$$
$$I = \sqrt{5}\,A = 2{,}24\,A$$
$$Z = \frac{U}{I} = \frac{20\,V}{2{,}24\,A} = 8{,}94\,\Omega$$

3.1.24 Elektrische Leistung

Für Gleichstrom[1]

$P = U \cdot I$ P Leistung in W
$P = I^2 \cdot R$ U Spannung in V
$P = \dfrac{U^2}{R}$ I Strom in A
        R Widerstand in Ω

Beispiel: An welche Spannung darf ein Widerstand mit der Aufschrift 10 kΩ/2 W noch angeschlossen werden?

$$P = \frac{U^2}{R} \;\rightarrow\; U = \sqrt{P \cdot R}$$

$$U = \sqrt{2\ \text{W} \cdot 10\,000\ \Omega} = \sqrt{20\,000\ \text{V}^2} = 141{,}42\ \text{V}$$

Für sinusförmigen Wechselstrom

$S = U \cdot I$ S Scheinleistung in VA[2]

$P = U \cdot I \cdot \cos \varphi = S \cdot \cos \varphi$ P Wirkleistung in W[3]

$Q = U \cdot I \cdot \sin \varphi = S \cdot \sin \varphi$ Q Blindleistung in var[4]

$\lambda = \cos \varphi = \dfrac{P}{S}$ $\lambda, \cos \varphi$ Leistungsfaktor

$\sin \varphi = \dfrac{Q}{S}$ $\sin \varphi$ Blindfaktor

Zusammenhang zwischen S, P und Q im

Leistungsdreieck

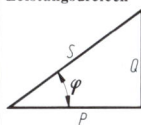

$\cos \varphi = \dfrac{P}{S}$

$S = \sqrt{P^2 + Q^2}$ $\sin \varphi = \dfrac{Q}{S}$

$\tan \varphi = \dfrac{Q}{P}$

Beispiel: $U = 220$ V; $I = 22{,}75$ A; $P = 4$ kW;
$S = ?$ VA; $\cos \varphi = ?$; $Q = ?$ var

$S = U \cdot I = 220\ \text{V} \cdot 22{,}75\ \text{A} = 5\,000\ \text{VA}$

$\cos \varphi = \dfrac{P}{S} = \dfrac{4\,000\ \text{W}}{5\,000\ \text{VA}} = 0{,}8$

$Q = \sqrt{S^2 - P^2} = \sqrt{5^2 - 4^2}\ \text{kvar} = 3\ \text{kvar}$

3.1.25 Elektrische Arbeit

$W = P \cdot t$ W elektrische Arbeit in Ws
        P elektrische Leistung in W
        t Zeit in s

Beispiel: $P = 1{,}5$ kW; $t = 14$ h; $W = ?$ kWh

$W = P \cdot t = 1{,}5\ \text{kW} \cdot 14\ \text{h} = 21\ \text{kWh}$

Leistungsmessung mit Uhr und Zähler

        n Zählerscheibenumdrehungen
$P = \dfrac{n}{C_Z \cdot t}$ t Umdrehungen entsprechende Zeit
        C_Z Zählerkonstante in $\dfrac{\text{Umdr.}}{\text{kWh}}$
        (vom Leistungsschild)

Beispiel: $C_Z = 600\ \dfrac{\text{Umdr.}}{\text{kWh}}$; $t = 45$ s; $n = 12$;

$P = ?$ kW

$P = \dfrac{n}{C_Z \cdot t} = \dfrac{\text{kWh} \; 12 \cdot 3\,600\ \text{s}}{600 \cdot 45\ \text{s} \cdot 1\ \text{h}} = 1{,}6\ \text{kW}$

Wirkungsgrad

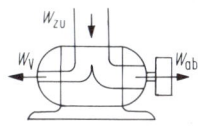

$$\eta = \frac{W_{ab}}{W_{zu}}$$

im stationären Zustand auch:

$$\eta = \frac{P_{ab}}{P_{zu}}$$

   η Wirkungsgrad

W_{ab}, W_{zu} abgegebene bzw. zugeführte Arbeit in kWh

P_{ab}, P_{zu} abgegebene bzw. zugeführte Leistung in kW

Beispiel: $P_{zu} = 1{,}5$ kW; $P_{ab} = 1{,}2$ kW; $\eta = ?$

$$\eta = \frac{P_{ab}}{P_{zu}} = \frac{1{,}2\ \text{kW}}{1{,}5\ \text{kW}} = 0{,}8$$

Elektrische Arbeit und Wärme

Einer elektrischen Arbeit von **1 Ws entspricht** eine Wärmearbeit (Stromwärme) von **1 J**; der elektrischen Arbeit von **1 kWh entspricht** die Stromwärme von **3,6 · 10[6] J.**

Durch die bei der Energieumwandlung in Wärmegeräten entstehenden Verluste ist die Nutzwärme kleiner als die Stromwärme:

$Q_N = Q_S \cdot \eta_w$ Q_N Nutzwärme in J
        Q_S Stromwärme in J
        η_w Wärmewirkungsgrad

Beispiel: $Q_N = 100$ kJ; $\eta_w = 0{,}9$; $W = ?$ Wh

$$Q_S = \frac{Q_N}{\eta_w} = \frac{100\ \text{kJ}}{0{,}9} = 111\ \text{kJ}$$

$$W = \frac{1\ \text{kWh}}{3600\ \text{kJ}} \cdot 111\ \text{kJ} = 0{,}0308\ \text{kWh}$$

$$W = 30{,}8\ \text{Wh}$$

3.1.26 Meßgeräte nach DIN 43780 (8.76)

Kurz-zeichen	Art	Messung von	Aufbau
⊓	Drehspul-meßwerk	I und U	Drehspule in radial-homogenem Dauermagnetfeld, 2 Spiralfedern oder 2 Spannbänder
⊓	Drehspul-meßwerk mit Gleichrichter	I und U	
⊠	Kreuzspul-meßwerk	I_1 I_2	2 fest miteinander verbundene Spulen in inhomogenem Dauermagnetfeld
⊓	Drehspul-meßwerk mit Thermo-umformer	I und U	Thermoelement mit Heizdraht. Thermospannung speist Drehspulmeßwerk
⋀⋀⋀	Dreheisen-meßwerk	I und U	1 drehbares und 1 festes Weicheisenstück, feste Spule
⊟	Elektro-dynamisches Meßwerk	I, U P und $\cos \varphi$	Drehspule, feste Spule, 2 Spiralfedern oder 2 Spannbänder, magnetische Abschirmung
⊥	Elektro-statisches Meßwerk	U ab 100 V	Je eine feste und bewegliche Kondensatorplatte

---

[1] Für Drehstrom siehe Seite 3–11
[2] VA = Voltampere   [3] W = Watt   [4] var = Voltampere

3.2.1 Dioden

3

Aufbau und Wirkungsweise

Werden zwei verschiedene Materialien in engen Kontakt gebracht, so diffundieren die beweglichen Ladungsträger durch die Grenzflächen hindurch. Die Löcher ins N-Material, die Elektronen ins P-Material. Die Elektronen und Löcher neutralisieren sich im Diffusionsgebiet. Eine Sperrschicht durch fehlende Ladungsträger entsteht.

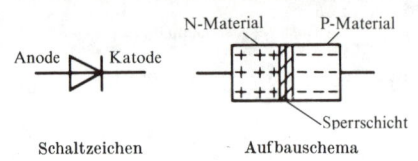

Anode — Katode

N-Material — P-Material

Sperrschicht

Schaltzeichen — Aufbauschema

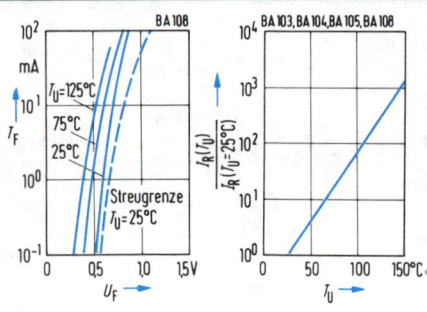

Ventilwirkung der Diode

Wird die Anode gegenüber der Katode negativ gepolt, so verbreitert sich die Sperrschicht (Raumladungszone) und es fließt nur ein geringer Sperrstrom I_R im µA-Bereich bei Germanium – und im nA-Bereich bei Silizium-Dioden. Mit dem Erreichen der Durchbruchspannung $U_{(BR)}$ steigt der Strom I_R jedoch infolge des einsetzenden Lawinendurchbruchs

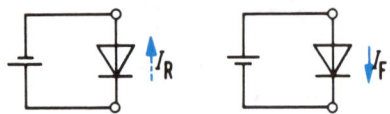

schlagartig an und führt bei einer normalen Diode zur Zerstörung. Bei positiver Polung der Anode gegenüber der Katode verringert sich die Sperrschichtbreite, bis bei Erreichen der Diffusionsspannung, auch Schwellspannung genannt (bei Germanium etwa 0,2 V ... 0,4 V und bei Silizium 0,6 V ... 0,8 V), der Durchlaßstrom I_F einsetzt und bei weiterer Spannungserhöhung exponentiell ansteigt.

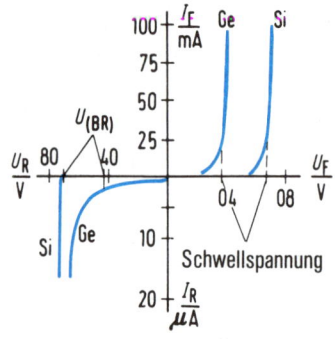

Schwellspannung

Kennlinienverlauf einer Ge- und Si-Diode

Ein Anstieg der Sperrschichttemperatur führt zu einer Verringerung der Durchlaßspannung U_F und einem Anstieg des Sperrstromes I_R.

Diodenarten

Spitzendioden

Auf ein N-dotiertes Germaniumkristall wird ein zugespitzter Molybdän-, Wolfram-, Bronze- oder Golddraht gesetzt und die Metallspitze mit einem Formierungsstromstoß einlegiert. Die damit erzielten Sperrschichtkapazitäten <1 pF ermöglichen die Gleichrichtung kleiner Wechselströme (I_F <50 mA) bis zum GHz-Bereich. Handelsüblich sind Sperrspannungen <110 V.

Flächendioden

Die Herstellung entsprechend großer Sperrschichtflächen mit dem Legierungs- und Diffusionsverfahren ermöglicht zur Zeit Dauergleichströme bis zu 100 A bei Germanium-Dioden und 500 A bei Silizium-Dioden.

Schottky-Dioden

(Hot carrier Diode oder auch beam-lead-Schottkydiode genannt.)

Ähnlich einer Spitzenkontaktdiode erfolgt die Sperrschichtbildung hier zwischen einem N-dotierten Siliziumkristall und einer Metallelektrode. Kennzeichen des nach dem Planarverfahren hergestellten Metall-Halbleiterüberganges sind eine gegenüber Silizium-Dioden niedrige Schwellspannung (0,3 V ... 0,4 V), ein sehr scharfer Kennlinienknick in Durchlaß- und Sperrichtung, ein streng exponentieller Kennlinienverlauf, niedrige Sperrströme, geringes Rauschen und extrem schnelle Schaltzeiten (Gleichrichtung von Wechselspannungen bis zu 50 GHz). Gegenüber der Spitzenkontaktdiode zeichnet sie sich durch eine größere Impulsbelastbarkeit, geringere Stoßempfindlichkeit und kleinere Fertigungstoleranzen aus.

Lawinen-Gleichrichterdioden

Im Gegensatz zu normalen Dioden darf die Durchbruchspannung $U_{(BR)}$ mit nichtperiodischen Verlustleistungsimpulsen überschritten werden, ohne daß damit die Lawinen-Gleichrichterdiode (Si-Gleichrichterdiode mit kontrolliertem Durchbruchverhalten) zerstört wird.

Selengleichrichter

Die Selengleichrichter (polykristallin) haben im Vergleich zu Siliziumgleichrichtern große Abmessungen ($\approx$15fache Größe) und hohe Durchlaß- und Sperrverluste. Vorteilhaft ist eine höhere Überlastbarkeit und der Überlastungsschutz mit normalen flinken Sicherungen.

Je Gleichrichterplatte werden bis zu 45 V Sperrspannung und 150 mA/cm² Stromdichte erreicht.

3.2.2 Transistor

Aufbau und Wirkungsweise

Der bipolare Transistor, meist nur Transistor genannt, ist ein einkristallines Germanium- oder Silizium-Halbleiterbauelement mit drei aufeinanderfolgenden Zonen wechselnden Leitungstyps. Entsprechend dieser Folge gibt es NPN- und PNP-Typen. Die mittlere Zone bzw. Elektrode wird als Basis (B), die beiden äußeren werden als Emitter (E) und Kollektor (C) bezeichnet.

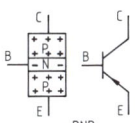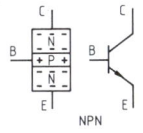
PNP   NPN

Aufbauschema und Schaltzeichen

Vergleicht man den Aufbau mit zwei gegeneinandergeschalteten Dioden, so wird normalerweise die Emitter-Basis-Diode in Durchlaßrichtung (der Emitterpfeil kennzeichnet die technische Stromrichtung) und die Basis-Kollektor-Diode in Sperrichtung betrieben.

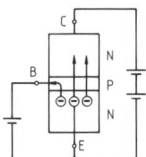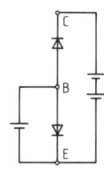

Liegt nur die Spannung U_{CE} an, so ist die Kollektor-Basis-Diode in Sperrichtung gepolt und es fließt nur ein geringer Reststrom.

Liegt zusätzlich die Spannung U_{BE} an, so fließen vom Emitter (emittere = aussenden) Elektronen in die Basiszone. Weil diese äußerst dünn (wenige μm) und nur schwach dotiert ist, können nur wenige Elektronen (0,2 % ⋯ 5 %) rekombinieren; der übrige Teil driftet in die Kollektorzone (collecta = Sammlung) und wird von der Kollektorspannung abgesaugt.

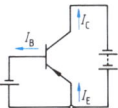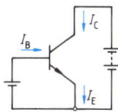

Beim PNP-Transistor müssen die Spannungen lediglich umgepolt werden. An die Stelle der Elektronen treten Löcher.

Das Hauptmerkmal eines Transistors ist die Steuerung des Kollektorstromes mit einem relativ kleinen Basisstrom. Das Stromverhältnis I_C zu I_B wird deshalb als statische Stromverstärkung bezeichnet

$$B = \frac{I_C}{I_B}$$

Sie beträgt bei Leistungstransistoren ($I_C > 1\,A$) etwa 10 ⋯ 40, bei Transistoren mit $I_C < 1\,A$ ungefähr 50 ⋯ 800.

Zählrichtungen und Bezeichnungen für Ströme und Spannungen

Unabhängig vom Transistortyp und der tatsächlichen Stromrichtung weisen die Zählpfeile in Richtung auf das Bauelement. Weil dieses mit einem Knotenpunkt vergleichbar ist, muß die Summe aller Ströme Null sein. Der Zahlenwert ist positiv (ohne zusätzliches Vorzeichen), wenn die Bewegungsrichtung positiver Ladungsträger (konventionelle oder technische Stromrichtung) mit der willkürlich festgelegten Zählpfeilrichtung übereinstimmt oder negative Ladungsträger dazu entgegengesetzt fließen; andernfalls erhält der Zahlenwert des Stromes ein Minuszeichen. Gleichwertig dazu kann auch das Formelzeichen für diese Größe mit einem Minuszeichen versehen werden.

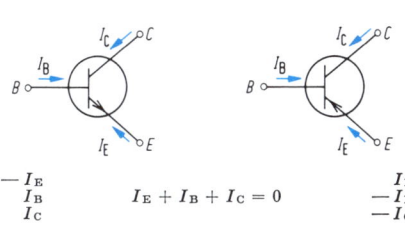

$-I_E$		I_E
I_B	$I_E + I_B + I_C = 0$	$-I_B$
I_C		$-I_C$

Die Zählrichtung von Spannungen wird mit einem Zählpfeil oder einem Doppelindex angegeben. Der Zahlenwert ist positiv bzw. ohne Vorzeichen, wenn das Potential am Zählpfeilschaft bzw. dem mit dem ersten Indexzeichen bezeichneten Meßpunkt positiver (höher) ist als das Potential an der Pfeilspitze bzw. dem mit dem zweiten Indexzeichen bezeichneten Bezugspunkt. Andernfalls wird der Zahlenwert oder das Formelzeichen für diese Spannung mit einem Minuszeichen versehen.

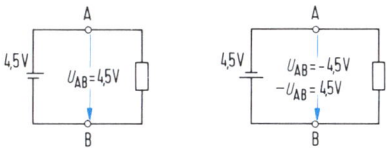

Die Spannungen am Transistor sind wie folgt festgelegt:

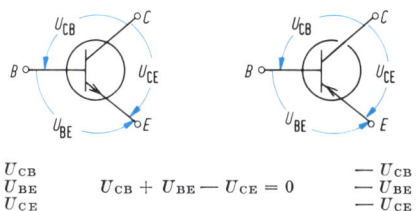

U_{CB}		$-U_{CB}$
U_{BE}	$U_{CB} + U_{BE} - U_{CE} = 0$	$-U_{BE}$
U_{CE}		$-U_{CE}$

3

Transistor als Schalter

Während im Verstärkerbetrieb eine lineare Abhängigkeit der Ausgangsspannung von der Eingangsspannung angestrebt wird und die Ausgangsspannung deshalb die Aussteuerungsgrenzen nicht erreichen darf, sind diese für den Schalterbetrieb bedeutsam.

Punkt X: Fließt kein Basisstrom, so wird der Arbeitswiderstand R_C nur noch vom Reststrom (je nach Transistortyp, Sperrschichttemperatur und Kollektor-Emitter-Spannung 10 nA bis 1 mA) durchflossen; der Transistor ist gesperrt.

Punkt Y: Die Erhöhung des Basisstromes über $I_B = 0$ hinaus hat eine B-fache Zunahme des Kollektorstromes zur Folge, bis im Punkt Y eine Sättigung eintritt; der Transistor ist durchgesteuert ($U_{CEsat} = U_{BE}$). Eine weitere Erhöhung des Basisstromes bewirkt eine Abnahme der Restspannung U_{CEsat} und der Gleichstromverstärkung B, ohne daß der Kollektorstrom noch wesentlich zunimmt; der Transistor ist übersteuert.

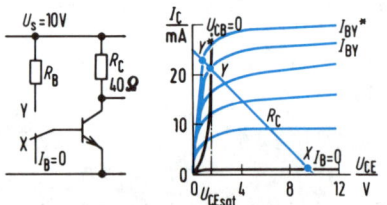

Schaltzeiten

Ein großer Übersteuerungsfaktor (das Verhältnis zwischen dem Basisstrom $I_{BY}{}^*$ im übersteuerten Zustand und dem Basisstrom I_{BY}, der erforderlich ist, um den Transistor bis zur Übersteuerungsgrenze $U_{CB} = 0$ durchzusteuern) $\ddot{u} = I_{BY}{}^*/I_{BY}$ gewährleistet ein sicheres Durchsteuern des Transistors und verringert die Restspannung U_{CEsat} und die Einschaltzeit t_{ein}, erhöht aber die Ausschaltzeit t_{aus}. Ein großer Ausräumfaktor (das Verhältnis zwischen dem Ausräumstrom $I_{BY}{}^*$ und dem Basisstrom I_{BY}, der den Transistor gerade bis zur Übersteuerungsgrenze $U_{CB} = 0$ durchsteuert) $a = I_{BX}{}^*/I_{BY}$ verringert die Ausschaltzeit.

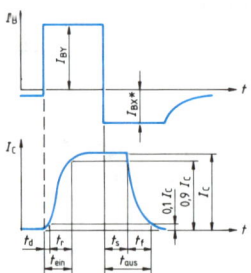

t_d	delay time Verzögerungszeit	t_s	storage time Speicherzeit
t_r	rise time Anstiegszeit	t_f	fall time Abfallzeit

Die Schaltzeiten hängen von der Einschaltzeitkonstanten τ und der Speicherzeitkonstanten τ_s des Transistortyps und der Beschaltung ab.

Die hohe Übersteuerung zur Erzielung kurzer Einschaltzeiten läßt sich durch Überbrücken des Basiswiderstandes mit einem Kondensator von einigen hundert pF auf den Einschaltvorgang begrenzen. Beim Abschalten sorgt die Entladung des Kondensators für ein schnelles Ausräumen der Basisladung, so daß auch der Ausschaltvorgang beschleunigt wird.

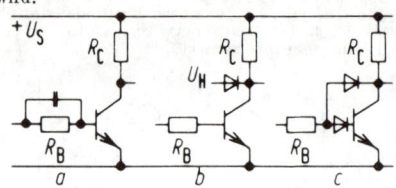

Soll unabhängig vom Stromverstärkungsfaktor B und ohne R_B-Abgleich eine Übersteuerung des Transistors verhindert werden, so muß mit einer Abfangdiode der Kollektor-Emitter-Spannungshub begrenzt werden, um eine Polaritätsänderung der Spannung U_{CB} auszuschließen.

Eine zusätzliche Hilfsspannung U_H läßt sich z. B. mit einer zweiten Diode einsparen. Häufig reicht auch eine Begrenzung der Übersteuerung durch Parallelschalten einer Diode zur Kollektor-Basis-Diode des Transistors aus.

Verlustleistung

Bei Schalterbetrieb darf die zulässige statische Verlustleistung des Transistors kurzzeitig um ein Vielfaches überschritten werden, wenn die während des Umschaltvorgangs entstehende Wärmemenge von den Wärmekapazitäten aufgenommen werden kann, ohne daß dabei die zulässige Sperrschichttemperatur überschritten wird.

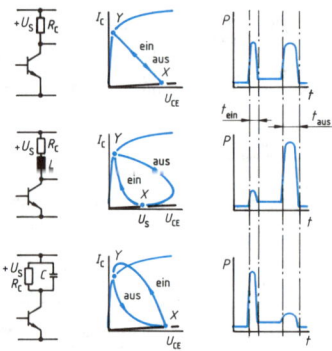

Hohe Impulsbelastungen des Transistors entstehen beim Ein- und Ausschalten von Wirkwiderständen, durch den Ladestrom beim Einschalten von Kapazitäten und durch die Induktionsspannung beim Ausschalten von Induktivitäten.

Die beim Abschalten von Induktivitäten auftretende Kollektor-Emitter-Spannung kann die Speisespannung U_S um ein Vielfaches überschreiten. Damit die Durchbruchspannung des Transistors nicht überschritten wird, muß die Induktionsspannung durch Parallelschalten eines RC-Gliedes, einer Freilaufdiode oder anderer Bauelemente zur Spule auf zulässige Spannungswerte begrenzt werden.

3.2.3 Wärmeableitung bei Halbleiterbauelementen

Überschlägige Berechnungen der zulässigen Verlustleistung sind anhand der Wärme-Ersatzschaltung möglich.

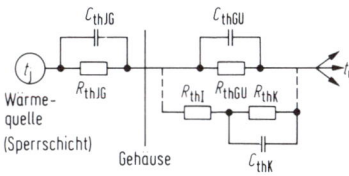

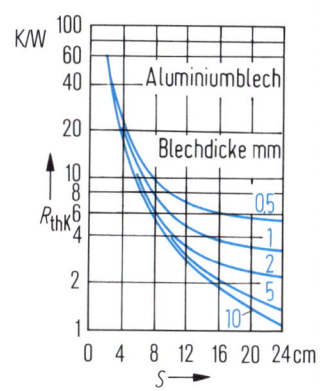

Wärme-Ersatzschaltung

Nach DIN 41 785 T 2 (9.71) bedeuten:

t_j ($t(_{VJ})$; $t(_{vj})$; $\vartheta(_{VJ})$; $\vartheta(_{vj})$)	Ersatzsperrschichttemperatur
t_U (t_{amb}; ϑ_U)	Umgebungstemperatur
R_{thJG} (R_{thJC}; R_{thG})	Wärmewiderstand zwischen Sperrschicht und Gehäuse (innerer Wärmewiderstand)
R_{thGU} (R_{thCA})	Wärmewiderstand zwischen Bauelementgehäuse und Umgebung (äußerer Wärmewiderstand)
R_{thJU} (R_{thJA}; R_{thU})	Wärmewiderstand zwischen Sperrschicht und Umgebung ($R_{thJU} = R_{thJG} + R_{thGU}$)
R_{thK} (R_{thKA}; R_{thKU})	Wärmewiderstand des Kühlkörpers
R_{thGK} (nicht DIN)	Wärmeübergangswiderstand vom Gehäuse zum Kühlkörper (z. B. Isolierscheibe)
C_{th}	Wärmekapazität
P_{tot}	Gesamtverlustleistung

Ändert sich die Verlustleistung nicht oder nur langsam, bzw. kann mit einer mittleren Verlustleistung gerechnet werden, so bleiben die Wärmekapazitäten unberücksichtigt.

$$P_{tot} = \frac{t_j - t_U}{R_{thJU}}$$

Der Wärmewiderstand zwischen Bauelementgehäuse und Umgebung kann mittels Kühlblech oder Kühlkörper erheblich verringert werden.

$$R_{thJU} = R_{thJG} + R_{thGK} + R_{thK}$$

Bei impulsweise auftretender Verlustleistung wirken sich die Wärmekapazitäten aus. Für $T \ll \tau_{thJ}$ ($\tau_{thJ} = R_{thJG} \cdot C_{thJG}$ innere Wärmezeitkonstante) kann näherungsweise mit einem Verlustleistungs-Mittelwert und einer mittleren Sperrschichttemperatur $t_{J\,mittel}$ gerechnet werden.

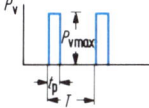

$$\frac{t_{J\,mittel} - t_U}{P_{V\,max}} = \frac{t_P}{T}(R_{thJG} + R_{thK})$$

Die Wärmewiderstandswerte für Kühlbleche aus Cu, Al und Fe können den folgenden Diagrammen entnommen werden. Diese gelten für senkrecht stehende, annähernd quadratische Kühlbleche aus blankem Blech mit in der Mitte montiertem Bauelement in ruhender Luft und ohne zusätzliche Wärmeeinstrahlung. Die ermittelte Kantenlänge S kann bei Schwärzung der Oberfläche mit dem Faktor 0,85 und muß bei waagerechter Anordnung mit dem Faktor 1,15 multipliziert werden.

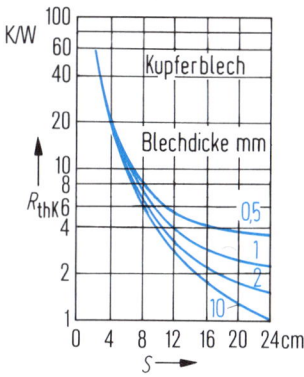

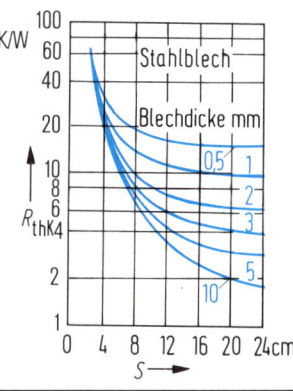

3.2.4 Optoelektronik

Charakteristische Daten

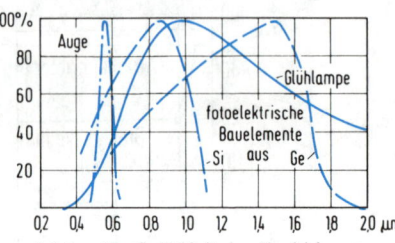

Relative Empfindlichkeit im Vergleich zur spektralen Emission einer Glühlampe (2850 K)

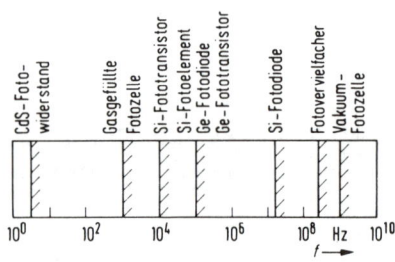

Obere Frequenzgrenzen

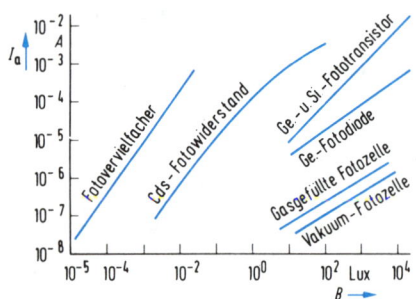

Hellströme als Funktion der Beleuchtungsstärke

Fotowiderstände

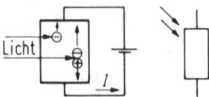

Fotowiderstände bestehen aus Mischkristallen; sie haben keine Sperrschicht und können im Gleich- und Wechselstromkreis eingesetzt werden. Je nach Basismaterial, meist polykristallines Silizium, und Dotierung reicht die Fotoempfindlichkeit vom Ultravioletten bis zum Infrarotbereich.

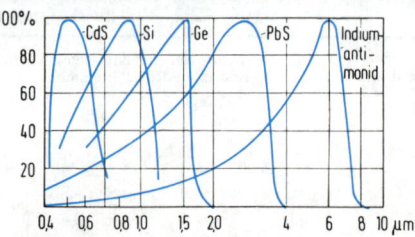

Fotowiderstände zeichnen sich durch die höchste Lichtempfindlichkeit unter den fotoelektronischen Halbleiterbauelementen aus. Ihre Widerstandsänderung in Abhängigkeit von der Beleuchtungsstärke reicht von etwa 10^2 Ω bis zu 10^8 Ω.

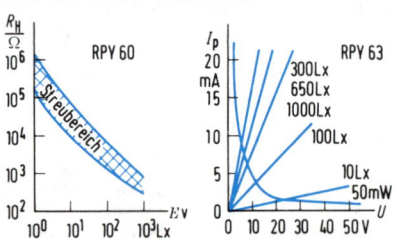

Der Temperaturkoeffizient ist mit < 1 %/K gering. Nachteilig ist die relativ große Trägheit gegenüber Helligkeitsänderungen mit Zeitkonstanten bis zu 1 ms. Das Ansteigen des Hellwiderstandes und Verringern des Dunkelwiderstandes mit zunehmendem Alter kann durch künstliche Alterung verringert werden.

Fotoelemente und Fotodiode

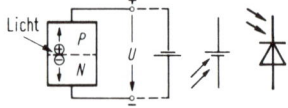

Der Aufbau entspricht einer Diode, deren Sperrschicht dicht unter der Oberfläche im Bereich der Eindringtiefe der Lichtstrahlung liegt. Die in der Nähe des PN-Überganges durch Lichteinwirkung entstehenden freien Elektronen werden in der N-leitenden Zone und die Defektelektronen in der P-leitenden Zone angesammelt. Es entsteht eine von außen durch Lichteinwirkung hervorgerufene Potentialdifferenz, auch Fotospannung U_L (Leerlaufspannung) genannt. Wird der PN-Übergang dagegen in Sperrichtung vorgespannt, so erhöhen die durch Lichteinwirkung entstehenden Ladungsträger den Sperrstrom.

Fototransistoren

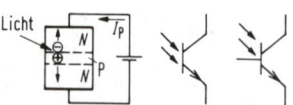

Der Fototransistor enthält zwei Sperrschichten, von denen die Kollektorsperrschicht strahlungsempfindlich ist. Die Wirkungsweise entspricht einem Fotoelement, deren Fotoempfindlichkeit um den Verstärkungsfaktor (ca. 100 bis 1000) vergrößert wird. Das Kennlinienfeld entspricht dem $I_C = f(U_{CE})$ Kennlinienfeld normaler Transistoren, mit dem Unterschied, daß an die Stelle des Basisstroms die Beleuchtungsstärke als Parameter tritt.

Ist der Basisanschluß nicht herausgeführt, so ist auch die Bezeichnung Foto-Duodiode üblich. Symmetrisch aufgebaute Foto-Duodioden können beliebig gepolt werden. Ist der Basisanschluß herausgeführt, so kann durch dessen Beschaltung der Arbeitspunkt eingestellt werden. Dies führt zu einer Herabsetzung der Fotoempfindlichkeit und einer Erhöhung der Ansprechgeschwindigkeit.

Die Schaltgeschwindigkeit von Fototransistoren ist kleiner als die von Fotodioden und Fotoelementen. Sie ist um so niedriger, je kleiner der Lastwiderstand und je größer die Amplitude des Lichtimpulses ist. Erreicht werden Ansprechzeiten von 2 µs bis 100 µs.

Lumineszensdioden

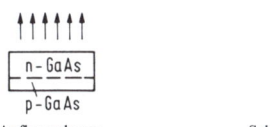

Aufbauschema   Schaltzeichen

Lumineszensdioden, auch Leuchtdioden oder engl. Light Emitting Diode bzw. LED genannt, sind Gallium-Arsenid-Phosphid (GaAsP-)Halbleiter, die bei Betrieb in Durchlaßrichtung je nach Dotierung und Technologie Licht im Infrarotbereich oder im sichtbaren Bereich in den Farben Rot, Orange oder Grün abgeben.

Die Intensität des abgestrahlten Lichtes ist proportional dem Durchlaßstrom. Die Flußspannung liegt zwischen 1,2 V bis 1,6 V, der Flußstrom je nach angestrebter Lichtintensität zwischen 10 mA und 40 mA, die zulässige Sperrspannung bei etwa 3 V bis 5 V und der Wirkungsgrad bei etwa 1%.

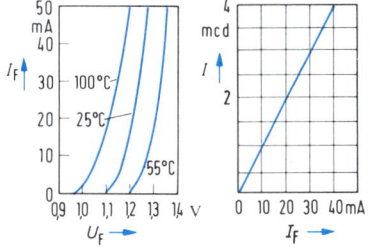

Um die starke Abnahme der Strahlungsintensität mit wachsender Sperrschichttemperatur zu verringern, kann dem bei $U_S > U_F$ meist ohnehin erforderlichen Serienwiderstand ein Parallelwiderstand hinzugefügt werden.

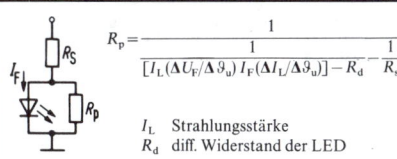

$$R_p = \cfrac{1}{\cfrac{1}{[I_L(\Delta U_F/\Delta \vartheta_u)\, I_F(\Delta I_L/\Delta \vartheta_u)] - R_d} - \cfrac{1}{R_s}}$$

I_L Strahlungsstärke
R_d diff. Widerstand der LED

Die Vorteile der Lumineszensdioden gegenüber Signallampen sind die Vermeidung des hohen Einschaltstromes, hohe Lebensdauer, geringe Stoßempfindlichkeit, kleine Abmessungen, niedrige Betriebsspannung, gute Modulierbarkeit und Lichtwechselfrequenzen bis in den MHz-Bereich.

Optoelektronische Koppler

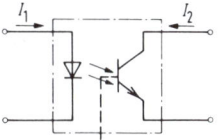

Optoelektronische Koppler übertragen elektrische Signale durch Umwandlung des elektrischen Signals in ein optisches Signal, das dann ohne galvanische Verbindung in einem zweiten fotoelektrischen Bauelement wieder in ein elektrisches Signal umgewandelt wird. Als Emitter (Sender) kommen nahezu ausschließlich Lumineszensdioden zum Einsatz, als Detektor (Empfänger) eine Fotodiode, ein Fototransistor oder ein Fotothyristor.

Flüssigkristallzellen

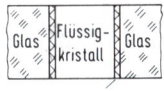

Zinnoxid

Eine Flüssigkristallzelle ist mit einem Kondensator vergleichbar, dessen Dielektrikum aus Flüssigkristallen besteht. Die Innenflächen der durchsichtigen Platten mit einem Abstand von 5µm — 20µm tragen einen elektrisch leitenden, ebenfalls durchsichtigen Überzug. Liegt keine Spannung an den Elektroden, so ist die Flüssigkristallsubstanz lichtdurchlässig. Wird eine Spannung angelegt, die einen Mindestwert (Schwellwert, ca. 4 V...10 V) nicht unterschreiten darf, so wird die Flüssigkeit turbulent, streut das Licht und erscheint lichtundurchlässig. Entfernt man das Feld, wird die Flüssigkeit wieder durchsichtig. Diese optoelektrische Schaltereigenschaft wird als ,,dynamische Schaltereigenschaft'' bezeichnet.

Transmissionszellen werden zwischen Betrachter und Lichtquelle angeordnet; Reflexionszellen mit reflektierender Rückelektrode werfen das von der Seite des Betrachters kommende Licht zurück. Zur Erzielung einer großen Lebensdauer werden Flüssigkristallzellen mit sinus- oder rechteckförmigen Wechselspannungen mit Frequenzen zwischen 20 Hz und 200 Hz betrieben.

3.2 Elektronische Bauelemente und Grundschaltungen

Flüssigkristallzellen zeichnen sich durch die niedrige Betriebsspannung (z. B. 24 V), den geringen Leistungsbedarf (50 µW/cm²...1 mW/cm² und 5 var/cm²...10 var/cm² bei 50 Hz je nach Substanz) und die preiswerte Herstellung großflächiger, elektrisch steuerbarer Anzeigen aus. Vom Nachteil sind noch die relativ langen Ansprechzeiten mit einigen ms und die starke Temperaturabhängigkeit der Ansprechzeit.

Zu erwarten sind Flüssigkristallzellen mit guter Speichereigenschaft, ohne dabei ständig Leistung aufzunehmen und einer elektrisch steuerbaren Farbänderung.

Fotozellen

Trifft ein Lichtquant mit genügend großer Energie auf die meist mit Caesium bedampfte Katode, so wird ein freies Elektron erzeugt, das von der gegenüberliegenden, positiv vorgespannten Anode aufge-

fangen wird (äußerer Fotoeffekt). Bei der Vakuum-Fotozelle besteht oberhalb der Sättigungsspannung strenge Proportionalität zwischen Fotostrom und Lichtstrom.

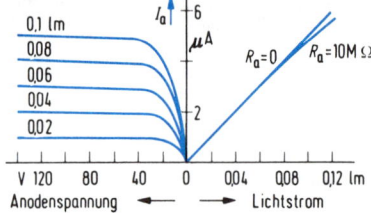

Bei der gasgefüllten Fotozelle treffen die vom Licht aus der Katode ausgelösten Elektronen auf dem Wege zur Anode auf Gasmoleküle und vermehren durch die ausgelöste Ionisation die Zahl der Ladungsträger. Die ungefähr dreifache Empfindlichkeit ist mit dem Verlust der Proportionalität und der Abhängigkeit von der Anodenspannung verbunden.

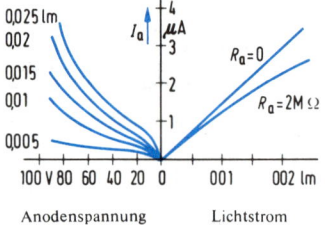

Um eine schnelle Ermüdung und Alterung der Vakuum-Fotozelle zu vermeiden, sollten hohe Stromdichten und hohe Beleuchtungsstärken ohne anliegende Anodenspannung vermieden werden. Gasgefüllte Fotozellen altern erheblich schneller, insbesondere bei hohen Anodenspannungen.

Fotovervielfacher

In einem Fotovervielfacher sind eine Vakuum-Fotozelle und ein Sekundärelektronen-Vervielfacher kombiniert. Die vom Licht aus der Katode ausgelösten und vom elektrischen Feld beschleunigten Elektronen lösen beim Auftreffen auf die folgende Elektrode ein Vielfaches an Sekundärelektronen aus, die ebenfalls beschleunigt werden und wiederum ein Vielfaches an Sekundärelektronen aus der nächsten Elektrode auslösen. Dieser Vorgang wiederholt sich entsprechend der Anzahl der Elektroden, Dynoden genannt, zwischen Anode und Katode, so daß eine Verstärkung um mehrere Zehnerpotenzen erreicht wird.

Empfindlichkeit und Dunkelstrom sind von der Speisespannung abhängig. Soll die Verstärkungsschwankung eines zehnstufigen Fotovervielfachers kleiner als 1% sein, so ist eine Spannungsstabilisierung von 1% erforderlich. Der Querstrom des Spannungsteilers soll etwa 100mal größer als der Anodengleichstrom sein.

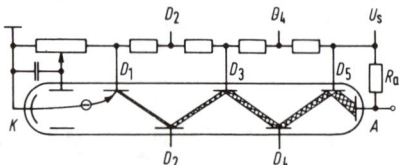

3.2.5 Magnetfeldabhängige Bauelemente

Hall-Generatoren

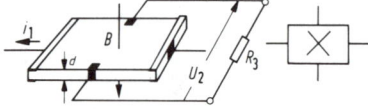

Wird ein langgestrecktes Plättchen aus geeignetem Material in Längsrichtung von einem Strom durchflossen und gleichzeitig senkrecht zur Fläche von einem Magnetfeld durchsetzt, so entsteht zwischen den seitlichen Anschlüssen eine Leerlaufhallspannung.

$$U_2 = \frac{R_h}{d} \cdot i \cdot B \qquad R_h = \text{Materialkonstante}$$

Typisch sind Leerlaufhallspannungen von 85 mV (In As; $I_{1n} = 100$ mA) bis 1000 mV (InSb; $I_{1n} = 15$ mA) bei $B = 1$ T. Der Nennsteuerstrom I_{1n} ist so festgelegt, daß beim Betrieb des Hallgenerators in ruhender Luft die Halbleiterschicht eine Übertemperatur von 10 °C bis 15 °C annimmt; üblich sind Werte zwischen 10 mA und 150 mA.

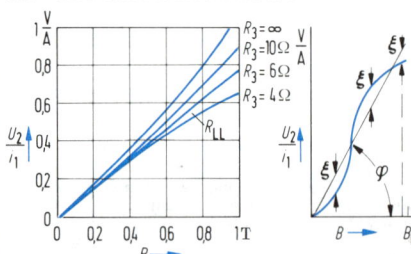

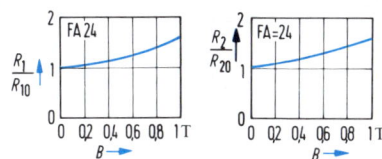

Die Linearität zwischen der auf die Steuerstromeinheit bezogenen Hallspannung und dem Steuerfeld hängt vom Lastwiderstand ab. Der Abschlußwiderstand R_{LL} für die optimale Linearität muß für jedes Exemplar experimentell ermittelt werden. Die maximale Abweichung der auf die Steuerstromeinheit bezogenen Hallspannung von der Geraden mit dem Anstieg K_{1in} auf den Meßbereichsendwert wird als Linearisierungsfehler bezeichnet, wobei

$$F_{1in} = \frac{\xi \max}{K_{1in} \cdot B_h} \quad \text{und } K_{1in} = \tan\varphi \text{ ist.}$$

Der steuerseitige Innenwiderstand R_1 und der hallseitige Innenwiderstand R_2 hängen vom Steuerfeld B ab ($R_1 = R_{10}$ und $R_2 = R_{20}$ bei $B = 0$ und $T_U = 25\,°C$). Der mittlere Temperaturkoeffizient von u_{20} beträgt je nach Material etwa $-0,04\%/K$ bis $0,1\%/K$; der von R_{10} und R_{20} etwa $0,2\%/K$.

Feldplatten

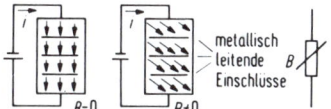

Feldplatten sind magnetisch steuerbare Halbleiterwiderstände aus Indiumantimonid, deren Strombahnen unter dem Einfluß eines Magnetfeldes um den Hallwinkel gedreht werden. Die folgenden Diagramme zeigen den relativen Feldplattenwiderstand verschiedener Halbleitermaterialien in Abhängigkeit von der magnetischen Induktion B und der Temperatur.

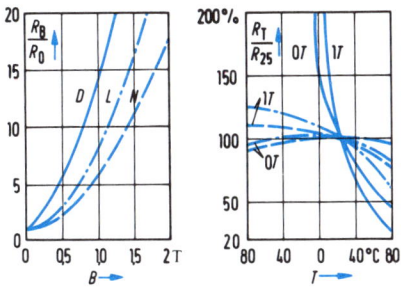

Typisch sind Grundwiderstände R_0 (bei $25\,°C$ und $B = 0$) zwischen $10\,\Omega$ und $500\,\Omega$.

Neben der Brückenschaltung mit Feldplattenpaaren läßt sich auch durch Kombination von Feldplatten mit L-Material und gesteuertem Si-Transistor oder Feldplatten mit D-Material und gesteuertem Ge-Transistor die Temperaturabhängigkeit weitgehend kompensieren.

Magnetdioden

Die Enden des Germaniumquaders mit intrinsic Charakter sind P- bzw. N-dotiert; eine durch Diffusion verunreinigte Randzone dient als Rekombinationszone.

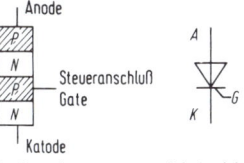

Der Widerstand der Magnetdiode ist magnetfeldabhängig; der Sperrwiderstand wird jedoch nur wenig beeinflußt. Die große Temperaturabhängigkeit (Halbierung des Widerstandes bei einer Temperaturzunahme um $17\,°C$) läßt sich durch Reihenschaltung zweier magnetisch entgegengesetzt gepolter Magnetdioden kompensieren. Dabei ändern sich die Ströme I_1 und I_2 in gleichem Maße, so daß die Mittelpunktspannung U_M nahezu unabhängig von der Temperatur ist. Magnetdioden werden deshalb als Doppeldioden hergestellt.

Thyristoren sind Si-Einkristall-Halbleiter-Bauelemente mit drei Sperrschichten und drei stabilen Betriebszuständen.

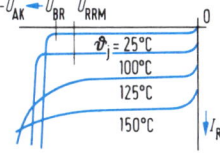

Aufbauschema   Schaltzeichen

Wird an die beiden Hauptanschlüsse eine Spannung in Rückwärtsrichtung (Anode negativ und Katode positiv) angelegt, so verhält sich der Thyristor ähnlich einem gesperrten Siliziumgleichrichter.

Werden bei offenem Steueranschluß die Hauptanschlüsse in Vorwärtsrichtung gepolt, so ist die mittlere Sperrschicht in Sperrichtung gepolt; die Strom-Spannungs-Kennlinie verläuft ähnlich wie die eines in Sperrichtung betriebenen Gleichrichters.

Der sehr geringe, nahezu spannungsunabhängige Sperrstrom steigt exponentiell mit der Temperatur an, die Durchbruchspannung wird geringfügig größer und der Kennlinienknick verläuft etwas abgerundeter als im kalten Zustand. Das Erreichen der Durchbruchspannung führt zur Zerstörung des Thyristors.

3

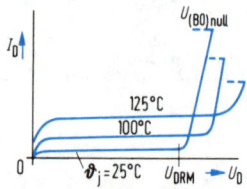

Wird die positive Spitzensperrspannung überschritten, so steigt der Sperrstrom bei weiterer Spannungserhöhung lawinenartig an, bis mit Erreichen der Nullkippspannung (Steuerstrom Null) der Thyristor zündet und leitend wird. Bei diesem sogenannten Überkopfzünden wird der mittlere PN-Übergang zunächst an einer punktförmigen Stelle leitend, über die der ganze Strom fließt. Ist die Stromanstiegsgeschwindigkeit größer als ungefähr $^1/_{10}$ des bei normaler Zündung zulässigen Wertes, so kann der Thyristor thermisch zerstört werden.

Ein gezündeter Thyristor verbleibt solange im Durchlaßzustand, auch wenn kein Steuerstrom mehr fließt, bis der Durchlaßstrom den Haltestrom unterschreitet. Die Durchlaßkennlinie verläuft ähnlich wie bei einer Si-Diode.

Thyristoren in Sonderausführung

Der **rückwärtsleitende Thyristor** enthält zusätzlich eine monolitisch integrierte antiparallelgeschaltete Diode auf derselben Siliciumscheibe.

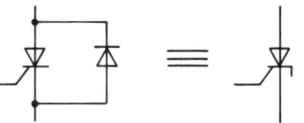

Der **abschaltbare Thyristor** (GTO: gate-turn-off) ist neben den allgemeinen Thyristoreigenschaften über das Gate ausschaltbar. Zur Abschaltung wird ein negativer Gatespitzenstrom von etwa 20% bis 60% des Durchlaßstromes I_D benötigt. Die gesamte Ausschaltzeit, bestehend aus Verzögerungszeit, Abfallzeit und Erholzeit beträgt ca. 25µs. Ein negativer Gatestrom kann ohne ein zusätzliches Netzteil erzeugt werden, wenn die Last in der Katodenzuleitung betrieben wird und das Gate niederohmig an Masse geschaltet wird.

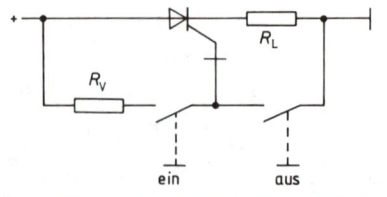

3.2.7 Triac

Seinem Aufbau nach ist der Triac eine in einem Si-Kristall integrierte Antiparallelschaltung zweier Thyristoren mit gemeinsamem Steueranschluß. Die beiden Hauptanschlüsse werden als Anode 1 und Anode 2 bezeichnet.

Der Triac kann unabhängig von der Polung der Hauptanschlüsse mit positiven und negativen Impulsen zwischen der Anode 2 und dem Steueranschluß gezündet werden.

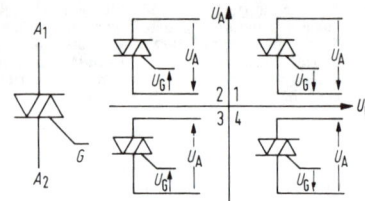

Die Zündwerte in den vier Quadranten können geringfügig voneinander abweichen. Meist ist die Empfindlichkeit im 1. und 3. Quadranten am größten und ungefähr gleich groß. Am höchsten sind die erforderlichen Zündwerte im 4. Quadranten, so daß der Betrieb in diesem Quadranten vermieden werden soll, insbesondere wenn es auf eine hohe zulässige Stromsteilheit di/dt ankommt. Der gezündete Triac erlischt, wenn der Durchlaßstrom mindestens über die Freiwerdezeit t_q unter den Haltestrom abgesunken ist.

Hinsichtlich der zulässigen Strom- und Spannungssteilheiten und den dafür erforderlichen Schaltungsmaßnahmen gelten die gleichen Überlegungen wie beim Thyristor.

Schaltungsbeispiel (Dimmer)

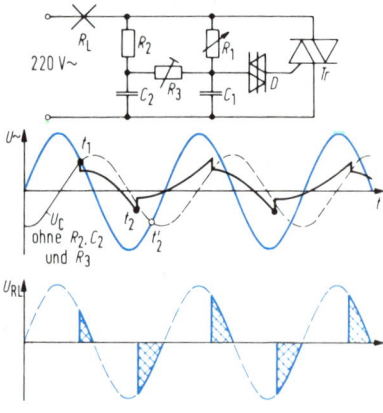

Erreicht U_{C1} die Durchbruchspannung des Diac, so entlädt sich C_1 über die Steuerstrecke des Triac und zündet diesen; C_1 wird teilweise entladen, so daß der zweite Zündeinsatz früher folgt. Die Einengung des Steuerbereiches (Hysterese) wird durch Hinzufügen von R_2, C_2 und R_3 verringert.

4 Werkstofftechnik

4.1 Werkstoffeigenschaften

4.1.1 Werkstoffe und Anforderungsprofil

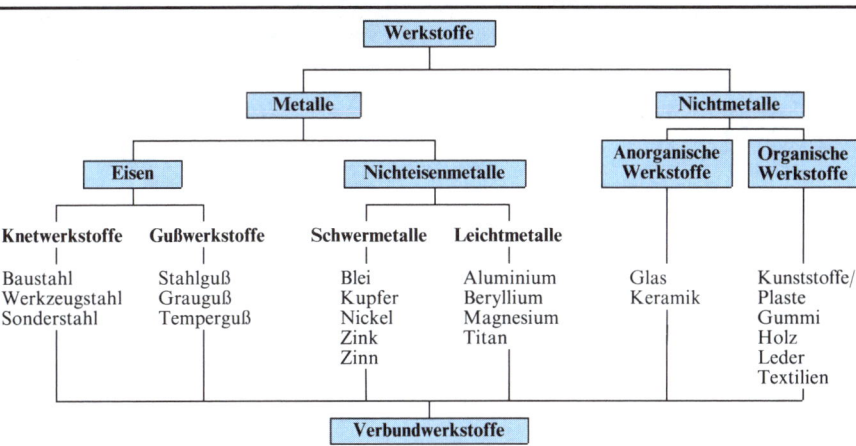

Das Anforderungsprofil des Werkstücks bedingt die physikalischen und chemischen Gebrauchseigenschaften, die zusammen mit den technologischen und Umwelteigenschaften ein wirtschaftliches Optimum ergeben sollten. Werkstoffe für niedrig beanspruchte Werkstücke und Massenteile sind vor allem nach Material- und Verarbeitungskosten, Werkstoffe für hochbeanspruchte Teile nach den geforderten Gebrauchseigenschaften auszuwählen.

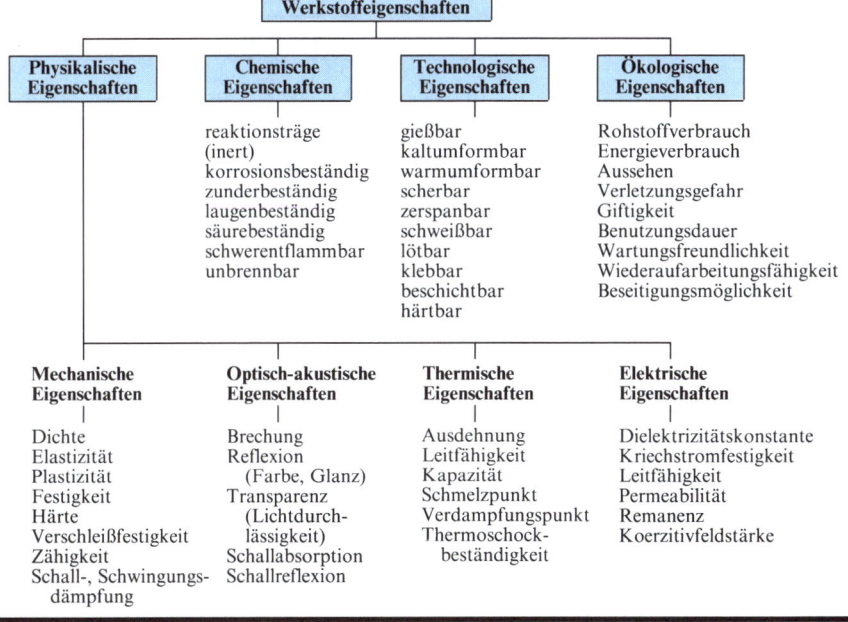

4.1 Werkstoffeigenschaften

Werkstoffauswahl und Leichtbau

Bauteil Anforderung	Durchschnittliche Gewichtsersparnis	%	Werkstoff	Durchschnittliche Gewichtsersparnis	%	Werkstoff
Gleiches Volumen		0	GG-…		0	St…
		65	G-Al…		0	St… (hochfest)
		75	G-Mg…		65	Al…
					80	GFK_1 (200 N/mm^2)
					80	GFK_2 (700 N/mm^2)
Gleiche Zugfestigkeit		0	GG-…		0	St…
		55	G-Al…		65	St… (hochfest)
		65	G-Mg…		70	Al…
					55	GFK_1 (200 N/mm^2)
					85	GFK_2 (700 N/mm^2)
Gleiche Steifigkeit (E-Modul)		0	GG-…		0	St…
		10	G-Al…		0	St… (hochfest)
		10	G-Mg…		50	Al…
					40	GFK_1 (200 N/mm^2)
					50	GFK_2 (700 N/mm^2)

Bei der Gestaltung eines Bauteils müssen die dem Volumen proportionalen Werkstoffeigenschaften voll ausgenutzt werden (z.B. Druckfestigkeit von GG, Zugfestigkeit von GFK, Formfestigkeit von hochfestem Stahl). Dadurch wird die Masse und der Energieaufwand für Herstellung, Verwendung und Beseitigung gering gehalten. Eine Gewichtsersparnis muß den höheren Preis des leichteren Werkstoffs mindestens ausgleichen. Dies kann zum Teil durch günstigere Fertigungsverfahren oder geringere Betriebskosten geschehen (z.B. komplizierte Aluminiumgußteile, korrosionsbeständige Kunststoffteile).

Werkstoffnutzung und Energiebedarf

Fertigungsverfahren	Werkstoffnutzung Durchschnitt	%	Energiebedarf je kg Fertigteil	MJ
Gießen		90		35
Sintern		95		30
Gesenkschmieden		75		40
Zerspanen		45		75

Übersicht Werkstoffpreise

Werkstoff	Preis in DM/kg	Preis in DM/dm^3	Werkstoff	Preis in DM/kg	Preis in DM/dm^3
St (niedr. Fest.)	1	8	Glasfaser (S)	3–5	8–13
St (hochfest)	5	40	Aramid	50	50
Werkzeugstahl	5	40	Kohlenstoffasern	80–500	144–900
Nichtrost. Stahl	4	32	Bor-, Sicarbidfasern	700	1750
Sinterstahl	16–28	106–196			
Aluminium (hochf.)	19–40	51–108	GF-PP	4	4
Keramik (Rohstoff)	9	36	GF-PA6	8	10
			UP Prepegs	5	9
PE-HD	3	3	UP Matte/Roving	6–15	9–22
PP	2	2			
PA 6	7	7			

4.1 Werkstoffeigenschaften

4.1.2 Aufbau der Werkstoffe

Alle Elemente streben einen stabilen Atombau mit geringster freier Energie an (Edelgaskonfiguration, 8 Elektronen auf der Außenschale). Je nach Stellung im Periodensystem der Elemente (s. S. 2-28f) geschieht die erforderliche Ladungsumverteilung als Primärbindung durch Ionen-, Atom- oder Metallbindung bzw. Mischformen. Übrigbleibende Restbindungsfähigkeiten (Sekundärbindungen) als zwischenmolekulare (van-der-Waalsche) Bindungen sind um mehrere Größenordnungen kleiner. Sie entstehen durch ungleiche Ladungsverteilung (elektrische bzw. magnetische Dipole).

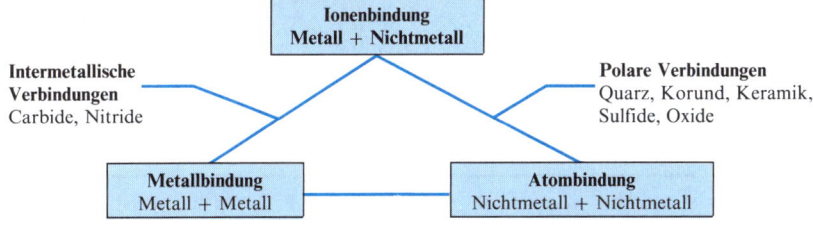

Feinstruktur	Erklärung	Eigenschaften
Ionenbindung	Das Metall mit wenigen Außenelektronen gibt diese ab und wird elektrisch positiv (Kation). Der nichtmetallische Bindungspartner nimmt diese Elektronen auf und wird elektrisch negativ (Anion). Bei regelmäßiger Anordnung zu einem Kristallgitter sind die anziehenden und abstoßenden Kräfte im Gleichgewicht. Die Wärmebewegung bewirkt eine Schwingung um diese Ruhelage.	Große Bindungskräfte mit hoher Festigkeit und Härte. Keine plastische Umformung möglich, da bei Verschiebung der Atome um einen Gitterabstand abstoßende Kräfte überwiegen (spaltbar). Hohe Schmelz- und Siedepunkte, Transparenz, elektrische Leiter 2. Klasse (Elektrolyte). Hydroxide, Oxide, Salze.
Atombindung	Den beiden nichtmetallischen Bindungspartnern fehlen jeweils nur wenige Elektronen auf der Außenschale. Der Ausgleich geschieht durch Überlagerung der Ladungswolken (gemeinsame Elektronen). Bei vier Valenzelektronen (C, Si, Ge) können sich tetraedrische Gitter bilden.	Sehr große Bindungskräfte, keine plastische Umformbarkeit, niedrige Schmelz- und Siedepunkte, geringe Dichte, elektrische Nichtleiter, schlechte Wärmeleiter, Transparenz, geringe Korrosion (Primärbindungen bei Kunststoffen). Bei Gitterbildung hohe Härte, Wärmebeständigkeit (Diamant).
Metallbindung	Die Metallatome geben die wenigen Außenelektronen ab und werden zu positiven Atomrümpfen mit Zusammenhalt durch das frei bewegliche Elektronengas. Im Kristallgitter schwingen die Atomrümpfe durch die Wärmebewegung um ihre Ruhelage. Das Kristallsystem ist von der Größe der Atome und den Bindungskräften abhängig. Da diese sich mit der Wärmebewegung ändern, wechseln einzelne Stoffe temperaturabhängig das Kristallsystem (Polymorphie).	Bei mittleren bis großen Bindungskräften ist eine plastische Umformung durch Verschiebung um Gittereinheiten möglich. Hohe Siedepunkte, elektrische Leiter 1. Klasse, gute Wärmeleitung, Undurchsichtigkeit, Glanz, korrosionsempfindlich, Beeinflussung der Feinstruktur möglich durch Legieren oder bei Polymorphie durch Wärmebehandlung.

4.2.1 Gefüge der Metalle

Idealkristalle	kubisch-flächenzentriert	kubisch-raumzentriert	hexagonal
Die plastische Umformung findet auf den dichtest gepackten Ebenen der Kristalle statt. Die Umformbarkeit als Zahl der Gleitmöglichkeiten ist das Produkt aus Gleitebenen und -richtungen.			
Gleitmöglichkeiten	$4 \times 3 = 12$	$4 \times 2 = 8$	$1 \times 3 = 3$
Metalle	Ag, Al, Au, Cu, Ni, Pb, Pt, γ-Fe, α-Co	Cr, Mo, Nb, Ta, V, W, α-Fe, β-Ti	Be, Cd, β-Co, Mg, Zn, α-Ti

Realkristalle, Gitterfehler	Erklärung	Eigenschaften
punktförmig	Leerstellen im Gitter entstehen durch Kristallisation, Abschrecken, Umformen oder Bestrahlung (z.B. Neutronen). Mischkristalle sind eine feste Lösung von Fremdatomen im Gitter. Bei ähnlichem Atom- und Gitterbau liegen sie als Substitutions- (Ersatz-), bei kleineren Atomabmessungen als Einlagerungsmischkristall vor. Bei großen Unterschieden der Fremdatome werden Kristallgemische gebildet (zwei oder mehr Phasen).	Leerstellen fördern die Diffusion (Wandern von Atomen im Gitter) und bei der plastischen Umformung die Translation (Gleitung) von Atomschichten. Es verringert sich die Festigkeit bei Zunahme der Zähigkeit. Fremdatome verspannen das Gitter und blockieren die Gleitebenen. Sie steigern daher die Festigkeit unter Abnahme der Zähigkeit des Werkstoffs.
linienförmig	Durch die bei einer Versetzung fehlenden Atome entstehen zwischen 1 und 3 Druck-, zwischen 4 und 5 Zugspannungen. Die Bindungskräfte 1–5 und 3–4 sind daher labiler. Schon bei geringer äußerer Kraft erfolgt die Wanderung der Versetzung entlang der Gleitebene zur neuen Bindung 2–5.	Versetzungen sind mit einer Gesamtlänge von $10^6 \cdots 10^{12}$ cm/cm^3 im Kristall enthalten und ermöglichen die plastische Umformung der Metalle bei geringen Kräften und tiefen Temperaturen.
flächenförmig	Flächenförmige Gitterfehler sind Korn-, Phasen- und Zwillingsgrenzen. Die Kristallisation beginnt gleichzeitig an vielen Keimen (z.B. Fremdatomen) mit unterschiedlichen Gitterrichtungen. Das metallische Gefüge besteht aus vielen Kristalliten oder Körnern. Der Werkstoff verhält sich daher quasiisotrop (richtungsunabhängig) trotz Isotropie der Einzelkristalle. Zwillingskristalle bilden sich beim Umformen durch Umklappen des Gitters.	Korngrenzenfehler verringern die Festigkeit, behindern aber bei der Umformung die Gleitung, bewirken die Kaltverfestigung. Feines Korn (Durchmesser um 0,015 mm): große Festigkeit, Härte, Kerbschlagarbeit, Quasiisotropie. Grobes Korn (Durchmesser um 0,25 mm): günstigere Zerspanung, Trafoblech durch Anisotropie.

4.2.2 Zustandsschaubild Eisen-Kohlenstoff

Die Gleichgewichtszustände für die Legierungen Eisen-Kohlenstoff bei unendlich langsamer Abkühlung (bzw. Erwärmung) werden im Zustandsschaubild dargestellt. Zur Wärmebehandlung s. auch S. 7-61ff.

——— Metastabiles System Fe-Fe₃C   – – – – Stabiles System Fe-C

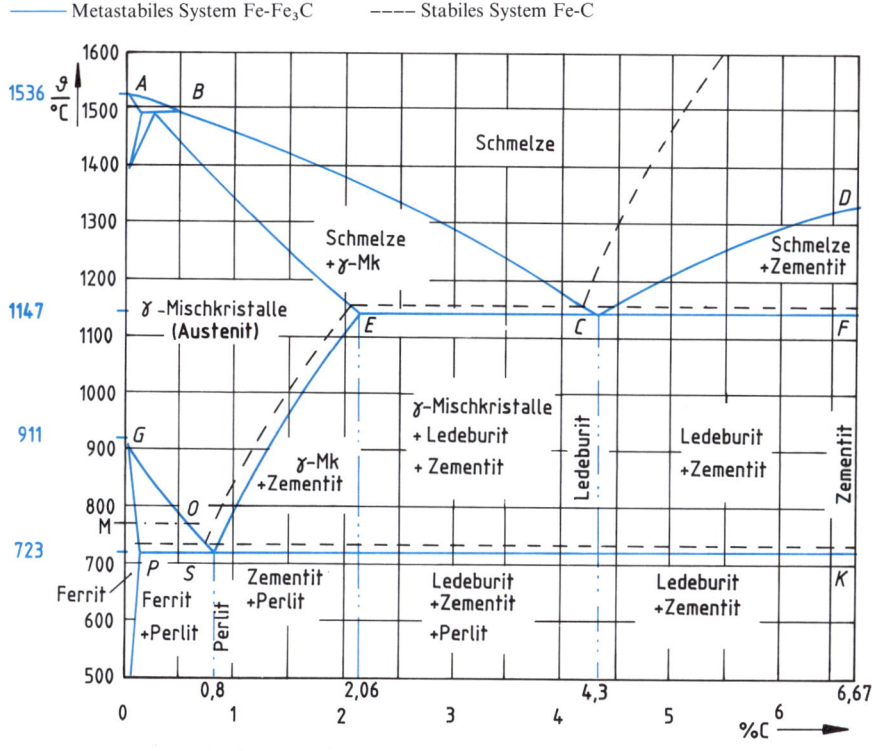

Gefüge	Merkmale
α-Mischkristall (Ferrit)	Gitter kubisch-raumzentriert, weicher Gefügebestandteil (105 HV), sehr geringe Löslichkeit für Kohlenstoff (max. 0,02% C bei 723 °C), magnetisierbar nur unter der Linie MO (768 °C).
γ-Mischkristall (Austenit)	Gitter kubisch-flächenzentriert, gute Löslichkeit für Kohlenstoff (max. 2,06% C bei 1147 °C), untereutektoider Stahl (C<0,8%) scheidet entlang der Linie GOS Ferrit, übereutektoider Stahl (0,8···2,06% C) entlang SE Zementit aus, bis 0,8% Kohlenstoff bei 723 °C vorliegt.
Zementit (Fe₃C)	Eisencarbid mit kompliziertem rhomboedrischem Gitter, sehr hart (1100 HV).
Ledeburit	Eutektikum des metastabilen Systems, bei 1147 °C aus γ-Mischkristallen und Zementit bestehend, gute Gießbarkeit (niedrige Temperatur, dünnflüssig).
Perlit	Eutektoid durch Zerfall der γ-Mischkristalle bei 723 °C, Diffusion des Kohlenstoffs, Lamellen mit Fe₃C und Ferrit, Gitterumwandlung (kfz in krz).
Graphit	Gitter hexagonal, Graphit bzw. Graphiteutektikum im stabilen System statt Zementit bzw. Ledeburit.

4.2 Metalle

4.2.3 Normbezeichnung und Einteilung der Eisenwerkstoffe

Werkstoffnummern nach DIN 17007 T1, T2, T3 (4.59; 9.61; 1.71) (s. auch S. 4-18)

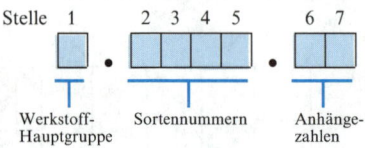

Stelle 1 2 3 4 5 6 7

Werkstoff-Hauptgruppe — Sortennummern — Anhänge-zahlen

Das Nummernsystem für Werkstoffe aller Art ist besonders für die Datenverarbeitung geeignet. Die Punkte zwischen den Stellen sind wichtiger Bestandteil der Werkstoffnummer. Die Stellen 4 und 5 sind Zählnummern, ohne mögliche Rückschlüsse auf die Zusammensetzung.

4

Stelle 1	Werkstoff-Hauptgruppen	Stelle 2, 3 Sortennummer	Werkstoff-Hauptgruppe 0 Sortenklasse
0	Roheisen, Ferrolegierungen	00···19	Roheisen
1	Stahl	20···49	Sonderroheisen, Vorleg.
2	Nichteisen-Schwermetalle	60···69	Gußeisen, Lamellengraphit
3	Leichtmetalle	70···99	Gußeisen, Kugelgraphit
4···8	Nichtmetallische Werkstoffe	80···89	Temperguß
9	Frei für interne Benutzung	90···99	Sondergußeisen

Stelle 2, 3 Sortennummer	Werkstoff-Hauptgruppe 1 Sortenklasse	Stelle 2, 3 Sortennummer	Werkstoff-Hauptgruppe 1 Sortenklasse
	Massen- und Qualitätsstahl		**Legierter Edelstahl**
00	Handels- und Grundgüte	20···28	Werkzeugstahl
01···02	Allgemeiner Baustahl	32···33	Schnellarbeitsstahl
03···07	Qualitätsstahl, unlegiert	34	verschleißfester Stahl
08···09	Qualitätsstahl, legiert	35	Wälzlagerstahl
90···99	Sondersorten	36···39	Eisenwerkstoff mit besonderer physikalischer Eigenschaft
	Unlegierter Edelstahl	40···45	Nichtrostender Stahl
10	Stahl mit besonderer physikalischer Eigenschaft	47···48	Hitzebeständiger Stahl
		49	Hochtemperaturwerkstoffe
11···12	Baustahl	50···84	Baustahl
15···18	Werkzeugstahl (W1, W2, W3, WS)	85	Nitrierstahl
		88	Hartlegierung

Anhängezahlen			
Stelle 6	Erschmelzung	Stelle 7	Behandlung
0	unbestimmt oder ohne Bedeutung	0	keine oder beliebige
1	unberuhigter Thomasstahl	1	normalgeglüht
2	beruhigter Thomasstahl	2	weichgeglüht
3	unberuhigte sonstige Erschmelzung	3	auf gute Zerspanbarkeit wärmebeh.
4	beruhigte sonstige Erschmelzung	4	zähvergütet
5	unberuhigter Siemens-Martin-Stahl	5	vergütet
6	beruhigter Siemens-Martin-Stahl	6	hartvergütet
7	unberuhigter Sauerstoffaufblas-Stahl	7	kaltverformt
8	beruhigter Sauerstoffaufblas-Stahl	8	federhart kaltverformt
9	Elektrostahl	9	nach besonderen Angaben

4.2 Metalle

Kurznamen der Eisenwerkstoffe nach DIN-Normenheft 3 (5.83)

Stahl mit Angabe der Gebrauchseigenschaft

1 Gußzeichen	5 Gütegruppen
2 Erschmelzung	6 Gewährleistung
3 Bes. Eigenschaften aus Erschmelzung	7 Behandlung
4 Gebrauchseigenschaften	8 Bes. Eigenschaften aus Behandlung

Stahl mit Angabe der Zusammensetzung

1 Gußzeichen	4 Gütegruppe Werkzeugstahl
2 Kennzeichen für hochleg. Stahl	5 Behandlung
3 chemische Zusammensetzung	6 Bes. Eigenschaften aus Behandlung

Herstellung		Besondere Eigenschaften	
G-…	Gußwerkstoff	A	alterungsbeständig
GG-…	Gußeisen mit Lamellengraphit	K	walzprofilierbar
GGG-…	Gußeisen mit Kugelgraphit	L	laugenrißbeständig
GH-…	Hartguß	P	gesenkschmiedbar
GS-…	Stahlguß	Q, q	kaltumformbar
GTS-…	Temperguß schwarz	R	beruhigt, halbberuhigt
GTW-…	Temperguß weiß	RR	besonders beruhigt
…K	Kokillenguß (angehängt)	Ro	für Rohrherstellung
…Z	Schleuderguß (angehängt)	T, TT	kaltzäh
E…	Elektrostahl	U	unberuhigt
M…	Siemens-Martin-Stahl	W	warmfest
Y…	Sauerstoffblas-Stahl	WT	wetterfest
		Z	blankziehbar

Gebrauchseigenschaften		Zusammensetzung	
St…	Allgem. Baustahl, Zahl multipl. mit 9,81 ergibt Mindestzugfestigkeit in N/mm^2	C…	Unlegierter Stahl mit Kohlenstoffkennzahl (immer in 1/100%)
…-2, -3	Gütegruppen (angehängt)	D…	Unlegierter Stahl für Walzdraht mit Kohlenstoffkennzahl
StE…	Baustahl mit Mindeststreckgrenze, neue Werkstoffe in N/mm^2 (alte Werkstoffe mit 10. Teil von N/mm^2)	Kohlenstoffkennzahl u. Legierungselemente	Niedrig legierter Stahl mit Kohlenstoffkennzahl ohne Symbol C, Legierungselemente nach fallendem Gewichtsanteil und deren Kennzahlen (Produkt aus Prozentgehalt und Multiplikator)
ESt…	Feinkornbaustahl mit Mindestwert für Kerbschlagarbeit (bis -50 °C)		
BSt../..	Betonstahl mit 10. Teil von Streckgrenze/Zugfestigkeit in N/mm^2	X…	Hochlegierter Stahl (Gehalt an einem Legierungselement über 5%) mit Kohlenstoffkennzahl und Prozentangaben der Legierungselemente (Multiplikator 1)
St0…30	Blech, Band aus unlegiertem Stahl mit Sortenbezeichnung		
HI…IV	Druckbehälterblech aus unlegiertem Stahl mit Festigkeitsstufen	S…	Schnellarbeitsstahl, Reihenfolge der Prozentgehalte ohne Symbole für W, Mo, V, Co
T…	Feinst-, Weißblech		
…E	Elektrolytisch verzinnt		
…H	Feuerverzinnt		

Multiplikator 4		Multiplikator 10				Multiplikator 100		Multiplikator 1000	
Cr	Chrom	Al	Aluminium	Nb	Niob	Ce	Cer	B	Bor
Co	Cobalt	Be	Beryllium	Ta	Tantal	P	Phosphor		
Mn	Mangan	Pb	Blei	Ti	Titan	S	Schwefel		
Ni	Nickel	Cu	Kupfer	V	Vanadium	N	Stickstoff		
Si	Silicium	Mo	Molybdän	Zr	Zirconium				
W	Wolfram								

4.2 Metalle

Kenn-ziffer	Gewährleistung	Besonderheiten	
1, 4, 6, 7	Streckgrenze	f	Flamm-, Induktionshärtung
2, 4, 5, 7	Falt-, Stauchversuch	k	kleiner P- und S-Gehalt
3, 5, 6, 7	Kerbschlagarbeit	m	Größt- und Kleinstwert S-Gehalt
8	Warm-, Dauerfestigkeit	W	Werkzeugstahl
9	El., magnet. Eigenschaften	W1 (2, 3)	Werkzeugstahl 1. (2., 3.) Güte
		WS	Werkzeugstahl Sonderzwecke

Behandlung			
B	beste Bearbeitbarkeit	TM	thermomechanisch
BF	bestimmte Festigkeit	U	unbehandelt
C	Scherbarkeit	V	vergütet
G	weichgeglüht	m	matt
GKZ	geglüht auf kugelige Carbide	N	normalgeglüht
g	glatt	r	rauh
K	kaltgezogen	S	spannungsarm geglüht

Einteilung der Stahlsorten nach EURONORM 20–74 (9.74)

Wärme-behandlung	Unlegierte Stähle		
	Grundstähle	Qualitätsstähle	Edelstähle
nein	Mindestzugfestigkeit $R_m \leq 690$ N/mm^2, Mindeststreckgrenze $R_e \leq 360$ N/mm^2, Mindestbruchdehnung $A \leq 26\%$, Höchstzulässige Härte ≤ 60 HRB, Höchstzulässiger C-Gehalt $\leq 0,10\%$	Baustähle: Abkanten, Kaltprofilieren, Schweißbarkeit, Sprödbruch-, Alterungsunempfindlichkeit Stabstähle und Walzdrähte: Ziehen, Feinziehen, Kaltstauchen, Kaltfließpressen, Gesenkschmieden Bleche und Bänder: Tiefziehen, magnetische Eigenschaften	Walzdraht zum Patentieren, Reifenkorddraht, Draht für Schweißzusatzwerkstoffe
ja		Automatenstähle, Stähle zur Vergütung und Oberflächenhärtung	Stähle zur Vergütung und Oberflächenhärtung mit Anforderungen an: Kerbschlagarbeit, Einhärtungs-, Aufkohlungstiefe, Oberflächenbeschaffenheit

	Legierte Stähle	
	Qualitätsstähle	Edelstähle
nein	Schweißbare Feinkornbaustähle mit einer Mindeststreckgrenze $R_e \leq 420$ N/mm^2, Silicium-Mangan-Stähle für Federn und Verschleißteile, Schienenstähle, Automatenstähle, gegen atmosphärische Korrosion beständige Stähle	Feinkornbaustähle mit einer Mindeststreckgrenze $R_e \geq 420$ N/mm^2
ja		Alle Edelstähle

4

4.2 Metalle

Kurznamen der Stahlsorten nach EURONORM 27–74 (9.74)

Mechanische Eigenschaften		Verwendungszweck	
Fe...	Mindestzugfestigkeit in N/mm², stranggegossener, gewalzter, geschmiedeter oder gezogener Stahl	FeB	Verwendung in Stahlbeton
		FeD	Eignung zum Kaltumformen
		FeH	Eignung zum Kaltwalzen
FeG...	Mindestzugfestigkeit in N/mm², Stahlformguß	FeM	besondere magnetische Eigenschaften für kornorientiertes Blech und Band
FeE...	Mindeststreckgrenze in N/mm²	FeP	Eignung zum Tiefziehen
...-1 ⎫		FeR	Eignung zum Herstellen geschweißter Rohre oder zum Kaltprofilieren
...-2 ⎬	Ansteigender Gewährleistungsumfang		
...-3 ⎭		FeV	besondere magnetische Eigenschaften für nicht kornorientiertes Blech und Band
...	(angehängt) chemische Elemente zur Erzielung bestimmter Eigenschaften		

Zusammensetzung (Multiplikatoren wie im DIN-Normenheft 3)

C	unlegierter Stahl	X...	hochlegierter Stahl (Gehalt von mindestens einem Element > 5%)
GC	unlegierter Stahlformguß		
G	legierter Stahlformguß	1...(2, 3)	Gütegrad von unlegiertem Stahl
CB	Stahl für Schrauben	A...	Gütegrad von legiertem Stahl
CD	Stahl für Draht	(B, C, D)	

Besondere Gütegrade (Buchstaben angehängt)

F	Desoxidationsart	KP	Kaltprofilierung	R	Oberflächenausführung
FU	unberuhigt	KQ	Bördeln	RM	matt
FN	nicht unberuhigt	KR	geschweißte Rohre	RR	rauh
FF	besonders beruhigt	KT	niedrige Temperaturen	RL	glatt
		KU	Werkzeugherstellung	RN	glänzend
G	Oberflächenüberzüge und -behandlung (z.B. verzinkt)	KW	hohe Temperaturen		
		KZ	Ziehen	S	Eignung zum Schweißen
H	Verformungsart	M	Oberflächenart	T	Wärmebehandlungszustand
HC	warmgewalzt, kastengeglüht	MA	kleine Fehler	TA	spannungsarmgeglüht
HK	kaltverformt	MB	praktisch fehlerfrei	TB	weichgeglüht
HW	warmverformt	MG	gebeizt	TC	geglüht
		MF	festhaftende Oxidschicht	TD	normalgeglüht
K	Besondere Eigenschaften, Verwendungszweck			TE	normalgeglüht, entspannt
		N	Oberflächenform	TF	vergütet
KD	Kaltverformung		(z.B. gerieft, gerippt)	TG	austenitisiert

Beispiele für Bezeichnungen vergleichbarer Werkstoffe

Kurzname (DIN)	Werkstoff-nummer	EURONORM	Erläuterung
USt 37-2	1.0036	Fe 360-BFU	Baustahl, unberuhigt, 2. Gütegruppe
Ck 60	1.1221	2 C 60	Vergütungsstahl, 0,60% C, kleiner P- u. S-Gehalt
25 CrMo 4	1.7218	A 25 CrMo 4	Vergütungsstahl, 0,25% C, 1% Cr, geringe Mengen Mo
10 S 20	1.0721	10 S 20	Automatenstahl, 0,10% C, 0,2% S
50 CrV 4	1.8159	50 CrV 4	Federstahl, niedrig legiert, 0,5% C, 1% Cr, geringe Mengen V
X 30 WCrV 5 3	1.2567	X 20 WCrV 5 3	Werkzeugstahl, hochlegiert, 0,30% C, 5% W, 3% Cr, geringe Mengen V

4

4.2 Metalle

4.2.4 Eisenwerkstoffe

Allgemeine Baustähle nach DIN 17 100 (1.80)

Werkstoff-Kurzname	Werkstoff-Nummer	Zugfestigkeit R_m in N/mm²	Streckgrenze R_{eH}	Bruchdehnung A_5 in %	Faltversuch Dorn-$\varnothing$	C %	Verwendung
St 33	1.0035	290	185	18	$3\,a$	–	untergeordnete Zwecke, Bauschlosserei: Gitter
USt 37-2 St 37-2 RSt 37-2 St 37-3	1.0036 1.0037 1.0038 1.0116	340⋯470	235	26	$1\,a$	0,17	niedrige Beanspruchung, Stahl-, Maschinenbau: Schmiedeteile, Niet-, Schweißkonstruktionen, Bolzen, Hebel
St 44-2 St 44-3	1.0044 1.0144	410⋯540	275	22	$2,5\,a$	0,21 0,20	mittlere Beanspruchung, Maschinenteile, Stahlhoch-, Kranbau, Achsen, Wellen
St 50-2 St 52-3 St 60-2 St 70-2	1.0050 1.0570 1.0060 1.0070	470⋯610 490⋯630 570⋯710 670⋯830	295 355 335 365	20 22 16 11	– 2,5 a – –	0,30 0,20 0,40 0,50	hohe Beanspruchung, kleine Teile, Paßfedern, Stifte, große Teile, härtbar, vergütbar

Die Festigkeitswerte gelten für die folgenden Dicken: Zugfestigkeit 3 bis 100 mm, Streckgrenze unter 16 mm, Bruchdehnung 3 bis 40 mm, Faltprobe bei $a=3$ bis 63 mm Probendicke und 180°, Kohlenstoffgehalt unter 16 mm.

Blech und Band, warmfest nach DIN 17 155 (10.83)

Werkstoff-Kurzname	Nummer	Zugfestigkeit R_m in N/mm²	0,2%-Dehngrenze in N/mm² bei Temperatur von					Verwendung
			20 °C	200 °C	300 °C	400 °C	500 °C	
UH I	1.0348	280⋯400	195	135	95	70	–	Eignung für alle Schweißverfahren
H I	1.0345	360⋯480	235	185	140	110	–	
H II	1.0425	410⋯530	265	205	155	130	–	
17 Mn 4	1.0481	460⋯580	290	245	205	155	–	Dampfkessel
19 Mn 6	1.0473	510⋯650	355	225	225	175	–	Druckbehälter
15 Mo 3	1.5415	440⋯590	275	240	195	175	165	Druckrohrleitungen
13 CrMo 4 4	1.7335	440⋯590	300	255	230	205	190	
10 CrMo 9 10	1.7380	480⋯630	310	245	230	205	185	

Runder Federstahldraht, patentiert gezogen nach DIN 17 223 T 1 (12.84)

Kurzzeichen	Zugfestigkeit R_m in N/mm² (Mittelwerte) für Durchmesser d in mm							Beanspruchung
	0,5	1,0	1,6	2,5	4,0	6,3	10,0	statisch – dynamisch
A	–	1845	1705	1570	1420	1285	1145	gering selten
B	2335	2100	1940	1790	1630	1475	1320	mittel gering
C	–	–	–	2005	1835	1660	1490	hoch gering
D	2610	2350	2175	2005	1835	1660	1490	hoch mittel

Verwendung für Zug-, Druck-, Dreh-, Formfedern.

4.2 Metalle

Werkstoff- Kurzname	Nummer	Zug- festigkeit R_m in N/mm²	Streck- grenze R_e	Bruch- dehnung A_5 in %	Eigenschaften und Verwendung
Feinkornstähle, schweißgeeignet nach DIN 17 102 (10.83)					
St E 255	1.0461	360…480	255	25	Die besonders beruhigten Stähle enthalten
St E 285	1.0486	390…510	285	24	Zusätze, die das Wachsen der Kristallite im
					Austenitbereich behindern und ein feines
St E 315	1.0505	440…560	315	23	Korn bilden. Die Stähle sind daher beson-
St E 355	1.0562	490…630	355	22	ders zäh, alterungs- und sprödbruchun-
					empfindlich und schweißgeeignet.
St E 380	1.8900	500…650	380	20	Weitere Sorten:
St E 420	1.8902	530…680	420	19	W St E … warmfest,
					T St E … kaltzäh, TT St E … bes. kaltzäh
St E 460	1.8905	560…730	460	17	Schweißkonstruktionen:
St E 500	1.8907	610…780	500	16	Fahrzeugbau, Fördertechnik,
					Druckbehälter

Stahlsorte Reihe	Kerbschlagarbeit in J bei Temperaturen						Prüfbedingungen
	−60 °C	−40 °C	−20 °C	0 °C	10 °C	20 °C	
St E …	–	–	39	47	51	55	ISO-Spritzkerbprobe und Erzeugnisdicken
TSt E …	–	31	47	55	59	63	von 10 bis 150 mm
TTSt E …	25	40	65	90	95	100	vgl. Werkstoffprüfung S. 4-53

Stahlrohre nach DIN 17 120 (6.84)					
USt 37-2	1.0036	340…370	235	26	Eignung zum Gasschmelz-, Lichtbogen-,
RSt 37-2	1.0038	340…370	235	26	Abbrennstumpf- und Preßschweißen
St 37-3	1.0116	340…370	235	26	Allgemeiner Maschinenbau, Stahlbau
St 44-2	1.0044	410…540	275	22	
St 44-3	1.0144	410…540	275	22	
St 52-3	1.0570	490…630	355	22	

Stahlrohre nach DIN 1628 und DIN 1629 (10.84)					
St 37.0	1.0254	350…480	235	25	Kreisförmige Rohre für besondere
St 44.0	1.0256	420…550	275	21	Anforderungen im Apparate-, Behälter-,
St 52.0	1.0421	500…650	355	21	Leitungs- und Gerätebau

Betriebstemperaturen für alle Rohre bis 300 °C, nahtlose Rohre (DIN 1629) mit Betriebsdruck bis 64 bar für Außendurchmesser bis 220 mm, geschweißte Rohre (DIN 1628) ohne Druckbegrenzung

Kaltgewalztes Band nach DIN 1624 (6.87)					
St 2	1.0330	390…540	310	4	Das Band ist geeignet für Umformung,
U St 3	1.0333	390…490	330	5	Oberflächenveredelung und Einsatz-
					härtung. Die Festigkeitswerte gelten für
RR St 3	1.0347	390…490	330	5	den kalt nachgewalzten Zustand K 40 bei
St 4	1.0338	390…490	350	6	Dicken unter 3 mm.

Oberflächenarten: Bk blank, metallisch rein; Rp ohne Riefen und Poren; G hell glänzend

4

4.2 Metalle

Kaltgewalztes Band und Blech nach DIN 1623 T1 (2.83)

Werkstoff- Kurzname	Nummer	Zug-festigkeit R_m in N/mm²	Bruch-dehnung A in %	Tiefung in mm bei Dicke 0,5	1	1,5	2	Verwendung
St 12	1.0330	270···410	28	8,8	9,8	10,5	11,5	Ziehgüte
USt 13	1.0333	270···370	32	9,5	10,5	11,2	11,8	Tiefziehgüte
St 14	1.0338	270···350	36	9,8	10,8	11,5	12,1	Sondertiefziehgüte

Kenn-zeichen	Oberflächenart	Kenn-zeichen	Oberflächenausführung
02	nicht entzundert, Anlauffarben	b	besonders glatt $R_a \leq 0,4$ µm
03	zunderfrei, kleine Narben, Poren	g	glatt $R_a \leq 0,9$ µm
04	verbesserte Oberfläche, geringe Kratzer	m	matt $R_a \leq 1,9$ µm
05	beste Oberfläche für Spritzlackierung	r	rauh $R_a \geq 1,6$ µm

Weißblech und Feinstblech nach DIN 1616 (10.84)

Feinstblech: kaltgewalztes Flacherzeugnis (Dicke 0,15···0,49 mm) aus weichem, unlegiertem Stahl
Weißblech: Feinstblech mit beidseitiger Zinnauflage

Kurzname	T 50	T 52	T 57	T 61	T 65	T 70
Werkstoff- Feinstblech nummer Weißblech	1.0371 1.0381	1.0372 1.0382	1.0375 1.0385	1.0377 1.0387	1.0378 1.0388	1.0379 1.0389
Härte (HR 30)	···52	48···56	54···61	57···65	61···69	66···73
Kurzname mit Zinnauflage in g/m² je Seite	Elektrolytisch verzinnt (beidseitig gleiche Dicke) E 1,0/1,0 E 2,0/2,0 E 2,8/2,8 E 4,0/4,0 E 5,0/5,0 E 7,5/7,5					
	Elektrolytisch differenzverzinnt D 2,0/1,0 D 2,8/1,0 D 2,8/2,0 D 5,0/2,8 D 5,6/2,8 D 7,5/5,0					

Feuerverzinktes Band und Blech nach DIN 17162 T2 (9.80)

Werkstoff- Kurzname	Nummer	Zug-festigkeit R_m in N/mm²	Bruch-dehnung A in %	Zink-auflage g/m²	Verwendung
St 01 Z	1.0022	–	–	≤ 600	Grundgüte: Falzungen bis 0,8 mm Dicke
St 02 Z	1.0226	270···500	–	≤ 350	Maschinenfalzgüte bis 1,5 mm Dicke
St 03 Z	1.0350	270···420	24		Ziehgüte: Ziehen, Profilieren, Prägen
St 04 Z	1.0355	270···380	30	≤ 275	Tiefziehgüte: größere Dicken
St 05 Z	1.0358	270···380	30		Sondertiefziehgüte
Oberflächenausführung	N übliche Zinkblume		M kleine Zinkblume		S nachgewalzt
Oberflächenart	A Pickel, Streifen		B kleine Riefen, Eindrücke		C fast fehlerfrei

4

4.2 Metalle

Werkstoff-Kurzname	Nummer	Zug-festigkeit R_m in N/mm^2	Streck-grenze R_e	Bruch-dehnung A_5 in %	Verwendung (Wärmebehandlung s. S. 7-63)
		**Einsatzstähle nach DIN 17210** (9.86)			
C 10	1.0301	500···650	300	16	niedrige Beanspruchung, kleine Teile:
C 15	1.0401	600···800	350	14	Bolzen, Hebel
Ck 10	1.1121	500···650	300	16	mittlere Beanspruchung, hohe Zähig-
Ck 15	1.1141	600···800	350	14	keit, mittlere Teile:
Cm 15	1.1140	600···800	350	14	Gelenke, Werkzeuge
17 Cr 3	1.7016	750···1050	450	11	höhere Beanspruchung, größere Teile:
16 MnCr 5	1.7131	800···1100	600	10	Prüfmittel, Nockenwellen, Zahnräder,
20 MnCr 5	1.7147	1000···1300	680	8	Wellen, Kolbenbolzen,
20 MoCr 4	1.7321	800···1100	600	10	Kupplungteile
15 CrNi 6	1.5919	900···1200	630	9	sehr hohe Beanspruchung, große
17 CrNiMo 6	1.6587	1050···1350	780	8	Teile: Wellen, Getriebe, Zahnräder

Die Festigkeitswerte gelten für gehärtete Querschnitte von 30 mm Durchmesser.

Nitrierstähle nach DIN 17211 (4.87)

Werkstoff-Kurzname	Nummer	R_m	R_e	A_5	Verwendung
31 CrMo 12	1.8515	1000···1200	800	11	verschleißfeste, hochbeanspruchte
15 CrMoV 5 9	1.8521	900···1100	750	10	Prüfmittel, Ventilspindeln
31 CrMoV 9	1.8519	1000···1200	800	11	warmfeste Verschleißteile bis 100 mm,
34 CrAlMo 5	1.8507	800···1000	600	14	Kolbenbolzen, Zylinder, Armaturen
34 CrAlNi 7	1.8550	850···1050	650	12	verschleißfeste Teile über 100 mm

Die Festigkeitswerte gelten für den vergüteten Zustand.

Automatenstähle nach DIN 1651 (4.88)

Werkstoff-Kurzname	Nummer	R_m	R_e	A_5	Verwendung
9 SMn 28	1.0715	460···710	375	8	Nicht für eine Wärmebehandlung
9 SMnPb 28	1.0718	460···710	375	8	bestimmt:
9 SMn 36	1.0736	490···740	390	8	niedrige Beanspruchung, kleine Teile,
9 SMnPb 36	1.0737	490···740	390	8	Griffe, Füße, Scheiben, Stifte, Bolzen
10 S 20	1.0721	460···710	355	9	Automaten-Einsatzstähle: höhere
10 SPb 20	1.0722	460···710	355	9	Flächenpressung, Bolzen, Stifte
35 S 20	1.0726	540···740	315	8	Automaten-Vergütungsstähle:
45 S 20	1.0727	640···830	375	7	hohe Beanspruchung, Wellen,
60 S 20	1.0728	740···930	430	7	Spindeln, Stifte

Die Festigkeitswerte gelten für den kaltgezogenen und normalgeglühten Zustand bei einer Dicke von 16 bis 40 mm. Die Zugfestigkeit für unbehandeltes Material ist etwas, die für kaltgezogenes wesentlich höher.

4

4.2 Metalle

Vergütungsstähle nach DIN EN 10083 T 1, T 2 (10.91)

Werkstoff- Kurzname	Nummer	Zug- festigkeit R_m in N/mm^2	Dehn- grenze $R_{p\,0,2}$	Bruch- dehnung A_5 in %	Verwendung (Wärmebehandlung s. S. 7-64)
1 C 22	1.0402	500···650	300	22	Normale Beanspruchung, kleine
1 C 35	1.0501	600···750	370	19	Querschnitte, allgemeiner Maschi-
1 C 45	1.0503	650···800	430	16	nenbau: Zahnräder, Wellen, Zapfen,
1 C 55	1.0535	750···900	500	14	Nockenwellen
1 C 60	1.0601	800···950	520	13	
28 Mn 6	1.1170	690···840	490	15	Mittlere Beanspruchung, große
38 Cr 2	1.7003	700···850	450	15	Querschnitte, Motoren- und Fahr-
46 Cr 2	1.7006	800···950	550	14	zeugbau: Keil-, Kurbelwellen,
37 Cr 4	1.7034	850···1000	630	13	Lenkhebel, Achsschenkel, Kipphebel,
25 CrMo 4	1.7218	800···950	600	14	Turbinenteile
50 CrMo 4	1.7228	1000···1200	780	10	Hohe Beanspruchung, sehr große
36 CrNiMo 4	1.6511	1000···1200	800	11	Querschnitte, Schwermaschinenbau:
30 CrNiMo 8	1.6580	1250···1450	1050	9	Generatorwellen, Kurbelwellen,
51 CrV 4	1.8159	1000···1200	800	10	Pleuel, Kugelbolzen

(Werkstoff-Nummern entsprechend DIN 17 200)

Die Qualitätsstähle werden auch als Edelstähle (Ck ...), einige Edelstähle auch mit gewährleisteter Schwefelspanne hergestellt.

Die Festigkeitswerte gelten für den vergüteten Zustand bei Querschnitten von 16 bis 40 mm Durchmesser. Die Werte unter 16 mm liegen ≈ 10% höher, zwischen 40 und 100 mm ≈ 10% niedriger.

Nichtrostende Stähle nach DIN 17440 (7.85)

Werkstoff- Kurzname	Nummer	Zug- festigkeit R_m in N/mm^2	Dehn- grenze $R_{p\,0,2}$	Eigenschaften und Verwendung
X 6 Cr 13	1.4000	450···600	250	Ferritische Stähle:
X 6 Cr 17	1.4016	450···600	270	begrenzt korrosionsbeständig: Bauwesen,
X 6 CrTi 17	1.4510	450···600	270	(innen), Haushaltsgeräte, Ventile, Was-
X 4 CrMoS 18	1.4105	450···650	270	ser-, Dampfturbinen, schlecht schweißbar (interkrist. Korrosion) und zerspanbar
X 20 Cr 13	1.4021	650···800*	450*	Martensitische Stähle:
X 30 Cr 13	1.4028	800···1000*	600*	große Härte, härtbar, schlecht kalt-
X 45 CrMoV 15	1.4116	≤ 900	–	umformbar, gut zerspanbar, schlecht
X 12 CrMoS 17	1.4104	600···840*	450*	schweißbar, Zierleisten, Radkappen
X 5 CrNi 18 10	1.4301	500···700	195	Austenitische Stähle:
X 6 CrNiTi 18 10	1.4541	500···730	200	sehr korrosionsbeständig (außer reduzier.
X 5 CrNiMo 17 12 2	1.4401	510···710	205	Säuren, chlorhaltige Stoffe), weich,
X 6 CrNiMoTi 17 12 2	1.4571	500···730	210	gut umformbar und schweißbar, chemi-
X 6 CrNiMoNb 17 12 2	1.4580	510···740	215	sche Industrie, Medizin, Nahrungsmittel,
X 2 CrNiMo 18 14 3	1.4435	490···690	190	Bauwesen (innen und außen)

Die Festigkeitswerte gelten für Flacherzeugnisse unter 12 mm Dicke und Stabstahl unter 25 mm Durchmesser, Wärmebehandlung geglüht (* = vergütet).

4.2 Metalle

Werkzeugstähle nach DIN 17350 (10.80)

Werkstoff-Kurzname	Nummer	Verwendung (Wärmebehandlung s. S. 7-65)
Unlegierte Kaltarbeitsstähle		
C 45 W C 60 W	1.1730 1.1740	Handwerkzeuge, landw. Werkzeuge, Zangen, Schäfte von HSS- bzw. Hartmetallwerkzeugen, Aufbauteile für Werkzeuge, Warmsägeblätter
C 70 W 2 C 80 W 1	1.1620 1.1525	Handmeißel, Handsägen, Körner, Messer, Drucklufteinsteckwerkzeuge für Straßen- und Bergbau, Gesenke für flache Gravuren
C 85 W 1	1.1830	Mähmaschinenmesser, Holzbearbeitungswerkzeuge: Kreis-, Bandsägen
C 105 W 1	1.1545	Endmaße, Gewindeschneid-, Präge-, Gesteinswerkzeuge
Legierte Kaltarbeitsstähle		
21 MnCr 5	1.2162	einsatzgehärtete Kunststoffbearbeitungswerkzeuge (spanend bearbeitet)
51 CrV 4	1.2241	Schraubwerkzeuge
60 WCrV 7 90 MnCrV 8	1.2550 1.2842	Schnitte für Blech, Stempel zum Lochen, Auswerfer, Schneidwerkzeuge, Tiefziehwerkzeuge, Meßzeuge, Zähne für Kettensägen, Prägewerkzeuge
60 MnSiCr 4	1.2826	Spannzeuge
100 Cr 6 105 WCr 6	1.2067 1.2419	Meßwerkzeuge, Lehren, Dorne, Kaltwalzen, Schnittplatten, Stempel, Ziehdorne, Fäser, Reibahlen, Bohrer, Gewindeschneidwerkzeuge, Scherenmesser, Holzbearbeitungswerkzeuge
115 CrV 3	1.2210	Senker, Gewindebohrer, Auswerfer, Stemmeisen, Stempel
145 V33	1.2838	Gesenke mit hohem Verschleißwiderstand, Kaltschlagwerkzeuge
X 19 NiCrMo 4 X 36 CrMo 17 X 40 CrMnMoS 8 6	1.2764 1.2316 1.2312	Einsatzstahl (lufthärtend) für Kunststofformen Werkzeuge für chemisch aggressive Kunststoffe Werkzeuge für Kunststoffverarbeitung, Formrahmen
X 45 NiCrMo 4	1.2767	höchstbeanspruchte Kaltverformungswerkzeuge, Scherenmesser für größte Dicken, Massivprägewerkzeuge höchster Zähigkeit
X 155 CrV Mo 12 1	1.2379	Maßbeständiger Hochleistungsschnittstahl, Metallsägen, Biege-, hochbeanspruchte Holzbearbeitungs-, Fließpreßwerkzeuge
X 210 CrW 12	1.2436	Räumnadeln, Schnitt-, Tiefzieh-, Preßwerkzeuge, Ziehringe, Scherenmesser bis 3 mm Stahlblech, Gewindewalzwerkzeuge, Sandstrahldüsen
Warmarbeitsstähle		
55 NiCrMoV 6	1.2713	Hammergesenke bis zu mittleren Abmessungen
X 32 CrMoV 3 3 X 38 CrMoV 5 1 X 40 CrMoV 5 1	1.2365 1.2343 1.2344	Gesenke und Gesenkeinsätze, Druckgußformen für Leichtmetalle und Kupferlegierungen, hochbeanspruchte Strangpreßwerkzeuge für Leichtmetalle und Kupferlegierungen, Werkzeuge für Schmiedemaschinen
Schnellarbeitsstähle (vgl. S. 7-24)		
S 6-5-2 S 6-5-2-5	1.3343 1.3243	Kreissägen, Räumwerkzeuge, Bohrer, Reibahlen, Fräser, Senker, Gewindebohrer, Hobel-, Schneid-, Umformwerkzeuge
S 10-4-3-10 S 12-1-4-5 S 18-1-2-5	1.3207 1.3202 1.3255	Drehmeißel, Formstähle Drehmeißel, Formstähle Fräser, Dreh-, Hobelmeißel

4

4.2 Metalle

Gußeisen mit Lamellengraphit nach DIN 1691 (5.85)

Werkstoff-Kurzname	Nummer	Zug-festigkeit R_m in N/mm²	Härte HB	Eigenschaften	Verwendung
GG-10	0.6010	min. 100	–	gut gießbar, korrosionsbeständig, kerbunempfindlich, dämpfungsfähig, verschleißfest, gut bearbeitbar, gute Laufeigenschaft	Gehäuse, Werkzeugmaschinen, Zylinderdeckel
GG-15	0.6015	150···250	225		
GG-20	0.6020	200···300	235		Zylinder, Kurbelgehäuse
GG-25	0.6025	250···350	265		
GG-30	0.6030	300···400	285		Pressenständer
GG-35	0.6035	350···450	285		

Gußeisen mit Kugelgraphit nach DIN 1693 T 1 (10.73)

Werkstoff-Kurzname	Nummer	Zug-festigkeit R_m in N/mm²	Dehn-grenze $R_{p0,2}$	Bruch-dehnung A_5 in %	Eigenschaften	Verwendung
GGG-35.3	0.7033	350	220	22	vorwiegend ferritisch, gut bearbeitbar, wenig verschleißfest, geringe Härtbarkeit	gewährleistete Kerbschlagarbeit bei tiefen Temperaturen für stoßbeanspruchte Teile: tragende Maschinengehäuse, Kurbel-, Nockenwellen, Zahnräder
GGG-40.3	0.7043	400	250	18		
GGG-40	0.7040	400	250	15		
GGG-50	0.7050	500	320	7	ferritisch/perlitisch, gut bearbeitbar, verschleißfest	
GGG-60	0.7060	600	380	3		
GGG-70	0.7070	700	440	2	vorwiegend perlitisch, sehr verschleißfest, sehr gut härtbar	
GGG-80	0.7080	800	500	2		

Stahlguß für allgemeine Verwendung nach DIN 1681 (6.85)

GS-38	1.0420	380	200	25	hochbeanspruchte Gußteile, zäh und schweißbar: Hydraulikzylinder, Kettenräder, -sterne, Laufrollen, Radnaben, ungeeignet bei dünnwandigen, komplizierten Teilen
GS-45	1.0446	450	230	22	
GS-52	1.0552	520	260	18	
GS-60	1.0558	600	300	15	

Warmfester Stahlguß nach DIN 17245 (12.87)

Werkstoff-Kurzname	Nummer	Zug-festigkeit R_m in N/mm²	Dehngrenze $R_{p0,2}$ in N/mm² bei einer Temperatur von					Verwendung
			20 °C	200 °C	300 °C	400 °C	500 °C	
GS-C 25	1.0619	440···590	245	175	145	130	–	Gehäuse für Dampfturbinen, Pumpen, Heißdampfarmaturen
GS-22 Mo 4	1.5419	440···590	245	190	155	150	135	
GS-17 CrMo 5 5	1.7357	490···640	315	255	230	205	180	
GS-18 CrMo 9 10	1.7379	590···740	400	355	345	315	280	
GS-17 CrMoV 5 11	1.7706	590···780	440	385	365	335	300	
G-X 8 CrNi 12	1.4107	540···690	355	275	265	255	–	
G-X 22 CrMoV 12 1	1.4931	740···880	540	450	430	390	340	

4.2 Metalle

Nichtrostender Stahlguß nach DIN 17445 (11.84)

Werkstoff-Kurzname	Nummer	Zug-festigkeit R_m in N/mm²	Dehn-grenze $R_{p\,0,2}$	Eigenschaften und Verwendung
G-X 8 CrNi 13	1.4008	590 ··· 790	400	Gefüge ferritisch (martensitisch)
G-X 20 Cr 14	1.4027	590 ··· 790	450	und vergütet:
G-X 22 CrNi 17	1.4059	780 ··· 980	600	schweißbar, korrosionsbeständig,
G-X 5 CrNi 13 4	1.4313	900 ··· 1100	830	Nahrungsmittelindustrie
G-X 6 CrNi 18 9	1.4308	440 ··· 640	175	Gefüge austenitisch, abgeschreckt:
G-X 5 CrNiNb 18 9	1.4552	440 ··· 640	175	schweißbar, sehr korrosionsbeständig,
G-X 6 CrNiMo 18 10	1.4408	440 ··· 640	185	säurefest:
G-X 5 CrNiMoNb 18 10	1.4581	440 ··· 640	185	chemische und Nahrungsmittel-
G-X 3 CrNiMoN 17 13 5	1.4439	490 ··· 690	210	industrie, Hochdruckpumpen

Austenitisches Gußeisen nach DIN 1694 Beiblatt 1 (9.81)

Werkstoff-Kurzname	Nummer	Zug-festigkeit R_m in N/mm²	Bruch-dehnung A_5 in %	Eigenschaften und Verwendung
GGL-NiMn 13 7	0.6652	140 ··· 220	–	nicht magnetisierbar, Gehäuse für
GGG-NiMn 13 7	0.7652	390 ··· 470	15/18	Generatoren, Schaltanlagen
GGL-NiCuCr 15 6 3	0.6656	190 ··· 240	1/2	korrosionsfest (Säuren, Laugen),
GGL-NiCr 20 2	0.6660	170 ··· 210	2/3	Pumpen, Ventile, Laufbuchsen
GGL-NiCr 30 3	0.6676	190 ··· 240	1/3	warmfest bis 800 °C, erosionsfest,
GGG-NiCr 30 3	0.7676	370 ··· 480	7/18	Pumpen, Ventile, Turboladergehäuse
GGL-NiSiCr 30 5 5	0.6680	170 ··· 240	–	wärmeschockfest, ger. Wärmedehng.
GGG-NiSiCr 30 5 5	0.7680	390 ··· 500	20/40	maßbest. Teile, Glaspreßformen

Temperguß, entkohlend geglüht nach DIN 1692 (1.82)

Werkstoff-Kurzname	Nummer	Zug-festigkeit R_m in N/mm²	Dehn-grenze $R_{p\,0,2}$	Härte HB $\leq$	Eigenschaften und Verwendung
GTW-35-04	0.8035	350	–	230	dünnwandige, komplizierte, stoßfeste
GTW-40-05	0.8040	400	220	220	Gußstücke, gut spanend bearbeitbar:
GTW-45-07	0.8045	450	260	220	Fittings, Kettenglieder, Schlüssel,
					Schraubzwingen, Bremstrommeln
GTW-S-38-12	0.8038	380	200	200	ohne Wärmebehandlung schweißbar (S)

Temperguß, nicht entkohlend geglüht nach DIN 1692 (1.82)

Werkstoff-Kurzname	Nummer	Zug-festigkeit R_m in N/mm²	Dehn-grenze $R_{p\,0,2}$	Härte HB $\leq$	Eigenschaften und Verwendung
GTS-35-10	0.8135	350	200	150	höhere Dehnung bei größeren
GTS-45-06	0.8145	450	270	200	Wanddicken:
GTS-55-04	0.8155	550	340	230	Getriebe-, Hinterachsgehäuse,
GTS-65-02	0.8165	650	430	260	Schaltgabeln, Kipphebel,
GTS-70-02	0.8170	700	530	290	Kurbelwellen, Bremstrommeln

Zugfestigkeit und Dehngrenze gelten für 12 mm Probendurchmesser.
Die **Anhängezahl** am Kurznamen gibt die **Bruchdehnung** A_3 ($L_0 = 3d$) in % an.

4

4.2 Metalle

4.2.5 Normbezeichnung der Nichteisenmetalle

Werkstoffnummern nach DIN 17007 T 4 (7.63)

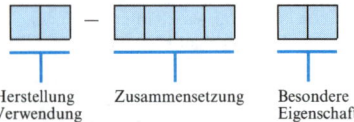

Stelle 1	Werkstoff-Hauptgruppen
	(s. auch S. 4-5)
2	Nichteisenschwermetalle
3	Leichtmetalle

Sortennummer	Grundmetalle	Stelle 6	Zustandsgruppe
2.0000···2.1799	Kupfer	0	unbehandelt
2.2000···2.2499	Zink, Cadmium	1	weich
2.3000···2.3499	Blei	2	kaltverfestigt (Zwischenhärten)
2.3500···2.3999	Zinn	3	kaltverfestigt („hart" und darüber)
2.4000···2.4999	Nickel, Cobalt	4	lösungsgeglüht, ohne mechan. Nacharbeit
2.5000···2.5999	Edelmetalle	5	lösungsgeglüht, kaltnachbearbeitet
2.6000···2.6999	Hochschmelzende Metalle	6	warmausgehärtet, ohne mechan. Nacharbeit
3.0000···3.4999	Aluminium	7	warmausgehärtet, kaltnachbearbeitet
3.5000···3.5999	Magnesium	8	entspannt, ohne vorherige Kaltverfestigung
3.7000···3.7999	Titan	9	Sonderbehandlungen (z.B. Stabilisierungsglühen)

Werkstoffkurzzeichen für Nichteisenmetalle nach DIN 1700 (7.54)

Zusammensetzung: chemische Symbole für Grundwerkstoff und Legierungselemente, falls erforderlich auch Kennzahlen in Prozent (meist nur für Legierungselemente).

Herstellung Verwendung — Zusammensetzung — Besondere Eigenschaften

Herstellung und Verwendung		Besondere Eigenschaften			
E	elektr. Leitlegierung	F	Mindestzugfestigkeit als 10. Teil in N/mm²	H	Hüttenwerkstoff
G-	Sand- und Formguß			R	Reinstwerkstoff
GC-	Strangguß				
GD-	Druckguß	a	ausgehärtet	pl	plattiert
GK-	Kokillenguß	g	geglüht und abgeschreckt	ta	teilausgehärtet
GZ-	Schleuderguß	h	hart	w	weich
GL	Gleitmetall	hh	halbhart	wa	warmausgehärtet
L	Lot	ho	homogenisiert	wh	walzhart
S	Schweißzusatzlegierung	ka	kaltausgehärtet	zh	ziehhart
V	Vor- und Verschnittlegierung	p	gepreßt		

4.2.6 Aluminium und Aluminiumlegierungen

Reinst- und Hüttenaluminium nach DIN 1712 T 3 (12.76)

Werkstoff-		Zug- festigkeit R_m in N/mm²	Bruch- dehnung A_5 in %	Verwendung
Kurzname	Nummer			
Al 99,98 R	3.0385	40···100	25···4	Werkstoff zur Weiterverarbeitung
Al 99,8	3.0285	60···160	40···4	Bleche und Bänder,
Al 99,7	3.0275	60···160	40···4	Stangen und Rohre,
Al 99	3.0205	75···180	40···-	Strangpreßprofile
E Al	3.0257	70···180	25···-	Werkstoff für die Elektrotechnik

4.2 Metalle

Aluminium-Knetlegierungen nach DIN 1725 T 1 (2.83)

Werkstoff-Kurzname/ Nummer	Festigkeit $R_m/R_{p0,2}$ in N/mm² [1)]	Bruchdehn. A_5 in %/ Härte HB [1)]	Eigenschaften			Verwendung
			umformen bzw. gießen/ spanen	schweißen/ aushärtend	eloxieren/ witterungs-beständig	
AlMn1 3.0515	90 ⋯ 205 35 ⋯ 185	24 ⋯ 3 28 ⋯ 60	sehr gut bedingt	sehr gut nicht a	gut gut	Apparate, Bauwesen, Nahrungsmittelindustrie
AlMg1 3.3315	105 ⋯ 205 35 ⋯ 190	24 ⋯ 3 32 ⋯ 60	sehr gut bedingt	sehr gut nicht a	sehr gut sehr gut	Apparate, Bauwesen, Fahrzeug-, Schiffbau, Niete, Metallwaren, Verpackung, Reflektoren, Drehteile
AlMg3 3.3535	190 ⋯ 305 80 ⋯ 250	20 ⋯ 6 50 ⋯ 85	gut ausreich.	gut nicht a	sehr gut sehr gut	
AlMg5 3.3555	240 ⋯ 320 110 ⋯ 240	4 ⋯ 17 70 ⋯ 105	befriedig. gut	gut nicht a	gut gut	
AlMgSi1 3.2315	150 ⋯ 315 85 ⋯ 205	18 ⋯ 8 35 ⋯ 95	gut befriedig.	sehr gut ka, wa	gut sehr gut	Elektrotechnik, Fahr-zeug-, Berg-, Schiffbau, Nahrungsmittel-industrie, Schilder
AlMgSiPb 3.0615	200 ⋯ 270 100 ⋯ 150	12 ⋯ 8 50 ⋯ 105	befriedig. sehr gut	sehr gut ka, wa	gut sehr gut	Drehteile, Reflektoren
AlCuMg1 3.1325	215 ⋯ 395 140 ⋯ 245	13 ⋯ 12 50 ⋯ 100	sehr gut befriedig.	befriedig. ka	befriedig. mangelhaft	Maschinen-, Ingenieur-, Fahrzeugbau, Niete
AlZn4,5Mg1 3.4335	⋯ 350 ⋯ 275	9 ⋯ 10 105	gut bedingt	sehr gut ka, wa	sehr gut sehr gut	Apparate, Bauwesen, Fahrzeug-, Ingenieur-, Maschinenbau

Aluminium-Gußlegierungen nach DIN 1725 T 2 (2.86)

Werkstoff-Kurzname/ Nummer	Festigkeit $R_m/R_{p0,2}$ in N/mm² [1)]	Bruchdehn. A_5 in %/ Härte HB [1)]	umformen bzw. gießen/ spanen	schweißen/ aushärtend	eloxieren/ witterungs-beständig	Verwendung
G-AlSi12 3.2581	150 ⋯ 230 70 ⋯ 110	5 ⋯ 12 45 ⋯ 65	sehr gut gut	sehr gut nicht angew.	nicht angew. gut	Getriebe-, Motorenge-häuse, verwickelt, dünn-wandig, stoß-, schwin-gungsfest, druckdicht
G-AlSi10Mg 3.2381	160 ⋯ 320 80 ⋯ 280	1 ⋯ 6 50 ⋯ 115	sehr gut gut	sehr gut wa	nicht angew. gut	
G-AlSi6Cu4 3.2151	160 ⋯ 240 100 ⋯ 180	1 ⋯ 3 65 ⋯ 110	sehr gut sehr gut	gut nicht a	nicht angew. bedingt	nicht chem. bean-spruchte, warmfeste Gußteile
G-AlMg3 3.3541	140 ⋯ 200 70 ⋯ 120	3 ⋯ 12 50 ⋯ 80	ausreich. sehr gut	ausreich. nicht a	sehr gut sehr gut	Apparate, Armaturen, Bauwesen, chem. Industrie, Schiffbau
G-AlMg3Si 3.3241	140 ⋯ 300 80 ⋯ 180	2 ⋯ 10 50 ⋯ 90	gut sehr gut	ausreich. wa	sehr gut sehr gut	Bauwesen, Nahrungs-mittel-, chem. Industrie, warmfest, Zylinderköpfe
G-AlMg5Si 3.3261	160 ⋯ 240 110 ⋯ 150	2 ⋯ 5 60 ⋯ 85	ausreich. sehr gut	gut nicht a	sehr gut sehr gut	
GD-AlMg9 3.3292.05	200 ⋯ 300 140 ⋯ 220	1 ⋯ 5 70 ⋯ 100	gut sehr gut	nicht angew. nicht a	ausreich. sehr gut	Büro-, Haushaltgeräte, optische Instrumente
G-AlSi9Mg 3.2373	230 ⋯ 340 190 ⋯ 280	2 ⋯ 7 80 ⋯ 115	sehr gut sehr gut	sehr gut wa	nicht angew. sehr gut	Flugzeugbau, ver-wickelt, dünnwandig, stoßfest
G-AlCu4Ti 3.1841	280 ⋯ 400 180 ⋯ 270	3 ⋯ 18 85 ⋯ 110	ausreich. sehr gut	bedingt ta, wa	nicht angew. bedingt	Fahr-, Flugzeugbau, einfache Gußstücke, schwingungs-, warmfest
G-AlCu4TiMg 3.1371	300 ⋯ 420 220 ⋯ 300	5 ⋯ 18 90 ⋯ 120	ausreich. sehr gut	bedingt ka, wa	nicht angew. bedingt	

4

1) Variationsbreite durch Herstellung (G-, GK-) und Behandlung

4.2 Metalle

4.2.7 Magnesium- und Titanlegierungen

Magnesium-Knetlegierungen nach DIN 1729 T 1 (8.82)

Werkstoff-Kurzname	Nummer	Zug-festigkeit R_m in N/mm²	Dehngrenze $R_{p\,0,2}$ in N/mm²	Bruch-dehnung A_5 in %	Eigenschaften	Verwendung
MgMn2	3.5200	200···230	100···170	3···1,5	korrosionsbest., gut schweißbar	Bleche, Profile, Kraftstoffbehälter, Armaturen, Preß-teile, Fahrzeug-, Maschinen-, Flugzeugbau
MgAl3Zn	3.5312	240···270	130···200	6···3	schweißbar	
MgAl6Zn	3.5612	260···280	180···200	10···6	kaum schweißb.	
MgAl8Zn	3.5812	280···300	200···210	10···6	nicht schweißb., warmaushärtbar	

Alle Magnesium-Knetlegierungen sind sehr gut zerspanbar und je nach Festigkeit umformbar.

Magnesium-Gußlegierungen nach DIN 1729 T 2 (7.73)

Kurzname	Nummer	R_m	$R_{p\,0,2}$	A_5	Eigenschaften	Verwendung
G-MgAl8Zn1	3.5812.01	160···220	90···110	2···6	höchstdauerfest, sehr gut gießbar, stoßbeanspruch-bar	Motorenbau, Kurbel-Getriebegehäuse
GK-MgAl8Zn1	3.5812.02	160···220	90···110	2···6		
GD-MgAl8Zn1	3.5812.05	200···240	140···160	1···3		
G-MgAl9Zn1	3.5912.01	160···200	90···120	2···5	schweißbar Gleiteigensch., druckfest	Fahr-, Flugzeug-bau, Armaturen, tragbare Geräte-gehäuse
GK-MgAl9Zn1	3.5912.02	160···220	110···130	2···5		
GD-MgAl9Zn1	3.5912.05	200···250	150···170	0,5···0,3		
G-MgAl6	3.5662.01	180···240	80···110	8···12	dauerfest, stoß-beanspruchbar, warmfest	Radfelgen,
GD-MgAl6	3.5662.05	190···230	120···150	4···8		Getriebe-, Motorengehäuse
GD-MgAl6Zn1	3.5612.05	200···240	130···160	3···6		
GD-MgAl4Si1	3.5470.05	200···250	120···150	3···6		

Titan und Titanlegierungen nach DIN 17851 (11.90)

Kurzname	Nummer	R_m	$R_{p\,0,2}$	A_5	Eigenschaften	Verwendung
Ti 1	3.7025	290···410	180	30	gut schweiß-, kleb-lötbar, zerspanbar, warm- und kalt-umformbar, dauer- und korrosionfest (bes. durch Pd), kaltfest, schlecht gleitfähig, kerbempfindlich	chemische Indu-strie, Meeres-, Fahrzeug-, Flug-zeug-, Raum-fahrttechnik, Druckbehälter, Wärmetauscher, Rohrleitungen, Treibstoffbehälter, Triebwerke, Beplankung, Fahrwerks-, Getriebeteile, Schrauben, Niete
Ti 2	3.7035	390···540	250	22		
Ti 3	3.7055	460···590	320	18		
Ti 4	3.7065	540···740	390	16		
Ti1Pd	3.7225	290···410	180	30		
Ti2Pd	3.7235	390···540	250	22		
Ti3Pd	3.7255	460···590	320	18		
TiNi0,8Mo0,3	3.7105	480···	345	18		
TiAl5Sn2,5	3.7115	830···	780	8		
TiAl5Fe2,5	3.7110	860···	780	8		
TiAl6V4	3.7165	920···	830	8		
TiAl4Mo4Sn2	3.7185	1050···	950	9		
TiAl6V6S2	3.7175	1070···	1000	8		

Kurzname	Zugfestigkeit R_m in N/mm² bei Temperatur ϑ					Lieferformen für Titanwerkstoffe
	−200 °C	20 °C	100 °C	300 °C	500 °C	
Ti 1···4	1300	290···740	290···540	160···270	110···240	Bänder, Bleche, Drähte, Guß-stücke, Platten, Profile, Ringe, Rohre, Schmiedestücke, Stangen
TiAl5Sn2,5	1300	···830	···810	···610	···540	
TiAl6V4	1350	···920	···790	···910	···740	

4.2.8 Kupferlegierungen

Kupfer-Zinn- und Kupfer-Zinn-Zink-Gußlegierungen nach DIN 1705 (11.81)
(Guß-Zinnbronze, Rotguß)

Werkstoff-Kurzname/ Nummer	Festigkeit $R_m/R_{p\,0,2}$ in N/mm²	Bruchdehnung A_5 in %/ Härte HB 10	Eigenschaften	Verwendung
G-CuSn12 2.1052.01	260 140	12 80	Für alle Legierungen gilt: verschleißfest, korrosions- meerwasserbeständig, Notlaufeigenschaften	Spindelmuttern, Kuppel- steine, -stücke, Gleitleisten, Schnecken-, Schraubenräder
G-CuSn12Ni 2.1060.01	280 160	14 90	kavitationsfest, belastbar bis 1250 N/cm²	Armaturen, Pumpengehäuse, Wasserturbinenschaufeln
G-CuSn12Pb 2.1061.01	260 140	10 80	Lagerwerkstoff, Lastspitzen bis 12000 N/cm²	Kolbenbolzenbuchsen, Kurbel-, Kniehebel-, Gleitlager
G-CuSn7ZnPb 2.1090.01	240 120	15 65	Lagerwerkstoff, mittelhart, bis 4000 N/cm²	Achslagerschalen, Gleitplatten, Schiffswellenbezüge, Kolbenbolzenbuchsen
GZ-CuSn7ZnPb 2.1090.03	270 130	13 75		
G-CuSn6ZnNi 2.1093.01	270 140	15 75	zäh, gut gießbar	Armaturen, Pumpengehäuse, druckdichte Gußteile
G-CuSn5ZnPb 2.1096.01	220 90	16 60	gut gießbar, weich- und bedingt hartlötbar	dünnwandige, verwickelte Wasser-, Dampf- armaturen, bis 225 °C einsetzbar

Kupfer-Zink-Gußlegierungen nach DIN 1709 (11.81) (Guß-Messing)

Werkstoff-Kurzname/ Nummer	Festigkeit	Bruchdehnung	Eigenschaften	Verwendung
G-CuZn15 2.0241.01	170 70	25 45	sehr gut weich-, hartlöt- bar, meerwasserbeständig	Elektrotechnik, Fein- mechanik, Maschinen-, Schiffbau, Optik
GD-CuZn37Pb 2.0340.05	280 120	4 75	gut zerspanbarer Kon- struktionswerkstoff	Gas-, Wasserarmaturen- gehäuse, Beschläge
G-CuZn40Fe 2.0590.01	300 130	15 75	kaltzäh, gut weich-, hart- lötbar, hochdruckdicht	Gas-, Wasserarmaturen- gehäuse, Tieftemperatur- technik
G-CuZn35Al1 2.0592.01	450 170	20 110	Konstruktionswerkstoffe: mäßige Gleiteigenschaft	Druckmuttern, Stopf- buchsen, Schiffsschrauben
G-CuZn34Al2 2.0596.01	600 250	15 140	hohe statische Festigkeit	Ventile, Kegel, Sitze, Steuerungsteile
GZ-CuZn25Al5 2.0598.01	750 450	8 180	sehr hohe statische Belastbarkeit	Lager bei hoher Last, langsamer Drehzahl
GZ-CuZn25Al5 2.0598.03	750 480	5 190		Schneckenräder, Hochdruckarmaturen
G-CuZn15Si4 2.0492.01	400 230	10 100	gut korrosions- und meerwasserbeständig	dünnwandige, verwickelte Gußteile, Feinmechanik, Schiffbau

4

		4.2 Metalle		

Werkstoff-Kurzname/ Nummer	Festigkeit $R_m/R_{p0,2}$ in N/mm²	Bruchdehnung A_5 in %/ Härte HB 10	Eigenschaften	Verwendung
Kupfer-Blei-Zinn-Gußlegierungen nach DIN 1716 (11.81) (Guß-Zinn-Blei-Bronze)				
G-CuPb5Sn 2.1170.01	240 130	15 70	beständig gegen verdünnte Schwefel-, Salz-, Fettsäure	Armaturen
C-CuPb10Sn 2.1176.01	180 80	8 65	Lagerwerkstoffe: gute Gleit-, Notlaufeigen- schaften, verbundguß- geeignet, Lastspitzen bis 7000 N/cm²	Gleitlager mit hohen Kan- tenpressungen, Kaltwalz- werke, Müllereimaschinen, Kolbenbolzenbuchsen, Verbundlager, Kurbel- wellen-, Pleuel-, Nocken- wellenlager
G-CuPb15Sn 2.1182.01	180 90	8 60		
G-CuPb22Sn 2.1166.09	– –	Verbundguß 30		
Kupfer-Aluminium-Gußlegierungen nach DIN 1714 (11.81) (Guß-Aluminiumbronze)				
G-CuAl10Fe 2.0940.01	500 180	15 115	Konstruktionswerkstoffe: Einsatz $-200\,°C/+200\,°C$	Gehäuse, Zahnräder, Hebel, Kohlehalterungen
G-CuAl10Ni 2.0975.01	600 270	12 140	meerwasser-, kavitations- beständig, verschleißfest, Lastspitzen bis 2500 N/cm², dauerschwingfest, schweißbar	Höchstdruck-, Heiß- dampfarmaturen, Hydrau- lik, Pumpen, Turbinenleit- schaufeln, Stevenrohre, Propeller, chemische, Nah- rungsmittelindustrie
GK-CuAl11Ni 2.0980.02	680 400	5 200		
GZ-CuAl11Ni 2.0980.03	750 400	5 185		
G-CuAl8Mn 2.0962	440 180	18 105	niedrige Permeabilität, Leitfähigkeit, meerwasser- beständig	Propellerteile, Steven- rohre, Wärmetauscher, Kühler
Kupfer-Zinn-Knetlegierungen nach DIN 17662 (12.83) (Zinnbronze)				
Werkstoff-Kurzname/ Nummer	Festigkeit $R_m/R_{p0,2}$ in N/mm²	Bruchdehnung A_5 in %/ Härte HB 2,5/62,5	Eigenschaften	Verwendung
CuSn4 2.1016	330···590 190···570	50···7 65···180	gut kaltumformbar, korro- sionsbeständig, verschleiß- fest, gut löt-, schweißbar, gute Gleiteigenschaften	Federn, Stecker, Schlauch-, Federrohre, Gewebe, Siebe, dünnwandige Gleit- elemente, Dämpferstäbe, Membranen
CuSn6 2.1020	340···740 250···690	55···5 85···220		
Kupfer-Knetlegierungen, niedriglegiert nach DIN 17666 (12.83)				
CuAg0,1 2.1203	210···360 150···320	30···7 –	sehr gut elektr. leitfähig, anlaßbeständig	Kommutatorlamellen, Kollektorringe, Kontakte
CuSP 2.1498	220···260 50···200	35···7 60···85	sehr gut elektr. leitfähig, sehr gut zerspanbar, gut kalt-, warmstauchbar, hartlöt-, schweißbar	Automaten-Drehteile, Bolzen, Schrauben, Muttern
CuTeP 2.1546	220···260 50···200	35···7 60···85		
CuBe1,7 2.1245	390···1380 600···1300	35···0,5 80···410[1]	verschleißfest, warmfest, mittl. elektr. Leitfähigkeit	Federn, Membranen, nicht funkende Werkzeuge

[1] Härte HV 30

4.2 Metalle

Werkstoff-Kurzname/Nummer	Festigkeit $R_m/R_{p0,2}$ in N/mm^2	Bruchdehnung A_5 in %/ Härte HB 2,5/62,5	Eigenschaften	Verwendung
Kupfer-Zink-Knetlegierungen nach DIN 17660 (12.83) (Messing)				
CuZn5 2.0220	220···320 130···190	40···19 60···85	sehr gut kaltumformbar, Drücken, Hämmern, Prägen, Treiben, korrosionsbeständig	Emaillierqualität, Kunstgewerbe, Installationsteile für Elektrotechnik, Dämpferstäbe, Schlauchrohre, Hülsen
CuZn15 2.0240	250···460 140···410	44···– 65···150		
CuZn30 2.0265	270···520 160···470	50···– 70···160	sehr gut kaltumformbar, Biegen, Bördeln, Drükken, Nieten, Prägen, Stauchen, gut löt-, schweißbar	Kühlerbänder, Musikinstrumente, Blattfedern, Steckverbinder, Hohlwaren, Metall-, Holzschrauben, Reißverschlüsse
CuZn37 2.0321	290···610 200···580	28···– 110···180		
CuZn40 2.0360	340···470 240···390	43···12 80···140	gut warm-, kaltumformbar, Biegen, Bördeln, Nieten	Schmiedemessing, Münzmetall, Beschlag-, Schloßteile
CuZn39Pb2 2.0380	360···660 270···630	20···– 85···180	sehr gut zerspanbar, (Automatenlegierung), gut warmumformbar	Bohr-, Dreh-, Fräsqualität, Uhrenmessing für Räder und Platinen, genau gezogene Strangpreßprofile
CuZn40Pb2 2.0402	380···610 300···570	35···– 95···170		
CuZn31Si1 2.0490	370···590 290···530	35···6 95···165	gute Gleiteigenschaften, hochbelastbar	Gleitelemente, Führungen, Lagerbuchsen
CuZn40Al2 2.0550	550···640 240···310	18···10 150···170	sehr gute Gleiteigenschaft, witterungsbeständig	Konstruktionswerkstoff, Gleitelemente
Kupfer-Nickel-Zink-Knetlegierungen nach DIN 17663 (12.83) (Neusilber)				
CuNi12Zn24 2.0730	340···610 290···390	45···12 85···150	gut kaltumformbar, Biegen, Drücken, Prägen, Tiefziehen, gut zerspanbar, gut löt-, schweißbar, korrosions-, anlaufbeständig	Kunstgewerbe, Tafelgerät, Federn, Bauwesen
CuNi12Zn30Pb1 2.0780	490···590	12···5		Feinmechanik, Optik, Schlüssel
CuNi18Zn19Pb1 2.0790	430···530 290···420	25···6 135···160		
Kupfer-Nickel-Knetlegierungen nach DIN 17664 (12.83)				
CuNi25 2.0830	300 100	40 85	ausgezeichneter Widerstand gegen Erosion, Kavitation, Korrosion (besonders Meerwasser), gut schweißbar	Münzlegierung, Werkstoff zum Plattieren
CuNi10Fe1Mn 2.0872	290 90	30 70		Rohre, Platten, Böden für Meerwasser, Wärmetauscher, Kondensatoren, Klimaanlagen, Ölkühler, Trinkwassererzeuger
CuNi30Mn1Fe 2.0882	360···490 120···340	30···12 100···170		
Kupfer-Aluminium-Knetlegierungen nach DIN 17665 (12.83) (Aluminiumbronze)				
CuAl8Fe3 2.0932	470···590 200···270	25···10 110···150	warm-, verschleißfest, dauerwechselfest, beständig gegen Verzundern, Erosion, Kavitation, Korrosion (saure, neutrale Medien, Meerwasser)	chemischer Apparatebau, Wellen, Lager, Schrauben, Getriebeteile, Verschleiß-, Keilleisten, Ventilsitze, Ventile, Hydraulikteile
CuAl10Fe3Mn2 2.0936	590···690 250···340	12···7 150···180		
CuAl9Mn2 2.0960	490···590 200···250	25···15 110···150		
CuAl10Ni5Fe4 2.0966	640···740 270···390	15···10 180···195		

4

4.2.9 Blei-, Nickel-, Zinn- und Zinklegierungen

Niedriglegierte Nickel-Knetlegierungen nach DIN 17741 (2.83)

Werkstoff- Kurzname	Nummer	Festigkeit $R_m/R_{p0,2}$ in N/mm^2	Bruchdehng. A_5 in %/ Härte HB 2,5/6,25	Eigenschaften und Verwendung
NiMn1	2.4206	370···490 120···290	40···20 120···140	elektroakustische Bauteile
NiMn2	2.4110	400···740 140···600	40···2 130···220	Einbauteile Elektronenröhren, Glühlampen, Zündkerzen
NiMn3Al	2.4122	–	–	Thermoelemente
NiMn5	2.4116	500	30	Bauteile für hohe Temperaturbelastung

Nickel-Knetlegierungen mit Chrom nach DIN 17742 (2.83)

NiCr8020	2.4869	–	–	warmfest, zunderbeständig bis 1250 °C, Heizleiter, Ofenbauteile, Widerstände, Zündkerzen, Ventilsitze, Brennkammern, Retorten, Kokillen, Preßmatrizen
NiCr6015	2.4867	–	–	
NiCr15Fe	2.4816	500···550 180···200	35···30 185···195	
NiCr20Ti	2.4951	650 240	25 230	

Nickel-Knetlegierungen mit Kupfer nach DIN 17743 (2.83)

NiCu30Fe	2.4360	450···700 175···650	30···2 150···210	warmfeste, kaltzähe, korrosionsbeständige Teile, Handelsnamen Monel, Corronil
NiCu30Al	2.4375	620···900 270···590	25···15 180···260	korrosionsbeständige, aushärtbare Teile, Nahrungsmittel-, Farb-, Lackindustrie

Nickel-Knetlegierungen mit Molybdän und Chrom nach DIN 17744 (2.83)

NiMo16Cr16Ti	2.4610	700 305···280	35 240	beständig unter oxidierenden und reduzierenden Bedingungen, kein Lochfraß in oxidierenden Cu- und Fe-Salzlösungen, Handelsnamen Bergit, Hastelloy, Remanit, Nimonic
NiCr22Mo6Cu	2.4618	620···590 240···210	35···30 240	
NiMo16Cr15W	2.4819	750···700 310···280	30···25 240	

Blei-Gußlegierungen nach DIN 1741 (5.74)

GD-Pb95Sb	2.3350	50	15/10[1])	hart, korrosionsbeständig, Armaturen, chemische Industrie
GD-Pb85SbSn	2.3352	70	8/18	

Zinn-Gußlegierungen nach DIN 1742 (7.71)

GD-Sn60Sb2Pb	2.3722	90	1,7/28[2])	sehr maßgenau, feinmechanische Getriebe und Gehäuse
GD-Sn80Sb	2.3752	115	2,5/30	

Feinzink-Gußlegierungen nach DIN 1743 T2 (4.78)

GD-ZnAl4	2.2140.05	250···300	3/70[1])	sehr maßgenau, Lager, Hausgeräte
GD-ZnAl4Cu1	2.2141.05	280···350	2/85	

[1]) HB 2,5/3125   [2]) HB 10/500

4.3 Kunststoffe – Plaste

4.3.1 Einteilung der Kunststoffe nach der Entstehung

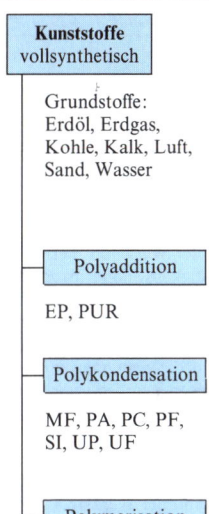

Kunststoffe vollsynthetisch

Grundstoffe:
Erdöl, Erdgas,
Kohle, Kalk, Luft,
Sand, Wasser

Polyaddition

EP, PUR

Polykondensation

MF, PA, PC, PF,
SI, UP, UF

Polymerisation

PE, PP, PS, PVC

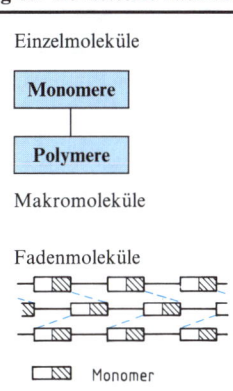

Einzelmoleküle

Monomere

Polymere

Makromoleküle

Fadenmoleküle

▭ Monomer
— Primärbindung
--- Sekundärbindung

Raumnetzmoleküle

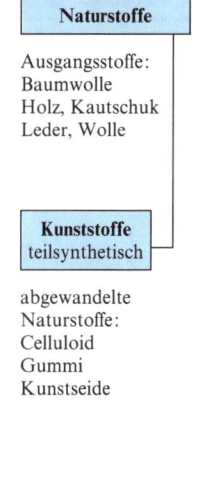

Naturstoffe

Ausgangsstoffe:
Baumwolle
Holz, Kautschuk
Leder, Wolle

Kunststoffe teilsynthetisch

abgewandelte
Naturstoffe:
Celluloid
Gummi
Kunstseide

4.3.2 Feinbau der Kunststoffe

Erklärung der Feinstruktur	Eigenschaften
Aus den Einzelmolekülen der Nichtmetalle C, Cl, H, N, O und S entstehen Makromoleküle. Diese Ketten sind in sich mit einer starken chemischen Bindung (Atombindung) verknüpft. Die dreh- und schwenkbaren Ketten (Mikro-Brownsche Molekularbewegung) verknäueln sich durch ungleichmäßige Ladungsverteilung miteinander. Mit zunehmender Kettenlänge (Molekülmasse) vermehren sich diese schwachen physikalischen Sekundärbindungen. Bei zwei reaktionsfähigen Stellen (Valenzen) – des Monomer bilden sich Fadenmoleküle, bei drei Valenzen Raumnetzmoleküle.	Die Ausgangsstoffe bewirken die geringe Dichte der Plaste, die Struktur die große Wärmedehnung, chemische Beständigkeit, geringe Wärmeleitfähigkeit und den Einsatz als elektrische Isolatoren. Durch die Faden- oder Raumnetzmoleküle, Füllstoffe und Mischungen von Polymeren sind Werkstoffveränderungen von weich elastisch bis hart und spröde möglich. Bei mehr Berührungspunkten der Moleküle steigt die Zugfestigkeit unter Zunahme von Dichte, Härte und Schmelztemperatur.
Polyaddition Verschiedenartige Moleküle setzen durch Aufspaltung Bindungen frei. Die Atome addieren sich ohne Entstehung eines Nebenprodukts.	Thermoplaste (PUR) Duroplaste (EP)
Polykondensation Die Ausgangsstoffe sind verschiedenartige Moleküle. Diese werden unter Kondensation eines Nebenproduktes verknüpft.	überwiegend Duroplaste für Formmassen, Lacke, Harze (MF, PF, SI, UF, UP), Themoplaste für Formmassen (PA, PC)
Polymerisation Gleiche Moleküle, deren Doppelbindung aufgespalten wird, erzeugen Makromoleküle ohne Nebenprodukt.	Thermoplaste (PE, PP, PS, PVC)

4

4.3.3 Technologische Einteilung der Kunststoffe nach DIN 7724 (2.72)

Zustandsschaubild und Gefüge	Eigenschaften
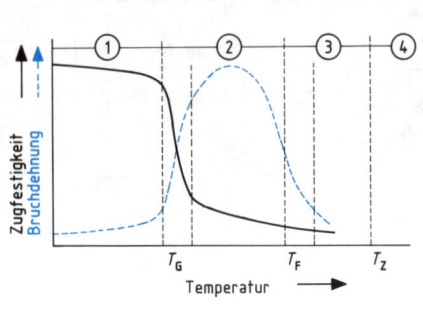	**Thermoplaste** (Plastomere) amorph 1. Unterhalb der Glas- oder Einfriertemperatur T_G sind die Fadenmoleküle verfilzt. Der Werkstoff ist hart und spröde (hohe Zugfestigkeit, geringe Bruchdehnung, praktischer Einsatz, Trennen, Kleben). 2. Durch zunehmende Wärmebewegung zwischen den Sekundärbindungen (Makro-Brownsche Molekularbewegung) wird der Werkstoff thermoelastisch zäh (niedrige Zugfestigkeit, hohe Bruchdehnung, Umformen). 3. Im thermoplastischen Bereich oberhalb der Fließtemperatur T_F nehmen die Sekundärbindungen ab, die Ketten können gegeneinander verschoben werden. Der Werkstoff ist teigig (niedrige Bruchdehnung und Zugfestigkeit, Urformen, Schweißen). 4. Bei der Zersetzungstemperatur T_Z werden die Primärbindungen und damit der Werkstoff zerstört.

Thermoplaste teilkristallin

1. Bei unverzweigten gleichartigen Ketten ist eine Teilkristallisation als dichteste Packung zwischen amorphen Bereichen möglich. Diese Ausrichtung des Molekülfilzes wird durch langsame Abkühlung oder starke Dehnung (Recken) gefördert. Dabei nehmen die Sekundärbindungen zu, und es erhöhen sich chemische Beständigkeit, Zugfestigkeit bei Abnahme von Bruchdehnung und Transparenz.

2. Oberhalb der Glastemperatur T_G kann sich das Polymer in den amorphen Bereichen stärker als in den kristallinen bewegen, es ergeben sich zäh harte und thermoelastische Gefüge (hohe Zugfestigkeit, mittlere Bruchdehnung, praktischer Einsatz, Trennen, Kleben).

3. Mit der Kristallschmelztemperatur T_K fallen Zugfestigkeit und Bruchdehnung stark ab (thermoelastisch, Umformen).

4. Oberhalb der Fließtemperatur T_F wird der Werkstoff thermoplastisch (Urformen, Schweißen).

5. Bei der Zersetzungstemperatur T_Z werden die Primärbindungen und damit der Werkstoff zerstört.

4.3 Kunststoffe – Plaste

Zustandsschaubild und Gefüge	Eigenschaften

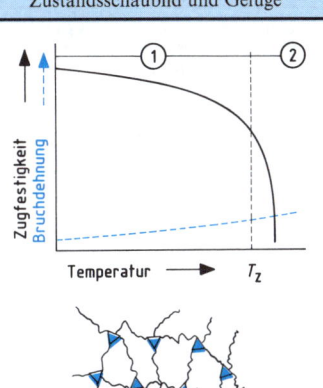

Duroplaste (Duromere) amorph

1. Raumnetzmoleküle ergeben bei starker chemischer Verknüpfung Duroplaste. Die Makromoleküle sind nur zwischen den Festpunkten mit hohen Rückstellkräften verschiebbar. Der Werkstoff ist in seinem Einsatzbereich hart und unlöslich, nicht schmelz- und schweißbar.

2. Die Zugfestigkeit nimmt erst im Bereich der Zersetzungstemperatur T_Z stark ab.

Elaste (Elastomere) amorph

Die Elaste sind weitmaschiger, schwächer vernetzt, ihre Makromoleküle stärker geknäuelt und daher dehnbarer als die Duroplaste. Der Einsatz liegt in einem sehr großen thermoelastischen Bereich oberhalb der Glastemperatur T_G. Die Elaste sind unlöslich, nicht schmelz- und schweißbar.

4.3.4 Kennzeichnung der Polymere nach DIN 7728 T 1 (1.88)

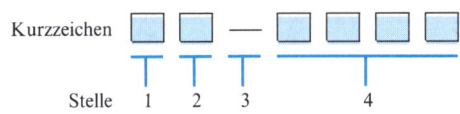

Stelle	Erläuterung	Stelle	Erläuterung
1.	Kurzzeichen Basispolymer Bsp. PP für Polypropylen, bei Copolymeren werden die Komponenten meist mit Schrägstrich getrennt Bsp. S/B für Styrol/Butadien		Bsp. PA 66 für Polykondensat aus Hexamethylendiamin und Adipinsäure
		3.	Mittestrich
2.	Zahlen werden nach dem Kurzzeichen bei verschiedenen Kondensationsreihen angegeben Bsp. PA 6 für Polymer aus ε-Caprolactam	4.	Kennbuchstabe für besondere Eigenschaften mit bis zu vier Angaben Bsp. PVC-P für Poly(vinylchlorid), weichmacherhaltig

Kennbuchstaben für besondere Eigenschaften

Zeichen	Eigenschaften	Zeichen	Eigenschaften
C	chloriert	M	Masse, mittel, molekular
D	Dichte	N	normal, Novolak
E	verschäumt, verschäumbar	P	weichmacherhaltig
F	flexibel, flüssig	R	erhöht, Resol
H	hoch	U	ultra, weichmacherfrei
I	schlagzäh	V	sehr
L	linear, niedrig	W	Gewicht
		X	vernetzt, vernetzbar

4.3 Kunststoffe – Plaste

Kurzzeichen	Bedeutung	Kurzzeichen	Bedeutung
Homopolymere, polymere Naturstoffe		Homopolymere, polymere Naturstoffe	
CA	Celluloseacetat	PVC	Poly(vinylchlorid)
CAB	Celluloseacetobutyrat	PVC-C	chloriertes
CAP	Celluloseacetopropionat		Poly(vinylchlorid)
CF	Kresol-Formaldehyd	PVDC	Poly(vinylidenchlorid)
CMC	Carboxymethylcellulose	PVDF	Poly(vinylidenfluorid)
CN	Cellulosenitrat	PVF	Poly(vinylfluorid)
CP	Cellulosepropionat	PVFM	Poly(vinylformal),
CSF	Casein-Formaldehyd		Poly(vinylformaldehyd)
CTA	Cellulosetriacetat	PVK	Poly(vinylcarbazol)
EC	Ethylcellulose	PVP	Poly(vinylpyrrolidon)
EP	Epoxid	SI	Silikon
MC	Methylcellulose	SP	Gesättigter Polyester
MF	Melamin-Formaldehyd	UF	Harnstoff-Formaldehyd
PA	Polyamid	UP	Ungesättigter Polyester
PAI	Polyamidimid	Copolymere	
PAN	Poly(acrylnitril)		
PB	Polybuten-1	A/B/A	Acrylnitril/Butadien/Acrylat
PBA	Poly(butylacrylat)	ABS	Acrylnitril/Butadien/Styrol
PBT	Poly(butylenterephtalat)	A/MMA	Acrylnitril/Methylmethacrylat
PC	Polycarbonat	ASA	Acrylnitril/Styrol/Acrylester
		A/EPDM/S	Acryltril/Ethylen-Propylen-
PCTFE	Poly(chlortrifluorethylen)		Dien/Styrol
PDAP	Poly(diallyphtalat)	A/PE-C/S	Acrylnitril/chloriertes Poly-
PE	Polyethylen		ethylen/Styrol
PE-C	chloriertes Polyethylen	E/EA	Ethylen/Ethylacrylat
PEOX	Poly(ethylenoxid)	E/MA	Ethylen/Methacrylsäureester
PEI	Poly(etherimid)	E/P	Ethylen/Propylen
PEEK	Poly(etheretherketon)	EPDM	Ethylen/Propylen-Dien
PES	Poly(ethersulfon)	E/VA	Ethylen/Vinylacetat
PET	Poly(ethylenterephtalat)	E/VAL	Ethylen/Vinylalkohol
PF	Phenol-Formaldehyd	E/TFE	Ethylen/Tetrafluorethylen
PI	Polyimid	FEP	Tetrafluorethylen/Hexafluor-
PIB	Polyisobutylen		propylen
PIR	Polyisocyanurat	MBS	Methylacrylat/Butadien/Styrol
PMI	Poly(methacrylimid)	MPF	Melamin/Phenol-Formaldehyd
PMMA	Poly(methylmethacrylat)	PEBA	Polyether-Blockamid
PMP	Poly(-4-methylpenten-1)	PFA	Perfluoro-Alkoxylalkan
PMS	Poly(-α-Methylstyrol)	SAN	Styrol/Acrylnitril
POM	Polyoxymethylen, Polyform-	S/B	Styrol/Butadien
	aldehyd, Polyacetal	S/MA	Styrol/Maleinsäureanhydrid
PP	Polypropylen	S/MS	Styrol/α-Methylstyrol
PPE	Poly(phenylenether)	VC/E	Vinylchlorid/Ethylen
PPOX	Poly(propylenoxid)	VC/E/MA	Vinylchlorid/Ethylen/
PPS	Poly(phenylensulfid)		Methacrylat
PPSU	Poly(phenylensulfon)	VC/E/VAC	Vinylchlorid/Ethylen/
PS	Polystyrol		Vinylacetat
PSU	Polysulfon	VC/MA	Vinylchlorid/Methylacrylat
PTFE	Poly(tetrafluorethylen)	VC/MMA	Vinylchlorid/Methyl-
PUR	Polyurethan		methacrylat
PVAC	Poly(vinylacetat)	VC/OA	Vinylchlorid/Octylacrylat
PVAL	Poly(vinylalkohol)	VC/VAC	Vinylchlorid/Vinylacetat
PVB	Poly(vinylbutyral)	VC/VDC	Vinylchlorid/Vinylidenchlorid

4.3 Kunststoffe – Plaste

4.3.5 Thermoplaste (Plastomere)

Werkstoff nach DIN 7728 T1 (1.88)	Handelsname	Chemische Beständigkeit	Eigenschaften	Verwendung
CA Celluloseacetat CAB, CP	Cellidor, Cellit, Cellan, Trolit	Benzin, Benzol, Trichlorethylen	hart, zäh, glasklar, einfärbbar, hohe Wasseraufnahme, geruch-, geschmackfrei, schalldämmend	bis 80 °C, Brillengestelle, Folien, Gerätegehäuse, Werkzeuggriffe
PA Polyamide	Durethan, Rilsan, Ultramid, Vestamid, Nylon, Perlon	Alkohol, Kraftstoffe, Öle, schwache Laugen, Säuren, Salze	hart, sehr zäh, teilkristallin, abriebfest, gleitfähig, schall-, schwingungsdämpfend, maßbeständig	bis 100 °C formbest., kurzzeitig bis 150 °C, Druckschläuche, Feinwerktechnik, Lager, Fasern, Zahnräder
PC Polycarbonat	Makrolon, Makrofol, Lexan	Alkohol, Benzin, Öl, schwache Säuren	hart, steif, schlagfest, formstabil, glasklar, glänzend, elektr. Isolierung	bis 135 °C, schlagzäh bis −100 °C, Gehäuse, Schalter, Stekker, Filme, Lacke
PE Polyethylen	Hostalen, Lupolen, Vestolen, Trolen	Laugen, Lösungsmittel, Säuren, keine Wasseraufnahme, witterungsbeständig	weich, flexibel (PE-LD) bis steif, unzerbrechlich (PE-HD), teilkristallin, durchscheinend bis milchig, geruchfrei	bis 80 °C (PE-LD), bis 100 °C (PE-HD), Behälter, Dichtungen, Hohlkörper, Folien, Isoliermaterial, Rohre
PI Polyimide	Kapton, Vespel	fast alle Lösungsmittel (außer Laugen)	abriebfest, formbeständig, sehr gute Gleit- und elektrische Eigenschaften, geringste Gasdurchlässigkeit, strahlenbeständig	bis 280 °C dauernd, bis 480 °C kurzzeitig, bis −240 °C kältebeständig, Formgebung durch Sintern, Dichtungen, Lager
PMMA Poly(methylmethacrylat)	Degulan, Plexiglas, Resarit	schwache Laugen, Säuren, Benzin, witterungsbeständig	hart, spröde, splittert nicht, alterungsbeständig, transparent	bis 90 °C, Modelle, Leuchten, Sicherheitsverglasungen, Zeichengeräte
POM Polyoxymethylen	Delrin, Hostaform, Ultraform	fast alle Lösungsmittel	hart, zäh, teilkristallin, maßbeständig, geringe Wasseraufnahme	bis 150 °C, Armaturen, Beschläge, Lager, Zahnräder
PP Polypropylen	Hostalen PP, Luparen, Novolen, Vestolen P	ähnlich PE	hart, unzerbrechlich, formstabil, teilkristallin, geruch-, geschmackfrei	bis 130 °C, versprödet unter 0 °C, Batteriekästen, Geräteteile, Waschmaschinenteile
PS Polystyrol	Hostyron, Trolitul, Vestyron,	Alkohol, Laugen, Öl, Säuren, Wasser	hart, spröde, steif, glasklar, glänzend, einfärbbar, geruch- und geschmackfrei	bis 80 °C, Isolierfolien, Spielwaren, Verpackungen, Zeichengeräte
S/B Styrol/Butadien (PS schlagfest)	Hostyren, Polystyrol 400, Vestyron 500	wie PS	schlagfest, schwer zerbrechlich, Versprödung durch Licht, Wärme, sonst wie PS	bis 70 °C, Behälter, Elektroinstallation, Geräte- und Tiefzieh-Teile
SAN Styrol/Acrylnitril	Luran, Vestoran	ätherische Öle, sonst wie PS	sehr schlagzäh, steif, stabil, temperatur-, wechselbeständig	bis 95 °C, Batteriekästen, Gerätegehäuse, Spielwaren

4

4.3 Kunststoffe – Plaste

Werkstoff nach DIN 7728 T1 (1.88)	Handelsname	Chemische Beständigkeit	Eigenschaften	Verwendung
ABS Acrylnitril/ Butadien/Styrol	Novodur, Terluran, Vestodur	besser als PS	alterungsbeständig, sonst wie SAN	bis 95 °C, Armaturen, Batteriekästen, Schutzhelme
PS-E Polystyrol verschäumt	Styropor, Vestypor	wie S/B	geringe Dichte, gute Schall-, Wärmedäm-mung	Platten für Wärme-, Schallschutz, Schwimmkörper, Ver-packungen
PVC-H D Poly(vinylchlorid)	Hostalit, Trosi-plast, Vestolit, Vinnol, Vinoflex	Alkohol, Lau-gen, Säuren, Mineralöl	abriebfest, hornartig zäh	bis 60 °C, Rohre, Fit-tings, Folien, Hohl-körper, Batteriekästen
PVC-L D Poly(vinylchlorid)	Acella, Mipolam, Skay, Vestolit	etwas geringer als PVC hart	abriebfest, gummi-bis lederartig, keine Wasseraufnahme	bis 80 °C, Bekleidung, Bodenbelag, Folien, el. Isolierung
PTFE Poly(tetrafluor-ethylen)	Hostaflon, Teflon	beste Bestän-digkeit	hart, zäh, teilkristal-lin, keine Wasser-aufnahme, sehr gute Gleit- und elektrische Eigenschaften, nicht benetzbar	bis 250 °C, kältebe-ständig bis −90 °C, Formgebung durch Sintern, Beschichtun-gen, Dichtungen, Iso-lierfolien, Lager

4.3.6 Duroplaste (Duromere)

Werkstoff nach DIN 7728 T1 (1.88)	Handelsname	Chemische Beständigkeit	Eigenschaften	Verwendung
EP Epoxyd (-Harz)	Araldit, Epikote, Epoxin, Lekutherm, Uhu-plus	Alkohol, schwache Lau-gen, Säuren, Lösungsmittel, geringe Was-seraufnahme, witterungsbest.	hart, zäh, schwer zer-brechlich, glasklar bis gelblich, gute Haft- und elektrische Ei-genschaften, geruch- und geschmackfrei	bis 130 °C, Gieß-, Laminier-, Kleb-und Lackharz, elek-trische Isolierungen, Schalter, Geräte
PF Phenol-Formal-dehyd	Alberite, Bakelite, Corephan, Luphen, Supraplast	schwache Lau-gen, Säuren, Lösungsmittel, Wasser	hart, spröde, gelb-braun, einfärbbar gute elektrische Iso-lierung	bis 100 °C, Schalter, Gehäuse, Kupplungs-, Bremsbeläge, Lager, Hartpapier, Schicht-preßholz, Gieß-, Kleb-, Laminierharz
PUR Polyurethan	Bayflex, Contilan, Desmocoll, Lycra, Molto-pren, Ultramid, Vulkollan	schwache Lau-gen, Säuren, Lösungsmittel, Öl, Treibstoffe	hart, zäh (Duroplast) bis weich, elastisch (Elastomer), abrieb-fest, gelblich, gute Haftfähigkeit, alte-rungsbeständig	Kupplungsbeläge, La-ger, Laufrollen, Rie-men, Zahnräder, Lack- und Klebharz, Schaumformteile
UF Harnstoff-Form. (-Harz) MF Melamin-Form.	Hornitex, Kaurit, Pollopas, Resa-min, Resopal, Urecoll	Lösungsmittel, Öl	hart, schlagfest, glas-klar, lichtecht, ge-ruch- und geschmack-frei	MF bis 130 °C, UF bis 90 °C, Holz-leim, Haushalts-, Küchengeräte, Möbelschichtstoffe
UP Ungesättigter Polyester	Aldenol, Lami-nac, Leguval, Pa-latal, Vestopal, Diolen, Trevira	schwache Lau-gen, Säuren, Lösungsmittel, witterungsbe-ständig	je nach Füllstoff hart, zäh bis weich ela-stisch, glasklar, glän-zend, einfärbbar, gute Haft- und elektrische Eigenschaften	bis 120 °C, Fasern, Textilien, Gieß-, La-minier-, Kleb- und Lackharz, Kunstharz-beton

4.3 Kunststoffe – Plaste

4.3.7 Elastomere, unverstärkt

Werkstoff nach DIN ISO 1629 (10.81)	Handels-name	Zugfest. N/mm² Bruchdehn. % Temp.ber. °C	Eigenschaften	Verwendung
NR Naturkautschuk		22 600 $-60 \cdots +60$	hoch beanspruchbar	Bereifungen, Gummi-Metall-Federn, Lager
SBR Styrol-Butadien-Kautschuk	Buna S	5 500 $-30 \cdots +70$	universeller Einsatz, ölbeständig	Bereifungen, Hydraulik-dichtungen, Schläuche, Kabelmäntel
IIR Butyl-Kautschuk	Butyl Butynol Eutyl	5 600 $-30 \cdots +120$	gasundurchlässig, witterungsbeständig nicht ölbeständig	Dichtungen, Fahrzeug-schläuche
CR Chlor-Butadien-Kautschuk	Buna C Chloropren Neopren	10 400 $-30 \cdots +90$	schwer entflammbar verschleißfest, witterungsbeständig	Bremsleitungen, Dich-tungsbahnen, Faltenbälge, Tauchanzüge
NBR Acrylnitril-Butadien-Kautschuk	Perbunan N	6 450 $-20 \cdots +110$	öl-, kraftstoff-beständig	Dichtungen Hydraulik und Pneumatik, Seelen von Kraftstoff-, Hydraulik-leitungen
CSM chlorsulfonier-tes PE	Asbylon Hypalon Trixolan	20 300 $-30 \cdots +120$	alterungs-, laugen-, säure-, witterungs-beständig	Dichtungsbahnen, Tank-auskleidungen
FPM Fluor-Kautschuk	Viton	2 450 $-10 \cdots +250$	chemisch und temperaturbeständig	Dichtungen in Motoren und Triebwerken
AU Poly-Urethan-Kautschuk	Vulkollan	20 450 $-30 \cdots +100$	verschleißfest, zäh	mechanisch beanspruchte Dichtungen, elastische Kupplungen, Zahnräder
SI Silicon-kautschuk	Silastik	1 250 $-80 \cdots +200$	chemisch und temperaturbeständig	elastische Isolierungen, Dichtungen, Manschetten, Schläuche

4.3.8 Kunststoffe, unverstärkt

Werkstoff	Kurz-zeichen	Dichte ϱ in g/cm³	Streck-spannung R_S in N/mm²	E-Modul (Zug) E in N/mm²	Reiß-dehnung A_R in %	Längenaus-dehnungszahl α in 1/K 10^{-5}
Polyamid 6	PA 6	1,13	80	3200	200	$7 \cdots 10$
Polycarbonat	PC	1,20	60	2200	80	7
Polyethylen	PE	0,94	22	–	450	20
Polyoxymethylen	POM	1,41	68	3100	$15 \cdots 20$	11
Polypropylen	PP	0,91	37	1200	$20 \cdots 500$	15

4

4.4 Verbundwerkstoffe

4.4.1 Gefüge der Verbundwerkstoffe

Teilchenverbund	Faserverbund	Schichtverbund	Eigenschaften und Verwendung
			Verbundwerkstoffe ermöglichen die Nutzung der vorteilhaften Eigenschaften ihrer Komponenten bei gleichzeitiger Überdeckung der Schwächen. Der Matrixwerkstoff (Bettungsmasse) aus Metall, Kunststoff oder Keramik wird optimiert durch:
Hartmetalle, Oxidkeramik, Kunststoffpreßmassen, Schleifscheiben, Tränkwerkstoffe	Metall-, Keramik-(Glas-)faserverstärker Kunststoff, Stahlbeton, Drahtglas, Reifen, Kohle-, Hartfaserverstärktes Aluminium	Bimetalle, Hart-, papier, Kunstharzpreßholz, Sicherheitsglas Sperrholz, Korrosions-, Verschleißschutzschichten	Metalle: Zugfestigkeit, Dehnbarkeit, Zeitstandfestigkeit Kunststoffe: niedrige Dichte, Zähigkeit, chemische Beständigkeit Keramik: niedrige Dichte, Härte, Warmfestigkeit, chem. Beständigkeit. Einsatzbeispiele: Luftfahrttechnik, Turbinenschaufeln, Großantennen, Sportgeräte, Behälter

4.4.2 Eigenschaften von Fasern

Werkstoff	Dichte ϱ in g/cm^3	Zugfestigkeit R_m in kN/mm^2	E-Modul E in kN/mm^2	Spezifische Zugfestigkeit in km	Spezifischer E-Modul in 10^3 km
Kohlenstoff (C)					
HM (high module)	$1,8\cdots1,95$	$2,35\cdots2,65$	$380\cdots540$	$110\cdots145$	$20\cdots30$
HT (high tensile)	$1,6\cdots1,8$	$2,65\cdots2,75$	$200\cdots255$	$130\cdots160$	$11\cdots16$
Whisker	$2,0$	20	700	1000	35
Aramid	$1,45$	$2,6\cdots2,95$	$130\cdots140$	$180\cdots207$	$9,2\cdots9,8$
E-Glas	$2,52$	$1,5\cdots2,6$	$70\cdots75$	$60\cdots105$	$2,8\cdots3,0$
R-Glas	$2,48$	$1,7\cdots4,5$	$80\cdots85$	$70\cdots185$	$3,3\cdots3,5$
Bor (Wolframseele)	$2,6$	$2,0\cdots4,0$	$380\cdots500$	$78\cdots157$	$15\cdots20$
SiC (Wolframseele)	$3,5$	$2,5\cdots4,3$	400	$73\cdots125$	$11,6$
Whisker	$3,5$	20	700	580	$20,4$
Stahl	$7,9$	3	210	39	$2,7$
Whisker	$7,9$	13	200	167	$2,6$

Die Optimierung der Werkstoffauswahl ist mit den auf die Dichte bezogenen Kennwerten möglich: Spezifische Zugfestigkeit $= R_m/\varrho \cdot g$ in km und spezifischer Elastizitätsmodul $= E/\varrho \cdot g$ in km. Die Werte gelten für die üblichen Faserdurchmesser (1 bis 10 µm, Stahl 100 µm). Größere Durchmesser haben durch Oberflächenfehler geringere Werte.

4.4.3 Verstärkte Kunststoffe nach DIN 7728 T2 (3.80)

Kurzzeichen	Werkstoff	Kurzzeichen	Werkstoff
AFK	Asbestfaser verstärkter Kunststoff	MFK	Metallfaser verstärkter Kunststoff
BFK	Borfaser verstärkter Kunststoff	SFK	Synthesefaser verstärkter Kunststoff
CFK	Kohlenstoffaser verstärkter Kunststoff	MWK	Metallwhisker verstärkter Kunststoff
GFK	Glasfaser verstärkter Kunststoff	PFK	Aramidfaser verstärkter Kunststoff

Falls erforderlich, ist die Kunststoffangabe nach DIN 7728 T1 (s. S. 4-28) vorzunehmen. An das Kurzzeichen für die Verstärkungsart kann der Massegehalt angehängt werden.
Beispiel: UP-GF 30 mit ungesättigtem Polyester-Harz als Matrix und mit 30% Glasfasern verstärkt.

4.4 Verbundwerkstoffe

Faserverstärkte Kunststoffe

Faserlage und Zugfestigkeit (Polar-diagramm)	Stränge (undirektional)		Gewerbe (bidirektional)	Matten (multidirektional)		
UP-Harze	unverstärkt	70% GF	50% ··· 70% GF	35%	45%	55% GF
Dichte in g/cm^3	1,22	2,00	1,85	1,50	1,60	1,70
Zugfestigkeit in N/mm^2	60	650	320	120	160	180
Druckfestigkeit in N/mm^2	160	250	290	150	160	170
E-Modul in N/mm^2	4800	33000	27000	11000	12000	16000
Bruchdehnung in %	2,0	2,7	3,4	3,5	3,3	2,4

Werkstoff mit 30% GF	Kurz-zeichen — GF 30	Dichte ϱ in g/cm^3	Streck-spannung R_S in N/mm^2	E-Modul (Zug) E in N/mm^2	Reiß-dehnung A_R in %	Längenaus-dehnungszahl α in 1/K 10^{-5}
Polyamid 6	PA 6	1,35	180	8500	5	2 ··· 2,5
Polyamid 6.6	PA 6.6	1,35	190	10000	5	1,5 ··· 2
Polycarbonat	PC	1,43	90	6000	5	2,5 ··· 3
Polyoxymethylen	POM	1,58	140	9100	2 ··· 4	3 ··· 4

Kunststoff-Formmassen nach DIN 7708 T 2, T 3 (10.75)

Typ	Harz	Füllstoff	Biege-festig-keit N/mm^2	Schlag-zähig-keit kJ/m^2	Kerb-schlag-zähigk. kJ/m^2	Formbe-ständig-keit °C	Wasser-auf-nahme mg	Oberfl.-widerst. Vergl.-Zahl
11.5		Gesteinsmehl	50	3,5	1,3	150	45	7
13		Glimmer	50	3	2	150	20	10
31	PF	Holzmehl	70	6	1,5	125	150	8
51		Zellstoff	60	5	2,5	125	300	7
71		Baumwollfaser	60	6	6	125	250	7
74		Baumwollgewebeschnitzel	60	12	12	125	300	7
75		Kunstseidenstränge	60	14	14	125	300	8
131	UF	Zellstoff, kurzfaserig	80	6,5	1,5	100	300	10
150	MF	Holzmehl	70	6	1,5	120	250	10
152		Zellstoff, kurzfaserig	80	7	1,5	120	200	10
153		Baumwollfaser	60	5	3,5	125	300	9
155		Gesteinsmehl	40	2,5	1	130	200	8
180	PF	Holzmehl	80	6	1,5	120	180	10
181	MF	Zellstoff, kurzfaserig	80	7	1,5	120	150	10

4.4 Verbundwerkstoffe

Schichtpreßstoffe nach DIN 7735 T 2 (9.75)
Mindestwerte für Hartpapier (Hp), Hartgewebe (Hgw) und Hartmatte (Hm)

Typ	Harz	Füllstoff	Dichte ϱ in g/cm³	Grenz-temp. ϑ in °C	Zug-festig-keit R_m in N/mm²	Druck-festig-keit σ_D in N/mm²	Biege-festig-keit σ_{bB} in N/mm²	Prüf-spannung U in kV[1) ∥	⊥
Hp 2061	PF	Papier	1,3	120	120	150	150	15	15
Hp 2061.5				120	100	150	130	40	40
Hp 2062.8			…	120	70	120	80	25	30
Hp 2063				120	70	–	80	20	25
Hp 2064			1,4	120	100	100	130	–	–
Hp 2262	MF			90	80	150	100	25	20
Hp 2361	EP			110	70	120	120	20	20
Hgw 2072		Glasfilamentgewebe	1,7	130	100	150	200	20	25
Hgw 2081		Baumwoll-Grobgewebe	1,3	110	50	170	100	8	5
Hgw 2082		Baumwoll-Feingewebe	1,3	110	80	170	130	8	5
Hgw 2083		Baumwoll-Feinstgew.	1,3	110	100	170	150	8	5
Hgw 2272	MF	Glasfilamentgewebe	1,9	130	120	180	270	20	25
Hgw 2282		Baumwoll-Feingewebe	1,3	95	70	200	100	8	5
Hgw 2373	EP	Glasfilamentgewebe	1,8	130	220	200	350	40	40
Hgw 2572	SI		1,6	180	90	50	125	25	20
Hm 2471	UP		1,5	130	60	140	125	30	25
Hm 2472			1,7	130	100	150	200	30	25

Lieferform: Tafeln

[1) Prüfspannung: 1-min-Prüfspannung parallel bzw. senkrecht zur Schichtung mit 25 mm bzw. 3 mm Elektrodenabstand.

4.4.4 Eigenschaften von keramischen Werkstoffen

Werkstoff	Dichte ϱ in g/cm³	Längenaus-dehnungs-koeffizient α in 10^{-6}/K	Biege-festigkeit σ_b in N/mm²	E-Modul E in kN/mm²	Eigenschaften und Verwendung
Aluminium-oxid Al_2O_3	3,98	8	400	380	verschleißfest, chemisch, thermisch beständig (1000 °C), Schneidstoffe, Umformwerkzeuge
Zirkonium-oxid ZrO_2	5,56	10	600	240	chemisch, thermisch beständig (2100 °C), bruchunempfindlich, Umformwerkzeuge, λ-Sonde
Silicium-carbid HPSiC	3,21	4,5	650	440	hart, verschleißfest, temperatur-wechselbeständig (1350 °C), Schleifmittel, Brenner, Lager, Ventile
Silicium-nitrid $HPSi_3N_4$	3,19	3,5	700	210	bruchempfindlich, temperatur-wechselbeständig (1100 °C), Schneidstoff
Diamant	3,5	1	300	900	sehr hart, verschleißfest (600 °C), Schneidstoff, Lager, Schleifmittel

4

4.4 Verbundwerkstoffe

4.4.5 Verbundgleitlager

Blei- und Zinn-Gußlegierungen für Verbundgleitlager nach DIN ISO 4381 (10.82)

Werkstoff-Kurzname/ Nummer	Härte HB 10/250/180 20 °C 50 °C	120 °C 150 °C	Eigenschaften	Verwendung
PbSb15SnAs 2.3390	18 15	14 10	gut einbettfähig, geringe bis mittlere Belastung und Gleitgeschwindigkeit, für harte und weiche Wellen	Zweistofflager bis 3 mm Wanddicke, Pleuel-, Hauptlager, Getriebebuchsen, Kreuzköpfe, Gleitscheiben, Verdichter
PbSb15Sn10 2.3391	21 16	14 10		
PbSb14Sn9CuAs 2.3392	22 22	16 10	sehr warmfest, hohe Belastung und Gleitgeschwindigkeit	Elektromaschinen, Gleitlager, Getriebe, Pleuel, Walzen
PbSb10Sn6 2.3393	16 16	14 8	gut einbettfähig, geringe Belastung, mittlere Geschwindigkeit	Buchsen, Gleitscheiben, Haupt-, Pleuellager
SnSb12Cu6Pb 2.3790	20 25	12 8	mittlere Belastung, hohe Gleitgeschwindigkeit, stoßfest	Gleitlager, Elektromaschinen, Turbinen, Verdichter
SnSb8Cu4 2.3791	22 17	11 8	gut einbettfähig, hohe Belastung und Gleitgeschwindigkeit, sehr stoßbeanspruchbar, biegewechselfest	Zweistofflager bis 3 mm Wanddicke, Gleitscheiben, Haupt-, Pleuel-, Kreuzkopf-, Walzwerkslager
SnSb8Cu4Cd 2.3792	28 25	19 13		

Die Werkstoffe 2.3390, 2.3391, 2.3393 und 2.3791 werden nach DIN ISO 4383 (10.82) als Lagermetallbeschichtung auf Stahlstützkörper gegossen, gesintert oder walzplattiert. Gegebenenfalls wird hierauf eine Gleitschicht galvanisch aufgebracht (Overlay aus PbSn10Cu2, PbSn10 oder PbIn7).

Gerollte Buchsen für Gleitlager nach DIN 1494 T4 (12.83) Mehrschichtwerkstoffe

Werkstoff- Schlüssel/ Benennung	Kurzname	Nummer	Härte Stahl HB 1/30/10 Lager	Eigenschaften und Verwendung
T1 Stahl/Blei	St3 PbSb15SnAs	1.0333 2.3390	130 16 ··· 20 HV	sehr gute Notlaufeigenschaften, mäßige Belastung, Pumpen, Getriebe, Nockenwellen
T2 Stahl/Zinn	St3 SnSb8Cu4	1.0333 2.3793	130 17 ··· 24 HV	sehr gute Notlaufeigenschaften, mäßige Belastung, Kältetechnik, korrosionsbeständig
S1 Stahl/Kupfer	St3 G-CuPb24Sn	1.0333 2.1825	125 55 ··· 80 HB	hohe Belastung, gehärtete Zapfen, Getriebe, Pumpen, Lenkungen, Nockenwellen
S5 Stahl/Kupfer	St3 C-CuPb10Sn10	1.0333 2.1821	125 70 ··· 130 HB	sehr hohe Belastung, gehärtete Zapfen, Kolbenbolzen, Kipphebel, Getriebe, Pumpen
R1 Stahl/ Aluminium	St3 AlSn6Cu	1.0333 3.0691	170 35 ··· 45 HB	hohe Belastung, gehärtete Zapfen, Getriebe, Hydraulikpumpen, Kompressoren
P1 Stahl/ Kunststoff	St3 PTFE	1.0333 –	140 –	geringe Reibung, Einsatz −200 °C ··· +200 °C, Trockengleitlager, Federbeine, Hebel, Pumpen, Hubmagnete
P2 Stahl/ Kunststoff	St3 Thermoplast	1.0333 –	140 –	bei Anlaufschmierung hohe Belastung, Einsatz ···90 °C, Aufzüge, Krane, Landmaschinen, Getriebe

4

4.4 Verbundwerkstoffe

4.4.6 Sintermetalle nach DIN 30910 T1 (10.90)

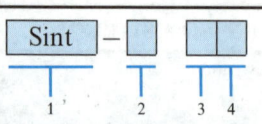

1 Kennzeichen Sinterwerkstoff
2 Kennbuchstabe Raumerfüllung
$R_x = \dfrac{\text{Dichte}}{\text{Feststoffdichte}}$

3 Kennziffer Zusammensetzung
4 Zählziffer ohne Systematik
Porosität $P = 100\% - R_x$

Kennbuchstabe	Raumerfüllung R_x in %	Verwendung und Eigenschaften	Kennbuchstabe	Raumerfüllung R_x in %	Verwendung und Eigenschaften
AF	< 73	Filter für Gase und Flüssigkeiten, warmfest	E	$94 \pm 2,5$	Formteile, Büromaschinen-, Relaisteile, Polschuhe
A	$75 \pm 2,5$	Gleitlager, gute Notlaufeigenschaften	F	$> 95,5$	Formteile, warmgepreßt, verschleiß-, dauerfest,
B	$80 \pm 2,5$	Gleitlager, ölgetränkt, beste Notlaufeigenschaften			Zahnräder, Kupplungen
			G	> 92	Formteile, infiltriert, öl-, wasserdicht, Pumpenteile
C	$85 \pm 2,5$	Gleitlager, Formteile, Maschinenteile	S	> 90	Gleitlager, Gleitelemente warmgepreßt
D	$90 \pm 2,5$	Formteile, Reibwerkstoffe, schweiß- und härtbar			

Kennziffer	Chemische Zusammensetzung	Kennziffer	Chemische Zusammensetzung
0	Sintereisen, Sinterstahl, unlegiert $0 \cdots 1\%$ Cu, mit oder ohne C	4	Sinterstahl, mit oder ohne C und Cu, andere Legierungselemente $> 6\%$
1	Sinterstahl, $1 \cdots 5\%$ Cu, mit oder ohne C	5	Sinterlegierungen mit mehr als 60% Cu (z.B. Bronze, Messing)
2	Sinterstahl, mehr als 5% Cu, mit oder ohne C	6	Sinterlegierungen aus sonstigen Buntmetallen
3	Sinterstahl, mit oder ohne C und Cu, andere Legierungselemente $< 6\%$	7	Sinterleichtmetalle
		8, 9	Reserve

Kurzname	Festigkeit R_m in N/mm²	Zusammensetzung	Kurzname	Festigkeit R_m in N/mm²	Zusammensetzung
Sint-AF 40	$10 \cdots 150$	Sinterstahl (CrNi)	Sint-A 34	> 120	Sinterstahl mit
Sint-AF 50	$10 \cdots 80$	Sinter-CuSn (Bronze)	Sint-B 34	> 170	Cu und Sn
Sint-AF 90	$0,2$	Sinter-Polyethylen	Sint-C 35	> 230	Sinterstahl,
			Sint-D 35	> 300	phosphorhaltig
Sint-A 00	> 60	Sintereisen			
Sint-B 00	> 80	Sintereisen,	Sint-S 41	> 85	Sinterstahl mit C, Cu, Ni
Sint-D 02	> 190	weichmagnetisch	Sint-A 50	> 70	Sinter-CuSn (Bronze)
			Sint-D 50	> 220	
Sint-B 10	> 150	Sinterstahl,	Sint-S 51	> 40	Sinter-CuSn, graphith.
Sint-E 10	> 350	kupferhaltig			
Sint-A 11	> 200	Sinterstahl,	Sint-C 52	> 90	Sinter-CuZn
Sint-B 11	> 250	kohlenstoff- und	Sint-D 52	> 100	(Messing)
Sint-D 11	> 500	kupferhaltig	Sint-S 53	> 45	Sinter-CuSn, C+Pb-haltig
Sint-S 11	> 45	mit MoS₂	Sint-C 54	> 100	Sinter-CuNiZn
			Sint-S 61	> 80	Sinter-CuNiFe, graphith.
Sint-B 21	> 250	Sinterstahl, kohlenstoff-			
Sint-C 21	> 350	haltig, über 5% Cu	Sint-D 71	> 90	Sinteraluminium
Sint-G 22	> 75	Sinterstahl, Cu infiltriert	Sint-E 71	> 100	(AlMgCu)
Sint-C 30	> 260	Sinterstahl,	Sint-D 73	> 120	Sinteraluminium
Sint-D 30	> 550	Cu- und Ni-haltig	Sint-E 73	> 140	(AlCuMg)

4.5 Form- und Maßnormen

4.5.1 Stahl

Blanker Flachstahl nach DIN 174 (6.69)

Breite in mm	Längenbezogene Masse m' in kg/m — Dicke in mm												
	2	2,5	3	4	5	6	8	10	12	16	20	25	32
5	0,079	0,098	0,118	–	–	–	–	–	–	–	–	–	–
6	0,094	0,118	0,141	0,188	–	–	–	–	–	–	–	–	–
8	0,126	0,157	0,188	0,251	0,314	0,377	–	–	–	–	–	–	–
10	0,157	0,196	0,236	0,314	0,393	0,471	–	–	–	–	–	–	–
12	0,188	0,236	0,283	0,377	0,471	0,565	0,754	–	–	–	–	–	–
14	0,220	0,275	0,330	0,440	0,550	0,659	0,879	(1,10)	–	–	–	–	–
16	0,251	0,314	0,377	0,502	0,628	0,754	1,00	1,26	–	–	–	–	–
18	0,283	0,354	0,424	0,565	0,707	0,848	1,13	1,41	1,70	–	–	–	–
20	0,314	0,393	0,471	0,628	0,785	0,942	1,26	1,57	1,88	2,51	–	–	–
22	0,345	–	0,518	0,691	0,864	1,04	1,38	1,73	2,07	–	–	–	–
25	0,393	0,491	0,589	0,785	0,981	1,18	1,57	1,96	2,36	3,14	3,93	–	–
28	0,440	–	0,659	0,879	1,10	1,32	1,76	2,20	2,64	3,52	4,40	–	–
32	0,502	0,628	0,754	1,00	1,26	1,51	2,01	2,51	(3,01)	4,02	5,02	6,28	–
36	0,565	0,707	0,848	1,13	1,41	1,70	(2,26)	2,83	3,39	(4,52)	5,56	–	–
40	0,628	–	0,942	1,26	1,57	1,88	2,51	3,14	3,77	5,02	6,28	7,85	10,0
45	0,707	–	1,06	1,41	1,77	2,12	2,83	3,53	(4,24)	5,56	7,07	8,83	11,3
50	0,785	–	1,18	1,57	1,96	2,36	3,14	3,93	4,71	6,28	7,85	9,81	12,6
63	–	–	1,48	1,98	2,47	2,97	3,96	4,95	5,93	(7,91)	9,89	(12,4)	15,8
70	–	–	–	2,20	2,75	3,30	(4,40)	5,50	6,59	8,79	11,0	13,7	–
80	–	–	–	–	3,14	3,77	(5,02)	6,28	7,54	10,0	12,6	15,7	–
90	–	–	–	–	3,53	4,24	(5,65)	7,07	8,48	11,3	14,1	17,7	–
100	–	–	–	–	3,93	4,71	(6,28)	7,85	9,42	12,6	15,7	19,6	–

Blanker Rundstahl nach DIN 668 (10.81), Blanker Vierkantstahl nach DIN 178 (6.69)
Blanker Sechskantstahl nach DIN 176 (2.72)

Längenbezogene Masse m' in kg/m

d, a, s	Rund (d)	Vierkant (a)	Sechskant (s)	d, a, s	Rund (d)	Vierkant (a)	Sechskant (s)	d, a, s	Rund (d)	Vierkant (a)	Sechskant (s)
2	0,025	0,031	0,027	10	0,617	0,785	0,680	36	8,81	10,2	7,99
2,5	0,039	–	0,043	11	0,746	0,950	0,823	38	9,82	–	8,90
3	0,056	0,071	0,061	12	0,888	1,13	0,979	40	–	12,6	9,68
3,5	0,076	0,096	0,083	14	1,21	1,54	1,33	45	–	15,9	12,5
4	0,099	0,126	0,109	16	1,58	2,01	1,74	50	17,0	19,6	14,4
4,5	0,125	0,159	0,138	17	(1,78)	(2,27)	1,96	55	20,6	(23,7)	18,7
5	0,154	0,196	0,170	18	2,00	2,54	–	60	24,5	(28,3)	22,2
5,5	(0,187)	0,237	0,206	20	2,47	3,14	–	65	28,7	(33,2)	(26,0)
6	0,222	0,283	0,245	22	2,98	3,80	3,29	70	33,3	(38,5)	(30,2)
7	0,302	0,385	0,333	25	3,85	4,91	–	80	43,5	50,2	39,5
8	0,395	0,502	0,435	30	5,55	(7,07)	6,12	90	55,1	–	49,9
9	0,499	0,636	0,551	32	6,31	8,04	6,96	100	68,0	78,5	61,7

Gleichschenkliger Winkelstahl, warmgewalzt, rundkantig **nach DIN 1028** (10.76)

Abmessungen

Anreißmaße nach DIN 997 (10.70)

Kurzbezeichnung:
L 50 × 5 DIN 1028-USt 37-2

Benennungen:

a	Schenkelbreite	w	Wurzel-(Anreiß-)maße
s	Schenkeldicke	d	maximaler Bohrungs-
e	Achsabstand		durchmesser
S	Querschnitt	I	Trägheitsmoment
m'	längenbezogene	W	Widerstandsmoment
	Masse	i	Trägheitshalbmesser

Kurz-zeichen L	a mm	s mm	r_1 mm	r_2 mm	w_1 mm	w_2 mm	d mm	S cm²	m' kg/m	e cm	I cm⁴	W cm³	i cm
20 × 3	20	3	3,5	2	12	–	4,3	1,12	0,88	0,60	0,39	0,28	0,59
25 × 3	25	3	3,5	2	15	–	6,4	1,42	1,12	0,73	0,79	0,45	0,75
25 × 4	25	4	3,5	2	15	–	6,4	1,85	1,45	0,76	1,01	0,58	0,74
25 × 5	25	5	3,5	2	15	–	6,4	2,26	1,77	0,80	1,18	0,69	0,72
30 × 3	30	3	5	2,5	17	–	8,4	1,74	1,36	0,84	1,41	0,65	0,90
30 × 4	30	4	5	2,5	17	–	8,4	2,27	1,78	0,89	1,81	0,86	0,89
30 × 5	30	5	5	2,5	17	–	8,4	2,78	2,18	0,92	2,16	1,04	0,88
35 × 4	35	4	5	2,5	18	–	11	2,67	2,10	1,00	2,96	1,18	1,05
35 × 5	35	5	5	2,5	18	–	11	3,28	2,57	1,04	3,56	1,45	1,04
35 × 6	35	6	5	2,5	18	–	11	3,87	3,04	1,08	4,14	1,71	1,04
40 × 4	40	4	6	3	22	–	11	3,08	2,42	1,12	4,48	1,56	1,21
40 × 5	40	5	6	3	22	–	11	3,79	2,97	1,16	5,43	1,91	1,20
40 × 6	40	6	6	3	22	–	11	4,48	3,52	1,20	6,33	2,26	1,19
45 × 5	45	5	7	3,5	25	–	13	4,30	3,38	1,28	7,83	2,43	1,35
50 × 5	50	5	7	3,5	30	–	13	4,80	3,77	1,40	11,0	3,05	1,51
50 × 6	50	6	7	3,5	30	–	13	5,69	4,47	1,45	12,8	3,61	1,50
50 × 7	50	7	7	3,5	30	–	13	6,56	5,15	1,49	14,6	4,15	1,49
60 × 6	60	6	8	4	35	–	17	6,91	5,42	1,69	22,8	5,29	1,82
60 × 8	60	8	8	4	35	–	17	9,03	7,09	1,77	29,1	6,88	1,80
60 × 10	60	10	8	4	35	–	17	11,1	8,69	1,85	34,9	8,41	1,78
70 × 7	70	7	9	4,5	40	–	21	9,4	7,38	1,97	42,4	8,43	2,12
70 × 9	70	9	9	4,5	40	–	21	11,9	9,34	2,05	52,6	10,6	2,10
70 × 11	70	11	9	4,5	40	–	21	14,3	11,2	2,13	61,8	12,7	2,08
80 × 8	80	8	10	5	45	–	23	12,3	9,66	2,26	72,3	12,6	2,42
80 × 10	80	10	10	5	45	–	23	15,1	11,9	2,34	87,5	15,5	2,41
80 × 12	80	12	10	5	45	–	23	17,9	14,1	2,41	102	18,2	2,39
90 × 9	90	9	11	5,5	50	–	25	15,5	12,2	2,54	116	18,0	2,74
90 × 11	90	11	11	5,5	50	–	25	18,7	14,7	2,62	138	21,6	2,72
90 × 13	90	13	11	5,5	50	–	25	21,8	17,1	2,70	158	25,1	2,69
100 × 10	100	10	12	6	55	–	25	19,2	15,1	2,82	177	24,7	3,04
100 × 12	100	12	12	6	55	–	25	22,7	17,8	2,90	207	29,2	3,02
100 × 14	100	14	12	6	55	–	25	26,2	20,6	2,98	235	33,5	3,00
120 × 11	120	11	13	6,5	50	80	25	25,4	19,9	3,36	341	39,5	3,66
120 × 13	120	13	13	6,5	50	80	25	29,7	23,3	3,44	394	46,0	3,64
120 × 15	120	15	13	6,5	50	80	25	33,9	26,6	3,51	446	52,5	3,63
150 × 14	150	14	16	8	60	105	28	40,3	31,6	4,21	845	78,2	4,58

4.5 Form- und Maßnormen

Ungleichschenkliger Winkelstahl, warmgewalzt, rundkantig **nach DIN 1029** (7.78)

Abmessungen

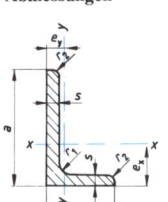

Anreißmaße nach DIN 997 (10.70)

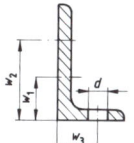

Kurzbezeichnung:
L 50 × 40 × 5 DIN 1029-USt 37-2

Benennungen:

a, b	Schenkelbreite	w	Wurzel-(Anreiß-)maße
s	Schenkeldicke	d	max. Durchmesser
S	Querschnitt	e	Achsabstand
m'	längenbezogene	I	Trägheitsmoment
	Masse	W	Widerstandsmoment
		i	Trägheitshalbmesser

4

Kurzz. L $a \times b \times s$ mm mm mm	w_1 mm	w_2 mm	w_3 mm	d_1 mm	d_2 mm	S cm²	m' kg/m	e_x cm	e_y cm	I_x cm⁴	W_x cm³	i_x cm	W_y cm⁴	I_y cm³	i_y cm
30 × 20 × 3	17	–	12	8,4	4,3	1,42	1,11	0,99	0,50	1,25	0,62	0,94	0,44	0,29	0,56
30 × 20 × 4	17	–	12	8,4	4,3	1,85	1,45	1,03	0,54	1,59	0,81	0,93	0,55	0,38	0,55
40 × 20 × 4	22	–	12	11	4,3	2,25	1,77	1,47	0,48	3,59	1,42	1,26	0,60	0,39	0,52
45 × 30 × 4	25	–	17	13	8,4	2,87	2,25	1,48	0,75	5,78	1,91	1,42	2,05	0,91	0,85
45 × 30 × 5	25	–	17	13	8,4	3,53	2,77	1,52	0,78	6,99	2,35	1,41	2,47	1,11	0,84
50 × 30 × 4	30	–	17	13	8,4	3,07	2,41	1,68	0,70	7,71	2,33	1,59	2,09	0,91	0,82
50 × 30 × 5	30	–	17	13	8,4	3,78	2,96	1,73	0,74	9,41	2,88	1,58	2,54	1,12	0,82
50 × 40 × 5	30	–	22	13	11	4,27	3,35	1,56	1,07	10,4	3,02	1,56	5,89	2,01	1,18
60 × 30 × 5	35	–	17	17	8,4	4,29	3,37	2,15	0,68	15,6	4,04	1,90	2,60	1,12	0,78
60 × 40 × 5	35	–	22	17	11	4,79	3,76	1,96	0,97	17,2	4,25	1,89	6,11	2,02	1,13
60 × 40 × 6	35	–	22	17	11	5,68	4,46	2,00	1,01	20,1	5,03	1,88	7,12	2,38	1,12
75 × 55 × 7	40	–	30	23	17	6,30	4,95	2,31	1,33	35,5	6,48	2,37	16,2	3,89	1,60
75 × 55 × 7	40	–	30	23	17	8,66	6,80	2,40	1,41	47,9	9,39	2,35	21,8	5,32	1,59
80 × 40 × 6	45	–	22	23	11	6,89	5,41	2,85	0,88	44,9	8,73	2,55	7,69	2,44	1,05
80 × 40 × 8	45	–	22	23	11	9,01	7,07	2,94	0,95	57,6	11,4	2,53	9,68	3,18	1,04
80 × 65 × 8	45	–	35	23	21	11,0	8,66	2,47	1,73	68,1	12,3	2,49	40,1	8,41	1,91
90 × 60 × 6	50	–	30	25	17	8,69	6,82	2,89	1,41	71,7	11,7	2,87	25,8	5,61	1,72
90 × 60 × 8	50	–	30	25	17	11,4	8,96	2,97	1,49	92,5	15,4	2,85	33,0	7,31	1,70
100 × 50 × 6	55	–	30	25	13	8,73	6,85	3,49	1,04	89,7	13,8	3,20	15,3	3,86	1,32
100 × 50 × 8	55	–	30	25	13	11,5	8,99	3,59	1,13	116	18,0	3,18	19,5	5,04	1,31
100 × 65 × 7	55	–	35	25	21	11,2	8,77	3,23	1,51	113	16,6	3,17	37,6	7,54	1,84
100 × 65 × 9	55	–	35	25	21	14,2	11,1	3,32	1,59	141	21,0	3,15	46,7	9,52	1,82
100 × 75 × 9	55	–	40	25	23	15,1	11,8	3,15	1,91	148	21,5	3,13	71,0	12,7	2,17
120 × 80 × 8	50	80	45	25	23	15,5	12,2	3,83	1,87	226	27,6	3,82	80,8	13,2	2,29
120 × 80 × 10	50	80	45	25	23	19,1	15,0	3,92	1,95	276	34,1	3,80	98,1	16,2	2,27
120 × 80 × 12	50	80	45	25	23	22,7	17,8	4,00	2,03	323	40,4	3,77	114	19,1	2,25
130 × 65 × 8	50	90	35	25	21	15,1	11,9	4,56	1,37	263	31,1	4,17	44,8	8,72	1,72
130 × 65 × 10	50	90	35	25	21	18,6	14,6	4,65	1,45	321	38,4	4,15	54,2	10,7	1,71
150 × 75 × 9	60	105	40	28	23	19,5	15,3	5,28	1,57	445	46,8	4,83	78,3	13,2	2,00
150 × 75 × 11	60	105	40	28	23	23,6	18,6	5,37	1,65	545	56,6	4,80	93,0	15,9	1,98
150 × 100 × 10	60	105	55	28	25	24,2	19,0	4,80	2,34	552	54,1	4,78	198	25,8	2,86
150 × 100 × 12	60	105	55	28	25	28,7	22,6	4,89	2,42	650	64,2	4,76	232	30,6	2,84
180 × 90 × 10	60	135	50	28	25	26,2	20,6	6,28	1,85	880	75,1	5,80	152	21,2	2,40
200 × 100 × 12	65	150	55	28	25	34,8	27,3	7,03	2,10	1440	111	6,43	247	31,3	2,67
200 × 100 × 14	65	150	55	28	25	40,3	31,6	7,12	2,18	1650	128	6,41	282	36,1	2,65

U-Stahl, warmgewalzt, rundkantig **nach DIN 1026** (10.63)

Abmessungen

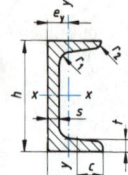

Anreißmaße nach
DIN 997 (10.70)

Kurzbezeichnung:
U 100 DIN 1026-St 37-2

Benennungen:

h	Steghöhe	w	Wurzel-(Anreiß-)maße
b	Flanschbreite	d	max. Durchmesser
s, t	Dicke	e	Achsabstand
S	Querschnitt	I	Trägheitsmoment
m'	längenbezogene	W	Widerstandsmoment
	Masse	i	Trägheitsradius

$r_1 = t, \quad r_2 = t/2$
$c = b/2$ für $h \leq 300, \quad c = (b-s)/2$ für $h > 300$

Kurzz. U	h mm	b mm	s mm	t mm	w mm	d mm	S cm²	m' kg/m	e_y cm	I_x cm⁴	W_x cm³	i_x cm	I_y cm⁴	W_y cm³	i_y cm
30 × 15	30	15	4	4,5	10	4,3	2,21	1,74	0,52	2,53	1,69	1,07	0,38	0,39	0,42
30	30	33	5	7	20	8,4	5,44	4,27	1,31	6,39	4,26	1,08	5,33	2,68	0,99
40 × 20	40	20	5	5,5	11	6,4	3,66	2,87	0,67	7,58	3,79	1,44	1,14	0,86	0,56
40	40	35	5	7	20	11	6,21	4,87	1,33	14,1	7,05	1,50	6,68	3,08	1,04
50 × 25	50	25	5	6	16	8,4	4,92	3,86	0,81	16,8	6,73	1,85	2,49	1,48	0,71
50	50	38	5	7	20	11	7,12	5,59	1,37	26,4	10,6	1,92	9,12	3,75	1,13
60	60	30	6	6	18	8,4	6,46	5,07	0,91	31,6	10,5	2,21	4,51	2,16	0,84
65	65	42	5,5	7,5	25	11	9,03	7,09	1,42	57,5	17,7	2,52	14,1	5,07	1,25
80	80	45	6	8	25	13	11,0	8,64	1,5	106	26,5	3,10	19,4	6,36	1,33
100	100	50	6	8,5	30	13	13,5	10,6	1,55	206	41,2	3,91	29,3	8,49	1,47
120	120	55	7	9	30	17	17,0	13,4	1,60	364	60,7	4,62	43,2	11,1	1,59
140	140	60	7	10	35	17	20,4	16,0	1,75	605	86,4	5,45	62,7	14,8	1,75
160	160	65	7,5	10,5	35	21	24,0	18,8	1,84	925	116	6,21	85,3	18,3	1,89
180	180	70	8	11	40	21	28,0	22,0	1,92	1350	150	6,95	114	22,4	2,02
200	200	75	8,5	11,5	40	23	32,2	25,3	2,01	1910	191	7,70	148	27,0	2,14
220	220	80	9	12,5	45	23	37,4	29,4	2,14	2690	245	8,48	197	33,6	2,30
240	240	85	9,5	13	45	25	42,3	33,2	2,23	3600	300	9,22	248	39,6	2,42
260	260	90	10	14	50	25	48,3	37,9	2,36	4820	371	9,99	317	47,7	2,56
280	280	95	10	15	50	25	53,3	41,8	2,53	6280	448	10,9	399	57,2	2,74
300	300	100	10	16	55	28	58,8	46,2	2,70	8030	535	11,7	495	67,8	2,90
350	350	100	14	16	55	28	77,3	60,6	2,40	12840	734	12,9	570	75,0	2,72
400	400	110	14	18	60	28	91,5	71,8	2,65	20350	1020	14,9	846	102	3,04

Z-Stahl, warmgewalzt, rundkantig **nach DIN 1027** (10.63)

Abmessungen

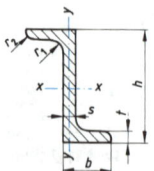

Anreißmaße nach
DIN 997 (10.70)

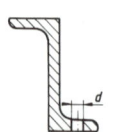

Kurzbezeichnung:
Z 100 DIN 1027-USt 37-2

Benennungen:

h	Steghöhe	w	Wurzel-(Anreiß-)maße
b	Flanschbreite	d	max. Durchmesser
s, t	Dicke	I	Trägheitsmoment
S	Querschnitt	W	Widerstandsmoment
m'	längenbezogene	i	Trägheitsradius
	Masse		

(Fortsetzung rechte Seite)

Kurzz. ⌐	h mm	b mm	s mm	$r_1=t$ mm	r_2 mm	w mm	d mm	S cm²	m' kg/m	I_x cm⁴	W_x cm³	i_x cm	I_y cm⁴	W_y cm³	i_y cm
30	30	38	4	4,5	2,5	20	11	4,32	3,39	5,96	3,97	1,17	13,7	3,80	1,78
40	40	40	4,5	5	2,5	22	11	5,43	4,26	13,5	6,75	1,58	17,6	4,66	1,80
50	50	43	5	5,5	3	25	11	6,77	5,31	26,3	10,5	1,97	25,8	5,88	1,88
60	60	45	5	6	3	25	13	7,91	6,21	44,7	14,9	2,38	30,1	7,09	1,95
80	80	50	6	7	3,5	30	13	11,1	8,71	109	27,3	3,13	47,4	10,1	2,07
100	100	55	6,5	8	4	30	17	14,5	11,4	222	44,4	3,91	72,5	14,0	2,24
120	120	60	7	9	4,5	35	17	18,2	14,3	402	67,0	4,70	106	18,8	2,42
140	140	65	8	10	5	35	17	22,9	18,0	676	96,6	5,43	148	24,3	2,54
160	160	70	8,5	11	5,5	35	21	27,5	21,6	1060	132	6,20	204	31,0	2,72
180	180	75	9,5	12	6	40	23	33,3	26,1	1600	178	6,92	270	38,4	2,84
200	200	80	10	13	6,5	45	23	38,7	30,4	2300	230	7,71	357	47,6	3,04

T-Stahl, warmgewalzt, rundkantig **nach DIN 1024** (3.82)

Abmessungen	Anreißmaße nach DIN 997 (10.70)	Kurzbezeichnung: T 100 DIN 1024-St 37-2

Benennungen:

b	Fußbreite	w	Wurzel-(Anreiß-)maße
h	Steghöhe	d	max. Durchmesser
s, t	Dicke	e	Achsabstand
S	Querschnitt	I	Trägheitsmoment
m'	längenbezogene Masse	W	Widerstandsmoment
		i	Trägheitsradius

$r_1 = s$ $r_2 = s/2$
Steg-, Fußneigung 2%

Kurzz. T	b mm	h mm	$s=t$ mm	w_1 mm	w_2 mm	d mm	S cm²	m' kg/m	e_x cm	I_x cm⁴	W_x cm³	i_x cm	I_y cm⁴	W_y cm³	i_y cm
20	20	20	3	–	–	3,2	1,12	0,88	0,58	0,38	0,27	0,58	0,20	0,20	0,42
25	25	25	3,5	15	14	3,2	1,64	1,29	0,73	0,87	0,49	0,73	0,43	0,34	0,51
30	30	30	4	17	17	4,3	2,26	1,77	0,85	1,72	0,80	0,87	0,87	0,58	0,62
35	35	35	4,5	19	19	4,3	2,97	2,33	0,99	3,10	1,23	1,04	1,57	0,90	0,73
40	40	40	5	21	22	6,4	3,77	2,96	1,12	5,28	1,84	1,18	2,58	1,29	0,83
45	45	45	5,5	24	25	6,4	4,67	3,67	1,26	8,13	2,51	1,32	4,01	1,78	0,93
50	50	50	6	30	30	6,4	5,66	4,44	1,39	12,1	3,36	1,46	6,06	2,42	1,03
60	60	60	7	34	35	8,4	7,94	6,23	1,66	23,8	5,48	1,73	12,2	4,07	1,24
70	70	70	8	38	40	11	10,6	8,32	1,94	44,5	8,79	2,05	22,1	6,32	1,44
80	80	80	9	45	45	11	13,6	10,7	2,22	73,7	12,8	2,33	37,0	9,25	1,65
90	90	90	10	50	50	13	17,1	13,4	2,48	119	18,2	2,64	58,5	13,0	1,85
100	100	100	11	60	60	13	20,9	16,4	2,74	179	24,6	2,92	88,3	17,7	2,05
120	120	120	13	70	70	17	29,6	23,2	3,28	366	42,0	3,51	178	29,7	2,45
140	140	140	15	80	75	21	39,9	31,3	3,80	660	64,7	4,07	330	47,2	2,88
TB	**Breitfüßiger T-Stahl,** rundkantig														
30	60	30	5,5	34	–	8,4	4,64	3,64	0,67	2,58	1,11	0,75	8,62	2,87	1,36
35	70	35	6	37	–	11	5,94	4,66	0,77	4,49	1,65	0,87	15,1	4,31	1,59
40	80	40	7	45	–	11	7,91	6,21	0,88	7,81	2,50	0,99	28,5	7,13	1,90
50	100	50	8,5	55	–	13	12,0	9,42	1,09	18,7	4,78	1,25	67,7	13,5	2,38
60	120	60	10	65	–	17	17,0	13,4	1,30	38,0	8,09	1,49	137	22,8	2,84

4

4.5 Form- und Maßnormen

Schmale I-Träger, warmgewalzt nach DIN 1025 T1 (10.63)

Abmessungen	Anreißmaße nach DIN 997 (10.70)	Kurzbezeichnung:

 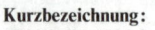

Kurzbezeichnung:
I 200 DIN 1025-St 37-2

Benennungen:

h	Steghöhe	w	Wurzel-(Anreiß-)maße
b	Flanschbreite	d	max. Durchmesser
s,t	Dicke	I	Trägheitsmoment
S	Querschnitt	W	Widerstandsmoment
m'	längenbezogene Masse	i	Trägheitsradius

Neigung der inneren Flanschflächen 14%

I	h mm	b mm	$s=r_1$ mm	t mm	r_2 mm	w mm	d mm	S cm²	m' kg/m	I_x cm⁴	W_x cm³	i_x cm	I_y cm⁴	W_y cm³	i_y cm
80	80	42	3,9	5,9	2,3	22	6,4	7,57	5,94	77,8	19,5	3,20	6,29	3,00	0,91
100	100	50	4,5	6,3	2,7	28	6,4	10,6	8,34	171	34,2	4,01	12,2	4,88	1,07
120	120	58	5,1	7,7	3,1	32	8,4	14,2	11,1	328	54,7	4,81	21,5	7,41	1,23
140	140	66	5,7	8,6	3,4	34	11	18,2	14,3	573	81,9	5,61	35,2	10,7	1,40
160	160	74	6,3	9,5	3,8	40	11	22,8	17,9	935	117	6,40	54,7	14,8	1,55
180	180	82	6,9	10,4	4,1	44	13	27,9	21,9	1450	161	7,20	81,3	19,8	1,71
200	200	90	7,5	11,3	4,5	48	13	33,4	26,2	2140	214	8,00	117	26,0	1,87
220	220	98	8,1	12,2	4,9	52	13	39,5	31,1	3060	278	8,80	162	33,1	2,02
240	240	106	8,7	13,1	5,2	56	17	46,1	36,2	4250	354	9,59	221	41,7	2,20
260	260	113	9,4	14,1	5,6	60	17	53,3	41,9	5740	442	10,4	288	51,0	2,32
280	280	119	10,1	15,2	6,1	60	17	61,0	47,9	7590	542	11,1	364	61,2	2,45
300	300	125	10,8	16,2	6,5	64	21	69,0	54,2	9800	653	11,9	451	72,2	2,56
320	320	131	11,5	17,3	6,9	70	21	77,7	61,0	12510	782	12,7	555	84,7	2,67
340	340	137	12,2	18,3	7,3	74	21	86,7	68,0	15700	923	13,5	674	98,4	2,80
360	360	143	13,0	19,5	7,8	76	23	97,0	76,1	19610	1090	14,2	818	114	2,90
380	380	149	13,7	20,5	8,2	82	23	107	84,0	24010	1260	15,0	975	131	3,02
400	400	155	14,4	21,6	8,6	86	23	118	92,4	29210	1460	15,7	1160	149	3,13
425	425	163	15,3	23,0	9,2	88	25	132	104	36970	1740	16,7	1440	176	3,30
450	450	170	16,2	24,3	9,7	94	25	147	115	45580	2040	17,7	1730	203	3,43
475	475	178	17,1	25,6	10,3	96	28	163	128	56480	2380	18,6	2090	235	3,60
500	500	185	18,0	27,0	10,8	100	28	179	141	68740	2750	19,6	2480	268	3,72
550	550	200	19,0	30,0	11,9	110	28	212	166	99180	3610	21,6	3490	349	4,02
600	600	215	21,6	32,4	13,0	120	28	254	199	139000	4630	23,4	4670	434	4,30

Breite I-Träger mit parallelen Flanschflächen, warmgewalzt nach DIN 1025 T2 (10.63)

Abmessungen	Anreißmaße nach DIN 997 (10.70)	Kurzbezeichnung:

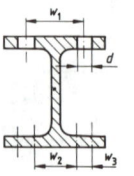

Kurzbezeichnung:
I PB 200 DIN 1025-St 37-2

Benennungen:

h	Steghöhe	w	Wurzel-(Anreiß-)maße
b	Flanschbreite	d	max. Durchmesser
s,t	Dicke	I	Trägheitsmoment
S	Querschnitt	W	Widerstandsmoment
m'	längenbezogene Masse	i	Trägheitsradius

(Fortsetzung rechte Seite)

IPB	h mm	b mm	s mm	t mm	r mm	$w_{1,2}$ mm	w_3 mm	d mm	S cm²	m' kg/m	I_x cm⁴	W_x cm³	i_x cm	I_y cm⁴	W_y cm³	i_y cm
100	100	100	6	10	12	56	–	13	26,0	20,4	450	89,9	4,16	167	33,5	2,53
120	120	120	6,5	11	12	66	–	17	34,0	26,7	864	144	5,04	318	52,9	3,06
140	140	140	7	12	12	76	–	21	43,0	33,7	1 510	216	5,93	550	78,5	3,58
160	160	160	8	13	15	86	–	23	54,3	42,6	2 490	311	6,78	889	111	4,05
180	180	180	8,5	14	15	100	–	25	65,3	51,2	3 830	426	7,66	1 360	151	4,57
200	200	200	9	15	18	110	–	25	78,1	61,3	5 700	570	8,54	2 000	200	5,07
220	220	220	9,5	16	18	120	–	25	91,0	71,5	8 090	736	9,43	2 840	258	5,59
240	240	240	10	17	21	96	35	25	106	83,2	11 260	938	10,3	3 920	327	6,08
260	260	260	10	17,5	24	106	40	25	118	93,0	14 920	1 150	11,2	5 130	395	6,58
280	280	280	10,5	18	24	110	45	25	131	103	19 270	1 380	12,1	6 590	471	7,09
300	300	300	11	19	27	120	45	28	149	117	25 170	1 680	13,0	8 560	571	7,58
320	320	300	11,5	20,5	27	120	45	28	161	127	30 820	1 930	13,8	9 240	616	7,57
340	340	300	12	21,5	27	120	45	28	171	134	36 660	2 160	14,6	9 690	646	7,53
360	360	300	12,5	22,5	27	120	45	28	181	142	43 190	2 400	15,5	10 140	676	7,49
400	400	300	13,5	24	27	120	45	28	198	155	57 680	2 880	17,1	10 820	721	7,40
450	450	300	14	26	27	120	45	28	218	171	79 890	3 550	19,1	11 720	781	7,33
500	500	300	14,5	28	27	120	45	28	239	187	107 200	4 290	21,2	12 620	842	7,27

Mittelbreiter I-Träger mit parallelen Flanschflächen (EURONORM) **nach DIN 1025 T5** (3.65)

Abmessungen

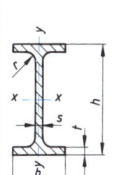

Anreißmaße nach DIN 997 (10.70)

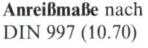

Kurzbezeichnung:
I PE 200 DIN 1025-St 37-2

Benennungen:

h	Steghöhe	w	Wurzel-(Anreiß-)maße
b	Flanschbreite	d	max. Durchmesser
s, t	Dicke	I	Trägheitsmoment
S	Querschnitt	W	Widerstandsmoment
m'	längenbezogene Masse	i	Trägheitsradius

IPE	h mm	b mm	s mm	t mm	r mm	w mm	d mm	S cm²	m' kg/m	I_x cm⁴	W_x cm³	i_x cm	I_y cm⁴	W_y cm³	i_y cm
80	80	46	3,8	5,2	5	25	6,4	7,64	6,0	80,1	20,0	3,24	8,49	3,69	1,05
100	100	55	4,1	5,7	7	30	8,4	10,3	8,1	171	34,2	4,07	15,9	5,79	1,24
120	120	64	4,4	6,3	7	35	8,4	13,2	10,4	318	53,0	4,90	27,7	8,65	1,45
140	140	73	4,7	6,9	7	40	11	16,4	12,9	541	77,3	5,74	44,9	12,3	1,65
160	160	82	5,0	7,4	9	44	13	20,1	15,8	869	109	6,58	68,3	16,7	1,84
180	180	91	5,3	8,0	9	48	13	23,9	18,8	1 320	146	7,42	101	22,2	2,05
200	200	100	5,6	8,5	12	52	13	28,5	22,4	1 940	194	8,26	142	28,5	2,24
220	220	110	5,9	9,2	12	58	17	33,4	26,2	2 770	252	9,11	205	37,3	2,48
240	240	120	6,2	9,8	15	65	17	39,1	30,7	3 890	324	9,97	284	47,3	2,69
270	270	135	6,6	10,2	15	72	21	45,9	36,1	5 790	429	11,2	420	62,2	3,02
300	300	150	7,1	10,7	15	80	23	53,8	42,2	8 360	557	12,5	604	80,5	3,35
330	330	160	7,5	11,5	18	85	25	62,6	49,1	11 770	713	13,7	788	98,5	3,55
360	360	170	8,0	12,7	18	90	25	72,7	57,1	16 270	904	15,0	1 040	123	3,79
400	400	180	8,6	13,5	21	95	28	84,5	66,3	23 130	1 160	16,5	1 320	146	3,95
450	450	190	9,4	14,6	21	100	28	98,8	77,6	33 740	1 500	18,5	1 680	176	4,12
500	500	200	10,2	16,0	21	110	28	116	90,7	48 200	1 930	20,4	2 140	214	4,31

4

4.5 Form- und Maßnormen

Nahtlose Präzisionsstahlrohre nach DIN 2391 T1 (7.81)

Durchmesser d in mm und längenbezogene Masse m' in kg/m

Wandstärke in mm

d	0,5	1	1,5	2	2,5	3	4	5	6	7	8	9	10
5	0,056	0,099	–	–	–	–	–	–	–	–	–	–	–
6	0,068	0,123	0,167	0,198	–	–	–	–	–	–	–	–	–
8	0,093	0,173	0,241	0,296	0,339	–	–	–	–	–	–	–	–
10	0,117	0,222	0,315	0,395	0,463	0,519	–	–	–	–	–	–	–
12	0,142	0,272	0,389	0,494	0,596	0,667	0,79	–	–	–	–	–	–
15	0,179	0,346	0,537	0,642	0,772	0,889	1,09	–	–	–	–	–	–
20	0,241	0,469	0,685	0,889	1,08	1,26	1,58	1,85	2,07	–	–	–	–
25	0,302	0,593	0,870	1,14	1,39	1,63	2,07	2,47	2,81	3,11	3,36	–	–
30	0,364	0,716	1,06	1,38	1,69	2,00	2,57	3,09	3,56	3,98	4,35	–	–
35	0,426	0,839	1,24	1,63	2,00	2,37	3,06	3,70	4,57	4,84	5,33	5,78	6,17
40	0,488	0,963	1,43	1,88	2,31	2,74	3,56	4,32	5,04	5,70	6,32	6,89	7,41
50	–	1.21	1,79	2,37	2,93	3,48	4,54	5,56	6,52	7,43	8,29	9,11	9,88
60	–	1,46	2,17	2,86	3,55	4,22	5,53	6,79	8,00	9,16	10,3	11,3	12,3
70	–	1,70	2,54	3,36	4,17	4,96	6,52	8,03	9,48	10,9	12,2	13,6	14,8
80	–	1,95	2,91	3,85	4,78	5,70	7,51	9,26	10,9	12,6	14,2	15,8	17,3
90	–	–	–	4,35	5,40	6,44	8,49	10,5	12,4	14,3	16,2	18,0	19,8
100	–	–	–	4,84	6,02	7,19	9,48	11,7	13,9	16,1	18,2	20,2	22,2
120	–	–	–	5,83	7,25	8,67	11,5	14,2	16,9	19,5	22,1	24,7	27,2

Kaltgezogener Stahldraht nach DIN 177 (11.88)

Durchmesser d in mm und längenbezogene Masse m' in kg/1000 m

d	m'	d	m'	d	m'	d	m'	d	m'	d	m'
0,1	0,062	0,25	0,385	0,63	2,45	1,6	15,8	4,0	98,9	10	616
0,11	0,075	0,28	0,484	0,71	3,11	1,8	19,9	4,5	125	11,2	773
0,12	0,089	0,32	0,631	0,8	3,95	2,0	24,6	5	154	12,5	966
0,14	0,121	0,36	0,798	0,9	4,99	2,24	30,9	5,6	193	14	1210
0,16	0,158	0,4	0,989	1,0	6,16	2,5	38,5	6,3	245	16	1580
0,18	0,199	0,45	1,25	1,12	7,69	2,8	48,4	7,1	311	18	1990
0,2	0,246	0,5	1,54	1,25	9,66	3,15	61,2	8	395	20	2460
0,22	0,298	0,56	1,93	1,4	12,1	3,55	77,7	9	499	–	–

Kaltgewalztes Breitband und Blech nach DIN 1541 (8.75)

Blechdicke s in mm und flächenbezogene Masse m'' in kg/m^2

s	0,35	0,40	0,50	0,60	0,70	0,80	0,90	1,00	1,20	1,50	2,00	2,50
m''	2,75	3,14	3,93	4,71	5,49	6,28	7,07	7,85	9,42	11,78	15,70	19,63

Mittel- und Grobbleche nach DIN 1543 (10.81)

s	3,00	3,50	4,0	4,5	4,75	5,00	8,00	10,00	15,00
m''	23,55	27,48	31,40	35,33	37,29	39,25	62,80	78,50	117,75

4.5 Form- und Maßnormen

4.5.2 Aluminium und Magnesium

Rund-, Vierkant- und Sechskantstangen aus Aluminium und Aluminiumknetlegierungen, gezogen **nach DIN 1798** (9.86), **DIN 1796** (9.86) und **DIN 1797** (9.86)

d, a, s	$\bigcirc$ d	$\square$ a	$\bigcirc$ s	d, a, s	$\bigcirc$ d	$\square$ a	$\bigcirc$ s	d, a, s	$\bigcirc$ d	$\square$ a	$\bigcirc$ s
3	0,019	0,024	0,021	15	–	–	0,526	32	–	2,76	2,39
4	0,034	0,043	0,037	16	0,543	0,691	–	36	–	–	3,03
5	0,053	0,068	0,059	17	–	–	0,676	38	–	3,90	–
6	0,076	0,097	0,084	18	0,687	0,875	–	40	3,39	4,32	–
7	0,104	0,132	0,115	19	–	–	0,844	45	4,29	5,47	–
8	0,136	0,173	0,150	20	1,848	1,08	–	50	5,30	6,75	5,85
9	0,172	0,219	0,189	22	1,03	1,31	1,13	55	6,41	8,17	7,07
10	0,212	0,270	0,234	24	–	–	1,35	60	7,63	9,72	8,42
11	–	0,327	0,283	25	1,33	1,69	–	70	10,4	13,2	11,5
12	0,305	0,389	0,337	27	–	–	1,70	80	13,6	17,3	15,0
13	–	–	0,395	28	1,66	2,12	–	90	17,7	–	–
14	0,416	0,529	0,458	30	1,91	2,43	2,10	100	21,2	–	–

Längenbezogene Masse m' in kg/m (bei Dichte $\varrho = 2,70$ kg/dm^3)

Bänder und Bleche aus Aluminium und Aluminium-Knetlegierungen, kaltgewalzt **nach DIN 1783** (4.81)

Blechdicke s in mm	0,4	0,5	0,6	0,8	1,0	1,2	1,5	2,0	2,5	3,0	4,0
flächenbez. Masse m'' in kg/m^2	1,08	1,35	1,62	2,16	2,70	3,24	4,05	5,40	6,75	8,10	10,8
Blechdicke s in mm	5	6	8	10	12	15	20	25	30	40	50
flächenbez. Masse m'' in kg/m^2	13,5	16,2	21,6	27	32,4	40,5	54	67,5	81	108	135

Rundrohre aus Aluminium und Aluminium-Knetlegierungen, gezogen **nach DIN 1795** (2.87)

Außendurchmesser d in mm	Längenbezogene Masse m' in kg/m (bei Dichte $\varrho = 2,70$ kg/dm^3) Wanddicke s in mm												
	0,5	0,75	1,0	1,5	2,0	2,5	3,0	3,5	4	5	6	8	10
3	0,011	0,014	0,017	–	–	–	–	–	–	–	–	–	–
4	0,015	0,021	0,025	–	–	–	–	–	–	–	–	–	–
5	0,019	0,027	0,034	–	–	–	–	–	–	–	–	–	–
6	0,023	0,034	0,042	–	–	–	–	–	–	–	–	–	–
8	0,032	0,046	0,060	0,083	0,102	–	–	–	–	–	–	–	–
10	0,040	0,059	0,076	0,107	0,136	0,159	0,178	–	–	–	–	–	–
12	0,049	0,072	0,093	0,133	0,170	0,202	0,229	0,252	0,270	–	–	–	–
14	0,057	0,084	0,110	0,158	0,204	0,244	0,280	0,312	0,359	–	–	–	–
15	0,062	0,091	0,119	0,171	0,221	0,265	0,306	0,342	0,373	–	–	–	–
16	–	0,097	0,127	0,184	0,238	0,286	0,331	0,371	0,407	–	–	–	–
20	–	–	0,123	0,161	0,235	0,306	–	0,433	–	0,543	0,636	0,710	–
25	–	–	0,204	0,298	0,390	0,477	0,560	–	0,713	0,848	0,966	–	–
30	–	–	0,246	0,362	0,475	0,583	0,687	–	0,882	1,06	1,22	1,49	–
35	–	–	0,288	0,427	0,560	0,689	0,814	–	1,05	1,27	1,48	1,83	–
40	–	–	0,331	0,489	0,645	–	0,942	–	1,22	1,48	1,73	2,18	2,54

4.5 Form- und Maßnormen

Rechteckstangen aus Aluminium und Aluminium-Knetlegierungen, gepreßt **nach DIN 1770** (1.87)

Breite b in mm	Längenbezogene Masse m' in kg/m (bei Dichte $\varrho = 2{,}70$ kg/dm³) Dicke a in mm												
	2	3	4	5	6	8	10	12	15	20	25	30	40
10	0,05	0,08	0,11	0,14	–	0,22	–	–	–	–	–	–	–
15	0,08	0,12	0,16	0,20	0,24	0,32	0,40	–	–	–	–	–	–
20	0,11	0,16	0,22	0,27	0,32	0,43	0,54	–	0,81	–	–	–	–
30	0,16	0,24	0,32	0,41	0,49	0,65	0,81	0,97	1,11	1,62	–	–	–
40	–	0,32	0,43	0,54	0,65	0,86	1,08	1,30	1,62	2,16	–	–	–
50	–	0,41	0,54	0,68	0,81	1,08	1,35	1,62	2,03	2,70	3,37	–	–
60	–	0,49	0,65	0,81	0,97	1,30	1,62	1,94	2,43	3,24	4,10	4,90	–
80	–	0,65	0,86	1,08	1,30	1,73	2,16	2,57	3,24	4,32	5,40	6,40	8,65
100	–	–	–	1,35	1,62	2,16	2,70	3,24	4,10	5,40	6,75	8,10	10,8
120	–	–	–	1,62	1,94	2,57	3,24	3,88	4,90	6,40	8,10	9,78	13,0
160	–	–	–	–	2,57	3,45	4,32	5,18	6,40	8,64	10,8	13,0	17,3
200	–	–	–	–	–	–	5,40	6,40	8,10	10,8	13,5	16,2	21,6

Winkelprofile aus Aluminium und Aluminium-Knetlegierungen nach DIN 1771 (9.81)

h Höhe
b Breite
s Dicke
S Querschnitt
m' längenbezogene Masse ($\varrho = 2{,}70$ kg/dm³)
e Achsabstand
I Trägheitsmoment
W Widerstandsmoment
i Trägheitsradius

Profilmaße $h \times b \times s$	S cm²	m' kg/m	e_x cm	e_y cm	I_x cm⁴	W_x cm³	i_x cm	I_y cm⁴	W_y cm³	i_y cm
$10 \times 10 \times 1{,}5$	0,283	0,076	0,305	0,305	0,025	0,082	0,301	0,025	0,082	0,301
$10 \times 10 \times 2$	0,366	0,099	0,322	0,322	0,031	0,098	0,296	0,031	0,098	0,296
$20 \times 10 \times 1{,}5$	0,433	0,166	0,724	0,224	0,177	0,244	0,643	0,031	0,137	0,268
$20 \times 10 \times 2$	0,566	0,153	0,743	0,243	0,226	0,305	0,636	0,038	0,158	0,262
$20 \times 20 \times 2$	0,766	0,207	0,574	0,574	0,288	0,502	0,616	0,288	0,502	0,616
$20 \times 20 \times 2{,}5$	0,953	0,257	0,592	0,592	0,348	0,587	0,608	0,348	0,587	0,608
$30 \times 15 \times 2$	0,866	0,234	1,08	0,327	0,806	0,749	0,967	0,141	0,430	0,404
$30 \times 15 \times 2{,}5$	1,06	0,292	1,10	0,346	0,981	0,896	0,966	0,169	0,488	0,398
$30 \times 20 \times 2{,}5$	1,20	0,324	0,993	0,493	1,09	1,09	0,957	0,392	0,794	0,574
$30 \times 20 \times 3$	1,42	0,383	1,01	0,512	1,27	1,26	0,950	0,455	0,889	0,568
$30 \times 30 \times 2{,}5$	1,45	0,392	0,842	0,842	1,24	1,47	0,929	1,24	1,47	0,929
$30 \times 30 \times 3$	1,72	0,464	0,861	0,861	1,46	1,69	0,922	1,46	1,69	0,922
$40 \times 20 \times 3$	1,72	0,464	1,45	0,448	2,83	1,95	1,28	0,490	1,09	0,535
$40 \times 20 \times 4$	2,25	0,608	1,49	0,486	3,62	2,44	1,27	0,615	1,27	0,524
$40 \times 40 \times 4$	3,05	0,824	1,15	1,15	4,61	4,01	1,22	4,61	4,01	1,22
$40 \times 40 \times 5$	3,78	1,02	1,18	1,18	5,56	4,70	1,21	5,56	4,70	1,21
$50 \times 25 \times 3$	2,17	0,586	1,78	0,532	5,69	3,20	1,61	0,994	1,86	0,677
$50 \times 25 \times 4$	2,85	0,770	1,82	0,570	7,30	4,00	1,59	1,26	2,21	0,665
$50 \times 50 \times 4$	3,85	1,04	1,40	1,40	9,26	6,63	1,55	9,26	6,63	1,55
$50 \times 50 \times 5$	4,78	1,29	1,43	1,43	11,2	7,84	1,54	11,2	7,84	1,54
$60 \times 30 \times 3$	4,28	1,16	2,19	0,691	15,7	7,16	1,91	2,70	3,90	0,795
$60 \times 60 \times 5$	5,78	1,56	1,68	1,68	19,9	11,8	1,86	19,9	11,8	1,86
$80 \times 40 \times 5$	5,78	1,56	2,86	0,856	38,4	13,4	2,58	6,74	7,85	1,08
$80 \times 80 \times 8$	12,24	3,30	2,29	2,29	73,7	32,1	2,46	73,7	32,1	2,46

4.5 Form- und Maßnormen

T-Profile aus Aluminium und Aluknetlegierungen **nach DIN 9714** (9.81)

- h Höhe
- b Breite
- s Dicke
- S Querschnitt
- m' längenbezogene Masse ($\varrho = 2{,}70$ kg/dm³)
- e Achsabstand
- I Trägheitsmoment
- W Widerstandsmoment
- i Trägheitsradius

Profilmaße $h \times b \times s \times t$	S cm²	m' kg/m	e_x cm	e_y cm	I_x cm⁴	W_x cm³	i_x cm	I_y cm⁴	W_y cm³	i_y cm
20 × 20 × 2	0,775	0,208	0,574	1,00	0,290	0,505	0,612	0,134	0,134	0,416
20 × 30 × 2	0,969	0,262	0,475	1,50	0,323	0,681	0,568	0,461	0,308	0,680
20 × 30 × 3	1,44	0,389	0,512	1,50	0,451	0,881	0,560	0,678	0,452	0,686
25 × 40 × 2	1,27	0,343	0,557	2,00	0,685	1,18	0,720	1,07	0,504	0,918
25 × 40 × 3	1,89	0,510	0,594	2,00	0,931	1,57	0,712	1,60	0,800	0,920
30 × 30 × 2	1,17	0,316	0,824	1,50	1,01	1,25	0,929	0,450	0,300	0,620
30 × 30 × 3	1,74	0,470	0,861	1,5	1,44	1,67	0,910	0,680	0,452	0,626
30 × 45 × 4	2,87	0,775	0,750	2,25	2,08	2,78	0,850	3,05	1,35	1,03
30 × 60 × 3	2,64	0,713	0,613	3,00	1,76	2,90	0,818	5,41	1,80	1,43
30 × 60 × 5	4,32	1,17	0,689	3,00	2,70	3,91	0,790	9,03	3,01	1,44
35 × 35 × 4	2,67	0,721	1,02	1,75	3,00	2,94	1,06	1,47	0,841	0,742
35 × 50 × 3	4,07	1,10	0,906	2,50	4,01	4,42	0,992	5,23	2,09	1,13
40 × 40 × 4	3,07	0,829	1,15	2,00	4,58	3,98	1,22	2,15	1,08	0,837
40 × 40 × 5	3,82	1,03	1,17	2,00	5,55	4,73	1,20	2,70	1,35	0,841
40 × 60 × 5	4,82	1,30	0,987	3,00	6,21	6,28	1,13	9,02	3,01	1,37
40 × 80 × 5	5,82	1,57	0,856	4,00	6,74	7,88	1,07	21,4	5,34	1,91

Doppel-T-Profile aus Aluminium und **Magnesium**, gepreßt **nach DIN 9712** (8.69)

Profilmaße $h \times b \times s \times t$	S cm²	m' kg/m	e_x cm	e_y cm	I_x cm⁴	W_x cm³	i_x cm	I_y cm⁴	W_y cm³	i_y cm
40 × 40 × 3 × 3	3,47	0,937	2,00	2,00	9,39	4,68	1,65	3,20	1,60	0,960
40 × 40 × 4 × 4	4,53	1,22	2,00	2,00	11,6	5,80	1,60	4,28	2,14	0,972
45 × 45 × 3 × 3	3,92	1,06	2,25	2,25	13,6	6,04	1,86	4,56	2,02	1,08
45 × 45 × 4 × 4	5,13	1,39	2,25	2,25	17,1	7,60	1,82	6,09	2,70	1,09
45 × 45 × 4 × 5	5,95	1,61	2,25	2,25	19,8	8,81	1,82	7,62	3,39	1,13
50 × 50 × 3 × 3	4,37	1,18	2,50	2,50	19,0	7,60	2,09	6,26	2,52	1,20
50 × 50 × 4 × 4	5,73	1,55	2,50	2,50	27,5	11,0	2,19	8,55	3,42	1,22
50 × 50 × 4 × 6	7,66	2,01	2,50	2,50	31,7	12,7	2,03	12,5	5,00	1,28
60 × 50 × 3 × 3	4,67	1,26	3,00	2,50	28,7	9,57	2,48	6,26	2,52	1,16
60 × 50 × 4 × 4	6,13	1,66	3,00	2,50	36,5	12,2	2,44	8,61	3,45	1,18
60 × 60 × 4 × 4	6,93	1,87	3,00	3,00	42,7	14,2	2,48	14,4	4,80	1,44
60 × 60 × 4 × 6	9,26	2,50	3,00	3,00	57,4	19,1	2,40	21,6	7,20	1,53
80 × 42 × 4 × 6	7,90	2,13	4,00	2,10	81,6	20,4	3,22	7,44	3,54	1,61
80 × 60 × 5 × 6	10,7	2,90	4,00	3,00	113,8	23,5	3,26	21,7	7,23	1,42

U-Profile aus Aluminium und Aluknetlegierungen **nach DIN 9713** (9.81)

Profilmaße $h \times b \times s \times t$	S cm²	m' kg/m	e_x cm	e_y cm	I_x cm⁴	W_x cm³	i_x cm	I_y cm⁴	W_y cm³	i_y cm
20 × 20 × 3 × 3	1,62	0,437	1,00	0,780	0,945	0,945	0,763	0,628	0,805	0,623
35 × 20 × 2 × 2	1,42	0,383	1,75	0,607	2,68	1,53	1,37	0,552	0,909	0,623
40 × 20 × 2 × 2	1,53	0,413	2,0	0,574	3,70	1,85	1,55	0,570	0,995	0,612
40 × 20 × 3 × 3	2,25	0,608	2,0	0,610	5,17	2,59	1,52	0,795	1,30	0,594
40 × 40 × 4 × 4	4,51	1,22	2,0	1,49	11,6	5,80	1,60	7,12	4,80	1,26
40 × 40 × 5 × 5	5,57	1,50	2,0	1,52	13,6	6,80	1,56	8,59	5,64	1,24
50 × 30 × 3 × 3	3,15	0,851	2,5	0,929	12,2	4,88	1,97	2,70	2,91	0,925
50 × 30 × 4 × 4	4,11	1,11	2,5	0,965	15,5	6,20	1,94	3,66	3,80	0,944
60 × 30 × 4 × 4	4,51	1,22	3,0	0,896	23,7	7,90	2,29	3,69	4,12	0,904
60 × 30 × 5 × 5	5,57	1,50	3,0	0,932	28,4	9,47	2,26	4,38	4,70	0,888
60 × 40 × 4 × 4	5,31	1,43	3,0	1,29	30,3	10,1	2,39	8,20	6,35	1,24
60 × 40 × 5 × 5	6,57	1,77	3,0	1,33	36,0	12,0	2,34	9,94	7,47	1,23
80 × 40 × 6 × 6	8,95	2,42	4,0	1,22	82,4	20,6	3,03	12,9	10,6	1,20
80 × 45 × 6 × 8	11,2	3,02	4,0	1,57	108	27,1	3,11	21,8	13,9	1,39

4

4.5 Form- und Maßnormen

4.5.3 Kunststoffe

Zulässiger Überdruck PN in bar bei Durchflußmedium Wasser, Betriebstemperatur max. 20 °C, Betriebsdauer 50 Jahre, Wanddicke s und längenbezogener Masse m'.

Rohre aus Polyethylen weich (PE weich) nach DIN 8072 (7.72) (mittlere Dichte $\varrho = 0{,}92$ g/cm³)

Außendurchmesser d in mm	Reihe 1 PN 2,5 s mm	m' kg/m	Reihe 2 PN 6 s mm	m' kg/m	Reihe 3 PN 10 s mm	m' kg/m	Außendurchmesser d in mm	Reihe 1 PN 2,5 s mm	m' kg/m	Reihe 2 PN 6 s mm	m' kg/m	Reihe 3 PN 10 s mm	m' kg/m
10	–	–	–	–	2,0	0,05	40	2,0	0,24	4,3	0,48	6,7	0,68
12	–	–	–	–	2,0	0,06	50	2,4	0,36	5,4	0,74	8,4	1,06
16	–	–	2,0	0,09	2,7	0,11	63	3,0	0,56	6,8	1,17	10,5	1,67
20	–	–	2,2	0,12	3,4	0,17	75	3,6	0,80	8,1	1,66	12,5	2,36
25	2,0	0,15	2,7	0,19	4,2	0,27	110	5,3	1,72	11,8	3,52	18,4	5,09
32	2,0	0,19	3,5	0,31	5,4	0,44	160	7,7	3,60	–	–	–	–

Rohre aus Polyethylen hoher Dichte (PE-HD) nach DIN 8074 (9.87) (Dichte $\varrho = 0{,}945$ g/cm³)

Außendurchmesser d in mm	Reihe 1 PN 2,5 s mm	m' kg/m	Reihe 2 PN 3,2 s mm	m' kg/m	Reihe 3 PN 4 s mm	m' kg/m	Reihe 4 PN 6 s mm	m' kg/m	Reihe 5 PN 10 s mm	m' kg/m	Reihe 6 PN 16 s mm	m' kg/m
10	–	–	–	–	–	–	–	–	–	–	1,8	0,05
12	–	–	–	–	–	–	–	–	–	–	1,8	0,06
16	–	–	–	–	–	–	–	–	1,8	0,08	2,3	0,10
20	–	–	–	–	–	–	1,8	0,12	1,9	0,11	2,8	0,15
25	–	–	–	–	–	–	1,8	0,14	2,3	0,17	3,5	0,24
32	–	–	–	–	1,8	0,18	1,9	0,19	3,0	0,28	4,5	0,39
40	–	–	–	–	1,8	0,23	2,3	0,28	3,7	0,43	5,6	0,61
50	–	–	1,8	0,29	2,0	0,32	2,9	0,44	4,6	0,66	6,9	0,93
75	1,9	0,45	2,4	0,57	2,9	0,67	4,3	0,97	6,9	1,48	10,4	2,1
110	2,7	0,94	3,5	1,20	4,3	1,45	6,3	2,07	10,0	3,13	15,2	4,49
160	3,9	1,94	5,0	2,46	6,2	3,03	9,1	4,33	14,6	6,63	22,1	9,47
200	4,9	3,04	6,2	3,82	7,7	4,67	11,4	6,75	18,2	10,3	27,6	14,8

Rohre aus weichmacherfreiem Polyvinylchlorid (PVC hart) nach DIN 8062 (11.88)
(mittlere Dichte $\varrho = 1{,}4$ g/cm³)

Außendurchmesser d in mm	Reihe 1 PN 1,6 s mm	m' kg/m	Reihe 2 PN 4 s mm	m' kg/m	Reihe 3 PN 6 s mm	m' kg/m	Reihe 4 PN 10 s mm	m' kg/m	Reihe 5 PN 16 s mm	m' kg/m	Reihe 6 PN 25 s mm	m' kg/m
10	–	–	–	–	–	–	–	1,0	0,	05	1,2	0,05
20	–	–	–	–	–	–	–	–	1,5	0,14	2,3	0,2
40	–	–	–	–	1,8	0,33	1,9	0,35	3,0	0,53	4,5	0,75
50	–	–	–	–	1,8	0,42	2,4	0,55	3,7	0,81	5,6	1,16
75	–	–	1,8	0,64	2,2	0,78	3,6	1,22	5,6	1,82	8,4	2,6
110	1,8	0,95	2,2	1,16	3,2	1,64	5,3	2,61	8,2	3,9	12,3	5,57
160	1,8	1,39	3,2	2,41	4,7	3,44	7,7	5,47	11,9	8,17	17,8	11,7
200	1,8	1,74	4,0	3,7	5,9	5,37	9,6	8,51	14,9	12,8	22,3	18,3

4.6 Werkstoffprüfung

4.6.1 Werkstattprüfverfahren

Werkstoff: Oberfläche Form	Material verzundert, rauh, Kanten gerundet, Formschrägen, größere Toleranzen beim Fertigen durch Gießen, Walzen, Schmieden. Material blank und glatt, scharfkantig und maßgenau beim Kaltumformen, Strangpressen. Beurteilung der Farbe des Werkstoffs, der Glüh- und Anlaßfarben.
Feilprobe	Schätzen der Härte durch Anfeilen der Probe und eventuell einer Vergleichsprobe bekannter Härte.
Klangprobe	Durch Anschlagen Eigenschwingung der Probe. Beurteilung von Klangdauer und Klangbild: bei fehlerfreiem, harten Werkstoff klar, hell und lang, bei weichem Werkstoff, Fehlern, Rissen, Poren, Lunkern dumpf, kurz, Klirren und Scheppern. Anwendung für Guß- und Schmiedestücke, Eisenbahnradreifen, Schraubenbolzen und Schleifscheiben.
Funkenprobe	Probe und eventuell Vergleichsstab werden an mittelharter, mittelkörniger Schleifscheibe bei etwa 20 m/s Schnittgeschwindigkeit geschliffen. Im abgedunkelten Raum kann aus Form und Farbe der Funken eine grobe Einordnung der Stahlsorte vorgenommen werden (weich, hart, hoch-, niedrig-, unlegiert).
Tüpfelprobe	Auf eine kleine, metallisch blanke Stelle des Stahls werden verschiedene Lösungsmittel gebracht (verdünnte Salzsäure, Salpetersäure, Wasserstoffsuperoxid) und die Reaktion beobachtet: Gas- und Schaumentwicklung, Färbung und Löslichkeit. Durch Vergleichsproben ist eine Einordnung des Werkstoffs möglich.
Baumann-Abzug	Zur Feststellung von Schwefelseigerungen wird in der Dunkelkammer Fotopapier mit 5%iger Schwefelsäure getränkt und auf die Stirnseite eines Stahlprofils gedrückt. Die schwefelhaltigen Stellen färben das Papier dunkel. Anschließend wird fixiert und gewässert.
Bruchbeurteilung: **Trennbruch** 	Bruchfläche glänzend, körnig, rauh und eben: Bruch durch statische Beanspruchung bei sprödem Werkstoff oder heterogenem Gefüge mit einer spröden Kristallart (Grauguß mit Lamellengraphit) oder kompliziertem Gitter mit wenig Gleitmöglichkeiten (gehärteter Stahl). Bruch auch durch schlagartige Beanspruchung bei zähem Werkstoff.
Verformungsbruch 	Bruchfläche matt, samtartig, uneben und eventuell durch Scheren geglättet (Scherbruch) mit Einschnürung unter 45° (Schubspannungen): Bruch durch statische Beanspruchung bei zähem Werkstoff und vielen Gleitmöglichkeiten im Gitter.
Mischbruch 	Bruchfläche außen als Verformungs-, innen als Trennbruch mit Einschnürung, Krater und glatter Trennfläche (Zugversuch): Einige Gleitmöglichkeiten des Werkstoffs, danach Kaltverfestigung, Einschnürung mit mehrachsigem Spannungszustand, Behinderung weiterer plastischer Verformung und folgendem Trennbruch (Baustahl).
Dauerbruch 	Dauerbruchfläche glatt, eben, muschelig, Rastlinien durch Stillstandszeiten der Rißausbreitung: Bruch durch dynamische Belastung mit Ausgang von Kerben, Absätzen, Nuten, Bohrungen, Kratzer, Riefen, Schweißnähten, Auf-, Entkohlung, Korrosion, Blasen, Lunker, Schlackenteilchen. Gewaltbruchfläche mit Trennbruch bei einmaliger Überlastung des Restquerschnitts, bei Torsionsbelastung häufig schraubenartig.

4

4.6.2 Technologische Prüfverfahren

Hin- und Herbiege- versuch nach DIN 50153 (8.79) DIN 51211 (9.78)		Feinbleche, Blattfedern, Drähte, Drahtseile. Dauerbiegefähigkeit mit Biegezahl N_b und Rückfederung. Für Drähte zusätzlich Verwindeversuch (DIN 51212 (9.78)), Wickelversuch (Prüfung von Beschichtungen (DIN 51215 (9.75)) und Knoten-Zugversuch (DIN 51214 (2.77)).
Winkel- und Keil- probe nach DIN 50127 (8.76)		Schweißnähte bei schlagartiger Beanspruchung bis zum Bruch belasten. Biegewinkel als Maß für die Güte.
Technologischer Biegeversuch nach DIN 50111 (9.87)		Proben mit recht-, vieleckigem oder rundem Querschnitt werden bis zu einem erforderlichen Winkel (max. 180°) oder bis zum Anriß gebogen. Der Rundungshalbmesser $D/2$ ist vom Maß a entsprechend den technischen Lieferbedingungen des Werkstoffs abhängig. Der Biegewinkel α ist unter Last zu messen. Probenlänge $L \geq D + 3a + 100$ mm Probenbreite $b = 20 \cdots 50$ mm Probendicke $a \leq 25$ mm Durchgang zwischen den Rollen $L_f = D + 3a$
Aufweitversuch nach DIN 50135 (8.65) **Bördelversuch** nach DIN 50139 (11.65)		Aufweiten von Rohren mit gefettetem, kegeligen Dorn bis zum Anriß. Kegelwinkel α für Stahl 30°, 45° oder 60°, für Aluminium und Kupfer 45°. Aufweitungsgrad $\delta = (d_1 - d_0)/d_0$. Bördeln als stärkere Beanspruchung: Vorbördeln mit kegeligem Dorn, Fertigbördeln auf Winkel von 90°.
Ringfaltversuch nach DIN 50136 (6.79)		Das Rohr wird senkrecht zur Längsachse bis zum Abstand H (entsprechend Lieferbedingungen) oder verschärft dichtgefaltet.
Tiefungsversuch nach Erichsen nach DIN 50101 (9.79)		Tiefziehen von Feinblech durch Eindrücken eines Stempels ($\varnothing$ 20 mm) bis zum Anriß. Das Blech wird mit 10 kN festgehalten und mit Graphit geschmiert. Angabe der Tiefung in mm als Erichsen-Tiefung IE mit Beurteilung der Oberfläche: Fließfiguren, Walztextur, glatt (feines Korn), Apfelsinenhaut (grobes Korn).

4.6.3 Mechanisch-technologische Prüfverfahren

Zugversuch nach DIN EN 10002 T1 (4.91), DIN 50125 (4.91)

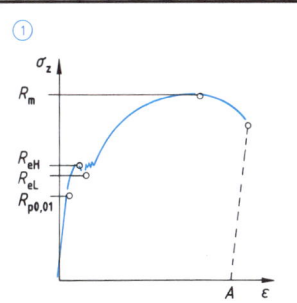

Der Zugversuch ermittelt das Werkstoffverhalten bei einachsiger, gleichmäßig über den Querschnitt verteilter Zugbeanspruchung (vgl. S. 2-16). Beim stetigen, stoßfreien Dehnen bis zum Bruch werden Zugkraft und Verlängerung gemessen.

1. Spannung und Dehnung werden im Diagramm dargestellt, weitere Kennwerte berechnet bzw. abgelesen (Werkstoff mit ausgeprägter Streckgrenze z.B. St37-2)
2. Werkstoff ohne ausgeprägte Streckgrenze mit grafischer Ermittlung der Dehngrenze (z.B. $R_{p0,2}$ für $\varepsilon = 0,2\%$)
3. Um vergleichbare Werte zu liefern, werden Proben nach DIN 50125 (4.91) ausgeführt (Proportional-Probe)

4

Kurz-zeichen	Meßwert/Kennwert	Einheit	Berechnung
L	Meßlänge	mm	
L_0	Anfangsmeßlänge (Proportional-Probe)	mm	$L_0 = 5 \cdot \sqrt{\dfrac{4}{\pi} S_0}$
L_u	Meßlänge nach Bruch	mm	$= 5,65 \sqrt{S_0}$
ΔL	Verlängerung	mm	$\Delta L = L - L_0$
ε	Dehnung	%	$\varepsilon = \dfrac{\Delta L}{L_0} \cdot 100$
ε_e	elastische Dehnung	%	dicht unter R_e, R_p
ε_r	bleibende Dehnung	%	nach Entlastung
A	Bruchdehnung	%	$A = \dfrac{L_u - L_0}{L_0} \cdot 100$
d_0	Anfangsdurchmesser	mm	
S_0	Anfangsquerschnitt	mm²	$S_0 = \dfrac{\pi}{4} d_0^2$ bzw. $a \cdot b$
S_u	Bruchquerschnitt	mm²	
Z	Brucheinschnürung	%	$Z = \dfrac{S_0 - S_u}{S_0} \cdot 100$
F	Zugkraft	N	
F_m	maximale Zugkraft	N	
$F_{e/0,2}$	Kraft bei $R_e/R_{p0,2}$	N	
σ_z	Nennspannung	N/mm²	$\sigma_z = \dfrac{F}{S_0}$
R_{eH}	obere Streckgrenze	N/mm²	$R_{eH} = \dfrac{F_{eH}}{S_0}$
R_{eL}	untere Streckgrenze	N/mm²	
R_p	Dehngrenze	N/mm²	R_e nicht erkennbar
R_{px}	$\varepsilon_r = x = 0,01/0,2/1$	N/mm²	z.B. $R_{p0,2} = F_{0,2}/S_0$
R_m	Zugfestigkeit	N/mm²	$R_m = \dfrac{F_m}{S_0}$
E	Elastizitätsmodul	N/mm²	$E = \dfrac{\sigma_z}{\varepsilon_e} \cdot 100$

4.6 Werkstoffprüfung

Zugversuch Kunststoffe DIN 53455 (8.81)

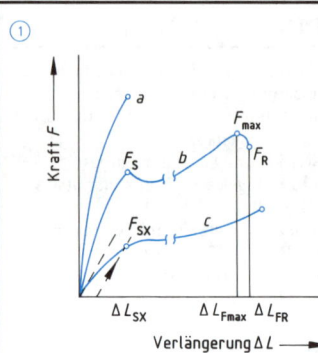

Der Zugversuch ermittelt das Werkstoffverhalten bei einachsiger, gleichmäßiger Zugbeanspruchung (vgl. S. 2-16).

1. Meist werden Kraft und Verlängerung im Diagramm dargestellt, weitere Kennwerte berechnet bzw. abgelesen. Beispiel für spröden Werkstoff (a), Werkstoff mit (b) und ohne (c) ausgeprägte Streckgrenze und grafischer Ermittlung der x%-Dehngrenze
2. Probekörper, Spritzen od. Pressen od. span. Bearbeitung
3. Bezeichnung: Zugversuch DIN 53455-3-5 mit Prüfgeschwindigkeit 3 und Probekörperform 5

Kennziffer	1	1a	2	3	4	5	6	7	8
Prüfgeschw. v im mm/min	1	2	5	10	20	50	100	200	500

Kurz-zeichen	Meßwert/Kennwert	Einheit	Berechnung
L	Meßlänge	mm	
L_1	Einspannlänge	mm	
L_0	Anfangsmeßlänge	mm	
ΔL	Verlängerung	mm	$\Delta L = L - L_0$
$\varepsilon_R \ (A_R)$	Reißdehnung	%	$\varepsilon = \Delta L \cdot 100/L_0$
$\varepsilon_S \ (A_S)$	Streckdehnung	%	
$A_0 \ (S_0)$	Anfangsquerschnitt	mm²	$A_0 = a \cdot b$
F_S	Kraft bei Streckspann.	N	
$F_{max} \ (F_m)$	maximale Zugkraft	N	
F_R	Reißkraft	N	
$\sigma_S \ (R_S)$	Streckspannung	N/mm²	$\sigma_S = F_S/A_0$
$\sigma_B \ (R_m)$	Zugfestigkeit	N/mm²	$\sigma_B = F_{max}/A_0$
$\sigma_R \ (R_R)$	Reißfestigkeit	N/mm²	$\sigma_R = F_R/A_0$

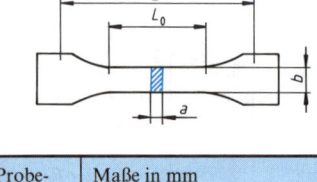

Probe-nummer	Maße in mm			
	L_0	L_1	a	b
3	50	115	3···4	10
4	25	80	≤3	6
5	100	120	Folie	15

Druckversuch nach DIN 50106 (12.78)

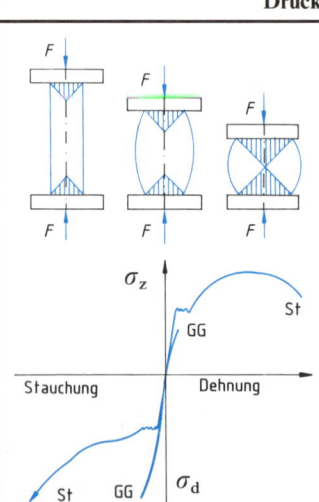

Der Druckversuch wird vor allem in der Baustoffprüfung durchgeführt (Steine, Beton, Holz). Bei Metallen werden spröde (Grauguß) bzw. auf Druck beanspruchte Werkstoffe (Lagermetalle) untersucht. An den Enden der Prüfkörper bilden sich Druckkegel unter 45°. Berühren sich diese und stützen sich gegenseitig ab (zäher Werkstoff), hat das Spannung-Stauchung-Diagramm einen steileren Verlauf. Höhere Proben haben daher eine geringere Druckfestigkeit (vgl. S. 2-18).

Kurz-zeichen	Kennwert	Einheit	Berechnung
d_0	Anfangs-durchmesser	mm	St, GG $d_0 = 10 \cdots 30$ mm Lagermetall $d_0 = 20$ mm
L_0	Anfangsmeßlänge	mm	ST, GG $L_0 = d_0$ Lagermetall $L_0 = d_0$
σ_{dF}	Quetschgrenze	N/mm²	$\sigma_{dF} = F_F/S_0$
σ_{dB}	Druckfestigkeit Anriß oder Bruch	N/mm²	$\sigma_{dB} = F_B/S_0$
ε_{dB}	Bruchstauchung	%	$\varepsilon_{DB} = \dfrac{L_0 - L}{L_0} \, 100$

4.6 Werkstoffprüfung

Scherversuch nach DIN 50141 (1.82)

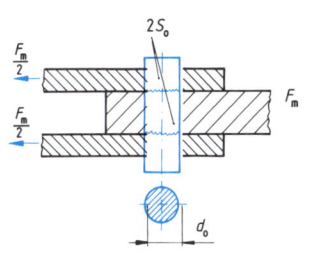

Proben (Drähte, Stangen mit $d_0 = 2 \cdots 25$ mm) werden in zwei Querschnitten abgeschert. Durch elastische Verformung wird die Probe außerdem gebogen. Das Verhältnis τ_{aB}/R_m beträgt für St $0{,}7 \cdots 0{,}8$, GG $1{,}0 \cdots 1{,}1$ und für Al-Knetlegierungen $0{,}6 \cdots 0{,}7$.

Kurz-zeichen	Meßwert/Kennwert	Einheit	Berechnung
S_0	Anfangsquerschnitt	mm^2	$S_0 = (\pi d_0^2)/4$
F_m	Höchstscherkraft	N	
τ_{aB}	Scherfestigkeit	N/mm^2	$\tau_{aB} = F_m/2 \cdot S_0$

Kerbschlagbiegeversuch nach Charpy nach DIN EN 10045 T1 (4.91)

Pendelschlagwerk

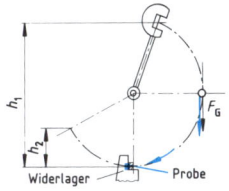

Der Kerbschlagbiegeversuch beurteilt die Zähigkeit eines Werkstoffs durch Messung der zum Zerbrechen notwendigen Arbeit und Bewerten der Bruchfläche (vgl. auch S. 2-22). Die Zähigkeit ist abhängig von:
- Verformungsgeschwindigkeit (Trennen statt Gleiten)
- Gitter, Gleitmöglichkeiten, Korngröße, Umformung, Wärmebehandlung, Alterung
- Kerben, Absätze mit dreiachsigem Spannungszustand und Fließbehinderungen
- un- und niedriglegierte Stähle haben bei höheren Temperaturen gute Zähigkeit

Kerbschlag-Temperatur-Diagramm

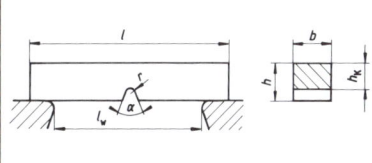

Kurz-zeichen	Meßwert/Kennwert	Einheit	Berechnung
F_G	Stützkraft Hammer	N	
h_1, h_2	Pendelhöhe vor/nach dem Versuch	m	$KU = F_G \cdot (h_1 - h_2)$
KU bzw. KV z.B. KU = 121 J	Kerbschlagarbeit	J	
	Verbrauchte Arbeit 121 J, U-Kerb		

Maße	Kerbschlagproben				
	V-Kerb	U-Kerb	DVM	DVMK	KLST
l/l_w	55/40	55/40	55/40	44/30	27/22
b/h h_k	10/10 8	10/10 5	10/10 7	6/6 4	3/4 3
r α	0,25 45°	1,0 –	1,0 –	0,75 –	0,1 60°
R_a, R_z	R_a 3,2	R_a 3,2	R_z 40	R_z 16	R_z 16

Härteprüfverfahren

Verfahren	Merkmal	Erläuterung
Vickers **nach DIN 50133** (2.85) 	Prüfkörper Prüfkraft Einwirkzeit Meßwert Berechnung Anwendung Kurzzeichen	Quadratische Diamantpyramide, Probendicke $s > 1{,}5d$ Beliebig $49 \cdots 980$ N (Kleinlast $1{,}96 \cdots 49$ N) $t = 10 \cdots 15$ s (andere Zeiten im Kurzzeichen angeben) Eindruckdiagonalen $d = (d_1 + d_2)/2$ in mm Vickershärte HV $= 0{,}102\, F/A$ Eindruckoberfläche $A = d^2/1{,}854$ Weiche bis sehr harte, aber homogene Werkstoffe (kein GG), dünnen Schichten (einsatzgehärtet), Folien, mit Mikroskop auch einzelne Gefügebestandteile, Härteverlauf 180 HV 20/30 Vickershärte 180 (ohne Einheit) bei Prüfkraft $20/0{,}102 = 196$ N und 30 s Einwirkdauer
Rockwell **nach DIN 50103 T1** (3.84) 	Prüfkörper Prüfkraft Einwirkzeit Meßwert Berechnung Anwendung Kurzzeichen	HRC, HRA, Diamantkegel (cone 120°, Radius $R = 0{,}2$ mm), HRB, HRF, gehärtete Stahlkugel (ball, Durchmesser 1/16 inch), Mindestprobendicke $s = 20\, t_b$ Vorkraft $F_0 = 98$ N (Ausgleich für Spiel und Unebenheit), Hauptkraft $F_1 = 1373$ N HRC, $F_2 = 490$ N HRA u. HRF, $F_3 = 883$ N HRB. Gesamtprüfkraft $F = F_0 + F_1$ Stillstand der Meßuhr abwarten (2 s) Bleibende Eindringtiefe t_b unter Vorkraft nach Wegnahme der Hauptkraft Meist direkte Anzeige der Rockwellhärte auf der Meßuhr, sonst HRC $= 100 - 500\, t_b$, HRB $= 130 - 500\, t_b$ Harte (HRC, HRA) u. weiche (HRB, HRF) Werkstoffe 65 HRC Rockwellhärte 65 (ohne Einheit)
Eindruckversuch für **Kunststoffe** **nach DIN ISO 2039 T1** (9.90) 	Prüfkörper Vorkraft Prüfkraft Einwirkzeit Meßwert Berechnung Anwendung Kurzzeichen	Kugel aus gehärtetem Stahl mit Durchmesser $D = 5$ mm Vorkraft $F_0 = 9{,}81$ N (Ausgleich für Spiel u. Unebenheit). Prüfkraft $F_m = 49/132/358/961$ N, so auswählen, daß die Ein- dringtiefe h $0{,}15 \cdots 0{,}35$ mm beträgt $t = 30$ s Eindringtiefe h unter der Gesamtkraft $F_0 + F_m$ Kugeldruckhärte $H = \dfrac{0{,}21}{0{,}21 - h_r + h} \cdot \dfrac{F_m}{5 \pi h_r}$ in N/mm^2, reduzierte Eindringtiefe $h_r = 0{,}25$ mm Bestimmung der Kugeldruckhärte von Kunststoffen H 132/30 $= 35$ N/mm^2, Kugeldruckhärte 35 N/mm^2 mit 132 N Prüfkraft, Einwirkzeit 30 s

Prüfkraft F_m in N	Kugeldruckhärte H in N/mm^2 für Eindringtiefe h in mm																
	0,16	0,17	0,18	0,19	0,20	0,21	0,22	0,23	0,24	0,25	0,26	0,27	0,28	0,29	0,30	0,31	0,32
49 132	21,8 59	29,2 54	18,7 51	17,5 47	16,4 44	15,4 42	14,6 39	13,8 37	13,1 35	12,5 34	11,9 32	11,4 31	10,9 30	10,5 28	10,1 27	9,7 26	9,4 25
358 961	160 428	147 395	137 367	128 343	120 321	113 302	106 286	101 271	96 257	91 245	87 234	83 223	80 214	77 206	74 198	71 190	68 184

4.6 Werkstoffprüfung

Verfahren	Merkmal	Erläuterung
Brinell **nach DIN 50351** (2.85) 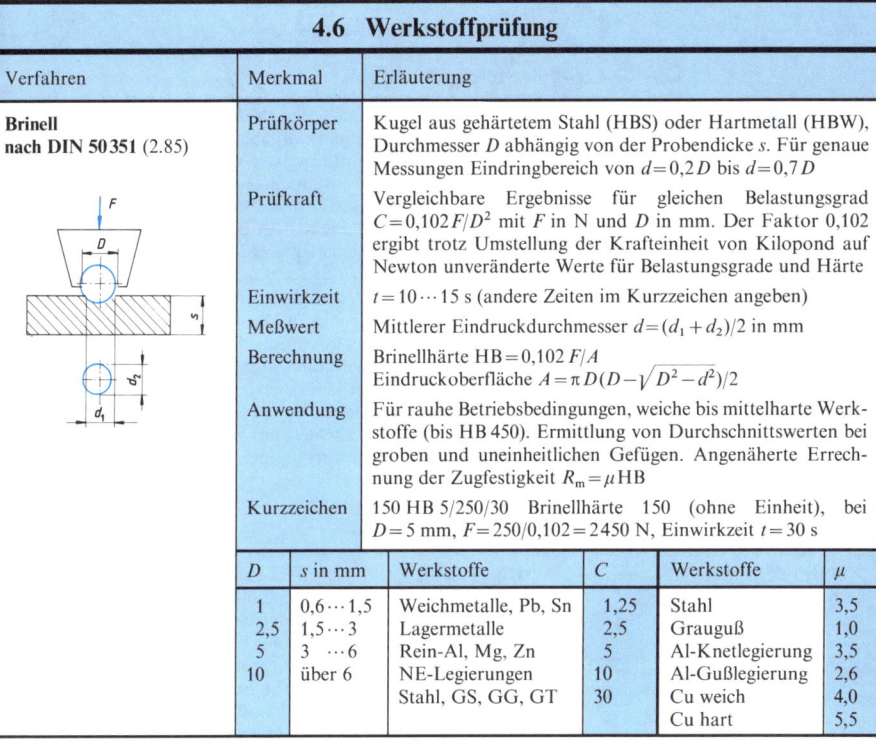	Prüfkörper	Kugel aus gehärtetem Stahl (HBS) oder Hartmetall (HBW), Durchmesser D abhängig von der Probendicke s. Für genaue Messungen Eindringbereich von $d = 0,2\,D$ bis $d = 0,7\,D$
	Prüfkraft	Vergleichbare Ergebnisse für gleichen Belastungsgrad $C = 0,102\,F/D^2$ mit F in N und D in mm. Der Faktor 0,102 ergibt trotz Umstellung der Krafteinheit von Kilopond auf Newton unveränderte Werte für Belastungsgrade und Härte
	Einwirkzeit	$t = 10 \cdots 15$ s (andere Zeiten im Kurzzeichen angeben)
	Meßwert	Mittlerer Eindruckdurchmesser $d = (d_1 + d_2)/2$ in mm
	Berechnung	Brinellhärte $HB = 0,102\,F/A$ Eindruckoberfläche $A = \pi D(D - \sqrt{D^2 - d^2})/2$
	Anwendung	Für rauhe Betriebsbedingungen, weiche bis mittelharte Werkstoffe (bis HB 450). Ermittlung von Durchschnittswerten bei groben und uneinheitlichen Gefügen. Angenäherte Errechnung der Zugfestigkeit $R_m = \mu\,HB$
	Kurzzeichen	150 HB 5/250/30 Brinellhärte 150 (ohne Einheit), bei $D = 5$ mm, $F = 250/0,102 = 2450$ N, Einwirkzeit $t = 30$ s

D	s in mm	Werkstoffe	C	Werkstoffe	μ
1	$0,6 \cdots 1,5$	Weichmetalle, Pb, Sn	1,25	Stahl	3,5
2,5	$1,5 \cdots 3$	Lagermetalle	2,5	Grauguß	1,0
5	$3 \cdots 6$	Rein-Al, Mg, Zn	5	Al-Knetlegierung	3,5
10	über 6	NE-Legierungen	10	Al-Gußlegierung	2,6
		Stahl, GS, GG, GT	30	Cu weich	4,0
				Cu hart	5,5

Vergleich Zugfestigkeit und Härte für Stahl, Stahlguß nach DIN 50150 (12.76)

Zugfestig-keit R_m in N/mm²	Brinell-härte HB für $C = 30$	Vickers-härte HV $F \geq 98$ N	Rockwellhärte HRB	HRC	Zugfestig-keit R_m in N/mm²	Brinell-härte HB für $C = 30$	Vickers-härte HV $F \geq 98$ N	Rockwell-härte HRC
350	105	110	62,3	–	1030	304	320	32,2
385	114	120	66,7	–	1095	323	340	34,4
415	124	130	71,2	–	1155	342	360	36,6
450	133	140	75	–	1220	361	380	38,8
480	143	150	78,7	–	1290	380	400	40,8
510	152	160	81,7	–	1350	399	420	42,7
545	162	170	85	–	1420	418	440	44,5
575	171	180	87,1	–	1485	437	460	46,1
610	181	190	89,5	–	1555	(456)	480	47,7
640	190	200	91,5	–	1630	(475)	500	49,1
675	199	210	93,5	–	1700	(494)	520	50,5
705	209	220	95,0	–	1775	(513)	540	51,7
740	219	230	96,7	–	1845	(532)	560	53,0
770	228	240	98,1	20,3	1920	(551)	580	54,1
800	238	250	99,5	22,2	1995	(570)	600	55,2
835	247	260	(101)	24	2070	(589)	620	56,3
865	257	270	(102)	25,6	2180	(618)	650	57,8
900	266	280	(104)	27,1	–	–	670	58,8
930	276	290	(105)	28,5	–	–	690	59,7
965	285	300	–	29,5	–	–	720	61,0

4.6.4 Zerstörungsfreie Prüfverfahren

Eindringprüfung
nach DIN 54152 T1 (7.89)

Nach der Vorreinigung des Prüfobjekts (Rost, Zunder, Öl) dringt durch die Kapillarwirkung von Oberflächenrissen eine benetzende (farbige) Flüssigkeit ein. Anschließend wird die Oberfläche gereinigt und ein Entwickler (Flüssigkeit oder Pulver) saugt die Prüfflüssigkeit heraus.
Anwendung: Oberflächen-Haarrißprüfung für alle Werkstoffe, Risse über 0,25 µm, Überlappungen, Falten, Poren.

Magnetpulverprüfung
nach DIN 54130 (4.74)

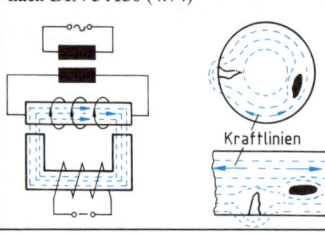

Magnetisierbare Teilchen werden trocken oder in Suspensionen farbig oder fluoreszierend auf das Prüfobjekt gebracht. Das homogene Magnetfeld wird an Schadstellen nach außen abgelenkt und es kommt zu Pulveranhäufungen. Bei der Jochmagnetisierung (Kraftfeldlinien längs) werden Querrisse, bei der Stromdurchflutung (Kraftfeldlinien konzentrisch) Längsrisse sichtbar.
Anwendung: Materialfehler über 1 µm an der Oberfläche und bis zu 3 mm Tiefe bei ferromagnetischen Werkstoffen.

Wirbelstromprüfung
nach DIN 54140 T1 (4.76)

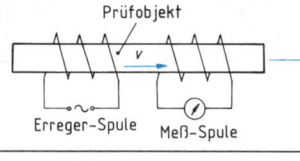

Durch Induktion entstehen im Prüfobjekt Wirbelströme, deren magnetisches Feld rückwirkend die Spule beeinflußt. Die Höhe der Wirbelströme ist vom Widerstand des Prüfobjekts und damit von seinem Aufbau abhängig.
Anwendung: Gleichmäßigkeitsprüfung aller metallischen Werkstoffe, Durchlaufprüfung von Halbzeugen (60 m/min), Erkennen von Härte-, Zusammensetzungsunterschieden, Dickenmessungen von Schichten (auch nichtmetallischen).

Ultraschallprüfung
nach DIN 54119 (8.81)

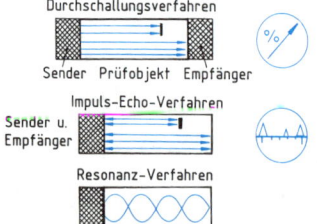

Ultraschall von 16 kHz bis 100 MHz wird mit piezoelektrischen Quarzen erzeugt bzw. aufgenommen. Die geradlinige Fortpflanzung der Wellen wird beim Übergang auf ein anderes Medium (z.B. Fehler) gestört, der Schall reflektiert. Nur quer zur Schallrichtung liegende Fehler werden erkannt.
Anwendung: Für beliebige Werkstoffe bei großer Tiefenwirkung zum Erkennen von Haarrissen, breiten Rissen, Lunker, Gasblasen, Bindefehlern an Guß-, Schmiedeteilen, Achsen, Wellen, Schienen (40 km/h), Gasflaschen, Dickenmessung im Behälter- und Schiffbau (Resonanz).

Röntgen- und Gammastrahlenprüfung
nach DIN 54111 T1 (5.88)

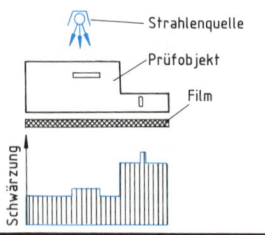

Röntgen- und Gammastrahlen dringen in beliebige Werkstoffe ein, pflanzen sich geradlinig fort und werden entsprechend ihrer Energie und der Dichte des Werkstoffs abgeschwächt. Fehlstellen bremsen die Strahlen weniger und schwärzen den untergelegten Film dort stärker. Die Durchstrahlungsdicken betragen für Stahl: Röntgen-/Gammastrahlen/Betatron 100 mm/200 mm/500 mm. Die Belichtungszeit liegt zwischen Minuten bis Stunden.
Anwendung: Risse, Poren, Lunker, Bindefehler im Brücken-, Leitungs-, Kessel-, Flugzeugbau. Oberflächenrisse sind nicht erkennbar. Vorteil der Filmdokumentation, Nachteil des aufwendigen Strahlenschutzes nach DIN 54113 T1 (7.91).

4.7 Korrosion

Elektrochemische Spannungsreihe und Normalpotentiale

Die Metalle, mit Ausnahme der Edelmetalle, streben durch Korrosion nach ihrem natürlichen, ionisch gebundenen, thermodynamisch stabilen Zustand (karbonatisch, oxidisch, sulfidisch). Das in der Spannungsreihe weiter links stehende Metall ist unedler und bildet bei der Korrosion die sich auflösende Anode. Die Korrosionsgeschwindigkeit richtet sich nach der Art des Elektrolyten und der Spannungsdifferenz. Das tatsächliche Korrosionsverhalten (die praktische Spannungsreihe in verschiedenen Elektrolyten) ist in starkem Maße von der Passivierung der Oberfläche abhängig.

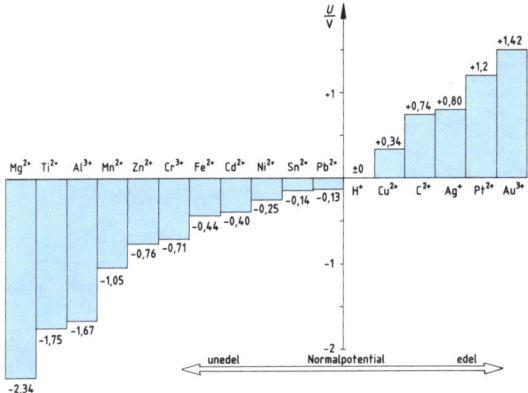

Korrosionsverhalten wichtiger Metalle

Werkstoffe	Deckschicht	Beständigkeit	Unbeständigkeit
Aluminium	dichtes Oxid elektr. isol.	Luft, schwache Säuren, mit Magnesium seewasserfest	Laugen, Salze
Blei	dichtes Karbonat	Luft, hartes Wasser, Schwefel-, Fluß-, verdünnte Salzsäure	Kalk, Zement, organische Säuren, Salpetersäure, Natronlauge
Chrom	dichtes Oxid	Luft, Wasser, Salpetersäure, hohe Temperaturen	Laugen, Salz- und Schwefelsäure
Eisen	poröse Oxide	hartes Wasser, Laugen	feuchte Luft, Salz-, Schwefelsäure
Kupfer	dicht. Sulfat Karbonat	feuchte Luft, Wasser, Dampf, Salze, Laugen	Schwefel, Salz-, Schwefel-, Salpetersäure
Magnesium	dünnes Oxid	trockene Luft, Laugen, Fette, Öle, Treibstoffe, Flußsäure	Feuchtigkeit, Säure, Salze, Leitungswasser, Meerwasser
Nickel	dünn. Hydrox. Sulfat	Luft, Wasser, Meerwasser, Salze, Nahrungsmittel, Laugen	starke Säuren, Schwefel, Chlor Acetylen
Titan	dichtes Oxid	Luft, Wasser, Meerwasser, organische Säuren, Salpetersäure	Salz-, Schwefelsäure, Natronlauge
Zink	dichte Oxide Karbonate	feuchte Luft, hartes Wasser, schwache Laugen	Heißwasser, Dampf, Säuren, Salze
Zinn	dünnes Oxid	Luft, Wasser, Meerwasser, Dampf, organ. Säuren unter Luftabschluß, Nahrungsmittel, Öle, Treibstoff	starke Säuren, Laugen, Schwefeldioxid

4.7 Korrosion

Korrosionsarten

Flächenkorrosion mit gleichmäßiger Abtragung bei nicht passivierbaren Metallen durch Witterungseinflüsse und Verschmutzungen. Bauteilschwächung abschätzbar.

Lochfraß, kraterförmige Vertiefungen mit Spannungsspitzen durch Fehlstellen der passiven Schutzschicht (Ursachen z.B. Erosion, Kavitation). Mikrokerben mit Versprödung, plötzliches Bauteilversagen.

Interkristalline Korrosion mit Auflösung der unedleren Korngrenzen, dabei kein sichtbares Korrosionprodukt und folgender plötzlicher Spannungsriß.

Transkristalline Korrosion mit anschließendem Schwingungsriß quer durch die Kristalle.

Elektrochemische Korrosionselemente

Kontaktkorrosion bei leitender Verbindung verschiedener Metalle (Verbindungselemente oder passiver Korrosionsschutz) und Anwesenheit eines Elektrolyten (feuchte Luft, Regen, Kondenswasser, Schweiß); Eisen mit Zink ist auch bei Beschädigungen der Oberfläche geschützt.
(Passiver Korrosionsschutz siehe Beschichten S. 7-57ff.)

Durch **Kontaktkorrosion** bei einer Beschädigung von verzinnten Eisenoberflächen geht das unedlere Eisen verstärkt in Lösung.

Lokalkorrosion durch verschiedene Gefügebestandteile, die mit einem Elektrolyten verbunden sind (Kristallgemische, Seigerungen, Korngrenzen, Schweiß-, Lötnähte, Zunder, Kaltverformungen, Verunreinigungen durch Späne, Kühlmittel, Schlacken, Kohlenstoff, Staub).

Konzentrationskorrosion durch Belüftungs- oder Temperaturunterschiede des Elektrolyten (Punktschweißungen, Niet-, Schraubenköpfe, Unterlegscheiben, Dichtungen, Verpackungsfolien). Aufgelöst wird der sauerstoffarme Bereich.

5

5.2 Gewinde, Schrauben und Muttern; Scheiben, Federringe

5.2.1 Gewinde

Übersicht über Gewindearten

Gewindeprofil		Gewindebenennung
		Bezeichnungsbeispiel
	M	Metrisches ISO-Gewinde
		DIN 13 – M 12
		Linksgewinde DIN 13 – M 12-LH
		Metrisches Feingewinde
		DIN 13 – M 12 × 1,25
	G	Whitworth-Rohrgewinde zylindr. Innen- u. Außengewinde
		DIN ISO 228 – G $^3/_8$
	R	Withworth-Rohrgewinde zyl. Innengewinde
		DIN 2999 – R $1^1/_2$
	Rp	Whitworth-Rohrgewinde keg. Außengewinde
		DIN 2999 – Rp $1^1/_2$
	Tr	Metrisches ISO-Trapezgewinde
		DIN 103 – Tr 32 × 6
		mehrgängiges (z.B. zwei-) Linksgewinde $\left(\text{Gangzahl} = \dfrac{\text{Steigung } P_\text{h}}{\text{Teilung } P} = \dfrac{12}{6}\right)$ DIN 103 – Tr 32 × 12 P6-LH
	S	Sägengewinde
		DIN 513 – S 48 × 3
	Rd	Rundgewinde
		DIN 405 – Rd 48 × $^1/_6$

5.2 Gewinde, Schrauben und Muttern; Scheiben, Federringe

Metrisches ISO-Gewinde Regelgewinde nach DIN 13 T1 (12.86) (Maße in mm)

Gewinde-Nenn-∅	Stei-gung	Flan-ken-∅	Kern-∅		Gewindetiefe		Run-dung	Kern-loch-∅	Durch-gangs-loch-∅	Spannungs-quer-schnitt
			Bolzen	Mutter	Bolzen	Mutter				
$d=D$	P	$d_2 = D_2$	d_3	D_1	h_3	H_1	R	∅	DIN ISO 273 m	A_s in mm²
M1	0,25	0,838	0,693	0,729	0,153	0,135	0,036	0,75	1,2	0,46
M1,2	0,25	1,038	0,893	0,929	0,153	0,135	0,036	0,95	1,4	0,73
M1,6	0,35	1,373	1,170	1,221	0,215	0,189	0,051	1,25	1,8	1,27
M2	0,4	1,740	1,509	1,567	0,245	0,217	0,058	1,6	2,4	2,07
M2,5	0,45	2,208	1,948	2,013	0,276	0,244	0,065	2,05	2,9	3,39
M3	0,5	2,675	2,387	2,459	0,307	0,271	0,072	2,5	3,4	5,03
M4	0,7	3,545	3,141	3,242	0,429	0,379	0,101	3,3	4,5	8,73
M5	0,8	4,480	4,019	4,134	0,491	0,433	0,115	4,2	5,5	14,2
M6	1	5,350	4,773	4,917	0,613	0,541	0,144	5	6,6	20,1
M8	1,25	7,188	6,466	6,647	0,767	0,677	0,180	6,8	9	36,6
M10	1,5	9,026	8,160	8,376	0,920	0,812	0,217	8,5	11	58,0
M12	1,75	10,863	9,853	10,106	1,074	0,947	0,253	10,2	13,5	84,3
M16	2	14,701	13,546	13,835	1,227	1,083	0,289	14	17,5	157
M20	2,5	18,376	16,933	17,294	1,534	1,353	0,361	17,5	22	245
M24	3	22,051	20,319	20,752	1,840	1,624	0,433	21	26	353
M30	3,5	27,727	25,706	26,211	2,147	2,894	0,505	26,5	33	561
M36	4	33,402	31,093	31,670	2,454	2,165	0,577	32	39	817
M42	4,5	39,077	36,479	37,129	2,760	2,436	0,650	37,5	45	1120
M48	5	44,752	41,866	42,587	3,067	2,706	0,722	43	52	1470
M56	5,5	52,428	49,252	50,046	3,374	2,977	0,794	50,5	62	2030
M64	6	60,103	56,639	57,505	3,681	3,248	0,866	58	70	2680

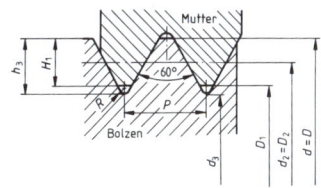

Nenndurchmesser $\quad d = D$
Steigung $\quad P$
Flankenwinkel $\quad 60°$
Flankendurchmesser $\quad d_2 = D_2 = d - 0,6495 \cdot P$
Kerndurchmesser: Bolzen $\quad d_3 = d - 1,2269 \cdot P$
Mutter $\quad D_1 = d - 1,0825 \cdot P$
Gewindetiefe: Bolzen $\quad h_3 = 0,6134 \cdot P$
Mutter $\quad H_1 = 0,5413 \cdot P$
Rundung $\quad R = 0,1443 \cdot P$
Kernlochdurchmesser $\quad = d - P$
Spannungsquerschnitt $\quad A_s = \dfrac{\pi}{4} \cdot \left(\dfrac{d_2 + d_3}{2}\right)^2$

Feingewinde DIN 13 T2 bis 10 (12.86) (Maße in mm)

Gewinde-bezeich-nung	Flan-ken-∅	Kern-∅		Gewinde-bezeich-nung	Flan-ken-∅	Kern-∅		Gewinde-bezeich-nung	Flan-ken-∅	Kern-∅	
		Bolzen	Mutter			Bolzen	Mutter			Bolzen	Mutter
$d \times P$	$d_2 = D_2$	d_3	D_1	$d \times P$	$d_2 = D_2$	d_3	D_1	$d \times P$	$d_2 = D_2$	d_3	D_1
M2×0,2	1,870	1,755	1,783	M16×1,5	15,026	14,160	14,376	M56×1,5	55,026	54,160	54,376
M2,5×0,25	2,338	2,193	2,229	M20×1	19,350	18,773	18,917	M56×2	54,701	53,546	53,835
M3×0,35	2,773	2,571	2,621	M20×1,5	19,026	18,160	18,376	M64×2	62,701	61,546	61,835
M4×0,5	3,675	3,387	3,459	M24×1,5	23,026	22,160	22,376	M72×3	70,051	68,319	68,752
M5×0,5	4,675	4,387	4,459	M24×2	22,701	21,546	21,835	M80×3	78,051	76,319	76,752
M6×0,75	5,513	5,080	5,188	M30×1,5	29,026	28,160	28,376	M90×4	87,402	85,093	85,670
M8×0,75	7,513	7,080	7,188	M30×2	28,701	27,546	27,835	M100×4	97,402	95,093	95,670
M8×1	7,350	6,773	6,917	M36×1,5	35,026	34,160	34,376	M125×4	122,402	120,093	120,670
M10×0,75	9,513	9,080	9,188	M36×2	34,701	33,546	33,835	M140×5	136,103	132,639	133,505
M10×1	9,350	8,773	8,917	M42×1,5	41,026	40,160	40,376	M160×6	156,103	152,639	153,505
M12×1	11,350	10,773	10,917	M42×2	40,701	39,546	39,835	M180×6	176,10	172,64	173,51
M12×1,25	11,188	10,466	10,647	M48×1,5	47,026	46,160	46,376	M200×6	196,10	192,64	193,51
M16×1	15,350	14,773	14,917	M48×2	46,701	45,546	45,835				

5.2 Gewinde, Schrauben und Muttern; Scheiben, Federringe

Whitworth-Rohrgewinde nach DIN ISO 228 (4.85), **DIN 2999** (7.83) (Maße in mm)

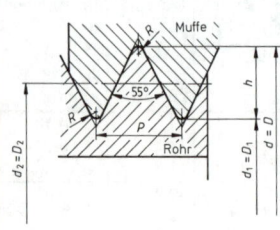

Be-zeich-nung DIN ISO 228 $d = D$	Außen-$\varnothing$ $d = D$	Flanken-$\varnothing$ $d_2 = D_2$	Kern-$\varnothing$ $d_1 = D_1$	Stei-gung P	Gang-zahl/inch Z	Bezeichnung DIN 2999	
G $^1/_8$	9,728	9,147	8,566	0,907	28	R $^1/_8$	Rp $^1/_8$
G $^1/_4$	13,157	12,301	11,445	1,337	19	R $^1/_4$	Rp $^1/_4$
G $^3/_8$	16,662	15,806	14,950	1,337	19	R $^3/_8$	Rp $^3/_8$
G $^1/_2$	20,955	19,793	18,631	1,814	14	R $^1/_2$	Rp $^1/_2$
G $^3/_4$	26,441	25,279	24,117	1,814	14	R $^3/_4$	Rp $^3/_4$
G 1	33,249	31,770	30,291	2,309	11	R 1	Rp 1
G 1$^1/_4$	41,910	40,431	38,952	2,309	11	R 1$^1/_4$	Rp 1$^1/_4$
G 1$^1/_2$	47,803	46,324	44,845	2,309	11	R 1$^1/_2$	Rp 1$^1/_2$
G 2	59,614	58,135	56,656	2,309	11	R 2	Rp 2
G 2$^1/_2$	75,184	73,705	72,226	2,309	11	R 2$^1/_2$	Rp 2$^1/_2$
G 3	87,884	86,405	84,926	2,309	11	R 3	Rp 3
G 3$^1/_2$	100,33	98,851	97,372	2,309	11	R 3$^1/_2$	Rp 3$^1/_2$
G 4	113,03	111,55	110,07	2,309	11	R 4	Rp 4
G 5	138,43	136,95	135,47	2,309	11	R 5	Rp 5
G 6	163,83	162,35	160,87	2,309	11	R 6	Rp 6

Flanken-$\varnothing$ $\quad d_2 = D_2 = d - h$
Flankenwinkel 55°
Kern-$\varnothing$ $\quad d_1 = D_1 = d - 2 \cdot h$
Steigung $\quad P = \dfrac{25,4 \text{ mm}}{Z}$
Gewindetiefe $\quad h = 0,64033 \cdot P$
Rundung $\quad R = 0,13733 \cdot P$
Zyl. Innen- u. Außengewinde;
im Gewinde nicht dichtend $\quad G$
Zyl. Innengewinde/dichtend $\quad R$
Keg. Außengewinde/dichtend R_P

Metrisches ISO-Trapezgewinde nach DIN 103 (4.77) (Maße in mm)

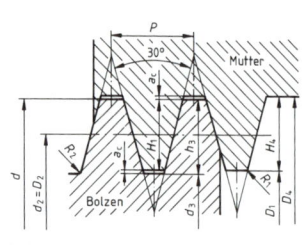

Bezeich-nung $d \times P$	Flanken-$\varnothing$ $d_2 = D_2$	Kern-$\varnothing$ Bolzen d_3	Kern-$\varnothing$ Mutter D_1	Außen-$\varnothing$ Mutter D_4
Tr 8 × 1,5	7,250	6,20	6,50	8,30
Tr 10 × 2	9,0	7,50	8,0	10,50
Tr 12 × 3	10,50	8,50	9,0	12,50
Tr 14 × 3	12,50	10,50	11,0	14,50
Tr 16 × 4	14,0	11,50	12,0	16,50
Tr 18 × 4	16,0	13,50	14,0	18,50
Tr 20 × 4	18,0	15,50	16,0	20,50
Tr 24 × 5	21,50	18,50	19,0	24,50
Tr 28 × 5	25,50	22,50	23,0	28,50
Tr 32 × 6	29,0	25,0	26,0	33,0
Tr 36 × 6	33,0	29,0	30,0	37,0
Tr 40 × 7	36,5	32,0	33,0	41,0
Tr 44 × 7	40,5	36,0	37,0	45,0
Tr 48 × 8	44,0	39,0	40,0	49,0
Tr 52 × 8	48,0	43,0	44,0	53,0
Tr 60 × 9	55,5	50,0	51,0	61,0
Tr 70 × 10	65,0	59,5	60,0	71,0
Tr 80 × 10	75,0	69,0	70,0	81,0
Tr 90 × 12	84,0	77,0	78,0	91,0
Tr 100 × 12	94,0	87,0	88,0	101,0

Steigung P	1,5	2···5	6···12	14···44
Spitzenspiel a_c	0,15	0,25	0,5	1
Rundung R_1	0,075	0,125	0,25	0,5
Rundung R_2	0,15	0,25	0,5	1

Flanken-$\varnothing$ $\quad d_2 = D_2 = d - 0,5 \cdot P$
Flankenwinkel 30°
Kern-$\varnothing$: Bolzen $\quad d_3 = d - (P + 2 \cdot a_c)$
Mutter $\quad D_1 = d - P$
Außen-$\varnothing$ der Mutter $\quad D_4 = d + 2 \cdot a_c$
Gewindetiefe $\quad h_3 = H_4 = 0,5 \cdot P + a_c$
Tragtiefe $\quad H_1 = 0,5 \cdot P$
Spitzenspiel $\quad a_c$
Rundungen $\quad R_1, R_2$
Gangzahl $\quad n$
Steigung eingängig $\quad P$
Steigung mehrgängig $\quad P_h = n \cdot P$

Sägengewinde nach DIN 513 (4.85) (Maße in mm)

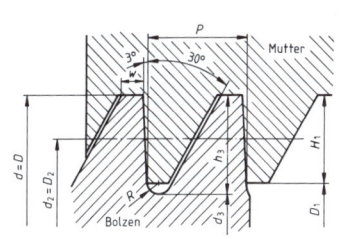

Gewinde-bezeichnung	Mutter		Flanken-∅	Bolzen	
	Kern-∅	Gewinde-tiefe		Kern-∅	Gewinde-tiefe
$d \times P$	D_1	H_1	$d_2 = D_2$	d_3	h_3
S 10 × 2	7,0	1,50	8,50	6,528	1,736
S 12 × 2	9,0	1,50	10,50	8,528	1,736
S 16 × 2	13,0	1,50	14,50	12,528	1,736
S 20 × 2	17,0	1,50	18,50	16,528	1,736
S 24 × 3	19,50	2,25	21,75	18,794	2,603
S 24 × 5	16,50	3,75	20,25	15,322	4,339
S 30 × 3	25,0	2,25	27,75	24,794	2,603
S 30 × 6	21,0	4,50	25,50	19,586	5,207
S 36 × 3	31,50	2,25	33,75	30,794	2,603
S 36 × 6	27,0	4,50	31,50	25,586	5,207
S 40 × 3	35,50	2,25	37,75	34,794	2,603
S 40 × 7	29,50	5,25	34,75	27,852	6,074
S 48 × 3	43,50	2,25	45,75	42,794	2,603
S 48 × 8	36,0	6,0	42,0	34,116	6,942
S 55 × 9	41,50	6,75	48,25	39,380	7,810
S 60 × 3	55,50	2,25	57,75	54,794	2,603
S 60 × 9	46,50	6,75	53,25	44,380	7,810
S 70 × 10	55,0	7,50	62,50	52,644	8,678
S 80 × 4	74,0	3,0	77,0	73,058	3,471
S 80 × 10	65,0	7,50	72,50	62,644	8,678
S 90 × 12	72,0	9,0	81,0	69,174	10,413
S 100 × 4	94,0	3,0	97,0	93,058	3,471
S 100 × 12	82,0	9,0	91,0	79,174	10,413
S 120 × 14	99,0	10,50	109,50	95,702	12,149

Kern-∅: Mutter $\quad D_1 = d - 1,5 \cdot P$
Bolzen $\quad\quad\quad d_3 = d - 1,736 \cdot P$
Flanken-∅ $\quad\quad d_2 = D_2 = d - 0,75 \cdot P$
$\quad\quad\quad\quad\quad\quad\quad + 3,1758 \cdot a$
Flankenwinkel $\quad 33° (30° + 3°)$
Gewindetiefe: Mutter $\quad H_1 = 0,75 \cdot P$
Bolzen $\quad\quad\quad\quad h_3 = 0,868 \cdot P$
Steigung eingängig $\quad P$
Gangzahl $\quad\quad\quad n$
Steigung mehrgängig $\quad P_h = n \cdot P$
Rundung $\quad\quad\quad R = 0,124 \cdot P$
Profilbreite am Bolzen $\quad w = 0,264 \cdot P$
Axialspiel $\quad\quad\quad a = 0,1\sqrt{P}$

Rundgewinde nach DIN 405 (11.75) (Maße in mm)

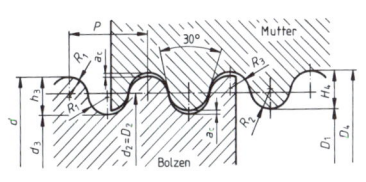

Gewinde-bezeichnung $d \times P$ × 25,4 mm	Flanken-∅ $d_2 = D_2$	Mutter		Bolzen-Kern-∅ d_3	Gangzahl pro 25,4 mm
		Kern-∅ D_1	Außen-∅ D_4		
Rd 8 × $^1/_{10}$	6,730	5,714	8,254	5,460	10
Rd 10 × $^1/_{10}$	8,730	7,714	10,254	7,460	10
Rd 12 × $^1/_{10}$	10,730	9,714	12,254	9,460	10
Rd 16 × $^1/_8$	14,412	13,142	16,318	12,825	8
Rd 20 × $^1/_8$	18,412	17,142	20,318	16,825	8
Rd 24 × $^1/_8$	22,412	21,142	24,318	20,825	8
Rd 30 × $^1/_8$	28,412	27,142	30,318	26,825	8
Rd 36 × $^1/_8$	34,412	33,142	36,318	32,825	8
Rd 40 × $^1/_6$	37,883	36,190	40,423	35,767	6
Rd 48 × $^1/_6$	45,883	44,190	48,423	43,767	6
Rd 60 × $^1/_6$	57,883	56,190	60,423	55,767	6
Rd 80 × $^1/_6$	77,883	76,190	80,423	75,767	6
Rd 100 × $^1/_6$	97,883	96,190	100,423	95,767	6
Rd 120 × $^1/_4$	116,825	114,285	120,635	113,650	4

Gangzahl pro 25,4 mm	Stei-gung	Rundung			Spitzen-spiel	Gewinde-tiefe
Z	P	R_1	R_2	R_3	a_c	$h_3 = H_4$
10	2,540	0,606	0,650	0,561	0,127	1,270
8	3,175	0,757	0,813	0,702	0,159	1,588
6	4,233	1,010	1,084	0,936	0,212	2,117
4	6,350	1,515	1,625	1,404	0,318	3,175

Flankenwinkel $\quad 30°$
Flanken-∅ $\quad\quad d_2 = D_2 = d - 0,5 \cdot P$
Kern-∅: Mutter $\quad D_1 = d - 0,9 \cdot P$
Bolzen $\quad\quad\quad d_3 = d - P$
Außen-∅ der Mutter $\quad D_4 = d + 0,1 \cdot P$
Steigung eingängig $\quad P$
Steigung mehrgängig $\quad P_h$
Gangzahl $\quad\quad\quad n = \dfrac{P_h}{P}$
Spitzenspiel $\quad\quad a_c = 0,05 \cdot P$
Gewindetiefe $\quad\quad h_3 = H_4 = 0,5 \cdot P$
Rundungen $\quad\quad R_1, R_2, R_3$

5.2.2 Schrauben

Übersicht über Schraubenarten

Bild	Benennung	DIN	Bild	Benennung	DIN
	Sechskant-schraube	931 933 960 961		Stiftschraube	835 938 939
	Sechskant-Paßschraube	609		Hammerschraube mit Vierkant	186
	Zylinder-schraube mit Schlitz	84		T-Nutenschraube	787
	Gewindestift	417 438 551 553 913 914 915 916		Vierkantschraube	478 479 480
	Senkschraube mit Schlitz	963		Flachrund-schraube mit Vierkant	603
	Senkschraube mit Kreuzschlitz	965		Ringschraube	580
	Senkschraube mit Innen-sechskant	7991		Blechschraube	7971 7972 7973 7981 7982 7983
	Linsensenk-schraube mit Schlitz	964			
	Linsensenk-schraube mit Kreuzschlitz	966		Zylinderschraube mit Innen-sechskant	912 7984

5.2 Gewinde, Schrauben und Muttern; Scheiben, Federringe

Mechanische Eigenschaften von Schrauben nach DIN ISO 898 Teil 1 (1.89)

Festigkeitsklassen

Das Kennzeichen zur Bezeichnung der Festigkeitsklassen für Schrauben besteht aus zwei durch einen Punkt getrennte Zahlen (z. B. 3.6). Die erste Zahl entspricht 1/100 der Nennzug-festigkeit R_m in N/mm²; die zweite Zahl ist das 10fache des Verhältnisses der Nennstreckgrenze R_{eL} bzw. $R_{p0.2}$ zur Nennzugfestigkeit R_m. Multipliziert man beide Zahlen, so erhält man die Nennstreckgrenze R_{eL} bzw. $R_{p0.2}$ in N/mm².

Eigenschaft		3.6	4.6	4.8	5.6	5.8	6.8	8.8 $\leq$M16	8.8 $>$M16[1]	9.8[2]	10.9	12.9
Zugfestigkeit R_m	Nennwert	300	400	500	500	600	600	800	800	900	1000	1200
N/mm²	min.	330	400	420	500	520	600	800	830	900	1040	1220
Streckgrenze R_{eL}	Nennwert	180	240	320	300	400	480	–	–	–	–	–
N/mm²	min.	190	240	340	300	420	480	–	–	–	–	–
0,2%-Dehngrenze $R_{p0.2}$	Nennwert	–	–	–	–	–	–	640	640	720	900	1080
N/mm²	min.	–	–	–	–	–	–	640	660	720	940	1100
Bruchdehnung A_5 %	min.	25	22	14	20	10	8	12	12	10	9	8
Mindesteinschraub-tiefen bei	St	0,8 d	0,8 d	1,0 d	1,0 d	1,0 d	1,0 d	1,2 d	1,2 d	–	1,2 d	–
	GG	1,3 d	1,3 d	1,5 d	1,5 d	1,5 d	1,5 d	1,5 d	1,5 d	–	1,4 d	–
	Al-Leg.	1,2 d	1,2 d	1,4 d	1,4 d	1,4 d	1,4 d	1,6 d	1,6 d	–	1,4 d	–

[1]) Für Stahlbauschrauben ab M 12   [2]) Nur für Größen bis 16 mm Gewindedurchmesser

Sechskantschrauben nach DIN 931, 933, 960, 961 (9.87) (1.90)   Maße in mm

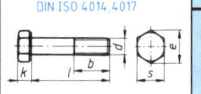

DIN 931,960
DIN ISO 4014,4017

DIN 933,961
DIN ISO 8765,8676

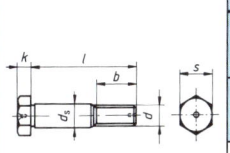

	d	M3	M4	M5	M6	M8	M10	M12	M14	M16	M20	M24
		–	–	–	–	8 × 1	10 × 1,25	12 × 1,5	14 × 1,5	16 × 1,5	20 × 2	24 × 2
	e	6,1	7,7	8,9	11	14,4	18,9	21,1	24,5	26,8	33,5	40
	s	5,5	7	8	10	13	17/16[1])	19/18[1])	22	24	30	36
	k	2	2,8	3,5	4	5,5	7	8	9	10	13	15
	d_W	4,6	5,9	6,9	11,6	15,6/14,6[1])	17,4/16,6[1])	20,5/19,6[1])	22,5	28,2	33,6	42,7
DIN 931 960	b	12	14	16	18	22	26	30	34	38	46	54
	l von	20	22	30	30	35	40	45	50	55	65	75
	bis	30	65	80	90	110	150	180	200	200	220	220
DIN 933 961	b	Gewinde annähernd bis Kopf										
	l von	4	5	6	6	8	8	10	10	12	16	16
	bis	25	70	80	80	110	150	150	150	150	200	200

Normale Längen l: 4, 5, 6, 8, 10, 12, 16, 20, 25, 30 usw. bis 80 mm je 5 mm gestuft, von 80 bis 220 mm je 10 mm gestuft.
Festigkeitsklassen: 5.6, 8.8, 10.9.
Bezeichnungsbeispiel für Sechskantschraube nach DIN 931 mit Gewinde M 8, Länge $l=40$ mm und Festigkeitsklasse 8.8.
Sechskantschraube DIN 931 – M 8 × 40 – 8.8   [1]) Nach ISO 272

Sechskant-Paßschrauben mit langem Gewindezapfen nach DIN 609 (7.84)   Maße in mm

	d	M8	M10	M12	M16	M20 M20 × 1,5 M20 × 2	M24 M24 × 1,5 M24 × 2	M30 M30 × 2	M36 M36 × 3
	d_s k6	9	11	13	17	21	25	32	38
	s	13	17/16[1])	19/18[1])	24	30	36	46	55
	k	5,5	7	8	10	13	15	19	23
b	$l < 50$	14,5	17,5	20,5	25	28,5	–	–	–
	$l > 50 < 150$	16,5	19,5	22,5	27	30,5	36,5	43	49
	$l > 150$	21,5	24,5	27,5	32	35,5	41,5	48	54

Normale Längen l: 4, 5, 6, 8, 10, 12, 16, 20, 25, 30 usw. bis 150 mm je 5 mm gestuft, von 150 bis 200 mm je 10 mm gestuft.
Festigkeitsklasse: 8.8
Bezeichnungsbeispiel für Sechskant-Paßschraube nach DIN 609 mit Gewinde M 24 × 1,5, Länge $l=75$ mm und Festigkeitsklasse 8.8
Sechskant-Paßschraube DIN 609 – M 24 × 1,5 × 75 – 8.8   [1]) Nach ISO 272

5

Zylinderschrauben mit Innensechskant nach DIN 912 (12.83), **7984** (5.85) Maße in mm

DIN 912
DIN ISO 4762

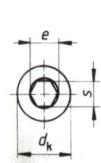

d	M 3	M 4	M 5	M 6	M 8 8 × 1	M 10 10 × 1,25	M 12 12 × 1,25	M 14 14 × 1,5	M 16 16 × 1,5	M 20 20 × 1,5	M 24 24 × 2
d_K	5,5	7	8,5	10	13	16	18	21	24	30	36
DIN 912 s	2,5	3	4	5	6	8	10	12	14	17	19
k	3	4	5	6	8	10	12	14	16	20	24
b	18	20	22	24	28	32	36	40	44	52	60
l von	25	30	30	35	40	45	55	65	65	80	90
bis	30	40	50	60	80	100	120	140	160	200	200
b	Gewinde annähernd bis Kopf										
l von	5	6	8	10	12	16	20	20	25	30	40
bis	20	25	25	30	35	40	50	50	60	70	80
DIN 7984 s		2,5	3	4	5	7	8	10	12	14	17
k		2,8	3,5	4	5	6	7	8	9	11	13
b	12	14	16	18	22	26	30	34	38	46	54
l von	5	5	10	10	16	16	20	30	30	40	50
bis	20	25	30	40	60	70	80	80	80	100	100

Normale Längen l: 4, 5, 6, 8, 10, 12, 16, 20, 25, 30 usw. bis 80 mm je 5 mm gestuft, von 80 bis 120 mm je 10 mm gestuft.
Festigkeitsklassen: 8.8, 10.9, 12.9

Bezeichnungsbeispiel für Zylinderschraube mit Innensechskant nach DIN 912 mit Gewinde M 12, Länge $l = 55$ mm und Festigkeitsklasse 10.9

Zylinderschraube DIN 912 – M 12 × 55 – 10.9

Bezeichnungsbeispiel für Zylinderschraube mit Innensechskant nach DIN 7984 (mit niedrigem Kopf) mit Gewinde M 16, Länge $l = 65$ mm und Festigkeitsklasse 8.8

Zylinderschraube DIN 7984 – M 16 × 65 – 8.8

Bezeichnungsbeispiel für Zylinderschraube mit Innensechskant nach DIN 912 mit Feingewinde M 10 × 1,25, Länge $l = 25$ mm und Festigkeitsklasse 12.9

Zylinderschraube DIN 912 – M 10 × 1,25 × 25 – 12.9

DIN 7984

mit niedrigem Kopf
nicht mit Feingewinde

Zylinderschrauben mit Schlitz nach DIN 84 (8.90) Maße in mm

DIN 84
DIN ISO 1207

d_1	M 2	M 2,5	M 3	M 4	M 5	M 6	M 8	M 10
d_2	3,8	4,5	5,5	7	8,5	10	13	16
b	Gewinde bis zum Kopf							
l von	3	3	3	4	6	8	10	12
bis	16	20	20	25	25	35	40	45
b	16	18	19	22	25	28	35	40
l von	20	25	25	30	30	40	45	50
bis	20	30	40	50	50	50	55	60
k	1,3	1,6	2	2,6	3,3	3,9	5	6
n	0,5	0,6	0,8	1	1,2	1,6	2	2,5
t	0,6	0,7	0,9	1,2	1,5	1,8	2,2	2,5

Normale Längen l: 3, 4, 5, 6, 8, 10, 12, 16, 20, 25, 30, 35, 40, 45, 50, 55, 60, 70, 80, 90 und 100 mm
Festigkeitsklassen: 4.8 und 5.8

Bezeichnungsbeispiel für Zylinderschraube mit Schlitz mit Gewinde M 6, Länge $l = 30$ mm und Festigkeitsklasse 5.8

Zylinderschraube DIN 84 – M 6 × 30 – 5.8

5

Gewindestifte nach DIN 417, 438, 551, 553 (9.86), **913, 914, 915, 916** (12.80)   Maße in mm

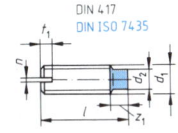

DIN 417
DIN ISO 7435

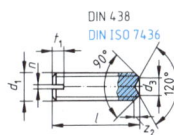

DIN 438
DIN ISO 7436

DIN 551
DIN ISO 4766

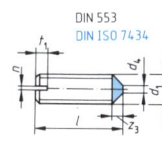

DIN 553
DIN ISO 7434

DIN 913
DIN ISO 4026

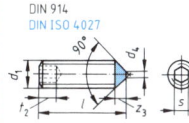

DIN 914
DIN ISO 4027

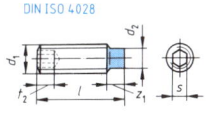

DIN 915
DIN ISO 4028

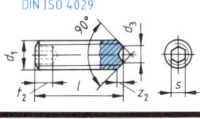

DIN 916
DIN ISO 4029

d_1		M 3	M 4	M 5	M 6	M 8	M 10	M 12	M 16	M 20
d_2		2	2,5	3,5	4	5,5	7	8,5	12	15
d_3		1,4	2	2,5	3	5	6	8	10	14
d_4		0,3	0,4	0,5	1,5	2	2,5	3	4	5
z_1		1,5	2	2,5	3	4	5	6	8	10
z_2		2,5	3	3	3,5	5	5,5	7	9	9
z_3		0,8	1	1,2	1,5	1,5	2	2	3	3
z_4		0,5	0,75	0,75	1	1,25	1,5	1,75	2	2,5
n		0,4	0,6	0,8	1	1,2	1,6	–	–	–
t_1		0,8	1,12	1,28	1,6	2	2,4	–	–	–
t_2		2	2,5	3	3,5	5	6	8	10	12
s		1,5	2	2,5	3	4	5	6	8	10
DIN 417	l von	5	6	8	8	10	12	–	–	–
	bis	12	16	20	30	40	50	–	–	–
DIN 438	l von	3	4	5	6	8	10	–	–	–
	bis	10	12	16	20	25	30	–	–	–
DIN 551	l von	3	4	4	5	6	10	–	–	–
	bis	10	12	16	20	25	30	–	–	–
DIN 553	l von	4	6	8	8	10	12	–	–	–
	bis	12	16	20	20	20	35	–	–	–
DIN 913	l von	4	5	6	8	10	12	16	20	25
	bis	20	20	25	35	40	40	40	40	50
DIN 914	l von	3	4	6	8	8	10	16	20	20
	bis	20	20	25	35	40	40	40	40	50
DIN 915	l von	5	6	8	8	10	12	16	20	25
	bis	20	20	25	35	40	40	40	40	50
DIN 916	l von	4	6	6	8	10	12	16	20	25
	bis	20	20	25	35	40	40	40	40	50

5

Nennlängen l: 3, 4, 5, 6, 8, 10, 12, 16, 20, 25, 30, 35, 40, 45 und 50 mm
Festigkeitsklassen:
DIN 417, 551, 553: 14 H u. 22 H ($\cong$ 140 HV bzw. 220 HV)
DIN 438: 14 H u. 22 H ($\cong$ 140 HV bzw. 220 HV)
DIN 913, 914, 915, 916: 45 H (Vergütungsstahl mit min. 45 HRC)

Bezeichnungsbeispiel für einen Gewindestift M 4 mit Schlitz und Zapfen,
Länge $l = 12$ mm, Festigkeitsklasse 14 H
Gewindestift DIN 417 – M 4 × 12 – 14 H

Bezeichnungsbeispiel für einen Gewindestift M 6 mit Schlitz und Ringschneide,
Länge $l = 20$ mm, Festigkeitsklasse 22 H
Gewindestift DIN 438 – M 6 × 20 – 22 H

Bezeichnungsbeispiel für einen Gewindestift M 3 mit Schlitz und Spitze,
Länge $l = 8$ mm, Festigkeitsklasse 22 H
Gewindestift DIN 553 – M 3 × 8 – 22 H

Bezeichnungsbeispiel für einen Gewindestift M 8 mit Innensechskant
und Kegelkuppe, Länge $l = 35$ mm, Festigkeitsklasse 45 H
Gewindestift DIN 913 – M 8 × 35 – 45 H

Bezeichnungsbeispiel für einen Gewindestift M 10 mit Innensechskant
und Ringschneide, Länge $l = 35$ mm, Festigkeitsklasse 45 H
Gewindestift DIN 916 – M 10 × 35 – 45 H

5.2 Gewinde, Schrauben und Muttern; Scheiben, Federringe

Senkschrauben mit Schlitz nach DIN 963 (8.90)
Maße in mm

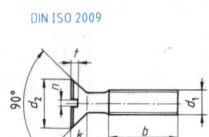

DIN ISO 2009

d_1	M 3	M 4	M 5	M 6	M 8	M 10	M 12	M 16	M 20
d_2	5,6	7,5	9,2	11	14,5	18	22	29	36
b	Gewinde bis zum Kopf								
l von	3	4	6	8	10	12	20	25	30
bis	20	25	25	35	40	45	60	70	80
b	19	22	25	28	35	40	46	58	70
l von	25	30	30	40	45	50	70	80	90
bis	40	50	50	50	55	60	80	100	100
k	1,65	2,2	2,5	3	4	5	6	8	10
n	0,8	1	1,2	1,6	2	2,5	3	4	5
t	0,9	1,2	1,5	1,8	2,2	2,5	3	4	5

Normale Längen l: 3, 4, 5, 6, 8, 10, 12, 16, 20, 25, 30, 35, 40, 45, 50, 55, 60, 70, 80, 90 und 100 mm

Festigkeitsklassen: 4.8 und 5.8

Bezeichnungsbeispiel für Senkschraube mit Schlitz mit Gewinde M 8, Länge $l = 45$ mm und Festigkeitsklasse 4.8

Senkschraube DIN 963 – M 8 × 45 – 4.8

Senkschrauben mit Kreuzschlitz nach DIN 965 (8.90)
Maße in mm

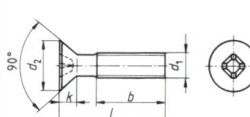

DIN ISO 7046

d_1	M 2	M 2,5	M 3	M 4	M 5	M 6	M 8	M 10
d_2	3,8	4,7	5,6	7,5	9,2	11	14,5	18
b	Gewinde bis zum Kopf							
l von	3	3	3	4	6	8	10	12
bis	16	20	20	25	25	35	40	45
b	16	18	19	22	25	28	35	40
l von	20	25	25	30	30	40	45	50
bis	20	30	40	50	50	50	55	60
Kreuz-schlitz-größe	1	1	1	2	2	3	4	4

Normale Längen l: 3, 4, 5, 6, 8, 10, 12, 16, 20, 25, 30, 35, 40, 45, 50, 55, 60, 70, 80, 90 und 100 mm

Festigkeitsklasse: 4.8

Bezeichnungsbeispiel für Senkschraube mit Kreuzschlitz mit Gewinde M 5, Länge $l = 20$ mm und Festigkeitsklasse 4.8

Senkschraube DIN 965 – M 5 × 20 – 4.8

Linsensenkschrauben mit Schlitz nach DIN 964 (8.90)
und Kreuzschlitz nach DIN 966 (8.90)
Maße in mm

DIN ISO 2010
DIN ISO 7047

d_1	M 2	M 2,5	M 3	M 4	M 5	M 6	M 8	M 10
d_2	3,8	4,7	5,6	7,5	9,2	11	14,5	18
b	Gewinde bis zum Kopf							
l von	3	3	3	4	6	8	10	12
bis	16	20	20	25	25	35	40	45
b	16	18	19	22	25	28	35	40
l von	20	25	25	30	30	40	45	50
bis	20	30	40	50	50	50	55	60
f	0,5	0,6	0,75	1	1,25	1,5	2	2,5
R	4	5	6	8	10	12	16	20

Normale Längen l: 3, 4, 5, 6, 8, 10, 12, 16, 20, 25, 30, 35, 40, 45, 50, 55, 60, 70, 80, 90 und 100 mm

Festigkeitsklassen für DIN 964: 4.8, 5.8
für DIN 966: 4.8

Bezeichnungsbeispiel für Linsensenkschraube mit Schlitz mit Gewinde M 4, Länge $l = 12$ mm und Festigkeitsklasse 5.8

Senkschraube DIN 964 – M 4 × 12 – 5.8

5.2 Gewinde, Schrauben und Muttern; Scheiben, Federringe

Stiftschrauben nach DIN 835 (12.72), 938 (12.72), 939 (12.72) — Maße in mm

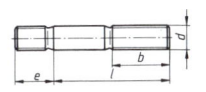

Anmerkung:
DIN 835 Einschrauben in Al-Leg.
$e \approx 2d$

DIN 938 Einschrauben in St
$e \approx d$

DIN 939 Einschrauben in Gußeisen $e \approx 1,25\, d$

d	M5	M6	M8 M8 ×1	M10 M10 ×1,25	M12 M12 ×1,25	M16 M16 ×1,5	M20 M20 ×1,5	M24 M24 ×2
b für l bis 125 mm	16	18	22	26	30	38	46	54
für $l = 125 \cdots 200$ mm	22	24	28	32	36	44	52	60
l von	22	25	30	35	40	50	60	70
bis	50	60	80	100	120	160	200	200
e für DIN 835	10	12	16	20	24	32	40	48
für DIN 938	5	6	8	10	12	16	20	24
für DIN 939	6,5	7,5	10	12	15	20	25	30

Nennlänge l: 20, 25, 30, 35 usw. bis 80 mm je 5 mm gestuft, darüber bis 200 mm je 10 mm.
Festigkeitsklassen: 5.6, 8.8, 10.9

Bezeichnungsbeispiel einer Stiftschraube mit Gewinde M 16, Länge $l = 90$ mm zum Einschrauben in Stahl, Festigkeitsklasse 8.8

Stiftschraube DIN 938 – M 16 × 90 – 8.8

Hammerschrauben mit Vierkant nach DIN 186 (4.88) — Maße in mm

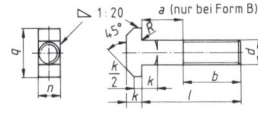

Form A mit Schaft
(Gewindelänge b)

Form B mit langem Gewinde
(bis Maß a)

d	M6	M8	M10	M12	M16	M20	M24
b	18	22	26	30	38	46	54
l von	30	30	30	40	50	60	70
bis	60	80	100	120	160	200	200
a	–	13	16	19	25	31	37
k	4,5	5,5	7	8	10,5	13	15
n	6	8	10	12	16	20	24
q	16	18	21	26	30	36	43
R	0,5	0,5	0,5	1	1	1	1,6

Normale Längen l: 30, 40, 50, 60, 70, 80, 90, 100, 120, 140, 160, 180 und 200 mm.
Festigkeitsklassen: 3.6, 4.6

Bezeichnungsbeispiel einer Hammerschraube mit Gewinde M 12, Länge $l = 70$ mm, Form A und Festigkeitsklasse 4.6

Hammerschraube DIN 186 – A M 12 × 70 – 4.6

T-Nutenschrauben nach DIN 787 (5.91) — Maße in mm

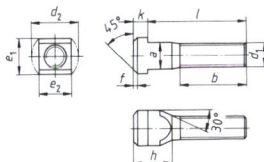

Kopfform nach Wahl des Herstellers

$e_2 \geq e_1$ oder d_2

a	6	8	10	12	14	18	22
Ab-maße		−0,3 −0,5			−0,3 −0,6		
d_1	M6	M8	M10	M12	M12	M16	M20
$d_2 \approx$	12	16	20	25	28	36	45
b	15 28 40 –	22 35 50 –	30 45 60 –	35 55 75 120	35 55 75 120	45 65 100 150	55 85 125 190
$e_1 - 0,5$	10	13	15	18	22	28	35
f	1,6	1,6	1,6	2,5	2,5	2,5	2,5
h	8	12	14	16	20	24	32
$k - 0,5$	4	6	6	7	8	10	14

Normale Längen l und zugeordnete Gewindelängen b:

l	25	32	40	50	63	80	100	125	160	200
b	15	22	28/30	35	40/45	50/55	60/65	75/85	100	120/125

Festigkeitsklasse 8.8

Bezeichnungsbeispiel einer T-Nutenschraube M 12 mit Breite $a = 14$ mm, Länge $l = 125$ mm und Festigkeitsklasse 8.8

Schraube DIN 787 – M 12 × 14 × 125 – 8.8

5

Vierkantschrauben nach DIN 478, 479 (2.85), 480 (2.85) Maße in mm

DIN 478 mit Bund

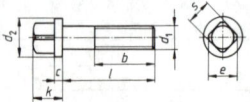

DIN 479 mit Kernansatz

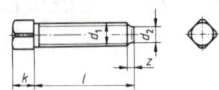

DIN 480 mit Ansatzkuppe

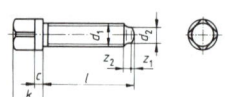

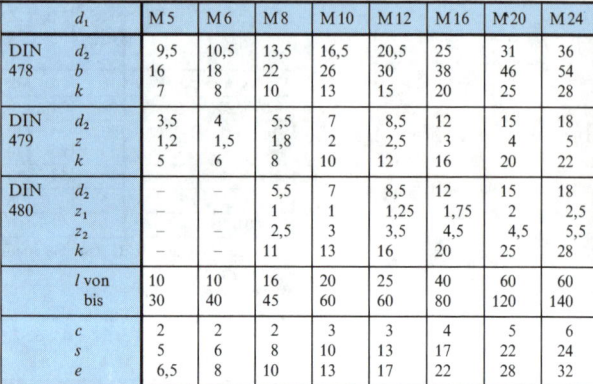

d_1		M 5	M 6	M 8	M 10	M 12	M 16	M 20	M 24
DIN 478	d_2	9,5	10,5	13,5	16,5	20,5	25	31	36
	b	16	18	22	26	30	38	46	54
	k	7	8	10	13	15	20	25	28
DIN 479	d_2	3,5	4	5,5	7	8,5	12	15	18
	z	1,2	1,5	1,8	2	2,5	3	4	5
	k	5	6	8	10	12	16	20	22
DIN 480	d_2	–	–	5,5	7	8,5	12	15	18
	z_1	–	–	1	1	1,25	1,75	2	2,5
	z_2	–	–	2,5	3	3,5	4,5	4,5	5,5
	k	–	–	11	13	16	20	25	28
	l von	10	10	16	20	25	40	60	60
	bis	30	40	45	60	60	80	120	140
	c	2	2	2	3	3	4	5	6
	s	5	6	8	10	13	17	22	24
	e	6,5	8	10	13	17	22	28	32

Normale Längen l: 10, 12, 16, 20, 25 bis 80 mm je 5 mm gestuft, darüber je 10 mm.
Festigkeitsklassen: 5.6, 5.8, 8.8.
Bezeichnungsbeispiel einer Vierkantschraube mit Gewinde M 12, Länge 45 mm, mit Bund und Festigkeitsklasse 5.8
Vierkantschraube DIN 478 – M 12 × 45 – 5.8

Flachrundschrauben mit Vierkantansatz nach DIN 603 (10.81) Maße in mm

DIN ISO 8677

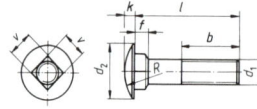

d_1	M 5	M 6	M 8	M 10	M 12	M 16	M 20
d_2	13	16	20	24	30	38	46
b	16	18	22	26	30	38	46
l von	16	16	20	20	30	50	60
bis	80	150	150	200	200	200 .	200
f	3,5	4	5	6	8	12	15
k	3	3,5	4,5	5	6,5	8,5	10,5
R	10,7	12,6	16	19,2	24,1	29,3	33,9
v	5	6	8	10	12	16	20

Nennlängen l: 16, 20, 25 usw. bis 80 mm je 5 mm gestuft,
von 80 mm bis 200 mm je 10 mm gestuft.
Festigkeitsklassen: 3.6, 4.6
Bezeichnungsbeispiel einer Flachrundschraube Gewinde M 8,
Länge $l = 60$ mm und Festigkeitsklasse 4.6
Flachrundschraube DIN 603 – M 8 × 60 – 4.6

Ringschrauben nach DIN 580 (3.72) Maße in mm

d_1	M 8	M 10	M 12	M 16	M 20 M 20 × 2	M 24 M 24 × 2	M 30 M 30 × 2	M 36 M 36 × 3	M 42 M 42 × 3
d_2	20	25	30	35	40	55	65	75	85
d_3	36	45	54	63	72	90	108	126	144
d_4	20	25	30	35	40	50	60	70	80
h	36	45	53	62	71	90	109	128	147
l	13	17	20,5	27	30	36	45	54	63
	Zulässige Masse durch das anzuhängende Stück in kg								
m	140	230	340	700	1200	1800	3600	5100	7000

Werkstoff: C 15
Bezeichnungsbeispiel einer Ringschraube mit $d_1 =$ M 24 × 2
Ringschraube DIN 580 – M 24 × 2

Blechschrauben nach DIN 7971 (8.90), **7972** (8.90), **7973** (8.90),
nach DIN 7981 (8.90), **7982** (8.90), **7983** (8.90)   Maße in mm

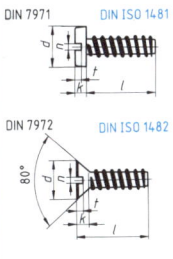

DIN 7971   DIN ISO 1481

DIN 7972   DIN ISO 1482

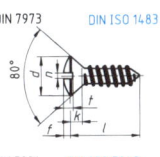

DIN 7973   DIN ISO 1483

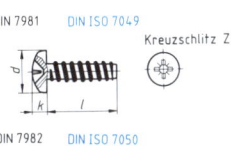

DIN 7981   DIN ISO 7049   Kreuzschlitz Z

DIN 7982   DIN ISO 7050   Kreuzschlitz LH

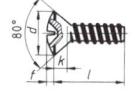

DIN 7983   DIN ISO 7051

Gewindegröße ST	2,2	2,9	3,5	4,2	4,8	6,3
d	4,3	5,5	6,8	8,1	9,5	12,4
f	0,7	0,9	1,2	1,4	1,5	2
k	1,3	1,7	2,1	2,5	3	3,8
n	0,6	0,8	1	1,2	1,2	1,6
$t \approx$	0,5	0,7	1,0	1,1	1,3	1,7
Kreuzschlitzgröße	1		2			3

Nennlängen l: 4,5, 6,5, 9,5, 13, 16, 19, 22, 25, 32, 38, 45 und 50 mm
Form C mit Spitze
Form F mit Zapfen

Bezeichnungsbeispiel einer Zylinder-Blechschraube mit Schlitz und Zapfen, Gewindegröße ST 4,2 und einer Länge von 25 mm
Blechschraube DIN 7971 $-$ ST 4,2 $\times$ 25 $-$ F

Bezeichnungsbeispiel einer Senk-Blechschraube mit Schlitz und Zapfen, Gewindegröße ST 4,8 und Länge 32 mm
Blechschraube DIN 7972 $-$ ST 4,8 $\times$ 32 $-$ F

Bezeichnungsbeispiel einer Linsensenk-Blechschraube mit Schlitz und Spitze, Gewindegröße ST 2,9 und Länge 9,5 mm
Blechschraube DIN 7973 $-$ ST 2,9 $\times$ 9,5 $-$ C

Bezeichnungsbeispiel einer Linsen-Blechschraube mit Kreuzschlitz Z und Zapfen, Gewindegröße ST 2,2 und Länge 6,5 mm
Blechschraube DIN 7981 $-$ ST 2,2 $\times$ 6,5 $-$ F $-$ Z

Bezeichnungsbeispiel einer Senk-Blechschraube mit Kreuzschlitz H mit Spitze, Gewindegröße ST 3,5 und Länge 13 mm
Blechschraube DIN 7982 $-$ ST 3,5 $\times$ 13 $-$ C $-$ H

5

Senkschrauben mit Innensechskant nach DIN 7991 (1.86)   Maße in mm

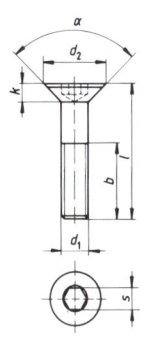

d_1	M 3	M 4	M 5	M 6	M 8	M 10	M 12	M 16	M 20
b	12	14	16	18	22	26	30	38	46
l von	8	8	8	8	10	12	20	30	35
bis	30	40	50	50	50	70	70	90	100
d_2	6	8	10	12	16	20	24	30	36
k	1,7	2,3	2,8	3,3	4,4	5,5	6,5	7,5	8,5
s	2	2,5	3	4	5	6	8	10	12
α	90°								

Nennlängen l: 8, 10, 12, 16, 20, 25, 30, 35, 40 bis 100 mm je 10 mm gestuft
Festigkeitsklasse: 8.8

Bezeichnungsbeispiel für Senkschraube mit Innensechskant mit Gewinde M 10, Länge l = 50 mm und Festigkeitsklasse 8.8
Senkschraube DIN 7991 $-$ M 10 $\times$ 50 $-$ 8.8

5.2.3 Muttern

Übersicht über Mutternarten

Bild	Benennung	DIN	Bild	Benennung	DIN
	Vierkantmutter, Ausführung g	557		Flügelmutter	315
	Rändelmutter – hohe Form – niedrige Form	466 467		Sechskantmutter	439 934 980
DIN 928 DIN 929	Schweißmutter	928 929		Sechskantmutter selbstsichernd	985
				Kronenmutter – hohe Form – niedrige Form	935 979
	Hutmutter – selbstsichernd – hohe Form	986 1587		Nutmutter	1804
	Sechskant-mutter 1,5 d hoch mit Bund	6331		Kreuzlochmutter	1816

Festigkeitsklassen von Muttern nach DIN ISO 898 T 2 (3.81)

Muttern mit Nennhöhen $\geq 0{,}5\, d_1 < 0{,}8\, d_1$

Festigkeits-klasse	Nennprüfspannung N/mm²	zugehörige Schraube nach	
		Festigkeitsklasse	Größe
04 05	400 500	nicht festgelegt	alle

Muttern mit Nennhöhen $\geq 0{,}8\, d_1$

Festigkeits-klasse	Nennprüfspannung N/mm²	Festigkeitsklasse	Größe
4	400	3.6, 4.6, 4.8	> M 16
5	500	3.6, 4.6, 4.8, 5.6, 5.8	≤ M 16 alle
6	600	6.8	alle
8	800	8.8	alle
9	900	8.8	> M 16 ≤ M 39
		9.8	≤ M 16
10	1000	10.8	alle
12	1200	12.9	≤ M 39

5.2 Gewinde, Schrauben und Muttern; Scheiben, Federringe

Sechskantmuttern nach DIN 439 (10.87), DIN 934 (10.87), DIN 985 (5.87)

Maße in mm

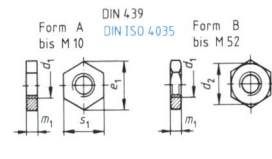

DIN 439
DIN ISO 4035
Form A bis M 10   Form B bis M 52

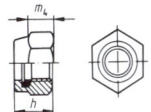

DIN 934
DIN ISO 4036

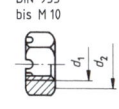

DIN 985 selbstsichernd
DIN ISO 7040

d_1	M3	M4	M5	M6	M8	M10	M12	M16	M20	M24
d_2 min	4,5	5,8	6,8	8,8	11,3	15,3	17,2	22,2	28,2	33,2
d_3 min	4,6	5,9	6,9	8,9	11,6	14,6	16,6	22,5	27,7	33,2
e_1	6,0	7,7	8,8	11,1	14,4	18,9	21,1	26,8	33,0	39,6
e_2	6,0	7,7	8,8	11,1	14,4	17,8	20,0	26,8	33,0	39,6
s	5,5	7	8	10	13	17[1] 16	19[1] 18	24	30	36
m_1	1,8	2,2	2,7	3,2	4	5	6	8	10	12
m_2 min	2,2	2,9	3,7	4,7	6,1	7,6	9,6	12,3	14,9	19
m_4	2,7	3,2	3,5	4,5	6	7	9	11	15	16
h	4	5	5	6	8	10	12	16	20	24

Festigkeitsklassen: DIN 439: (110 HV) 11 H
                  DIN 934: 5; 6; 8; 10; 12
                  DIN 970: 4; 5; 6; 8; 9; 10; 12
                  DIN 985: 5; 6; 8; 10

Bezeichnungsbeispiel einer Sechskantmutter mit Gewinde M 10, Festigkeitsklasse 10 und Ausführung nach DIN 934
Sechskantmutter DIN 934 – M 10 – 10

5

Kronenmuttern nach DIN 935 (10.87), DIN 979 (10.87)

Maße in mm

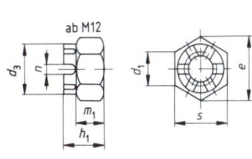

DIN 935 bis M 10

ab M12

DIN 979: niedrigere Form mit m_2 und h_2

d_1	M4	M5	M6	M8	M10	M12	M16	M20	M24	M30	M36
d_2 min	5,8	6,8	8,8	11,3	14,3	16,2	22,2	27,7	33,2	42,7	51,1
d_3	–	–	–	–	–	17	22	28	34	42	50
DIN 935 h_1	5	6	7,5	9,5	12	15	19	22	27	33	38
m_1	3,2	4	5	6,5	8	10	13	16	19	24	29
DIN 979 h_2	–	–	5	6,5	8	10	13	16	19	24	29
m_2	–	–	2,5	3,5	4	5	7	10	11	15	19
n	1,2	1,4	2	2,5	2,8	3,5	4,5	4,5	5,5	7	7
Splint DIN 94 (9.83)			1,6 ×14	2 ×16	2,5 ×20	3,2 ×22	4 ×28	4 ×36	5 ×40	6,3 ×50	6,3 ×63

Festigkeitsklassen: DIN 935: 5; 6; 8; 10 s, e siehe DIN 934
                  DIN 979: 04; 06 bis M 39

Bezeichnungsbeispiel einer Kronenmutter mit Gewinde M 12, Festigkeitsklasse 6, Ausführung nach DIN 935
Kronenmutter DIN 935 – M 12 – 6

Nutmuttern nach DIN 1804 (3.71), Kreuzlochmutter DIN 1816 (3.71)

Maße in mm

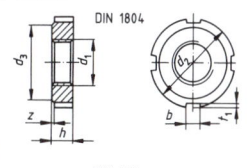

DIN 1804

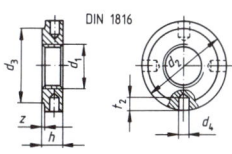

DIN 1816

d_1	M12 ×1,5	M16 ×1,5	M20 ×1,5	M24 ×1,5	M30 ×1,5	M35 ×1,5	M40 ×1,5	M45 ×1,5	M50 ×1,5	M55 ×1,5	M60 ×1,5	M65 ×1,5
d_2	28	32	36	42	50	55	62	68	75	80	90	95
d_3	23	27	30	36	43	48	54	60	67	70	80	85
d_4	3	4	4	4	5	5	6	6	6	6	6	8
h	6	7	8	9	10	11	12	12	13	13	13	14
b	5	5	6	6	7	7	8	8	8	10	10	10
t_1	2	2	2,5	2,5	3	3	3,5	3,5	3,5	4	4	4
t_2	5	6	6	6	7	7	8	8	10	10	10	12

Ausführung: w ungehärtet und ungeschliffen
              h gehärtet und plangeschliffen

Bezeichnungsbeispiel einer Nutmutter mit Gewinde M 35 × 1,5, ungehärtet und ungeschliffen
Nutmutter DIN 1804 – M 35 × 1,5 – w
Kreuzlochmutter mit Gewinde M 55 × 1,5, gehärtet und geschliffen
Kreuzlochmutter DIN 1816 – M 55 × 1,5 – h

[1] nach DIN ISO 272

5.2.4 Scheiben nach DIN 125 (3.90), DIN 433 (3.90) — Maße in mm

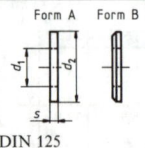

DIN 125 f. Sechsk.schrb.

DIN 433 f. Zyl.schrb.

d_1		2,7	3,2	4,3	5,3	6,4	8,4	10,5	13	17	21	25	31	37
d_2	125	6,5	7	9	10	12,5	17	21	24	30	37	44	56	66
s		0,5	0,5	0,8	1	1,6	1,6	2	2,5	3	3	4	4	5
d'_2	433	–	6	8	9	11	15	18	20	28	30	34	–	–
s'		–	0,5	0,5	1	1,6	1,6	1,6	2	2,5	2,5	3	–	–
Gewinde		M2,5	M3	M4	M5	M6	M8	M10	M12	M16	M20	M24	M30	M36

Bezeichnungsbeispiel einer Scheibe mit Fase und Innendurchmesser d_1 = 10,5 mm aus Stahl
Scheibe DIN 125 – B 10,5 – St

5.2.5 Federringe nach DIN 127 (10.87), DIN 7980 (10.87) — Maße in mm

DIN 7980 für Zylinderschrauben mit Innensechskant

Größe¹)	3	4	5	6	8	10	12	14	16	20	24
d_1	3,1	4,1	5,1	6,1	8,1	10,2	12,2	14,2	16,2	20,2	24,5
d_2	6,2	7,6	9,2	11,8	14,8	18,1	21,1	24,1	27,4	33,6	40
s	0,8	0,9	1,2	1,6	2	2,2	2,5	3	3,5	4	5
Form A max. h	2,1	2,5	3,2	4,2	5,4	5,9	6,8	8	9,2	10,4	13
Form B max. h	1,9	2,1	2,8	3,8	4,7	5,2	5,9	7,1	8,3	9,4	11,8
DIN 7980 d_2	5,6	7	8,8	9,9	12,7	16	18	24,4	30,6	35,9	44,1
DIN 7980 s	1	1,2	1,6	1,6	2	2,5	2,5	3	3,5	4,5	5

¹) ≙ Gewindedurchmesser

Bezeichnungsbeispiel eines Federringes, aufgebogen (Form A) mit Innendurchmesser 14,2 mm
Federring DIN 127 – A 14
Bezeichnungsbeispiel eines Federringes, glatt (Form B) für eine Zylinderschraube M 12 mit Innensechskant
Federring DIN 7980 – B 12

Zahnscheiben nach DIN 6797 (7.88), Fächerscheiben nach DIN 6798 (7.88) — Maße in mm

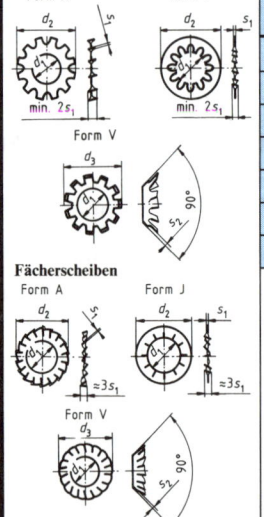

Zahnscheiben Form A / Form J / Form V

Fächerscheiben Form A / Form J / Form V

Für Gew.-Ø	d_1	d_2	d_3	s_1	s_2	Für Gew.-Ø	d_1	d_2	d_3	s_1	s_2
	H13	h14					H13	h14			
3	3,2	6	6	0,4	0,2	8	8,4	15	15,3	0,8	0,4
4	4,3	8	8	0,5	0,25	10	10,5	18	19	0,9	0,5
5	5,1	9	–	0,5	–	12	12,5	20,5	23	1	0,5
5	5,3	10	9,8	0,6	0,3	16	16,5	26	30,2	1,2	0,6
6	6,4	11	11,8	0,7	0,4	20	21	33	–	1,4	–
8	8,2¹)	14	–	0,8		24	25	38	–	1,5	–

¹) Nur für Sechskantschrauben   Werkstoff: Federstahl

Bezeichnungsbeispiel einer Zahnscheibe außengezahnt (Form A) mit 6,4 mm Innendurchmesser, phosphat-rostgeschützt
Zahnscheibe DIN 6797 – A 6,4 – phr

Bezeichnungsbeispiel einer Fächerscheibe, innengezahnt (Form J) und phosphat-rostgeschützt für eine Sechskantschraube M 8
Fächerscheibe DIN 6798 – J 8,2 – phr

5.2.6 Senkungen für Schrauben und Muttern
nach DIN 74 T 1 (12.80), T 2 u. T 3 (5.91)

Maße in mm

Form A für Senkschrauben DIN 963 und DIN 965, Linsensenkschrauben DIN 964 und DIN 966, Gewindeschneidschrauben DIN 7513 und 7516
Form B für Senkschrauben mit Innensechskant DIN 7991

Form A, B
Ausführung mittel (m)
90° ± 1°

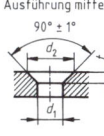

Ausführung fein (f)
90° ± 1°

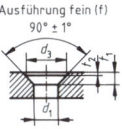

Gewindedurchmesser		3	3,5	4	5	6	8	10	12	14	16	18	20
d_1	mittel H13	3,4	3,9	4,5	5,5	6,6	9	11	13,5	15,5	17,5	20	22
	fein H12	3,2	3,7	4,3	5,3	6,4	8,4	10,5	13	15	17	19	21
d_2		6,5	7,6	8,6	10,4	12,4	16,4	20,4	24,4	27,4	32,4	36,4	40,4
d_3		6	7	8	10	11,5	15	19	23	26	30	34	37
t_1	mittel	1,6	1,9	2,1	2,5	2,9	3,7	4,7	5,2	5,7	7,2	8,2	9,2
	fein	1,7	2	2,2	2,6	3	4	5	5,7	6,2	7,7	8,7	9,7
t_2	fein	0,25	0,3	0,3	0,3	0,45	0,7	0,7	0,7	0,7	1,2	1,2	1,7

Form H für Zylinderschrauben DIN 84 und DIN 7984, Gewindeschneidschrauben DIN 7513 (Form B)
Form J für Zylinderschrauben mit Innensechskant DIN 6912
Form K für Zylinderschrauben mit Innensechskant DIN 912

Form H, J, K

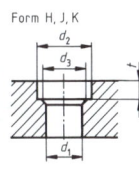

Gewindedurchmesser		3	3,5	4	5	6	8	10	12	14	16	18	20
d_1	mittel H13	3,4	3,9	4,5	5,5	6,6	9	11	13,5	15,5	17,5	20	22
	fein H12	3,2	3,7	4,3	5,3	6,4	8,4	10,5	13	15	17	19	21
d_2		6	6,5	8	10	11	15	18	20	24	26	30	33
t	Form H	2,4	2,9	3,2	4	4,7	6	7	8	9	10,5	11,5	12,5
	Form J					4,2	4,8	6	7,5	8,5	9,5	11,5	13,5
	Form K	3,4	–	4,6	5,7	6,8	9	11	13	15	17,5	19,5	21,5

Form R für Sechskantschrauben und Sechskantmuttern mit normalen Schlüsselweiten

Form R

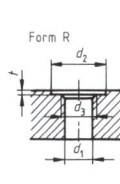

Gewindedurchmesser		3	3,5	4	5	6	8	10	12	14	16	18	20
d_1	mittel H13	3,4	3,9	4,5	5,5	6,6	9	11	13,5	15,5	17,5	20	22
	fein H12	3,2	3,7	4,3	5,3	6,4	8,4	10,5	13	15	17	19	21
d_2		9	9	10	11	13	18	22	26	30	33	36	40
d_3		nur entgratet							16	18	20	22	24
t		Angesenkt bis vollständige Kreisringfläche entstanden ist											

Bezeichnungsbeispiel einer Senkung Form A, Ausführung mittel (m) für Senkschraube DIN 963 – M 6

Senkung DIN 74 – A m 6

Die Formen H, J, K werden mit Zusatzzahlen versehen, wenn andere Senktiefen t und Durchmesser d_2 erforderlich sind.

Zusatzzahl 1 bedeutet: Mit Federring DIN 127, DIN 128, DIN 6905 oder Federscheibe A DIN 137…
Zusatzzahl 2 bedeutet: Mit Scheibe DIN 125 oder Federscheibe B nach DIN 137…
Zusatzzahl 3 bedeutet: Mit Federring DIN 7980

Bezeichnungsbeispiel einer Senkung Form H mit Durchgangsloch mittel (m) für Gewindedurchmesser 18 mm

Senkung DIN 74 – H 1 m 18

Bezeichnungsbeispiel einer Senkung Form K, Ausführung fein (f) für eine Zylinderschraube mit Innensechskant DIN 912 – M 12

Senkung DIN 74 – K f 12

5

5.3 Keile und Federn

5.3.1 Einlegekeile, Treibkeile nach DIN 6886 (12.67), **Nasenkeile nach DIN 6887** (4.68), **Hohlkeile nach DIN 6881** (2.56) **und Flachkeile nach DIN 6883** (2.56)   Maße in mm

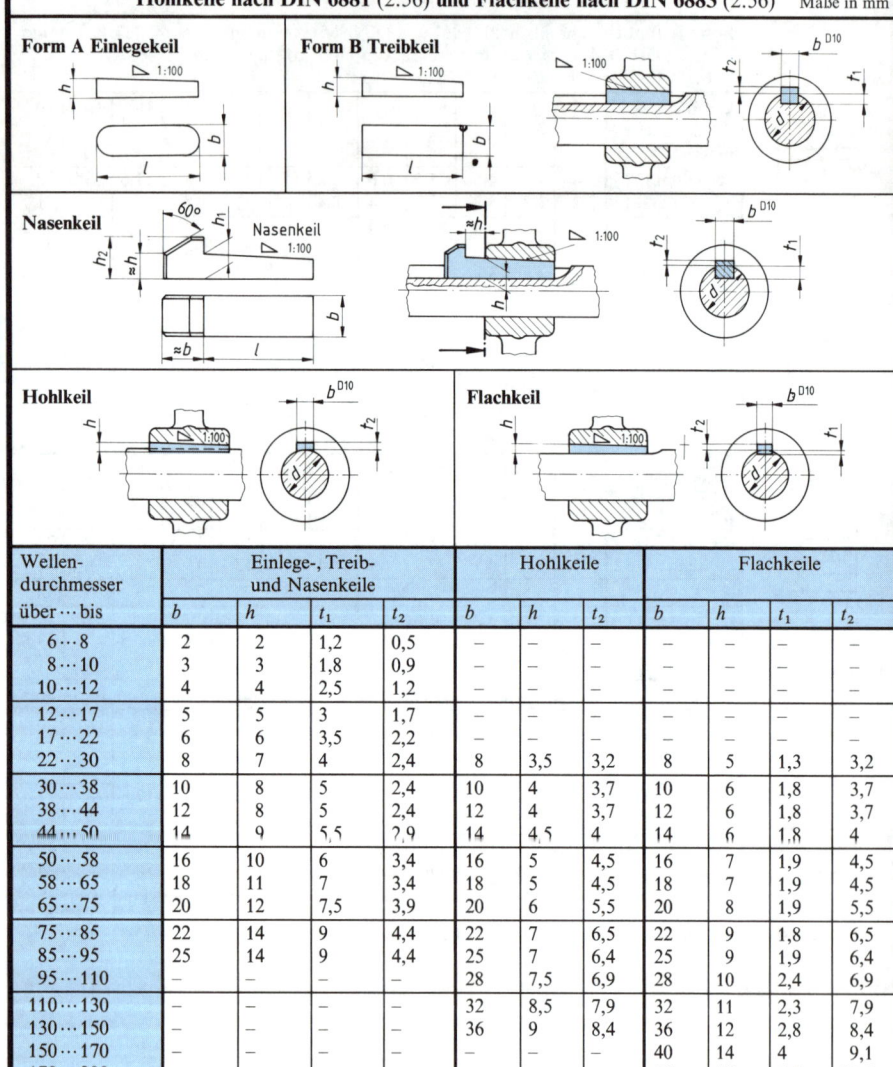

Form A Einlegekeil

Form B Treibkeil

Nasenkeil

Nasenkeil

Hohlkeil

Flachkeil

Wellen-durchmesser	Einlege-, Treib- und Nasenkeile				Hohlkeile			Flachkeile			
über ··· bis	b	h	t_1	t_2	b	h	t_2	b	h	t_1	t_2
6···8	2	2	1,2	0,5	–	–	–	–	–	–	–
8···10	3	3	1,8	0,9	–	–	–	–	–	–	–
10···12	4	4	2,5	1,2	–	–	–	–	–	–	–
12···17	5	5	3	1,7	–	–	–	–	–	–	–
17···22	6	6	3,5	2,2	–	–	–	–	–	–	–
22···30	8	7	4	2,4	8	3,5	3,2	8	5	1,3	3,2
30···38	10	8	5	2,4	10	4	3,7	10	6	1,8	3,7
38···44	12	8	5	2,4	12	4	3,7	12	6	1,8	3,7
44···50	14	9	5,5	2,9	14	4,5	4	14	6	1,8	4
50···58	16	10	6	3,4	16	5	4,5	16	7	1,9	4,5
58···65	18	11	7	3,4	18	5	4,5	18	7	1,9	4,5
65···75	20	12	7,5	3,9	20	6	5,5	20	8	1,9	5,5
75···85	22	14	9	4,4	22	7	6,5	22	9	1,8	6,5
85···95	25	14	9	4,4	25	7	6,4	25	9	1,9	6,4
95···110	–	–	–	–	28	7,5	6,9	28	10	2,4	6,9
110···130	–	–	–	–	32	8,5	7,9	32	11	2,3	7,9
130···150	–	–	–	–	36	9	8,4	36	12	2,8	8,4
150···170	–	–	–	–	–	–	–	40	14	4	9,1
170···200	–	–	–	–	–	–	–	45	16	4,7	10,4

Normale Längen: 6, 8, 10, 12, 14, 16, 18, 20, 22, 25, 28, 32, 36, 40, 45, 50, 56, 63, 70, 80, 90, 100, 110, 125, 140, 160, 180, 200, 220, 250, 280, 320 mm

Bezeichnungsbeispiel für Keile von Breite $b = 14$ mm, Höhe $h = 9$ mm und Länge $l = 110$ mm
Keil DIN 6886 – B 14 × 9 × 110, Nasenkeil DIN 6887 14 × 9 × 110

Bezeichnungsbeispiel für **Hohlkeil DIN 6881 20 × 6 × 56** (bei $b = 20$ mm, $n = 6$ mm u. $l = 56$ mm)
Flachkeil DIN 6883 32 × 11 × 125 (bei $b = 32$ mm, $n = 11$ mm u. $l = 125$ mm)

5.3.2 Paßfedern nach DIN 6885 T1 (8.68) Maße in mm

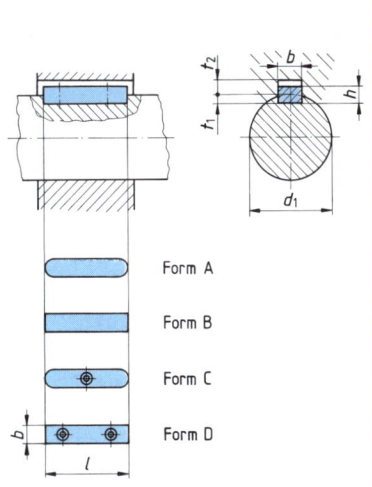

Wellen-durch-messer d_1		Paß-feder-quer-schnitt DIN 6880		$t_{2R} = t_2$ m. Rückenspiel $t_{2U} = t_2$ mit Übermaß			l	
über ··· bis		b	h	t_1	t_{2R}	t_{2U}	von	bis
6 ··· 8		2	2	1,2	1	0,5	6	20
8 ··· 10		3	3	1,8	1,4	0,9	6	36
10 ··· 12		4	4	2,5	1,8	1,2	8	45
12 ··· 17		5	5	3	2,3	1,7	10	56
17 ··· 22		6	6	3,5	2,8	2,2	14	70
22 ··· 30		8	7	4	3,3	2,4	18	90
30 ··· 38		10	8	5	3,3	2,4	20	110
38 ··· 44		12	8	5	3,3	2,4	28	140
44 ··· 50		14	9	5,5	3,8	2,9	36	160
50 ··· 58		16	10	6	4,3	3,4	45	180
58 ··· 65		18	11	7	4,4	3,4	50	200
65 ··· 75		20	12	7,5	4,9	3,9	56	220
75 ··· 85		22	14	9	5,4	4,4	63	250
85 ··· 95		25	14	9	5,4	4,4	70	280
95 ··· 110		28	16	10	6,4	5,4	80	320
110 ··· 130		32	18	11	7,4	6,4	90	360

				Toleranz	
Wellennutbreite b	fester Sitz			P9	
	leichter Sitz			N9	
Nabennutbreite b	fester Sitz			P9	
	leichter Sitz			Paßfeder JS9 Scheibenfeder J9	
Wellennuttiefe t_1	zul. Abweichung			+0,1···0,2	
Nabennuttiefe t_2	zul. Abweichung			+0,1···0,2	
Federlänge l	ungefähr			0,97 d	

Form A

Form B

Form C

Form D

Bezeichnungsbeispiel einer Paßfeder Form A von Breite $b = 6$ mm, Höhe $h = 6$ mm und Länge $l = 45$ mm

Paßfeder DIN 6885 − A 6 × 6 × 45

5.3.3 Scheibenfedern nach DIN 6888 (8.56) Maße in mm

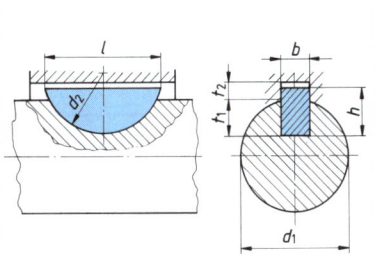

Wellen-durchmesser d_1	Querschnitt Halbrund-stahl DIN 6888				
über ··· bis	b	h	t_1	t_2	d_2
3 ··· 4	1	1,4	1	0,6	4
4 ··· 6	1,5	2,6	2	0,8	7
6 ··· 8	2	2,6	1,8	1	7
	2	3,7	2,9	1	10
8 ··· 10	2,5	3,7	2,9	1	10
	3	6,5	5,3	1,4	16
10 ··· 12	4	5	3,5	1,7	13
	4	7,5	6	1,7	19
12 ··· 17	5	6,5	4,5	2,2	16
	5	9	7	2,2	22
17 ··· 22	6	7,5	5,1	2,6	19
	6	11	8,6	2,6	28
22 ··· 30	8	9	6,2	3	22
	8	13	10	3	32
30 ··· 38	10	11	7,8	3,4	28
	10	16	13	3,4	45

Toleranzen siehe Paßfedern-Tabelle!

Bezeichnungsbeispiel einer Scheibenfeder von Breite $b = 4$ mm und Höhe $h = 5$ mm

Scheibenfeder DIN 6888 − 4 × 5

5

5.3 Keile und Federn

5.3.4 Keilwellen-Verbindungen mit geraden Flanken

Maße in mm

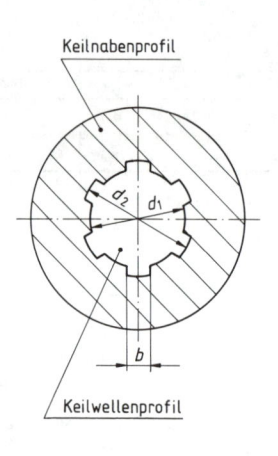

Keilnabenprofil

Keilwellenprofil

d_1	Leichte Reihe DIN ISO 14 (12.86)			Mittlere Reihe DIN ISO 14 (12.86)			Schwere Reihe DIN 5464 (9.65)		
	d_2	b	z	d_2	b	z	d_2	b	z
11	–	–	–	14	3	6	–	–	–
13	–	–	–	16	3,5	6	–	–	–
16	–	–	–	20	4	6	20	2,5	10
18	–	–	–	22	5	6	23	3	10
21	–	–	–	25	5	6	26	3	10
23	26	6	6	28	6	6	29	4	10
26	30	6	6	32	6	6	32	4	10
28	32	7	6	34	7	6	35	4	10
32	36	6	8	38	6	8	40	5	10
36	40	7	8	42	7	8	45	5	10
42	46	8	8	48	8	8	52	6	10
46	50	9	8	54	9	8	56	7	10
52	58	10	8	60	10	8	60	5	16
56	62	10	8	65	10	8	65	5	16
62	68	12	8	72	12	8	72	6	16
72	78	12	10	82	12	10	82	7	16
82	88	12	10	92	12	10	92	6	20
92	98	14	10	102	14	10	102	7	20
102	108	16	10	112	16	10	115	8	20
112	120	18	10	125	18	10	125	9	20

Toleranz f. DIN ISO 14					Toleranz f. DIN 5464				
d_1	d_2	b		Welle	Innen-zentrierung	Welle beweglich	h8	e8	f7	a11
f7	a11	d10	Gleitsitz			Welle fest	p6	h6	j6	a11
g7	a11	f9	Übergangssitz		Flanken-zentrierung	Welle beweglich	h8	e8	–	a11
h7	a11	h10	Festsitz			Welle fest	u6	k6	–	a11
H7	H10	H11	wärmebeh.	Nabe	Innen- und Flankenzentrierung		D9	F10	H7	H11

Bezeichnungsbeispiel eines Keilwellenprofils (oder Keilnabenprofils) mit $z = 8$ Keilen, $d_1 = 56$ mm, $d_2 = 65$ mm
Keilwellenprofil (oder Keilnabenprofil) DIN ISO 14 – 8 × 56 × 65

5.3.5 Kerbzahnnaben- und Kerbzahnwellen-Profile nach DIN 5481 (1.52) Maße in mm

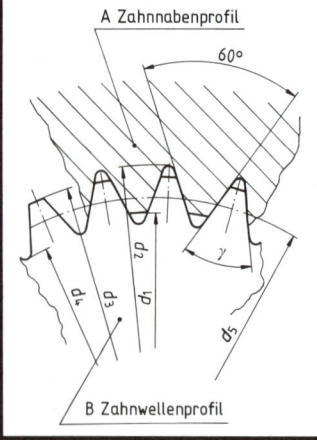

A Zahnnabenprofil

60°

B Zahnwellenprofil

Nenn-durch-messer $d_1 × d_3$	d_1 A11	d_2	d_3 a11	d_4	d_5	γ	Zähne-zahl z
8 × 10	8,1	9,9	10,1	8,26	9	47°8′35″	28
10 × 12	10,1	12	12	10,2	11	48°	30
12 × 14	12	14,18	14,2	12,6	13	48°23′14″	31
15 × 17	14,9	17,28	17,2	14,91	16	48°45′	32
17 × 20	17,3	20	20	17,37	18,5	49°5′27″	33
21 × 24	20,8	23,76	23,9	20,76	22	49°24′42″	34
26 × 30	26,5	30,06	30	26,40	28	49°42′52″	35
30 × 34	30,5	34,17	34	30,38	32	50°	36
36 × 40	36	40,16	39,9	35,95	38	50°16′13″	37
40 × 44	40	44,42	44	39,72	42	50°31′35″	38

Bezeichnungsbeispiel für eine Kerbverzahnung bei Nenndurchmesser
17 × 20 mm:
Kerbverzahnung DIN 5481 – 17 × 20

5.4 Stifte, Bolzen, Splinte

5.4.1 Stifte nach DIN 7, DIN 6325, DIN 1481, DIN 1, DIN 7978, DIN 258 Maße in mm

Zylinderstifte nach DIN 7 (9.81)

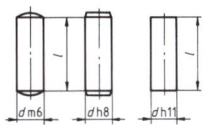

d		1	1,2	1,5	2	2,5	3	4	5	6	8	10	12	14	16	20	25
l	von	3	3	3	4	4	4	5	5	6	7	10	10	14	16	20	24
	bis	12	14	16	20	24	32	40	50	60	80	100	120	160	180	200	200

Werkstoff: 9 S 20 K, St 50 K
Bezeichnungsbeispiel mit Durchmesser $d = 6$ mm, Toleranzfeld h8 und Länge
$l = 24$ mm und Werkstoff St 50 K:
Zylinderstift DIN 7 – 6 h8 × 24 – St 50 K

Zylinderstifte, gehärtet nach DIN 6325 (10.71)

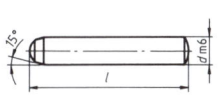

d		1	1,5	2	2,5	3	4	5	6	8	10	12	14	16	20
l	von	4	4	6	6	8	10	12	14	18	24	28	36	40	50
	bis	10	16	20	24	32	40	50	60	80	100	100	120	120	120

Werkstoff: Stahl mit einer Mindestzugfestigkeit $R_m \geq 600$ N/mm²
Bezeichnungsbeispiel mit Durchmesser $d = 10$ mm, Toleranzfeld m6 und Länge
$l = 40$ mm:
Zylinderstift DIN 6325 – 10 m6 × 40

Spannstifte (Spannhülsen) nach DIN 1481 (6.91)

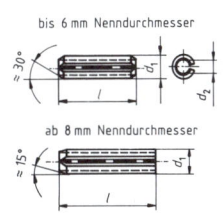

bis 6 mm Nenndurchmesser

ab 8 mm Nenndurchmesser

Nenn-durch-messer	d	4	6	8	10	12	16	18	21	25	28
d_1	min.	4,4	6,4	8,5	10,5	12,5	16,5	18,5	21,5	25,5	28,5
	max.	4,6	6,7	8,8	10,8	12,8	16,8	18,9	21,9	25,9	28,9
d_2		2,8	3,9	5,5	6,5	7,5	10,5	11,5	13,5	15,5	17,5
l	von	4	10	10	10	10	10	10	14	14	14
	bis	50	100	120	160	180	200	200	200	200	200
Für Schraube		–	M 3	M 4	M 5	M 6	M 8	M 10	M 12	M 14	M 16

Der Nenndurchmesser d ist zugleich der Nenndurchmesser der Aufnahmebohrung
(H12). Werkstoff: Federstahl 55 Si 7 (FSt); nichtrostender Stahl X 12 CrNi 17 7 (NR)
Bezeichnungsbeispiel: Spannstift mit $d = 12$ mm, $l = 60$ mm: Federstahl
Spannstift DIN 1481 – 12 × 60 – FSt

Kegelstifte nach DIN 1 (9.81)

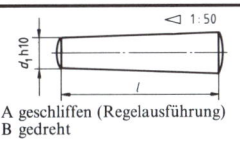

A geschliffen (Regelausführung)
B gedreht

d_1		1	1,5	2	3	4	5	6	8	10	12	14	16	20	25	30	40
l	von	8	10	12	14	16	20	24	28	32	36	36	40	50	55	60	70
	bis	18	26	36	50	60	70	100	120	140	165	165	230	230	260	260	260

Werkstoff: 9 SMnPb 28 K, St 50 K
Bezeichnungsbeispiel mit Nenndurchmesser $d = 4$ mm und Länge $l = 18$ mm, gedreht:
Kegelstift DIN 1 – B 4 × 18 – St

Kegelstifte mit Innengewinde nach DIN 7978 (2.77)

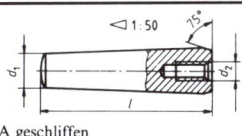

A geschliffen
B gedreht

d_1		6	8	10	12	14	16	20	25	30	40	50
l	von	16	20	24	28	28	32	36	45	55	90	110
	bis	55	90	110	130	140	180	260	260	260	260	260
d_2		M4	M 5	M 6	M 8	M 8	M 10	M 12	M 16	M 20	M 20	M 24

Werkstoff: 9 SMnPb 28 K, St 50 K
Bezeichnungsbeispiel mit Nenndurchmesser $d = 25$ mm, Länge $l = 120$ mm, Innenge-
winde M 12, geschliffene Ausführung:
Stift DIN 7978 – A 25 × 120 – St

Kegelstifte mit Gewindezapfen und konstanten Kegellängen nach DIN 258 (2.77)

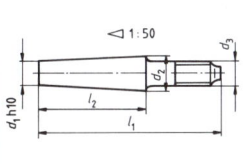

d_1		5	6	8	10	12	14	16	20	25	30	40	50
l_2		25	30	40	45	55	65	72	85	100	110	130	150
l_1	von	40	45	55	65	85	85	100	120	140	160	190	220
	bis	50	60	75	100	140	140	160	190	250	280	320	360
d_3		M5	M 6	M 8	M 10	M 12	M 12	M 16	M 16	M 20	M 24	M 30	M 36

Werkstoff: 9 SMnPb 28 K
Bezeichnungsbeispiel mit Nenndurchmesser $d = 10$ mm, Länge $l_1 = 55$ mm, Werkstoff
9 SMnPb 28 K (St):
Stift DIN 258 – 10 × 55 – St

5.4 Stifte, Bolzen, Splinte

Kegelkerbstifte nach DIN 1471 (11.78)

Maße in mm

d	1,5	2	2,5	3	4	5	6	8	10	12	14	16	20	25
l von	4	5	6	6	8	8	10	12	16	16	20	25	30	30
bis	20	30	30	40	60	60	80	100	120	120	120	120	120	120

Werkstoff: 9 SMnPb 28 K
Bezeichnungsbeispiel mit Durchmesser $d = 6$ mm und Länge $l = 25$ mm, aus 9 SMnPb 28 K (St)
Kerbstift DIN 1471 − 6 × 25 − St

Paßkerbstifte nach DIN 1472 (11.78)

Maße in mm

d	1,5	2	2,5	3	4	5	6	8	10	12	14	16	20	25
l von	6	6	6	6	10	10	10	12	16	20	25	30	30	30
bis	20	30	30	40	60	60	80	100	160	180	180	180	180	180

Werkstoff: 9 SMnPb 28 K
Bezeichnungsbeispiel mit Durchmesser $d = 12$ mm und Länge $l = 60$ mm, aus 9 SMnPb 28 K
Kerbstift DIN 1472 − 12 × 60 − St

Zylinderkerbstifte nach DIN 1473 (11.78)

Maße in mm

d	1,5	2	2,5	3	4	5	6	8	10	12	14	16	20	25
l von	4	4	6	6	6	8	10	12	16	16	20	25	30	30
bis	20	30	30	40	60	60	80	100	100	120	120	120	120	120

Werkstoff: 9 SMnPb 28 K
Bezeichnungsbeispiel mit Durchmesser $d = 8$ mm und Länge $l = 45$ mm, aus 9 SMnPb 28 K (St)
Kerbstift DIN 1473 − 8 × 45 − St

Steckkerbstifte nach DIN 1474 (11.78)

Maße in mm

d	1,5	2	2,5	3	4	5	6	8	10	12	14	16	20	25
l von	6	6	8	8	10	10	12	16	20	30	30	30	30	30
bis	20	30	30	40	60	60	80	100	160	180	180	180	180	180

Werkstoff: 9 SMnPb 28 K
Bezeichnungsbeispiel mit Durchmesser $d = 4$ mm und Länge $l = 16$ mm, aus 9 SMnPb 28 K (St)
Kerbstift DIN 1474 − 4 × 16 − St

Knebelkerbstifte nach DIN 1475 (11.78)

Maße in mm

d	1,5	2	2,5	3	4	5	6	8	10	12	14	16	20	25
l von	8	12	12	12	20	20	25	25	35	40	45	45	45	45
bis	20	30	30	40	60	60	80	100	160	180	180	180	180	180

Werkstoff: 9 SMnPb 28 K
Bezeichnungsbeispiel mit Durchmesser $d = 12$ mm und Länge $l = 60$ mm, aus 9 SMnPb 28 K (St)
Kerbstift DIN 1475 − 12 × 60 − St

Halbrundkerbnägel nach DIN 1476 (11.78)

Maße in mm

d	1,4	1,6	2	2,5	3	4	5	6	8	10	12	16	20
l von	3	3	3	3	4	6	8	8	10	12	16	20	25
bis	6	6	10	10	16	20	25	35	40	40	40	40	40

Werkstoff: USt 36−2 oder UQSt 36−2
Bezeichnungsbeispiel mit Nenndurchmesser $d = 3$ mm und Länge $l = 8$ mm, aus USt 36−2
Kerbnagel DIN 1476 − 3 × 8 − St

Senkkerbnägel nach DIN 1477 (11.78)

Maße in mm

d	1,4	1,6	2	2,5	3	4	5	6	8	10	12	16	20
l von	3	3	4	4	5	6	8	8	10	12	16	20	25
bis	6	6	10	10	16	20	25	35	40	40	40	40	40

Werkstoff: USt 36−2 oder UQSt 36−2
Bezeichnungsbeispiel mit Nenndurchmesser $d = 5$ mm und Länge $l = 16$ mm, aus St
Kerbnagel DIN 1477 − 5 × 16 − St

5.4 Stifte, Bolzen, Splinte

5.4.2 Bolzen nach DIN 1443, 1444 (3.74), 1445 (2.77)   Maße in mm

Bolzen ohne Kopf (DIN 1443)

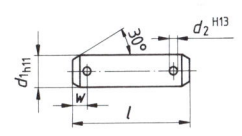

d_1	4	5	6	8	10	12	14	16	18	20	22	24	30	40
d_2	1	1,2	1,6	2	3,2	3,2	4	4	5	5	5	6,3	8	8
d_3	6	8	10	14	18	20	22	25	28	30	33	36	44	55
w	2,2	2,9	3,2	3,5	4,5	5,5	6	6	7	8	8	9	10	10
l von	8	10	12	16	20	25	30	35	40	40	45	50	60	80
bis	40	50	60	80	100	100	100	100	100	100	100	100	200	200
k	1	1,6	2	3	4	4	4	4,5	5	5	5,5	6	8	8

Bolzen mit Kopf (DIN 1444)

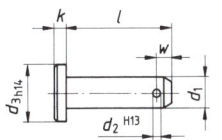

Form A ohne Splintlöcher
Form B mit Splintlöcher

Normale Längen l: 8, 10, 12, 16, 20, 25 bis 80 mm je 5 mm gestuft, von 80 bis
200 mm je 10 mm gestuft
Werkstoff: 9 SMnPb 28 K (St)
Bezeichnungsbeispiel für einen Bolzen ohne Kopf (Form B) mit $d_1 = 16$ mm,
Toleranzfeld h11, Länge 55 mm, Werkstoff 9 SMnPb 28 K
Bolzen DIN 1443 − B 16h11 × 55 − St
Bezeichnungsbeispiel für einen Bolzen mit Kopf (Form A) mit $d_1 = 8$ mm, Toleranz-
feld h11, Länge 40 mm, Werkstoff 9 SMnPb 28 K
Bolzen DIN 1444 − A 8h11 × 40 − St

**Bolzen mit Kopf
und Gewindezapfen** (DIN 1445)

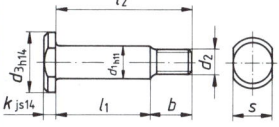

l_1 = Klemmlänge
l_2 = Klemmlänge l_1 + Zapfenlänge b

d_1	8	10	12	14	16	18	20	24	27	30	40	50
d_2	M 6	M 8	M 10	M 12	M 12	M 12	M 16	M 20	M 24	M 30	M 36	
d_3	14	18	20	22	25	28	30	36	40	44	55	66
b min	11	14	17	20	20	20	25	29	29	36	42	49
k	3	4	4	4	4,5	5	5	6	6	8	8	9
s	11	13	17	19	22	24	27	32	36	36	50	60

Normale Längen l_2: 16, 20, 25 bis 90 mm je 5 mm gestuft, von 90 bis 200 mm
je 10 mm gestuft
Werkstoff: 9 SMnPb 28 K (St)
Bezeichnungsbeispiel eines Bolzens mit Kopf und Gewindezapfen mit $d_1 = 24$ mm,
Toleranzfeld h11, Klemmlänge $l_1 = 60$ mm und Länge $l_2 = 95$ mm, Werkstoff
9 SMnPb 28 K
Bolzen DIN 1445 − 24h11 × 60 × 95 − St

5.4.3 Splinte nach DIN 94 (9.83)   Maße in mm

d_1	1	1,2	1,6	2	2,5	3,2	4	5	6,3	8	10	13
l von	6	8	8	10	12	14	18	22	32	40	56	90
bis	20	25	32	40	50	63	80	100	125	160	200	250
a_{max}	1,6	2,5	2,5	2,5	2,5	3,2	4	4	4	4	6,3	6,3
b	3	3	3,2	4	5	6,4	8	10	12,6	16	20	26
c	1,7	1,9	2,6	3,4	4,3	5,6	6	8,6	11,2	14	18	23,5
v_{min}	4	5	5	6	6	8	8	10	12	14	16	20
Bolzen d_2 über	3	4	5	6	8	9	12	17	23	29	44	69
bis	4	5	6	8	9	12	17	23	29	44	69	110
Schraube d_2 über	3,5	4,5	5,5	7	9	11	14	20	27	39	56	80
bis	4,5	5,5	7	9	11	14	20	27	39	56	80	120

Normale Längen l: 6, 8, 10, 12, 14, 16, 18, 20, 22, 25, 28, 32, 36, 40, 45, 50,
56, 63, 71, 80, 90, 100, 112, 125, 140, 160, 180, 200, 224, 250
Werkstoff: St 37, Cu, Al
Bezeichnungsbeispiel eines Splintes mit Nenndurchmesser $d_1 = 4$ mm, Länge 36 mm,
Werkstoff St 37
Splint DIN 94 − 4 × 36 − St

Schraube   Bolzen

5.5 Niete

5.5.1 Halbrundniete – Nenndurchmesser 1 bis 8 mm nach DIN 660 (7.77) Maße in mm

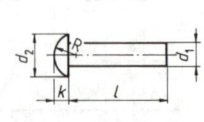

d_1	1	1,2	1,6	2	2,5	3	4	5	6	8
d_2	1,8	2,1	2,8	3,5	4,4	5,2	7	8,8	10,5	14
R	1	1,2	1,6	1,9	2,4	2,8	3,8	4,6	5,7	7,5
k	0,6	0,7	1	1,2	1,5	1,8	2,4	3	3,6	4,8
l von	2	2	2	2	3	3	4	5	6	8
bis	6	8	12	20	25	30	40	40	40	40
d H12	1,05	1,25	1,65	2,1	2,6	3,1	4,2	5,2	6,3	8,4

d H12 = Nietlochdurchmesser

Werkstoff: USt 36-2 (St)
SF–Cu
CuZn 37
(CuZn)
Al 99,5 (Al)

Nennlängen l: 2, 3, 4, 5, 6, 8, 10, 12, 14, 16, 18, 20, 22, 25, 28, 30, 32, 35, 38, 40 mm

Bezeichnungsbeispiel eines Halbrundnietes mit Nenndurchmesser $d_1 = 3$ mm und Länge $l = 18$ mm, aus Al 99,5

Niet DIN 660 – 3 × 18 – Al

5.5.2 Halbrundniete – Nenndurchmesser 10 bis 36 mm nach DIN 124 (7.77) Maße in mm

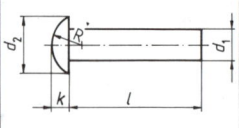

d_1	10	12	16	20	24	30	36
d_2	16	19	25	32	40	48	58
R	8	9,5	13	16,5	20,5	24,5	30
k	6,5	7,5	10	13	16	19	23
l von	10	18	24	30	38	50	62
bis	50	60	80	100	120	150	160
d H12	10,5	13	17	21	25	31	37

d H12 = Nietlochdurchmesser

Nennlängen l: 10, 12, 14, 16, 18, 20, 22, 24, 26, 28, 30, 32, 34, 36, 38, 40, 42, 45, 48, 50, 52, 55, 58, 60, 62, 65, 68, 70, 72, 75, 78, 80 bis 160 mm um je 5 mm gestuft.

Bezeichnungsbeispiel eines Halbrundnietes mit Nenndurchmesser $d_1 = 16$ mm und Länge $l = 62$ mm aus USt 36-2

Werkstoff: USt 36-2 (St)

Niet DIN 124 – 16 × 62-St

5.5.3 Senkniete – Nenndurchmesser 1 bis 8 mm nach DIN 661 (7.77) Maße in mm

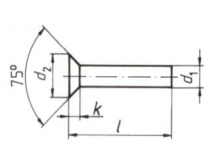

d_1	1	1,2	1,6	2	2,5	3	4	5	6	8
d_2	1,8	2,1	2,8	3,5	4,4	5,2	7	8,8	10,5	14
k	0,5	0,6	0,8	1	1,2	1,4	2	2,5	3	4
l von	2	2	2	3	4	5	6	8	10	12
bis	5	6	8	10	12	16	20	25	30	40
d H12	1,05	1,25	1,65	2,1	2,6	3,1	4,3	5,2	6,3	8,4

d H12 = Nietlochdurchmesser

Werkstoff: USt 36-2 (St)
SF–Cu
CuZn 37
(CuZn)
Al 99,5 (Al)

Nennlängen l: 2, 3, 4, 5, 6, 8, 10, 12, 14, 16, 18, 20, 22, 25, 28, 30, 32, 35, 38, 40 mm

Bezeichnungsbeispiel eines Senknietes mit Nenndurchmesser $d_1 = 2$ mm und Länge $l = 6$ mm, aus CuZn 37

Niet DIN 661 – 2 × 6 – CuZn

5.5 Niete

5.5.4 Senkniete – Nenndurchmesser 10 bis 36 mm nach DIN 302 (7.77) Maße in mm

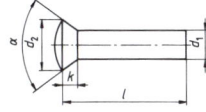

d_1	10	12	16	20	24	30	36
d_2	14,5	18	26	31,5	38	42,5	51
R	32	45	85	120	85	120	170
k	3	4	6,5	10	12	15	18
α	75°	75°	75°	60°	60°	45°	45°
l von	10	14	24	30	36	45	55
bis	52	60	80	100	120	150	160
d H12	10,5	13	17	21	25	31	37

Werkstoff: USt 36-2 (St)

d H12 = Nietlochdurchmesser

Nennlängen l: 10, 12, 14, 16, 18, 20, 22, 24, 26, 28, 30, 32, 34, 36, 38, 40, 42, 45, 48, 50, 52, 55, 58, 60, 62, 65, 68, 70, 72, 75, 78, 80 bis 160 mm um je 5 mm gestuft.

Bezeichnungsbeispiel eines Halbrundnietes mit Nenndurchmesser $d_1 = 20$ mm und Länge $l = 60$ mm aus USt 36-2

Niet DIN 302 – 20 × 60 – St

5.5.5 Halbhohlniete mit Senkkopf nach DIN 6792 (7.77) Maße in mm

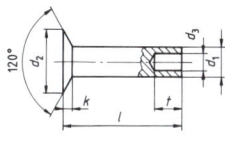

d_1	1,6	2	2,5	3	4	5	6	8	10
d_2	3,2	4	5	6	8	10	12	16	20
d_3	0,9	1,2	1,7	1,9	2,7	3,5	4,2	6	7,6
t	1,5	2,5	2,5	3	4	5	6,5	8	10
k	0,45	0,6	0,7	0,9	1,2	1,4	1,7	2,3	3
l von	3	4	5	6	8	10	12	14	20
bis	8	10	12	16	20	25	30	40	50
d H12	1,65	2,1	2,6	3,1	4,2	5,2	6,3	8,4	10,5

Werkstoff: USt 36-2 (St)
SF – Cu
CuZn 37 (CuZn)
Al 99,5 (Al)

d H12 = Nietlochdurchmesser

Nennlängen l: 3, 4, 5, 6, 8, 10, 12, 14, 16, 20, 25, 30, 35, 40, 45, 50 mm

Bezeichnungsbeispiel eines Halbhohlnietes mit Nenndurchmesser $d_1 = 5$ mm und Länge $l = 20$ mm aus CuZn 37

Halbhohlniet DIN 6792 – 5 × 20 – CuZn

5.5.6 Nietverbindungen

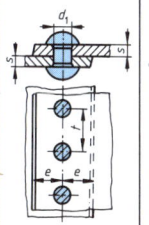	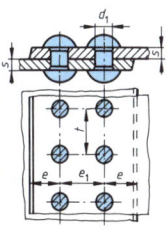	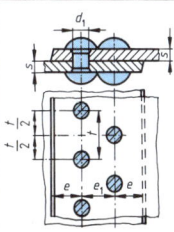	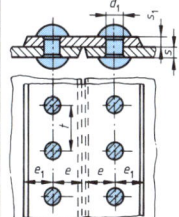	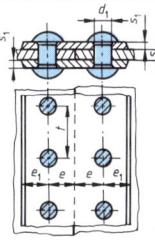
Einreihige Überlappungs-nietung $e = 1,5 d_1$ $t = 2 d_1 + 8$ mm	Zweireihige Parallel-Überlappungs-nietung $e = 1,5 d_1$; $e_1 = 0,8 t$ $t = 2,6 d_1 + 10$ mm	Zweireihige Zickzack-Überlappungs-nietung $e = 1,5 d_1$; $e_1 = 0,6 t$ $t = 2,6 d_1 + 15$ mm	Einreihige Laschennietung $e = 1,5 d_1$; $e_1 = 0,9$ e $t = 2,6 d_1 + 8$ mm $s_1 = (0,63 \cdots 0,67) s$	Einreihige Doppel-laschennietung $e = 1,5 d_1$; $e_1 = 0,9 e$ $t = 2,6 d_1 + 10$ mm $s_1 = (0,63 \cdots 0,67) s$

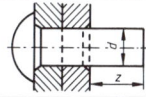

Nietlängenzugabe z für den Schließkopf (gilt nur als Richtlinie):
Halbrundkopf bei d unter 20 mm $\cdots 1,5 d$; über 20 mm $\cdots 1,7 d$
Senkkopf $\cdots 0,5 d$

In der Praxis hat rationelles Verbinden dünnwandiger Teile aus Metall, Kunststoff usw. nach „POP"-Blindnietverfahren, Nieten nur von einer Seite mittels Hohlniet und Dorn, Einführung gefunden.

5.6 Sicherungsringe und -scheiben

5.6.1 Sicherungsringe nach DIN 471, DIN 472 (9.81)

für Wellen nach DIN 471 (9.81)
Maße in mm

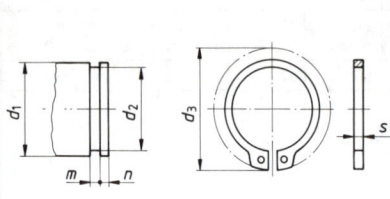

d_1	Sicherungsring			Wellennut		
	s	d_3	d_4[1])	d_2	m	n
8	0,8	7,4	14,7	7,6	0,9	0,6
10	1	9,3	17	9,6	1,1	0,6
12	1	11	19	11,5	1,1	0,8
14	1	12,9	21,4	13,4	1,1	0,9
16	1	14,7	23,8	15,2	1,1	1,2
18	1,2	16,5	26,2	17	1,3	1,5
20	1,2	18,5	28,4	19	1,3	1,5
22	1,2	20,5	30,8	21	1,3	1,5
25	1,2	23,2	34,2	23,9	1,3	1,7
28	1,5	25,9	37,9	26,6	1,6	2,1
32	1,5	29,6	43	30,3	1,6	2,6
36	1,75	33,2	47,8	34	1,85	3
40	1,75	36,5	52,6	37,5	1,85	3,8
45	1,75	41,5	59,1	42,5	1,85	3,8
50	2	45,8	64,5	47	2,15	4,5
56	2	51,8	71,6	53	2,15	4,5
63	2	58,8	79	60	2,15	4,5
70	2,5	65,5	87	67	2,65	4,5
80	2,5	74,5	98,1	76,5	2,65	5,3
90	3	84,5	108,5	86,5	3,15	5,3
100	3	94,5	120,2	96,5	3,15	5,3

Bezeichnungsbeispiel eines Sicherungsringes
bei $d_1 = 32$ mm und $s = 1,5$ mm:
Sicherungsring DIN 471 − 32 × 1,5

für Bohrungen nach DIN 472 (9.81)
Maße in mm

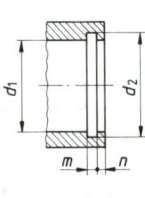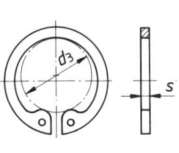

d_1	Sicherungsring			Bohrungsnut		
	s	d_3	d_4[1])	d_2	m	n
8	0,8	8,7	3	8,4	0,9	0,6
10	1	10,8	3,3	10,4	1,1	0,6
12	1	13	4,9	12,5	1,1	0,8
14	1	15,1	6,2	14,6	1,1	0,9
16	1	17,3	8	16,8	1,1	1,2
18	1	19,5	9,4	19	1,1	1,5
20	1	21,5	11,2	21	1,1	1,5
22	1	23,5	13,2	23	1,1	1,5
25	1,2	26,9	15,5	26,2	1,3	1,8
28	1,2	30,1	17,9	29,4	1,3	2,1
32	1,2	34,4	20,6	33,7	1,3	2,6
36	1,5	38,8	24,6	38	1,6	3
40	1,75	43,5	27,0	42,5	1,85	3,8
45	1,75	48,5	32	47,5	1,85	3,8
50	2	54,2	36,3	53	2,15	4,5
56	2	60,2	41,7	63	2,15	4,5
63	2	67,2	47,7	66	2,15	4,5
70	2,5	74,5	53,6	73	2,65	4,5
80	2,5	85,5	62,1	83,5	2,65	5,3
90	3	95,5	71,9	93,5	3,15	5,3
100	3	105,5	80,6	103,5	3,15	5,3

Bezeichnungsbeispiel eines Sicherungsringes
bei $d_1 = 45$ mm und $s = 1,75$ mm:
Sicherungsring DIN 472 − 45 × 1,75

5.6.2 Sicherungsscheiben nach DIN 6799 (9.81)
Maße in mm

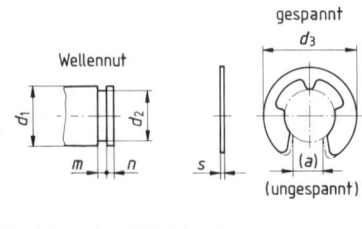

d_2	Sicherungsscheibe			Wellennut		d_1	
	s	a	d_3	m	n	von	bis
4	0,7	3,34	9,3	0,74	1,2	5	7
5	0,7	4,11	11,3	0,74	1,2	6	8
6	0,7	5,26	12,3	0,74	1,2	7	9
7	0,9	5,84	14,3	0,94	1,5	8	11
8	1	6,52	16,3	1,05	1,8	9	12
9	1,1	7,63	18,8	1,15	2	10	14
10	1,2	8,32	20,4	1,25	2	11	15
12	1,3	10,45	23,4	1,35	2,5	13	18
15	1,5	12,61	29,4	1,55	3	16	24
19	1,75	15,92	37,6	1,80	3,5	20	31
24	2	21,88	44,6	2,05	4	25	38
30	2,5	25,80	52,6	2,55	4,5	32	42

Bezeichnungsbeispiel bei $d_2 = 12$ mm
Sicherungsscheibe DIN 6799 − 12

[1]) d_4 bezeichnet den Einbauraum

5.7 Federn

5.7.1 Tellerfedern nach DIN 2093 (9.90)

Maße in mm

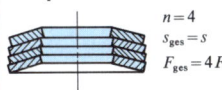

D_e Außendurchmesser
D_i Innendurchmesser
t Dicke des Einzeltellers
l_0 Bauhöhe des Einzeltellers unbelastet
F Federkraft des Einzeltellers in N
s Federweg des Einzeltellers

Werkstoff:
Edelstahl nach DIN 17221 u. DIN 17222 mit Elastizitätsmodul $E = 206000 \ \text{N/mm}^2$

		Reihe A $D_e : t \approx 18$				Reihe B $D_e : t \approx 28$				Reihe C $D_e : t \approx 40$			
D_e	D_i	t	l_0	F	s	t	l_0	F	s	t	l_0	F	s
8	4,2	0,4	0,6	210	0,15	0,3	0,55	118	0,19	0,2	0,45	39	0,19
10	5,2	0,5	0,75	325	0,19	0,4	0,7	209	0,23	0,25	0,55	58	0,23
12,5	6,2	0,7	1,0	660	0,23	0,5	0,85	293	0,26	0,35	0,8	151	0,34
14	7,2	0,8	1,1	797	0,23	0,5	0,9	279	0,3	0,35	0,8	123	0,34
16	8,2	0,9	1,25	1010	0,26	0,6	1,05	410	0,34	0,4	0,9	154	0,38
18	9,2	1,0	1,4	1250	0,3	0,7	1,2	566	0,38	0,45	1,05	214	0,45
20	10,2	1,1	1,55	1520	0,34	0,8	1,35	748	0,41	0,5	1,15	254	0,49
22,5	11,2	1,25	1,75	1930	0,38	0,8	1,45	707	0,49	0,6	1,4	425	0,6
25	12,2	1,5	2,05	2930	0,41	0,9	1,6	862	0,53	0,7	1,6	599	0,68
28	14,2	1,5	2,15	2840	0,49	1,0	1,8	1110	0,6	0,8	1,8	801	0,75
31,5	16,3	1,75	2,45	3870	0,53	1,25	2,15	1910	0,68	0,81	1,85	687	0,79
35,5	18,3	2	2,8	5190	0,6	1,25	2,25	1700	0,75	0,9	2,05	832	0,86
40	20,4	2,25	3,15	6500	0,68	1,5	2,65	2620	0,86	1,0	2,3	1020	0,98
45	22,4	2,5	3,5	7720	0,75	1,75	3,05	3650	0,98	1,25	2,85	1890	1,2
50	25,4	3	4,1	12000	0,83	2	3,4	4760	1,05	1,25	2,85	1550	1,2
56	28,5	3	4,3	11400	0,98	2	3,6	4440	1,2	1,5	3,45	2620	1,46
63	31	3,5	4,9	15000	1,05	2,5	4,25	7190	1,31	1,8	4,15	4240	1,76
71	36	4	5,6	20500	1,2	2,5	4,5	6730	1,5	2	4,6	5140	1,95
80	41	5	6,7	33600	1,28	3	5,3	10500	1,73	2,25	5,2	6610	2,21
90	46	5	7	31400	1,5	3,5	6	14200	1,88	2,5	5,7	7680	2,63
100	51	6	8,2	48000	1,65	3,5	6,3	13100	2,1	2,7	6,2	8610	2,63

Bezeichnungsbeispiel einer Tellerfeder der Reihe A mit Außendurchmesser $D_e = 50$ mm
Tellerfeder DIN 2093 – A 50

Federpaket:

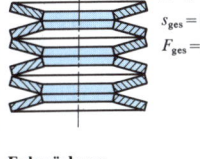

$n = 4$
$s_{ges} = s$
$F_{ges} = 4F$

Beim **Federpaket** sind n (= Anzahl)-Einzelteller **gleichsinnig** geschichtet.

① **Gesamtfederweg** $s_{ges} = s$

Gesamtfederkraft $F_{ges} = n \cdot F$

Gegeben: $D_e = 50$ mm, 4 Tellerfedern aus Reihe A
Gesucht: Gesamtfederweg S_{ges}
Gesamtfederkraft F_{ges}

Lösung: $S_{ges} = s = 0,83$ mm (aus Tabelle)
$F_{ges} = n \cdot F \cdot 4 \cdot 12000$ N (aus Tabelle) $= 48000$ N

Federsäule:

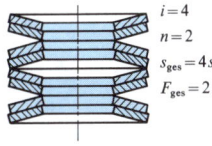

$n = 6$
$s_{ges} = 6s$
$F_{ges} = F$

Bei der **Federsäule** sind n (= Anzahl)-Einzelteller **wechselsinnig** geschichtet.

② **Gesamtfederweg** $s_{ges} = n \cdot s$

Gesamtfederkraft $F_{ges} = F$

Gegeben: $D_e = 50$ mm, 6 Tellerfedern aus Reihe A – wechselsinnig geschichtet
Gesucht: Gesamtfederweg S_{ges}
Gesamtfederkraft F_{ges}

Lösung: $S_{ges} = n \cdot s = 6 \cdot 0,83$ mm (aus Tabelle) $= 4,98$ mm
$F_{ges} = F = 12000$ N (aus Tabelle)

Federsäule aus Federpaketen:

$i = 4$
$n = 2$
$s_{ges} = 4s$
$F_{ges} = 2F$

Hier werden i (= Anzahl)-**Federpakete** zu einer **Federsäule** geschichtet.

Gesamtfederweg und **Gesamtfederkraft** bestimmen sich aus ① u. ②

$s_{ges} = i \cdot s$
$F_{ges} = n \cdot F$

($n = $ Anzahl der Einzelteller in einem Paket)

Gegeben: $D_e = 50$ mm, 8 Tellerfedern aus Reihe A – zweifach wechselsinnig geschichtet
Gesucht: Gesamtfederweg S_{ges}
Gesamtfederkraft F_{ges}

Lösung: $S_{ges} = i \cdot s = 4 \cdot 0,83$ mm $= 3,32$ mm
$F_{ges} = n \cdot F = 4 \cdot 12000$ N (aus Tabelle) $= 24000$ N

5

5.7 Federn

5.7.2 Zylindrische Schraubenfedern nach DIN 2098 T1 (10.68), T2 (8.70) aus runden Drähten
Baugrößen für kaltgeformte Druckfedern
Maße in mm

d	D_m	D_d max.	D_h min.	F in N	i=3,5		i=5,5		i=8,5		i=12,5	
					L_0	f	L_0	f	L_0	f	L_0	f
0,1	1,2	0,8	1,6	0,27	2,6	1,8	3,8	2,8	5,8	4,3	8,4	6,3
	1	0,7	1,4	0,31	2	1,2	2,9	1,9	4,4	2,9	6,3	4,3
	0,8	0,5	1,1	0,38	1,5	0,8	2,2	1,2	3,2	1,8	4,6	2,7
0,5	6,3	5,3	7,5	6,7	13,5	9,2	20	14,0	30	21,3	44	31,8
	5	4,0	6,2	8,2	9,4	5,5	14	8,6	20,5	12,9	30	19,4
	4	3,1	5,0	9,5	7	3,3	10	4,9	15	7,9	21,5	11,7
	3,2	2,4	4,1	10,2	5,5	1,8	7,9	2,8	11,5	4,4	16	6,2
	2,5	1,7	3,4	10,6	4,4	0,9	6,1	1,4	8,7	2,2	12	3,0
1	12,5	10,8	14,4	22,4	24	14,6	36,5	23,1	55,5	36,1	80,5	53,1
	10	8,4	11,8	27,9	17,5	9,5	26	14,8	39	23,0	56	33,6
	8	6,5	9,6	33,8	13	5,7	19	8,9	28,5	14,2	40,5	20,6
	6,3	4,9	7,8	34,8	10	2,7	14,5	4,4	21,5	7,2	30,5	10,6
2	25	22	28	130	58	43	88,5	67,1	135	104	195	151
	20	17,1	22,9	162	41	27,4	62	42,8	94	66,4	135	96,2
	16	13,4	18,6	202	30	17,5	45	27,3	68	42,5	98	62,1
	12,5	9,9	15,1	259	22,5	10,8	33	16,6	49,5	26	71	38
	10	7,5	12,5	324	18	6,8	26,5	10,9	38,5	16,5	55	24,4
3,2	40	35,6	44,6	294	82	60,8	125	95,3	190	148	275	216
	32	27,6	36,5	368	58,5	38,7	88,5	61,1	135	96,2	190	136
	25	21,1	28,9	470	42,5	23,4	63,5	37,2	94,5	57,4	135	83,4
	20	16,1	23,9	588	33,5	15,0	49,5	23,6	74	36,9	105	53,4
4	50	44	56	435	99	71,6	150	111	230	175	335	257
	40	34,8	45,2	543	71	45,8	105	61,9	160	110	235	165
	32	27	37	679	53,5	29,5	79,5	45,2	120	72,8	170	104
	25	20,3	29,7	869	41	18,1	60,5	28,3	89,5	43,5	130	65,5
5	50	43	57	785	85	54,1	130	86,6	195	133	280	194
	40	34	46	981	64	34,4	95,5	54,5	140	81,6	205	124
	32	26	38	1226	51	22,3	75	34,8	110	52,8	160	79,5
	25	19,3	30,7	1570	41	13,4	60	21,5	87,5	32,6	125	48,3
8	80	69	91	1766	125	76	180	111	285	186	410	271
	63	53	73	2237	95	48	140	74	205	112	300	169
	50	40,5	60	2825	75	30	110	46,8	160	70	230	103
	40	31,2	49	3532	65	21	90	28,8	135	48	190	68
10	80	67,5	93	3247	115	56	175	92	255	136	370	203
	63	51	75	4120	96	39,7	135	56	200	88	285	128
	50	38	62	5199	75	20	110	34	165	56	230	78

d   Drahtdurchmesser
D_m mittlerer Windungsdurchmesser
D_d Dorndurchmesser
D_h Hülsendurchmesser
F   größte zul. Federkraft
i   Anzahl der federnden Windungen
L_0 Länge der unbelasteten Feder
f   größter zulässiger Federweg

Werkstoff:
$d < 0,5$ mm
Federstahldraht
nach DIN 17224
X 12 CrNi 17 7 K

$d \geq 0,5$ mm
Federstahldraht
nach DIN 17223

Bezeichnungsbeispiel
einer Druckfeder mit
$d = 5$ mm, $D_m = 40$ mm
und $L_0 = 64$ mm

Druckfeder DIN 2098
$-5 \times 40 \times 64$

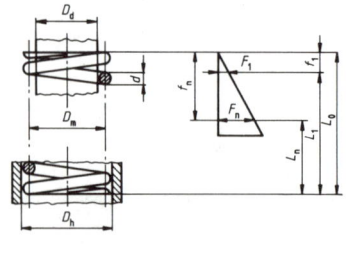

5.7 Federn

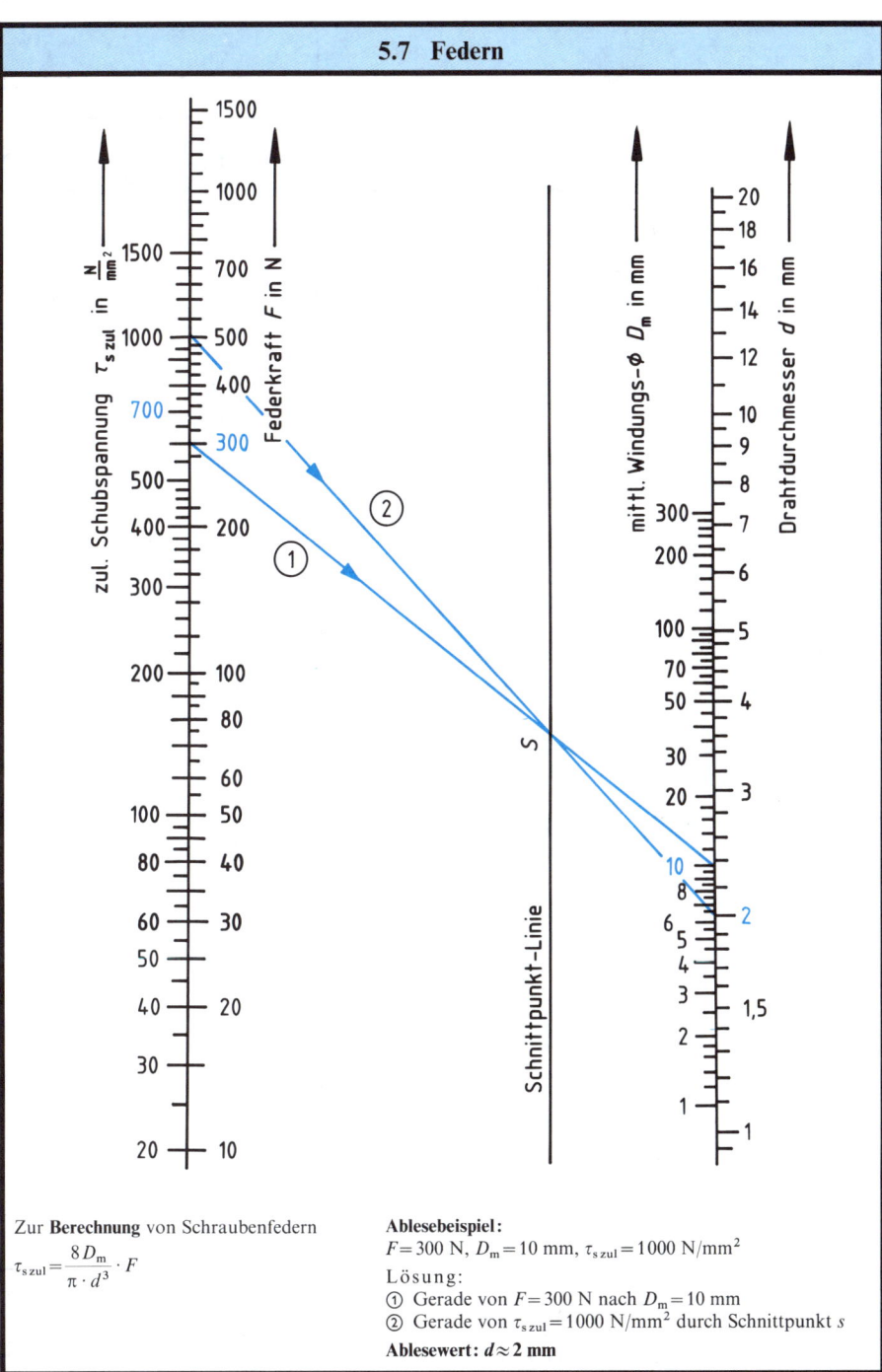

Zur **Berechnung** von Schraubenfedern

$$\tau_{s\,zul} = \frac{8\,D_m}{\pi \cdot d^3} \cdot F$$

Ablesebeispiel:

$F = 300$ N, $D_m = 10$ mm, $\tau_{s\,zul} = 1000$ N/mm²

Lösung:
① Gerade von $F = 300$ N nach $D_m = 10$ mm
② Gerade von $\tau_{s\,zul} = 1000$ N/mm² durch Schnittpunkt s

Ablesewert: $d \approx 2$ mm

5.8.1 Buchsen für Gleitlager

Buchsen für Gleitlager aus Kupferlegierungen nach DIN 1850 T 1 (8.90) Maße in mm

Form G

Form U

d_1 E6	d_2 s6			b_1 h13			d_3 d11	d_4 s6	b_2	f	u
10	12	14	16	–	10	–	20	16	3	0,3	1
15	17	19	21	10	15	20	27	21	3	0,5	1
20	23	24	26	15	20	30	32	26	3	0,5	1,5
25	28	30	32	20	30	40	38	32	4	0,5	1,5
30	34	36	38	20	30	40	44	38	4	0,5	2
35	39	41	45	30	40	50	50	45	5	0,8	2
40	44	48	50	30	40	60	58	50	5	0,8	2
45	50	53	55	30	40	60	63	55	5	0,8	2
50	55	58	60	40	50	60	68	60	5	0,8	2
55	60	63	65	40	50	70	73	65	5	0,8	2
60	65	70	75	40	60	80	83	75	7,5	0,8	2
65	70	75	80	50	60	80	88	80	7,5	1	2
70	75	80	85	50	70	90	95	85	7,5	1	2
75	80	85	90	50	70	90	100	90	7,5	1	3
80	85	90	95	60	80	100	105	95	7,5	1	3
90	100	105	110	60	80	120	120	110	10	1	3
100	110	115	120	80	100	120	130	120	10	1	3

Fehlende Maße siehe Form G

Werkstoff:
Kupfer-Gußlegierungen nach DIN 1705
Kupfer-Knetlegierungen nach DIN 17662

Bei f von 15°: Y als Zusatz bei der Bezeichnung

Bezeichnungsbeispiel einer Buchse Form G mit $d_1 = 25$ mm, $d_2 = 30$ mm, $b_1 = 30$ mm, f von 15° und Werkstoff-Knetlegierung CuSn 8
Buchse DIN 1850 – G 25 × 30 × 30 Y – CuSn 8
Bei Form U ist statt d_2 der Durchmesser d_4 in der Bezeichnung angegeben

Buchsen für Gleitlager aus Sintermetall nach DIN 1850 T 3 (6.90) Maße in mm

Form J

Form V

d_1 G7[1]	d_2 r6		b_1 js13		d_3 js13	b_2 js13	f	R
5	9	4	5	8	13	2	0,3	0,3
10	16	8	10	16	22	3	0,4	0,6
14	20	10	14	20	26	3	0,4	0,6
16	22	12	16	25	28	3	0,4	0,6
20	26	15	20	25	32	3	0,4	0,6
25	32	20	25	30	39	3,5	0,6	0,8
30	38	20	25	30	46	4	0,6	0,8
35	45	25	35	40	55	5	0,7	0,8
40	50	30	40	50	60	5	0,7	0,8
nur Form J								
42	52	30	40	50	–	–	0,7	–
45	55	35	45	55	–	–	0,7	–
48	58	35	50	70	–	–	0,7	–
50	60	35	50	70	–	–	0,7	–
55	65	40	55	70	–	–	0,7	–
60	72	50	60	70	–	–	0,8	–

Fehlende Maße siehe Form J

Werkstoff: Sintermetall
Tränkung: Viskosität des Schmierstoffs bei 50 °C

[1]) Ergibt nach dem Einpressen H7; Spiel in Welle legen.

Bezeichnungsbeispiel einer Buchse Form V mit $d_1 = 16$ mm, $d_2 = 22$ mm, $b_1 = 12$ mm und Werkstoff Sinterbronze Sint-B 50, getränkt
Buchse DIN 1850 – V 16 × 22 × 12 – Sint – B 50

5.8 Lager

Buchsen für Gleitlager aus Duroplasten und Thermoplasten
nach DIN 1850 T5 (8.90), T6 (8.90)

Maße in mm

Duroplaste:
Form P

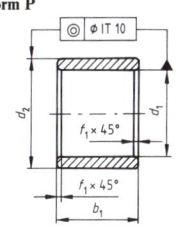

Gehäusebohrung: H7
Welle: h7

Form R

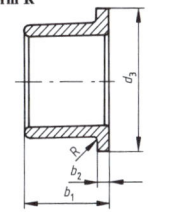

Fehlende Maße siehe Form P

d_1	b_1			d_2	d_3	b_2	f_1	f_2	R
6	6	10	–	10 [1])	14	2	0,3	0,5	0,3
8	6	10	–	12 [2])	16	2	0,3	0,5	0,3
10	6	10	–	16	20	3	0,3	0,5	0,3
12	10	15	20	18	22	3	0,5	0,8	0,5
14	10	15	20	20	25	3	0,5	0,8	0,5
15	10	15	20	21	27	3	0,5	0,8	0,5
16	12	15	20	22	28	3	0,5	0,8	0,5
18	12	20	30	24	30	3	0,5	0,8	0,5
20	15	20	30	26	32	3	0,5	0,8	0,5
22	15	20	30	28	34	3	0,5	0,8	0,5
25	20	30	40	32	38	4	0,5	0,8	0,5
30	20	30	40	38	44	4	0,5	0,8	0,5
35	30	40	50	45	50	5	0,8	1,2	0,8
40	30	40	60	50	58	5	0,8	1,2	0,8
45	30	40	60	55	63	5	0,8	1,2	0,8
50	40	50	60	60	68	5	0,8	1,2	0,8
55	40	50	70	65	73	5	0,8	1,2	0,8
60	40	60	80	75	83	7,5	0,8	1,2	0,8
65	50	60	80	80	88	7,5	1	1,5	1
70	50	70	90	85	95	7,5	1	1,5	1
75	50	70	90	90	100	7,5	1	1,5	1
80	60	80	100	95	105	7,5	1	1,5	1
90	60	80	120	110	120	10	1	1,5	1
100	80	100	120	120	130	10	1	1,5	1

[1]) $d_2 = 12$ [2]) $d_2 = 14$ für die Formen S und T

Thermoplaste:
Form S

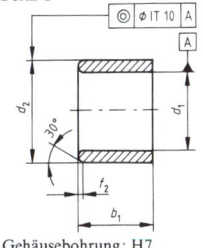

Gehäusebohrung: H7
Welle: h9

Form T

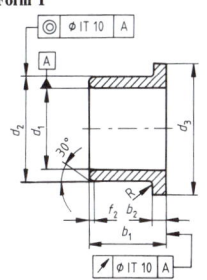

Bei Duroplasten:						Bei Thermoplasten:		
d_1		Abmaße	d_2		Abmaße	d_1 bei eingebauter Buchse: Toleranzfeld D12		
über	bis		über	bis		d_2		Abmaße
–	6	+0,09 +0,07	–	10	+0,06 +0,03	über	bis	
6	10	+0,13 +0,1	10	16	+0,08 +0,05	–	8	+0,21 +0,07
10	14	+0,17 +0,14	16	20	+0,11 +0,07	8	14	+0,27 +0,09
14	18	+0,22 +0,18	20	24	+0,14 +0,09	14	18	+0,33 +0,11
18	24	+0,27 +0,22	24	30	+0,17 +0,11	18	25	+0,45 +0,15
24	30	+0,34 +0,28	30	38	+0,21 +0,14	25	33	+0,6 +0,2
30	40	+0,42 +0,35	38	50	+0,26 +0,18	33	40	+0,69 +0,23
40	50	+0,5 +0,42	50	60	+0,31 +0,22	40	55	+0,9 +0,3
50	65	+0,6 +0,51	60	80	+0,37 +0,27	über 55		nach Vereinbarung
65	80	+0,73 +0,63	80	95	+0,45 +0,34			
80	100	+0,89 +0,78	95	120	+0,56 +0,44			

Für Formen P u. R:
Wendelnuten am Außen $\varnothing$ d_2: Bezeichnung w
Einpreßfase f von 15°: Bezeichnung y
Freistich statt Radius R: Bezeichnung z
Bezeichnungsbeispiel einer Buchse Form P mit $d_1 = 200$ mm, $b_1 = 15$ mm, Wendelnuten, Einpreßfase f von 15° u. Werkstoff FS74
Buchse DIN 1850 – P20 × 15wy – FS74

Werkstoffe:
Duroplaste: FS74, HgW208
Thermoplaste: PA6, PA66, PA6G, PA11, PE, POM

5

5.8 Lager

5.8.2 Übersicht der Wälzlager

```
                          ┌──────────────┐
                          │  Wälzlager   │
                          └──────────────┘
              ┌──────────────────┴──────────────────┐
      ┌──────────────┐                       ┌──────────────┐
      │  Radiallager │                       │  Axiallager  │
      └──────────────┘                       └──────────────┘
    ┌────────┴────────┐                   ┌────────┴────────┐
┌────────────┐  ┌────────────┐      ┌────────────┐  ┌────────────┐
│ Kugellager │  │ Rollenlager│      │ Kugellager │  │ Rollenlager│
└────────────┘  └────────────┘      └────────────┘  └────────────┘
```

Kugellager	Rollenlager	Kugellager	Rollenlager
Rillenkugellager DIN 625	Zylinderrollenlager DIN 5412	Axial-Rillen-kugellager einseitig wirkend DIN 711	Axial-Pendel-rollenlager DIN 728
Schrägkugellager DIN 628	Kegelrollenlager DIN 720		
Pendelkugellager DIN 630	Pendelrollenlager DIN 635	Axial-Rillen-kugellager zweiseitig wirkend DIN 715	Axial-Zylinder-rollenlager DIN 722
Schulterkugellager DIN 615	Nadellager DIN 617		
	Tonnenlager DIN 635		

Rillenkugellager nach DIN 625 T 1 (4.89)   Maße in mm

Beispiel:
Rillenkugellager
DIN 625 – 6210

Kurz-zeichen	Reihe 62				Kurz-zeichen	Reihe 63			
	d	D	B	r		d	D	B	r
6200	10	30	9	0,6	6300	10	35	11	1,1
6202	15	35	11	0,6	6302	15	42	13	1,1
6204	20	47	14	1	6304	20	52	15	1,1
6205	25	52	15	1	6305	25	62	17	1,1
6206	30	62	16	1	6306	30	72	19	1,1
6207	35	72	17	1,1	6307	35	80	21	1,5
6208	40	80	18	1,1	6308	40	90	23	1,5
6209	45	85	19	1,1	6309	45	100	25	1,5
6210	50	90	20	1,1	6310	50	110	27	2
6211	55	100	21	1,5	6311	55	120	29	2
6212	60	110	22	1,5	6312	60	130	31	2,1
6213	65	120	23	1,5	6313	65	140	33	2,1
6214	70	125	24	1,5	6314	70	150	35	2,1
6220	100	180	34	2,1	6320	100	215	47	2,1

Axial-Rillenkugellager nach DIN 711 (2.88)   Maße in mm

Beispiel:
Axial-Rillenkugellager
DIN 711 – 512 10

Kurzzeichen	d_w	d_g	D	H	r
512 04	20	22	40	14	0,6
512 05	25	27	47	15	0,6
512 06	30	32	52	16	0,6
512 07	35	37	62	18	1
512 08	40	42	68	19	1
512 09	45	47	73	20	1
512 10	50	52	78	22	1
512 11	55	57	90	25	1
512 12	60	62	95	26	1
512 13	65	67	100	27	1
512 14	70	72	105	27	1

5.8 Lager

Schrägkugellager nach DIN 628 (6.91)
Maße in mm

Kurz-zeichen	Reihe 72 (einreihig)					Kurz-zeichen	Reihe 32 (zweireihig)			
	d	D	B	r	r_1		d	D	B	r
7200 B	10	30	9	1	0,5	3200	10	30	14	1
7201 B	12	32	10	1	0,5	3201	12	32	15,9	1
7202 B	15	35	11	1	0,5	3202	15	35	15,9	1
7203 B	17	40	12	1	0,8	3203	17	40	17,5	1
7204 B	20	47	14	1,5	0,8	3204	20	47	20,6	1,5
7205 B	25	52	15	1,5	0,8	3205	25	52	20,6	1,5
7206 B	30	62	16	1,5	0,8	3206	30	62	23,8	1,5
7207 B	35	72	17	2	1	3207	35	72	27,0	2
7208 B	40	80	18	2	1	3208	40	80	30,2	2
7209 B	45	85	19	2	1	3209	45	85	30,2	2
7210 B	50	90	20	2	1	3210	50	90	30,2	2
7211 B	55	100	21	2,5	1,2	3211	55	100	33,3	2,5
7212 B	60	110	22	2,5	1,2	3212	60	110	36,5	2,5
7213 B	65	120	23	2,5	1,2	3213	65	120	38,1	2,5
7214 B	70	125	24	2,5	1,2	3214	70	125	39,7	2,5

Reihe 72   Reihe 32

$\alpha = 40°$ $\alpha = 32°$

Beispiel:
Schrägkugellager
DIN 628 – 7210 B

5

Pendelkugellager nach DIN 630 (5.91)
Maße in mm

Kurz-zeichen	Reihe 12				Kurz-zeichen	Reihe 13			
	d	D	B	r		d	D	B	r
1204	20	47	14	1,5	1304	20	52	15	2
1205	25	52	15	1,5	1305	25	62	17	2
1206	30	62	16	1,5	1306	30	72	19	2
1207	35	72	17	2	1307	35	80	21	2,5
1208	40	80	18	2	1308	40	90	23	2,5
1209	45	85	19	2	1309	45	100	25	2,5
1210	50	90	20	2	1310	50	110	27	3
1211	55	100	21	2,5	1311	55	120	29	3
1212	60	110	22	2,5	1312	60	130	31	3,5
1213	65	120	23	2,5	1313	65	140	32	3,5
1214	70	125	24	2,5	1314	70	150	35	3,5

Beispiel:
Pendelkugellager
DIN 630 – 1208

Zylinderrollenlager nach DIN 5412 T 1 (6.82)
Maße in mm

Kurz-zeichen	d	D	B	r	r_1
204	20	47	14	1,5	1
205	25	52	15	1,5	1
206	30	62	16	1,5	1
207	35	72	17	2	1
NU 208	40	80	18	2	2
oder 209	45	85	19	2	2
NJ 210	50	90	20	2	2
oder 211	55	100	21	2,5	2
NUP 212	60	110	22	2,5	2
oder 213	65	120	23	2,5	2,5
N 214	70	125	24	2,5	2,5
215	75	130	25	2,5	2,5
216	80	140	26	3	3

NU   N   NUP

Beispiel:
Zylinderrollenlager
DIN 5412 – NU 208

Beispiel:
Zylinderrollenlager
DIN 5412 – NUP 212

5.8 Lager

Kegelrollenlager nach DIN 720 (2.79)

Maße in mm

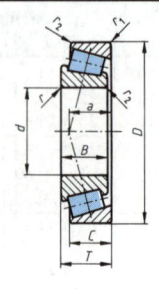

Beispiel:
Kegelrollenlager
DIN 720 – 30208

5

Kurzzeichen	Reihe 302							
	d	D	B	C	T	r	r_1	a
302 04	20	47	14	12	15,25	1	1	11
302 05	25	52	15	13	16,25	1	1	13
302 06	30	62	16	14	17,25	1	1	14
302 07	35	72	17	15	18,25	1,5	1,5	15
302 08	40	80	18	16	19,75	1,5	1,5	17
302 09	45	85	19	17	20,75	1,5	1,5	18
302 10	50	90	20	18	21,75	1,5	1,5	20
302 11	55	100	21	19	22,75	2	1,5	21
302 12	60	110	22	20	23,75	2	1,5	22
302 13	65	120	23	21	24,75	2	1,5	23
302 14	70	125	24	22	26,25	2	1,5	25
302 15	75	130	25	23	27,25	2	1,5	27
302 16	80	140	26	24	28,25	2,5	2	28

Tonnenlager nach DIN 635 T 1 (8.87)

Maße in mm

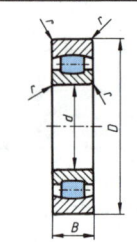

Beispiel:
Tonnenlager
DIN 635 – 20309
[1]) Bei kegeliger
Bohrung 1:12 wird die
Nummer mit K ergänzt.

Kurzzeichen[1])	Reihe 202				Kurzzeichen[1])	Reihe 203			
	d	D	B	r		d	D	B	r
202 04	20	47	14	1,5	203 04	20	52	15	2
202 05	25	52	15	1,5	203 05	25	62	17	2
202 06	30	62	16	1,5	203 06	30	72	19	2
202 07	35	72	17	2	203 07	35	80	21	2,5
202 08	40	80	18	2	203 08	40	90	23	2,5
202 09	45	85	19	2	203 09	45	100	25	2,5
202 10	50	90	20	2	203 10	50	110	27	3
202 11	55	100	21	2,5	203 11	55	120	29	3
202 12	60	110	22	2,5	203 12	60	130	31	3,5
202 13	65	120	23	2,5	203 13	65	140	33	3,5
202 14	70	125	24	2,5	203 14	70	150	35	3,5
202 15	75	130	25	2,5	203 15	75	160	37	3,5
202 16	80	140	26	3	203 16	80	170	39	4

Pendelrollenlager, zweireihig nach DIN 635 T 2 (11.84)

Maße in mm

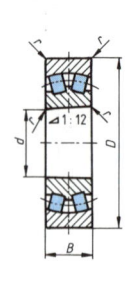

Beispiel:
Pendelrollenlager
DIN 635 – 21312 K

Kurzzeichen		Reihe 213			
zyl. Bohrung	kegl. Bohrung	d	D	B	r
213 04	213 04 k	20	52	15	2
213 05	213 05 k	25	62	17	2
213 06	213 06 k	30	72	19	2
213 07	213 07 k	35	80	21	2,5
213 08	213 08 k	40	90	23	2,5
213 09	213 09 k	45	100	25	2,5
213 10	213 10 k	50	110	27	3
213 11	213 11 k	55	120	29	3
213 12	213 12 k	60	130	31	3,5
213 13	213 13 k	65	140	33	3,5
213 14	213 14 k	70	150	35	3,5
213 15	213 15 k	75	160	37	3,5
213 16	213 16 k	80	170	39	3,5
213 17	213 17 k	85	180	41	4
213 18	213 18 k	90	190	43	4
213 19	213 19 k	95	200	45	4
213 20	213 20 k	100	215	47	4

5.9.1 Radialwellendichtringe nach DIN 3760 (4.72)

Maße in mm

Form A

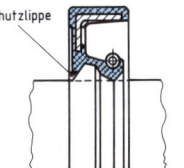

Versteifungsring
b
Elastomerteil
Feder
$d_2\,\mathrm{H8}$
$d_1\,\mathrm{H11}$

Der Außenmantel aus Elastomer ergibt einen dichten und festen Sitz in der Aufnahmebohrung auch bei Gehäusewerkstoffen mit größerer Wärmedehnung als Stahl.

Form AS

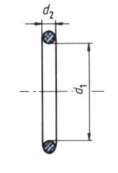

Schutzlippe

Die Schutzlippe bei Form AS hält Verschmutzung von der eigentlichen Dichtstelle fern.

d_1	d_2	b $\pm0{,}2$	d_1	d_2	b $\pm0{,}2$	d_1	d_2	b $\pm0{,}2$
16	28	7	28	40	7	56	70	8
	30			47			72	
	32			52			80	
	35		32	45			85	
18	30	7		47		63	85	10
	32			52			90	
	35		36	47	7	70	90	10
	40			50			100	
20	30	7		52		80	100	10
	32			62			110	
	35		40	52	7	90	110	12
	40			55			120	
	47			62		100	120	12
22	32	7		72			125	
	35		45	60	8		130	
	40			62		110	130	12
	47			65			140	
25	35	7		72		120	150	12
	40		50	65	8		160	
	42			68		130	160	12
	47			72			170	
	52			80				

Werkstoff für Elastomerteil	
Kennbuchstaben	**Basis-Elastomer**
NB	Nitril-Butadien-Kautschuk
AC	Acrylat-Kautschuk
SI	Silikon-Kautschuk
FP	Fluor-Kautschuk

Bezeichnungsbeispiel eines Wellendichtringes (WDR) der Form A für Wellendurchmesser $d_1 = 45$ mm, Außendurchmesser $d_2 = 65$ mm und Breite $b = 8$ mm, Elastomerteil aus Nitril-Butadien-Kautschuk (NB)

WDR DIN 3760 – A 45 × 65 × 8 – NB

5.9.2 Runddichtringe nach DIN 3770 (5.86)

Maße in mm

d_2
d_1

Werkstoff:
NB Nitril-Butadien-Kautschuk
Shore-A-Härte ± 5:
60/70/80/90
Sortenmerkmale:
A, B und C

$d_1 \times d_2$	$d_1 \times d_2$	$d_1 \times d_2$	$d_1 \times d_2$
2 × 1,6	8 × 2	63 × 5	200 × 10
2,5 × 1,6	9 × 2	71 × 5	250 × 10
3 × 1,6	10 × 2	80 × 6,3	300 × 10
3,55 × 1,6	12,5 × 2,5	90 × 6,3	355 × 10
4 × 2	16 × 2,5	100 × 6,3	375 × 10
4,5 × 2	20 × 3,15	112 × 6,3	400 × 10
5 × 2	25 × 3,15	125 × 8	425 × 10
5,6 × 2	31,5 × 4	140 × 8	450 × 10
6 × 2	35,5 × 4	160 × 8	475 × 10
7,1 × 2	50 × 4	180 × 8	500 × 10

Bezeichnungsbeispiel eines Runddichtringes (RDR) mit Innendurchmesser $d_1 = 50$ mm, Ringdicke $d_2 = 4$ mm, Sortenmerkmal C, Werkstoff Nitril-Butadien-Kautschuk (NB) mit Shore-A-Härte 80

RDR DIN 3770 – 50 × 4 C – NB 80

5

5.10 Kupplungen

5.10.1 Systematische Einteilungen der Wellenkupplungen nach ihren Eigenschaften nach VDI 2240 (6.71)

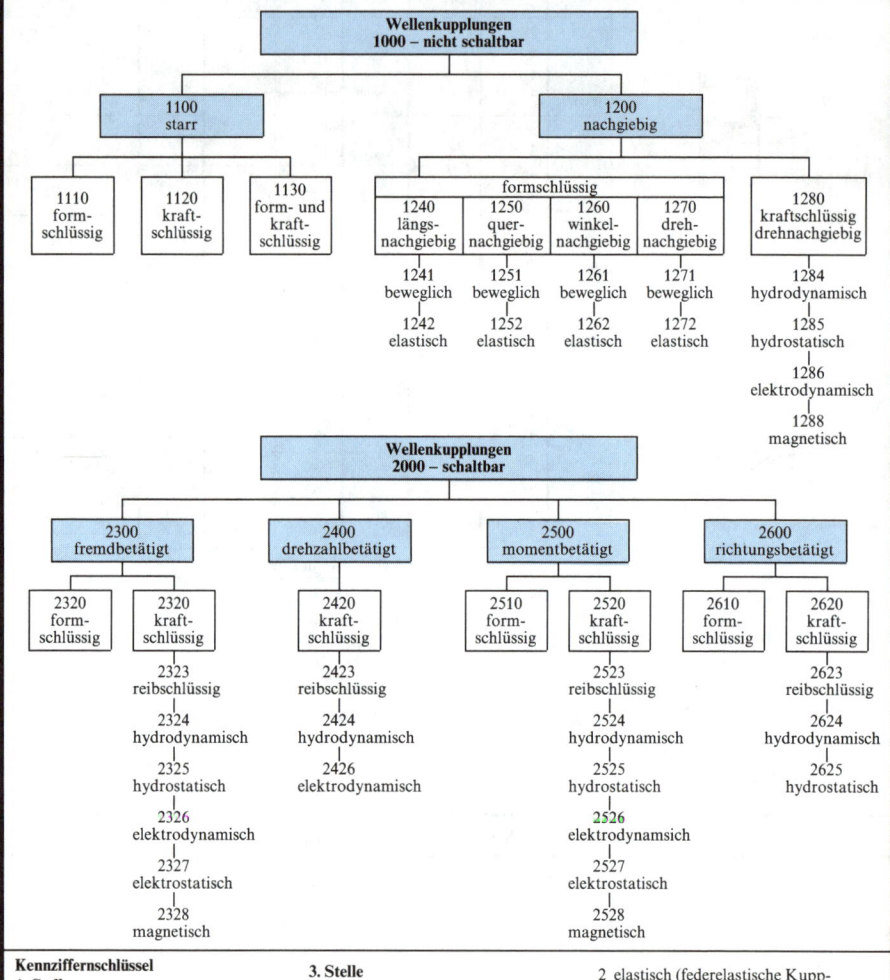

Wellenkupplungen 1000 – nicht schaltbar

- **1100 starr**
  - 1110 formschlüssig
  - 1120 kraftschlüssig
  - 1130 form- und kraftschlüssig
- **1200 nachgiebig**
  - formschlüssig
    - 1240 längsnachgiebig
      - 1241 beweglich
      - 1242 elastisch
    - 1250 quernachgiebig
      - 1251 beweglich
      - 1252 elastisch
    - 1260 winkelnachgiebig
      - 1261 beweglich
      - 1262 elastisch
    - 1270 drehnachgiebig
      - 1271 beweglich
      - 1272 elastisch
  - 1280 kraftschlüssig drehnachgiebig
    - 1284 hydrodynamisch
    - 1285 hydrostatisch
    - 1286 elektrodynamisch
    - 1288 magnetisch

Wellenkupplungen 2000 – schaltbar

- **2300 fremdbetätigt**
  - 2320 formschlüssig
  - 2320 kraftschlüssig
    - 2323 reibschlüssig
    - 2324 hydrodynamisch
    - 2325 hydrostatisch
    - 2326 elektrodynamisch
    - 2327 elektrostatisch
    - 2328 magnetisch
- **2400 drehzahlbetätigt**
  - 2420 kraftschlüssig
    - 2423 reibschlüssig
    - 2424 hydrodynamisch
    - 2426 elektrodynamisch
- **2500 momentbetätigt**
  - 2510 formschlüssig
  - 2520 kraftschlüssig
    - 2523 reibschlüssig
    - 2524 hydrodynamisch
    - 2525 hydrostatisch
    - 2526 elektrodynamsich
    - 2527 elektrostatisch
    - 2528 magnetisch
- **2600 richtungsbetätigt**
  - 2610 formschlüssig
  - 2620 kraftschlüssig
    - 2623 reibschlüssig
    - 2624 hydrodynamisch
    - 2625 hydrostatisch

Kennziffernschlüssel

1. Stelle
1 nicht schaltbar
2 schaltbar (Kupplungen und Bremsen)

2. Stelle
1 starr
2 nachgiebig (Ausgleichskupplungen)
3 fremdbetätigt (Schaltkupplungen)
4 drehzahlbetätigt (Fliehkraftkupplungen)
5 momentbetätigt (Sicherheitskupplungen)
6 richtungsbetätigt (Freilaufkupplungen)

3. Stelle
1 formschlüssig
2 kraftschlüssig
3 form- und kraftschlüssig
4 formschlüssig-längsnachgiebig
5 formschlüssig-quernachgiebig
6 formschlüssig-winkelnachgiebig
7 formschlüssig-drehnachgiebig
8 kraftschlüssig-drehnachgiebig (schlupfende Kupplungen)

4. Stelle
1 beweglich (getriebebewegliche Kupplungen)

2 elastisch (federelastische Kupplungen)
3 reibschlüssig
4 hydrodynamisch (Strömungskupplungen)
5 hydrostatisch
6 elektrodynamisch (Elektro- oder Dauermagnet)
7 elektrostatisch (elektrisches Feld)
8 magnetisch (Elektro- oder Dauermagnet, nicht reibschlüssig)

Nullen in den letzten Stellen bedeuten, daß keine weiteren Aussagen über Merkmale gemacht werden.

5.10.2 Scheibenkupplungen nach DIN 116 (12.71)

Maße in mm

Form A mit Zentrieransatz

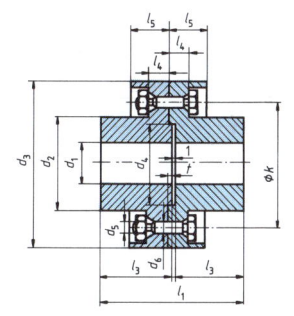

d_1 N7	30	40	50	55	60	70	80	90	100
d_2	58	72	95	110	110	130	145	164	180
d_3	125	140	160	180	180	200	224	250	280
d_4 H7/h8	50	65	75	90	90	100	115	135	150
d_6 H7	11	11	11	13	13	13	13	17	17
d_7	M 10	M 10	M 10	M 10	M 10	M 10	M 10	M 10	M 10
k	90	100	125	140	140	160	180	200	224
l_1	101	121	141	171	171	201	221	241	261
l_2	110	130	150	180	180	210	230	250	270
l_3	50	60	70	85	85	100	110	120	130
l_4	16	16	18	18	18	23	23	30	30
l_5	31	31	34	37	37	41	41	54	54
l_6	16	16	16	16	16	18	18	18	18
t	3	3	3	3	3	4	4	4	4
d_5	M 10	M 10	M 10	M 12	M 12	M 12	M 12	M 16	M 16
Anzahl	3	3	3	4	4	5	8	8	8
Drehmoment in Nm	87,5	236	515	730	795	1700	2650	4150	5800
max. Drehzahl in min⁻¹	2120	2000	1900	1800	1800	1700	1600	1500	1400

Form B mit zweiteiliger Scheibe

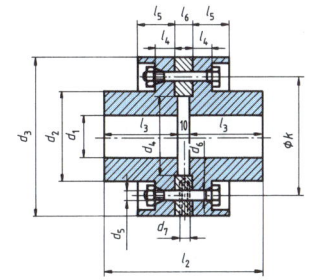

Werkstoff: GG-20, andere nach Vereinbarung

Bezeichnungsbeispiel einer Scheibenkupplung, Form A, mit $d_1 = 60$ mm für beide Wellenenden, Werkstoff GG-20

Scheibenkupplung DIN 116 – A60 – GG-20

Bezeichnungsbeispiel bei unterschiedlichen Wellenenden, $d_1 = 60$ mm und $d_1' = 50$ mm, Form B mit zweiteiliger Scheibe, Werkstoff GG-20

Scheibenkupplung DIN 116 – B60 – 50 – GG-20

5.10.3 Schalenkupplungen nach DIN 115 T1, T2 (9.73)

Maße in mm

Form A – gleiche Wellendurchmesser

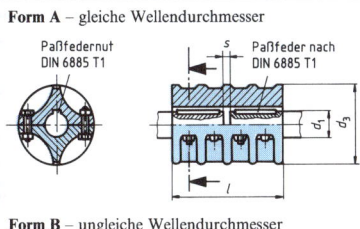

Paßfedernut DIN 6885 T1   Paßfeder nach DIN 6885 T1

d_1	30	40	50	55	60	70	80	90	100
d_2	je nach Anwendung in der Bezeichnung angeben								
d_3	100	110	130	150	150	170	190	215	250
l	130	160	190	220	220	250	280	310	350
s	4	4	4	4	4	4	4	4	4
M in Nm	60	100	150	500	850	1700	2500	3800	5400
n max. in min⁻¹	1500	1420	1300	1200	1200	1120	1060	1000	920

Form B – ungleiche Wellendurchmesser

Paßfedernut DIN 6885 T1   Paßfeder nach DIN 6885 T1

Formen AS und BS wie A u. B, jedoch mit Stahlblechmantel

Werkstoff: GG-20, andere nach Vereinbarung

Bezeichnungsbeispiel einer Schalenkupplung Form A mit $d_1 = 55$ mm, Werkstoff GG-20

Schalenkupplung DIN 115 – A55 – GG-20

Bezeichnungsbeispiel einer Schalenkupplung Form BS (= Form B mit Stahlblechmantel) mit $d_1 = 70$ mm, $d_2 = 85$ mm, Werkstoff GG-20

Schalenkupplung DIN 115 – BS 50 × 85 – GG-20

5.11 Zahnräder

5.11.1 Stirnräder – geradverzahnt

Maße in mm

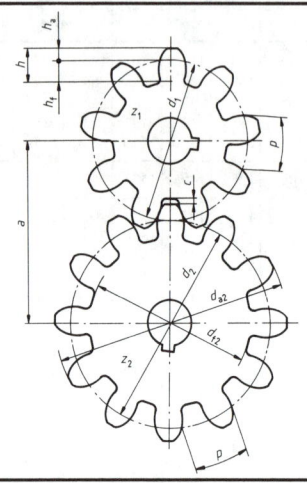

Bezeichnung	Berechnung	
Modul m	$m = \dfrac{p}{\pi} = \dfrac{d}{z}$	
Teilung p	$p = m \cdot \pi$	
Kopfspiel c	$c = 0{,}1\,m \cdots 0{,}3\,m$ Maschinenbau $0{,}167\,m$	
Zahnfußhöhe h_f	$h_f = m + c$	
Zahnkopfhöhe h_a	$h_a = m$	
Zahnhöhe h	$h = 2m + c$	
Teilkreis-$\varnothing$ d	$d = m \cdot z$	
Fußkreis-durchmesser d_f	außenverzahnt $d_f = d - 2(m + c)$	innenverzahnt $d_f = d + 2(m + c)$
Kopfkreis-durchmesser d_a	$d_a = d + 2m$ $d_a = m(z + 2)$	$d_a = d - 2m$ $d_a = m(z - 2)$
Achsabstand a	$a = \dfrac{d_1 + d_2}{2}$	$a = \dfrac{d_2 - d_1}{2}$
Zähnezahl z	$z = \dfrac{d}{m} = \dfrac{d_a - 2m}{m}$	

5.11.2 Stirnräder – schrägverzahnt

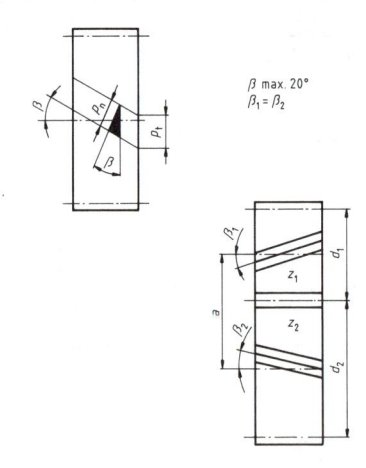

β max. 20°
$\beta_1 = \beta_2$

Bezeichnung	Berechnung
Normalmodul m_n	$m_n = \dfrac{p_n}{\pi} = m_t \cdot \cos\beta$
Stirnmodul m_t	$m_t = \dfrac{m_n}{\cos\beta} = \dfrac{p_t}{\pi}$
Normalteilung p_n	$p_n = \pi \cdot m_n = p_t \cdot \cos\beta$
Stirnteilung p_t	$p_t = \dfrac{p_n}{\cos\beta} = \dfrac{\pi \cdot m_n}{\cos\beta}$
Kopfspiel, Zahnhöhen	wie geradverzahnt
Teilkreisdurchmesser d	$d = m_t \cdot z = \dfrac{z \cdot m_n}{\cos\beta}$
Fußkreisdurchmesser d_f	$d_f = d - 2{,}4 \cdot m_n$
Kopfkreisdurchmesser d_a	$d_a = d + 2m_n$
Zähnezahl z	$z = \dfrac{d}{m_t} = \dfrac{\pi \cdot d}{p_t}$
ideelle Zähnezahl z_i	$z_i = \dfrac{z}{\cos^3\beta}$
Achsabstand a	$a = \dfrac{d_1 + d_2}{2}$

5.11.3 Modulreihe nach DIN 780 T1 und T2 (5.77)

Modul Reihe I	0,2	0,25	0,3	0,4	0,5	0,6	0,7	0,8	0,9	1,0	1,25
Teilung	0,628	0,785	0,943	1,257	1,571	1,885	2,199	2,513	2,827	3,142	3,927
Modul Reihe I	1,5	2,0	2,5	3,0	4,0	5,0	6,0	8,0	10,0	12,0	16,0
Teilung	4,712	6,283	7,854	9,425	12,566	15,708	18,850	25,132	31,416	37,699	50,265

Einteilung des Satzes von 8 Modul-Scheibenfräsern (bis zu $m = 9$ mm)

Fräser-Nr.	1	2	3	4	5	6	7	8
Zähnezahl	$12 \cdots 13$	$14 \cdots 16$	$17 \cdots 20$	$21 \cdots 25$	$26 \cdots 34$	$35 \cdots 54$	$55 \cdots 134$	$135 \cdots$ Zahnstange

Für Zahnräder mit $m > 9$ mm wird ein Satz mit 15 Modul-Scheibenfräsern verwendet.

5.11 Zahnräder

5.11.4 Kegelräder – geradverzahnt

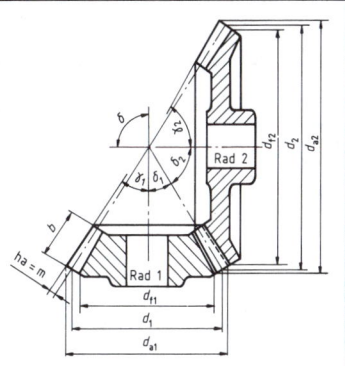

Kegelräder werden paarweise aufeinander abgestimmt. Der Teilkreiswinkel ändert sich mit der Zähnezahl. Modul m nach Modulreihe DIN 780

Bezeichnung	Berechnung
Teilkreisdurchmesser d	$d = M \cdot z$
Fußkreisdurchmesser d_f	$d_f = d - 2(m + c) \cdot \cos\delta$
Kopfkreisdurchmesser d_a	$d_a = d + 2m \cdot \cos\delta$
Teilkreiswinkel δ_1	$\tan\delta_1 = \dfrac{d_1}{d_2} = \dfrac{z_1}{z_2}$ $\tan\delta_2 = \dfrac{d_2}{d_1} = \dfrac{z_2}{z_1}$
Achsenwinkel δ	$\delta = \delta_1 + \delta_2 = \text{meist } 90°$
Kegelwinkel γ	$\tan\gamma_1 = \dfrac{z_1 + 2 \cdot \cos\delta_1}{z_2 - 2 \cdot \sin\delta_1}$ $\tan\gamma_2 = \dfrac{z_2 + 2\cos\delta_2}{z_1 - 2\cos\delta_1}$
Zahnbreite b	$b \leq 10m$
Kopfspiel, Zahnhöhen, Modul wie bei Stirnrädern	

5.11.5 Schneckentrieb

γ_m = mittl. Steigungswinkel der Schnecke

Modul m nach Modulreihe DIN 780: $0{,}1 \cdots 20$

Bezeichnung	Berechnung
Schnecke	
Zähnezahl z_1	entspricht Gangzahl g
Mittenkreisdurchmesser d_{m1}	$d_{m1} = \dfrac{z_1 \cdot m}{\tan\gamma_m}$
Fußkreisdurchmesser d_{f1}	$d_{f1} = d_{m1} - 2(m + c)$
Kopfkreisdurchmesser d_{a1}	$d_{a1} = d_{m1} + 2m$
Steigungshöhe p_{z1}	$p_{z1} = p_x \cdot z_1$
Schneckenrad	
Zähnezahl z_2	$z_2 = \dfrac{d_2}{m}$
Teilkreisdurchmesser d_2	$d_2 = m \cdot z_2$
Fußkreisdurchmesser d_{f2}	$d_{f2} = d_2 - 2 \cdot (m + c)$
Kopfkreisdurchmesser d_{a2}	$d_{a2} = d_2 + 2m$
Kopfradius R_K	$R_K = \dfrac{d_{m1}}{2} - m$
Außendurchmesser d_{e2}	$d_{e2} \approx d_{a2} + m$
Schneckentrieb	
Axialteilung p_x	$p_x = m \cdot \pi$
Normalteilung p_n	$p_n = p_x \cdot \cos\gamma_m$
Kopfspiel, Zahnhöhen	wie bei Stirnrädern
Achsabstand	$a = \dfrac{d_{m1} + d_2}{2}$

5

5.12 Riemen

5.12.1 Keilriemen und Keilriemenscheiben

Maße in mm

Keilriemen		Endlose Keilriemen nach DIN 2215 (3.75)								Endlose Schmalkeilriemen nach DIN 7753 Teil 1 (1.88)		
Riemenprofil	ISO-Kurzzeichen	Y	Z	A	B	C	D	E	SPZ	SPA	SPB	SPC
	Kurzzeichen	6	10	13	17	22	32	40	–	–	–	–
Obere Riemenbreite	b_o	6	10	13	17	22	32	40	9,7	12,7	16,3	22
Wirkbreite	b_w	5,3	8,5	11	14	19	27	32	8,5	11	14	19
Riemenhöhe	h	4	6	8	11	14	20	25	8	10	13	18
Abstand	h_w	1,6	2,5	3,3	4,2	5,7	8,1	12	2	2,8	3,5	4,8

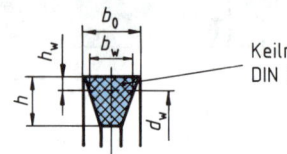
Keilriemen DIN 2215

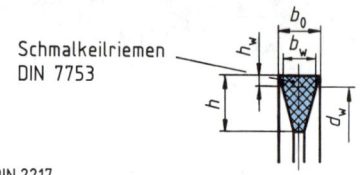
Schmalkeilriemen DIN 7753

Keilriemenscheiben DIN 2217

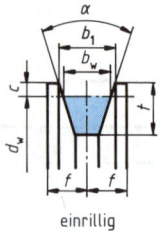
einrillig

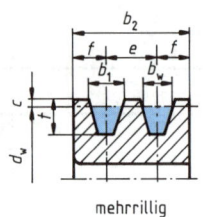
mehrrillig

Keilriemenscheiben DIN 2211

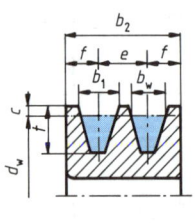
mehrrillig

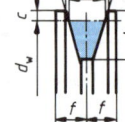
einrillig

Keilriemenscheiben		nach DIN 2217 Teil 1 (2.73)								nach DIN 2211 Teil 1 (3.84)		
Wirkdurchmesser	d_w	28	50	71	112	160	355	500	63	90	140	224
Wirkbreite	b_w	5,3	8,5	11	14	19	27	32	8,5	11	14	19
obere Rillenbreite	b_1	6,3	9,7	12,7	16,3	25	32	40	9,7	12,7	16,3	22
Außen-⌀ $-d_w = 2c$	c	1,6	2	2,8	3,5	4,8	–	–	2	2,8	3,5	4,8
Rillentiefe	t	7	11	14	18	24	33	38	11	14	18	24
Rillenabstand	e	8	12	15	19	25,5	37	44,5	12	15	19	25,5
Rillenabstand v. Rand	f	6	8	10	12,5	17	24	29	8	10	12,5	17
Rillenwinkel α	32° bis	63	–	–	–	–	–	–	–	–	–	–
für Wirk-⌀ d_w	34° bis	–	80	118	190	315	–	–	80	118	190	315
	36° über	63	–	–	–	–	500	630	–	–	–	–
	38° über	–	80	118	190	315	500	630	80	118	190	315

5.12 Riemen

5.12.2 Synchronriemen (Zahnriemen) nach DIN 7721 T1 (6.89)   Maße in mm

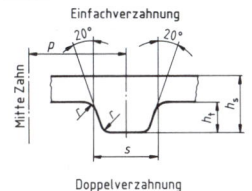

Einfachverzahnung

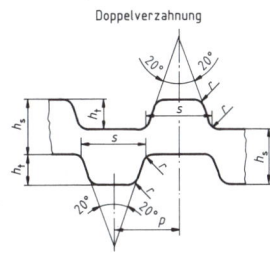

Doppelverzahnung

Wirk-länge	Zähnezahl für T2,5	T5	Wirk-länge	Zähnezahl für T5	T10	Wirk-länge	Zähnezahl für T10	T20
120	48	–	530	–	53	1010	101	–
150	–	30	560	112	56	1080	108	54
160	64	–	610	122	61	1150	115	–
200	80	40	630	126	63	1210	121	–
245	98	49	660	–	66	1250	125	–
270	–	54	700	–	70	1320	132	66
285	114	–	720	144	72	1390	139	–
305	–	61	780	156	78	1460	146	73
330	132	66	840	168	84	1560	156	–
390	–	78	880	–	88	1610	161	–
420	168	84	900	180	–	1780	178	89
455	–	91	920	–	92	1880	188	94
480	192	–	960	–	96	1960	196	–
500	200	100	990	198	–	2250	225	–

Zahnteilungskurzzeichen		T2,5	T5	T10	T20
Zahnteilung	p	2,5	5	10	20
Maße der Zähne	s	1,5	2,65	5,3	10,15
	h_t	0,7	1,2	2,5	5,0
	r	0,2	0,4	0,6	0,8
Nenndicke	h_s	1,3	2,2	4,5	8,0
Synchronriemenbreite	b	–	6	16	32
		4	10	25	50
		6	16	32	75
		10	25	50	100

Bezeichnungsbeispiel bei Einfachverzahnung, Zahnteilungskurzzeichen T5 und Wirklänge 420 mm, Breite 16 mm

Riemen DIN 7721 – 16T5 × 420

Bei Doppelverzahnung

Riemen DIN 7721 – 16T5 × 420D

Synchronriemenscheiben nach DIN 7721 T2 (6.89)

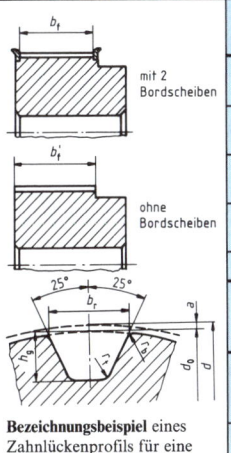

mit 2 Bordscheiben

ohne Bordscheiben

Zahn-lücken	Außen-Ø der Scheibe d_0 T2,5	T5	T10	T20	Zahn-lücken	Außen-Ø der Scheibe d_0 T2,5	T5	T10	T20
10	7,45	15,05	–	–	25	19,35	39,00	77,70	156,30
12	9,00	18,25	36,35	–	28	21,75	43,75	87,25	175,40
14	10,60	21,45	42,70	–	32	24,95	50,10	100,00	200,85
15	11,40	23,05	45,90	92,65	36	28,10	56,45	112,75	226,35
16	12,20	24,60	49,05	99,00	40	31,30	62,86	125,45	251,80
18	13,80	27,80	55,45	111,75	48	37,70	75,55	150,95	302,70
19	14,60	29,40	58,60	118,10	60	47,25	94,65	189,10	379,10
20	15,40	31,00	61,80	124,50	71	56,80	113,75	227,30	455,50
22	17,00	34,25	68,15	137,20	84	–	132,85	265,50	531,90

Riemen-breite b	Scheibenbreite m. Bord $b_{f_{min}}$	o. Bord $b'_{f_{min}}$	Zahnlückenmaße Form SE b_r	h_g	Form N b_r	h_g	Formen SE u. N $r_{b_{max}}$	r_t	$2a$
T2,5 4	5,5	8							
6	7,7	10	1,75	0,75	1,83	1	0,2	0,3	0,6
10	11,5	14							
T5 10	11,5	14							
16	17,5	20	2,96	1,25	3,32	1,95	0,4	0,6	1
25	26,5	29							
T10 25	27	30	6,02	2,6	6,57	3,4	0,6	0,8	2
32	34	37	6,03	2,6	6,57	3,4	0,6	0,8	2
50	52	55							
T20 50	52	56							
75	77	81	11,65	5,2	12,6	6	0,8	1,2	3
100	102	106							

Bezeichnungsbeispiel eines Zahnlückenprofils für eine Synchronscheibe ohne Bord und Breite 30, Zahnteilungs-Kurzz. T10, Zahnlücken-zahl 36, Zahnlückenform SE

Zahnlückenprofil

DIN 7721 – 30T10 – SE

mit 1 Bordscheibe ... × SE1
mit 2 Bordscheiben ... × SE2

5

5.13 Normteile

5.13.1 Bohrbuchsen

Bohrbuchsen nach DIN 179 (6.79)

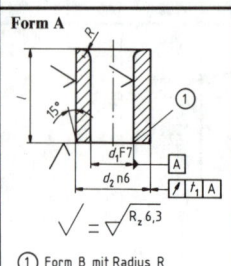

Form A

① Form B mit Radius R

$\sqrt{} = \sqrt{R_z\,6,3}$

	über	1	1,8	2,6	3,3	4	5	6	8	10	12	15	18	22	26	30
d_1	bis	1,8	2,6	3,3	4	5	6	8	10	12	15	18	22	26	30	35
	kurz	6			8			10		12		16		20	25	25
l	mittel	9			12			16		20		28		36	45	45
	lang	–			16			20		25		36		45	56	56
d_2		4	5	6	7	8	10	12	15	18	22	26	30	35	42	48
R		1			1			1,5		2			3			
t_1		0,01								0,02						

Werkstoff: Einsatzstahl gehärtet, Härte 780 ± 40 HV 10
Bezeichnungsbeispiel einer Bohrbuchse Form B mit Bohrung $d_1 = 15$ mm und Länge $l = 28$ mm   **Bohrbuchse DIN 179 – B 15 × 28**

Bundbohrbuchsen nach DIN 172 (6.79)

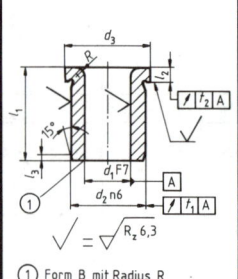

Form A

① Form B mit Radius R

$\sqrt{} = \sqrt{R_z\,6,3}$

	über	1	1,8	2,6	3,3	4	5	6	8	10	12	15	18	22	26	30
d_1	bis	1,8	2,6	3,3	4	5	6	8	10	12	15	18	22	26	30	35
	kurz	6			8			10		12		16		20	25	25
l_1	mittel	9			12			16		20		28		36	45	45
	lang	–			16			20		25		36		45	56	56
d_2		4	5	6	7	8	10	12	15	18	22	26	30	35	42	48
d_3		7	8	9	10	11	13	15	18	22	26	30	34	39	46	52
l_2		2			2,5			3			4			5		
l_3		1						1,25		1,5			2,5			
R		1			1			1,5		2			3			
t_1		0,01								0,02						0,04
t_2		0,03											0,05			

Werkstoff: Einsatzstahl gehärtet, Härte 780 ± 40 HV 10
Bezeichnungsbeispiel einer Bundbohrbuchse Form A mit Bohrung $d_1 = 20$ mm und Länge $l_1 = 45$ mm   **Bohrbuchse DIN 172 – A 20 × 45**

Steckbohrbuchsen nach DIN 173 T1 (6.79)

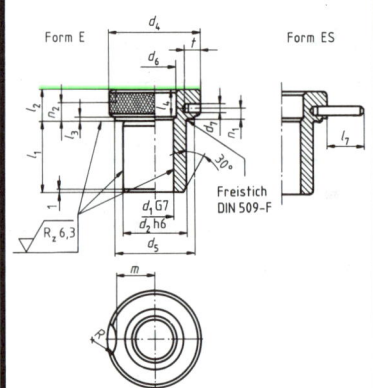

Form E   Form ES

Freistich DIN 509-F

$R_z\,6,3$

Bezeichnungsbeispiel einer Steckbohrbuchse Form ES mit $d_1 = 22$ mm, $d_2 = 35$ mm und $l_1 = 20$ mm

Bohrbuchse DIN 173 – ES 22 – 35 × 20

d_1 bis	2,65	4,75	8,5	14	19	25	33,5	45
d_2	8	10	15	22	28	35	46	58
l_1 kurz	8	10	12,5	16	20	20	25	25
l_1 mittel	12,5	16	20	25	32	32	40	40
l_1 lang	–	25	32	40	50	50	63	63
d_4	15	18	24	32	40	50	60	74
d_5	12	15	20	28	36	46	56	70
d_6 [1])	3	5	9	14,5	20	26	35	47
d_7	2,5	2,5	3	3	4	4	5	5
l_2	8	8	10	10	12	12	16	16
l_3	1	1	1	1	1,5	1,5	2	2
l_4 mittel (für l_1)	4,5	6	8	9	12	12	15	15
lang	–	15	20	24	30	30	38	38
l_7	9	9	12	12	13	13	15	15
m	5	6,5	9	13	17	22	26	33
n_1	3	3	3,5	3,5	4,5	4,5	6	6
n_2	4,5	4,5	5,5	5,5	7	7	9,5	9,5
R	7	7	9	9	9	9	11,5	11,5
t	5	5	6	6	7	7	9	9

Werkstoff: Einsatzstahl gehärtet, Härte 780 ± 40 HV 10
[1]) Nur für l_1 mittel und lang

5.13.2 Spannriegel nach DIN 6376 (9.72)

Maße in mm

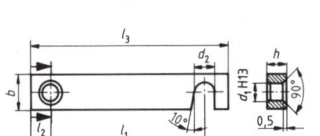

b	h	d_1	d_2	l_1	l_2	l_3	passende[1] Linsenschraube
12	6	7,4	8	50	7	65	DIN 923 – M 5
16	8	8,4	9	75	9	95	DIN 923 – M 6
20	10	10,5	11	100	11	125	DIN 923 – M 8
	12			125		150	
25	16	14	14	160	13	190	DIN 923 – M 10

Werkstoff: St 37 K

Bezeichnungsbeispiel für einen Spannriegel mit $b = 20$ mm und $h = 12$ mm **Spannriegel DIN 6376 – 20 × 12**

[1] **Linsenschraube DIN 923**

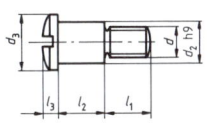

d	d_2	d_3	l_1	l_2 von ··· bis	l_3
M 5	7	11	7	2,5 ··· 16	2,7
M 6	8	13	9	3 ··· 20	3,1
M 8	10	16	11	4 ··· 25	3,8
M 10	13	20	13,5	5 ··· 32	4,6

5.13.3 Schnapper (mit Druckfeder) nach DIN 6310 (5.91)

Maße in mm

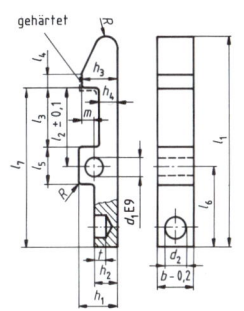

l_1	b	d_1	d_2	h_1	h_2	h_3	h_4	l_2	l_3	l_4	l_5	l_6	l_7
45	8	4	5	9,5	5,5	8	4	15	10	2	9	11	30
60	10	5	6,3	12	7	10	5	20	14	3	11	15	40
80	14	6	8	15	9	14	7	30	22	5	14	23	60

l_1	m	t	R	passende Druckfeder
45	2,5	1,5	1,6	DIN 2098 – 0,63 × 4 × 14
60	3	3	2,5	DIN 2098 – 0,8 × 5 × 17,5
80	5	5	4	DIN 2098 – 1 × 6,3 × 21,5

Werkstoff: Stahl

Bezeichnungsbeispiel für einen Schnapper (mit Druckfeder) mit der Länge $l_1 = 45$ mm
Schnapper DIN 6310 – 45

5.13.4 Aufnahmebolzen und Auflagebolzen nach DIN 6321 (12.73)

Maße in mm

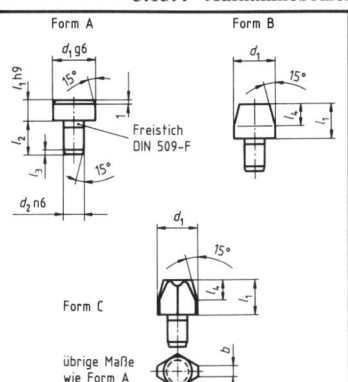

d_1	l_1 Form A kurz	l_1 Form B	l_1 Form C lang	l_2	l_3	l_4	d_2	b
6	5	7	12	6	1,2	4	4	1
8	–	10	16	9	1,6	6	6	1,6
10	6	10	18	9	1,6	6	6	2,5
12	–	10	18	9	1,6	6	6	2,5
16	8	13	22	12	2	8	8	3,5
20	–	15	25	18	2,5	9	12	5
25	10	15	25	18	2,5	9	12	5

Werkstoff: Werkzeugstahl

Bezeichnungsbeispiel für einen Aufnahme- und Auflagebolzen Form B mit $d_1 = 12$ mm und $l_1 = 18$ mm
Bolzen DIN 6321 – B 12 × 18

5.13 Normteile

5.13.5 Kreuzgriffe nach DIN 6335 (5.68)

Maße in mm

Ausführungen in GG, GTW, ST und Leichtmetall

Form A
Rohteil

Form B
mit Bohrung

Form C
mit Sackloch
Übrige Maße und Angaben wie Form B

Form D
mit Gewinde
Übrige Maße und Angaben wie Form B

Ausführungen in Kunststoff FS31

Grundabmessungen

Form G mit Sackloch

Form H mit Buchse

Form K mit Gewindebuchse

d_1	d_2	d_3	d_4	d_5	d_6	d_7	d_8	d_9	e
20	8	11,5	4	M4	4,3	1,4	10	4	4
25	10	15	5	M5	5,3	1,8	12	5	5
32	12	18	6	M6	6,4	2,3	14	6	6
40	14	21	8	M8	8,4	2,8	18	8	7
50	18	25	10	M10	10,5	2,8	22	10	8
63	20	32	12	M12	13,0	2,8	26	12	10
80	25	40	16	M16	17,0	3,8	35	16	12

d_1	h_1	h_2	h_3	h_4	t_1	t_{2min}	t_4	t_5	t_6
20	14	13	6	13	10	7	6	6	7,5
25	17	16	8	16	12	9	8	7,5	9,5
32	21	20	10	20	15	12	10	9	12
40	26	25	14	25	18	15	12	12	14
50	34	32	20	32	21	18	16	15	18
63	42	40	25	40	25	22	20	18	22
80	52	50	30	50	32	28	30	26	30

Werkstoffe: GG, GTW, St, Leichtmetall und Kunststoff FS 31

Bezeichnungsbeispiel eines Kreuzgriffes Form H mit Buchse, $d_1 = 40$ mm aus Kunststoff FS 31

Kreuzgriff DIN 6335 – H 40

5.13.6 Gewindestifte mit Druckzapfen nach DIN 6332 (1.81)

Form S (geeignet für Druckstück Form S DIN 6311)

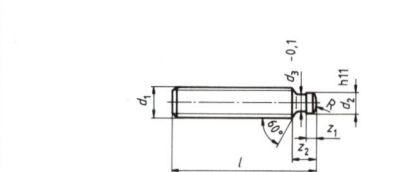

d_1		M6	M8	M10	M12	M16	M20
l	von	30	40	60	60	80	100
	bis	50	60	80	100	125	150
d_2		4,5	6	8	8	12	15,5
d_3		4	5,4	7,2	7,2	11	14,4
z_1		2,5	3	4,5	4,5	5	5,5
z_2		6	7,5	9	10	12	14
R		3	5	6	6	9	13

Werkstoff: Stahl, Festigkeitsklasse 5.8

Bezeichnungsbeispiel eines Gewindestiftes Form S mit $d_1 = $ M12, $l = 60$ mm

Gewindestift DIN 6332 – SM 12 × 60

5.13.7 Druckstücke nach DIN 6311 (5.68)

Form S (mit Sprengring)

Druckflächen (HRC$_{min}$ = 55)

Werkstoff: Stahl

Bezeichnungsbeispiel eines Druckstückes Form S mit $d_1 = 25$ mm

Druckstück DIN 6311 – S 25

d_1	12	16	20	25	32	40
d_2	4,6	6,1	8,1	8,1	12,1	15,6
d_3	5,6	7,7	9,7	9,7	14,2	19,8
d_4	10	12	15	18	22	28
d_5	5	7	8	10	14	18
h_1	7	9	11	13	15	16
h_2	2,5	4	5	6	7	9
t_1	4	5	6	7	7,5	8
t_2	1,8	2	2	3	3,5	3,5
t_3	0,5	0,5	0,5	0,5	0,5	1
b	0,7	1	1	1	1,2	1,8
f	0,6	0,6	0,6	1	1	1
R	1,5	2	2	2	3	3
Sprengring DIN 9045	4	6	8	8	12	16
Gewindestift DIN 6332	M6	M8	M10	M12	M16	M20

5.13 Normteile

5.13.8 Kugelknöpfe nach DIN 319 (12.78)

Maße in mm

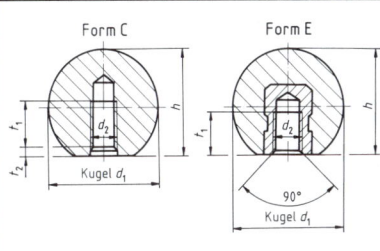

d_1	10	16	20	25	32	40	50
d_2	M 3	M 4	M 5	M 6	M 8	M 10	M 12
d_3	–	–	10,5	12	16	19	22
d_4[1])	–	6	8	10	12	16	20
t_1	4,5	6	7,5	9	12	15	18
t_2	1	1,2	1,6	2	2,5	3	3
t_3	–	–	1,2	1,5	1,8	2	2,3
t_4	–	10	12	16	20	25	32
h	9,2	15	18	22,5	29	37	46

[1]) Bei Stahl: H 7
   Bei Kunststoff: H 11

Werkstoff: Stahl bei Form C, K u. KN
   Kunststoff (FS DIN 7708) bei Form C, K u. KN
   Kunststoff/St od. CuZn bei Form E u. F
Bezeichnungsbeispiel: Kugelknopf Form F, $d_1 = 20$ mm aus
Kunststoff, Einpreßmutter aus Stahl
Kugelknopf DIN 319 – F 20 – FS/St

5.13.9 Kugelscheiben u. Kegelpfannen nach DIN 6319 (4.87)

Maße in mm

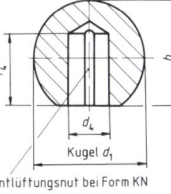

Werkstoff: Stahl gehärtet
Bezeichnungsbeispiel: $d_1 = 10,5$, Form C
Kugelscheibe DIN 319 – C 10,5

d_1 H13	6,4	8,4	10,5	13	17	21
R Kugel	9	12	15	17	22	27
d_2 H13	7,1	9,6	12	14,2	19	23,2
d_3	12	17	21	24	30	36
d_4	11	14,5	18,5	20	26	31
h_1	2,3	3,2	4	4,6	5,3	6,3
h_2	2,8	3,5	4,2	5	6,2	7,5

5.13.10 Einspannzapfen mit Gewindeschaft nach DIN 9859 T 3 (12.88)

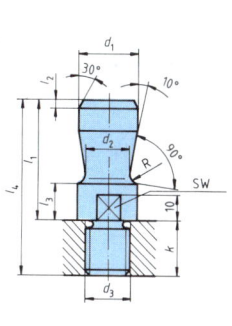

d_1	20	25	32	40	50	65
d_2	15	20	25	32	42	53
d_3	M 16 × 1,5 M 20 × 1,5	M 16 × 1,5 M 20 × 1,5	M 20 × 1,5 M 24 × 1,5	M 24 × 1,5 M 30 × 2	M 30 × 2	M 42 × 3
l_1 l_2	40 3	45 4	56 4	70 5	80 6	100 8
l_3 l_4	12 58	16 68	16 79	26 93	26 108	26 128
k R	18 2,5	23 2,5	23 2,5	23 4	28 4	28 4
SW	17	22	27	32	41	55

Werkstoff: St 50
Bezeichnungsbeispiel eines Einspannzapfens Form CE mit $d_1 = 40$ mm und
$d_3 =$ M 24 × 1,5
Einspannzapfen DIN 9859 – CE 40 – M 24 × 1,5

5.13 Normteile

5.13.11 Säulengestelle mit rechteckiger Arbeitsfläche nach DIN 9812 (12.81)

Maße in mm

Form C **Form CG (mit Gewinde)**

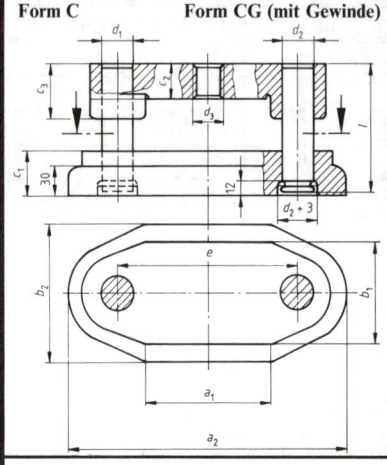

$a_1 \times b_1$	a_2	b_2	c_1	c_2	c_3	l	e	d_1	d_2	d_3
100×80	275						155			
125×80	300	120	50	30	80	160	180	24	25	
160×80	335						215			M20 × 1,5
125×100	300		50			170	180	24	25	
160×100	335			40	90		215			
200×100	395	140					265	30	32	
250×100	445		56			180	315			M24 × 1,5
160×125	355						25			
200×125	395	165	56	40	90	180	265	30	32	
250×125	445						315			
200×160	395	200	56			200	265	30	32	M30 × 2
250×160	445			50	100		315			
250×200	490	250	63			220	330	38	40	
315×200	555						395			

Bezeichnungsbeispiel eines Säulengestelles Form C mit Arbeitsfläche $a_1 \times b_1 = 200 \times 125$

Säulengestell DIN 9812 − C 200 × 125

5.13.12 Säulengestelle mit übereckstehenden Führungssäulen nach DIN 9819 (12.81)

Maße in mm

Form C

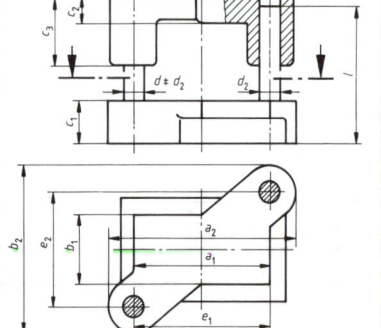

$a_1 \times b_1$	a_2 max.	b_2 max.	c_1	c_2	c_3 max.	d_2	e_1 min.	e_2 min.
200×100	275	255	56	40	90	32	195	158
250×100	325						245	
160×125	235	280	56	40	90	32	155	183
200×125	275						195	
250×125	325						245	
250×160	325	315		50	100		245	218

Bezeichnungsbeispiel eines Säulengestelles Form C mit Arbeitsfläche $a_1 \times b_1 = 160 \times 125$; Werkstoff: Grauguß

Säulengestell DIN 9819 − C 160 × 125 GG

5.13.13 Säulengestelle mit mittigstehenden Führungssäulen und dicker Säulenführungsplatte nach DIN 9816 (12.81)

Maße in mm

Form DF

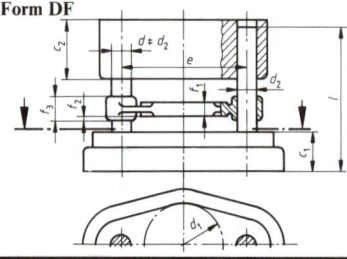

d_1	d_2	c_1	c_2 max.	e min.	f_1	f_2	f_3	l
80	20	50	80	125	16	10	36	170
100	25	50	85	155	18	11	40	180
125			90	180				190
160	32	56	100	225	23	11	45	220
200			110	265				240

Bezeichnungsbeispiel eines Säulengestelles Form DF mit $d_1 = 160$ mm, Werkstoff: Grauguß

Säulengestell DIN 9816 − DF 160 GG

5

5.14 Werkzeugkegel

5.14.1 Metrische Kegel und Morsekegel nach DIN 228 T 1, T 2 (5.87) Maße in mm

Form A Kegelschaft mit Anzugsgewinde

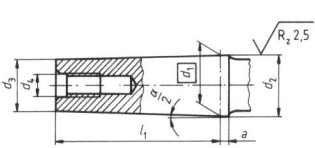

Größe		Kegelschaft							
		d_1	a	d_2	d_3	d_4	d_5	l_1	l_2
Metr. Kegel (ME)	4	4	2	4,1	2,9	–	–	23	–
	6	6	3	6,2	4,4	–	–	32	–
Morse-Kegel (MK)	0	9,045	3	9,2	6,4	–	6,1	50	56,5
	1	12,065	3,5	12,2	9,4	M 6	9	53,5	62
	2	17,780	5	18	14,6	M 10	14	64	75
	3	23,825	5	24,1	19,8	M 12	19,1	81	94
	4	31,267	6,5	31,6	25,9	M 16	25,2	102,5	117,5
	5	44,399	6,5	44,7	37,6	M 20	36,5	129,5	194,5
	6	63,348	8	63,8	53,9	M 24	52,4	182	210
Metr. Kegel (ME)	80	80	8	80,4	70,2	M 30	69	196	220
	100	100	10	100,5	88,4	M 36	87	232	260
	120	120	12	120,6	106,6	M 36	105	268	300
	160	160	16	160,8	143	M 48	141	340	380
	200	200	20	201	179,4	M 48	177	412	460

Form B Kegelschaft mit Austreiblappen

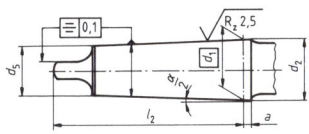

Größe		Kegelhülse						
		d_6	z	d_7	l_3	l_4	Verjüng.	$\alpha/2$
Metr. Kegel (ME)	4	3	0,5	–	25	20	1:20 = 0,05	1°25′56″
	6	4,6	0,5	–	34	28		
Morse-Kegel (MK)	0	6,7	1	–	52	45	1:19,212	1°29′27″
	1	9,7	1	7	56	47	1:20,047	1°25′43″
	2	14,9	1	11,5	67	58	1:20,020	1°25′50″
	3	20,2	1	14	84	72	1:19,922	1°26′16″
	4	26,5	1	18	107	92	1:19,254	1°29′15″
	5	38,2	1	23	135	118	1:19,002	1°30′26″
	6	54,8	1	27	188	164	1:19,180	1°29′36″
Metr. Kegel (ME)	80	71,5	1,5	33	202	170		
	100	90	1,5	39	240	200		
	120	108,5	1,5	39	276	230	1:20 = 0,05	1°25′56″
	160	145,5	2	52	350	290		
	200	182,5	2	52	424	350		

Form C Kegelhülse für Kegelschäfte mit Anzugsgewinde

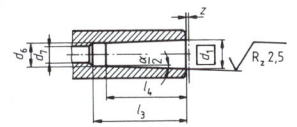

Form D Kegelhülse für Kegelschäfte mit Austreiblappen

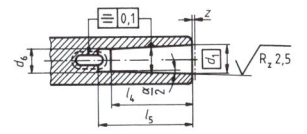

Bezeichnungsbeispiel eines Morsekegelschaftes (MK), Form B der Größe 2 und Kegelwinkel-Toleranzqualität AT6

Kegelschaft DIN 228 – MK – B 2 AT6

Metrische Kegelhülse (ME), Form C der Größe 100 und Kegelwinkel-Toleranzqualität AT6

Kegelhülse DIN 228 – ME – C 100 AT6

5.14.2 Steilkegelschäfte für Werkzeuge und Spannzeuge DIN 2080 T1 (12.78) Maße in mm

Form A

Kegel-Nr.	d_1	$a \pm 0,2$	d_2	d_3	d_4	d_5	d_7
30	31,75	1,6	17,4	16,5	M 12	13	50
40	44,45	1,6	25,3	24	M 16	17	63
45	57,15	3,2	32,4	30	M 20	21	80
50	69,85	3,2	39,6	38	M 24	26	97,5
60	107,95	3,2	60,2	58	M 30	32	156
70	165,1	4	92	90	M 36	38	230

Kegel-Nr.	b	k	l_1	l_2	l_3	l_4	l_7
30	16,1	8	68,4	48,4	3	24	16,2
40	16,1	10	93,4	65,4	5	32	22,5
45	19,3	12	106,8	82,8	6	40	29
50	25,7	12	126,8	101,8	8	47	35,5
60	25,7	16	206,8	161,8	10	59	60
70	32,4	20	296	252	14	70	86

Bezeichnungsbeispiel eines Steilkegelschaftes der Form A Nummer 45 mit Kegelwinkel-Toleranzqualität AT4

Steilkegelschaft DIN 2080 – A45 AT4

5

6 Technische Kommunikation

6.1 Übersicht

6

6.2 Grundlagen der technischen Kommunikation

6.2.1 Betrieblicher Informationsfluß – konventionell und computerunterstützt

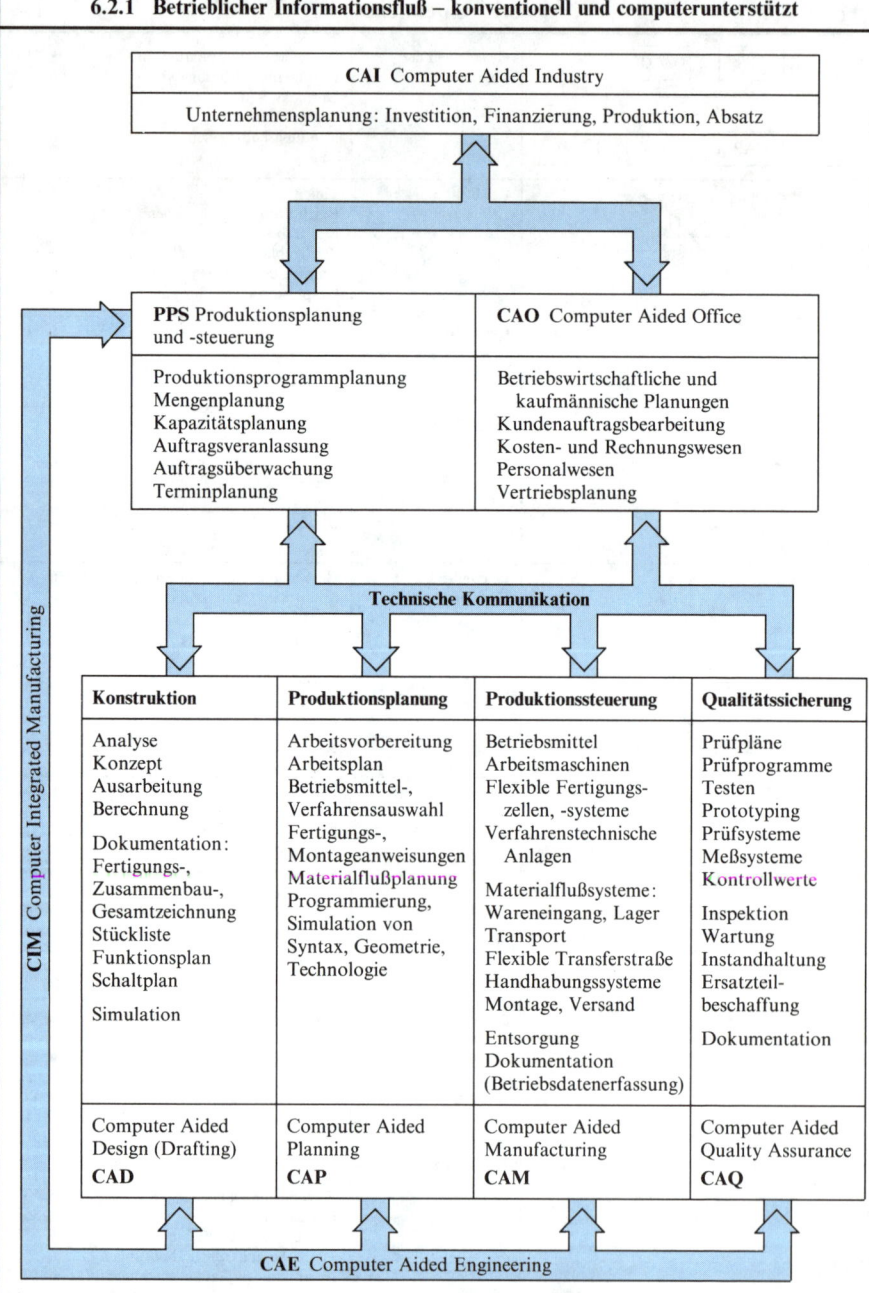

CAI Computer Aided Industry

Unternehmensplanung: Investition, Finanzierung, Produktion, Absatz

PPS Produktionsplanung und -steuerung	**CAO** Computer Aided Office
Produktionsprogrammplanung Mengenplanung Kapazitätsplanung Auftragsveranlassung Auftragsüberwachung Terminplanung	Betriebswirtschaftliche und kaufmännische Planungen Kundenauftragsbearbeitung Kosten- und Rechnungswesen Personalwesen Vertriebsplanung

Technische Kommunikation

Konstruktion	Produktionsplanung	Produktionssteuerung	Qualitätssicherung
Analyse Konzept Ausarbeitung Berechnung Dokumentation: Fertigungs-, Zusammenbau-, Gesamtzeichnung Stückliste Funktionsplan Schaltplan Simulation	Arbeitsvorbereitung Arbeitsplan Betriebsmittel-, Verfahrensauswahl Fertigungs-, Montageanweisungen Materialflußplanung Programmierung, Simulation von Syntax, Geometrie, Technologie	Betriebsmittel Arbeitsmaschinen Flexible Fertigungs- zellen, -systeme Verfahrenstechnische Anlagen Materialflußsysteme: Wareneingang, Lager Transport Flexible Transferstraße Handhabungssysteme Montage, Versand Entsorgung Dokumentation (Betriebsdatenerfassung)	Prüfpläne Prüfprogramme Testen Prototyping Prüfsysteme Meßsysteme Kontrollwerte Inspektion Wartung Instandhaltung Ersatzteil- beschaffung Dokumentation
Computer Aided Design (Drafting) **CAD**	Computer Aided Planning **CAP**	Computer Aided Manufacturing **CAM**	Computer Aided Quality Assurance **CAQ**

CIM Computer Integrated Manufacturing

CAE Computer Aided Engineering

6.2 Grundlagen der technischen Kommunikation

Informationsfluß	Konstruktion	Einzelteilzeichnung
Aufgabe Funktionsfindung (Analysieren) nein — Entwicklungsfreigabe ja	Orientierungsdaten nach VDI 2222: Pflichtenheft mit Forderungen, Wünschen 1. Planungsdaten Zweck, Eigenschaften des Produkts, Zeitplan, Kapazität, Kosten (Herstellung, Betrieb), Rechtsfragen 2. Anforderungsdaten physikalisch-technische Funktion, Technologie (Herstellung), Wirtschaftlichkeit, Mensch-Produkt-Umwelt-Beziehungen Informationen beschaffen: Auftraggeber, Kunden, Fachliteratur, Vorschriften, Normen, Patentliteratur, Konkurrenz	Zweck (z.B. Fertigung), Funktion, Wirkzusammenhänge, Bewegungsablauf, Beanspruchungen, Energie-, Informationsfluß, Schnittstellen, Element-System-Beziehungen Darstellungsregeln (Projektionsverfahren)
Konzipieren nein — Konzeptfreigabe ja	Gesamtfunktion abstrahieren: Maschine, Baugruppen, Einzelteile, Lösungsprinzipien, technisch-wirtschaftliche Bewertung, Konzepte als Skizzen, Schemata, Pläne, Berechnungen von Konstruktionen, Simulation, Laborversuche (Kennlinien, Tabellen)	Notwendige Ansichten, Schnitte, Fertigungs-, Gebrauchslage, Maßstab, Liniengruppe, Zeichenblattgröße, Anordnung, Beschriftung, Skizze
Entwerfen Gestalten nein — Entwurfsfreigabe ja	Lösungsprinzipien kombinieren (Varianten), Auswahl von Gestaltungsbereichen, maßstäblicher Entwurf, Berechnung von Konstruktion, Einzelteilen, technisch-wirtschaftliche Bewertung, Bau von Funktionsmustern	Zeichenflächenaufteilung, Mittellinien, Rohteil, Bearbeitungsformen, Schnittarten, -verlauf, vereinfachte Darstellungen
Ausarbeiten (Detaillieren) nein — Ausarbeitungsfreigabe ja	Einzelteile gestalten und optimieren, Fertigungsunterlagen erstellen: Einzelteil-, Fertigungs-, Gesamt-, Zusammenbau-(Montage-, Demontage-)zeichnungen, Anordnungsplan (Explosionszeichnung), Technische Texte wie Stücklisten, Anweisungen für Zusammenbau, Einstellung, Prüfung, Funktion, Wartung, Instandhaltung, Reparatur	Genormte Werkstückdetails, Bemaßung, Schraffur, Abmaße, Toleranzen, Form-, Lagetoleranzen, Werkstückkanten, Oberflächen-, Härteangaben, Schweiß-, Lötsymbole, Sonderangaben, Schriftfeld, Stückliste
Fertigen Produkt	Prototyping Produktionsplanung Produktionssteuerung Qualitätssicherung	Zeichnungsausführung

6

6.2 Grundlagen der technischen Kommunikation

6.2.2 Begriffe im Zeichnungswesen nach DIN 199 (5.84) T1 und T2 (12.77)

Anordnungs-Plan	Technische Zeichnung (häufig unmaßstäblich), mit der räumlichen Anordnung von Gegenständen zueinander (auch Lageplan)
Diagramm	Zeichnung zur Veranschaulichung funktioneller Zusammenhänge in Koordinatensystemen
Einzelteil-Zeichnung	Technische Zeichnung (auch Teil-Zeichnung) ohne die räumliche Anordnung zu anderen Teilen (Darstellung nur eines Teils)
Entwurf	Zeichnung der vorläufigen Ausführung eines Gegenstandes
Fertigungs-Zeichnung	Technische Zeichnung (früher Werkstatt-Zeichnung) mit allen für die Herstellung erforderlichen Angaben
Gesamt-Zeichnung	Zeichnung des zusammengebauten Zustandes oder Explosions-Zeichnung einer Anlage, Maschine oder eines Bauwerkes oder Gerätes
Gruppen-Zeichnung	Technische Zeichnung mit maßstäblicher, räumlicher Anordnung von Gegenständen zueinander
Konstruktions-Zeichnung	Zeichnung des geplanten Endzustandes eines Objektes
Maßbild	Zeichnung (meist vereinfacht) mit Einzelmaßen für besondere Zwecke (z.B. Anschluß-, Einbaumaße, Gewichte für Angebote, Kataloge)
Original-Zeichnung	Zeichnung mit verbindlichem Informationsgehalt zum dauerhaften Speichern
Patent-Zeichnung	Technische Zeichnung mit Aufbau und Ausführung nach den Vorschriften über die Anmeldung von Patenten
Plan	Zeichnung bestehend aus Symbolen (z.B. Funktionsplan, Schaltplan)
Schema	Zeichnung mit weitgehenden Vereinfachungen, Verwendung von Symbolen
Skizze	Zeichnung, überwiegend freihändig erstellt, häufig unmaßstäblich, Grundlage zu einer vollständigen technischen Zeichnung
Stückliste	Unterlage, vollständig nach formalen Regeln gestaltet mit Angabe der Gegenstände (z.B. Positionsnummer, Menge, Einheit, Benennung, Sachnummer)
Technische Zeichnung	Zeichnung nach Formen und Regeln für technische Zwecke angefertigt (z.B. Darstellung, Bemaßung, Oberflächenangaben, Hinweise)
Unterlage	Datenträger (z.B. technische Zeichnungen), direkt bzw. mit optischen Hilfsmitteln zu lesen, als Beweisstück (ungeeignet z.B. Disketten, Lochstreifen)
Varianten-Zeichnung	Zeichnung für Gegenstände, die in Funktion und/oder Maßen ähnlich sind
Zeichnung	Bildliche Darstellung mit Linien, verschiedene Träger (z.B. Papier, Folien, Bildschirm)
Zeichnungswesen	Betriebliche Organisation zur Erstellung und Verwaltung von Unterlagen
Zusammenbau-Zeichnung	Technische Zeichnung mit den zum Zusammenbau erforderlichen Informationen (früher Montage-Zeichnung)

6

6.2.3 Normenwesen

Normen und Richtlinien werden in der Technik freiwillig angewendet zur
– Information über fachgerechtes Verhalten (z.B. Sicherheitsvorschriften),
– möglichst eindeutige Kommunikation (z.B. internationale wirtschaftliche Beziehungen)
– Verringerung von Kosten (z.B. gleiche Werkstoffe, Verfahren, Austauschbau).

Kurzzeichen	Herausgeber von Normen und Richtlinien
DIN	Deutsches Institut für Normung
VDE	Verband Deutscher Elektrotechniker e.V.
VDI	Verein Deutscher Ingenieure e.V.
VDMA	Verein Deutscher Maschinenbau-Anstalten e.V.
EN	CEN Comité Européen de Normalisation (auch frühere EURONORM)
ECE	Economic Commission for Europe of the United Nations
IEC	International Electrotechnical Commission
ISO	International Organization for Standardization
DIN ISO	Übernahme der entsprechenden Norm durch DIN

6.2.4 Normzahlen nach DIN 323 T1 (8.74)

Zur Konstruktion, Fertigung, Prüfung, zum Austauschbau und Transport von Erzeugnissen werden (besonders bei Varianten) Normzahlen zur Vereinheitlichung von Größen aller Art verwendet (z.B. für Abmessungen, Kräfte, Drehzahlen). Die Grundreihen sind gerundete Glieder dezimalgeometrischer Reihen. Das jeweils nächste Glied ergibt sich durch Multiplikation des vorangehenden mit dem Stufensprung. Die Reihen mit den gröbsten Stufensprüngen sind zu bevorzugen (auch gegenüber den Rundwerten). Die Wahl jedes n-ten Wertes ergibt eine abgeleitete Reihe z.B. R 10/3: mit 1 2 4 8 oder mit 1,25 2,5 5,0 10 bei einem Stufensprung $\varphi = 2$.

Grundreihen (Rundwerte)

R5	R10	R20	R40
1,00	1,00	1,00	1,00
			1,06
	(1,2)	1,12	1,12
			1,18
	1,25	1,25	1,25
			1,32
	(1,5)	1,40	1,40
			1,50
1,60	1,60	1,60	1,60
			1,70
(1,5)		1,80	1,80
			1,90
	2,00	2,00	2,00
			2,12
	2,24	2,24	2,24
			2,36

R5	R10	R20	R40
2,50	2,50	2,50	2,50
			2,65
		2,80	2,80
			3,00
	3,15	3,15	3,15
			3,35
	(3,8)	3,55	3,55
			3,75
4,00	4,00	4,00	4,00
			4,25
		4,50	4,50
			4,75

R5	R10	R20	R40
	5,00	5,00	5,00
			5,30
		5,60	5,60
			6,00
6,30	6,30	6,30	6,30
			6,70
(6,0)		7,10	7,10
			7,50
	8,00	8,00	8,00
			8,50
		9,00	9,00
			9,50

Stufensprung:

$$\text{R 5: } \varphi = \sqrt[5]{10} = 1,6 \qquad \text{R 20: } \varphi = \sqrt[20]{10} = 1,12$$

$$\text{R 10: } \varphi = \sqrt[10]{10} = 1,25 \qquad \text{R 40: } \varphi = \sqrt[40]{10} = 1,06$$

6.2.5 Rundungshalbmesser nach DIN 250 (7.72) (Vorzugsreihe: hervorgehobene Zahlen)

0,2		0,3	**0,4**	0,5	**0,6**	0,8	**1**	1,2	**1,6**	
2	**2,5**	3	**4**	5	**6**	8	**10**	12	**16** 18	
20	20 **25** 28	**32** 36	**40** 45	**50** 56	**63** 70	80 90	**100** 110	**125** 140	**160** 180	**200**

6.3 Zeichentechnische Grundlagen

6.3.1 Linien nach DIN 15 (6.84)

Linienarten	Liniengruppen Nennmaße d in mm				Anwendung Die Liniengruppe ist nach Art und Größe der Zeichnung auszuwählen
	0,35	0,5	0,7	1,0	
A —————— **Vollinie (breit)**	0,35	0,5	0,7	1,0	Sichtbare Kanten und Umrisse, nutzbare Gewindelänge, Systemlinien (Stahlbau), Kurven in Diagrammen, Oberflächenstrukturen
B —————— **Vollinie (schmal)**	0,18	0,25	0,35	0,5	Lichtkanten, Maß-, Maßhilfslinien, Maßlinienbegrenzungen, Hinweislinien, Schraffur, Gewindegrund, Diagonalkreuz, Biegelinien, Umrisse eingeklappter Querschnitte, Umrahmungen (Prüfmaße, Einzelheiten), Richtungen (Fasern, Schichtungen), Projektionslinien, Rasterlinien
C ⌒⌒⌒⌒ **Freihandlinie (schmal)**					Begrenzung abgebrochener oder unterbrochener Ansichten und Schnitte, wenn die Begrenzung keine Mittellinie ist
D ╱╲╱╲ **Zickzacklinie (schmal)**					Ausführung: Gesamthöhe 20 d, Winkel 30°
E — — — — - **Strichlinie (breit)**	0,35	0,5	0,7	1,0	Bereich zulässiger Oberflächenbehandlung. Ausführung: Strich 10 d, Lücke 2,5 d
F — — — — — **Strichlinie (schmal)**	0,18	0,25	0,35	0,5	Verdeckte Kanten und Umrisse. Ausführung: Strich 20 d, Lücke 5 d
G —·——·——·– **Strichpunktlinie (schmal)**					Mittellinien, Symmetrielinien, Teil-, Lochkreise, Teilungsebenen, Trajektorien (Übertragungslinien). Ausführung: Strich 40 d, Punkt/Abstand 5 d
H ⌐ ¬ —·—⌐ **Strichpunktlinie (schmal/breit)**	0,18 0,35	0,25 0,5	0,35 0,7	0,5 1,0	Schnittebene (Linienart J bevorzugt). Ausführung: wie Linienarten G und J
J —·——·—— **Strichpunktlinie (breit)**	0,35	0,5	0,7	1,0	Schnittebene, Bereich geforderter Behandlungen. Ausführung: Strich 20 d, Pkt./Abstd. 2,5 d
K ——··——··—— **Strich-Zweipunktlinie**	0,18	0,25	0,35	0,5	Umrisse vor Umformung, Umrisse angrenzender Teile, Fertigformen in Rohteilen, Umrisse wahlweiser Ausführungen, Grenzstellungen, Teile vor der Schnittebene, Umrahmungen besonderer Bereiche, Schwerlinien (Stahlbau). Ausführung: Strich 40 d, Pkt./Abstd. 5 d

Rangfolge beim Überdecken von Linien:
1. sichtbare Kanten (A)   2. verdeckte Kanten (F)   3. Schnittebenen (J)
4. Mittellinien (G)   5. Schwerlinien (K)   6. Maßhilfslinien (B)

6.3 Zeichentechnische Grundlagen

6.3.2 Beschriftung, Schriftzeichen nach ISO 3098 T1 (1974) und DIN 6776 (4.76)

Die Schriftform B (Mittelschrift) ist nach DIN 406 T2 (8.81) zu bevorzugen. Die Schriftform A (Engschrift) eignet sich besonders bei Platzmangel und zur Mikroverfilmung. Beide Normschriften können vertikal (überwiegend üblich, besonders bei Schablonenbeschriftung) oder kursiv (Freihandbeschriftung) ausgeführt werden.

In Deutschland sind die Zeichen a und 7 zu bevorzugen.

Schriftform A (kursiv)	Schriftform B (vertikal)
ääbcdefghijklmn öpqrstüvwxyzß ÄBCDEFGHIJKLMN ÖPQRSTÜVWXYZ 1234567789OIV [(!?.,"-=+±×·√%&Ø)]	ääbcdefghijklmn öpqrstüvwxyzß ÄBCDEFGHIJKLMN ÖPQRSTÜVWXYZ 1234567890 IV [(!?.,"-=+±×·√%&□Ø)]

Maße für Schriften

Merkmal	Schriftform A	Schriftform B	
Höhe:			Die Mindesthöhe der in einer Zeichnung verwendeten kleinsten Schriftzeichen soll 2,5 mm betragen.
Großbuchstaben h	$14\,d$	$10\,d$	
Kleinbuchstaben	$10/14\,h$	$7/10\,h$	
Ober- oder Unterlängen	$4/14\,h$	$3/10\,h$	
Abstand:			
Schriftzeichen	$1/14-\ 2/14\,h$	$1/10-\ 2/10\,h$	
Wörter	$6/14\,h$	$6/10\,h$	
Grundlinien	$20/14-22/14\,h$	$14/10-16/10\,h$	

Linienbreiten:	Liniengruppe der Zeichnung				Anwendung
	0,35	0,5	0,7	1,0	
d klein	(0,18)	0,25	0,35	0,5	Toleranzen, Indizes, Exponenten
d mittel	0,25	0,35	0,5	0,7	Maße, Beschriftung, Symbole
d groß	0,35	0,5	0,7	1,0	Schnittkennzeichnung, Positionsnummern

6.3.3 Maßstäbe nach DIN ISO 5455 (12.79)

Verkleinerungs-maßstäbe	1:100	1:50	1:20	Natürlicher Maßstab 1:1
	1:10	1:5	1:2	Weitere Maßstäbe als Vielfache von 10, Hauptm. groß im Schriftfeld, übrige klein und bei der jeweiligen Darstellung.
Vergrößerungs-maßstäbe	10:1	2:1	5:1	
	100:1	20:1	50:1	

6.3.4 Zeichenblattgrößen DIN 476 (2.91) und 823 (5.80)

DIN-Format	A 0	A 1	A 2	A 3	A 4	A 5	A 6
Fertigblatt	841 × 1189	594 × 841	420 × 594	297 × 420	210 × 297	148 × 210	105 × 148
Rohblatt	880 × 1230	625 × 880	450 × 625	330 × 450	240 × 330	165 × 240	120 × 165

6.3.5 Faltung auf Format A 4 nach DIN 824 (3.81)

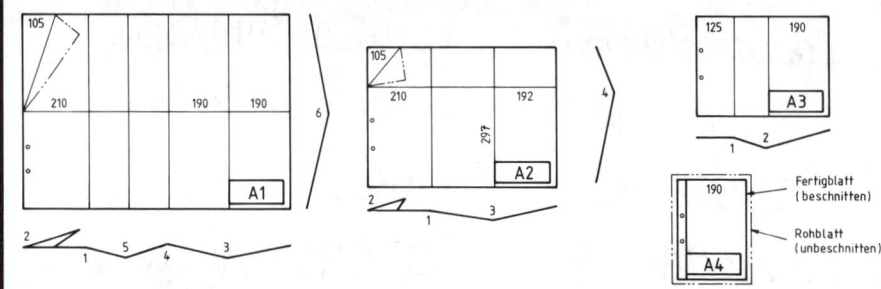

Schriftfeldabstand für alle Formate 5 mm, Heftrand ca. 20 mm.

6.3.6 Schriftfeld für Zeichnungen nach DIN 6771 T1 (12.70)

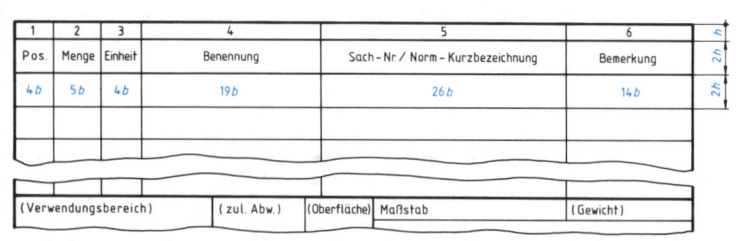

Maße in mm
Höhe h 4,25
Breite b 2,6

6.3.7 Stückliste Form A nach DIN 6771 T2 (12.86)

1	2	3	4	5	6	
Pos.	Menge	Einheit	Benennung	Sach–Nr. / Norm–Kurzbezeichnung	Bemerkung	
$4b$	$5b$	$4b$	$19b$	$26b$	$14b$	

(Verwendungsbereich)	(zul. Abw.)	(Oberfläche)	Maßstab	(Gewicht)

Maße in mm
Höhe h 4,25
Breite b 2,6

6.3.8 Graphische Darstellungen nach DIN 461 (3.73)

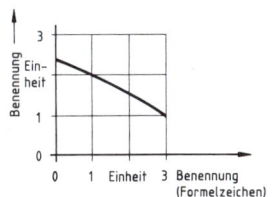

Die graphische Darstellung ist die Veranschaulichung und zeichnerische Lösung funktioneller Zusammenhänge. Die Linienbreiten werden nach DIN 15 (6.84) etwa im Verhältnis Netz zu Achsen zu Kurven von 1 zu 2 zu 4 gewählt.

Zur Beschriftung dient vertikale Normschrift mit Ausnahme der Formelzeichen und Hinweisziffern, die kursiv auszuführen sind. Die Beschriftung soll von unten, nur ausnahmsweise (z.B. lange Ausdrücke an der Ordinate) von rechts lesbar sein.

Diagramme (Schaubilder) **im kartesischen Koordinatensystem**

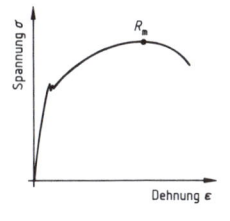

Jeder Punkt ist festgelegt durch Angabe der beiden Abstände von den zueinander rechtwinkligen Achsen. Die waagerechte Achse (Abszisse, x-Achse) für die unabhängige Veränderliche und die senkrechte Achse (Ordinate, y-Achse) für die abhängige Veränderliche schneiden sich im Nullpunkt. Zunehmende Werte werden nach rechts und oben, abnehmende nach links und unten abgetragen. Die positiven Achsrichtungen werden mit einer Pfeilspitze versehen. Formelzeichen oder Benennungen stehen unter der waagerechten und links neben der senkrechten Pfeilspitze. Die Pfeile können auch parallel zu den Achsen mit den Formelzeichen an der Wurzel der Pfeile angebracht werden.

Bei der qualitativen Darstellung (Übersichtsdiagramm) besitzt das Koordinatensystem keine Teilung. Koordinaten wichtiger Punkte können durch Kreise und Formelzeichen oder Ziffern markiert werden. Auf nichtlineare Teilung ist hinzuweisen (z.B. $\log y$, z^2, $1/x$).

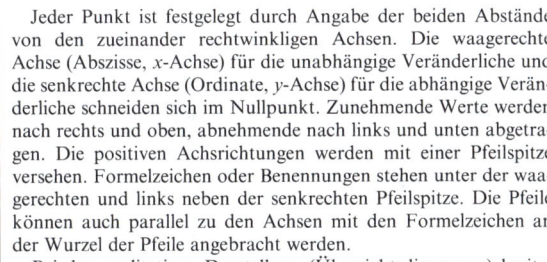

Zur quantitativen Darstellung erhalten die Achsen eine bezifferte Teilung (Skale) in Schritten von $1 \cdot 10^n$, $2 \cdot 10^n$ oder $5 \cdot 10^n$ mit $n = 0$, ± 1, $\pm 2 \dots$ Bei positiven Zahlenwerten kann auf das Pluszeichen (+) verzichtet werden. Jeder negative Wert ist mit dem Minuszeichen (−), die Nullpunkte beider Achsen mit einer Null (0) zu versehen. Der Anfangsbereich einer Kurve (einschließlich Nullpunkt) kann auch unterdrückt werden. Von den Teilstrichen müssen mindestens die ersten und letzten beziffert sein. Bei sehr großen oder sehr kleinen Zahlenwerten wird die Zehnerpotenz nur einmal zwischen die beiden letzten Zahlenwerte gesetzt. Bei größeren Zahlenbereichen erzeugt eine logarithmische Teilung eine gleichbleibende Ablesegenauigkeit.

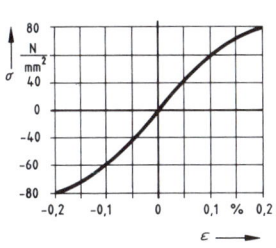

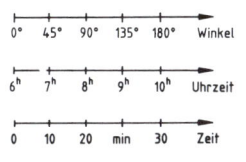

Zum Ablesen kann ein Koordinatennetz mit Beschriftung außerhalb der Diagrammfläche bis zu den Randlinien ergänzt werden. Die Einheitenzeichen stehen am rechten Ende der Abszisse bzw. am oberen Ende der Ordinate zwischen den beiden letzten Ziffern (bei Platzmangel vor- und drittletzte Ziffer auslassen). Die Einheit darf nicht in Klammern gesetzt werden. Winkelangaben erhalten an jedem Zahlenwert die Angabe Grad (°) bzw. Minuten (′) oder Sekunden (″), ebenso Zeitpunkte mit hochgestellten Einheiten für Stunden (h) bzw. Minuten (min) oder Sekunden (s). Die Einheit der Zeitspanne wird nur einmal angegeben (z.B. s, min, h). Zahlenwertangaben sind auch möglich in Bruchform $\left(\text{z.B. } s/\text{mm oder } \dfrac{s}{\text{mm}} \right)$ oder mit dem Wort „in" (z.B. U in V).

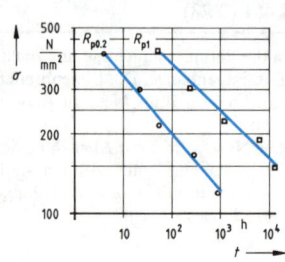

Bei mehreren Kurven der gleichen Veränderlichen in einem Koordinatensystem werden an jede Kennlinie der Parameter oder Hinweisziffern oder -buchstaben mit Erläuterungen in der Bildunterschrift verwendet.

Verschiedene abhängige Veränderliche in einem Diagramm können in gleicher oder unterschiedlicher Linienart, farbig und mit ihren Formelzeichen verdeutlicht werden.

Die Kurven sind die zügig ausgleichende Verbindung der errechneten oder gemessenen Werte. Meßpunkte können mit diesen Zeichen eingetragen werden:

○ ● □ ■ △ ▲ + ×

Diagramme im Polarkoordinatensystem

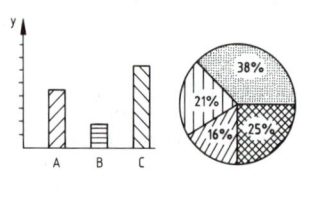

Jeder Punkt ist festgelegt durch Angabe eines Vektors (Winkel für die Richtung, Länge für den Betrag). Im Polarkoordinatensystem wird der vom Nullpunkt (Pol) nach rechts gehenden, waagerechten Achse meist der Winkel Null zugeordnet. Der Winkel wird positiv entgegen dem Uhrzeigersinn bzw. negativ im Uhrzeigersinn abgetragen. Der Radius nimmt vom Nullpunkt nach außen hin zu. Zur Erzeugung eines Koordinatennetzes wird die Teilung des Radius mit konzentrischen Kreisen, die des Winkels mit Strahlen eingetragen.

Flächendiagramme

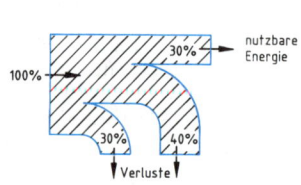

Säulendiagramm: Die zu vergleichenden Größen werden als senkrechte oder waagerechte Balken mit der gleichen Breite und gegebenenfalls verschiedener Schraffur oder Farbe dargestellt.

Kreisflächendiagramm: Prozentwerte werden als Kreisausschnitte (Sektoren) verdeutlicht. Der Umfang der Kreisfläche entspricht 100%. Der Mittelpunktswinkel α des Ausschnitts von x Prozent ist $\alpha = x\% \cdot 360°/100\%$.

Sankey-Diagramm: Aufteilung von Energieströmen durch Abzweigungen bandförmiger Flächenstreifen. Die Breite der Streifen entspricht den zu- bzw. abgeführten Energien. Der in ursprünglicher Richtung verlaufende Reststreifen ist die nutzbare Energie.

Nomogramme

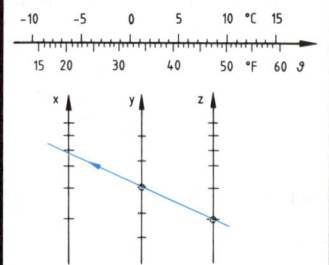

Zahlenleiter: Auf einer Geraden werden zwei veränderliche Größen dargestellt.

Leitertafeln (Fluchtlinientafeln): Eine unbekannte Größe (x) wird aus zwei oder mehreren bekannten Veränderlichen (y, z) bestimmt. An dem Schnittpunkt der Verbindungslinie (bzw. deren Verlängerung) der bekannten Größen mit der Leiter der unbekannten ist das Ergebnis abzulesen.

6.4 Geometrische Grundkonstruktionen

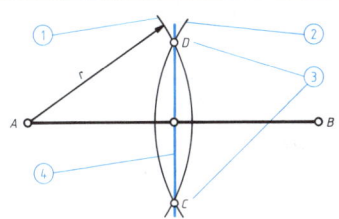

Mittelsenkrechte auf Strecke $\overline{AB}$

1. Kreisbogen mit Radius r um Punkt A
2. Kreisbogen mit Radius r um Punkt B
3. Schnittpunkte C und D, $r > 1/2 \ \overline{AB}$
4. Gerade CD ist Mittelsenkrechte der Strecke $\overline{AB}$

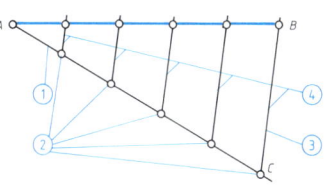

Teilung einer Strecke $\overline{AB}$

1. Strahl von Punkt A (Winkel $\approx 30°$)
2. Teilzahl in geschätzter Größe auf Strahl (End-punkt C)
3. Linie BC
4. Parallelen zur Linie BC durch die Teilpunkte des Strahls (Teilung Strecke $\overline{AB}$)

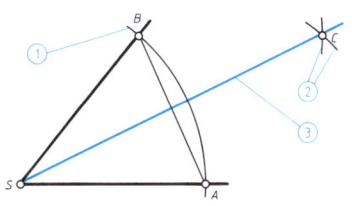

Winkel halbieren

1. Kreisbogen mit beliebigem Radius r um Scheitel-punkt S (Schnittpunkt A und B)
2. Kreisbogen mit Radius r um die Punkte A und B (Schnittpunkt C, $r > 1/2 \ \overline{AB}$)
3. Gerade CS ist Winkelhalbierende von $\sphericalangle ASB$ und Mittelsenkrechte zur Strecke $\overline{AB}$

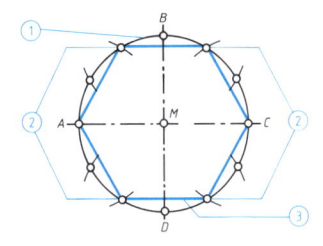

Dreieck, Sechseck, Zwölfeck

1. Kreis mit Radius $r = \overline{MA}$ um Mittelpunkt M (Schnittpunkte mit Mittellinien A, B, C, D)
2. Kreisbogen mit Radius r um A und C
3. Verbindung Kreisschnittpunkte, A und C ergeben Sechseck (Teilpunkte Dreieck)
4. Kreisbogen mit Radius r um B und D (Zwölfeck)

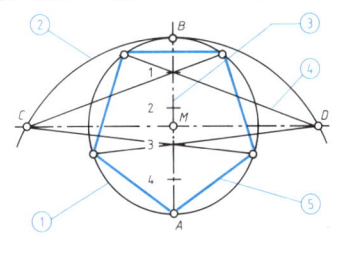

Regelmäßige Vielecke im Umkreis

1. Kreis mit Radius $\overline{MA}$ um Mittelpunkt M (Schnitt-punkte A und B mit Mittellinien)
2. Kreisbogen mit Radius $\overline{AB}$ um Punkt A (Schnitt-punkte C und D mit Mittellinien)
3. Eckenzahl bestimmt Teilung Strecke $\overline{AB}$
4. Ungerade (gerade) Eckenzahl: C und D über ent-sprechende ungerade (gerade) Teilpunkte zum Kreis
5. Kreisteilung ergibt Vieleck

6

6.4 Geometrische Grundkonstruktionen

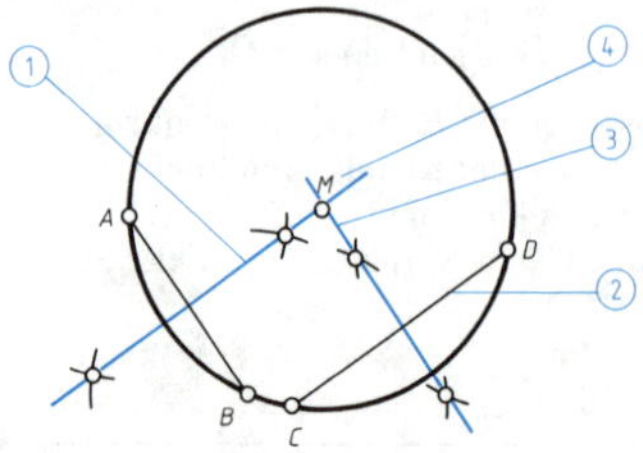

Kreismittelpunkt

1. Mittelsenkrechte auf der beliebigen Sehne $\overline{AB}$
2. Sehne $\overline{CD}$ möglichst senkrecht zur Sehne $\overline{AB}$ (Genauigkeit)
3. Mittelsenkrechte auf der Sehne $\overline{CD}$
4. Schnittpunkt der Mittelsenkrechten ist der Mittelpunkt M

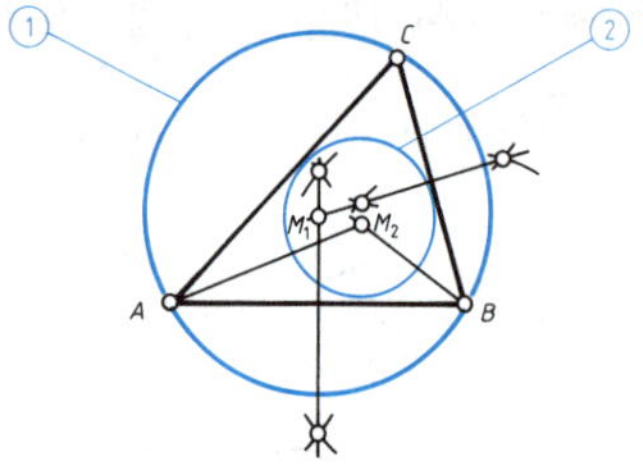

Umkreis zum Dreieck

1. Mittelpunkt M_1 ist Schnittpunkt der Mittelsenkrechten zweier beliebiger Dreieckseiten

Inkreis im Dreieck

2. Mittelpunkt M_2 ist der Schnittpunkt zweier beliebiger Winkelhalbierenden

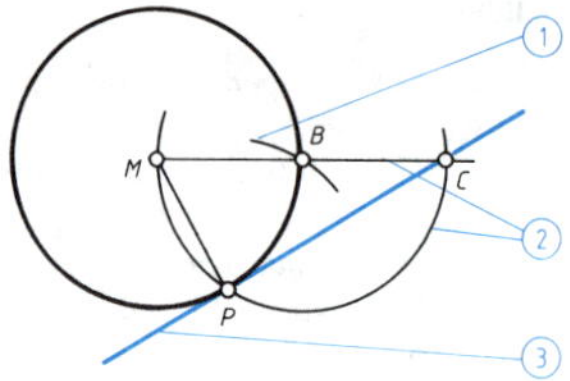

Tangente durch Kreispunkt P

1. Kreisbogen mit Radius $\overline{PM}$ um P (Schnittpunkt B)
2. Gerade MB, Thaleskreis mit Radius $\overline{PM}$ um B (Schnittpunkt C)
3. CP ist Tangente an Kreis

Tangente vom Punkt C

1. Verbindungslinie MC (Schnittpunkt B)
2. Thaleskreis um B (Berührungspunkt P)

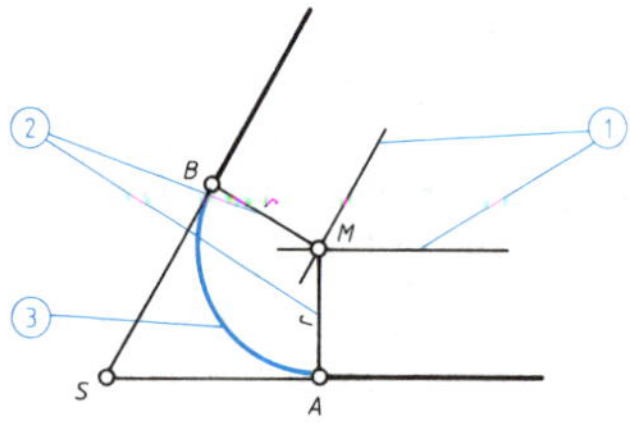

Kreisanschluß an Winkel

1. Parallelen zu den Schenkeln im Abstand des Radius r (Mittelpunkt M)
2. Senkrechte von M auf die Schenkel (Übergangspunkte A und B)
3. Kreisbogen mit Radius r um Mittelpunkt M

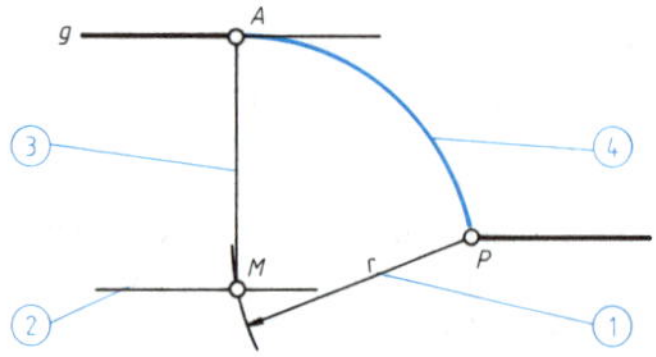

Kreisanschluß Endpunkt P mit Gerade g

1. Kreisbogen mit Radius r um Punkt P
2. Parallele zur Geraden g im Abstand des Radius r (Mittelpunkt M)
3. Senkrechte vom Punkt M auf Gerade g (Übergangspunkt A)
4. Kreisanschluß mit Radius r um Mittelpunkt M

Doppelter Kreisanschluß an zwei Geraden

1. Parallelen im Abstand der Radien r_1 bzw. r_2
2. Senkrechte vom Punkt A (Mittelpunkt M_1)
3. Kreisbogen mit Radius $r_1 + r_2$ um M_1 (Mittelpunkt M_2)
4. Senkrechte von M_2 (Übergangspunkt B)
5. Verbindungslinie $M_1 M_2$ (Wendepunkt C)
6. Kreisbogen mit r_1 um M_1 und r_2 um M_2

Kreisanschluß an Kreise ($r_3 \geq \overline{BC}/2$)

1. Kreisbogen mit Radius $r_1 + r_3$ um Mittelpunkt M_1
2. Kreisbogen mit Radius $r_2 + r_3$ um Mittelpunkt M_2 (Mittelpunkt M_3)
3. Verbindungslinien $M_1 M_3$ und $M_2 M_3$ (Übergangspunkt P_1 und P_2)
4. Kreisbogen mit Radius r_3 um Mittelpunkt M_3

Kreisanschluß an Kreise ($r_3 \geq \overline{AC}/2$ oder $\overline{BD}/2$)

1. Kreisbogen mit Radius $r_3 - r_1$ um Mittelpunkt M_1
2. Kreisbogen mit Radius $r_2 + r_3$ um Mittelpunkt M_2 (Mittelpunkt M_3)
3. Verbindungslinien $M_1 M_3$ und $M_2 M_3$ (Übergangspunkte P_1 und P_2)
4. Kreisbogen mit Radius r_3 um Mittelpunkt M_3

Kreisanschluß an Kreise ($r_3 \geq \overline{AD}/2$)

1. Kreisbogen mit Radius $r_3 - r_1$ um Mittelpunkt M_1
2. Kreisbogen mit Radius $r_3 - r_2$ um Mittelpunkt M_2 (Mittelpunkt M_3)
3. Verbindungslinien $M_1 M_3$ und $M_2 M_3$ (Übergangspunkte P_1 und P_2)
4. Kreisbogen mit Radius r_3 um Mittelpunkt M_3

Evolvente (Abwicklungslinie)

1. Kreis in gleiche Teile (hier 8)
2. Tangenten an Teilpunkte, Länge dem abgewickelten Teilumfang entsprechend
3. Kurve durch die Endpunkte 1⋯8 ist Evolvente

6.4 Geometrische Grundkonstruktionen

Orthozykloide (gemeine Radlinie)

1. Rollkreis und Leitlinie in gleiche Teile
2. Parallelen zur Leitlinie durch Kreisteilpunkte
3. Senkrechte auf Leitlinienteilpunkten
4. Rollkreisbogen um Mittelpunkte $M_1 \cdots M_{12}$
   (Kurve auf Schnittpunkten mit Leitlinienparallelen)

Epizykloide (Aufradlinie)

1. Konstruktion wie Orthozykloide
2. Sonderfall für Rollkreisdurchmesser =
   Leitkreisdurchmesser: Kurve als Kardioide
   (Herzkurve)

Hypozykloide (Innenradlinie)

1. Sonderfall für Rollkreisdurchmesser =
   1/3 bzw. 1/4 Leitkreisdurchmesser:
   Kurve als Astroide (Sternkurve) mit
2. Sonderfall Rollkreisdurchmesser = 1/2
   Leitkreisdurchmesser: Rollkurve als Gerade

Oval (vereinfachte Ellipse) in Rhombus $ABCD$

1. Übergangspunkte E, F, G und H in der Mitte
   der Seite
2. Kreisbogen mit Radius $R = \overline{CE}$ um C und A
3. Verbindung CE und CH (Mittelpunkte I und K)
4. Kreisbogen mit Radius $r = \overline{IE}$ um I und K

Ellipse durch Kreisflächenprojektion

1. Kreise um Mittelpunkt M mit Radien $\overline{MA}$ und
   $\overline{MB}$
2. Umfangsteilung beider Kreise
3. Parallelen zur Achse AC (BD) durch die äußeren
   (inneren) Teilpunkte
4. Schnittpunkte der Parallelen sind Ellipsenpunkte

Ellipse durch axonometrische Punkte A, B, C und D

1. Halbkreise mit Radien $\overline{MA}$ und $\overline{MB}$ um B und C
2. Halbkreisteilpunkte auf die Parallelogrammseiten
3. Ellipsenpunkte auf entsprechenden Parallelen-
   schnittpunkten

6

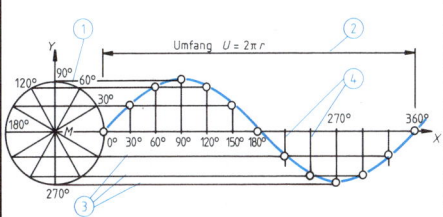

Sinuskurve

1. Kreis in gleiche Teile (hier zwölf)
2. Umfang des Kreises mit Teilung in x-Richtung abtragen
3. Teilpunkte des Kreises parallel zur x-Achse
4. Senkrechte durch Teilpunkte auf x-Achse
5. Schnittpunkte ergeben Kurve

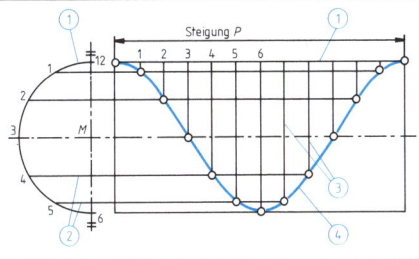

Schraubenlinie (rechtssteigend)

1. Kreisumfang und Steigung in gleiche Anzahl Teile (hier zwölf)
2. Waagerechte Linien von Kreisteilpunkten
3. Senkrechte Linien von Steigungsteilpunkten
4. Verbindung der Schnittpunkte ist Schraubenlinie

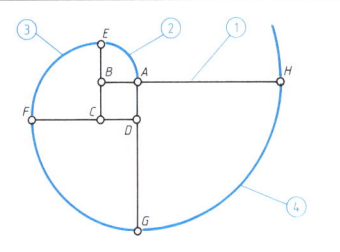

Spirale (Näherungskonstruktion)

1. Steigung $P = \overline{AH}$, Quadrat $ABCD$ mit Seitenkante $\overline{AB} = 1/4\ \overline{AH}$
2. Viertelkreis mit Radius $\overline{BA}$ um Punkt B (Schnittpunkt E auf Gerade CB)
3. Weitere Radien und Mittelpunkte: $\overline{CE}$ um C, $\overline{DF}$ um D, $\overline{AG}$ um A
4. Kurvenpunkte: A, E, F, G, H

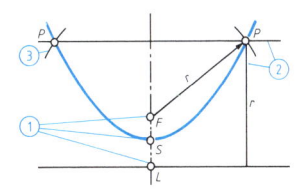

Parabel

1. Brennpunkt F, Leitlinie durch Punkt L, Scheitelpunkt S bei $\overline{FL}/2$
2. Parallele zur Leitlinie im beliebigen Abstand r
3. Kreisbogen mit Radius r um Brennpunkt F (Parabelpunkte P)

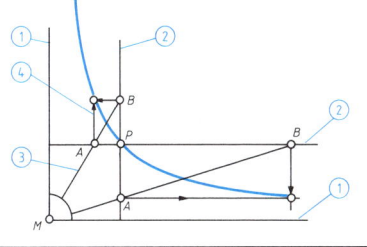

Hyperbel

1. Rechtwinklige Asymptoten durch Punkt M
2. Parallelen zu Asymptoten durch Hyperbelpunkt P
3. Strahlen von M auf die Parallelen (Schnittpunkte A und B)
4. Senkrechte in Punkten A und B (Hyperbelpunkt)

6

6.5 Projektionsverfahren nach DIN 5 T10 (12.86)

6.5.1 Übersicht

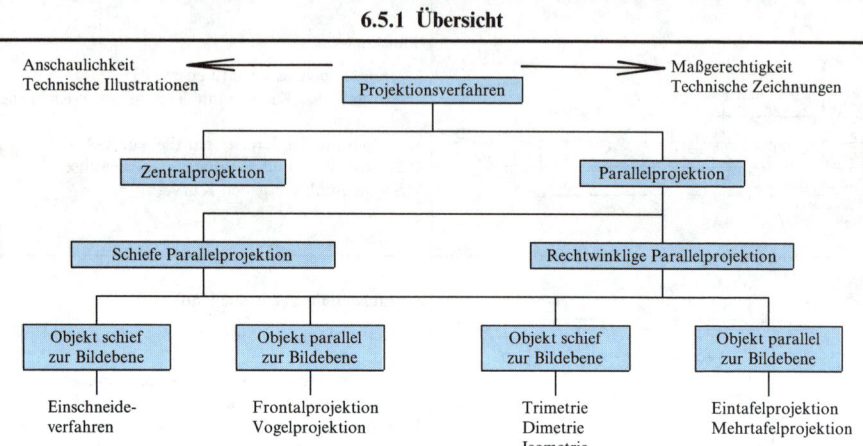

Anschaulichkeit
Technische Illustrationen ⟵ Projektionsverfahren ⟶ Maßgerechtigkeit
Technische Zeichnungen

Zentralprojektion — Parallelprojektion

Schiefe Parallelprojektion — Rechtwinklige Parallelprojektion

| Objekt schief zur Bildebene | Objekt parallel zur Bildebene | Objekt schief zur Bildebene | Objekt parallel zur Bildebene |

Einschneide-verfahren | Frontalprojektion Vogelprojektion | Trimetrie Dimetrie Isometrie | Eintafelprojektion Mehrtafelprojektion

6.5.2 Zentralprojektion

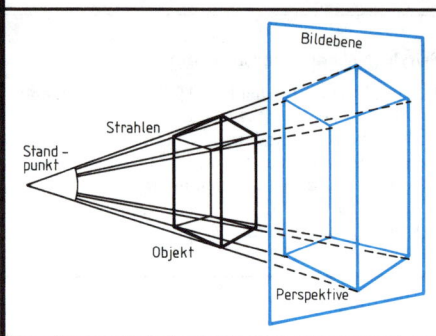

Das Projektionszentrum (Standpunkt) liegt im End-lichen. Das Objekt wird durch Strahlen vom zentra-len Standpunkt auf die Bildebene projiziert (einäugi-ger Sehvorgang). Alle in Wirklichkeit parallelen Li-nien schneiden sich in den Fluchtpunkten. Entspre-chend ändert sich die Größe der Abbildung je nach Lage von Standpunkt, Objekt und Bildebene zu-einander.

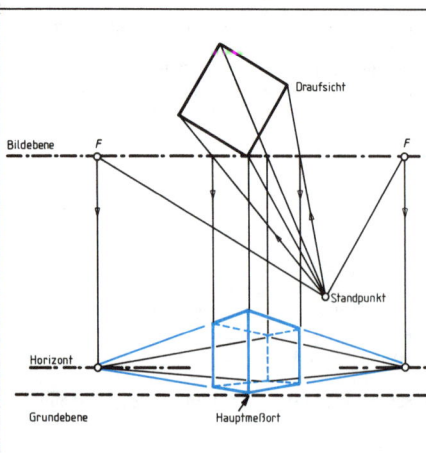

Eine Objektachse parallel zur Bildebene:
1. Draufsicht (Eckansicht)
2. Bildebene durch vordere Körperkante Haupt-meßort, hier Höhenmaßstab 1:1
3. Standpunkt wählen
4. Fluchtpunkte F konstruieren (Linien vom Stand-punkt zur Bildebene, parallel zu den vorderen Körperkanten
5. Grundebene und Horizont festlegen
6. Fluchtpunkte auf Horizont projizieren
7. Sehstrahlen vom Standpunkt zur Draufsicht
8. Durchstoßpunkte der Sehstrahlen mit der Bild-ebene auf die Grundebene projizieren
9. Höhen auf der Grundebene am Hauptmeßort
10. Höhen zu den Fluchtpunkten verbinden

Zwei Objektachsen parallel zur Bildebene:
Wird das Objekt in Frontansicht dargestellt, ergibt sich die Konstruktion für einen Fluchtpunkt. Dieser liegt auf dem Horizont senkrecht unter dem Standpunkt.

6

6.5.3 Schiefe Parallelprojektion (Allgemeine oder schiefwinklige Axonometrie)

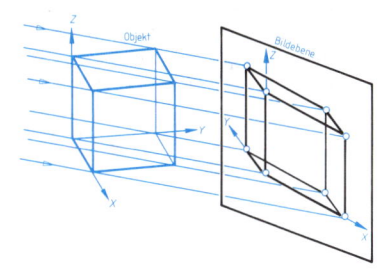

Das Projektionszentrum liegt unendlich weit entfernt. Die parallelen Projektionsstrahlen treffen schief auf das Objekt und die Bildebene. Alle in Wirklichkeit parallelen Linien werden parallel abgebildet. Es darf nur in Achsrichtung gemessen werden. Eine Vielzahl von Raumbildern (Schrägbildern) ist möglich.

6

Einschneideverfahren (Drei Objektachsen schief zur Bildebene)

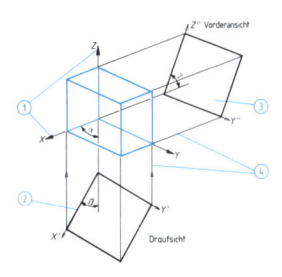

1. X- und Z-Achse festlegen (Winkel) α)
2. Draufsicht zeichnen (Winkel β)
3. Vorderansicht zeichnen (Winkel τ)
4. Strahlen von den Ansichten parallel zur X- bzw. Z-Achse ergeben Raumbild)

Winkel	Wirklichkeits-treue Bilder	Isometrie	Dimetrie
α	50° bis 85°	60°	48,6°
β	5° bis α	45°	20,7
γ	α bis $\alpha-10°$	45°	45°

Frontalprojektion (Kabinettprojektion, zwei Objektachsen parallel zur Bildebene)

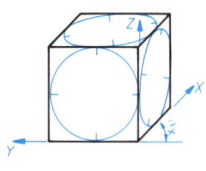

Die Vorderansicht (Front) liegt parallel zur Bildebene und wird daher unverändert abgebildet. Übliche Kombinationen:

Achsen-Winkel	α_x	30°	45°	45°	60°
	α_y	0°	0°	0°	0°
Verkürzungs-faktor	k_x	0,33	0,5	0,7	0,67
	$k_y=k_z=1$				

Vogelprojektion (Planometrische Projektion, zwei Objektachsen parallel zur Bildebene)

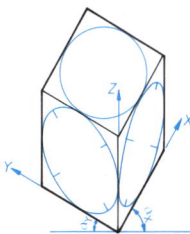

Die Draufsicht (Grundriß) liegt parallel zur Bildebene und wird daher unverändert abgebildet. Übliche Kombinationen von Achsenwinkeln und Verkürzungsfaktoren:

Achsenwinkel	α_x	30°	45°	60°
	α_y	60°	45°	30°
Verkürzungsfaktor	$k_x=k_y=k_z=1$			

Ellipsendarstellung siehe Seite 6-18

6.5.4 Rechtwinklige Parallelprojektion (Orthogonale Axonometrie)
(Drei Objektachsen schief zur Bildebene)

Blickrichtung:
ω = Kippwinkel der Vorderansicht
φ = Drehwinkel der Draufsicht

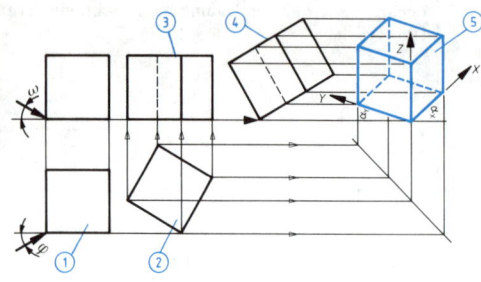

Das Projektionszentrum liegt unendlich weit entfernt. Die parallelen Projektionsstrahlen treffen schief auf das Objekt und rechtwinklig auf die Bildebene.
Bei allen Raumbildern darf nur in Achsrichtung (X, Y, Z) entsprechend dem Verkürzungsfaktor k gemessen werden.
Achsenwinkel:

$$\tan \alpha_x = \frac{\sin \omega}{\tan \varphi}, \ \tan \alpha_y = \sin \omega \cdot \tan \varphi$$

Verkürzungsfaktoren:

$$k_x = \frac{\sin \varphi}{\cos \alpha_x} = \sqrt{\sin^2 \omega \cdot \cos^2 \varphi + \sin^2 \varphi}$$

$$k_y = \frac{\cos \varphi}{\cos \alpha_y} = \sqrt{\sin^2 \omega \cdot \sin^2 \varphi + \cos^2 \varphi}$$

$$k_z = \cos \omega$$

Übersicht Raumbilder

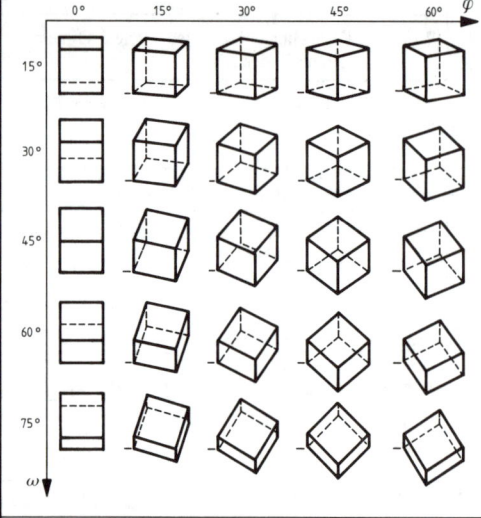

1. Trimetrische Projektionen
Die drei Objektachsen haben verschiedene Neigung gegen die Bildebene (3 Verkürzungsfaktoren), neben jeder möglichen Raumlage auch wirklichkeitstreue Abbildung von Objekten, deren Flächen nicht nur in iso- oder dimetrischen Ebenen liegen (z.B. Krümmer)

2. Dimetrische Projektionen
Zwei Objektachsen haben die gleiche Neigung gegen die Bildebene (2 Verkürzungsfaktoren, $\varphi = 45°$, ω beliebig)

3. Isometrische Projektionen
Die drei Objektachsen haben die gleiche Neigung gegen die Bildebene (1 Verkürzungsfaktor $k = 0,82$, $\varphi = 45°$, $\omega = 35,27°$)

4. Eintafelprojektionen
Als Grenzfälle liegen zwei Objektachsen parallel zur Bildebene
Vorderansicht $\omega = 0°$, $\varphi = 0°$
Draufsicht $\omega = 90°$, $\varphi = 0°$
Seitenansicht $\omega = 0°$, $\varphi = 90°$

Siehe auch Seite 6-19

Ellipsendarstellung

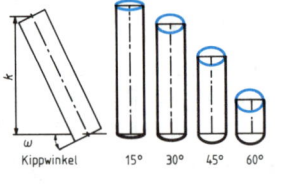

Kippwinkel 15° 30° 45° 60°

Kreise werden bei Raumbildern zu Ellipsen, der große Durchmesser D bleibt gleich, der kleine Durchmesser d ändert sich mit ω (Verhältnis $D/d = \sin \omega$), die Durchmesser sind senkrecht zueinander, die Zylinderlängsachse (Schublinie beim Bohren, kleine Ellipsenachse) muß parallel zu einer Hauptachse liegen, entsprechend ist eine Tri-, Di- oder Isometrie auszuwählen.

Vergleiche Seite 6-14

6.5 Projektionsverfahren nach DIN 5 T10 (12.86)

Dimetrie nach DIN 5 T2 (12.70)

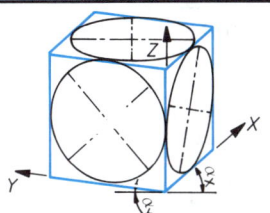

Eine Ansicht des Objektes wird bevorzugt dargestellt. Durch die einfachen, aber größeren Verkürzungsfaktoren wird die Zeichnung etwas größer als die dimetrische Projektion (vgl. Seite 6-18).

Achsenwinkel	$\alpha_x = 42°$ $\alpha_y = 7°$
Verkürzungsfaktor	$k_x = 0{,}5$ $k_y = k_z = 1$

Isometrie nach DIN 5 T1 (12.70)

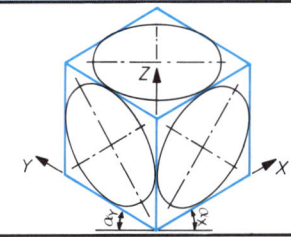

Drei Ansichten des Objektes werden gleichwertig abgebildet. Die gleichen Achsenwinkel ergeben eine leichte Unanschaulichkeit durch Symmetrie der Kanten. Durch die einfachen aber größeren Verkürzungsfaktoren wird die Zeichnung etwas größer als die isometrische Projektion (vgl. Seite 6-18).

Achsenwinkel	$\alpha_x = \alpha_y = 30°$
Verkürzungsfaktor	$k_x = k_y = k_z = 1$

6.5.5 Rechtwinklige Parallelprojektion (Zwei Objektachsen parallel zur Bildebene)

Eintafelprojektion

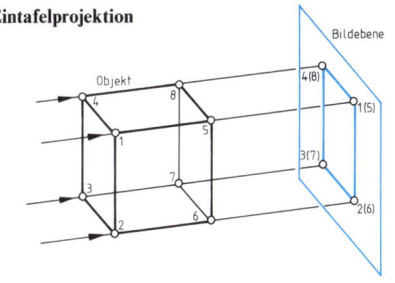

Das Projektionszentrum liegt unendlich weit entfernt. Die parallelen Projektionsstrahlen treffen rechtwinklig auf das Objekt und die Bildebene. Parallel zur Bildebene liegende Strecken und Winkel werden unverändert, dazu senkrechte Strecken bzw. Flächen als Punkte bzw. Linien abgebildet.

Mehrtafelprojektion

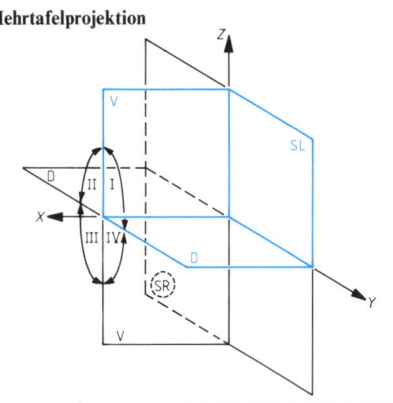

Damit der Betrachter sich ein vollständigeres Bild über die geometrische Form machen kann, wird das Objekt auf weitere, zueinander senkrechte Bildebenen projiziert:
1. Projektion im I. Quadranten (Projektionsmethode 1)
   Das Objekt befindet sich in Betrachtungsrichtung vor der jeweiligen (blauen) Bildebene der Vorderansicht, Seitenansicht von links und der Draufsicht.
2. Projektion im III. Quadranten (Projektionsmethode 3)
   Das Objekt befindet sich in Betrachtungsrichtung hinter der jeweiligen (schwarzen) Bildebene der Vorderansicht, Seitenansicht von rechts und der Draufsicht.

Siehe auch Seite 6-24.

6

6.6.1 Gerade und Fläche im Raum (Rechtwinklige Parallelprojektion)

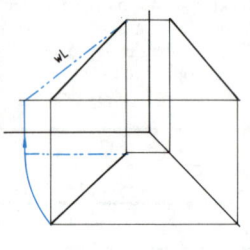
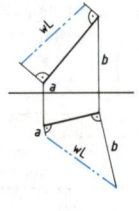

Wahre Längen von Strecken (wL)

Liegt eine Strecke parallel zu einer Projektionsebene, erscheint sie in wahrer Länge (unverkürzt). Strecken in allgemeiner Raumlage können daher zur Ermittlung der wahren Länge (z.B. für Abwicklungen) in eine parallele Lage zu einer Projektionsebene gedreht werden, oder das Projektionstrapez wird in die Zeichenebene geklappt.

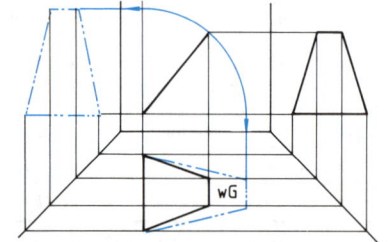

Wahre Größen von ebenen Flächen (wG)

Die Konstruktion kann durch Drehen der Fläche parallel zu einer vorhandenen oder neuen Projektionsebene ausgeführt werden. Bei allgemeiner Raumlage kann die in Dreiecke aufgeteilte Fläche mit Hilfe der wahren Längen der Kanten gezeichnet werden.

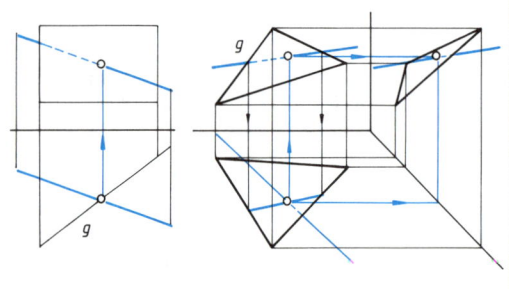

Durchstoßpunkt Gerade mit Fläche

Steht die Fläche senkrecht zu einer Projektionsebene, so ist von dort der Durchstoßpunkt der Geraden g in die anderen Ansichten zu projizieren. Bei allgemeiner Lage der Fläche wird durch die Gerade g eine senkrecht zu einer Projektionsebene stehende Hilfsebene gelegt (Vorderansicht). Die Hilfsebene zerschneidet die Fläche längs der Geraden g. Die dabei entstehende Schnittgerade wird in die Draufsicht projiziert. Dort ergibt sich der Durchstoßpunkt als Schnittpunkt von Schnittgerade und Gerade g und wird in die anderen Ansichten übertragen.

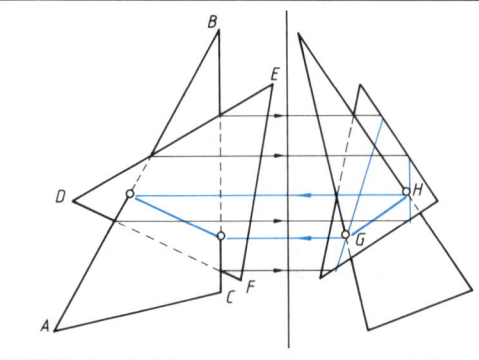

Durchdringung ebener Flächen

Bei allgemeiner Lage der Flächen ist die Konstruktion der Durchdringungslinie auf die Aufgabe Durchstoßpunkt von Geraden (AB und CB) mit einer Fläche (DEF) zurückzuführen. Die senkrecht zur Vorderansicht stehenden Hilfsebenen durch AB und CB ergeben in der Seitenansicht die Durchstoßpunkte G und H. Deren Verbindung ist die Durchdringungslinie und kann in die Vorderansicht projiziert werden.

6.6 Darstellende Geometrie

6.6.2 Schnitte an Grundkörpern

Grundkörper	Schnittfläche		Schnittverlauf Vorderansicht
	Seitenansicht	Draufsicht	
Zylinder	Rechteck	Gerade	*a* parallel zur Achse
	Ellipse Kreis	Kreis Kreis	*b* schräg zur Achse für α = 45°
	Gerade	Kreis	*c* rechtwinklig zur Achse
Kegel	Hyperbel	Gerade	*a* parallel zu zwei Mantellinien durch Kegel und Scheitelkegel
	Dreieck	Dreieck	*b* parallel zu zwei Mantellinien durch die Kegelspitze
	Parabel	Parabel	*c* parallel zu einer Mantellinie, Scheitelkegel nicht geschnitten
	Ellipse	Ellipse	*d* schräg zur Achse durch alle Mantellinien
	Gerade	Kreis	*e* rechtw. z. Achse d. alle Mantellinien
Kugel	Kreis	Gerade	*a* parallel zur Achse *AB*
	Ellipse	Ellipse	*b* schräg zur Achse *AB*
	Gerade	Kreis	*c* rechtwinklig zur Achse *AB*

6.6.3 Abwicklungen

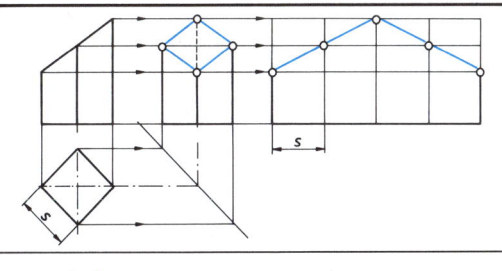

Prisma
1. Seitenansicht mit Höhen aus Vorderansicht und Breiten aus Draufsicht
2. Abwicklung des vollständigen Prismas mit Höhen aus Vorderansicht und Seitenkanten *s* aus der Draufsicht
3. Die Durchstoßpunkte der Körperkanten mit der Schnittebene der Vorderansicht als Höhen auf die entsprechenden Kanten der Abwicklung übertragen

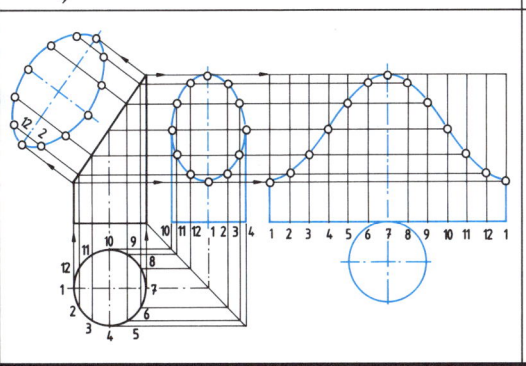

Zylinder
1. Grundkreis gleichmäßig teilen
2. Mantellinien in allen Ansichten projizieren
3. Abwicklung des vollständigen Zylinders mit Mantellinien (Höhe aus der Vorderansicht, Teilung als Sehne aus Draufsicht oder mit π d/12)
4. Die Durchstoßpunkte der Mantellinien mit der Schnittebene der Vorderansicht als Höhen auf die entsprechenden Mantellinien der Seitenansicht und Abwicklung übertragen
5. Grund- und Deckfläche (Breiten aus Draufsicht) zeichnen

6.6 Darstellende Geometrie

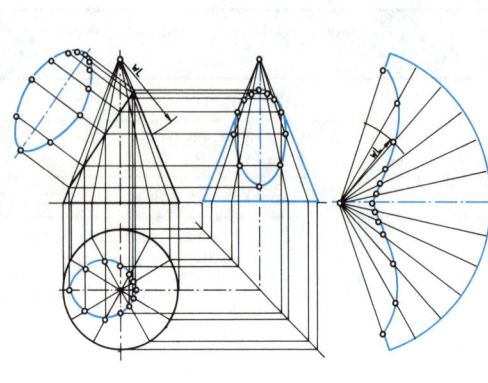

Kegelabwicklung

1. Grundkreis gleichmäßig teilen
2. In den Ansichten Mantellinien vom Grundkreis zur Spitze einzeichnen
3. Abwicklung des vollständigen Kegels mit Mantellinien (Radius = Kegelseitenkanten, Teilung als Sehne aus Draufsicht oder mit $\pi \cdot d/12$)
4. Die Durchstoßpunkte der Mantellinien mit der Schnittebene der Vorderansicht ergeben in der Seitenansicht und Draufsicht die Ellipsen
5. Durch Drehen in der Zeichenebene (Seitenmantellinie) werden die wahren Längen der Restmantellinien ermittelt und in die Abwicklung übertragen
6. Die Längen der Deckfläche ergeben sich aus der Vorderansicht und die Breiten aus der Draufsicht (Seitenansicht)

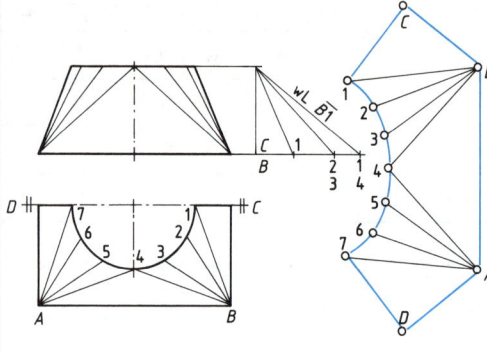

Abwicklung Übergangskörper

1. Kreise gleichmäßig teilen
2. Gerade Kanten bleiben immer ungeteilt und ergeben die Grundseiten der großen Dreiecke. An ihren Ecken liegen die Spitzen der kleinen Dreiecke
3. Wahre Längen aus Hilfskonstruktion als Hypotenuse im Dreieck aus Höhe (Vorderansicht) und Grundseite (Draufsicht z.B. $\overline{B1}$)
4. Kreisbogen mit $\overline{B4}$ um Endpunkte A, B ergibt Dreieck $\overline{AB4}$. Kreisbogen um Punkt 4 mit Radius $\overline{12}$ schneidet Kreisbogen mit wL $\overline{B3}$ in Punkt 3
5. Verbinden der konstruierten Punkte

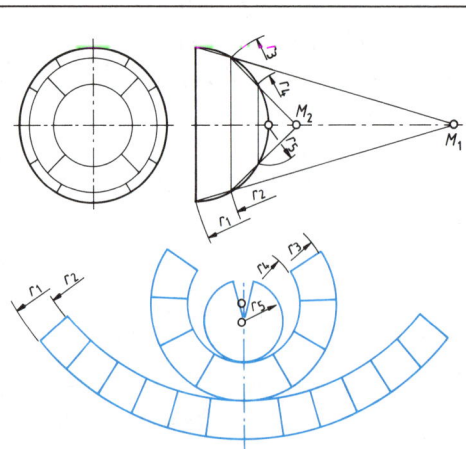

Kugel

1. Die Kugel als allseitig gekrümmter Körper läßt sich nur näherungsweise abwickeln
2. Halbkugel in parallele Scheiben aufteilen und diese abwickeln
3. Kegelstumpf mit Spitze M_1 und Radien r_1 und r_2
4. Kegelstumpf mit Spitze M_2 und Radien r_3 und r_4
5. Kegel mit Radius r_5
6. Die Teilungen für die Abwicklung aus der Vorderansicht entnehmen

6

6.6.4 Durchdringungen

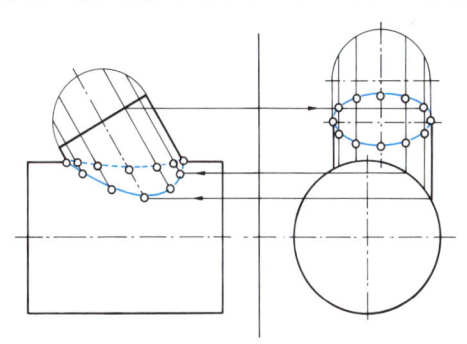

Mantellinienverfahren

1. Wird ein schräg eindringender Zylinder in keiner Ansicht als Kreis abgebildet, ist zur Konstruktion der Mantellinien (oder Hilfsschnitte) ein Halbkreis in die Zeichenebene zu klappen
2. Projektion der Durchstoßpunkte der Mantellinien in die Vorderansicht
3. Punkte zur Durchdringungslinie verbinden
4. Punkte der Deckfläche des kleinen Zylinders aus der Vorder- in die Seitenansicht übertragen

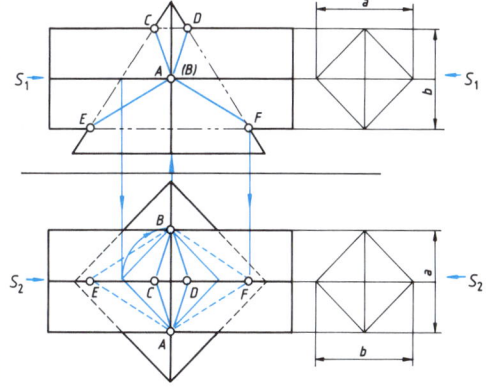

Hilfsschnittverfahren

1. Durchstoßpunkte der Kanten werden mit Hilfsschnitten ermittelt
2. Hilfsschnittebene S_1 (senkrecht auf der Vorderansicht) ergibt zwei Schnittflächen in der Draufsicht: ein Quadrat für die Pyramide und ein Rechteck mit der Breite a für das Prisma
3. Durchdringungspunkte sind gemeinsame Punkte beider Flächen (hier Berührungspunkte A und B)
4. Durchdringungspunkte in die Vorderansicht auf die Schnittebene projizieren
5. Schnitt S_2 (senkrecht auf der Draufsicht) ergibt entsprechend die Punkte C, D, E und F

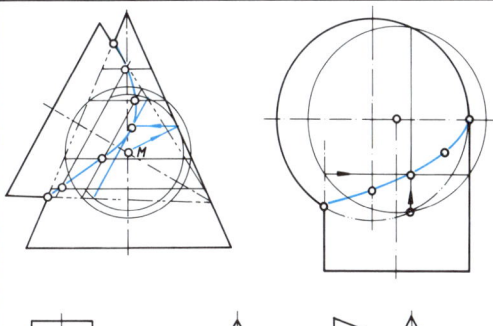

Hilfskugelverfahren

1. Anwendung für rotationssymmetrische Körper mit sich schneidenden Achsen
2. Die Konstruktion ist meist in einer Ansicht möglich
3. Hilfskugeln um den Schnittpunkt M der Körperachsen werden als Kreise abgebildet
4. Schnitt- und Berührungspunkte der Kugelkreise mit den Umrißlinien beider Körper ergeben senkrecht zur Zeichenebene und zur Körperachse stehende Kreise (als Geraden abgebildet)
5. Schnittpunkte der zu einem Kugelkreis gehörenden Geraden sind Punkte der Durchdringungslinie
6. Berühren alle Umrißlinien einen gemeinsamen Kugelkreis, entstehen als Durchdringungslinien Geraden

6.7 Technische Darstellungen

6.7.1 Normalprojektionen nach DIN 6 T 1 (12.86)

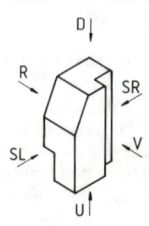

V = Vorderansicht
D = Draufsicht
SL = Seitenansicht von links
U = Untersicht
R = Rückansicht
SR = Seitenansicht von rechts

Objektlage

Die Anordnung des Werkstücks wird von der Gebrauchslage bestimmt (Fertigung, Montage). Die Vorderansicht soll die wichtigsten Merkmale erkennen lassen. Weitere Ansichten und auch verdeckte Kanten werden nur gezeichnet, wenn dies für die eindeutige Darstellung und Bemaßung nötig ist.

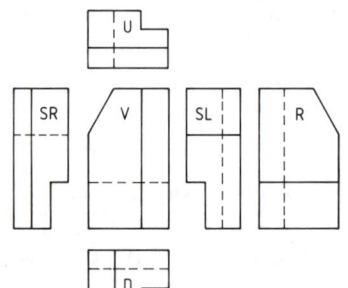

Projektionsmethode 1 (vgl. Seite 6-19)

Anwendung in Deutschland, EG (überwiegend). Von der wichtigen Vorderansicht aus gesehen, gilt folgende Anordnung:
1. Seitenansicht von links (SL) rechts
2. Draufsicht (D) unter
3. Seitenansicht von rechts (SR) links
4. Untersicht (U) oberhalb
5. Rückansicht (R) rechts oder links neben den Seitenansichten

Falls erforderlich, das Symbol im oder in der Nähe des Schriftfeldes eintragen:

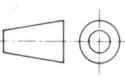

Projektionsmethode 3 (vgl. Seite 6-19)

Anwendung: Deutschland im Stahlbau, GB, USA. Von der wichtigen Vorderansicht aus gesehen gilt folgende Anordnung:
1. Seitenansicht von links (SL) links
2. Draufsicht (D) oberhalb
3. Seitenansicht von rechts (SR) rechts
4. Untersicht (U) unterhalb
5. Rückansicht (R) rechts oder links neben den Seitenansichten

Symbole, falls erforderlich:

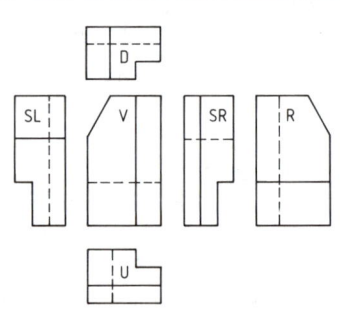

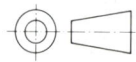

Pfeilmethode

Anwendung zur beliebigen Anordnung der Ansichten bei:
1. Platzmangel (z.B. nachträgliches Hinzufügen)
2. besondere Projektionsrichtungen (z.B. um Verkürzungen zu vermeiden)
3. erforderliches Symbol am Objekt ist ein Pfeil in Projektionsrichtung mit beliebigem Großbuchstaben rechts oder oberhalb (1,5fache Maßpfeilgröße)
4. Die Ansicht erhält den Großbuchstaben direkt oberhalb

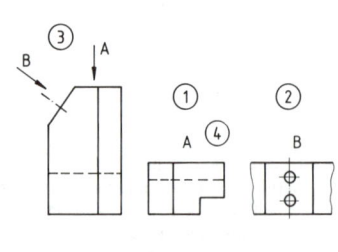

6.7 Technische Darstellungen

Bruchlinien

Aus Platzgründen kann für alle Objekte (flach, rund, voll oder hohl) ein Bruch mit Freihand- oder Zickzacklinie ausgeführt werden:
1. Unterbrochene Werkstücke

2. Abgebrochene Werkstücke

3. Bei geneigten, pyramidenförmigen oder kegeligen Werkstücken werden die Restkörper zusammengeschoben, aber mit der wirklichen Neigung dargestellt
4. Bei Profilschnitten dürfen Bruchlinien entfallen

Teilansichten

1. Symmetrische Werkstücke können vereinfacht mit halber (evtl. Viertel-)Ansicht gezeichnet werden. Die Körperkanten gehen etwas über die Mittellinien hinaus
2. Ist die Mittellinie die Begrenzung, erhält sie zwei Paar kurze, parallele, schmale Vollinien. Von der Teilansicht entfällt die innenliegende Hälfte

Einzelheiten

1. Läßt sich eine Einzelheit nicht deutlich darstellen oder bemaßen, wird der Bereich mit Großbuchstaben (möglichst Z, X, Y, ...) gekennzeichnet und mit schmaler Vollinie eingerahmt (mögliche Form: Kreis, Ellipse, Rechteck)
2. Die Einzelheit wird dann mit dem Großbuchstaben und der Maßstabsangabe gezeichnet
3. Auf Bruchlinien, umlaufende Kanten und Schraffuren darf auch verzichtet werden

Geringe Neigungen, Lichtkanten

1. Durch die Fertigung (z.B. Schmieden) bedingte geringe Neigungen brauchen nicht dargestellt zu werden. Die zu zeichnende Kante entspricht der Projektion des kleineren Maßes
2. Gerundete Übergänge können mit Lichtkanten gezeichnet werden (schmale Vollinie, Ende vor dem Umriß). Die Lage ergibt sich aus den verlängerten Kanten

6

6-25

6.7 Technische Darstellungen

Biegelinien, ursprüngliche Form

1. Biegelinien auf Zuschnitten werden mit schmaler Vollinie dargestellt
2. Die ursprüngliche Form (z.B. gestreckte Länge) ist eine schmale Strich-Zweipunktlinie

Durchdringungen (vgl. Seite 6-23)

1. Sehr flache Durchdringungskurven (bei großen Durchmesserunterschieden) können gerade ausgeführt werden
2. Gering versetzte Schnittflächen dürfen weggelassen werden

6.7.2 Schnittdarstellungen nach DIN 6 T2 (12.86)

Schnittarten

Vollschnitt

Zur Verdeutlichung der Innenform und von Profilen wird das Werkstück geschnitten. Gezeichnet wird der Bereich hinter der schraffierten Schnittfläche. Verdeckte Kanten werden im Schnitt nur gezeichnet, wenn sie zum Verständnis unbedingt erforderlich sind. Sie können auch in anderen Ansichten entfallen.

Halbschnitt

Um zusätzliche Ansichten zu sparen, können symmetrische Werkstücke je zur Hälfte geschnitten und in Ansicht abgebildet werden. Der Schnitt liegt bevorzugt unter bzw. rechts von der Mittellinie. Körperkanten auf der Mittellinie sind darzustellen.

Teilschnitt

Ausbruch: Nur ein Teilbereich der Ansicht wird geschnitten. Die Begrenzungslinie darf nicht mit anderen Linien zusammenfallen.

Teilausschnitt: Um eine umfangreiche Ansicht zu sparen, wird nur ein Teilbereich ohne die übrige Ansicht geschnitten dargestellt. Die Schraffur endet ohne Begrenzungslinie.

Profilschnitt

Dargestellt wird nur die Schnittebene ohne die übrigen Umrisse, wenn diese für die Anschaulichkeit unbedeutend sind. Profilschnitte können mit Schnittverlaufskennzeichnung neben der Ansicht oder bei mehreren Schnitten auch direkt unter der Schnittebene (mit Mittellinien verbunden) angeordnet werden.

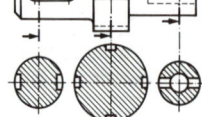

6.7 Technische Darstellungen

Schnittflächen (Schraffur)

1. Kennzeichnung mit Schraffur aus parallelen, schmalen Vollinien unter 45° zu den Hauptachsen oder Umrissen

2. Der Schraffurabstand ist der Schnittflächengröße anzupassen. Für Eintragungen (z.B. Maßzahlen) ist die Schraffur zu unterbrechen
3. Alle Schnittflächen eines Teils werden in allen Ansichten gleichartig schraffiert (Richtung und Abstand)

4. Bei sehr großen Teilen genügt die Schraffur der Randzone
5. Schmale Schnittflächen (Bleche, Profile) können voll geschwärzt werden. Benachbarte, geschwärzte Flächen sind durch eine Lichtfuge getrennt (mindestens 0,5 mm)

Profilschnitte

Um Platz zu sparen und bei langen Profilen die Zuordnung zu verdeutlichen, sind die Umrisse mit schmaler Vollinie projektionsgerecht in die zugehörige Ansicht zu klappen.

Nachbarbauteile

Gefügte Werkstücke (Paßteile) haben nur eine gemeinsame Kante. Benachbarte Schnittflächen von Teilen mit verschiedener Positionsnummer sollen in unterschiedlicher Richtung und/oder Abständen schraffiert werden. An der Berührungslinie ist die Schraffur zu versetzen.
Zu Positionsnummern vergleiche Seite 6-59.

Angrenzende Teile

Falls erforderlich, werden die Umrisse angrenzender Teile mit Strich-Zweipunktlinie dargestellt. Alle Linien des Hauptteils haben Vorrang. Geschnittene benachbarte Teile werden nicht schraffiert.

Einzelheiten vor der Schnittebene

Darstellung mit Strich-Zweipunktlinie, wenn bei Eindeutigkeit damit der Zeichenaufwand geringer wird.

6

6.7 Technische Darstellungen

Schnittverlauf

1. Ist der Schnittverlauf nicht erkennbar, wird er am Anfang, Ende und gegebenenfalls an den Knickstellen mit einer breiten Strichpunktlinie hervorgehoben. An den Knickstellen werden keine neuen Körperkanten gezeichnet. Die Blickrichtung wird mit Pfeilen angegeben (1,5fache Maßpfeilgröße). Eine zusätzliche Kennzeichnung mit Großbuchstaben ist möglich. Die Buchstaben werden in allgemeiner Leserichtung der Zeichnung mittig in Verlängerung der Strichpunktlinien und über dem Schnitt eingetragen.

2. Neben der durch die Blickrichtungspfeile festgelegten Anordnung können Schnitte auch an anderer Stelle projektionsgerecht oder
3. in gedrehter Lage angeordnet werden.

4. Liegen Schnittflächen im Winkel zueinander, werden sie in eine Ebene gedreht, um Verkürzungen zu vermeiden.
5. Bei Bohrungen, Durchbrüchen und Gewinden auf Loch- und Teilkreisen ist der Schnittverlauf nicht anzugeben. Die in die Zeichenebene geklappten Lochkreise von Flanschen geben die wirkliche Lage der Bohrungen an (hier $4 \times 90°$). Bei 2 oder 4 Löchern ist die Angabe des Teilungswinkels nicht erforderlich.

6. Bei versetzten Schnittflächen (parallel rechtwinklig) darf bei Berührung an einer gemeinsamen Mittellinie die Schraffur versetzt werden.
7. Parallel und schräg versetzte Schnittebenen werden verkürzt (als Projektion) dargestellt.

Teile ohne Längsschnitt

Zur übersichtlichen Gestaltung von Gesamtzeichnungen werden folgende Teile nicht im Längsschnitt ausgeführt (Ausbruch möglich):
1. Volle Teile ohne durchgehende Hohlräume wie Achsen, Wellen, Zapfen, Bolzen, Griffe, Stangen, Stifte, Niete, Schrauben, Scheiben, Muttern, Splinte, Paßfedern, Keile, Wälzkörper, Kettenglieder.
2. Volle Teile, die sich von der wesentlichen Form des Werkstücks abheben sollen wie Rippen, Stege, Speichen, Arme.

6.8 Maßeintragung

6.8.1 Formale Regeln nach DIN 406 T2 (8.81)

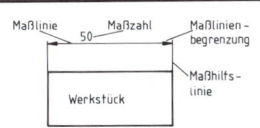

Bemaßungselemente

Das Nennmaß ist das in der Zeichnung eingetragene Maß. Hierauf werden die zulässigen Maßabweichungen bezogen. Das Istmaß ist das bei der Fertigung erreichte Maß. Das Istabmaß ist die Differenz zwischen dem Ist- und Nennmaß.

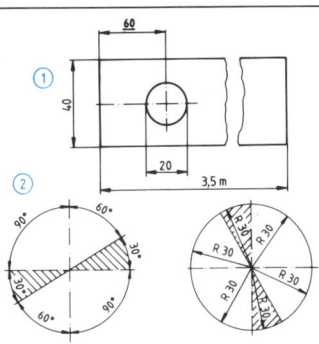

Einheiten, Anordnung

1. Alle Maße einer Zeichnung sind in derselben Einheit anzugeben. Die bevorzugte Einheit mm wird nicht eingetragen (20, 40, 60). Abweichende Einheiten (3,5 m, 30°) müssen angegeben werden. Nicht maßstäblich gezeichnete Maße sind zu unterstreichen (<u>60</u>). Diese Kennzeichnung entfällt bei gebrochen oder unterbrochen dargestellten Werkstücken. Wird das Schriftfeld und damit die Zeichnung in Leserichtung (Gebrauchslage) gehalten, so sollen alle Maße von unten bzw. rechts lesbar über der durchgezogenen Maßlinie stehen
2. Läßt sich im schraffierten Bereich von 30° die Bemaßung nicht vermeiden, sind die Maße von links lesbar einzutragen. Um Verwechslungen vorzubeugen, können Zahlen wie 6, 9 einen Punkt erhalten

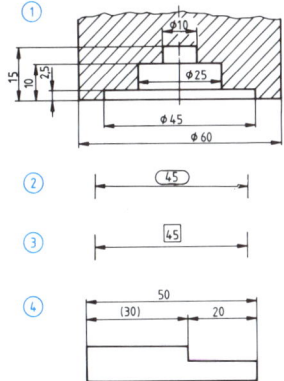

Besonderheiten

1. Schraffuren, Mittellinien und Maßhilfslinien sind für die Maßzahl zu unterbrechen ($\varnothing$ 10). Bei Platzmangel kann die Zahl rechts über der Maßlinie (2,5) oder in eine Maßlinienlücke ($\varnothing$ 25) geschrieben werden. Bei dicht parallelen Maßlinien sind die Maßzahlen seitlich zu versetzen ($\varnothing$ 45, $\varnothing$ 60)

2. Einrahmung besonders zu beachtender Prüfmaße. Notwendige Erläuterungen stehen in Schriftfeldnähe

3. Einrahmung zur Angabe der geometrisch idealen Lage einer Toleranzzone

4. Hilfsmaße für Fertigung oder Kontrolle, die das Werkstück geometrisch überbestimmen, sind einzuklammern. Es gelten für diese Maße nicht die Allgemeintoleranzen (nach DIN 406 T1)

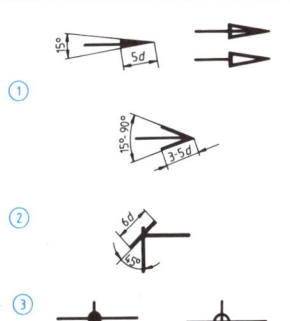

Maßlinienbegrenzungen

Für eine Zeichnung ist nur eine Art der Begrenzung anzuwenden. Bei Bemaßungen am Kreisbogen ist nur der Maßpfeil zugelassen. Die genannten Abmessungen beziehen sich auf die Linienbreite *d*.

1. Maßpfeile, ausgefüllt, nicht ausgefüllt, offen (Maschinenbau, maschinell erstellte Zeichnungen)

2. Schrägstriche, in Leserichtung der Maßlinien von links unten nach rechts oben (Stahlbau, Bauwesen, Skizzen, maschinell erstellte Zeichnungen)

3. Punkte, bei Platzmangel statt entsprechendem (ausgefüllten, offenen) Maßpfeil

6

6.8 Maßeintragung

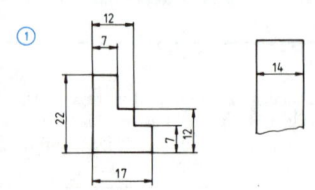

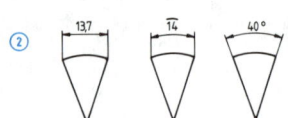

Maßlinien

Körperkanten und Mittellinien sind nicht als Maßlinien zu verwenden. Maßlinien sollen sich möglichst nicht untereinander und mit anderen Linien schneiden.

1. Maßlinien werden als schmale Vollinien möglichst außerhalb des Werkstücks eingetragen und dabei zwischen zwei Maßhilfslinien (bei Platzmangel Körperkanten) durchgezogen. Ein Mindestabstand von 10 mm zu den Körperkanten und 7 mm zwischen parallelen Maßlinien ist einzuhalten
2. Maßlinien stehen meist rechtwinklig zu den bezeichneten Kanten, sonst parallel zu dem betreffendem Maß (Bogen 14 und Sehne 13,7) oder als Bogen zwischen den Schenkeln eines Winkels (40°)

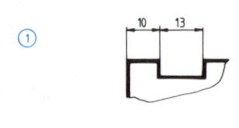

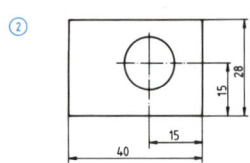

Maßhilfslinien

1. Maßhilfslinien werden als schmale Vollinien ausgeführt und beginnen für Außenmaße (10) an der äußeren, für Innenmaße (13) an der inneren Begrenzung sichtbarer Körperkanten. Maßhilfslinien stehen parallel zueinander, meist rechtwinklig zur Maßlinie und gehen ein bis zwei Millimeter darüber hinaus. Maßhilfslinien an Winkeln stehen wie die Schenkel des Winkels (s.o. 40°)
2. Werden Mittellinien als Maßhilfslinien verwendet, sind sie außerhalb des Werkstücks als schmale Vollinien fortzusetzen. Maßhilfslinien dürfen nicht zwei Ansichten miteinander verbinden

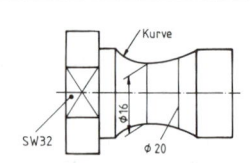

Hinweislinien

Hinweislinien sind als schmale Vollinien möglichst schräg herauszuziehen. Sie können auch als Bezugslinien für Maße verwendet werden. Begrenzung der Hinweislinien: mit einem Pfeil an einer Körperkante (Kurve), mit einem Punkt auf einer Fläche (SW 32) und ohne Begrenzung auf anderen Linien ($\varnothing$ 20).

6.8.2 Technologische Regeln nach DIN 406 T 1 (4.77) und T 2 (8.81)

Form und Maße eines Werkstücks sollen sich gegenseitig ergänzen und den Endzustand geometrisch verbindlich festlegen. Jedes Maß wird nur einmal eingetragen und zwar in der Ansicht, die die Form am deutlichsten zeigt. Die Bemaßung verdeckter Kanten ist zu vermeiden.

Zusammengehörige Maße sind in einer Ansicht einzutragen (z.B. Bohrungsdurchmesser und -lage).

Maße an Durchdringungen und Bearbeitungsformen, die sich von selbst ergeben, sind nicht zu bezeichnen.

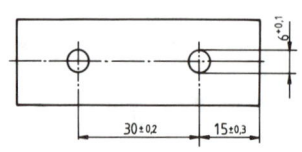

1. Funktionsgerechte Bemaßung

Das Ziel der Fertigung ist die Funktion des Werkstücks. Aus wirtschaftlichen Gründen wird den Maßen die größtmögliche Toleranz zugeordnet.

Beispiel: Zur Aufnahme eines Steckers ist der Bohrungsabstand mit $30 \pm 0{,}2$ und der Randabstand mit $15 \pm 0{,}3$ zu tolerieren.

2. Fertigungsgerechte Bemaßung

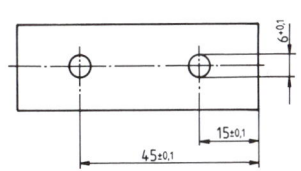

Entsprechend dem gewählten Fertigungsverfahren können die Maße direkt benutzt werden. Falls funktions- und fertigungsgerechte Bemaßung nicht übereinstimmen, sind bei letzterer die Toleranzen kleiner.

Beispiel: Um die gleiche Funktion zu gewährleisten, ist die halbe Toleranz des genaueren Abstandes für beide Nennmaße anzusetzen. Trotz Überschreitung der Grenzmaße wäre das Werkstück bei bestimmten Istmaßkombinationen brauchbar (z.B. bei 15,3 und 45,5 oder 14,7 und 44,5).

3. Prüfgerechte Bemaßung

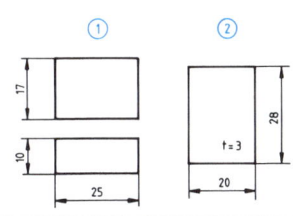

Dem gewählten Prüfverfahren entsprechend können die Maße ohne Rechnung benutzt werden. Falls die Bemaßungsarten nicht übereinstimmen, sind bei der Prüfbemaßung die Toleranzen kleiner.

Beispiel: Um die gleiche Funktion zu gewährleisten, ist die Toleranz der Nennmaße um den Anteil der Schwankung des Bohrungsdurchmessers kleiner. Trotz Überschreitung der Grenzmaße wäre das Werkstück bei bestimmten Istmaßkombinationen brauchbar (z.B. bei 6,1 und 36,3 und 12,3 oder 6,0 und 35,8 und 12,3).

6.8.3 Form- und Lagemaße

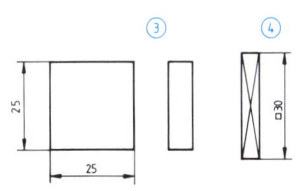

Flachmaterial

1. Grundmaße sind Länge, Breite und Dicke
2. Um Ansichten zu sparen, kann die Dicke mit dem Buchstaben t (engl. thick) oder die Länge mit l in oder neben der Zeichnung angegeben werden. Unbearbeitete flache Grundformen erhalten keine Mittellinie

3. Ist eine Quadratform erkennbar, so sind zwei Seiten zu bemaßen (25)
4. Das Quadratzeichen vor der Maßzahl wird verwendet, wenn bei nur einer Ansicht die Quadratform nicht ersichtlich ist (□ 30). Das Diagonalkreuz (schmale Vollinien) hebt eine ebene Fläche hervor und kann dadurch weitere Ansichten sparen (zulässig auch bei mehreren Ansichten)

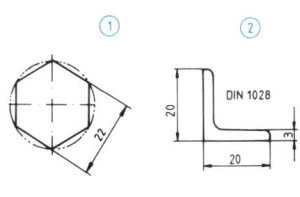

Stab- und Formmaterial

Grundmaße sind Profilmaße und Länge.

1. Für Stabmaterial kann der Umkreisdurchmesser (Eckenmaß beim Sechskant) mit Strich-Zweipunktlinie angegeben werden. Bei gerader Eckenzahl liegen sich parallele Flächen gegenüber. Ihr Abstand wird als Schlüsselweite bezeichnet
2. Für Profile werden die DIN-Nummer, die Hauptmaße oder vereinfacht das Symbol mit Zahlenangaben eingetragen

Vergleiche Formnormen ab Seite 4-37

Schlüsselweite

Das Kurzzeichen SW für die Schlüsselweite wird eingetragen:

1. bei genormten Vier- oder Sechskanten, deren Form aus der Darstellung oder Benennung erkennbar ist (SW 13),
2. wenn nur eine von zwei parallelen Schlüsselflächen sichtbar ist (SW 27).

Bearbeitungsformen

1. Symmetrische Bearbeitungsformen werden durch eine Mittellinie (schmale Strichpunktlinie) gekennzeichnet. Die Lage der etwas über die Kontur hinausgehenden Mittellinie wird nicht bemaßt. Bei Elementen mit gleichen Maßen (z.B. Durchmesser 6) wird jeweils nur eine Bearbeitungsform bemaßt. Die Lage wird dann im allgemeinen auf die Mitte bezogen.

2. Rundmaterial erhält in allen Ansichten Mittellinien.

3. Die Mittellinie wird auch bei Werkstücken gezeichnet, deren symmetrische Grundform einseitig verändert wurde.

Ausklinkungen, Abschrägungen, Fasen

Es sind zwei Formmaße erforderlich. Dabei kann das abzuschneidende Teil oder das Werkstück bemaßt werden.

1. Abschrägungen werden bevorzugt über ihre Koordinaten (Katheten) festgelegt. Für Winkel von 30°, 45°, 60° usw. (starre Anschlagwinkel) können die Abschrägungen auch mit dem Winkel und einer Kathete bestimmt werden.

2. Für Fasen von 45° und Senkungen von 90° ist die vereinfachte Bemaßung mit der Angabe „Breite × 45°" möglich.
3. Nach DIN 6 T2 (12.86) brauchen Fasen, Senkungen, Freistiche nur in die Ansicht gezeichnet werden, in der sie erkennbar und zu bemaßen sind (hier Vorderansicht).

4. Nach DIN 30 T1 E (4.82) brauchen Fasen mit 45° nicht gezeichnet zu werden. Zur Festlegung wird das Kurzzeichen C (engl. chamfer = Fase) mit der Maßzahl eingetragen.

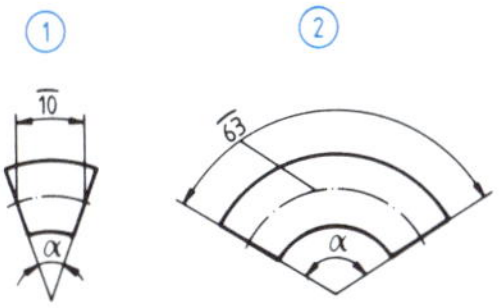

Bogenlängen

Symbol für die Bogenlänge ist eine Bogenlinie über der Maßzahl.

1. Bei einem Zentriwinkel von $\alpha < 90°$ stehen die Maßhilfslinien parallel zur Winkelhalbierenden.
2. Für $\alpha > 90°$ zeigen die Maßhilfslinien zum Mittelpunkt und machen damit eine Hinweislinie für die Maßordnung notwendig.

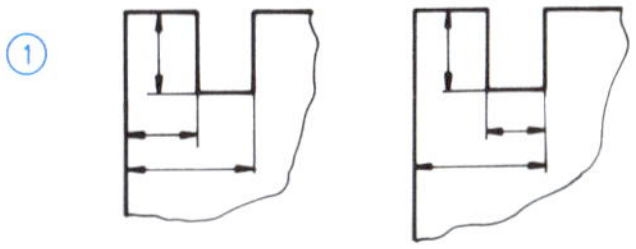

Nuten, Durchbrüche, Langlöcher

1. Jede Nut hat ein Lage- und zwei Formmaße. Bei der Herstellung durch Anreißen wird von einer Bezugskante ausgegangen, beim Fräsen die entferntere Kante und die Breite der Nut angegeben.

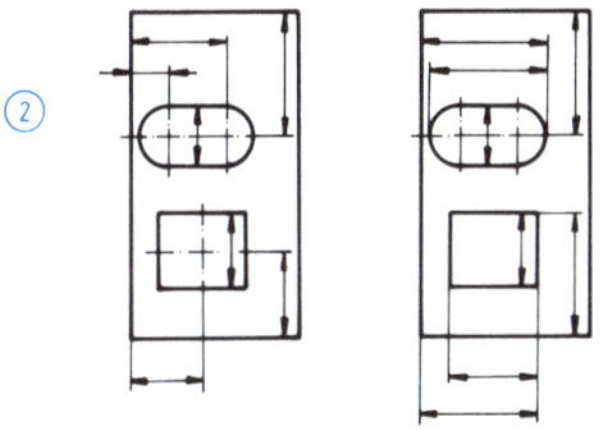

2. Durchbrüche haben zwei Form- und zwei Lagemaße, die sich entsprechend auf die Kanten oder die Mitte beziehen können.

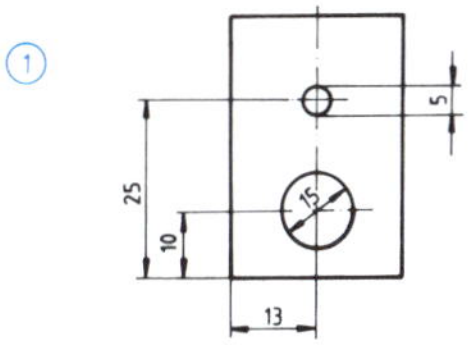

Bohrungen, Durchmesser

1. Alle Bohrungen haben zwei Lagemaße (10, 13) und als Durchgangsloch ein Formmaß (15). Wenn sie nicht außerhalb der Kontur parallel zu einer Mittellinie eingetragen wird (5), geht die Maßlinie des Durchmessers durch den Mittelpunkt des Kreises (15).

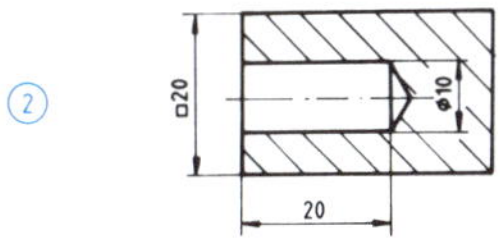

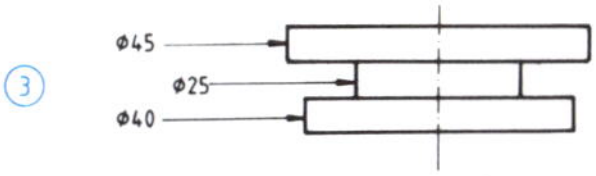

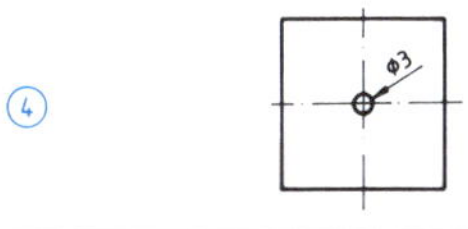

2. Eine Bohrung als Grundloch besitzt neben den Lagemaßen ($\square$ 20, mittig) zwei Formmaße ($\varnothing$ 10, 20). Die nutzbare Tiefe wird eingetragen. Das Durchmesserzeichen ist vor der Maßzahl in gleicher Höhe anzuordnen, wenn aus der Ansicht die Kreisform nicht ersichtlich ist oder
3. wenn die Maßlinie nur einen Pfeil besitzt ($\varnothing$ 45) oder
4. wenn das Maß mit einer Bezugslinie eingetragen ist ($\varnothing$ 3).

6.8 Maßeintragung

Radien (Halbmesser), Rundungen

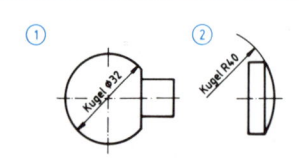

Jede Abrundung hat ein Formmaß und zwei Lagemaße. Das Radiuszeichen R wird stets eingetragen. Die Maßlinie des Radius zeigt auf den Mittelpunkt des Kreises und hat außen oder innen einen Pfeil am Kreisbogen.

1. Der Mittelpunkt kann durch Mittellinien angegeben werden (R12). In eindeutigen Fällen (tangentialer Anschluß, R3) darf die Kennzeichnung des Mittelpunktes entfallen.
2. Muß bei sehr großen Radien der Mittelpunkt bemaßt werden, verkürzt man die Maßlinie durch rechtwinkliges Abknicken.
3. Sind mehrere Abrundungen gleich, wird statt der Einzelbemaßung der Hinweis „unbemaßte Rundungen R.." eingetragen.

4. Nach DIN 30 T1 E (4.82) brauchen Rundungen nicht dargestellt zu werden (R4, R6).

Kugel

Da die Kugelform aus keiner Ansicht eindeutig erkennbar ist, wird immer das Wort „Kugel" eingetragen, und zwar entweder mit dem
1. Durchmesserzeichen vor der Maßzahl bei gezeichnetem Kugelmittelpunkt oder mit dem
2. Radiuszeichen vor der Maßzahl bei fehlendem Mittelpunkt.

Verjüngung, Kegel, Pyramiden

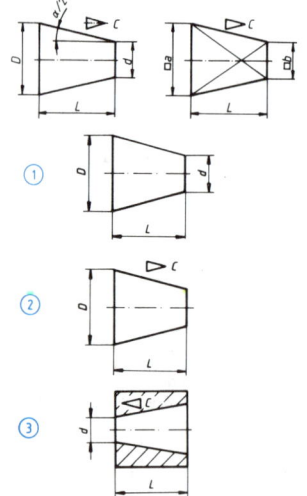

Zur geometrischen Festlegung von kegel- oder pyramidenförmigen Werkstücken sind 3 Angaben erforderlich. Wichtig für Passungen ist die Verjüngung $C = (D-d)/L$ bzw. $C = (a-b)/L$, $C = 2 \tan \alpha/2$. Die Verjüngung kann als Verhältniszahl $1:x$ oder $x:1$ oder in % angegeben werden. Das Symbol für die Verjüngung (mit oder ohne Mittellinie) wird entsprechend der Verjüngungsrichtung parallel zur Achse über der Mantellinie angeordnet. Je nach Fertigungs- bzw. Prüfverfahren sind verschiedene Maßkombinationen üblich, die zusätzlich durch eingeklammerte Hilfsmaße ergänzt werden können:
1. Einfache Übergänge (z.B. Schmieden, Gießen) L, D, d, $(\alpha/2)$.
2. Genaue Außenkegel L, D, C oder (α), (d), $(\alpha/2)$.
3. Genaue Innenkegel L, d, C oder (α), (D), $(\alpha/2)$.

Vergleiche Werkzeugkegel Seite 5-47.

Neigung

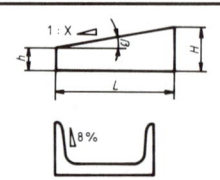

Zur geometrischen Festlegung von Schrägflächen sind 3 Angaben erforderlich. Wichtig für Passungen ist die Neigung $\tan \beta = (H-h)/L$. Die Neigung wird als Verhältniszahl $1:x$ oder $x:1$ oder in % angegeben. Weitere Hilfsmaße wie bei der Verjüngung. Das Symbol für die Neigung kann entsprechend der Neigungsrichtung über der Seitenlinie angeordnet werden.

6.8 Maßeintragung

6.8.4 Maßeintragung mit Maßbuchstaben nach DIN 406 T 2 (8.81)

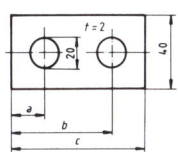

Für die Variantenkonstruktion mit einer geringen Anzahl veränderlicher Abmessungen können anstelle von Maßzahlen Maßbuchstaben angewendet werden. Möglich sind Kleinbuchstaben in der Größe der Maßzahlen, wenn sie noch nicht mit anderer Bedeutung belegt sind (z.B. m = Modul). Dabei werden die Maße in einer Tabelle zusammengefaßt, und jede Variante erhält eine eigene Positionsnummer.

Pos. Nr.	a	b	c
1	15	55	70
2	15	110	140

6.8.5 Koordinatenbemaßung nach DIN 406 T 3 (7.75)

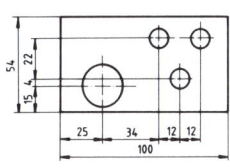

Zuwachsbemaßung
(relative, inkrementale oder Kettenbemaßung)

Beim Aneinanderreihen von Maßen wird der Maßzuwachs auf den Endpunkt des jeweils vorangehenden Maßes bezogen. Dabei können sich die Toleranzen ungünstig summieren. (Ausnahme: Teilungen mit theoretischen Maßen nach DIN 7184 (5.72)). Sind geschlossene Maßketten unumgänglich, so bleibt zur Aufnahme des bei der Fertigung entstehenden Summenfehlers eine geeignete Abmessung unbemaßt oder wird mit einem Hilfsmaß versehen.

 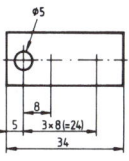

Teilungen nach DIN 406 T 2 (8.81)

1. Bei einer Maßkette mit gleicher Teilung und gleichen Formen braucht vereinfacht nur das erste, zweite und letzte Element gezeichnet und in Form und Lage bemaßt zu werden. Bei Bohrungen reicht die Darstellung des ersten Kreises.

Vergleiche Teilkreise Seite 6-25.

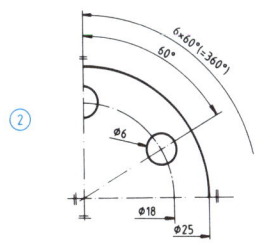

2. Bei der sinngemäßen Anwendung auf Kreisteilungen darf die Maßlinie bei großen Winkeln abgebrochen werden. Ist nur die entsprechende Seitenansicht gezeichnet, können die Bohrungen und Teilungen auch vereinfacht angegeben werden ($\varnothing 18/6 \times \varnothing 6$).

Vergleiche Teilkreise Seite 6-25.

 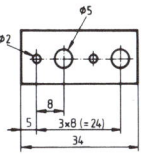

3. Bei einer Maßkette mit gleicher Teilung und verschiedenen Formen reicht eine gemeinsame Angabe für Anzahl, Größe und Summe der Abstände. Die Summe ist als Hilfsmaß einzuklammern.

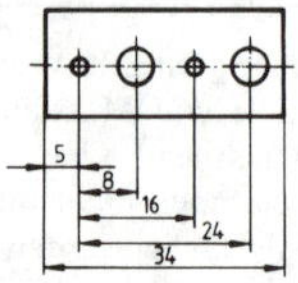

Bezugsbemaßung (absolute Bemaßung)

1. Gehen alle Maße von einer Bezugsfläche (z.B. Körperkante) oder einem Bezugspunkt (z.B. Bohrungsmitte) aus, können Toleranzsummenfehler vermieden werden.

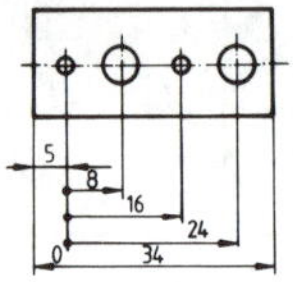

2. Bei der Koordinatenbemaßung wird der Nullpunkt besonders gekennzeichnet (0). Der gemeinsame Anfang aller Maße erhält einen Kreis, das Ende einen Pfeil als Maßlinienbegrenzung.

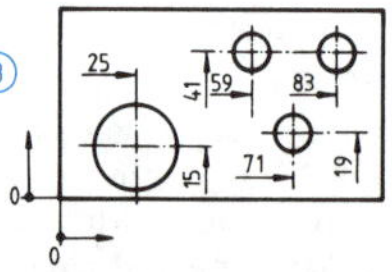

3. Die Maßlinien können auch verkürzt werden (nur ein Pfeil).

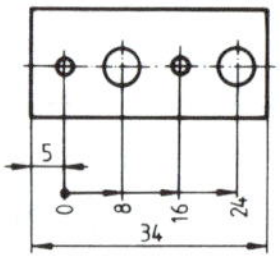

4. Die Darstellung kann als steigende Bemaßung auf einer gemeinsamen Maßlinie vom Nullpunkt aus vereinfacht werden. Die Maßzahlen stehen dann in Verlängerung und Leserichtung der zugehörigen Maßhilfslinie.

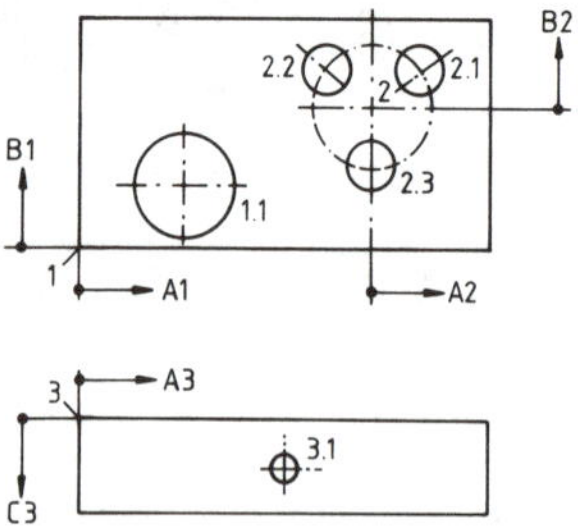

Bemaßung mit Tabellen

Zur Festlegung der Maße werden kartesische oder polare Koordinaten (s. S. 6-9f.) mit Hauptsystemen (A1, B1 und A3, C3) und Nebensystemen (A2, B2) benutzt:

Die Teilungen werden in einer Tabelle angegeben und mit Hilfe von Positionsnummern der Zeichnung zugeordnet (z.B. 2.3, 2 = Nummer Koordinatensystem, 3 = Zählnummer).

Null-punkt	Pos. Nr.	Koordinaten					Bohrungs-	
		A	B	C	R	φ	$\varnothing$	tiefe
1	1	0	0					
1	1.1	25	15				25	10
2	2	70	33					
2	2.1				30	30°	12	durch
2	2.2				30	150°	12	durch
2	2.3				30	270°	12	durch
3		0		0				
3	3.1	45		10			8	20

6.9 Toleranzen und Passungen

6.9.1 Allgemeintoleranzen nach DIN ISO 2768 T1 (6.91) (Neukonstruktionen)

Reicht für die Funktion eines Werkstücks die werkstattübliche Genauigkeit aus, kann in der Zeichnung bei der Angabe der Nennmaße auf Grenzabmaße oder Toleranzkurzzeichen verzichtet werden. Im Schriftfeld ist die Verwendung dieser Allgemeintoleranzen mit dem entsprechenden Kurzzeichen einzutragen (z.B. ISO 2768-m). Zusätzliche Bezeichnungen und Werte der DIN 7168 (4.91), die nicht für Neukonstruktionen gilt, sind in Klammern angegeben. Allgemeintoleranzen bei Guß vgl. S. 7-3 ff.

Toleranzklasse	Grenzabmaße für Längenmaße in mm Nennmaßbereiche von ⋯ bis								
	0,5 ⋯3	3 ⋯6	6 ⋯30	30 ⋯120	120 ⋯400	400 ⋯1000	1000 ⋯2000	2000 ⋯4000	(4000 ⋯8000)
f (f) fein	±0,05	±0,05	±0,1	±0,15	±0,2	±0,3	±0,5	± −(0,8)	(−)
m (m) mittel	±0,1	±0,1	±0,2	±0,3	±0,5	±0,8	±1,2	±2	(±3)
c (g) grob	±0,2 (0,15)	±0,3 (0,2)	±0,5	±0,8	±1,2	±2	±3	±4	(±5)
v (sg) sehr grob	−	±0,5	±1	±1,5	±2,5 (2)	±4 (3)	±6 (4)	±8 (6)	(±8)

Toleranzklasse	Grenzabmaße gebrochener Kanten in mm (Rundungshalbmesser, Fasenhöhe) Nennmaßbereiche von ⋯ bis					Grenzabmaße für Winkelmaße in Grad und Minuten Nennmaßbereiche für kürzeren Schenkel			
	0,5 ⋯3	3 ⋯6	6⋯ (⋯30)	(30 ⋯120)	(120 ⋯400)	10 bis 10 ⋯50	50 ⋯120	120 ⋯400	über 400
f (f) fein m (m) mittel	±0,2	±0,5	±1	(±2)	(±4)	±1°	±30′	±20′	±10′ ±5′
c (g) grob v (sg) sehr grob	(±0,4) 0,2	±1	±2	(±4)	(±8)	±1°30′ ±3	±1° (50′) ±2°	±30′ (25′) ±1°	±15′ ±30′ ±10′ ±20′

Allgemeintoleranzen Form und Lage nach DIN ISO 2768 T2 (4.91) (Neukonstruktionen)

Die in DIN ISO 2768 verwendeten Begriffe für Form- und Lagetoleranzen gelten wie in DIN ISO 1101 erläutert (siehe Seite 6-46 ff.). Die Allgemeintoleranzen für Form und Lage sind nicht anzuwenden auf die Eigenschaften Zylinderform, Profil einer Linie bzw. Fläche, Neigung, Koaxialität, Position und Gesamtlauf.

Toleranzklasse	Toleranzen für Geradheit, Ebenheit in mm Nennmaßbereiche von ⋯ bis						Lauf in mm
	⋯10	10 ⋯30	30 ⋯100	100 ⋯300	300 ⋯1000	1000 ⋯3000	
H	0,02	0,05	0,1	0,2	0,3	0,4	0,1
K	0,05	0,1	0,2	0,4	0,6	0,8	0,2
L	0,1	0,2	0,4	0,8	1,2	1,6	0,5

Toleranzklasse	Toleranzen für Symmetrie in mm Nennmaßbereiche				Toleranzen für Rechtwinkligkeit in mm Nennmaßbereiche für kürzeren Schenkel			
	⋯100	100 ⋯300	300 ⋯1000	1000 ⋯3000	⋯100	100 ⋯300	300 ⋯1000	1000 ⋯3000
H	0,5	0,5	0,5	0,5	0,2	0,3	0,4	0,5
K	0,6	0,6	0,8	1,0	0,4	0,6	0,8	1,0
L	0,6	1,0	1,5	2,0	0,6	1,0	1,5	2,0

6

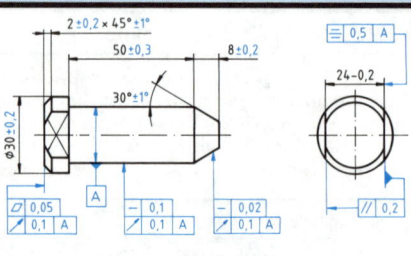

Allgemeintoleranzen ISO 2768-mH

Bestimmung der Allgemeintoleranz für
– Rundheit nach der Durchmessertoleranz, höchstens nach der Lauftoleranz
– Parallelität nach der Toleranz des größten Maßes von Ebenheit bzw. Geradheit oder dem Abstand der parallelen Flächen
– Rechtwinkligkeit, Symmetrie oder Lauf mit dem Bezug auf das längere Formelement.

Aus der mit einzelnen Maßen (schwarz) versehenen Zeichnung ergeben sich bei der werkstattüblichen Fertigung die nur hier zur Verdeutlichung angegebenen Toleranzen (blau). Schriftfeldeintrag: DIN ISO 2768-m-H

6.9.2 Passungen nach DIN ISO 286 T1, T2 (11.90)

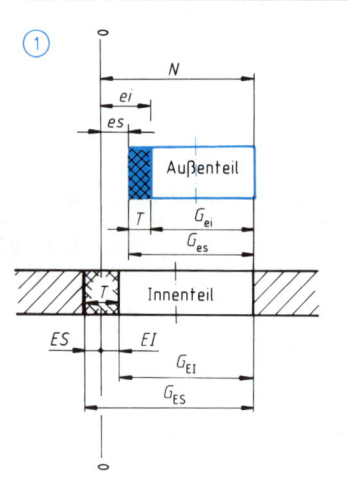

Wird die Funktion eines Werkstücks durch die Anwendung der Allgemeintoleranzen bei einem Nennmaß nicht gewährleistet, ist ein Paßmaß erforderlich. Die Toleranzfeldlage wird entsprechend der Bearbeitungsrichtung gewählt, d.h. bei Innenmaßen wird das Mindestmaß, bei Außenmaßen das Höchstmaß zum Nennmaß gemacht. Das Nennmaß legt die Nullinie als Bezugslinie für die Grenzmaße fest.

1. Bezeichnungen:
Nennmaß N
oberes/unteres Abmaß für Wellen es/ei
Höchstmaß $G_{es} = N + es$ Mindestmaß $G_{ei} = N + ei$
Maßtoleranz $T = G_{es} - G_{ei}$ oder $T = es - ei$
oberes/unteres Abmaß für Bohrungen ES/EI
Höchstmaß $G_{ES} = N + ES$ Mindestmaß $G_{EI} = N + EI$
Maßtoleranz $T = G_{ES} - G_{EI}$ oder $T = ES + EI$

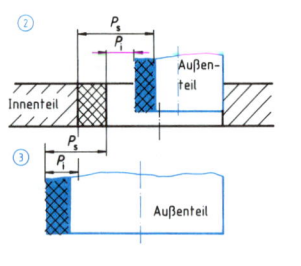

2. Spielpassung
Höchstpassung (Höchstspiel) P_s = positiv
Mindestpassung (Mindestspiel) $P_i \geq$ Null
Höchstpassung $P_s = G_{ES} - G_{ei}$
Mindestpassung $P_i = G_{EI} - G_{es}$
Paßtoleranz $P_t = P_s - P_i$

3. Übermaßpassung
Höchstpassung (Mindestübermaß) $P_s \leq$ Null
Mindestpassung (Höchstübermaß) P_i = negativ

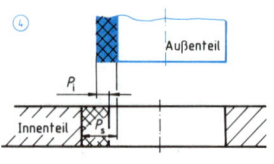

4. Übergangspassung
Höchstpassung (Höchstspiel) P_s = positiv
Mindestpassung (Höchstübermaß) P_i = negativ

6

6.9 Toleranzen und Passungen

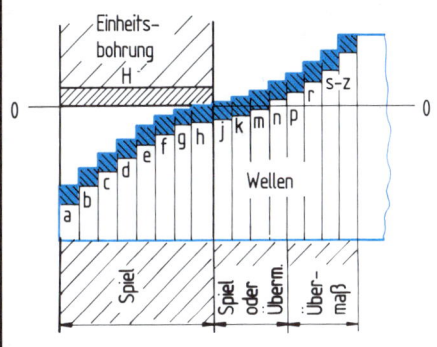

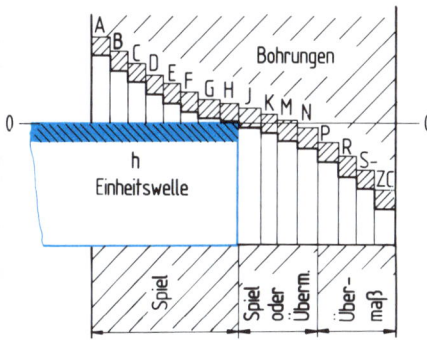

1. Um in Konstruktion und Fertigung die Funktion der Passung kostengünstig (geringe Zahl von Werkzeugen und Prüfmitteln) zu erreichen, wurden planmäßige Reihen von Abmaßen aufgebaut: die Paßsysteme Einheitsbohrung, Einheitswelle sowie ein noch engeres, überwiegend anzuwendendes Auswahlsystem (DIN 7157) (s. S. 6-44).

2. Die ISO-Toleranzen gelten nicht für Absatzmaße und Lochmittenabstände.

3. Die Toleranzfeldlage zur Nullinie wird zur Angabe im Kurzzeichen durch Buchstaben festgelegt. Um Verwechslungen mit anderen Zeichen zu vermeiden, scheiden die Groß- und Kleinbuchstaben i, l, o, q und w aus. Zusätzlich werden die Kombinationen cd, ef, fg, js, za, zb und zc verwendet.

4. Die Größe des Toleranzfeldes bestimmt sich aus Nennmaß und Toleranzgrad der Passung. Die Angabe im Kurzzeichen erfolgt durch eine Ziffer.

5. Im System Einheitsbohrung erhält die Bohrung für alle Passungen desselben Nennmaßes einheitlich das H-Toleranzfeld (Mindestmaß = Nennmaß). Die Art der Passung wird durch entsprechende Wahl der Wellentoleranz erreicht.

6. Im System Einheitswelle wird die Welle für alle Passungen desselben Nennmaßes einheitlich mit dem h-Toleranzfeld (Höchstmaß = Nennmaß) gefertigt. Die Art der Passung wird durch die Bohrungstoleranz erzielt.

6

ISO-Grundtoleranzen

Nennmaß	Toleranzgerade IT in µm																		
über ··· bis in mm	Lehren						allgem. Maschinenbau						Walz-, Preß-, Schmiedeerzeugnisse						
	01	0	1	2	3	4	5	6	7	8	9	10	11	12	13	14	15	16	17	18
···3	0,3	0,5	0,8	1,2	2	3	4	6	10	14	25	40	60	100	140	250	400	600	1000	1400
3···6	0,4	0,6	1	1,5	2,5	4	5	8	12	18	30	48	75	120	180	300	480	750	1200	1800
6···10	0,4	0,6	1	1,5	2,5	4	6	9	15	22	36	58	90	150	220	360	580	900	1500	2200
10···18	0,5	0,8	1,2	2	3	5	8	11	18	27	43	70	110	180	270	430	700	1100	1800	2700
18···30	0,6	1	1,5	2,5	4	6	9	13	21	33	52	84	130	210	330	520	840	1300	2100	3300
30···50	0,6	1	1,5	2,5	4	7	11	16	25	39	62	100	160	250	390	620	1000	1600	2500	3900
50···80	0,8	1,2	2	3	5	8	13	19	30	46	74	120	190	300	460	740	1200	1900	3000	4600
80···120	1	1,5	2,5	4	6	10	15	22	35	54	87	140	220	350	540	870	1400	2200	3500	5400
120···180	1,2	2	3,5	5	8	12	18	25	40	63	100	160	250	400	630	1000	1600	2500	4000	6300
180···250	2	3	4,5	7	10	14	20	29	46	72	115	185	290	460	720	1150	1850	2900	4600	7200
250···315	2,5	4	6	8	12	16	23	32	52	81	130	210	320	520	810	1300	2100	3200	5200	8100
315···400	3	5	7	9	13	18	26	36	57	89	140	230	360	570	890	1400	2300	3600	5700	8900
400···500	4	6	8	10	15	20	27	40	63	97	155	250	400	630	970	1550	2500	4000	6300	9700

6.9 Toleranzen und Passungen

System Einheitsbohrung nach DIN ISO 286 T2 (11.90) (Grenzabmaße in µm)

Nennmaß über ··· bis in mm	Spiel- H6	h5	Übergangs- j6	k6	n5	Über-maß- r5	Spiel- H7	f7	g6	h6	Übergangs- k6	m6	n6	Über-maß- r6	s6
···3	+6 / 0	0 / −4	+4 / −2	+6 / 0	+8 / +4	+14 / +10	+10 / 0	−6 / −16	−2 / −8	0 / −6	+6 / 0	+8 / +2	+10 / +4	+16 / +10	+20 / +14
3···6	+8 / 0	0 / −5	+6 / −2	+9 / +1	+13 / +8	+20 / +15	+12 / 0	−10 / −22	−4 / −12	0 / −8	+9 / +1	+12 / +4	+16 / +8	+23 / +15	+27 / +19
6···10	+9 / 0	0 / −6	+7 / −2	+10 / +1	+16 / +10	+25 / +19	+15 / 0	−13 / −28	−5 / −14	0 / −9	+10 / +1	+15 / +6	+19 / +10	+28 / +19	+33 / +23
10···14	+11 / 0	0 / −8	+8 / −3	+12 / +1	+20 / +12	+31 / +23	+18 / 0	−16 / −34	−6 / −17	0 / −11	+12 / +1	+18 / +7	+23 / +12	+34 / +23	+39 / +28
14···18	+11 / 0	0 / −8	+8 / −3	+12 / +1	+20 / +12	+31 / +23	+18 / 0	−16 / −34	−6 / −17	0 / −11	+12 / +1	+18 / +7	+23 / +12	+34 / +23	+39 / +28
18···24	+13 / 0	0 / −9	+9 / −4	+15 / +2	+24 / +15	+37 / +28	+21 / 0	−20 / −41	−7 / −20	0 / −13	+15 / +2	+21 / +8	+28 / +15	+41 / +28	+48 / +35
24···30	+13 / 0	0 / −9	+9 / −4	+15 / +2	+24 / +15	+37 / +28	+21 / 0	−20 / −41	−7 / −20	0 / −13	+15 / +2	+21 / +8	+28 / +15	+41 / +28	+48 / +35
30···40	+16 / 0	0 / −11	+11 / −5	+18 / +2	+28 / +17	+45 / +34	+25 / 0	−25 / −50	−9 / −25	0 / −16	+18 / +2	+25 / +9	+33 / +17	+50 / +34	+59 / +43
40···50	+16 / 0	0 / −11	+11 / −5	+18 / +2	+28 / +17	+45 / +34	+25 / 0	−25 / −50	−9 / −25	0 / −16	+18 / +2	+25 / +9	+33 / +17	+50 / +34	+59 / +43
50···65	+19 / 0	0 / −13	+12 / −7	+21 / +2	+33 / +20	+54 / +41	+30 / 0	−30 / −60	−10 / −29	0 / −19	+21 / +2	+30 / +11	+39 / +20	+60 / +41	+72 / +53
65···80	+19 / 0	0 / −13	+12 / −7	+21 / +2	+33 / +20	+56 / +43	+30 / 0	−30 / −60	−10 / −29	0 / −19	+21 / +2	+30 / +11	+39 / +20	+62 / +43	+78 / +59
80···100	+22 / 0	0 / −15	+13 / −9	+25 / +3	+38 / +23	+66 / +51	+35 / 0	−36 / −71	−12 / −34	0 / −22	+25 / +3	+35 / +13	+45 / +23	+73 / +51	+93 / +71
100···120	+22 / 0	0 / −15	+13 / −9	+25 / +3	+38 / +23	+69 / +54	+35 / 0	−36 / −71	−12 / −34	0 / −22	+25 / +3	+35 / +13	+45 / +23	+76 / +54	+101 / +79
120···140	+25 / 0	0 / −18	+14 / −11	+28 / +3	+45 / +27	+81 / +63	+40 / 0	−43 / −83	−14 / −39	0 / −25	+28 / +3	+40 / +5	+52 / +27	+88 / +63	+117 / +92
140···160	+25 / 0	0 / −18	+14 / −11	+28 / +3	+45 / +27	+83 / +65	+40 / 0	−43 / −83	−14 / −39	0 / −25	+28 / +3	+40 / +5	+52 / +27	+90 / +65	+125 / +100
160···180	+25 / 0	0 / −18	+14 / −11	+28 / +3	+45 / +27	+86 / +68	+40 / 0	−43 / −83	−14 / −39	0 / −25	+28 / +3	+40 / +5	+52 / +27	+93 / +68	+133 / +108
180···200	+29 / 0	0 / −20	+16 / −13	+33 / +4	+51 / +31	+97 / +77	+46 / 0	−50 / −96	−15 / −44	0 / −29	+33 / +4	+46 / +17	+60 / +31	+106 / +77	+151 / +122
200···225	+29 / 0	0 / −20	+16 / −13	+33 / +4	+51 / +31	+100 / +80	+46 / 0	−50 / −96	−15 / −44	0 / −29	+33 / +4	+46 / +17	+60 / +31	+109 / +80	+159 / +130
225···250	+29 / 0	0 / −20	+16 / −13	+33 / +4	+51 / +31	+104 / +84	+46 / 0	−50 / −96	−15 / −44	0 / −29	+33 / +4	+46 / +17	+60 / +31	+113 / +84	+169 / +140
250···280	+32 / 0	0 / −23	+16 / −16	+36 / +4	+57 / +34	+117 / +94	+52 / 0	−56 / −108	−17 / −49	0 / −32	+36 / +4	+52 / +20	+66 / +34	+126 / +94	+190 / +158
280···315	+32 / 0	0 / −23	+16 / −16	+36 / +4	+57 / +34	+121 / +98	+52 / 0	−56 / −108	−17 / −49	0 / −32	+36 / +4	+52 / +20	+66 / +34	+130 / +98	+202 / +170
315···355	+36 / 0	0 / −25	+18 / −18	+40 / +4	+62 / +37	+133 / +108	+57 / 0	−62 / −119	−18 / −54	0 / −36	+40 / +4	+57 / +21	+73 / +37	+144 / +108	+226 / +190
355···400	+36 / 0	0 / −25	+18 / −18	+40 / +4	+62 / +37	+139 / +114	+57 / 0	−62 / −119	−18 / −54	0 / −36	+40 / +4	+57 / +21	+73 / +37	+150 / +114	+244 / +208
400···450	+40 / 0	0 / −27	+20 / −20	+45 / +5	+67 / +40	+153 / +126	+63 / 0	−68 / −131	−20 / −60	0 / −40	+45 / +5	+63 / +23	+80 / +40	+166 / +126	+272 / +232
450···500	+40 / 0	0 / −27	+20 / −20	+45 / +5	+67 / +40	+159 / +132	+63 / 0	−131 / −60	−60 / —	0 / −40	+45 / +5	+63 / +23	+80 / +40	+172 / +132	+292 / +252

6.9 Toleranzen und Passungen

System Einheitsbohrung nach DIN ISO 286 T 2 (11.90) (Grenzabmaße in µm)

Nennmaß über ··· bis in mm	Spiel-toleranzfelder					Übermaß			Spiel-toleranzfelder					Übermaß
	H8	d9	e8	f8	h9	s8	u8	x8	H11	a11	c11	d9	h11	x11
··· 3	+14 / 0	−20 / −45	−14 / −28	−6 / −20	0 / −25	+28 / +14		+34 / +20	+60 / 0	−270 / −330	−60 / −120	−20 / −45	0 / −60	
3 ··· 6	+18 / 0	−30 / −60	−20 / −38	−10 / −28	0 / −30	+37 / +19		+46 / +28	+75 / 0	−270 / −345	−70 / −145	−30 / −60	0 / −75	
6 ··· 10	+22 / 0	−40 / −76	−25 / −47	−13 / −35	0 / −36	+45 / +23		+56 / +34	+90 / 0	−280 / −370	−80 / −170	−40 / −76	0 / −90	
10 ··· 14	+27 / 0	−50 / −93	−32 / −59	−16 / −43	0 / −43	+55 / +28		+67 / +40	+110 / 0	−290 / −400	−95 / −205	−50 / −93	0 / −110	
14 ··· 18								+72 / +45						
18 ··· 24	+33 / 0	−65 / −117	−40 / −73	−20 / −53	0 / −52	+68 / +35		+87 / +54	+130 / 0	−300 / −430	−110 / −240	−65 / −117	0 / −130	
24 ··· 30							+81 / +48	+97 / +64						
30 ··· 40	+39 / 0	−80 / −142	−50 / −89	−25 / −64	0 / −62	+82 / +43	+99 / +60	+119 / +80	+160 / 0	−310 / −470	−120 / −280	−80 / −142	0 / −160	
40 ··· 50							+109 / +70	+136 / +97		−320 / −480	−130 / −290			
50 ··· 65	+46 / 0	−100 / −174	−60 / −106	−30 / −76	0 / −74	+99 / +53	+133 / +87	+168 / +122	+190 / 0	−340 / −530	−140 / −330	−100 / −174	0 / −190	+312 / +122
65 ··· 80						+105 / +59	+148 / +102	+192 / +146		−360 / −550	−150 / −340			+336 / +146
80 ··· 100	+54 / 0	−120 / −207	−72 / −126	−36 / −90	0 / −87	+125 / +71	+178 / +124	+232 / +178	+220 / 0	−380 / −600	−170 / −390	−120 / −207	0 / −220	+398 / +178
100 ··· 120						+133 / +79	+198 / +144	+264 / +210		−410 / −630	−180 / −400			+430 / +210
120 ··· 140	+63 / 0	−145 / −245	−85 / −148	−43 / −106	0 / −100	+155 / +92	+233 / +170	+311 / +248	+250 / 0	−460 / −710	−200 / −450	−145 / −245	0 / −250	+498 / +248
140 ··· 160						+163 / +100	+253 / +190	+343 / +280		−520 / −770	−210 / −460			+530 / +280
160 ··· 180						+171 / +108	+273 / +210	+373 / +310		−580 / −830	−230 / −480			+560 / +310
180 ··· 200	+72 / 0	−170 / −285	−100 / −172	−50 / −122	0 / −115	+194 / +122	+308 / +236	+422 / +350	+290 / 0	−660 / −950	−240 / −530	−170 / −285	0 / −290	+640 / +350
200 ··· 225						+202 / +130	+330 / +258	+457 / +385		−740 / −1030	−260 / −550			+675 / +385
225 ··· 250						+212 / +140	+356 / +284	+497 / +425		−820 / −1110	−280 / −570			+715 / +425
250 ··· 280	+81 / 0	−190 / −320	−110 / −191	−56 / −137	0 / −130	+239 / +158	+396 / +315	+556 / +475	+320 / 0	−920 / −1240	−300 / −620	−190 / −320	0 / −320	+795 / +475
280 ··· 315						+251 / +170	+431 / +350	+606 / +525		−1050 / −1370	−330 / −650			+845 / +525
315 ··· 355	+89 / 0	−210 / −350	−125 / −214	−62 / −151	0 / −140	+279 / +190	+479 / +390	+679 / +590	+360 / 0	−1200 / −1560	−360 / −720	−210 / −350	0 / −360	+950 / +590
355 ··· 400						+297 / +208	+524 / +435			−1350 / −1710	−400 / −760			+1020 / +660
400 ··· 450	+97 / 0	−230 / −385	−135 / −232	−68 / −165	0 / −155	+329 / +232	+587 / +490		+400 / 0	−1500 / −1900	−440 / −840	−230 / −385	0 / −400	+1140 / +740
450 ··· 500						+349 / +252	+637 / +540			−1650 / −2050	−480 / −880			+1220 / +820

6

6.9 Toleranzen und Passungen

System Einheitswelle nach DIN ISO 286 T2 (11.90) (Grenzabmaße in µm)

Nennmaß über … bis in mm	Spiel-	Übergangs-toleranzfelder			Über-maß-	Spiel-		Übergangs-toleranzfelder					Über-maß-	
	h5	G6	J6	M6	N6	P6	h6	F7	G7	J7	K7	M7	N7	R7	S7
… 3	0 / −4	+8 / +2	+2 / −4	−2 / −8	−4 / −10	−6 / −12	0 / −6	+16 / +6	+12 / +2	+4 / −6	0 / −10	−2 / −12	−4 / −14	−10 / −20	−14 / −24
3 … 6	0 / −5	+12 / +4	+5 / −3	−1 / −9	−5 / −13	−9 / −17	0 / −8	+22 / +10	+16 / +4	+6 / −6	+3 / −9	0 / −12	−4 / −16	−11 / −23	−15 / −27
6 … 10	0 / −6	+14 / +4	+5 / −4	−3 / −12	−7 / −16	−12 / −21	0 / −9	+28 / +13	+20 / +5	+8 / −7	+5 / −10	0 / −15	−4 / −19	−13 / −28	−17 / −32
10 … 14 / 14 … 18	0 / −8	+17 / +6	+6 / −5	−4 / −15	−9 / −20	−15 / −26	0 / −11	+34 / +16	+24 / +6	+10 / +8	+6 / −12	0 / −18	−5 / −23	−16 / −34	−21 / −39
18 … 24 / 24 … 30	0 / −9	+20 / +7	+8 / −5	−4 / −17	−11 / −24	−18 / −31	0 / −13	+41 / +20	+28 / +7	+12 / −9	+6 / −15	0 / −21	−7 / −28	−20 / −41	−27 / −48
30 … 40 / 40 … 50	0 / −11	+25 / +9	+10 / −6	−4 / −20	−12 / −28	−21 / −37	0 / −16	+50 / +25	+34 / +9	+14 / −11	+7 / −18	0 / −25	−8 / −33	−25 / −50	−34 / −59
50 … 65 / 65 … 80	0 / −13	+29 / +10	+13 / −6	−5 / −24	−14 / −33	−26 / −45	0 / −19	+60 / +30	+40 / +10	+18 / −12	+9 / −21	0 / −30	−9 / −39	50…65: −30 / −60 · 65…80: −32 / −62	50…65: −42 / −72 · 65…80: −48 / −78
80 … 100 / 100 … 120	0 / −15	+34 / +12	+16 / −6	−6 / −28	−16 / −38	−30 / −52	0 / −22	+71 / +36	+47 / +12	+22 / −13	+10 / −25	0 / −35	−10 / −45	80…100: −38 / −73 · 100…120: −41 / −76	80…100: −58 / −93 · 100…120: −66 / −101
120 … 140 / 140 … 160 / 160 … 180	0 / −18	+39 / +14	+18 / −7	−8 / −33	−20 / −45	−36 / −61	0 / −25	+83 / +43	+54 / +14	+26 / −14	+12 / −28	0 / −40	−12 / −52	120…140: −48 / −88 · 140…160: −50 / −90 · 160…180: −53 / −93	120…140: −77 / −117 · 140…160: −85 / −125 · 160…180: −93 / −133
180 … 200 / 200 … 225 / 225 … 250	0 / −20	+44 / +15	+22 / −7	−8 / −37	−22 / −51	−41 / −70	0 / −29	+96 / +50	+61 / +15	+30 / −16	+13 / −33	0 / −46	−14 / −60	180…200: −60 / −106 · 200…225: −63 / −109 · 225…250: −67 / −113	180…200: −205 / −151 · 200…225: −113 / −159 · 225…250: −123 / −169
250 … 280 / 280 … 315	0 / −23	+49 / +17	+25 / −7	−9 / −41	−25 / −57	−47 / −79	0 / −32	+108 / +56	+69 / +17	+36 / −16	+16 / −36	0 / −52	−14 / −66	250…280: −74 / −126 · 280…315: −78 / −130	250…280: −138 / −190 · 280…315: −150 / −202
315 … 355 / 355 … 400	0 / −25	+54 / +18	+29 / −7	−10 / −46	−26 / −62	−51 / −87	0 / −36	+119 / +62	+75 / +18	+39 / −18	+17 / −40	0 / −57	−16 / −73	315…355: −87 / −144 · 355…400: −93 / −150	315…355: −169 / −226 · 355…400: −187 / −244
400 … 450 / 450 … 500	0 / −27	+60 / +20	+33 / −7	−10 / −50	−27 / −67	−55 / −95	0 / −40	+131 / +68	+83 / +20	+43 / −20	+18 / −45	0 / −63	−17 / −80	400…450: −103 / −166 · 450…500: −109 / −172	400…450: −209 / −209 · 450…500: −229 / −292

6.9 Toleranzen und Passungen

System Einheitswelle nach DIN ISO 286 T2 (11.90) (Grenzabmaße in µm)

Nennmaß über ··· bis in mm	h9	C11	D10	E9	F8	H8	H11	X9	h11	A11	C11	D10	X11
···3	0 / −25	+120 / +60	+60 / +20	+39 / +14	+20 / +6	+14 / 0	+60 / 0	−20 / −45	0 / −60	+330 / +270	+120 / +60	+60 / +20	
3···6	0 / −30	+145 / +70	+78 / +30	+50 / +20	+28 / +10	+18 / 0	+75 / 0	−28 / −58	0 / −75	+345 / +270	+145 / +70	+78 / +30	
6···10	0 / −36	+170 / +80	+98 / +40	+61 / +25	+35 / +13	+22 / 0	+90 / 0	−34 / −70	0 / −90	+370 / +280	+170 / +80	+98 / +40	
10···14	0 / −43	+205 / +95	+120 / +50	+75 / +32	+43 / +16	+27 / 0	+110 / 0	−40 / −83	0 / −110	+400 / +290	+205 / +95	+120 / +50	
14···18								−45 / −88					
18···24	0 / −52	+240 / +110	+149 / +65	+92 / +40	+53 / +20	+33 / 0	+130 / 0	−54 / −106	0 / −130	+430 / +300	+240 / +110	+149 / +65	
24···30								−64 / −116					
30···40	0 / −62	+280 / +120	+180 / +80	+112 / +50	+64 / +25	+39 / 0	+160 / 0	−80 / −142	0 / −160	+470 / +310	+280 / +120	+180 / +80	
40···50		+290 / +130						−97 / −159		+480 / +320	+290 / +130		
50···65	0 / −74	+330 / +140	+220 / +100	+134 / +60	+76 / +30	+46 / 0	+190 / 0	−122 / −196	0 / −190	+530 / +340	+330 / +140	+220 / +100	−122 / −312
65···80		+340 / +150						−146 / −220		+550 / +360	+340 / +150		−146 / −336
80···100	0 / −87	+390 / +170	+260 / +120	+159 / +72	+90 / +36	+54 / 0	+220 / 0	−178 / −265	0 / −220	+600 / +380	+390 / +170	+260 / +120	−178 / −398
100···120		+400 / +180						−210 / −297		+630 / +410	+400 / +180		−210 / −430
120···140	0 / −100	+450 / +200	+305 / +145	+185 / +85	+106 / +43	+63 / 0	+250 / 0	−248 / −348	0 / −250	+710 / +460	+450 / +200	+305 / +145	−248 / −498
140···160		+460 / +210						−280 / −380		+770 / +520	+460 / +210		−280 / −530
160···180		+480 / +230						−310 / −410		+830 / +580	+480 / +230		−310 / −560
180···200	0 / −115	+530 / +240	+355 / +170	+215 / +100	+122 / +50	+72 / 0	+290 / 0	−350 / −465	0 / −290	+950 / +660	+530 / +240	+355 / +170	−350 / −640
200···225		+550 / +260						−385 / −500		+1030 / +740	+550 / +260		−385 / −675
225···250		+570 / +280						−425 / −540		+1110 / +820	+570 / +280		−425 / −715
250···280	0 / −130	+620 / +300	+400 / +190	+240 / +110	+137 / +56	+81 / 0	+320 / 0	−475 / −605	0 / −320	+1240 / +920	+620 / +300	+400 / +190	−475 / −795
280···315		+650 / +330						−525 / −655		+1370 / +1050	+650 / +330		−525 / −845
315···355	0 / −140	+720 / +360	+440 / +210	+265 / +125	+151 / +62	+89 / 0	+360 / 0	−590 / −730	0 / −360	+1560 / +1200	+720 / +360	+440 / +210	−590 / −950
355···400		+760 / +400						−660 / −800		+1710 / +1350	+760 / +400		−660 / −1020
400···450	0 / −155	+840 / +440	+480 / +230	+290 / +135	+165 / +68	+97 / 0	+400 / 0	−740 / −895	0 / −400	+1900 / +1500	+840 / +440	+480 / +230	−740 / −1140
450···500		+880 / +480						−820 / −975		+2050 / +1650	+880 / +480		−820 / −1220

6

6.9 Toleranzen und Passungen

6.9.3 Passungsauswahl nach DIN 7157 (1.66)

Einheits-bohrung	Einheits-welle	Merkmale	Anwendung
H8/x8 H7/s6 **H7/r6**		Großes bis geringes Übermaß, Fügen durch hohen Druck oder Schrumpfen, ohne zusätzliche Sicherung gegen Verdrehen	Zapfen, Bunde, Räder auf Achsen, Rad-, Zahnkränze, Buchsen in Radnaben
H7/n6 H7/k6 H7/j6		Spiel kleiner als Übermaß, Fügen mit mittlerem Druck oder Schrumpfen, Sicherung gegen Verdrehen erforderlich	Zahn-, Schneckenräder auf Achsen, Buchsen im Gehäuse
H7/k6 H7/j6		Spiel und Übermaß etwa gleich groß, Fügen mit geringer Kraft möglich	Häufiger auszubauende Teile, Kupplungen, Stifte, Bolzen
H7/h6 **H8/h9**		Sehr geringes Spiel, gerade gleitfähig, mit geringer Kraft verschiebbar	Fräser auf Dorn, Pinole, Säulenführungen, Stellringe
H7/g6 **H7/f7** **H8/f7**	G7/h6 **F8/h6** **F8/h9**	Bewegung mit merklichem Spiel für gute Schmierung, leichtes Verschieben	Schieberäder, Gleitlager, Gleitführungen
H8/e8 H8/d9	**E9/h9** **D10/h9**	Bewegung mit reichlichem Spiel	Lange Wellen, Lager an Bau-, Landmaschinen, Förderanlagen
H11/h11 H11/d9	H11/h11 **C11/h9**	Bewegung mit geringem Spiel bei großen Toleranzen	Gezogene Wellen, Fügeteile zum Stiften, Schrauben, Schweißen, Lager an Bau-, Landmaschinen
H11/c11 H11/a11	C11/h11 A11/h11	Bewegung mit großem Spiel bei großen Toleranzen	Haushaltsmaschinen, Lager bei starker Verschmutzung, Erwärmung, mangelhafter Schmierung

Nach DIN 7157 wird aufgrund von Erfahrungen nur eine geringe Zahl von Passungen zur Nutzung empfohlen. Diese gewährleisten für den größten Teil des Maschinenbaus funktionsgerechte Lösungen. Die hervorgehobenen Passungen sind zu bevorzugen.

6.9.4 Wälzlagerpassungen nach DIN 5425 T 1 (11.84)

Innenring	Welle	Außenring	Gehäuse	Beispiele
Radiallager				
Punktlast, Loslager loser Sitz zulässig	j h g f	Umfangslast, fester Sitz nötig, Gehäuse ungeteilt	J K M N P	Laufräder, Seilrollen, Unwuchtschwinger
Umfangslast fester Sitz nötig	h j k m n p	Punktlast, loser Sitz zulässig, geteilte Gehäuse möglich, Loslager	J H G F	Stirnradgetriebe, Elektromaschinen, Naben mit Unwucht
Axiallager				
Punktlast loser Sitz zulässig	j	Umfangslast fester Sitz nötig	K M	
Umfangslast axial und radial	j k m	Punktlast loser Sitz zulässig	H J	
reine Axiallast	h j k		H G E	

Soweit Montage und Funktion es zulassen, sind für Wälzlager festere Passungen vorzuziehen. Dies gilt besonders bei steigender oder ungleichmäßiger Last und Rollenlagern. Mit zunehmender Lagergröße werden Höchst- bzw. Mindestpassung vergrößert. Zu Wälzlagern siehe auch Seite 5-32.

6.9.5 Zeichnungseintragungen nach DIN 406 T 2 (8.81)

① $50^{+0,5}$ $60_{-0,5}$ 70 ± 0.5 ② $55^{+0,2}_{-0,1}$ $55+02-0,1$ $65^{-0,2}_{-0,3}$ ③ $3m^{+0,01m}$ $90°\pm30'$	**Maßzahlen** 1. Grenzabmaße werden hinter dem Nennmaß mit dem Vorzeichen angegeben (+ oder − oder ±). Das Grenzabmaß 0 (Null) wird nur eingetragen, wenn es nötig ist. Die Schrifthöhe darf kleiner oder gleich groß wie die der Maßzahl gewählt werden. 2. Unabhängig vom Vorzeichen wird das obere Grenzabmaß höher bzw. zuerst, das untere tiefer bzw. zuletzt eingetragen. 3. Einheiten stehen direkt hinter Nennmaß und Grenzabmaß.

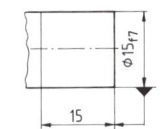
①

Kurzzeichen

1. ISO-Toleranzfeldkurzzeichen werden hinter das Nennmaß geschrieben (Schrifthöhe kleiner oder gleich groß). Die Kurzzeichen für Innenpaßflächen (z.B. Bohrungen) werden höher bzw. zuerst, die für Außenpaßflächen (z.B. Wellen) tiefer bzw. zuletzt angeordnet.

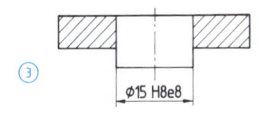
②

2. Der Geltungsbereich der Toleranz kann mit Maßangabe, Bezugsdreieck und -linie begrenzt werden.

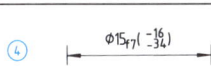
③

3. Gefügte Paßteile haben eine gemeinsame Maßlinie und -zahl.

④ $\phi15_{f7}\left(^{-16}_{-34}\right)$

4. Sollen neben dem Kurzzeichen auch die Grenzabmaße angegeben werden, kann dies hinter dem Kurzzeichen oder in einer Tabelle geschehen.

Paß-maß	Höchst-maß	Mindest-maß
15 f7	14,984	14,966

Toleranzangaben bei Kegeln nach DIN ISO 3040 (4.78)

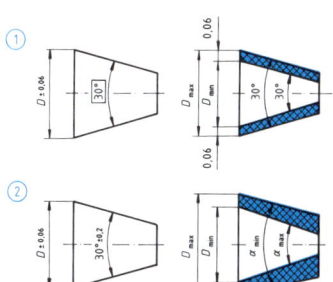
① ②

Entsprechend den Funktionsanforderungen gibt es zwei Möglichkeiten, die Abweichungen von der geometrisch idealen Kegelform festzulegen

1. Einheitskegel-Methode:
geometrisch idealer Kegelwinkel (α oder $\alpha/2$ oder C oder %) und ein tolerierter Durchmesser (D oder d),

2. Methode des tolerierten Kegelwinkels:
angegebene Maßtoleranz gilt nur für den bemaßten Querschnitt.

6

6.9 Toleranzen und Passungen

6.9.6 Form- und Lagetoleranzen nach DIN ISO 1101 (3.85)

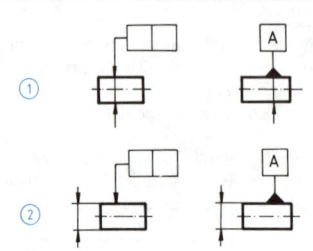

Form- und Lagetoleranzen sind nur erforderlich, wenn die Maßtoleranzen allein die Funktion nicht gewährleisten können. Formtoleranzen beschreiben die zulässige Abweichung von der Idealform, Lagetolerenzen die zulässige Abweichung von der Lage zueinander.

1. Bei der Tolerierung einer Achse oder Mittelebene liegt der Bezugspfeil bzw. das Bezugsdreieck in Verlängerung der Maßlinie.
2. Bei der Tolerierung einer Linie oder Fläche soll der Abstand zwischen Bezug und Maßlinie mindestens 4 mm betragen.

Symbol und tolerierte Eigenschaft	Formtoleranzen	Beispiele
	Zeichnungsangabe	Erklärung
Geradheit ─	$-\ \phi 0,05$	Die Ist-Achse des Zylinders muß innerhalb eines Zylinders vom Durchmesser $t = 0,05$ mm liegen. Bei der Tolerierung einer Achse oder Mittelebene liegt der Hinweispfeil bzw. das Bezugsdreieck in Verlängerung der Maßlinie.
Ebenheit ▱	$\square\ 0,02$	Die Ist-Fläche muß zwischen zwei parallelen Ebenen vom Abstand $t = 0,02$ mm liegen.
Rundheit (Kreisform) ○	$\bigcirc\ 0,08$	Der Ist-Umfang jedes Querschnittes muß zwischen zwei konzentrischen Kreisen vom Abstand $t = 0,08$ mm liegen.
Zylinderform ⌭	$\diagup\!\!\diagdown\ 0,06$	Die Ist-Fläche des Zylinders muß zwischen zwei koaxialen Zylindern liegen, die einen Abstand von $t = 0,06$ mm haben. Die Zylinderform ist die Summentoleranz aus Rundheit und Parallelität.
Linienform ⌒	$\cap\ 0,1$	Die Ist-Linie muß zwischen zwei Hüll-Linien an Kreisen mit dem Durchmesser $t = 0,1$ mm liegen.
Flächenform ⌓	$\cap\ 0,07$	Die Ist-Fläche muß zwischen zwei Hüll-Flächen an Kugeln mit dem Durchmesser $t = 0,07$ mm liegen.

6

6.9 Toleranzen und Passungen

Symbol und tolerierte Eigenschaft	Lagetoleranzen	Beispiele
	Zeichnungsangabe	Erklärung

Richtungstoleranzen

Parallelität
//

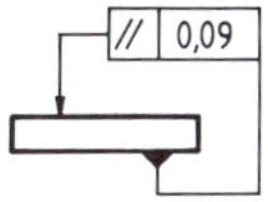

`// 0,09`

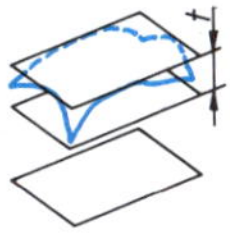

Die Ist-Fläche muß zwischen zwei zur Bezugsfläche parallelen Ebenen im Abstand $t = 0,09$ mm liegen.

Rechtwinkligkeit
⊥

`⊥ 0,2 A`   `A`

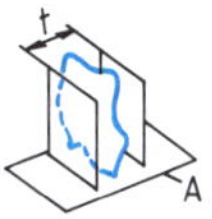

Die Ist-Fläche muß zwischen zwei parallelen und zur Bezugsfläche A senkrechten Ebenen vom Abstand $t = 0,2$ mm liegen.

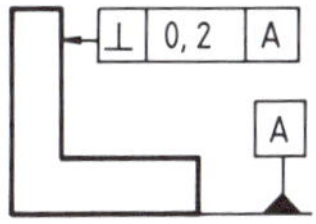

Neigung
∠

`∠ 0,8 A`   `45°`   `A`

Die Ist-Fläche muß zwischen zwei parallelen und zur Bezugsfläche A im geometrisch idealen Winkel von 45° geneigten Ebenen vom Abstand $t = 0,8$ mm liegen.

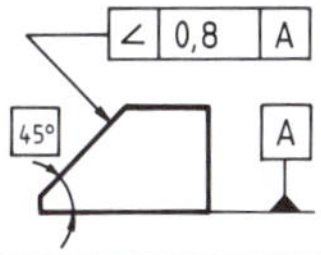

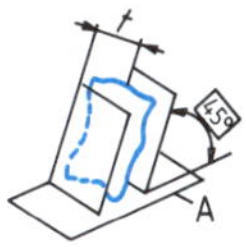

Ortstoleranzen

Position
⊕

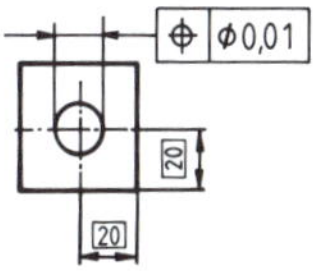

`⊕ ⌀0,01`   `20`   `20`

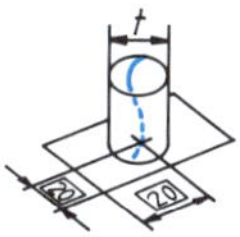

Die Ist-Achse der Bohrung muß innerhalb eines Zylinders vom Durchmesser $t = 0,01$ mm liegen, dessen Achse sich am geometrisch idealen Ort befindet.

Koaxialität Konzentrizität
◎

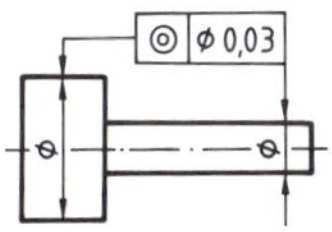

`◎ ⌀ 0,03`

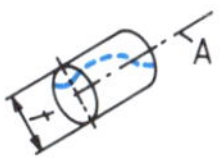

Die Ist-Achse des großen Durchmessers muß in einem zur Bezugsachse (A) koaxialem Zylinder vom Durchmesser $t = 0,03$ mm liegen.

Symmetrie
≡

`≡ 0,7`

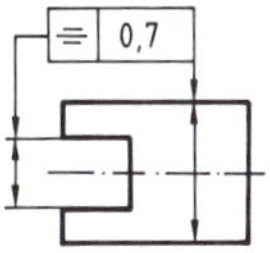

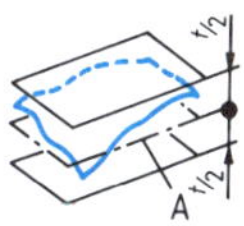

Die Ist-Mittelebene der Nut muß zwischen zwei parallelen Ebenen vom Abstand $t = 0,7$ mm liegen, die symmetrisch zur Mittelebene der Bezugsfläche (A) angeordnet sind.

Lauftoleranzen

Rundlauf
↗

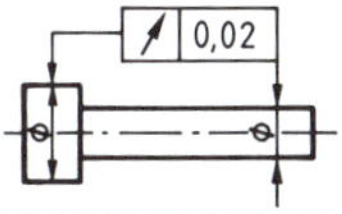

`↗ 0,02`

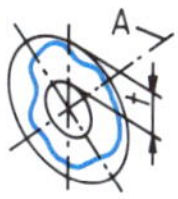

Bei Drehung um die Bezugsachse (A) darf die Rundlaufabweichung $t = 0,02$ mm nicht überschreiten. Diese Toleranz ist die Summe aus Rundheits- und Koaxialitätstoleranz.

Planlauf
↗

`↗ 0,05`

Bei Drehung um die Bezugsachse (A) darf die Planlaufabweichung die Toleranz $t = 0,05$ mm nicht überschreiten.

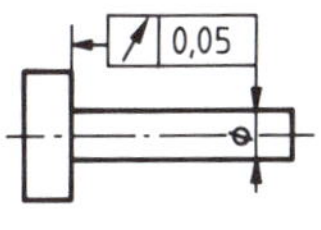

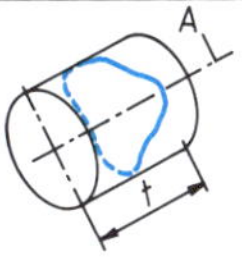

Gesamtlauf
↗↗

`↗↗ 0,01`

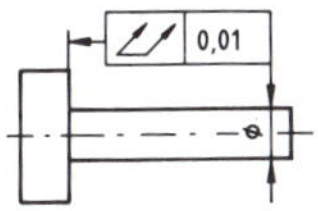

Bei mehrmaliger Drehung um die Bezugsachse und radialer Verschiebung zwischen Werkstück und Meßgerät müssen alle Meßpunkte innerhalb der Gesamtplanlauftoleranz von $t = 0,01$ mm liegen. Die Angabe ist auch für Gesamtrundlauf entsprechend möglich.

6

6.9.7 Tolerierungsgrundsätze

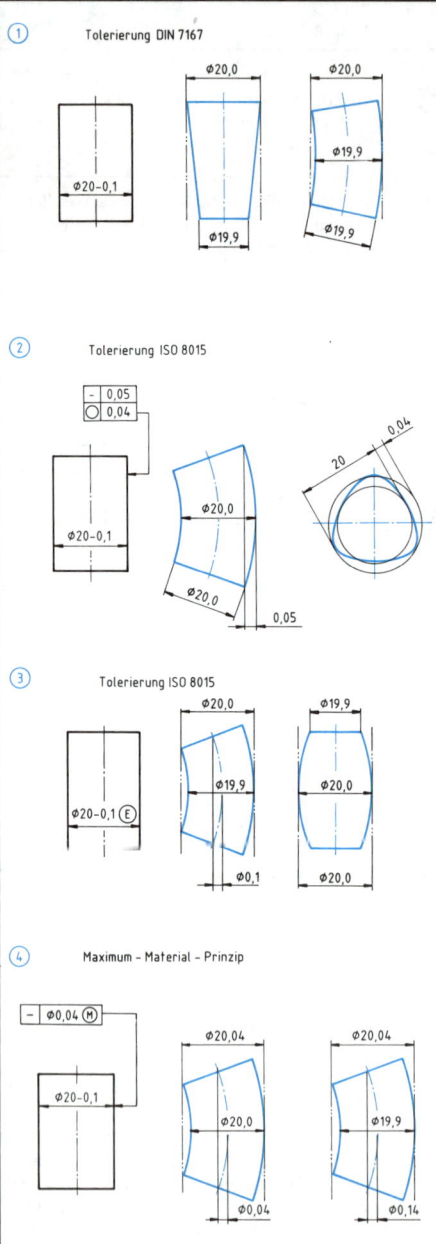

① Tolerierung DIN 7167

② Tolerierung ISO 8015

③ Tolerierung ISO 8015

④ Maximum - Material - Prinzip

Jedes Formelement wird bestimmt durch die geometrischen Merkmale Maß, Form, Richtung und Ort.

1. Alter Tolerierungsgrundsatz nach DIN 7167 (1.87)

Alle Formabweichungen an einem Formelement müssen innerhalb der Maßtoleranz liegen. Damit begrenzt die von der Fertigung genutzte Formtoleranz den übrigbleibenden Bereich der Maßtoleranz. Die geometrisch ideale Form (z.B. Zylinder) darf nach der Hüllbedingung nicht von der Oberfläche des Formelementes durchbrochen werden. Die Hüllbedingung für alle einzelnen Formelemente der Zeichnung ist der Regelfall nach DIN 7167. Dem Vorteil des Verzichts auf Form- und Lagetoleranzeintragungen steht der Nachteil des nicht eindeutigen Beschreibens der Funktion gegenüber. Fertigung und Prüfung werden unnötig teuer. Können Mißverständnisse entstehen, wird in oder nahe des Schriftfeldes eingetragen: Tolerierung DIN 7167.

2. Neuer Tolerierungsgrundsatz nach DIN ISO 8015 (6.86)

Jede in der Zeichnung angegebene Maß-, Form- und Lagetoleranz muß unabhängig voneinander eingehalten werden. Das Längenmaß ($\varnothing 20$) begrenzt nur das örtliche Istmaß (Zweipunktmessung) des Formelementes, nicht die Formabweichung. Die Form- und Lagetoleranzen können auch dann voll ausgenutzt werden, wenn das Formelement Maximum-Material-Maß besitzt.

3. Abhängigkeit von Maß, Form und Lage

Bei einer Passung kann es notwendig sein, Abhängigkeiten anzugeben durch Verweis auf
– den alten Tolerierungsgrundsatz durch Eintragung Tolerierung DIN 7167
– den neuen Tolerierungsgrundsatz durch Eintragung Tolerierung ISO 8015 und die Hüllbedingung mit dem Symbol Ⓔ am Formelement.

4. Maximum-Material-Prinzip nach DIN ISO 2692 (5.90)

Wenn die Istgestalt zweier zu paarender Teile das Maximum-Material-Maß nicht erreicht (kleinere Welle, größere Bohrung), darf aus Funktions- und Wirtschaftlichkeitsgründen die in der Zeichnung eingetragene Form- und Lagetoleranz entsprechend vergrößert werden. Die Kennzeichnung geschieht mit dem Symbol Ⓜ. Das Formelement muß den wirksamen Zustand einhalten.

5. Minimum-Material-Prinzip nach DIN ISO 2692 A1 (5.91)

Darf eine minimale Wanddicke aus Funktionsgründen nicht unterschritten werden, wird durch das Symbol Ⓛ vereinbart, daß die Form- und Lagetoleranz entsprechend vergrößert werden kann (Bedingung: Minimum-Material-Zustand wurde nicht erreicht).

6.10 Konstruktives Zeichnen

6.10.1 Oberflächenangaben nach DIN ISO 1302 (6.80)

Wird die für die Funktion erforderliche Oberfläche durch die üblichen Verfahren nach DIN 4766 (3.81) (vgl. S. 7-18) nicht gewährleistet, sind Rauheit, Fertigungsverfahren und Bearbeitungszugaben nur nach DIN ISO 1302 vorzuschreiben. Die Eintragung erfolgt nur einmal, möglichst zusammen mit der Bemaßung.

Lage der Angaben

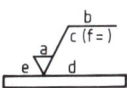

a = Mittenrauhwert R_a in μm oder Rauheitsklasse N
b = Fertigungsverfahren, Behandlung, Sonstiges
c = Bezugsstrecke, Grenzwellenlänge in μm

d = Rillenrichtung
e = Bearbeitungszugabe in mm
f = Andere Rauheitsmeßgrößen (mit oder ohne Klammern und Gleichheitszeichen)

Grundsymbole mit Bedeutung	Beispiele	
Grundsymbol, nur mit besonderer Erklärung aussagefähig	roh	Unbearbeitete Fläche im Rohzustand
	6,3	Beliebig hergestellte Fläche ($R_a \leq 6,3$ μm)
Materialabtrennende Verfahren vorgeschrieben (z.B. Spanen, Zerteilen, Abtragen)	3,2 / 1,6	Spanend hergestellte Oberfläche ($R_a = 1,6$ bis 3,2 μm)
	DIN 2310 - IA	Brenngeschnittene Oberfläche, Güte I, Genauigkeitsgrad A, DIN 2310
Ohne Zusatzangaben: Oberfläche bleibt im Anlieferungszustand	R_z 4	Spanlos hergestellte Oberfläche ($R_z = 4$ μm)
Mit Zusatzangaben: Herstellung ohne materialabtrennende Bearbeitung	verchromt / R_z 1	Die beschichtete Oberfläche mit $R_z = 1$ μm darf nicht spanend bearbeitet werden.

Kennzeichnung der Rillenrichtung

Symbol	Zeichnungseintragung		Erklärung und Anwendung
=	=		Parallel zur Projektionsebene der gekennzeichneten Ansicht (z.B. für Gleit- und Wälzflächen)
⊥	⊥		Senkrecht zur Projektionsebene der gekennzeichneten Ansicht (z.B. für Dichtflächen senkrecht zur Leckrichtung)
X	X		Gekreuzt in zwei schrägen Richtungen zur Projektionsebene der gekennzeichneten Ansicht (z.B. für Zylinderlaufflächen)
M	M		Viele Richtungen zur Projektionsebene der gekennzeichneten Ansicht (z.B. Feinbearbeitung durch Läppen)
C	C		Annähernd zentrisch zum Mittelpunkt der gekennzeichneten Ansicht (z.B. Dichtflächen von Flanschen und Ventilen)
R	R		Annähernd radial zum Mittelpunkt der gekennzeichneten Ansicht (z.B. Bearbeitung durch Stirnschleifen)

Vergleich früherer Oberflächenangaben (zur Änderung bestehender Unterlagen)

DIN 140 (zurückgezogen)		DIN ISO 1302 (Beiblatt 2, 10.80)	

		R_z (R_t) in µm				R_a in µm			
		R1	R2	R3	R4	R1	R2	R3	R4

Gleichmäßigkeit durch saubere spanlose Fertigung									
Geschruppt, Riefen fühlbar, mit bloßem Auge sichtbar		160	100	63	25	25	12,5	6,3	3,2
Geschlichtet, Riefen mit bloßem Auge noch sichtbar		40	25	16	10	6,3	3,2	1,6	0,8
Feingeschlichtet, Riefen mit bloßem Auge nicht mehr sichtbar		16	6,3	4	2,5	1,6	0,8	0,4	0,2
Feinstgeschlichtet		1	1	0,4		0,1	0,1	0,025	

Rauheitsklasse	N1	N2	N3	N4	N5	N6	N7	N8	N9	N10	N11	N12
Mittenrauhwert R_a in µm	0,025	0,05	0,1	0,2	0,4	0,8	1,6	3,2	6,3	12,5	25	50

Zeichnungseintragung	Erklärung

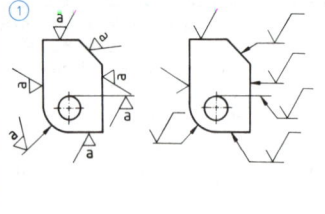

1. Das Symbol wird nur einmal und möglichst zusammen mit der Bemaßung eingetragen. Es zeigt (direkt oder mit einer Bezugslinie) von außen auf die Kante oder die zugehörige Maßhilfslinie. Oberflächenangaben für Radien werden mit der Maßlinie verbunden.
   Symbole und Beschriftungen sollen immer von unten oder rechts lesbar sein. Sind nur Angaben an der Position a vorhanden, kann das Symbol in jeder Lage, die Beschriftung muß aber nach der Grundregel gezeichnet werden.

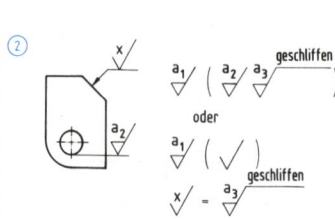

2. Bei einheitlicher Oberfläche wird das Symbol in der Nähe des Teiles bzw. Schriftfeldes eingetragen (evtl. mit dem Zusatz „allseitig").
   Bei überwiegend gleicher Oberfläche werden nur die Abweichungen mit Symbolen versehen und neben dem Hauptsymbol in Klammern eingetragen.
   Umfangreiche Angaben können in der Zeichnung aus Platzgründen abgekürzt werden (z.B. mit x oder y) und in der Nähe erläutert werden.

6.10 Konstruktives Zeichnen

6.10.2 Werkstückkanten nach DIN 6784 (2.82)

Ist eine bestimmte Kantenform erforderlich, muß nach DIN 406 T2 (evtl. Einzelheit) bemaßt werden. Für unbestimmte Kantenformen (die sich z.B. aus dem Fertigungsverfahren ergeben) werden die Toleranzen nach DIN 6784 festgelegt. Die Symboleintragung ist wie bei den Oberflächenzeichen vorzunehmen.

Die Lage der Angaben in Verlängerung der Schenkel des Symbols bestimmt die Richtung des Grates bzw. der Abtragung. Bei mittiger Lage der Angaben ist die Richtung beliebig. Sind nur die Zeichen $+$ oder $-$ oder $\pm$ angegeben, ist die Größe des Kantenmaßes beliebig. Sonst mögliche Angaben sind: 2,5, 1, 0,5, 0,3, 0,1 und für scharfkantig 0,02 und 0,05.

Form	Beispiel	Erklärung
	+0,5	Außenkante gratig ($+$), $a \leq 0,5$ mm Gratrichtung beliebig, da Eintragung in der Mitte der Schenkel
	$-$	Außenkante gratfrei ($-$) Größe des Abtrags und Form beliebig
	±0,02 ±0,05	Wahlweise gratig oder gratfrei ($\pm$) scharfkantig, Außenkante $a \leq 0,05$ mm, Innenkante $a \leq 0,02$ mm, Gratrichtung und Form beliebig
	+1 +0,5	Inpenkante mit Übergang ($+$) $0,5$ mm $\leq a \leq 1$ mm Form beliebig
	$-2,5$	Innenkante mit Abtragung ($-$), $a \leq 2,5$ mm, Richtung festgelegt durch Eintragung am Schenkel des Symbols (Form rechts)

6.10.3 Darstellung von Federn nach DIN ISO 2162 (6.76)[1]

Benennung	Schraubendruckfeder zylindrisch	Schraubenzugfeder zylindrisch	Schraubendrehfeder (Schenkelfeder)	Schraubendruckfeder kegelig	Tellerfeder gleich-/wechselsinnig
Ansicht					
Schnitt					
Sinnbild					

[1]) Federn vgl. auch S. 4 10, 5 27f., 7 66f.

6.10.4   Gewinde nach DIN ISO 6410 (8.82)

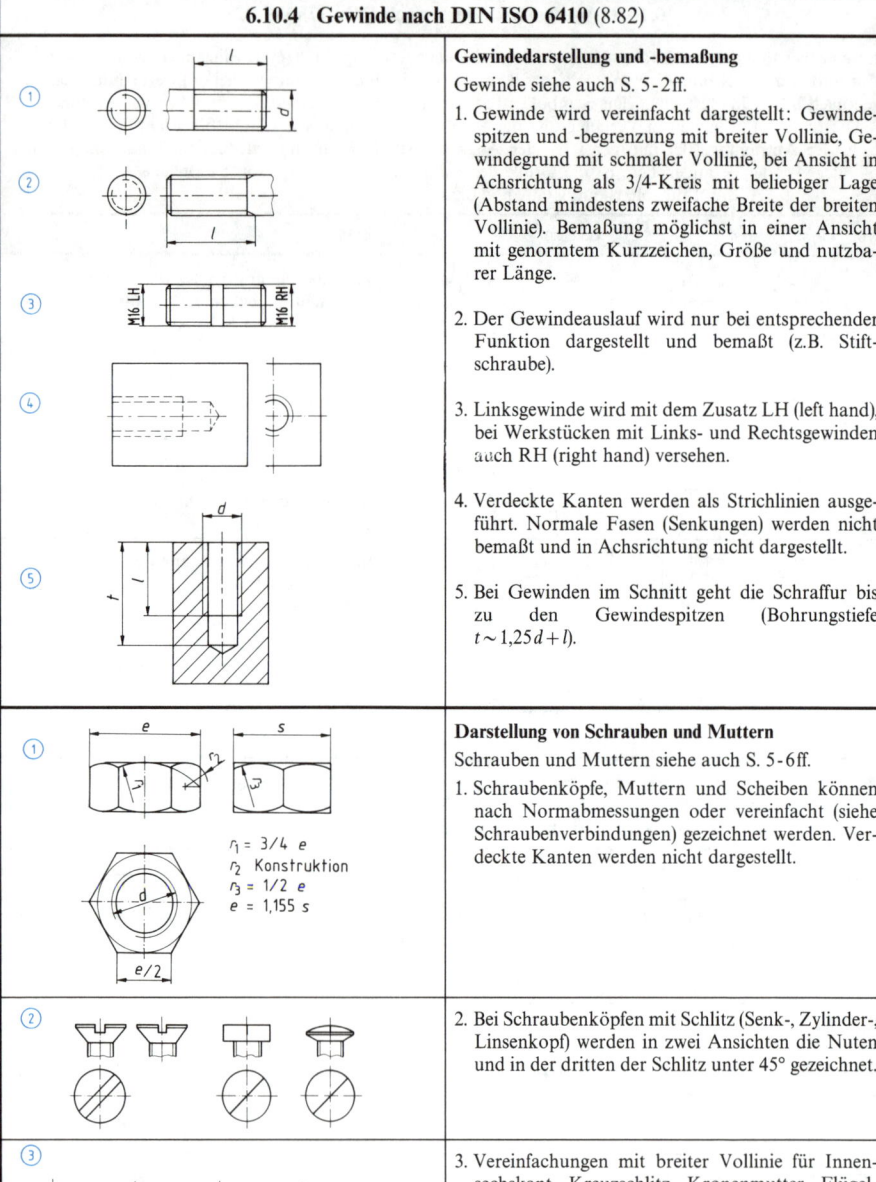

Gewindedarstellung und -bemaßung

Gewinde siehe auch S. 5-2ff.

1. Gewinde wird vereinfacht dargestellt: Gewindespitzen und -begrenzung mit breiter Vollinie, Gewindegrund mit schmaler Vollinie, bei Ansicht in Achsrichtung als 3/4-Kreis mit beliebiger Lage (Abstand mindestens zweifache Breite der breiten Vollinie). Bemaßung möglichst in einer Ansicht mit genormtem Kurzzeichen, Größe und nutzbarer Länge.

2. Der Gewindeauslauf wird nur bei entsprechender Funktion dargestellt und bemaßt (z.B. Stiftschraube).

3. Linksgewinde wird mit dem Zusatz LH (left hand), bei Werkstücken mit Links- und Rechtsgewinden auch RH (right hand) versehen.

4. Verdeckte Kanten werden als Strichlinien ausgeführt. Normale Fasen (Senkungen) werden nicht bemaßt und in Achsrichtung nicht dargestellt.

5. Bei Gewinden im Schnitt geht die Schraffur bis zu den Gewindespitzen (Bohrungstiefe $t \sim 1{,}25\,d + l$).

Darstellung von Schrauben und Muttern

Schrauben und Muttern siehe auch S. 5-6ff.

1. Schraubenköpfe, Muttern und Scheiben können nach Normabmessungen oder vereinfacht (siehe Schraubenverbindungen) gezeichnet werden. Verdeckte Kanten werden nicht dargestellt.

$r_1 = 3/4\ e$
r_2 Konstruktion
$r_3 = 1/2\ e$
$e = 1{,}155\ s$

2. Bei Schraubenköpfen mit Schlitz (Senk-, Zylinder-, Linsenkopf) werden in zwei Ansichten die Nuten und in der dritten der Schlitz unter 45° gezeichnet.

3. Vereinfachungen mit breiter Vollinie für Innensechskant, Kreuzschlitz, Kronenmutter, Flügelmutter.

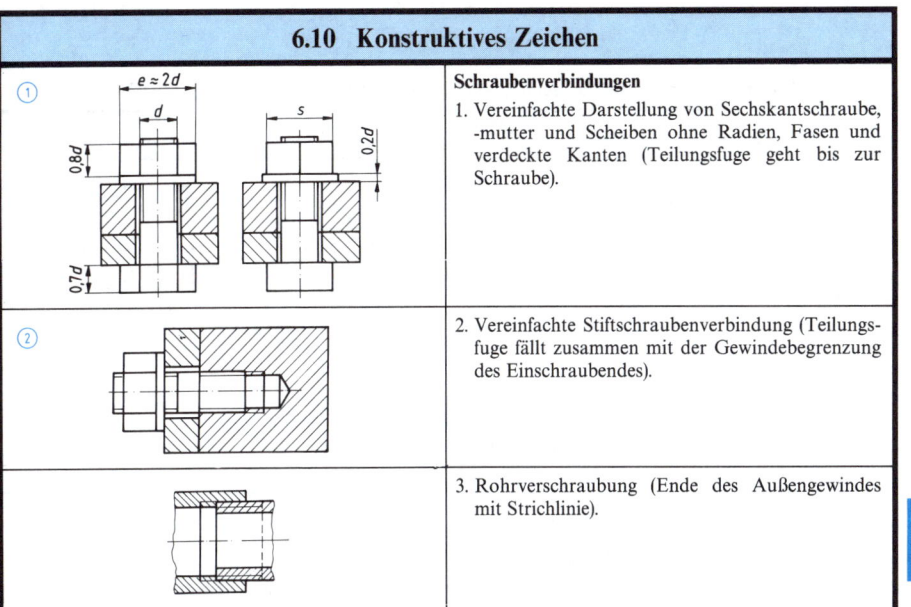

Schraubenverbindungen

1. Vereinfachte Darstellung von Sechskantschraube, -mutter und Scheiben ohne Radien, Fasen und verdeckte Kanten (Teilungsfuge geht bis zur Schraube).

2. Vereinfachte Stiftschraubenverbindung (Teilungsfuge fällt zusammen mit der Gewindebegrenzung des Einschraubendes).

3. Rohrverschraubung (Ende des Außengewindes mit Strichlinie).

6.10.5   Schraffuren nach DIN 201 (5.90)

Soweit erforderlich, können Werkstoffe auch durch Schraffuren gekennzeichnet werden. Die Schraffur hebt eine Fläche hervor (z.B. Schnittfläche, vgl. S. 6-26). Ergänzende Angaben (z.B. CuZn) an der Schraffur sind möglich.

Stoff	Schraffur	Stoff	Schraffur	Stoff	Schraffur	Stoff	Schraffur
U (universal) Schnittfläche		S (solid) feste Stoffe		L (liquid) flüssige Stoffe		G (gaseous) gasförm. Stoffe	
SM (metal) Metalle		SM1 Stahl legiert		SM2 Stahl unleg.		SM3 Gußeisen	
SM11 Leichtmetall		SM12 Schwermetall		SP (plastic) Kunststoffe		SP1 Gummi Elastom.	
SP2 Duroplaste		SP3 Thermoplaste		L1 Wasser		L2 Öl	
L3 Fett		SN (natural) Naturstoff		SN52 Faser		SN53 Keramik	

6.10 Konstruktives Zeichnen

6.10.6 Vereinfachte Darstellungen (Kleindarstellungen) nach DIN 30 (12.70)

Bemaßung vereinfacht		Bemaßung und Darstellung vereinfacht	

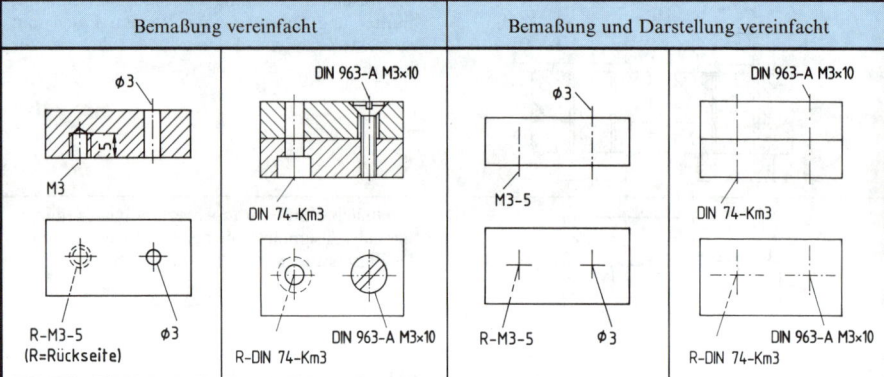

6.10.7 Härteangaben nach DIN 6773 T2, 4, 5 (5.77), T3 (11.76)

Der Endzustand der wärmebehandelten Teile ist anzugeben. Dabei wird aus Funktionsgründen den Härtewerten die größtmögliche Plustoleranz zugeordnet. Falls erforderlich, ist die Meßstelle mit dem Symbol ▽ zu kennzeichnen. Bei komplizierten Zeichnungen können die Härteangaben in ein Wärmebehandlungsbild (vereinfacht, verkleinert) in Schriftfeldnähe eingetragen werden.[1]

Endzustand	Wärmebehandlung		
	ganzes Werkstück gleich	Werkstück unterschiedlich	örtlich begrenzt
gehärtet oder gehärtet und angelassen oder vergütet	vergütet 250+30 HB	Bereich 1 gehärtet und angelassen 50+4 HRC Bereich 1: 60+5 HRC	— · — gehärtet 65+5 HRC
randschicht-gehärtet oder randschicht-gehärtet und angelassen	Schlupf — · — randschichtgehärtet 700+100 HV 50 Rht 650 HV 50 = 0,8+0,8 Rht: Einhärtungstiefe in mm mit Grenzhärte	Ganzzahnhärtung Meßstelle 1 Meßstelle 2 — · — randschichtgehärtet und ganzes Teil angelassen Meßstelle 1 : 60+5 HRC Meßstelle 2 : < 35 HRC	Zahnflankenhärtung Meßstelle für Rht — · — randschichtgehärtet 58+6 HRC Rht 500=2+2 — · · — Grenze Einhärtungszone
einsatzgehärtet oder einsatzgehärtet und angelassen nitriert	nitriert Nht=0,2+0,1 Nht: Nitrierhärtetiefe	Örtlich begrenzte oder unterschiedliche Wärmebehandlung erfordert meist erheblichen Mehraufwand. Bereich ohne Kennzeichng.: ohne Wärmebehandlung Bereich Strichlinie: kann behandelt werden	— — — einsatzgehärtet 60+5 HRC Eht=0,8+0,4 Eht: Einsatzhärtungstiefe

[1] Stoffeigenschaftsändern siehe Seite 7-60ff. Werkstoffprüfung siehe Seite 4-54ff.

6.10.8 Schweiß- und Lötverbindungen nach DIN 1912 T1 (12.87)

Mögliche Angaben am Bezugszeichen:
Pfeillinie zeigt bei unsymmetrischen Nähten auf vorzubereitenden Stoß.

1 Ergänzungssymbol (Montagenaht, Naht ringsumlaufend)
2 Stumpfnaht: Nahtdicke s (nur falls nicht durchgeschweißt)
   Kehlnaht: immer Nahtdicke a oder Schenkellänge z ($z = a\sqrt{2}$)
3 Schweißnahtsymbol ober- oder unterhalb Bezugslinie, Strichlinie gegenüber (bzw. durch) Symbol bei Nahtausführung auf Pfeilseite (bzw. Gegenseite), ohne Strichlinie bei symmetrischer Naht
4 Anzahl n der Nähte × Nahtlänge l (bei unterbrochenen Nähten)
5 Zeichen **Z** (unterbrochene und versetzte Nähte)
6 Zwischenräume (e) (bei unterbrochenen Nähten)
7 Verfahren (Kennzahl nach ISO 4063 (1978))
8 Bewertungsgruppe (z.B. DIN 8563 T3 (10.85))
9 Schweißposition (DIN 1912 T2 (12.87))
10 Zusatzwerkstoff (z.B. DIN 1732 T1 (6.88))

Symbol Name	zeichnerische Darstellung erläuternd	symbolhaft	Symbol Name	zeichnerische Darstellung erläuternd	symbolhaft
Bördelnaht			Lochnaht		
I-Naht			Punktnaht		
V-Naht			Liniennaht		
HV-Naht			Steilflankennaht		
Y-Naht			Stirnflachnaht		
HY-Naht			Flächennaht		
U-Naht			Schrägnaht		
Kehlnaht			Falznaht		

6

6.10 Konstruktives Zeichnen

Kombinationen von Grund-, Zusatz- und Ergänzungssymbolen, Beispiele

Benennung	zeichnerische Darstellung		Benennung	zeichnerische Darstellung	
	erläuternd	symbolhaft		erläuternd	symbolhaft
Doppel-I-Naht von beiden Seiten geschweißt			Doppel-U-Naht Montage-naht		
Doppel-V-Naht (X-Naht)			Doppel-HU-Naht (Doppel-Jot-Naht)		
Doppel-HV-Naht (K-Naht)			V-Naht mit Gegenlage, ebene Ober-flächen		
Doppel-Y-Naht			Kehlnaht mit hohler bzw. gewölbter Oberfläche		
Doppel-HY-Naht (K-Stegnaht)			Doppel-kehlnaht, Kehlnaht ringsum ver-laufend		

Erscheint eine Schweißnaht in einer Zeichnung im Querschnitt, ist die bildliche Darstellung meist zweckmäßiger. Bei Schweißnähten, die in Längsrichtung zu sehen sind, ist die symbolhafte Bezeichnung häufig einfacher und übersichtlicher als die bildliche Schuppung. [1]

Bemaßung von Schweiß- und Lötverbindungen

I-Naht, nicht durchgeschweißt	Durchgehende Kehlnaht	Unterbrochene Doppelkehlnaht	
		gegenüberliegend	Vormaß v, versetzt

Stoßarten nach DIN 1912 T1 (6.76)

Stumpf-stoß	Parallel-stoß	Überlapp-stoß	T-Stoß	Doppel-T-Stoß	Kreuzungs-stoß	Schräg-stoß	Eckstoß	Mehrfach-stoß

[1]) Zum Fügen vergleiche S. 7-44ff.

6.10 Konstruktives Zeichnen

6.10.9 Freistiche und Zentrierbohrungen

Freistiche nach DIN 509 (8.66)

Zeichnung	Verwendung und Benennung
	Form E für Werkstücke mit einer Bearbeitungsfläche (Außen- oder Innenfreistich) Bsp.: DIN 509 – E 0,6 × 0,3 für Form E mit $r_1 = 0,6$ mm, $t_1 = 0,3$ mm
	Form F für Werkstücke mit zwei Bearbeitungsflächen (Außen- oder Innenfreistich) Bsp.: DIN 509 – F 1 × 0,2 für Form F mit $r_1 = 1$ mm, $t_1 = 0,2$ mm
	Senkung am Gegenstück für Freistich Form E oder Form F

Darstellung von Freistichen in Zeichnungen meist vereinfacht mit schmaler Vollinie, Hinweislinie und Benennung oder vollständig mit Teilschnitt und vergrößerter Einzelheit (vgl. S. 6-25).

Empfohlene Zuordnung Werkstückdurchmesser und Freistichmaße in mm

d_1	r_1	t_1 +0,1	f_1	g ≈	t_2 +0,05	Mindestmaß a für Form E	F	Übergang bei Bearbeitungszugabe z z	e_1	e_2
				übliche Beanspruchung						
··· 1,6	0,1	0,1	0,5	0,8	0,1	0	0	0,1	0,37	0,71
1,6··· 3	0,2	0,1	1	0,9	0,1	0,2	0	0,15	0,56	1,07
3 ··· 10	0,4	0,2	2	1,1	0,1	0,4	0	0,2	0,75	1,42
								0,25	0,93	1,78
10 ··· 18	0,6	0,2	2	1,4	0,1	0,8	0,2	0,3	1,12	2,14
18 ··· 80	0,6	0,3	2,5	2,1	0,2	0,6	0	0,4	1,49	2,85
80 ···	1	0,4	4	3,2	0,3	1,2	0	0,5	1,87	3,56
								0,6	2,24	4,27
				erhöhte Wechselfestigkeit				0,7	2,61	4,98
								0,8	2,99	5,69
18 ··· 50	1	0,2	2,5	1,8	0,1	1,6	0,8	0,9	3,36	6,40
50 ··· 80	1,6	0,3	4	3,1	0,2	2,6	1,1	1,0	3,73	7,12
80 ···125	2,5	0,4	5	4,8	0,3	4,2	1,9			
125 ···	4	0,5	7	6,4	0,3	7	4,0			

6

6.10 Konstruktives Zeichnen

Zentrierbohrungen nach DIN 332 T1 (4.86) und T10 (12.83)

Darstellung vereinfacht	Bedeutung
DIN 332– B4×8,5	Zentrierbohrung ist am fertigen Teil erforderlich Bsp.: Form B mit $d_1=4$ mm und $d_2=8,5$ mm Höhe des Symbols etwa 10fache Linienbreite
DIN 332– B10×21,2	Zentrierbohrung darf am fertigen Teil bleiben Bsp.: Form B mit $d_1=10$ mm und $d_2=21,2$ mm
DIN 332– A2×4,25	Zentrierbohrung darf nicht am fertigen Teil bleiben Bsp.: Form A mit $d_1=2$ mm und $d_2=4,25$ mm Höhe des Symbols etwa 10fache Linienbreite Abstechmaße a s.u.

Darstellung bildlich	Maße der Formen in mm										
	d_1	1	1,25	1,6	2	2,5	3,15	4	5	6,3	8	10
	d_2	2,12	2,65	3,25	4,25	5,3	6,7	8,5	9,2	13,2	17	21,2
	Form A, gerade Laufflächen, ohne Schutzsenkung										
	t_1	1,9	2,3	2,9	3,7	4,6	5,9	7,4	9,2	11,5	14,8	18,4
	a_1	3	4	5	6	7	9	11	14	18	22	28
	Form B, gerade Laufflächen, kegelförmige Schutzsenkung										
	t_2	2,2	2,7	3,4	4,3	5,4	6,8	8,6	10,8	12,9	16,4	20,4
	a_2	3,5	4,5	5,5	6,6	8,3	10	12,7	15,6	20	25	31
	b_1	0,3	0,4	0,5	0,6	0,8	0,9	1,2	1,6	1,4	1,6	2
	d_3	3,15	4	5	6,3	8	10	12,5	16	18	22,4	28
	Form C, gerade Laufflächen, kegelstumpfförmige Schutzsenkung										
	t_3	1,9	2,3	2,9	3,7	4,6	5,9	7,4	9,2	11,5	14,8	18,7
	a_3	3,5	4,5	5,5	6,6	8,3	10	12,7	15,6	20	25	31
	b_2	0,4	0,6	0,7	0,9	0,9	1,1	1,7	1,7	2,3	3	3,9
	d_4	4,5	5,3	6,3	7,5	9	11,2	14	18	22,7	28	35,5
	d_5	5	6	7,1	8,5	10	12,5	16	20	25	31,5	40
	Form R, gewölbte Laufflächen, ohne Schutzsenkung										
	t_1	1,9	2,3	2,9	3,7	4,6	5,8	7,4	9,2	11,4	14,7	18,3
	a_1	3	4	5	6	7	9	11	14	18	22	28

6.10 Konstruktives Zeichnen

6.10.10 Übersicht Gesamtzeichnung

Gesamtzeichnung

Graphische Darstellungen | **Alphanumerische Darstellungen** | **Schriftfeld**

Graphische Darstellungen

- **Anordnung** in Gebrauchslage

- **Darstellung** häufig im Schnitt, um Innenformen zu zeigen, verdeckte Kanten nur, wenn zum Verständnis unbedingt notwendig

- **Nachbarbauteile** haben bei gleichem Nennmaß eine Berührungslinie, sonst zwei Linien, Schnittstelle, Element-System-Beziehungen, Wirkzusammenhänge (z.B. Kraft-, Form-, Stoffschluß, Führung, Lager)

- **Angrenzende Teile,** Umrisse mit Strichzweipunktlinie (z.B. Werkstück in Vorrichtung)

- **Grundform,** Rohteil, Hüllform

- **Bearbeitungsform,** teilweise vereinfacht (z.B. ohne unbedeutende Radien, Fasen)

- **Bemaßung,** nur wichtige Funktions-, Anschluß- und Montagemaße

- **Normteile,** gleichbleibende, bekannte Funktion, Form, Nachbarbauteile nach Tabelle, häufig vereinfachte Darstellung

- **Einzelteile,** Schraffur desselben Teils in allen Ansichten gleichartig, identische Teile erhalten nur eine Positionsnummer, die nur einmal einzutragen ist

- **Baugruppen** aus unlösbar verbundenen Einzelteilen werden innerhalb einer Gesamtzeichnung wie ein Teil behandelt (eine Positionsnummer, alle Einzelteile mit gleichartiger Schraffur)

- **Positionsnummer DIN ISO 6433** (9.82) für jedes Teil in doppelter Maßzahlgröße, eventuell eingekreist, Anordnung außerhalb des Umrisses in horizontalen und vertikalen Reihen mit Hinweislinien, Reihenfolge mit System (z.B. Montage, Baugruppe, Uhrzeigersinn), zusammengehörige Teile an einer Hinweislinie eintragen. Vgl. S. 6-27

- **Funktion,** Analyse, ähnliche, bekannte Geräte, Baugruppen, Teile, Bewegungsablauf (geradlinig, drehend, schwingend, Umformen, Führen, Lagern, Positionieren, Spannen)

Schriftfeld

- **Benennung,** Form, Funktion, Verwendung

- **Maßstab, Gewicht,** natürliche Größe

- **Werkstoff, Halbzeug, Rohteil-, Modell-, Gesenk-Nummer,** Form, Funktion, Behandlung, Fertigung

- **Zeichnungsnummer,** Sachnummern zum Identifizieren, Klassifizieren

- **Blatt,** Anzahl zusammengehöriger Zeichnungen

- **Firma, Zeichnungsersteller**

- **Verwendungsbereich, Änderungszustand**

- **Ursprung,** Nutzungsrechte

- **Bearbeiter, Datum, Erstellung**

- **Allgemeintoleranzen, Oberfläche**

- **ISO-Passungen,** Abmaße

Stückliste

- **Positionsnummer** (Pos., Pos.-Nr.), jede Position der Gesamtzeichnung

- **Menge, Einheit,** Stückzahl (Stck.), Gewicht (kg)

- **Benennung** nach Form, Funktion, immer in der Einzahl

- **Sachnummer,** Zeichnungsnummer zum Identifizieren, Klassifizieren

- **Norm-Kurzbezeichnung,** Normteile mit DIN-Nummer und Normabmessungen oder Halbzeuge mit Normabmessungen und Werkstoffnummer bzw. -kurzbezeichnung, Form, Funktion, Größe, Nachbarbauteil

- **Bemerkung,** Hinweise für Fertigung, Prüfung

6

6.11 Rechnergestütztes Zeichnen und Konstruieren – CAD

6.11.1 CAD-Arbeitsplatz

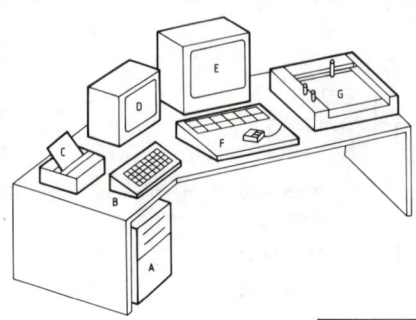

A **Rechner, Speicher**

B **Tastatur** für alphanumerische Daten, Befehle

C **Drucker** zur Textausgabe und Hardcopy

D **Alphanumerischer Bildschirm**

E **Graphischer Bildschirm**

F **Eingabetablett** mit Menüfeldern und Stift oder Lupe zur Bildschirmsteuerung oder Maus

G **Plotter** zur Ausgabe von Zeichnungen

Benutzer Eingabe	Verarbeitung	System Ausgabe
Bedienoberfläche: Tastaturen Tablett Analoge Wertegeber	Zentraleinheit Betriebssoftware Anwendersoftware Speicher	Bildschirme Drucker Plotter Speicher

Rechnerinternes Modell	Darstellung	Merkmale
2-D-Kantenmodell 14 Konturelemente 13 Punktelemente		Keine rechnerinterne Verbindung zwischen den Ansichten. Erzeugung der Ansichten, Schnitte und verdeckten Kanten durch herkömmliche Projektion. Änderungen einzeln übertragen.
3-D-Kantenmodell 22 Konturelemente 18 Punktelemente		Keine rechnerinterne Information über Bauteilegeometrie zwischen den Kanten. Drehen des Körpers in beliebige Lage bzw. Änderung des Standpunktes möglich. Erzeugung beliebiger Ansichten, Perspektiven, Bewegungsanalysen von Bauteilen. Kein Ausblenden verdeckter Kanten und keine Schnitte.
3-D-Flächenmodell 9 Flächenelemente 19 Konturelemente 14 Punktelemente		Keine rechnerinterne Information über Bauteilegeometrie zwischen den Flächen. Zusätzlich zum Kantenmodell ist möglich: Verdeckte Kanten ausblenden, Schnitterzeugung (ohne Schraffur), Durchdringungskurven und Flächenabwicklung.
3-D-Volumenmodell 3 Volumenelemente 9 Flächenelemente 19 Konturelemente 14 Punktelemente		Vollständige rechnerinterne Information über Bauteilegeometrie (Addition, Subtraktion von Volumen). Zusätzlich zum Flächenmodell ist möglich: Automatische Zusammenstellung von Gesamtzeichnungen, Explosionsdarstellungen zur Montage und Wartung, Schattierungen und Lichtreflexe.

6.11 Rechnergestütztes Zeichnen und Konstruieren – CAD

CAD-Eingabesprache

Operatoren

Grundfunktionen
Erzeugen
Ändern
Löschen
Ein-/Ausblenden

Ein-/Ausgabe
Bildschirmanzeige
Bausteine laden
Daten verwalten
Plotten   Hardcopy

Manipulation
Verschieben
Drehen
Spiegeln
Kopieren
Skalieren
Dehnen   Trimmen

Hilfsfunktionen
Berechnen
Systemparameter

Dateneingabe
Zahlen   Texte

Positionieren
Neues Element
plazieren:
Koordinaten
Fadenkreuz
Werkzeuge

Identifizieren
Vorhandene Elemente
auswählen:
Koordinaten
Fadenkreuz
Namen

Operanden

**Geometrische Grund-
elemente**
Punkt   Strecke   Gerade
Kreis   Bogen   Ellipse
Freihandkurve   (Splines)
Äquidistante

**Geometrische Grund-
konstruktionen**
Lot   Mittelsenkrechte
Strecken-   Winkelteilung
Parallele   Tangente
Rundung   Fase
Bogenübergang

**Zeichnungstechnische
Elemente**
Bemaßungsarten
Schraffur
Toleranzen
Oberflächenangaben
Text   Hinweise

6

Ebenentechnik

Die Zeichnungskomponenten werden auf verschiedene Ebenen (durchsichtige Folien) verteilt, die übereinandergelegt das Gesamtbild ergeben. Jede Ebene ist einzeln ein- oder auszublenden. Die Aufteilung ist zweckmäßig nach Geometrie, Bemaßung, Schraffur, Schriftfeld, Zeichnungsrahmen und Text. Vorteile ergeben sich beim Ändern, Zusammenstellen von Gesamtzeichnungen, CNC-Steuerinformationen (Konturteile entsprechenden Werkzeugen und Ebenen zuordnen).

Variantentechnik

Einkopieren von dynamischen Bildelementen zur Darstellung von Teilefamilien mit Maß- oder Gestaltvarianten. Grundlage ist ein Programm zur Berechnung der abhängigen Größen. Gegenüber dem herkömmlichen Bemaßen mit Tabellen sind die maßstäbliche Ausgabe von Zeichnungen und Angebotszeichnungen im Baukastensystem möglich. Die Erstellung von Normteilkatalogen läßt sich gegenüber der Makrotechnik beschleunigen.

Makrotechnik

1. Befehlsmakros

Verwendung zur Eingabevereinfachung durch Zusammenfassen von häufig in gleicher Reihenfolge auftretenden Einzelbefehlen (z.B. Einstellen von Systemparametern wie Linienart, -breite, -farbe). Auswahl mit dem Menütablett.

2. Zeichenmakros

Einkopieren von statischen (in der Gestalt gleichen) Bildelementen in beliebige Position. Außer Skalieren besteht keine Änderungsmöglichkeit. Anwendung auf Wiederhol- und Normteile, betriebsspezifische Baugruppen (z.B. Gewinde, Schrauben, Wälzlager, Schaltplansymbole).

Dreidimensionale Darstellung

Eine neue Beschreibungstechnik im Raumkoordinatensystem ist erforderlich. Der Bildschirm wird in mehrere Bereiche (windows) für die einzelnen Ansichten unterteilt. Diese sind aber durch das rechnerinterne Abbildungsmodell miteinander verbunden. Ein Körper kann auf zwei Arten erfaßt werden:
1. Mathematisch exakt (analytische Geometrie) für Werkstücke, die spanend bearbeitet werden,
2. näherungsweise (approximierend) für Guß-, Schmiede- und Tiefziehteile mit Flächen höheren Grades.

6.11.2 CAD – Grundkonstruktionen

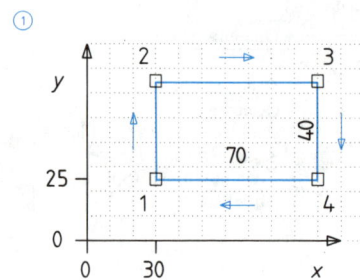

Punkt

1. Punktbestimmung durch Digitalisieren ist die Übernahme von Koordinaten des Fadenkreuzes oder Cursors durch Identifizieren eines Punktes mit Hilfe der Cursortasten, der Maus oder eines Tabletts mit Lupe. Eine vollständig „freie" Eingabe ist weder technisch möglich (Mindestschritte der Eingabegeräte, Speicherplatz) noch sinnvoll. Zur Eingabe wird ein möglichst großes Raster gewählt, um deutlich sichtbare Bewegungen am Bildschirm zu erhalten und damit Fehler besser zu erkennen. Auch Freihandlinien werden aus größeren Geradenstücken im Raster aufgebaut.

Einsatz:
Zeichnungen, bei denen viele Maße (z.B. durch Verwendung von Normzahlen) zu einem Rasterabstand passen. Dies sind einfache Werkstücke und Schaltpläne. Eingabereihenfolge des gezeichneten Rechtecks rechts- oder linksumlaufend mit beliebigem Startpunkt möglich.

Hilfsmittel zum genauen Digitalisieren:
– Koordinatenanzeigen kartesisch, polar, absolut und relativ
– Werkzeuge zum Identifizieren z.B. von Schnittpunkten
– Punkt- oder Linienraster auf dem Bildschirm (im mehrfachen Abstand des benutzten Eingaberasters)
– Orthogonalfunktion zum Zeichnen achsparalleler Linien

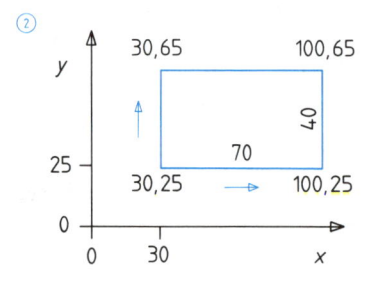

2. Punktbestimmung mit bildschirmbezogenen kartesischen absoluten Koordinaten durch Befehlseingabe (Syntax) mit x- und y-Wert. Einsatz bei größeren oder nicht in ein Raster passenden Maßen oder Winkeln. (Vgl. auch S. 1-10, 6-9, 6-35)

Das bildschirmbezogene System (Ursprung linke untere Bildschirmecke) wird z.B. bei gegebenen, absoluten Koordinaten des Werkstücks benutzt oder zur Festlegung eines Basispunktes beim Einfügen von Zeichnungen. Die Eingabereihenfolge des gezeichneten Rechtecks ist rechts- oder linksumlaufend mit beliebigem Startpunkt möglich.

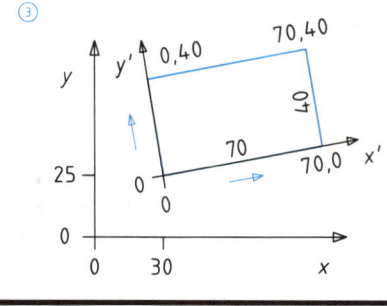

3. Punktbestimmung mit zeichnungsbezogenen kartesischen absoluten Koordinatensystemen mit gegebenenfalls mehreren zusätzlichen Ursprüngen in Bezugpunkten der Zeichnung werden bei entsprechend dargestellten und bemaßten Zeichnungsteilen eingesetzt (hier um 10° gedrehtes Rechteck).

④

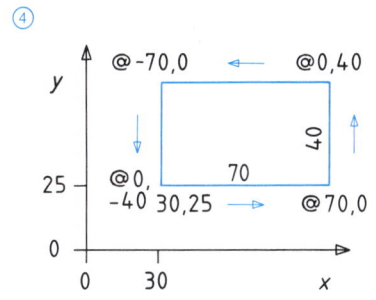

4. Punktbestimmung mit zeichnungsbezogenen kartesischen relativen Koordinaten durch Befehlseingabe (Syntax) mit Relativsymbol z.B. @ und x- und y-Wert. Das jeweils aktuelle Koordinatensystem ist mit seinem Ursprung auf den zuletzt behandelten Punkt bezogen. Einsatz bei bekannten Teilmaßen des Werkstücks, wenn kein neues zeichnungsbezogenes System errichtet werden soll. Die gezeichnete Eingabereihenfolge des Rechtecks beginnt mit absoluten kartesischen Koordinaten und ist dann linksumlaufend.

⑤

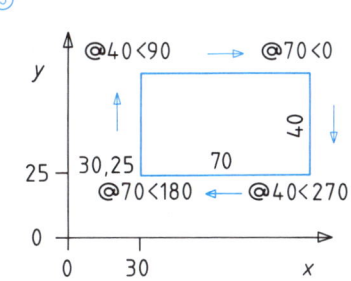

5. Punktbestimmung mit zeichnungsbezogenen polaren relativen Koordinaten durch Befehlseingabe (Syntax) mit Länge und Winkelsymbol z.B. L und < W. Das jeweils aktuelle Koordinatensystem ist mit seinem Ursprung auf den zuletzt behandelten Punkt bezogen. Einsatz bei bekannten Teillängen und -winkeln, wenn ein neues zeichnungsbezogenes absolutes System nicht errichtet werden soll. Die gezeichnete Eingabereihenfolge des Rechtecks mit Beginn in absoluten kartesischen Koordinaten ist dann rechtsumlaufend.

⑥

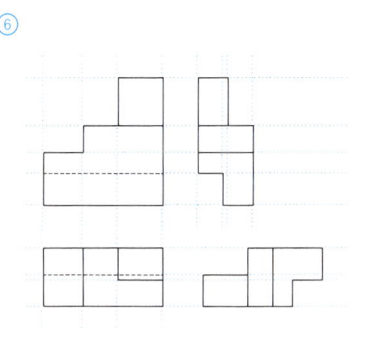

6. Punktbestimmung mit Hilfslinien zum Einsatz wie bei der herkömmlichen Konstruktion (maßgenaue Projektion mehrerer Ansichten). Die Hilfslinien werden als parallele Geraden oder als Kreise im passenden Koordinatensystem erzeugt.

Verschiedenes Vorgehen ist möglich:

– die gewünschte Linienart wird direkt verwendet und die Längen später unter Einsatz von Werkzeugen durch Verkürzen angepaßt, oder

– die Hilfslinien werden auf einer besonderen Ebene mit einem besonderen Linientyp gezeichnet. Danach findet auf der gewünschten Ebene die Konturverfolgung (Überzeichnen mit einer Linie) ohne Raster unter Einsatz von Werkzeugen statt. Die Hilfslinien werden entweder gelöscht oder nur die entsprechende Ebene ausgeblendet.

6

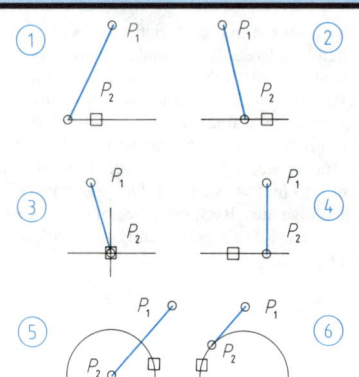

Linie

Erzeugen einer Linie (Strecke) oder Hilfslinie (Geraden) durch Positionieren des Anfangs- bzw. nächsten Punktes mit

– Koordinateneingabe und/oder
– Digitalisieren, hier dargestellt mit Werkzeugen als Hilfsmittel, ohne Einsatz des Rasters. Die gewünschte Position von Punkt P_2 braucht nur näherungsweise mit dem Fangquadrat angegeben zu werden. Möglichkeiten der Punktbestimmung:

1. Endpunkt einer Linie
2. Mittelpunkt einer Linie
3. Schnittpunkt zweier Linien
4. Lot auf eine Linie
5. Zentrum eines Kreises
6. Tangente an einen Kreis

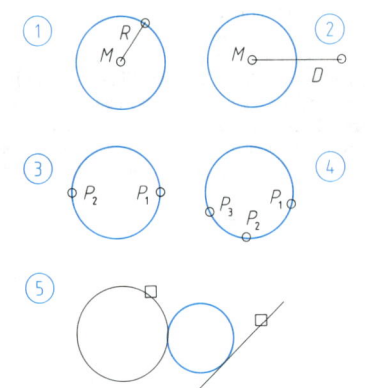

Kreis

Erzeugen eines Kreises durch Punktbestimmung mit Koordinaten- und Dateneingabe oder Digitalisieren. Dabei erfolgt die geometrische Festlegung durch Auswahl einer der Möglichkeiten:

1. Mittelpunkt und Radius
2. Mittelpunkt und Durchmesser
3. 2 Punkte im Durchmesserabstand
4. 3 Punkte auf dem Kreis
5. 2 tangierende Elemente und der Radius

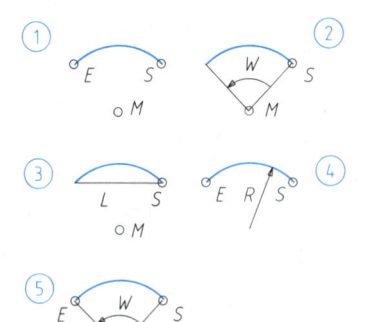

Bogen

Erzeugen eines Bogens meist im Gegenuhrzeigersinn durch Punktbestimmung mit Koordinaten- und Dateneingabe oder Digitalisieren, dabei geometrische Festlegung durch Auswahl bei beliebiger Reihenfolge von:

1. Mittelpunkt, Startpunkt und Endpunkt
2. Mittelpunkt, Startpunkt und Winkel
3. Mittelpunkt, Startpunkt und Sehnenlänge
4. Startpunkt, Endpunkt und Radius
5. Startpunkt, Endpunkt und Winkel

7 Fertigungsverfahren

Alle maschinellen und manuellen Vorgänge, die zur Herstellung von geometrisch bestimmten festen Körpern (Rohteil, Halbfertigteil oder Fertigteil) dienen, werden als Fertigungsverfahren bezeichnet. Hierzu gehören auch jene Vorgänge, die zur Veränderung der Stoffeigenschaften führen und Vorgänge, die zur Gewinnung fester Formen aus dem formlosen Zustand dienen.

DIN 8580 (6.74) ordnet alle Fertigungsverfahren systematisch unter drei Gesichtspunkten:

Verfahren dienen zur …		
Schaffung der Form eines Körpers	Veränderung der Form eines Körpers	Veränderung der Stoffeigenschaften eines Körpers
z.B. durch Gießen	z.B. durch Walzen	z.B. durch Flammvorschub-härten

Diese drei Verfahren werden unter dem Gesichtspunkt des „Einflusses des Bearbeitungsvorganges auf den Stoffzusammenhalt[1]) des Körpers" (schaffen, beibehalten, vermindern und vermehren) teilweise noch weiter untergliedert, so daß nach DIN 8580 die gesamten Fertigungsverfahren in **6 Hauptgruppen** eingeteilt werden:

Urformen	Umformen	Trennen	Fügen	Beschichten	Stoffeigenschaftsändern
Gießen	Walzen	Drehen	Schweißen	Verzinken	Flamm-Vorschubhärten

Diese 6 **Hauptgruppen** der Fertigungsverfahren untergliedern sich weiter in **Gruppen**[2]) und **Untergruppen**[2]), so daß sich die gesamten Verfahren genau unterscheiden und zuordnen lassen sowie die Art und Wirkungsweise der Werkzeuge erklärt und sachrichtig bezeichnet werden kann.

7.1 Urformen durch Gießen

Die Unterteilung der Urformverfahren nach DIN 8580 (6.74) erfolgt nach dem Ausgangszustand des zu formenden Werkstoffes, der in eine geometrisch bestimmte Form gebracht werden soll.

Urformen aus dem …			
gas- oder dampfförmigen Zustand	flüssigen, breiigen oder pastenförmigen Zustand	ionisierten Zustand	festen (körnigen oder pulverigen) Zustand
Metallaufdampfen	Gießen	Galvanoplastik	Sintern

Die z.Z. gültigen Normen beinhalten für diesen Bereich noch keine Unterteilung in **Untergruppen.** Beim Urformen ordnen sich die Teilchen (Atome, Atomrümpfe, Moleküle oder Sinterpulver) unter dem Einfluß von Temperaturunterschieden, Spannungsunterschieden oder mechanischen Kräften und nehmen entsprechend den Randbedingungen (z.B. Gießform) die gewünschte Form an.

---

[1]) Dieser Begriff bezieht sich sowohl auf Teilchen (Atome, Atomrümpfe und Moleküle) eines festen Körpers als auch auf Bestandteile eines zusammengesetzten Körpers (z.B. zwei Werkstücke, die durch eine Schraubverbindung zusammengehalten werden).
[2]) Die Gruppen und Untergruppen werden bei den einzelnen Verfahren benannt.

7.1 Urformen durch Gießen

7.1.1 Grundlagen zur Bestimmung der Gußrohteilnennmaße und Modellnennmaße

Beispiel: Aus der Fertigteilzeichnung oder Werkstattzeichnung (siehe Abb. 1) ergeben sich die Gußfertigteilnennmaße (d_{F1}, d_{F2}, h_{F1} und h_{F2}), der Genauigkeitsgrad dieser Gußfertigteilnennmaße (Toleranz DIN 1683 GTB 18), die erforderliche Oberflächenbeschaffenheit (zwei Flächen sollen nach dem Gießen spanend bearbeitet werden) und der Gußwerkstoff (Stahlguß).

1. Schritt:
Feststellung der Bearbeitungszugaben nach der Tabelle Bearbeitungszugaben für Stahlguß DIN 1683 S. 7-4 (siehe Wertetabelle Spalte 2). Die Bearbeitungszugabe wird nur nach dem größten Außennennmaß, im Beispiel d_{F1}, ermittelt.

2. Schritt:
Feststellung der Abmaße nach der Tabelle Gußallgemeintoleranzen (GT) für Stahlguß DIN 1683, S. 7-4 und Ermittlung der Gußrohteilnennmaße (siehe Wertetabelle Spalte 3, 6 und 7).

3. Schritt:
Feststellung des Schwindmaßes für Stahlguß nach der Tabelle Schwindrichtmaße DIN 1511, S. 7-5 und Ermittlung der Modellnennmaße (siehe Wertetabelle Spalte 4 und 8).

$$\text{Modellnennmaß:} \quad d_M = d_R + \frac{d_R \cdot S}{100\%}$$

$$h_M = h_R + \frac{h_R \cdot S}{100\%}$$

d_R, h_R — Gußrohteilnenndurchmesser bzw. -höhe
d_M, h_M — Modellnenndurchmesser bzw. -höhe
S — Schwindung

4. Schritt:
Feststellung der Formschräge (FS) nach DIN 1511, S. 7-4 und gegebenenfalls Ermittlung der Formschrägenbreite (b_{FS}) (siehe Wertetabelle Spalte 5). Die Formschräge ist eine erforderliche Gestaltsänderung, um Modell und Gießform unbeschadet voneinander trennen zu können.

$$\text{Formschrägenbreite:} \quad b_{FS} = \tan\alpha_{FS} \cdot h_M$$

$\tan\alpha_{FS}$ — Winkel der Formschräge
h_M — Modellnennhöhe
b_{FS} — Formschrägenbreite

Wertetabelle

Spalte	1	2	3	4	5	6	7	8
Maßbuchstabe	Fertignennmaß (F) in mm	Bearb.-zugabe (BZ) in mm	Abmaß (GT) in mm	Schwindmaß (S) in %	Formschräge (α_{FS}) in °	Formel für Gußrohteilnennmaß	Gußrohteilnennmaß (R) in mm	Modellnennmaß (M) in mm
d_1	200	–	$\pm 4{,}4$	2	–	$d_{R1} = d_{F1} + \dfrac{GT}{2}$	204,4	208,5
d_2	100	4	$\pm 3{,}7$	2	–	$d_{R2} = d_{F2} + 2 \times BZ + \dfrac{GT}{2}$	111,7	113,9
h_1	95	–	$\pm 3{,}7$	2	0,5	$h_{R1} = h_{F1} + \dfrac{GT}{2}$	98,7	100,7
h_2	45	4	$\pm 3{,}2$	2	1	$h_{R2} = h_{F2} + 1 \times BZ + \dfrac{GT}{2}$	52,2	53,2

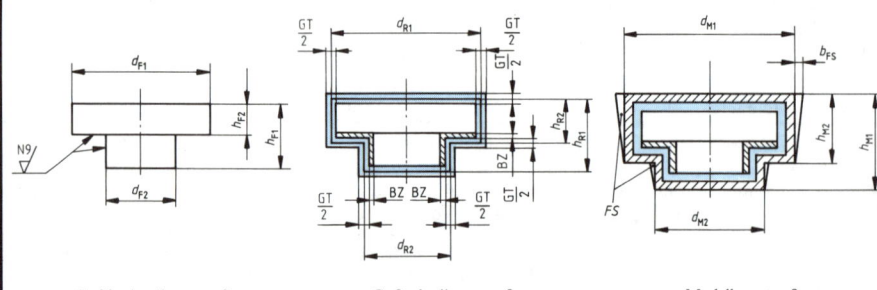

Gußfertigteilnennmaße   Gußrohteilnennmaße   Modellnennmaße

7.1 Urformen durch Gießen

7.1.1.1 Gestaltungswerte für Gußrohteile aus Gußeisen mit Kugelgraphit und Lamellengraphit

Gußallgemeintoleranzen[1]) (GT) für GGG und GGL nach DIN 1685 und DIN 1686 (10.80)

Dickennennmaßbereich in mm über ··· bis 10 ···18	6 ···10	···6	Genauigkeitsgrad	Längennennmaßbereich in mm über ··· bis ···18	18 ···30	30 ···50	50 ···80	80 ···120	120 ···180	180 ···250	250 ···315	315 ···400	400 ···500
–	–	–	GTB 20	±4,5	±7,5	±8	±8,5	±9	±10	±11	±11	±12	±13
±4,5	–		GTB 19	±4,5	±4,7	±5	±5,5	±6	±6,5	±7	±7,5	±8	±8,5
±4,5	±2,5	–	GTB 18	±2,9	±3	±3,2	±3,4	±3,7	±4,1	±4,4	±4,7	±5	±5,5
±2,9	±2,5	±1,5	GTB 17	±1,8	±1,9	±2	±2,1	±2,3	±2,5	±2,7	±2,9	±3,1	±3,3
±1,8	±1,8	±1,5	GTB 16	±1,1	±1,2	±1,3	±1,4	±1,5	±1,6	±1,8	±1,9	±2	±2,1
±1,1	±1	±0,95	GTB 15	±0,85	±0,95	±1	±1,1	±1,2	±1,3	±1,4	±1,5	±1,6	±1,7

Die Istabweichung darf in keinem Fall mehr als ±25% des Nennmaßes betragen, darauf ist im **fett**umrandeten Bereich zu achten.

Bearbeitungszugaben (BZ) für Gußeisen mit Kugelgraphit nach DIN 1685 (10.80)

Bearbeitungszugaben		BZ für Gußstücke bis 1000 kg und 50 mm Wanddicke				eingeschränkte BZ, z.B. für Serienfertigung			
Nennmaßbereich in mm bezogen auf das größte Außennennmaß des Gußrohteiles		über ··· bis ···50	50 ···120	120 ···250	250 ···500	über ··· bis ···50	50 ···120	120 ···250	250 ···500
Bearbeitungszugabe in mm je nach Lage der Fläche in der Gießform	unten, seitlich	2	2,5	3	3,5	1	1	1,5	1,5
	oben	2,5	3	4	5	1,5	1,5	1,5	2

Bearbeitungszugaben (BZ) für Gußeisen mit Lamellengraphit nach DIN 1686 (10.80)

Bearbeitungszugabenbereich		BZ für Gußstücke bis 1000 kg und 50 mm Wanddicke				eingeschränkte BZ, z.B. für Serienfertigung			
Nennmaßbereich in mm bezogen auf das größte Außennennmaß des Gußrohteiles		über ··· bis ···50	50 ···120	120 ···250	250 ···500	über ··· bis ···50	50 ···120	120 ···250	250 ···500
Bearbeitungszugabe in mm je nach Lage der Fläche in der Gießform	unten, seitlich	2	2	2,5	2,5	1	1	1,5	1,5
	oben	2,5	2,5	3	3	1,5	1,5	1,5	1,5

Bezeichnungsbeispiel:
Toleranz und Zugabe **DIN 1685 – GTB 18 – BZ 3/4**
① ② ③

①: Gußstück aus GGG, für das die Gußallgemeintoleranzen und Bearbeitungszugaben nach DIN 1685 gelten. ②: Gewählter Genauigkeitsgrad GTB 18 der Gußallgemeintoleranzen. ③: Die Bearbeitungszugabe für seitlich und unten liegende Flächen in der Gießform beträgt 3 mm und für oben liegende 4 mm.

[1]) Abmaße für Dicken und Längen (Längen, Dicten, Mittenabstände, Durchmesser, Rundungen) in mm

7.1 Urformen durch Gießen

7.1.1.2 Gestaltungswerte für Gußrohteile aus Stahlguß nach DIN 1683 (10.80)

Gußallgemeintoleranzen[1]) (GT)

Dickennennmaßbereich in mm über … bis			Genauigkeitsgrad	Längennennmaßbereich in mm über … bis									
30 …50	18 …30	…18		…30	30 …50	50 …80	80 …120	120 …180	180 …250	250 …315	315 …400	400 …500	500 …630
±11 ±9,5	±7,5 ±7,5	±4,5 ±4,5	GTB 20 GTB 19/5	±7,5 ±6	±8 ±6,5	±8,5 ±7	±9 ±7,5	±10 ±8	±11 ±9	±11 ±9,5	±12 ±10	±13 ±11	±14 ±11
±8 ±6,5	±7,5 ±6	±4,5 ±4,5	GTB 19 GTB 18/5	±4,7 ±3,7	±5 ±3,9	±5,5 ±4,2	±6 ±4,5	±6,5 ±5	±7 ±5,5	±7,5 ±6	±8 ±6,5	±8,5 ±7	±9,5 ±7,5
±5 ±3,9	±4,7 ±3,7	±4,5 ±3,6	GTB 18 GTB 17/5	±3 ±2,4	±3,2 ±2,5	±3,4 ±2,7	±3,7 ±2,9	±4,1 ±3,2	±4,4 ±3,5	±4,7 ±3,7	±5 ±4	±5,5 ±4,3	±6 ±4,6
±3,2 ±2,5	±3 ±2,4	±2,9 ±2,3	GTB 17 GTB 16/5	±1,9 ±1,5	±2 ±1,6	±2,1 ±1,7	±2,3 ±1,8	±2,5 ±2	±2,7 ±2,2	±2,9 –	±3,1 –	±3,3 –	– –

Die Istmaßabweichung darf in keinem Fall mehr als ±25% des Nennmaßes betragen, darauf ist im **fett**umrandeten Bereich zu achten.

Bearbeitungszugaben (BZ)

Bearbeitungszugabenbereich	Allgemeine Bearbeitungszugaben					Eingeschränkte BZ, z.B. für Serienfertigung				
Nennmaßbereich in mm bezogen auf das größte Außennennmaß des Gußrohteiles	über … bis					über … bis				
	…50	50 …120	120 …250	250 …400	400 …500	…50	50 …120	120 …250	250 …400	400 …500
Bearbeitungszugabe in mm	2	3	4	5	6	1	1,5	2	2,5	3

Mindestwerte für Innenrundungen (r_{min})

Wanddicke (s) in mm	über … bis			Anmerkung
	…10	10 …30	30 …	Anmerkung: Die Mindestwerte für Innenrundungen sind zur Minderung der Rißgefahr erforderlich. Deshalb wird bei Innen- und Außenrundungen das ermittelte Toleranzfeld so gewählt, daß das untere Abmaß stets Null ergibt.
r_{min} in mm	6	10	$0,33 \times s$	Beispiel: Statt $r = 20^{+1,5}_{-1,5}$, bei einem Genauigkeitsgrad GTB 16/5, gilt $r = 20^{+3}_{0}$. Damit ergibt das untere Abmaß 0 mm und das obere Abmaß 3 mm.

7.1.1.3 Formschrägen (FS) nach DIN 1511 (4.78)

FS für Kernmarken		Lage der Formschräge	Formschrägen für äußere und innere Flächen an Modellen									
über 70	bis 70	Höhe der Fläche am Modell in mm	über … bis									
			…10	10 …18	18 …30	30 …50	50 …80	80 …180	180 …250	250 …315	315 …400	400 …500
5	3	FS α in °	3	2	1,5	1	0,75	0,5				
		FS b_{FS} in mm							1,5	2	2,5	3

[1]) Abmaße für Dicken und Längen (Längen, Breiten, Mittenabstände, Durchmesser, Rundungen) in mm

7.1 Urformen durch Gießen

Bestimmung der Formschrägenbreite b_{FS} und Modellnennhöhe h_M:

$b_{FS} = \tan \alpha \cdot h_M$

$\tan \alpha$ Winkel der Formschräge

$h_M = h_R + \dfrac{h_R \cdot S}{100\%}$

h_R Gußrohteil-nennhöhe

S Schwindung in %

7.1.1.4 Schwindrichtmaße (S) nach DIN 1511 (4.78)

Gußwerkstoff	S in %	Gußwerkstoff	S in %
GG	1,0	G-Al-Legierungen	1,2
GGG, ungeglüht	1,2	G-Mg-Legierungen	1,2
GGG, geglüht	0,5	G-Zn-Legierungen	1,3
GS	2,0	G-CuSn-Legierungen	1,5
GTS	0,5	G-CuSnZn-Legierungen	1,3
GTW	1,6	G-CuZn-Legierungen	1,2

7.1.2 Gestaltungswerte für Modelle

7.1.2.1 Anstrich von Modellen nach DIN 1511 (4.78)

Fläche oder Flächenteil	GS	GGG	GG	GTW GTS	Leicht-metallguß	Schwer-metallguß
Farbe für unbearbeitet bleibende Flächen; Ziehkanten	blau	lila	rot	grau	grün	gelb
Am Gußteil zu bearbeitende Flächen (kleine Flächen ganzflächig streichen)	gelbe Striche					rote Striche
Sitzstellen loser Modellteile, allgemein	schwarz umrandet					
Stellen für Abdeckpl.; Marken für einzulegende Dorne	rot	rot	blau	rot	blau	blau
(1) Kernmarken, Lage des Kerns, (2) Hohlkehlen	(1) schwarz; (2) schwarz gestrichelt angedeutet mit Angabe des Halbmessers					
Verlorene Köpfe oder Aufgüsse	schwarze Streifen und entspr. Beschriftung					

7.1.2.2 Zusätzliche Maßabweichungen für Modelle nach DIN 1511 (4.78)

Nennmaß-bereich in mm über / bis	Maßabweichungen in mm der verschiedenen Güteklassen (die in Klammern gesetzten Zahlen sind ein Anhaltswert für die Anzahl der Abformungen bei günstigen Kleinmodellformen)					
	Güteklassen – Holzmodelle		Güteklassen – Metallmodelle		Güteklassen – Kunststoffmodelle	
über / bis	H1a; H1 (1000); (500)	H2; H3 (50); (5)	M1 (1000)	M2 (1000)	K1 (1000)	K2 (50)
30	±0,2	±0,4	±0,10	±0,15	±0,15	±0,25
30 50	±0,3	±0,5	±0,15	±0,20	±0,20	±0,30
50 80	±0,3	±0,6	±0,15	±0,25	±0,25	±0,35
80 120	±0,4	±0,7	±0,20	±0,30	±0,30	±0,45
120 180	±0,5	±0,8	±0,20	±0,30	±0,30	±0,50
180 250	±0,6	±0,9	±0,25	±0,35	±0,35	±0,60
250 315	±0,6	±1	±0,25	±0,40	±0,40	±0,65
315 400	±0,7	±1,1	±0,30	±0,45	±0,45	±0,70
400 500	±0,8	±1,2	±0,30	±0,50	±0,50	±0,80

7

7.1.3 Gießkräfte

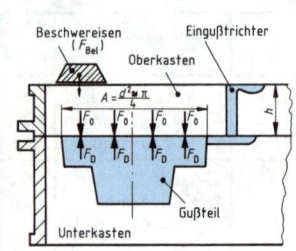

Kraft des Gießmetalls gegen die Decke des Oberkastens F_D

$$F_D = A \cdot h \cdot g \cdot \varrho_{Fl}$$

A Fläche des Gußstückes in der Formteilung
h Höhe des Oberkastens, bzw. Abstand des Schwerpunkts der Fläche zur Oberkante des Eingusses
ϱ_{Fl} Dichte des Gießmetalles

Kraft des Oberkastens auf das Gußstück F_O

$$F_O = V_O \cdot g \cdot \varrho_{Fs}$$

g Erdbeschleunigung (9,81 m/s²)
V_O Volumen des Oberkastens
ϱ_{Fs} Dichte des Formsandes im Oberkasten

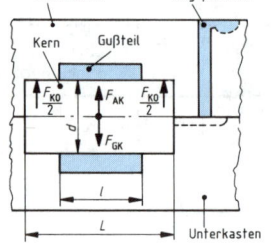

Kraft des Kerns gegen den Oberkasten F_{KO}

$$F_{KO} = F_{AK} - F_{GK}$$

$$F_{AK} = V_{Fl} \cdot g \cdot \varrho_{Fl} \qquad F_{GK} = V_K \cdot g \cdot \varrho_K$$

F_{AK} Auftriebskraft des Kerns
F_{GK} Gewichtskraft des Kerns
V_{Fl} Volumen des Gießmetalls, das durch den Kern verdrängt wird
V_K Volumen des gesamten Kerns
ϱ_K Dichte des Kernmaterials

$$V_{FL} = \frac{d^2 \cdot \pi}{4} \cdot l$$

$$V_K = \frac{d^2 \cdot \pi}{4} \cdot L$$

Erforderliche Oberkastenbelastungskraft F_{Bel}

$$F_{Bel} = (F_D + F_{KO} - F_O) \cdot k$$

(Bei kernlosen Gußstücken entfällt F_{KO})

k Sicherheitsfaktor 1,1 bis 1,5

7.1.4 Stoffwerte der Gießereitechnik (Mittelwerte)

Dichten von Roh- und Hilfsstoffen in kg/dm³				Dichten von luftgetrockneten Hölzern bei 12% Feuchtigkeit in kg/dm³			
Betonit	0,9	Schamotte	2,0	Ahorn	0,61	Kirschbaum	0,66
Chromerzsand	4,5	Steinkohlenstaub	0,6	Birnbaum	0,69	Linde	0,53
Modellgips	1,8	Ton	2,2	Erle	0,49	Nußbaum	0,64
Olivinsand	3,3	Wachs	0,96	Fichte	0,42	Tanne	0,41
Quarzsand	2,65	Zirkonsand	4,6	Kiefer	0,58	Ulme	0,67

Dichten flüssiger Gußwerkstoffe in kg/dm³			
Gußeisen	6,5	Al-Zn-Legierungen	2,7
Stahlguß	6,9	Cu-Pb-Sn-Legierungen	8,7
Temperguß	6,7	Cu-Sn-Legierungen	8,0
Aluminiumlegierungen	2,3	Cu-Zn-Legierungen	7,7
Magnesiumlegierungen	1,6	Cu-Sn-Zn-Legierungen	7,8

7.2 Umformen

Die Umformverfahren werden nach DIN 8580 (6.74) und DIN 8582 (4.71) unter dem Gesichtspunkt der wirksamen Spannung in der Umformzone unterschieden:

Druckumformen	Zugdruckumformen	Zugumformen	Biegeumformen	Schubumformen
Walzen	Draht-ziehen	Längen	Biegen	Verdrehen

Die weitere Unterteilung der Verfahren in **Untergruppen** erfolgt nach den Kriterien: Relativbewegung zwischen Werkzeug und Werkstück, Werkzeuggeometrie und Werkstückgeometrie:

Walzen	Durchziehen		Biegen mit gerad-	
Freiformen	Tiefziehen		liniger Werkzeug-	
Gesenkformen	Kragenziehen	Längen	bewegung	
Eindrücken	Drücken	Weiten	Biegen mit drehender	Verschieben
Durchdrücken	Knickbauchen	Tiefen	Werkzeugbewegung	Verdrehen

In der Umformzone werden die Körner (Kristallite) plastisch verformt (d.h. Gitterbereiche von Elementarzellen im Korn verschieben sich gegeneinander), während das Volumen gleich bleibt.

Körner in der
Umformzone vor
dem Umformen:
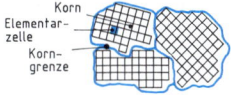

Körner in der
Umformzone nach
dem Umformen:
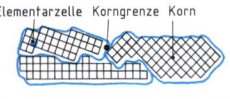

7.2.1 Umformen durch Tiefziehen

7.2.1.1 Ziehverhältnis (β)

Das Ziehverhältnis β kennzeichnet die Größe der Umformung. Beim Überschreiten des Ziehverhältnisses treten am Übergang vom Napfboden zur Zarge sogenannte Bodenreißer auf.

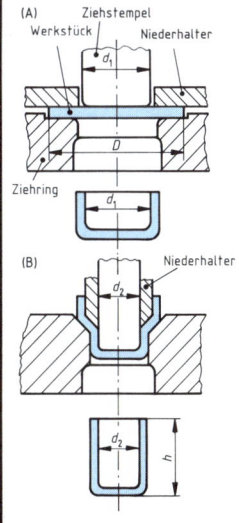

Tiefziehen; (A) Erstzug mit Napfzwischenform, (B) Weiterzug mit Napfendform

$$\beta_1 = \frac{D}{d_1}$$

$$\beta_2 = \frac{d_1}{d_2}$$

β_1 Ziehverhältnis im Erstzug
D Zuschnittdurchmesser (Ronde)
d_1 Stempeldurchmesser beim Erstzug (Fertigteildurchmesser bei Teilen, die im Erstzug hergestellt werden)
β_2 Ziehverhältnis im Weiterzug (Zweitzug)
d_2 Stempeldurchmesser beim Weiterzug

Beispiel: Es soll ein Napf ohne Rand aus St14 und ohne Zwischenglühen mit $d_2 = 56$ mm und $h = 73{,}5$ mm hergestellt werden.
Gesucht: $D = ?$, $d_1 = ?$, $d_2 = ?$, $\beta_1 = ?$, $\beta_2 = ?$

1. Schritt: Formel für Zuschnittdurchmesser aus Tabelle S. 7-8 entnehmen, und D ermitteln;
$$D = \sqrt{d^2 + 4 \cdot d \cdot h} = \sqrt{(56\ \text{mm})^2 + 4 \cdot 56\ \text{mm} \cdot 73{,}5\ \text{mm}} = 140\ \text{mm}$$

2. Schritt: Ziehverhältnis β_1 und β_2 für St14 aus Tabelle S. 7-8 entnehmen; $\beta_1 = 2{,}0$, $\beta_2 = 1{,}3$

3. Schritt: Ermittlung des kleinsten Stempeldurchmessers d_1 und d_2 für den Erst- und Weiterzug;
$$d_1 = \frac{D}{\beta_1} = \frac{140\ \text{mm}}{2} = 70\ \text{mm}; \quad d_2 = \frac{70\ \text{mm}}{1{,}3} = 53{,}8\ \text{mm}$$

Lösung: Da der errechnete Stempeldurchmesser ($d_2 = 53{,}8$ mm) kleiner ist als der gewünschte Stempeldurchmesser ($d_2 = 56$ mm), kann der Napf ohne Schwierigkeiten (Bodenreißer) mit $d_2 = 56$ mm gezogen werden.

7.2 Umformen

Faktoren für maximale Ziehverhältnisse (β)

Werk-stoff	Ziehverhältnis			Werkstoff	Ziehverhältnis			Werkstoff	Ziehverhältnis		
	β_1	β_2	β_{2z}[1])		β_1	β_2	β_{2z}[1])		β_1	β_2	β_{2z}[1])
St 10	1,7	1,2	1,5	Cu (O_2-frei)	2,1	1,3	1,9	Al 99,5 w	2,1	1,6	2,0
St 12	1,8	1,2	1,6	CuZn 37 w	2,1	1,4	2,0	AlMg 1 w	1,85	1,3	1,75
St 13	1,9	1,25	1,65	CuZn 37 h	1,9	1,2	1,7	AlCuMg 1 pl w	2,0	1,5	1,8
St 14	2,0	1,3	1,7	CuZn 10 F 24	2,1	1,3	1,9	AlCuMg 1 pl ka	1,8	1,3	1,5

Die angegebenen Werte wurden für $d_1 = 100$ mm und $s = 1$ mm ermittelt und gelten bis $d_1 : s = 300$
[1]) Ziehverhältnis (β_{2z}) beim Weiterzug mit Zwischenglühen

7.2.1.2 Formeln zur Berechnung der Zuschnittdurchmesser (D)
Die Oberfläche des Zuschnitts ist gleich der Oberfläche des fertigen Ziehteils

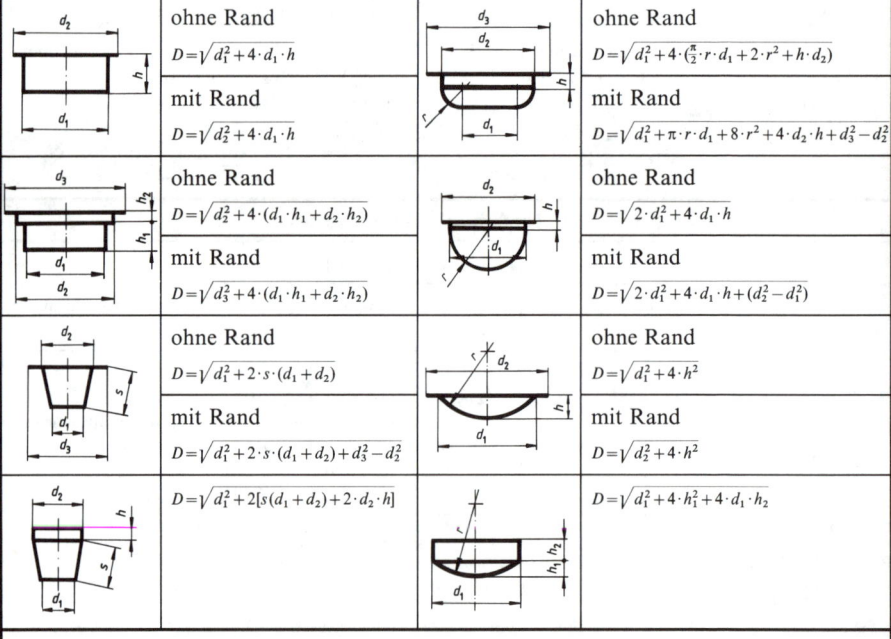

ohne Rand $D = \sqrt{d_1^2 + 4 \cdot d_1 \cdot h}$	ohne Rand $D = \sqrt{d_1^2 + 4 \cdot (\frac{\pi}{2} \cdot r \cdot d_1 + 2 \cdot r^2 + h \cdot d_2)}$
mit Rand $D = \sqrt{d_2^2 + 4 \cdot d_1 \cdot h}$	mit Rand $D = \sqrt{d_1^2 + \pi \cdot r \cdot d_1 + 8 \cdot r^2 + 4 \cdot d_2 \cdot h + d_3^2 - d_2^2}$
ohne Rand $D = \sqrt{d_2^2 + 4 \cdot (d_1 \cdot h_1 + d_2 \cdot h_2)}$	ohne Rand $D = \sqrt{2 \cdot d_1^2 + 4 \cdot d_1 \cdot h}$
mit Rand $D = \sqrt{d_3^2 + 4 \cdot (d_1 \cdot h_1 + d_2 \cdot h_2)}$	mit Rand $D = \sqrt{2 \cdot d_1^2 + 4 \cdot d_1 \cdot h + (d_2^2 - d_1^2)}$
ohne Rand $D = \sqrt{d_1^2 + 2 \cdot s \cdot (d_1 + d_2)}$	ohne Rand $D = \sqrt{d_1^2 + 4 \cdot h^2}$
mit Rand $D = \sqrt{d_1^2 + 2 \cdot s \cdot (d_1 + d_2) + d_3^2 - d_2^2}$	mit Rand $D = \sqrt{d_2^2 + 4 \cdot h^2}$
$D = \sqrt{d_1^2 + 2[s(d_1 + d_2) + 2 \cdot d_2 \cdot h]}$	$D = \sqrt{d_1^2 + 4 \cdot h_1^2 + 4 \cdot d_1 \cdot h_2}$

7.2.1.3 Schmierstoffe beim Tiefziehen

Werkstoffe	Schmierstoffe
unleg. Stähle	in Wasser emulgierbare Öle; für gebonderte Bleche genügt eine Kalkmischung bzw. Seifenwasser mit Graphit
Al und Al-Leg.	Petroleum mit Zusatz von kornfreiem Graphit; Rübölersatz; mineralische Fette
Cu und CuZn-Leg.	starke Seifenlauge mit Öl vermischt; Rüböl
hochleg. Stähle	Wasser-Graphit-Brei; dicke Mischung aus Leinöl-Bleiweiß mit 10% Schwefel

7.2.1.4 Radien und Ziehspalt am Tiefziehwerkzeug

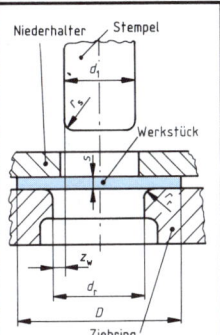

Radien am Tiefziehwerkzeug (r_r ; r_s)

$$r_r = 0{,}05 \cdot [50 + (D - d_r)] \cdot \sqrt{s}$$

$$d_r = d_1 + 2z_w$$

$$r_s = (0{,}1 \cdots 0{,}25)\, d_1$$

$$r_{s\,min} = 5 \cdot s$$

Ziehspalt (z_w)

$$z_w = s + a\sqrt{10 \cdot s}$$

a	Werkstofffaktor
D	Zuschnittdurchmesser
d_r	Ziehringdurchmesser
d_1	Stempeldurchmesser
r_r	Radius am Ziehring
r_s	Radius am Stempel
$r_{s\,min}$	Mindestradius am Stempel
s	Blechstärke

Werte für den Werkstofffaktor (a)

Stahl	0,07	Sonstige NE-Metalle	0,04
Aluminium	0,02		

Beispiel: Es soll ein Napf ohne Rand aus St14 mit $D = 140$ mm, $d_1 = 70$ mm und $s = 1{,}5$ mm hergestellt werden.

Gesucht: $z_w = ?$, $r_r = ?$, $d_r = ?$ und $r_s = ?$

Lösung: $z_w = s + a\sqrt{10\,s}$
$\qquad = 1{,}5$ mm $+ 0{,}07\sqrt{10 \cdot 1{,}55\ \text{mm}}$
$z_w = 1{,}8$ mm

$d_r = d_1 + 2z_w = 70$ mm $+ 2 \cdot 1{,}8$ mm $= 73{,}6$ mm
$r_r = 0{,}05 \cdot [50 + (D - d_r)] \cdot \sqrt{s}$
$r_r = 0{,}05 \cdot [50 + (140\ \text{mm} - 73{,}6\ \text{mm})] \cdot \sqrt{1{,}5\ \text{mm}}$
$r_r = 7{,}1$ mm
$r_s = 0{,}1 \cdot d_1 = 0{,}1 \cdot 70$ mm $= 7$ mm
Kontrolle: $r_{s\,min} = 5s = 5 \cdot 1{,}5$ mm $= 7{,}5$ mm
Gewählt: $r_s = 7{,}5$ mm

7.2.1.5 Kräfte beim Tiefziehen

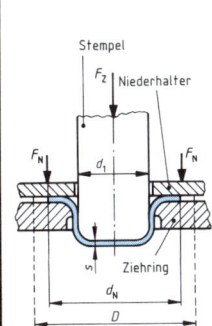

Bodenreißkraft (F_B)

$$F_B = A_B \cdot R_m$$

$$A_B = \pi (d_1 + s) \cdot s$$

Tiefziehkraft (F_z)

$$F_z = A_B \cdot R_m \cdot 1{,}2 \cdot \frac{\beta - 1}{\beta_{max} - 1}$$

Niederhalterkraft (F_N)

$$F_N = \pi/4 \cdot (D^2 - d_N^2) \cdot p$$

Gesamtziehkraft (F)

$$F = F_z + F_N$$

A_B	Bruchquerschnittsfläche
D	Zuschnittdurchmesser
d_1	Stempeldurchmesser
d_N	Auflagendurchmesser des Niederhalters auf dem Werkstück (dieser wird während des Ziehens kleiner)
p	Niederhalterdruck
R_m	Zugfestigkeit des Werkstückes
s	Blechstärke
β	beim Tiefziehen verwendetes Ziehverhältnis
β_{max}	max. Ziehverhältnis lt. Tab. S. 7-8

Werte für den Niederhalterdruck (p)

Stahl	25 bar	Al und Al-Leg.	12 ⋯ 15 bar
Cu und Cu-Leg.	20 ⋯ 24 bar		

Beispiel: Es soll ein Napf ohne Rand aus St14 mit $D = 140$ mm, $d_1 = 70$ mm, $s = 1{,}5$ mm und $\beta_1 = \beta_{1\,max}$ im Erstzug hergestellt werden.

Gesucht: F_B, F_z, p, F_N für $d_N = 90$ mm und F

Lösung: $F_B = A_B \cdot R_m = \pi (d_1 + s) \cdot s \cdot R_m$
$F_B = 3{,}14\ (70\ \text{mm} + 1{,}5\ \text{mm}) \cdot 1{,}5\ \text{mm} \cdot 270\ \text{N/mm}^2$
$F_B = 90{,}9$ kN (R_m aus Tab. S. 4-10)

$F_z = A_B \cdot R_m \cdot 1{,}2 \cdot \dfrac{\beta_1 - 1}{\beta_{1\,max} - 1}$

$F_z = 90{,}9$ kN $\cdot 1{,}2 \cdot \dfrac{2 - 2}{2 - 1} = 109$ kN

$p = 25$ bar (aus Tabelle) Umrechnungsfaktor für p: 1 bar $= 10$ N/cm^2

$p = 25$ bar $\cdot \dfrac{10\ \text{N}}{\text{cm}^2 \cdot 1\ \text{bar}} \cdot \dfrac{1\ \text{cm}^2}{100\ \text{mm}^2} = 2{,}5$ N/mm^2

$F_N = \dfrac{\pi}{4}(D^2 - d_N^2) \cdot p$

$F_N = \dfrac{3{,}14}{4}(140^2\ \text{mm}^2 - 90^2\ \text{mm}^2) \cdot 2{,}5\ \text{N/mm}^2$

$F_N = 22{,}6$ kN

$F = F_z + F_N = 109$ kN $+ 22{,}6$ kN $= 131{,}6$ kN
(bei $d_N = 90$ mm)

7.2 Umformen

7.2.2 Umformen durch Biegen

7.2.2.1 Kleinster zulässiger Biegeradius (r_{zul}) nach DIN 6935 (10.75)

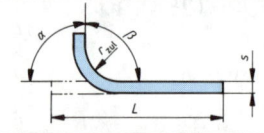

L gestreckte Länge
r_{zul} kleinster zulässiger Biegeradius
s Werkstückstärke [1])
α Biegewinkel
β Öffnungswinkel

Werkstück-stärke s in mm von	bis	r_{zul} in mm bei $\alpha \leq 120°$ für Stahl R_m in N/mm² bis 390	390 bis 490	490 bis 640
	1	1	1,2	1,6
1	1,5	1,6	2	2,5
1,5	2,5	2,5	3	4
2,5	3	3	4	5
3	4	5	5	6
4	5	6	8	8
5	6	8	10	10
6	7	10	12	12
7	8	12	16	16
8	10	16	20	20
10	12	20	25	25

Die angegebenen Werte in der Tabelle gelten für $\alpha \leq 120°$ und Biegungen quer zur Walzrichtung.

Erfolgt die Biegung längs zur Walzrichtung, so ist der nächsthöhere Tabellenwert zu verwenden.

Beispiel: Ein Blech mit $s = 3,5$ mm aus St37 soll um $\alpha = 110°$ gebogen werden. Aus der Tabelle ergibt sich $r_{zul} = 5$ mm quer zur Walzrichtung, und längs zur Walzrichtung muß der nächsthöhere Wert angewendet werden, also $r_{zul} = 6$ mm.

Bei größeren Biegewinkeln ($\alpha \geq 120°$) ist ebenfalls der nächsthöhere Tabellenwert zu verwenden.

Im Beispiel müßte bei $\alpha = 140°$, $r_{zul} = 6$ mm bei einer Biegung quer zur Walzrichtung und $r_{zul} = 8$ mm bei einer Biegung längs zur Walzrichtung betragen.

7.2.2.2 Zuschnittsermittlung für unterschiedliche Biegewinkel

Gestreckte Länge (L) für Biegewinkel $\alpha = 90°$

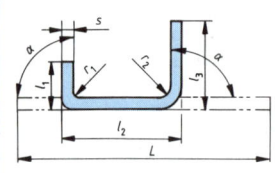

$$L = l_1 + l_2 + l_3 - (a_1 + a_2)$$

a_1 Ausgleichswert für r_1
a_2 Ausgleichswert für r_2
l Schenkellänge
r Biegeradius ($r \geq r_{zul}$)
s Werkstückstärke

Beispiel: Ein Blech mit $s = 3,5$ mm aus St37 soll längs zur Walzrichtung wie dargestellt mit $l_1 = 50$ mm, $l_2 = 120$ mm, $l_3 = 80$ mm, $r_1 = r_{zul} = 6$ mm und $r_2 = 10$ mm ($r_2 > r_{zul}$) hergestellt werden.

Lösung: $L = l_1 + l_2 + l_3 - (a_1 + a_2) = 50$ mm + 120 mm + 80 mm − (7,5 mm + 8,9 mm) = 233,6 mm. Da nach DIN 6935 die ermittelte L auf volle mm aufzurunden ist, beträgt $L = 234$ mm.

Ausgleichswerte (a) für Biegewinkel $\alpha = 90°$ nach DIN 6935 (2.83)

Stärke s in mm / Ausgleichswert (a) in mm für Biegeradius r in mm	1	1,5	2	2,5	3	3,5	4	4,5	5	6	8	10
1	1,9	–	–	–	–	–	–	–	–	–	–	–
1,6	2,1	2,9	–	–	–	–	–	–	–	–	–	–
2,5	2,4	3,2	4,0	4,8	–	–	–	–	–	–	–	–
4	3,0	3,7	4,5	5,2	6,0	6,9	–	–	–	–	–	–
6	3,8	4,5	5,2	5,9	6,7	7,5	8,3	9,0	9,9	–	–	–
10	5,5	6,1	6,7	7,4	8,1	8,9	9,6	10,4	11,4	12,7	–	–
16	8,1	8,7	9,3	9,9	10,5	11,2	11,9	12,6	13,3	14,8	17,8	21,0
20	9,8	10,4	11,0	11,6	12,2	12,8	13,4	14,1	14,9	16,3	19,3	22,3
25	11,9	12,6	13,2	13,8	14,6	15,0	15,6	16,2	16,8	18,2	21,1	24,1
32	15,0	15,6	16,2	16,8	17,4	18,0	18,6	19,2	19,8	21,0	23,8	26,7
40	18,4	19,0	19,6	20,2	20,8	21,4	22,0	22,6	23,2	24,5	26,9	29,7
50	22,7	23,3	23,9	24,5	25,1	25,7	26,3	26,9	27,5	28,8	31,2	33,6
63	28,3	28,9	29,5	30,1	30,7	31,3	31,9	32,5	33,1	34,3	36,8	39,2
80	35,6	36,2	36,8	37,4	38,0	38,6	39,2	39,8	40,4	41,6	44,1	46,5
100	44,2	44,7	45,4	46,0	46,6	47,2	47,8	48,4	49,0	50,2	52,6	55,1

[1]) Wird in der Rundung bis etwa 20% geringer

7.2 Umformen

Gestreckte Länge (L) für beliebige Öffnungswinkel (β)

x-Diagramm

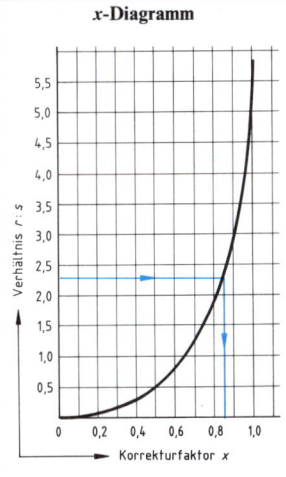

Verhältnis $r : s$

Korrekturfaktor x

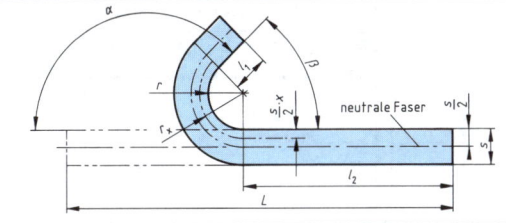

neutrale Faser

$$L = l_1 + l_2 + \frac{\pi \cdot \alpha \cdot r_x}{180°}$$

$$r_x = r + \frac{s}{2} \cdot x$$

$$\alpha = 180° - \beta$$

x Korrekturfaktor zur Berücksichtigung der Verschiebung der neutralen Faser

L	gestreckte Länge
l	gerade Schenkellänge
r	Biegeradius ($r \geq r_{zul}$)
r_{zul}	kleinster zulässiger Biegeradius nach Tab. S. 7-10
r_x	Biegeradius unter Berücksichtigung der Verschiebung der neutralen Faser
s	Werkstückstärke
α	Biegewinkel
β	Öffnungswinkel

Beispiel: Ein Blech mit $s = 3,5$ mm aus St37 soll längs zur Walzrichtung mit $l_1 = 70$ mm, $l_2 = 200$ mm, $r = 8$ mm und $\beta = 50°$ hergestellt werden.

Gesucht: $\alpha = ?$, $r_{zul} = ?$, $x = ?$ und $L = ?$

Lösung: $\alpha = 180° - \beta = 180° - 50° = 130°$
r_{zul} ergibt sich aus Tabelle S. 7-10:
$r_{zul} = 8$ mm. Da $r = r_{zul} = 8$ mm, darf das Blech mit $r = 8$ mm gebogen werden.

Der Korrekturfaktor x aus dem obigen Diagramm:

Für $\dfrac{r}{s} = \dfrac{8 \text{ mm}}{3,5 \text{ mm}} = 2,3$ beträgt $x = 0,84$.

Damit kann L errechnet werden:

$$L = l_1 + l_2 + \frac{\pi \cdot \alpha}{180°} \cdot \left(r + \frac{s}{2} \cdot x \right)$$

$$L = 70 \text{ mm} + 200 \text{ mm} + \frac{3,14 \cdot 130°}{180°}$$

$$\cdot \left(8 \text{ mm} + \frac{3,5 \text{ mm}}{2} \cdot 0,84 \right) = 291,4 \text{ mm}$$

Da L auf volle mm aufzurunden ist, beträgt $L = 292$ mm.

7.2.2.3 Mindestbiegeradien (r) für Rohre nach DIN 5508 (1.88)

Rohre aus Stahl (St 35, USt 37-2, RSt 37-2)			Rohre aus Aluminium-Knetlegierungen [1]			Rohre aus Kupfer			Erklärungen
d in mm	s_{min} in mm	r in mm	d in mm	s_{min} in mm	r in mm	d in mm	s_{min} in mm	r in mm	
6	1	16	10	1	35	6	1	25	Die angegebenen Biegeradien gelten für das Kaltbiegen der Rohre von Hand (bis $d \approx 20$ mm) oder mit Biegevorrichtung. Rohre mit geringeren Wandstärken erfordern größere Biegeradien.
>6–8	1	20	>10–14	1,5	40	>6–8	1	35	
>8–10,2	1	25	>14–18	1,5	60	>8–12	1	40	
>10,2–13,5	1	30	>18–20,4	1,5	80	>12–18	1	80	
>13,5–16	1	40	>20,4–22	1,5	90	>18–22	1	125	
>16–18,6	1	45	>22–25	1,5	100	>22–30	1	160	
>18,6–21,3	1,2	50	>25–32	2	125	>30–35	1	200	
>21,3–25	1,3	60	>32–35	2,5	140	>35–44,5	1,5	250	
>25–31,8	2	80	>35–42	2,5	160	>44,5–54	1,5	350	
>31,8–38	2	90	>42–55	3	250	>54–70	2	400	
>38–42,4	2	110	>55–70	4	315	>70–89	4	400	
>42,4–48	2,5	125	>70–76	4	400				
>48–60,3	2,9	160	s_{min} Mindestwandstärke						
>60,3–76,1	4	200	[1] Im weichgeglühten Zustand können dieselben Biegeradien wie bei Stahlrohren erzielt werden.						
>76,1–90	4	250							
>90–108	5	315							
>108–120	5	350							

7.3 Trennen

Die Unterteilung der Trennverfahren nach DIN 8580 (6.74) und DIN 8588 (6.85) erfolgt nach der Art und Weise, wie bei einem festen Körper der Stoffzusammenhalt örtlich aufgehoben werden kann:

Zerteilen	Spanen[1])	Spanen[2])	Abtragen	Zerlegen (Z.)	Reinigen
Messerschneiden	Drehen	Schleifen	Elektrochemisches Senken	Abschrauben	Reinigungsstrahlen

Die weitere Unterteilung der Verfahren in **Untergruppen** erfolgt nach unterschiedlichen werkzeug- und werkstückbezogenen Verfahrensmerkmalen:

Zerteilen	Spanen[1])	Spanen[2])	Abtragen	Zerlegen (Z.)	Reinigen
				Auseinander- nehmen	
				Entleeren	
				Lösen kraftschl. Verbindungen	Reinigungs- strahlen
	Drehen, Bohren, Senken, Reiben Fräsen			Z. von durch Urformen gefügten Teilen	Mechanisches Reinigen
		Schleifen mit rotierendem Werkzeug	Thermisches	Z. von durch Umformen gefügten Teilen	Strömungs- technisches- Reinigen
Scherschneiden	Hobeln, Stoßen Räumen	Bandschleifen	Abtragen	Ablöten	Lösungsmittel-
Messerschneiden	Sägen	Hubschleifen	Chemisches	Lösen v. Klebe-	reinigen
Beißschneiden	Feilen, Raspeln	Honen	Abtragen	verbindungen	Chemisches
Spalten	Bürstspanen	Läppen	Elektro-	Z. textiler	Reinigen
Reißen	Schaben	Strahlspanen	chemisches	Verbindungen	Thermisches
Brechen	Meißeln	Gleitspanen	Abtragen		Reinigen

In der Trennzone werden die Kräfte, die den Stoffzusammenhalt bewirken (Kohäsions-, Adhäsions- oder äußere mechanische Kräfte), örtlich auf mechanischem (z.B. Schneidkeil), thermischem, chemischem oder elektrochemischem Wege aufgehoben.

Beim Zerteilen z.B. hebt das Trenn- werkzeug den Werkstoffzusammen- halt auf. Die dabei wirkenden Kräfte (F_t) pro mm² übersteigen die Zugfestigkeit (R_m) des Werkstückes, es reißt.

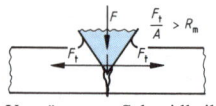

Vorgänge am Schneidkeil beim Zerteilen

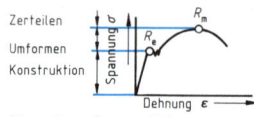

Vorgänge im σ-ε-Diagramm beim Zerteilen

7.3.1 Trennen durch Zerteilen

7.3.1.1 Scherschneiden

Formeln zur Berechnung der Schneidplattendurchbruch- (*Sch*) und Stempelabmessung (*St*) nach VDI 3368 (5.82)

Art des Schneidens		Formel für		
		$T \leq 0,05$ mm	$T > 0,05$ mm	
Aus- schneiden	Werkstück	$Sch = K$ $St = K - 2u_2$	$Sch = K + 0,2 \cdot T$ $St = K + 0,2 \cdot T - 2u$	
Lochen	Werkstück	$St = G$ $Sch = G + 2u_2$	$St = G - 0,2 \cdot T$ $Sch = G - 0,2T + 2u$	
Lochabstand (*L*)		$L = G - 0,5$		
Abschneiden		$St = K + 0,2T - u;$ $Sch = K + 0,2T$		

G Größtmaß
K Kleinstmaß
T Werkstücktoleranz
u Schneidspalt bei „*Sch*" mit und ohne Freiwinkel α
u_1 Schneidspalt bei „*Sch*" mit Frei- winkel α
u_2 Schneidspalt bei „*Sch*" ohne Frei- winkel α

Schneidstempel

St
u
Sch

Werkstück

α Schneidplatte

[1]) mit geometrisch bestimmten Schneiden
[2]) mit geometrisch unbestimmten Schneiden

7.3 Trennen

Richtwerte Schneidspalt (u) in Abhängigkeit von der Scherfestigkeit (τ_B) nach VDI 3368 (5.82)

Blech-stärke s in mm	Schneidspalt u_1 in mm für $\alpha > 0°$ Scherfestigkeit τ_B in N/mm²				Schneidspalt u_2 in mm für $\alpha = 0°$ Scherfestigkeit τ_B in N/mm²			
	bis 250	251–400	401–600	über 600	bis 250	251–400	401–600	über 600
0,1	0,002	0,003	0,004	0,005	0,003	0,004	0,005	0,006
0,2	0,003	0,005	0,007	0,010	0,006	0,008	0,010	0,012
0,3	0,005	0,008	0,011	0,015	0,009	0,012	0,015	0,018
0,4–0,6	0,01	0,015	0,02	0,025	0,015	0,02	0,025	0,03
0,7–0,8	0,015	0,02	0,03	0,04	0,025	0,03	0,04	0,05
0,9–1,0	0,02	0,03	0,04	0,05	0,03	0,04	0,05	0,06
1,5–2,0	0,03	0,04–0,05	0,05–0,07	0,07–0,09	0,05	0,06–0,08	0,08–0,10	0,09–0,12
2,5–3,0	0,04	0,06–0,07	0,09–0,10	0,11–0,13	0,08	0,10–0,12	0,13–0,15	0,15–0,18
3,5–4,0	0,05–0,06	0,08–0,09	0,11–0,13	0,15–0,17	0,10–0,12	0,14–0,16	0,18–0,20	0,21–0,24

Beispiel: Es soll ein Werkstück aus Blech (Blechstärke 1 mm, Werkstoff St12) mit $D = 40$ mm und $d = 20^{+0.05}$ mm hergestellt werden.

Gesucht: $\alpha = ?$, $u_1 = ?$ für D, $u_2 = ?$ für d, $\tau_B = ?$
$St_d = ?$, $Sch_d = ?$, $St_D = ?$ und $Sch_D = ?$

Lösung: $\alpha = 18'$ aus Tabelle; $\tau_B \approx 0.8 \cdot R_m$ (R_m aus Tabelle S. 4-10) $R_m = 270 \cdots 410$ N/mm²

$\tau_B \approx 0.8 \cdot 410$ N/mm²
$\tau_B \approx 328$ N/mm² > 250 N/mm².

Damit kann u_1 und u_2 nach Tabelle ermittelt werden $u_1 = 0.03$ mm, $u_2 = 0.04$ mm;
Ermittlung von St und Sch (S. 7-12):
$St_d = G_d = 20.05$ mm;

$Sch_d = G_d + 2u_2 = 20.05$ mm $+ 2 \cdot 0.04$ mm
$Sch_d = 20.13$ mm; Toleranz (T) nach DIN 7168 aus Tabelle S. 5-2, $T_D = \pm 0.3$ mm; $Sch_D = K + 0.2 \cdot T_D$
$Sch_D = 39.7$ mm $+ 0.2 \cdot 0.6$ mm $= 39.82$ mm;
$St_D = K + 0.2 T_D - 2u_1$
$St_D = 39.7$ mm $+ 0.2 \cdot 0.6$ mm $- 2 \cdot 0.03$ mm $= 39.76$ mm

Richtwerte für die Größe des Freiwinkels α

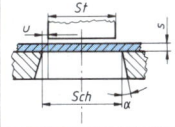

s	α
bis 1 mm	12' ⋯ 18'
über 1 mm	30' ⋯ 35'

7.3.1.2 Grundlagen für das Ausschneiden metallischer Werkstücke aus Streifen oder Bändern.
Ermittlung der Werkstückanzahl (n) aus einem Streifen oder Band

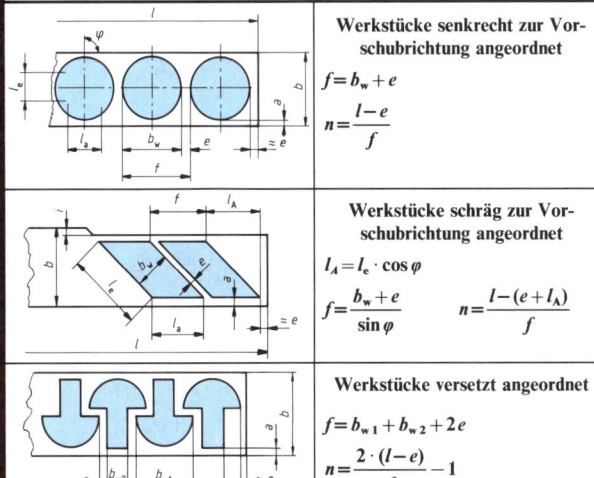

Werkstücke senkrecht zur Vorschubrichtung angeordnet

$f = b_w + e$

$n = \dfrac{l - e}{f}$

Werkstücke schräg zur Vorschubrichtung angeordnet

$l_A = l_e \cdot \cos \varphi$

$f = \dfrac{b_w + e}{\sin \varphi}$ $n = \dfrac{l - (e + l_A)}{f}$

Werkstücke versetzt angeordnet

$f = b_{w1} + b_{w2} + 2e$

$n = \dfrac{2 \cdot (l - e)}{f} - 1$

a Randbreite
b Streifenbreite
b_w Werkstücksbreite
e Stegbreite
f Vorschub
i Seitenschneiderabfall
l Streifenlänge
l_A Anschnittslängenverlust
l_a Randlänge
l_e Steglänge
n Anzahl der Werkstücke je Streifen oder Band
φ Lage des Werkstückes zur Vorschubrichtung

7.3 Trennen

Mindestwerte für Stegbreiten-, Randbreiten- und Seitenschneiderabfälle (i) nach VDI 3367[1])

Streifen-breite in mm	Steglänge l_e, Randlänge l_a in mm	Stegbreitenabfall[3]) e und Randbreitenabfall[3]) a in mm											
		Werkstoffstärke s in mm											
		0,1	0,3	0,5	0,75	1,0	1,25	1,5	1,75	2,0	2,5	3,0	e; a
bis 100	bis 10[2])	0,8	0,8	0,8	0,9	1,0	1,2	1,3	1,5	1,6	1,9	2,1	e
		1,0	0,9	0,9	0,9	1,0	1,2	1,3	1,5	1,6	1,9	2,1	a
	11 ··· 50	1,6	1,2	0,9	1,0	1,1	1,4	1,4	1,6	1,7	2,0	2,3	e
		1,9	1,5	1,0	1,0	1,1	1,4	1,4	1,6	1,7	2,0	2,3	a
	51 ··· 100	1,8	1,4	1,0	1,2	1,3	1,6	1,6	1,8	1,9	2,2	2,5	e
		2,2	1,7	1,2	1,2	1,3	1,6	1,6	1,8	1,9	2,2	2,5	a
	über 100	2,0	1,6	1,2	1,4	1,5	1,8	1,8	2,0	2,1	2,4	2,7	e
		2,4	1,9	1,5	1,4	1,5	1,8	1,8	2,0	2,1	2,4	2,7	a
Seitenschneiderabfall		1,5	1,5	1,5	1,5	1,5	1,8	2,2	2,5	3,0	3,5	4,5	
bis 200	bis 10[2])	0,9	1,0	1,0	1,0	1,1	1,3	1,4	1,6	1,7	2,0	2,3	e
		1,2	1,1	1,1	1,0	1,1	1,3	1,4	1,6	1,7	2,0	2,3	a
	11 ··· 50	1,8	1,4	1,0	1,2	1,3	1,6	1,6	1,8	1,9	2,2	2,5	e
		2,2	1,7	1,2	1,2	1,3	1,6	1,6	1,8	1,9	2,2	2,5	a
	51 ··· 100	2,0	1,6	1,2	1,4	1,5	1,8	1,8	2,0	2,1	2,4	2,7	e
		2,4	1,9	1,5	1,4	1,5	1,8	1,8	2,0	2,1	2,4	2,7	a
	über 100	2,2	1,8	1,4	1,6	1,7	2,0	2,0	2,2	2,3	2,6	2,9	e
		2,7	2,2	1,7	1,6	1,7	2,0	2,0	2,2	2,3	2,6	2,9	a
Seitenschneiderabfall		1,5	1,5	1,5	1,5	1,8	2,0	2,5	3,0	3,5	4,0	5,0	

Werkstoffausnutzungsgrad η je Streifen oder Band

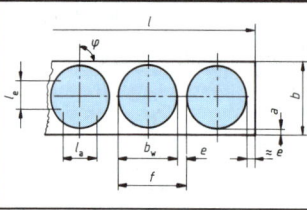

$$\eta = \frac{n \cdot A}{l \cdot b}$$

A Fläche eines Werkstückes
b Streifenbreite
f Vorschub
l Streifenlänge
n Anzahl der Werkstücke je Streifen oder Band
a, e, b_w siehe S. 7-13

Beispiel: Es sollen aus einer Blechtafel (2000 mm × 1000 mm × 1,5 mm) Werkstücke mit $D =$ 140 mm, $A = \dfrac{d^2 \cdot \pi}{4} = 15386$ mm² (Ronden zum Tiefziehen) gefertigt werden. Der Tafelanschnittsverlust ($l_A = 5$ mm ··· 10 mm) beträgt $l_A = 5$ mm und der Tafelreststreifenverlust (l_y), bedingt durch den Abstand y des Blechhalters vom Tafelmesser (je nach Bauart der Tafelschere bis 60 mm), $l_y = 40$ mm.

Gesucht: $n = ?$ (Anzahl Werkstücke pro Streifen), $n_{S/T} = ?$ (Anzahl Streifen pro Tafel), $n_T = ?$ (Anzahl Werkstücke pro Tafel), $\eta = ?$ (Ausnutzungsgrad pro Streifen), $\eta_T = ?$ (Ausnutzungsgrad pro Tafel).

Lösung: $f = b_w + e$, ($b_w = d = 140$ mm; e aus Tabelle oben $e = 1,3$ mm), $f = 140$ mm $+ 1,3$ mm $= 141,3$ mm

$n = \dfrac{l - e}{f} = \dfrac{1000\text{ mm} - 1,3\text{ mm}}{141,3\text{ mm}} = 7$ Werkstücke

$b = l_w + 2 \cdot a$ (a aus Tabelle oben $a = 1,3$ mm),
$b = 140$ mm $+ 2 \cdot 1,3$ mm $= 142,6$ mm

$n_{S/T} = \dfrac{l_T - (l_A + l_y)}{b} = \dfrac{2000\text{ mm} - (5\text{ mm} + 40\text{ mm})}{142,6\text{ mm}} = 13$ Str.

$n_T = n_{S/T} \cdot n = 13 \cdot 7 = 91$ Werkstücke pro Tafel

$\eta = \dfrac{n \cdot A}{l \cdot b} \cdot 100\% = \dfrac{7 \cdot 15386\text{ mm}^2}{1000\text{ mm} \cdot 142,6\text{ mm}} \cdot 100\%$

$\eta = 75\%$ Werkstoffausnutzungsgrad pro Streifen.

$\eta_T = \dfrac{n_T \cdot A}{l_T \cdot b_T} = \dfrac{91 \cdot 15386\text{ mm}^2}{2000\text{ mm} \cdot 1000\text{ mm}} \cdot 100\%$

$\eta_T = 70\%$ Werkstoffausnutzungsgrad pro Tafel.

[1]) Ausgabedatum 7.70; wurde zurückgezogen
[2]) Für abgerundete oder runde Werkstücke ist der Stegbreiten- bzw. Randbreitenabfall für die Steg- bzw. Randlänge „bis 10 mm" zu wählen.
[3]) Bei spröden Werkstoffen müssen die Werte um etwa 50% größer und möglichst nicht unter 2 mm gewählt werden.

7.3.1.3 Lagenbestimmung (x, y) des Einspannzapfens bei Schneidwerkzeugen

Einspannzapfenlage (x, y) bei Stempelformen mit bekannten Flächenschwerpunkten

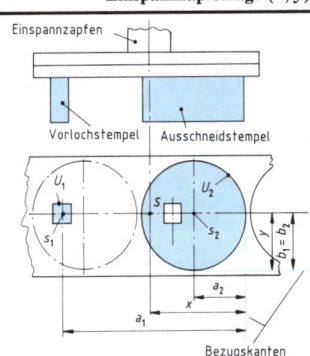

$$x = \frac{U_1 \cdot a_1 + U_2 \cdot a_2 + \cdots}{U_1 + U_2 + \cdots}$$

$$y = \frac{U_1 \cdot b_1 + U_2 \cdot b_2 + \cdots}{U_1 + U_2 + \cdots}$$

a_1, a_2	Abstand von der Bezugskante in x-Richtung bis Stempelflächenschwerpunkt
b_1, b_2	Abstand von der Bezugskante in y-Richtung bis Stempelflächenschwerpunkt
S	Sollage des Einspannzapfens
S_1, S_2	Flächenschwerpunkt des jeweiligen Stempels
U_1, U_2	Umfang der einzelnen Stempelform
x, y	Abstand von der frei gewählten Bezugskante bis Sollage des Einspannzapfens

Einspannzapfenlage (x, y) bei beliebigen Stempelformen

a_1, a_2	Abstand in x-Richtung von der Bezugskante bis Linienschwerpunkt der Teilschnittlinie
b_1, b_2	Abstand in y-Richtung von der Bezugskante bis Linienschwerpunkt der Teilschnittlinie
l_1, l_2	Teilschnittlinienlänge mit bekanntem Linienschwerpunkt

$$x = \frac{l_1 \cdot a_1 + l_2 \cdot a_2 + \cdots}{l_1 + l_2 + \cdots} \qquad y = \frac{l_1 \cdot b_1 + l_2 \cdot b_2 + \cdots}{l_1 + l_2 + \cdots}$$

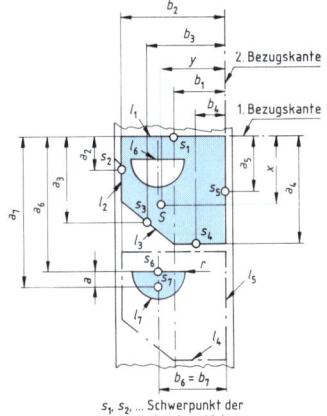

$s_1, s_2, \ldots$ Schwerpunkt der einzelnen Linien

Beispiel: Es soll für ein Werkzeug die Lage des Einspannzapfens zur Herstellung des gezeichneten Werkstückes bestimmt werden.

Gegeben: $l_1 = 50$ mm, $l_2 = 18$ mm, $l_3 = 20$ mm, $l_4 = 15$ mm, $l_5 = 30$ mm, $l_6 = 14$ mm, $r = 7$ mm, $a_6 = 38$ mm und $b_6 = b_7 = 19$ mm

Gesucht: $x = ?$, $y = ?$

Lösung: 1. Schritt: 1. und 2. Bezugskante festlegen;

2. Schritt: a_1 bis a_7 und l_7 bestimmen;

$a_1 = 0$ mm; $a_2 = \frac{l_2}{2}$; $a_2 = \frac{18\ \text{mm}}{2} = 9$ mm;

$a_3 = \frac{l_5 - l_2}{2} + l_2 = \frac{(30-18)\ \text{mm}}{2} + 18\ \text{mm} = 24$ mm;

$a_4 = l_5 = 30$ mm; $a_5 = \frac{l_5}{2} = \frac{30\ \text{mm}}{2} = 15$ mm;

$a_6 = 38$ mm; $a_7 = a_6 + a$
(a aus Tabelle unten, Linienschwerpunkt eines Halbkreisbogens)

$a = 0,673 \cdot r = 0,673 \cdot 7\ \text{mm} = 4,7$ mm, $a_7 = (38 + 4,7)$ mm

$a_7 = 42,7$ mm; $l_7 = \frac{2 \cdot r \cdot \pi}{2} = \frac{2 \cdot 7\ \text{mm} \cdot 3,14}{2} = 22$ mm

3. Schritt: $x = \dfrac{l_1 \cdot a_1 + l_2 \cdot a_2 + l_3 \cdot a_3 + l_4 \cdot a_4 + l_5 \cdot a_5 + l_6 \cdot a_6 + l_7 \cdot a_7}{l_1 + l_2 + l_3 + l_4 + l_5 + l_6 + l_7}$

$x = 17,83$ mm

Zur Bestimmung von y entsprechend verfahren: $y = 21,28$ mm

Lage (a) des Schwerpunktes (S) bei Linien

Kreisbogen	Rechter Winkel	Beliebiger Winkel	Strecke
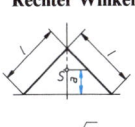		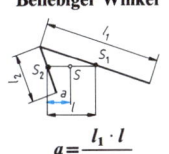	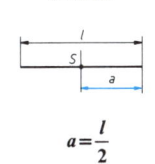
$a = \dfrac{s \cdot 57,3°}{\alpha}$ $\quad$ bei $\alpha = 90°$ $\ a = 0,673 \cdot r$	$a = \dfrac{\sqrt{2}}{4} \cdot l$	$a = \dfrac{l_1 \cdot l}{l_1 + l_2}$	$a = \dfrac{l}{2}$

7

7.3 Trennen

7.3.2 Trennen durch Spanen

7.3.2.1 Hartmetalle für das Spanen: Bezeichnung nach DIN E 4990 (8.84)[1]

Kennbuchstabe und -farbe	Eigenschaftsänderung der Hartmetalle	Bearbeitbare Werkstoffe	Bezeichnung der Anwendungsgruppe	Bearbeitungsverfahren und Zerspanungsbedingungen	Richtwerteänderung beim Zerspanen
P blau	zunehmende Verschleißfestigkeit / abnehmende Zähigkeit	unleg. und niedrigleg. Stähle wie Automaten-, Einsatz-, allgemeine Bau- und gehärtete Werkzeugstähle bis 45 HRC; hochleg. Stähle wie nichtrostende-, hitzebeständige-, hochwarmfeste und nichtmagnetisierbare Stähle	P 01	Feindrehen (außen und innen), hohe Maßgenauigkeit und Oberflächengüte, schwingungsfreie Arbeiten (z.B. Drehen bis $a_p \cdot f = 3 \cdot 0{,}4$)	zunehmende Schnittgeschwindigkeit / abnehmender Vorschub
			P 10	Fertig- und Einstechdrehen, Gewindeschneiden, Tieflochbohren, Fertigfräsen, Schälen (z.B. Drehen bis $a_p \cdot f = 6 \cdot 1{,}0$)	
			P 20	Drehen, Fräsen, Gewindeschneiden Einstechdrehen, Schälen (z.B. Drehen bis $a_p \cdot f = 9 \cdot 1{,}0$)	
			P 30	Fräsen, Drehen, Abstechen, Sägen (z.B. Drehen bis $a_p \cdot f = 12 \cdot 1{,}0$)	
			P 40	Drehen, Abstechen, Fräsen, Hobeln, Schlitz- und Nutenfräsen, ungünstige Arbeitsbedingungen (z.B. Drehen bis $a_p \cdot f = 16 \cdot 1{,}6$)	
M gelb	zuneh. Verschleißfestigkeit / abnehmende Zähigkeit	hochleg. Stahlguß, austenitische Stähle, Manganhartstähle, Hochtemperatur-Legierungen, leg. Gußeisen	M 10	Drehen (bis $a_p \cdot f = 8 \cdot 1{,}0$)	zuneh. Schnittgeschwindigkeit / abnehmender Vorschub
			M 20	Drehen, Fräsen (z.B. Drehen bis $a_p \cdot f = 10 \cdot 1{,}6$)	
K rot	zunehmende Verschleißfestigkeit / abnehmende Zähigkeit	austenitische Stähle, gehärtete Stähle über 45 HRC, Hartguß und Grauguß, Nichteisenmetalle und Hochtemperatur-Legierungen, nichtmetallische Werkstoffe	K 01	Fertigdrehen, Fräsen, Einstechdrehen, Reiben, Senken, Räumen, Sägen (z.B. Drehen bis $a_p \cdot f = 4 \cdot 0{,}4$)	zunehmende Schnittgeschwindigkeit / abnehmender Vorschub
			K 10	Drehen, Fräsen, Tieflochbohren, Reiben, Senken, Räumen, Gewindeschneiden, Bohren, Hobeln, Schälen, Schlitz- und Nutenfräsen (z.B. Drehen bis $a_p \cdot f = 8 \cdot 1{,}0$)	
			K 20	Drehen, Fräsen, Tieflochbohren, Gewindeschneiden, Reiben (z.B. Drehen bis $a_p \cdot f = 16 \cdot 1{,}6$)	
			K 30	Drehen, Fräsen, Schlitz- und Nutenfräsen, besonders ungünstige Bedingungen	

a_p Schnitttiefe in mm f Vorschub in mm

Beschichtete Hartmetalle werden gekennzeichnet durch den zusätzlichen Buchstaben „C" (z.B. **P 20 C**) und **Mehrbereich-Hartmetalle** durch die Angabe der ersten und, nach dem Schrägstrich, der letzten Anwendungsgruppe (z.B. **P 20/40**).

[1] zurückgezogen

7.3 Trennen

7.3.2.2 Wendeschneidplatten für das Spanen: Bezeichnung nach DIN 4987 (3.87)

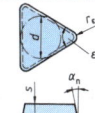

Die zur Bezeichnung verwendeten Symbole gelten für Wendeschneidplatten (W) aus Hartmetall (HM), Schneidkeramik (SK) und andere Schneidwerkstoffe der Zerspanung.

Beispiel: **Schneidplatte – DIN 4968 – T   P   G   N   16   03   04   E   N – P20**

Symbol: ①   ②   ③   ④   ⑤   ⑥   ⑦   ⑧   ⑨   ⑩   ⑪

Symbol	Erklärung
① Norm-Nr. (nur bei genormten W)	DIN 4967 W-HM mit Senkbohrung, Eckenrundungen und Normal-Freiwinkel 7° bzw. 11°; DIN 4968 W-HM mit Eckenrundungen ohne Bohrung; DIN 4969 W-SK mit Eckenrundungen; DIN 4988 W-HM mit zylindrischer Bohrung und Eckenrundungen; DIN 6590 W-HM mit Planschneiden ohne Bohrung

② Grundform (ε_r)

H	O	P	S	T	C	D	E	M	V	W	L	A	B	K	R
120°	135°	108°	90°	60°	80°	55°	75°	86°	35°	80°	90°	85°	82°	55°	–

③ Freiwinkel (α_n)

A	B	C	D	E	F	G	N	P	O für Freiwinkel, die eine besondere Beschreibung erfordern
3°	5°	7°	15°	20°	25°	30°	0°	11°	

④ Toleranzklasse

Grenzabw.[1]	A, F, J	C, H, K	E, L	G	M, N	U
Prüfmaß m	±0,005	±0,013	±0,025	±0,025	von ±0,08 bis ±0,38	
Plattend. s	±0,025			±0,13	±0,05 bis ±0,13	
Durchmesser d	für A, C, E, G ±0,025; für F, H ±0,013; für J, K, L, M, U von ±0,05 bis ±0,25					

W mit gerader Seitenzahl

W mit ungerader Seitenzahl

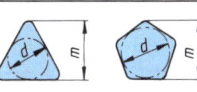

W mit Planschneiden

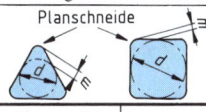

Planschneide

⑤ Ausführung der Spanflächen und Befestigungsmerkmale

Bohrung		ohne	mit	einseitig gesenkt		zweiseitig gesenkt	
				40°–60°	70°–90°	40°–60°	70°–90°
Spanformer	ohne	N	A	W	B	Q	C
	einseitig	R	M	T	H	–	–
	zweiseitig	F	G	–	–	U	J

⑥ Größe

Kennzahl gibt größte Seitenlänge in mm an und bei runden Schneidplatten den Durchmesser, z.B. 16 = 6 mm Seitenlänge (Ziffern hinter Komma bleiben unberücksichtigt)

⑦ Dicke

Die Kennzahl gibt die Plattendicke s in ganzen Millimetern an, z.B. 03 = 3 mm Plattendicke

⑧ Ausführung der Schneidenecke

a) **Kennzahl** multipliziert mit Faktor 0,1 = Eckenradius r_ε, z.B. 04 = 0,4 mm Eckenradius oder

b) **1. Buchstabe** gibt den Einstellwinkel $\varkappa_r$ der Hauptschneide an, und der

A	D	E	F	P
45°	60°	75°	85°	90°

2. Kennbuchstabe gibt den Normal-Freiwinkel α_n an der Planschneide an (Buchstaben u. Winkelzuordnung wie bei ③)

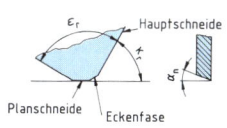

⑨ Schneide

F scharf	E gerundet	T gefast	S gefast u. gerundet	K doppelt-gefast	P doppelt-gefast u. gerundet

⑩ Schneidrichtung

R nur rechtsschneidend	L nur linksschneidend	N rechts- und linksschneidend

⑪ Werkstoff

Schneidwerkstoff siehe Tabelle S. 7-16

7

) Grenzabweichung in mm für

7.3.2.3 Klemmhalter mit Vierkantschaft für Wendeschneidplatten nach DIN 4983 (6.87)

Die Kennzeichnung eines Klemmhalters erfolgt durch Buchstaben und Zahlen, die über die zugeordneten Symbole entschlüsselt werden.

Beispiel: **Halter DIN 4983 – C   T   J   N   R   20   20   H   12   Q**

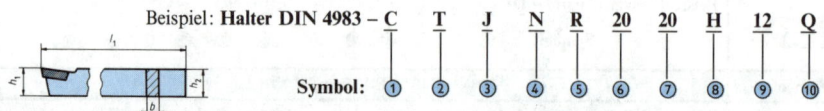

Symbol: ①   ②   ③   ④   ⑤   ⑥   ⑦   ⑧   ⑨   ⑩

Symbol	Erklärung			
① Art der Befestigung der Wendeschneidplatten (W.)	**C**: W. ohne Bohrung von oben geklemmt	**M**: W. mit Bohrung von oben und über Bohrung geklemmt	**P**: W. mit zyl. Bohrung; über Bohrung geklemmt	**S**: W. mit Befestigungssenkung; aufgeschraubt
② Grundform	Grundform der Wendeschneidplatte, siehe Kennbuchstaben bei Symbol ② S. 7-17			
③ Form des Halters	A 90° / B 75° / D 45° / E 60° / M 50° / N 63° / V 72,5° / G 90° / H 107,5° / J 93° / R 75° / T 60° / C 90° / F 90° / K 75° / S 45° / U 93° / W 60° / Y 85° / L 95° 95°			
④ Freiwinkel	Normal-Freiwinkel der W.-platte, siehe Kennbuchstaben bei Symbol ③ S. 7-17			
⑤ Ausführung	**R** rechter Halter	**L** Linker Halter		**N** neutral (beidseitig)
⑥ Höhe	Kennzahl = Höhe der Schneidenecke h_1 in mm. Ziffern hinter dem Komma bleiben unberücksichtigt.			
⑦ Schaftbreite	Kennzahl = Schaftbreite b in mm. Ziffern hinter dem Komma bleiben unberücksichtigt.			

⑧ Länge des Halters l_1 in mm	A	B	C	D	E	F	G	H	J	K	L	M
	32	40	50	60	70	80	90	100	110	125	140	150
	N	P	Q	R	S	T	U	V	W		X	Y
	180	170	180	200	250	300	350	400	450		Sonderlänge	500

Symbol	Erklärung		
⑨ Größe der Wendeschneidplatte	Kennzahl gibt die größte Seitenlänge in mm an und bei runden Schneidplatten den Durchmesser, z. B.: 12 = 12 mm Seitenlänge (Ziffern hinter dem Komma bleiben unberücksichtigt		
⑩ Besondere Toleranzen	Angabe nur für Klemmhalter mit Grenzmaßen ±0,08 mm für die Maße f_1, f_2 und l_1		
	Q: Anlageseite hinten	**F**: Anlageseite vorn	**B**: Anlageseite hinten + vorn

7.3 Trennen

7.3.2.4 Richtwerte für die Rauheit von Oberflächen bei den Fertigungsverfahren nach DIN 4766 T1 und T2 (3.81)

Fertigungsverfahren		Gemittelte Rauhtiefe R_z in µm in Abhängigkeit von den Fertigungsbedingungen			Mittenrauhwert R_a in µm in Abhängigkeit von den Fertigungsbedingungen		
Haupt-gruppe	Bezeichnung	fein ≥	normal von–bis	grob ≤	fein ≥	normal von–bis	grob ≤
Ur-formen	Sandformgießen	25	63–250	1000	–	12,5–125	–
	Kokillengießen	10	25–160	250	–	3,2–50	–
	Druckgießen	4,0	10–100	160	–	0,8–33	–
	Feingießen	4,0	6,3–25	40	0,8	1,6–4,3	6,3
Um-formen	Gesenkschmieden	10	63–400	1000	0,8	2,7–12,5	25
	Glattwalzen	0,1	1,0–4,0	10	0,012	0,05–0,4	0,8
	Tiefziehen von Blechen	0,4	4,0–10	16	0,2	1,1–3,2	6,3
	Fließ-, Strangpressen	4,0	25–100	400	0,8	3,2–12,5	25
	Prägen	1,6	10–16	25	0,2	1,6–3,2	6,3
	Walzen von Formteilen	1,0	10–40	100	0,13	1,6–8,3	25
Trennen	Schneiden	–	10–63	–	–	1,6–12,5	–
	Längsdrehen	1,0	4,0–63	250	0,2	0,8–12,5	50
	Plandrehen	2,5	10–63	250	0,4	1,6–12,5	50
	Einstechdrehen	4,0	10–63	160	2,1	4,2–12,5	25
	Hobeln	1,0	6,3–100	250	0,2	1,3–25	50
	Stoßen	2,5	10–40	100	0,4	1,6–8,35	25
	Schaben	1,6	6,3–25	40	0,2	1,6–6,3	12,5
	Bohren	16	40–160	250	1,6	6,3–12,5	25
	Aufbohren	0,1	2,5–25	40	0,05	0,4–3,2	12,5
	Senken	6,3	10–25	40	0,8	1,6–6,3	12,5
	Reiben	0,4	4,0–10	25	0,2	0,8–2,1	6,3
	Umfangs-, Stirnfräsen	1,6	10–63	160	0,4	1,6–12,5	25
	Räumen	0,63	2,5–10	25	0,4	1,6–10,35	25
	Feilen	2,5	6,3–40	100	0,4	1,1–6,3	25
	Rund-Längsschleifen	0,1	1,6–4,0	25	0,012	0,2–0,8	6,3
	Rund-Planschleifen	–	1,6–10	–	–	0,2–1,6	–
	Rund-Einstechschleifen	0,63	1,6–4,0	10	0,1	0,2–0,8	1,6
	Flach-Umfangsschleifen	1,0	2,5–6,3	25	0,13	0,4–1,6	6,3
	Flach-Stirnschleifen	1,0	2,5–6,3	25	0,13	0,4–1,6	6,3
	Polierschleifen	0,06	0,4–1,0	2,5	0,012	0,05–0,1	0,4
	Langhubhonen	0,04	1,0–11	15	0.006	0,13–0,65	0,16
	Kurzhubhonen	0,04	0,1–1,0	2,5	0,006	0,02–0,17	0,34
	Rundläppen	0,04	0,16–1,6	10	0,006	0,025–0,2	0,21
	Flachläppen	0,04	0,25–1,6	10	0,006	0,025–0,2	0,21
	Schwingläppen	–	0,16–2,5	–	–	0,025–0,26	–
	Polierläppen	–	0,04–0,25	0,4	–	0,006–0,033	0,05
	Stahlen	10	16–63	400	2,1	3,2–12,5	50
	Trommeln	–	0,25–1,0	–	–	0,025–0,13	–
	Brennschneiden	16	40–100	1000	3,2	8,3–16,6	50

Erklärung der Begriffe gemittelte Rauhtiefe R_z und Mittenrauhwert R_a auf S. 10-12

7

7.3 Trennen

7.3.2.5 Kühlschmierstoffe für das Spanen

Begriffe und verwendete Abkürzungen

Begriffe für Kühl-schmierstoffe nach DIN 51385 (6.91)	Veraltete Begriffe	Verwendete Abkürzungen in der Tabelle	Erklärungen
nichtwasser-mischbarer Kühlschmierstoff (N)	Schneidöl, Schleiföl, bzw. Kühlmittelöl	N N1 N2 N3 N4 N5	Kühlschmierstoffe, die nicht mit Wasser gemischt werden N, mit Fettstoffzusätzen N, mit mild wirkenden EP-Zusätzen N, mit Fettstoff und mild wirkenden EP-Zusätzen N, mit aktiv wirkenden EP-Zusätzen N, mit Fettstoff und aktiv wirkenden EP-Zusätzen
wassergemischter Kühlschmierstoff (E)	Bohröle, Bohrwasser bzw. Bohremulsion	E E-EP ···1–2%	mit Wasser gemischter emulgierbarer Kühlschmierstoff (Öl-in-Wasser) E, mit EP-Zusätzen E bzw. E-EP, mit Prozentangabe des Ölgehaltes z.B. E 1–2%: E, mit 1% bis 2% emulgierbarem Öl

Hinweise für die Auswahl und Zusammensetzung von Kühlschmierstoffen

Fertigungs-verfahren	Stahl		Gußeisen Temperguß	Kupfer und Kupfer-Legierungen	Leicht-metalle
	normal spanbar	schwer spanbar			
Drehen	E 2–5%	E-EP 10%, N4, N5	trocken, E 2–5%	N1, N2, N3, E 2–5%	N1, N2, N3, E 2–5% [1]
Bohren	E 2–5%	E-EP 10%, N4, N5	trocken, E 2–5%	N1, N2, N3, E 2–5%	N1, N2, N3, E 2–5% [1]
Tieflochbohren	N3	N5	N3	N3	N3
Reiben	N2, N3, E 10%	N3, N4, N5	trocken, N1	N1, N2, N3	N1, N2, N3
Fräsen	E 5–10%, N2, N3	N4, N5, E-EP 10%	trocken, E 2–5%	N1, N2, N3, E 2–5%	N1, N2, N3, E 2–5% [1]
Gewindeschneiden	N3	N5	N3, E 5–10%	N3	N3
Hobeln	trocken, E 2–5%	trocken, E 10%, N1	trocken	–	–
Räumen	N2, N3, E-EP 10%	N4, N5	E 2–5%	N1, N2, N3	N1, N2, N3
Sägen	E 2–5%	E-EP 10%, E 2–5%	trocken, E 2–5%	N1, N2, N3, E 2–5%	N1, N2, N3, E 2–5% [1]
Schleifen	E 1–2%	E 1–2%	E 1–2%	E 1–2%	E 1–2% [1]
Honen/Läppen	N2, N3	N4, N5	N2	–	–
Zahnradhobeln/ Fräsen	N3	N5	E 5–10% N2	N2, N3	N2, N3

EP Extreme Pressure (hochdruckfest), erhöht die Druckaufnahmefähigkeit des Kühlschmierstoffes.

[1] Nicht für Mg und Mg-Legierungen; hierbei entweder trocken spanen oder N verwenden.

7

7.3 Trennen

Richtwerte für Kühlschmierstoffmengen (Q) nach VDI 3035 (7.87)

Fertigungs- verfahren	Zerspanungsgröße	$Q^{1)}$ in l/min	Fertigungs- verfahren	Zerspanungsgröße	$Q^{1)}$ in l/min
Drehen	je Zerspanwerkzeug	10–20	Gewinde- schneiden	Größe des Gewinde- bohrers	$^{2)}$
Bohren	Bohrerdurchmesser bis 5 mm 5 mm bis 10 mm 10 mm bis 20 mm 20 mm bis 30 mm 30 mm bis 100 mm	$^{2)}$ 3–5 5–8 8–12 12–20 20–50		bis M 10 M 10 bis M 20 M 20 bis M 40	3 5 8
			Außenschleifen	pro mm Eingriffsbreite in Abhängigkeit von der Schnittgeschwindigkeit	
Fräsen mit Messerkopf	Fräserdurchmesser bis 50 mm 50 mm bis 100 mm 100 mm bis 200 mm 200 mm bis 300 mm	 20 30 50–80 75–100	 Innenschleifen Flachschleifen	bis 30 m/s 30 m/s bis 45 m/s 45 m/s bis 60 m/s pro mm Eingriffsbreite je kW Antriebs- leistung	1 1,5 2 2 10

[1]) Die angegebenen Werte gelten für wassergemischte Kühlschmierstoffe (E, E-EP in der Tab. S. 7-20), bei nichtwasser-
mischbaren Kühlschmierstoffen ist der 1,5fache Wert zu nehmen (N1 bis N5 in der Tabelle S. 7-20).
[2]) Bei Aluminium und Gußeisen die Mengen um 20% vergrößern.

7.3.2.6 Drehzahldiagramme für Werkzeugmaschinen

Die Drehzahl an Werkzeugmaschinen kann rechnerisch oder graphisch ermittelt werden:

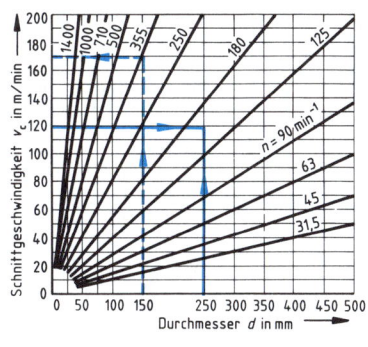

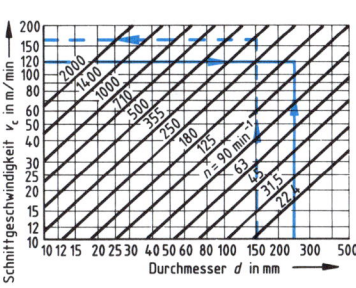

a) Drehzahldiagramm mit linearer Achsenteilung

Beispiel: $d = 250$ mm, $v_c = 120$ m/min

Gesucht: $n = ?$

Ablesung: $180 \frac{1}{\text{min}} \geq n \geq 125 \frac{1}{\text{min}}$

(in beiden Diagrammen gekennzeichnet
mit blauer Vollinie)

Lösung: An der Werkzeugmaschine wird im allgemeinen die niedrigere Drehzahl,

hier $n = 125 \frac{1}{\text{min}}$, gewählt.

b) Drehzahldiagramm mit logarithmischer Achsenteilung

Beispiel: $d = 150$ mm, $n = 355 \frac{1}{\text{min}}$

Gesucht: $v_c = ?$

Ablesung: $v_c = 170$ m/min

(in beiden Diagrammen gekennzeichnet
mit blauer Strichlinie).

Rechnerische Lösung: $v_c = \pi \cdot d \cdot n$

$v_c = 3{,}14 \cdot 150$ mm

$\cdot \dfrac{1\ \text{m}}{1000\ \text{mm}} \cdot 355 \dfrac{1}{\text{min}}$

$v_c = 167{,}2$ m/min

(Gerechnete und aus Diagrammen abgelesene Werte
stimmen in den seltensten Fällen genau überein)

7

7.3 Trennen

7.3.2.7 Drehen

Ebenen, Winkel, Schneiden und Flächen am Drehmeißel

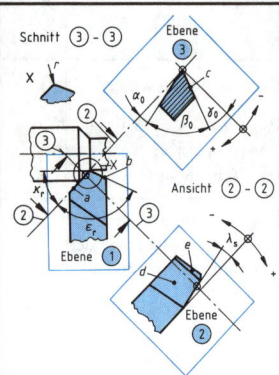

Ebene am Schneidkeil	Winkel am Schneidkeil
① Bezugsebene (Referenzebene) ② Schneidenebene ③ Keilmeßebene (Orthogonalebene) $\alpha_o + \beta_o + \gamma_o = 90°$	κ_r Einstellwinkel ε_r Eckenwinkel λ_s Neigungswinkel α_o Freiwinkel β_o Keilwinkel γ_o Spanwinkel

Die Winkel am Schneidwerkzeug werden in Ebenen gemessen, die senkrecht aufeinander stehen.

Schneiden, Flächen und Radiusbezeichnung am Schneidkeil

a	Hauptschneide	d	Freifläche der Hauptschneide
b	Nebenschneide	e	Freifläche der Nebenschneide
c	Spanfläche	r	Eckenradius

Schnittkraft (F_c) und Korrekturfaktoren (K) für die Schnittkraft

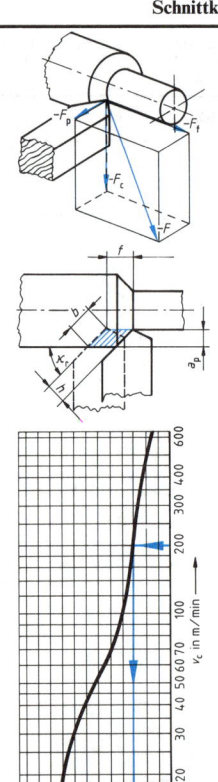

K_v-v_c-Diagramm [2] ⟵ K_v

Schnittkraft (F_C):

$$F_c = b \cdot h \cdot k_c = a_p \cdot f \cdot k_c$$

$$A = a_p \cdot f = b \cdot h$$

$$b = \frac{a_p}{\sin \kappa_r} \qquad h = f \cdot \sin \kappa_r$$

$$k_c = \frac{k_{c1 \cdot 1}}{h^{m_c}} \ (\text{in N/mm}^2)$$

Schnittkraft (F_c), bei Berücksichtigung der Korrekturfaktoren [1]:

$$F_c = b \cdot h \cdot k_c \cdot K_{\gamma o} \cdot K_{sch} \cdot K_{ver} \cdot K_v$$

Spanwinkeländerungsfaktor ($K_{\gamma o}$):

$$K_{\gamma o} = 1 - \frac{\gamma_o - \gamma_{ok}}{66{,}7}$$

Schneidwerkstoffänderungsfaktor von Hartmetall auf Schneidkeramik (K_{sch}):

$$K_{sch} = 0{,}95 \cdots 0{,}9$$

Schneidenverschleißfaktor (K_{ver}): Die k_c-Werte in der Tabelle S. 7-23 gelten nur für „arbeitsscharfe Werkzeuge".

$$K_{ver} = 1{,}3 \cdots 1{,}5$$

Schnittgeschwindigkeitsänderungsfaktor (K_v):
Die k_c-Werte in der Tabelle S. 7-23 gelten nur für $v_c = (90 \cdots 125)$ m/min.
Die K_v-Werte müssen dem nebenstehenden Diagramm entnommen werden.

A	Spanungsquerschnitt
a_p	Schnittiefe
b	Spanungsbreite
F	Zerspankraft
F_f	Vorschubkraft
F_p	Passivkraft
f	Vorschub
G	Spanungsverhältnis $G = a_p/f$
h	Spanungsdicke
k_c	auf den Spanungsquerschnitt $b \cdot h$ bezogene spezifische Schnittkraft (aus Tabelle S. 7-23 oder nach nebenstehender Formel)
$k_{c1 \cdot 1}$	auf den Spanungsquerschnitt $b \cdot h = 1$ mm · 1 mm $= 1$ mm² bezogene spezifische Schnittkraft (aus Tabelle S. 7-23)
m_c	Spanungsdickenexponent (aus Tabelle S. 7-23)
v_c	Schnittgeschwindigkeit
κ_r	Einstellwinkel
γ_o	gewünschter Spanwinkel
γ_{ok}	Spanwinkel bei der Ermittlung der k_c-Werte

[1]) Die Formel hat Gültigkeit für ein Spanungsverhältnis $G \geq 4$.
[2]) Die K_v-Werte haben Gültigkeit für $f = (0{,}2 \cdots 1{,}5)$ mm, $\gamma_o = -5° \cdots 10°$ und $\kappa_r = 60° \cdots 90°$

7.3 Trennen

Die Schnittkraft ist besonders wichtig für die kräftemäßige Auslegung der Werkzeugmaschine und die Leistungsberechnung. Vom Werkstückspan aus betrachtet, muß die Schnittkraft sowohl über das Schneidwerkzeug als auch über das Werkstück von der Drehmaschine aufgenommen werden. Die Schnittkraft wird durch so viele Einflußgrößen verändert, daß sie sich nicht durch eine Formel exakt ermitteln läßt.

Die angegebenen Formeln zur Berechnung der Schnittkraft basieren auf in Versuchen ermittelten werkstoff- und werkzeugabhängigen spezifischen Schnittkräften (k_c, $k_{c1\cdot1}$).

Spezifische Schnittkraftwerte (k_c)

Werkstoff	m_c	$k_{c1\cdot1}$	spezifische Schnittkraft k_c in N/mm² bei Spandicke h in mm										
			0,05	0,08	0,1	0,16	0,2	0,315	0,5	0,8	1,0	1,6	2,5
St37-2, St42-2	0,17	1780	2930	2730	2630	2430	2340	2170	2000	1850	1780	1640	1520
St50-2	0,26	1990	4340	3840	3620	3210	3020	2690	2380	2110	1990	1760	1570
St60-2	0,17	2110	3510	3240	3120	2880	2770	2570	2370	2190	2110	1950	1810
St70-2	0,30	2260	5550	4820	4510	3920	3660	3200	2780	2420	2260	1980	1720
C15	0,22	1820	3520	3170	3020	2720	2590	2350	2120	1910	1820	1640	1490
C35	0,20	1860	3390	3080	2950	2680	2570	2340	2140	1950	1860	1690	1550
Ck45	0,14	2220	3380	3160	3070	2870	2780	2610	2450	2290	2220	2080	1950
Ck60	0,18	2130	3650	3360	3220	2960	2850	2620	2410	2220	2130	1960	1810
15CrMo5	0,17	2290	3810	3520	3390	3130	3010	2790	2580	2380	2290	2110	1960
16MnCr5	0,26	2100	4580	4050	3820	3380	3190	2840	2510	2230	2100	1860	1660
18CrNi6	0,3	2260	5550	4820	4510	3920	3660	3200	2780	2420	2260	1960	1720
20MnCr5	0,25	2140	4530	4020	3810	3380	3200	2860	2550	2260	2140	1900	1800
25CrMo4	0,25	2070	4380	3890	3680	3270	3100	2760	2460	2190	2070	1840	1650
30CrNiMo8	0,2	2600	4730	4310	4120	3750	3590	3280	2990	2720	2600	2370	2170
34CrMo4	0,21	2240	4200	3810	3630	3290	3140	2860	2590	2350	2240	2030	1850
37MnV7	0,26	1810	3940	3490	3290	2920	2750	2440	2170	1920	1810	1600	1430
37MnSi5	0,20	2260	4120	3750	3580	3260	3120	2850	2600	2360	2260	2060	1880
42CrMo4	0,26	2500	5450	4820	4550	4030	3800	3380	2990	2650	2500	2210	1970
50CrV4	0,26	2220	4840	4280	4040	3580	3370	3000	2660	2350	2220	1970	1750
55NiCrMoV6N	0,24	1740	3570	3190	3020	2700	2560	2300	2050	1840	1740	1560	1400
GG15	0,21	950	1780	1610	1540	1400	1330	1210	1100	1000	950	860	780
GG20	0,25	1020	2160	1920	1810	1610	1530	1360	1210	1080	1020	910	810
GG25	0,26	1160	2530	2240	2110	1870	1760	1570	1390	1230	1160	1030	910
GS45	0,17	1600	2660	2460	2370	2110	2104	1950	1800	1660	1600	1480	1370
GS52	0,17	1780	2960	2730	2630	2430	2340	2170	2000	1850	1780	1640	1520

Die aufgeführten Werte gelten für folgende Bedingungen: arbeitsscharfe Hartmetallschneide mit $\gamma_o = 6°$ für langspanende und $\gamma_o = 2°$ für kurzspanende Werkstoffe; $\alpha_o = 5°$; $v_c = (90 \cdots 125)$ m/min.

Schnittleistung (P_c), Abgabeleistung des Antriebsmotors (P_{ab}) und Spanungsrate (V_t)

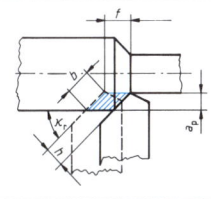

$$P_c = F_c \cdot v_c$$

$$P_{ab} = \frac{P_c}{\eta}$$

$$V_t = A \cdot v_c$$

A Spanungsquerschnitt
   ($A = a_p \cdot f = b \cdot h$, siehe S. 7-22)
F_c Schnittkraft
v_c Schnittgeschwindigkeit
η Maschinenwirkungsgrad
   ($\eta = 0,7 \cdots 0,85$)
(Berechnungsbeispiel siehe nächste Seite)

7.3 Trennen

(Fortsetzung von S. 7-23)

Beispiel: Eine 205 mm lange Welle aus C15 soll in einem Arbeitsgang von $d_1 = 50$ mm auf $d_2 = 46$ mm abgedreht werden mit einem Hartmetalldrehmeißel bei $\gamma_o = 12°$, $\kappa_r = 60°$, $f = 0,25$ mm und $v_c = 200$ m/min.

Gegeben: $l = 205$ mm, $a_p = 3$ mm, $f = 0,25$ mm, $v_c = 200$ m/min, $\gamma_o = 12°$, $\kappa_r = 60°$ und $\eta = 0,8$

Gesucht: 1. Schnittkraft $F_c = ?$
2. Schnittleistung $P_c = ?$
3. Abgabeleistung des Antriebsmotors $P_{ab} = ?$
4. Spanungsrate $V_t = ?$

Lösung: 1. $F_c = b \cdot h \cdot k_c \cdot K_{\gamma o} \cdot K_v$ ($K_{\gamma o}$ und K_v sind erforderlich, weil γ_o und v_c von den Versuchsbedingungen für k_c, m_c bzw. $k_{c1 \cdot 1}$ in Tabelle S. 7-23 abweichen); $h = f \cdot \sin \kappa_r = 0,25$ mm $\cdot \sin 60°$

$h = 0,25$ mm $\cdot 0,866 = 0,217$ mm

(da in der Tabelle S. 7-23 kein k_c-Wert für diese Spandicke angegeben ist, wird k_c berechnet)

$$k_c = \frac{k_{c1 \cdot 1}}{h^{m_c}} = \frac{1820}{0,217^{0,20}} = \frac{1820}{0,74} = 2460 \text{ N/mm}^2$$

($m_c = 0,20$ und $k_{c1 \cdot 1} = 1820$ aus Tabelle S. 7-23 für C15),

$A = b \cdot h = f \cdot a_p = 0,25$ mm $\cdot 3$ mm $= 0,75$ mm^2,

$$K_{\gamma o} = 1 - \frac{\gamma_o - \gamma_{ok}}{66,7} = 1 - \frac{12° - 6°}{66,7} = 0,91,$$

$K_v = 0,95$ (aus Diagramm S. 7-22),

$F_c = b \cdot h \cdot k_c \cdot K_{\gamma o} \cdot K_v$
$\quad = 0,75$ mm$^2 \cdot 2460$ N/mm$^2 \cdot 0,91 \cdot 0,95$

$F_c = 1595$ N.

2. $P_c = F_c \cdot v_c = 1595 \text{ N} \cdot 200 \dfrac{\text{m}}{\text{min}} \cdot \dfrac{1 \text{ min}}{60 \text{ s}} = 5316,7 \dfrac{\text{Nm}}{\text{s}}$

$P_c = 5316,7$ W $= 5,3$ kW.

3. $P_{ab} = \dfrac{P_c}{\eta} = \dfrac{5316,7 \text{ W}}{0,8} = 6645,9$ W $= 6,7$ kW

4. $V_t = A \cdot v_c = 0,75$ mm$^2 \cdot \dfrac{1 \text{ cm}^2}{100 \text{ mm}^2} \cdot 200 \dfrac{\text{m}}{\text{min}} \cdot \dfrac{100 \text{ cm}}{1 \text{ m}}$

$V_t = 150$ cm^3/min (es ist üblich V_t in cm^3/min anzugeben).

Richtwerte für das Drehen mit Schnellarbeitsstahl nach VDI 3206 (6.65)[1]

Werkstoff	Zugfestigkeit R_m bzw. Härte HB	Schneidstoffsorte	a_p in mm	f in mm	v_c in m/min	α_o in °	γ_o in °	λ_s in °	T in min
Allgemeine Baustähle, Einsatzstähle, Vergütungsstähle, Werkzeugstähle	bis 500 N/mm^2	S 10-4-3-10 S 10-4-3-10 S 18-1-2-10	0,5 3 6	0,1 0,5 1,0	75–60 65–50 50–35	8	18	0–4 –4 –4	60
	(500–700) N/mm^2	S 10-4-3-10 S 10-4-3-10 S 18-1-2-10	0,5 3 6	0,1 0,5 1,0	70–50 50–30 35–25	8	14	0–4 0 –	60
Automatenstähle	bis 700 N/mm^2	S 10-4-3-10 und S 18-1-2-10	0,5 3 6	0,1 0,5 1,0	90–60 75–50 55–35	8	bis 20	0–4	240
Gußeisen	bis 250 HB	S 12-1-4-5	0,5 3 6	0,1 0,5 1,0	40–32 32–23 23–15	8	10	0 – –	60
Temperguß, schwarz	ferritisch bis 150 HB	S 12-1-4-5	0,5 3 6	0,1 0,5 1,0	100–80 80–60 60–45	8	14–18	0 –4 –4	60
Temperguß, weiß	bis 240 HB	S 12-1-4-5	0,5 3 6	0,1 0,5 1,0	60–40 50–35 35–20	8	10	0 –4 –4	60
Kupfer und Kupferlegierungen		S 10-4-3-10	3 6	0,3 0,6	150–100 120–80	10	18–30	+4	120
Al u. -legierungen	bis 90 HB	S 10-4-3-10	6	0,6	180–120	10	25–35	+4	240

a_p Schnittiefe, f Vorschub, T Standzeit, v_c Schnittgeschwindigkeit, α_o Freiwinkel, γ_o Spanwinkel, λ_s Neigungswinkel.

[1] zurückgezogen

Richtwerte für das Drehen mit Hartmetallen (Standzeit 15 min)

Werkstoff Zerspanungsgruppe / $v_{c\,max}$	HM-Sorte / $v_{c\,max}$	a_p in mm	f in mm	v_c in m/min NS	v_c in m/min US
Stahl und Stahlguß unlegiert und legiert					
Gruppe 1: $R_m \leq 500$ N/mm² / C10 (v_c+10%) / C15 (v_c+10%) / Ck15 (v_c+10%) / C22 / 9 SMn 28 / 9 SMnPb 28	P10 $v_{c\,max}$ =420 m/min	1	0,1	420	295
			0,25	350	245
			0,5	305	210
		3	0,1	370	260
			0,25	310	215
			0,5	270	190
		5	0,1	350	245
			0,25	290	200
			0,5	255	175
		8	0,1	335	235
			0,25	280	195
			0,5	240	165
Gruppe 2: $R_m \sim 500\text{–}590$ N/mm² / USt37-3 / RSt37-2 / GS40 / C35 (R_m=540 N/mm²) / Ck35 (R_m=540 N/mm²)	P10 $v_{c\,max}$ =390 m/min	1	0,1	385	270
			0,25	310	215
			0,5	265	185
		3	0,1	340	235
			0,25	280	195
			0,5	235	165
		5	0,1	325	225
			0,25	260	180
			0,5	220	155
		8	0,1	310	215
			0,25	250	175
			0,5	210	145
Gruppe 3: $R_m \sim 560\text{–}660$ N/mm² / USt42-2 / USt42-1 / GS45 / C35 (R_m=640 N/mm²) / Ck35 (R_m=640 N/mm²) / 15 CrNi 6 (170 HB) / 16 MnCr 5 (160 HB) / 20 MnCr 5 (160 HB) / 24 CrMo 5 (180 HB)	P10 $v_{c\,max}$ =360 m/min	1	0,1	360	250
			0,25	280	195
			0,5	235	165
		3	0,1	320	225
			0,25	250	175
			0,5	210	145
		5	0,1	300	210
			0,25	235	165
			0,5	200	140
		8	0,1	285	200
			0,25	225	155
			0,5	190	130
Gruppe 4: $R_m \sim 600\text{–}700$ N/mm² / St50-2 / C35, Ck35 (R_m=740 N/mm²) / C45, Ck45 (R_m=640 N/mm²) / C45W (R_m=640 N/mm²) / 100 Cr 6 (200 HB) / 10 CrMo 9 10 (160 HB) / 13 CrMo 4 (170 HB) / 14 NiCr 10 (170 HB) / 34 Cr 4 (200 HB) / 34 CrMo 4 (200 HB)	P10 $v_{c\,max}$ =335 m/min	1	0,1	335	235
			0,25	255	175
			0,5	210	145
		3	0,1	300	210
			0,25	230	160
			0,5	185	130
		5	0,1	280	195
			0,25	215	150
			0,5	175	120
		8	0,1	270	190
			0,25	205	140
			0,5	165	115
Gruppe 5: $R_m \sim 670\text{–}820$ N/mm² / St60-2 / C45, Ck 45 (R_m=840 N/mm²) / C55 (R_m=740 N/mm²) / GS60 / C60, Ck 60 (R_m=740 N/mm²) / 34 CrAlS 5 (250 HB) / 41 Cr 4 (230 HB) / 41 CrAlMo 7 (250 HB) / 42 CrMo 4 (210 HB) / 50 CrMo 4 (210 HB)	P10 $v_{c\,max}$ =300 m/min	1	0,1	300	210
			0,25	220	155
			0,5	180	125
		3	0,1	260	180
			0,25	195	135
			0,5	155	105
		5	0,1	240	165
			0,25	180	125
			0,5	145	100
		8	0,1	230	160
			0,25	175	120
			0,5	140	95
Gruppe 6: $R_m \sim 720\text{–}920$ N/mm² / St70-2; X6CrMo4 / C55 (R_m=840 N/mm²) / C60 (R_m=880 N/mm²) / 32 CrMo 12 (270 HB) / 34 CrNiMo 6 (250 HB) / 36 CrNiMo 4 (250 HB) / 50 CrV 4 (220 HB) / 50 NiCr 13 (220 HB) / 51 CrV 4 (220 HB) / X40 CrMoV 51	P10 $v_{c\,max}$ =250 m/min	1	0,1	250	175
			0,25	200	140
			0,5	155	105
		3	0,1	245	170
			0,25	175	120
			0,5	135	95
		5	0,1	225	155
			0,25	165	115
			0,5	125	85
		8	0,1	215	150
			0,25	155	105
			0,5	120	85
Gruppe 7: $R_m \sim 790\text{–}1030$ N/mm² / C60, Ck60 (R_m=1000 N/mm²) / 36 Mn 5; 100 Cr 6, 115 CrV 3 (200 HB); 60 WCrV 7,90 MnCrV 8 (220 HB); X 210 Cr 12 (240 HB)	P10 $v_{c\,max}$ =200 m/min	1	0,25	185	130
			0,5	140	95
		3	0,25	160	110
			0,5	125	85
		5	0,25	150	105
			0,5	115	80
		8	0,25	140	95
			0,5	105	70
Gruppe 8: $R_m \sim 920\text{–}1180$ N/mm² / C60W (R_m=1000 N/mm²) / 34 CrAlNi 7 (310 HB) / 50 NiCr 13 (300 HB)	P10 $v_{c\,max}$ =165 m/min	1	0,25	165	115
			0,5	125	85
		3	0,25	145	100
			0,5	105	70
		5	0,25	135	95
			0,5	100	70
Stahl und Stahlguß hochlegiert und nicht rostend					
Gruppe 9: $R_m \sim 500\text{–}720$ N/mm² / X 7 Cr 13 (v_c+10%) / X 8 Cr 17 / X 12 CrMoS 17 (v_c+10%) / X 20 CrMo 13 / X 5 CrNi 18 9	P25 $v_{c\,max}$ =190 m/min	1	0,25	175	120
			0,5	145	100
		3	0,25	150	105
			0,5	125	85
		5	0,25	140	95
			0,5	120	85

Erklärung der Abkürzungen auf S. 7-26; NS Nichtunterbrochener Schnitt, US Unterbrochener Schnitt
Kühlschmierstoffe siehe S. 7-20

7.3 Trennen

Richtwerte für das Drehen mit Hartmetallen (Standzeit 15 min), Fortsetzung

Stahl und Stahlguß hochlegiert und nicht rostend

Werkstoff / Zerspanungsgruppe, $v_{c\,max}$	HM-Sorte	a_p in mm	f in mm	v_c NS	v_c US
Gruppe 10: $R_m \sim 660{-}850\ \text{N/mm}^2$ G-X 7 CrNiNb 18 9 / G-X 10 CrNi 18 8 / G-X 20 Cr 14 / X 8 CrNb 17 / X 10 CrNiMoTi 18 10 / X 20 Cr 14	P25 $v_{c\,max} = 160$ m/min	1	0,25	150	105
			0,5	125	85
		3	0,25	130	90
			0,5	110	75
		5	0,25	120	85
			0,5	100	70
		8	0,25	115	80
			0,5	95	65
Gruppe 11: $R_m \sim 790{-}980\ \text{N/mm}^2$ X 2 CrNi 18 9 / X 20 CrNi 17 / X 40 Cr 13	P25 $v_{c\,max} = 115$ m/min	1	0,25	110	75
			0,5	95	65
		3	0,25	100	70
			0,5	80	55
		5	0,25	90	60
			0,5	75	50
Gruppe 12: $R_m \sim 900{-}1100\ \text{N/mm}^2$ G-X 6 CrNiMo 17 13 / G-X 10 CrNiMo 18 9 / X 2 CrNiMo 18 10 / X 5 NiCrMoCuTi 20 18	P25 $v_{c\,max} = 115$ m/min	1	0,25	95	65
			0,5	80	55
		3	0,25	85	60
			0,5	70	50
		5	0,25	80	55
			0,5	65	45

Gußeisenwerkstoffe (GG, GGG, GTS)

Werkstoff / Zerspanungsgruppe, $v_{c\,max}$	HM-Sorte	a_p in mm	f in mm	v_c NS	v_c US
Gruppe 13: GG 15 bis GG 40 (140 HB) / GGG 40 bis GGG 70 (180 HB) / GTS 45 bis GTS 70 (180 HB)	K 10 $v_{c\,max} = 210$ m/min	1	0,1	210	165
			0,25	175	140
			0,5	150	120
		3	0,1	185	145
			0,25	150	120
			0,5	130	100
		5	0,1	170	135
			0,25	140	110
			0,5	120	95
Gruppe 14: GG 15 – GG 45 (170 HB) / GGG 40 – GGG 70 (210 HB) / GTS 45 – GTS 70 (210 HB)	K 10 $v_{c\,max} = 170$ m/min	1	0,25	130	100
			0,5	110	90
		3	0,25	115	90
			0,5	100	80
		5	0,25	110	90
			0,5	90	70
Gruppe 15: GG 15 – GG 45 (210 HB) / GGG 40 – GGG 70 (250 HB) / GTS 45 – GTS 70 (250 HB)	K 10 $v_{c\,max} = 130$ m/min	1	0,25	110	90
			0,5	90	70
		3	0,25	95	75
			0,5	80	65
		5	0,25	90	70
			0,5	75	60
Gruppe 16: GG 15 – GG 45 (250 HB) / GGG 40 – GGG 70 (290 HB) / GTS 45 – GTS 70 (290 HB)	K 10 $v_{c\,max} = 100$ m/min	1	0,25	90	70
			0,5	70	55
		3	0,25	75	60
			0,5	60	45
		5	0,25	70	55
			0,5	55	45

NE-Metalle (Standzeit ~ 30 min)

Werkstoff / Zerspanungsgruppe, $v_{c\,max}$	HM-Sorte	a_p in mm	f in mm	v_c NS	v_c US
Aluminiumlegierungen bis 80 HB	K 10, K 20	<1	<0,1	1700–1200	
		1–4	0,1–0,3	1400–900	
		>4	0,3–0,6	1100–700	
Aluminiumlegierungen 80 HB bis 120 HB	K 10, K 20	<1	<0,1	850–600	
		1–4	0,1–0,3	650–450	
		>4	0,3–0,6	500–350	
Aluminiumlegierungen >10% Si >100 HB	K 10	<1	<0,1	500–330	
		1–4	0,1–0,3	400–250	
		>4	0,3–0,6	300–160	
Magnesiumlegierungen	K 10	<1	<0,1	2200–1400	
		1–4	0,1–0,3	1700–1000	
		>4	0,3–0,6	1200–700	
Kupfer bis 110 HB	K 10, K 20	<1	<0,1	650–500	
		1–4	0,1–0,3	550–400	
		>4	0,3–0,6	450–300	
Kupferlegierungen bis 110 HB	K 10, K 20	<1	<0,1	600–350	
		1–4	0,1–0,3	500–300	
		>4	0,3–0,6	400–200	
Titanlegierungen $R_m = 800{-}1000\ \text{N/mm}^2$	K 10, K 20	<1	<0,1	100–65	
		1–4	0,1–0,3	75–50	
		>4	0,3–0,6	55–35	

a_p Schnittiefe
f Vorschub
v_c Schnittgeschwindigkeit
$v_{c\,max}$ maximale Schnittgeschwindigkeit
NS   Nichtunterbrochener Schnitt
US   Unterbrochener Schnitt
HB   Brinellhärte
R_m Zugfestigkeit

Die Schnittgeschwindigkeitswerte (v_c-NS-Werte) müssen beim Innendrehen um 10% und beim Drehen unter schwierigen Bedingungen (Schmiede-, Walz- oder Gußhaut) um 20% reduziert werden. Kühlschmierstoffe siehe S. 7-20.

7.3 Trennen

Werkzeugwinkel beim Drehen mit gelöteten Hartmetallschneidplatten

Werkstoff	Festigkeit R_m in N/mm² bzw. Härte HB	α_o in °	γ_o in °	λ_s in °	Werkstoff	Festigkeit R_m in N/mm² bzw. Härte HB	α_o in °	γ_o in °	λ_s in °
Bau-, Einsatzstahl Bau-, Einsatz- und Vergütungsstahl	≤ 500 500–900	6–8 6–8	12–18 12	−4 −4	Aluminiumlegierungen	≤ 80 HB (80–120) HB	10 8–10	20–30 12–20	0 0
Vergütungsstahl	850–1000 > 1000	6–8 6–8	8–12 6	−4 −4	Al-Leg., > 10% Si	> 100 HB	8–10	6–12	0
					Magnesium-Leg.		10	15–25	0
Stahlguß	≤ 700	6–8	6–12	−4	Kupfer	≤ 110 HB	10	15–25	0–(−)4
Gußeisen	< 200 HB > 200 HB	6–8 6–8	6–12 6	−4 −4	Kupferlegierungen	≤ 110 HB	8–10	8–12	0
					Titanlegierungen	800–1000	8	12–16	0

Bestimmung der Rauhtiefe (R_t) beim Drehen

Die Rauhtiefe ist überwiegend abhängig vom Vorschub und dem Eckenradius des Drehmeißels bzw. der Schneidplatte. Über die angegebene Formel (gültig für $f > 0,1$ mm) oder das gezeichnete Diagramm kann die Rauhtiefe ermittelt werden.

$$R_t = \frac{f^2}{8 \cdot r}$$

f Vorschub
r Eckenradius

Beispiel: $r_t = ?$ wenn $f = 0,4$ mm und $r = 2,0$ mm beträgt

Lösung: $R_t = \dfrac{(0,4 \text{ mm})^2}{8 \cdot 2,0 \text{ mm}} = 0,01$ mm

$R_t = 0,01 \text{ mm} \cdot \dfrac{1000 \text{ μm}}{1 \text{ mm}} = 10 \text{ μm}$

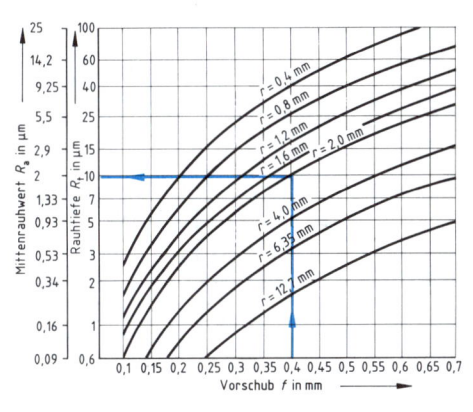

Fehler und Fehlerbeseitigung an der Hartmetallschneidplatte

Fehler	Fehlerbeseitigung durch Verändern der		
	Schnittbedingungen	Schneidstoffe	Werkzeugausführung
Plastische Deformation der Schneide	Schnittgeschwindigkeit verringern; kleinerer Vorschub	härteres und verschleißfesteres Hartmetall wählen	größeren Eckenradius wählen
Kolkverschleiß	wie oben	wie oben	positiveren Spanwinkel benutzen
Freiflächenverschleiß	Schnittgeschwindigkeit verringern; Vorschub erhöhen	härteres, verschleißfesteres Hartmetall wählen	Freiwinkel und Eckenradius vergrößern
Ausbrechen bzw. mechanischer Bruch der Schneide	Schnittgeschwindigkeit erhöhen, Vorschub und Schnittiefe verringern	zäheres Hartmetall verwenden	kleineren, negativen Spanwinkel wählen; Schneidkante fasen; stärkeren Halter benutzen

7.3 Trennen

Drehmeißel mit gelöteten Hartmetallschneidplatten nach DIN 4982 (10.80)

Benennung mit DIN- und ISO-Nummer	Anwendungs-beispiel	Benennung mit DIN- und ISO-Nummer	Anwendungs-beispiel	Bezeichnungsbeispiel und Kennzeichen am Drehmeißel
Gerader Drehmeißel **DIN 4971** ISO 1		Breiter Drehmeißel **DIN 4976** ISO 4		**Drehmeißel DIN 4972 – R 2020 - P 10**
Gebogener Drehmeißel **DIN 4972** ISO 2		Abgesetzter Drehmeißel **DIN 4977** ISO 5		① Benennung mit DIN-Nummer: Gebogener Drehmeißel
Innendrehmeißel **DIN 4973** ISO 8		Abgesetzter Eckdrehmeißel **DIN 4978** ISO 3		② Rechter gebogener Drehmeißel ③ Schafthöhe: 20 mm
Innaneckdrehmeißel **DIN 4974** ISO 9		Abgesetzter Seitendrehmeißel **DIN 4980** ISO 6		④ Schaftbreite: 20 mm ⑤ Schneidplatte aus Hartmetall der Zerspanungs-Anwendungsgruppe P10 (Kennfarbe: blau, am hinteren Schaftteil)
Spitzer Drehmeißel **DIN 4975** –		Stechdrehmeißel **DIN 4981** ISO 7		Name oder Zeichen des Herstellers — oder ISO-Nr. — Hartmetallsorte des Herstellers

Kegeldrehen durch Oberschlittenverstellung:

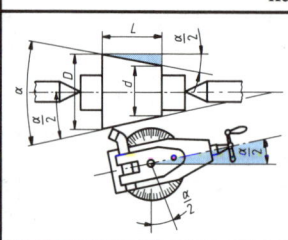

Einstellwinkel $\left(\dfrac{\alpha}{2}\right)$

$$\tan\frac{\alpha}{2}=\frac{C}{2}, \quad \tan\frac{\alpha}{2}=\frac{D-d}{2\cdot L}$$

Kegelverjüngung (C)

$$C=\frac{D-d}{L}$$

D großer Kegeldurchmesser
d kleiner Kegeldurchmesser
L Kegellänge (zwischen D und d)
α Kegelwinkel

Beispiel: Für einen Kegel $C = 1 : 10$ wird der Einstellwinkel $\frac{\alpha}{2}$ gesucht.

Lösung: $\tan\frac{\alpha}{2}=\frac{C}{2}=\frac{1}{2\cdot 10}=0,05; \frac{\alpha}{2}=5,717°=5°43'$

Kegeldrehen durch Reitstockverstellung:

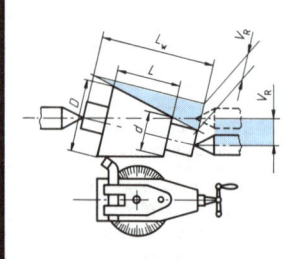

Reitstockverstellung (V_R)

$$V_R=\frac{C}{2}\cdot L_w, \quad V_R=\frac{D-d}{2\cdot L}\cdot L_w$$

max. Reitstockverstellung ($V_{R\,max}$)

$$V_{R\,max}=\frac{1}{50}\cdot L_w$$

C Kegelverjüngung
D großer Kegeldurchmesser
d kleiner Kegeldurchmesser
L Kegellänge
L_w Werkstücklänge

Anmerkung: Zur Führung des Werkstückes ist entweder eine Zentrierung mit gewölbter Lauffläche oder ein Kugelkörner zweckmäßig.

Beispiel: Für einen Kegel mit $D = 30$ mm, $d = 20$ mm, $L = 300$ mm und $L_w = 450$ mm soll die Reitstockverstellung (V_R) und die max. Reitstockverstellung ($V_{R\,max}$) bestimmt werden.

Lösung: $V_R=\frac{D-d}{2\cdot L}\cdot L_w=\frac{(30-20)\text{ mm}}{2\cdot 300\text{ mm}}\cdot 450\text{ mm}=7,5\text{ mm}; \quad V_{R\,max}=\frac{1}{50}\cdot 450\text{ mm}=9\text{ mm}$

7.3 Trennen

7.3.2.8 Bohren nach DIN 6581 (10.85) und DIN 1412 (12.66)

Ebenen, Winkel, Schneiden und Flächen am Bohrer

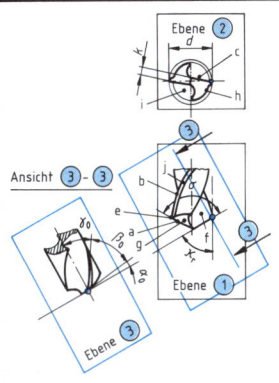

Ebenen am Bohrer	Winkel am Bohrer
① Bezugsebene (Referenzebene) ② Rückebene ③ Keilmeßebene (Orthogonalebene) $\alpha_o + \beta_o + \gamma_o = 90°$	κ_r Einstellwinkel σ Spitzenwinkel ψ Querschneidenwinkel α_o Freiwinkel β_o Keilwinkel γ_o Spanwinkel

Flächen, Schneiden und sonstige Bezeichnungen am Bohrer	
a Hauptschneide b Nebenschneide c Querschneide d Bohrerdurchmesser e Schneidenecke f Spanfläche	g Freifläche der Hauptschneide h Freifläche der Nebenschneide i Spannut j Fase k Kerndicke

Schnittkraft (F_c) und Korrekturfaktoren (K) für die Schnittkraft

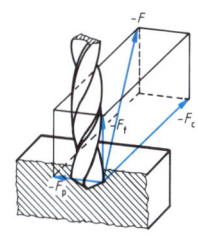

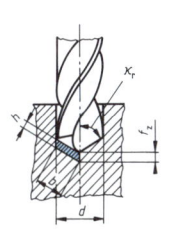

Schnittkraft (F_c):

$$F_c = z \cdot F_{cz} = \frac{d \cdot f}{2} \cdot k_c$$

$$F_{cz} = b \cdot h \cdot k_c = \frac{d \cdot f}{2 \cdot z} \cdot k_c$$

$$A = b \cdot h = \frac{d \cdot f}{2 \cdot z}$$

$$b = \frac{d}{2 \cdot \sin \kappa_r}, \quad h = \frac{f}{z} \cdot \sin \kappa_r$$

$$k_c = \frac{k_{c\,1\cdot 1}}{h^{m_c}} \quad \text{in N/mm}^2$$

Schnittkraft (F_c) bei Berücksichtigung der Korrekturfaktoren:

$$F_c = \frac{d \cdot f}{2} \cdot k_c \cdot K_{ver} \cdot K_{st} \cdot K_{sch}$$

Schneidenverschleißfaktor (K_{ver}):
$K_{ver} = 1{,}25 \cdots 1{,}4$

Spanstauchungsfaktor (K_{st}):
$K_{st} = 1{,}2$

Schneidstoffänderungsfaktor (K_{sch}):
$K_{sch} = 1{,}0$ für Hartmetall (HM)
$K_{sch} = 1{,}15$ für Schnellarbeitsstahl (SS)

A	Spanungsquerschnitt
b	Spanungsbreite
d	Bohrerdurchmesser
F	Zerspankraft
f	Vorschub
F_{cz}	Schnittkraft an einer Schneide
F_f	Vorschubkraft
F_p	Passivkraft
h	Spanungsdicke
k_c	spezifische Schnittkraft aus Tabelle S. 7-23 oder nach Formel berechnen
$k_{c\,1\cdot 1}$	auf den Spanungsquerschnitt $b \cdot h = 1\ \text{mm} \cdot 1\ \text{mm}$ bezogene spezifische Schnittkraft aus Tabelle S. 7-23
m_c	Spanungsdickenexponent
κ_r	Einstellwinkel $\kappa_r = \dfrac{\sigma}{2}$
z	Anzahl der Schneiden

Drehmoment (M_c) Schnittleistung (P_c), Abgabeleistung des Antriebsmotors (P_{ab}) und Spanungsrate (V_t)

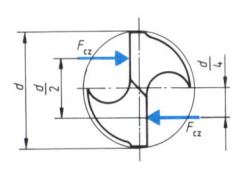

$$M_c = z \cdot F_{cz} \cdot \frac{d}{4} = F_c \cdot \frac{d}{4}$$

$$P_c = F_c \cdot v_c$$

$$P_{ab} = \frac{P_c}{\eta}$$

$$V_t = A \cdot v_c = \frac{d}{2 \cdot z} \cdot f \cdot v_c$$

A	Spanungsquerschnitt
d	Bohrerdurchmesser
F_c	Schnittkraft
F_{cz}	Schnittkraft an einer Schneide
v_c	Schnittgeschwindigkeit
z	Anzahl der Schneiden
η	Maschinenwirkungsgrad $(\eta = 0{,}7 \cdots 0{,}85)$

(Berechnungsbeispiel s. S. 7-30)

7.3 Trennen

(Fortsetzung von Seite 7-29)

Beispiel: In ein Werkstück aus C15 ist ein Durchgangsloch $d = 5$ mm mit einem SS-Bohrer $\sigma = 118°$ zu bohren.

Gegeben: $d = 5$ mm, $\sigma = 118°$, $\kappa_r = \sigma/2 = 59°$, Werkstoff des Werkstücks: C15, Werkstoff des Bohrers: SS, Schnittdaten: $v_c = 33$ m/min, $f = 0,1$ mm (aus Tab. unten), $\eta = 0,8$ (S. 7-29)

Gesucht: 1. Schnittkraft $F_c = ?$, 2. Drehmoment $M_c = ?$, 3. Schnittleistung $P_c = ?$, 4. Abgabeleistung des Antriebsmotors $P_{ab} = ?$ und 5. Spanungsrate $V_t = ?$

Lösung: 1. $F_c = \dfrac{d}{2} \cdot f \cdot k_c \cdot K_{ver} \cdot K_{st} \cdot K_{sch}$

$h = \dfrac{f}{2} \cdot \sin \kappa_r = \dfrac{0,1 \text{ mm}}{2} \cdot \sin 59°$

$h = 0,05 \text{ mm} \cdot 0,8572$

$h = 0,043 \text{ mm}$

(da in der Tabelle S. 7-23 kein k_c-Wert für diese Spandicke angegeben ist, wird k_c berechnet)

$k_c = \dfrac{k_{c1 \cdot 1}}{h^{m_c}} = \dfrac{1820}{0,043^{0,20}} = \dfrac{1820}{0,53} = 3434 \text{ N/mm}^2$

(m_c und $k_{c1 \cdot 1}$ aus der Tabelle S. 7-23 für C15), $K_{ver} = 1,3$ gewählt, $K_{st} = 1,2$, $K_{sch} = 1,15$ (siehe S. 7-29)

$F_c = \dfrac{5 \text{ mm}}{2} \cdot 0,1 \text{ mm} \cdot 3434 \text{ N/mm}^2 \cdot 1,3 \cdot 1,2 \cdot 1,15 = 1540 \text{ N}$

2. $M_c = F_c \cdot \dfrac{d}{4} = 1540 \text{ N} \cdot \dfrac{5 \text{ mm}}{4} \cdot \dfrac{1 \text{ m}}{1000 \text{ mm}} = 1,9 \text{ Nm}$

3. $P_c = F_c \cdot v_c = 1540 \text{ N} \cdot 33 \dfrac{\text{m}}{\text{min}} \cdot \dfrac{1 \text{ min}}{60 \text{ s}}$

$P_c = 847 \dfrac{\text{Nm}}{\text{s}} = 847 \text{ W} = 0,8 \text{ kW}$

4. $P_{ab} = \dfrac{P_c}{\eta} = \dfrac{0,8 \text{ kW}}{0,8} = 1 \text{ kW}$

5. $V_t = \dfrac{d}{2 \cdot z} \cdot f \cdot v_c =$

$V_t = \dfrac{5 \text{ mm}}{2 \cdot 2} \cdot 0,1 \text{ mm} \cdot \dfrac{1 \text{ cm}^2}{100 \text{ mm}^2} \cdot 33 \dfrac{\text{m}}{\text{min}} \cdot \dfrac{100 \text{ cm}}{1 \text{ m}}$

$V_t = 4,1 \text{ cm}^3/\text{min}$

(Es ist üblich, V_t in cm³/min anzugeben).

Bohrertypen und Einsatzbereiche

Bohrertyp; Drallwinkel	Werkstoff	Spitzenwinkel	Bohrertyp; Drallwinkel	Werkstoff	Spitzenwinkel
H 10°–20°	austenitischer Stahl, Magnesiumlegierungen	140°	N 16°–30°	Gußeisen, Temperguß, CuZn-Legierungen	118°
	weiche CuZn-Legierungen	118°		nichtrostender Stahl, kurzspanende Al-Legierungen, Kupfer $d > 30$ mm	140°
	Duroplaste, Hartgummi, Marmor, Schiefer Schichtpreßstoffe	80°	W 30°–40°	Kupfer $d \leq 30$ mm, langspanende Al-Legierungen	140°
N 16°–30°	unleg. Stahl und Stahlguß bis 700 N/mm²	118°		Zink-Legierungen	118°
	bis 1200 N/mm²	130°		Thermoplaste	80°

Richtwerte für Schnittgeschwindigkeiten (v_c) und Vorschübe (f) beim Bohren

Werkstoff	mit Schnellarbeitsstahl (SS)									mit Hartmetallschneiden (HM)						
	v_c in m/min	Vorschub f in mm, bei Bohrer-∅ d in mm								v_c in m/min	f in mm, bei Bohrer-∅ d in mm					
		∅2,5	∅5,0	∅10	∅16	∅25	∅40	∅63	∅100		∅2,5	∅5,0	∅10	∅16	∅25	∅40
Stahl bis 500 N/mm²	30–40	0,05	0,10	0,20	0,28	0,32	0,45	0,56	0,75	50–75	0,03	0,06	0,12	0,15	0,18	0,22
700 N/mm²	25–35	0,05	0,08	0,16	0,24	0,28	0,40	0,50	0,70	40–60	0,025	0,05	0,10	0,12	0,15	0,18
900 N/mm²	20–28	0,04	0,07	0,12	0,20	0,25	0,36	0,45	0,65	40–60	0,02	0,04	0,08	0,10	0,12	0,16
über 900 N/mm²	10–15	0,03	0,05	0,10	0,14	0,20	0,25	0,32	0,50	35–50	0,02	0,04	0,08	0,10	0,12	0,16
Stahlguß bis 700 N/mm²	18–25	0,035	0,07	0,12	0,20	0,25	0,32	0,40	0,63	30–45	0,025	0,05	0,08	0,10	0,12	0,15
nichtrostende Stähle	6–10	0,025	0,05	0,10	0,14	0,20	0,25	0,30	0,40	20–30	0,015	0,03	0,06	0,10	0,12	0,15
hochwarmfeste Stähle	6–10	0,02	0,035	0,06	0,10	0,14	0,18	0,22	0,36	–[1]	–	–	–	–	–	–

[1] Für diese Werkstoffe ist ein HM-Spiralbohrer wegen ungünstiger Schneidengeometrie nicht zu empfehlen.

Fortsetzung auf der nächsten Seite

7.3 Trennen

Richtwerte für Schnittgeschwindigkeiten (v_c) und Vorschübe (f) beim Bohren (Fortsetzung)

Werkstoff	mit Schnellarbeitsstahl (SS)									mit Hartmetallschneiden (HM)						
	v_c m/min	Vorschub f in mm, bei Bohrer-$\varnothing$ d in mm								v_c in m/min	f in mm, bei Bohrer-$\varnothing$ d in mm					
		$\varnothing$2,5	$\varnothing$5,0	$\varnothing$10	$\varnothing$16	$\varnothing$25	$\varnothing$40	$\varnothing$63	$\varnothing$100		$\varnothing$2,5	$\varnothing$5,0	$\varnothing$10	$\varnothing$16	$\varnothing$25	$\varnothing$40
Gußeisen																
bis HB 200	20–32	0,08	0,14	0,25	0,32	0,40	0,50	0,63	0,90	60–80	0,05	0,08	0,12	0,20	0,25	0,30
über HB 200	12–20	0,06	0,10	0,20	0,25	0,32	0,40	0,50	0,80	40–60	0,025	0,04	0,06	0,12	0,16	0,20
Temperguß																
bis HB 200	18–25	0,08	0,14	0,25	0,32	0,40	0,50	0,63	0,90	50–70	0,05	0,08	0,12	0,20	0,25	0,30
Kupfer																
bis HB 50	32–60	0,06	0,12	0,20						—[1]	—	—	—	—	—	—
KE-Kupfer	20–32	0,05	0,10	0,18	0,25	0,32	0,40	0,50	0,63	—[1]	—	—	—	—	—	—
CuSn-Leg.	18–25	0,05	0,08	0,16						80–100	0,06	0,08	0,12	0,20	0,25	0,32
CuZn-Leg.	30–50	0,05	0,08	0,18						—[1]	—					
Al-Legierung																
langspanend	80–120	0,08	0,16	0,28	0,40	0,50	0,60	0,70	1,0	200–300	0,10	0,16	0,22	0,28	0,36	0,45
kurzspanend	32–60	0,06	0,12	0,20	0,28	0,36	0,45	0,55	0,75	150–250	0,035	0,06	0,12	0,16	0,20	0,24
Mg/Mg-Leg.	80–160	0,10	0,18	0,28	0,36	0,45	0,56	0,70	0,90	125–250	0,03	0,06	0,10	0,16	0,22	0,32
Ti/Ti-Leg.	6–10	0,025	0,05	0,10	0,14	0,20	0,24	0,28	0,35	—[1]	—	—	—	—	—	—
Thermoplaste	28–40	0,03	0,05	0,10	0,16	0,25	0,35	0,50	0,70	80–150	0,025	0,04	0,08	0,12	0,18	0,24
Duroplaste [2]	15–25	0,04	0,08	0,16	0,25	0,32	0,40	0,60	0,80	60–100	0,035	0,08	0,14	0,22	0,30	0,40

Kühlschmierstoffe zum Bohren siehe S. 7-20 und S. 7-21.

HB = Brinellhärte

[1] Für diese Werkstoffe sind HM-Spiralbohrer wegen ungünstiger Schneidengeometrie nicht zu empfehlen.
[2] Spanende Formung der Kunststoffe siehe S. 7-42.

7.3.2.9 Richtwerte für Schnittgeschwindigkeiten (v_c) und Vorschübe (f) beim Senken

Für Senker aus SS gilt: $v_{c\,\text{Senken}} = v_{c\,\text{Bohren}}$ und $f_{\text{Senken}} = f_{\text{Bohren}} \cdot 1{,}12$ bis $1{,}25$

7.3.2.10 Richtwerte für Schnittgeschwindigkeiten (v_c), Vorschübe (f) und Bearbeitungszugabe (BZ) beim Reiben

Werkstoff und Bearbeitungszugabe (BZ)	mit Schnellarbeitsstahl (SS)							mit Hartmetallschneiden (HM)					
	v_c in m/min	f in mm, bei d[1] in mm						v_c in m/min	f in mm, bei d[1] in mm				
		$\varnothing$2,5	$\varnothing$5,0	$\varnothing$10	$\varnothing$16	$\varnothing$25	$\varnothing$40		$\varnothing$5,0	$\varnothing$10	$\varnothing$16	$\varnothing$25	$\varnothing$40
Stahl u. -guß bis 900 N/mm²	8–28	0,05	0,14	0,20	0,28	0,32	0,40	8–20	0,08	0,12	0,16	0,20	0,25
Stahl über 900 N/mm²	4–8	0,04	0,07	0,12	0,16	0,25	0,36	6–10	0,08	0,12	0,16	0,20	0,25
Hochwarmfeste Stähle	2–6	0,04	0,09	0,18	0,22	0,28	0,36	—[2]	—	—	—	—	—
Gußeisen/Temperguß bis HB 200	15–25	0,10	0,18	0,28	0,36	0,45	0,56	8–16	0,15	0,20	0,25	0,30	0,40
Gußeisen über HB 200	6–12	0,08	0,12	0,18	0,22	0,25	0,33	10–12	0,15	0,20	0,25	0,30	0,40
Kupfer und Kupfer-Leg.	15–36	0,08	0,22	0,32	0,40	0,45	0,56	15–35	0,10	0,16	0,28	0,36	0,50
Al-Legierungen	15–50	0,08	0,15	0,25	0,32	0,36	0,45	10–30	0,12	0,20	0,28	0,32	0,40
Titan u. Titanlegierungen	4–8	0,04	0,08	0,16	0,20	0,25	0,32	—[2]	—	—	—	—	—
Thermo- u. Duroplaste	4–12	0,01	0,20	0,25	0,32	0,40	0,50	15–40	0,30	0,36	0,45	0,60	1,0
Bearbeitungszugabe (BZ) in mm	0,1–0,25			0,25–0,4				0,1–0,25			0,25–0,35		

Kühlschmiermittel zum Reiben siehe S. 7-20.

HB = Brinellhärte

[1] Reibahlenenddurchmesser
[2] Für diese Werkstoffe sind Reibahlen mit Hartmetallschneiden wegen ungünstiger Schneidengeometrie nicht zu empfehlen.

7

7.3 Trennen

7.3.2.11 Fräsen

Ebenen, Winkel und Schneiden am Fräser

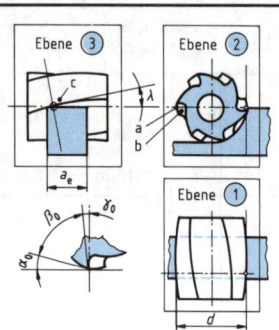

Ebenen am Fräser	Winkel am Fräser
① Bezugsebene (Referenzebene)	α_o Freiwinkel
② Keilmeßebene (Orthogonalebene) $\alpha_o + \beta_o + \gamma_o = 90°$	β_o Keilwinkel
	γ_o Spanwinkel
	λ Drallwinkel
③ Schneidenebene	

Schneiden, Flächen und sonstige Bezeichnungen am Fräser

a	Schneide	d	Fräserdurchmesser
b	Spanfläche der Schneide	a_e	Fräsbreite
c	Freifläche der Schneide		

Schnittkraft (F_c), Vorschubgeschwindigkeit (v_f) und Korrekturfaktoren (K) für die Schnittkraft

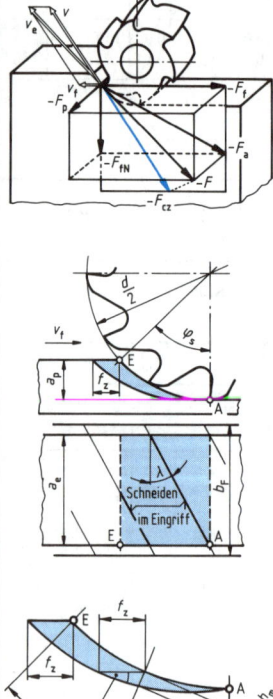

Schnittkraft (F_c):

$$F_c = F_{cz} \cdot z_e$$

$$z_e = \frac{z \cdot \varphi_s}{360°}, \quad \cos\varphi_s = 1 - \frac{2 \cdot a_p}{d}$$

$$F_{cz} = b \cdot h_m \cdot k_c$$

$b = a_e$ bei geradverzahnten Fräsern

$b = \dfrac{a_e}{\cos\lambda}$ bei Fräsern mit Drallwinkel

$$h_m = \frac{360° \cdot a_p}{\pi \cdot \varphi_s \cdot d} \cdot f_z \cdot \sin\kappa$$

$\sin\kappa = 1$ bei geradverzahnten Fräsern

$\kappa = 90° - \lambda$ bei Fräsern mit Drallwinkel

$$k_c = \frac{k_{c1 \cdot 1}}{h_m^{m_c}} \text{ in N/mm}^2$$

Vorschubgeschwindigkeit des Fräsmaschinentisches (v_f):

$$v_f = f_z \cdot z \cdot \frac{v_c}{d \cdot \pi}$$

Schnittkraft (F_c) bei Berücksichtigung der Korrekturfaktoren:

$$F_c = z_e \cdot b \cdot h_m \cdot k_c \cdot K_{\gamma_o} \cdot K_{ver} \cdot K_v$$

Spanwinkeländerungsfaktor (K_{γ_o}):

$$K_{\gamma_o} = 1 - \frac{\gamma_o - \gamma_{ok}}{66,7}$$

Schneidenverschleißfaktor (K_{ver}):

$$K_{ver} = 1,2 \cdots 1,4$$

Schnittgeschwindigkeitsänderungsfaktor (K_v):
Die K_v-Werte müssen dem Diagramm auf S. 7-22 entnommen werden.

a_e	Fräsbreite
a_p	Schnittiefe
b	Spanungsbreite
b_F	Fräserbreite
d	Fräserdurchmesser
F	Zerspankraft
F_a	Aktivkraft
F_{cz}	mittlere Schnittkraft pro Schneide
F_f	Vorschubkraft
F_{fN}	Vorschubnormalkraft (Stützkraft)
F_P	Passivkraft
f_z	Vorschub pro Schneide (aus Tabelle S. 7-34)
h_m	mittlere Spandicke
k_c	spezifische Schnittkraft
$k_{c1 \cdot 1}$	auf den Spanungsquerschnitt $b \cdot h_m = 1$ mm $\cdot$ 1 mm bezogene spezifische Schnittkraft aus Tabelle S. 7-23
m_c	Spanungsdickenexponent aus Tabelle S. 7-23
v_c	Schnittgeschwindigkeit aus Tabelle S. 7-34
v_f	Vorschubgeschwindigkeit
z	Anzahl der Fräserschneiden
z_e	Anzahl der im Eingriff befindlichen Schneiden
γ_o	am Fräser vorhandener Spanwinkel
γ_{ok}	Spanwinkel bei der Ermittlung der k_c-Werte in Tabelle S. 7-23
κ	Einstellwinkel der Schneide
φ_s	Eingriffswinkel

7.3 Trennen

Schnittleistung (P_c), Abgabeleistung des Antriebsmotors (P_{ab}) und Spanungsrate (V_t)

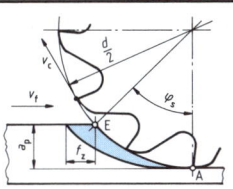

$$P_c = F_{cz} \cdot v_c \cdot \frac{z \cdot \varphi_s}{360°}$$

$$P_{ab} = \frac{P_c}{\eta}$$

$$V_t = a_p \cdot a_e \cdot v_f$$

a_e	Fräsbreite
a_p	Schnittiefe
F_{cz}	mittlere Schnittkraft pro Schneide
v_c	Schnittgeschwindigkeit
v_f	Vorschubgeschwindigkeit
z	Anzahl der Fräserschneiden
η	Maschinenwirkungsgrad
φ_s	Eingriffswinkel

Beispiel: Es soll ein Werkstück aus St 50 mit einer Länge $l = 500$ mm und einer Breite $a = a_e = 90$ mm von 46 mm auf 40 mm Dicke ($a_p = 6$ mm) gefräst werden. Fräswerkzeug: Walzenfräser aus SS mit $d = b_F = 100$ mm, $\gamma_o = 12°$, $\lambda = 40°$ und $z = 8$ (aus Tabelle unten). Der Maschinenwirkungsgrad beträgt 0,75.

Gesucht:
1. Schnittdaten (v_c, f_z, v_f),
2. Schnittkraft (F_{cz}),
3. Schnittleistung (P_c),
4. Abgabeleistung des Antriebsmotors (P_{ab}),
5. Spanungsrate (V_t).

Lösung:
1. Schnittdaten aus Tabelle S. 7-34;
$v_c = 22$ m/min und $f_z = 0,18$ mm.

$v_f = \frac{v_c}{d \cdot \pi} \cdot f_z \cdot z$, $\quad v_f = 100,9 \frac{\text{mm}}{\text{min}}$ (berechnet)

2. $F_{cz} = b \cdot h_m \cdot k_c \cdot K_{\gamma_o} \cdot K_{ver} \cdot K_v$

$b = \frac{a_e}{\cos \lambda} = \frac{90 \text{ mm}}{\cos 40°} = \frac{90 \text{ mm}}{0,766} = 117,5$ mm;

$h_m = \frac{360° \cdot a_p}{\pi \cdot \varphi_s \cdot d} \cdot f_z \cdot \sin \kappa$

$\cos \varphi_s = 1 - \frac{2 \cdot a_p}{d} = 1 - \frac{2 \cdot 6 \text{ mm}}{100 \text{ mm}} = 0,88$; $\varphi_s = 28,3°$

$\kappa = 90° - \lambda = 90° - 40° = 50°$;

$\sin \kappa = \sin 50° = 0,766$;

$h_m = \frac{360° \cdot 6 \text{ mm}}{3,14 \cdot 28,3° \cdot 100 \text{ mm}} \cdot 0,18 \text{ mm} \cdot 0,766 = 0,0335$ mm;

(da in der Tabelle S. 7-23 kein k_c-Wert für diese Spandicke angegeben ist, wird k_c berechnet)

$k_c = \frac{k_{c1 \cdot 1}}{h_m^{m_c}} = \frac{1990}{0,0335^{0,26}} = \frac{1990}{0,414} = 4807$ N/mm²

($k_{c1 \cdot 1}$ und m_c aus Tabelle S. 7-23 für St 50); Festlegung der Korrekturfaktoren:

$K_{\gamma_o} = 1 - \frac{\gamma_o - \gamma_{ok}}{66.7} = 1 - \frac{12° - 6°}{66,7} = 1 - 0,09 = 0,91$

$K_{ver} = 1,3$ gewählt; $K_v = 1,24$ aus Diagramm S. 7-22;
$F_{cz} = 117,5 \text{ mm} \cdot 0,0335 \text{ mm} \cdot 4807 \text{ N/mm}^2 \cdot 0,91 \cdot 1,3 \cdot 1,24$
$F_{cz} = 27756$ N

3. $P_c = F_{cz} \cdot v_c \cdot \frac{z \cdot \varphi_s}{360°}$

$P_c = 27756 \text{ N} \cdot 22 \frac{\text{m}}{\text{min}} \cdot \frac{1 \text{ min}}{60 \text{ s}} \cdot \frac{8 \cdot 28,3°}{360°}$

$P_c = 6400 \frac{\text{Nm}}{\text{s}} = 6400 \text{ W} = 6,4 \text{ kW}$

4. $P_{ab} = \frac{P_c}{\eta} = \frac{6400 \text{ W}}{0,75} = 8533 \text{ W} = 8,5 \text{ kW}$

5. $V_t = a_p \cdot a_e \cdot v_f$

$V_t = 6 \text{ mm} \cdot 90 \text{ mm} \cdot \frac{1 \text{ cm}}{100 \text{ mm}^2} \cdot 100,9 \frac{\text{mm}}{\text{min}} \cdot \frac{1 \text{ cm}}{10 \text{ mm}}$

$V_t = 54,5 \text{ cm}^3/\text{min}$

7

Winkel und Zähnezahl an Fräsern aus Schnellarbeitsstahl (SS)

V	IV	III	II	I	Winkel	Fräserart	Typ	10	20	30	40	50	63	80	100	125	160	200
8	6	6	5	6	α	Walzen-	N					4	4	5	7	8	10	12
25	15	12	12	12	γ	fräser	H					10	10	10	12	14	16	20
50	45	40	40	40	λ		W					3	4	4	4	5	6	8
8	6	6	5	6	α	Walzen-	N					6	6	7	8	10	12	14
25	15	12	12	12	γ	stirn-	H					12	12	12	14	16	18	20
50	45	40	40	40	λ	fräser	W					3	4	5	6	6	6	8
8	6	6	5	6	α	Scheiben-	N					12	14	14	14	16	18	20
25	15	12	10	12	γ	fräser	H					16	18	20	24	28	28	36
30	20	15	20	15	λ		W					6	6	6	8	8	10	12
10	6	7	6	7	α	Schaft-	N	4	4	6	6	8	10					
25	12	12	10	10	γ	fräser	H	6	8	10	12	12	14					
40	35	30	30	20	λ		W	3	3	4	4							

Winkel in Grad am Fräser in Abhängigkeit von Werkstoff und Fräserart — Fräserart — Typ — Zähnezahl in Abhängigkeit von Fräserart, Fräsertyp und Fräserdurchmesser in mm

I Stahl bis $R_m = 850$ N/mm² III Gußeisen V Aluminium-Legierungen
II Stahlguß IV Kupferlegierungen

7.3 Trennen

Richtwerte für Vorschübe pro Schneide (f_z) in mm und Schnittgeschwindigkeiten (v_c) in m/min für Fräser aus Schnellarbeitsstahl (SS) und Hartmetallschneiden (HM)

Werkstoff		Walzenfräser			Walzenstirnfräser			Scheibenfräser		Schaftfräser			Werkzeugwerkstoff
		f_z	v_c für $a_p=8$	v_c für $a_p=1$	f_z	v_c für $a_p=8$	v_c für $a_p=1$	f_z	v_c für $b_F<20$	f_z	v_c für $d\le20$	v_c für $d>20$	
Stahl	bis 500 N/mm²	0,22	24	33	0,22	20	30	0,12	16	0,1	28	24	SS
			120	200		120	200		180		200	180	HM
	500–800 N/mm²	0,18	20	33	0,18	18	30	0,12	14	0,08	24	20	SS
			80	200		70	180		120		160	150	HM
	750–900 N/mm²	0,12	15	28	0,12	14	25	0,09	12	0,06	22	18	SS
			70	150		65	140		100		140	120	HM
leg. Stahl	850–1000 N/mm²	0,12	10	25	0,12	9	18	0,08	16	0,08	20	16	SS
			50	100		45	90		100		80	70	HM
	1000–1400 N/mm²	0,09	8	13	0,09	7	12	0,07	10	0,06	24	20	SS
			20	60		20	60		80		60	50	HM
Stahlguß	450–520 N/mm²	0,18	12	16	0,12	10	14	0,09	12	0,08	20	18	SS
			40	85		35	80		100		90	70	HM
Gußeisen	140–180 HB	0,22	15	25	0,22	13	22	0,12	14	0,08	20	18	SS
			60	100		55	90		120		90	70	HM
	180–220 HB	0,22	10	18	0,18	9	16	0,09	12	0,07	18	14	SS
			40	80		35	75		100		80	60	HM
Kupfer-Legierungen 80–120 HB		0,22	35	75	0,18	32	70	0,08	40	0,08	60	50	SS
			80	200		75	180		150		110	100	HM
Aluminium-Legierungen 9–13% Si		0,12	80	200	0,12	70	180	0,09	180	0,06	240	200	SS
			100	300		90	280		250		300	250	HM

Die angegebenen f_z-Werte gelten für das Schruppen; für das Schlichten sind diese Werte um 40–50% zu verringern. Die v_c-Werte bei Scheiben- und Schaftfräsern gelten für das Schruppen; für das Schlichten sind diese Werte um 20% zu erhöhen. a_p Schnittiefe in mm; b_F Fräserbreite in mm; d Fräserdurchmesser in mm
Kühlschmiermittel zum Fräsen siehe S. 7-20 und 7-21.

Richtwerte für Vorschübe pro Schneide (f_z) in mm bzw. Vorschubgeschwindigkeiten (v_f) in mm/min und Schnittgeschwindigkeiten (v_c) in m/min für Wendeplatten-Fräsköpfe und SS-Kreissägen

Werkstoff		Wendeplatten-Fräskopf					Schnellarbeitsstahl-Kreissäge			
		Schruppen		Schlichten		HM-Sorte	v_c	v_f für $a_p<5$	v_f für $a_p=5$–10	v_f für $a_p=10$–15
		f_z	v_c	f_z	v_c					
Stahl	bis 500 N/mm²	0,2–0,8	100–180	0,1–0,3	150–200		63	100–250	80–315	50–80
	500–850 N/mm²	0,2–0,7	70–150	0,1–0,3	100–150	P10	40	63–80	50–160	25–35
leg. Stahl	bis 800 N/mm²	0,2–0,7	70–110	0,1–0,3	100–130	bis	40	63–100	40–80	32–63
	800–1000 N/mm²	0,2–0,6	60–90	0,1–0,3	90–110	P40	31,5	45–80	32–63	25–50
	1000–1500 N/mm²	0,2–0,5	40–70	0,1–0,3	50–90		10	20–40	12–25	8–16
Stahlguß	bis 700 N/mm²	0,2–0,8	50–150	0,1–0,3	80–160		31,5	100–125	80–100	63–80
Gußeisen	bis 200 HB	0,3–1,2	50–90	0,1–0,3	70–120		45	200–400	125–400	80–120
	200–250 HB	0,2–1,0	50–90	0,1–0,3	50–100	K10	25	80–100	80–160	50–63
Kupfer-Legierungen		0,2–0,5	80–150	0,1–0,3	100–250		160	100–800	320–800	80–400
Aluminium-Legierungen		0,2–0,5	300–750	0,1–0,3	450–1000		250	250–2500	80–1600	80–1200

a_p Schnittiefe in mm; SS Schnellarbeitsstahl
Kühlschmiermittel zum Fräsen siehe S. 7-20 und S. 7-21

7

7.3 Trennen

Teilen mit dem Teilkopf

1. Direktes Teilen: Die Teilscheibe ist auf der Teilkopfspindel befestigt und wird um die gewünschte Teilzahl weitergedreht.

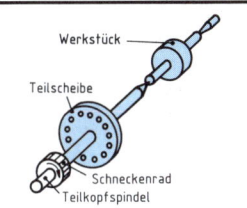

$$n_x = \frac{n_L}{T}; \quad n_x = \frac{\alpha \cdot n_L}{360°}$$

n_L Anzahl der Löcher bzw. Lochabstände auf der Teilscheibe

n_x Anzahl der Löcher bzw. Lochabstände je Teilschritt

T Teilzahl des Werkstückes

α Teilungswinkel des Werkstückes

Beispiel: Auf eine Welle soll ein Sechskant ($T = 6$) gefräst werden. Die Teilscheibe hat 24 Löcher.

Gesucht: $n_x = ?$

Lösung: $n_x = \dfrac{n_L}{T} = \dfrac{24}{6} = 4$

Die Teilkopfspindel muß je Teilschritt um 4 Lochabstände weiter gedreht werden.

---

2. Indirektes Teilen: Die Teilscheibe auf der Schneckenspindel ist festgestellt. Das Werkstück wird über die Teilkurbel und das Schneckengetriebe weitergedreht.

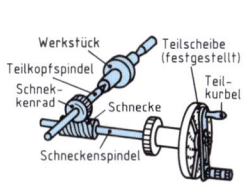

$$n_k = \frac{i}{T}; \quad n_k = \frac{i \cdot \alpha}{360°}$$

n_k Anzahl der Teilkurbelumdrehungen pro Teilschritt

i Übersetzungsverhältnis des Schneckengetriebes (in der Regel 40:1)

T Teilzahl des Werkstückes

α Teilungswinkel des Werkstückes

Lochkreise von Teilscheiben sind beim Ausgleichsteilen angegeben.

Beispiel: Es soll ein Zahnrad mit 54 Zähnen ($T = 54$) gefräst werden. Übersetzungsverhältnis $i = 40:1$.

Gesucht: $n_k = ?$

Lösung: $n_k = \dfrac{i}{T} = \dfrac{40}{1 \cdot 54} = \dfrac{20}{27} \rightarrow (LA) \atop \rightarrow (LK)$

Die Teilkurbel muß je Teilschritt um 20 Lochabstände (LA) auf dem 27-Lochkreis (LK) weitergedreht werden.

7

---

3. Ausgleichsteilen: Die Teilscheibe auf der Schneckenspindel ist nicht festgestellt, sondern wird durch Wechselräder von der Teilkopfspindel aus angetrieben und führt eine ganz bestimmte Korrekturbewegung aus. Das Werkstück wird über die Teilkurbel und das Schneckengetriebe weitergedreht.

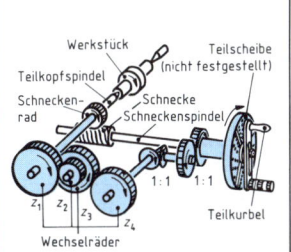

$$n_k = \frac{i}{T_e}; \quad \frac{z_t}{z_g} = \frac{i}{T_e} \cdot (T_e - T)$$

n_k Anzahl der Teilkurbelumdrehungen pro Teilschritt

i Übersetzungsverhältnis des Schneckengetriebes (in der Regel 40:1)

T Teilzahl des Werkstückes

T_e gewählte Ersatzteilzahl

$T_e > T$ Teilkurbel und Teilscheibe müssen gleichen Drehsinn haben

$T_e < T$ Teilkurbel und Teilscheibe müssen entgegesetzten Drehsinn haben

z_t Zähnezahl der treibenden Wechselräder (z_1, z_3)

z_g Zähnezahl der getriebenen Wechselräder (z_2, z_4)

Lochkreise von Teilscheiben:

Größe ①: 15 16 17 18 19 20
Größe ②: 21 23 27 29 31 33
Größe ③: 37 39 41 43 47 49

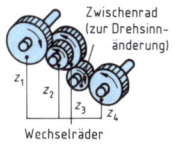

Beispiel: Es soll ein Zahnrad mit 73 Zähnen ($T = 73$) gefräst werden. Das Übersetzungsverhältnis beträgt 40:1.

Gesucht: $n_k = ?$, $z_t = ?$, $z_g = ?$

Lösung: $T_e = 70$ (gewählt)

$n_k = \dfrac{i}{T_g} = \dfrac{40}{1 \cdot 70} = \dfrac{4}{7}$

$= \dfrac{12}{21} \rightarrow (LA) \atop \rightarrow (LK)$

Die Teilkurbel muß pro Teilung des Werkstückes um 12 Lochabstände (LA) auf dem 21-Lochkreis (LK) weitergedreht werden. Da $T_e < T$, ist eine gegenläufige Bewegung (durch ein Zwischenrad) von Teilkurbel und Teilscheibe erforderlich.

$\dfrac{z_t}{z_g} = \dfrac{i}{T_e} \cdot (T_e - T)$

$= \dfrac{40}{1 \cdot 70} \cdot (70 - 73)$

$\dfrac{z_t}{z_g} = \dfrac{4}{7} \cdot (-3) = -\dfrac{12}{7} = -\dfrac{48}{28}$

Die Ausgleichsbewegung erfolgt durch zwei Wechselräder mit $z_t = z_1 = 48$ und $z_g = z_4 = 28$ Zähnen.

7.3 Trennen

7.3.2.12 Hobeln und Stoßen

Winkel und Ebenen am Meißel

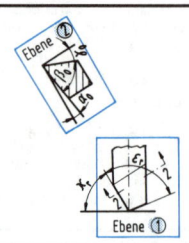

Ebenen am Meißel	Winkel am Meißel
① Bezugsebene (Referenzebene) ② Keilmeßebene (Orthogonalebene) $\alpha_o + \beta_o + \gamma_o = 90°$	κ_r Einstellwinkel ε_r Eckenwinkel α_o Freiwinkel β_o Keilwinkel γ_o Spanwinkel

Schnittkraft (F_c) und Korrekturfaktoren (K) für die Schnittkraft

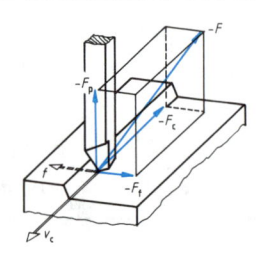

Schnittkraft (F_c):

$F_c = b \cdot h \cdot k_c = a_p \cdot f \cdot k_c$

$A = b \cdot h = a_p \cdot f$

Schnittkraft (F_c) bei Berücksichtigung der Korrekturfaktoren:

$F_c = b \cdot h \cdot k_c \cdot K_{\gamma o} \cdot K_{ver} \cdot K_v$

F Zerspankraft
F_f Vorschubkraft
F_p Passivkraft

A Spanungsquerschnitt
a_p Schnitttiefe
b Spanungsbreite (siehe S. 7-22)
f Vorschub
h Spanungsdicke (siehe S. 7-22)
k_c spezifische Schnittkraft (siehe S. 7-22/23)
($K_{\gamma o}$) Spanwinkeländerungsfaktor (siehe S. 7-22)
K_{ver} Schneidenverschleißfaktor (siehe S. 7-22)
K_v Schnittgeschwindigkeitsänderungsfaktor (siehe S. 7-22)

Schnittleistung (P_c), Abgabeleistung des Antriebsmotors (P_{ab}) und Spanungsrate (V_t)

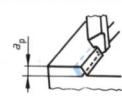 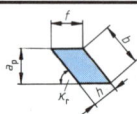

$P_c = F_c \cdot v_c$

$P_{ab} = \dfrac{P_c}{\eta}$

$V_t = A \cdot v_c$

A Spanungsquerschnitt
F_c Schnittkraft
v_c Schnittgeschwindigkeit
η Maschinenwirkungsgrad ($\eta = 0,6 \cdots 0,7$)

Richtwerte für Schnittgeschwindigkeiten (v_c) und Winkel am Meißel

Werkstoff		HM-Sorte	v_c für HM Vorschub f			v_c für SS Vorschub f			Werkzeugwinkel in Grad					
									für HM		für SS		für HM, SS	
			0,5	1,0	1,6	0,5	1,0	1,6	α_o	γ_o	α_o	γ_o	λ_s	κ_r
Stahl	bis 500 N/mm²	P40	60	48	40	28	23	20	8	15–20	8	12		
	500–750 N/mm²	P40	55	45	38	21	17	15	8	12–15	8	8–10		
	750–900 N/mm²	P40	40	35	30	14	11	10	8	10–20	8		−10 bis −15	45 bis 70
Stahlguß	bis 520 N/mm²	P40	45	35	30	15	12	10	8	10–15	8	8		
Gußeisen	bis 190 HB	K 20	50	40	30	25	18	14	8	15–20	8	4		
	190–240 HB	K 20	55	45	35	32	26	24	8	10–15	8	4		

f Vorschub in mm je Doppelhub
HM Hartmetall
Kühlschmiermittel siehe S. 7-20

v_c Schnittgeschwindigkeit in m/min
SS Schnellarbeitsstahl

7.3 Trennen

7.3.2.13 Schleifen

Schnittgrößen beim Schleifen

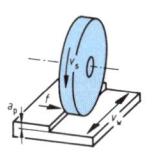

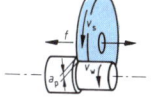

Höchstzulässige Drehzahl der Schleif-scheibe ($n_{s\,max}$):

$$n_{s\,max} = \frac{v_{s\,max}}{d_1 \cdot \pi}$$

Drehzahl der Schleifscheibe (n_s):

$$n_s = \frac{v_s}{d_1 \cdot \pi}$$

Drehzahl des Werkstückes (n_w) beim Rundschleifen:

$$n_w = \frac{v_w}{d_w \cdot \pi}$$

Hubzahl des Werkstückes (n) beim Flachschleifen:

$$n = \frac{v_w}{L}$$

a_p	Schnittiefe
d_1	Schleifscheiben-$\varnothing$
d_w	Werkstückdurchmesser
f	seitlicher Vorschub je Hub beim Flachschleifen bzw. Vorschub in Längsrichtung je Werkstück-umdrehung beim Rundschleifen
L	Schleiflänge beim Flachschleifen
v_s	Umfangsgeschwindigkeit der Schleifscheibe
$v_{s\,max}$	Arbeitshöchstumfangsgeschwin-digkeit der Schleifscheibe
v_w	Werkstückgeschwindigkeit

Geschwindigkeitsverhältnis (q):

$$q = \frac{v_s}{v_w}; \quad q = \frac{d_1 \cdot n_s}{d_w \cdot n_w}$$

Bezeichnung der Schleifkörper nach DIN 69 100 (6.88)

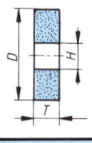

Schleifscheibe   DIN 69 120 – 5 A – 350 × 40 × 32 A 36 0 – 5 V – 35

①   ② ③   ④ ⑦ ⑤ ④ ⑤ ⑥   ⑦ ⑧   ⑨

S. 7-38   Abmessungen in mm

7

Symbol	Erklärung
DIN-Norm ①	DIN 69 120 gerade Schleifscheibe (GS) ohne Aussparung; DIN 69 125 GS mit Aussparung auf einer Seite; DIN 69 126 GS mit Aussparung auf beiden Seiten; DIN 69 139 und DIN 69 148 Topf- und Tellerschleifscheiben; DIN 69 161 Trennscheiben; DIN 69 170 Schleifstifte; u.a.
Schleif-mittel ④	A Elektrokorund (Al$_2$O$_3$) D Diamant $\}$ die Bezeichnung der Schleifkörper für diese C Siliziumkarbid (SiC) B Bornitrid $\}$ Schleifmittel erfolgt nach DIN 69 800

Körnung ⑤	grob 4, 8, 10, 12, **14**, **16**, 20, **24**	mittel **30**, 36, **46**, 54, **60**	fein 70, **80**, 100, 120, 150, 220	sehr fein 230 bis 1 200

Härtegrad ⑥	äußerst weich A, B, C, D	sehr weich E, F, **G**	weich **H, I,** Jot, **K**	mittel L, **M,** N, **O**	hart **P, Q, R,** S	sehr hart T, U, V, W	äußerst hart X, Y, Z

Gefüge ⑦	sehr dicht 1, 2 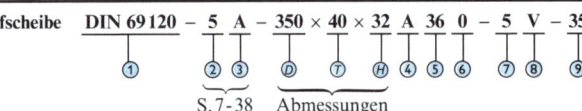	dicht 3, 4	mittel **5, 6, 7, 8**	offen 9, 10, 11	sehr offen 12, 13, 14

Bindung ⑧	B Kunstharzbindung E Schellackbindung RF Gummibindung BF Kunstharzbindung Mg Magnesitbindung faserstoffverstärkt faserstoffverstärkt R Gummibindung V keramische Bindung

$v_{s\,max}$ ⑨	Angabe der zulässigen Arbeitshöchstumfangsgeschwindigkeit des Schleifkörpers in m/s (S. 7-39)

Die **fett**gedruckten Körnungen, Härtegrade und Gefüge sind am gebräuchlichsten.

7.3 Trennen

Fortsetzung von Seite 7-37: Bezeichnung der Schleifkörper

Symbol			Erklärung: Formkennung, Kennzeichen			
Form ②	1		Gerade Schleifscheibe $D \times T \times H$ Beispiel: $300 \times 20 \times 127$	11		Kegliger Schleiftopf $D/J \dots \times T \times H - W \dots \times E \dots \times K \dots$ Beispiel: $150/J\,114 \times 50 \times 32 - W10 \times E13 \times K96$
	2	Tragscheibe	Schleifzylinder mit Tragscheibe verklebt $D \times T - W \dots$ Beispiel: $457 \times 125 - W\,40$	12		Schleifteller $D/J \dots \times T/U \dots \times H - W \dots \times E \dots \times K \dots$ Beispiel: $200/J\,92 \times 32/ \times U3,2 \times 32 - W10 \times E12 \times K92$
	3		Einseitig konische Schleifscheibe $D/J \dots \times T/U \dots \times H$ Beispiel: $300/J\,100 \times 32/U\,4 \times 76,2$	3104	(3101 bis 3109)	Schleifsegment $B/A \times C \times L\ R = \dots$
	4		Zweiseitig konische Schleifscheibe $D \times T \times H$ Beispiel: $150 \times 25 \times 20$	42		Gekröpfte Trennscheibe $D \times U \times H$ Beispiel: $230 \times 3,2 \times 22,23$
	5		Einseitig ausgesparte Schleifscheibe $D \times T \times H - P \dots \times F \dots$ Beispiel: $508 \times 50 \times 304,8 - P\,390 \times F\,20$	52	(ZY; WR; WK; W)	ZY Schleifstift-Zylinderform $D \times T \times S$ Beispiel: $20 \times 20 \times 03$
	6		Zylindrischer Schleiftopf $D \times T \times H - W \dots \times E \dots$ Beispiel: $200 \times 63 \times 76,2 - W20 \times E\,20$	5430		Honstein $B \times C \times L - R$ Beispiel: $20 \times 10 \times 125 - 50$
	7		Zweiseitig ausgesparte Schleifscheibe $D \times T \times H - P \dots \times F/G$ Beispiel: $760 \times 100 \times 304,8 - P\,410 \times F\,30/G\,30$	9020	(9010 - 9040)	Schleifstäbe, Abziehsteine $B \times L$ Beispiel: 20×200
Randform ③	A		G $r = 0,125 \times T$	H $r = 0,125 \times T$	J $a = \frac{b}{3}$ $r = 0,125 \times T$	K

7.3 Trennen

Arbeitshöchstumfangsgeschwindigkeiten ($v_{s\,max}$) für Schleifkörper nach DSA 101 T3 (3.83)

Maschinenart	Anwendungsweise	Schleifart	Allgemeine Höchstumfangsgeschwindigkeiten ohne DSA-Zulassung in m/s für Bindung				Erhöhte Umfangsgeschwindigkeiten mit DSA-Zulassung in m/s für Bindung				
			V	B, BF	R, RF, E	Mg	V	B	BF	R	RF
Ortsfeste Schleifmaschinen	zwangsweise Führung	Us	35	35[1]), 50[2])	35	25[3]), 15[4])	80	80	80	80	80
		Ss	30	35	30	20[3])	63	80	–	63	–
	handgeführtes Schleifen	Us	30	30[1]), 45[2])	30	20[3]), 15[4])	–	63	80	–	–
		Ss	25	30	25	15[3])	–	50	–	–	–
Handschleifmaschinen	Freihandschleifen	Us	30	45	30	–	50	63	80	50	80
		Ss	25	30	25	–	–	50	80	–	–
Trennschleifmaschinen	zwangsweise Führung	Us	–	35[1]), 50[2])	35	–	–	80	100	80	100
	handgeführtes Trennschleifen	Us	–	30[1]), 45[2])	30	–	–	80	100	80	100
	Freihandtrennschleifen	Us	–	45	30	–	–	–	100	–	–

DSA Deutscher Schleifscheibenausschuß; Us Umfangsschleifen; Ss Seitenschleifen
[1]) Für $d_1 > 500$ mm oder $b > 75$ mm   [2]) Für $d_1 \leq 500$ mm und $b \leq 75$ mm   [3]) Für $d_1 \leq 1000$ mm   [4]) Für $d_1 > 1000$ mm.

Farbliche Kennzeichnung der Schleifkörper für erhöhte Umfangsgeschwindigkeiten nach DSA 103 (10.89) (die Mindestbreite je Farbstreifen beträgt 5 mm)

Arbeitshöchstumfangsgeschwindigkeit in m/s	50	63	80	100	125	140	160
Farbstreifen	blau	gelb	rot	grün	grün + blau	grün + gelb	grün + rot

Kennzeichen für Verwendungseinschränkungen (VE) der Schleifkörper nach DSA 103 (10.89)

VE 1	Nicht zulässig für Freihand- und handgeführtes Schleifen	VE 4	Zulässig nur für geschlossenen Arbeitsbereich (besondere Schutzeinrichtung)
VE 2	Nicht zulässig für Freihandtrennen	VE 5	Nicht zulässig ohne besondere Absaugung
VE 3	Nicht zulässig für Naßschleifen	VE 6	Nicht zulässig für Seitenschleifen

Richtwerte für Vorschübe (f) und Schnittiefen (a_p)

Werkstoff	Art der Bearbeitung	Flachschleifen		Rundschleifen		
		Schnittiefe a_p in mm	seitlicher Vorschub f in mm/Hub	außen Schnittiefe a_p in mm	innen Schnittiefe a_p in mm	Vorschub f in Längsrichtung in mm/U
Stahl Gußeisen	Schruppen Schruppen	0,03–0,1 0,06–0,2	$\frac{2}{3} b$ bis $\frac{4}{5} \cdot b$	0,02–0,04 0,04–0,08	0,01–0,03 0,02–0,06	$\frac{2}{3} \cdot b$ bis $\frac{3}{4} \cdot b$
Stahl Gußeisen	Schlichten Schlichten	0,002–0,01 0,004–0,02	$\frac{1}{2} \cdot b$ bis $\frac{2}{3} \cdot b$	0,002–0,01 0,004–0,02	0,002–0,005 0,004–0,01	$\frac{1}{4} \cdot b$ bis $\frac{1}{2} \cdot b$

7.3 Trennen

Richtwerte für Umfangsgeschwindigkeit (v_s) in m/s der Schleifscheibe, Werkstückgeschwindigkeit (v_w) in m/s und Geschwindigkeitsverhältnis (q)

Werkstoff	Flachschleifen						Trennschleifen	Rundschleifen					
	Umfangsschleifen			Stirnschleifen				außen			innen		
	v_s	v_w	q	v_s	v_w	q	v_s	v_s	v_w	q	v_s	v_w	q
Stahl, ungehärtet	30	0,16 bis 0,58	180 bis 50	25	0,1 bis 0,42	250 bis 60	45 bis 80	30	0,22	130	25	0,32	80
Stahl, gehärtet	30			25				35	0,27	130	25	0,38	65
Gußeisen	30			25	0,1 bis 0,5	250 bis 50		25	0,22	115	25	0,38	65
Cu-Legierungen	25	0,25 bis 0,67	40 bis 100	–	–	–		30	0,32	95	25	0,40	60
Al-Legierungen	20			20	0,33 bis 0,75	60 bis 27	–	20	0,58	35	20	0,58	35
Hartmetall	8	0,07	115	25	0,07	115	45	8	0,08	100	8	0,13	60

Richtwerte für die Wahl von Schleifmittel, Körnung und Härte für keramisch gebundene Schleifkörper

Werkstoff	Schleifmittel	Körnung und Härte beim Flachschleifen			Körnung und Härte beim Rundschleifen	
		gerade Schleifscheibe bei d_1[1]) ≤ 200 mm	Topfscheibe bei d_1[1]) in mm ≤ 200 bis ≤ 350	Schleifsegmente	außen bei d_1[1]) in mm ≤ 350 bis ≤ 600	innen bei d_1[1]) in mm ≤ 16 bis ≤ 125
Stahl, ungehärtet	A	46 K	46 K – 36 K	24 K	60 M– 46 M	80 M – 46 Jot
Stahl, vergütet	A	46 I	46 I – 36 I	24 Jot	60 L– 46 L	80 L – 46 I
Stahl gehärtet HRC<63	A	46 Jot	36 Jot– 30 Jot	30 Jot	60 L– 46 L	80 L – 46 I
HRC>63	A	46 I	36 I – 30 I	30 I	60 K– 46 K	80 K – 46 I
Hartmetall	C	60 G	60 G – 54 G	54 H	80 H– 60 H	80 M – 46 K
Gußeisen	C, A	46 I	46 I – 36 Jot	30 Jot	60 I – 46 Jot	80 K[2])– 36 H[2])

[1]) Durchmesser der Schleifscheibe [2]) Nur Schleifmittel C (Siliziumkarbid)

Veränderung einzelner Einflußgrößen beim Schleifen und deren Auswirkung

Körnung gröber
Auswirkung: größere Zerspanleistung; größere Rauhtiefe am Werkstück; Schleifkörper wirkt weicher; größere Formfehler
Anwendung: Vor- und Schruppschleifen

Härte härter
Auswirkung: kleinere Zerspanleistung; kleinere Rauhtiefe am Werkstück; Schleifkorn bricht später aus; größere Erwärmung des Werkstückes (Schleifrisse); kleinere Formfehler
Anwendung: für weiche Werkstoffe; kleine Berührungszone

Gefüge dichter
Auswirkung: kleinere Rauhtiefe am Werkstück; kleinere Formfehler; Schleifkörper wirkt härter
Anwendung: spröde Werkstoffe; Feinschleifen; Formschleifen; (offener: bei schleifrißempfindlichen Stählen und dünnwandigen Werkstücken)

a) v_s b) v_w größer
Auswirkung bei a): Schleifkörper wirkt härter; kleinere Rauhtiefe am Werkstück; bei b): Schleifkörper wirkt weicher (v_s Umfangsgeschwindigkeit der Schleifscheibe, v_w Werkstückgeschwindigkeit)

7.3 Trennen

7.3.2.14 Honen

Schnittgrößen beim Honen

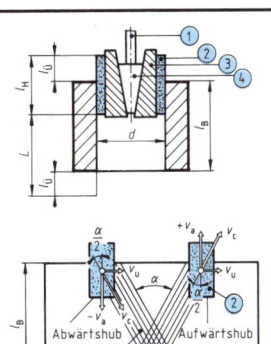

Schnittgeschwindigkeit (v_c):

$$v_c = \sqrt{v_u^2 + v_a^2}$$

$$\tan \frac{\alpha}{2} = \frac{v_u}{v_a}$$

Hublänge (L):

$$L = l_B - \frac{l_H}{3}$$

Über- bzw. Anlauf ($l_{\ddot{u}}$):

$$l_{\ddot{u}} = \tfrac{1}{3} \cdot l_H$$

Drehzahl der Honspindel (n_H):

$$n_H = \frac{v_u}{d \cdot \pi}$$

Hubzahl der Honspindel (n):

$$n = \frac{v_a}{2 \cdot L}$$

d	Bohrungsdurchmesser
l_B	Bohrungslänge
l_H	Honsteinlänge
v_a	Hubgeschwindigkeit
v_u	Umfangsgeschwindigkeit
α	Überschneidungswinkel der Bearbeitungsspuren
①	Kolbenstange und Zustelleinrichtung
②	Honsteine
③	Honsteinhalter
④	Expansionskonus

Richtwerte für den Anpreßdruck (p_H) der Honsteine bzw. Honleisten

Honwerkzeug	p_H in N/cm² beim Vorhonen	p_H in N/cm² beim Fertighonen
keramischgebundene Honsteine	150 bis 250	80 bis 120
kunststoffgebundene Honsteine	250 bis 500	100 bis 150
Diamant-Honleisten	300 bis 800	150 bis 300
Bornitrid-Honleisten	200 bis 400	100 bis 200

Richtwerte für die Geschwindigkeiten (v_c, v_a, v_u) und Bearbeitungszugaben (BZ)

Werkstoff	v_c in m/min		v_a in m/min		v_u in m/min		BZ in mm
	vorhonen	fertighonen	vorhonen	fertighonen	vorhonen	fertighonen	
Stahl ungehärtet	20–25	bis 28	9–11	12	18–22	25	0,06–0,15
Stahl gehärtet	15–22	bis 30	5–8	10	14–21	28	0,03–0,08
Stahl legiert	25–30	bis 33	10–12	12	23–28	31	0,02–0,2
Gußeisen GGL	25–30	bis 35	10–12	13,5	23–28	32	0,06–0,15
Gußeisen GGG	22–25	bis 30	9–10	12	20–23	27	0,06–0,15
Aluminium	15–22	bis 30	5–8	10	14–21	28	0,05–0,1
Kupfer	25–30	bis 40	12–15	15	21–26	38	0,04–0,08
CuSn-Legierungen	15–30	35	12–26	17,5	21–26	30	0,04–0,08
CuZn-Legierungen	18–30	50	9–13	13	15–26	48	0,04–0,08
Hartchrom	–	15–22	–	4–6	–	14–21	0,03–0,08

Die angegebenen Werte für die Bearbeitungszugabe gelten für Einzelfertigung, bei Serienfertigung ca. die Hälfte der angegebenen Werte.

Kühlschmierstoffe zum Honen siehe S. 7-20.

7.3 Trennen

7.3.2.15 Richtwerte für die spanende Bearbeitung von Kunststoffen nach VDI 2003 (2.76)

Werkstoff Bezeichnung	Kurz-zei-chen	Schneid-werk-stoff	Drehen α_o in °, γ_o in °, κ_r in °	Drehen v_c in m/min, f in mm, a_p in mm	Bohren σ in °, v_c in m/min, f in mm	Fräsen α_o in °, γ_o in °, v_c in m/min	Sägen α_o in °, γ_o in °, v_c in m/min
Duroplaste Schicht- und Preßstoffe mit organischen Füllstoffen (wie z.B. Fasern, Schnitzel und Bahnen aus Holz, Papier und Textilien)	PF, UF, MF EP, (Hp, Hgw)	SS	5–10 15–25 45–60	bis 80 0,05–0,5 bis 10	100–120 30–40 0,04–0,6	bis 15 15–25 bis 80	30–40 5–8 bis 3000
		HM	5–10 10–15 45–60	bis 400 0,05–0,5 bis 10	100–120 100–120 0,04–0,6	bis 10 5–15 bis 1000	10–15 3–6 bis 5000
Schicht- und Preßstoffe mit anorganischen Füllstoffen (z.B. Glasfaser, Gesteinsmehl)	Pf, MF UP (Hgw, Hm)	HM	5–11 0–12 45–60	bis 40 0,05–0,5 bis 10	80–100 20–40 0,04–0,6	bis 10 5–15 bis 1000	–
Thermoplaste Polymethylmetha-crylat und Copolymere	PMMA, AMMA	SS	5–10 4–(−)4 ca. 15	200–300 0,1–0,2 bis 6	60–90 20–60 0,1–0,5	2–10 1–5 bis 2000	30–40 0–5 –
Polystyrol und Styrol-Acrylnitril-Copoly-mere, Acrylnitril-Butadien-Styrol-Copolymere, Styrol-Butadien-Copolymere	PS SAN ABS SB	SS	5–10 0–2 ca. 15	50–60 0,1–0,2 bis 2	60–90 20–80 0,1–0,5	2–10 1–5 bis 2000	30–40 5–8 –
Polyoxymethylen, Polyacetal	POM	SS	5–10 0–5 45–60	200–500 0,1–0,5 bis 6	60–90 50–100 0,1–0,5	5–10 bis 10 bis 400	30–40 5–8 –
Polycarbonat	PC	SS	5–10 0–5 45–60	200–300 0,1–0,5 bis 6	60–90 50–120 0,2–0,5	5–10 bis 10 bis 1000	30–40 5–8 –
Polytetrafluorethylen	PTFE	SS	10–15 15–20 9–11	100–300 0,05–0,25 bis 6	130 100–300 0,1–0,3	5–10 bis 10 bis 1000	30–40 5–8 –
Polyvinylchlorid hart, VC-Copolymere, Celluloseester	PVC PCVA CAB	SS	5–10 0–5 45–60	200–500 0,1–0,2 bis 6	80–110 30–80 9,1–0,5	5–10 bis 15 bis 1000	30–40 5–8 –
Polyethylen, Polypropylen, Polyamide	PE PP PA	SS	5–15 0–10 45–60	200–500 0,1–0,5 bis 6	60–90 50–100 0,2–0,5	5–15 bis 15 bis 1000	30–40 5–8 –

a_p Schnittiefe $\quad f$ Vorschub $\quad v_c$ Schnittgeschwindigkeit
α_o Freiwinkel $\quad \gamma_o$ Spanwinkel $\quad \kappa_r$ Einstellwinkel $\quad \sigma$ Spitzenwinkel

Drehen: Die Spanabnahme erfolgt möglichst in einem Arbeitsgang, dabei sind große Vorschübe und Spanungsquerschnitte anzustreben (um die Zerspanungswärme abzuführen).

Bohren: Drallwinkel siehe S. 7-30. Bei dünnwandigen Werkstücken empfiehlt sich der Einsatz von Hohlbohrern (bei Duroplasten mit Diamantkrone).

Fräsen: Möglichst große Spanungsquerschnitte durch großen Vorschub und Schnittiefe anstreben (um die Zerspanungswärme abzuführen). Für die Bearbeitung von Thermoplasten sollten die Werkzeuge nicht mehr als zwei Schneiden haben, bei Duroplasten dagegen mehrschneidige Werkzeuge verwenden.

7.3 Trennen

7.3.3 Trennen durch Abtragen

7.3.3.1 Autogenes Brennschneiden

Richtwerte für das Brennschneiden von Stahl

Schneiddicke a in mm	Schneiddüsengröße in mm	Schnittfugenbreite in mm	Acetylendruck in bar	Sauerstoffdruck Heizen in bar	Sauerstoffdruck Schneiden in bar	Acetylenverbrauch in m^3/h	Gesamtsauerstoffverbrauch in m^3/h	Schneidgeschwindigkeit Konstruktionsschnitt in mm/min	Schneidgeschwindigkeit Trennschnitt in mm/min
3	3–10	1,5	0,2	2,0	2,0	0,24	1,64	730	870
5					2,0	0,27	1,67	690	840
8					2,5	0,32	1,92	640	780
10					3,0	0,34	2,14	600	740
10	10–25	1,8	0,2	2,5	2,5	0,36	2,46	620	750
15					3,0	0,37	2,67	520	690
20					3,5	0,38	2,98	450	640
25					4,0	0,40	3,20	410	600
25	25–40	2,0	0,2	2,5	4,0	0,40	3,20	410	600
30					4,3	0,42	3,42	380	570
35					4,5	0,44	3,54	360	550
40					5,0	0,45	3,85	340	530

Güte, Rauhtiefe und Maßtoleranzen beim thermischen Schneiden nach DIN 2310 T 3 (11.87)

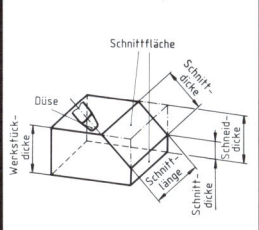

Güte der Schnittfläche	Rauhtiefe R_z in µm	Rechtwinkligkeits- u. Neigungstoleranz u in µm
I Feld 1	$\leq 40 + 0,6 \cdot a$	$\leq 0,1 + 0,007 \cdot a$
Feld 2	$\leq 70 + 1,2 \cdot a$	$\leq 0,4 + 0,01 \cdot a$
II Feld 1	$\leq 40 + 0,6 \cdot a$	$\leq 0,4 + 0,007 \cdot a$
Feld 2	$\leq 70 + 1,2 \cdot a$	$\leq 0,4 + 0,01 \cdot a$
Feld 3	$\leq 110 + 1,8 \cdot a$	$\leq 1,0 + 0,015 \cdot a$

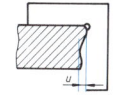

Werte gelten für $a = (3{-}300)$ mm Schnittdicke

Grenzabmaße für Nennmaße beim thermischen Schneiden und Kennzeichnung nach DIN 2310 T 3 (11.87)

Werkstückdicke in mm		3 bis 12		12 bis 50		50 bis 100		100 bis 150		150 bis 200	
Toleranzklasse		A	B	A	B	A	B	A	B	A	B
Grenzabmaße für Nennmaße	35– 315	±1	±2	±0,5	±1,5	±1	±2,5	±2	±3	±2,5	±3
	315–1000	±1,5	±3,5	±1	±2,5	±2	±3,5	±2,5	±4	±3	±4,5
	1000–2000	±2	±4,5	±1,5	±3	±2,5	±4	±3	±5	±3,5	±6
	2000–4000	±3	±5	±2	±3,5	±3	±4,5	±4	±6	±4,5	±7

Kennzeichnung der Schnittgüte und Toleranzklasse	
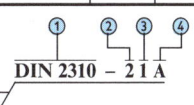	① Angabe der DIN-Hauptnummer dieser Norm ② Güte: Feld 2 mit $u \leq 0,4 + 0,001 \cdot a$ ⎫ ③ Güte: Feld 1 mit $R_z \leq 40 + 0,6 \cdot a$ ⎭ = Güte I ④ Toleranzklasse: A; z.B. ±1,0 mm Grenzabmaß für Nennmaß 35 mm u. Werkstückdicke 3 mm

7.4 Fügen

Die Unterteilung der Fügeverfahren erfolgt nach DIN 8580 (6.74) und DIN 8593 (9.85) unter dem Gesichtspunkt, wie der Zusammenhalt von zwei oder mehreren Werkstücken hergestellt werden kann:

Zusammen-setzen	Füllen	An-/Ein-pressen	Urformen	Umformen	Schweißen	Löten	Kleben
Einlegen	Einfüllen	Klemmen	Umgießen	Falzen	Schweißen	Löten	Kleben

Die Verfahren werden nach unterschiedlichen werkstück- und prozeßbezogenen Merkmalen in **Untergruppen** unterteilt:

Auflegen, Aufsetzen, Schichten, Einlegen, Einsetzen, Ineinander-schieben, Einhängen, Einrenken federnd, Einspreizen	Einfüllen, Tränken, Imprägnieren	Schrauben, Klemmen, Klammern, Preßver-binden (durch Ein-pressen, Schrumpfen, Dehnen), Nageln, Einschlagen, Verkeilen, Verspannen	Ausgießen, Einbetten (Umspritzen, Eingießen, Umgießen, Einvulka-nisieren), Eingalva-nisieren, Ummanteln, Kitten	drahtförmi-ger Körper (Drahtflech-ten, Knoten, Spleißen u.a.) bei Blech-, Rohr- und Profilteilen (Falzen, Ver-lappen, u.a.) Nietverfah-ren (Nieten, Hohlnieten, Zapfnieten, u.a.)	Preß-Ver-bindungs-schweißen (Feuer-Reib-Lichtbogen-preßschwei-ßen u.a.) Schmelz-Ver-bindungs-schweißen (Gas-, Licht-bogen-, Wi-derstands-schmelz-schweißen, u.a.)	Verbindungs-Weichlöten, Verbindungs-Hartlöten, Verbindungs-Hochtempe-raturlöten	mit physi-kalisch abbindenden Klebstoffen (Naßkleben, Kontakt-kleben, Haftkleben, Aktivier-kleben) mit chemisch abbindenden Klebstoffen

In der Fügezone erfolgt der zu schaffende Zusammenhalt zwischen den Werkstücken durch **Formschluß** (die Werkstücke besitzen ineinanderpassende Formen, z.B. beim **Einlegen**), **Kraftschluß** (zwischen den Werkstücken wird eine genügend große Reibung verursacht, z.B. beim **Klemmen**) oder **Stoffschluß** (zwischen den Werkstücken wirken Kohäsions- und/oder Adhäsionskräfte, z.B. beim **Löten**). Bei geeigneter Wahl des Fügeverfahrens überträgt die Fügezone die von außen auf das Werkstück wirkenden Kräfte, ohne sich dabei unerwünscht zu verändern oder zerstört zu werden.

7.4.1 Fügen durch Schweißen

7.4.1.1 Gasschmelzschweißen

Nutzbares Gasvolumen und Gasverbrauch bei Gasflaschen

Nutzbares Gasvolumen (V_{amb}) und Gasverbrauch (ΔV_{amb}) bei ungelösten Gasen wie Sauerstoff und Propan:

$$V_{amb} = \frac{V_e \cdot p_e}{p_{amb}}$$

$$\Delta V_{amb} = \frac{V_e \cdot (p_{e1} - p_{e2})}{p_{amb}}$$

Nutzbares Gasvolumen (V_{amb}) und Gasverbrauch (ΔV_{amb}) bei gelöstem Gas wie Acetylen (Ac) in Azeton (Az):

$$V_{amb} = L_{Ac/Az} \cdot V_{Az} \cdot p_e$$

$$\Delta V_{amb} = L_{Ac/Az} \cdot V_{Az}(p_{e1} - p_{e2})$$

$L_{Ac/Az}$ Lösungsmenge von Acetylen je bar Flaschendruck und Liter Azeton

$$L_{Ac/Az} = \frac{25 \, l \; Acetylen}{1 \, bar \cdot 1 \, l \; Azeton}$$

p_{amb} Gasdruck bei Luftdruck ($p_{amb} \approx 1$ bar)

p_e Gasflaschenüberdruck

p_{e1} p_e bei Arbeitsbeginn

p_{e2} p_e bei Arbeitsende

V_{amb} Gasvolumen bei Luftdruck

V_{Az} Azetonvolumen in der Acetylenflasche ($V_{Az} = 13 \, l$ in der 40-l-Gasflasche)

V_e Gasvolumen bei Überdruck p_e (Flaschenvolumen)

Beispiel: Sauerstoffflasche mit $V = V_e = 40 \, l$, $p_{e1} = 150$ bar, $p_{e2} = 80$ bar und $p_{amb} = 1$ bar

Gesucht: Gasverbrauch $\Delta V_{amb} = ?$

Lösung:
$$\Delta V_{amb} = \frac{V_e \cdot (p_{e1} - p_{e2})}{p_{amb}}$$
$$\Delta V_{amb} = \frac{40 \, l \cdot (150 - 80) \; bar}{1 \, bar}$$
$$= 2800 \, l$$

Beispiel: Acetylenflasche mit $V = 40 \, l$, $p_{e1} = 18$ bar, $p_{e2} = 9,8$ bar und $V_{Az} = 13 \, l$

Gesucht: Acetylenverbrauch $\Delta V_{amb} = ?$

Lösung: $\Delta V_{amb} = L_{Ac/Az} \cdot V_{Az} \cdot (p_{e1} - p_{e2})$
$$\Delta V_{amb} = 25 \frac{1}{bar} \cdot 13 \, l \cdot (18 - 9,8) \; bar$$
$$\Delta V_{amb} = 2697,5 \, l$$

7.4 Fügen

Der Schweißbereich in der Flamme und Richtwerte für den Gasverbrauch beim Stahlschweißen

Normale Flamme: Mischungsverhältnis Acetylen-Sauerstoff 1:1 bis 1:1,1

① Dunkler Flammenkern max. 400 °C
② Hell leuchtender Flammenkegel 1500–2500 °C: Kommt das Schmelzbad hiermit in Berührung, dann nimmt es Kohlen-, Wasser- und/oder Sauerstoff auf und die Schweißnaht wird spröde.
③ Schweißbereich 3000–3250 °C: I. Verbrennungsstufe; die hier enthaltenen Gase CO und H_2 wirken reduzierend (d.h. dem Schweißbad und der Umgebung werden O_2 und O_2-Verbindungen entzogen).
④ Streuflamme 2500–3200 °C: II. Verbrennungsstufe.

Werkstücks-dicken in mm	Schweiß-einsatz-Größe A—	Sauerstoff-verbrauch ≈ Acetylen-verbrauch		Zeit-bedarf in min/m	Schweiß-geschwin-digkeit in mm/min
		in l/h	in l/m		
0,5–1	1	90	15	10	100
1–2	2	170	30	12	80
2–4	3	280	70	15	65
4–6	4	500	165	20	50
6–9	5	700	280	25	40
9–14	6	1100	550	30	35

Anmerkung: Die Acetylenentnahme soll im Dauerbetrieb 600 l/h und im Kurzzeitbetrieb 1000 l/h nicht überschreiten (Azeton wird sonst mitgerissen).

Kenngrößen der Schweißgase

Kenngröße	Sauer-stoff O_2	Acetylen C_2H_2	Propan C_3H_8
Kennfarbe, Druckflasche	blau	gelb	rot
Farbe der Schläuche	blau	rot	rot
Flaschenanschluß	$R\,^3/_4''$	Spann-bügel	$W\,21,80 \times {}^1/_{14}''$ $LH^1)$
Schlauchanschluß	$A\,6 \times R\,^1/_4''$	$A\,9 \times R\,^3/_8''\ LH$	
Flaschenvolumen in l	10, 40, 50	10, 40, 50	10, 50
Fülldruck in bar	150, 200	18, 19	8,3
Dichte in kg/m³	1,34	1,17	2,0
Unterer Heizwert in kJ Explosionsgrenzen in Luft in Vol.-%	48720 2,4–80	46370 2,0–9,5	
Zündtemperatur in Luft in °C Flammentemperatur mit O_2 in °C	335 3250	510 2850	
Flammenleistung mit O_2 in kW/cm² Flammengeschwindigkeit mit O_2 in cm/s	43 1350	10,3 370	

Zu verschweißende Grundwerkstoffe und dafür geeignete Schweißstäbe (unterteilt in Klassen G I bis G VII) **nach DIN 8554 T1** (5.86)

Grundwerkstoffe		Klasse G			
Stahlart	Stahlsorte	I	II	III	IV
Allgemeine Bau-stähle nach DIN 17100	St 37-2, USt 37-2, RSt 37-2, St 44-2		×	×	×
	St 37-3, St 44-3, St 52-3			×	×
Geschweißte Rohre nach DIN 1626	St 37.0, St 37.0, St 44.0, St 52.0	×	×	×	×
Nahtlose Rohre nach DIN 1629	St 37.0, St 44.0, St 53.0	×	×	×	×
Rohre nach DIN 17175	St 35.8			×	×
	St 45.8				×
Warmfeste Bleche nach DIN 17155	H I, H II			×	×
Warmfeste Bleche, nahtlose Rohre nach DIN (17155, 17175)	17 Mn 4, 15 Mo 3				×
	13 CrMo 4 4 nur G V 10 CrMo 9 10 nur G VI	bei Mehr-lagen-schweißung			

Kennzeichnung, Abmessungen und Normung der Schweißstäbe nach DIN 8554 T1 (5.86)

Schweißstab-klasse	G I	G II	G III	G IV	G V	G VI	G VII
Farbkenn-zeichnung	–	grau	gold	rot	gelb	grün	silber
Einprägkenn-zeichnung	I	II	III	IV	V	VI	VII

Normung: z.B. **Schweißstab DIN 8554-G I-2**

Schweißstabklasse ⎯⎯⎯⎯⎯⎯⎯⎯⎯⎯⎯

Nenndurchmesser in mm: 1,6; 2; 2,5; 3; 4; 5

Regellänge in mm: 1000 ± 5

¹) Linksgewinde (Left-Hand)

7.4 Fügen

7.4.1.2 Lichtbogenschmelzschweißen – Metallichtbogenschweißen (E-Schweißen)

Stabelektroden für das Lichtbogenschmelzschweißen: Bezeichnung und Verwendung nach DIN 1913 T1

Bezeichnungsbeispiel: **Stabelektrode DIN 1913 – E 43 – 3 2 A R 7**

Norm-Nummer für Stabelektroden ⎯⎯⎯
Kurzzeichen für Lichtbogenhandschweißen ⎯⎯⎯

Symbol: ① ②③ ④ ⑤

Symbol ①: Kennzahl für Zugfestigkeit, Streckgrenze und Dehnung des reinen Schweißgutes bei $\approx 20\,°C$

Anmerkung: Folgt nach Symbol ⑤ noch eine Zahl, so gibt diese die Ausbringung in % an; z.B. $120 = 120 \pm 5\%$ Ausbringung

Kenn-zahl	Zugfestig-keit in N/mm²	Streck-grenze in N/mm²	Mindest-dehnung in % ($L_0 = 5 \cdot d_0$)
43	430 bis 550	365	22
51	510 bis 650	380	22

Symbol ② und ③: Kennziffern für die Mindest-Kerbschlagarbeit des reinen Schweißgutes in Abhängigkeit von der Werkstoffprobentemperatur (t) in °C, mit ISO-Spitzkerbprobe

	Symbol ②		Symbol ③
Kenn-ziffer	Kerbschlag-arbeit 28 J bei t in °C	Kenn-ziffer	Kerbschlag-arbeit 47 J bei t in °C
0	keine Angabe	0	keine Angabe
1	+ 20	1	+ 20
2	0	2	0
3	− 20	3	− 20
4	− 30	4	− 30
5	− 40	5	− 40

Symbol ④: Kurzzeichen für die Umhüllung	
A	sauerumhüllt
R	rutilumhüllt (dünn oder mitteldick)
RR	rutilumhüllt (dick)
AR	rutilsauer-umhüllt (Mischtyp)
C	zelluloseumhüllt
R(C)	rutilzellulose-umhüllt (mitteldick)
RR(C)	rutilzellulose-umhüllt (dick)
B	basischumhüllt
B(R)	basischumhüllt mit nicht-basischen Anteilen
RR(B)	rutilbasisch-umhüllt (dick)

Symbol ⑤: Kennziffer für die Klasse der Stabelektrode und Verwendungshinweise

Kennziffer für die Klasse	Stabelek-troden-typ	Geeignet für Schweiß-position[1])	Kennziffer für Strom-eignung[2])	Umhüllung und Ausbringung (A)	Umhüllungs-dicke in %[3])
2	A 2	w, h, hü, s, f, q, ü	5	dünn sauerumhüllt	≤ 120
	R 2	w, h, hü, s, f, q, ü	5	dünn rutilumhüllt	
3	R 3	w, h, hü, s, f[5]), q, ü	2	mitteldick rutilumhüllt	> 120 ≤ 155
	R(C) 3	w, h, hü, s, f, q, ü	2	mitteldick rutilzellulose-umhüllt	
4	C 4	w, h, hü, s, f[4]), q, ü	0⁺, (6)[6])	mitteldick zelluloseumhüllt	> 120 ≤ 155
5	RR 5	w, h, hü, s, q, ü	2	dick rutilumhüllt	> 155 ≤ 165
	RR(C) 5	w, h, hü, s, f, q, ü	2	dick rutilzellulose-umhüllt	
6	RR 6	w, h, hü, s, q, ü	2	dick rutilumhüllt	> 165
	RR(C) 6	w, h, hü, s, f, q, ü	2	dick rutilzellulose-umhüllt	
7	A 7	w, h, hü, s, q, ü	5	dick sauerumhüllt	> 155
	AR 7	w, h, hü, s, q, ü	5	dick rutilsauer-umhüllt	
	RR(B) 8	w, h, hü, s, q, ü	5	dick rutilbasisch-umhüllt	

Fortsetzung der Tabelle und Erklärung der Fußnoten auf der nächsten Seite.

7

7.4 Fügen

Symbol ⑤: Kennziffer für die Klasse der Stabelektrode und Verwendungshinweise (Fortsetzung)

Kennziffer für die Klasse	Stabelektroden-typ	Geeignet für Schweiß-position[1]	Kennziffer für Strom-eignung[2]	Umhüllung und Ausbringung (A)	Umhüllungs-dicke in %[3]
8	RR 8	w, h, hü, s, q, ü	2	dick rutilumhüllt	>155
	RR(B)8	w, h, hü, s, q, ü	5	dick rutilbasisch-umhüllt	
9[8]	B9	w, h, hü, s, f[4], q, ü	0, (6)[6]	dick basischumhüllt	>155
	B(R)9	w, h, hü, s, f[4], q, ü	6	dick basisch- mit nichtbasischen Anteilen -umhüllt	
10[8]	B10	w, h, hü, s, q, ü	0, (6)[6]	dick basischumhüllt	>155
	B(R)10	w, h, hü, s, q, ü	6	dick basisch- mit nichtbasischen Anteilen -umhüllt	
11	RR11	w (Stumpf- und Kehlnaht)[7]	5	dick rutilumhüllt; A≤105%	>155
	AR11		5	dick rutilsauer -umhüllt; A≥105%	
12[8]	B12	w (Stumpf- und Kehlnaht)[7]	0, (6)[6]	dick basischumhüllt; A≥120%	>155
	B(R)12		0, (6)[6]	dick basisch- mit nichtbasischen Anteilen -umhüllt; A≥120	

[1]) Siehe Tabelle Kurzzeichen für Schweißpositionen S. 7-47.   [2]) Siehe Tabelle für Stromeignung S. 7-47.
[3]) Bezogen auf den Kernstab-Nenndurchmesser.   [4]) Bevorzugt für Fallposition.
[5]) Anwendbar für kleine Kernstabdurchmesser und/oder niedriges Ausbringen.   [6]) Hierfür nur bedingte Eignung.
[7]) Auch anwendbar für Kehlnaht in Horizontalposition bei kleinem Kernstabdurchmesser und/oder niedriger Ausbringung.
[8]) Basischumhüllte Stabelektroden müssen vor dem Einsatz rückgetrocknet werden (mindestens 2 Stunden bei 250 °C), da sonst das Schweißgut einen zu hohen Wasserstoffgehalt aufweist.

7

Kennzeichen für die Schweißposition: DIN 1912

Kurz-zeichen	Erklärung
f	fallende Position
h	horizontale Position
hü	Horizontal-Überkopf-Position
q	Quer-Position an senkrechter Wand
s	steigende Position
ü	Überkopf-Position
w	waagrechte (Wannen-) Position

Kennziffern für die Stromeignung

Polung der Stab-elek-trode	nur Gleich strom	Gleich- oder Wechselstrom		
		Leerlaufspannung bei Wechselstrom		
		50 V	70 V	80 V
jede	0	1	4	7
negativ	0^-	2	5	8
positiv	0^+	3	6	9

Zu verschweißende Grundwerkstoffe und dafür erforderliche mechanische Gütewerte der Stabelektrode nach DIN 1913 T1 (7.84)

Grundwerkstoff Stahlart	Stahlsorte	mech. Gütewerte Stabelektrode (Symbol ①, ②, ③)	Grundwerkstoff Stahlart	Stahlsorte	mech. Gütewerte Stabelektrode (Symbol ①, ②, ③)
Allge-meine Baustähle nach DIN 17100	St37-2, USt37-2	43 − 10	Rohrstähle DIN (1626, 1629)	USt37.0, St37.0 St44.0, St52.0	43 − 00 51 − 00
	RSt37-2, St44-2	43 − 10			
	St37-3	43 − 30			
	St44-3, St52-3	51 − 30	Stähle nach DIN (17155, 17175 und 17177)	H I, H II St37.8, St42.8 17Mn4, 19Mn6	43 − 22 43 − 00 51 − 22
	St50-2[1]), St60-2[1])	51 − 30			
	St70-2[1])	51 − 30			

Bedeutungen der Abkürzungen siehe Symbol ①, ② und ③, S. 7-46;
[1]) Diese Werkstoffe dürfen nur unter besonderen Bedingungen (z.B. Vorwärmen) mit basischumhüllten Stabelektroden geschweißt werden.

7.4 Fügen

7.4.1.3 Lichtbogenschmelzschweißen – Schutzgasschweißen

Einteilung und Verfahrenskurzzeichen nach DIN 1910 T 4 (4.91)

Schutzgasschweißverfahren

Metall-Schutzgas-schweißen (MSG)	Wolfram-Schutzgas-schweißen (WSG)
Schutzgas-Engspalt-schweißen (MSGE)	Wolfram-Inertgas-schweißen (WIG)
Elektronengas-schweißen (MSGG)	Wolfram-Inertgas-Engspalt Schweißen (WIGE)
Plasma-Metall-Schutz-gasschweißen (MSGP)	(Wolfram-) Plasma-schweißen (WP)
Metall-Inertgas-schweißen (MIG)	Plasmastrahlschweißen (WPS)
Metall-Aktivgas-schweißen (MAG)	Plasmalichtbogen-schweißen (WPL)
CO$_2$-Schweißen (MAGC)	Plasmastrahl-Plasma-Lichtbogenschweißen (WPSL)
Mischgasschweißen (MAGM)	

Kurzzeichen und Benennung der Schutzgas-schweißverfahren nach Art des Lichtbogens nach DIN 1910 T 4 (4.91)

Kurz-zeichen	Benennung	Werkstoffübergang; Anwendung
s[1]	Sprühlicht-bogen	feinsttropfig, kurzschlußfrei; bei Wannenlage
l	Langlicht-bogen	grobtropfig, nicht kurzschlußfrei; bei Stahl mit tiefem, schmalen Einbrand
k[1]	Kurzlicht-bogen	feintropfig, im Kurzschluß; bei Dünn-blechen sowie Zwangslage
p	Impulslicht-bogen	beim MSG Tropfengröße und -frequenz einstellbar, kurzschlußfrei; bei Al, Cu und CrNi-Stählen

Beispiel: **MIGs** = MIG mit Sprühlichtbogen

Einteilung, Zusammensetzung, Anwendung und Wirkung der Schutzgase nach DIN 32526 (8.78)

Gruppe	Kenn-zahl	Zusammensetzung: Komponenten in Volumen-Prozenten						Anwendung	Wirkung/ Bemerkung
		oxidierend		inert		redu-zierend	reaktions-träge		
		CO$_2$	O$_2$	Ar	He	H$_2$	N$_2$		
R	1	–	–	–	–	–	100	WHG	reduzierend
	2	–	–	Rest	–	1 bis 15	–	WIG, WP	reduzierend
I	1	–	–	100	–	–	–	WIG, WP, MIG, Wurzelschutz	inert
	2	–	–	–	100	–	–		
	3	–	–	Rest	25 bis 75	–	–		
M 1	1	–	1 bis 3	Rest	–	–	–		schwach oxidierend
	2	2 bis 5	–	Rest	–	–	–		
	3	6 bis 14	–	Rest	–	–	–		
M 2	1	15 bis 25	–	Rest	–	–	–	MAGM	
	2	5 bis 15	1 bis 3	Rest	–	–	–		
	3	–	4 bis 8	Rest	–	–	–		
M 3	1	26 bis 40	–	Rest	–	–	–		stärker oxidierend
	2	5 bis 20	4 bis 6	Rest	–	–	–		
	3	–	9 bis 12	Rest	–	–	–		
C	1	100	–	–	–	–	–	MAGC	
F	1	–	–	Rest	–	1 bis 30	–	Wurzel-schutz	reduzierend; bei mehr als 10% H$_2$ abfackeln
	2	–	–	–	–	1 bis 30	Rest		

Außer bei I 3 darf Argon (Ar) durch Helium (He) ersetzt werden.

CO$_2$ Kohlenstoffdioxid; O$_2$ Sauerstoff; H$_2$ Wasserstoff; N$_2$ Stickstoff

Bezeichnung für Mischgas der Gruppe M 1 mit 2% bis 5% CO$_2$, Rest Ar: **Schutzgas DIN 32536 – M 12**

[1]) Lichtbogen, die sich unter Argon bzw. argonreichen Mischgasen im Einstellbereich zwischen Kurz- und Sprüh-lichtbogen ausbilden, werden als „Übergangslichtbogen" (Kurzzeichen: ü) bezeichnet.

7.4 Fügen

Kenngrößen der Schutzgase zum Schweißen

Kenngröße	Misch-gase	Argon Ar	Helium He	Kohlen-stoff dioxid CO_2	Sauer-stoff O_2	Stick-stoff N_2	Wasser-stoff H_2
Kennfarbe der Gasflasche Anschlußgewinde	grau W 21,80 × 1/14″	grau W 21,80 × 1/14″	grau W 21,80 × 1/14″	grau W 21,80 × 1/14″	blau R 3/4″	grün W 24,32 × 1/14″	rot W 21,80 × 1/14″ LH
Flaschenvolumen in l Fülldruck in bar	10, 20, 50 200	10, 50 200	10, 50 200	10, 50 58	10, 40, 50 150, 200	10, 40, 50 150, 200	10, 50 200
Dichte bei 15 °C und 1 bar Siedetemperatur in °C bei 1,013 bar	1,669 −185,9	0,167 −268,9	1,849 −78,5[1])	1,337 −183,0	1,170 −195,8	0,085 −252,9	
Reinheit in Volumen-Prozent Taupunkt in °C bei 1 bar	99,9 −50	99,99 −50	99,7 −35	99,5 −35	99,5 −50	99,5 −50	

Hinweis: Spalten entsprechen Misch-gase / Argon / Helium / CO2 / O2 / N2 / H2.

Kenngröße	Misch-gase	Argon Ar	Helium He	Kohlen-stoff dioxid CO_2	Sauer-stoff O_2	Stick-stoff N_2	Wasser-stoff H_2
Dichte bei 15 °C und 1 bar Siedetemperatur in °C bei 1,013 bar		1,669 −185,9	0,167 −268,9	1,849 −78,5[1])	1,337 −183,0	1,170 −195,8	0,085 −252,9
Reinheit in Volumen-Prozent Taupunkt in °C bei 1 bar		99,9 −50	99,99 −50	99,7 −35	99,5 −35	99,5 −50	99,5 −50

[1]) Sublimationstemperatur

Schweißgut beim Schutzgasschweißen: Bezeichnung nach DIN 8559 T1 (7.84)

Bezeichnungsbeispiel: **Schweißgut DIN 8559 – SG 2 – M2 Y 46 5 4**

Norm-Nr. für Schweißzusätze beim Schutzgasschweißen **Symbol:** ① ② ③ ④⑤

Symbol ①: Kurzzeichen für die chemische Zusammensetzung I. der Massiv-Stäbe, -Drähte, und -Drahtelektroden und II. des Schweißgutes von Fülldrahtelektroden

Kurz-zeichen	Chemische Zusammensetzung C in %	Si in %	Mn in %	Anmerkung
SG 1[1])	0,06–0,12	0,5–0,7	1,0–1,3	S, P ≤ 9,925%
SG 2[1])	0,06–0,13	>0,7–1,0	>1,3–1,6	I.
SG 3	0,06–0,13	0,8–1,2	>1,6–1,9	Cu ≤ 0,30%
SGR 1	0,05–0,12	0,2 –0,6	0,8–1,4	Cu ≤ 0,3%
SGR 1	0,05–0,12	0,15–0,45	0,8–1,6	II. Ni ≤ 0,7% S, P ≤ 0,03%

[1]) Werden diese Drähte in Stabform beim WIG-Schweißen angewendet, so erhalten sie die Kurzzeichen WSG 1 bzw. WSG 2.

Symbol ②: Kurzzeichen für die Schutzgase

C Kohlenstoffdioxid   I Inertgas
F Formiergas   R Reduktionsgas
M 1, M 2 und M 3 Mischgase

Symbol ③: Kennzeichen für die Mindest-Streckgrenze und Dehnung bei 20 °C (R_m, ist nicht Bestandteil der Kennzeichnung)

Kenn-zeichen	Streck-grenze R_e in N/mm²	Zugfestigkeit R_m in N/mm²	Dehnung in % ($L_0 = 5 \cdot d_0$)
Y 42	420	500 bis 640	22
Y 46	460	530 bis 680	22
Y 50	500	560 bis 720	22

Symbol ④ und ⑤: Kennziffern für die Mindest-Kerbschlagarbeit in Abhängigkeit von der Werkstoffprobentemperatur (t) in °C mit ISO-Spitzkerbproben

Symbol ④		Symbol ⑤	
Kenn-ziffer	Kerbschlag-arbeit 28 J bei t in °C	Kenn-ziffer	Kerbschlag-arbeit 47 J bei t in °C
0	keine Angabe	0	keine Angabe
1	+20	1	+20
2	0	2	0
3	−20	3	−20
4	−30	4	−30
5	−40	5	−40

7

7.4 Fügen

Grundlagen für die geeignete Wahl der Draht-Gas-Kombination beim Schutzgas-Stahlschweißen nach DIN 8559 T1 (7.84)

Die geeignete Wahl der Draht-Gas-Kombination ist u.a. abhängig von den **mechanischen Gütewerten** (Streckgrenze, Kerbschlagarbeit mit 28 J und 47 J)

1. des **zu verschweißenden Grundwerkstoffes** und den daraus folgenden Anforderungen an das reine Schweißgut (siehe Tabelle II),

2. des **reinen Schweißgutes,** die durch unterschiedliche Draht-Gas-Kombinationen erreicht werden können (Tabelle I).

Beispiel: Zwei Teile eines Werkstückes aus St37-3 sollen durch Schutzgasschweißen verbunden werden. Da im Einsatz des Werkstückes alle mechanischen Gütewerte des Grundwerkstoffes in Anspruch genommen werden, ergeben sich nach Tabelle II an die mechanischen Gütewerte des reinen Schweißgutes folgende Mindestanforderungen: Y 42 30
Mindeststreckgrenze 420 N/mm²
Mindestkerbschlagarbeit 28 J bei −20°C
keine Angabe für die Kerbschlagarbeit 47 J

Lösung: Nach diesen Mindestanforderungen an das reine Schweißgut wird die geeignete Draht-Gas-Kombination nach Tabelle I und den betrieblichen Gegebenheiten ausgewählt: WSG 1-I, SG B 1-M 2 oder SG B 1-C

Tabelle I: Zuordnung von Draht-Gas-Kombinationen zu den damit erreichbaren mechanischen Gütewerten des reinen Schweißgutes

Draht-Gas-Kombination (Symbol ①, ②)	Mechanische Gütewerte des Schweißgutes (Symbol ③, ④, ⑤)
WSG 1-I	Y 42 54
WSG 2-I	Y 46 54
SG 2-M 2	Y 46 54
SG 2-M 3	Y 46 43
SG 2-C	Y 46 43
SG 3-M 2	Y 50 54
SG 3-M 3	Y 46 43
SG 3-C	Y 46 43
SG R 1-C	Y 42 21
SG B 1-C	Y 42 54
SG B 1-M 2	Y 42 54

Tabelle II: Zuordnung von Grundwerkstoffen zu den Mindestanforderungen an die mechanischen Gütewerte des Schweißgutes beim Schutzgasschweißen

Grundwerkstoffe		Mechanische Gütewerte des Schweißgutes (Symbol ③, ④, ⑤)
Stahlart	Stahlsorte	
Allgemeine Baustähle nach DIN 17100	St37-2, USt37-2, RSt37-2, St44-2	Y 42 10
	St37-3, St44-3, St52-3, St50-2¹), St60-2¹), St70-2¹)	Y 42 30
Rohrstähle nach DIN 1626, DIN 1629	USt37.0, St37.0, St44.0, St52.0	Y 42 00
DIN 1628, DIN 1630	St37.4, St44.4, St52.4	Y 42 11
Stähle nach DIN 17177	St37.8, St42.8	Y 42 00
DIN 17155	UH I	Y 43 00
DIN 17155 DIN 17175	H I, H II, 17Mn4, St45.8, St35.8	Y 42 22
DIN 17155	19Mn6	Y 46 22
Rohrstähle nach DIN 17172	StE 210.7, StE 290.7, StE 320.7, StE 360.7, StE 385.7, StE 415.7	Y 42 22
	StE 445.7 TM, StE 480.7 TM	Y 50 22
Feinkornbaustähle nach DIN 17102	StE 255, WStE 255, StE 285, WStE 285, StE 315, WStE 315, StE 355, WStE 335, StE 380, WStE 380, StE 420, WStE 420, StE 460, WStE 460	Y 42 32
	StE 500, WStE 500	Y 50 32

Bedeutungen der Abkürzungen siehe Symbol ①, ②, ③, ④, ⑤ auf S. 7-49.

¹) Diese Werkstoffe dürfen nur unter besonderen Bedingungen (z.B. Vorwärmen) geschweißt werden.

7

7.4 Fügen

7.4.1.4 Fugenformen an Stahl beim Gas-, Lichtbogenhand- und Schutzgasschweißen nach DIN 8551 T1 (6.76)

Kenn-zahl	Wand-dicke (s)/Aus-führung	Naht-art	Sym-bol	Fugenform	α, β in °	b in mm	c in mm	Schweißverfahren/Bemerkungen
1	bis 2 mm einseitig	Bördel-naht	⅄	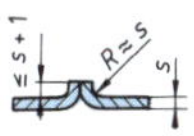	–	–	–	G, E, WIG, MIG, MAG; meist ohne Zusatz-werkstoff
					–	–	–	
2	bis 4 mm einseitig	Stirn-flach-naht	‖‖					G, E, WIG, MIG, MAG
3.1	bis 4 mm einseitig	I-Naht	‖	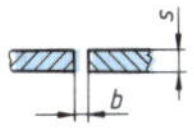	–	$\approx s$	–	G, E, WIG
					–	0 bis s	–	MIG, MAG
3.2	bis 8 mm beidseitig				–	$s/2$	–	E, WIG
						0 bis $s/2$	–	MIG, MAG
4	3–10 mm einseitig	V-Naht	V	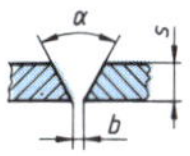	≈ 60	0 bis 3	–	G
	3–40 mm beidseitig				≈ 60			E, WIG
					40–60			MIG, MAG
5	über 16 mm einseitig	Steil-flanken-naht	⅄	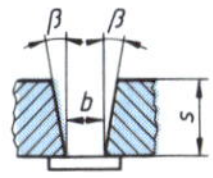	5–15	6–10	–	E, MIG, MAG
6	über 10 mm beidseitig	Y-Naht	Y	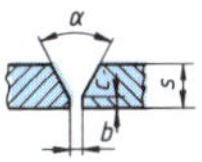	≈ 60	0–3	2–4	E, WIG
					40–60			MIG, MAG
7	über 10 mm beidseitig	DY-Naht	Χ	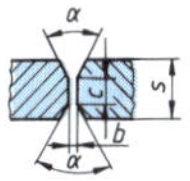	≈ 60	0–4	2–6	E, WIG
					40–60			
8	über 10 mm beidseitig	DV-Naht	Χ	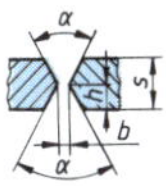	≈ 60	0–3	–	E, WIG; $h = s/2$
					40–60			MIG, MAG; $h = s/2$
13	3–40 mm einseitig oder beidseitig	HV-Naht	⋁	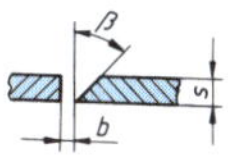	40–60	0–4	–	E, WIG, MIG, MAG

E   Lichtbogenhandschweißen
G   Gasschmelzschweißen
MAG Metall-Aktivgasschweißen
MIG Metall-Inertgas-Schweißen
WIG Wolfram-Inertgas-Schweißen

Bezeichnungsbeispiel: Für eine Fugenform der Kennzahl 3.1 für das Metall-Aktivgasschweißen:
Fugenform 3.1 MAG DIN 8551 (Falls erforderlich, kann die Bezeichnung der Fugen-form durch Einzelangabe der Abmessungen noch ergänzt werden)

7.4.2 Fügen durch Löten

7.4.2.1 Flußmittel zum Löten

Das Flußmittel muß so gewählt werden, daß die Arbeitstemperatur des Lotes im Wirktemperaturbereich des Flußmittels liegt. Hier werden bei ausreichender Flußmittelmenge die den Benetzungsvorgang störenden Oxide von Lot und Lötfläche (Grundwerkstoff) vollständig weggelöst und deren Neubildung verhindert. Korrosiv wirkende Flußmittelrückstände müssen durch Abwaschen (bei wasserlöslichen Flußmitteln), Bürsten oder Beizen entfernt werden.

Die Flußmittel werden nach dem Verwendungszweck, Hartlöten (H) bzw. Weichlöten (W) von Schwer- (S) und Leichtmetallen (L) untergliedert. Entsprechend erfolgt die Typenkurzbezeichnung nach DIN 8511 (5.88) der einzelnen Flußmittel. **Bezeichnungsbeispiel** für ein Flußmittel (F) zum Weichlöten (W) von Schwermetallen (S) auf der Basis von Zinkchloriden ohne Ammoniumchlorid: **Flußmittel DIN 8511-F-SW 22.**

Flußmittel (F) zum Hartlöten (H) von Schwermetallen (S) und Leichtmetallen (L) nach DIN 8511 T1 (5.88)

Typ	Wirk-temperatur in °C	Hauptsächliche Bestandteile des Flußmittels	Wirkung der Flußmittelrückstände	Beseitigung der Rückstände
F-SH 1	550–800	Borverbindungen, komplexe Fluoride	im allg. korrosiv	abwaschen, abbeizen
F-SH 1a	550–800	Borverbindungen, Fluoride, Chloride	korrosiv	abwaschen, abbeizen
F-SH 2	750–1100	Borverbindungen	im allg. nicht korrosiv	–
F-SH 3	1000–1250	Borverbindungen, Phosphate, Silikate	nicht korrosiv	–
F-SH 4	600–1000	Chloride, Fluoride ohne Borverbind.	im allg. korrosiv	abwaschen, abbeizen
F-LH 1	500–600	hygroskopische Chloride und Fluoride	korrosiv	abwaschen, abbeizen
F-LH 2	500–600	nichthygroskopische Fluoride	im allg. nicht korrosiv	–

7

Flußmittel (F) zum Weichlöten (W) von Schwermetallen (S) und Leichtmetallen (L) nach DIN 8511 T2 (5.88)

Typ	Wirk-temperatur in °C	Hauptsächliche Bestandteile des Flußmittels	Wirkung der Rückstände	Anwendung
F-SW 11	140–450	Zink- und/oder Ammoniumchlorid und freie Salz-, Schwefel-, Salpeter- oder Flußsäure	korrosiv	für stark oxidierende Oberflächen, z.B. Dachrinnen
F-SW 12	200–450	Zink- und/oder Ammoniumchlorid	korrosiv	Kühlerbau, Klempnerarbeiten
F-SW 21	200–400	Zink- und Ammoniumchlorid in organischer Zubereitung (z.B. höhere Alkohole, Fette)	bedingt korrosiv	Kupfer- und Kupferlegierungen, Kühlerbau, Klempnerarbeiten, Metallwaren, Armaturen
F-SW 22	200–400	Zinkchlorid in organischer Zubereitung, ohne Ammoniumchlorid	bedingt korrosiv	Kupfer- und Kupferlegierungen Trinkwasserinstallation
F-SW 23	200–400	organische Säuren (z.B. Zitronen-, Öl-, Stearin-, Benzoesäure)	bedingt korrosiv	Blei- und Bleilegierungen, Metallwaren, Feinlötungen
F-SW 24	200–400	Amine, Diamine und Harnstoffe	bedingt korrosiv	Feinlötungen (besonders für rückstandsfreie Flammlötungen)
F-SW 25	200–400	organische Halogenverbindungen (z.B. Anilin-, Hydrazinhydrochlorid)	bedingt korrosiv	Elektrotechnik, Metallwaren, Feinlötungen
F-SW 26	200–400	natürliche (Kolophonium) oder modifizierte Harze mit Zusätzen organischer halogenhaltiger Aktivatoren	bedingt korrosiv (bei Fe)	Elektrotechnik, Elektrogerätebau, Metallwaren, besonders für Induktionslötungen
F-SW 31	200–400	natürliche oder modifizierte Harze ohne Zusätze	nicht korrosiv	Elektrotechnik, Elektronik
F-SW 32	200–300	natürliche oder modifizierte Harze mit org. halogenfreien Aktivatoren	nicht korrosiv	Elektrotechnik, Elektronik Miniaturtechnik
F-LW 1	200–300	Zink- und/oder Zinkchlorid	korrosiv	für Lote auf Zn- oder Cd-Basis
F-LW 2	200–300	organische Verbindungen (Amine)	korrosiv	Al-Leg. <2% Mg; L-SnPbZn, und L-CdZn 20

7.4 Fügen

7.4.2.2 Hartlote für Schwermetalle

I. Kupferbasislote nach DIN 8513 T1 (10.79)

Kurzzeichen	Werkstoff Nr.	Chemische Zusammensetzung (Mittelwerte) in Gew.-%				Schmelzbereich in °C[1]	AT in °C	Dichte in kg/dm³	Hinweise für die Verwendung: Grundwerkstoff; Form der Lötstelle; Art der Lotzuführung
		Cu	Zn	Ag	sonstige				
L-SFCu[2]	2.0091	100	–	–	≤0,04P, ohne O₂	1083	1100	8,9	Stähle; S; e
L-CuSn6	2.0091	94	–	–	6Sn, ≤0,4P	910–1040	1040	8,7	St-, Ni-Werkstoffe; S; e
L-CuSn12	2.1055	88	–	–	12Sn, ≤0,4P	825–990	990	8,6	St-, Ni-Werkstoffe; S; e
L-CuZn40[3]	2.0367	60	40	–	≤0,3Si	890–900	900	8,4	St, GT, Cu, Cu-Leg. (Schmelzpunkt 950 °C), Ni, Ni-Leg., GG[4], GGG[4]); S, F; a, e
L-CuZn39Sn	2.0533	60	39	–	1Sn, ≤1Mn, ≤0,2Si	870–890	900	8,4	
L-CuZn46	2.0413	54	46	–		880–890	890	8,3	St, GT, Cu, Cu-Leg.; S; e
L-ZnCu42	2.2310	42	58	–		835–845	845	8,1	Neusilber; S; e
L-CuP7	2.1463	93	–	–	7P	710–820	720	8,1	Cu, CuZn- und CuSn-Leg.; S; a, e

II. Silberhaltige Lote mit mindestens 20% Silber nach DIN 8513 T3 (7.86)

a) Cadmiumhaltige Lote

Kurzzeichen	Werkstoff Nr.	Cu	Zn	Ag	sonstige	Schmelzbereich	AT	Dichte	Hinweise
L-Ag67Cd	2.5141	11	12	67	10Cd	635–720	710	9,9	Edelmetalle; S; a, e
L-Ag50Cd	2.5143	15	18	50	17Cd	620–640	640	9,5	Edelmetalle, Cu-Leg., St; S; a, e
L-Ag40Cd	2.5141	19	21	40	20Cd	595–630	610	9,3	St, GT, Cu, Cu-Leg., Ni, Ni-Leg.; S; a, e
L-Ag30Cd	2.5145	28	21	30	21Cd	600–690	680	9,2	
L-Ag20Cd	2.1215	40	25	20	15Cd	605–765	750	8,8	St, GT, Cu, Cu-Leg., Ni, Ni-Leg.; S, F; a, e

b) Cadmiumfreie Lote

Kurzzeichen	Werkstoff Nr.	Cu	Zn	Ag	sonstige	Schmelzbereich	AT	Dichte	Hinweise
L-Ag45Sn	2.5158	27	25	45	3Sn	640–680	670	9,2	St, GT, Cu, Cu-Leg., Ni, Ni-Leg.; S; a, e
L-Ag34Sn	2.5157	36	27	34	3Sn	630–730	710	9,0	
L-Ag25	2.1216	41	34	25		700–800	780	8,8	
L-Ag20	2.1213	44	36	20	0 bis 0,2Si	690–810	810	8,7	St, GT, Cu, Cu-Leg., Ni, Ni-Leg.; S, F; a, e

c) Zinkfreie Lote

Kurzzeichen	Werkstoff Nr.	Cu	Zn	Ag	sonstige	Schmelzbereich	AT	Dichte	Hinweise
L-Ag85	2.5161	–	–	85	15Mn	960–970	960	9,4	St, Ni, Ni-Leg.; S; a, e
L-Ag72	2.5151	28	–	72		779	780	10,0	Cu, Cu- und Ni-Leg.; S; e
L-Ag56InNi	2.5162	26	–	56	14In, 4Ni	620–730	730	9,5	Cr- und CrNi-Stähle; S; a, e

d) Sonderlote

Kurzzeichen	Werkstoff Nr.	Cu	Zn	Ag	sonstige	Schmelzbereich	AT	Dichte	Hinweise
L-Ag50CdNi	2.5160	15	16	50	16Cd, 3Ni	645–690	690	9,5	Cu-Leg., Hartmetall auf Stahl; S; a, e
L-Ag49	2.5156	16	23	49	7,5Mn, 4,5Ni	625–705	690	8,9	Hartmetall auf Stahl, W- und Mo-Werkstoffe; S; a, e
L-Ag27	2.1217	38	20	27	9,5Mn, 5,5Ni	680–830	840	8,7	
L-Ag75	2.5153	22	3	75		740–775	770	10,0	Edelmetalle; S; a, e
L-Ag64	2.5149	20	14	64		690–720	720	9,7	
L-Ag60Sn	2.5155	23	14	60	3Sn	620–685	680	9,6	

AT Arbeitstemperatur   e Lot eingelegt   S Lotspalt   GT Temperguß
a Lot angesetzt   F Lotfuge   St Stähle

[1] Unterer Wert: Solidustemperatur; oberer Wert: Liquidustemperatur.
[2] Für Spaltlötungen, an die hohe Anforderungen gestellt werden.
[3] Für Fugenlötungen, an die hohe Festigkeitsansprüche gestellt werden.
[4] Hierfür nur L-CuZn39Sn oder L-CuNi10Zn42 verwenden.

7-53

7.4 Fügen

III. Silberhaltige Lote mit weniger als 20% Silber nach DIN 8513 T2 (10.79)

Kurzzeichen	Werk-stoff-Nr.	Chemische Zusammensetzung (Mittelwerte) in Gew.-%				Schmelz-bereich in °C[1]	AT in °C	Dichte in kg/dm³	Hinweise für die Verwendung: Grundwerkstoffe; Form der Lötstelle; Art der Lotzuführung
		Cu	Zn	Ag	sonstige				
L-Ag12Cd	2.1208	50	31	12	7Cd	620–825	800	8,5	[2]); S, F; a
L-Ag12	2.1207	48	40	12		800–830	830	8,5	[2]); S; a, e
L-Ag5	2.1205	55	40	5		820–870	860	8,4	[2]); S, F; a, e
L-Ag15P	2.1210	80	–	15	5P	650–800	710	8,4	[3]); S; a, e
L-Ag5P	2.1466	89	–	5	6P	650–810	710	8,2	[3]); S, F; a, e
L-Ag2P	2.1467	92	–	2	6P	650–810	710	8,1	[3]); S, F; a, e

Bedeutung von [1]) und S, F, a, e siehe S. 7-50. [2]) Stähle, Temperguß, Cu, Cu-Leg., Ni und Ni-Leg. [3]) Geeignet für Cu, CuZnSn-, CuZn und CuSn-Legierungen.

IV. Nickelbasislote zum Hochtemperaturlöten nach DIN 8513 T5 (2.83)

Kurzzeichen	Werk-stoff-Nr.	Chemische Zusammensetzung (Mittelwerte) in Gew.-%				Schmelz-bereich in °C[1]	Hinweise für die Verwendung: Grundwerkstoffe; Form der Lötstelle; Art der Lotzuführung
		Ni	Cr	Si	sonstige		
L-Ni1	2.4140	73	14	4,5	4,5Fe; 3,25B; 0,75C	980–1040	Nickel, Cobalt, Nickel- und Cobaltlegierungen sowie unlegierte, niedriglegierte und hochlegierte Stähle (bedingt Sonder-Metalle und deren Legierungen); Lötspalt; an- oder eingelegt
L-Ni2	2.4141	82	7	4,5	3Fe; 3,25B	970–1080	
L-Ni4	2.4147	93	–	3,5	1,5Fe; 2B	980–1070	
L-Ni6	2.4149	89	–	–	11P	880	
L-Ni8	2.4152	65	–	7	23Mn; 4,5Cu; 0,1C	980–1010	

7.4.2.3 Hart- und Weichlote für Leichtmetalle

I. Hartlote für Aluminiumwerkstoffe nach DIN 8513 T4 (2.81)

Kurzzeichen	Werk-stoff-Nr.	Chemische Zusammensetzung (Mittelwerte) in Gew.-%	Schmelz-bereich in °C[1]	Dichte in kg/dm³	Hinweise für die Verwendung
L-AlSi12	3.2285	88Al, 12 Si	575–590	2,7	Spaltlöten mit angesetztem oder eingelegtem Lot bei Al und Al-Legierungen

Bei Gußlegierungen dient das Lot auch zum Fugenlöten und Auftragen; außer dem genannten Lot gibt es noch lotplattierte Bleche mit 7,5% oder 10% Si.

II. Weichlote für Aluminiumwerkstoffe nach DIN 1707 (2.81)

Kurzzeichen	Werk-stoff-Nr.	Chemische Zusammensetzung	Schmelz-bereich	Dichte	Hinweise
L-SnZn10	2.3820	85–92Sn, Rest Zink	200–250	7,3	Löten von Al und Al-Legierungen; infolge von Potentialunterschieden zwischen Lötstelle und Grundwerkstoff kann elektrochemische Korrosion auftreten (Schutz der Lötstelle)
L-SnZn40	2.3830	55–70Sn, Rest Zink	200–340	7,1	
L-CdZn20	2.2481	75–83Cd, Rest Zink	265–280	8,1	
L-ZnAl5	2.2320	95Zn, 5Al	380–390	6,9	

[1]) Unterer Wert: Solidustemperatur; oberer Wert: Liquidustemperatur.

7.4.2.4 Weichlote für Schwermetalle nach DIN 1707 (2.81)

I. Blei-Zinn- und Zinn-Blei-Weichlote

a) antimonhaltig

Kurzzeichen	Werk-stoff-Nr.	Chemische Zusammensetzung (Mittelwerte) in Gew.-%			Schmelz-bereich in °C[1]	Dichte in kg/dm^3	Hinweise für die Verwendung; bevorzugte Lötverfahren
		Sn	Pb	sonstige			
L-PbSn12Sb	2.3412	12	Rest	0,2–0,7 Sb	250–295	10,4	Kühlerbau; FL, LO
L-PbSn30Sb	2.3432	30		0,5–1,8 Sb	186–250	9,6	Schmierlot, Bleilötungen; FL, LO, KO
L-PbSn40Sb	2.3442	40		0,5–2,4 Sb	186–225	9,1	Kühlerbau; FL, LO, KO

b) antimonarm

L-PbSn8(Sn)	2.3408	8	Rest	0,12 bis 0,5 Sb	280–305	10,6	Kühlerbau, Thermostate; FL, LO, IL
L-PbSn30(Sn)	2.3430	30			183–255	9,7	Feinblechpackungen; FL, LO
L-PbSn40(Sn)	2.3440	40			183–235	9,3	Verzinnung, Feinblechpackungen, Feinzink und legiertes Zink, Klempnerarbeiten; FL, LO, KO
L-Sn60Pb(Sb)	2.3665	60			183–190	8,5	Verzinnung, Feinlötungen, Elektroindustrie, verzinkte Feinbleche; FL, LO, KO, IL

c) antimonfrei

L-PbSn2	2.3402	2	98	–	320–325	11,1	Feinblechpackungen; FL, LO
L-Sn50Pb	2.3650	50	50	–	183–215	8,9	Elektroindustrie, Verzinnung; FL, LO, KO
L-Sn60Pb	2.3660	60	40	–	183–190	8,5	Elektroindustrie, Edelstähle; FL, LO, KO, IL
L-Sn63Pb	2.3663	63	37	–	183	8,4	Elektronik, Miniaturtechnik; FL, LO, KO, IL
L-Sn90Pb	2.3680	90	10	–	183–215	7,7	Zinnwaren; FL

II. Zinn-Blei-Weichlote mit Kupfer- oder Silberzusatz

L-Sn60PbCu	2.3661	60	Rest	0,1–0,2 Cu	183–190	8,5	Elektronik, Miniaturtechnik; LO
L-Sn60PbAg	2.3667	60		3,5 Ag	178–180	8,5	Elektronik, Miniaturtechnik; LO, KO, IL
L-Sn63PbAg	2.3666	63		1,4 Ag	178	8,4	Elektronik, Miniaturtechnik; LO, KO, IL

III. Sonderweichlote

L-SnIn50	2.3610	50	–	50 In	117–125	7,2	Glas-Metall-Lötungen; FL, KO
L-SnPbCd18	2.3618	50,5	31,5	18 Cd	145	8,5	Zinnwaren, Feinlötungen, Einbrennlötungen für Keramik, Kondensatoren; FL, LO, KO, IL
L-SnAg5	2.3690	Rest	–	3–5 Ag	221–240	7,3	Kupferrohrinstallation, Elektroindustrie, Kältetechnik, Edelstähle; FL, LI, KO, IL
L-SnSb5	2.3695	95	–	5 Sb	230–240	7,3	Kälteindustrie; FL, LO, KO
L-SnCu3	2.3691	97	–	3 Cu	230–250	7,3	Kupferrohrinstallation, Metallwaren; FL, LO, KO, IL
L-CdZnAg5	2.2485	–	–	5 Ag, 22 Zn Rest Cd	270–310	8,3	Elektromotoren Isolierklasse F; FL, KO
L-PbAg5	2.3405	–	Rest	4,5–6 Ag	304–365	11,2	für hohe Betriebstemperaturen; FL, KO
L-ZnSn20	2.2400	20	–	Rest Zn	195–385	7,1	Stufenlötungen (Erstlot); FL, KO
L-CdAg5	2.2480	–	–	5 Ag, Rest Cd	340–395	8,3	für hohe Betriebstemperaturen; FL

FL Flammlöten, LO Lotbadlöten, KO Kolbenlöten, IL Induktionslöten
[1] Unterer Wert: Solidustemperatur; oberer Wert: Liquidustemperatur

7

7.4 Fügen

7.4.3 Fügen durch Kleben

Klebstoffe für Metall-Metall- und Metall-Nichtmetallverbindungen

Klebstoff: Klebstoffart; Chemische Basis; Anzahl der Komponenten	Abbindebedingungen			Zugscherfestigkeit in N/mm² bei 20 °C	Anwendung: vorzugsweise zu klebende Werkstoffe; max. Anwendungstemperatur in °C
	Temperatur in °C	Zeit[1]) in s/min/h bzw. d	Druck in bar[2])		
I; Epoxidharz; 1	100–200	20 min–4 h	K	18–39	Metalle, Keramik; 100–150
I; Epoxidharz; 2	20–100	45 min–7 d	K	18–39	Metalle, Keramik, Duroplaste; 100
I; Epoxid-Polyamid; 1	175	60 min	1–3	37–48	Aluminium, Titan, Stahl; 120
I; Epoxid-Polyaminoamid; 2	20	10 h–7 d	K	17–28	Metalle, Duroplaste; 100–150
I; Epoxid-Silikon; 2	20–80	2 h–24 h	K	9–31	Metalle, Nichtmetalle; 150
I; Polyurethan; 2	20–80	20 min–7 d	K	7–15	Metalle, Holz, Schaumstoff; 80
II; Ethyl-Cyanacrylat; 1	20	10 h	K	17–25	Metalle, Kunststoffe; 100
II; Cyanacrylat; 1	20	3 s–24 h	K	18–28	Metalle, Kunststoffe; 100–150
III; PVC; 1	160–180	10 min	K	2–6	geölte Dünnbleche; 80
IV; Polyethylen; 1	110	10 min	> 1	–	Metallfolien mit Nichtmetallen
V; Polychloropren; 1	20	15 min–3 d	K – 10	5–7	Metalle; Kunststoffe; 80

Chemisch abbindend: I Polyadditionsklebstoff II Polymerisationsklebstoff
Physikalisch abbindend: III Plastisol IV Schmelzklebstoff V Kontaktklebstoff

Geringe Mengen von Modifizierungsmitteln verändern die Verarbeitungsbedingungen und die Eigenschaften des Klebstoffes. Deshalb müssen bei der Verwendung von Klebstoffen die Herstellerangaben berücksichtigt werden.

[1]) Bis zur Erreichung der Endfestigkeit   [2]) K Kontaktdruck.

Verfahren zur Vorbehandlung der Klebflächen nach VDI 2229 (6.79)

Werkstoff	Verfahren und Verfahrensfolgen für verschiedene Beanspruchungsgrade			Beanspruchungsgrade:
	niedrig	mittel	hoch	
Stahl, Gußeisen		1-2-3-4-5a	1-2-3-4-5c	niedrig: Zugscherfestigkeit bis 5 N/mm² bei trockener Umgebung; Feinmechanik, Elektrotechnik, einfache Reparaturen.
Stahl, verzinkt		1-2-3-4	1-2-3-4	mittel: Zugscherfestigkeit bis 10 N/mm² bei feuchter Umgebung, Kontakt mit Öl und Treibstoffen; Maschinenbau, Fahrzeugbau, Reparaturen.
Stahl, brüniert		1-2-3-4	1-2-3-4-5c	
Al, Al-Leg.	1-2-3-4	1-2-3-6-3-4-5a	1-2-3-4-5c-6-3-4	hoch: Zugscherfestigkeit über 10 N/mm² bei beliebiger Umgebung und direkter Berührung mit wäßrigen Lösungen, Ölen, Treibstoffen, Lösungsmitteln; Fahrzeug-, Flugzeug-, Schiff- und Behälterbau.
Cu, Cu-Leg.		1-2-3-4-5a	1-2-3-4-5c	
Magnesium		1-2-3-4-5a	1-2-3-4-5c-6-3-4	
Titan		1-2-3-4-5b	1-2-3-6-3-4	

Kennziffern für die Verfahren:

1 Reinigen von Schmutz, Farbresten, Zunder usw.
2 Entfetten mit organischen Lösungsmitteln (Azeton, Methylenchlorid, Trichlorethan) oder anorganischen Mitteln (alkalische, neutrale oder saure Lösungen). Alkalische Mittel eignen sich gut bei Walzölresten.
3 Spülen mit Wasser (Chemikalienreste entfernen), Nachspülen mit vollentsalztem oder destilliertem Wasser (Salzablagerung verhindern).
4 Trocknen, z.B. mit Warmluft (bei Al-Teilen max. +65 °C).
5 Mechanisches Aufrauhen durch 5a Schleifen, Schmirgeln (Körnung 100–150), 5b Bürsten (harte Stahlbürste) oder 5c Strahlen. Die Staubreste werden anschließend sorgfältig entfernt.
6 Chemische Behandlung durch Beizen.

7.5 Beschichten

7.5.1 Einteilung der Beschichtungsverfahren

Die Unterteilung der Beschichtungsverfahren nach DIN 8580 erfolgt nach dem Zustand des formlosen Beschichtungsstoffes unmittelbar vor dem Aufbringen. Hiernach ergeben sich folgende **Gruppen** von Beschichtungsverfahren:

① Beschichten aus dem gas- oder dampfförmigen Zustand	② Beschichten aus dem flüssigen, breiigen oder pastenförmigen Zustand	③ Beschichten aus dem ionisierten Zustand durch elektrolytisches oder chemisches Abscheiden	④ Beschichten aus dem festen (körnigen oder pulverigen) Zustand
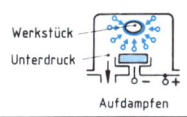 Aufdampfen	 Verzinken	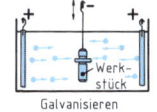 Galvanisieren	 Pulver-Flammspritzen

Die Unterteilung in **Untergruppen** erfolgte bisher noch nicht in den weiterführenden Normen.
Beim Beschichten haftet der Beschichtungsstoff an der Oberfläche des Bauteiles infolge von Adhäsionskräften zwischen den Teilchen (Atome, Ionen oder Moleküle) des Bauteils und des Beschichtungsstoffes, Diffusion und/oder mechanischen Verklammerungen.

7.5.2 Schutzschichten: Anwendungsziele und Anwendungsgrenzen

Verfahren bzw. Schichtart	Beschreibung	Bauteilwerkstoff	Schutzschicht				
			Werkstoff	Anwendungsziel	Stärke in µm	Härte HV	max. Anwendungstemperatur in °C
① Aufdampfen: PVD-Schichten	Der Beschichtungsstoff wird im Vakuum verdampft und kondensiert auf der Bauteilfläche (Vakuumaufdampf-, Sputter- oder Ionenplattierverfahren).	Metalle, Legierungen, Gläser, Keramik, Plaste	Metalle	K, V, G	0,5 bis 100	–	100–450
			Legierungen	K, V, G		–	
			Carbide	V, G		–	400–500
			Nitride	K, V, G		–	500–1000
			Oxide	V, G		–	600–900
			PTFE	G		–	250
① CVD-Schichten	Die auf hohe Temperatur (500–1100 °C) gebrachte Bauteiloberfläche reagiert chemisch mit dem gasförmigen Beschichtungsstoff.	Metalle, Nichtmetalle	Metalle	K, V, G	0,1 bis 20	–	300–500
			Boride	K, V		–	
			Carbide	V		–	400–700
			Nitride	K, V		–	500
			Oxide	V		–	[1])
② Schmelztauchen	Die Schichten werden durch Eintauchen des Bauteils in flüssiges Metallbad gebildet.	St, GG, Cu	Al, Al-Leg.	K, O	20–400	20–80	850
		St[2]), Cu, GG	Zn, Zn-Leg.	K	10–60	50–150	200
		St[2]), Ni, Al, GG, Cu-Leg., u.a.	Sn, Sn-Pb-Leg.	K, G, L	2–20	–	100
		St[2]), Al, Cu, Zn	Pb, Pb-Leg.	K, G, S	5–300	–	200
② Lackieren	Organische Niedertemperaturschichten, 20–190 °C Einbrenntemp.	Mg, Al, St	Polyurethan, Epoxy, Phenol-Epoxy, u.a.	K	10–100	–	150–200
	Hochtemperaturschichten mit Metallpigmenten (Al, Zn), 80–300 °C Einbrenntemp.	St	Epoxy-Silikon + Al-Pigmente	K	10–50	–	500
	Anorganische Hochtemperaturschichten mit Al-Pigmenten, 350 °C Einbrenntemp.	St	Serme Tel W, VPW 120	O, K	30–100	–	600

Erklärung der Abkürzungen, Hinweise und Fußnoten S. 7-59.

7

7.5 Beschichten

Schutzschichten: Anwendungsziele und Anwendungsgrenzen (Fortsetzung)

Verfahren bzw. Schichtart	Beschreibung	Bauteil-werk-stoff	Schutzschicht				
			Werkstoff	Anwen-dungs-ziel	Stärke in µm	Härte HV	max. An-wendungs-temperatur in °C
② Email-lieren	Es wird eine anorganische Schicht auf das Bauteil aufge-bracht und bei 650–1000 °C auf-geschmolzen.	St, GG, Al	meist oxid-/silikathaltig	O, K	100–1 500	–	1000
② Trocken-schmier-schicht: Aufpinseln, Auf-spritzen, Tauchen	Die Schichtwerkstoffe (Schmierstoffe) werden zusam-men mit einem Binder (a) Sili-kat, b) Butyltitanat, c) Epoxy-, d) Epoxyphenol- oder e) Epoxy-Silikon-Harz) aufgebracht und bei 150–200 °C eingebrannt.	Al, Ti, St, Ni, Co	MoS_2 + c)	G	≤ 20	1,26–1,43	200
			PTFE + d)	G	≤ 20	< 1,26	260
		St, Ti, Ni, Co	MoS_2 + e)	G	≤ 20	1,26–1,43	450
			MoS_2 + b)[3]	G	≤ 20	1,26–1,43	500
			C + e)	G	≤ 20	0,89–1,26	500
		St, Ni, Co	C + a)	G	≤ 20	0,89–1,26	600
			BN_{hex} + a)	G	≤ 20	~2	800
③ Galvani-sieren	I. Die Schichten werden in wäs-serigen Metallsalzlösungen und einer äußeren Stromquelle er-zeugt, wobei das Bauteil als Ka-thode gepolt ist.	St[5]), Al, Mg, Ti, Ni, Co, Cu	Al	K	5–25	20–80	400
			Cr	K, V, R	25–1 000	800–1 100	450
			Co	K, R		250–350	450
			Ni	K, R, L	2–2 000	200–400	500
			Cu	V, G, R, A	> 5	60–150	350 (1 000)
			Cu-Leg.	K, G, H	–		200
			Zn	K	> 5	30–120	250
			Ag	G	3–100	40–150	850
			Cd	K, G	5–25	30–50	220
			Ni − Cd	K	10–15	320	500[4])
			Sn	K, G, L	> 30	10–30	100
			Pb	K, G	5–1 000	5–10	200
			Pb − Sn	K, G, L	–	–	150
	II. wie I., jedoch mit Dispersan-ten (z.B. Hartstoffe, Gleitstoffe) in der Lösung. Dadurch erhält die Schicht besondere Eigen-schaften.	St[5]), Al, Mg, Ti, Ni, Co, Cu	Ni + SiC	V, G, R	2–2 000	500–700	500
			Co + Cr_2O_3	V, G, R	> 5	450	800
			Co + Cr_3C_2	V, G, R	> 5	450	800
③ Stromlos	III. wie I., jedoch mit ionisier-tem Beschichtungsstoff in der Lösung und ohne äußere Stromquelle.	St[5]), Al, Mg, Ti, Ni, Co, Cu	Ag	G	12 bis 100	–	850
			Cu	V, G, R		–	350
			Ni	K, V, R, L		500–600[6])	500
			Sn	K, G, L		–	100
③ Anodische Konversions-schichten: Anodisieren	Die Schichten bilden sich in einer wässerigen Elektrolyt-Lö-sung unter Zuhilfenahme einer äußeren Stromquelle. Das Bau-teil ist als Anode gepolt. (z.B. HAE- bei Mg und Eloxalschich-ten bei Al).	Mg	Oxid-Verbindungen	K, V	5–80	–	[1])
		Al		K, V	1–100	350–500	[1])
		Ti		K	0,5–10	–	[1])
③ Chemische Konversions-schichten	Die Schicht (S.) bildet sich durch chemische Reaktion der Bauteiloberfläche in einer che-mischen Lösung.	Mg	Chromatier-S.	K, V	2–5	–	200
		Al	Passivier-S.	K, V	≤ 1	–	150
		St[2]) [8])	Brünier-S.	G[7]), K, V	< 1	–	
		leg. St, Co, Ni	Passivier-S.	–		–	
		St[2]) [5])	Phosphatier-S.	G[7]), K, V	2–15	–	300

Erklärung der Abkürzungen, Hinweise und Fußnoten S. 7-59.

7

7.5 Beschichten

Schutzschichten: Anwendungsziele und Anwendungsgrenzen (Fortsetzung)

Verfahren bzw. Schichtart	Beschreibung	Bauteil-werk-stoff	Schutzschicht				
			Werkstoff	Anwen-dungs-ziel	Stärke in µm	Härte HV	max. Anwendungs-temperatur in °C
④ Thermisches Spritzen	Die Schichtwerkstoffe werden mittels beonderer Geräte aufgeschmolzen, zerstäubt und mit hoher Geschwindigkeit auf die Bauteiloberfläche aufgespritzt (z.B. Flamm-, Lichtbogen-, Detonations- oder Plasmaspritzen).	St, Al, Ti, Ni, Co	Al	K	≥ 200	–	400
			Pb	K, S	> 20	–	200
			Mo	V, G, H	> 20	600–1100	320
			Ni	H	> 20	–	500
			Zn	K	> 250	–	250
			Al – Mg-Leg.	K	> 20	–	200
			$Co + Al_2O_3$	O, V	> 20	–	~ 1000
			leg. St	K, V, R	> 20	250–500	~ 500
			CoMoSi-Leg.	V, G	> 20	550–670	~ 1000
			NiAl, NiCr	H, R	> 20	–	950
			Ni + C	G	> 20	–	500
			Cu-leg.	G	> 20	–	< 200
			Hartlegierung	V	> 20	600	900
			Borid-Verbind.	V	> 20	–	[1]
			Carbid-Verb.	V	> 20	540–2000	500–800
			Oxid-Verbind.	V, W	20–700	520–1700	[1]
④ Aufhämmern	Zunächst werden auf der Oberfläche dünne Cu- und Zn- oder Cd-Schichten chemisch aufgebracht. Anschließend wird Zn oder Cd in rotierenden Behältern mittels Glaskugeln aufgehämmert.	nied. leg. St Cr-Stähle	Cd	K, G	–	–	220
			Zn	K	–	–	250
⑤ Diffusion:	Die Schichten bilden sich durch Eindiffundieren von …						
Aufkohlen	C-Atomen bei 900–950 °C und Abschrecken in Öl	un- bzw. nied. leg. St	Martensit	V	500–2000	660–740	~ 150
Alitieren	Al-Atomen bei 750–1150 °C	St, Ni, Co	Al-Verbind.	K, O	20–100	400–1000	1000
Borieren	B-Atomen bei 800–1050 °C	St, Ni, Co	B-Verbind.	V	50–500	1500–2000	[1]
Inchromieren	Cr-Atomen bei 1000–1060 °C	St, Ni, Co	Cr-Verbind.	O, K	10–100	1400–2000	800
Sheradisieren	Zn-Atomen bei 400–420 °C	St[2], GG	Zn-Verbind.	K	≤ 25	340–400	< 600
Silikieren	Si-Atomen bei 950–1000 °C	St[2], Mo, W, Ti	Si-Verbind.	V, K	100–250	–	[1]
Nitrieren	N-Atomen bei 470–590 °C	St, Ti	N-Verbind.	V, K	25–100	1100	~ 500

Verwendete Abkürzungen für die Anwendungsziele:

A Abdeckung beim Aufkohlen
G Gleitschicht
H Haftgrund
K Korrosionsschutz
L Lotgrund
O Oxidationsschutz
R Reparaturschicht
S Strahlenschutz
V Verschleißschutz
W Wärmedämmung

Sonstige Abkürzungen und Hinweise:

①, ②, ③, ④ Zuordnung zu den einzelnen Gruppen der Beschichtungsverfahren nach DIN 8580, S. 7-57.
⑤ Diese Gruppe ist den stoffeigenschaftsändernden Verfahren zuzuordnen S. 7-60.

St Stähle allgemein (unlegierte, niedrig legierte, Cr- und CrNi-Stähle)
PVD Physical Vapour Deposition
CVD Chemical Vapour Deposition
BN_{hex} Bornitrid, hexagonal

[1] Ist abhängig vom Bauteilwerkstoff. [2] Nur un- bzw. niedrig legierte Stähle. [3] Wird nicht eingebrannt. [4] Nach Wärmebehandlung (330 °C/0,5 h). [5] Bei hochfesten Stählen (≥ 1000 N/mm²) besteht die Gefahr der Wasserstoffversprödung (außer bei Al-Schichten, da die Abscheidung in wasserfreien Lösungen erfolgt). Abhilfe: Wärmebehandlung vorher (200 °C/1 h) und nachher 200 °C/1–12 h je nach Schichtstärke und Werkstoff. [6] Kann durch Wärmebehandlung (400 °C/1 h) bis auf 1000 HV gesteigert werden. [7] Mit Öl. [8] Es besteht die Gefahr der Entstehung von Spannungsrißkorrosion. Abhilfe: vorher die zu brünierenden Bauteiloberflächen mit Glasperlen verdichtungsstrahlen.

7

7.6 Stoffeigenschaftsändern

Die stoffeigenschaftsändernden Verfahren werden nach DIN 8580 in drei **Gruppen** untergliedert:

Stoffeigenschaftsändern durch Umlagern von Stoffteilchen	Stoffeigenschaftsändern durch Aussondern von Stoffteilchen	Stoffeigenschaftsändern durch Einbringen von Stoffteilchen[1])

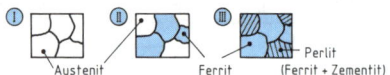

Eine Unterteilung in **Untergruppen** erfolgte bisher noch nicht in den weiterführenden Normen. Die Veränderungen der Werkstoffeigenschaften im Innern und/oder der Randschicht des Bauteils bei diesen Verfahren erfolgen durch gezielte Manipulationen im Metallgitteraufbau.

So wird z.B. beim **Härten** (Gruppe „Umlagern von Stoffteilchen") die Diffusion von C-Atomen durch schnelles Abkühlen ganz oder teilweise verhindert, was zur Folge hat, daß es beim Umgittern im Bauteil zu Gitterverspannungen kommt. Beim **Nitrieren** (Gruppe: „Einbringen von Stoffteilchen") wird die Diffusion von N-Atomen in das Metallgitter ermöglicht und damit können sich u.a. Fe-N-Verbindungen mit ihren besonderen Eigenschaften in der Randschicht des Bauteils bilden.

7.6.1 Grundlagen für die stoffeigenschaftsändernden Verfahren von Stahl

Informationen aus dem Eisen (Fe)-Kohlenstoff (C)-Diagramm (Ausschnitt):

Folgende Gefügeumwandlungen finden statt, wenn die C- und Fe-Atome genügend Zeit haben zu diffundieren.

Bei langsamer Erwärmung

PSK-Linie:	Umwandlung von Perlit in Austenit
PS- bis GS-Linie:	Umwandlung von Ferrit in Austenit
SK- bis SE-Linie:	Umwandlung von Zementit in Austenit

Bei langsamer Abkühlung

GS- bis PS-Linie:	Umwandlung von Austenit in Ferrit
SE- bis SK-Linie:	Umwandlung von Austenit in Zementit
PSK-Linie:	Umwandlung von Austenit in Perlit

Beispiel: Veränderungen im Gefügeaufbau für C 45

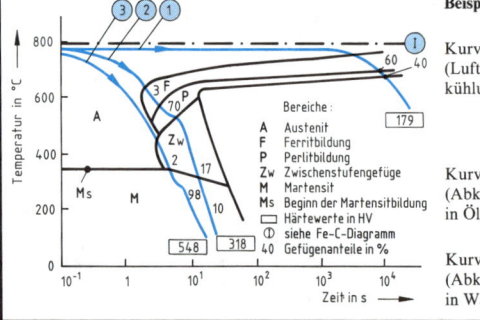

Informationen aus dem ZTU[2])-Schaubild für C 45:

Bei schnellerer Abkühlung kommt es zur Unterkühlung und damit zur Verschiebung der Umwandlungstemperaturen zu niedrigeren Temperaturen. Die dadurch bewirkten Veränderungen im Gefügeaufbau können im einzelnen nur über das ZTU-Schaubild des jeweiligen Werkstoffes ermittelt werden.

Beispiel: Veränderungen im Gefügeaufbau für C 45 bei unterschiedlicher Abkühlung:

Kurve ①:
(Luftabkühlung)
Die Umwandlung von Austenit in Ferrit beginnt nach $4 \cdot 10^3$ s bei 740 °C und ist nach ca. 10^4 s bei 690 °C (60% Ferrit) abgeschlossen. Das restliche Austenit ist nach $1,25 \cdot 10^4$ s bei 680 °C in Perlit (40%) umgewandelt. Das Gefüge hat eine Härte von 179 HV.

Kurve ②:
(Abkühlg. in Öl)
Bei der Umwandlung von Austenit entstehen 3% Ferrit, 70% Perlit, 17% Zwischenstufengefüge und 10% Martensit. Die Härte beträgt 318 HV.

Kurve ③:
(Abkühlg. in Wasser)
Bei der Umwandlung von Austenit entstehen 2% Zwischenstufengefüge und 98% Martensit. Das Gefüge hat eine Härte von 548 HV.

---

[1]) Siehe S. 7-59 Ziele und Grenzen von Diffusionsschichten
[2]) Kontinuierliches Zeit-Temperatur-Umwandlung-Schaubild

7.6 Stoffeigenschaftsändern

Gefügebestandteile von Stählen

Gefüge	Beschreibung	Gefüge	Beschreibung
Austenit (γ-Eisen) kfz-Gitter	Körner mit kubisch-flächenzentrierem (kfz) Gitter (Anordnung der Eisenatome) und guter Löslichkeit für Kohlenstoff (C) (auf Zwischengitterplätzen); max. 2,06% C bei 1147 °C.	Zementit (Fe_3C)	Körner mit einem komplizierten rhomboedrischen Gitter; 6,67% C; 1100 HV.
		Perlit	Feines Gemenge von Ferrit- und Zementitkörnern; 0,8% C; $\approx$ 180 HV.
		Zwischenstufengefüge	Sehr feines bis feinstes Gemenge von Ferrit- und Zementitkörnern (entsteht durch schnelle und dadurch diffusionsbegrenzte Umwandlung des Austenits); 250–400 HV.
Ferrit (α-Eisen) krz-Gitter	Körner mit kubisch-raumzentriertem (krz) Gitter (Anordnung der Eisenatome) und sehr geringer Löslichkeit für Kohlenstoff (C); max. 0,02% C bei 723 °C; 105 HV.	Martensit	Gefüge (metastabil) mit annähernd fester Lösung von Kohlenstoff in Ferrit (verspanntes krz-Gitter, das durch die sehr schnelle diffusionslose Umwandlung des Austenits entsteht); > 550 HV.

7.6.2 Wärmebehandlungsverfahren für Stähle

Verfahren DIN 17014 (3.75)	Beschreibung und Anwendungsziel	Darstellung im Fe-C-Diagramm
Diffusionsglühen	Erwärmung auf 1100 °C bis 1300 °C, langzeitiges Halten (bis 40 h) und langsames Abkühlen. **Ziel:** Ausgleichen von Kristallseigerungen und ungleicher Verteilung von Legierungsbestandteilen.	
Grobkornglühen	Erwärmung auf ca. 150 °C oberhalb der GS-Linie, mehrstündiges Halten und langsames Abkühlen. **Ziel:** Bei normal- und weichgeglühten kohlenstoffarmen Stählen wird dadurch eine bessere Zerspanbarkeit erreicht. Diese Werkstoffe neigen sonst zum „Schmieren", es bildet sich leicht eine Aufbauschneide, die zu einer unsauberen Oberfläche des Werkstücks führt.	
Rekristallisationsglühen	Erwärmung auf 400–600 °C (je nach Verformungsgrad) und langsames Abkühlen. **Ziel:** Beseitigung des stark verfestigten Gefüges infolge von Kaltumformungen.	
Normalglühen	Erwärmung über die GSK-Linie (ca. 30 °C) und langsames Abkühlen. **Ziel:** Beseitigung eines grobkörnigen Gefüges, das entstanden ist durch Urform-Umform- oder Fügevorgänge.	
Spannungsarmglühen	Erwärmung auf 550 °C bis 650 °C (ca. 4 h halten) und langsames Abkühlen. **Ziel:** Beseitigung von mechanischen (durch Spanen) und thermischen (durch Schweißen, Gießen) Spannungen.	
Weichglühen	Erwärmung bis dicht unterhalb der PS-Linie oder bei legierten und überperlitischen Stählen bis dicht unter- und oberhalb der PSK-Linie (Pendelglühen). Anschließend erfolgt langsames Abkühlen. **Ziel:** Umwandlung der Zementitlamellen im Perlit in kugelige Zementitkörner. Dieser Werkstoff ist weicher, zäher und läßt sich besser zerspanen (dadurch geringerer Werkzeugverschleiß).	

Wärmebehandlungsverfahren für Stähle (Fortsetzung)

Verfahren DIN 17014	Beschreibung und Anwendungsziel	Darstellung im Fe-C-Diagramm; weitere Hinweise
Härten	Langsame Erwärmung (ggf. mit Vorwärmen, um die Wärmespannungen und den Verzug gering zu halten) auf ca. 50 °C oberhalb der GSK-Linie, Halten (bei niedrig legierten Stählen rechnet man mit 0,5 min Haltezeit je mm Durchmesser) und dann in Wasser, Öl, Warmbad oder Preßluft abschrecken. Durch das Abschrecken entstehen im Werkstück **Härtespannungen** (Wärme- und Umwandlungsspannungen), die bei größeren und höhergekohlten Werkstücken zu Härtespannungsrissen führen können. Die **Wärmespannungen** werden verursacht durch die unterschiedliche Abkühlung der Rand- und Kernzone. Deshalb soll die Abkühlgeschwindigkeit nicht größer sein, als es nach dem ZTU-Schaubild[1] für die gewünschte Härte erforderlich ist. Die **Umwandlungsspannungen** entstehen durch das größere Volumen des Martensits gegenüber dem Ausgangsgefüge. Insbesondere größere Werkstücke werden deshalb nur bis 80 °C abgekühlt und dann im Ausgleichsofen bei 100–150 °C gehalten, bis auch im Werkstückkern eine vollständige Martensitumwandlung erfolgt. **Ziel:** Es wird dadurch ein Martensit- und gegebenenfalls Zwischenstufengefüge mit hoher Verschleißfestigkeit erreicht.	Schematische Darstellung einer Zeit-Temperatur-Folge für das Härten und Anlassen von C45. a Erwärmen; b Vorwärmen auf ≈650 °C; c Halten auf Härtetemperatur; d Abschrecken in Wasser; e wie (d), jedoch nur bis ≈80 °C und dann Ausgleichen bei 100–150 °C; f Erwärmen; g Halten auf Anlaßtemperatur; h Abkühlen an der Luft.
Anlassen	Erwärmung eines gehärteten Stahles auf eine vorgegebene Temperatur (max. bis unterhalb der PSK-Linie), Halten und anschließende zweckentsprechende Abkühlung (meist an der Luft). Beim Erwärmen über die M_s-Linie zerfällt der Martensit und die Härte wird merklich geringer. **Ziel:** Abbau der Härtespannungen und dadurch Mindern der Sprödigkeit. Werkstücke, die schlagartigen Belastungen ausgesetzt sind (z.B. Meißel), werden höher angelassen als jene, auf die nur gleichmäßige Belastungen (z.B. Reißnadel) einwirken. Bei kurzen Anlaßzeiten kann die Anlaßtemperatur über die Farben der verschieden starken durchsichtigen Oxidschichten bestimmt werden; gelb (dünn): 220 °C und grau (dick): 400 °C.	Einfluß der Abschrecktemperatur auf die Einhärttiefe am Beispiel von C45
Vergüten	Anlassen im oberen möglichen Temperaturbereich nach dem Härten. **Ziel:** Erzielung hoher Zähigkeiten bei hochbeanspruchten Teilen, wie z.B. Wellen und Blattfedern.	Einfluß des Kohlenstoffgehaltes und Martensitanteiles auf die Härte nach dem Abschrecken (Richtwerte)
Einsatzhärten	Aufkohlen (eindiffundieren von C-Atomen) oder Carbonitrieren (eindiffundieren von C- und N-Atomen) der Randschicht des Werkstückes mit anschließendem Härten (siehe S. 7-56). **Ziel:** Erreichung harter, verschleißfester Werkstückoberflächen, wobei der Werkstückkern zäh bleibt.	

[1] siehe z.B. ZTU-Schaubild für C45 S. 7-60

7.6.3 Richtwerte für die Wärmebehandlung der Stähle

7.6.3.1 Automatenstähle nach DIN 1651 (4.88)

Werkstoff-Kurzname	Nummer	Normalglühen Temp. in °C	Einsatzhärten, Temperaturen beim				Vergüten, Temperaturen beim	
			Aufkohlen in °C	Kernhärten in °C	Randhärten in °C	Anlassen in °C	Härten in °C	Anlassen in °C
9 SMn 28	1.0715	890–920	können bedingt für Einsatzhärten				–	–
9 SMnPb 28	1.0718	890–920	vorgesehen werden				–	–
9 SMn 36	1.0736	890–920	–	–	–	–	–	–
9 SMnPb 36	1.0737	890–920	–	–	–	–	–	–
10 S 20	1.0721	890–920	880–980	880–920	780–820	150–200	–	–
10 SPb 20	1.0722	890–920	880–980	880–920	780–820	150–200	–	–
15 S 10	1.0710	890–920	880–980	880–920	780–820	150–200	–	–
35 S 20	1.0726	860–890	Abschreckmittel: Werte gelten für Wasser;				840–870	540–680
45 S 20	1.0727	840–870	bei Öl verschiebt sich der Temperaturbereich				820–850	540–680
60 S 20	1.0728	820–920	um + 10 °C				800–830	540–680

7.6.3.2 Einsatzstähle nach DIN 17210 (9.86)

Werkstoff-Kurzname	Nummer	Härte HB im Behandlungszustand			Aufkohlungstemperatur in °C	Kernhärtetemperatur in °C	Randhärtetemperatur in °C	Anlaßtemperatur in °C	Hinweise und Erläuterungen
		G	BF	BG					
C10	1.0301	131	–	–		880–920			Nach dem Aufkohlen
Ck 10	1.1121	131	–	–		880–920			erfolgt Direkthärten
C15	1.0401	143	–	–		880–920			(von Aufkohlungs-, Rand-
Ck 15	1.1141	143	–	–		880–920			oder Kerntemperatur),
Cm 15	1.1140	143	–	–		880–920			Doppelhärten, Einfach-
17 Cr 3	1.7016	174	–	–	850	860–900	780	150	härten (mit oder ohne
20 Cr 4	1.7027	197	149–197	145–192	bis	860–900	bis	bis	vorheriges Weichglühen)
16 MnCr 5	1.7131	207	156–207	140–187	980	860–900	820	200	oder Härten nach iso-
20 MnCr 5	1.7147	217	170–217	152–201		860–900			thermischem Umwandeln.
20 MoCr 4	1.7321	207	156–207	140–187		860–900			Als Abschreckmittel
21 NiCrMo 2	1.6523	197	152–201	145–192		860–900			werden Wasser, Öl, Warm-
15 CrNi 6	1.5919	217	170–217	152–201		830–870			bad 160–250 °C oder
17 CrNiMo 6	1.6587	229	179–229	157–207		830–870			Luft verwendet.

G weichgeglüht bei 650–700 °C; **BF** wärmebehandelt auf bestimmte Zugfestigkeit bei 850–950 °C; **BG** wärmebehandelt auf Ferrit-Perlit-Gefüge bei 900–1000 °C

7.6.3.3 Nitrierstähle nach DIN 17211 (4.87)

Werkstoff-Kurzname	Nummer	Weichglühen		Vergüten				Nitrieren		Erklärungen
		Temperatur in °C	Härte HB max.	Härten		Anlassen		Temperatur in °C	Härte HV ≈	
				Temp. in °C	in	Temperatur in °C	Kerb. schlagarbeit [1] in J, min			
31 CrMo 12	1.8515	650–700	248	870–910	Öl	570–700	40[3]), 50[2])	I 500–520	800	[1] Mit DVM-Probe.
31 CrMoV 9	1.8519	680–720	248	840–880	Öl, H_2O	570–680	40[3]), 50[2])	II 570–580	800	[2] für d
34 CrAlMo 5	1.8507	650–700	248	900–940	Öl	570–650	40[4])	III max. 580	950	> 100 ≤ 250
15 CrMoV 59	1.8521	680–740	248	940–980	Öl, H_2O	600–700	35[3]), 40[2])		800	[3] für d ≤ 100
34 CrAlNi 7	1.8550	650–700	248	850–890	Öl	570–660	35[3]), 40[2])		950	[4] für d ≤ 70

•**I** Bei Gasnitrieren, Plasmanitrieren; bei Nitrocarburieren mit Medium **II** Gas/Salzbad bzw. **III** Pulver/Plasma

7.6 Stoffeigenschaftsändern

7.6.3.4 Nichtrostende Stähle nach DIN 17440 (7.85)

Werkstoff-Kurzname	Nummer	Warmumformung Temperatur in °C	Glühen Temperatur in °C	Glühen Härte HB	Härten Temperatur in °C	Härten Abschreckmittel	Anlassen Temperatur in °C	Hinweise
X 6 Cr 13	1.4000	1 100 bis 800	750–800	185	950–1 000	Öl, Luft	650–750	Ferritische Stähle
X 6 Cr 17	1.4016		750–850	185	–	–	–	
X 6 CrTi 17	1.4510		750–850	185	–	–	–	
X 4 CrMoS 18	1.4105		750–850	200	–	–	–	
X 20 Cr 13	1.4021	1 100 bis 800	730–780	230	980 bis 1 030	Öl oder Luft	600–700	Martensitische Stähle
X 30 Cr 13	1.4028		730–780	245			640–740	
X 45 CrMoV 15	1.4116		730–780	280			100–200	
X 12 CrMoS 17	1.4106		750–850	230			550–650	
X 5 CrNi 18 10	1.4301	1 150 bis 750	–	–	1 000–1 080	Wasser oder Luft	–	Austenitische Stähle
X 6 CrNiTi 18 10	1.4541		–	–	1 020–1 100		–	
X 5 CrNiMo 17 12 2	1.4401		–	–	1 020–1 100		–	
X 6 CrNiMoTi 17 12 2	1.4571		–	–	1 020–1 100		–	
X 6 CrNiMoNb 17 12 2	1.4580		–	–	1 020–1 100		–	
X 2 CrNiMo 18 14 3	1.4435		–	–	1 020–1 100		–	

7.6.3.5 Vergütungsstähle nach DIN EN 10083 T 1, T2 (10.91)[6]

Werkstoff-Kurzname	Nummer	Weichglühen Temperatur in °C	Weichglühen Härte HB	Normalglühen Temperatur in °C	Härten Temperatur in °C	Härten Abschreckmittel[5]	Härte HV min.	Vergüten[4] min. Kerbschlagarbeit in J mit ISO-V-Proben bei ∅ in mm ≤16	>16–40	>40–100	>100–160
C 22[1]	1.0402	650–700	–	880–920	860–900	W	–	50[3]	50[3]	–	–
C 35[1]	1.0501	650–700	–	860–900	840–880	W, Ö	–	35[3]	35[3]	35[3]	–
C 45[1]	1.0503	650–700	207	840–880	820–860	W, Ö	560	25[3]	25[3]	25[3]	–
C 55[1]	1.0535	650–700	229	825–865	805–845	Ö, W	650	–	–	–	–
C 60[1]	1.0601	650–700	241	820–850	800–840	Ö, W	670	–	–	–	–
28 Mn 6	1.1170	650–700	223	850–890	830–870	W, Ö	–	35	40	40	–
38 Cr 2[2]	1.7003	650–700	207	–	830–870	Ö, W	–	35	35	35	–
46 Cr 2[2]	1.7006	650–700	223	–	820–860	Ö, W	–	30	35	35	–
34 Cr 4[2]	1.7033	680–720	223	–	830–870	W, Ö	510	35	40	40	–
37 Cr 4[2]	1.7034	680–720	235	–	825–865	Ö, W	530	30	35	35	–
41 Cr 4[2]	1.7035	680–720	241	–	820–860	Ö, W	560	30	35	35	–
25 CrMo 4[2]	1.7218	680–720	212	–	840–880	W, Ö	430	45	50	50	45
34 CrMo 4[2]	1.7220	680–720	223	–	830–870	Ö, W	510	35	40	45	45
42 CrMo 4[2]	1.7225	680–720	241	–	820–860	Ö, W	560	30	35	35	35
50 CrMo 4	1.7228	680–720	248	–	820–860	Ö	680	30	30	30	30
36 CrNiMo 4	1.6511	650–700	248	–	820–850	Ö, W	–	35	40	45	45
34 CrNiMo 6	1.6582	650–700	248	–	830–860	Ö	–	35	45	45	45
30 CrNiMo 8	1.6580	650–700	248	–	830–860	Ö	–	30	35	35	45
50 CrV 4	1.8159	680–720	248	–	820–860	Ö	680	30	30	30	30

[1]) Für die Stahlsorten **Ck** (mit niedrigem P- und S-Gehalt) und **Cm** (mit unterer und oberer Begrenzung des S-Gehaltes) gelten dieselben Richtwerte.
[2]) Für die Stahlsorten mit begrenztem S-Gehalt (0,020% bis 0,035%) gelten dieselben Richtwerte.
[3]) Nur gültig für Ck- und Cm-Stähle.
[4]) Anlaßtemperaturen: C-Stähle: 550 °C–660 °C; sonstige Stähle: 540 °C–660 °C
[5]) Die Wahl des Abschreckmittels richtet sich nach der Größe, Gestalt, Härtetemperatur und Rißanfälligkeit des Werkstückes. Für das Härten in Wasser kommt im allg. der untere Temperaturbereich in Betracht.
[6]) Nachfolgenorm von DIN 17200 (3.87)

7.6.3.6 Werkzeugstähle nach DIN 17 350 (10.80)

Werkstoff-Kurzname	Nummer	Weichglühen Temperatur in °C	Härte HB max.	Härtetemperaturbereich in °C	Härten Temperatur in °C	Abschreckmittel	Härte[1] HRC	Anlassen Temperatur in °C	Härte HRC min.	Hinweise und Erklärungen
Unlegierte Kaltarbeitsstähle										
C 45 W	1.1730	680 bis 710	190	–	–	–	–	–	–	Die max. Anwendungsremperatur liegt im allgemeinen unter 200 °C; Durchhärtung bei ⌀ 10–12 mm.
C 60 W	1.1740		231	800–830	810	Öl	58	180	52	
C 70 W2	1.1620		183	790–820	800	Wasser	64	180	57	
C 80 W1	1.1525		192	780–820	790	Wasser	64	180	59	
C 85 W	1.1830		222	800–830	810	Öl	63	180	57	
C 105 W1	1.1545		213	770–800	780	Wasser	65	180	60	
Legierte Kaltarbeitsstähle										
21 MnCr 5	1.2162	680–710	212	810–840	820	Öl	62[2]	180	58[2]	Die max. Anwendungstemperatur liegt im allgemeinen unter 200 °C.
40 CrMnMoS 8 6	1.2312	wird üblicherweise vergütet mit ~ 300 HB geliefert							–	
60 WCrV 7	1.2550	720–750	229	870–900	890	Öl	60	180	57	
90 MnCrV 8	1.2842	690–720	229	790–820	800	Öl	64	180	58	
100 Cr 6	1.2067	740–770	223	820–850	840	Öl	64	180	60	
105 WCr 6	1.2419	720–750	229	800–830	820	Öl	64	180	59	
115 CrV 3	1.2210	710–740	223	760–810	790	Wasser	64	180	60	Ö Öl
115 CrV 3	1.2210	710–740	223	810–840	–	Öl (⌀ < 12 mm)	–	–	–	Wb Warmbad / L Luft
145 V 33	1.2838	760–780	229	800–950	850	Wasser	65	180	60	
X 19 NiCrMo 4	1.2764	600–630	255	780–810	800	Öl	62[2]	180	59[2]	[2]) Härtewert der einsatzgehärteten Randschicht
X 19 NiCrMo 4	1.2764	600–630	255	800–830		Luft	–	–	–	
X 36 CrMo 17	1.2316	780–820	285	1000–1040	1010	Öl	49	180	46	
X 45 NiCrMo 4	1.2767	610–630	262	840–870	850	Öl	56	180	52	
X 155 CrVMo 121	1.2379	840–860	255	1020–1050	1030	Ö (Wb, L)	63	180	59	
X 210 CrW 12	1.2436	800–830	255	950–980	960	Ö (Wb, L)	64	180	60	
Warmarbeitsstähle										
55 NiCrMoV 6	1.2713	680–710	248	830–870	850	Öl	57	500	40	Die max. Anwendungstemperatur liegt im allgemeinen über 200 °C.
56 NiCrMoV 7	1.2714	680–710	248	830–870	850	Öl	58	500	44	
56 NiCrMoV 7	1.2714	680–710	248	860–900	–	Luft	–	–	–	
X 38 CrMoV 51	1.2343	760–780	229	1000–1040	1020	Ö (L, Wb)	53	550	50	Ö Öl
X 40 CrMoV 51	1.2344	750–780	229	1020–1060	1030	Ö (L, Wb)	54	550	51	Wb Warmbad
X 32 CrMoV 33	1.2365	760–780	229	1000–1050	1040	Ö (Wb)	51	550	47	L Luft
Schnellarbeitsstähle										
S6-5-2	1.3343	790–820	240 bis 300	1190–1230	1210	Ö, Wb (L)	64	560	64	Die max. Anwendungstemperatur liegt im allgemeinen bis 600 °C.
S6-5-3	1.3344	770–820		1200–1240	1220	Ö, Wb (L)	65	560	65	
S6-5-2-5	1.3243	790–820		1200–1240	1220	Ö, Wb (L)	64	560	64	
S7-4-2-5	1.3246	770–840		1180–1220	1200	Ö, Wb (L)	66	540	66	
S10-4-3-10	1.3207	800–830		1210–1250	1230	Ö, Wb (L)	66	560	66	Ö Öl
S12-1-4-5	1.3202	810–840		1210–1250	1230	Ö, Wb (L)	65	560	65	Wb Warmbad
S18-1-2-5	1.3255	820–850		1260–1300	1280	Ö, Wb (L)	64	560	64	L Luft

[1]) Die angegebenen Härtezahlen gelten für die nicht in Klammern gesetzten Abschreckmittel.

7.6 Stoffeigenschaftsändern

7.6.3.7 Stähle für Flamm- und Induktionshärten nach DIN 17212 (8.72)

Werkstoff-Kurzname	Nummer	Warmumformung Temperatur in °C	Weichglühen Temperatur in °C	Härte HB max.	Normalglühen Temperatur in °C	Vergüten Härtetemperatur Wasser in °C	in Öl in °C	Anlassen Temperatur in °C	Oberflächenhärten in Wasser Temperatur in °C	Anlassen Temperatur in °C	Härte HRC
Cf 35	1.1183	1100–850		183	860–890	840–870	850–880		840–890		51
Cf 45	1.1193	1100–850	650	207	840–870	820–850	830–860	550	820–870	150	55
Cf 53	1.1213	1050–850	bis	223	830–860	805–835	815–845	bis	805–855	bis	57
Cf 70	1.1249	1000–800	700	223	820–850	790–820	–	660	790–840	180	60
45 Cr 2	1.7005	1100–850		207	840–870	820–850	830–860		820–870		55
38 Cr 4	1.7043	1050	680	217	845–885	825–855	835–865	540	825–875	150	53
42 Cr 4	1.7045	bis	bis	217	840–880	820–850	830–860	bis	820–870	bis	54
41 Cr Mo 4	1.7223	850	720	17	840–850	820–850	830–860	680	820–870	180	54
49 CrMo 4	1.7238			235	840–880	820–850	830–860		820–870		56

7.6.3.8 Warmgewalzte Stähle für vergütbare Federn nach DIN 17221 (12.88)

Werkstoff-Kurzname	Nummer	Weichglühen Temperatur in °C	Härte HB max.	Normalglühen Temperatur in °C	Härten Temperatur in °C	Abschreckmittel	Härte[1] HRC min.	Grenzabmessung für die Durchhärtbarkeit bei Flachstahl s in mm	Rundstahl d in mm	Anlassen Temperatur in °C
38 Si 7	1.5023	640	217	830	830	Wasser	47	10	12	350
54 SiCr 6	1.7102	bis	248	bis	bis	Öl	54	–	20	bis
60 SiCr 7	1.7108	680	248	860	860	Öl	54	18	25	550
55 Cr 3	1.7176	640	248	850	830	Öl	54	16	25	350
50 CrV 4	1.8159	bis	248	bis	bis	Öl	54	25	40	bis
51 CrMoV 4	1.7701	680	248	880	860	Öl	54	45	65	550

s Stärke des Flachstahles bzw. der Flacherzeugnisse; d Durchmesser.

[1] Härtewert im Kern nach dem Abschrecken.

Mechanische Eigenschaften im vergüteten (gehärtet + angelassen) Zustand und Verwendung

Werkstoff-Kurzname	Im vergüteten Zustand Zugfestigkeit R_m in N/mm²	Streckgrenze R_e in N/mm²	Bruchdehnung A_5 in %	Verwendung
38 Si 7	1180–1370	1030	6	Federringe und Federplatten für Schraubensicherungen, Spannmittel für den Oberbau
54 SiCr 6	1320–1570	1130	6	Blattfedern für den Schienenfahrzeugbau, Kegelfedern
60 SiCr 7	1320–1570	1130	6	Fahrzeugplatt-, Schrauben- und Tellerfedern, Federplatten
55 Cr 3	1370–1620	1180	6	Hochbeanspruchte Fahrzeugfedern, Schraubenfedern, Stabilisatoren
50 CrV 4	1370–1670	1180	6	Höchstbeanspruchte Blatt- und Schraubenfedern; Teller- und Drehstabfedern, Stabilisatoren
51 CrMoV 4	1370–1670	1180	6	Höchstbeanspruchte Blatt-, Schrauben- und Drehstabfedern mit größeren Abmessungen

7.6 Stoffeigenschaftsändern

7.6.3.9 Kaltgewalzte Stahlbänder für Federn nach DIN 17222 (8.79)

Werkstoff-		Werkstoff-		Weichglühen		Vergüten					
Kurz-name	Num-mer	Kurz-name	Num-mer	Tempe-ratur in °C	Härte HV max.	Härten			Anlassen		
						in Öl Tempe-ratur in °C	Härte HV, min.	Tempe-ratur in °C	Härte HB	R_m[1]) in N/mm²	Stärke[2]) s in mm
C 55	1.0533	Ck 55	1.1203		180	830–860	650		340–490	1150–1650	2,0
C 60	1.0601	Ck 60	1.1221		185	825–855	670		350–500	1180–1680	2,0
C 67	1.0603	Ck 67	1.1231		190	815–845	680		365–525	1230–1770	2,5
C 75	1.0605	Ck 75	1.1248	650	190	810–840	700	300	390–555	1320–1870	2,5
Ck 85	1.1269	–	–	bis	200	800–830	730	bis	415–580	1400–1950	2,5
Ck 101	1.1274	–	–	690	205	790–820	750	500	445–620	1500–2100	2,0
55 Si 7	1.0904	–	–		220	830–860	650		385–535	1300–1800	2,0
71 Si 7	1.5029	–	–		240	810–840	680		445–650	1500–2200	3,0
50 CrV 4	1.8159	–	–		220	845–875	680		415–590	1400–2000	3,0
67 SiCr 4	1.7103	–	–		240	845–875	680		445–650	1500–2200	3,0

[1]) Zugfestigkeit im vergüteten Zustand.
[2]) Bandstärke bis zu der die Härtewerte beim Vergüten und Zugfestigkeitswerte gelten.

7.6.4 Richtwerte für die Wärmebehandlung von Aluminiumwerkstoffen

Werkstoff-		Warmum-formen	Weichglühen		Lösungsglühen[1])		Kaltaus-lagern	Warmauslagern	
Kurzname	Num-mer	Tempe-ratur in °C	Tempe-ratur in °C	Glüh-zeit in h	Tempe-ratur in °C	Ab-schreck-mittel	Zeit in Tagen	Temperatur in °C	Zeit in h

Kalt- und warmaushärtbare Aluminium-Knetlegierungen

AlMgSi 1	3.2315	480–520	380–420	1–2[2])	525–540	W, L	5–8	155–190	4–16
AlMgSiPb	3.0615	460–500	360–400	1–2[2])	520–530	W bis 60 °C	5–8	155–190	4–16
AlCuMg 1	3.1325	400–470	380–420	2–3[2])	495–505	W	5–8	–	–
AlZn 4,5 Mg 1	3.4335	450–520	400–420	2–3[3])	460–485	L	≥90	1. Stufe: 90–100 2. Stufe: 140–160	8–12 16–24

Nicht aushärtbare Aluminium-Knetlegierungen

AlMn 1	3.0515	400–550	380–420	0,5–1[4])	
AlMg 1	3.3315	400–500	360–380	1–2[4])	
AlMg 3	3.3535	450–500	360–380	1–2[4])	
AlMg 5	3.3555	450–500	340–360	1–2[4])	

Schematischer Verlauf der Aushärtung

Reinst- und Hüttenaluminium

Al 99,98 R	3.0385	300–420	290–310	0,5–1[4])	
Al 99,8	3.0285	330–550	320–350	0,5–2[4])	
Al 99,7	3.0275	330–550	320–350	0,5–2[4])	
Al 99	3.0205	330–500	340–360	0,5–2[4])	
E-Al	3.0257	330–500	340–360	0,5–2[4])	

L Luft; W Wasser

[1]) Lösungsglühdauer: bei Blechen ~10 min/mm Blechstärke und bei Stangen bzw. Rohren ~2 min/mm Durchmesser.
[2]) Abkühlungsgeschwindigkeit bis 250 °C ≤30 °C/h, dann beliebig schnelle Abkühlung an der Luft.
[3]) Abkühlungsgeschwindigkeit bis 230 °C ≤30 °C/h, 3 ··· 5 h Halten, dann beliebig schnelle Abkühlung.
[4]) Ofenabkühlung unkontrolliert bis 250 °C, dann beliebig schnelle Abkühlung an der Luft.

8 Automatisierungstechnik

8.1 Grundlagen der Steuerungs- und Regelungstechnik

8.1.1 Vergleich von Steuerungssystemen

Kriterium / Energieform	Pneumatik	Hydraulik	Elektrik/Elektronik	Mechanik
Energieträger	Luft	Öl	elektrischer Strom	Wellen, Zahnräder, Gestänge, Ketten usw.
Energiequelle	Verdichter	Pumpe	Generator, Batterie	Elektromotor
wichtigste Kenngrößen	Druck ca. 6 bar	Druck ca. 30 bis 400 bar	Spannung 12 V, 24 V, 220 V, 380 V	Kraft, Drehmoment, Geschwindigkeit
maximale Entfernung für Energieübertragung	≈ 1000 m	≈ 100 m	unbegrenzt	≈ 10 m
Energieleitung	Rohre, Schläuche und Bohrungen	Rohre, Schläuche und Bohrungen	el. leitende Drähte, Bänder und Kontakte	Wellen, Gestänge, Ketten usw.
Energiespeicherung	in Flaschen und Kesseln	Hydraulikspeicher	Akkumulatoren	Federn
Umwandlung in mechan. Energie	Zylinder, Druckluftmotor	Zylinder, Hydromotor	Elektromotor, Elektromagnet	Getriebe
Wirkungsgrad	weniger gut; hohe Verluste bei Energieübertragung sowie primärer und sekundärer Energieumformung		gut	sehr gut infolge Formschluß
Erzeugung linearer Bewegungen	sehr einfach über Zylinder	sehr einfach über Zylinder	kurze Wege einfach über Elektromagnete; lange Wege aufwendig über Linearmotore	einfach über Kurbelgetriebe, Spindeln usw.
Leistung/Volumen von Motoren in W/dm^3	ca. 70 bis 1 200	ca. 2000	ca. 70 bis 150	
Leistung/Masse von Motoren in W/kg	ca. 70 bis 300	ca. 600 bis 800	ca. 20 bis 100	
typ. Bewegungsgeschwindigkeit der Arbeitsgeräte	≤ 3 ms^{-1}	≤ 1 ms^{-1}	≤ 5 ms^{-1}	≤ 10 ms^{-1}
Weggenauigkeit ohne Lageregelung	weniger gut	sehr gut	weniger gut (gut bei Synchron- und Schrittmotoren)	sehr gut infolge Formschluß
Gefahren für den Menschen	gering infolge niedriger Drücke	groß infolge hoher Drücke; Umweltverschmutzung	sehr groß, daher besondere Vorschriften	groß

8

8.1 Grundlagen der Steuerungs- und Regelungstechnik

8.1.2 Die Begriffe Steuern und Regeln

In einer **Steuerung** werden Eingangsgrößen entgegengenommen und entsprechend dem Aufbau der Steuerung verknüpft. Die von den Verknüpfungselementen erzeugten Stellbefehle werden an die Stellglieder der Steuerstrecke weitergegeben.

Kennzeichen des Steuerns ist der offene Wirkungsablauf in jedem Übertragungsglied oder in der Steuerkette. Die Ausgangsgrößen werden von den Eingangsgrößen und von den Störgrößen beeinflußt.

Kennzeichen des **Regelns** ist ein geschlossener Wirkungsablauf. Die zu regelnde Größe x (Regelgröße) wird fortlaufend erfaßt (Istwert), mit einer Führungsgröße w (Sollwert) verglichen und abhängig vom Ergebnis dieses Vergleichs die Stellgröße y abgeleitet.

Infolge des geschlossenen Wirkungsablaufs werden die Störgrößen z_n weitgehend ausgeregelt.

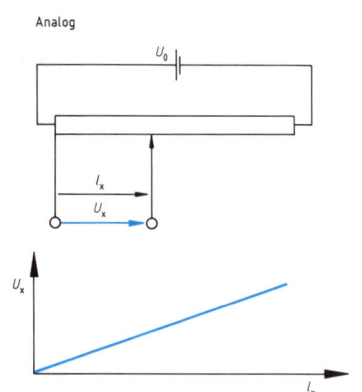

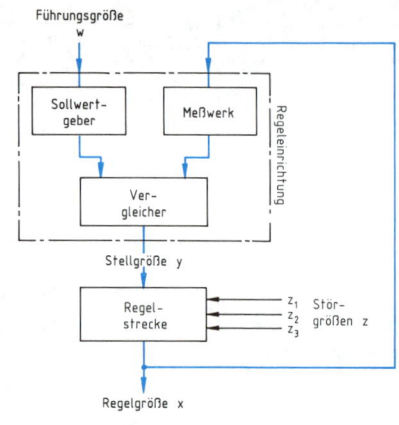

8.1.3 Die Begriffe Analog und Digital

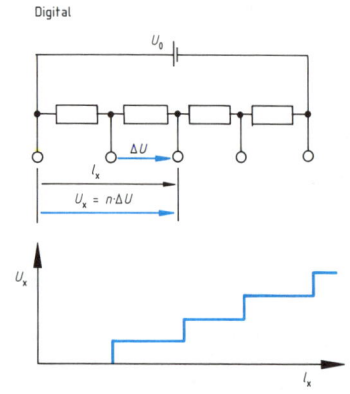

Die Abbildung des Meßwertes l erfolgt in einer anderen analogen (entsprechenden) Größe. Jedem Wert der Meßgröße l_x wird z.B. ein entsprechender Wert U_x eindeutig zugeordnet. Die Menge der Werte U_x ist nicht abzählbar; sie ist im Rahmen der technisch möglichen Abbildungsgenauigkeit unendlich.

Die Abbildung des Meßwertes l erfolgt in einer begrenzten Anzahl von Signalwerten. Die Signalgröße U_x ist ein ganzzahliges Vielfaches der Grundeinheit ΔU. Für U_x ergibt sich eine begrenzte Anzahl von Werten durch Abzählung. Die Auflösung der digitalen Abbildung entspricht der Grundeinheit ΔU.

Anm.: Digital von lateinisch „digitus" = Finger bedeutet im übertragenen Sinne „An den Fingern abgezählt".

8.1.4 Begriffe der Steuerungstechnik

Eine Steuerungseinrichtung läßt sich in die Funktionsblöcke Signaleingabe, Signalverarbeitung und Signalausgabe unterteilen.

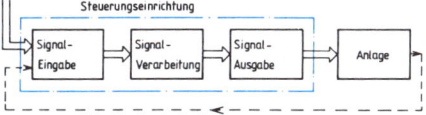

Signaleingabe

Der Signaleingabe werden Bedienungssignale (z. B. von Tastern und Schaltern) und Rückmeldesignale (z. B. von Sensoren und Grenzwertschaltern) zugeführt. **Eingabeglieder** können die Eingabesignale z. B. entstören, umformen, umsetzen, potentialtrennen und an die Signalpegel der Signalverarbeitung anpassen. Man unterscheidet **Analog-Eingabeeinheiten** für analoge Eingabesignale, **Binär-Eingabeeinheiten** für binäre (zweiwertige, nicht zahlenwertmäßig dargestellte Informationen) Eingabesignale und **Digital-Eingabeeinheiten** für digitale (vorwiegend zahlenmäßig dargestellte Informationen) Eingabesignale.

Signalverarbeitung

Die Signalverarbeitung leitet aus den Eingabesignalen im Sinne von Verknüpfungs-, Zeit- und/oder Speicherfunktionen die Ausgabesignale ab. Die Gesamtheit aller Anweisungen und Vereinbarungen für die Signalverarbeitung, durch die eine zu steuernde Anlage (Prozeß) aufgabengemäß beeinflußt wird, ergibt das **Programm** der Steuerung.

Entsprechend der Programmverwirklichung ergibt sich folgende Einteilung:

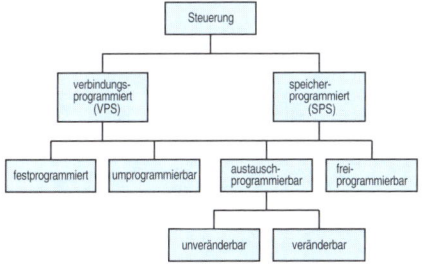

Bei einer **verbindungsprogrammierten Steuerung** (VPS) ist das Programm durch die Art der Funktionsglieder und deren Verbindung vorgegeben. VPS können elektrisch, elektronisch, pneumatisch oder hydraulisch realisiert sein. Bei **festprogrammierten Steuerungen** sind Programmänderungen nicht vorgesehen; das Programm ist z. B. durch feste Draht-, Schlauch- oder Leiterplattenverbindungen vorgegeben. **Umprogrammierbare Steuerungen** ermöglichen dagegen Programmänderungen in einfacher Weise, z. B. durch Umstecken von Leitungen, Auswechseln von Lochkarten oder Ändern von Diodenmatrizen.

Bei **speicherprogrammierten Steuerungen** (SPS) ist das Programm in digitaler Form in einem Programmspeicher gespeichert. **Freiprogrammierbare Steuerungen** enthalten als Programmspeicher einen Schreib-Lese-Speicher (RAM), dessen gesamter Inhalt ohne mechanischen Eingriff in die Steuerungseinrichtung, d. h. ohne Herausnahme des Speichers, in beliebig kleinem Umfang verändert werden kann. **Austauschprogrammierbare Steuerungen** ermöglichen Programmänderungen nur durch Austausch des Programmspeichers. Man unterscheidet **austauschprogrammierbare Steuerungen mit veränderbarem Speicher**, deren Inhalt nach der Herstellung programmiert und mehrmalig verändert werden kann (z. B. mit UV-Licht löschbare Nur-Lese-Halbleiterspeicher) sowie **austauschprogrammierbare Steuerungen mit unveränderbarem Speicher**, deren Inhalt nur einmal programmiert werden kann (z. B. mit ROM oder PROM als Speicher).

Entsprechend der Signalverarbeitung werden unterschieden:

synchrone Steuerungen, bei denen die Signalverarbeitung synchron zu einem Taktsignal erfolgt;

asynchrone Steuerungen, die ohne Taktsignal arbeiten und deren Signaländerungen nur durch Änderungen der Eingangssignale ausgelöst werden;

Verknüpfungs-Steuerungen, deren Signalzustände der Ausgangssignale den Signalzuständen der Eingangssignale im Sinne boolescher Verknüpfungen zugeordnet sind;

Ablaufsteuerungen, bei denen das Weiterschalten von einem Schritt auf den programmgemäß folgenden abhängig von Weiterschaltbedingungen erfolgt;

zeitgeführte Ablaufsteuerungen, deren Weiterschaltbedingungen nur von der Zeit abhängig sind;

prozeßabhängige Ablaufsteuerungen, deren Weiterschaltbedingungen nur von Signalen der gesteuerten Anlage (Prozeß) abhängig sind.

Signalausgabe

Der Signalverarbeitung ist die Signalausgabe nachgeschaltet. Die Ausgabeeinheit besteht aus **Ausgabegliedern**, die die Ausgabesignale bzw. Ausgabedaten aufbereiten und ausgeben. Entsprechend der Signalform werden **Analog-Ausgabeeinheiten**, **Binär-Ausgabeeinheiten** und **Digital-Ausgabeeinheiten** unterschieden.

Gerätetechnische Begriffe

Kontaktlose Steuerung: Steuerung, deren Signalverarbeitung ohne mechanisch wirkende Schaltglieder erfolgt.

Störfestigkeit: Grenzwert eines Störsignals (Signal, das ungewollt durch kapazitive, induktive oder galvanische Kopplung auf den Leitungen auftritt) bis zu dem die Geräte und Schaltglieder einer Steuerung in ihrer Funktion noch nicht beeinträchtigt werden.

Zerstörfestigkeit: Grenzwert eines Störsignals, bis zu dem die Geräte und Schaltglieder einer Steuerung noch nicht zerstört werden.

Verarbeitungstiefe: Die Anzahl der signalverarbeitenden Grundfunktionen n_s (Verknüpfungs-, Zeit- und Speicherfunktionen) einer Steuerungseinrichtung, bezogen auf die Summe der Eingänge n_E und Ausgänge n_A.

$$V = \frac{n_s}{n_E + n_A}$$

8

8.2 Fluidtechnik

8.2.1 Schaltzeichen nach DIN ISO 1219 (8.78)

Fluidtechnische Systeme und Geräte

Symbol	Bezeichnung	Symbol	Bezeichnung	Symbol	Bezeichnung
	Hydropumpen		Schwenkmotor:		– mit zweiseitiger Kolbenstange
	Verdrängungsvolumen konstant:		– hydraulisch		
			– pneumatisch	oder	
	– mit einer Stromrichtung		**Pumpe/Motor-Einheit**		
	– mit zwei Stromrichtungen		Als Pumpe oder Motor arbeitend;		Differential-zylinder
	Verdrängungsvolumen veränderbar:		– abhängig von der Stromrichtung	oder	
	– mit einer Stromrichtung		– ohne Änderung der Stromrichtung		Zylinder mit Dämpfung:
	– mit zwei Stromrichtungen		– desgl. mit veränderbarem Verdrängungsvolumen		– mit einfacher, nicht einstellbarer Dämpfung
	Kompressor Verdrängungvolumen konstant, eine Stromrichtung		– mit jedweder Stromrichtung		– mit doppelter, nicht einstellbarer Dämpfung
	Motoren		**Kompaktgetriebe** Drehmomentwandler, Pumpen und/oder Motor mit veränderbarem Verdrängungsvolumen		– mit einfacher, einstellbarer Dämpfung
	Verdrängungsvolumen konstant, eine Stromrichtung:				– mit doppelter, einstellbarer Dämpfung
	– hydraulisch		**Zylinder**		Teleskopzylinder:
	– pneumatisch		Einfachwirkender Zylinder:		– einfach wirkend
	Verdrängungsvolumen konstant, zwei Stromrichtungen:		– Rückhub durch nicht näher bestimmte Kraft		– doppelt wirkend
	– hydraulisch				Druckübersetzer:
	– pneumatisch	oder			– für Druckmittel mit gleichen Eigenschaften
	Verdrängungsvolumen veränderbar, eine Stromrichtung:			oder	
	– hydraulisch		– Rückhub durch Feder		
	– pneumatisch	oder			– für zwei versch. Druckmittel
	Verdrängungsvolumen veränderbar, zwei Stromrichtungen:		Doppeltwirkender Zylinder:		Druckmittelwandler, Umwandlung eines pn. Druckes in einen hydr. Druck oder umgekehrt
	– hydraulisch		– mit einfacher Kolbenstange		
	– pneumatisch	oder			

Fluidtechnische Geräte und Systeme

Symbol	Bezeichnung	Symbol	Bezeichnung
	Steuerventile		desgleichen mit neutraler Mittelstellung
	Einheit zur Steuerung Strom oder Druck		zwei drosselnde Querschnitte, druckbetätigt gegen eine Rückholfeder
	Jedes Quadrat entspricht einer Stellung eines Wegeventils		**Rückschlagventil**
	Vereinfachtes Symbol bei mehrfacher Wiederholung		– unbelastet
	Durchflußwege:		– federbelastet
	– ein Durchflußweg		– durch Vorsteuerung kann das Schließen oder Öffnen verhindert werden
	– zwei gesperrte Anschlüsse		– mit Drosselung (freier Durchfluß in einer Richtung)
	– zwei Durchflußwege		
	– zwei Durchflußwege und ein gesperrter Anschluß		**Wechselventil**
	– zwei Durchflußwege mit Verbindung zueinander		**Schnellentlüftungsventil**
	– zwei gesperrte Anschlüsse, ein Durchflußweg in Nebenschlußschaltung		**Druckventile**
	Kennzeichnung: Die erste Zahl gibt die Anzahl der Anschlüsse, die zweite Zahl die Anzahl der bestimmten Schaltstellungen an		– ein drosselnder Querschnitt, normalerweise verschlossen
			– ein drosselnder Querschnitt, normalerweise offen
	– 2/2 Wegeventil mit Handbetätigung		– zwei drosselnde Querschnitte, normalerweise verschlossen
	– 2/2 Wegeventil mit Druckbetätigung gegen eine Rückholfeder		Druckbegrenzungsventil (Sicherheitsventil)
	– 5/2 Wegeventil mit Druckbetätigung in beiden Richtungen		desgl. mit Vorsteuerung
	– 3/2 Wegeventil durch Elektromagnet betätigt mit Rückholfeder		Druckregel- oder -reduzierventil (Druckminderer):
	Drosselnde Wegeventile Einheit mit 2 äußeren Endstellungen und einer unendlichen Anzahl von Zwischenstellungen mit veränderbarer Drosselwirkung		– ohne Entlastungsöffnung
			– desgl. mit Fernbedienung
			– mit Entlastungsöffnung
			Differenzdruckregelventil

8

Fluidtechnische Systeme und Geräte

Symbol	Bezeichnung	Symbol	Bezeichnung	Symbol	Bezeichnung
	Stromventile		**Betätigungsarten**		– durch Druck-entlastung
	Drosselventil:		Muskelkraft-betätigung:		– desgl. vorgesteuert
	– vereinfachtes Symbol ohne Angabe der Betätigungsart		– ohne Angabe der Betätigungsart		– durch untersch. Steuerflächen
	– ausführliches Symbol mit Handbetätigung		– durch Druckknopf		– mit internem Steuerkanal
	– desgl. mit mechanischer Betätigung gegen eine Rückholfeder		– durch Hebel		Kombinierte Be-tätigung durch:
			– durch Pedal		– Elektromagnet und Vorsteuer-Wegeventil
	Stromregelventil:		Mechanische Betätigung:		
	– mit konstantem Ausgangsstrom		– durch Stößel oder Taster		– Elektromagnet oder Vorsteuer-Wegeventil
oder			– durch Feder		
			– durch Rolle		**Mechanische Bestandteile**
	– mit konstantem Ausgangsstrom und Entlastungs-öffnung zum Behälter		– durch Rolle, nur in einer Richtung	D < 5E	mech. Verbindun-gen (z.B. Wellen, Hebel und Kolbenstangen)
oder			Betätigung durch Elektromagnet:		Rotierende Welle
	– mit veränderbarem Ausgangsstrom		– mit einer Wicklung		– in einer Richtung
			– mit zwei gegen-einander wir-kenden Wickl.		– in beiden Richtungen
oder			– desgl. mit stufen-los veränder-barem Verhalten		Raste
			Betätigung durch Elektromotor		Sperrvorrichtung (*) Symbol zum Lösen der Sperre
	Stromteilventil		Bet. durch Druck-beaufschlagung o. Druckentlastung		Sprungwerk
			– durch Druck-beaufschlagung		Gelenkverbindung
	Absperrventil				– einfach
	vereinfachtes Symbol		– desgl. vorgesteuert		– mit Seitenhebel
					– mit festem Drehpunkt

8

8.2 Fluidtechnik

Fluidtechnische Geräte und Systeme

Symbol	Bezeichnung	Symbol	Bezeichnung	Symbol	Bezeichnung
	Energiequellen		**Energie-abnahmestelle**		**Filter, Wasserabscheider**
	Hydraulik-Druckquelle		– mit Stopfen		Filter oder Siebe
	Pneumatik-Druckquelle		– mit Entnahmeleitung		Wasserabscheider mit Handbetätigung
	Elektromotor		Schnell-Kupplungen:		desgleichen mit Filter
	Wärmekraft-maschine		– verbunden, ohne mechanisch öffnendes Rück-schlagventil		Wasserabscheider automatisch entwässernd
	Durchfluß-leitungen und Verbindungen[1]		– verbunden, mit mechanisch öffnenden Rück-schlagventil		desgleichen mit Filter
	Arbeits-, Zuführ- und Rücklaufleitung		– entkuppelt, mit offenem Ende		Lufttrockner
	Steuerleitung		– entkuppelt, durch feder-loses Rück-schlagventil		Öler
	Abfluß- oder Leckleitung				Aufbereitungs-einheit in ver-einf. Darstellung
	flexible Leitungs-verbindung		Drehverbindung:		in aus-führlicher Darstel-lung
	elektrische Leitung		– ein Weg		
	Rohrleitungs-verbindung		– drei Wege		**Wärmeaustauscher**
	gekreuzte Rohr-leitung ohne Verbindung		– Geräusch-dämpfer		Temperaturregler
	Entlüftung		**Behälter**		Kühler ohne und mit Darst. der Leitungen für die Kühlflüssigkeit
	Auslaßöffnung:		offen, mit der Atmosphäre verbunden		Vorwärmer
	– ohne Anschluß-vorrichtung		mit Rohrende:		
	– mit Gewinde für einen Anschluß		– über dem Flüs-sigkeitsspiegel		**Meßinstrumente**
			– unterhalb des Flüssigkeits-spiegels		Manometer
			– von unten im Behälter		Thermometer
			Druckbehälter		Strommesser
			Hydrospeicher		Volumenmesser
					Druckschalter (hydraulisch-elektrisch)

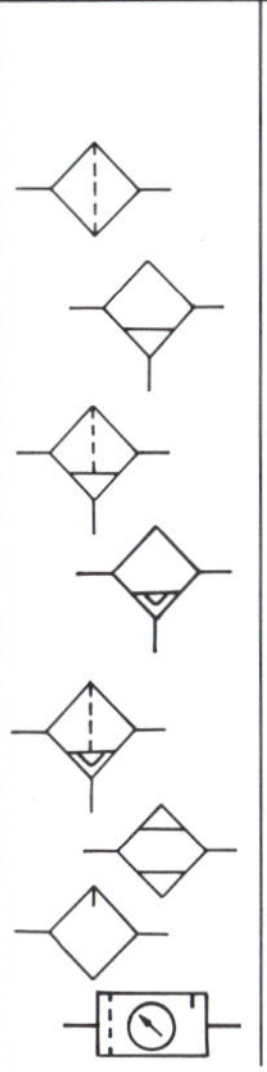

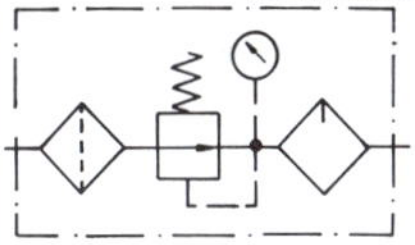

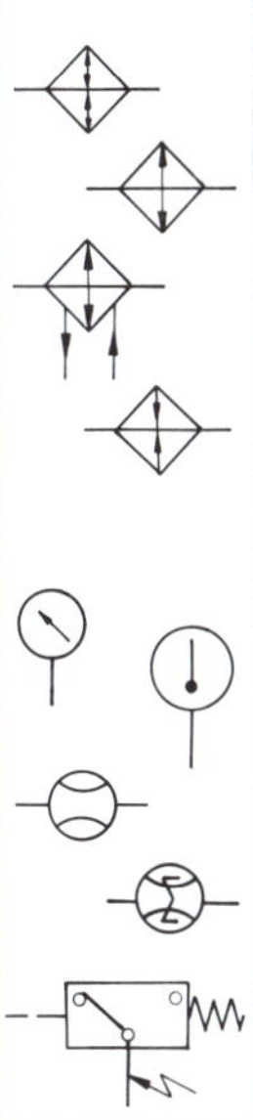

[1] Für die Verbindungen und gestrichelten Linien gelten die folgenden Festlegungen:

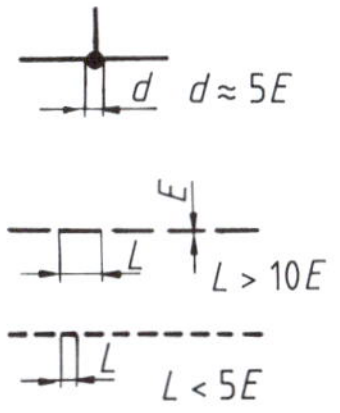

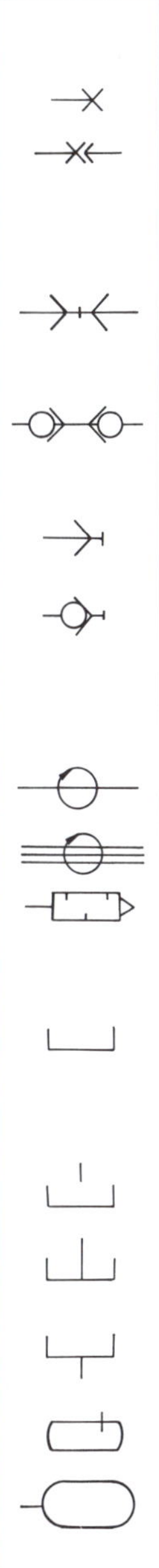

$d \approx 5E$

$L > 10E$

$L < 5E$

8

8.2 Fluidtechnik

8.2.2 Druckluftaufbereitung

Filter und Kondensatabscheider

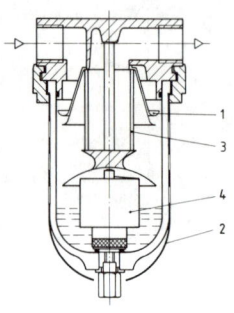

Schaltzeichen:

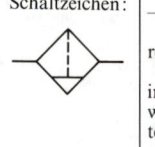

Je nach Anwendungsfall werden folgende Anforderungen an die Druckluftqualität gestellt:
– frei von dampfförmigen, flüssigen und festen Fremdstoffen
– konstanter Druck
– schmiermittelhaltig oder schmiermittelfrei.

Folglich ist an der Verbraucherstelle eine Aufbereitung der Druckluft unumgänglich.

Da die Luft über den Wirbeleinsatz (1) tangential in den Filterbehälter (2) einströmt und verwirbelt wird, werden die groben Schmutz- und Flüssigkeitsteilchen durch Fliehkraft ausgeschieden. Die kleineren Partikel werden durch den Filtereinsatz (3) zurückgehalten. Die Entleerung des Kondensatbehälters erfolgt ohne Luftverlust entweder durch einen Handablaß oder einen automatischen Kondensatablaß (4).

Druckregler

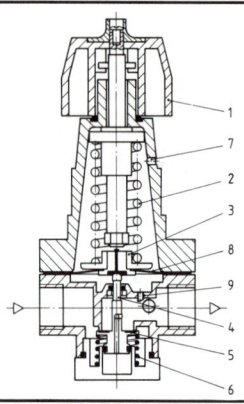

Schaltzeichen:

Druckregler halten den Betriebsdruck konstant auf dem eingestellten Wert, unabhängig von Schwankungen des Primärdrucks und Luftbedarfs.

Bei entspannter Feder (2) ist der Druckregler über Ventilsitz (5) geschlossen; Ein- und Ausgangsseite sind völlig getrennt. Mit der Regulierschraube (1) wird nun die Feder (2) entgegen der Membrane (8) über Federteller (3) gespannt, wodurch die Ventilspindel (4) den Ventilsitz (5) öffnet. Die Druckluft strömt darauf von der Eingangs- zur Ausgangsseite so lange, bis sich über die Verbindung (9) zur Unterdruckseite der Membrane (8) ein Druck aufbaut, dessen Wirkung größer ist als derjenige der Feder. Der Ventilsitz (5) beginnt eine durch die Feder (6) gestützte Schließbewegung; das System Feder (2) und Membrane (8) erreicht eine Gleichgewichtslage und hält so weitgehend den Ausgangsdruck konstant.

Ölvernebler

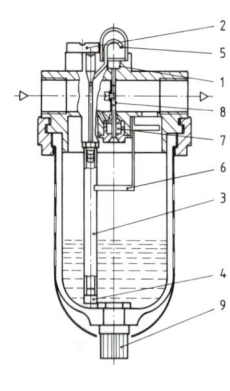

Schaltzeichen:

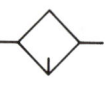

Der Ölvernebler erzeugt einen dosierten ununterbrochenen Ölnebel, der vom Luftstrom ca. 10 m bis 20 m getragen werden kann.

Von der über das Ansaugrohr (3) mit Ölfilter (4) transportierten und am Tropfrohr (5) sichtbaren Ölmenge gelangt ein geringer Anteil in Abhängigkeit von der Einstellung der Ölmengen-Einstellschraube (1) in den Luftstrom. Der Rest fällt am Düsen-Prallplattensystem (6) und (7) aus und fließt in den Behälter zurück. Die im Hauptstrom angeordnete, automatisch wirkende Drosselmembrane (8) hält das eingestellte Mischverhältnis Luft-Öl auch bei unterschiedlichem Luftstrom konstant. Eventuell anfallendes Kondensat kann an der Schraube (9) abgelassen werden.

Für die Druckluftaufbereitung kommt meist die zusammengeschraubte Einheit aus Filter, Druckregler mit Manometer zur Anzeige des Sekundärdrucks und Ölvernebler, der sogenannten **Wartungseinheit**, zum Einsatz.

8.2.3 Zylinder (Linearmotor)

Einfachwirkender Zylinder

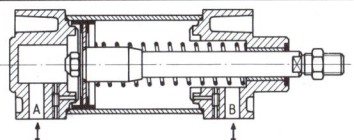

Der einfachwirkende Zylinder findet in pneumatischen Steuerungen Anwendung z.B. zum Spannen, Ausstoßen, Fixieren und Magazinieren.

Der Rückhub erfolgt ohne Rückzuglast durch Federkraft. Die Hublänge ist infolge des für die Feder erforderlichen Einbauraums auf maximal 200 mm begrenzt.

Doppeltwirkender Zylinder (Differentialzylinder)

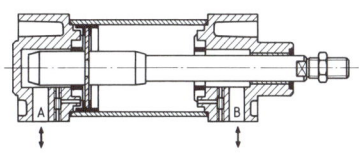

Beim Ausfahren der Kolbenstange ist die gesamte Kolbenfläche wirksam; beim Einfahren ist nur die um die Fläche der Kolbenstange kleinere Ringfläche wirksam. Deshalb ist die maximal zulässige Kraft, abhängig von der jeweils wirksamen Fläche und dem maximal zulässigen Betriebsdruck, beim Ausfahren größer als beim Einfahren der Kolbenstange. Die Bewegungsgeschwindigkeiten verhalten sich bei konstantem Förderstrom umgekehrt zu den wirksamen Flächen.

Endlagendämpfung

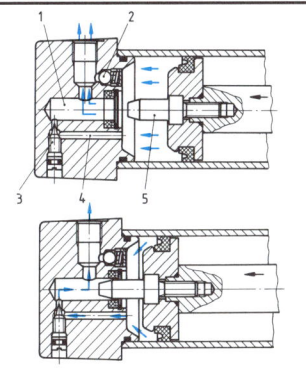

Ab einer bestimmten Hubgeschwindigkeit (ca. $v > 0,1$ ms) ist eine Endlagendämpfung erforderlich, damit beim Aufschlag des Kolbens Zylinderteile nicht zerstört werden.

Taucht die Dämpfungsbuchse (5) in die Bohrung (1) des Zylinderbodens ein, so verringert sich der Querschnitt für das aus dem Kolbenraum entweichende Druckmedium. Ist die Bohrung schließlich ganz verschlossen, so kann das Druckmedium nur noch über die Bohrung (4) und das einstellbare Drosselventil (3) abfließen. Mittels der Drosselschraube läßt sich die Dämpfungswirkung entsprechend den Betriebsverhältnissen einstellen.

Ein Rückschlagventil (2) sorgt dafür, daß bei Umschaltung das Druckmedium sofort den gesamten Kolbenquerschnitt beaufschlagt. Damit wird eine Verzögerung beim Ausfahren des Kolbens verhindert.

Zylinder mit beidseitiger Kolbenstange (Gleichgangzylinder)

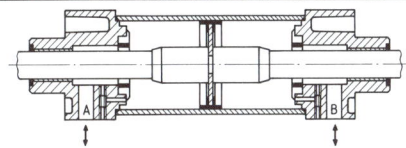

Die durchgehende Kolbenstange hat gleiche Ringflächen auf beiden Seiten des Kolbens zur Folge. Daraus ergeben sich für beide Bewegungsrichtungen gleiche zulässige Kräfte.

Teleskop-Zylinder

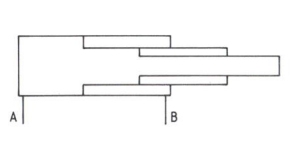

Diese Zylinderbauart ermöglicht eine große Hublänge bei kleiner Einbaulänge.

Werden die Kolben über Anschluß A beaufschlagt, so fährt zunächst der größte Kolben aus. Bei gleichbleibender Last steigt der erforderliche Druck infolge der kleiner werdenden Fläche mit jeder Stufe an. Die Ausfahrgeschwindigkeit erhöht sich bei konstantem Förderstrom von Stufe zu Stufe. Beim Einfahren kehrt sich die Reihenfolge um.

8

8.2 Fluidtechnik

8.2.4 Druckluftmotoren

Eigenschaft	Stern-motor	Kulissen-motor	Lamellen-motor	Zahnrad-motor	Turbinen-motor
Max. Betriebsdruck p_e in bar	10	8	8	10	8
Leistung in kW	1,5 bis 30	1 bis 6	0,1 bis 18	0,5 bis 5	0,01 bis 100
Max. Drehzahl in min^{-1}	6000	5000	30000	15000	120000
Spezifischer Luft-verbrauch in l/kJ	15 bis 23	20 bis 25	20 bis 50	30 bis 50	10 bis 60
Max. Expansions-verhältnis	1:2	1:1,5	1:1,6	1:1	–
Anzahl der Zylinder oder Arbeitsräume je Umdrehung	4 bis 6	4	2 bis 10	10 bis 25	einstufig
Drehmomentschwankung während einer Umdrehung in % des mittleren Wertes	30 bis 15	60 bis 40	60 bis 2	20 bis 10	–
Abdichtung	Kolbenring Ventilspiel	Kolbenring Ventilspiel	Spalt	Spalt	Spalt
Schmierung	Sumpf und/oder über Arbeitsluft	Arbeits-luft	Arbeits-luft	Arbeits-luft	nur Lager-schmierung
Max. innere relative Geschwindigkeit in m/s	25	20	30	30	70

Druckluftmotoren müssen folgende Anforderungen erfüllen:

– wenige Bauteile, die sich einfach fertigen lassen,

– großes Arbeitsvolumen (z.B. Hubvolumen) im Verhältnis zum Gesamtvolumen des Motors,

– Dichtigkeit entweder durch Abdichtelemente wie Kolbenringe oder aber durch ein möglichst geringes Spiel zwischen den einzelnen Bauteilen, deren Abmessungen in der Fertigung und bei den Reparaturen mit nur geringen Toleranzen exakt gehalten werden können,

– Möglichkeit hoher Drehzahlen durch eine geringe Anzahl reibender Elemente und durch Vermeidung großer dynamischer Kräfte, die durch oszillierende und schwingende Bauteile entstehen,

– minimale Drehmomentschwankungen während der einzelnen Umdrehungen,

– hohe Betriebszuverlässigkeit,

– Kosten, die den Motor im Verhältnis zu seiner Leistung wirtschaftlich machen.

Verdrängungsmotoren sind durch geschlossene Arbeitsräume gekennzeichnet, die durch Drehung der Antriebswelle erweitert oder verringert werden. In diesen Arbeits- bzw. Hubräumen wird dem unter Druck stehenden Antriebsmedium Luft während der Expansionsphase Energie entzogen und dadurch Arbeit verrichtet.

Druckluft-Turbinenmotoren werden wegen ihrer hohen Drehzahlen nur begrenzt eingesetzt, z.B. in Hochgeschwindigkeitsschleifern.

8.2.5 Hydro-Flüssigkeiten

Wahl der Flüssigkeitsart
nach dem Standort der Anlage oder besonderen z.B. behördlichen Vorschriften

in üblicher industrieller Umgebung

in wärmeintensiver oder explosionsgefährdeter Umgebung z.B. bei Druckgießmaschinen, Warmwalzwerken, Schweißanlagen Hochofenbetrieb, im Bergbau

Mineralölflüssigkeiten

Schwerentflammbare Flüssigkeiten

Wahl der Flüssigkeitsgruppe
nach dem Betriebsdruck oder besonderen anlagenspezifischen Gegebenheiten

Wahl der Flüssigkeitsgruppe
nach den Betriebstemperaturen, dem Wartungsaufwand, besonderen Anwendungsfällen

bis 10 bar bei üblichen industriellen Einsatzbedingungen	bis 250 bar bei üblichen industriellen Einsatzbedingungen	über 250 bar bei üblichen industriellen Einsatzbedingungen	ohne Begrenzung des Druckbereichs, bei besonderen Anforderungen an das Netzvermögen und an das Emulgiervermögen	ohne Begrenzung des Druckbereichs, bei besonderen Anforderungen an eine geringe Viskositäts-Temperatur-Abhängigkeit
H	HL	HLP	HLPD	HLP hoch VI

Wahl des Viskositätsgrades
nach der Umgebungstemperatur

geschlossene Räume	erhöhte Temperaturen, über 30 °C	49
	normale Temperaturen, unter 30 °C	36
Freilufteinsatz	Mitteleuropa	25
	kältere Zonen	16

Normen: DIN 51254 und DIN 51525

bei keinen besonderen Anforderungen an das Schmiervermögen, bei unkontrollierbaren äußeren Leckagen, z.B. für den Strebausbau im Bergbau	bei reduzierten Anforderungen an das Schmiervermögen, wenn bei sehr großen Anlagefüllungen der gegenüber Mineralöl niedrigere Preis eine Rolle spielt	für Druckbereiche und damit für Schmierungsanforderungen wie sie auch bei Mineralölbetrieb üblich sind, bei Betriebstemperatur unter 55 °C, wenn ein erhöhter Wartungsaufwand durch die ständig notwendigen Wassergehaltskontrollen akzeptiert wird	für Druckbereiche und damit für Schmierungsanforderungen wie sie auch bei Mineralölbetrieb üblich sind, wenn auf einen gegenüber HSC-Flüssigkeiten verminderten Wartungsaufwand Wert gelegt wird, wenn Sonderdichtungsmaterialien vorgesehen werden können
HSA	HSb	HSC	HSD

Normen: VDMA 24 317 und VDMA 24 320

8

8.2.6 Hydropumpen und Hydromotore

Außenverzahnte Zahnradpumpe

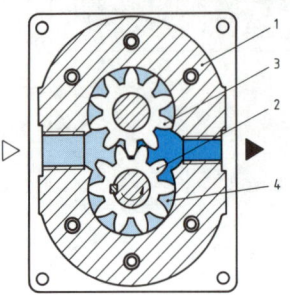

Das untere Zahnrad wird in Pfeilrichtung angetrieben und dreht das obere Zahnrad mit. Die bei der Drehbewegung auseinanderlaufenden Zähne lassen die Zahnkammern frei werden. Der dadurch entstehende negative Überdruck sowie der atmosphärische Druck auf dem Flüssigkeitsspiegel im Tank bewirken, daß der Pumpe aus dem Tank Flüssigkeit zuläuft. Diese Flüssigkeit füllt die Zahnkammern und wird von der Saug- zur Druckseite befördert. Dort greifen die Zähne wieder ineinander und verdrängen die Flüssigkeit aus den Zahnkammern.

Die Drehrichtung der Pumpe ist bei der Herstellung festgelegt und darf nicht geändert werden.

Innenverzahnte Zahnradpumpe

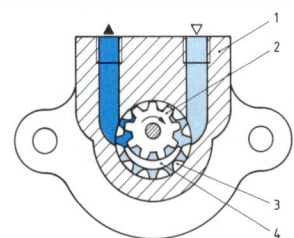

Das innere außenverzahnte Zahnrad (2) wird in Pfeilrichtung angetrieben und nimmt das äußere innenverzahnte Zahnrad (3) in der gleichen Drehrichtung mit. Saug- und Druckseite sind durch die mit dem Gehäuse (1) fest verbundene Sichel (4) getrennt. Der Pumpvorgang verläuft ähnlich wie bei der außenverzahnten Zahnradpumpe.

Die innenverzahnte Zahnradpumpe ist gegenüber der außenverzahnten Zahnradpumpe teurer, leiser und liefert einen pulsationsärmeren Förderstrom.

Schraubenpumpe

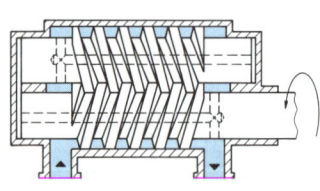

Zwei oder mehr Spindeln sind in einem Gehäuse gelagert. Infolge der guten Abdichtung der Spindeln sowohl zueinander als auch gegenüber dem Gehäuse entstehen Kammern, die bei der Drehung der Spindeln von der Saugseite zur Druckseite wandern.

Neben vergleichsweise geringen Laufgeräuschen entsteht ein pulsationsfreier Förderstrom. Nachteilig sind sehr hohe Herstellungskosten und ein niedriger Wirkungsgrad.

Flügelzellenpumpe

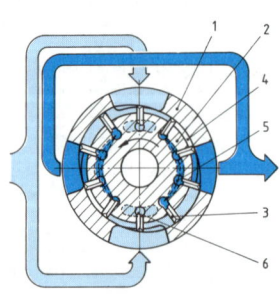

Der Stator (1) hat eine doppeltexzentrisch ausgebildete Innenlauffläche, wodurch jeweils zwei Saug- und zwei Druckräume gegenüberliegen. Die radial beweglichen Flügel (3) werden bei Drehung des Rotors (2) durch die Fliehkraft gegen die Innenlaufbahn des Stators gedrückt.

In der Nähe des Saugkanals sind die Zellen (4) zunächst noch klein. Mit weiterer Drehung wird das Zellenvolumen größer und füllt sich mit Flüssigkeit. Hat eine Zelle ihre maximale Größe erreicht, so wird sie über seitlich angeordnete Steuerscheiben von der Saugseite getrennt und mit der Druckseite verbunden. Bei weiterer Drehung werden die Flügel in die Rotorschlitze geschoben, so daß das Zellenvolumen wieder abnimmt und die Flüssigkeit zum Druckanschluß verdrängt wird.

8.2. Fluidtechnik

Radialkolbenpumpe

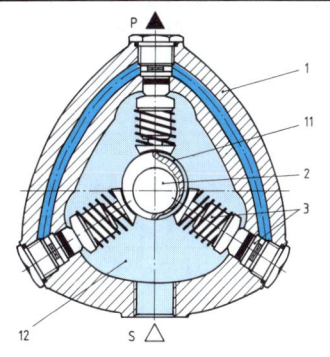

Drei, fünf oder zehn Zylinder sind radial angeordnet. Die Hubbewegung der Kolben wird durch eine rotierende Exzenterwelle erzeugt. Bei Abwärtsbewegung des Kolbens (6) wird dem Arbeitsraum (10) über eine radiale Nut (11) im Exzenter (2), dem hohlgebohrten Kolben (6) und dem Saugventil (4) Flüssigkeit zugeführt. Bei Aufwärtsbewegung des Kolbens (6) schließt sich das Saugventil (4) und das Druckventil (5) öffnet sich zum Druckanschluß P.

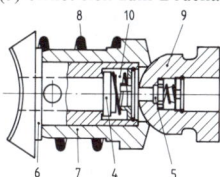

Axialkolbenpumpe mit Taumelscheibe

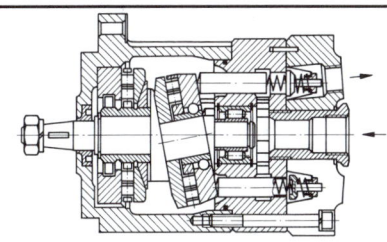

Bei **Axialkolbenpumpen** sind Kolben und Zylinder parallel zur Antriebswelle angeordnet. Die Kolbenbewegung wird mittels Schrägscheibe, Taumelscheibe oder Schrägtrommel hervorgerufen. Über Ventile bzw. Steuerkanäle werden die Zylinder entsprechend der Kolbenbewegung mit dem Saug- oder Druckanschluß verbunden.

Der Kolbenhub wird von der angetriebenen Taumelscheibe verursacht; der Rückhub der Kolben erfolgt durch Federn. Die Steuerung des Flüssigkeitsstromes erfolgt über Saug- und Druckventile.

Axialkolbenpumpe mit Schrägtrommel

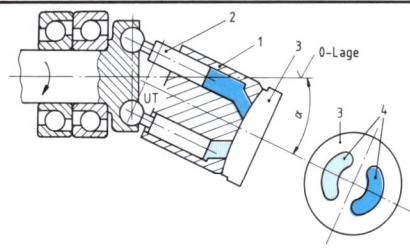

Die beweglich gelagerte Schrägscheibe (1) kann über einen Verstellmechanismus (2) um $\pm 15°$ zur Mittellage geschwenkt werden. Der Hub der neun Kolben (3) und damit die Fördermenge sind abhängig vom Neigungswinkel der Schrägscheibe.

Axialkolbenpumpe mit Schrägscheibe

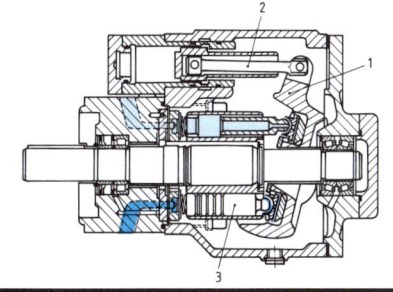

Die Kolben (2) bewegen sich in einer rotierenden Trommel (1), die gegen die feststehende Steuerscheibe (3) gepreßt wird. Saug- und Druckanschluß sind mit je einer nierenförmigen Nut (4) in der Steuerscheibe verbunden.

Bei **Verstellpumpen** läßt sich je nach Bauart der Winkel der Schrägscheibe, Taumelscheibe oder Schrägtrommel von Hand, hydraulisch oder elektrohydraulisch verstellen, so daß die Fördermenge einstellbar ist. Durch Schwenken über die Nullage hinaus läßt sich die Förderrichtung umkehren.

Erfolgt die Verstellung in Verbindung mit einer Regeleinrichtung, so kann der Druck, die Fördermenge oder die Leistung geregelt werden.

8

8.2 Fluidtechnik

8.2.7 Typische Kennwerte von Hydropumpen

Bauart	Druck p_{max} in bar	Dreh- zahl in min^{-1}	Fördermenge Q_{max} in l/min	Wirkungs- grad η_{ges}	Schall- druck in dB	Filter. feinheit in µm
Außenverzahnte Zahnradpumpe	120 ··· 250	500 ··· 3 500	300	0,5 ··· 0,9	60 ··· 80	100
Innenverzahnte Zahnradpumpe	100 ··· 300	300 ··· 3000	100	0,6 ··· 0,9	60 ··· 80	100
Schraubenpumpe	160	500 ··· 3 500	1 000	0,6 ··· 0,8	60 ··· 80	50
Flügelzellenpumpe	100 ··· 200	1 000 ··· 2 000	200	0,65 ··· 0,85	60 ··· 75	50
Radialkolbenpumpe	300 ··· 650	200 ··· 3000	200	0,8 ··· 0,9	60 ··· 80	50
Axialkolbenpumpe mit Taumelscheibe mit Schrägtrommel mit Schrägscheibe	250 400 400	500 ··· 2000 500 ··· 6000 1 000 ··· 3000	100 2000 5000	0,8 ··· 0,9 0,8 ··· 0,9 0,8 ··· 0,9	75 ··· 80 70 ··· 75 70 ··· 75	25 25 25

8.2.8 Druckventile

Druckbegrenzungsventil

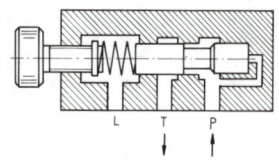 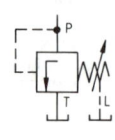

Ein Druckbegrenzungsventil, auch Sicherheitsventil genannt, begrenzt in einem Hydrauliksystem oder einem Teil des Systems den Druck. Steigt der Druck im Weg P über den eingestellten Wert, so wird der Kolben gegen die Feder verschoben, so daß ein Teil des Förderstroms oder der gesamte Förderstrom über den Anschluß T (meist in den Tank) abströmt.

Druckregelventil

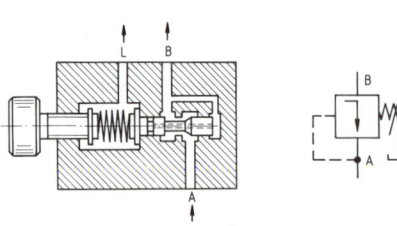

Druckregelventile, auch Druckreduzier- oder Druckminderventile genannt, liefern bei Druckänderung am Anschluß A oder bei äußerer Krafteinwirkung am Verbraucher einen konstanten Ausgangsdruck. Voraussetzung ist, daß der Eingangsdruck höher als der Ausgangsdruck ist.

Steigt z.B. der Druck am Anschluß A durch einen geringeren Verbrauch auf der Ausgangsseite, so wird der Kolben soweit gegen die Feder verschoben, daß der Druck am Anschluß B infolge größerer Drosselung wieder dem eingestellten Wert entspricht.

Gegenüber 2-Wege-Druckregelventilen haben 3-Wege-Druckregelventile als zusätzlichen Weg den Anschluß T, über den bei gesperrtem Durchfluß A–B das Öl von B nach T abströmen kann.

Folgeventil

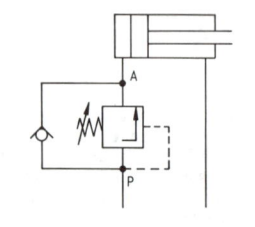

Der Aufbau des Folgeventils, auch Druckzuschaltventil genannt, ist ähnlich dem Aufbau eines Druckbegrenzungsventils. Erreicht der Druck auf der Eingangsseite am Anschluß P den eingestellten Wert, so öffnet das Folgeventil und ermöglicht den Druckaufbau im nachgeschalteten System am Anschluß A.

Zur freien Rückführung des Ölstroms von Kanal A nach Kanal P dient ein, vielfach bereits in das Folgeventil eingebautes, Rückschlagventil.

8.2.9 Wegeventile

Bauarten

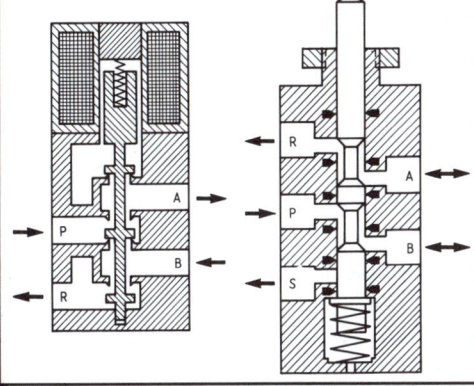

Wegeventile dienen zum Steuern von Start, Stop und Durchflußrichtung eines Gas- oder Flüssigkeitsstromes.

Sitzventile zeichnen sich durch hohe Dichtqualität, geringes Bauvolumen und kurzen Schalthub aus. Nachteilig ist eine dem Betriebsdruck proportionale Betätigungskraft. **Kolbenschieber** ermöglichen mit wenigen Gerätevarianten eine Vielzahl von Steuerungsverknüpfungen. Der druckausgeglichene Kolben gewährleistet eine nahezu vom Betriebsdruck unabhängige Betätigungskraft. Darüber hinaus läßt diese Bauart einen überschneidungsfreien Schaltvorgang zu. Nachteilig sind die vergleichsweise hohen Anforderungen an die Reinheit des Durchflußmediums.

Benennung und Schaltzeichen

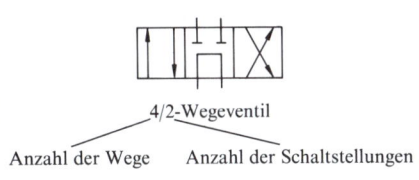

4/2-Wegeventil

Anzahl der Wege   Anzahl der Schaltstellungen

Wegeventile werden nach der Anzahl der Anschlüsse und der Schaltstellungen bezeichnet.

Jeder Schaltstellung ist im Schaltzeichen ein Quadrat zugeordnet. Die Verbindungen der Anschlüsse untereinander sind durch Linien dargestellt; Pfeile geben die Strömungsrichtung an, Querstriche kennzeichnen einen gesperrten Anschluß. Die Anschlüsse sind an das Quadrat gezeichnet, das die Ruhelage des Ventils kennzeichnet.

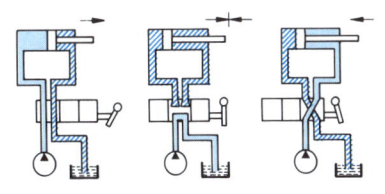

Die Wirkung der verschiedenen Schaltstellungen wird erkennbar, wenn man das gesamte Schaltzeichen gedanklich so verschiebt, daß das Quadrat für die wirksame Schaltstellung zwischen den feststehenden Leitungsanschlüssen liegt.

2-Wegeventile: 3-Wegeventile:

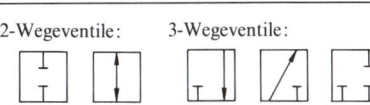

4-Wegeventile:

Entsprechend den technischen Anforderungen sind vielfältige Verbindungen zwischen den einzelnen Anschlüssen handelsüblich.

Wenn der Vorgang während des Umschaltens von Bedeutung ist, kann die sogenannte Schaltüberdeckung durch zusätzliche Quadrate mit gestrichelten Seitenlinien dargestellt werden.

5-Wegeventile:

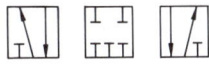

Schaltüberdeckung

8

8.2 Fluidtechnik

Schaltüberdeckung

Positive Schaltüberdeckung (+ Ü)	Nullschaltüberdeckung (0 Ü)	Negative Schaltüberdeckung (− Ü)
Bei der positiven Schaltüberdeckung (+ Ü) sind kurzzeitig alle Anschlußkanäle gemeinsam abgesperrt. Folglich bleibt der Druck aufrechterhalten. Es kann jedoch zu Schaltschlägen und Druckspitzen kommen.	Die Null-Schaltüberdeckung (0 Ü) ermöglicht ein schnelles und exaktes Steuern. Wegen der erforderlichen hohen Fertigungsgenauigkeit wird sie jedoch nur bei Wegeservoventilen angewandt.	Die negative Schaltüberdeckung (− Ü) mit einer kurzzeitigen Verbindung aller Anschlußkanäle hat ein weicheres Umschalten zur Folge. Jedoch kann z.B. die Last kurzzeitig absinken oder ein Speicher teilweise entladen werden.

Gebräuchliche elektromechanische Betätigung

Wegeventile werden durch äußere mechanische, elektrische oder pneumatische bzw. hydraulische Betätigung in ihre Schaltstellungen gebracht.

– Direkte Betätigung durch Elektromagnet mit Rückstellung durch Federkraft. Das rechte Schaltzeichen weist auf eine zusätzliche Handhilfsbetätigung hin.

– Direkte Betätigung durch Elektromagnet mit Speicherverhalten (Impulsventil).

– Die jeweilige Schaltstellung bleibt auch im stromlosen Zustand der Spulen aufrechterhalten, bis kurzzeitig die Spule der gegenüberliegenden Schaltstellung erregt wird.
– Um auch größere Ventile mit der gleichen elektrischen Leistung bzw. entsprechend kleinen Elek-

tromagneten wie bei Wegeventilen kleinerer Nenngröße ansteuern zu können, wird die Vorsteuerung, auch indirekte Betätigung genannt, angewendet.

Die folgenden Abbildungen zeigen ein vorgesteuertes 4/3-Wegeventil mit Federzentrierung sowie externem Steuerölzufluß und externem Steuerölabfluß in ausführlicher und in vereinfachter Darstellung.

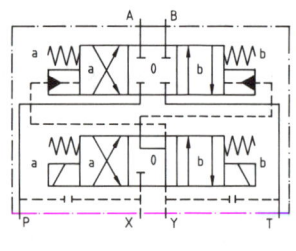

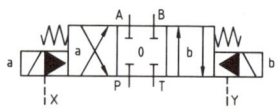

Kennzeichnung der Schaltstellungen und Anschlüsse

Die Schaltstellungen werden mit 0, a, b, … gekennzeichnet, wobei 0 nur für die Ruhestellung von Wegeventilen mit drei Schaltstellungen verwendet wird.

Die Betätigungsorgane werden entsprechend ihrer Zuordnung zu den Schaltstellungen ebenfalls mit den Buchstaben a, b, … gekennzeichnet.

Die Anschlüsse werden mit folgenden Buchstaben gekennzeichnet.
P   Druckanschluß (Pumpe)
T   Rücklaufanschluß
L   Leckölanschluß
A⎫ Arbeitsanschlüsse
B⎭ (Verbraucher)
X⎫ Steueranschlüsse
Y⎭

8.2.10 Richtungssteuerung mit Wegeventilen

Richtungssteuerung ohne Zwischenhalt

	4/2-Wegeventil mit Federrückstellung	Mit einem 4/2-Wegeventil kann der Kolben des Zylinders nur in die Endlagen gefahren werden, wobei der Kolben weiterhin druckbeaufschlagt bleibt. Die Arbeitsrichtung wird beim Umschalten des Wegeventils sofort umgekehrt. Bei erregtem Magneten (Schaltstellung a) fährt die Kolbenstange aus. Ist der Magnet nicht erregt, so fährt der Kolben in die Ausgangsstellung zurück.
	4/2-Wegeventil mit Impulsbetätigung	Die jeweilige Schaltstellung des Impulsventils wird durch mechanische Rastung gespeichert. Der Zylinderhub wird auch beendet, wenn der Magnet z.B. bei Ausfall der Steuerspannung stromlos wird. Anwendung findet die Schaltung vorwiegend bei Spannfunktionen.

Richtungssteuerung mit Zwischenhalt

	4/3-Wegeventil mit Sperrstellung	In Mittelstellung sind alle Anschlüsse gesperrt. Bei Zwischenhaltstellung bleibt der Kolben eingespannt. Die Leckage von P nach A und B führt jedoch beim Differentialzylinder zum Kriechen des Kolbens.
	4/3-Wegeventil mit Umlaufstellung	In Mittelstellung sind die Anschlüsse P und T miteinander verbunden, so daß der Ölstrom der Hydraulikpumpe nahezu drucklos zum Tank abfließen kann. Der Kolben des Zylinders wird in beliebiger Stellung sofort gestoppt, kann jedoch durch längere äußere Krafteinwirkung wegen des Lecköls im Ventil verschoben werden. Bei längeren Stillstandzeiten des Kolbens wird neben der Energieeinsparung eine starke Erwärmung der Hydraulikflüssigkeit, verbunden mit einer beschleunigten Alterung der Hydraulikflüssigkeit und einer geringeren Lebensdauer der Bauelemente, vermieden.
	4/3-Wegeventil mit Schwimmstellung	In Schaltstellung 0 ergibt sich ein nahezu druckloser Ölumlauf. Der Kolben läßt sich bei Zwischenhaltstellung durch äußere Krafteinwirkung verschieben.
	4/3-Wegeventil mit Eilgangstellung	In Schaltstellung 0 wird der Kolben gegenüber der Schaltstellung a mit größerer Geschwindigkeit verschoben, weil sich zum Pumpenförderstrom Q der Rücklaufstrom Q_R addiert. Die Förderstromeinsparung ist jedoch nur sinnvoll, weil in der Eilgangstellung nur die Fläche der Kolbenstange wirksam wird. Ein Zwischenhalt ist nicht möglich.

8

8.2.11 Stromventile

Drosselventile

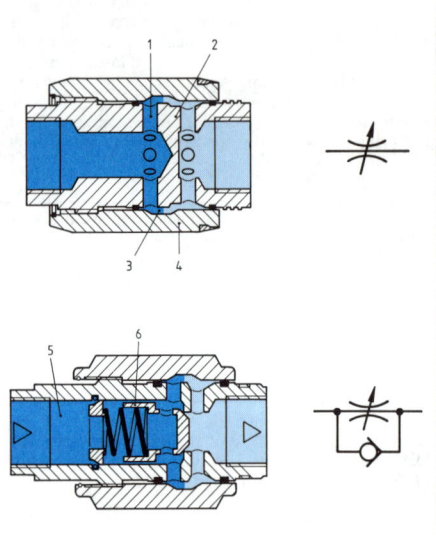

Die Flüssigkeit gelangt über seitliche Bohrungen (1) im Gehäuse (2) zur Drosselstelle (3). Diese wird zwischen dem Gehäuse und der verstellbaren Hülse (4) gebildet. Durch Drehen der Hülse kann der ringförmige Querschnitt der Drosselstelle stufenlos verändert werden. Die Drosselung erfolgt in beiden Richtungen.

Soll die Drosselung nur in einer Durchflußrichtung erfolgen, so ist zusätzlich ein Rückschlagsventil erforderlich.

Drosselventile werden eingesetzt, wenn
– ein konstanter Arbeitswiderstand gegeben ist
– oder eine Geschwindigkeitsänderung bei wechselnder Last unbedeutend oder erwünscht ist.

Die Durchflußmenge Q ist proportional abhängig vom Drosselquerschnitt A und der Quadratwurzel aus der Druckdifferenz an der Drosselstelle $\sqrt{\Delta p}$.

In Drosselrichtung gelangt das Druckmedium auf die Rückseite (5) des Ventilkegels (6). Der Kegel des Rückschlagventils wird auf den Sitz gedrückt.

In Gegenrichtung (von rechts nach links) wirkt das Druckmedium auf die Stirnfläche des Rückschlagventils. Der Kegel wird vom Sitz abgehoben; das Druckmedium kann ungedrosselt durch das Ventil strömen.

Stromregelventile

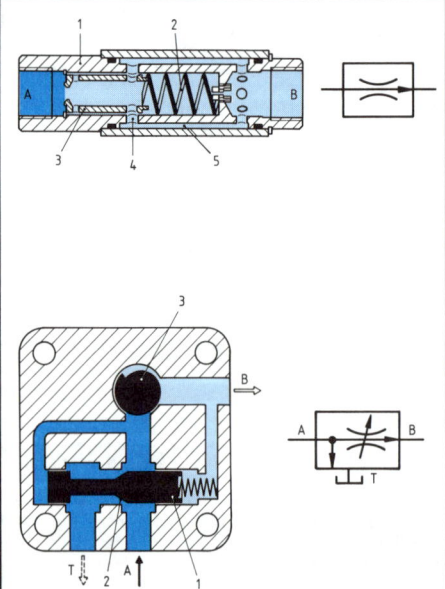

Die Flüssigkeit fließt von der Blendenseite A in das Ventil, über seitliche Bohrungen (4) und einen Ringkanal (5) weiter zum Ventilausgang B.

Bei Durchströmung entsteht an der Blende ein Druckgefälle. Die Blendenbüchse (3) wird gegen die Feder verschoben. Mit zunehmendem Durchfluß und folglich größer werdendem Δp werden die Durchflußquerschnitte der seitlichen Bohrungen (4) entsprechend dem erhöhten Druckgefälle verringert. Der Durchfluß bleibt damit konstant.

Dieses Ventil gibt es auch in verstellbarer Ausführung mit einstellbarer Federvorspannung und mit Rückschlagventil entsprechend dem Drosselrückschlagventil.

Stromregelventile werden eingesetzt, wenn trotz unterschiedlicher Belastungen am Verbraucher die Arbeitsgeschwindigkeit konstant bleiben soll.

Im Vergleich zum obigen 2-Wege-Stromregelventil hat das 3-Wege-Stromventil zusätzlich einen Tankanschluß T. Der Regelkolben (1) ist so angeordnet, daß die nicht benötigte Pumpenfördermenge über die Steuerkante (2) direkt dem Tank zugeführt wird. Die Feder ist so ausgelegt, daß der Pumpendruck ca. 2 bar höher ist als der Arbeitsdruck. Die Durchflußmenge ist mit dem verstellbaren Drosselspalt (3) einstellbar.

8

8.2.12 Proportionalventile

Proportional-Druckventil

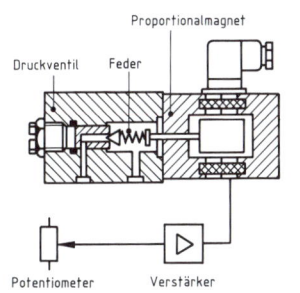

Proportionalventile sind Stetigventile. Die hydraulische Ausgangsgröße ist proportional der elektrischen Eingangsgröße. Proportionalventile ermöglichen eine stufenlose (stetige) Steuerung und Regelung von Geschwindigkeit, Beschleunigung, Kraft und Drehmoment.

Beim Proportional-Druckventil folgt einer Änderung des elektrischen Stromes proportional eine Druckänderung.

Fließt durch die Spule ein Strom, so erzeugt der Proportionalmagnet eine dem Strom proportionale Kraft. Diese verschiebt so lange einen Stößel gegen eine Feder, bis sich ein Gleichgewicht zwischen Magnetkraft und Federkraft einstellt.

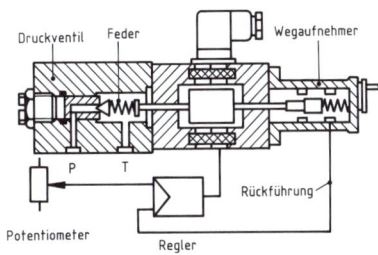

Mit einem induktiven Wegaufnehmer läßt sich die Ankerstellung des Proportionalmagneten erfassen. Die abgegebene elektrische Spannung ist proportional der Ankerstellung. Wird mit einem Regler die Spannung des Wegaufnehmers (Istwert) mit der am Sollwertgeber (Potentiometer) eingestellten Spannung verglichen, so bewirkt der Ausgangsstrom des Reglers eine Verschiebung des Ankers, bis die Spannung des Wegaufnehmers mit der Spannung des Sollwertgebers übereinstimmt. Damit wird die Reibung und Hysterese des Magnetankers ausgeregelt, nicht jedoch die Änderung der Federkraft.

Da die Hubarbeit eines Proportionalmagneten gering ist (ca. 100 Ncm), sind Proportional-Druckventile meist vorgesteuert.

Proportional-Wegeventil

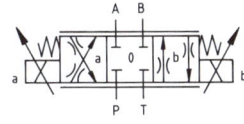

Proportional-Wegeventile dienen der Richtungs- und stufenlosen Geschwindigkeitssteuerung von Hydrozylindern und Hydromotoren.

Wie das Schaltzeichen zeigt, wirkt abhängig von der gewünschten Durchflußrichtung einer von zwei Proportionalmagneten auf den Steuerkolben.

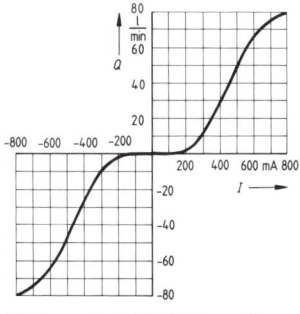

Durchflußmenge in Abhängigkeit vom Steuerstrom

Wird die Stellung des Steuerkolbens mit einem induktiven Wegaufnehmer erfaßt und die abgegebene Spannung (Istwert) von einem Regler mit der Spannung des Sollwertgebers verglichen, so wird eine höhere Stellgenauigkeit des Steuerkolbens erreicht. Damit lassen sich die Störgrößen (Hysterese beider Magnetanker, Reibungs- und Strömungskräfte sowie die Änderung der Kräfte beider Rückstellfedern) ausregeln.

8

8.2.13 Geschwindigkeitssteuerungen

Bei Drosselventilen ist der Volumenstrom bei gleichem Durchflußquerschnitt von der Druckdifferenz ϱ_{P-A} (vom Eingang P zum Ausgang A) abhängig. Bei Stromregelventilen ist der Volumenstrom dagegen unabhängig von der Druckdifferenz.

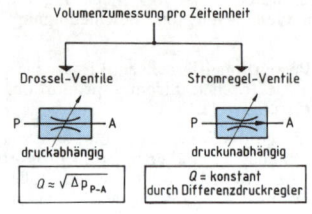

Volumenzumessung pro Zeiteinheit

Drossel-Ventile — druckabhängig
$Q \approx \sqrt{\Delta p_{P-A}}$

Stromregel-Ventile — druckunabhängig
$Q = konstant$ durch Differenzdruckregler

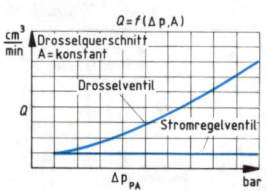

$Q = f(\Delta p, A)$ Drosselquerschnitt A = konstant

Zylindergeschwindigkeit: $V = \dfrac{Q}{A_{Zyl}}$

Drehfrequenz Hydraulikmotor: $n = \dfrac{Q}{V}$

mit Q = Volumenstrom
A_{Zyl} = Zylinderfläche
V = Schluckvolumen des Hydraulikmotors

Steuerungsart	Vorteile	Nachteile
Primärsteuerung mit 2-Wege-Stromregelventil		
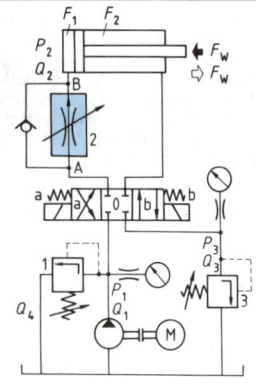	– Am Arbeitszylinder steht nur der Druck an, der aus dem Arbeitswiderstand resultiert. – Steuerung des größeren Ölstromes, da die Kolbenseite mit dem geregelten Ölstrom beaufschlagt wird (wichtig bei kleinen Vorschüben). – Guter Wirkungsgrad in bezug auf die Reibung der Manschetten, da sich nur der erforderliche Druck im Zylinder aufbaut. – Die Vorschubgeschwindigkeit wird nur durch das Stromregelventil bestimmt.	– Bei negativen Arbeitswiderständen ist ein Drosselventil im Rücklauf erforderlich. – Druckeinbrüche bei schnellen Absteuervorgängen. Bei Hydromotoren können Kolben abheben. – Die Drosselwärme wird dem Verbraucher zugeführt. – Das Druckbegrenzungsventil muß entsprechend dem größten Verbraucherdruck eingestellt werden. Die Pumpe muß auch bei niedrigem Kraftbedarf am Verbraucher gegen den maximal eingestellten Druck fördern.
Sekundärsteuerung mit 2-Wege-Stromregelventil		
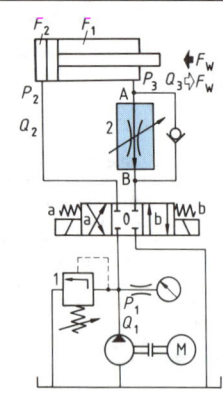	– Bei negativen Arbeitswiderständen ist kein zusätzliches Drosselventil im Rücklauf erforderlich. – Die Drosselwärme wird dem Tank zugeführt. – Schnelle Absteuervorgänge führen nicht zum Abheben der Kolben von Hydromotoren. – Die Vorschubgeschwindigkeit wird nur durch das Stromregelventil bestimmt.	– Auch im Leerlauf sind alle Elemente des Zylinders mit dem max. Druck beaufschlagt. – Regelung des kleineren Ölstroms auf der Rücklaufseite bei kleinen Vorschubgeschwindigkeiten. – Größere Reibung am Zylinder infolge höherer Drücke. – Das Druckbegrenzungsventil muß entsprechend dem größten Verbraucherdruck eingestellt werden. Die Pumpe muß auch bei niedrigem Kraftbedarf am Verbraucher gegen den maximal eingestellten Druck fördern. – Nicht alle Hydraulikmotoren sind für Sekundärsteuerung geeignet.

8

8.2 Fluidtechnik

Steuerungsart	Vorteile	Nachteile

Bypass-Steuerung mit 2-Wege-Stromregelventil

	Vorteile	Nachteile
F_1 F_2 $\leftarrow F_W$ P_2 P_3 Q_2 Q_3 a $\leftarrow a$ 0 b $\rightarrow$ b 1 Q_4 A B Q_5 P_1 2 Q_1 M	– Höherer Wirkungsgrad, da die Pumpe nur gegen den erforderlichen Lastdruck arbeitet. – Die Drosselwärme wird dem Tank zugeführt.	– Am Kolben dürfen keine negativen Kräfte auftreten. – Der Einbau eines Speichers ist nicht möglich, da dieser über den Bypass leerläuft. – Schwankungen des Pumpenförderstromes werden nicht ausgeglichen und führen zu Vorschubfehlern. Bei Eilgang kann je nach Schaltung ein Volumenstrom in den Tank verlorengehen.

Primärsteuerung mit 3-Wege-Stromregelventil

	Vorteile	Nachteile
F_2 F_1 $\leftarrow F_W$ P_2 P_3 Q_2 a $\leftarrow a$ 0 b $\rightarrow$ b 2 B T 1 A P_1 Q_1 M	– Höherer Wirkungsgrad, da die Pumpe nur gegen den erforderlichen Lastdruck arbeitet. – Geringe Wärmeentwicklung im Stromregelventil, weil der Regelkolben (Druckwaage) nur eine geringe Druckdifferenz (ca. 2 bar) erfordert. – Die am Drosselquerschnitt des Differenzdruckreglers entstandene Wärme wird dem Tank zugeführt.	– Nur Primärsteuerung möglich. – Am Kolben dürfen keine negativen Kräfte auftreten.

Vor- und Nachteile von 2- und 3-Wege-Stromregelventilen

	2-Wege-Stromregelventil	3-Wege-Stromregelventil
Vorteile:	– Es ist sowohl eine Zulaufsteuerung (primär) als auch eine Ablaufsteuerung (sekundär) möglich. – Der geregelte Volumenstrom wird dem Arbeitszylinder direkt zu- oder abgesteuert.	– Die Pumpe muß nur gegen den Lastdruck arbeiten. Ist der Lastdruck niedrig, so ist auch die Belastung der Pumpe entsprechend klein. – Der Wirkungsgrad ist höher als beim Einsatz von 2-Wege-Stromregelventilen.
Nachteile:	– Unabhängig vom anstehenden Arbeitswiderstand muß die Pumpe immer gegen den am Druckbegrenzungsventil eingestellten Druck arbeiten.	– 3-Wege-Stromregelventile können nur auf der Zulaufseite (Primärsteuerung) eingesetzt werden. – Bei der Ablaufsteuerung (Sekundärsteuerung) wird durch den entstehenden Staudruck der Differenzdruckregler gegen die Federkraft voll geöffnet und gibt so den Volumenstrom von A nach T ohne Regelung frei.

8

8.2.14 Hydro-Speicher

Hydro-Speicher speichern hydraulische Energie, um sie bei Bedarf wieder an das System abzugeben. Hydro-Speicher werden z.B. eingesetzt
– als Energiespeicher für kurzzeitige Leistungsspitzen, damit die Pumpenleistung kleiner gewählt werden kann,
– als Energiereserve für Notbetätigungen, z.B. bei einer Betriebsstörung des Pumpenantriebs,
– zum Konstant-Halten eines Druckes bei Temperaturänderungen oder durch Ausgleich von Lecköl, z.B. bei Spannvorgängen,
– als Stoß- und Schwingungsdämpfer, z.B. bei periodischen Schwankungen des Pumpenförderstroms,
– als hydropneumatische Feder im Fahrzeugbau.

Für die Industriehydraulik werden fast ausnahmslos druckbelastete Speicher eingesetzt. Damit das Druckgas (in der Regel Stickstoff) nicht allmählich absorbiert wird, sind Druckgas und Hydroflüssigkeit durch eine Membran oder Gummi- bzw. Kunststoffblase getrennt.

Speicher für ein Nennvolumen bis zu 5 l sind vorwiegend als Schweißkonstruktion mit einer Membran ausgeführt. Das Druckverhältnis von maximalem Betriebsdruck zu minimalem Betriebsdruck beträgt etwa 10:1. Größere Speicher werden als Blasenspeicher ausgeführt; hierbei beträgt das Druckverhältnis jedoch nur maximal 4:1, in Sonderfällen bis 8:1.

Bestimmung der Speicher-Nenngröße

Die Kompressions- und Expansionsvorgänge unterliegen den physikalischen Gesetzen nach Boyle-Mariotte:

$$p_1 \cdot V_1^n = p_2 \cdot V_2^n$$

Erfolgt die Zustandsänderung sehr langsam (ca. > 5 min), so daß ein vollkommener Wärmeaustausch zwischen Gas und Druckflüssigkeit stattfindet und die Gastemperatur konstant bleibt (isotherme Zustandsänderung), so beträgt $n = 1$. Bei schnellen Zustandsänderungen (ca. < 20 s) findet kein Wärmeaustausch zwischen Gas und Druckflüssigkeit statt (adiabate Zustandsänderung), so daß $n = 1,4$ beträgt.

Die Festlegung der Speichergröße erfolgt nach

$$V_0 = \frac{\Delta V}{\left(\dfrac{p_0}{p_1}\right)^{\frac{1}{n}} - \left(\dfrac{p_0}{p_2}\right)^{\frac{1}{n}}}$$

p_0 Gasvorspanndruck ($\approx 0,9\,p_1$)
p_1 kleinster Betriebsdruck
p_2 größter Betriebsdruck
V_0 nutzbares Gasvolumen des Speichers
$\Delta V = V_1 - V_2$ abgegebene Flüssigkeitsmenge

Die vorgenannten Formeln gelten nur für ideale Gase. Bei realen Gasen mit Betriebsdrücken über 200 bar ergeben sich erhebliche Abweichungen, so daß die in den Herstellerunterlagen angegebenen Korrekturfaktoren bzw. Diagramme sorgfältig zu berücksichtigen sind.

Sicherheitsbestimmungen

Wegen der Gefährlichkeit bei unsachgemäßer Behandlung unterliegen alle Druckspeicher den Unfallverhütungsvorschriften der Berufsgenossenschaften (UVV, 13.5 Druckbehälter). Unter anderem sind vorgeschrieben:
– Für jeden Druckbehälter muß ein geeignetes Sicherheitsventil vorhanden sein. Das Sicherheitsventil darf nicht absperrbar sein; die Einstellung muß gegen unbefugte Änderung gesichert sein (Prüfplombe).
– Jeder Druckbehälter muß mit einem geeigneten Manometer versehen sein. An ihm muß der höchstzulässige Betriebsdruck augenfällig gekennzeichnet sein.
– Nahe am Druckbehälter müssen in den Druckzuleitungen leicht zugängliche Absperreinrichtungen vorhanden sein. Jeder Druckbehälter muß einzeln absperrbar sein.

Um Explosionen zu vermeiden, dürfen Speicher für Ölhydraulik nur mit Stickstoff geladen werden. Lediglich Druckwasserspeicher dürfen mit komprimierter Luft betrieben werden. Der Speicher-Fülldruck muß regelmäßig überwacht werden.

Nachträgliche Schweißarbeiten an Speicherbehältern sind grundsätzlich untersagt. Die Befestigung der Speicher sollte möglichst mit Halterungsschellen erfolgen; vorteilhaft sind Schellen mit Gummibewehrung.

a) ohne Stickstofffüllung

b) mit Stickstoff auf Vorspanndruck p_0 vorgespannt

c) Speichern von Druckflüssigkeit

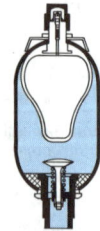

d) auf höchsten Betriebsdruck p_2 geladen

e) Abgabe von Druckflüssigkeit

f) auf kleinsten Betriebsdruck p_1 entladen

8.2.15 Darstellungsmittel nach VDI 3260 (Auszug)

Darstellung	Bezeichnung	Darstellung	Bezeichnung	Darstellung	Bezeichnung
	Signalglieder: **muskelkraft-** **betätigt** EIN		**Allgemeiner** **Signalausgang** Querstrich kennzeichnet den Zustand, der Voraussetzung für die Einleitung weiterer Funktionen ist	dünn ausgezogen	**Funktionslinien** Für die Ruhestellung oder Bauglieder bzw., wenn nicht vorhanden, für die Ausgangsstellung
	AUS			dick ausgezogen	Für alle übrigen Zustände, z.B. Motor eingeschaltet
	EIN/AUS		**Anzeigeglieder:** Leuchte		
	TIPPEN		Blinkleuchte		**Wegbegrenzungen** **und Bewegungs-** **begrenzungen** am Beispiel der geradlinigen Bewegung:
	AUTOMATIK-EIN		Summer		– allgemein
	GEFAHREN-ABSCHAL-TUNG		**Arbeitswege** **und** **Arbeits-** **bewegungen**		– über Signalglied, wenn dies durch die dargestellte Bewegung begrenzt wird
	ZWEIHAND-EIN-RÜCKUNG		Geradlinige Bewegung z.B. Spannen, Schleichgang		– durch einstellbaren mechan. Festanschlag
E A	Umschaltung von AUTO-MATIK auf EINZEL-SCHALTUNG		Schwenkbewegung falls erforderlich mit Angabe des Schwenkwinkels		– über Wegmeßsteuerung
2 3 4 1 5	WAHL-SCHALTER für z.B. fünf Programme		Drehbewegung EIN z.B. Motor einschalten		**Signallinien** Die Signallinie beginnt am Signalausgang und endet, abhängig von diesem Signal eine Zustandsänderung eingeleitet wird
	Grenztaster: in Endlage oder kurzzeitig über Wegstrecke betätigt		Weg in zwei Koordinaten z.B. Kopieren		Signalverzweigung (Bsp.: ein Signalausgang leitet Zustandsänderungen an mehreren Baugliedern ein)
	über längere Wegstrecke betätigt		**Leerwege** **und** **Leerbewegungen** z.B. Eilgang, Rückhub, Entspannen		Signal zu anderer Maschine gehend. (Die Maschine, für die das Signal gilt, ist am Dreieck anzugeben)
p 5 bar	**Druckschalter** Einstellwert z.B. 5 bar		Geradlinige Bewegung		
			Schwenkbewegung		Signal von anderer Maschine kommend. (Die Maschine, von der das Signal kommt, ist am Dreieck anzugeben)
t 1 s	**Zeitglied** Einstellwert z.B. 1 s		Drehbewegung EIN		
			Weg in zwei Koordinaten		

8

8.2 Fluidtechnik

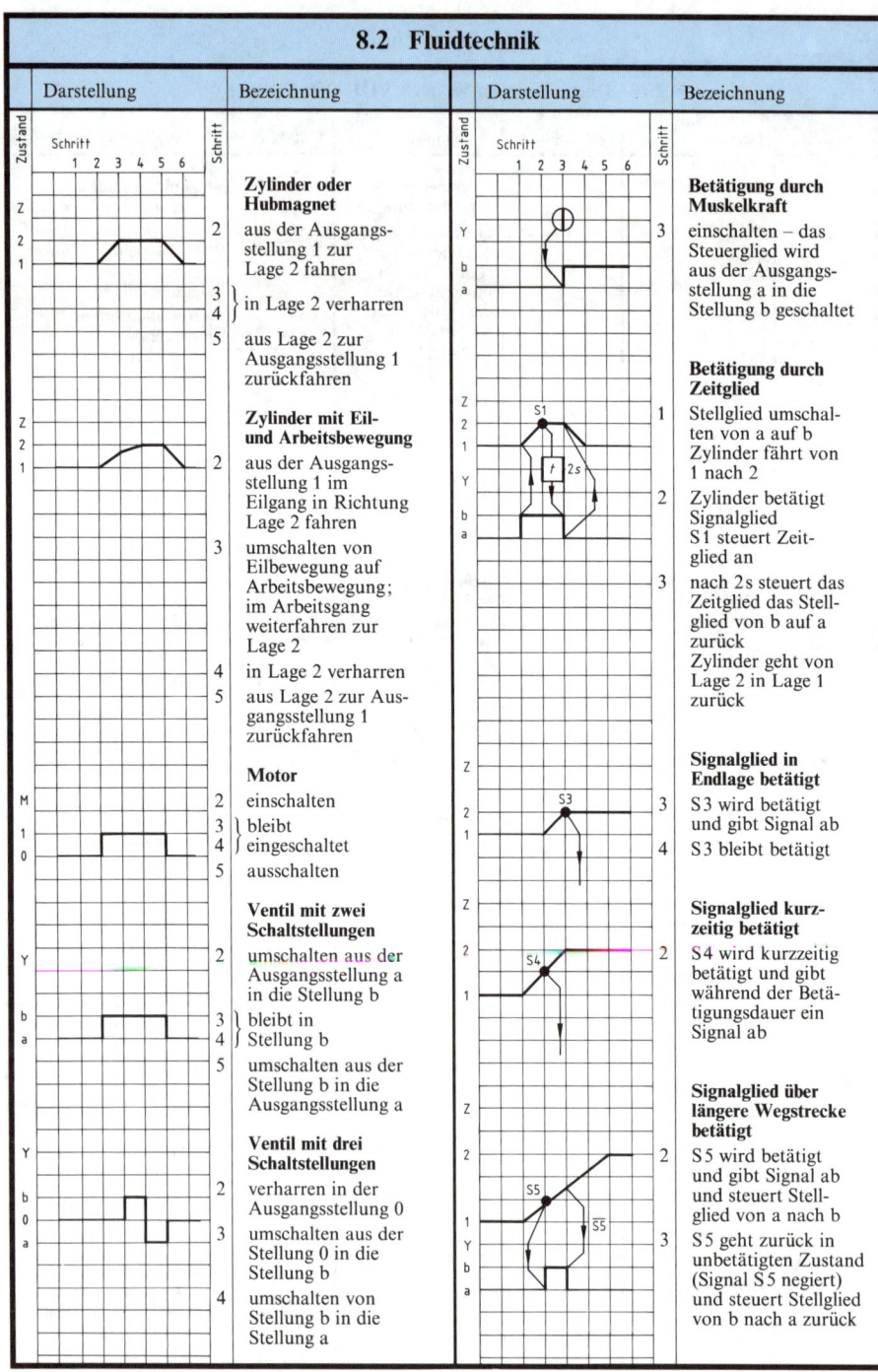

Darstellung	Bezeichnung	Darstellung	Bezeichnung

Zylinder oder Hubmagnet

2 aus der Ausgangsstellung 1 zur Lage 2 fahren

3 } in Lage 2 verharren
4

5 aus Lage 2 zur Ausgangsstellung 1 zurückfahren

Zylinder mit Eil- und Arbeitsbewegung

2 aus der Ausgangsstellung 1 im Eilgang in Richtung Lage 2 fahren

3 umschalten von Eilbewegung auf Arbeitsbewegung; im Arbeitsgang weiterfahren zur Lage 2

4 in Lage 2 verharren

5 aus Lage 2 zur Ausgangsstellung 1 zurückfahren

Motor

2 einschalten

3 } bleibt
4 } eingeschaltet

5 ausschalten

Ventil mit zwei Schaltstellungen

2 umschalten aus der Ausgangsstellung a in die Stellung b

3 } bleibt in
4 } Stellung b

5 umschalten aus der Stellung b in die Ausgangsstellung a

Ventil mit drei Schaltstellungen

2 verharren in der Ausgangsstellung 0

3 umschalten aus der Stellung 0 in die Stellung b

4 umschalten von Stellung b in die Stellung a

Betätigung durch Muskelkraft

3 einschalten – das Steuerglied wird aus der Ausgangsstellung a in die Stellung b geschaltet

Betätigung durch Zeitglied

1 Stellglied umschalten von a auf b Zylinder fährt von 1 nach 2

2 Zylinder betätigt Signalglied S1 steuert Zeitglied an

3 nach 2s steuert das Zeitglied das Stellglied von b auf a zurück Zylinder geht von Lage 2 in Lage 1 zurück

Signalglied in Endlage betätigt

3 S3 wird betätigt und gibt Signal ab

4 S3 bleibt betätigt

Signalglied kurzzeitig betätigt

2 S4 wird kurzzeitig betätigt und gibt während der Betätigungsdauer ein Signal ab

Signalglied über längere Wegstrecke betätigt

2 S5 wird betätigt und gibt Signal ab und steuert Stellglied von a nach b

3 S5 geht zurück in unbetätigten Zustand (Signal S5 negiert) und steuert Stellglied von b nach a zurück

8.2.16 Dokumentation einer hydraulischen Steuerung

Technologieschema einer Spritzgußmaschine

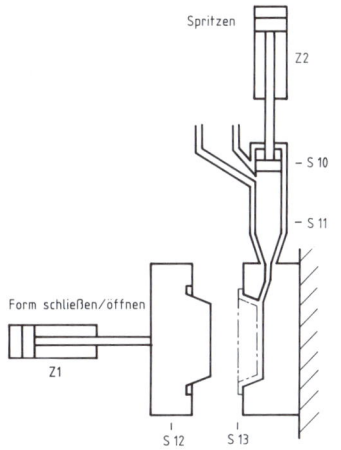

Hydraulik-Schaltplan einer Spritzgußmaschine

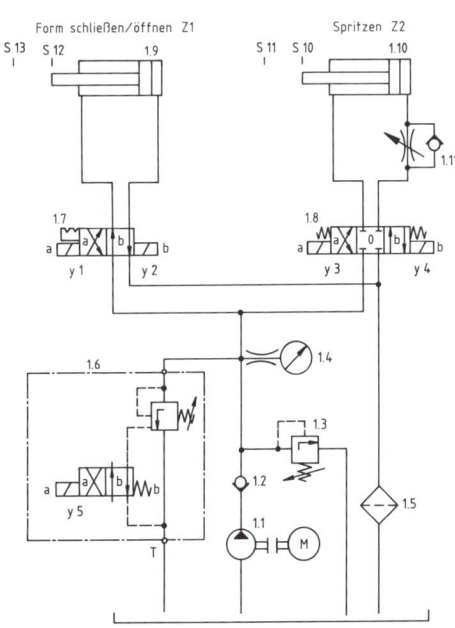

Entwurf, Inbetriebnahme, Wartung und Störungssuche setzen eine sorgfältige Dokumentation einer Steuerung als Verständigungsmittel voraus. Die Zuordnung der Schaltungsunterlagen, entsprechend den verschiedenen Normen und Richtlinien, ist im Einzelfall von der Art und Größe einer Anlage abhängig.

Technologieschema

Das Technologieschema zeigt in vereinfachter Form schematisch die zum Verständnis der Funktion wesentlichen Bestandteile einer Maschine oder Anlage sowie die Anordnung der dafür erforderlichen Eingangselemente (Sensoren, hier S10···S13 und Ausgangselemente (Aktoren, hier Z1 und Z2).

Verbale Funktionsbeschreibung

Die verbale (sprachliche) Funktionsbeschreibung ergänzt das Technologieschema:

Formzylinder und Spritzzylinder werden hydraulisch gesteuert. Das Wegeventil des Formzylinders ist als Impulsventil ausgeführt. Ein Ventil mit drei Schaltstellungen steuert den Spritzzylinder an.

1. Die Steuerung muß für folgende Betriebsarten ausgelegt sein:
   a) Einzelschaltung
      Jeder Zylinder muß einzeln über Taster von Hand gesteuert werden können.
   b) Automatischer Arbeitsablauf (ein Arbeitstakt).
2. Die Hydraulikpumpe muß durch einen separaten Taster eingeschaltet werden.
3. Ein Taster ist für ALLES-AUS bzw. NOT-AUS vorzusehen. Bei dessen Betätigung muß auch die Hydraulikpumpe stillgelegt werden.

Hydraulik-Schaltplan

Die Verbindung der hydraulischen Bauglieder, dargestellt durch Bildzeichen, zeigt der Hydraulik-Schaltplan. Den exakten zeitlichen Arbeitsablauf einer Anlage zeigt das ergänzende Funktionsdiagramm.

Funktionsdiagramm

Das Funktionsdiagramm nach VDI 3260, häufig auch Weg-Schritt-Diagramm genannt, zeigt den Verlauf der Zustandsänderung einzelner Bauglieder in Abhängigkeit vom Zustand anderer Bauglieder, Arbeitseinheiten oder Arbeitsmaschinen.

Der Arbeitsablauf einer Anlage wird in Schritte aufgeteilt. Als Schritt wird der Bereich zwischen zwei aufeinanderfolgenden Zustandsänderungen bezeichnet. Der Arbeitsablauf beginnt mit Schritt 1; die folgenden Schritte erhalten mit der jeweils einleitenden Zustandsänderung fortlaufende Ziffern. Ist der Endpunkt des letzten Schrittes gleichzeitig der Anfangspunkt des 1. Schrittes des folgenden Arbeitstaktes, so wird er mit 1 bezeichnet.

8

Anm.: zugehörige elektrische Steuerung o. S. 8-30f

8.2 Fluidtechnik

Geräte-Stückliste einer Spritzgußmaschine

Stück	Benennung	Lfd.Nr.	Maße	Bestellangaben
1	Hydraulik-Pumpe	1.1	Q	
1	Rückschlagventil	1.2	NG	
1	Druckbegrenzungsventil	1.3	NG	
1	Manometer	1.4	R	
1	Rücklauffilter	1.5	R	
1	Druckschaltventil	1.6	NG	
1	4/2-Wegeventil	1.7	NG	
1	4/3-Wegeventil	1.8	NG	
1	Hydraulik-Zylinder	1.9		
1	Hydraulik-Zylinder	1.10		
1	Drosselrückschlagventil	1.11		

Funktionsdiagramm einer Spritzgußmaschine

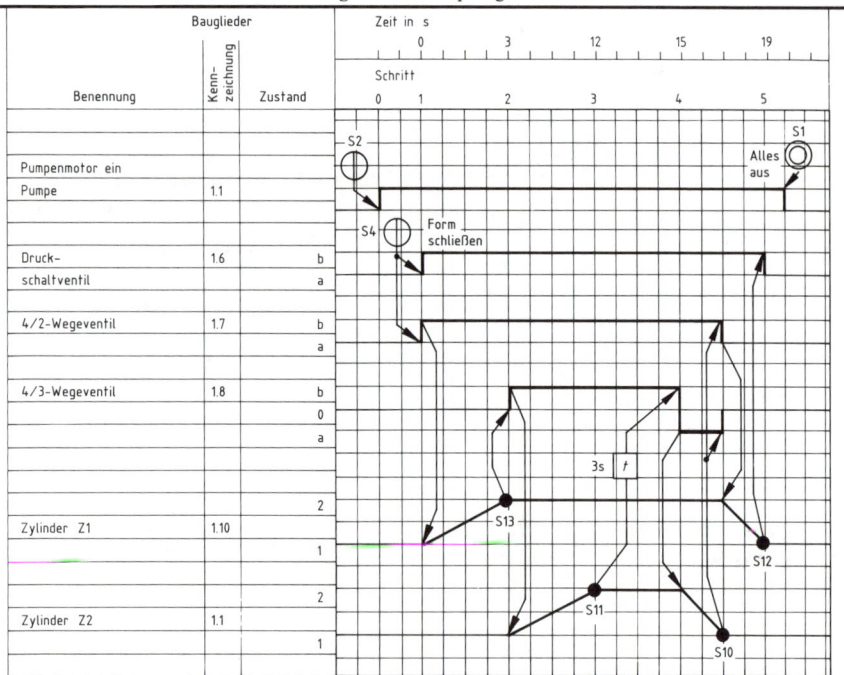

Schritt 0: Bei Betätigung von S2 wird die Hydraulikpumpe eingeschaltet.

Schritt 1: Wird S4 betätigt, so schaltet das Druckschaltventil von Stellung a nach Stellung b um. Gleichzeitig schaltet das 4/2-Wegeventil von Stellung a nach Stellung b um, so daß Zylinder Z1 in die Lage 2 ausfährt.

Schritt 2: Betätigt der ausgefahrene Zylinder Z1 den Grenztaster S13, so wird das 4/3-Wegeventil in die Stellung b umgeschaltet; Zylinder Z2 fährt in die Lage 2.

Schritt 3: Betätigt der ausgefahrene Zylinder Z2 den Grenztaster S11, so wird eine Zeitverzögerung eingeleitet.

Schritt 4: Nach Ablauf der Zeitverzögerung von 3s wird das 4/3-Wegeventil in die Stellung a umgeschaltet, so daß Zylinder Z2 zurückfährt und in der Ausgangsstellung Grenztaster S10 betätigt. Damit werden das 4/3-Wegeventil in die Stellung 0 und das 4/2-Wegeventil in die Stellung a umgeschaltet. Die Umschaltung des 4/2-Wegeventils bewirkt das Zurückfahren des Zylinders Z1.

Schritt 5: Bei Erreichen der Ausgangsstellung betätigt Zylinder Z1 den Grenztaster S12, so daß das Druckschaltventil in Stellung b umschaltet.

Zeichenerklärung s. S. 8-23

8.3 Elektrotechnische und elektronische Steuerungstechnik

8.3.1 Schaltzeichen

Schaltzeichen	Benennung	Schaltzeichen	Benennung	Schaltzeichen	Benennung
	Kraftantriebe, Sperren und Kupplungen (DIN 40 703)		Thermorelais		**Antriebe durch menschliche Kraft** (DIN 40703)
	Kraftantrieb, allgemein		Antrieb mit Anzugs-verzögerung		Handantrieb, allgemein
	Kraftantrieb mit Handaufzug		Antrieb mit Abfall-verzögerung		Handantrieb, Betätigung durch Drücken
	Schaltschloß mit mechanischer Freigabe		Antrieb mit Anzugs- und Abfallverzögerung		Handantrieb, Betätigung durch Drehen
	Raste		Remanenzrelais		andere Antriebe, z.B. Fußantrieb
	Bewegung in einer Richtung sperrend		Wechselstromrelais		abnehmbarer Handantrieb
	Bewegung in beiden Richtungen sperrend		Antrieb mit zwei Schaltstellungen wahlweise Darstellung		**Leitungen** (DIN 40711)
	Kupplung, entkuppelt		Antrieb mit drei Schaltstellungen		Leitung allgemein
	Kupplung, gekuppelt		Antrieb erregt		Leitung mit Kenn-zeichnung der Leiterzahl, z.B. 3 Leiter
	Mitnehmer		Schließer mit selbst-tätigen Rückgang, betätigt		zusammengefaßte Leitungen (beidseitig beliebige Reihenfolge entsprechend Kenn-zeichnung)
	Rutschkupplung		**Elektromagnetische Geräte** (DIN 40703)		desgleichen mit gleicher Reihenfolge auf beiden Seiten
	Elektromechanische und elektromagnetische Antriebe (DIN 40 713)		Lasthebemagnet, Spannplatte, Magnetscheider		desgleichen bei ein-poliger Darstellung
	Antrieb allgemein		magnetische Bremse, z.B. Schienenbrems-magnet		Leitungsbündel mit Kennzeichnung der Richtung der Leitungsführung
	Antrieb mit Angabe einer wirksamen Wicklung wahlweise Darstellung		Absperrorgan, allgemein, z.B. geschlossen		Leitung für Schutzmaßnahme
	Antrieb mit zwei gleichsinnig wir-kenden Wicklungen		Absperrorgan offen		verdrillte Leitung, z.B. zweiadrig
	wahlweise Darstellung		**Elektrische Maschinen** (DIN 40715)		Geschirmte Leitung geerdet
	Antrieb mit zwei gegensinnig wir-kenden Wicklungen wahlweise Darstellung		Gleichstrom-Motor Gleichstrom-Gene-rator allgemein		Koaxiale Leitung
			Einphasen-Wechselstrom-Motor allgemein		Koaxiale Leitung geschirmt
	Antrieb mit Angabe der elektrischen Ein-flußgröße, z.B. Über-schreiten einer be-stehenden Stromstärke		Drehstrom-Motor Drehstrom-Generator allgemein		Leitende Verbindung allgemein, insbe-sondere nicht lösbar
					Lösbare Verbindung z.B. Klemme
					Klemmleiste, Reihenklemmen, z.B. die ersten 3 Klemmen

8

8.3 Elektrotechnische und elektronische Steuerungstechnik

8.3.2 Kennzeichnung von elektrischen Betriebsmitteln nach DIN 40719 T2 (6.78)

Kennbuchstabe 6.78	Kennbuchstabe 9.57	Art des Betriebsmittels	Beispiele
A		Baugruppen	Gerätekombinationen und Teilbaugruppen, die eine konstruktive Einheit bilden, anderen Buchstaben aber nicht eindeutig zugeordnet werden können; z. B. Einschübe, Einsätze, Rahmen, Steckkarten
B	f	Umsetzer von nichtel. Größen auf el. Größen und umgekehrt	Meßumformer für Temperatur, Licht, Drehfrequenz u. a.; Näherungsinitiatoren, Weg- und Winkelumsetzer
C	k	Kondensatoren	
D		Binäre Elemente, Verzögerungseinrichtungen Speichereinrichtungen	Einrichtungen und integrierte Schaltkreise der digitalen Steuerungs-, Regelungs- und Rechentechnik; z. B. UND-Glieder, digitale Zähler, Plattenspeicher
E		Verschiedenes	an anderer Stelle dieser Tabelle nicht aufgeführte Einrichtungen, z. B. Heizungen, Beleuchtungen
F	e	Schutzeinrichtungen	Sicherungen, Schutzrelais, Überspannungsableiter, Druckwächter, Windfahnenrelais, Buchholzschutz
G	m	Stromversorgungen, Generatoren	Stromversorgungseinrichtungen, Generatoren, Batterien, Ladegeräte, Oszillatoren, Taktgeneratoren
H	h	Meldeeinrichtungen	Leucht- und Hörmelder, Zeitfolgemelder
K	c, d	Schütze, Relais	Leistungs- und Hilfsschütze; Hilfsrelais, Blinkrelais
L	k	Induktivitäten	Drosselspulen, Frequenzsperren
M	m	Motoren	
N	p	Verstärker, Regler	Einrichtungen der analogen Steuerungs-, Regelungs- und Rechentechnik; Operationsverstärker
P	g	Meßgeräte, Prüfeinrichtungen	analog und digital anzeigende und registrierende Meßeinrichtungen, Datensichtgeräte, Simulatoren
Q		Starkstrom-Schaltgeräte	Leistungsschalter und -trenner, Motorschutzschalter, Installationsschalter, Stern-Dreieck-Schalter
R	r	Widerstände	
S	a, b	Schalter, Wähler	Taster, Grenztaster, Befehlsgeräte, Wählscheiben
T	m	Transformatoren	Spannungs- und Stromwandler, Netz- und Trenntransform.
U		Modulatoren, Umsetzer von el. Größen in andere el. Größen	Spannung-Frequenz-Wandler, Code-Umsetzer, Parallel-Serien-Umsetzer, Opto-Koppler, Fernwirkgeräte
V	p	Halbleiter, Röhren	Transistoren, Thyristoren, Röhren, Thyratrons
W		Übertragungswege, Leitungen, Antennen	Schaltdrähte, Sammelschienen, Kabel, Hohlleiter, Dipole, Lichtleiter
X		Klemmen, Stecker, Steckdosen	
Y		el. betätigte mechan. Einr.	Bremsen, Kupplungen, Ventile
Z		Filter, Entzerrer, Begrenzer, Abschlüsse	Hoch-, Tief- und Bandpässe; Funkentstör- und Funkenlöscheinrichtungen; Frequenzweichen

Kennzeichnung allgemeiner Funktionen

Kennbuchst.	Allgemeine Funktion	Kennbuchst.	Allgemeine Funktion	Kennbuchst.	Allgemeine Funktion
A	Hilfsfunktion, Aus	J	Integration	S	speichern, aufzeichnen
B	Bewegungsrichtung	K	Tastbetrieb	T	Zeitmessung, verzögern
C	Zählung	L	Leiterkennzeichnung	V	Geschwindigkeit (bremsen, beschleunigen)
D	Differenzierung	M	Hauptfunktion		
E	Funktion Ein	N	Messung	W	addieren
F	Schutz	P	proportional	X	multiplizieren
G	Prüfung	Q	Zustand (Start, Stop)	Y	analog
H	Meldung	R	rückstellen, löschen	Z	digital

Vorzeichen:	= Anlage − Funktion + Ort : Anschluß	Beispiel: −K3M	− Funktion 3 Zählnummer K Schütz M Hauptfunktion

8.3.3 Bildzeichen der Elektrotechnik (Auswahl) nach DIN 40100

Betätigungsvorgänge, Schaltzustände, Funktion				Energie, Strahlung		Bewegung, Geschwindigkeit	
Bildz.	Benennung	Bildz.	Benennung	Bildz.	Benennung	Bildz.	Benennung
	Ein		Öffnen		Elektrische Energie		Bewegung: in Pfeilrichtung
	Aus		Schließen		Mechanische Energie		in zwei Richtungen
	Vorbereiten		Entriegeln		Pneumatische Energie		in beiden Richtungen begrenzt
	Ein/Aus, stellend		Verriegeln		Hydraulische Energie		Drehen, Umdrehung, Drehzahl
	Ein/Aus, tastend		Steuern		Wärme-Energie		Geschwindigkeit, normal
	Zuschalten		Regeln		Dampf-Energie		Geschwindigkeit, erhöht
	Abschalten		Fernbedienung		Wasser-Energie		Fließpfeil für Ein- und Ausgang wichtiger Stoffe
	Vorbereitendes Schalten		Messen		Strahlungs-Energie		

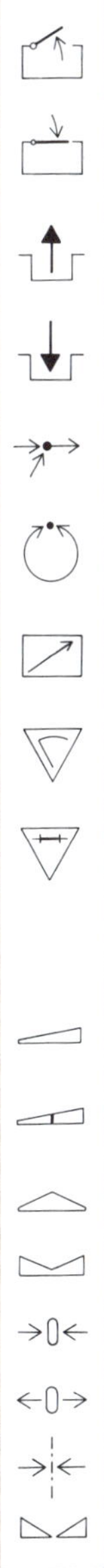

Allgemeine Einrichtungen

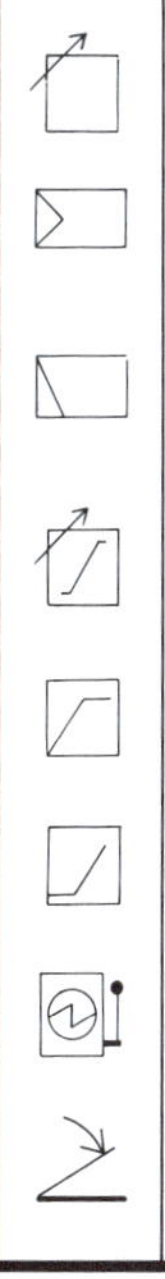

Bildz.	Benennung	Bildz.	Benennung	Bildz.	Benennung	Bildz.	Benennung
	Start, Ingangsetzen einer Bewegung		Prüfen		Licht-Energie		Einsteller
	Schnellstart		**Verändern einer Größe:** allgemein		Wärmeabgabe allgemein		Regler
	Stop, Anhalten einer Bewegung		mit markierter Ausgangsstellung		Wärmeabgabe durch Konvektion		Steuergerät Steuereinrichtung
	Schnellstop		bis zum Maximalwert		Wärmeabgabe durch Strahlung		Begrenzung oder Empfindlichkeit einstellen
	Handbetätigung		bis zum Minimalwert		Strahlung allgemein		Größtwertbegrenzer
			Nullstellung				Kleinstwertbegrenzer
	Automatischer Ablauf		Nullpunktverschiebung		Lichtstrahlung		Elektrischer Hauptschalter
			Mittelstellung				
	Pause		Balance		Ionisierende Strahlung		Fußschalter

8

8.3.4 Dokumentation einer elektrischen Steuerung

Funktionsbeschreibung

Inbetriebsetzen der Anlage:

1. Hauptschalter S0 schließen.
2. Tastschalter S2 betätigen. Schütz K1 zieht an und hält sich über K1/33-34 selbst. Die Hydraulikpumpe wird eingeschaltet und mit K1/23-24 die Steuerspannung freigegeben. Die Anlage wird durch Betätigung des Tastschalters S1 (NOT-AUS) oder durch Ansprechen des Bimetallrelais F2 infolge Überlastung des Hydraulikmotors abgeschaltet.
3. Mit dem Betriebsartenwahlschalter S3 können die Betriebsarten „Hand" (H) oder „Automatik" (A) vorgewählt werden.

Betriebsart Hand:

1. Solange Tastschalter S4 betätigt wird, zieht Schütz K3 an; der Magnet Y1 des Wegeventils 1.7 (s.S. 8-25) wird erregt und die Form geschlossen.
2. Wird Tastschalter S5 betätigt und befindet sich der Spritzzylinder in der Grundstellung (Grenztaster S10 betätigt), so zieht Schütz K4 an; der Magnet Y2 des Magnetventils 1.7 (s.S. 8-25) wird erregt, so daß die Form geöffnet wird.
3. Bei Betätigung des Tastschalters S6 und betätigtem Grenztaster S13 (Form geschlossen) zieht Schütz K5 an;

Magnet Y3 des Magnetventils 1.8 (S.S. 8-25) wird erregt, so daß der Kolben des Spritzzylinders ausfährt.

4. Bei Betätigung von Tastschalter S7 zieht Schütz K6 an und hält sich über K6/23-24 selbst. Magnet Y4 wird erregt, so daß der Kolben des Spritzzylinders zurück fährt.

Betriebsart Automatik:

1. Schütz K2 ist angezogen.
2. Mit der Betätigung von Tastschalter S4 wird der automatische Ablauf eines Arbeitszyklusses eingeleitet.
3. Die Form wird geschlossen.
4. Nach Betätigung des Grenztasters S13 fährt der Spritzzylinder aus.
5. Nach Betätigung des Grenztasters S11 zieht Schütz K7 an; gleichzeitig wird das Zeitrelais K8 erregt. Nach Ablauf der eingestellten Zeit schließt Kontakt K8/15-18 in Strompfad 34 und leitet den Rücklauf des Spritzzylinders ein. Schütz K7 bleibt angezogen, bis die Maschine in Grundstellung ist.
6. Nach Betätigung des Grenztasters S10 wird die Form wieder geöffnet.
7. Damit das Öl der Anlage nicht zu warm wird, läßt ein Umlaufschieber (s.S. 8-25) das Öl während des Stillstandes der Maschine (Schütz K9 abgefallen) drucklos zirkulieren.

Stromlaufplan einer Spritzgußmaschine (Stromversorgung)

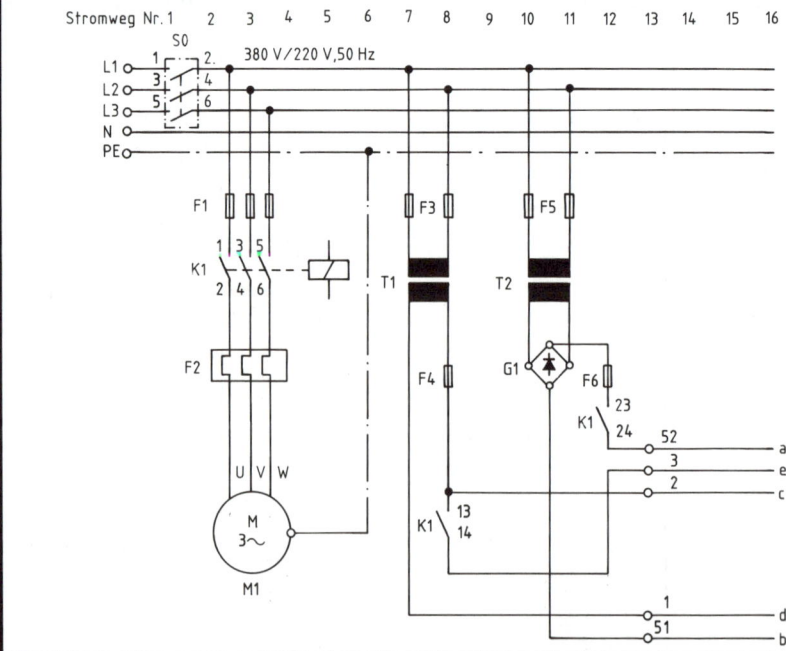

Stromlaufplan einer Spritzgußmaschine

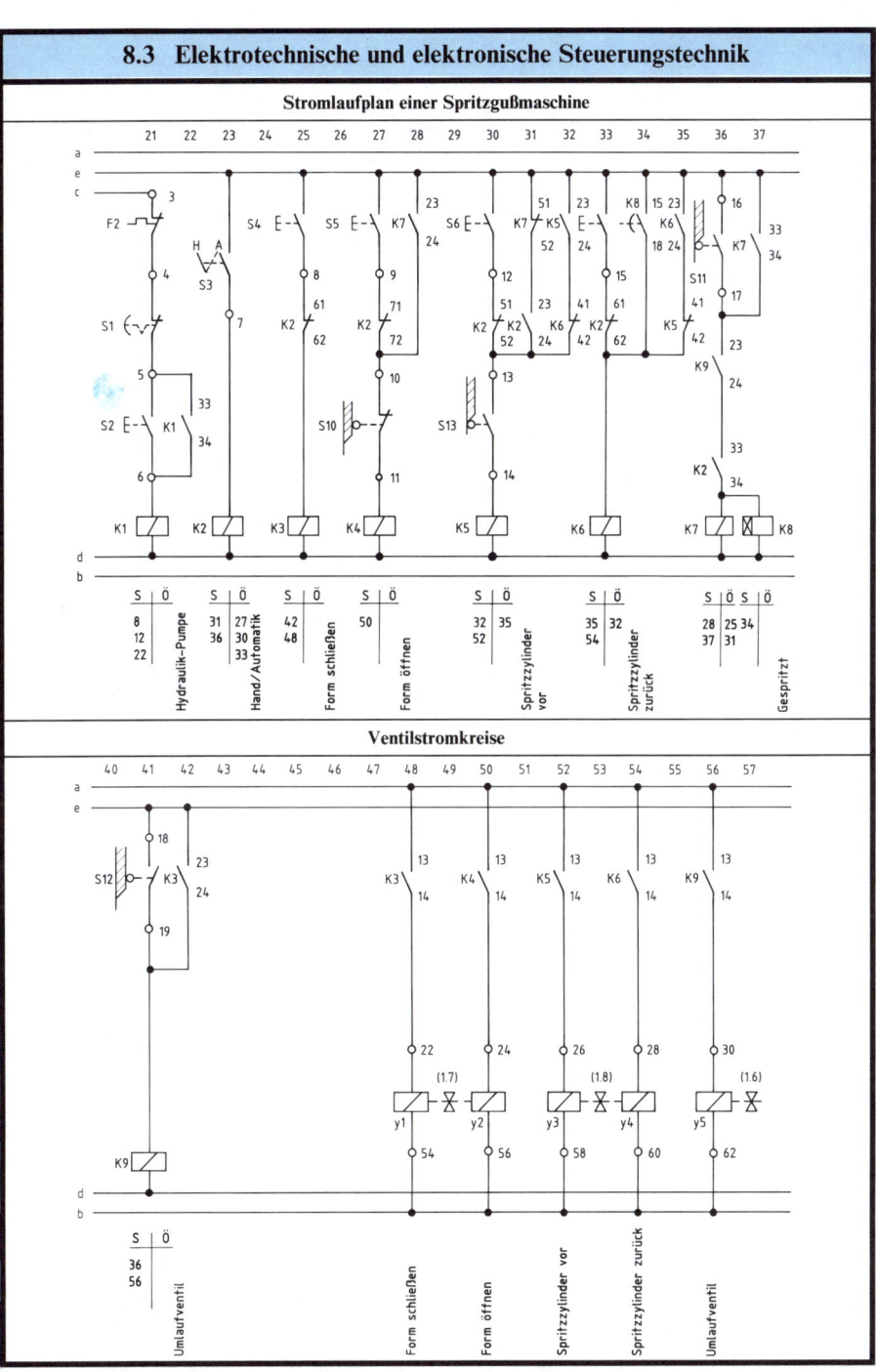

Ventilstromkreise

Anm.: zugehörige hydraulische Steuerung s. S. 8-25

8-31

8.3.5 Speicherprogrammierte Steuerungen

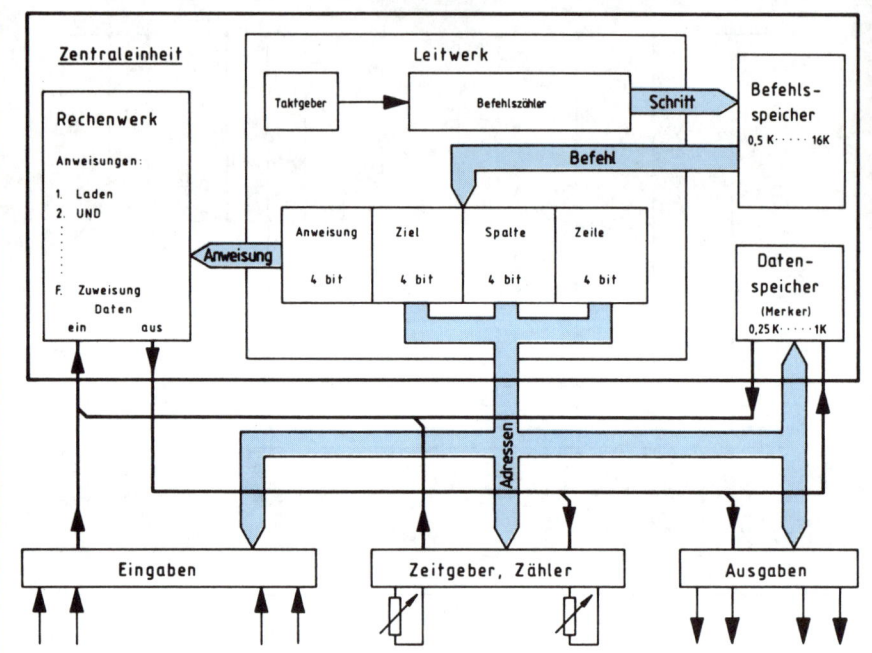

Der interne Aufbau eines speicherprogrammierten Steuerungsgerätes entspricht weitgehend dem internen Aufbau eines Computers.

Das Programm – die Gesamtheit aller Anweisungen und Vereinbarungen für die Signalverarbeitung – wird mittels einer Programmiereinheit in den Befehlsspeicher eingegeben und dort nullspannungsgesichert gespeichert.

Nach dem Einschalten der Betriebsspannung wird zunächst ein Neutralisierungszyklus durchlaufen, in dem die Ausgangsmerker und nicht nullspannungsgesicherten Merker auf Ø gesetzt werden. Anschließend wird der Befehlszähler zurückgesetzt.

Das vom Befehlszähler adressierte 16-Bit-Wort des Befehlsspeichers enthält eine vollständige Steuerungsanweisung. Die ersten 4 Bit enthalten den Operationsteil, die folgenden 12 Bit den Operandenteil. Der Operationsteil beschreibt die auszuführende Operation, z. B. eine logische Verknüpfung, während der Operandenteil die Adresse des Datenbits beschreibt, mit dem die Operation ausgeführt werden soll.

Enthält der Operationsteil einen Lade- oder Verknüpfungsbefehl, so wird der im Operandenteil adressierte Ausgangsmerker (parallel zu jedem Ausgang ist im Datenspeicher ein Merker angelegt) oder Eingang einer Eingabegruppe über den Datenbus (1 Bit) nach seinem Signalzustand abgefragt. Im Rechenwerk erfolgt die Speicherung oder Verknüpfung mit

dem Inhalt des Resultatregisters, auch Akkumulator genannt; das Verknüpfungsergebnis wird anschließend im Akkumulator gespeichert. Enthält der Operationsteil dagegen z. B. einen Setzbefehl, so wird der im Operandenteil adressierte Ausgangsmerker und Ausgang eines Zeitgebers oder einer Ausgabegruppe über den Datenbus (1 Bit) eingeschaltet, wenn im Akkumulator ein 1-Signal gespeichert ist. Nach der Ausführung des Befehls wird der Inhalt des Befehlszählers um 1 erhöht und der nächste Befehl abgearbeitet.

Nach der Bearbeitung der letzten im Befehlsspeicher stehenden Anweisung oder der Anweisung PE (Programmende) wird der Befehlszähler zurückgesetzt, so daß sich die Bearbeitung der Anweisungsfolge ständig wiederholt. Die Zeit für eine einmalige Bearbeitung aller Anweisungen wird Zykluszeit genannt; sie beträgt je nach Fabrikat 1 ms bis 50 ms je 1 K (= 1 024) Anweisungen.

Vielfach wird die Zykluszeit mit einer sogenannten Watch-Dog-Schaltung überwacht. Wird ein Bearbeitungszyklus nicht innerhalb einer bestimmten Zeit beendet, weil z. B. ein Programm- oder Gerätefehler vorliegt, so werden die Programmbearbeitung gestoppt und alle Ausgänge der SPS zurückgesetzt. Die Watch-Dog-Schaltung spricht ebenfalls an, wenn bei zugeschalteter Programmiereinheit die Betriebsart „RUN" verlassen wird.

Große SPS-Geräte verfügen neben der beschriebenen Bit-Verarbeitung zusätzlich über eine Wortverarbeitung, z. B. für Vergleiche und mathematische Operationen.

8.3 Elektrotechnische und elektronische Steuerungstechnik

Bestimmungen zur elektrischen Ausrüstung von Industriemaschinen (Auszug) nach DIN IEC 44(CO)48/VDE 0113 E (6.80)

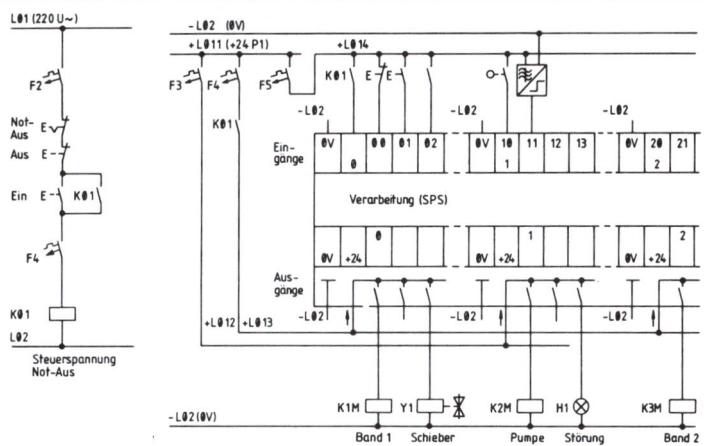

Elektronische Werkzeugmaschinensteuerung mit Sicherheitskreis (NOT-AUS) in Schütztechnik

Hauptschalter

Die elektrische Ausrüstung der Maschine muß mit Einrichtungen ausgestattet sein:

a) zum Stillsetzen der Maschine im Gefahrenfall und – falls notwendig – zur Drehrichtungsumkehr;

b) zum Abtrennen der elektrischen Ausrüstung von der Netzspannung.

Wenn für die NOT-AUS-Einrichtung die gleichen Stromkreise ausgeschaltet werden dürfen, darf für beide Funktionen ein Gerät verwendet werden.

NOT-AUS-Einrichtung

Wenn Gefahren für Personen oder Schäden an der Maschine entstehen können, müssen zu ihrer Verhinderung durch Betätigen der NOT-AUS-Einrichtung gefährliche Teile der Maschine oder die ganze Maschine so schnell wie möglich stillgesetzt werden. Hierzu ist eine der beiden folgenden Methoden anzuwenden:

a) Ein NOT-AUS-Schalter, der die Speisung der entsprechenden Stromkreise unterbricht. Ein solcher Schalter darf handbetätigt ein- oder fernbetätigt durch das Ausschalten eines entsprechenden Steuerstromkreises auszuschalten sein.

b) Eine Anordnung in den Steuerstromkreisen, die durch einen Befehl alle Stromverbraucher durch Entregen unmittelbar abschaltet, die zu einer Gefährdung führen können.

Die Betätigung der NOT-AUS-Einrichtung darf weder den Bedienenden noch die Maschine gefährden und darf nicht solche Hilfseinrichtungen abschalten, die auch im Notfall weiterarbeiten müssen, wie z. B. die Erregung von Spannplatten.

Das Rückstellen (Entriegeln) der NOT-AUS-Einrichtung darf nicht den Wiederanlauf der Maschine oder ihrer Teile bewirken.

NOT-AUS-Schalter müssen vom Standplatz des Bedienenden aus gut sichtbar und leicht erreichbar sein.

Anschluß von Signalgebern

Hinsichtlich der Drahtbruchsicherheit wird gefordert:

a) Das Starten wird durch Einschalten des entsprechenden Stromkreises oder, im Falle digitaler elektronischer Bauelemente, durch 1-Signal ausgeführt.

b) Das Stillsetzen wird durch Ausschalten des entsprechenden Stromkreises oder, im Falle digitaler elektronischer Bauelemente, durch Ø-Signal ausgeführt.

c) Der Halt-Befehl hat Vorrang vor dem zugeordneten Startbefehl.

Hinsichtlich des Schutzes gegen unbeabsichtigten Anlauf durch Erdschluß wird gefordert:

Erdschlüsse in Steuerstromkreisen dürfen weder zum unbeabsichtigten Anlauf oder zu gefährlichen Bewegungen einer Maschine führen, noch deren Stillsetzung verhindern. Um diese Forderung zu erfüllen, sollen die Steuerstromkreise einseitig mit dem Schutzleitersystem verbunden und Spulen und Hilfsschalter wie folgt angeordnet sein.

Anschluß von Spulen und Hilfsschaltgliedern

In Steuerstromkreisen muß eine Anschlußstelle von Betätigungsspulen direkt an den Schutzleiter angeschlossen sein. Alle Schaltglieder von Steuergeräten, die auf diese Spule wirken, müssen zwischen dem anderen Anschluß der Spule und dem nicht mit dem Schutzleiter verbundenen Leiter des Steuerstromkreises angeschlossen sein.

Ausnahmen, z. B. für Hilfsschalter von Überstromrelais und bei Verwendung von Schleifleitungen und Vielfachsteckern, sind nur unter bestimmten Voraussetzungen zulässig.

Steuertransformator

Für die Speisung von elektronischen Steuer- und Meldestromkreisen müssen Steuertransformatoren vorgesehen werden.

8

8.3 Elektrotechnische und elektronische Steuerungstechnik

Programmierung von SPS nach DIN 19239 (5.83)

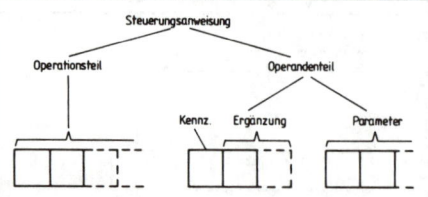

Kennzeichen von Operanden			
E	Eingang	T	Zeitglied
A	Ausgang	Z	Zähler
M	Merker	P	Programmbaustein
K	Konstante	F	Funktionsbaustein

Das Programm einer speicherprogrammierten Steuerung besteht aus einer Folge von Steuerungsanweisungen. Eine Steuerungsanweisung enthält den Operationsteil und den Operandenteil. Der Operandenteil kann auch entfallen oder durch eine Adresse ersetzt werden. Operandenkennzeichen können durch Ergänzungen näher erläutert werden.

Der Operationsteil kann bis zu vier Zeichen, das Operandenkennzeichen mit Ergänzungen bis zu drei Zeichen und der Parameterteil beliebig viele Zeichen enthalten. Teile der Steuerungsanweisung können durch Leerzeichen (blanks) getrennt werden.

Die Norm legt weder den Mindest- noch den Höchstumfang aller in speicherprogrammierten Steuerungen verwendeten Operationen und Operanden fest. Eine speicherprogrammierte Steuerung kann deshalb Teilmengen der Norm beherrschen oder auch den aufgeführten Umfang überschreiten.

Ergänzungen zu Operandenkennzeichen			
T	Tetrade (4 Bit)	A	Analog
B	Byte: 8 Bit	I	Impuls
W	Wort: 2 Byte	E	Einschalt-Verzögerung
D	Doppelwort	A	Ausschalt-Verzögerung

Beispiel:
Programmierung einer Stern-Dreieck-Anlasserschaltung nach Kontaktplan

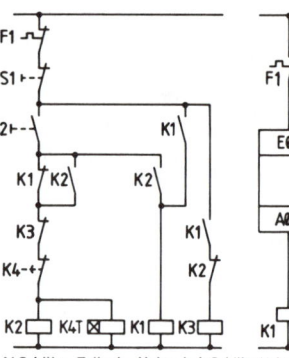

Y-Schütz Zeitrel. Netzsch. Δ-Schütz Netzsch. Y-Sch. Δ-Sch.

Operationen	
L	Laden: Beginn einer Anweisungsfolge. Der Signalzustand des abgefragten Eingangs, Ausgangs oder Merkers wird in den Accu übernommen.
NOP	Nulloperation; Programmschritt, bei dem der Signalzustand des Accus nicht beeinflußt wird.
U	UND-Verküpfung des Accu-Signalzustandes mit dem Signalzustand des nachfolgenden Operanden.
O	ODER-Verknüpfung des Accu-Signalzustandes mit dem Signalzustand des nachfolgenden Operanden.
N	Der abgefragte Signalzustand wird vor dem Speichern oder Verknüpfen umgekehrt. Anwendung im Zusammenhang mit den Operationen Laden (LN), UND (UN), ODER (ON), Zuweisung (= N).
=	Zuweisung; Setzen eines Ausgangs, Merkers oder Timers mit dem Signalzustand des Accus.
S	Speicherndes Setzen eines Ausgangs oder Merkers, wenn der Signalzustand des Accus „1" ist.
R	Speicherndes Rücksetzen eines Ausgangs oder Merkers, wenn der Signalzustand des Accus „1" ist.
PE	Programm-Ende; anschließend läuft das Programm erneut ab der Startadresse 000 ab.
SP	Ein unbedingter Sprung wird zur angegebenen Adresse (Sprungziel), unabhängig vom Signalzustand des Accus, ausgeführt.
SPB	Ein bedingter Sprung wird zur angegebenen Adresse nur ausgeführt, wenn der Signalzustand des Accus „1" ist.
BA	Baustein-Aufruf; Aufruf einer signalverarbeitenden Baugruppe oder eines „Programmbausteins".
BE	Baustein Ende.

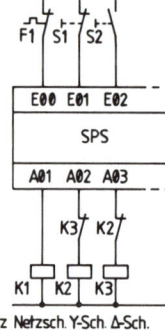

0.0.0	L.	E.0.0
0.0.1	U.	E.0.1
0.0.2	=.	M.0.0
0.0.3	L.	A.0.1
0.0.4	U.	A.0.2
0.0.5	O.	E.0.2
0.0.6	U.	M.0.0
0.0.7	=.	M.0.1
0.1.0	L.N.	A.0.1
0.1.1	O.	A.0.2
0.1.2	U.	M.0.1
0.1.3	U.N.	A.0.3
0.1.4	U.N.	T.0.0

0.1.5	=.	A.0.2
0.1.6	=.	T.0.0
0.1.7	L.	E.0.2
0.2.0	U.	A.0.2
0.2.1	O.	A.0.1
0.2.2	U.	M.0.0
0.2.3	=.	A.0.1
0.2.4	L.	M.0.0
0.2.5	U.	A.0.1
0.2.6	U.N.	A.0.2
0.2.7	=.	A.0.3
0.3.0	P.E.	

Anmerkung:
1) Die Realisierung einer Stern-Dreieck-Anlasserschaltung mit einer SPS ist nur im Rahmen einer größeren Anlagensteuerung sinnvoll.
2) Je nach Fabrikat erfolgt die Adressierung der Anweisungen und Parameter dezimal, sedezimal (Ziffernvorrat 0 ··· 9, A ··· F) oder oktal (Ziffernvorrat 0 ··· 7) wie im Beispiel.

8.3 Elektrotechnische und elektronische Steuerungstechnik

Benennung	Zeichen¹) d e Z2	Kontaktplan-Darstellung²)	Nachbildung der ²)³) Kontaktplan-Darstellg.	Funktionsplan-Darstellung²)	Anweisungsliste²)
UND	U A &	K1 / K2 / K3	E01 E02 A03 ⊣ ⊢⊣ ⊢⊣ ⊢—( )	E01 E02 & A03	0,0,0 L E,0,1 0,0,1 U E,0,2 0,0,2 = A,0,3 0,0,3 P.E.
ODER	O O /	K1 K2 / K3	E01 A03 ⊣ ⊢—( ) E02 ⊣ ⊢	E01 E02 1 A03	0,0,0 L E,0,1 0,0,1 O E,0,2 0,0,2 = A,0,3 0,0,3 P.E.
Exklusiv-ODER	XO XO	K1 K1 / K2 K2 / K3	E01 E02 A03 ⊣ ⊢⊣/⊢—( ) E01 E02 ⊣/⊢⊣ ⊢	E01 E02 =1 A03	0,0,0 L E,0,1 0,0,1 XO E,0,2 0,0,2 = A,0,3 0,0,3 P.E.
NICHT/ Negation	N N	K1 K0 / K2 / K0 K3	E01 E02 A03 ⊣ ⊢⊣ ⊢—(/)	E01 E02 & A03	0,0,0 L E,0,1 0,0,1 U E,0,2 0,0,2 =N A,0,3 0,0,3 P.E.
Merker	M M	K1 K3 / K2 K4 / K5	E01 E02 A05 ⊣/⊢⊣ ⊢—( ) E03 E04 ⊣ ⊢⊣/⊢	E01 E02 & / E03 E04 & / 1 A05	0,0,0 LN E,0,1 0,0,1 U E,0,2 0,0,2 = M,0,0 0,0,3 L E,0,3 0,0,4 UN E,0,4 0,0,5 U M,0,0 0,0,6 = A,0,5 0,0,7 P.E.

Anmerkung:

¹) Die aus der englischen Sprache (e) abgeleiteten mnemotechnischen Kurzbezeichnungen sind nur Empfehlungen.
Die Zeichen unter Z2 sind an die mathematische Schreibweise angelehnt.

²) Bei den Beispielen wurde immer davon ausgegangen, daß alle Eingabeglieder Schließer sind.

³) Die Nachbildung der Kontaktplan-Darstellung wird ausschließlich zur Darstellung von Programmen, nicht jedoch als Schaltzeichen in Schaltungsunterlagen verwendet.

8

8.3 Elektrotechnische und elektronische Steuerungstechnik

Benennung	Kontaktplan-Darstellung [2])	Nachbildung der [2]) [3]) Kontaktplan-Darstellg.	Funktionsplan [2])	Anweisungsliste [2])
Speicher		Bei gleichzeitig erfüllter Setz- und Rücksetzbedingung dominiert die im Programm zuletzt bearbeitete Bedingung.		0.0.0 L E.0.3 / 0.0.1 R A.0.4 / 0.0.2 L E.0.1 / 0.0.3 U E.0.2 / 0.0.4 S A.0.4 0.0.1 L E.0.1 / 0.0.2 U E.0.2 / 0.0.3 S A.0.4 / 0.0.4 L E.0.3 / 0.0.5 R A.0.4
Ansprech-verzögerung [4]) [5])				0.0.0 L E.0.1 / 0.0.1 = T.0.0 / 0.0.2 L T.0.0 / 0.0.3 = A.0.3 / 0.0.4 P.E.
Rückfall-verzögerung [4]) [5])				0.0.0 L E.0.1 / 0.0.1 O M.0.0 / 0.0.2 U.N. T.0.0 / 0.0.3 = M.0.0 / 0.0.4 L.N. M.0.0 / 0.0.5 U M.0.0 / 0.0.6 = T.0.0 / 0.0.7 P.E.
Zähler [5])	Der als Konstante geladene Zählwert (hier 40) wird übernommen, wenn vor der Setzoperation der Anweisungsliste das Verknüpfungsergebnis von „∅" nach „1" wechselt. Der Zähler wird auf „∅" gesetzt, wenn vor der Rücksetzoperation der Anweisungsliste das Verknüpfungsergebnis „1" ansteht. Der Zählwert wird um „1" erhöht, wenn vor der Vorwärtszähloperation der Anweisungsliste das Verknüpfungsergebnis von „∅" nach „1" wechselt. Der Zählwert wird um „1" verringert, wenn vor der Rückwärtszähloperation der Anweisungsliste das Verküpfungsergebnis von „∅" nach „1" wechselt. Der Zählerausgang kann auf den Zählwert ∅ abgefragt werden. Die Abfrage liefert das Abfrageergebnis „1", wenn das Zählergebnis > ∅ ist.	(Kontaktplan-Darstellung)		0.0.0 L E.0.1 / 0.0.1 Z.V. Z.0.1 / 0.0.2 L E.0.2 / 0.0.3 Z.R. Z.0.1 / 0.0.4 L E.0.3 / 0.0.5 S Z.0.1 / 0.0.6 L K.4.0 / 0.0.7 L E.0.4 / 0.0.8 R Z.0.1

[1]) [2]) [3]) siehe S. 8-35.

[4]) Hier wurde davon ausgegangen, daß die Zeitstufen mit Ausgabebefehlen gestartet und mit dem Ladebefehl „L" sowie Verknüpfungsbefehlen abgefragt werden können. Die Verzögerungszeit sei mit einem Potentiometer einstellbar.

[5]) Die Programmierung von Zeitgliedern und Zählern ist produktabhängig.

8.3 Elektrotechnische und elektronische Steuerungstechnik

8.3.6 Näherungsschalter und Lichtschranken

8.3.6.1 Ausführungsarten

Induktive Näherungsschalter

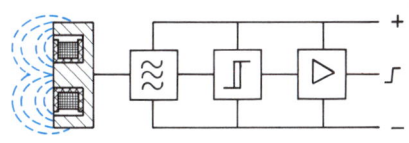

Die Schwingkreisspule des Oszillators erzeugt vor der aktiven Fläche des Näherungsschalters ein magnetisches Wechselfeld. Beim Eintauchen eines Metallteils in dieses Feld wird der Schwingkreis bedämpft, so daß die Triggerstufe kippt und einen Wechsel des Ausgangszustandes herbeiführt. Nach Entfernen des Metallteils wird der ursprüngliche Schaltzustand des Näherungsschalters wieder hergestellt.

Kapazitive Näherungsschalter

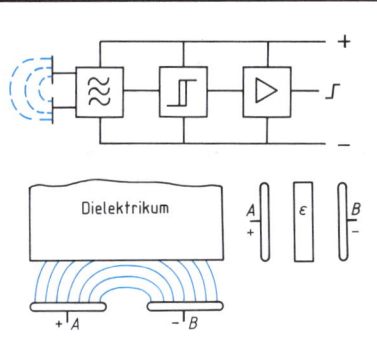

Zwei konzentrisch angeordnete metallische Elektroden auf der aktiven Fläche des Näherungsschalters wirken als Kondensator eines RC-Oszillators, der bei freier Fläche nicht schwingt. Gelangt ein Gegenstand aus Metall oder Nichtmetall bei Annäherung an die aktive Fläche in das elektrische Feld vor den Elektroden, so vergrößert sich die Kapazität, und der Oszillator beginnt zu schwingen. Dadurch kippt die Triggerstufe und führt einen Wechsel des Ausgangszustandes herbei.

Der Schaltabstand ist um so kleiner, je kleiner die Dielektrizitätskonstante des zu erfassenden Gegenstandes ist. Berechnungsfaktoren zur Ermittlung des Schaltabstandes sind z.B.:

Metalle	1,0	Wasser	1,0
Holz	0,2 bis 0,7	PVC	0,6
Glas	0,5	Öl	0,1

Ultraschall-Näherungsschalter

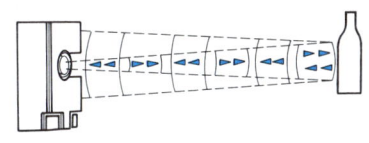

Der Ultraschall-Wandler sendet eine bestimmte Anzahl von Schallwellen im Ultraschallbereich aus, die vom zu erfassenden Objekt reflektiert werden. Anschließend wird der Ultraschall-Wandler auf Empfangsbetrieb umgeschaltet. Die Zeit bis zum Eintreffen des Echos ist proportional zum Abstand des Objektes vom Näherungsschalter.

Digitale Ausgänge ermöglichen nur eine Objekterkennung innerhalb des Erfassungsbereiches, der mit einem Potentiometer einstellbar ist. Ultraschall-Sensoren mit einem analogen Ausgang liefern dagegen ein elektrisches Signal, das proportional zum Abstand des zu erfassenden Objektes ist.

Einweg-Lichtschranke

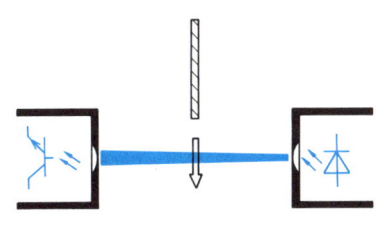

Sender und Empfänger sind räumlich getrennt und einander gegenüberliegend montiert. Eine Unterbrechung des Lichtstrahls löst im Empfänger einen Schaltvorgang aus.

Durch Synchronisation des Empfängers mit dem gepulsten Sender, auf die Sendefrequenz abgestimmte Filter im Empfänger und Infrarot-Filter wird eine hohe Störsicherheit gegen Fremdlicht erreicht.

Dem Nachteil des größeren Montage- und Installationsaufwandes im Vergleich zu den anderen Positionssensoren stehen die große Reichweite (bis > 100 m) und die Erkennung kleinster Gegenstände bei kleinen Abständen gegenüber.

8

8.3 Elektrotechnische und elektronische Steuerungstechnik

Reflexions-Lichtschranke

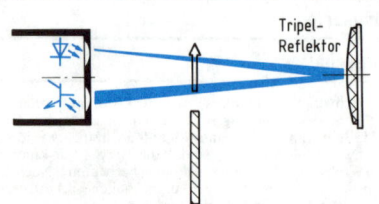

Sender und Empfänger sind in einem Gehäuse untergebracht. Der Sender strahlt ein Lichtbündel auf einen gegenüberliegend angebrachten Reflektor aus Glas oder Kunststoff, so daß ein Teil des Lichtstrahls vom Reflektor zurück auf den Empfänger gelangt. Wird der Lichtweg vom zu erfassenden Objekt unterbrochen, so wird im Empfänger ein Schaltvorgang ausgelöst.

Dem erheblich reduzierten Montage- und Installationsaufwand steht eine geringere Reichweite gegenüber.

Reflexions-Lichttaster

Sender und Empfänger sind im selben Gehäuse untergebracht. Das zu erfassende Objekt wirkt selber als Reflektor.

Reflexions-Lichttaster finden Anwendung, wenn weder Empfänger noch Reflektoren montiert werden können. Von Nachteil ist die große Abhängigkeit der Reichweite von der Farbe, Oberfläche und Größe des zu erfassenden Objektes.

8.3.6.2 Anschlußarten

2-Leiter-Anschluß

Näherungsschalter mit 2-Leiter-Anschluß werden wie mechanische Grenztaster mit der Last in Reihe geschaltet. Der Näherungsschalter erhält seine Versorgungsspannung von typisch 10 V bis 60 V Gleichspannung (DC) oder 20 V bis 250 V Wechselspannung (AC) über den Verbraucher. Deshalb fließt auch im gesperrten Zustand ein Ruhestrom von ca. 3 mA bis 5 mA. Im durchgeschalteten Zustand tritt bei maximalem Strom von ≤100 mA ein Spannungsfall von 5 V bis 10 V auf.

Gleichspannungsschalter sind verpolungssicher oder können zum Teil mit beliebiger Polarität angeschlossen werden. Wechselspannungsschalter sind meist für 2-Leiter-Anschluß ausgelegt und gegen Spannungsspitzen aus dem Netz geschützt.

3- und 4-Leiter-Anschluß

Die Versorgungsspannung wird über einen zusätzlichen Leiter zugeführt. Der Reststrom über den Verbraucher im gesperrten Zustand ist vernachlässigbar klein. Der Spannungsfall im durchgesteuerten Zustand bei einem maximalen Laststrom von typisch 200 mA beträgt nur ca. 2 V bis 4 V.

Näherungsschalter mit 4-Leiter-Anschluß haben einen antivalenten Ausgang und können als Umschalter eingesetzt werden.

Beide Ausführungen sind meist gegen Kurzschluß, Überlast und Zerstörung durch Spannungsspitzen beim Schalten induktiver Lasten geschützt. Gleichspannungsschalter sind verpolungssicher oder mit beliebiger Polarität anschließbar.

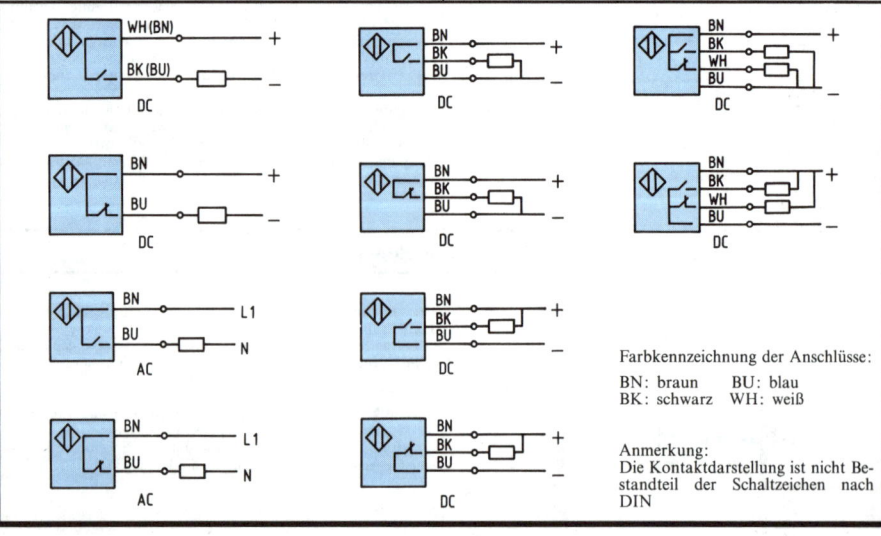

Farbkennzeichnung der Anschlüsse:

BN: braun   BU: blau
BK: schwarz WH: weiß

Anmerkung:
Die Kontaktdarstellung ist nicht Bestandteil der Schaltzeichen nach DIN

Schaltabstände

Meßplatte

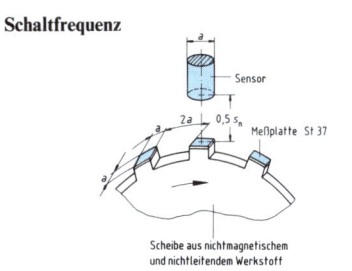

Sicher ausgeschaltet

s_u max — — — — — — — s_u max + H

s_r max — — — — — — — s_r max + H

s_n — — — — — s_n + H

s_r min — — — — — — — s_r min + H

s_u min — — — — — — — s_u min + H

Sicher eingeschaltet

Aktive Fläche

Näherungs-schalter

Begriffe

Schaltabstand s

Der Schaltabstand ist die Entfernung, bei der eine sich der aktiven Fläche des Näherungsschalters nähernde Meßplatte einen Signalwechsel bewirkt.

Nennabschaltabstand s_n

Der Nennabschaltabstand ist eine Gerätekenngrö-ße, bei der Exemplarstreuungen und äußere Einflüs-se wie Temperatur- und Spannungsabweichungen nicht berücksichtigt werden.

Realschaltabstand s_r

Der Realschaltabstand ist der bei Nenntemperatur (meist $T_u = 20\ °C$) und Nennbetriebsspannung ermit-telte Schaltabstand unter Berücksichtigung der Ex-emplarstreuungen.

Bsp.: $s_r = s_n \pm 10\%$ bzw. $0{,}9\ s_n \leq s_r \leq 1{,}1\ s_n$

Nutzschaltabstand s_u

Der Nutzschaltabstand ist der innerhalb des zuläs-sigen Temperatur- und Betriebsbereiches gewährlei-stete Schaltabstand.

Bsp.: $s_u = s_r \pm 10\%$ bzw. $0{,}81\ s_n \leq s_u \leq 1{,}21\ s_n$

Schalthysterese H

Dies ist die Entfernung zwischen dem Signalwech-sel beim Annähern der Meßplatte und dem Signal-wechsel beim Entfernen der Meßplatte.

Arbeitsabstand s_a

Der Arbeitsabstand ist der Abstand, der einen si-cheren Betrieb unter angegebenen Temperatur- und Spannungsbedingungen gewährleistet. Er liegt zwi-schen 0 und dem kleinsten Nutzschaltabstand.

8

Schaltfrequenz

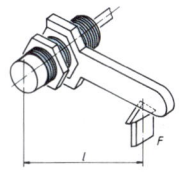

Sensor

2a | 0,5 s_n | Meßplatte St 37

Scheibe aus nichtmagnetischem und nichtleitendem Werkstoff

Die Schaltfrequenz f ist die maximale Anzahl der Wechsel vom bedämpften zum nicht bedämpften Zu-stand je Sekunde.

Anziehdrehmoment

Das zulässige Anziehdrehmoment $M = F \cdot l$ muß bei allen Bauformen mit Gewinde beachtet werden, damit der Näherungsschalter nicht beschädigt wird.

Der in den Herstellerunterlagen genannte Wert ist für die mitgelieferten Muttern anzuwenden.

Bei stark vibrationsgefährdeten Einbaustellen empfiehlt sich die Anwendung von Schraubensiche-rungslack.

Einbauarten

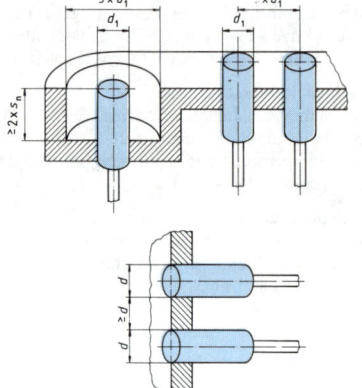

Nichtbündiger Einbau

Näherungsschalter werden nichtbündig eingebaut, wenn eine freie Zone notwendig ist, um die in den Herstellerunterlagen aufgeführten Schaltabstände und Nennwerte zu erhalten.

Bei gegenüberliegend eingebauten Schaltern muß der Abstand mindestens $6s_n$ betragen.

Bündiger Einbau

Bündig einbaubare Näherungsschalter haben eine Vorkehrung gegen seitlich austretende Feldanteile. Vorteilhaft sind ein
– besserer Schutz der aktiven Fläche
– geringerer Einfluß äußerer Störfelder
– kleinerer zulässiger Abstand zwischen mehreren Näherungsschaltern infolge geringerer gegenseitiger Beeinflussung.

Nachteilig ist ein geringerer zulässiger Schaltabstand gegenüber bündig einbaubaren Näherungsschaltern.

Ansprechkurven induktiver Näherungsschalter

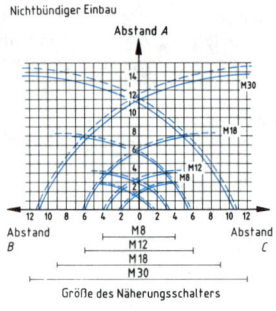

Nichtbündiger Einbau

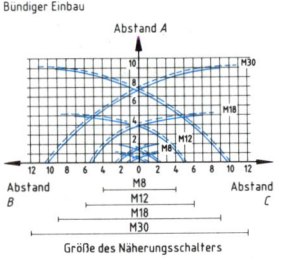

Bündiger Einbau

Die Ansprechkurve ist die Grenzkennlinie, bei deren Überfahren durch die Meßplatte (Kantenlänge = Durchmesser des Näherungschalters) aus 1 mm Stahl St37 der Ausgang des Sensors schaltet. Die Anfahrrichtung der Meßplatte kann aus seitlicher oder axialer Richtung erfolgen.

Die durchgezogenen Linien zeigen den Einschalt-Punkt, die unterbrochenen Linien den Ausschaltpunkt des zu erfassenden Objektes.

Die Bedämpfung durch Nichteisen-Metalle führt zu geringeren Schaltabständen. Die aufgeführten Werte haben einen Toleranzbereich, abhängig von der Oszillatorfrequenz sowie Legierungsbestandteilen, Struktur und Geometrie des zu erfassenden Objektes, z.B.:

Werkstoff	Faktor
Stahl (St 37)	1
Messing	0,35 ··· 0,5
Kupfer	0,25 ··· 0,45
Aluminium	0,35 ··· 0,5

NAMUR-Sensoren

Gemäß DIN 19 239 sind dies gepolte Zweidraht-Sensoren. Sie sind zum Anschluß an externe Schaltverstärker konzipiert und werden vorwiegend in explosionsgefährdeten Räumen eingesetzt.

Die durch Dämpfung hervorgerufene Änderung des Innenwiderstandes hat eine Stromänderung zur Folge, die von einem Trennschaltverstärker mit eigensicherem Stromkreis in ein binäres Ausgangssignal umgesetzt wird.

8.3.7 Ein- und Mehrquadrantenantriebe

Antriebe erfordern vielfach sowohl ein treibendes als auch bremsendes Drehmoment, so daß dieselbe Maschine ohne Änderung der Schaltung zeitweise als Motor und zeitweise als Generator arbeiten muß. Häufig kommen noch beide Drehrichtungen hinzu.

Die möglichen Betriebsarten lassen sich anschaulich im kartesischen Koordinatensystem (hier am Beispiel der Gleichstrommaschine) darstellen. Die Felder zwischen den Koordinaten werden als Quadranten bezeichnet, entgegen dem Uhrzeigersinn gezählt und mit den römischen Ziffern I bis IV gekennzeichnet. Der Drehrichtung Rechtslauf und dem rechtsdrehenden Moment werden positive Vorzeichen zugeordnet.

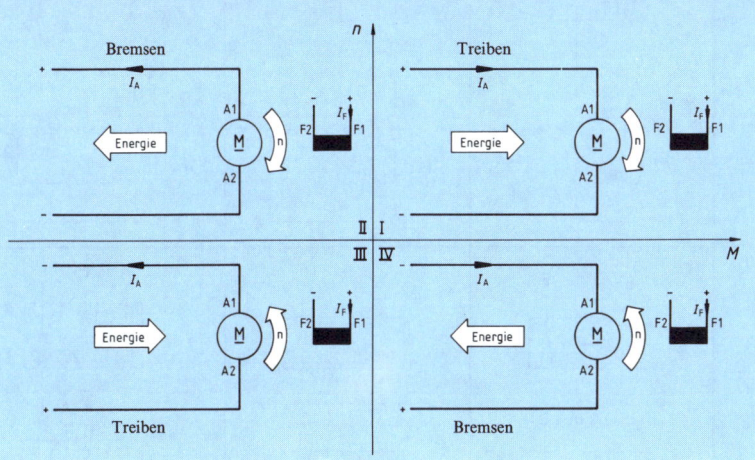

In den Quadranten I und III wirkt die elektrische Maschine als Motor; elektrische Energie wird in mechanische Energie umgewandelt. In den Quadranten II und IV wirkt die gleiche elektrische Maschine als Generator; die mechanische Energie wird in elektrische Energie umgewandelt und über Widerstände in Wärme umgesetzt oder über den als Wechselrichter arbeitenden Stromrichter in das Netz zurückgespeist.

Einquadrantbetrieb

Einquadrantantriebe sind nur für den Motorbetrieb geeignet. Sie arbeiten im I. und/oder III. Quadranten. Bremsbetrieb ist nicht möglich. Werden beide Drehrichtungen benötigt, so erfolgt die Umschaltung der Drehrichtung bei stehendem Motor ($n=0$) über Schütze.

Der Aufwand für die erforderlichen Schaltgeräte ist im Vergleich zum Zwei- und Vierquadrantenbetrieb gering.

Zweiquadrantenbetrieb

Zweiquadrantenantriebe arbeiten normalerweise in den Quadranten I und IV oder III und II. Es sind Antriebe mit zwei Drehrichtungen, aber nur einer Drehmomentrichtung. Sie finden nur begrenzte Anwendung, z.B. bei Hubwerken, deren schweres Ladegeschirr kein Kraftsenken erfordert.

Vierquadrantenbetrieb

Vierquadrantenantriebe arbeiten mit zwei Drehmomentrichtungen und zwei Drehrichtungen mit der vorteilhaften Möglichkeit der geführten Bremsung und Zwischenbremsung durch Rückspeisung der umgewandelten Bremsenergie in das Netz.

8

8.3.8 Gleichstrommotoren

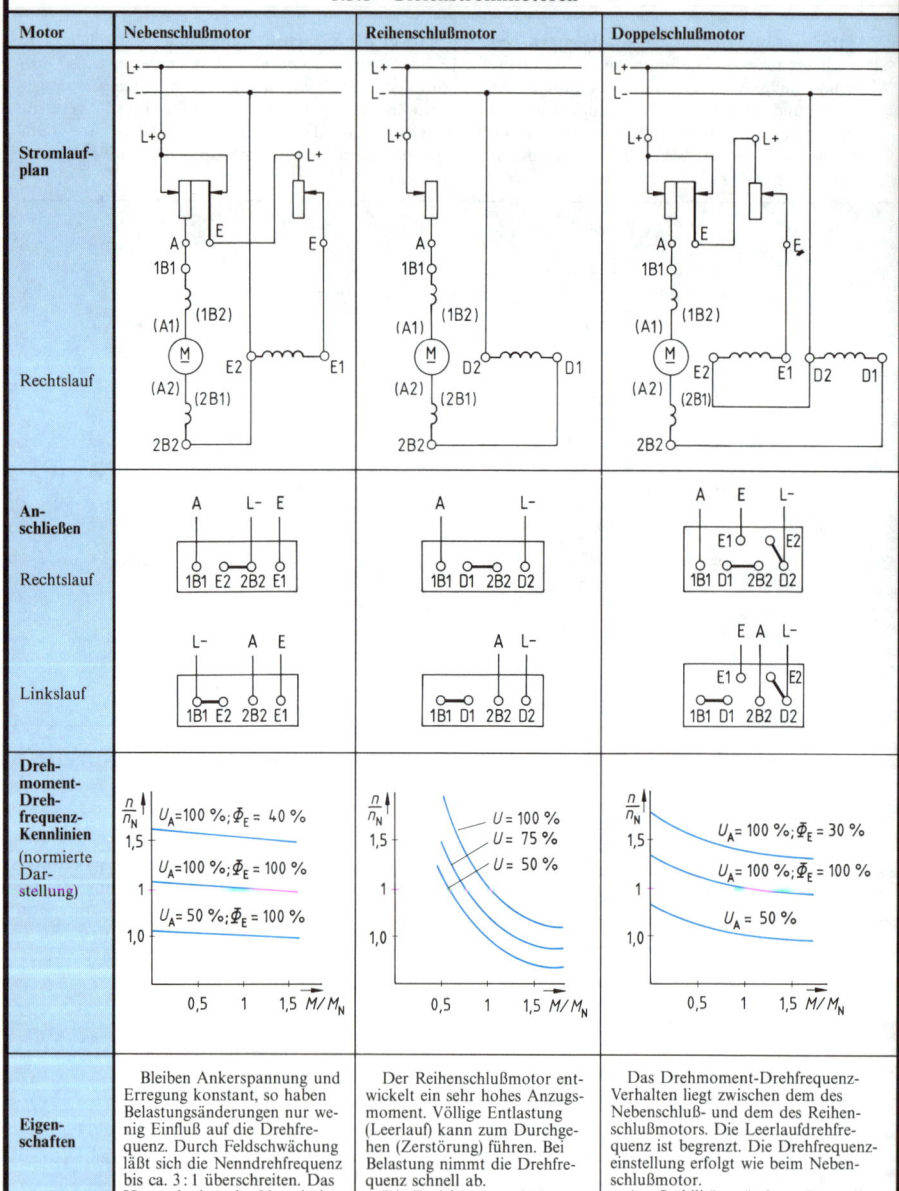

Motor	Nebenschlußmotor	Reihenschlußmotor	Doppelschlußmotor
Stromlaufplan (Rechtslauf)			
Anschließen (Rechtslauf)	A L– E / 1B1 E2 2B2 E1	A L– / 1B1 D1 2B2 D2	A E L– / E1 E2 / 1B1 D1 2B2 D2
(Linkslauf)	L– A E / 1B1 E2 2B2 E1	A L– / 1B1 D1 2B2 D2	E A L– / E1 E2 / 1B1 D1 2B2 D2
Drehmoment-Drehfrequenz-Kennlinien (normierte Darstellung)	U_A=100 %; Φ_E = 40 %; U_A=100 %; Φ_E = 100 %; U_A= 50 %; Φ_E = 100 %	U = 100 %; U = 75 %; U = 50 %	U_A = 100 %; Φ_E = 30 %; U_A = 100 %; Φ_E = 100 %; U_A = 50 %
Eigenschaften	Bleiben Ankerspannung und Erregung konstant, so haben Belastungsänderungen nur wenig Einfluß auf die Drehfrequenz. Durch Feldschwächung läßt sich die Nenndrehfrequenz bis ca. 3 : 1 überschreiten. Das Unterschreiten der Nenndrehfrequenz bei konstanter Belastung ist nur durch Verringerung der Ankerspannung möglich.	Der Reihenschlußmotor entwickelt ein sehr hohes Anzugsmoment. Völlige Entlastung (Leerlauf) kann zum Durchgehen (Zerstörung) führen. Bei Belastung nimmt die Drehfrequenz schnell ab. Die Drehfrequenzerhöhung über die Nenndrehfrequenz erfolgt mittels Parallelwiderstand zur Feldwicklung.	Das Drehmoment-Drehfrequenz-Verhalten liegt zwischen dem des Nebenschluß- und dem des Reihenschlußmotors. Die Leerlaufdrehfrequenz ist begrenzt. Die Drehfrequenzeinstellung erfolgt wie beim Nebenschlußmotor. Aus Stabilitätsgründen müssen die Erregerwicklungen gleichsinnig durchflossen werden.

8.3 Elektrotechnische und elektronische Steuerungstechnik

8.3.9 Drehstrommotoren

Motor	Synchronmotor	Käfigläufermotor	Schleifringläufermotor
Schaltung Rechtslauf			
Anschließen Rechtslauf	 Ständeranschluß wie beim Käfigläufer		 Ständeranschluß wie beim Käfigläufermotor
Linkslauf	Vertauschen zweier Netzzuleitungen gegenüber Anschluß für Rechtslauf		
Drehmoment-Drehfrequenz-Kennlinien (normierte) Darstellung)			
Anzugsmoment **Nennmoment**	0,5 bis 1,2	0,5 bis 2,5	1 bis 3
Anzugsstrom **Nennstrom**	1,5 bis 4,5	3 bis 7	1,5 bis 2,5
Eigen-schaften	Der Synchronmotor läuft über eine Dämpferwicklung ähnlich wie ein Käfigläufer-motor an. Nach dem Hoch-laufen wird an die bis dahin kurzgeschlossene Läuferwick-lung Gleichspannung ange-legt, so daß das Polrad in Synchronismus fällt.	Die Drehmoment-Drehfre-quenz-Kennlinie läßt sich durch Wahl des Werkstoffes und der Querschnittsform der Läuferstäbe in weiten Gren-zen den Erfordernissen der Antriebsmaschine anpassen.	Durch Vorschaltwiderstände im Läuferkreis können Dreh-moment und Stromaufnahme beim Anlauf in weiten Gren-zen verändert werden. Der Schleifringläufermotor wird vorzugsweise bei Antrieben mit Vollast- und Schweranlauf eingesetzt.

8

8.3 Elektrotechnische und elektronische Steuerungstechnik

8.3.10 IP-Schutzarten für umlaufende elektrische Maschinen nach DIN IEC 34 Teil 5 (11.83)

Erste Kennziffer	Berührungs- und Fremdkörperschutz Schutzgrad	Zweite Kennziffer	Wasserschutz Schutzgrad
0	Kein besonderer Schutz	0	Kein besonderer Schutz
1	Schutz gegen Eindringen von festen Fremdkörpern mit einem Durchmesser > 50 mm (große Fremdkörper). Schutz gegen zufälliges oder versehentliches Berühren von unter Spannung stehenden Teilen und gegen Annäherung an solche Teile sowie gegen Berühren sich bewegender Teile innerhalb des Gehäuses mit einer großen Körperfläche (z.B. Hand); jedoch kein Schutz gegen absichtlichen Zugang zu diesen Teilen.	1	Senkrecht fallendes Tropfwasser darf keine schädliche Wirkung haben.
		2	Senkrecht fallendes Tropfwasser darf keine schädliche Wirkung haben, wenn die Maschine um einen Winkel bis 15° gegenüber ihrer normalen Lage gekippt ist.
		3	Sprühwasser, das in einem Winkel bis zu 60° von der Senkrechten fällt, darf keine schädliche Wirkung haben.
2	Schutz gegen Eindringen von festen Fremdkörpern mit einem Durchmesser > 12 mm (mittelgroße Fremdkörper). Schutz gegen Berühren von unter Spannung stehenden Teilen und gegen Annähern an solche Teile sowie gegen Berühren sich bewegender Teile innerhalb des Gehäuses mit den Fingern oder ähnlichen Gegenständen nicht länger als 80 mm.	4	Wasser, das aus allen Richtungen gegen die Maschine spritzt, darf keine schädliche Wirkung haben.
		5	Ein Wasserstrahl aus einer Düse, der aus allen Richtungen gegen die Maschine gerichtet wird, darf keine schädliche Wirkung haben.
3	Schutz gegen Eindringen von festen Fremdkörpern mit einem Durchmesser > 2,5 mm (kleine Fremdkörper). Schutz gegen Berühren von unter Spannung stehenden Teilen und gegen Annähern an solche Teile sowie gegen Berühren sich bewegender Teile innerhalb des Gehäuses mit Werkzeugen oder Drähten mit einer Dicke > 2,5 mm.	6	Wasser durch schwere Seen oder Wasser in starkem Strahl darf nicht in schädlichen Mengen in das Gehäuse eindringen.
		7	Wasser darf nicht in schädlichen Mengen eindringen, wenn die Maschine unter festgelegten Druck- und Zeitbedingungen in Wasser getaucht wird.
		8	Die Maschine ist geeignet zum dauernden Untertauchen in Wasser bei Bedingungen, die durch den Hersteller zu beschreiben sind.
4	Schutz gegen Eindringen von festen Fremdkörpern mit einem Durchmesser > 1 mm (kornförmige Fremdkörper). Schutz gegen Berühren von unter Spannung stehenden Teilen und gegen Annähern an solche Teile sowie gegen Berühren sich bewegender Teile innerhalb des Gehäuses mit Drähten oder Bändern mit einer Dicke > als 1 mm.	Kurzzeichen	Das Kurzzeichen für die Schutzart besteht aus den Buchstaben IP und zwei nachfolgenden Ziffern für die Schutzgrade. Beispiel: IP 21 Wird nur ein einzelner Schutzgrad angegeben, so ist anstelle der fehlenden Kennziffer der Buchstabe X zu setzen. Beispiel: IP X 5 oder IP 2X Für besondere Anwendungen kann den Kennziffern ein Buchstabe nachgestellt werden, der angibt, ob der Schutz gegen den schädlichen Wassereintritt bei stillstehender Maschine (S) oder bei laufender Maschine (M) nachgewiesen oder geprüft wurde. Beispiel: IP 55S
5	Schutz gegen schädliche Staubablagerungen im Innern. Vollständiger Berührungsschutz.		
6[1]	Schutz gegen Eindringen von Staub. Vollständiger Berührungsschutz.		

DIN IEC 34 enthält gegenüber DIN 40050 „IP-Schutzarten für el. Betriebsmittel" Ergänzungen zum Schutz „... bei Annäherung an unter Spannung stehende oder sich bewegende Teile".

Am häufigsten werden die Schutzarten IP 12, IP 21, IP 22, IP 44, IP 54 und IP 55 verwendet.

[1]) Die erste Kennziffer 6 ist nur Bestandteil von DIN 40050.

8.4.1 Zahlensysteme

Während der Mensch gewohnheitsmäßig nach dem dezimalen Zahlensystem mit den zehn Ziffern 0 bis 9 rechnet, können Steuerungen und Computer nur zwei Schaltzustände mit vertretbarem technischem Aufwand unterscheiden. Deshalb lassen sich einem Schaltzustand (z.B. Spannung vorhanden oder Spannung nicht vorhanden) nur zwei Zeichen zuordnen. Als Binärzeichen (ein Zeichen aus einem Zeichenvorrat von zwei Zeichen) werden meist die Zeichen 0 und 1 verwendet. Das aus den Binärzeichen aufgebaute Zahlensystem wird als duales Zahlensystem (Zweiersystem) bezeichnet.

Dualzahlen

Entsprechend dem Aufbau des dezimalen Zahlensystems mit zehn Ziffern $(0 \cdots 9)$ und der Basis 10 z.B.

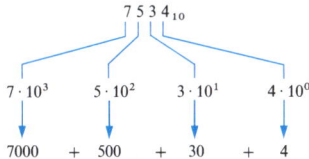

ist das duale Zahlensystem mit Binärzeichen, auch Dualziffern genannt, auf der Basis 2 aufgebaut.

Beispiel:

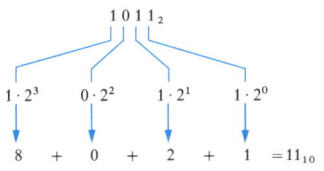

Oktalzahlen

Um die Verständigung zwischen Mensch und Maschine bei vertretbarem technischem Aufwand zu erleichtern, wurden das oktale und sedezimale Zahlensystem eingeführt. Beim oktalen Zahlensystem werden drei und beim sedezimalen Zahlensystem vier aufeinanderfolgende Dualziffern zu einer Ziffer zusammengefaßt. Das oktale Zahlensystem ist auf der Basis 8 mit den acht Ziffern $0 \cdots 7$ aufgebaut.

Beispiel:

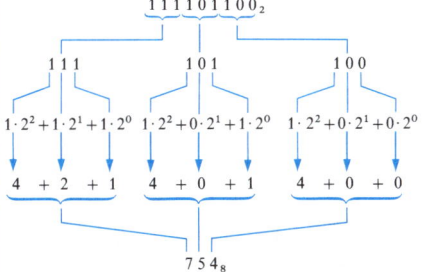

Sedezimalzahlen

Das sedezimale Zahlensystem ist auf der Basis 16 mit den sechzehn Ziffern $0 \cdots 9$, A, B, C, D, E und F aufgebaut. Vielfach ist auch die sprachlich nicht korrekte Bezeichnung Hexadezimalzahlen gebräuchlich.

Beispiel:

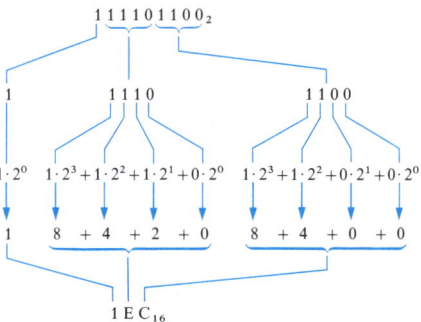

Umwandlung einer Dezimalzahl in eine Zahl eines anderen Zahlensystems

Bei der Umwandlung nach der Divisionsregel wird die Dezimalzahl solange durch 2, 8 oder 16 geteilt, bis der Rest nicht mehr teilbar ist. Die Restziffern, von unten nach oben gelesen, ergeben die gesuchte Zahl.

Beispiel 1:

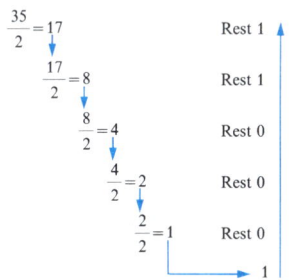

$35_{10} = 100011$

Beispiel 2:

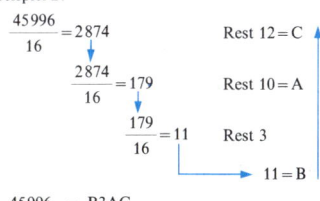

$45996_{10} = B3AC_{16}$

8.4.2 Beschreibung logischer Verknüpfungen

In Steuerungsschaltungen erfolgt die Signalerzeugung und Signalverarbeitung nahezu ausschließlich durch Schaltelemente mit zwei Betriebszuständen, z.B.

Schaltelement	0	1
Ventil	gesperrt	geöffnet
Schalter	geöffnet	geschlossen
Transistor	gesperrt	leitend

Infolge der Verarbeitung binärer Signale (digitaler Signale mit zwei möglichen Wertebereichen) läßt sich die Funktion von Binärschaltungen und deren Elementen eindeutig und anschaulich beschreiben. Am Beispiel der Verknüpfung von zwei binären Signalen werden die verschiedenen Möglichkeiten der Beschreibung erläutert.

Arbeitstabelle

Die Arbeitstabelle dient zur Beschreibung des physikalischen (z.B. des elektrischen oder pneumatischen) Verhaltens von Digitalschaltungen. Die physikalische Größe der Ein- und Ausgangssignale wird direkt durch ihre Werte oder die zugeordneten Pegel L (Low = niedrig) und H (High = hoch) gekennzeichnet. Der L-Pegel bzw. L-Bereich kennzeichnet den Bereich mit dem am wenigsten positiven (bzw. am meisten negativen) Pegel, der H-Pegel bzw. H-Bereich den Bereich mit dem am meisten positiven (bzw. am wenigsten negativen) Pegel eines binären Signals.

a	b	Q
L	L	L
L	H	L
H	L	L
H	H	H

– Jede Spalte enthält die Werte der binären Signale an einem Eingang oder einem Ausgang;
– jede Zeile gibt den Wert des Ausgangssignals (bei mehreren Ausgängen der Ausgangssignale) in Abhängigkeit einer Kombination von Werten der binären Signale an den Eingängen (Eingangskonfiguration) oder einem Eingang an;
– Ist der Wert eines digitalen Ausgangssignals nicht vorhersehbar, so dient sein Fragezeichen der Kennzeichnung;
– hat der Wert eines digitalen Eingangssignals keinen Einfluß, so erfolgt die Kennzeichnung mit L/H oder X.

Wahrheitstabelle

Die Wahrheitstabelle gibt Aufschluß über die logischen Beziehungen zwischen dem Ausgangssignal bzw. den Ausgangssignalen (abhängige digitale Variable) von allen möglichen Kombinationen der Werte der Eingangssignale (unabhängige digitale Variable).
Das Aufstellen der Wahrheitstabelle setzt eine Logik-Vereinbarung voraus. Mit der Logik-Vereinbarung wird die Beziehung zwischen den physikalischen Werten der Arbeitstabelle zu den logischen Zuständen mit den Binärwerten 0 und 1 der Wahrheitstabelle hergestellt. Die verwendete Vereinbarung soll im Stromlaufplan oder den zugehörigen Unterlagen angegeben werden.

Die logische Funktion einer digitalen Schaltung oder eines binären Elements ist abhängig von der getroffenen Logik-Vereinbarung. Geht man z.B. von dem in der Arbeitstabelle gewählten Beispiel aus, so ergibt sich bei der Zuordnung 1≙H und 0≙L (positive Logik) ein UND-Element, bei der Zuordnung 1≙L und 0≙H (negative Logik) jedoch ein ODER-Element.

1≙H, 0≙L

a	b	Q
0	0	0
0	1	0
1	0	0
1	1	1

1≙L, 0≙H

a	b	Q
1	1	1
1	0	1
0	1	1
0	0	0

Schaltzeichen (Logiksymbol)

Das Schaltzeichen eines binären Elements kennzeichnet die tatsächlich ausgeführte logische Funktion in einem System.

UND-Element   ODER-Element

Die Zusammenschaltung mehrerer logischer Elemente ergibt zeichnerisch den Stromlaufplan (Verknüpfung elektrischer Größen) oder den Schaltplan (Verknüpfung pneumatischer bzw. hydraulischer Größen).

Zeitablaufdiagramm (Impulsdiagramm)

Zeitablaufdiagramme zeigen Funktionsabläufe im zeitgerechten Maßstab.
– Jede Funktion wird waagerecht, entsprechend dem gewählten Zeitmaßstab, aufgetragen;
– die Zeitachsen für jede Teilfunktion bzw. jedes Signal werden untereinander dargestellt;
– die Bezugslinie eines Signalzuges ist die logische 0. Die logische 1 wird oberhalb der Bezugslinie aufgetragen;
– Beginn und Ende des darzustellenden Funktionsablaufes zusammengehöriger Zeitachsen sind durch Anfangszeit- und Endzeit-Bezugslinie zu begrenzen;
– Signal- und Funktionsnamen stehen am linken Rand, erläuternde Angaben am rechten Rand des Diagramms.
Das folgende Zeitablaufdiagramm entspricht der Funktion eines UND-Gliedes:

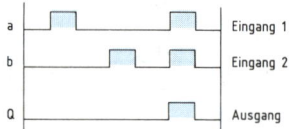

Zeitablaufdiagramme werden vorzugsweise zur Darstellung von taktgesteuerten digitalen Schaltungen verwendet.

Funktionsgleichung (Boolesche Gleichung)

Die logische Funktion eines binären Elements oder einer digitalen Schaltung läßt sich auch nach den Regeln der Schaltalgebra beschreiben.

8.4.3 Elementare Verknüpfungen

Alle Schaltungsverknüpfungen können mit den Grundfunktionen U N D, O D E R und N I C H T realisiert werden.

UND-Verknüpfung (Konjunktion)

Damit das Ausgangssignal den 1-Zustand annimmt, muß an allen Eingängen gleichzeitig ein 1-Signal anliegen.

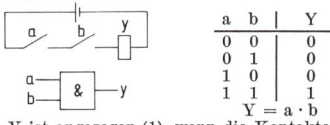

a	b	Y
0	0	0
0	1	0
1	0	0
1	1	1

$$Y = a \cdot b$$

Relais Y ist angezogen (1), wenn die Kontakte a und b geschlossen (1) sind.

ODER-Verknüpfung (Disjunktion)

Am Ausgang liegt ein 1-Signal, wenn an mindestens einem Eingang ein 1-Signal anliegt.

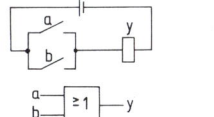

a	b	Y
0	0	0
0	1	1
1	0	1
1	1	1

$$Y = a + b$$

Relais Y ist angezogen (1), wenn Kontakt a angezogen (1) oder Kontakt b angezogen (1) ist.

NICHT-Verknüpfung (Negation)

Die NICHT-Verknüpfung bewirkt eine Signalumkehr.

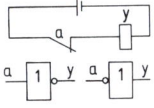

a	Y
0	1
1	0

$$Y = \bar{a}$$
$$\overline{Y} = a$$

Relais Y ist angezogen (1), wenn Kontakt a n i c h t betätigt (0) ist.

NAND-Verknüpfung

Die NAND-Verknüpfung besteht aus der Kombination der UND- und der NICHT-Verknüpfung.

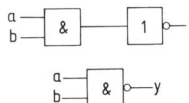

a	b	Y
0	0	1
0	1	1
1	0	1
1	1	0

$$Y = \overline{a \cdot b}$$

Liegt an allen Eingängen ein 1-Signal an, so ist das Ausgangssignal 0. Bei allen anderen Signalkombinationen steht am Ausgang ein 1-Signal an.

NOR-Verknüpfung

Die NOR-Verknüpfung besteht aus der Kombination der ODER- und der NICHT-Verknüpfung.

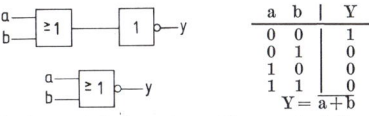

a	b	Y
0	0	1
0	1	0
1	0	0
1	1	0

$$Y = \overline{a + b}$$

Liegt an mindestens einem Eingang ein 1-Signal an, so steht am Ausgang ein 0-Signal an. Liegt an allen Eingängen ein 0-Signal, so ist das Ausgangssignal 1.

8.4.4 Schaltalgebra (Boolesche Algebra)

Die Variablen der allgemeinen Algebra können von unendlich vielen Werten jeden beliebigen Wert annehmen. In der Schaltalgebra kann eine Variable dagegen nur zwei Werte, die Werte 0 und 1, annehmen.

Verknüpfungszeichen

Entsprechend DIN 5474 „Zeichen der mathematischen Logik" sind in DIN 66 000 den Schaltfunktionen folgende mathematische Zeichen zugeordnet:

Operation	UND	ODER	NICHT
	$\wedge$	$\vee$	$\neg$
Ersatzweise	$\cdot$	$+$	$-$

Das Zeichen $\neg$ (der waagerechte Strich steht in halber Höhe eines Buchstabens) beziehungsweise $-$ (Überstreichung des gesamten negierten Ausdrucks) bindet stärker als die Zeichen $\wedge$ und $\vee$. Da die Zeichen $\wedge$ und $\vee$ unter sich gleich stark binden, sind einzelne Terme einzuklammern.

Die Schreibweise schaltalgebraischer Funktionen wird jedoch sehr viel einfacher und übersichtlicher, wenn die ersatzweise zulässigen Zeichen $\cdot$, $+$ und $-$ verwenden im Gegensatz zu DIN 66 000 in Anlehnung an die Algebra das UND-Verknüpfungszeichen stärker als das ODER-Verknüpfungszeichen bindet. Dann können auch in der Schaltalgebra die Regeln der Algebra (z. B. Punktrechnung geht vor Strichrechnung) angewendet werden. Eine Ausnahme bildet lediglich die Eingangskonfiguration mehrerer 1-Signale der ODER-Verknüpfung:

$$1 + 1 + \ldots + 1 = 1$$

Postulate

$0 \cdot 0 = 0$	$0 + 0 = 0$
$0 \cdot 1 = 0$	$0 + 1 = 1$
$1 \cdot 0 = 0$	$1 + 0 = 1$
$1 \cdot 1 = 1$	$1 + 1 = 1$

Beispiel:

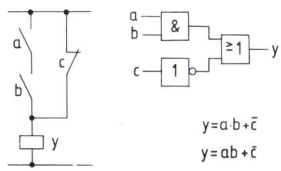

$$y = a \cdot b + \bar{c}$$
$$y = ab + \bar{c}$$

Klammernschreibweise

Für die Anwendung der Klammernschreibweise in der Schaltalgebra gelten die gleichen Regeln wie in der Algebra (s. S. 1-3).

Beispiel: $y = ab + ac$ $\equiv$ $y = a(b + c)$

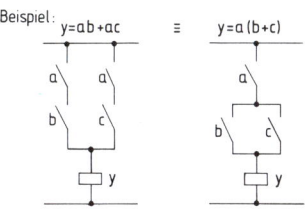

8

8.4 Digitaltechnik

8.4.5 Darstellung logischer Verknüpfungen

<table>
<tr><th>Benennung
Wahrheitstabelle
Funktionsgleichung</th><th>Logik-Symbol nach
DIN 40900 T12</th><th>pneumatische
Realisierung
nach ISO 1219</th><th>Stromlaufplan
nach DIN 40713</th></tr>
<tr><td>UND (AND)

a | b | Q
0 | 0 | 0
0 | 1 | 0
1 | 0 | 0
1 | 1 | 1

$Q = a \cdot b$</td><td>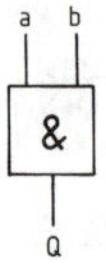</td><td>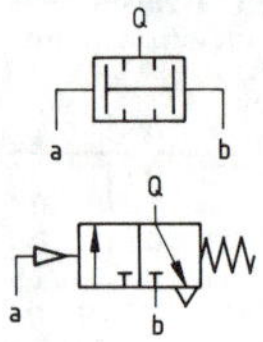</td><td>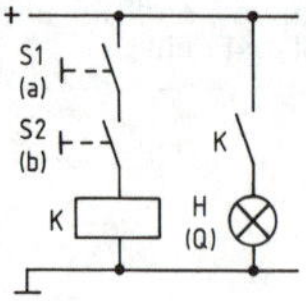</td></tr>
<tr><td>ODER (OR)

a | b | Q
0 | 0 | 0
0 | 1 | 1
1 | 0 | 1
1 | 1 | 1

$Q = a + b$</td><td>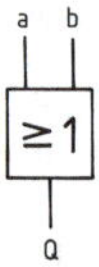</td><td>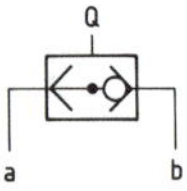</td><td>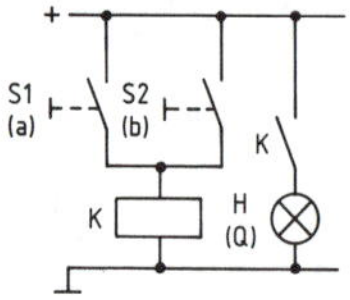</td></tr>
<tr><td>NICHT (NOT)

a | Q
0 | 1
1 | 0

$Q = \bar{a}$</td><td>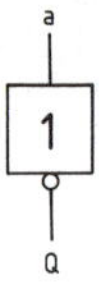</td><td>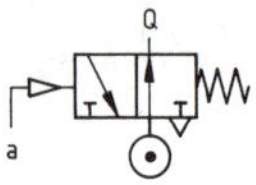</td><td>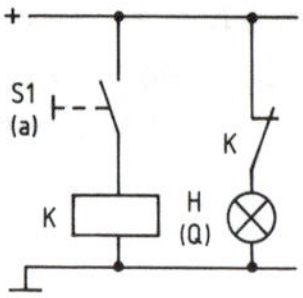</td></tr>
<tr><td>NAND

a | b | Q
0 | 0 | 1
0 | 1 | 1
1 | 0 | 1
1 | 1 | 0

$Q = \overline{a \cdot b}$</td><td>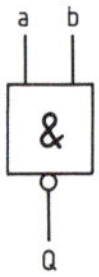</td><td>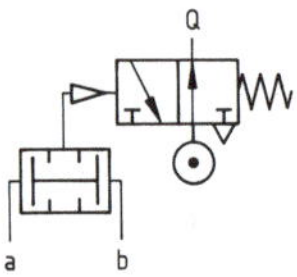</td><td>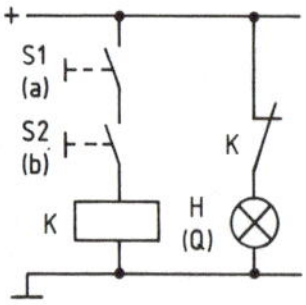</td></tr>
<tr><td>NOR

a | b | Q
0 | 0 | 1
0 | 1 | 0
1 | 0 | 0
1 | 1 | 0

$Q = \overline{a + b}$</td><td>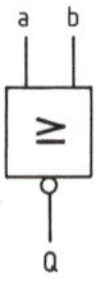</td><td>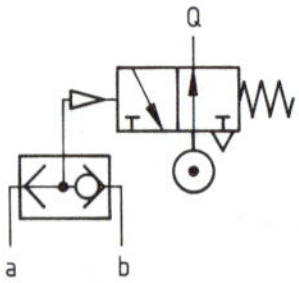</td><td>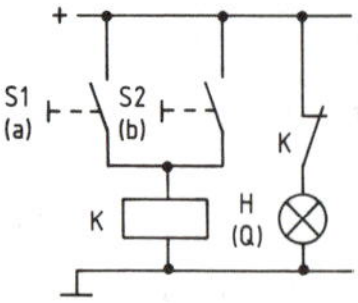</td></tr>
<tr><td>SPEICHER (Flip Flop)

S | R | Q | $\bar{Q}$
1 | 0 | 1 | 0
0 | 0 | 1 | 0
0 | 1 | 0 | 1
0 | 0 | 0 | 1</td><td>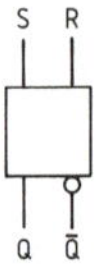</td><td>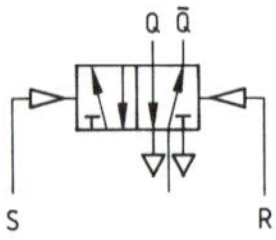</td><td>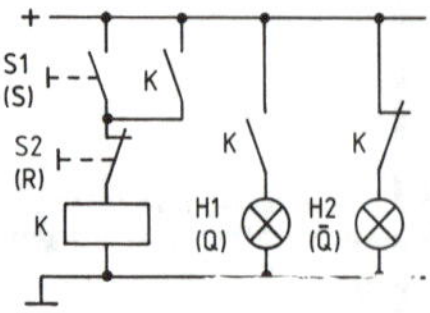</td></tr>
</table>

8.4.6 Entwurf kombinatorischer Schaltungen

Die Ausgangswerte kombinatorischer Schaltungen sind in jedem Zeitpunkt eine Funktion der Eingangsvariablen. Der systematische Entwurf dieser Schaltungen umfaßt in der Regel die Schritte:

1. Problemerfassung in einer Wahrheitstabelle
2. Aufstellung der Funktionsgleichung(en)
3. Schaltungsvereinfachung (Minimierung)
4. Schaltungsrealisierung

In der Wahrheitstabelle wird jeder möglichen Eingangskonfiguration die zugehörige Ausgangskonfiguration so zugeordnet, daß:

a) jede Spalte die binären Werte eines Eingangs oder eines Ausgangs enthält,
b) jede Zeile eine Eingangskonfiguration mit der zugehörigen Ausgangskonfiguration enthält.

Die 2^n Eingangskonfigurationen einer Schaltung mit n Eingangsvariablen werden nach aufsteigenden Dualzahlen von 0 bis $2^n - 1$ angeordnet.

Beispiel:
Ein 1-Bit Volladdierer muß aus zwei einstelligen Dualzahlen b und a und einem evtl. vorhandenen Übertrag ü aus der vorhergehenden Stelle die Summe S und ggf. den Übertrag Ü für die nächste Stelle bilden.

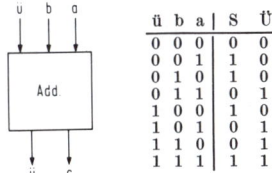

ü	b	a	S	Ü
0	0	0	0	0
0	0	1	1	0
0	1	0	1	0
0	1	1	0	1
1	0	0	1	0
1	0	1	0	1
1	1	0	0	1
1	1	1	1	1

Funktionsgleichung

Auf der Grundlage der Wahrheitstabelle lassen sich zwei Funktionsgleichungen ableiten, die die geforderte Verknüpfung der Eingangsvariablen gewährleisten: die disjunktive und die konjunktive Normalform. Hierzu wird die Wahrheitstabelle um je eine Spalte zur Bildung der Minterme und Maxterme erweitert. Minterme sind die konjunktive (UND-) Verknüpfung, Maxterme die disjunktive (ODER-) Verknüpfung aller Eingangsvariablen einer Eingangskonfiguration. Die disjunktive Normalform entsteht durch disjunktive (ODER-) Verknüpfung aller Minterme mit dem Funktionswert 1, die konjunktive Normalform durch konjunktive (UND-) Verknüpfung aller Maxterme mit dem Funktionswert 0.

Beispiel:
Es soll die Funktionsgleichung für die Übertragsbildung eines 1-Bit Volladdierers gebildet werden:

a	b	ü	Ü	Minterme	Maxterme
0	0	0	0	$\bar{a} \cdot \bar{b} \cdot \bar{ü}$	$a + b + ü$
0	0	1	0	$\bar{a} \cdot \bar{b} \cdot ü$	$a + b + \bar{ü}$
0	1	0	0	$\bar{a} \cdot b \cdot \bar{ü}$	$a + \bar{b} + ü$
0	1	1	1	$\bar{a} \cdot b \cdot ü$	$a + \bar{b} + \bar{ü}$
1	0	0	0	$a \cdot \bar{b} \cdot \bar{ü}$	$\bar{a} + b + ü$
1	0	1	1	$a \cdot \bar{b} \cdot ü$	$\bar{a} + b + \bar{ü}$
1	1	0	1	$a \cdot b \cdot \bar{ü}$	$\bar{a} + \bar{b} + ü$
1	1	1	1	$a \cdot b \cdot ü$	$\bar{a} + \bar{b} + \bar{ü}$

Disjunktive Normalform:
$$Ü = \bar{a} \cdot b \cdot ü + a \cdot \bar{b} \cdot ü + a \cdot b \cdot \bar{ü} + a \cdot b \cdot ü$$
Konjunktive Normalform:
$$Ü = (a + b + ü) \cdot (a + b + \bar{ü}) \cdot (a + \bar{b} + ü) + (\bar{a} + b + ü)$$

8.4.7 Schaltungsvereinfachung (Minimierung)

Meist können die Normalformen durch Anwendung der Schaltalgebra (S. 8-42) oder tabellarischer Verfahren noch wesentlich vereinfacht und damit der Schaltungsaufwand verringert werden. Wegen der größeren Übersichtlichkeit und einfacheren Handhabung der disjunktiven Normalform gegenüber der konjunktiven Normalform wird bei der Minimierung in der Regel von der disjunktiven Normalform ausgegangen.

Algebraische Vereinfachung

Die schaltalgebraische Vereinfachung beruht im wesentlichen auf der Anwendung der Vereinfachungsregeln von S. 8-42, wie das folgende Beispiel zeigt:

Beispiel:
$$Ü = \bar{a} \cdot b \cdot ü + a \cdot \bar{b} \cdot ü + a \cdot b \cdot \bar{ü} + a \cdot b \cdot ü$$
$$Ü = \bar{a} \cdot b \cdot ü + a \cdot \bar{b} \cdot ü + a \cdot b \cdot \bar{ü} + a \cdot b \cdot ü +$$
$$\quad a \cdot b \cdot ü + a \cdot b \cdot ü$$
$$Ü = \bar{a} \cdot b \cdot ü + a \cdot b \cdot ü + a \cdot \bar{b} \cdot ü + a \cdot b \cdot ü +$$
$$\quad a \cdot b \cdot \bar{ü} + a \cdot b \cdot ü$$
$$Ü = b \cdot ü \cdot (\bar{a} + a) + a \cdot ü \cdot (\bar{b} + b) + a \cdot b \cdot (\bar{ü} + ü)$$
$$Ü = b \cdot ü \cdot (1) + a \cdot ü \cdot (1) + a \cdot b \cdot (1)$$
$$Ü = b \cdot ü + a \cdot ü + a \cdot b$$

Nach dieser Vereinfachung sind nur noch drei UND-Glieder mit je zwei Eingängen und ein ODER-Glied mit drei Eingängen erforderlich. Soll die Schaltung mit Relais realisiert werden, so ist eine weitere Vereinfachung sinnvoll:
$$Ü = ü (a + b) + \varepsilon \cdot b$$

Vereinfachung mittels Karnaugh-Tafel

Wie das vorhergehende Beispiel zeigt, setzt das rein mathematische Vereinfachungsverfahren intuitives Vorgehen voraus, was bei umfangreicheren Normalformen oft zu erheblichen Schwierigkeiten führt. Deshalb wurden systematische Verfahren entwickelt, von denen die Methode nach Karnaugh und Veitch am gebräuchlichsten ist. Eine Karnaugh-Veitch-Tafel, kurz K-V-Tafel genannt, enthält für jeden Minterm ein quadratisches Feld, insgesamt also 2^n Felder (n = Anzahl der Eingangsvariablen). Diese Felder werden bei einer geraden Anzahl von Eingangsvariablen schachbrettartig so angeordnet, daß zwei nebeneinanderliegende Felder einer Spalte oder einer Zeile sich immer nur in einer einzigen Eingangsvariablen unterscheiden. Bei einer ungeraden Anzahl von Eingangsvariablen erhält der senkrechte oder waagerechte Rand eine Eingangsvariable weniger als der andere Rand.

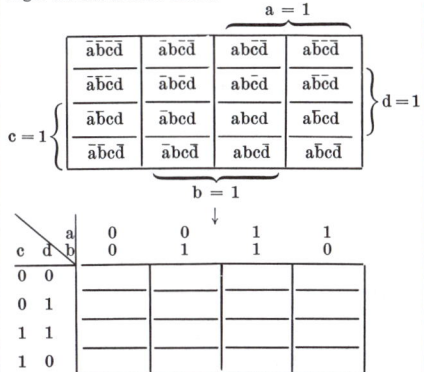

In die einzelnen Felder wird der Binärwert der Ausgangsvariablen (Funktionswert des entsprechenden Minterms) eingetragen, wobei die Eintragung von Nullen auch entfallen kann.

a	b	ü	Ü
0	0	0	0
0	0	1	0
0	1	0	0
0	1	1	1
1	0	0	0
1	0	1	1
1	1	0	1
1	1	1	1

→

a	0	0	1	1
ü b	0	1	1	0
0	0	0	1	0
1	0	1	1	1

Zwei Felder, die sich nur im Binärwert einer Eingangsvariablen unterscheiden, werden als **benachbart** oder **Nachbarfelder** bezeichnet. In diesem Sinne sind auch die Randfelder einer Zeile oder einer Spalte benachbart.

Steht in zwei benachbarten Feldern eine 1, so ist die Ausgangsvariable unabhängig von d e r Eingangsvariablen, die in dem einen Feld negiert, im anderen nicht negiert ist. Übrig bleibt ein UND-Ausdruck der beiden Feldern gemeinsamen Eingangsvariablen.

Die Übersichtlichkeit wird größer, wenn benachbarte Felder mit einer 1 durch Umrandung zu einer sogenannten Zweierschleife, auch Zweierblock genannt, zusammengefaßt werden. Dabei darf ggf. jedes Feld in mehrere Schleifen einbezogen werden.

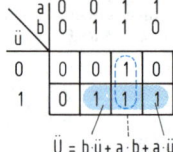

$$Ü = b \cdot ü + a \cdot b + a \cdot ü$$

Können vier oder acht Nachbarfelder zu einer Schleife zusammengefaßt werden, so ist die Ausgangsvariable innerhalb dieser Schleifen von zwei bzw. drei Eingangsvariablen unabhängig.

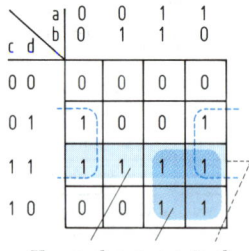

$$Y = c \cdot d + a \cdot c + b \cdot d$$

Eine K-V-Tafel für fünf Eingangsvariable läßt sich durch spiegelbildliches Aneinanderlegen zweier K-V-Tafeln für vier Eingangsvariable bilden. In einer so gebildeten Tafel unterscheiden sich symmetrisch zu den Anlegekanten (im folgenden Beispiel als Doppellinie gezeichnet) liegende Felder nur im Binärwert einer Eingangsvariablen und sind folglich ebenfalls Nachbarfelder.

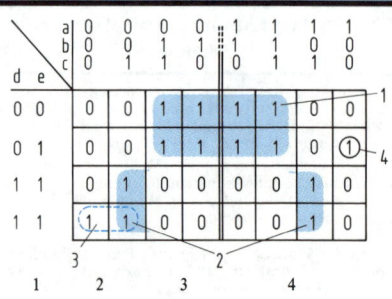

$$Y = b \cdot \bar{d} + \bar{b} \cdot c \cdot d + \bar{a} \cdot \bar{b} \cdot d \cdot e + a \cdot \bar{b} \cdot \bar{c} \cdot \bar{d} \cdot e$$
$$Y = b \cdot \bar{d} + \bar{b} \cdot d \cdot (c + \bar{a} \cdot \bar{e}) + a \cdot \bar{b} \cdot \bar{c} \cdot \bar{d} \cdot e$$
$$Y = b \cdot \bar{d} + \bar{b} \cdot d \cdot (c + \bar{a} \cdot \bar{e}) + a \cdot \bar{c} \cdot \bar{d} \cdot e$$

Eine K-V-Tafel für sechs Eingangsvariable entsteht durch senkrechtes spiegelbildliches Aneinanderlegen zweier K-V-Tafeln für fünf Eingangsvariable.

Komplexe Schaltungen mit mehr als sechs Eingangsvariablen werden zweckmäßigerweise in Teilschaltungen mit einer kleineren Anzahl von Eingangsvariablen zerlegt, weil Nachbarfelder in Tafeln mit mehr als sechs Eingangsvariablen z. T. nur noch schwer zu erkennen sind.

Entsprechend den 1-Feldern bei der Minterm-Methode lassen sich bei der **Maxterm-Methode** alle benachbarten 0-Felder zusammenfassen. Dabei werden die Eingangsvariablen einzelner Felder oder Schleifen durch ODER-Funktion und die Felder und Schleifen untereinander mittels UND-Funktion verknüpft. Zusätzlich ist eine Negation der Eingangsvariablen erforderlich, weil Maxterme erfaßt werden.

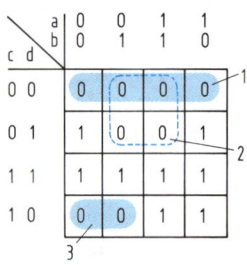

$$Y = (c + d) \cdot (\bar{b} + c) \cdot (a + \bar{c} + d)$$

Berücksichtigung von Redundanzen

Häufig können bestimmte Eingangskonfigurationen, z. B. gleichzeitige Betätigung mehrerer Stockwerksendschalter eines Fahrstuhls, nicht auftreten. Solche überflüssigen (redundanten) Verknüpfungen werden durch ein Kreuz im entsprechenden Feld der K-V-Tafel (don't care position) eingetragen und sind bei der Schleifenbildung zwecks Minimierung frei verfügbar, z. B.:

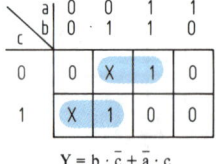

$$Y = b \cdot \bar{c} + \bar{a} \cdot c$$

8.4.8 Kippglieder

In sequentiellen Schaltungen wird der Binärwert der Ausgangsvariablen nach (t_{n+1}) einer Änderung des Binärwertes der Eingangsvariablen zusätzlich vom inneren Zustand der Schaltung vor (t_n) der Änderung bestimmt.

Wesentlicher Bestandteil sequentieller Schaltungen sind bistabile Elemente, auch Flipflops, bistabile Kippglieder, Impulsspeicher, bistabile Kippstufen oder bistabile Multivibratoren genannt.

RS-Kippglied

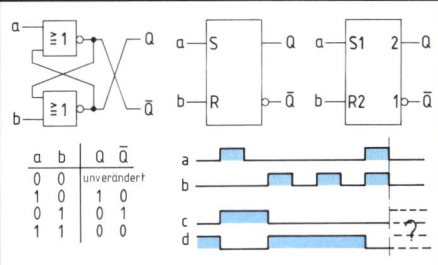

a	b	Q	$\bar{Q}$
0	0	unverändert	
1	0	1	0
0	1	0	1
1	1	0	0

Das RS-Kippglied, auch Basiskippglied oder asynchrones Kippglied genannt, spricht unmittelbar auf Eingangssignalwechsel an. Es entsteht z.B. durch Zusammenschalten zweier NOR-Glieder.

Das RS-Kippglied wird mit einem 1-Signal am Setzeingang S gesetzt und mit einem 1-Signal am Rücksetzeingang R zurückgesetzt. Liegt an beiden Eingängen ein 0-Signal, so bleibt der Ausgangszustand erhalten.

Liegt an beiden Eingängen gleichzeitig ein 1-Signal, so entsteht ein pseudostabiler Ausgangszustand. Der gleichzeitige Rückgang der Eingangssignale a und b von 1 nach 0 erzeugt ein nicht vorhersehbares stabiles und komplementäres Ausgangsmuster. Die Beschriftung des rechten Schaltzeichens ist ein Hinweis auf diesen pseudostabilen Ausgangszustand.

Kippglied mit Grundstellung

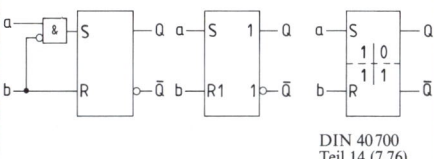

DIN 40 700
Teil 14 (7.76)

Nimmt ein Kippglied durch interne Schaltungsmaßnahmen oder durch einen Richtimpuls beim Einschalten der Versorgungsspannung einen bestimmten internen Zustand an – hier 0 –, so kann dies durch eine entsprechende Eintragung im Schaltzeichen gekennzeichnet werden.

Anmerkung: Die beiden R-Eingänge sind durch ODER verknüpft.

Flankengesteuerte Kippglieder

In Zähler- und Registerschaltungen muß ein Kippglied häufig bereits am Eingang eine neue Information übernehmen, während am Ausgang noch die alte Information ausgelesen wird.

Dies setzt eine Zwischenspeicherung voraus, die beim einflankengesteuerten Kippglied dynamisch und beim zweiflankengesteuerten Kippglied statisch erfolgt.

Zweiflankengesteuertes Kippglied
(data-lock-out bistable)

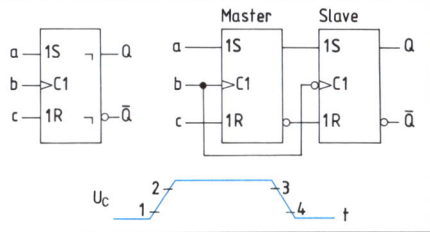

Das zweiflankengesteuerte Kippglied kann man mit beliebig langsam ansteigenden und abfallenden Taktimpulsflanken betreiben. Es benötigt keine Setzzeit t_S vor dem Eintreffen des Taktimpulses und keine Haltezeit t_H nach der Informationsübernahme in das Master-Kippglied. Es kann jedoch solange über die Vorbereitungseingänge S und R gestört werden, wie am Takteingang C ein 1-Signal anliegt.

JK-Kippglied

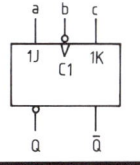

Liegt an beiden Vorbereitungseingängen J und K gleichzeitig ein 1-Signal an, so wirkt das JK-Kippglied wie ein Binärteiler, d.h., daß jede wirksame Taktflanke einen Wechsel der Ausgangssignale zur Folge hat. Bei allen anderen Eingangskonfigurationen wirkt es wie ein einflankengesteuertes RS-Kippglied.

8

8.5 Regelungstechnik

8.5.1 Grundbegriffe der Regelungstechnik

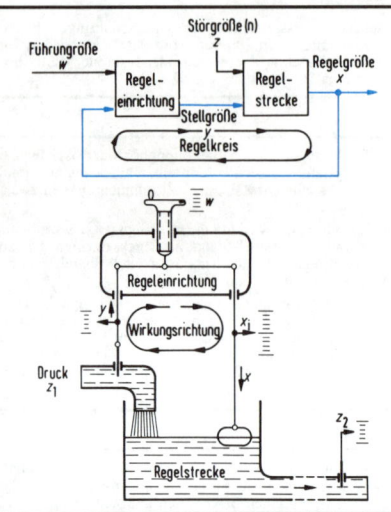

Nach DIN 19226 ist „das Regeln beziehungsweise die Regelung ein Vorgang, bei dem die zu regelnde Größe (Regelgröße) fortlaufend erfaßt, mit der Führungsgröße verglichen und abhängig vom Ergebnis dieses Vergleichs im Sinne einer Angleichung an die Führungsgröße beeinflußt wird. Der sich dabei ergebende Wirkungsablauf findet in einem geschlossenen Kreis, dem Regelkreis, statt".

Das Beispiel zeigt eine Wasserstandsregelung. Regelstrecke ist der Wasserbehälter, Regelgröße der Wasserstand. Im Beharrungszustand des Regelkreises sind die Istwerte der Regel- und Stellgröße (Schieberstellung in der Zuleitung) sowie der Störgrößen (Änderung des Wasserdrucks in der Zuleitung und der Abflußmenge) im Gleichgewicht; die Wasserstandshöhe im Behälter ist konstant. Wird z.B. infolge eines Druckabfalls in der Zuleitung die zufließende Wassermenge kleiner als die abfließende, so sinkt der Flüssigkeitsstand; der Schwimmer (Meßglied) öffnet über einen Hebel das Eingangsventil (Stellglied) und erhöht damit die zufließende Wassermenge. Mit steigendem Wasserstand verringert die Regeleinrichtung den Zufluß so lange, bis zu- und abfließende Wassermenge wieder im Gleichgewicht sind und der ursprüngliche Wasserstand wieder nahezu erreicht ist.

Regelungstechnische Begriffe und Bezeichnungen

Begriff und Formelzeichen		Definition nach DIN 19226 (5.68)
Führungsgröße	w	Eine der Regeleinrichtung von außen zugeführte und von der Regelung unbeeinflußte Größe, der die Regelgröße in einer vorgegebenen Abhängigkeit folgen soll.
Führungsbereich	W_h	Bereich, innerhalb dessen die Führungsgröße liegen kann.
Regeleinrichtung		(Auch Einrichtung oder Regler genannt) Die gesamte Einrichtung, die über das Stellglied aufgabengemäß (meist Konstanthaltung der Regelgröße) auf die Strecke einwirkt.
Regelkreis		Alle Glieder des geschlossenen Wirkungsablaufs der Regelung bilden den Regelkreis (Zusammenhaltung von Regelstrecke und Regeleinrichtung).
Regelstrecke		(Auch Strecke genannt) Der gesamte Teil der Anlage, in dem die Regelgröße aufgabengemäß (meist Konstanthaltung) beeinflußt wird.
Regelgröße	x	Größe, die in der Regelstrecke konstant gehalten oder nach einem vorgegebenen Programm beeinflußt werden soll.
Regelbereich	X_h	Bereich, innerhalb dessen die Regelgröße unter Berücksichtigung der zulässigen Grenzen der Störgrößen eingestellt werden kann, ohne die Funktionsfähigkeit der Regelung zu beeinträchtigen.
Istwert der Regelgröße	x_i	Der tatsächliche Wert der Regelgröße im betrachteten Zeitpunkt.
Sollwert der Regelgröße	x_s	Der angestrebte Wert der Regelgröße im betrachteten Zeitpunkt.
Regelabweichung[1]	x_w	Die Differenz zwischen Regelgröße und Führungsgröße $x_w = x - w$. Die negative Regelabweichung wird als Regeldifferenz bezeichnet $x_d = w - x = -x_w$.
Stellgröße	y	Sie überträgt die steuernde Wirkung der Regeleinrichtung auf die Regelstrecke.
Stellbereich	Y_h	Bereich, innerhalb dessen die Stellgröße einstellbar ist.
Stellglied		Am Eingang der Strecke liegendes Glied, das dort den Messe- oder Energiestrom entsprechend der Stellgröße beeinflußt.
Störgröße	z	Von außen auf den Regelkreis einwirkende Störungen, die die Regelgröße ungewollt beeinflussen.
Störbereich	Z_h	Bereich, innerhalb dessen die Störgröße liegen darf, ohne daß die Funktionsfähigkeit der Regelung beeinträchtigt wird.

[1] Anmerkung: nach DIN 19221 (2.81) wird anstelle der Regelabweichung die Regeldifferenz $e = w - x$ verwendet.

8.5 Regelungstechnik

8.5.2 Zeitverhalten von Regelkreisgliedern

Um das oft komplizierte Zusammenwirken von Regelstrecke und Regeleinrichtung zu verstehen und zu optimieren, ist es sinnvoll, den Regelkreis längs des Wirkungsweges in gleichberechtigte, rückwirkungsfreie Glieder – wobei Regelstrecke und Regeleinrichtung ebenfalls aus solchen Gliedern zusammengesetzt sein können – zu unterteilen.

Ein solches Regelkreisglied kann im einfachsten Fall durch ein Rechteck, Block genannt, mit einem Eingangssignal u und einem Ausgangssignal v dargestellt werden.

Die zeitliche Abhängigkeit des Ausgangssignals v vom Eingangssignal u, auch Signalübertragungsverhalten oder kurz Übertragungsverhalten genannt, läßt sich am einfachsten mittels der Sprungantwort beschreiben.

Sprungantwort oder Übergangsfunktion

Die Sprungantwort ist der zeitliche Verlauf der Ausgangsgröße v nach einer sprungartigen Änderung der Eingangsgröße u.

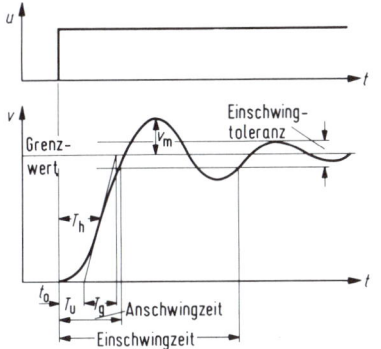

Hat die Sprungantwort für alle $t \geq t_0$ das gleiche Vorzeichen und strebt sie für $t \rightarrow \infty$ gegen einen von Null verschiedenen endlichen Grenzwert, so lassen sich folgende Kennwerte bestimmen:

Die **Verzugszeit** T_u, bestimmt durch den Punkt t_0 und den Schnittpunkt der ersten Wendetangente mit der Zeitachse;

die **Ausgleichszeit** T_g, bestimmt durch die Schnittpunkte der ersten Wendetangente mit der Zeitachse und der Abszissenparallele durch den Grenzwert;

die **Halbwertszeit** T_h; sie endet, wenn die Sprungantwort erstmalig den halben Grenzwert erreicht;

die **Anschwingzeit** vergeht vom Zeitpunkt t_0 an bis die Sprungantwort erstmalig eine der Grenzen der Einschwingtoleranz überschreitet;

die **Einschwingzeit** ist beendet, wenn die Sprungantwort letztmalig eine der Grenzen der Einschwingtoleranz überschreitet;

die **Einschwingtoleranz** ist die Differenz der zulässigen größten und kleinsten Abweichung der Sprungantwort vom Grenzwert;

die **Überschwingweite** V_m gibt die maximale Abweichung der Sprungantwort vom Grenzwert nach dem erstmaligen Überschreiten einer der Grenzen der Einschwingtoleranz an.

Wird die Sprungantwort auf die Sprunghöhe der Eingangsgröße bezogen, so entsteht die bezogene Sprungantwort, Übergangsfunktion $h(t) = v(t)/u(t)$ genannt.

Die Sprungantwort bzw. Übergangsfunktion läßt sich meist mit geringem Aufwand experimentell ermitteln.

Zusammenschaltung von Regelkreisgliedern

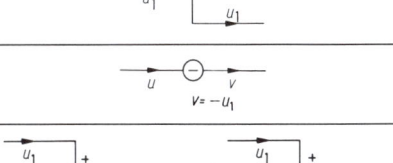

Verzweigt sich eine Wirkungslinie in mehrere weiterlaufende Wirkungslinien, wobei das ursprüngliche Signal nach wie vor nicht beeinflußt wird, so wird die Verzweigungsstelle durch einen Punkt mit einem Durchmesser von dreifacher Strichdicke dargestellt.

Ein Kreis mit einem Minuszeichen kennzeichnet die alleinige Vorzeichenumkehr eines Signals.

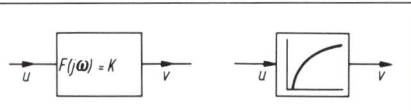

Addieren sich mehrere Signale an einer Verzweigungs- oder Verbindungsstelle, so kann die Additionsstelle anstelle eines Blocks durch einen Kreis dargestellt werden. Dabei können die Pluszeichen entfallen.

Der wirkungsmäßige Zusammenhang zwischen Ein- und Ausgangssignal kann z.B. mittels Gleichung, oder qualitativer zeichnerischer Darstellung, z.B. der Übergangsfunktion, genauer gekennzeichnet werden.

8

8.5.3 Regelstrecken

Regelstrecken ohne Ausgleich

Regelstrecken mit einem gegen unendlich gehenden Übertragungsbeiwert K_S bzw. einem gegen Null strebenden Ausgleichswert Q, meist auf ein I-Verhalten zurückzuführen, werden als Regelstrecke ohne Ausgleich bezeichnet.

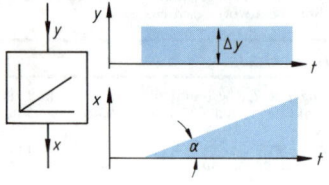

Die Regelgröße wächst nach einer Änderung der Stellgröße oder einer Störgrößenänderung stetig weiter an, ohne einem Endwert zuzustreben. Kenngröße ist der Anlaufwert A bei einer Verstellung des Stellgliedes um den ganzen Stellbereich Y_h:

Ist eine Änderung um Y_h nicht möglich, so wird die Stellgröße nur um den Betrag Δy verstellt und entsprechend umgerechnet

$$A = \frac{1}{\tan \alpha} = \frac{\Delta t}{\Delta x} \qquad A = \frac{\Delta t}{\Delta x} \cdot \frac{\Delta y}{\Delta Y_h}$$

Der Kehrwert des Anlaufwertes gibt die maximale Änderungsgeschwindigkeit der Regelgröße an, die bei einer Verstellung des Stellgliedes um den ganzen Stellbereich Y_h auftritt.

Regelstrecken mit Ausgleich

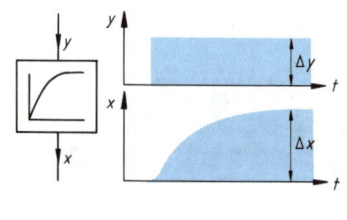

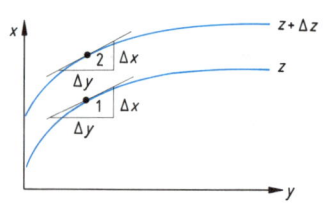

Bei einer Regelstrecke mit Ausgleich strebt die Regelgröße x nach einer bestimmten Stellgrößenänderung Δy oder Störgrößenänderung Δz einem bestimmten neuen Endwert, Beharrungszustand genannt, zu.

Kennzeichnende Größe ist der Übertragungsbeiwert der Regelstrecke im Beharrungszustand K_S, häufig auch Verstärkung der Regelstrecke genannt, bzw. der reziproke Wert von K_S, Ausgleichswert der Regelstrecke Q genannt, bei konstanten Werten der Störgrößen.

$$K_S = \frac{\Delta x}{\Delta y} \qquad Q = \frac{1}{K_S} = \frac{\Delta y}{\Delta x}$$

Je kleiner K_S bzw. je größer Q ist, um so besser ist die „Selbstregeleigenschaft" der Strecke und um so leichter läßt sie sich regeln.

K_S und Q lassen sich für verschiedene Arbeitspunkte und Störgrößenwerte aus dem Strecken-Kennlinienfeld ermitteln.

Für die Berechnung werden die meist gekrümmten Kennlinien oder Abschnitte von ihnen näherungsweise durch Geraden (Tangenten) ersetzt.

Kennzeichen einer Regelstrecke mit Ausgleich ist ein endlicher K_S-Wert bzw. $Q > 0$: sie stellt ein P- oder P-T-Glied dar, dessen P-Beiwert K_p identisch mit K_S ist.

Regelstrecken mit Verzögerung

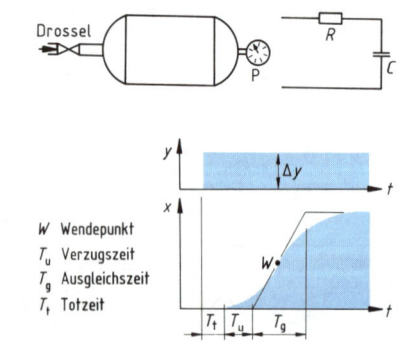

W Wendepunkt
T_u Verzugszeit
T_g Ausgleichszeit
T_t Totzeit

Die meisten Regelstrecken entsprechen der Reihenschaltung aus P-Systemen (Strecken mit Ausgleich) mit einem oder mehreren T_1-Systemen (Strecken mit Trägheit). Eine Regelstrecke 1. Ordnung entsteht z.B. durch die Reihenschaltung einer Drosselstelle und einem dahinterliegenden Speicher.

Die Reihenschaltung von n P-T_1-Gliedern führt zu einer Regelstrecke n. Ordnung. Die Sprungantwort gibt Aufschluß über die Regelbarkeit dieser Strecke.

Die Regelbarkeit einer Strecke ist um so besser, je größer das Verhältnis T_g/T_u ist. Als Richtwerte gelten:

$$T_g/T_u \geq 10 \quad \text{gut regelbar}$$
$$T_g/T_u \approx 6 \quad \text{mäßig regelbar}$$
$$T_g/T_u \lesssim 3 \quad \text{schwer regelbar}$$

Bei Regelstrecken mit Totzeit reagiert die Regelgröße erst nach Ablauf der Totzeit T_t auf eine Änderung der Stellgröße. Anstelle der Verzugszeit T_u ist die Totzeit T_t bzw. die Summe aus $T_t + T_u$ ein Maß für die Regelbarkeit der Strecke.

8.5 Regelungstechnik

Dynamische Kennwerte von Regelstrecken

Regelgröße	T_t	T_u	A
Temperatur			
Kleiner elektrischer Laboratoriumsofen	0,5 min ··· 1 min	5 min ··· 15 min	1 s/°C
Großer elektrischer Glühofen	1 min ··· 3 min	10 min ··· 20 min	3 s/°C
Destillations-Kolonne	1 min ··· 3 min	5 min ··· 15 min	3 s/°C
Raumheizung.	1 min ··· 5 min	10 min ··· 60 min	1 min/°C
Druck			
Dampfkessel (bei Mühlenfeuerung).	1 min ··· 2 min	2 min ··· 5 min	–
Gasrohrleitungen	0	0,1 s	–
Wasserstand			
in Dampfkesseln	0,5 min ··· 1 min	–	3 s/cm ··· 10 s/cm
Drehzahl			
Dampfturbine	0	–	20 s/1 000 U/min
Kleine Elektromotorantriebe	0	0,2 s ··· 20 s	–
Große Elektromotorantriebe	0	5 s ··· 40 s	–
Spannung			
Kleine Generatoren	0	0,5 s ··· 5 s	–
Große Generatoren	0	5 s ··· 10 s	–

Zur Totzeit der Regelstrecke ist die Totzeit des Meßfühlers zu addieren. Diese kann insbesondere bei Temperaturregelvorgängen nicht vernachlässigt werden. Für Thermometer mit Schutzrohren aus Metall gelten folgende Richtwerte:

Strömender Hochdruckdampf,
Wasser, Schmelzen . . . . 2 s ··· 60 s
Schwere langsame Flüssigkeiten . . . . . . 30 s ··· 100 s
Öl, Sattdampf . . . . 10 s ··· 200 s
Gase und Dämpfe bei
Atmosphärendruck und
langsamer Geschwindigkeit . . . . 100 s ··· 1000 s

Wahl einer geeigneten Regeleinrichtung bei gegebener Strecke

Strecke / Regler	P	I	PI	PD	PID
reine Totzeit	unbrauchbar	etwas schlechter als PI	Führung + Störung	unbrauchbar	unbrauchbar
Totzeit + Verzögerung 1. Ordnung	unbrauchbar	schlechter als PI	etwas schlechter als PID	unbrauchbar	Führung + Störung
Totzeit + Verzögerung 2. Ordnung	nicht geeignet	schlecht	schlechter als PID	schlecht	Führung + Störung
1. Ordnung + sehr kleine Totzeit (Verzugszeit)	Führung	nicht geeignet	Störung	Führung bei Verzugszeit	Störung bei Verzugszeit
höherer Ordnung	nicht geeignet	schlechter als PID	etwas schlechter als PID	nicht geeignet	Führung + Störung
ohne Ausgleich mit Verzögerung	Führung (ohne Verzögerung)	unbrauchbar, Struktur instabil	Störung (ohne Verzögerung)	Führung	Störung

Es ist zu unterscheiden, ob der Einfluß von Störgrößen (Störung) auf die Regelgröße ausgeregelt werden soll oder der Istwert einer Folgeregelung einem laufend veränderten Sollwert nachgeführt werden soll (Führung).

8

8.5 Regelungstechnik

8.5.4 Regler

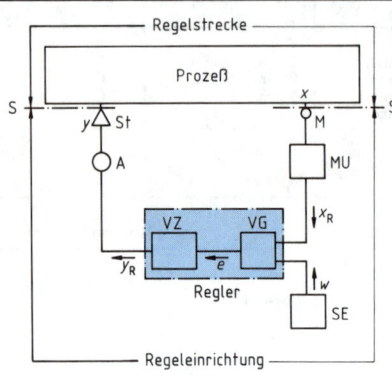

Der **Regler** ist nach DIN 19225 ein Ausschnitt der Regeleinrichtung mit:

M	Meßgrößen-aufnehmer	VZ	Verstärker mit Zusatzgliedern
MU	Meßumformer	A	Stellantrieb
SE	Sollwerteinsteller	St	Stellglied
VG	Vergleicher	S	Schnittstellen

Der Regler umfaßt mehrere Funktionen, mindestens jedoch den Vergleicher und ein weiteres wesentliches Bauglied, z.B. den Verstärker mit das Zeitverhalten bestimmenden Zusatzgliedern.

Bei **stetigen Reglern** kann die Stellgröße y_R innerhalb des Stellbereiches y_h jeden Wert annehmen.

Im Gegensatz dazu kann die Stellgröße bei **unstetigen Reglern** nur zwei oder mehrere verschiedene Werte annehmen. Die Verwendung von Relais oder Schütze als Stellglied ergibt hierbei eine hohe Leistungsverstärkung bei geringem materiellen bzw. finanziellen Aufwand.

P-Regler

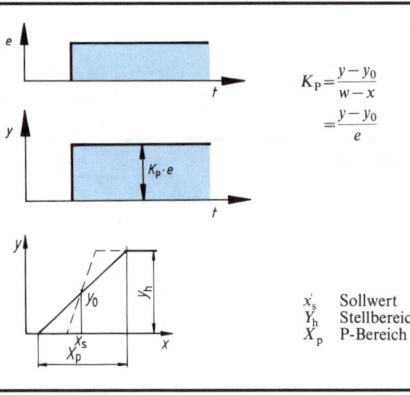

$$K_P = \frac{y - y_0}{w - x}$$
$$= \frac{y - y_0}{e}$$

$$y - y_0 = K_P \cdot e$$

x_s Sollwert
Y_h Stellbereich
X_p P-Bereich

Bei einer Änderung der Regelgröße um die Regeldifferenz e verstellt der proportional wirkende Regler die Stellgröße unverzögert um einen verhältnisgleichen (proportionalen) Betrag (den Proportionalbeiwert K_p).

Oft wird anstelle des P-Bereiches der auf den Regelbereich X_h bezogene (normierte) P-Bereich X_P/X_h, meist in Bruchteilen oder Prozenten, angegeben.

P-Regler wirken schnell. Je kleiner der K_P-Wert eingestellt ist, desto schwächer greift der Regler in den Regelvorgang ein und um so gedämpfter verläuft der Regelvorgang. Da der Regler beim Einwirken einer Störgröße eine veränderte Stellgröße aufrechterhalten muß, tritt eine bleibende Regeldifferenz auf; diese kann maximal so groß werden wie der Proportionalbereich $X_P = 1/K_P \cdot 100\%$. Da ein zu großer K_P-Wert zur Instabilität des Regelvorgangs führt, muß zwischen Stabilität und bleibender Regeldifferenz ein Kompromiß getroffen werden.

I-Regler

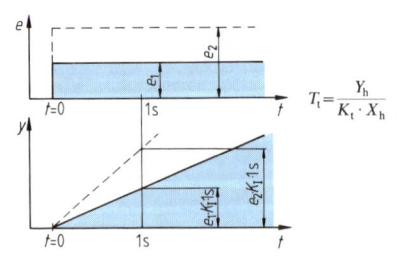

$$T_t = \frac{Y_h}{K_t \cdot X_h}$$

Integralbeiwert $K_t = \dfrac{\Delta y}{\Delta t} \cdot \dfrac{1}{w - x} = \dfrac{\Delta y}{\Delta t} \cdot \dfrac{1}{e}$

oder $\quad K_t = \dfrac{y - y_0}{(w - x)\, \Delta t} = \dfrac{y - y_0}{e\, \Delta t}$

Der integral wirkende Regler ordnet einer bestimmten Regeldifferenz e eine bestimmte Stellgeschwindigkeit $\Delta y/\Delta t$ zu, so daß die Änderung der Stellgröße dem Zeitintegral der Regeldifferenz entspricht.

$$\frac{\Delta y}{\Delta t} = K_I \cdot e$$

$$y - y_0 = K_I \cdot \int e \cdot dt$$

y_0 ist der Anfangswert der Stellgröße zum Zeitpunkt der Regelgrößenänderung $t = 0$. Häufig wird auch der Kehrwert des Integrierbeiwertes in normierter Form als Integrierzeit T_t angegeben.

Ein reiner I-Regler summiert die Regeldifferenz über die Zeit, so daß das Stellglied so lange nachgestellt wird, bis die Regeldifferenz aufgehoben ist. Das Stellglied nimmt folglich nach dem Ausregeln der Regeldifferenz die ursprüngliche Lage nicht wieder ein, so daß es zum Überschwingen kommt. Darüber hinaus erfolgt der Eingriff relativ langsam. Deshalb werden I-Glieder meist nur in Verbindung als PI- oder PID-Regler eingesetzt.

Anm.: y_0 ist der Wert der Stellgröße bei $e = w - x = 0$ (Arbeitspunkt)

8-56

8.5 Regelungstechnik

PI-Regler

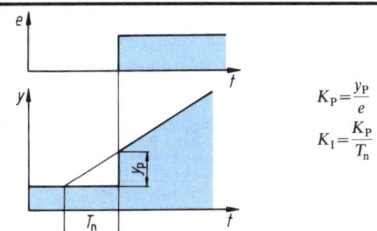

$$K_P = \frac{y_P}{e}$$

$$K_I = \frac{K_P}{T_n}$$

Eine Änderung der Regelgröße bewirkt eine proportionale Veränderung der Stellgröße, der sich eine Verstellung der Stellgröße mit einer bestimmten Verstellgeschwindigkeit anschließt.

$$y - y_0 = e(K_P + K_I \cdot t)$$

Kenngrößen sind der Proportionalbeiwert K_P und der Integrierbeiwert K_I bzw. die Nachstellzeit T_n. Während der Nachstellzeit ruft die I-Wirkung die gleiche Stellgrößenänderung hervor wie der P-Anteil.

PD-Regler

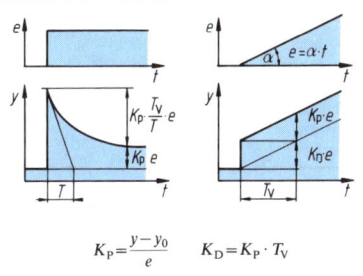

$$K_P = \frac{y - y_0}{e} \qquad K_D = K_P \cdot T_V$$

Zu dem P-Anteil der Stellgröße wird ein weiterer Anteil entsprechend der Änderungsgeschwindigkeit der Regeldifferenz de/dt addiert. Kenngrößen sind der Proportionalbeiwert K_P und der Differenzierbeiwert K_D bzw. die Vorhaltzeit T_V. Diese Zeit würde ein reiner P-Regler benötigen, um die gleiche Änderung der Stellgröße zu bewirken, die ein PD-Regler sofort bewirkt.

$$y - y_0 = K_P \cdot e + K_D \frac{\Delta e}{\Delta t}$$

D-Regelglieder sind als Regler ungeeignet, weil sie bei einer statischen Eingangsgröße kein Stellsignal abgeben. Das zusätzliche D-Verhalten ermöglicht jedoch beim PD-Regler gegenüber dem P-Regler eine Vergrößerung des K_{PR}-Wertes und folglich ein schnelleres Eingreifen des Reglers sowie eine Verringerung der bleibenden Regeldifferenz.

PID-Regler

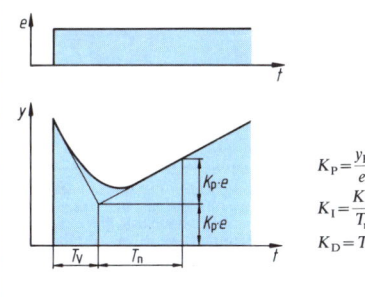

$$K_P = \frac{y_P}{e}$$

$$K_I = \frac{K_P}{T_n}$$

$$K_D = T_V$$

Die Änderung der Stellgröße eines PID-Reglers setzt sich aus einem proportionalen, integralen und differentialen Anteil zusammen:

$$y - y_0 = K_P \cdot e + K_I \cdot e \cdot \Delta t + K_D \frac{\Delta e}{\Delta t}$$

Die Stellgröße ändert sich zunächst um einen von der Änderungsgeschwindigkeit der Eingangsgröße $\Delta e / \Delta t$ abhängigen Betrag (D-Anteil). Nach Ablauf der Vorhaltzeit T_V geht die Stellgröße auf den dem Proportionalbereich entsprechenden Wert zurück und ändert sich dann entsprechend der Nachstellzeit T_n.

Gegenüber dem PI-Regler ermöglicht der D-Anteil eine kleinere zulässige Nachstellzeit, so daß die bleibende Regeldifferenz des P-Anteils schneller ausgeregelt wird. Gegenüber dem PD-Regler erlaubt der zusätzliche I-Anteil eine größere zulässige Vorhaltzeit, so daß der PID-Regler während des Entstehens der Regeldifferenz wirkungsvoller eingreift als ein PD-Regler.

Digitaler PID-Regler

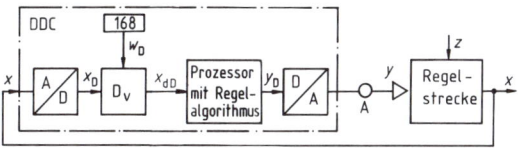

Bei digitalen Reglern, auch DDC-Regler (**D**irect **D**igital **C**ontrol) genannt, wird das Reglerverhalten von einem digitalen Rechner (Prozessor) nach einem mittels Programm (Software) vorgegebenen Algorithmus bestimmt. Die Reglereingangsgröße x_R wird zunächst digitalisiert und vom digitalen Vergleicher DV mit der digitalisierten Führungsgröße w_D verglichen. Die vom Prozessor entsprechend dem Regelalgorithmus gebildete digitale Ausgangsgröße y_D wird schließlich mit einem Digital-Analog-Umwandler D/A in ein stetiges Signal umgewandelt, wenn ein stetiger Stellantrieb eingesetzt wird.

8.5 Regelungstechnik

Zweipunkt-Regler

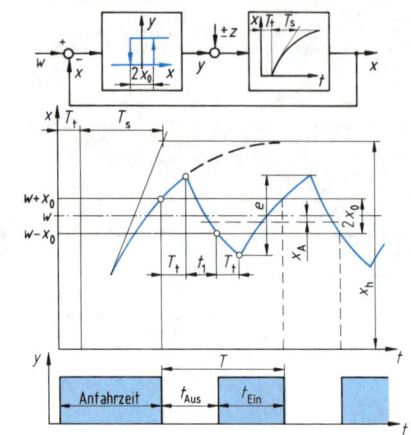

Im Gegensatz zu stetigen Reglern kann die Stellgröße nur zwei verschiedene Werte annehmen.

Das folgende Beispiel zeigt die Regelung einer Strecke erster Ordnung mit Totzeit, gekennzeichnet durch die Zeitkonstante T_S und die Totzeit T_t.

Überschreitet die Regelgröße x den Wert w, so bleibt die Stellgröße y infolge der Hysterese des Reglers $(2x_0)$ noch bis zum Punkt $A (w + x_0)$ eingeschaltet. Die Regelgröße steigt jedoch zunächst noch weiter an und fällt erst nach Ablauf der Totzeit T_t entsprechend der Zeitkonstanten T ab. Die Stellgröße wird beim Unterschreiten des Wertes $w - x_0$ erneut eingeschaltet, so daß die Regelgröße im eingeschwungenen Zustand dauernd mit der Periodendauer T und der Amplitude x_0 um den Sollwert w pendelt. Der Mittelwert dieser Pendelung weicht vom Sollwert w um die P-Abweichung x_{PA} ab.

Für $X_h = 2w$ (100% Leistungsüberschuß) gilt angenähert:

$$T \approx 4\,T_t \qquad e \approx \frac{T_t}{T_S} X_h \qquad x_{PA} = \left(\frac{1}{2} - \frac{w + x_0}{X_h}\right) e$$

Dreipunkt-Regler

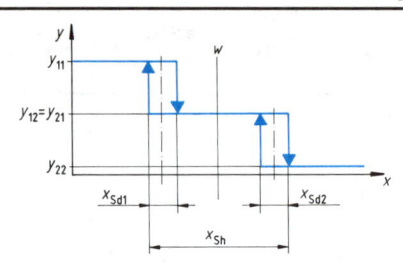

Dreipunkt-Regler haben zwei Ausgangssignalstufen und können als Zusammenschaltung zweier Zweipunkt-Regler angesehen werden.

Bipolare Dreipunkt-Regler geben innerhalb eines kleinen Bereichs um die Regelabweichung $e = 0$ bzw. $x = w$ kein Ausgangssignal ab. Je nach Vorzeichen der Regelabweichung wird bei Überschreiten des halben Schaltpunktabstands $(x_{Sh}/2)$ ein Ausgangssignal auf den entsprechenden Ausgang gegeben. Einstellbar sind der Schaltpunktabstand x_{Sh} und die Schaltdifferenz x_{Sd}.

Einsatzgebiete für Dreipunkt-Regler sind vorzugsweise Wärme-, Kälte- und Klimakammern sowie die Werkzeugheizung für kunststoffverarbeitende Maschinen.

Dreipunkt-Schrittregler

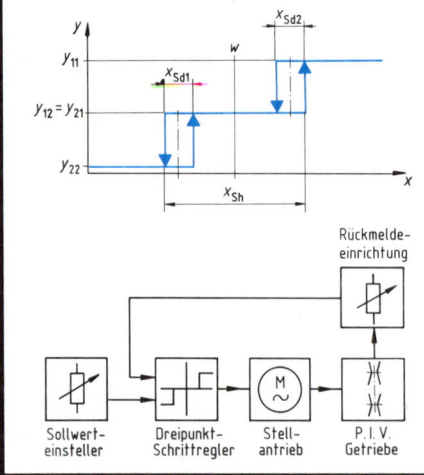

Während beim Dreipunkt-Regler die beiden Stellglieder (z.B. Schütz oder Magnetventil) nur ein- und ausgeschaltet werden können, wird bei einem Dreipunkt-Schrittregler meist ein Elektromotor als Stellantrieb geschaltet. Abhängig von Betrag und Vorzeichen der Regelabweichung ergeben sich die Antriebszustände Linkslauf, Stillstand und Rechtslauf. Da Stellantriebe eine bestimmte Zeit für das Durchfahren des Stellbereichs benötigen (meist 60 s), kann jede Stellung, z.B. eines Ventils, einer Drosselklappe oder eines Stelltransformators innerhalb des Stellbereichs schrittweise angefahren und aufrechterhalten werden.

Im ausgeregelten Zustand $(e = 0)$ wird der Stellmotor nicht mehr angesteuert, so daß das Stellglied in einem der dazu erforderlichen Energiemenge entsprechenden Zustand verbleibt.

Der Dreipunkt-Schrittregler muß PD-Verhalten aufweisen, damit im Zusammenwirken mit dem integrierend wirkenden Antrieb ein sinnvolles Übertragungsverhalten (PI-Verhalten) entsteht.

Dreipunkt-Schrittregler werden bevorzugt zur Temperaturregelung und zur Verstellung stufenloser Getriebe für Drehfrequenzregelungen eingesetzt.

8.5.5 Einstellung der Regler-Kennwerte (Optimierung)

Unter **Optimierung** werden nach DIN 19236 (1.77) Maßnahmen zur Erzeugung einer bestimmten Wirkungsweise eines Systems verstanden, so daß unter den gegebenen Nebenbedingungen und Beschränkungen das Gütekriterium entweder einen möglichst großen oder einen möglichst kleinen Wert annimmt.

Bei einer **statischen Optimierung** werden nur die zeitlich konstanten Zustände eines Systems bewertet; die Übergangsvorgänge zwischen verschiedenen Systemzuständen finden keine Beachtung. Bei der **dynamischen Optimierung** wird der Übergang des Systems von einem Anfangszustand in einen Endzustand bewertet.

Im allgemeinen ist ein Regler um so besser eingestellt, je kürzer die Ausregelzeit, je kleiner die Überschwingweite der Regelgröße und je kleiner die bleibende Regelabweichung ist. Aufschluß gibt hierüber der Verlauf der Regelgröße als Funktion der Zeit.

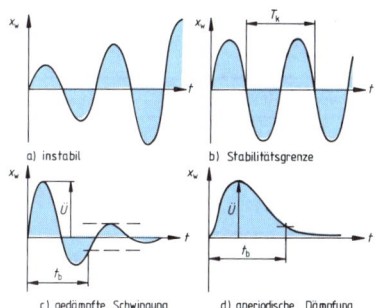

a) instabil b) Stabilitätsgrenze

c) gedämpfte Schwingung d) aperiodische Dämpfung

Im ungünstigsten Fall wird die Schwingung der Regelgröße um den Sollwert immer größer; der Regelkreis arbeitet instabil (a). Ursache hierfür ist meist eine zu große **Kreisverstärkung**

$$V_\mathrm{O} = |K_{\mathrm{PR}} \cdot K_{\mathrm{PS}}|$$

bzw. ein zu kleiner **Regelfaktor**

$$R = \frac{1}{1 + |K_{\mathrm{PR}} \cdot K_{\mathrm{PS}}|} = \frac{1}{1 + V_\mathrm{O}}$$

Wird der Proportionalbeiwert des Reglers K_{PR} soweit verringert, daß der Regelkreis stabil zu arbeiten beginnt (Stabilitätsgrenze), so führt die Regelgröße sinusförmige Dauerschwingungen um den Sollwert aus (b). Kenngrößen hierfür sind die kritische Periodendauer T_k und der kritische Proportionalbeiwert $K_{\mathrm{PR\,k}}$ des Reglers. Eine weitere Verringerung des Proportionalbeiwertes K_{PR} führt zu dem erwünschten Verhalten des Regelkreises (b und c). Kennwerte sind die Überschwingweite $\ddot{U}$ der Regelgröße und die Beruhigungszeit t_b bis zum Erreichen der zulässigen Regelabweichung nach einem Einheitssprung der Führungsgröße w oder einer Störgröße z.

Welches **Gütekriterium** einer Regelung zugrunde gelegt wird, hängt vom Anwendungsfall ab. Nach DIN 19236 (1.77) werden unterschieden:

– **Kriterium des verbrauchsoptimalen Übergangs**

Hierbei wird die auftretende Leistung oder der Massefluß während des Zustandsübergangs des Systems bewertet.

– **Kriterium des zeitoptimalen Übergangs**

Für den Übergang eines Systems von einem gegebenen Anfangszustand x_0 in einen gegebenen Endzustand x_E wird die kürzest mögliche Zeit angestrebt.

– **Kriterium der mittleren quadratischen Abweichung**

Es wird die Abweichung einer zufällig schwankenden Größe $x(t)$ von einer Bezugsgröße $x_\mathrm{r}(t)$ bewertet.

$$\frac{1}{2T} \sum_{-T}^{T} [x(t) - x_\mathrm{r}(t)]^2 \cdot \Delta t \rightarrow \text{Minimum}$$

– **Kriterium der Betragsregelfläche (IAE-Kriterium)**

Bewertet wird der Betrag der Regeldifferenz $e(t) = w(t) - x(t)$ minus deren Endwert $e(\infty)$ über die Zeit.

$$\sum_{t_0}^{\infty} |e(t) - e(\infty)| \cdot \Delta t \rightarrow \text{Minimum}$$

– **Kriterium der quadratischen Regelfläche (ISE-Kriterium)**

Es wird das Quadrat der Regeldifferenz über die Zeit bewertet, so daß große Abweichungen besonders stark bewertet werden.

$$\sum_{t_0}^{\infty} [e(t) - e(\infty)]^2 \, \Delta t \rightarrow \text{Minimum}$$

– **Kriterium der zeitgewichteten Betragsregelfläche (ITAE-Kriterium)**

Es wird das Quadrat der Regeldifferenz minus deren Endwert über die Zeit bewertet.

$$\sum_{t_0}^{\infty} |e(t) - e(\infty)| \, t \, \Delta t \rightarrow \text{Minimum}$$

Die Auswertung zahlreicher Optimierungsversuche hat zu den folgenden Faustformeln geführt. Ihre Anwendung kann im Einzelfall eine Nachoptimierung erforderlich machen.

Einstellregeln nach Ziegler und Nichols

Dieses Verfahren setzt zunächst keine Regelstreckendaten voraus. Es ist wie folgt vorzugehen:

– Der Regler wird zunächst als reiner P-Regler betrieben ($T_\mathrm{v} = 0$, $T_\mathrm{n} = \infty$).
– Der Proportionalbeiwert K_{PR} wird langsam so lange erhöht, bis die Regelgröße x gerade Dauerschwingungen mit konstanter Amplitude ausführt (Stabilitätsgrenze). Der hierbei am Regler eingestellte Proportionalbeiwert wird als $K_{\mathrm{PR\,k}}$ bezeichnet.
– Dann wird die kritische Periodendauer T_k der Regelschwingung ermittelt.
– Die Werte für die Reglerparameter sind entsprechend der folgenden Tabelle zu berechnen.
– Der Regler ist nach den errechneten Werten einzustellen.

Regler	Proportional-beiwert K_{PR}	Nachstellzeit T_n	Vorhaltzeit T_v
P	$0{,}5 \ \cdot K_{\mathrm{PR\,k}}$	–	–
PI	$0{,}45 \cdot K_{\mathrm{PR\,k}}$	$0{,}85 \cdot T_\mathrm{k}$	–
PD	$0{,}8 \ \cdot K_{\mathrm{PR\,k}}$	–	$0{,}12 \cdot T_\mathrm{k}$
PID	$0{,}6 \ \cdot K_{\mathrm{PR\,k}}$	$0{,}5 \cdot T_\mathrm{k}$	$0{,}12 \cdot T_\mathrm{k}$

Ist aus betrieblichen Gründen das Betreiben des Regelkreises an der Stabilitätsgrenze nicht zulässig, so kommt dieses Optimierungsverfahren nicht in Frage.

8

Anmerkung: Die Kennwerte der Regler werden oft mit einem R im Index gekennzeichnet.

8.5 Regelungstechnik

Einstellregeln nach Chien, Hrones und Reswik

Hierzu müssen der Übertragungsbeiwert K_S, die Ausgleichszeit T_g und die Verzugszeit T_u der Regelstrecke bekannt sein. Sie können z.B. mittels einer Sprungantwort ermittelt werden. Bei Regelstrecken mit Totzeit T_t ist anstelle der Verzugszeit T_u die Ersatztotzeit aus $T_u + T_t$ zu berücksichtigen.

Bei der Ermittlung der Reglerparameter nach der folgenden Tabelle ist zu unterscheiden, ob ein aperiodischer Regelverlauf oder ein Einschwingen der Regelgröße mit 20% Überschwingen erreicht werden soll und ob ein optimales Störverhalten oder ein optimales Führungsverhalten (Folgeregelung) angestrebt wird.

Regler	aperiodischer Regelverlauf		Regelverlauf mit 20% Überschwingen	
	Störung	Führung	Störung	Führung
P	$K_{PR} \approx 0{,}3 \frac{T_g}{T_u}$	$K_{PR} \approx 0{,}3 \frac{T_g}{T_u}$	$K_{PR} \approx 0{,}7 \frac{T_g}{T_u}$	$K_{PR} \approx 0{,}7 \frac{T_g}{T_u}$
PI	$K_{PR} \approx 0{,}6 \frac{T_g}{T_u}$ $T_n \approx 4 \cdot T_u$	$K_pR \approx 0{,}35 \frac{T_g}{T_u}$ $T_n \approx 1{,}2 \cdot T_g$	$K_{PR} \approx 0{,}7 \frac{T_g}{T_u}$ $T_n \approx 2{,}3 \cdot T_u$	$K_{PR} \approx 0{,}6 \frac{T_g}{T_u}$ $T_n \approx T_g$
PID	$K_{PR} \approx 0{,}95 \frac{T_g}{T_u}$ $T_n \approx 2{,}4 \cdot T_u$ $T_v \approx 0{,}42 \cdot T_u$	$K_{PR} \approx 0{,}6 \frac{T_g}{T_u}$ $T_n \approx T_g$ $T_v \approx 0{,}5 \cdot T_u$	$K_{PR} \approx 1{,}2 \frac{T_g}{T_u}$ $T_n \approx 2 \cdot T_u$ $T_v \approx 0{,}42 \cdot T_u$	$K_{PR} \approx 0{,}95 \frac{T_g}{T_u}$ $T_n \approx 1{,}35 \cdot T_g$ $T_v \approx 0{,}47 \cdot T_u$

Reglereinstellung für Strecken ohne Ausgleich

Für Strecken ohne Ausgleich können die Einstellwerte des Reglers der folgenden Tabelle entnommen werden.

Die Werte für die Integrierzeit T_i, die Verzugszeit T_u und den Integrierbeiwert K_t können z.B. mittels einer Sprungantwort der Strecke ermittelt werden:

Regler	K_{PR}	T_n	T_v	x_p
P	$0{,}5 \frac{1}{K_t \cdot T_u}$			$2 \cdot \frac{T_u}{T_t} \cdot 100\%$
PD	$0{,}5 \frac{1}{K_t \cdot T_u}$		$0{,}5 \cdot T_u$	$2 \cdot \frac{T_u}{T_t} \cdot 100\%$
PI	$0{,}42 \frac{1}{K_t \cdot T_u}$	$5{,}8 \cdot T_u$		$2{,}4 \cdot \frac{T_u}{T_t} \cdot 100\%$
PID	$0{,}4 \frac{1}{K_t \cdot T_u}$	$3{,}2 \cdot T_u$	$0{,}8 \cdot T_u$	$2{,}5 \cdot \frac{T_u}{T_t} \cdot 100\%$

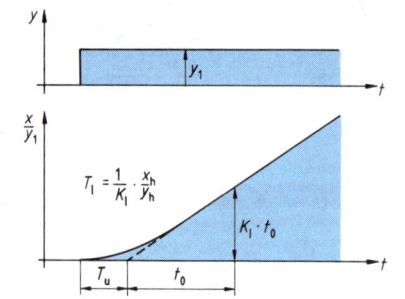

$$T_I = \frac{1}{K_I} \cdot \frac{x_h}{y_h}$$

Kaskadenregelung

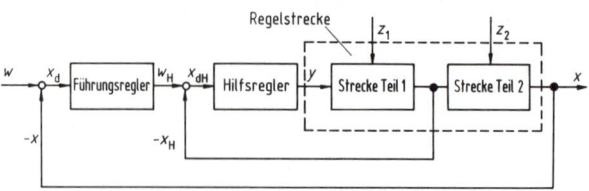

Das dynamische Verhalten von Regelkreisen, insbesondere von nur schwer zu regelnden Strecken mit einem Verhältnis $T_g/T_u < 2$ bis 3, kann durch eine Kaskadenregelung wesentlich verbessert werden. Hierzu wird der Regelkreis in mehrere (meist zwei) Teilkreise zerlegt. Da die Teilkreise nur einen Bruchteil der Gesamtverzugszeit haben, wird ihre Regelung erheblich einfacher.

Die Bestimmung der Reglerkenngrößen kann ebenfalls nach den oben aufgeführten Faustformeln erfolgen. Zunächst wird der innerste Hilfsregler an seine Teilstrecke angepaßt, nachfolgend ggf. der nächste Hilfsregler usw., bis zum Schluß der Führungsregler eingestellt wird.

Weitere Vorteile der Kaskadenregelung sind eine Zerlegung komplizierter Regelaufgaben in einfache und leicht lösbare Teilaufgaben, die Möglichkeit der Begrenzung von Zwischengrößen und eine in Abschnitte aufteilbare Inbetriebnahme.

8.5 Regelungstechnik

8.5.6 Benennung und Einteilung von Reglern nach DIN 19 225 (12.81)

Regler können wie folgt benannt werden:

– allgemein als Regler, z.B. wenn der Regler nur von den
  übrigen Geräten des Regelkreises unterschieden werden
  soll oder bei theoretischen Betrachtungen;
– nach den Aufgaben der Regler:
  • nach der Art der Regelgröße, z.B. Temperaturregler,
    Drehzahlregler, Spannungsregler,
  • nach einer speziellen Regelaufgabe, z.B. Gleichlaufreg-
    ler, Grenzwertregler oder auch Gleichlauf-Drehzahlreg-
    ler und Grenzwert-Temperaturregler,

  • nach dem geregelten Objekt, z.B. Heizungsregler.
  • entsprechend der Führungsgröße, z.B. Folgeregler, Zeit-
    planregler, Festwertregler, Führungsregler,
– nach den Eigenschaften der Regler, z.B. PI-Regler, stetige
  Regler, Einzweckregler, elektronische Regler;
– nach der Signalform der Reglereingangs- und Regleraus-
  gangsgrößen. Häufig vorkommende Signalformen zeigt die
  folgende Abbildung.

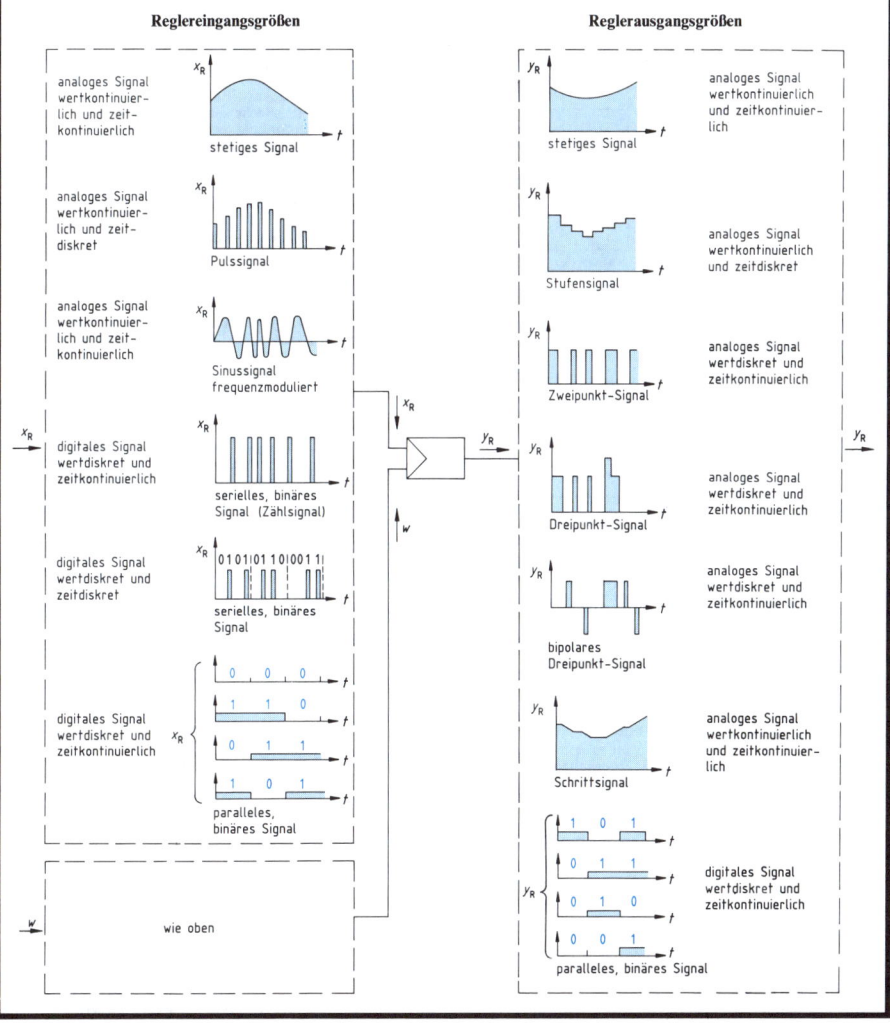

8

8-61

8.6 Gefahren des elektrischen Stromes

8.6.1 Gefährliche Körperströme

Grundlage des wesentlichen Teils der Normenreihe, Teil 410 (10.83), ist der Schutz gegen gefährliche Körperströme. Die Gefährdung eines Menschen ist abhängig von:

- der Stromhöhe
- der Einwirkungsdauer
- dem Stromweg durch den Körper
- der Stromform und Frequenz
- der physischen und psychischen Verfassung

Der gegenwärtige Erkenntnisstand ist in den aktuellen Arbeitspapieren gemäß IEC 64 (Secretariat) ausgewiesen:

Bereich	Körperreaktion
1	Gewöhnlich keine Reaktion
2	Gewöhnlich keine schädliche Wirkung
3	Störungen bei der Bildung und Weiterleitung der Impulse im Herzen Herzstillstand ohne Herzkammerflimmern möglich
4	Herzkammerflimmern wahrscheinlich; Herzstillstand, Atemstillstand und schwere Verbrennungen möglich

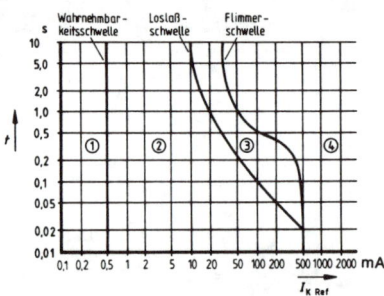

Gefährdungsbereiche von Körperwechselströmen (50 Hz) bei Erwachsenen, Stromweg von der linken Hand zu beiden Füßen.

Bei Gleichstrom liegen die Schwellen bei höheren Stromwerten. Darüber hinaus hängt die Gefährdung von der Stromrichtung ab.

Die Impedanz des menschlichen Körpers zwischen Ein- und Austrittsstelle des Körperstroms hängt in erster Linie von der Haut an den Ein- und Austrittsstellen ab. Feuchtigkeit, Kontaktdruck, Berührungsfläche und Umgebungstemperatur sowie Stromweg, Stromflußdauer und Berührungsspannung haben erheblichen Einfluß. Zwischen linker oder rechter Hand zu beiden Füßen ergeben sich Impedanzwerte von 5 kΩ bis herab zu 500 Ω.

Die internationale Harmonisierung der dauernd zulässigen Berührungsspannung von $U_L = 50$ V für Wechselspannung und $U_L = 120$ V für Gleichspannung erfolgte unter Berücksichtigung der bisher bekannten physiologischen Daten über das Herzkammerflimmern und der Auswertung zahlreicher Unfälle. Dabei wurde von einem Stromweg von einer Hand zu beiden Füßen und einer Körperimpedanz an der unteren Grenze ausgegangen. Für besondere Anwendungsfälle mit erheblich ungünstigeren Unfallbedingungen gelten niedrigere Werte.

8.6.2 Der Einsatz von Arbeitskräften nach DIN VDE 0105 Teil 1 (7.83)

	Elektrofachkraft	Elektrotechn. unterwiesene Person	Laie
Arbeitskräfte	Jemand, der auf Grund seiner fachlichen Ausbildung, Kenntnisse und Erfahrungen sowie Kenntnis der einschlägigen Normen die ihm übertragenen Arbeiten beurteilen und mögliche Gefahren erkennen kann.	Jemand, der durch eine Elektrofachkraft über die ihr übertragenen Aufgaben und die möglichen Gefahren bei unsachgemäßem Verhalten unterrichtet und erforderlichenfalls angelernt sowie über die notwendigen Schutzeinrichtungen und Schutzmaßnahmen belehrt wurde.	Jemand, der weder als Elektrofachkraft noch als elektrotechnisch unterwiesene Person qualifiziert ist.
Einsatz der Arbeitskräfte	Zutritt zu verschlossen gehaltenen elektrischen Betriebsstätten. Die Öffnung darf nur von beauftragten Personen vorgenommen werden.		Zutritt nur in Begleitung von Elektrofachkr. u. elektrot. unterw. Pers.
	Betreten von Prüffeldern mit Spannungen bis 1 000 V. Starkstromanlagen entsprechend den Errichtungsnormen in ordnungsgemäßem Zustand erhalten.		Nur unter Aufsichtsführung
	Starkstromanlagen, außer solchen in Wohnungen, und Betriebsmittel in angemessenen Zeiträumen auf ihren Zustand hin prüfen.	Betriebsmittel unter Leitung und Aufsicht einer Fachkraft prüfen.	—
	Auswechseln von Sicherungseinsätzen und ohne Werkzeug herausnehmbaren Leitungsschutzschaltern, wenn beim Herausnehmen oder Einsetzen kein Schutz gegen direktes Berühren besteht.		—
	Auswechseln stromführender Sicherungseinsätze des NH-Systems mit geeigneten Hilfsmitteln und nach besonderer Schulung.		—
	Auswechseln von unter Spannung stehenden Lampen über 200 W bis 1 000 W mit Nennspannungen bis 250 V		—

8.7.1   Begriffe nach DIN 44300 (3.72)

Adresse: Ein bestimmtes Wort zur Kennzeichnung eines Speicherplatzes, eines zusammenhängenden Speicherbereiches oder einer Funktionseinheit.

Akkumulator: Ein Speicherelement in einem Rechenwerk, das für Rechenoperationen benutzt wird. Vor der Rechenoperation enthält der Akkumulator einen Operanden, nach durchgeführter Operation das Ergebnis.

alphanumerisch: Bezeichnung für einen Zeichenvorrat, der mindestens aus den Dezimalziffern und Buchstaben besteht.

Anweisung: Eine in einer beliebigen Sprache abgefaßte Arbeitsvorschrift, die im gegebenen Zusammenhang wie auch im Sinne der benutzten Sprache abgeschlossen ist.

Assemblierer: Ein Übersetzer, der in einer maschinenorientierten Sprache abgefaßte Quellanweisungen in Zielanweisungen der zugehörigen Maschinensprache umwandelt (assembliert).

Ausgabewerk: Eine Funktionseinheit, die das Übertragen von Daten von der Zentraleinheit in Ausgabeeinheiten oder periphere Speicher steuert und dabei die Daten gegebenenfalls modifiziert.

Befehl: Eine Anweisung, die sich in der benutzten Sprache nicht mehr in Teile zerlegen läßt, die selbst Anweisungen sind.

Betriebssystem: Die Programme eines digitalen Rechensystems, die zusammen mit den Eigenschaften der Rechenanlage die Grundlage der möglichen Betriebsarten des digitalen Rechensystems bilden und insbesondere die Abwicklung von Programmen steuern und überwachen.

binär: genau zweier Werte fähig; die Eigenschaft bezeichnend, eines von zwei Binärzeichen (∅ und 1) als Wert anzunehmen.

Bit: a) Kurzform für Binärzeichen; auch für Dualziffer, wenn es auf den Unterschied nicht ankommt (das Bit, die Bits).
b) Sondereinheit für die Anzahl der Binärentscheidungen (Kurzzeichen bit).

Byte: n-Bit-Zeichen, bei dem n fest vorgegeben ist. Anm.: n ist meistens gleich 8.

Code: Eine Vorschrift für die eindeutige Zuordnung (Codierung) der Zeichen eines Zeichenvorrats zu denjenigen eines anderen Zeichenvorrats (Bildmenge).

Daten: Zeichen oder kontinuierliche Funktionen, die zum Zweck der Verarbeitung Information auf Grund bekannter oder unterstellter Abmachungen darstellen.

dual: Zahlensystem, dessen Zeichenvorrat nur aus 2 Zeichen (∅ und 1) besteht.

Eingabewerk: Funktionseinheit, die das Übertragen von Daten von Eingabeeinheiten oder peripheren Speichern in die Zentraleinheit steuert und dabei die Daten gegebenenfalls modifiziert.

Festpunktschreibweise: Stellenschreibweise, bei der die Anzahl der Stellen für den ganzen Teil des Betrages der Zahl und die Anzahl der Stellen für dessen gebrochenen Teil vereinbart oder unterstellt werden (d.h. die Stellung des Kommas ist fest vereinbart).

Gleitpunktschreibweise: Eine Schreibweise für Zahlen Z durch Zahlenpaare X und Y mit der Bedeutung $Z = X \cdot C^Y$, wobei C eine natürliche Zahl > 1 ist.

Interpretierer: Eine Funktionseinheit, die eine Anweisung analysiert und deren Ausführung bewirkt, bevor sie die nächstfolgende Anweisung behandelt (interpretiert).

Kompilierer: Ein Übersetzer, der in einer problemorientierten Programmiersprache abgefaßte Quellanweisungen in Zielanweisungen einer maschinenorientierten Programmiersprache umwandelt (kompiliert).

Leitwerk: Eine Funktionseinheit, die
– die Reihenfolge steuert, in der die Befehle eines Programms ausgeführt werden,
– diese Befehle entschlüsselt und dabei gegebenenfalls modifiziert und
– die für ihre Ausführung erforderlichen digitalen Signale abgibt.

Maschinensprache: Eine maschinenorientierte Programmiersprache, die zum Abfassen von Arbeitsvorschriften nur Befehle zuläßt, die Befehlswörter einer bestimmten digitalen Rechenanlage sind.

Nachricht: Zeichen oder kontinuierliche Funktionen, die aufgrund von bekannten oder unterstellten Abmachungen und vorrangig zum Zwecke einer vom Sender zum Empfänger gerichteten Übermittlung Informationen darstellen und im Rahmen einer solchen Übermittlung als Einheit betrachtet werden.

Operandenteil: Der Teil eines Befehlswortes, der für Operanden oder für Angaben zum Auffinden von Operanden oder Befehlswörtern vorgesehen ist.

Operationscode: Ein Code zur Darstellung des Operationsteils von Befehlswörtern.

Operationsteil: Der Teil eines Befehlswortes, der die auszuführende Operation angibt.

periphere Einheit: Eine Funktionseinheit, die nicht zur Zentraleinheit gehört.

Prozessor: Eine Funktionseinheit innerhalb eines digitalen Rechensystems, die Rechenwerk und Leitwerk umfaßt.

Rechenwerk: Eine Funktionseinheit innerhalb eines digitalen Rechensystems, die Rechenoperationen ausführt.

Schaltnetz: Ein Schaltwerk, dessen Wert am Ausgang zu irgendeinem Zeitpunkt nur vom Wert am Eingang zu diesem Zeitpunkt abhängt.

Schaltwerk: Eine Funktionseinheit zum Verarbeiten von Schaltvariablen, wobei der Wert am Ausgang zu einem bestimmten Zeitpunkt abhängt von den Werten am Eingang zu diesem und endlich vielen vorangegangenen Zeitpunkten.

Signal: Die physikalische Darstellung von Nachrichten oder Daten.

Software: Programm für Rechensysteme, die zusammen mit deren Eigenschaften zusätzliche Betriebsarten oder Anwendungsarten ermöglichen.

Wort: Eine Folge von Zeichen, die in einem bestimmten Zusammenhang als eine Einheit betrachtet wird.

Zentraleinheit, Rechner: Eine Funktionseinheit innerhalb eines digitalen Rechensystems, die Prozessoren, Eingabewerke, Ausgabewerke und Zentralspeicher umfaßt.

8

8.7 Informationsverarbeitung

8.7.2 Sinnbilder und ihre Anwendung nach DIN 66001 (12.83)

Darstellungsarten

Ein **Datenflußplan** (DF) stellt Verarbeitungen und Daten sowie die Verbindungen zwischen beiden dar. Die Verbindungen stellen die Zugriffsmöglichkeiten von Verarbeitungen auf Daten dar.

Ein **Programmablaufplan** (PA) stellt die Verarbeitungsfolgen (ohne Daten) in einem Programm dar.

Ein **Programmnetz** (PN) ist die Vereinigung von einem oder mehreren Programmablaufplänen mit einem oder mehreren Datenflußplänen.

Ein **Datennetz** (DN) zeigt Daten mit ihren Verbindungen als mögliche Zugriffswege auf. Verarbeitungen werden nicht dargestellt.

Eine **Programmhierarchie** (PH) stellt die Über- und Unterordnung von Verarbeitungen (ohne Daten und Verarbeitungsreihenfolgen) dar.

Eine **Datenhierarchie** (DH) stellt die Zusammenfassung bzw. Unterteilung von Daten dar. Die Verbindungen zeigen in Verbindungsrichtung, welche Daten andere Daten enthalten. Die Unterteilung muß nicht vollständig sein und gibt keine Reihenfolge der Anordnung an. Verarbeitungen und Zugriffswege werden nicht dargestellt.

Ein **Konfigurationsplan** (KP) stellt Verarbeitungseinheiten und Datenträgereinheiten (ohne Verarbeitung und Daten) mit ihren Verbindungen dar. Die Verbindungen zeigen die Datenübertragungswege.

Regeln

– Bei den „Verbindungen" gilt die Vorzugsrichtung von links nach rechts und von oben nach unten. Abweichungen sind durch Pfeilspitzen (Form beliebig) zu kennzeichnen.

– Im Konfigurationsplan gelten Verbindungen als beidseitig gerichtet (Ein- und Ausgabe). Einseitig gerichtete Verbindungen (nur Eingabe oder nur Ausgabe) können durch Pfeilspitzen hervorgehoben werden.

– Wird eine Teildarstellung verfeinert, so kann diese zur Verdeutlichung mit einer durchbrochenen Linie umrahmt werden.

– Sich kreuzende Verbindungslinien sollen vermieden werden; sie stellen keine Zusammenführung dar.

– Zur Darstellung von Daten auf Benutzerstationen bzw. von Benutzerstationen können die Sinnbilder für die unterschiedlichen Formen der manuellen, optischen oder akustischen Ein- und Ausgabe durch direktes Aneinanderzeichnen der Sinnbilder ohne Verbindungslinie verknüpft werden.

– Die Innenbeschriftung soll besonders bei Sinnbildern, die auf weitere Abläufe hinweisen, bei Teilen von Sinnbildern und bei Sinnbildern, die in unmittelbarem Zusammenhang zu weiteren Sinnbildern stehen, die eindeutige Zuordnung erkennen lassen.

– Die Beschriftung eines Sinnbildes erfolgt unabhängig von der Richtung der Verbindungslinien von links nach rechts und zeilenweise von oben nach unten.

– Um eine Beziehung zu anderen Teilen einer Dokumentation herzustellen, darf oben links am Sinnbild eine Beschriftung (z.B. die Marke oder Adresse in der zugehörigen Programmliste) angebracht werden.

Datenflußplan (Bsp.: Wohnungsvermittlungssystem)

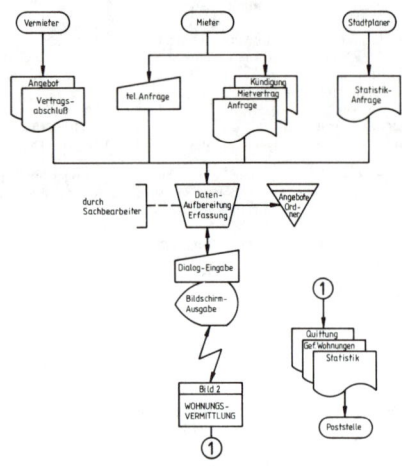

Programmablaufplan

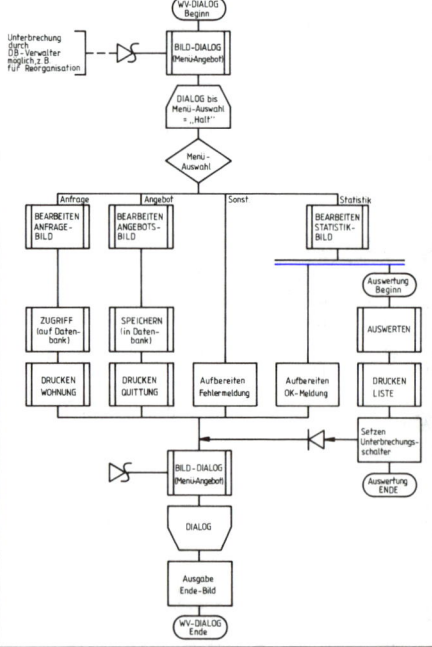

8.7 Informationsverarbeitung

Sinnbild	Benennung u. Bemerkung	Sinnbild	Benennung u. Bemerkung	Sinnbild	Benennung u. Bemerkung
	Verarbeitungen, Verarbeitungseinheiten Verarbeitung, allgem. (einschließlich Ein- und Ausgabe) Verarbeitungseinheit, allgemein		**Daten** Daten, allgemein Datenträgereinheit, allgemein		Maschinell erzeugte optische oder akustische Daten, Optische oder akustische Ausgabeeinheit
	Manuelle Verarbeitung (einschließlich Ein- und Ausgabe), Manuelle Verarbeitungsstelle		Maschinell zu verarbeitende Daten, Datenträgereinheit für maschinell verarbeitbare Daten		Manuelle opt. oder akust. Eingabedaten, Eingabeeinheit
	Verzweigung, Auswahleinheit (z. B. Schalter)		Manuell zu verarbeitende Daten, Manuelle Ablage		**Verbindungen** Verbindung: Verarbeitungsfolge, Zugriffsmöglichkeit, Zugriffsweg, Über-/Unterordnung, Zusammenfassung/Untertlg.
	Schleifenbegrenzung Anfang		Daten auf Schriftstück (z. B. auf Belegen, Mikrofilm), Ein-/Ausgabeeinheit für Schriftstücke (z. B. Drucker)		Verbindung zur Darstellung der Datenübertragung, Datenübertragungsweg
	Schleifenbegrenzung Ende		Daten auf Karte (z. B. Lochkarte, Magnetkarte), Lochkarteneinheit		**Darstellungshilfen** Grenzstelle (zur Umwelt) (z. B. Beginn oder Ende einer Folge)
	Synchronisierung paralleler Verarbeitungen, Synchronisiereinheit		Daten auf Lochstreifen (Lochstreifeneinheit)		Verbindungsstelle (Unterbrechung und Fortsetzung einer Verbindung an anderer Stelle erhalten die gleiche Innenbeschriftung)
	Sprung mit Rückkehr		Daten auf Speicher mit nur sequentiellem Zugriff, Datenträgereinheit mit nur sequentiellem Zugriff		Verfeinerung
	Sprung ohne Rückkehr		Daten auf Speicher mit auch direktem Zugriff, Datenträgereinheit mit auch direktem Zugriff		Bemerkung: Mit diesem Sinnbild kann erläuternder Text jedem anderen Sinnbild zugeordnet werden (die durchbrochene Linie darf durch eine Vollinie ersetzt werden)
	Unterbrechung einer anderen Verarbeitung		Daten im Zentralspeicher, Zentralspeicher		
	Steuerung der Verarbeitungsfolge von außen				

Anordnung mehrerer Ausgänge			Zusammenführung von Verbindungslinien
		Wert x x = 1 x = 2 x = 3	

Hinweis auf Detaillierung	Hinweis auf Dokumentation an anderer Stelle	Verknüpfung von Sinnbildern (Beispiele)	
Mit einer eindeutigen Referenz im oberen Teil kann auf eine detailliertere Darstellung in derselben Dokumentation hingewiesen werden.	Mit einer eindeutigen Innenbeschriftung kann auf eine an anderer Stelle aufgeführte Dokumentation verwiesen werden.	für Fernschreiber	für Benutzerstation

8.7.3 Sinnbilder für Struktogramme nach Nassi-Shneiderman DIN 66261 (11.85)

Struktogramm DIN 66261	Programmablaufplan DIN 66001 – PA	Struktogramm DIN 66261	Programmablaufplan DIN 66001 – PA
Verarbeitung		Wiederholung mit vorausgehender Bedingungsprüfung	
Block (ermöglicht die Zusammenfassung mehrerer Verarbeitungen unter einem Namen)		Wiederholung mit nachfolgender Bedingungsprüfung	
Folge		Wiederholung ohne Bedingungsprüfung	

Struktogramm DIN 66261	Ersatzdarstellung	Programmablaufplan DIN 66001 – PA
bedingte Verarbeitung		
einfache Alternative		

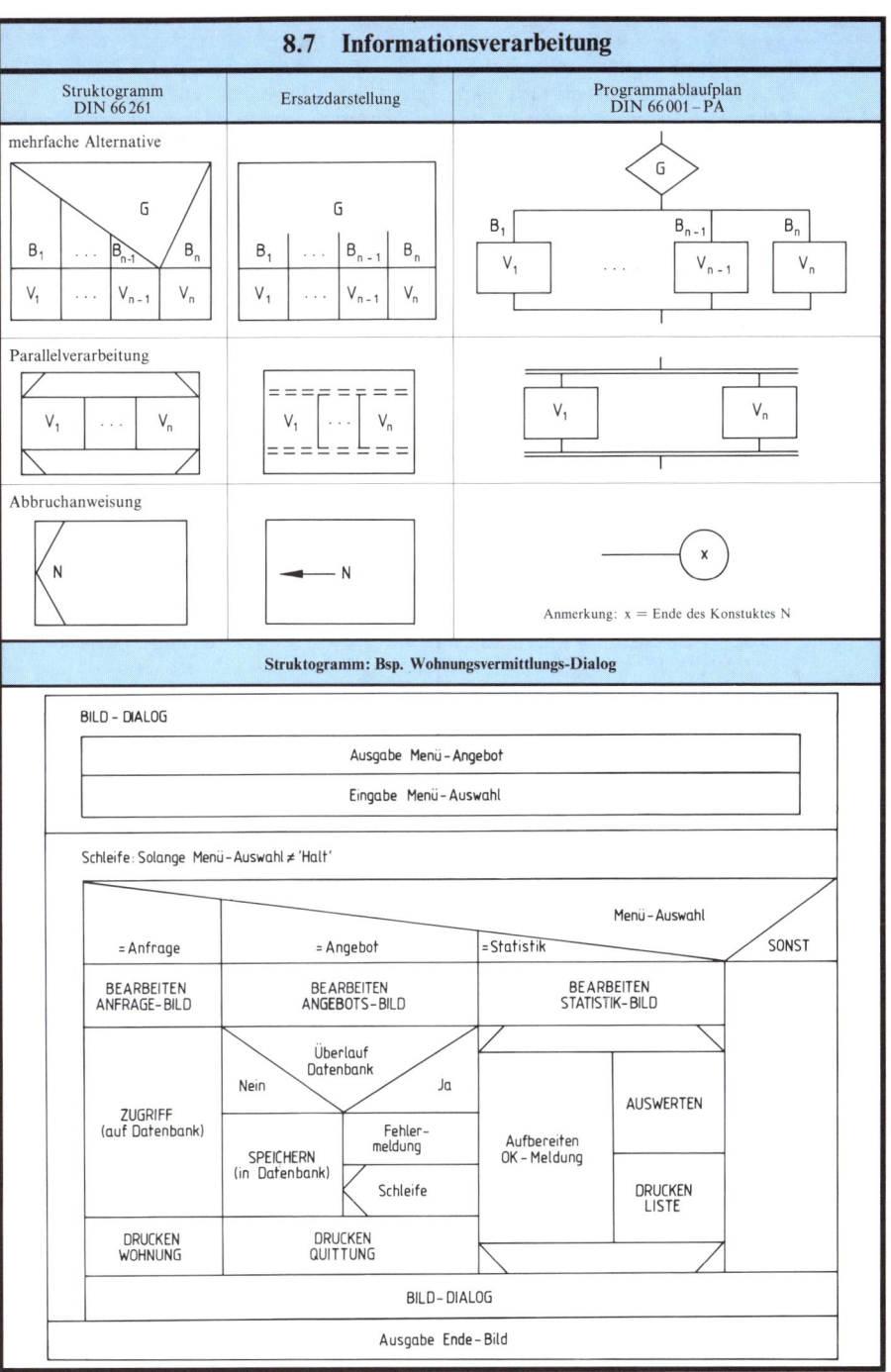

8.7 Informationsverarbeitung

Struktogramm DIN 66261	Ersatzdarstellung	Programmablaufplan DIN 66001 – PA

mehrfache Alternative

G
B_1 ... B_{n-1} B_n
V_1 ... V_{n-1} V_n

G
B_1 ... B_{n-1} B_n
V_1 ... V_{n-1} V_n

G
B_1 B_{n-1} B_n
V_1 ... V_{n-1} V_n

Parallelverarbeitung

V_1 ... V_n

V_1 ... V_n

V_1 V_n

Abbruchanweisung

N

N

x

Anmerkung: x = Ende des Konstuktes N

Struktogramm: Bsp. Wohnungsvermittlungs-Dialog

8

BILD – DIALOG

Ausgabe Menü – Angebot

Eingabe Menü – Auswahl

Schleife: Solange Menü–Auswahl ≠ 'Halt'

Menü – Auswahl

= Anfrage	= Angebot	= Statistik	SONST
BEARBEITEN ANFRAGE-BILD	BEARBEITEN ANGEBOTS-BILD	BEARBEITEN STATISTIK-BILD	

Überlauf Datenbank
Nein   Ja

ZUGRIFF (auf Datenbank)

Fehler-meldung

SPEICHERN (in Datenbank)

Schleife

Aufbereiten OK – Meldung

AUSWERTEN

DRUCKEN LISTE

DRUCKEN WOHNUNG

DRUCKEN QUITTUNG

BILD – DIALOG

Ausgabe Ende – Bild

8.7.4 Regeln und Symbole für Funktionspläne nach DIN 40719 Teil 6 (3.77)

Graphisches Symbol	Benennung und Bemerkung	Graphisches Symbol	Benennung und Bemerkung
	Grundform für Funktionssymbol (beliebiges Seitenverhältnis)	A) B)	**Schritt** In Feld A) steht die frei wählbare Schritt-Nr. In Feld B) kann Text stehen.
	Wirkungslinie allgemein speziell, z. B. Wirkung über den Prozeß, Überlaufbedingung		Ein Schritt wird speichernd gesetzt, wenn alle Eingangsvariablen den Wert 1 haben (UND-Verknüpfung). Er wird gelöscht durch den Setzvorgang des nachfolgenden Schrittes, außerdem durch Befehle oder in Sonderfällen auch über einen mit R gekennzeichneten Löscheingang.
	zeichnerische Zusammenfassung von Wirkungslinien, vereinfachte und ausführliche Darstellung.		
	Abbruchstelle einer Wirkungslinie, desgleichen wahlweise (Die Zusammengehörigkeit von Abbruchstellen muß eindeutig erkennbar bzw. gekennzeichnet sein.)		
	Eingänge sind vorzugsweise oben oder links anzuordnen, andernfalls durch Pfeile zu kennzeichnen.		① Setzen über Befehl ② Löschen über Befehl ③ Löschen durch Setzvorgang des nächsten Schrittes
	Eine Eingangsseite darf über eine oder beide Ecken hinaus verlängert werden.		**Verzweigung** von Wirkungslinien, allgemein ODER-Verzweigung (1 aus n) Wirkungslinien zwischen den Schrittsymbolen zur Darstellung von Ablaufketten, bei denen nur einer der Zweige durchlaufen wird. Der vorhergehende Schritt wird gelöscht, wenn der 1. Schritt in einem folgenden Zweig gesetzt wird.
	Ausgänge sind vorzugsweise unten oder rechts anzuordnen, andernfalls durch Pfeile zu kennzeichnen.		**UND-Verzweigung** Wirkungslinien zwischen den Schrittsymbolen zur Darstellung von Ablaufketten, bei denen alle Zweige durchlaufen werden. Der vorhergehende Schritt wird gelöscht, wenn der 1. Schritt in allen folgenden Zweigen gesetzt worden ist.
	Verknüpfungen (Bsp.: UND-Verknüpfung) Ein- und Ausgänge liegen an gegenüberliegenden Seiten des Symbols. Pfeile zur Kennzeichnung von Ein- und Ausgängen sind nicht erforderlich.		

	Benennung von Variablen
	
	An den xxxx gekennzeichneten Stellen steht die Benennung; sie bezeichnet den Zustand, bei dem die Variable den Wert 1 hat.
	
	Negierung einer Benennung
		Es bedeuten:
		D verzögert
		NSD nicht gespeichert
		      und verzögert
		SD gespeichert und
		      verzögert
		F Freigabe
		R Löscheingang
			RC Rückmeldung
			S gespeichert
			SH gespeichert, auch bei
			      Energieausfall
			T zeitliche begrenzt
			ST gespeichert und
			      zeitlich begrenzt

Befehl der Steuerung, allgemein

Ein Befehl wirkt mit Hilfe von Stellgliedern auf den Prozeß ein oder löst Funktionen innerhalb der Steuerung aus. Als Befehl wird hier die Anweisung für eine Zustandsänderung verstanden.

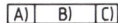

Feld A) enthält die Kennzeichnung für die Befehlsart: D, S, SD, NS, NSD, SH, T oder ST (Bedeutung s. S. 8-68 und 8-70).

Feld B) gibt die Wirkung des Befehls an. Ist die Wirkung des nicht ausgegebenen Befehls nicht eindeutig, so kann diese in Klammern angegeben werden.

Feld C) enthält die Kennzeichnung für die Abbruchstelle eines Befehlsausgangs. Ist keine Abbruchstelle vorhanden, so kann dieses Feld entfallen.

Feld B) soll mindestens doppelt so groß sein, wie das größere der Felder A) und C).

Ein Stellglied darf von einem Schritt nur einmal angesprochen werden. Beziehen sich mehrere, von verschiedenen Schritten ausgegebene Befehle auf dasselbe Stellglied, so gilt der Befehl, dessen Schritt zuletzt gesetzt wurde.

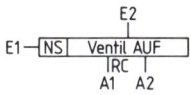

Die Unterteilung in Felder erfolgt nur zur Unterscheidung der verschiedenen Angaben. Ein- und Ausgänge dürfen deshalb an beliebigen Stellen des Symbols angeordnet werden.

Ein Befehl kann mehrere Eingänge mit z.T. unterschiedlichen Wirkungen haben. Buchstaben kennzeichnen spezielle Wirkungen der Eingänge:

F   Freigabe
R   Löscheingang
RC   Rückmeldung

Die Kennzeichnung RC wird an die Wirkungslinie oder in das Feld C) eingetragen.

Ausgänge der Befehle werden als Wirkungslinie dargestellt oder als laufende Nummer in das Feld C) eingetragen. Die laufende Nummer wird je Schritt neu angefangen.

Die Variablen nicht zusätzlich bezeichneter Ausgänge haben den Wert 1, wenn die Steuerung den Befehl zur Betätigung des Stellgliedes ausgibt. Die Variablen an den mit RC bezeichneten Ausgängen sind dagegen Rückmeldungen vom Stellglied. Sie haben den Wert 1, solange sich das Stellglied in der Stellung befindet, die der in Feld B) beschriebenen Wirkung des Befehls entspricht.

Die Anordnung von Befehlen

ausführliche
Darstellung

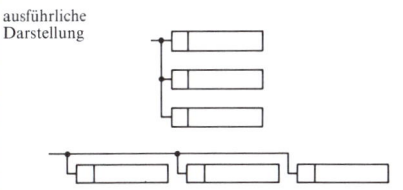

vereinfachte Darstellung

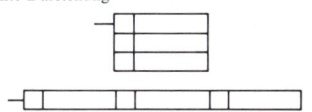

Werden den Befehlen und Bedingungen Kommentare und Hinweise zugeordnet, so ist die Anordnung untereinander vorteilhaft. Werden Freigabe- oder Löscheingänge für die Befehle benutzt, so ist die Anordnung nebeneinander zu bevorzugen.

Die lückenlose Befehlsanordnung bei vereinfachter Darstellung setzt voraus, daß diese Befehle einen gemeinsamen Eingang haben. Die übrigen Ein- und Ausgänge gelten jeweils nur für einen Befehl.

Darstellungsvereinfachung durch Abbruchstellen

Gestattet die Anordnung der Befehle nicht eine einfache Führung der Wirkungslinien, so kann ein Funktionsplan durch Abbruchstellen übersichtlicher gestaltet werden. Sind als Fortschaltbedingungen des nächsten Schrittes die Rückmeldungen von Befehlsausgängen vorangegangener Schritte darzustellen, so gelten folgende Regeln:

a) Bei Befehlsanordnung nebeneinander sind Abbruchstellen zu vermeiden.

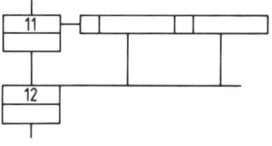

b) Bei Befehlsanordnung untereinander sind die Abbruchstellen durch die Nummer (Ziffern oder Buchstaben) der Befehle zu kennzeichnen.

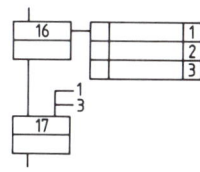

c) Überspringt die Abbruchstelle einen oder mehrere Schritte, so ist der Nummer des Befehlsausgangs die Schritt-Nr. voranzustellen.

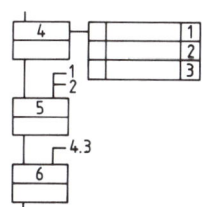

8

8.7 Informationsverarbeitung

Graphisches Symbol	Erläuterung

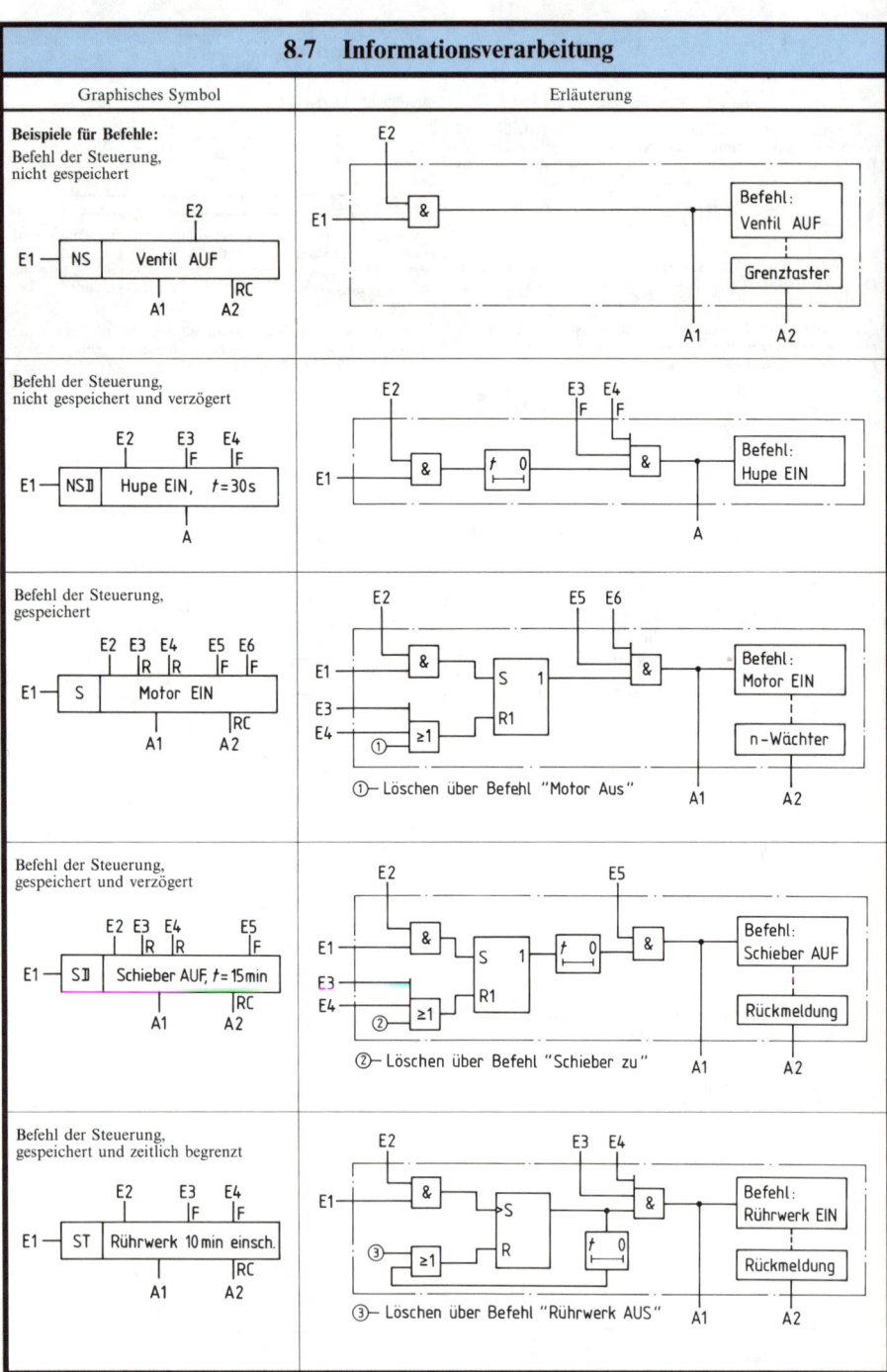

Beispiele für Befehle:

Befehl der Steuerung, nicht gespeichert

Befehl der Steuerung, nicht gespeichert und verzögert

Befehl der Steuerung, gespeichert

Befehl der Steuerung, gespeichert und verzögert

Befehl der Steuerung, gespeichert und zeitlich begrenzt

8

8-70

9 Fertigungsplanung

9.1 Fertigung mit numerisch gesteuerten Werkzeugmaschinen

9.1.1 Funktionseinheiten von Werkzeugmaschinen

Manuell gesteuerte Drehmaschine

Gestell	Werkstück-aufnahme	Werkzeug-aufnahme	Antriebe	Steuerung
Geripptes Guß-gestell	Spannzeug und Pinole	Werkzeughalter mit Oberschlitten	Hauptantrieb (Drehstrommotor)	Handbetätigte Steuerung

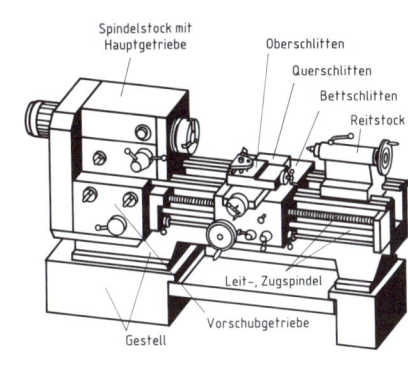

Manuell gesteuerte Drehmaschine

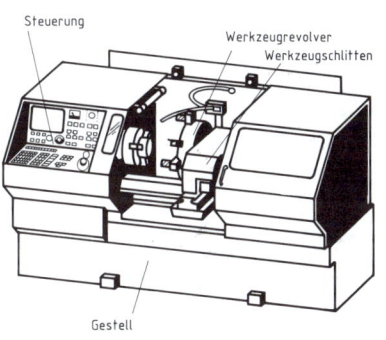

CNC-gesteuerte Drehmaschine

CNC-gesteuerte Drehmaschine

Gestell	Werkstück-aufnahme	Werkzeug-aufnahme	Antriebe	Steuerung
Gestell einer Schrägbettdrehma-schine (Guß/Stahl)	Spannzeug mit Reit-stock und Lünette	Werkzeugrevolver	Hauptantrieb (Gleichstrom-motor)	Steuerung über Einzelantriebe

9.1.2 Datenfluß

Vergleich manuell-/CNC-gesteuerte Werkzeugmaschine

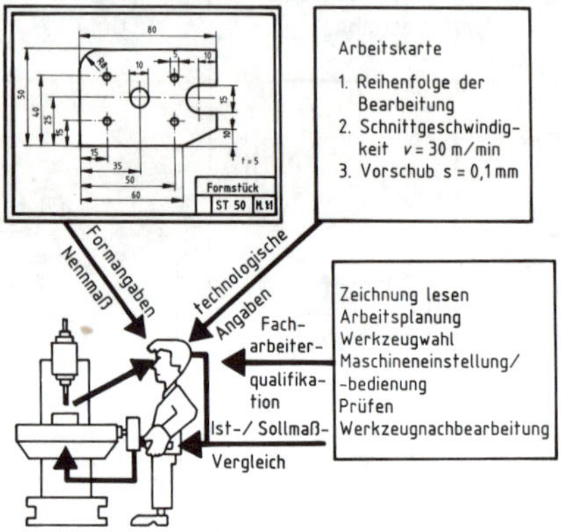

Arbeitskarte

1. Reihenfolge der Bearbeitung
2. Schnittgeschwindigkeit $v = 30$ m/min
3. Vorschub $s = 0,1$ mm

Zeichnung lesen
Arbeitsplanung
Werkzeugwahl
Maschineneinstellung/-bedienung
Prüfen
Werkzeugnachbearbeitung

Fertigung mit einer manuell gesteuerten Fräsmaschine

Arbeitskarte

1. Reihenfolge der Bearbeitung
2. Schnittgeschwindigkeit $v = 30$ m/min
3. Vorschub $s = 0,1$ mm

Zeichnung lesen
Arbeitsplanung
Werkzeugwahl
Kenntnisse über Achsen und Bezugspunkte
Programmierung/Programmkorrektur
Maschineneinstellung/-bedienung
Bedienung des Steuerpultes
Prüfen
Werkzeugnachbearbeitung

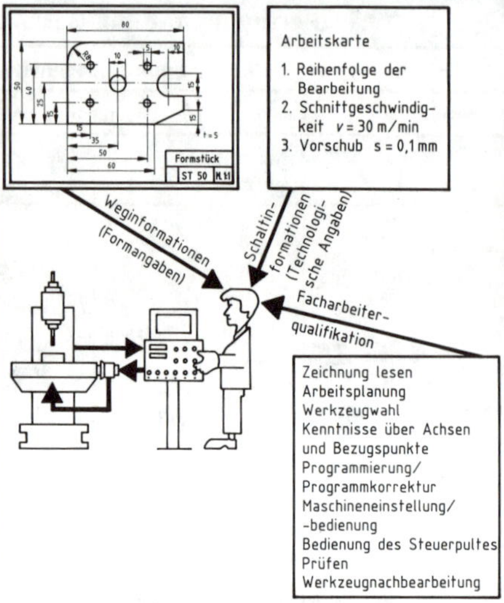

Fertigung mit einer CNC-gesteuerten Fräsmaschine

Ablaufplanung numerisch gesteuerter Fertigung

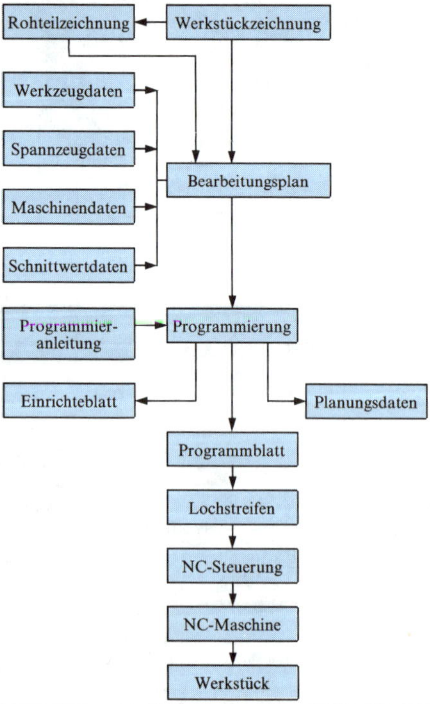

Arbeitsweise einer CNC-Steuerung

Der Maschinentisch einer CNC-gesteuerten Konsolfräsmaschine soll um 13 mm in X-Richtung verschoben werden.

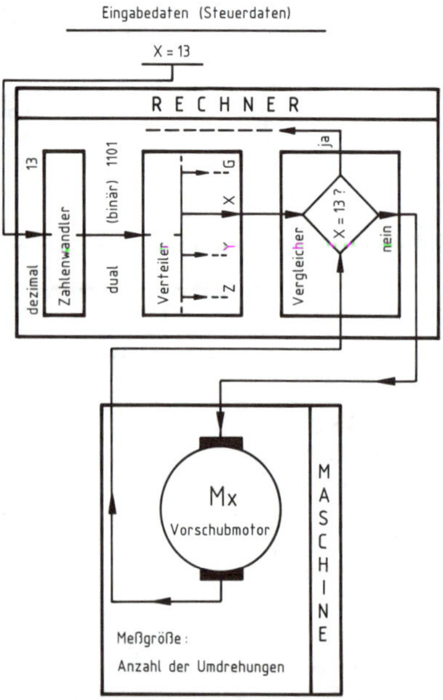

9.1.3 Achsen und Bewegungsrichtungen nach DIN 66 217 (12.75)

Die Bewegungsachsen von numerisch gesteuerten Werkzeugmaschinen sind nach DIN 66 217 einem rechtshändigen, rechtwinkligen Koordinatensystem zugeordnet. Dieses System bezieht sich auf das eingespannte Werkstück. Die „Rechte-Hand-Regel" kann eine Hilfe für die Zuordnung sein.

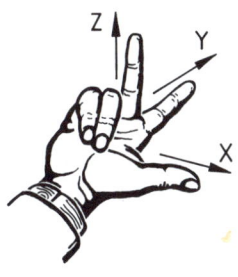

X, Y, Z kennzeichnen die Richtung der positiven Hauptachsen, wobei i.d.R. die Z-Achse parallel zur Hauptspindel liegt.

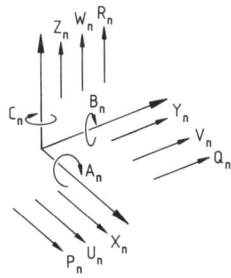

Längs- und Rotationsbewegungen

Der Index n ist eine Zählnummer und läßt beim Programmieren eine Zuordnung der Achsen zu.

Beispiel: Werkzeugmaschine mit 3 Achsen
Spindel 1 = Maschineneinheit 1
Spindel 2 = Maschineneinheit 2
Spindel 3 = Maschineneinheit 3

Programmiertechnisch möglich wäre z.B.:
M1 = 03 Spindel 1 Rechtslauf
M2 = 07 Spindel 2 Kühlmittel 2 EIN
M3 = 04 Spindel 3 Linkslauf

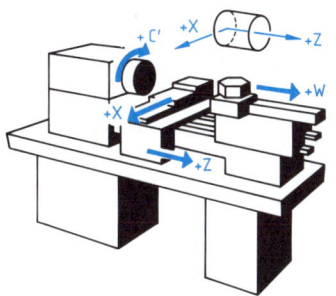

Revolver-Drehmaschine

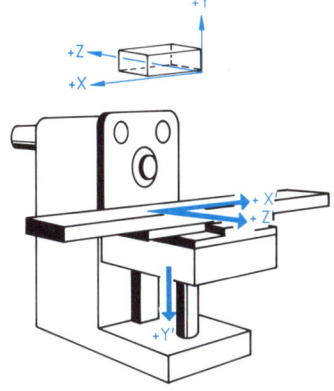

Waagerecht-Konsolfräsmaschine

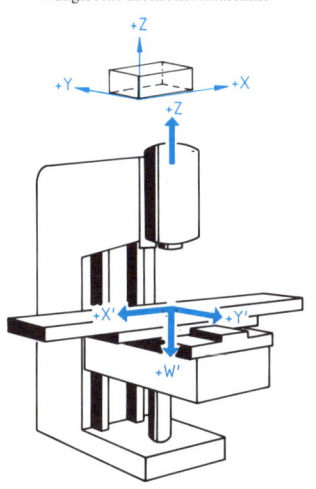

Senkrecht-Konsolfräsmaschine

9

9.1.4 Bezugspunkte an CNC-Werkzeugmaschinen

Punkt	Merkmale der Lage	Verwendungszweck
M Maschinen-nullpunkt	**M** ist Ursprung des unveränderbaren Maschinenkoordinatensystems und wird vom Hersteller festgelegt. Bei Drehmaschinen ist M im allgemeinen im Zentrum der Spindelflanschanschlagfläche angeordnet.	**M** ist Ausgangspunkt für sämtliche weitere Koordinatensysteme.
R Referenz-punkt	**R** liegt im Ursprung des Wegmeßsystems. Die Lage ist konstruktiv festgelegt und damit nicht veränderbar. Er liegt meistens im Randbereich des Arbeitsraumes.	Nach dem Einschalten des Meßsystems braucht es einen Orientierungspunkt, der mit bekannten Koordinaten angefahren werden kann (**M** scheidet meist wegen der Lage aus). **R** ist Bezugspunkt für den Programmnullpunkt und den Werkzeugwechselpunkt.
W Werkstück-nullpunkt	**W** liegt im Ursprung der Werkstückkoordinaten. Die Lage ist frei wählbar und beliebig verschiebbar. Zweckmäßigerweise wird er so festgelegt, daß sich die Maßangaben in der Werkstückzeichnung leicht in Koordinatenangaben umrechnen lassen.	**W** wird auch als Programmnullpunkt bezeichnet, da er in der Regel als Nullpunkt des zur Programmierung verwendeten Koordinatensystems herangezogen wird.
N Werkzeug-aufnahmepunkt	**N** befindet sich auf dem Werkzeugträger und deckt sich mit dem Werkzeugeinstellpunkt **E**, wenn das Werkzeug bzw. der Werkzeughalter in den Werkzeugträger eingesetzt wird.	Die Werkzeugmaße müssen vorab ermittelt und in die Steuerung eingegeben werden. Die Abmessungen der Werkzeuge werden bei der Voreinstellung auf **E** bezogen. Das Gegenstück in der Maschine ist der Werkzeugaufnahmepunkt **N**.
E Werkzeug-einstellpunkt	**E** befindet sich an bestimmter Stelle auf dem Werkzeughalter.	

9

Bezugs- und Nullpunkte an der Drehmaschine

Bezugs- und Nullpunkte an der Fräsmaschine

9.1 Fertigung mit numerisch gesteuerten Werkzeugmaschinen

9.1.5 CNC-Werkzeugsteuerung

Steuerung	Beispiel	Erläuterung
Punkt-steuerung		Werkzeug bearbeitet nur nach der Positionierung.
Strecken-steuerung		Bearbeitungsvorgänge geschehen auf der X-, Y-, Z-Achse nacheinander.
Bahn-steuerung		Bearbeitungsvorgang geschieht in allen Bewegungsachsen gleichzeitig.

9.1.6 Werkzeugwegmessung

	Beispiel	Erläuterung
Ort der Messung	Direktmessung	Messung des Weges wird direkt am Maschinentisch vorgenommen.
	Indirektmessung	Wegmessung wird mit Übertragungselementen vorgenommen (z.B. Spindel).
Art der Meßwerterfassung	Analoge Werterfassung	Wegmessung erfolgt stufenlos.
	Digitale Werterfassung	Meßwerte werden schrittweise erfaßt.
Meßverfahren	Inkrementalmaßstab	Die Meßstrecke wird in gleich große Inkremente geteilt.
	Code-Glasmaßstab	Jeder Meßort ist durch einen Zahlenwert gekennzeichnet.

9.1.7 Interpolationsverfahren

Während des Positionierens des Werkzeugs einer CNC-Werkzeugmaschine bewegen sich alle Achsen gleichzeitig, bis sie ihre Zielposition erreicht haben. Werkzeugmaschinen mit Bahnsteuerung brauchen einen Interpolator, der die resultierende Werkzeugbewegung so koordiniert, daß sie ständig auf der programmierten Bahn liegt. Dazu gibt es unterschiedliche Interpolationsverfahren.

Art	Beispiel	Erläuterung
Linearinterpolation	Annäherung durch Polygonzüge an das Idealprofil	Das Werkzeug wird vom Anfangs- bis zum Zielpunkt geradlinig bewegt. Für beliebig viele Achsen läßt sich eine Linearinterpolation erreichen. Alle Raum- und Profilkurven sind erzeugbar, wenn man sich dieser durch einen Polygonzug annähert. Je größer die Annäherung an das ideale Profil, desto größer ist die notwendige Datenmenge. Dies ist der Nachteil zu anderen Interpolationsverfahren.
Zirkularinterpolation		Die Zirkularinterpolation ist i.d.R. auf die Hauptachsen der Werkzeugmaschine begrenzt. Alle erforderlichen Zwischenpunkte der Werkzeugbahn werden vom Interpolator nach der Kreisgleichung errechnet.
Parabolinterpolation		Die Parabolinterpolation wird meist nur bei vier- bis fünfachsigen Werkzeugmaschinen angewendet, da die Datenmenge bei mehrachsigen Simultanbewegungen erheblich reduziert werden kann.

9

9.1.8 Bildzeichen an numerisch gesteuerten Werkzeugmaschinen nach DIN 55003 T 3 (8.81)

Grundsymbole

Symbol	Bezeichnung	Symbol	Bezeichnung
→	Richtungspfeil	↦	Verschiebung/ Korrektur
➡	Funktionspfeil		
⟫	Datenträger	⊕	Bezugspunkt
⟩	Programm ohne Maschinenfunktion	◇	Speicher
⟩	Programm mit Maschinenfunktion	⤧	Wechsel (z.B. Werkzeugwechsel)
☐	Satz	⤨	Ändern

Verwendungssymbole

Symbol	Bezeichnung	Symbol	Bezeichnung
⟫→	Bandvorlauf ohne Lesen der Daten	⟫←	Bandrücklauf ohne Lesen der Daten
➡	Programm-Einlesen ohne Maschinenfunktion	➡	Programm-Einlesen mit Maschinenfunktion
⮕	Satzweises Programm-Einlesen mit Maschinenfunktion	⮕	Satzweises Programm-Einlesen ohne Maschinenfunktion
↻	Programmierter wahlweiser Halt	◯	Programmierter Stop
➡☐	Suchlauf vorwärts auf bestimmte Daten ohne Maschinenfunktion, Suchlauf rückwärts	➡N	Satznummernsuche vorwärts ohne Maschinenfunktion, Satznummernsuche rückwärts
☐➡		N➡	
➡◱	Hauptsatzsuche vorwärts ohne Maschinenfunktion, Hauptsatzsuche rückwärts	%➡	Programmanfang
◱➡		⟍|	Programmende
%➡	Suchlauf rückwärts zum Programmanfang	%⟍|	Programmende mit automatischem Rücklauf
⊘	Wahlweise Satzunterdrückung	✋	Handeingabe
L	Normalachsansteuerung	⌐	Spiegelbildliche Achsansteuerung
↓	Referenzpunkt	⊕	Koordinaten-Nullpunkt
⊕	Absolute Maßangabe	⊕	Inkrementale Maßangabe

Symbol	Bezeichnung	Symbol	Bezeichnung
⊕	Nullpunkt-Verschiebung	⤢	Drehendes Werkzeug Längenkorrektur
⥮	Werkzeugkorrektur (nicht drehendes Werkzeug)	⤢	Radiuskorrektur
⥬		⤢	Durchmesserkorrektur
⬿	Werkzeugschneidenradiuskorrektur	⊙	Positioniergenauigkeit, fein
⊙	Positioniergenauigkeit, mittel	⊙	Positioniergenauigkeit, grob
⟩➡	Speicherdateneingabe	⟨⬅	Speicherdatenausgabe
//	Rücksetzen	///	Löschen
⟩	Speicherinhalt rücksetzen	⟩	Speicherinhalt löschen
⟨?	Programmdaten fehlerhaft	⟩?	Datenträger fehlerhaft
⊢	In Position	⟩➡	Speicher läuft über
⟨!	Vorwarnung für Speicherüberlauf	⟩	Speicher fehlerhaft
⊣⊢	Batterie	⟩	Programmspeicher
⟩	Unterprogramm	⟩	Unterprogrammspeicher
⤢	Programm ändern	⟩	Speicherdaten ändern
◇	Zwischenspeicher	⟲	Wiederanfahren der Kontur
⤢	Programmierter Positionssollwert	⤢	Positionsistwert
⤢?	Positionsfehler	⊥#	Hilfsbezugsposition
⬇	Programm von externer Einrichtung	⟩	Eingabe des Datenträgers über eine Zusatzeinrichtung

9

9.1 Fertigung mit numerisch gesteuerten Werkzeugmaschinen

9.1.9 Symbole für den Maschinenbau

Symbole für Anzeigeelemente [1]

Symbol	Bedeutung	Symbol	Bedeutung
|	Ein	◁	Maximum-Einstellung
○	Aus	⇥	Steuern
⊙	Ein/Aus, stellend	⟲	Regeln
⊖	Ein/Aus, tastend	⊕→	Energie-/Signaleingang
◇	Ingangsetzen einer Bewegung	→⊕	Energie-/Signalausgang
◈	Schnellstart	→•	Wirkung auf einen Bezugspunkt zu
▽	Anhalten einer Bewegung, Stop	•→	Wirkung von einem Bezugspunkt aus
▽	Schnellstop	→	Bewegungsrichtung
⊍	Vorbereiten	⊢→	Bewegungsrichtung aus Begrenzung
○̇	Vorbereitendes Schalten	↔	Bewegung in zwei Richtungen
○̇	Abschalten	⇄	Oszillierende Bewegung
⊙	Zuschalten	⌒	Drehbewegung, rechts
→|	Informationsaufnahme am Träger	⌒	Drehbewegung, links
⊢	Informationswiedergabe	⌒	Drehbewegung in beide Richtungen
×|	Informationslöschung	→▷	Geschwindigkeit
⌒	Verändern einer Größe	→▷▷	Begrenzte Bewegung, schnell
⌣	Minimum-Einstellung	⊢▷▷	Schnelle Bewegung aus Begrenzung

Symbol	Bedeutung	Symbol	Bedeutung
---→	Bewegung, unterbrochen	▷	Regler
○	Drehen, Drehzahl	⚡	Gefährliche elektrische Spannung
○	Einmalige Drehung	-☼-	Beleuchtung
◎	Automatischer Ablauf	⊗	Leuchtmelder
→○	Bremsen	△	Klingel, Signal
←○	Bremse lösen	⊙	Getriebe
→|←	Mittelstellung	⊣⊢	Kupplung
→|←	Festklemmen, Spannen	◇	Schmierung
←|→	Lösen, Abheben	⋏	Lüftung
⊓	Handschalter	)))	Wärmeabgabe durch Strahlung
⋝	Fußschalter	)))	Wärmeabgabe durch Konvektion
⊡	Schalten vom Schalttisch	⊗	Mechanische Energie
⟍	Handbetätigung	⊘	Hydraulische Energie
⊤↑	Entriegeln	⊜	Pneumatische Energie
⊤↓	Verriegeln	⦵	Wärmeenergie
|	Thermometer	⦵	Wasserenergie
⊔↑	Temperaturzunahme	⦵	Dampfenergie
⊔↓	Temperaturabnahme	⊘	Elektrische Energie
⊠	Temperaturbegrenzer	⊘	Lichtenergie

9

[1] Früher in DIN 30600 (3.79), jetzt in DIN-Fachbericht 4 aufgeführt.

9.1 Fertigung mit numerisch gesteuerten Werkzeugmaschinen

9.1.10 Symbole für Werkzeugmaschinen nach DIN 24900 T10 (1.82), Auswahl

Symbol	Bezeichnung	Symbol	Bezeichnung
	Plandrehen		Planschleifen
	Längsdrehen		Innenrund-schleifen
	Innendrehen, Ausdrehen		Außenrund-schleifen
	Außendrehen		Einstechschleifen
	Fräsen		Innenhonen
	Gleichlauffräsen		Außenhonen
	Gegenlauffräsen		Läppen
	Hobeln		Spindel
	Senkrecht-Stoßen		Spindeldrehzahl
	Waagerecht-Stoßen		Spindelstock
	Innenräumen		Spannzange
	Außenräumen		Materialvorschub bis zum Anschlag
	Bohren		Spannfutter
	Gewindebohren		Planscheibe
	Gewinde herstellen		Längsspannen
	Reiben		Spannen in vor-bestimmter Lage
	Schleifen		Werkstück zentrieren

9.2 Programmerstellung für numerisch gesteuerte Werkzeugmaschinen nach DIN 66025 (9.87)

9.2.1 Programmaufbau

Das Programm einer numerisch gesteuerten Werkzeugmaschine besteht aus beliebig vielen Sätzen, die den gesamten Arbeitsablauf der Maschine schrittweise beschreiben.

Programm-Anfang	1. Satz	2. Satz	58. Satz	Programm-Ende

Die Wörter eines Satzes werden in fester Reihenfolge angeordnet:
1. Satznummer
2. Wegbedingung
3. Koordinatenachsen X, Y, Z, U, V, W, P, ...
4. Interpolationsparameter I, J, K
5. Vorschub; gilt das Wort für den Vorschub einer bestimmten Koordinate, so folgt es unmittelbar nach dem Wort für diese Koordinate. Gilt es für mehrere Koordinaten, so folgt es nach dem Wort für die letzte Koordinate.
6. Spindeldrehzahl
7. Werkzeug und Werkzeugkorrektur
8. Zusatzfunktion

Es werden die Wörter in einem Satz weggelassen, für die keine Information benötigt wird. Ein Wort besteht immer aus einem Adressbuchstaben und einer Zahl.

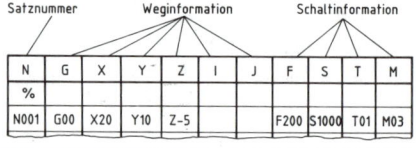

Satznummer	Weginformation						Schaltinformation		
N	G	X	Y	Z	I	J	F	S	T	M
%										
N001	G00	X20	Y10	Z-5			F200	S1000	T01	M03

9.2.2 Adreßbuchstaben und Sonderzeichen

Buch-stabe	Adresse für	Buch-stabe	Adresse für
A	Drehbewegung um X-Achse	L	Frei verfügbar
B	Drehbewegung um Y-Achse	M	Zusatzfunktion
		N	Satznummer
C	Drehbewegung um Z-Achse	O	Frei verfügbar
		P	Dritte Bewegung parallel zur X-, Y-Achse
D	Werkzeugkorrektur-speicher	Q	
E	Zweiter Vorschub	R	Eilgang oder dritte Bewegung parallel zur Z-Achse
F	Vorschub		
G	Wegbedingung		
H	Werkzeuglängen-korrektur	S	Spindeldrehzahl
		T	Werkzeug
I	Interpolations-parameter oder Gewindesteigung parallel zur X-, Y- oder Z-Achse	U	Zweite Bewegung parallel zur X-, Y- oder Z-Achse
J		V	
K		W	
		X	Bewegung in Richtung der X-, Y- oder Z-Achse
		Y	
		Z	

9.2 Programmierung numerisch gesteuerter Werkzeugmaschinen nach DIN 66025 (9.87)

Sonderzeichen für Programminformationen

Zeichen	Bedeutung	Zeichen	Bedeutung
%	Programmanfang	NUL	Zeichen ohne
:	Hauptsatz		Bedeutung
/	Satzunterdrückung	HT	Tabulator
		LF	Satzende
(,)	Beginn und Ende einer Anmerkung	CR	Wagenrücklauf
		SP	Zwischenraum
BS	Rückwärtsschritt	DEL	Löschzeichen

9.2.3 Schlüsselzahlen für Wegbedingungen

Wegbedingung	Bedeutung
G00	Eilgang, Punktsteuerungsverhalten[1])
G01	Geradeninterpolation[1])[2])
G02	Kreisinterpolation im Uhrzeigersinn[1])[2])
G03	Kreisinterpolation gegen Uhrzeigersinn[1])[2])
G04	Verweilzeit[1])
G06	Parabelinterpolation[2])
G08	Geschwindigkeitszunahme[1])
G09	Geschwindigkeitsabnahme[1])
G17/G18/G19	Ebenenauswahl XY, XZ, YZ
G33	Gewindeschneiden, Steigung konstant
G34	Gewindeschneiden, zunehmende Steigung
G35	Gewindeschneiden, abnehmende Steigung
G40	Aufheben der Werkzeugkorrektur
G41/G42	Werkzeugkorrektur links/rechts
G43/G44	Werkzeugkorrektur positiv/negativ[1])
G45–G52	Verschiedene Werkzeugkorrekturen
G53	Aufheben der Verschiebung
G54–G59	Verschiebungen 1 bis 6
G60	Genauigkeit Stufung 1 (fein)
G61	Genauigkeit Stufung 2 (mittel)
G62	Schnellhalt
G63	Gewindebohren[1])
G70	Maßangabe in inch
G71	Maßangabe in mm
G74	Referenzpunkt anfahren[1])
G80	Arbeitszyklus aufheben
G81–G89	Arbeitszyklen 1 bis 9
G90	Absolute Maßangabe
G91	Relative (inkrementale) Maßangabe
G92	Speicher setzen[1])
G93	Zeitreziproke Vorschubverschlüsselung
G94	Vorschub in mm/min
G95	Vorschub in mm/Umdrehung
G96	Konstante Schnittgeschwindigkeit
G97	Drehzahl in 1/min

Nicht aufgeführte Wegbedingungen sind vorläufig oder ständig frei verfügbar.

[1]) Diese Funktionen sind nur in dem Satz wirksam, in dem sie programmiert sind.

9.2.4 Schlüsselzahlen für Zusatzfunktionen (M)

Durch die Zusatzfunktion M werden der Steuerung meistens technologische Informationen mitgeteilt, soweit sie nicht unter den Adressen F, S, T programmiert werden können.

Zusatzfunktionen werden unterteilt
– **nach dem Auswirkungszeitpunkt:** die Zusatzfunktion wird zusammen mit den übrigen Angaben des Satzes wirksam oder
– **nach der Auswirkungsdauer:** die Zusatzfunktion hat entweder nur für den programmierten Satz Gültigkeit oder über mehrere Sätze hinweg, bis sie durch eine andere Zusatzfunktion aufgehoben wird.

Zusatzfunktion	Bedeutung
M00	Programmierter Halt
M01	Wahlweiser Halt
M02	Programmende
M03	Spindeldrehung im Uhrzeigersinn
M04	Spindeldrehung entgegen Uhrzeigersinn
M05	Spindel Stop
M06	Werkzeugwechsel
M07	Kühlmittel 2 Ein
M08	Kühlmittel 1 Ein
M09	Kühlmittel Aus
M10	Klemmen
M11	Lösen
M15/M16	Bewegung in plus/minus Richtung
M19	Spindelstop in definierter Stellung
M30	Programmende mit Rücksetzen
M31	Aufheben einer Verriegelung
M32–M35	Konstante Schnittgeschwindigkeit
M40–M45	Getriebestufen-Umschaltung
M60	Werkstückwechsel
M68	Werkstück spannen
M69	Werkstück entspannen

Nicht aufgeführte Zusatzfunktionen sind nicht belegt oder frei verfügbar.

Erläuterungen:

M00: Wenn alle Satzangaben, in denen M00 programmiert ist, ausgeführt wurden, wird die Maschine gestoppt.

M04: Die Spindeldrehrichtung wird in Blickrichtung von der Spindel zum Arbeitsraum definiert.

M06: Diese Funktion ist zum manuellen Werkzeugwechsel erforderlich.

M10/M11: Diese Funktionen können sich je nach Maschine auf Maschinenschlitten, Werkzeugaufnahmen, Vorrichtungen oder Arbeitsspindel beziehen.

9

[2]) Siehe auch S. 9-5

9.3 Spannen und Einrichten

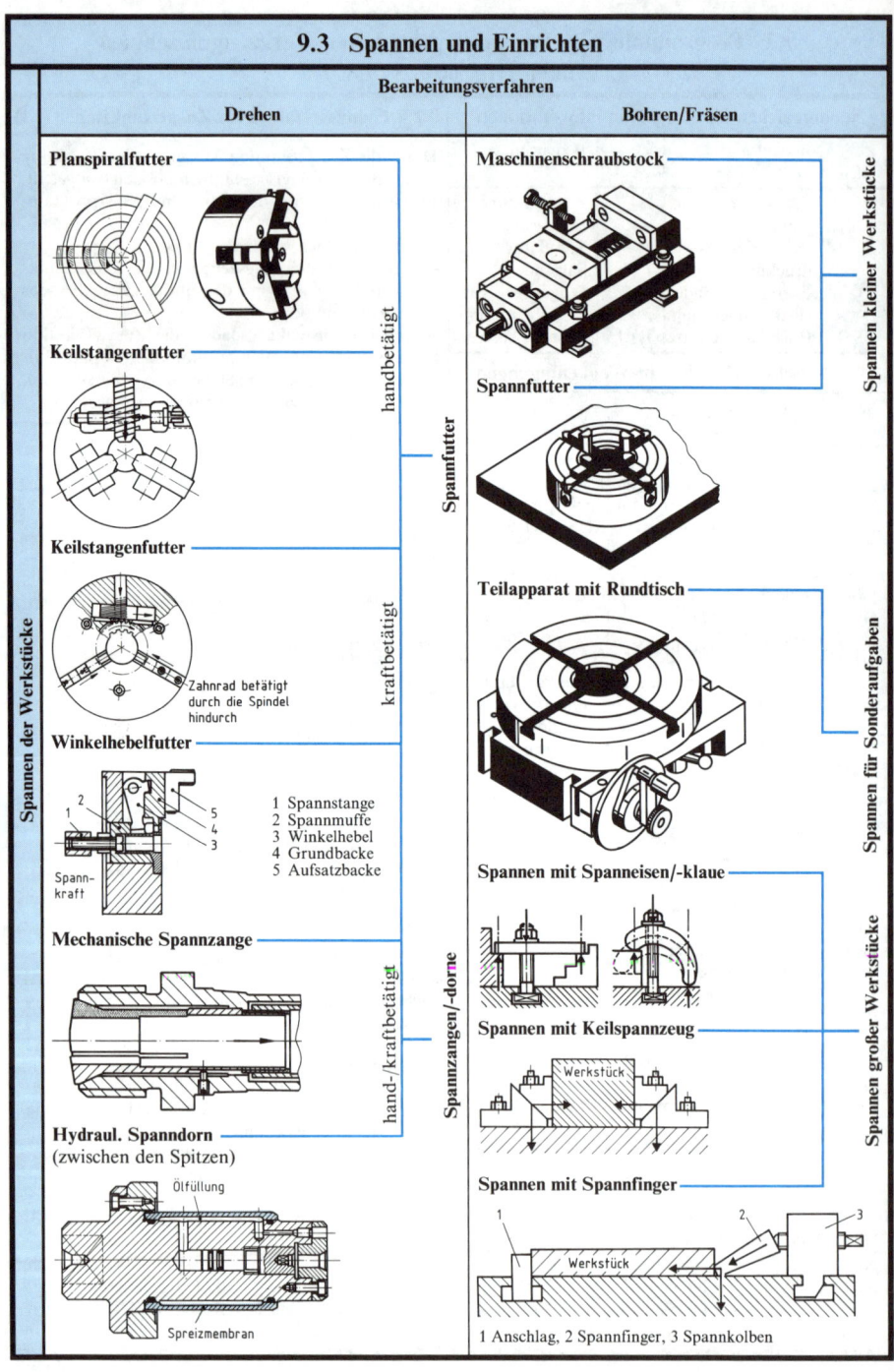

Bearbeitungsverfahren

Drehen	Bohren/Fräsen

Spannen der Werkstücke

Drehen – Spannfutter

Planspiralfutter

Keilstangenfutter

Keilstangenfutter

Zahnrad betätigt durch die Spindel hindurch

handbetätigt

kraftbetätigt

Winkelhebelfutter

1 Spannstange
2 Spannmuffe
3 Winkelhebel
4 Grundbacke
5 Aufsatzbacke

Spannkraft

Mechanische Spannzange

hand-/kraftbetätigt

Spannzangen/-dorne

Hydraul. Spanndorn
(zwischen den Spitzen)

Ölfüllung

Spreizmembran

Bohren/Fräsen – Spannfutter

Maschinenschraubstock

Spannen kleiner Werkstücke

Spannfutter

Teilapparat mit Rundtisch

Spannen für Sonderaufgaben

Spannen mit Spanneisen/-klaue

Spannen großer Werkstücke

Spannen mit Keilspannzeug

Werkstück

Spannen mit Spannfinger

Werkstück

1 Anschlag, 2 Spannfinger, 3 Spannkolben

9-10

9.3 Spannen und Einrichten

Spannen der Werkzeuge

Bearbeitungsverfahren: Drehen	Bearbeitungsverfahren: Bohren/Fräsen
Einzelhalterung: z.B. Schnellwechselmeißelhalter	**Einzelhalterung:** z.B. Bohrfutter mit Morsekegel

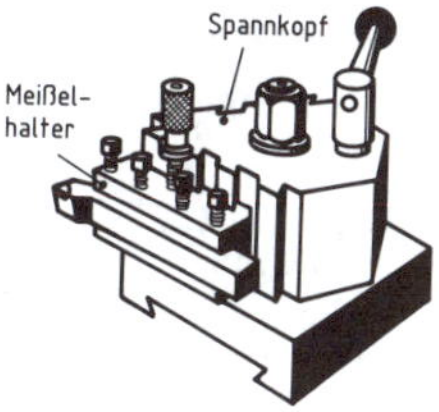

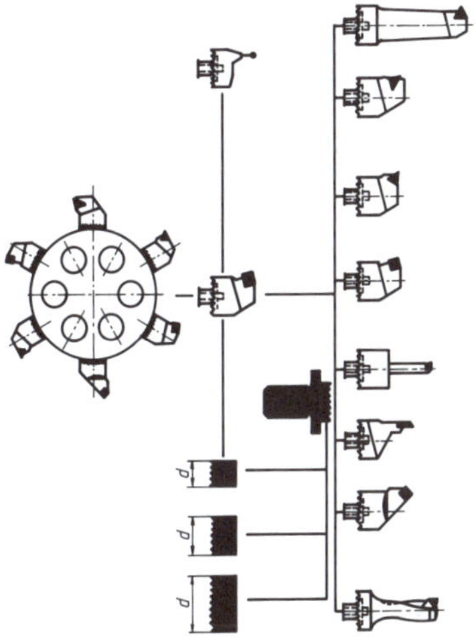

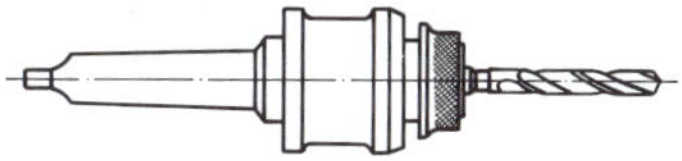

Spannkopf
Meißel-
halter

Werkzeugwechselsystem (für Revolver):

d
d
d

Werkzeugwechselsystem:

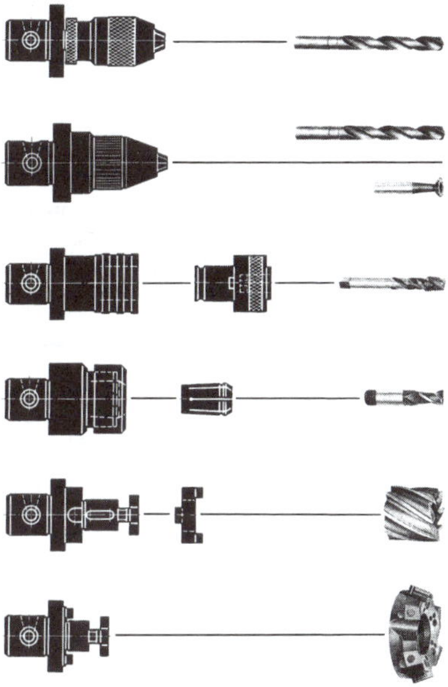

9.4 Organisation des numerisch gesteuerten Fertigungsprozesses (Beispiel)

9.4.1 Werkstattzeichnung

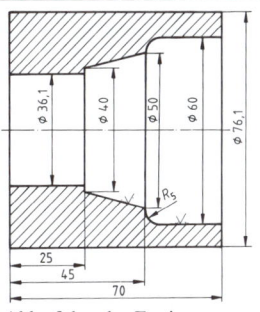

⌀ 36,1
⌀ 40
⌀ 50
⌀ 60
⌀ 76,1
R5
25
45
70

$\surd = \surd R_2\,25$

Das skizzierte Werkstück (Buchse) soll in einer (wiederkehrenden) Losgröße von $m = 50$ Stück auf einer bahngesteuerten Drehmaschine bearbeitet werden. Der Rohling ist ein beidseitig bearbeitetes Rohr DIN 2448–St35–76,1 × 20.

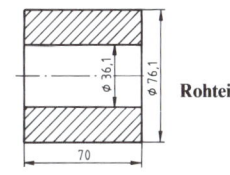

⌀ 36,1
⌀ 76,1
70

Rohteil

Der Ablaufplan des Fertigungsprozesses ist in Kapitel 9.1.2 dargestellt, vergleiche S. 9-2.

9.4.2 Bearbeitungsplan

Für den Arbeitsablauf in der Fertigung auf numerisch gesteuerten Werkzeugmaschinen ist es bei größeren Teilen mit häufigem Werkzeugwechsel und komplizierten Bearbeitungsfolgen vorteilhaft, einen Bearbeitungsplan zu erstellen.

Bearbeitungsplan		Einspannung: 1		Programm-Nr. 5103	
		von:		Blatt: von:	
		Tag:		Name:	

Maschine Nr.	MT 160/CNC	Werkstück	Buchse	Zeichnung	12-86/00
Steuerung	Bahnsteuerung	Werkstoff	St 35	Rohteil	Rohr 76,1 × 20 × 70

lfd. Nr.	Bearbeitungsvorgang	Werkzeug-Nr.	v in m/min	n in 1/min	f in mm/min	a in mm
1	Schruppvorgänge 1 und 2	T01		2000	0,25	4
2	Schruppvorgang 3	T01		2000	0,25	3,75
3	Schlichtvorgang	T02		2000	0,20	0,2

9.4.3 Spannmittelkartei, Werkzeugkartei

Karteiblatt für Spannzeuge	Ident.-Nr.	Firma:	Bestell.-Nr.
Bezeichnung: **Spannfutter**	Spannbacken Nr.	Backen hart/weich	
	Spindelkopf	Zwischenflansch	
	Max. Drehzahl	Max. Spannkraft N	

	min	max		min	max
DI			DA		
DI 0			DA 0		
DI 1			DA 1		
DI 2			DA 2		
DI 3			DA 3		
DI 4			DA 4		

	verwendet bei Programm	Bemerkungen
L 0		
L 1	5103	
L 2		
L 3		
L 4		

Karteiblatt für Drehwerkzeuge	Werkzeugsystem		Ident.-Nr.
Bezeichnung: **Innen-Eckdrehmeißel, ISO 9, links**	Schneide	Schaft	Wz.-Halter
	Firma Best.-Nr.		

Schneidst.	P 20	Nachschleifanweisung
Spanwinkel		
Spanleitstufe		

Bemerkungen:		
$X_s =$	$Y_s =$	$R_s =$
Einstellmaße	$f =$	$l_1 =$

9.4 Organisation des numerisch gesteuerten Fertigungsprozesses (Beispiel)

9.4.4 Einrichteblatt, Programmblatt

Einrichteblatt für NC-Drehmaschinen				Einspannung: 1 von:		Programm-Nr. 5103	
Maschine-Nr.	MT 160/CNC	Werkstück	Buchse	Zeichnung		12-86/00	
Steuerungs-Typ	Bahnsteuerung	Werkstoff	St 35	Rohteil		Rohr DIN 2448 76,1 × 20 × 70	

	X	Z
Nullpunktverschiebung		150
Referenzpunkt		350
Startpunkt		350

Drehzahlbereich	III
Vorschubbeeinflussung	100%
Kühlschmierstoff	Bohremulsion

Spannzeug	12	Keilstangenfutter
Ident.-Nr.	HFKS200-48	hydr., $p = 20$ bar
Spann-$\varnothing$	80	weiche Stufen- backen

Werkzeug-Benennung	Ident.-Nr.	WZ-Befehl	Korr.-Nr.	Schneidst.	Eckenradius	Bemerkung
Innendrehmeißel ISO 8, rechts	T 01		01	P 20	0,5	$v_c = 300$ m/min $f = 0,25$ mm
Innen-Eckdrehmeißel ISO 9, links	T 02		02	P 20	0,3	$v_c = 300$ m/min $f = 0,2$ mm

Programmblatt

Aus dem Einrichteblatt gehen die Lage der Bezugspunkte, die eingesetzten Werkzeuge und die Art der Werkstückspannung hervor.
Die Arbeitsfolge kann aus der Spalte Bemerkungen des Programmblattes nachvollzogen werden.

Satz Nr.	Wegbefehle			Kreisinter- polation		Vor- schub	Dreh- zahl	Werk- zeug	Zusatz- funktion	Bemerkung
N	G	X	Z	I	K	F	S	T	M	
N 5103%										Programmanfang, Nr.
N 1	G 90									Absolutbemaßung
N 2	G 54 G 41							T 0101	M 06	Nullpunktverschiebung Werkzeugkorrektur -aufruf, -wechsel
N 3	G 95 G 97					F 0,25	S 2000		M 07 M 04	Vorschub in mm/Umdr. Spindeldrehzahl in 1/min Kühlmittel Ein Spindeldrehung im Gegenuhrzeigersinn
N 4	G 00	−44,1	70,5							Eilgang (P 1)
N 5	G 01		34,5							Schruppvorgang 1 (P 2)
N 6		−39,6	25,2							Schruppvorgang 1 (P 3)
N 7	G 00	−44,1	70,5							Eilgang (P 1)

(Fortsetzung S. 9-14)

9.4 Organisation des numerisch gesteuerten Fertigungsprozesses (Beispiel)

Satz Nr.	Wegbedingung	Wegbefehle		Kreisinterpolation		Vorschub	Drehzahl	Werkzeug	Zusatzfunktion	Bemerkung
N	G	X	Z	I	K	F	S	T	M	
N 8		X-52,1								Zustellung zum Schruppvorgang 2 (P4)
N 9	G01		Z45,5							Schruppvorgang 2 (P5)
N 10	G00		Z70,5							Eilgang (P4)
N 11		X-59,6								Zustellung zum Schruppvorgang 3 (P6)
N 12	G01		Z50,2							Schruppvorgang 3 (P7)
N 13	G03	X-49,6	Z45,2	I-5	K0					Kreisradius (P8)
N 14	G01	X-44,1	Z34,5							Schruppvorgang 3 (P9)
N 15	G00 G40	X0	Z350					T01	M09 M05	Eilgang zum Werkzeugwechselpunkt Aufhebung Werkzeugkorrektur Spindel und Kühlmittel Aus
N 16							S2000	T0202	M06	Werkzeugwechsel
N 17	G41	X-36	Z25							Werkzeugradiuskorr. Eilgang (P14)
N 18	G01	X-40				F0,2			M14	Kühlmittel u. Spindel Ein Schlichtvorgang (P13)
N 19		X-50	Z45							Schlichtvorgang (P12)
N 20	G02	X-60	Z50	I0	K5					Kreisradius (P11)
N 21	G01		Z70,5							Schlichtvorgang (P10)
N 22	G00	X0	Z350						M05 M09	Eilgang (P0) Spindel u. Kühlmittel Aus
N 23	G53								M30	Nullpunktverschiebung löschen Programmende mit Rücksprung zum Anfang

9

Programmblatt	Zeichnung Nr.: 12-86/00 Benennung: Buchse	Datum: Name:	Aufspannung: 1 Programm-Nr.: 5103

Zur Verdeutlichung der Bearbeitungsgänge ist die Schnittaufteilung mit den Hilfspunkten skizziert:

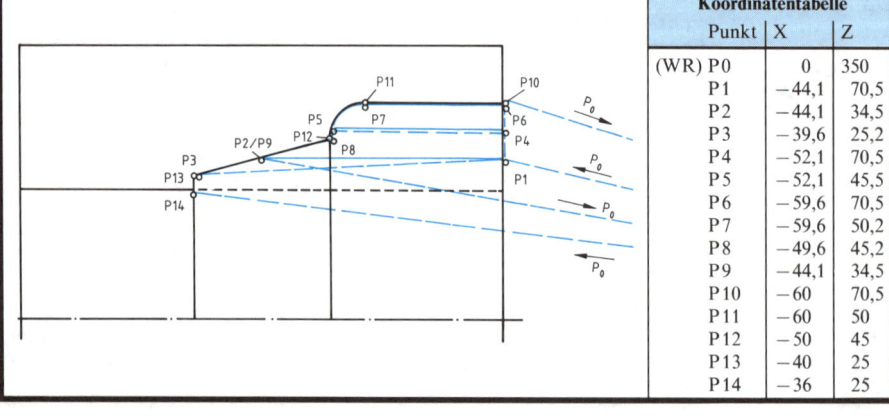

Koordinatentabelle

Punkt	X	Z
(WR) P0	0	350
P1	−44,1	70,5
P2	−44,1	34,5
P3	−39,6	25,2
P4	−52,1	70,5
P5	−52,1	45,5
P6	−59,6	70,5
P7	−59,6	50,2
P8	−49,6	45,2
P9	−44,1	34,5
P10	−60	70,5
P11	−60	50
P12	−50	45
P13	−40	25
P14	−36	25

9.5 Grundlagen der Arbeitsvorbereitung

9.5.1 Grundlagen der Kalkulation

Die Zuschlagskalkulation geht von einer Trennung der Einzel- und Gemeinkosten aus und wird überall dort angewendet, wo mehrere Produkte mit unterschiedlichen Kosten an Material und Löhnen mit unterschiedlichen Fertigungsverfahren hergestellt werden.

Kalkulationsschema

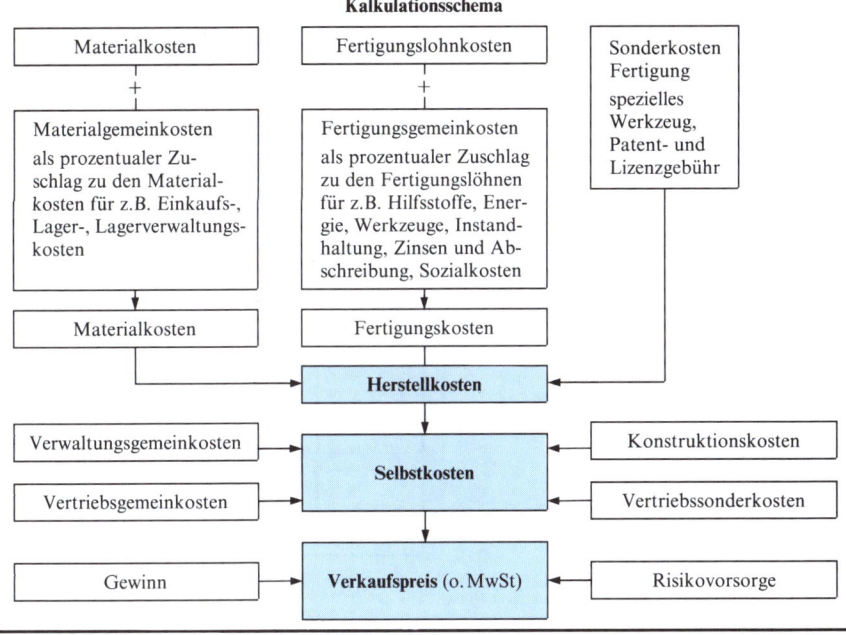

9.5.2 Arbeitsablaufplanung

Zur Erfassung komplexer betrieblicher Arbeitsprozesse werden die Arbeitsabläufe zergliedert. Die differenzierte Betrachtung des Arbeitsablaufes ist häufig eine wesentliche Grundlage der Kalkulation bzw. Kostenrechnung.

Beispiel

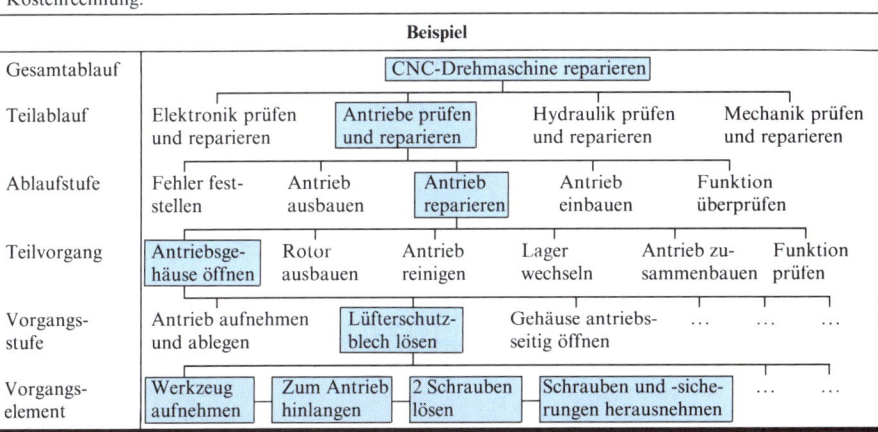

9.5.3 Vorgabezeit für Arbeitsabläufe [1]

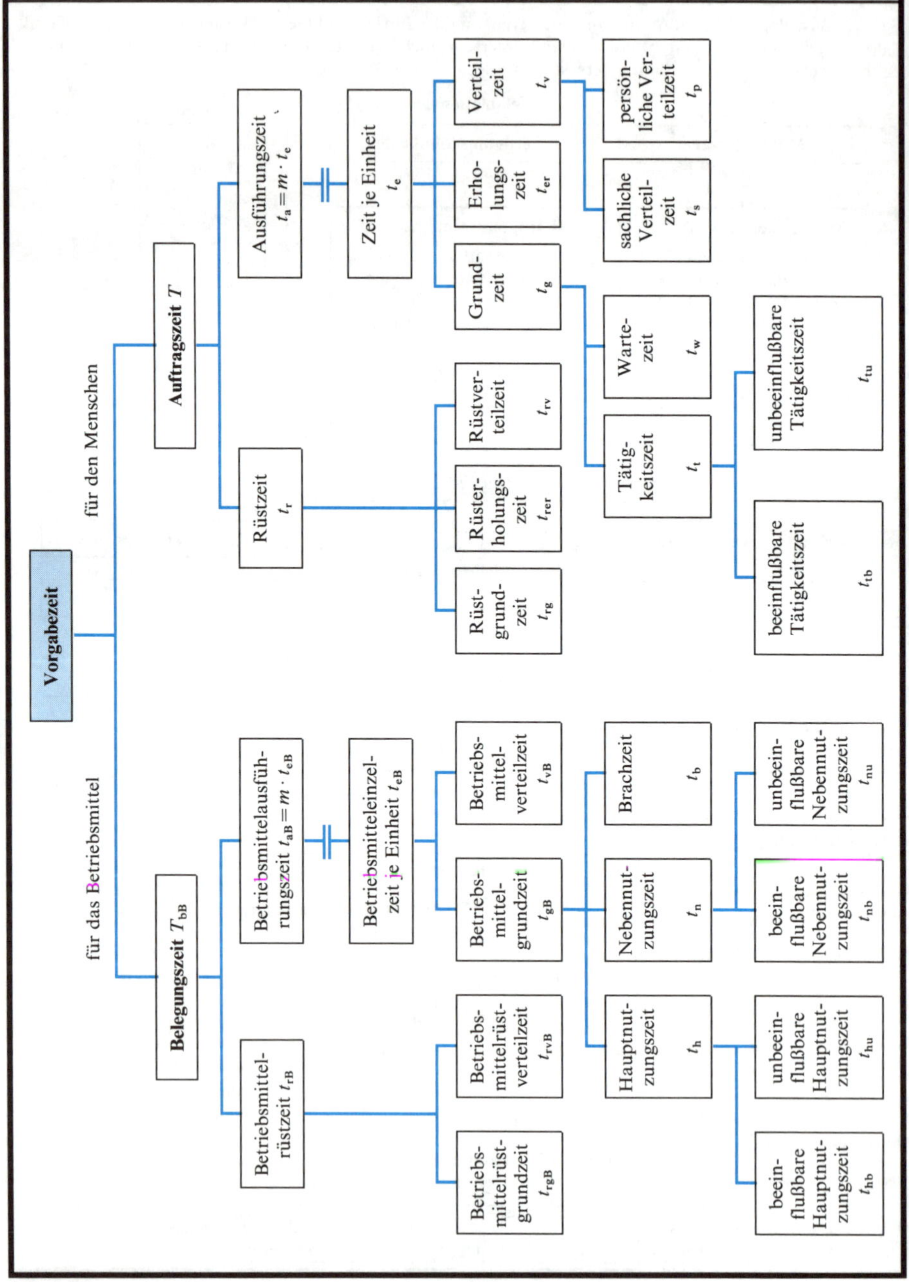

für den Menschen

Vorgabezeit

für das Betriebsmittel

Auftragszeit T

- Ausführungszeit $t_a = m \cdot t_e$
  - Zeit je Einheit t_e
    - Verteilzeit t_v
      - persönliche Verteilzeit t_p
      - sachliche Verteilzeit t_s
    - Erholungszeit t_{er}
    - Grundzeit t_g
      - Wartezeit t_w
      - Tätigkeitszeit t_t
        - unbeeinflußbare Tätigkeitszeit t_{tu}
        - beeinflußbare Tätigkeitszeit t_{tb}
- Rüstzeit t_r
  - Rüstverteilzeit t_{rv}
  - Rüsterholungszeit t_{rer}
  - Rüstgrundzeit t_{rg}

Belegungszeit T_{bB}

- Betriebsmittelausführungszeit $t_{aB} = m \cdot t_{eB}$
  - Betriebsmitteleinzelzeit je Einheit t_{eB}
    - Betriebsmittelverteilzeit t_{vB}
    - Betriebsmittelgrundzeit t_{gB}
      - Brachzeit t_b
      - Nebennutzungszeit t_n
        - unbeeinflußbare Nebennutzungszeit t_{nu}
        - beeinflußbare Nebennutzungszeit t_{nb}
      - Hauptnutzungszeit t_h
        - unbeeinflußbare Hauptnutzungszeit t_{hu}
        - beeinflußbare Hauptnutzungszeit t_{hb}
- Betriebsmittelrüstzeit t_{rB}
  - Betriebsmittelrüstverteilzeit t_{rvB}
  - Betriebsmittelrüstgrundzeit t_{rgB}

[1] Definitionen und Begriffe nach REFA (Verband für Arbeitsstudien und Betriebsorganisation e.V.)

9

Beispiel:

Es sollen 50 Buchsen aus St 35 nach Programm gedreht werden (Beispiel s. S. 9-11).

Gegeben:

Aufstellung von Teilvorgängen vom Rüsten und Ausführen.

Teilvorgang	Zeit in min
Auftrag und Zeichnung lesen	7
Rüsten der Drehmaschine	8,5
Spannen der Werkzeuge	4

$$t_{rg} = 19,5 \text{ min}$$

Drehen der Innenform	0,8

$$t_t = 0,8 \text{ min}$$

Die Rüstverteilzeit beträgt $t_{rv} = 18\%$ von t_{rg}, eine Rüsterholungszeit t_{er} sowie eine Wartezeit t_w fällt nicht an. Die Verteilzeit t_v beträgt 12% von t_g, die Erholungszeit t_{er} 3% von t_g. Stückzahl $m = 50$.

Gesucht:

Rüstzeit t_r in min, Ausführungszeit t_a in min, Auftragszeit T in min.

Lösung:

Rüstzeit $t_r = t_{rg} + t_{rv} + t_{rer} = 19,5 + 19,5 \cdot 0,16 + 0$

$$t_r = 22,62 \text{ min}$$

Ausführungszeit $t_a = (t_t + t_w + t_v + t_{er}) \cdot m$

$$t_a = (0,8 + 0 + 0,8 \cdot 0,12 + 0,8 \cdot 0,03) \cdot 50$$

$$t_a = 46,0 \text{ min}$$

Auftragszeit $T = t_r + t_a = 22,6 + 46,0$

$$T = 68,6 \text{ min}$$

Die Auftragszeit muß für denselben Auftrag mit der Belegungszeit T_{bB} der Drehmaschine übereinstimmen.

9.5.4 Hauptnutzungszeit

Möchte man Prozeßzeiten von Betriebsmitteln für die Kalkulation erfassen, so kann man diese an der Maschine messen oder auch häufig berechnen. Werden die Hauptnutzungszeiten für Werkzeugmaschinen errechnet, so ist zu beachten, daß die berechneten Zeiten erheblichen Schwankungen unterworfen sein können. Beispielsweise sind Bearbeitungsgeschwindigkeiten innerhalb eines Bearbeitungsvorganges oft nicht konstant. Die unbeeinflußbare Hauptnutzungszeit t_{hu} läßt sich allgemein berechnen nach:

$$t_{hu} = \frac{\text{Bearbeitungsmaß} + \text{An- und Überlauflängen}}{\text{Arbeitsgeschwindigkeit des Betriebsmittels}}$$

Hauptnutzungszeit beim Drehen und Bohren

Verfahren	Berechnung
Runddrehen	$t_{hu} = \dfrac{L \cdot i}{n \cdot f}$

mit $n = \dfrac{v_c}{\pi \cdot d}$

$L = l_w + l_a + l_ü$

- t_{hu} Hauptnutzungszeit in min
- L Vorschubweg in mm
- i Anzahl gleichartiger Bearbeitungsvorgänge
- n Drehzahl in 1/min
- f Vorschub in mm/Umdrehung
- v_c Schnittgeschwindigkeit in m/min
- d Werkstückdurchmesser in mm
- l_w Werkstücklänge
- l_a Anlauf-/Anschnittlänge
- $l_ü$ Überlauflänge

Plandrehen

$L = l_a + l_w$; $\quad l_w = \dfrac{d}{2}$

Beispiel: Die Innenkontur des Beispiels von S. 9-11 soll nach Programm gedreht werden (Werte L wurden gerundet).

$$t_{hu} = \frac{L_1}{n \cdot f} + \frac{L_2}{n \cdot f} + \frac{L_3}{n \cdot f} + \frac{L_4}{n \cdot f}$$

$$t_{hu} = \frac{(45\,\text{mm} + 35\,\text{mm} + 25\,\text{mm}) \cdot \text{min}}{2000 \cdot 0,25\,\text{mm}} + \frac{50\,\text{mm} \cdot \text{min}}{2000 \cdot 0,2\,\text{mm}}$$

$$t_{hu} = 0,335 \text{ min/Werkstück}$$

Gewindedrehen

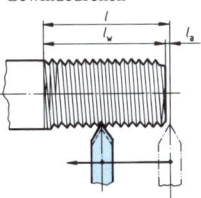

$$t_{hu} = \frac{L \cdot i \cdot g}{P \cdot n}; \quad i = \frac{h}{a}$$

- g Gangzahl
- P Gewindesteigung
- h Gewindetiefe
- a Schnittiefe

$L = l_a + l_w$

Bei einem Gewinde mit Freistich:

$L = l_a + l_w + l_ü$

Bohren, Reiben, Senken

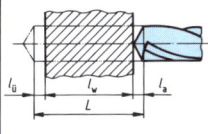

$$t_{hu} = \frac{L \cdot i}{n \cdot f}$$

Spitzenwinkel σ	Anschnittlänge l_a
80°	$0,6 \cdot d$
118°	$0,3 \cdot d$
130°	$0,2 \cdot d$

(d Bohrerdurchmesser)

9

Hauptnutzungszeit beim Fräsen		9.5.5 Grundlagen der Ergonomie

Hauptnutzungszeit beim Fräsen

Verfahren	Berechnung
Stirnplanfräsen	$$t_{hu} = \frac{L \cdot i}{v_f}$$ $$v_f = f_z \cdot z \cdot n$$ $$f = f_z \cdot z$$

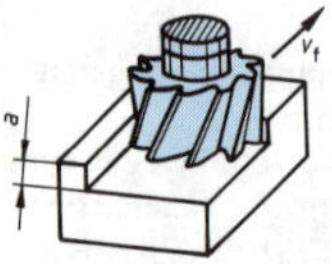

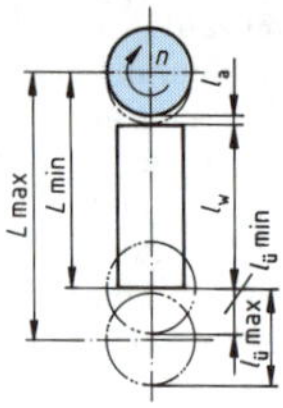

$L = l_a + l_w + l_{ü}$

$l_a \geq 0$,

$l_{ü\,min} = d/2$
(Schruppen)

$l_{ü\,max} = d + 1\ mm$
(Schlichten)

Umfangsplanfräsen

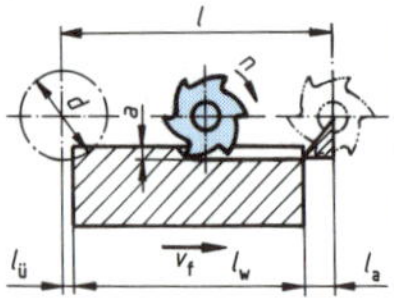

Stirn-Umfangsplan-fräsen

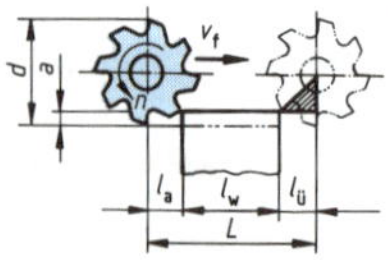

$$l_a = \sqrt{a\,d^2 - a^2} = l_{ü}$$

Nutenfräsen

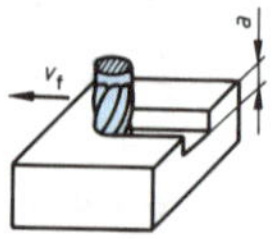

Nut	l_a	$l_{ü}$
geschlossen	0	0
1 Seite offen	≥ 0	0
2 Seiten offen	≥ 0	$d + 1\ mm$

t_{hu} Hauptnutzungszeit in min
L Vorschubweg in mm
i Anzahl gleichartiger Bearbeitungsvorgänge
v_f Vorschubgeschwindigkeit in mm/min
a Schnittiefe in mm
f_z Vorschub je Fräserzahn
z Zähnezahl des Fräsers
n Fräserdrehzahl in 1/min
f Vorschub je Umdrehung des Fräsers
l_a Anlauf-/Anschnittlänge
$l_{ü}$ Überlauflänge
l_w Werkstücklänge

9.5.5 Grundlagen der Ergonomie

Ergonomie ist die Lehre von der menschlichen Arbeit. Durch die Erforschung der Fähigkeiten und Eigenarten des menschlichen Organismus werden die Voraussetzungen für eine Anpassung der Arbeitsbedingungen an den Menschen möglich.

Betriebsanforderungen und Leistungsangebot

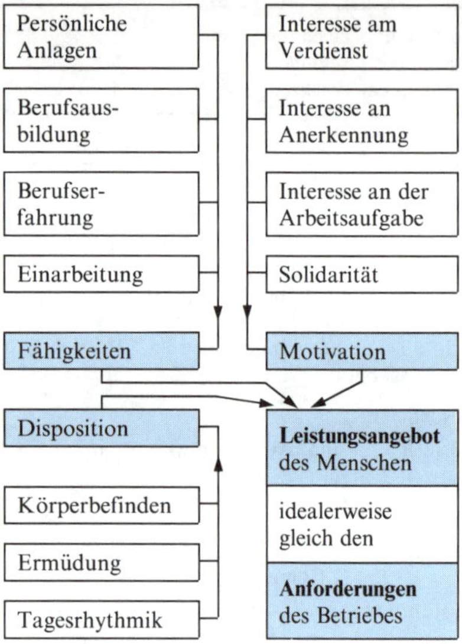

Persönliche Anlagen	Interesse am Verdienst
Berufsausbildung	Interesse an Anerkennung
Berufserfahrung	Interesse an der Arbeitsaufgabe
Einarbeitung	Solidarität
Fähigkeiten	**Motivation**
Disposition	**Leistungsangebot** des Menschen
Körperbefinden	idealerweise gleich den
Ermüdung	**Anforderungen** des Betriebes
Tagesrhythmik	

9.5.5.1 Beleuchtung am Arbeitsplatz nach DIN 5035 T2 (10.79)

Sehaufgabe im Arbeitsprozeß	Empfohlene mittlere Beleuchtungsstärke E (in Lux)
Vorübergehender Aufenthalt	30 bis 60
Leichte Sehaufgaben mit großen Kontrasten	120 bis 250
Normale Sehaufgaben mit mittleren Details	500 bis 750
Schwierige Sehaufgaben mit kleineren Details	1 000 bis 1 500
Schwierige, langandauernde Sehaufgaben mit sehr kleinen Details	2 000 bis 3 000
Sonderfälle	bis 10 000

Durch zu niedrige und zu hohe Beleuchtungswerte, insbesondere durch Blendung treten rasch Ermüdungserscheinungen des menschlichen Auges auf.

9

9.5 Grundlagen der Arbeitsvorbereitung

9.5.5.2 Lärmschutz am Arbeitsplatz

Der Lärm wird bekämpft an der Quelle, bei der Ausbreitung oder beim Eindringen in den menschlichen Gehörgang. Jede Kurve gibt an, wie man den Schalldruckpegel als Funktion der Frequenz ändern muß, damit er im gesamten Hörbereich die zugehörige konstante Lautstärke hervorruft.

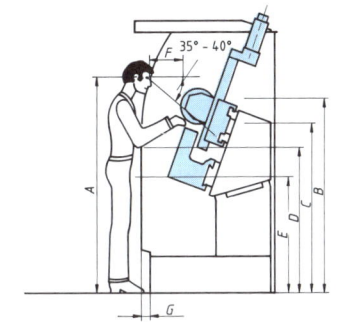

Bereiche	Wirkungen auf den Menschen
I 30–60 dB	störend, nervend, schlafstörend
II 60–95 dB	erhöhte Herztätigkeit, Magenbeschwerden, Muskelverspannungen
III 90–120 dB	längerfristig bleibende Gehörschäden, teilweise Taubheit
IV >120 dB	kurzfristig: Taubheit, Schmerzen

9.5.5.3 Arbeitsplatzmaße

Arbeitsplatz bei stehender Beschäftigung

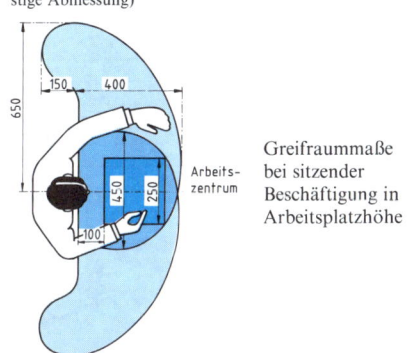

Arbeitsplatzmaße bei stehender Beschäftigung

Buchstabe	Maße in mm	Tätigkeit/Bemerkungen
A	1 520 bis 1 750	Mittelwert Augenhöhe
B	1 350 bis 1 400	Höhe des Objektes, das dauernd beobachtet werden muß
C	1 180 bis 1 230	Werkzeughöhe bei Maschinenarbeiten
D	1 000 bis 1 050	Handarbeiten mit Ellenbogenfreiheit ohne genaue Augenkontrolle
E	800	Arbeitshöhe für das Arbeiten mit schweren Gegenständen
F	450	Sehentfernung und Blickwinkel bei Feinarbeiten
G	ausreichende Fußfreiheit ist notwendig	

Arbeitsplatzmaße bei sitzender Beschäftigung

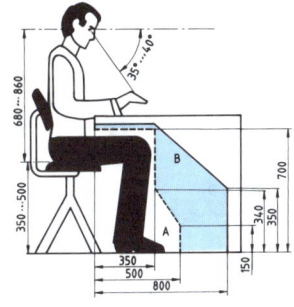

A Körperstellung mit senkrechten Unterschenkeln (Mindestbedarf)
B Körperstellung mit vorgestreckten Unterschenkeln (günstige Abmessung)

Greifraummaße bei sitzender Beschäftigung in Arbeitsplatzhöhe

9

9.6 Rationalisierung

9.6.1 Rationalisierung durch Arbeitsablauforganisation

Ziele einer rationellen Arbeitsablaufgestaltung	Auswahlkriterien zur Wahl eines Arbeitsablaufprinzips
Der Durchlauf der Arbeitsgegenstände soll beschleunigt werden. Die Betriebsmittel sollen optimal genutzt werden. Die Arbeitsteilung soll optimal angewendet werden.	Art des Arbeitsgegenstandes (Größe, Gewicht, …), Losgröße und Fertigungsverfahren. Varianten im Fertigungsprogramm. Vorhandene Räumlichkeiten, Betriebsmittel. Zahl und Qualifikation der Mitarbeiter. Qualitätsanforderungen, vorh. Fördermittel.

Darstellung und Beschreibung von Arbeitsablaufprinzipien für ortsgebundene Arbeitssysteme

Ablaufprinzip		Bildliche/schematische Darstellung	Erläuterungen
Werkbankfertigung			Ortsgebundener Arbeitsplatz, an dem Erzeugnisse einzeln oder in kleiner Losgröße hergestellt werden. Werkbankfertigung ist überwiegend im Handwerk anzutreffen.
Verrichtungsprinzip	**Werkstättenfertigung**		Beim Verrichtungsprinzip sind Betriebssysteme mit gleicher oder ähnlicher Arbeitsaufgabe räumlich zusammenhängend angeordnet. Die Arbeit wird sowohl beim Verrichtungs- wie auch beim Flußprinzip auf mehrere Personen aufgeteilt, so daß durch die Arbeitsteilung ein Rationalisierungseffekt erreicht wird. Das Verrichtungsprinzip wird in der Einzelfertigung und in der Vormontage angewendet.
Flußprinzip	**Reihenfertigung**		Im Flußprinzip sind die Arbeitssysteme nach dem Fertigungsprozeßablauf bestimmter Arbeitsgegenstände angeordnet. In der Reihenfertigung besteht im Gegensatz zu Fließfertigung keine direkte zeitliche Verbindung; zwischen den Arbeitsplätzen sind Puffer eingerichtet. Kennzeichen der Fließfertigung ist die zeitliche Verbindung der Arbeitsplätze durch den Fließtransport des Arbeitsgegenstandes. Reihen- und Fließfertigung ist meistens in der Serien- bzw. Massenfertigung anzutreffen (hauptsächlich Montage).
	Reihen- und Fließfertigung		
	Fließfertigung		
Automatische Fertigung			In der automatischen Fertigung ist der Einfluß des Menschen weitgehend beschränkt auf das Einrichten, Rüsten, Warten, usw. Werden mehrere Automaten miteinander verbunden und mit Kontroll- und Steuerungseinheiten versehen, so spricht man von Fertigungsstraßen.

9.6 Rationalisierung

Beispiel einer Arbeitsablaufplanung eines industriellen Fertigungsprozesses

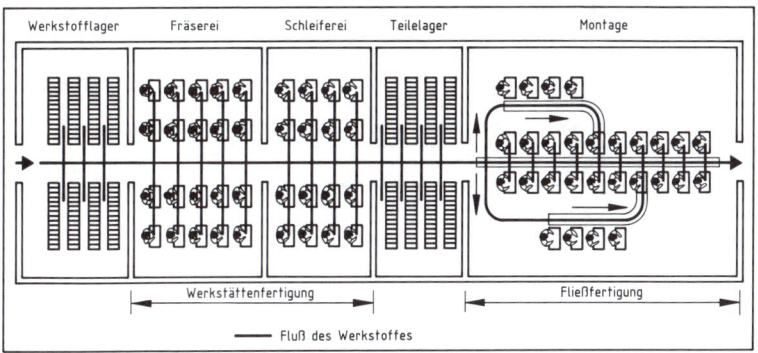

9.6.2 Rationalisierung durch Automatisierung

Automatisierung des Fertigungsablaufes

Wird eine manuelle Tätigkeit durch von Menschen bediente Maschinen übernommen, bezeichnet man diese Entwicklung als Mechanisierung. Übernimmt die Maschine auch die Steuerung oder Regelung des Arbeitsablaufes, der Mensch also nur noch den Fertigungsprozeß überwacht oder optimiert, so wird das als Automation bezeichnet.

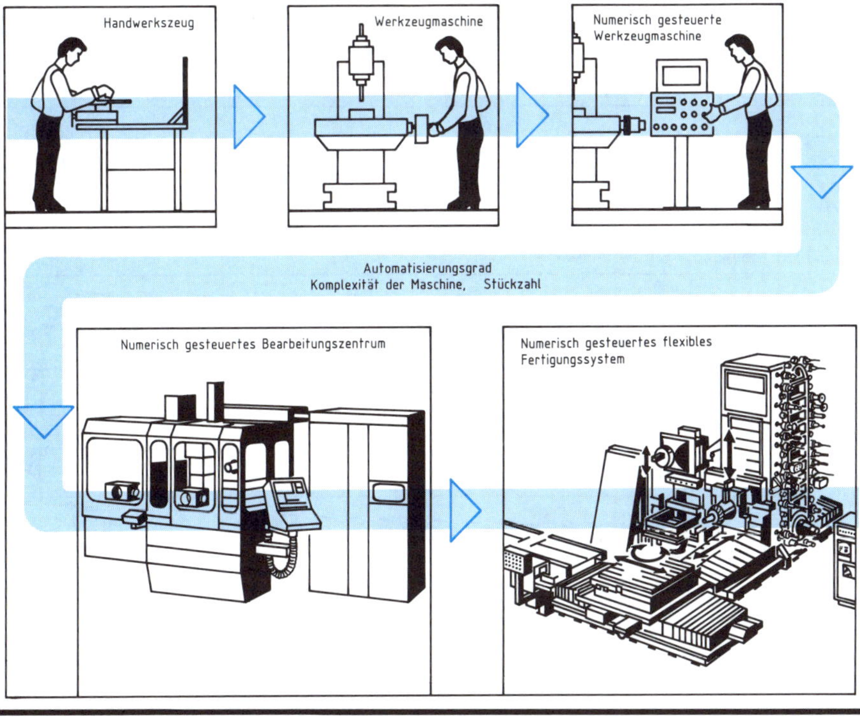

9

9.6 Rationalisierung

Zubringeeinrichtungen für die automatisierte Fertigung

Für die automatisierte Fertigung ist es erforderlich, den Werkstückwechsel an den Fertigungsstellen durch mechanische oder auch automatische Einrichtungen zu vollziehen. Die Werkstückhandhabung in einer Fertigungskette wird **Zubringen** genannt, die dafür erforderlichen Einrichtungen sind Zubringeeinrichtungen. Im Gegensatz dazu wird eine Ortsveränderung der Werkstücke im Werksbereich **Fördern** genannt.

Sinnbilder, Kennzeichnung und Funktionen von Zubringeeinrichtungen[1])

Symbol	Zubringefunktion	Erläuterung	Bildliches Beispiel
	Bunkern	Das ungeordnete Ablegen oder Speichern in dafür vorgesehenen Vorratsbehältern wird Bunkern genannt.	
	Magazinieren	Magazinieren ist das geordnete Ablegen von Werkstücken in Magazinen.	
	Weitergeben	Das Werkstück wird im Fertigungsfluß weitergegeben durch Schwerkraftwirkung bzw. mechanische Antriebe.	
	Abzweigen	Aussondern von Werkstücken aus einem Fertigungsfluß.	
	Zusammenführen	Verschiedene Werkstückströme werden zusammengeführt.	
	Ordnen	Die Werkstücke werden beim Ordnen aus einer beliebigen in eine bestimmte Lage, Richtung oder Reihenfolge gebracht.	
	Lageprüfen	Erkennen der Werkstücklage als Voraussetzung des Ordnens.	Prüfstempel
	Schwenken, Drehen	Lage- oder Richtungsänderung eines Werkstückes.	
	Zuteilen	Eine bestimmte Menge des Arbeitsgutes (Werkstücke, Rohmaterial) für einen Fertigungsgang bereitstellen.	
	Eingeben	Direktes und gesteuertes Bewegen des Werkstückes an der Fertigungsstelle.	
	Positionieren	Herstellen einer definierten Werkstück- oder Werkstofflage.	
	Spannen, Entspannen	Festhalten oder Lösen eines Werkstückes.	Werkstück
	Ausgeben	Gesteuertes Entfernen des Arbeitsgutes aus der Bearbeitungs- oder Meßstelle.	
	Bearbeiten	Alle Bearbeitungsvorgänge einschließlich Prüfen	

[1]) Nach VDI 3239, 3240 Blatt 1 und 2 (10.66 und 10.71)

9

9.6 Rationalisierung

Beispiel eines Zubringefunktionsplans für eine automatische Materialzuführung zu einer Exenterpresse.

Bildhafte Darstellung der Maschinenanlage **Zubringefunktionsplan**

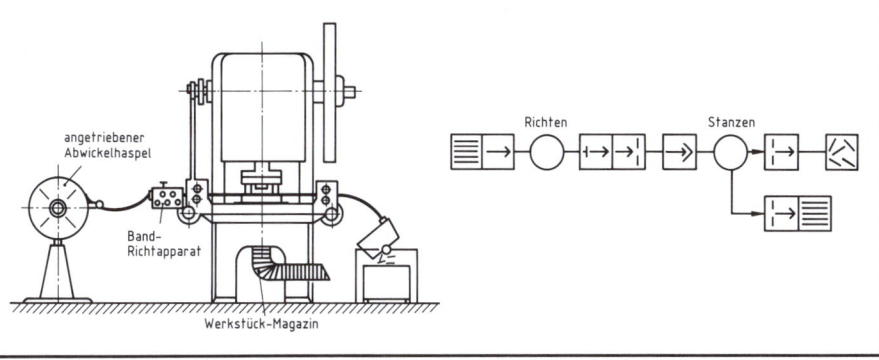

9.6.3 Frei programmierbarer Handhabungsautomat (Industrieroboter)

Aufbau und Koordinaten eines Industrieroboters

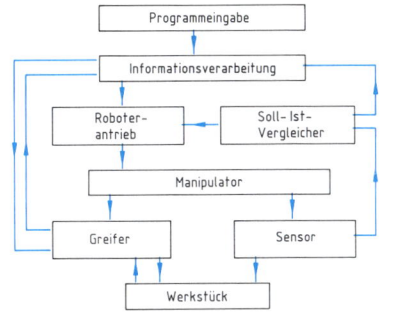

Industrieroboter mit 1 Translations- und 5 Rotationsachsen

Informationsfluß im Industrieroboter

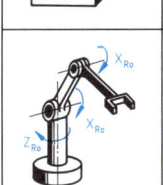

Kinematik und Arbeitsräume

Bauform	Bewegungen	Arbeitsraum
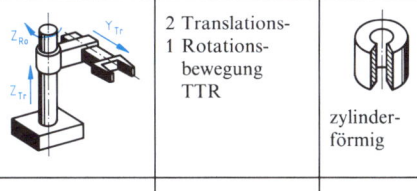	3 Translations-bewegungen TTT	quader-förmig
	2 Translations-1 Rotations-bewegung TTR	zylinder-förmig
	1 Translations-2 Rotations-bewegungen TRR	sphärisch
	3 Rotations-bewegungen RRR	

9

9.7 Wartung

9.7.1 Schmierfette

Kennbuchstaben und Symbole für Schmierfette nach DIN 51 502 (11.79)

Schmierfette für …	Kenn-buch-staben	Symbol (weiß)
Gleit- und Wälzlager, Gleitflächen (−20 °C ··· +140 °C)	K	Schmier-fette auf Mineral-ölbasis
Einsatztemperaturen über +140 °C	KH	
hohe Druckbelastung (−20 °C ··· +140 °C)	KP	
tiefe Temperaturen bis −55 °C	KTC	
geschlossene Gehäuse	G	△
offene Gehäuse, Verzahnungen	OG	
Dichtungen und Gleitlager	M	
Die Grundeigenschaften werden wie die der Schmierfette auf Mineralölbasis bezeichnet	St	Schmier-fette auf Synthese-ölbasis ◇

Eigenschaften und Verwendung von Schmierfetten

Dickungs-mittel	Symbol, Basis	Verwendung, Eigenschaft
Kalk-seifenfett	Mineral-öl △	Dichtet gegen Wasser, kein Korrosionsschutz, allgemeines Abschmier-fett, (−40 °C ··· +60 °C)
Natron-seifenfett	Mineral-öl △	wasserlöslich, mäßiger Korrosionsschutz, Wälz-lager- und Getriebefett, (−20 °C ··· +100 °C)
Lithium-seifenfett	Mineral-öl △	Mehrzweckfett für Wälz- und Gleitlager, mit Zusät-zen guter Korrosions-schutz, wasserbeständig, (−20 °C ··· +120 °C)
Komplex-seifenfett	Mineral-öl △	Mehrzweckfett für Ma-schinen, gute Langzeit-schmierung, wasserbestän-dig, (−60 °C ··· +160 °C)
Polypro-pylen	Synthese-öl ◇	gute Langzeitschmierung, wasserbeständig, für NC-Maschinen, Luftfahrt, Kältetechnik, (−60 °C ··· +200 °C)

Konsistenzzahlen und Zusatzbuchstaben

Walkpenetration in Zehntel-mm	Konsistenzkennzahl
445 ··· 475	000
400 ··· 430	00
355 ··· 385	0
310 ··· 340	1
265 ··· 295	2
220 ··· 250	3
175 ··· 205	4

Gebrauchstemperatur in °C	Zusatzbuchstabe für Schmierfette
−20 ··· + 50	B
−20 ··· + 60	C
−20 ··· + 80	E
−20 ··· +100	G
−20 ··· +120	K
−20 ··· +140	N
über + 140	R

Beispiel der Kennzeichnung von Schmierfetten nach DIN 51 502 (11.79)

Schmierfett KP4E (Mineralölbasis),
KP = Schmierfett für hohe Druckbe-lastung,
4 = Konsistenzkennzahl,
E Gebrauchstemperatur −20 °C ··· +80 °C.

9.7.2 Schmieröle

Kennbuchstaben und Symbole für Schmieröle nach DIN 51 502 (11.79)

Schmieröle	Kenn-buchstaben	Symbol (weiß)
Normalschmieröle	A	
Gleitbahnöle	CG	
Umlaufschmieröle	C	
Hydrauliköle	H	Schmier-öle auf Mineralöl-basis
Öle für Kältemaschinen	K	
Härteöle	L	
Dampfturbinenöle	T	
Schmieröle für Luft-verdichter	V	
Öl-in-Wasser-Emulsion	HFA	
Wasser-in-Öl-Emulsion	HFB	schwerent-flammbare Hydraulik-flüssigkeit
Polymerlösung, wäßrig	HFC	
wasserfreie Flüssigkeit	HFD	

9.7 Wartung

9.7.3 Kühlschmierstoffe für die spanende Metallbearbeitung

Schmieröle	Kennbuchstaben	Symbol (weiß)
Esteröl	E	
Öle auf Fluorkohlenwasserstoffbasis	FK	Synthese- oder Teilsyntheseflüssigkeit
Polyglykolöle	PG	
Öle auf Siliconbasis	SI	

Zusatzkennbuchstaben für Schmieröle

Erläuterung	Kennbuchstabe
Für Schmieröle mit Zusatzstoffen, die die Alters- und/oder Korrosionsbeständigkeit erhöhen	L
Für Schmieröle mit Zusatzstoffen zum Herabsetzen der Reibung, des Verschleißes und/oder zur Erhöhung der Belastbarkeit	P
Für Schmieröle, die mit Lösungsmitteln verdünnt sind	V

Beispiel der Kennzeichnung von Schmierölen

HFA 32

Schwerentflammbare Hydraulikflüssigkeit HFA 32,
HFA = Öl-in-Wasser-Emulsion,
32 = Viskositätskennzahl nach DIN 51519 (7.76)

Kennzeichnung von Schmierölen für Verbrennungsmotoren und Kraftfahrzeuggetrieben n. DIN 51502

Verwendung	API-Klassifikation		Symbol
Motoren	HD HD HD HD	SD SE CC CD	Angabe der SAE-Viskositätsklassen, z.B. SAE 50
Getriebeöl	HYP HYP	GL 4 GL 5	(weiß)
Automatikgetriebeöl	ATF	A	keine Angabe der Viskositätsklassen

API-Klassifikationen: Einteilung der Öle nach Einsatzart und Vertrieb, S (Service); A bis D (für Großverbraucher). GL (gear lubricant) der Klassen 1 bis 6, wobei die Klassen 1 bis 3 keine große Bedeutung haben.

HD (heavy duty) Hochleistungs-/Hochdrucköl
HYP Schmieröl für Hypoidgetriebe
ATF Spezialöl für Automatikgetriebe

Kühlschmierstoffe-Tabelle

Bearbeitungsverfahren	Nichtwassermischbarer Kühlschmierstoff mit mild | stark wirkenden EP-Zusätzen										Kühlschmieremulsion (Öl-in-Wasser)				
Drehen															
Fräsen															
Bohren															
Sägen															
Gewindeschneiden															
Schleifen															
Honen															
Werkstoffgruppe	A	B	C	D	E	A	B	C	D	E	A	B	C	D	E
	1					2					3				

Werkstoffgruppen:

A Bunt- und Leichtmetalle außer Cu, Al, Mg und Magnesiumlegierungen

B Legierte Einsatz- und Vergütungsstähle, unlegierte Baustähle mit hohem C-Gehalt, Automatenstähle

C Unlegierte Einsatz- und Vergütungsstähle, hochlegierte rostfreie Stähle, Temper- und Grauguß, Cu und Al

D Chrom- und Molybdänlegierte Vergütungsstähle, CrNi-Einsatzstähle, CrVa-Werkzeugstähle, warmfeste CrMo-Stähle

E Nitrierstähle, säurebeständige CrNi- und CrNiMo-Stähle

1 keine Buntmetallverfärbung
2 Buntmetallverfärbung
3 unter Umständen Buntmetallverfärbung

EP Hochdruckzusätze (extreme pressure) auf der Basis von S-, P- und Cl-Verbindungen. Sie bilden bei hohen Temperaturen mit dem Metall auf der Oberfläche Metallsalze, die wegen ihrer geringen Scherfestigkeit die Reibung aufeinandergleitender Metallflächen vermindern. Weiter wird die Werkstoffverschweißung bei Spänen und an Werkzeugen (Aufbauschneide) verhindert.

Achtung: Kühlschmierstoffe, Gleitbahn- und Hydrauliköle müssen für numerisch gesteuerte Werkzeugmaschinen untereinander chemisch voll verträglich sein!

9

9.7 Wartung

9.7.4 Wartung/Instandhaltung

Wartungsplan für NC-Werkzeugmaschinen

Zeitabstand	Nr.	Wartungstätigkeit
Wöchentlich	1.	Vorschubkorrektur anhand eines Testprogramms prüfen.
	2.	Ventilatoren der Motoren auf einwandfreien Betrieb und Luftzirkulation prüfen.
	3.	Lochstreifenleser prüfen auf: – einwandfreie Transportspurausrichtung, – schmutzfreie Leserdioden, – Abnutzung der Antriebe und Wickler.
Monatlich	1.	Überprüfung und Auswertung der Störungsbücher auf systematische Fehler, Bedienungsfehler.
	2.	Prüfen aller beweglichen Kabel und Stecker hinsichtlich Abnutzung und Beschädigungen.
	3.	Alle steckbaren Schaltgruppen auf einwandfreien Sitz prüfen.
	4.	Die direkten Meßsysteme auf Verschmutzung und Kabelzustand prüfen.
	5.	Schmierung der Ventilatoren vornehmen.
	6.	Anhand eines Testprogramms die Achsenstabilität, Positionierung und Bewegungsgleichförmigkeit prüfen.
6monatlich	1.	Messung der Abhängigkeiten von Geschwindigkeit, Tachospannung und Nachlauffehler im Verhältnis zur Sollwertspannung. Meßwertvergleich mit den Meßwerten der Maschinenabnahme.
12monatlich	1.	Einwandfreien Sitz jeder Schaltgruppe in der Steckerleiste prüfen.
	2.	Türen, Verschraubungen prüfen.
	3.	Schaltschränke innen von Staub und sonstigen Verunreinigungen säubern.
	4.	Die Lochstreifenlesermechanik auf einwandfreien Zustand prüfen.
	5.	Prüfung des Netzteils der numerischen Steuerung auf Störungen und einwandfreie Regelung.
	6.	Prüfung der Funktion und Präzision der numerischen Steuerung.
	7.	Test der Steuerung und der Maschinenfunktionen durch Verarbeitung eines standardisierten Testteilprogramms ohne und mit Werkstück. Vergleich der Ergebnisse mit Vorläufern.

Daneben ist die vom Maschinenhersteller zeitlich vorgeschriebene Durchführung von Wartung die wichtigste Aufgabe einer vorbeugenden Wartung.

Beispiel: Maschinenbezogener Schmierplan:

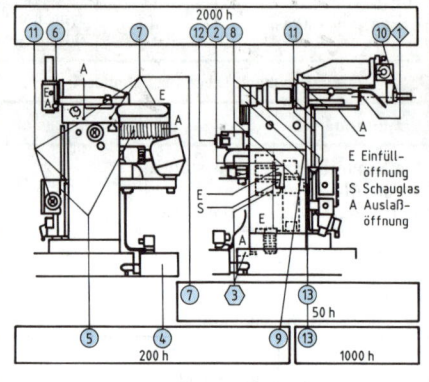

Schmierplan nach Inbetriebnahme

Wartungsstelle	Bezeichnung	Tätigkeit
◇①◇	Frässpindel	Keine Wartung erforderlich, da Dauerschmierung
②	Hydraulikaggregat	Ölstand kontrollieren und ggf. ergänzen. HFA 32
③	Zentralschmierung	Ölstand prüfen. CG ISO VG 220
④	Kühlmitteleinrichtung	Kühlmittelbehälter entleeren, reinigen und neu befüllen
⑤ ⑬	Führungen	Führungen reinigen und Schmierung prüfen
⑥	Fräskopf	Ölwechsel, Getriebe- und Hydrauliköl HFA 32
⑦	Frässpindelgetriebe	Ölwechsel, Getriebe- und Hydrauliköl HFA 32
⑧	Vorschubmotoren	Kohleabnutzung, Lager prüfen
⑨	Antriebsriemen	Riemenspannung prüfen
⑩ ⑪ ⑫	Lager	Ölen durch Schmiernippel mit Presse

9

10 Fertigungskontrolle

10.1 Grundlagen der Prüftechnik

Begriffe aus der Längenprüftechnik nach DIN 2257 T1 (11.82)

	Begriffe	Definition, Erklärung
Allgemeines	Längen und Längenverhältnisse	Längen und Längenverhältnisse sind z.B. Außenmaße, Innenmaße, Absatzmaße, Maße für Durchmesser, Dicken, Lochmittenabstände, Winkel, Radien. Dazu gehören auch Maße für Form und Lage sowie Oberflächenmaße. Längen- und Winkelmaße werden mit Zahlenwert und Einheit angegeben, z.B. 30,462 mm, und sind nach DIN 102 grundsätzlich auf 20 °C bezogen.
Einheiten	Längeneinheit	Die SI-Basiseinheit der Länge ist das Meter mit dem Zeichen m. Bevorzugte dezimale Teile des Meters: 1 dm (Dezimeter) $= 10^{-1}$ m $= 0,1$ m 1 cm (Zentimeter) $= 10^{-2}$ m $= 0,01$ m 1 mm (Millimeter) $= 10^{-3}$ m $= 0,001$ m 1 µm (Mikrometer) $= 10^{-6}$ m $= 0,000001$ m $= 10^{-3}$ mm $= 0,001$ mm
	Winkeleinheit	Die SI-Einheit des ebenen Winkels ist derjenige Winkel, für den das Längenverhältnis Kreisbogen zu Kreisradius den Zahlenwert 1 besitzt. Diese Einheit wird Radiant (Zeichen: rad) genannt. Bevorzugte dezimale Teile des Radianten: 1 mrad (Millirad) $= 10^{-3}$ rad $= 0,001$ rad 1 µrad (Mikrorad) $= 10^{-6}$ rad $= 0,000001$ rad Der Grad (Zeichen: °) ist gleich dem 360. Teil des Vollwinkels. $1° = \dfrac{\pi}{180}$ rad
Tätigkeiten	Prüfen	Prüfen in der Längenprüftechnik ist das Feststellen, ob ein Prüfgegenstand den geforderten Maßen und der geforderten Gestalt entspricht. Das Prüfen kann subjektiv durch Sinneswahrnehmung oder objektiv durch Messen oder Lehren erfolgen.
	Messen	Messen in der Längenprüftechnik ist das Ermitteln des Meßwertes einer Länge oder eines Winkels durch Vergleich mit einem Normal, z.B. Maßverkörperung.
	Lehren	Lehren ist das Feststellen, ob bestimmte Längen, Winkel oder Formen eines Prüfgegenstandes die durch Maß- oder Formverkörperungen – die Lehren – gegebenen Grenzen einhalten oder in welcher Richtung sie diese überschreiten. Der Betrag der Abweichung wird nicht festgestellt. Eine Grenzlehrung erfordert zwei Maßverkörperungen, die den beiden Grenzmaßen entsprechen.
	Kalibrieren	Kalibrieren ist das Ermitteln des Zusammenhangs zwischen Ausgangs- und Eingangsgröße, z.B. zwischen der Anzeige eines Meßgerätes oder einer Meßeinrichtung und dem Wert der Meßgröße. In der Regel wird dabei die Differenz zwischen Anzeige (Ist-Anzeige) und richtigem Wert (Soll-Anzeige) ermittelt. Das Ergebnis des Kalibrierens kann z.B. zum Justieren verwendet werden. Anmerkung: Die Benennung „Eichen" soll vermieden werden, weil sie auch im gesetzlichen Sinne benutzt wird und deshalb zu Mißverständnissen führen kann.

10

10.1 Grundlagen der Prüftechnik	
Begriffe	**Definition, Erklärung**
Tätigkeiten	
Einstellen	Einstellen ist das Verstellen von Prüfmitten auf ein Maß mit Bezug auf Maßverkörperungen. Wenn hierbei eine Null-Anzeige angestrebt wird, spricht man von einer Null-Einstellung.
Justieren	Justieren umfaßt alle erforderlichen Maßnahmen, mit denen erreicht wird, daß die Abweichung der Anzeige innerhalb der Fehlergrenzen liegt.
Prüfmittel	
Prüfmittel	Prüfmittel lassen sich nach folgendem Schema gliedern:

Prüfmittel
- anzeigende Meßgeräte und Meßgeräte
- Maßverkörperungen und Lehren
- Hilfsmittel

	Aus einem oder mehreren anzeigenden Meßgeräten, Maßverkörperungen und Hilfsmitteln lassen sich Meßeinrichtungen zusammenstellen.
Maßverkörperung	Eine Maßverkörperung in der Längenprüftechnik stellt Längen bzw. Winkel durch die festen Abstände bzw. Winkel zwischen Flächen oder Strichen dar.
Lehre	Eine Lehre verkörpert Maße oder Formen, die in der Regel auf Grenzmaße bezogen sind.
Anzeigendes Meßgerät	Ein anzeigendes Meßgerät ist ein Meßgerät mit einer Anzeigevorrichtung, z.B. Meßschieber, das zum Messen dient.
Hilfsmittel	Hilfsmittel in der Längenprüftechnik sind insbesondere Geräte oder Teile, mit denen Prüfgegenstände, anzeigende Meßgeräte usw., in bestimmte, für die Ausführung der Messung erforderliche Positionen gebracht werden können.
Meßtechnische Begriffe	
Meßgröße M Anzeige Az	Die Meßgröße ist die zu messende Länge bzw. der zu messende Winkel. Die Anzeige ist die mit den menschlichen Sinnen erfaßbare Information über den Meßwert. Sie kann optisch, akustisch oder auf andere Weise vermittelt werden. Bei Maßverkörperungen entspricht die Aufschrift der Anzeige.
Strichskale Sks	Eine Strichskale ist die Aufeinanderfolge von Teilstrichen auf einem Skalenträger. Die Teilstriche können beziffert sein.
Skalenteilungswert Skw	Der Skalenteilungswert ist die Änderung des Wertes einer Meßgröße, die eine Änderung der Anzeige um einen Skalenteil bewirkt. Er wird in der Einheit der Meßgröße angegeben.
Meßbereich Meb	Der Meßbereich eines anzeigenden Meßgerätes ist derjenige Bereich von Meßwerten, in dem vorgegebene oder vereinbarte Fehlergrenzen nicht überschritten werden.
Meßergebnis Meg	Das Meßergebnis wird aus einer oder mehreren Meßwerten nach einer vorgegebenen eindeutigen Beziehung gebildet und stellt unter Berücksichtigung der Meßunsicherheit das Istmaß dar.
Meßanweisung	Die Meßanweisung legt die einzuhaltenden Bedingungen und den Ablauf des Meßvorgangs fest.

10

10.2 Prüfmittel in der Längenprüftechnik

10.2.1 Maßverkörperungen und Lehren in der Längenprüftechnik

Benennung	Bildliche Darstellung	Anwendungshinweise
Parallel-endmaß nach DIN 861 (1.80)	unbeschriftete Meßfläche · beschriftete Meßfläche · rechte Meßfläche · Seitenflächen · 40 · beschriftete Seitenfläche · linke Meßfläche	Das Parallelendmaß ist eine Maßverkörperung der Länge in der Form eines Quaders aus verschleißfestem Werkstoff mit zwei ebenen, zueinander parallelen Meßflächen. Die Meßflächen müssen frei von Oberflächenfehlern sein, so daß sie sich einwandfrei anschieben lassen. Die Endmaße haften beim Anschieben infolge Adhäsion. Ein bestimmter Meßwert kann durch Anschieben mehrerer Endmaßblöcke erreicht werden. Endmaße aus Stahl sollen nicht über längere Zeit in angeschobenen Zustand bleiben, da sie sonst kalt verschweißen. Meßbereich: bis 1000 mm

Arbeits-maßstäbe aus Stahl nach DIN 866 (3.83)	X · Teilungskante	Toleranzklassen (TK)		

Form	Gesamtteilungslänge l_N	
	500	1000
A	TK 40/0	TK 40/0
B	TK 100/0	TK 100/0

	Einzelheit X (Beispiele) Form A: 0 1 2 · Form B: 1 2 3	Bei einem Strichmaßstab DIN 866-A-500-1 darf danach der Abstand zweier beliebiger Teilstriche um nicht mehr als ±40 µm vom Nennmaß abweichen. Meßbereich: bis 5000 mm Skalenteilungswert: 1,10 oder 100 mm

Lineale aus Stahl nach DIN 874 (8.73)	Flachlineale bis 1500 mm Länge · Prüfflächen · Haarlineal · Griffschale · Prüfflächen · geläppt	Die Prüfflächen der Flachlineale aus Stahl des Genauigkeitsgrades 2 werden i.d.R. feingeschliffen. Die Prüfflächen von solchen des Genauigkeitsgrades 00 oder 0 werden zusätzlich geschabt oder geläppt, die des Genauigkeitsgrades 1 werden zusätzlich geschabt, wenn die Toleranzen durch Feinschleifen nicht einzuhalten sind. Längen: bis 5000 mm

Gutlehrdorn für Bohrungen (1 bis 40 mm Durchmesser) nach DIN 2246 (12.77)	Gutlehrdorn · Lehrengriff · Gutlehrenkörper Form Z	Die Gutlehrdorne, die man mit jedem als gut zu bezeichnenden Prüfgegenstand paaren kann, müssen jedem Element der zu prüfenden Werkstückfläche ein eigenes Flächenelement gegenüberstellen. Es werden sowohl die Form als auch die Abmessungen geprüft.

Ausschußlehr-dorn für Bohrungen (1 bis 40 mm Durchmesser) nach DIN 2247 (12.77)	Ausschußlehrdorn · Form V mit verminderter Prüffläche oder Form Z mit zylindrischer Prüffläche · Lehrengriff · Ausschußlehrenkörper Form V	Die Ausschußlehrdorne, die man mit einem als gut zu bezeichnenden Prüfgegenstand nicht paaren kann, sollen dagegen so kleine Flächenelemente besitzen, daß sie durch Paarung mit der zu prüfenden Fläche das Nichteinhalten des geforderten Grenzmaßes anzeigen.

10.2 Prüfmittel in der Längenprüftechnik

Benennung	Bildliche Darstellung	Anwendungshinweise
Gutrachen-lehre (für Nenn-maßbereich 3 bis 100 mm) nach DIN 2232 (1.82)		Die Gutlehre, die man mit einem als gut zu bezeichnenden Prüfgegenstand paaren kann, muß jedem Element der zu prüfenden Werkstückfläche ein eigenes Flächen-element gegenüberstellen. Die Gutlehre muß also so ausgebildet sein, daß sie die zu prüfende Form in ihrer Gesamtwirkung prüft.
Ausschuß-rachenlehre (für Nenn-maßbereich 3 bis 100 mm) nach DIN 2233 (1.82)		Die Ausschußlehre, die man mit einem als gut zu bezeichnenden Prüfgegenstand nicht paaren kann, soll so kleine Fächenelemente besitzen, daß sie durch Paarung mit sehr kleinen Elementen der zu prüfenden Werk-stückfläche das Nichteinhalten des gefor-derten Grenzmaßes anzeigt. Damit werden nur einzelne Abmessungen des Prüflings geprüft.

Stahlwinkel 90° nach DIN 875 (3.81)

Rechtwinkligkeitstoleranz für Innen- und Außenwinkel.

Die Rechtwinkligkeitstoleranz einer Prüf-schneide bezogen auf die zugehörige Prüf-fläche bei Winkeln der Form C und zweier einen 90° Winkel bildenden Prüfflächen bei Winkeln der Formen A und B betragen:

Schenkel-länge l in mm	Rechtwinkligkeitstoleranzen t in µm bei Genauigkeitsgrad			
	00	0	1	2
50	3	–	–	–
100	3	7	14	28
200	4	8	15	30

Sinuslineal nach DIN 2273 (5.79)

Mit einem Sinuslineal können Winkel ein-gestellt bzw. geprüft werden (s.S. 10-11). Es sind bei Anwendung der günstigsten End-maßkombination (max. 5 Endmaße) mit Genauigkeitsgrad 1 die in der Tabelle an-gegebenen Unsicherheiten U_a zu erwarten.

Achsabstand der Stützzylinder l	U_a bei Einstellwinkel α			
	15°	30°	45°	60°
100	4	5	7	11
200	3	4	6	10

(Werte gelten für unbelastetes Lineal, Win-kelunsicherheit U_a in Winkelsekunden)

10.2 Prüfmittel in der Längenprüftechnik

10.2.2 Prüfmittel für das berührende Messen

Benennung	Bildliche Darstellung	Anwendungshinweise
Meßschieber nach DIN 862 (3.79)	schneidenförmige Meßflächen für Außenmessung — Feststellschraube — Schiene — 0 1 2 3 4 5 6 7 8 21 22 23 24 25 — Nonius — Schieber — fester Meßschenkel — beweglicher Meßschenkel — gerundete Meßflächen für Innenmessung — dargestellt ist Form B1	Spiel im Lauf des Schiebers und starkes Andrücken des beweglichen Meßschenkels an den Prüfgegenstand bewirken ein Abkippen des Schiebers und elastische Verbiegung der Schiene. Dadurch entstehen Winkelfehler, die den Meßwert und die Meßsicherheit beeinflussen. Um die Fehler klein zu halten, soll der Prüfling nahe an der Schiene an den Meßflächen des Meßschiebers anliegen. Meßbereich: bis 2000 mm Skalenteilungswert: 0,1 oder 0,05 mm
Meßschraube nach DIN 863 (10.83)	**Bügelmeßschraube** Meßamboß — Meßspindel — Schnelltrieb — Meßflächen — X — Bügel — Isolierung — **Einbaumeßschraube** Einspannschaft — Meßspindel — Meßfläche — Schnelltrieb — X — **Tiefenmeßschraube** Meßnadel — Meßflächen — X — Schnelltrieb — Brücke — **Einzelheit X (wahlweise Ausführung)** Skalenanzeige — Einzelheit (wahlweise Ausführung) — Skalenhülse — Skalentrommel — Ziffernanzeige — Bezugslinie — Spindelfeststelleinrichtung	Um möglichst zuverlässige Werte zu erhalten, soll beim Messen die Meßspindel ohne Schwung mit Hilfe der Kupplung gedreht werden. Die Kupplung begrenzt die Meßkraft zwischen Werkstück und Meßspindel auf etwa 5 bis 10 N. Um Einflüsse durch übertragene Handwärme zu verhindern, sollte die Bügelmeßschraube an der Isolierung gehalten werden. Das Spiel der Meßspindel ist an einer Einstellmutter im Innern der Skalentrommel nachstellbar. Skalenteilungswert: 0,01 mm Meßbereich: Bügelmeßschraube: bis 500 mm Einbaumeßschraube: bis 25 mm Tiefenmeßschraube: bis 25 mm
Meßuhr nach DIN 878 (10.83)	mm-Anzeige — einstellbare Toleranzmarken — Gehäuse — Zeiger — 0,01 mm — Strichskale — Einspannschaft — Meßbolzen — Meßeinsatz	Es ist darauf zu achten, daß der Meßbolzen beim Einspannen nicht verklemmt wird. Der Meßbolzen darf weder geölt noch gefettet werden, da sonst das Meßergebnis negativ beeinflußt wird. Meßbereich: bis 10 mm Skalenteilungswert: 0,01 mm

10

10.2 Prüfmittel in der Längenprüftechnik

Benennung	Bildliche Darstellung	Anwendungshinweise
Feinzeiger nach DIN 879 (10.83)		Es ist darauf zu achten, daß beim Einspannen des Einspannschaftes der Meßbolzen nicht verklemmt wird. Der Meßbolzen darf weder geölt noch gefettet werden, da anderenfalls das Meßergebnis negativ beeinflußt wird. Meßbereich: bis 3 mm Skalenteilungswert: 50, 10, 5, 2, 1 oder 0,5 µm
Fühlhebelmeßgerät nach DIN 2270 (4.85)		Das Fühlhebelmeßgerät ist ein anzeigendes Meßgerät mit winkelbeweglichem Meßeinsatz, bei dem die Auslenkung des Meßeinsatzes über ein mechanisches System auf einen Zeiger übertragen wird, wobei sich der Zeiger um mindestens 360° vor einer gleichmäßig geteilten Strichskale bewegt. Der Meßeinsatz kann von der Ausgangslage in zwei entgegengesetzte Richtungen bewegt werden. Dadurch kann mit dem Fühlhebelmeßgerät in beide Richtungen gemessen werden. Meßbereich: bis 1,6 mm Skalenteilungswert: 0,01 mm
Richtwaage nach DIN 877 (5.59)	Richtwaage Rahmenrichtwaage	Bei der Nullage befinden sich die Meßflächen in waagerechter bzw. senkrechter Lage. Dabei soll die Blase symmetrisch zu den beiden Nullstrichen stehen. Die Anzeige der Nullage wird stets durch Umschlag geprüft, um den Einfluß einer von der Waagerechten bzw. Senkrechten abweichenden Lage der Prüffläche auszuschalten. Prüfung auf Umschlag erfolgt da durch, daß nach der Ablesung die angelegte Richtwaage auf der Prüffläche um 180° geschwenkt und dann erneut abgelesen wird. Skalenteilungswert: 0,03 bis 1,6 mm/m
Einfacher Winkelmesser		Der einfache Winkelmesser erlaubt das Messen von Winkeln nach Graden. Skalenteilungswert: in der Regel 1 Grad

10

10.2.3 Prüfmittel für das berührungsfreie Messen

Benennung	Bildliche Darstellung	Anwendungshinweise
Pneumatische Düsenmeßdorne nach DIN 2271 (9.76)	Meßdüse für Durchgangslöcher Meßdüse für Sacklöcher	Bei berührungslos arbeitenden Meßwertaufnehmern strömt die aus der Meßdüse austretende Meßluft direkt gegen die Oberfläche des Prüfgegenstandes, die die Funktion einer Prallplatte hat. **Bevorzugte Einsatzmöglichkeiten:** Der wirtschaftliche und zweckmäßige Einsatz pneumatischer Längenmeßgeräte hängt von der Meßaufgabe ab. Für folgende Meßaufgaben ist die pneumatische Längenmessung besonders gut geeignet: 1) Bohrungsmessungen; kleinster meßbarer Durchmesser etwa 1 mm; es können tiefe Bohrungen gemessen werden. 2) Es können viele Meßdüsen auf engstem Raum angeordnet werden. 3) Paarungsmessungen sind möglich. 4) Form- und Lagemessungen und kombinierte Längen-, Form- und Lagemessungen sowie Einzel- und Summenmessungen sind auf engstem Raum möglich. Beispiel:
Düsenmeßring nach DIN 2271 (9.76)	Meßdüse	Geradheitsmessung einer Bohrung mit einem Düsenmeßdorn (Innenmessung). Für Außenmessungen wird ein Düsenmeßring benutzt. **Besondere Eigenschaften:** 1) Flächig wirkende Druckluft verursacht keine plastische Verformung. Jede Beschädigung der Prüffläche wird vermieden. 2) Fehlmessungen wegen Verschmutzung der Meßflächen werden durch Selbstreinigungswirkung weitgehend verhindert. 3) Pneumatische Längenmeßeinrichtungen sind unempfindlich gegen Strahlungsfelder (z.B. Magnetismus) und explosionssicher. **Anzeigegeräte:** Im Anzeigegerät wird die vom Meßwertaufnehmer festgestellte Maßänderung vergrößert angezeigt.

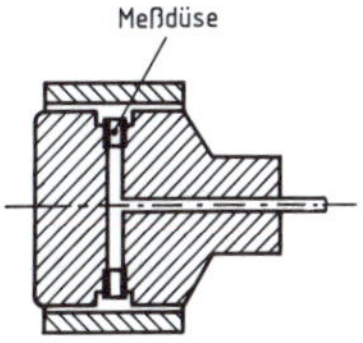

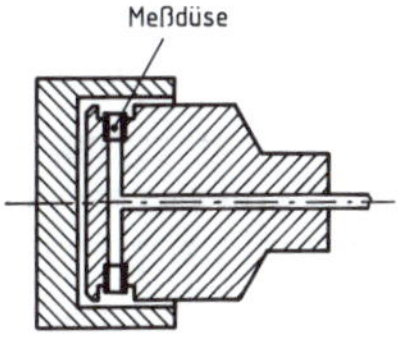

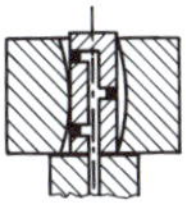

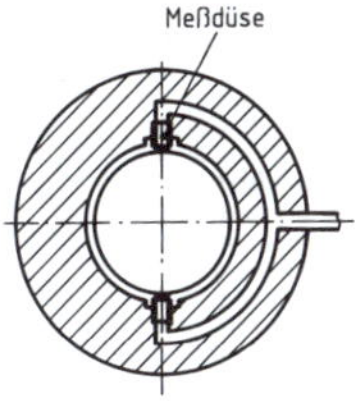

Beispiel:

Meßrohr
Schwebekörper
Langskale
Absperrventil
Druckregler
Druckluftfilter
Abgleich für Übersetzung
Meßwertaufnehmer
Nullsteller

Bei Säulengeräten nach dem Durchflußmeßverfahren wird der Meßwert auf einer Langskale mittels Schwebekörper angezeigt.

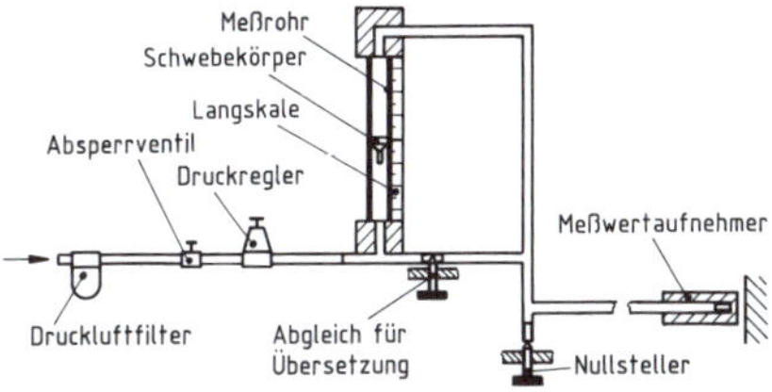

Säulengerät mit Langskale nach dem Durchflußmeßverfahren

10

10.3 Zeichnerische Darstellung von Meßanordnungen

10.3.1 Graphische Symbole in der Längenprüftechnik (vgl. auch DIN 2258)

Benennung	Symbol	Zusatzangabe	Benennung	Symbol	Zusatzangabe
Allgemeine graphische Symbole			Meßtisch; schwimmend		z.B. mit Kugeln
Bewegungsrichtung			Meßständer		
			optisches Strahlungsfilter		Trägerwerkstoff Glas
			Planspiegel		Trägerwerkstoff Metall, Glas
Meßrichtung			Lichtquelle		
Meßstelle			optische Ablesung		
Kraftangriffspunkt			**Maßverkörperungen und Lehren**		
Skale oder Teilung		Teilungswert	Parallelendmaß; Parallelendmaß-kombination	E	Genauigkeitsgrad, Maße in mm
Index			Maßstab		Länge in mm, Teilungswert
Skalenteilungswert		10 µm	Einstellring		Paßmaß
Querschnitte für: Lineal, Maßstab und Winkel	□ ⌴ ⊔ ✕ ▽		Meßscheibe, Meßdraht, Meßdorn	⊕	Paßmaß
Prüfgegenstand		z.B. Kegel	Stichmaß		Paßmaß
Elemente			Lineal		Genauigkeitsgrad
Zylinder			Flachwinkel		
Bügel			Anschlagwinkel		
			Haarwinkel		
Hebel		z.B. im 90°-Winkel	Sinus-Lineal		
Drehlager			Spiegelpolygon		Anzahl der Spiegelflächen, zulässige Winkelabweichung
Federgelenk					
Gleitführung					Verfahren: z.B. op-el = optisch in elektronisch;
Planfläche		Durchmesser in mm	Signalwandler		
Teller					pn-el = pneumatisch in elektronisch
Meßdüse für pneumatische Meßgeräte					

10.3 Zeichnerische Darstellung von Meßanordnungen

Benennung	Symbol	Zusatzangabe	Benennung	Symbol	Zusatzangabe
Anzeigende Meßgeräte / Berührendes Messen			Strichzielmarke		Basis, zulässige Abweichung
Meßuhr (ohne Meßeinsatz)		Meßbereich, Meßkraft, ...	Feinmeßokular für Längen		Meßbereich, Skalenteilungswert
Feinzeiger (ohne Meßeinsatz)		Skalenteilungswert, Meßbereich, ...	Feinmeßokular für Winkel		Meßbereich, Skalenteilungswert
Fühlhebelmeßgerät		Meßkraft, Meßbereich, ...	Mikroskop		Vergrößerung Okular ...fach, Objektiv ...fach
Meßschraube		Meßbereich, ...			
Bügelmeßschraube		Meßbereich, Digitalisierung, ...	Abtastkopf		für Impuls- bzw. Gittermaßstäbe Verfahren: el = elektrisch, optr = optoelektronisch
Innenmeßschraube		Meßeinsätze, Meßbereich, ...			
Meßschieber		Meßbereich	Meßdorn, pneumatisch		Nennmaß
Tiefenmeßschieber		Meßbereich		von der Seite	
Koordinatenmeßtisch		Empfindlichkeit oder Skalenteilungswert	Meßring, pneumatisch		Nennmaß
	von der Seite			von oben	
	von oben		**Zubehör**		
Richtwaage		Empfindlichkeit oder Skalenteilungswert	Temperaturmessung		Skalenteilungswert, Prinzip, z.B. für Längen pneumatisch
	von der Seite				
	von oben		Meßwertanzeiger, analog		
Winkelmesser, mechanisch		Noniusteilung mit zulässiger Abweichung		pn µm	Verfahren, z.B. el = elektrisch, pn = pneumatisch
Winkelmesser, optisch		Skalenteilungswert mit zulässiger Abweichung	Meßwertanzeiger, digital	000	z.B. für Temperatur elektrisch
Pendelneigungsmesser		Skalenteilungswert mit zulässiger Abweichung		000 el ; °C	Verfahren, z.B. optr = optoelektronisch, pn = pneumatisch, el = elektrisch
Berührungsfreies Messen			Drucker		
Laser-Sender		Wellenlänge			
Laser-Empfänger		Wellenlänge	Schreiber		
Spiegelzielmarke		Basis, zulässige Abweichung			

10.3.2 Meßanordnungen (Beispiele)

Prinzipskizze	Erklärungen und Beispiele für zusätzliche Angaben
Steigungsmessung eines Gewindes mit digitaler Anzeige 	1.1 Kraftangriffspunkt 1.2 Anschlag 1.3 Prüfgegenstand: Gewindering 1.4 Meßeinsatz; Kugelabschnitt für Meßuhr, Kugel voll für Tasthebel am Gewinde; Kugelradius oder -durchmesser in mm 1.5 Abheber für Meßuhr 1.6 Impulsmaßstab; Länge in mm 1.7 Meßuhr; Skalenteilungswert und Meßbereich in mm, Meßkraft in N 1.8 Koordinatenmeßtisch; Verschiebebereich in mm 1.9 Abtastknopf; el = elektrisch 1.10 Meßwertanzeiger, digitaler Meßschritt, el = elektrisch 1.11 Drucker; el = elektrisch
Prüfen eines Strichmaßstabes mit Laserinterferometer und fotoelektrischem Mikroskop 	2.1 Bewegungsrichtung des Meßtisches 2.2 Meßstelle 2.3 Prüfgegenstand: Strichmaßstab 2.4 Auflagezylinder für den Prüfling; ein Zylinder voll, einer halbiert 2.4 Wälzführung; längsbeweglich 2.5 Planspiegel; teildurchlässiger Planspiegel 2.6 Laser; Sender u. Empfänger 2.7 Tripelspiegelreflektor 2.8 mit 2.6 und 2.7 = lineares Laserinterferometer 2.9 Mikroskop; Vergrößerung ...-fach 2.10 Meßwertanzeiger, digitaler Meßschritt, el = elektrisch 2.11 mit 2.10 Schema für fotoelektrisches Mikroskop mit digitaler Anzeige 2.12 Drucker; el = elektrisch
Kegelmessung 	3.1 Meßstelle 3.2 Prüfgegenstand: Kegel 3.3 Wälzführung; längsbeweglich 3.4 Meßeinsatz; Halbzylinder 3.5 Spitzenbock; eine Spitze fest, eine parallel verschiebbar 3.6 Parallelendmaß; Maße in mm, Genauigkeitsgrad 3.7 Meßplatte; Größe in mm 3.8 Meßuhr mit Meßeinsatz nach 3.4 3.9 Feinzeiger 3.10 Bügelmeßschraube; Meßbereich in mm, Meßkraft in N

10.4 Prüfen von Winkeln

Übersicht über Prüfgenauigkeit von Winkelmeßgeräten

Winkelgrade	1°	Winkelminuten 6′ 5′ 4′ 3′ 2′ 1′	Winkelsekunden 6″ 5″ 4″ 3″ 2″ 1″
Einf. Winkelmesser			
Uhrwinkelmesser			
Universalwinkelmesser			
Sinuswinkelmesser			
Optischer Winkelmesser (Winkellibelle)			
Elektronisches Nivelliergerät			

Meßanordnung zur Winkelprüfung

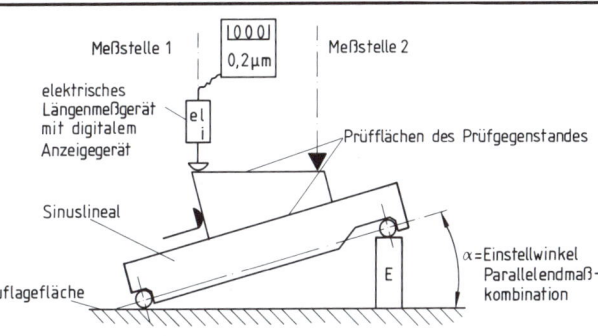

10.5 Prüfen von Oberflächen

10.5.1 Ordnungssystem für Gestaltabweichungen nach DIN 4760 (6.82)

Gestaltabweichung (als Profilschnitt überhöht dargestellt)	Beispiele für die Art	Beispiele für die Entstehungsursache
1. Ordnung: Formabweichungen	Geradheits-, Rundheitsabweichung u.a.	Fehler in den Führungen der Werkzeugmaschine, Durchbiegung der Maschine oder des Werkstücks, Verschleiß oder Verzug
2. Ordnung: Welligkeit	Wellen (s. DIN 4761)	außermittige Einspannung, Lauf- oder Formabweichungen eines Fräsers, Schwingungen
3. Ordnung: Rauheit	Rillen (s. DIN 4761)	Form der Werkzeugschneide, Vorschub oder Zustellung des Werkzeugs
4. Ordnung: Rauheit	Riefen, Schuppen (s. DIN 4761)	Vorgang der Spanbildung (Reiß-, Scher-, Fließspan), Werkstoffverformung beim Strahlen
5. und 6. Ordnung: Rauheit Nicht mehr in üblicher Weise bildlich darstellbar	Gefügestruktur, Gitteraufbau	Kristallisationsvorgänge, Veränderung der Oberfläche durch chemische Einwirkung (z.B. Beizen), Korrosionsvorgänge

10.5.2 Rauheitsmaße R_t, R_p, R_a und R_z

Die **Rauhtiefe** R_t ist der größte Maßunterschied zwischen Bezugsprofil und Grundprofil. Sie ist das gebräuchliche Maß zur Beurteilung von Oberflächenprofilen.

Die **Glättungstiefe** R_p ist der Abstand des mittleren Profils vom Bezugsprofil. Die Glättungstiefe gibt von allen Rauheitsmaßen die beste Aussage über das Funktionsverhalten einer Oberfläche, insbesondere für Gleit- und Preßflächen.

Der **Mittenrauhwert** R_a ist der Abstand einer Einebnungsgeraden vom mittleren Profil.

Die **gemittelte Rauhtiefe** R_z ist der arithmetische Mittelwert von fünf Einzelrauhtiefen ($R_{t1} \cdots R_{t5}$), die an fünf aneinandergrenzenden Teilstrecken gleicher Länge ($l_1 \cdots l_5$) der Bezugsstrecke l gemessen werden

$$R_z = \frac{R_{t1} + R_{t2} + R_{t3} + R_{t4} + R_{t5}}{5}$$

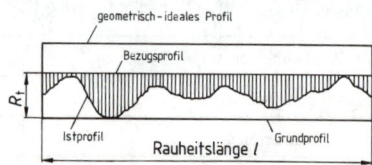

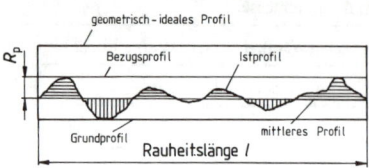

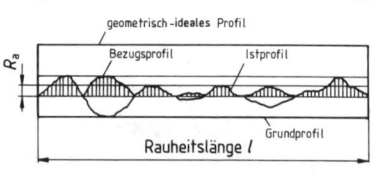

10.5.3 Umrechnung der Rauheitsmeßgrößen R_a in R_z nach DIN 4768 T1, Beiblatt 1 (10.78) für spanend hergestellte Oberflächen

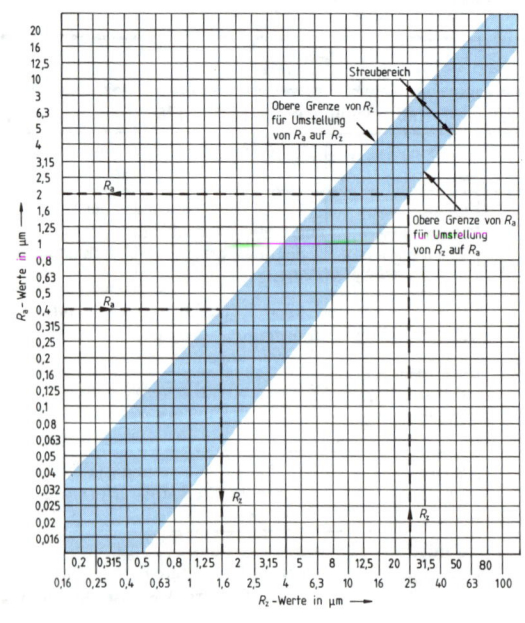

Ermittlung der gemittelten Rauhtiefe R_z bei vorgeschriebenem Mittenrauhwert R_a bzw. des Mittenrauhwertes R_a bei vorgeschriebener gemittelter Rauhtiefe R_z unter Berücksichtigung des Streubereiches und einer ausreichenden Sicherheit. Wird zur Festlegung der oberen Grenze des R_z-Wertes bei vorgeschriebenem R_a-Wert die obere Begrenzungslinie des Streubereiches gewählt, kann angenommen werden, daß der vorgeschriebene R_a-Wert nicht überschritten wird. Das Entsprechende gilt für den vorgeschriebenen R_z-Wert, wenn zur Festlegung des R_a-Grenzwertes die untere Linie benutzt wird.

Beispiel:
$R_a = 0,4\ \mu m$ ist einzuhalten, deshalb darf der Streubereich nicht ausgenutzt werden. Zur Umrechnung von R_a auf R_z ist eine senkrechte Linie vom Schnittpunkt der Waagerechten ($R_a = 0,4\ \mu m$) zu ziehen. Der sich ergebende Wert für R_z ist 1,6 μm. Er ist nicht zu überschreiten.

10.5 Prüfen von Oberflächen

10.5.4 Oberflächenprüfverfahren

Verfahren	Erläuterung
Vergleich der Rauheit von Werkstückoberflächen mit Oberflächen-Vergleichsmustern nach DIN 4769 (5.72)	Ein Vergleich der Rauheit von Werkstückoberflächen mit Oberflächen-Vergleichsmustern kann durch **Sichtvergleich** oder durch **Tastvergleich** durchgeführt werden. Dabei wird die Rauheit der Oberfläche nicht zahlenmäßig bestimmt, sondern nur festgestellt, ob sie die Rauheit des entsprechenden Oberflächen-Vergleichsmusters nicht überschreitet. Je größer die Unterschiede in den Fertigungsbedingungen zwischen Werkstück und Vergleichsmuster sind, desto unsicherer wird der Vergleich.

Rauheitsmessung mit elektrischen Tastschnittgeräten nach DIN 4775 (6.82)	Lassen Sicht- oder Tastvergleich keine Entscheidung über die Einhaltung von Rauheitsangaben zu, dann wird die Oberflächenrauheit (vorzugsweise R_a und R_z) mit einem elektrischen Tastschnittgerät unter festgelegten Bedingungen gemessen. Das elektrische Tastschnittgerät ist ein Meßgerät, das die zu prüfende Oberfläche mit einer Tastspitze abtastet und die Gestaltabweichungen der Oberfläche in analoge elektrische Signale umwandelt, die verstärkt und aufgezeichnet werden. Elektrisches Tastschnittgerät nach DIN 4772 (11.79):
	
	 Übertragung der vertikalen Profilkomponente y
	
	 Tastsysteme:
	 Tastsysteme sind Aufnehmer, in denen das durch die Tastspitze zu einem Referenzprofil ertastete Oberflächenprofil in eine analoge elektrische Größe umgeformt wird. Sie enthalten die Tastspitze, den Meßumformer und je nach Ausführung auch Teile der Referenz.
	
	 Bezugsflächen-Tastsysteme
	
	  Bezugsflächen-Tastsysteme sind Tastsysteme, die auf ideal geometrischen Bezugsflächen geführt werden müssen.
	
	 Pendeltastsysteme
	
	  Pendeltastsysteme sind selbstausrichtende Tastsysteme mit zwei in Vorschubrichtung nacheinander angeordneten ballartigen Gleitkufen, die sich auf der Oberfläche abstützen.

10

10.6 Prüfen von Gewinden

10.6.1 Bestimmungsgrößen und Abweichungen am metrischen ISO-Gewinde

Bestimmungsgröße	Kurzzeichen für	
	Mutter	Bolzen
Außendurchmesser	D	d
Flankendurchmesser	D_2	d_2
Kerndurchmesser	D_1	d_3
Steigung	P	P
Flankenwinkel	α	α

$H = 0,86603\,P \qquad H_1 = 0,54127\,P$

$h_3 = 0,61343\,P \qquad R = \dfrac{H}{6} = 0,14434\,P$

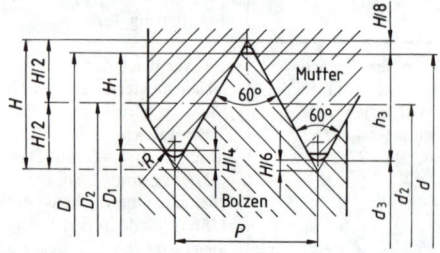

Metrisches ISO-Regelgewinde nach DIN 13 T1 (3.73)

Abweichungen am (Außen-)Gewinde	Darstellung	Folgen
Außendurchmesser zu klein		Ungenügende Festigkeit wegen zu geringer Flankenüberdeckung
Kegeliger Gewindeverlauf		Ungenügende Flankenüberdeckung, Gewindeteile lassen sich u.U. nicht paaren
Gewindeflanken sind nicht geradlinig bearbeitet		Verminderte Tragfähigkeit, schwergängiges Gewinde
Steigungsabweichungen		Gewinde ist schwer- oder nichtgängig
Flankenwinkel zu klein oder zu groß		Gewinde läßt sich schwer oder nicht einschrauben, trägt u.U. nur an den Gewindespitzen
Unsymmetrischer Flankenwinkel		Gewinde trägt nur teilweise mit einer Flanke

10.6.2 Ausgewählte Meßverfahren am Beispiel des Außengewindes

Bestimmungsgröße	Verfahren, Meßgerät
Außendurchmesser	Mechanisches Meßverfahren über anzeigende Meßgeräte, z.B. Meßschieber
Flankendurchmesser	Meßverfahren mit mechanischer Antastung, z.B. nach der Dreidrahtmethode (nebenstehende Abb.)
Kerndurchmesser	Mechanische Antastung, z.B. Bügelmeßschraube mit Kimme und Spitze
Steigung	Mechanisches Meßverfahren über anzeigende Meßgeräte, z.B. Meßschieber

Meßverfahren mit optischer Antastung können eingesetzt werden zur gleichzeitigen Prüfung von allen Bestimmungsgrößen.

Optisches Messen mit:

Strichbildern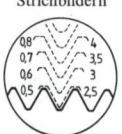

Strichplatten

Interferenzlinien

Meßschneiden

10.7 Meßsysteme

10.7.1 Allgemeines

KOMPLEXITÄT		
	Handgeräte	Hierzu gehören Instrumente für einfache Meßvorgänge, die vom Personal manuell durchgeführt werden, indem das zu kontrollierende Werkstück jeweils mit dem erforderlichen Meßinstrument (Meßdorn, Meßschraube, usw.) geprüft wird.
	Manuelle Meßanordnung	Solche Meßanordnungen ermöglichen die Durchführung von mehr oder weniger komplexen und in diesem Falle nicht mehr einfachen Meßvorgängen. Die verschiedenen Operationen werden vom Bedienungspersonal manuell durchgeführt (vergl. S. 10-10, Bild 1).
	Automatische (Computergestützte) Meßwerterfassung (Meßsystem)	Anlagen dieser Art sind (in der Regel durch elektronisch ermittelte) Meßvorgänge mittlerer bis ausgesprochen hoher Komplexität gekennzeichnet; normalerweise ist eine Bedienungsperson nur für die Ausübung von überwachenden Tätigkeiten notwendig.
	Computer-gestütztes Meßsystem als Bestandteil eines Regelkreises zur Korrektur des Fertigungsprozesses	Bei Fertigungsprozessen, z.B. spanabhebender Art, findet die Prüfung der Werkstückmaße hinsichtlich der jeweiligen Sollwerte entweder vor oder nach der Bearbeitung statt. In Verbindung mit CNC-gesteuerten Fertigungsmaschinen wird es möglich, auch andere Parameter des Fertigungsprozesses zu kontrollieren, bzw. zu verändern, wie etwa: Werkstückpositionierung, mechanische Nulljustierung, Zustand der Werkzeugschneide, usw.

10.7.2 Charakteristika von Meßsystemen

Meßwertaufnehmer	Kontroll- und Steuerungseinheit

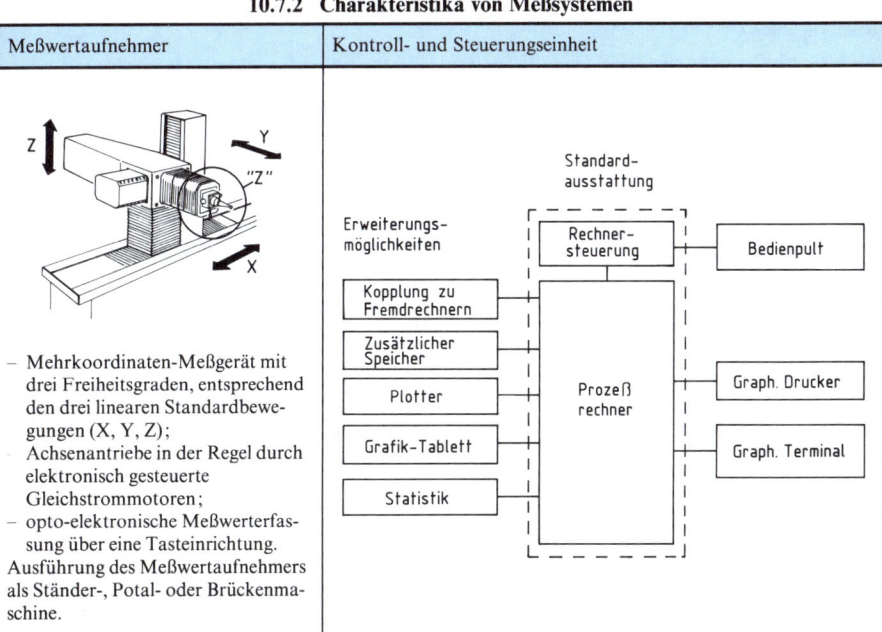

– Mehrkoordinaten-Meßgerät mit drei Freiheitsgraden, entsprechend den drei linearen Standardbewegungen (X, Y, Z);
– Achsenantriebe in der Regel durch elektronisch gesteuerte Gleichstrommotoren;
– opto-elektronische Meßwerterfassung über eine Tasteinrichtung.
Ausführung des Meßwertaufnehmers als Ständer-, Potal- oder Brückenmaschine.

10

10.7 Meßsysteme

Einzelheit "Z" (S. 10-15):

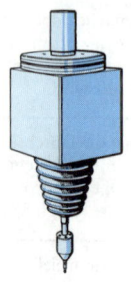 

Elektronischer Scanning-Taster
Elektronische Scanning-Taster stellen Präzisionswerkzeuge für das kontinuierliche, schnelle Abtasten und Digitalisieren von Konturen und räumlich gekrümmten Flächen dar.

Elektronischer Mehrfach-Taster
Durch elektronische Universal-(Einfach- oder Mehrfach-)Taster können „Punkt-zu-Punkt"-Messungen dynamisch, d.h. ohne Unterbrechung der Maschinenbewegung beim zu messenden Punkt durchgeführt werden.

10.7.3 Meßverfahren unter Nutzung von Meßsystemen in Verkettung mit Fertigungssystemen

Pre-Process-Verfahren

Das Pre-Process-Verfahren besteht darin, den Zustand des Werkstückes (Formfehler, Aufmaß, Werkstückposition) und/oder der Bearbeitungsmaschine (Einrichten der Maschine, Werkzeugzustand) vor dem Beginn der Bearbeitung zu erfassen. In entsprechender Verkettung mit der Bearbeitungsmaschine liefern solche Meßsysteme automatisch Kompensier- oder Alarmsignale, oder sie bewirken die Ansteuerung einer Anpaßlogik.

Beispiel: Elektronische Tasteinrichtung als „Nullpunktaufnehmer" zur Einrichtung des Bearbeitungswerkzeuges

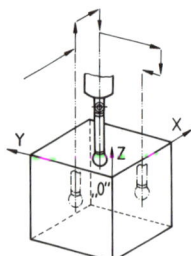 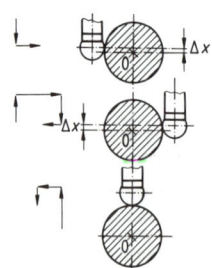 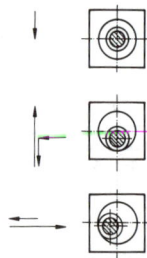

„Nullpunktaufnehmer" zur Positionsbestimmung eines kubischen Körpers. Die einzelnen Flächen werden nacheinander angefahren und damit die Ortsbestimmung vorgenommen.

Ermittlung der Lage eines zylindrischen Körpers. Für die Bestimmung des Werkstückmittelpunktes sind drei Messungen nötig.

Mittenbestimmung einer Bohrung. Es ist unerheblich, wo die Bohrung angefahren wird, die Bohrungsmitte wird in jedem Fall gefunden.

In-Process-Verfahren

Während der Bearbeitung des Werkstückes wird eine Überwachung und Steuerung der Werkstückmaße vorgenommen, indem der Werkzeugmaschine entsprechende Signale zur Erreichung des gewünschten Qualitätsniveaus gegeben werden.

10

10.7 Meßsysteme

Beispiel: In-Process-Messung auf einer Schleifmaschine mit automatischer „Nulleinstellung"

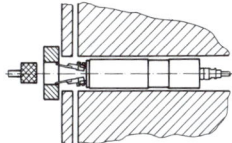

Ende des Schleifvorgangs

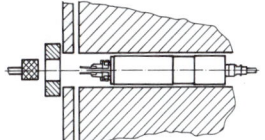

Meßeinrichtung in Ruheposition und Schließen der Meßtaster

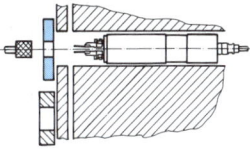

Austausch des Einstellmeisters

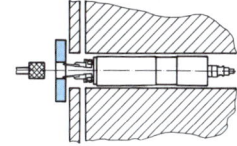

Meßeinrichtung in Meßstellung und automatischer „Null-Abgleich"

Post-Process-Verfahren

Im Post-Process-Verfahren werden nach einer bestimmten Bearbeitungsphase in einer besonderen Meßstation die erzielten Werkstückabmessungen überprüft. Die Bearbeitungsmaschine erhält eine Rückmeldung über entsprechende Korrekturnotwendigkeiten. Solche Meßsysteme eignen sich besonders für die kontinuierliche Überwachung des Fertigungsergebnisses in Transferstraßen.

Beispiel: Fertigungssystem mit integriertem Meßsystem

Schemazeichnung:

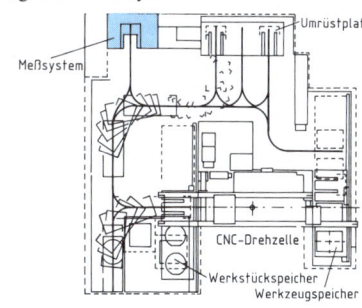

Beispielhafte bildliche Darstellung des Meßwertaufnehmers:

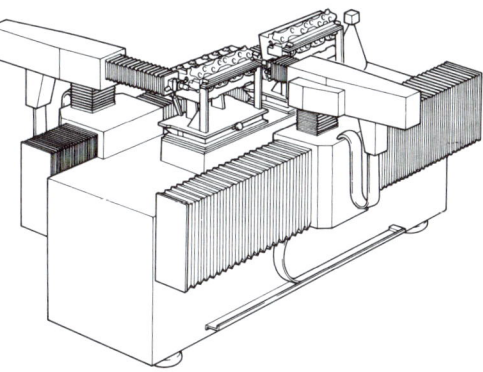

10

10.8.1 Begriffsbestimmung

Jede Messung ist mit Fehlern behaftet; das ermittelte Maß stimmt nicht mit dem wirklichen überein. Eine Abweichung vom Sollmaß wird auch dann als Fehler bezeichnet, wenn die Abweichung innerhalb der Toleranz liegt (Meßabweichung).

$$\text{Fehler} = \text{Istwert} - \text{Sollwert}$$

$$F = I - S$$

$$\text{Relativer Fehler} = \frac{I - S}{S}$$

10.8.2 Fehlerquellen

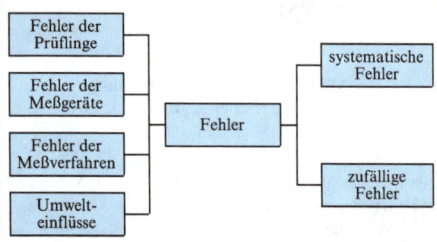

Fehler durch Kippung und Führungsungenauigkeit

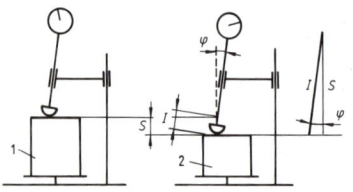

Kippungsabweichungen an einer Meßuhr.
1 Einstellnormal, 2 Meßobjekt.

Fehler $F =$ Istwert $I -$ Sollwert S.

Für kleine Meßabweichungen gilt:

$$F \approx S \frac{\varphi^2}{2}$$

Fehler durch Formabweichungen des Prüflings

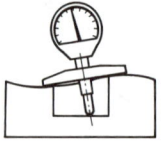

Meßabweichung (Fehler) durch Formabweichung eines Prüflings.

Fehler bei der Antastung

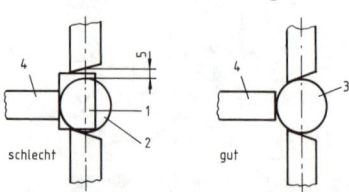

Fehler, die beim Einmessen einer Meßeinrichtung für zylindrische Prüflinge mit einem Parallelendmaß entstehen können.
1 Endmaß (Normal), 2 Prüfling, 3 Einstellehre mit Prüfling formgleich, 4 Anschlag, 5 Fehler.

Fehler durch Formänderungen

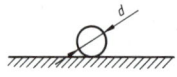

Abplattung zwischen Kugel und Ebene

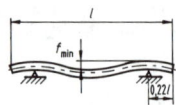

Formänderung eines langen Lineals
($f_{min} =$ minimale Durchbiegung)

Fehler durch Temperatureinflüsse

Temperaturschwankungen ändern das Volumen und die Längen eines Prüflings.

$$\Delta l = \alpha \cdot l \cdot \Delta T$$

$$F = l_P \cdot \alpha_P \cdot \Delta T_P - l_N \cdot \alpha_N \cdot \Delta T_N$$

F Fehler; l_P Länge des Prüflings bei 20 °C; l_N Länge des Einstellnormals bei 20 °C; α_P Längenausdehnungskoeffizient (s. S. 2-25) des Prüflings; α_N Längenausdehnungskoeffizient des Einstellnormals; ΔT_P Temperaturunterschied ($T_P - T_{20}$) des Prüflings; ΔT_N Temperaturunterschied ($T_N - T_{20}$) der Maßverkörperung.

Fehler beim Ablesen von Skalenanzeigen

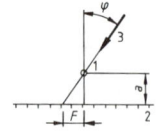

$$F = a \cdot \varphi$$

1 Zeiger; 2 Skale;
3 Blickrichtung

11 Arbeits- und Umweltschutz

11.1 Übersicht: Belastungen am Arbeitsplatz/Arbeitsschutz und Umweltschutz

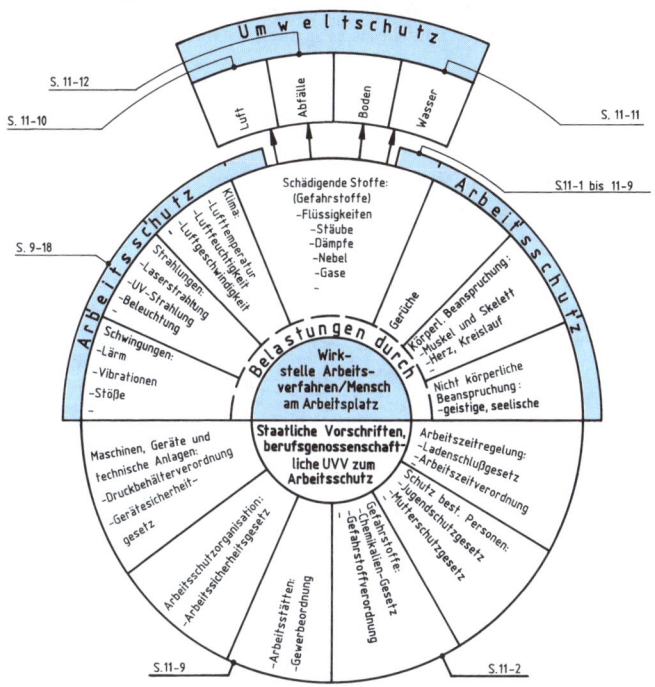

11.2 Gefahrstoffe am Arbeitsplatz

11.2.1 Grundbegriffe und Abkürzungen

MAK[1]	**Maximale Arbeitsplatzkonzentration.** Gibt die höchstzulässige Konzentration eines Arbeitsstoffes als Gas, Dampf oder Schwebstoff in der Luft am Arbeitsplatz an. Nach dem gegenwärtigen Kenntnisstand wird dadurch die Gesundheit der Beschäftigten im allgemeinen nicht beeinträchtigt. Die MAK-Werteliste wird jährlich von der Senatskommission der Deutschen Forschungsgemeinschaft neu aufgelegt und in der TRGS 900 veröffentlicht.	BAT	**Biologischer Arbeitsstoff-Toleranzwert.** Dieser gibt den Grenzwert für die Konzentration von Schadstoffen im menschlichen Körper (Blut, Urin etc.) an.
		TRGS	**Technische Regeln für Gefahrstoffe.** Diese werden vom Ausschuß für Gefahrstoffe herausgegeben und geben Hinweise für einen gefahrenmindernden Umgang mit Gefahrstoffen.
TRK[1]	**Technische Richtkonzentration.** Gilt für Stoffe, die krebserregend sind und für die deshalb keine unschädlichen Konzentrationen angegeben werden können. Dieser Wert gibt die Konzentration eines Stoffes am Arbeitsplatz an, die derzeitig nach dem Stand der Technik erreicht werden kann.	UVV	**Unfallverhütungsvorschriften.** Diese werden von den Berufsgenossenschaften erarbeitet und stellen verbindliches Recht nach der Reichsversicherungsordnung dar.
		Gef-StoffV	**Gefahrstoffverordnung**

[1] Bei Erreichen der Auslöseschwelle (ALS), einer bestimmten Konzentration (ALS < MAK od. TRK) oder bei unmittelbarem Hautkontakt sind zusätzliche Schutzmaßnahmen erforderlich (TRGS 100).

11.2 Gefahrstoffe am Arbeitsplatz

11.2.2 Pflichten zum Schutz vor Gefahrstoffen am Arbeitsplatz GefStoffV (1986)

Ermittlungs-pflicht § 16 GefStoffV	Der Arbeitgeber muß vor dem Einsatz eines Stoffes, einer Zubereitung oder eines Erzeugnisses in seinem Betrieb ermitteln, ob es sich um einen Gefahrstoff handelt.

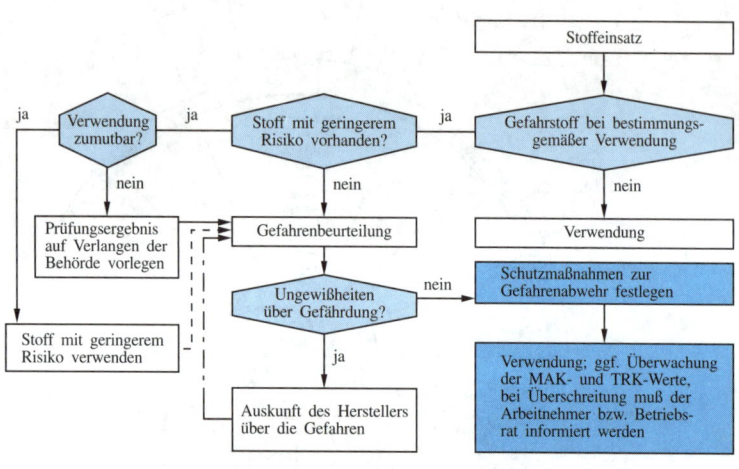

Führen die erhaltenen Informationen aus der Kennzeichnungs- und Auskunftspflicht nicht zum gewünschten Ergebnis, so muß das zuständige Gewerbeaufsichtsamt eingeschaltet werden. Nach § 21 ChemG verfügt es über ein weitergehendes Auskunftsrecht.

Kennzeich-nungspflicht § 23 GefStoffV (siehe S. 11-8/9)	Gefährliche Stoffe, Zubereitungen und Erzeugnisse sind verpackungs- und kennzeichnungspflichtig auch bei ihrer Verwendung. Weil bei der Kennzeichnungspflicht dadurch Lücken bestehen, daß nicht unbedingt alle Inhaltsstoffe erfaßt werden, trifft folgende Aussage zu (siehe auch S. 11-8 unten): Kennzeichnung bedeutet in jedem Fall „Gefahr". Keine Kennzeichnung schließt eine Gefahr nicht in jedem Falle aus!
Auskunfts-pflicht § 16 Abs. 3 GefStoffV	Der Arbeitgeber hat ein Auskunftsrecht gegenüber dem Hersteller oder Importeur. Diese sind verpflichtet, dem Verwender Auskunft über die Gefahren zu geben, die von einem Produkt ausgehen. Wer seiner Auskunftspflicht nur unzureichend nachkommt, riskiert Schadenersatzforderungen im Rahmen der Produzentenhaftung nach § 823 Abs. 2 BGB. Die Auskunftspflicht ist im allgemeinen erfüllt, wenn mindestens das DIN-Sicherheitsblatt über chemische Stoffe und Zubereitungen (DIN 52900) korrekt ausgefüllt übergeben wird.

Rangfolge der Schutz-maßnahmen § 19 GefStoffV	Werden beim Umgang mit Gefahrstoffen Schutzmaßnahmen erforderlich, so ist den sicherheitstechnischen Maßnahmen stets der Vorzug vor persönlicher Schutzausrüstung zu geben.	1. Verhindern, daß Gefahrstoffe frei werden; Abkapselung des fraglichen Arbeitsprozesses 2. Gefahrstoffe an der Entstehungsstelle absaugen. 3. Geeignete Lüftungsmaßnahmen vorsehen. 4. Persönliche Schutzausrüstung zur Verfügung stellen.

Betriebs-anweisung § 20 GefStoffV	Es muß für den betreffenden Arbeitsplatz eine schriftliche Betriebsanweisung erstellt werden, in der die beim Umgang mit dem Gefahrstoff auftretenden Gefahren für Mensch und Umwelt sowie die erforderlichen Schutzmaßnahmen und Verhaltensregeln festgelegt werden. Außerdem muß auf die sachgerechte Entsorgung entstehender gefährlicher Abfälle hingewiesen werden. Einmal jährlich muß hierüber eine mündliche arbeitsplatzbezogene Unterweisung erfolgen.

11

11.2 Gefahrstoffe am Arbeitsplatz

11.2.3 Aufnahmewege und Schutzmaßnahmen

	Aufnahmewege	Schutzmaßnahmen
Nasenraum, Luftröhre, Speiseröhre, Bronchien, Alveolen, Lunge	Eindringen: Gase Dämpfe, Stäube	Augenschutz; Ohrenschutz
	Einatmen: Gase Dämpfe, Stäube, Aerosole	Absaugung am Entstehungsort, wirksame Arbeitsplatzbelüftung, Atemschutz mit geeignetem Filtereinsatz
	Verschlucken: Stäube, Flüssigkeiten	nicht essen, trinken und rauchen am Arbeitsplatz
	Hautresorption: Stäube, Flüssigkeiten	geeignete Schutzhand- und/oder Arbeitsschutzkleidung oder ggf. Vollschutzanzug tragen.

11.2.4 Typische Gefahrstoffe bei einzelnen Fertigungsverfahren

Verfahren/ Gefahrenquelle	gefährlicher Stoff[1])[2])	Erläuterungen; Gesundheitsgefahren
Trennen durch Spanen/Kühlschmierstoff (KSS)	Natriumnitrit Naphthylamin[2]) Phenylamin	Additiv im KSS zum Korrosionsschutz, um den Rostbefall blanker Metallteile zu verhindern; bildet zusammen mit den Aminen die krebserregenden Nitrosamine[2]) z.B. N-Nitrosodiethanolamin[2])
	Trikresylphosphat	Additiv im KSS als Hochdruckzusatz, bildet auf Metalloberflächen Metallsalzschichten mit hoher Druckaufnahmefestigkeit und niedriger Scherfestigkeit; Nervengift
	Formaldehyd[1])	Additiv im KSS als Biozid, um der Zersetzung durch Mikroorganismen in Emulsionen entgegenzuwirken; Allergien, Krebsverdacht
	Pentachlorphenol[2]) (PCP)	Additiv im KSS als Biozid, um der Zersetzung durch Mikroorganismen in Emulsionen entgegenzuwirken; Krebsverdacht, ist oft mit hochgiftigen Dioxinen verunreinigt

Gefahrenreduzierung: 1. Verzicht auf besonders schädliche Zusätze. 2. KSS rechtzeitig erneuern, dadurch sind weniger bakterientötende Zusätze erforderlich und im KSS gelösten schädlichen Metallionen werden reduziert. 3. Absaugung der Nebel, Dämpfe und Aerosole und Verkapselung der Zerspanungseinheiten, damit die Haut und die Arbeitskleidung nicht berührt werden. 4. Unbrauchbar gewordene KSS müssen entsorgt werden.

Schleifen/ Schleifkörperbestandteile/ Metallabtrag/KSS (siehe oben)	Zirkon[1])verbind.	Schleifmittelbestandteile; Gesundheitsgefährdung nicht gesichert.
	Blei[1])chlorid und Antimon[1])-sulfid	Bestandteil von Trennscheiben für den stationären Betrieb; Blei gilt als fruchtschädigend und neurotoxisch und Antimontrioxid[2]) als krebserregend.
	Fluor[1])	Zusätze in Schleifbändern; Gesundheitsgefährdung nicht gesichert.
	Phenol[1])	Kann als thermisches Zersetzungsprodukt von Kunstharzbindungen entstehen; Gesundheitsgefährdung nicht gesichert.
	Blei[1])	Metallstaub beim Schleifen von Automatenstählen; fruchtschädigend.
	Cobalt[2])	Metallstaub beim Schleifen von Hartmetallen und Co-Legierungen; krebserregend.
	Beryllium[2]) Nickel[2]) und Chrom[2])	Metallstaub beim Schleifen von Ni-Be-Legierungen; Metallstaub beim Schleifen von Auftragsschweißnähten und Legierungen mit Nickel und Chrom; diese Legierungen u. deren Verbindungen können zu Allergien führen und sind teilweise krebserregend.

Gefahrenreduzierung: 1. Beim Naß- und Trockenschleifen nur mit funktionsfähigen Absaugungen arbeiten. 2. Rechtzeitiges Wechseln des Kühlschmierstoffes.

11

[1]) MAK-Wert S. 11-6/7   [2]) TRK-Wert S. 11-6/7

11.2 Gefahrstoffe am Arbeitsplatz

Typische Gefahrstoffe bei einzelnen Fertigungsverfahren (Fortsetzung)

Verfahren/ Gefahren- quelle	gefährlicher Stoff[1][2]	Erläuterungen; Gesundheitsgefahren
Löten/ Flußmittel, Lote	Kollophonium	Flußmittel- u. Lötfettbestandteil; kann zu Fließschnupfen, Kopfschmerzen, asthmatischen Beschwerden und Allergien führen. Bei der Zersetzung von Kollophonium (Harz) entsteht ein weiteres Allergen, das Formaldehyd[1]
	Hydrazin[2]	Flußmittelbestandteil zur Bindung des Sauerstoffes; krebserregend
	Fluoride[1] Fluorwasserstoff[1]	Flußmittelbestandteile; Gefährdung der Augen u. Schleimhäute, Bronchialkatarrh, Verätzungen
	Cadmium[2] oxid- rauch	Bestandteil von Cd-haltigen Hartloten; krebserregend

Gefahrenreduzierung: 1. Hautkontakt vermeiden. 2. Rauchabzug am Entstehungsort.

Schweißen/ Zusatzwerk- stoff, Brennstoff, Schutzgas, Beschich- tungsstoff		In Schweißrauchen, Dämpfen und Stäuben von …
	Chrom[2] verbind.	…legierten Elektroden und CrNi-Stahl; krebserregend
	Cadmiumoxid[2]	…cadmierten Werkstücken; krebserregend
	Fluoride[1]	…basisch umhüllten u. legierten Elektroden; stark schleimhautreizend
	Ozon[1]	…UV-Licht beim Lbs; Reizung d. Augen u. oberen Luftwege, Lungenödem
	Kohlenstoff- monoxid[1]	…basisch umhüllten Elektroden u. vom Gasschweißen; Vergiftung
	Kohlenstoff- dioxid[1]	…basisch umhüllten Elektroden, Gasschw. u. Schutzgas; Vergiftung
	Nickeloxid[2]	…legierten Elektroden u. CrNi-Stählen; krebserregend
	Zinkoxid[1]	…verzinkten Werkstücken;
	Stickstoffdioxid[1]	…Lichtbögen u. Flammenrändern; Lungenveränderungen, Lungenödem
	Carbonylchlorid[1] (Phosgen)	…chlorhaltigen Lösungsmittelresten; sehr giftig, Lungenödem
	Kupfer[1]	…verkupferten Zusatzwerkstoffen und Werkstücken;
	Mangan[1]	…Elektroden und Mn-haltigen Werkstücken;
	Aluminiumoxid[1]	…Al-Werkstücken und Elektroden beim Lbs;
	Eisenoxide[1]	…Stählen u. Elektroden beim Lbs u. Plasmaschweißen;
	Titandioxid[1]	…umhüllten Elektroden beim Lbs;
	V-pentoxid[1]	…vanadiumhaltigen Werkstücken beim Lbs;
	Calziumoxid[1]	…umhüllten Elektroden beim Lbs;
	Na-hydroxid[1]	…umhüllten Elektroden beim Lbs;

(Die letzten acht Positionen zusammengefasst:) lungen- u. alveolen- gängige Feinstäube; Staub- lungen- erkrankung

Gefahrenreduzierung: 1. Schweißrauche, Dämpfe und Stäube möglichst nah am Entstehungsort absaugen. 2. Schweißarbeitsplatz gut belüften, insbesondere wegen der Gefahren von Stickstoffdioxid. 3. Schutzüberzüge auf dem Werkstück vor dem Schweißen entfernen. 4. Das WIG-Schweißen bevorzugen, weil nach bisherigen Erkenntnissen das WIG-Schweißen bezüglich der Gesundheitsgefahren am günstigsten abschneidet und es beim Lichtbogenhandschweißen häufiger zu Grenzwertüberschreitungen kommt. Lbs = Lichtbogenhandschweißen

Kleben, Kunststoff- verarbeitung/ Kleber, Werkstoffe	Epoxidharz:	Verwendung als Spachtel, in Laminaten, als Kleber oder Bindemittel in Lacken;
	1-Chlor-2,3- epoxypropan[2]	auch Epichlorhydrin genannt; dringt leicht durch die Haut, krebserregend; als Härter werden meist stark schleimhautreizende Amine verwendet

[1] MAK-Wert S. 11-6/7 [2] TRK-Wert S. 11-6/7

11-4

11.2 Gefahrstoffe am Arbeitsplatz

Typische Gefahrstoffe bei einzelnen Fertigungsverfahren (Fortsetzung)

Verfahren/ Gefahrenquelle	gefährlicher Stoff[1])[2])	Erläuterungen; Gesundheitsgefahren
Kleben, Kunststoffverarbeitung/Kleber, zu klebende Werkstoffe	Cyanacrylat:	Einkomponentenkleber, Sekundenkleber, chemische Schraubensicherung;
	Cyanacrylsäuremethylester[1])	Gefahr der Sensibilisierung über die Haut oder Atemwege und nachfolgender allergischer Erscheinungen;
	Phenolharz:	Kunststoff als Bindemittel im Formsand, heißhärtende Kleber;
	Phenol[1])	Gefahr der Sensibilisierung und Auslösung von Allergien;
	Formaldehyd[1])	Sensibilisierung u. Auslösung von Allergien möglich, Krebsverdacht;
	Polyester:	Verwendung beim Spachteln, in Laminaten, als Kleber;
	Malein-, Phthalsäureanhydrid[1])	Gefahr der Sensibilisierung und Auslösung von Allergien;
	Styrol[1])	fruchtschädigend; als Härter wird Dibenzoylperoxid[1]) verwendet;
	Polyurethan:	Montageschaum (PUR), Kontaktkleber, Lackbestandteil (DD-Lack);
	Diisocyanattoluol[1])	giftig, Gefahr der Sensibilisierung und Auslösung von Allergien; Geruchsschwelle (stechender Geruch) liegt über dem MAK-Wert;
	Diphenylmethan-4,4′-diisocyanat[1])	Gefahr der Sensibilisierung und Auslösung von Allergien; Geruchsschwelle (erdig muffiger Geruch) liegt über dem MAK-Wert

Gefahrenreduzierung: 1. Bei sensibilisierenden u. krebserregenden Stoffen Einweghandschuhe tragen. 2. Arbeitsplatz gut belüften. 3. Absaugung der Dämpfe und Stäube am Entstehungsort. 4. Mund- und Augenschutz tragen, wenn Dämpfe oder Stäube in diesen Bereich gelangen können.

| Abdichten/ Fugendichtmasse | Diisocyanattoluol[1]) | Geringer Bestandteil (<0,5% und damit nicht kennzeichnungspflichtig) des Schaumrohstoffes (Polyisocyanaten) von Polyurethan-Montage­schäumen; giftig, allergieauslösend; Geruchsschwelle > MAK-Wert. |
| | Trichlorfluormethan[1]) | Treibmittel von Montageschaum aus Druckdosen. Bei Hartschäumen entweichen 10%–15% bei der Verarbeitung und der Rest mit Verzögerung |

Gefahrenreduzierung: Augenschutz und Schutzhandschuhe (Gummi) tragen

Reinigen, Entfetten/ Lösungsmittelbestandteile	Dichlormethan[1])	auch Methylenchlorid genannt; krebsverdächtig, Fruchtschädigung noch ungeklärt,
	Tetrachlorethen[1])	auch Per, Perchlorethylen oder Tetrachlorethylen genannt; wirkt narkotisierend, schädigt Nieren, Leber u. Nerven, krebsverdächtig,
	Trichlorethen[1])	auch Tri oder Trichlorethylen genannt; sehr giftig, krebsverdächtig,
	1,1,1-Trichlorethan[1])	auch Methylchloroform genannt, gilt als weniger schädlich im Vergleich zu Tri u. Per. Analysen zeigen jedoch häufige Verunreinigungen mit krebsverdächtigen Substanzen wie 1,1-Dichlorethan[1]), 1,2-Dichlorethan[2]), 1,1,2-Trichlorethan[1]), 1,4-Dioxan[1]) u. Tri,
	Benzol[2])	starkes Blutgift, dringt leicht durch die Haut, krebserregend; Kennzeichnungspflicht nur, wenn Anteil >0,2%, } Bestandteil von Kaltreinigern und Benzinen
	Toluol[1])	stark schleimhautreizend, nervenschädigend, Fruchtschädigung ist wahrscheinlich, }
	Xylol[1])	schleimhautreizend, nervenschädigend, Fruchtschädigung noch ungeklärt }

Gefahrenreduzierung: 1. Dämpfe absaugen (Randabsaugung) und Arbeitsplatz gut belüften. Aktivkohlefilteranlagen regelmäßig warten. Diese Stoffe tragen zur Zerstörung der Ozonschicht und Entstehung von Photosmog bei. Licht- und Wärmeeinwirkungen führen zur Bildung von Salzsäure und Phosgen (Carbonylchlorid[1])). 2. Jeden Hautkontakt vermeiden; werkstofflich geeignete Schutzhandschuhe tragen.

[1]) MAK-Wert S. 11-6/7,   [2]) TRK-Wert S. 11-6/7

11

11.2.5 MAK- und TRK-Werte (Auswahl) DFG (1990)

Spalte: 1	2	3	4	5	6	7	8	9	10	11	12	13
Stoff	Chemische bzw. Brutto-Formel	MAK/TRK ml/m³	MAK/TRK mg/m³	Dichte kg/dm³¹) g/dm³²)	rel. Gas-dichte	Flamm-punkt °C	Zünd-temp. °C	Fest-punkt °C 1013 mbar	Siede-punkt °C 1013 mbar	Gefahren-symbol⁶)/Dampf-druck bei 20 °C	W G K	Gefähr-lich-keit
Aceton	$H_3C–CO–CH_3$	1000	2400	0,79	2,01	< -20	540	−95,35	56,2	F/240	0	–
Aluminiumoxid	Al_2O_3	–	6 F	3,97	–	–	–	2015	2980	–	–	–
Antimon	Sb	–	0,56	6,69	–	–	–	630,74	1750	–	–	–
Antimontrioxid	Sb_2O_3	–	**0,1**	5,2/5,7	–	–	–	656	1550 sub.	–	–	**III A 2**
Ammoniak, wasserfrei	NH_3	50	35	0,77²)	0,60	–	630	−77,74	−33,35	T	2	C
Astbesthalt. Feinstaub	–	–	**2**	–	–	–	–	–	a	–	**III A 1,**
Benzol	C_6H_6	**5**	**16**	0,88	2,70	−11	555	5,53	80,10	F; T/101	3	**III A 1; H**
Beryllium	**Be**	–	**0,002**	–	–	–	–	–	–	T		**III A 2**
Blei	Pb	–	0,1 G	11,35	–	–	–	327,50	1740	–	–	B
Bleitetraethyl	$Pb(C_2H_5)_4$	0,01	0,075	1,65	11,2	∼80	–	−136,80	200 Zers.	T	3	H
Buchenholzstaub	–	–	**2(5)**	–	–	–	–	–	–	–	**III A 1**
Butan	C_4H_{10}	1000	2350	2,71²)	2,11	−60	365	−138,35	0,50	F/2,1	0	–
Cadmium + Cd-Verb.	**Cd**	–	–	8,64⁴)	–	–	–	320,9⁴)	–	T	3³)	**III A 2**
Calziumoxid	CaO	–	5 G	3,40	–	–	–	2614	3570	–	1	–
Carbonylchlorid (Phosgen)	$CoCl_2$	0,1	0,4	1,38²)	3,50	–	–	−127,8	7,56	T		–
Chlor	Cl_2	0,5	1,5	3,21²)	2,49	–	–	−100,98	−34,10	T/6,7	2	C
1-Chlor-2,3-epoxypropan	C_3H_5ClO	**3**	**12**	1,18	3,20	28	385	−25,6	116,56	T/16	3	**III A 2, H**
Chlorwasserstoff (Salzsäure)	HCl	5	7	1,64²)	1,27	–	–	−114,2	−85,05	C	1	C
Chrom(IV)-Verbind.	–	–	**0,2**	–	–	–	–	–	–	–	–	**III A 2**
Cobalt-Verbindungen	**Co**	–	**0,1**	–	–	–	–	–	–	–	–	**III A 2, S**
Cyanacrylsäure-methylester	$C_5H_5NO_2$	2	8	1,28	3,84	–	–	Liq		–		S
Dibenzoylperoxid	$C_{14}H_{10}O_4$	–	5 G	1,32	–	–	80	110	–	E, Xi	–	–
1,1-Dichlorethan	$H_3C–CHCl_2$	100	400	1,18	3,42	−10	660	−97,6	57,25	F, Xn/240	–	D
1,2-Dichlorethan	$ClH_2C–CH_2Cl$	–	–	1,25	3,42	13	440	−35,75	82,9	F, Xn/87	–	**III A 2**
Dichlormethan	CH_2Cl_2	100	360	1,33	2,93	13	605	−93,7	40,67	Xn/475	2	III B, D, H
Diisocyanattoluol (2,4-; 2,6-)	$C_9H_6N_2O_2$	0,01	0,07	1,22	6,02	127	–	14–22	120–250	T	2	S
1,4-Dioxan	$C_4H_8O_2$	50	180	1,03	3,04	11	375	11,8	101,32	F, Xn/41	2	III B, D
Diphenylmethan-4,4'-diisocyanat	$C_{15}H_{10}N_2O_2$	0,01	0,1	1,21	8,64	212	>500	39,5	–	Xn		S
Eichenholzstaub	–	–	**2(5)**	–	–	–	–	–	–	–	–	**III A 1**
Eisenoxid (Staub)	FeO, FeO_3	–	6 F	–	–	–	–	–	–	–	–	–
Ethanol	$H_3C–CH_2OH$	1000	1900	0,79	1,59	12	425	−114,15	78,33	F/59	0	D
Fluor	F_2	0,1	0,2	1,69²)	1,31	–	–	−219,61	−188,13	T	–	–
Fluoride	–	–	2,5 G	–	–	–	–	–	–	–	–	–
Fluorwasserstoff (Flußsäure)	HF	3	2	0,90²)	0,69	–	–	−83,57	19,54	T, C/1	1	–
Formaldehyd	HCHO	0,5	0,6	–	1,04	60	300	−92	−21	T	2	III B, S
Hydrazin	$H_2N–NH_2$	**0,1**	**0,3**	1,01	1,11	52	270	1,54	113,5	T/21	3	**III A2, H, S**
Kohlenstoffdioxid	CO_2	5000	9000	1,98²)	1,53	–	–	–	–	–	0	–
Kohlenstoffmonoxid	CO	30	33	1,25²)	0,97	–	605	−199	−191,5	F, T	0	B
Kupfer (Staub)	Cu	–	1 G	–	–	–	–	–	–	–	–	–
Magnesiumoxid	MgO	–	6 F	3,58	–	–	–	2852	3600	–	–	–
Maleinsäureanhydrid	$C_4H_2O_3$	0,2	0,8	1,48	3,39	103	380	52,85	202 sub.	Xi	1	S

¹) Für feste und flüssige Stoffe ²) Gasförmige Stoffe in g/dm³ ³) Gilt für Cadmiumsulfat ⁴) Gilt nur für Cadmium
⁵) Nach Angaben der amerikanischen TLV-Liste ⁶) Erklärung dieser Gefahrensymbole siehe S. 11-9

11.2 Gefahrstoffe am Arbeitsplatz

MAK- und TRK-Werte (Fortsetzung) — DFG (1990)

Spalte: 1	2	3	4	5	6	7	8	9	10	11	12	13
Stoff	Chemische bzw. Brutto-Formel	MAK/TRK ml/m³	mg/m³	Dichte kg/dm³ ¹) g/dm³ ²)	rel. Gasdichte	Flammpunkt °C	Zündtemp. °C	Festpunkt °C 1013 mbar	Siedepunkt °C 1013 mbar	Gefahrensymbol⁶)/Dampfdruck bei 20°C	W G K	Gefährlichkeit
Mangan (Staub)	Mn	–	5 G	–	–	–	–	–	–	–	–	–
Methylalkohol	H_3COH	200	260	0,79	1,11	11	455	–182,48	–161,49	F, T/128	–	H, D
Molybdänverbind.	Mo	–	5 G	–	–	–	–	–	–	–	–	–
2-Naphthylamin	$C_{10}H_9N$	–	–	1,22	4,95	157	–	112	306,1	T	–	III A 1, H
Natriumhydroxid	NaOH	–	2 G	2,13	–	–	–	322	1388	C	1	–
Natriumnitrit	$NaNO_2$	–	–	2,17 (0)	–	–	–	280 ± 5	>320 Zers.	O, T	2	–
Nickel + Verb. (Staub)	–	**0,5**	–	–	–	–	–	–	–	–	–	III A 1, S
Nikotin	$C_{10}H_{14}N_2$	0,07	0,5	1,01	5,60	95	240	–79	–	–	–	H
N-Nitrosodiethanol-amin	**$C_6H_{10}N_2O_3$**	–	–	**4,63**	–	–	–	–	–	–	–	III A 2
Ozon	O_3	0,1	0,2	2,14²)	1,66	–	–	–192,7	–111,9	–	–	–
Pentachlorphenol	**C_6HCl_5O**	–	–	1,98	9,20	–	–	191	312 Zers.	T	3	III A 2, H
Phenol	C_6H_6O	5	19	1,07	3,25	82	595	40,85	181,75	T	2	H
Phthalsäureanhydrid	$C_8H_4O_3$	–	5 G	1,53	5,12	152	580	131,6	284,5 sub.	Xi	–	S
Propan	C_3H_8	1000	1800	2,01²)	1,55	–	470	–189,69	–42,07	F/8,3	0	–
Quarzhaltiger Feinst.	–	–	4 F	–	–	–	–	–	–	–	–	H, S
Quecksilberverb.	–	–	0,01 G	–	–	–	–	–	–	–	–	H, S
Salpetersäure	HNO_3	2	5	1,51	2,18	–	–	–41,59	83 Zers.	O, C	2	–
Schwefeldioxid	SO_2	2	5	–	2,26	–	–	–75,52	–10,08	T/21	1	–
Schwefelsäure	H_2SO_4	–	1 G	1,84	–	–	–	10,38	279,6	C	1	–
Silber	Ag	–	0,01 G	10,49	–	–	–	961,93	2212	–	–	–
Steinkohlenteere	–	–	–	–	–	–	–	–	–	–	–	III A 1
Stickstoffdioxid	NO_2	5	9	1,45	1,59	–	–	–11,25	21,15	T	–	–
Styrol	C_8H_8	20	85	0,91	3,60	32	490	–30,63	145,14	Xi/6	2	C, H⁵)
Terpentinöl	Gemisch	100	560	0,86	–	33–35	≥220	<–40	150–177	Xn	–	S
Tetrachlorethen	$Cl_2C=CCl_2$	50	345	1,62	5,73	–	–	–22,4	121,2	Xn/19	3	III B, C
Titandioxid	TiO_2	–	6 F	4,24	–	–	–	1855	2900	–	–	–
Toluol	C_7H_8	100	380	0,86	3,18	6	535	–94,99	110,62	F, Xn/29	2	B
Trichlorethen	$ClHC=CCl_2$	50	270	1,46	4,54	–	410	–86,8	86,7	Xn/77	3	III B, C
1,1,1-Trichlorethan	H_3C-CCl_3	200	1080	1,34	4,61	–	537	–32,6	73,7	Xn/133	3	C
1,1,2-Trichlorethan	$ClH_2C-CHCl_2$	10	55	1,44	4,61	–	460	–36,7	113,65	Xn/25	–	III B, H
Trichlorfluormethan	CCl_3F	1000	5600	1,49	4,75	–	–	–110,5	23,77	–	2	C
Vanadiumpentoxid	V_2O_5	–	0,05 F	4,87	–	–	–	1967	–	–	–	–
Vinylchlorid	**$H_2C=CHCl$**	–	–	0,91	2,16	–78	415	–153,71	–13,7	F, T/1,2	2	III A 1, H⁵)
Xylol	C_8H_{10}	100	440	~0,87	3,67	25–30	–	13–47	141 ± 3	Xn/7–9	2	D
Zinkchromat	$ZnCrO_4$	–	–	3,40	–	–	–	–	–	T	–	III A 1
Zinkoxid-Rauch	ZnO	–	2 G	–	–	–	–	–	–	–	–	–
Zirkon-Verbind.	–	–	5 G	–	–	–	–	–	–	–	–	–

Erklärungen: Spalten 3 u. 4: TRK-Werte gelten für **krebserzeugende Stoffe und sind fett gekennzeichnet.** F = gemessen als Feinstaub, G = gemessen als Gesamtstaub. **Spalte 6:** Die relative Gasdichte nennt das Verhältnis der Dichte eines gasförmigen Stoffes zur Dichte trockener Luft. **Spalten 7, 8, 9 und 10:** Die angegebenen Werte beziehen sich auf Normalbedingungen bei 1013 hPa. Zers. = Zersetzung, sub. = sublimiert (unmittelbarer Übergang in den Gaszustand). **Spalte 11:** a) Bedeutung der Kennbuchstaben für das Gefahrensymbol gemäß Gefahrstoffverordnung siehe S. 11-9. b) Nach dem Querstrich wird der Dampfdruck in (hPa) bei 20 °C angegeben. Er zeigt, wie groß das Bestreben einer Flüssigkeit ist, in den gasförmigen Zustand überzugehen, d.h. zu verdunsten. **Spalte 12:** WGK = **Wassergefährdungsklasse:** 0 = im allg. kein, 1 = schwach, 3 = stark und 2 = wassergefährdender Stoff. **Spalte 13:** Gefährlichkeit gemäß Gefahrstoffverordnung. **Krebsgruppen: III A 1** = wirken beim Menschen krebserregend. **III A 2** = wirken im Tierversuch krebserregend, dieselbe Wirkung wird beim Menschen angenommen. **III B** = begründeter Verdacht auf krebserzeugende Wirkung beim Menschen. **Fruchtschädigungsgruppen** (Leibesfrucht): **A** = Risiko der Fruchtschädigung ist sicher nachgewiesen. **B** = Risiko der Fruchtschädigung ist wahrscheinlich. **C** = Risiko der Fruchtschädigung braucht bei Einhaltung des MAK-Wertes nicht befürchtet werden. **D** = Fruchtschädigung nicht ausgeschlossen. Sonstige Gruppen: **H** = Hautresorption; diese Stoffe vermögen leicht die Haut zu durchdringen. **S** = Allergische Erscheinungen können nach Sensibilisierung ausgelöst werden, auch bei Einhaltung des MAK-Wertes.

Erklärungen zu den Fußnoten ¹) bis ⁶) siehe S. 11-6.

11

11.3 Sicherheitskennzeichen

11.3.1 Hinweisschilder zur Arbeitssicherheit   VGB 125 (04.89) und DIN 4844 (10.85)

Rettungs-zeichen: weißes Bild-zeichen auf grünem Grund	Richtungs-angabe für Ret-tungsweg	 Erste Hilfe	Rettungs-weg nach links	Augenspül-einrich-tung	Not-Dusche	Kranken-trage	Not-ausgang

Gebots-zeichen: weißes Bild-zeichen auf blauem Grund	Augenschutz tragen	Schutzhelm tragen	Gehörschutz tragen	Atemschutz tragen	Schutzhand-schuhe tragen	 Schutzschuhe tragen

Warnzeichen: schwarzes Bildzeichen auf orange-farbenem Grund	Warnung vor...  feuerge-fähr-lichen	explosions-gefähr-lichen	giftigen Stoffen	ätzenden Stoffen	Flurför-derfahr-zeugen	Laser-strahlen	elektri-scher Spannung

Verbots-zeichen: schwarzes Bildzeichen auf weißem Grund + rot-farbene Kennung	 Feuer, offenes Licht u. Rauchen verboten	Zutritt f. Unbe-fugte verboten	Für Flur-förder-fahrzeuge verboten	Für Fuß-gänger verboten	Mit Wasser löschen verboten	Rauchen verboten	Kein Trink-wasser	Nichts abstellen oder lagern

11.3.2 Kennzeichnungen und Symbole für Gefahrstoffe   GefStoffV (8.86)

Hauptgefahren, die von einem Stoff oder einer Zubereitung (kurz: Stoff) ausgehen, werden durch ein oder mehrere **Gefahrensymbole** inklusiv der dazugehörigen **Gefahrenbezeichnung** (kurz: Symbol) gekennzeichnet. Durch zusätzliche standardisierte Sätze, die sogenannten R-Sätze, erfolgen noch differenzierte **Gefahrenhin-weise**, die über weitere gefährliche Eigenschaften Auskunft geben. Möglichkeiten zur Vermeidung bzw. Verminderung der Gefahren, soweit sie nicht selbstverständlich sind und/oder sich aus den Gefahrenhinweisen ergeben, können aus den gegebenen **Sicherheitsratschlägen**, den sogenannten S-Sätzen, entnommen werden.

Aber: Werden bestimmte Anteile von Stoffbeimischungen unterschritten, z.B. 0,2% für das krebserregende Benzol in Lösungsmitteln oder 5% in Benzin für Kraftfahrzeuge, so braucht dies nach den gesetzlichen Grundlagen (GfStoffV) nicht angezeigt werden.

Beispiel zur Kennzeichnung eines Stoffes:		Kennzeichnung von asbesthaltigen Erzeugnissen und Zubereitungen:
Name des Stoffes:	Trichlorethen	
Gefahrensymbol und -bezeichnung:	✖ Mindergiftig	weiß auf schwarzem Grund
Gefahrenhinweise: (R-Sätze)	Gesundheitsschädlich beim Einatmen u. Verschlucken	
Sicherheitsrat-schläge (S-Sätze)	Darf nicht in die Hände von Kindern gelangen Berührung mit den Augen vermeiden	schwarz auf rotem Grund
Hersteller:	Name, Anschrift	

11

11.3 Sicherheitskennzeichen

Gefahren-symbol u. -bezeichnung; -kennbuchstabe	Erläuterungen	Gefahren-symbol u. -bezeichnung; -kennbuchstabe	Erläuterungen
Explosions-gefährlich; E	Stoffe in festem oder flüssigem Zustand, die durch Erwärmung oder einer nicht außergewöhnlichen Beanspruchung z.B. durch Schlag zur Explosion gebracht werden.	Sehr giftig; T + oder giftig; T	Stoffe, die durch Einatmen (inhalativ), Verschlucken (oral) oder Aufnahme durch die Haut (dermal) erhebliche Gesundheitsschäden oder den Tod verursachen können. $T+$: wenn LD_{50}[1]) oral ≤ 25 mg/kg oder LD_{50} dermal ≤ 50 mg/kg oder LC_{50}[2]) inhalativ $\leq 0,5$ mg/1/4 h T: wenn $25 < LD_{50}$ oral ≤ 200 mg/kg oder $50 < LD_{50}$ dermal ≤ 400 mg/kg oder $0,5 < LC_{50}$ inhal. ≤ 2 mg/1/4 h
Brandförd.; O	Stoffe, die bei Berührung mit anderen, insbesondere entzündlichen Stoffen so reagieren, daß Wärme in großer Menge frei wird.		
Leichtentzündlich; F + oder hochentzündlich; F	Stoffe, die sich bei gewöhnlichen Temperaturen erhitzen und entzünden können oder in festem Zustand durch kurzzeitige Einwirkung einer Zündquelle entzündet werden. ($F+$: Flammpunkt $<0\,°C$, Siedepunkt max. $35\,°C$; F: Flammpunkt $<21\,°C$ und $>0\,°C$)	Mindergiftig (häufig als gesundheitsschädlich bez.); Xn	Stoffe, die durch Einatmen (inhalativ), Verschlucken (oral) oder Aufnahme durch die Haut (dermal) Gesundheitsschäden geringeren Ausmaßes verursachen können. Xn: wenn $200 < LD_{50}$[1]) oral ≤ 2000 mg/kg oder $2 < LC_{50}$[2]) inhalativ ≤ 20 mg/1/4 h usw.
Ätzend; C	Stoffe, die durch Berührung die Haut zerstören. (Schwere Verätzung liegt vor, wenn die Haut von Versuchstieren in ihrer gesamten Dikke in weniger als 3 min zerstört ist.)	Reizend; Xi	Sind Stoffe, die ohne ätzend zu sein, nach ein- oder mehrmaliger Berührung mit der Haut Entzündungen verursachen können.

11.4 Umweltschutz

Übersicht: Umweltrelevante Betriebsbereiche

Lärm
Abluft
Lagerung
Abfall
Abwasser
Bodenbelastung (Bodenkontamination)

Umweltrelevante Betriebsbereiche	Aspekte z.B.	Rechtliche Grundlagen [3]) [4])
Abluft siehe S. 11-10/11	Schadstoffe aus Arbeitsplatzabsaugung	Bundesimmissionsschutzgesetz (BImSchG) + Verordnungen dazu (BImSchV)
Abwasser siehe S. 11-11/12	Schwermetalle aus Galvanik	Wasserhaushaltsgesetz (WHG), Abwasserabgabengesetz (AbwAG)
Abfall siehe S. 11-12	Lösungsmittel- und Lackreste	Abfallgesetz (AbfG), Abfall- und Reststoffüberwachungs-Verordnung
Bodenbelastung	Tri aus Metallbearbeitung	Abfallgesetz (AbfG) u.a.
Lagerung	Sauerstoff, Azetylen für Metallschweißen	Gewerbeordnung (GewO), Bundesimmissionsschutzgesetz (BImSchG)
Lärm siehe S. 9-19	von Maschinen- u. Arbeitsplatzabsaugung	Bundesimmissionsschutzgesetz (BImSchG) + Verordnungen
Transport	gefährliche Abfälle	Gesetz über Beförderung gefährlicher Güter + Verordnungen

[1]) Letale (zum Tode führende) **D**osis bei 50% der Versuchstiere
[2]) Letale (zum Tode führende) **K**onzentration bei 50% der Versuchstiere
[3]) Außer den bundesrechtlichen Grundlagen müssen die landesrechtlichen beachtet werden.
[4]) Bei Neuanlagen erfolgt nach dem Gesetz (UVPG) eine Umweltverträglichkeitsprüfung.

11.4 Umweltschutz

11.4.1 Luftbelastungen

Treibhauseffekt　　　　Umweltbundesamt (1988/89)

Dieser entsteht dadurch, daß die kurzwellige Sonnenstrahlung weitgehend ungehindert durch die Atmosphäre dringen kann und die Erdoberfläche aufheizt. Dagegen liegt die von der Erde abgestrahlte Energie im längerwelligen infraroten Spektralbereich, die von bestimmten Stoffen (Wasserdampf, Ozon, Kohlenstoffdioxid, u.a.) absorbiert (aufgenommen) und teilweise wieder zur Erde zurückgesandt werden.

Stoffe, die den Treibhauseffekt verstärken	CO_2	CH_4	N_2O	O_3	CF_2Cl_2
Prozentualer Anteil am Gesamttreibhauseffekt	50	15	5	10	20
Konzentration in ppb (in der Erdatmosphärenschicht bis etwa 12 km Höhe)	346 000	1 700	310	10–20	0,32
Konzentrationsanstieg in % pro Jahr (Schätzung)	0,3	1	0,2	–	5
Treibhauswirkung, relativer Effekt pro Molekül	1	20	200	2 000	10 000

CO_2 = Kohlenstoffdioxid, CH_4 = Methan, N_2O = Distickstoffoxid, O_3 = Ozon, CF_2Cl_2 = Fluorchlorkohlenwasserstoffe, Treibhauswirkungspotential von CO_2 = 1.

Beim Vergleich mit Kohlenstoffdioxid wird deutlich, daß die anderen Gase trotz ihrer wesentlich geringeren Konzentration dennoch erheblichen Einfluß auf den Treibhauseffekt haben aufgrund ihrer wesentlich stärkeren Treibhauswirkung.

Ausdünnung der Ozonschicht in der Stratosphäre　　　WMO Report No. 16, „Atmospheric" (1985)

Insbesondere die Chlorkonzentration in der antarktischen Stratosphäre führten zu dem Ozonloch über der Antarktis und insgesamt zu einer Ausdünnung der Ozonschicht. Bereits eine 1%ige Ozonabnahme läßt rund 2% mehr Ultraviolett-B-Strahlung zur Erdoberfläche durchdringen. Die Auswirkungen sind erheblich: zusätzliche Krebsfälle, Schwächung des menschlichen Immunsystems, Zunahme bestimmter Augenerkrankungen u.a.

Ozonabbauende Stoffe	HGK in ml/m³	Z in %	OSP	Ozonabbauende Stoffe	HGK in ml/m³	Z in %	OSP
Trichlorfluormethan (F 11)	0,2	5,7	1,0	1,1,1-Trichlorethan	0,12	13,0	0,2
Dichlordifluormethan (F 12)	0,32	6,0	1,0	Halon 1211 (CF_2BrCl)	2,0[1])	10–30	3,0
Dichlorfluormethan (22)	0,05	11,7	0,07	Halon 1301 (CF_3Br)	1,0[1])	–	10,0
Trifluortrichlorethan (F 113)	0,03	10,0	0,8	Distickstoffoxid	304	0,25	–
Tetrachlorkohlenstoff	0,14	2,1	1,0				

HGK = Hintergrundkonzentration, Z = jährliche Zunahme, OSP = relatives Ozonschädigungspotential, bezogen auf Trichlormethan (Schädigungspotential von F 11 = 1)

Sonstige Schadstoffe in der Luft　　　Umweltbundesamt (1988/89)

Schadstoff im Schwebstaub	K.-bereich in ng/m³ l. Gebiet	s. Gebiet	HGK ng/m³	Schadstoff im Schwebstaub	K.-bereich in ng/m³ l. Gebiet	s. Gebiet	HGK ng/m³
Arsen, As	1–5	3–30	–	Quecksilber, Hg (part.)	0,05–3	0,2–2	–
Beryllium, B	–	0,01–2	–	Antimon, Sb	0,5–2	2–30	–
Blei, Pb	20–60	200–1 000	–	Selen, Se	0,5–3	1–10	–
Cadmium, Cd	0,2–2	2–20	–	Vanadium, V	1–10	10–50	–
Chrom, Cr	1–5	5–30	–	Zink, Zn	50–100	100–1 000	–
Kobalt, Co	0,2–1	0,5–5	–	Benzo(a)pyren, BaP	0,5–3	2–20	–
Kupfer, Cu	1–10	20–150	–	Dibenzo(ah)anthracen, DB(ah)A	–	1–15	–
Mangan, Mn	10–50	20–100	–	Benzopaphthothiophen, BNT	0,5–3	1–15	–
Nickel, Ni	1–10	5–20	–	Benzo(a)anthraden, BaA	0,5–3	2–40	–

K. = Konzentrations-, l. = ländliches, s. = städtisches, HGK = Hintergrundkonzentration

[1]) in ppt

Sonstige Schadstoffe in der Luft (Fortsetzung)   Umweltbundesamt (1988/89)

Schadstoff	K.-bereich in µg/m³ l. Gebiet	s. Gebiet	HGK ng/m³	Schadstoff	K.-bereich in µg/m³ l. Gebiet	s. Gebiet	HGK ng/m³
Schwefeldioxid, SO_2[1]	10–80	60–80	–	Methanol, CH_3OH	–	10–20	–
Stickstoffoxid, NO_2[1]	0–20	40–50	–	Ethanol, C_2H_5OH	–	10–50	–
Schwebstaub[1]	10–20	50–90	–	Formaldehyd, HCHO	0,5–2	10–20	500
Ozon, O_3[1]		40–80	–	Acetaldehyd, CH_3CHO	1–2	0,5–15	–
				Aceton, CH_3COCH_3	0,1–1	10–50	–
Schwefelwasserstoff	0,05–1	0,1–5	–				
Dimethylsulfid, $(CH_3)_2S$	0,005–0,1	0,02–0,2	–	Methylchlorid, CH_3Cl	1–2	1–2	–
Schwefelkohlenstoff	0,1–1	0,1–1	–	Dichlormethan, CH_2Cl_2	0,2–0,5	1–5	–
Kohlenstoffoxisulfid	0,5–3	0,5–3	1300	Chloroform, $CHCl_3$	0,2–0,5	0,5–3	100
				Tetrachlorkohlenstoff	0,5–1	1–3	850
Methan, CH_4	1200	bis 3000	–				
Ethan, C_2H_6	1–5	3–5	–	1,1,1-Trichlorethan	1–3	5–10	760
n-Pentan, $n\text{-}C_5H_{12}$	1–3	5–50	–	Vinylchlorid, CH_2CHCl	0,1	0,1–1	–
n-Octan, $n\text{-}C_6H_{18}$	0,2–1	2–10	–	Trichlorethen, C_2HCl_3	0,2–1	2–15	90
Cyclo-Hexan, cyclo-C_8H_{12}	0,1–1	1–10	–	Perchlorethen, C_2Cl_4	0,5–2	2–15	660
				Dichlorbenzol, $C_6H_4Cl_2$	–	1–10	–
Ethen, C_2H_4	0,5–5	5–30	–				
Buten, C_4H_8	1–2	1–10	–	Difluordichlormethan (F 12)	1–2	1–5	1670
Ethin, C_2H_2	0,2–3	5–30	–				
Isopren	1–10	–	–	Trichlorfluormethan (F 11)	1–2	1–4	1300
Benzol, C_6H_6	1–5	5–30	–	Ammoniak, NH_3	2–20	–	–
Toluol, $C_6H_5CH_3$	0,5–2	5–50	–	Salpetersäure, HNO_3	0,05–1	0,1–20	–
Xylole, $C_6H_4(CH_3)_2$	0,1–1	5–50	–	Wasserstoffperoxid, H_2O_2	0,1–3	0,1–0,5	–

K. = Konzentrations-, l. = ländliches, s. = städtisches, HGK = Hintergrundkonzentration nach dem WMO-Report; diese Werte werden in sehr entlegenen, emittentenfernen Regionen wie Südpol oder pazifischer Ozean gemessen.

In der Luft kommt eine große Anzahl von luftverunreinigenden Stoffen vor, für die keine regelmäßigen und flächendeckenden Messungen durchgeführt werden. Die angeführte Tabelle gibt Auskunft über einige Substanzklassen von Schadstoffen, wovon wenige typische Vertreter ausgewählt wurden.

11.4.2 Schadstoffe im Wasser

Schwermetalle in der Nordsee

Die Schwermetalle und Schwermetallverbindungen finden weitverbreitete Anwendung. Deshalb gelangen diese an den Verarbeitungsstätten in relativ hohen Konzentrationen in die Umwelt und über verschiedene Wege (Abluft, Abwasser, Schlämme) auch in die Nordsee. Da die Schwermetalle nicht biologisch abbaubar sind, werden sowohl das maritime Ökosystem als auch alle direkten (z.B. Fischesser) und indirekten (z.B. Makroökosystem) Nutznießer dauerhaft belastet.

11

Geschätzte Schwermetalleinträge   (nach Quality Status of the North Sea, London, 1987)
(ohne Einträge aus Ostsee, Ärmelkanal und Atlantik)

Schwermetall	Gesamteintrag pro Jahr in t	Eintragsquellen und Einträge in %				
		Atmosphäre	Baggergut	Direkt-Einleitung	Flüsse	Industrie-abfälle
Blei, Pb	11000	67	18	2	9	2
Cadmium, Cd	335	71	6	6	16	–
Quecksilber, Hg	75	40	23	7	28	–

Hauptanwendungen: Antikorrosionsmittel (Cd, Pb); Batterien (Cd, Pb, Hg); Kraftstoffe (Pb); Biozide (Hg, Cu, Zn); Legierungen (Cd, Pb, Cu, Zn) u.a.

[1]) Für diese Stoffe werden die Werte routinemäßig und flächendeckend erfaßt.

11.4 Umweltschutz

Schwermetalle in der Nordsee: BMFT (1987); DHI (1983–1987)

Schwermetall	in 10 m Wassertiefe			im Sediment der <20 µm Fraktion in mg/kg (in der Oberflächenschicht 0–2 cm)			
	Küste in ng/l	küsten-fern in ng/l	Bemerkungen	HGW	Küste	küsten-fern	Bemerkungen
Blei, Pb	40–160	40–160	starker Luft-eintrag	25	†25–250	50–125	mittl. Nordsee bis 250
Cadmium, Cd	30– 45	10– 18	–	0,3	0,6–3	<0,6	bis 3,0 im Weser-, im Ems-, Elbemündungsgebiet
Quecksilber	keine Werte verfügbar			0,2	0,4–2	<0,4	Deutsche Bucht 2,0

HGW = Hintergrundwerte

11.4.3 Abfälle

Abfallentsorgung in auskunftspflichtigen Betrieben   Umweltbundesamt 1988/89

Die vorhandenen Daten über entsorgte, nachweispflichtige Abfälle (Sonderabfälle) im produzierenden Gewerbe nach dem Abfallgesetz (AbfG § 11 Abs. 2 und § 2 Abs. 2) weichen stark voneinander ab, so daß ein Überblick über das wirkliche Aufkommen und die entsorgte Gesamtmenge sowie über die Menge in den einzelnen Abfallgruppen und die Entsorgungswege nicht möglich ist.

Die vorliegende Tabelle gibt Anhaltspunkte für den mengenmäßigen Anfall bestimmter Abfälle und die Entsorgungsart im zeitlichen Vergleich zwischen 1982 und 1984, basierend auf Angaben des statistischen Bundesamtes. Die angegebenen Prozentzahlen sind stark gerundet und Werte <1% werden nicht dargestellt.

Abfallgruppe	1982 Menge in Mio. t	1984 Menge in Mio. t	Außerbetriebliche Entsorgungsanlagen in %						Innerbetriebliche Entsorgung in %					
			Ia	Ib	IIa	IIb	IIIa	IIIb	IVa	IVb	Va	Vb	VIa	VIb
Form-, Kernsand	7,781	7,120	16	15	18	13	8	11	45	47	–	14	12	–
Asche, Schlacke, Ruß	11,072	11,897	7	6	16	17	33	29	10	7	–	–	34	41
Metallurgische Schlacke	2,700	4,485	5	3	8	11	–	6	26	38	10	3	51	39
Oxide, Hydroxide, Salze	0,483	0,330	–	5	–	–	11	59	2	–	40	16	47	20
Säuren, Laugen, Schlämme	125,821	125,821	3	5	–	–	57	56	9	7	8	25	23	7
Lösungsmittel, Farben, Lacke, Klebstoffe	0,492	0,567	4	3	–	–	52	49	9	9	9	29	26	10
Mineralölabfälle, Öl-schlämme	1,303	1,681	3	2	3	3	44	51	11	10	11	10	28	24
Kunststoff-, Gummi-, Textilabfälle	1,039	1,075	50	47	4	1	10	6	9	8	2	8	25	30
Schlämme aus Wasser-aufbereitung	0,613	1,042	25	9	6	4	42	30	9	53	15	1	3	3
Sonstige Schlämme	11,191	12,187	7	5	5	7	7	11	44	46	10	4	27	27
Hausmüllähnliche Abfälle	6,531	6,853	85	82	2	1	1	1	2	3	2	2	8	11
Papier- und Pappeabfälle	1,135	1,157	17	16	–	–	1	1	–	–	3	3	79	80
Sonstige organische Abfälle	9,837	11,141	7	5	2	2	2	2	1	1	14	13	74	77
Ofenausbruch	1,542	1,395	7	7	20	12	2	3	49	47	–	–	22	31
Metallabfälle	5,390	5,781	–	–	–	–	–	–	–	–	–	–	100	100

Erklärung der Abkürzungen:
a ... Abfälle im Jahr 1982
b ... Abfälle im Jahr 1984
I ... Gebrachte und geholte Abfälle zu öffentlichen Hausmüllanlagen.
II ... Abfälle, die zu Bauschutt- und Bodenaushubdeponien gebracht wurden

III ... Abfälle, die zu sonstigen Anlagen (z.B. Sonderabfalldeponien, Verklappungs- und Verbrennungsschiff) gebracht wurden
IV ... Abfälle, die zu Deponien kamen
V ... in Abfallverbrennungsanlagen gebrachte Abfälle
VI ... Abfälle, die weiterverarbeitenden Betrieben oder dem Altstoffhandel zugeführt wurden

11

12.1 Stichwortverzeichnis

12

12-1

12.1 Stichwortverzeichnis

12.1 Stichwortverzeichnis

12

12

12

12

12.1 Stichwortverzeichnis

12

12.1 Stichwortverzeichnis

L

M

12.1 Stichwortverzeichnis

12.1 Stichwortverzeichnis

12.1 Stichwortverzeichnis

12

12